本书获得国家自然科学基金
（51074052，50474015）资助

成形能率积分线性化原理及应用

赵德文　著

北　京
冶 金 工 业 出 版 社
2012

内容提要

本书根据国家自然科学基金资助项目——应变速率矢量内积解法在轧制功率变分中应用研究（51074052）、成形能率泛函整体积分的线性化解法及其在金属加工中应用研究（50474015），以及辽宁省自然科学基金项目——材料成形近代数学力学解法研究（962174，972198）的主要研究成果并结合塑性加工实际，系统地论述了使刚塑性第一变分原理非线性能率泛函的积分线性化的数学物理原理及方法。

为论证这些原理和推导相关公式，前4章简要介绍本书需要的基础理论。后8章给出相关理论证明与具体解析实例，并对所涉及的主要公式都做了详细的推导。

本书可作为高等学校材料成形专业博士生、硕士生的教学与科研用书，也可供生产、设计和科研部门的工程技术人员参考。

图书在版编目(CIP)数据

成形能率积分线性化原理及应用/赵德文著．—北京：冶金工业出版社，2012.9

ISBN 978-7-5024-6014-3

Ⅰ.①成…　Ⅱ.①赵…　Ⅲ.①工程材料—成形—研究　Ⅳ.①TB3

中国版本图书馆 CIP 数据核字(2012)第 201289 号

出 版 人　谭学余

地　　址　北京北河沿大街嵩祝院北巷 39 号，邮编 100009

电　　话　(010)64027926　电子信箱　yjcbs@cnmip.com.cn

责任编辑　卢　敏　美术编辑　李　新　版式设计　孙跃红

责任校对　王永欣　责任印制　李玉山

ISBN 978-7-5024-6014-3

三河市双峰印刷装订有限公司印刷；冶金工业出版社出版发行；各地新华书店经销

2012 年 9 月第 1 版，2012 年 9 月第 1 次印刷

169mm×239mm；34.75 印张；680 千字；528 页

95.00 元

冶金工业出版社投稿电话：(010)64027932　投稿信箱：tougao@cnmip.com.cn

冶金工业出版社发行部　电话：(010)64044283　传真：(010)64027893

冶金书店　地址：北京东四西大街 46 号(100010)　电话：(010)65289081(兼传真)

（本书如有印装质量问题，本社发行部负责退换）

前　言

由于求解变形力学方程组可以归结为求解变形能率泛函的极值问题，因此变分法与泛函变分的基本原理（如最小能率原理等）成为求解现代材料成形问题的重要数学基础。已经证明，在一切运动许可的速度场（或位移场）中，真实的速度场（同时满足静力许可条件）使全能率达到最小值。全能率是速度的函数，而速度又是坐标的函数，所以全能率是函数的函数，这种广义的函数称之为能率泛函。

既然全能率是一种泛函，求其极值的方法就是变分法。而速度场因此理所当然成为泛函的自变函数。近年来现代材料成形力学多从求能率泛函极值入手，由最小能率原理来求解使全能率泛函最小，进而确定更接近真实的速度（或位移）场。如何确定使全能率最小的速度场目前常见两种方法：

（1）数值解法：为有效化解整体工件的积分困难，采用工件离散体模型（discrete model）及一般原理的微分形式（局部原理）对变形体进行网格划分（离散化），建立单元内相关物理量插值关系，计算单元能率，再整体求和确定总能率，施以变分并以不同迭代或摄动求解非线性方程组，进而使总能率最小化求得数值解。有限元与有限差分显然就属这一类数值解法。其实质是由局部变分达到整体变分的物理过程。

数值解法有许多优点，但最大的缺点是肉眼可见的计算结果中不能给出相关物理参数与计算参数的定量关系式，即不能给出计算结果的解析表达式，只能给出计算结果与极值函数各结点上的离散值。即使借助人工或后处理功能，将这些离散点连成折线，也不是光滑连续的函数曲线。

（2）解析解法：正视整体工件的积分困难，采用连续统模型

(continuum) 及一般原理的积分形式（整体原理），设法对变形体进行整体积分，认为相关物理量在变形区整体空间形成有确定值的场。建立场方程并对能率实现整体积分，以不同数学积分方法求得能率泛函的解析解与相应最小值的解析表达式。

整体积分有许多困难与不确定性，解析法存在许多缺点，但最大的优点是可以给出能以解析式描述的相关物理参数与计算参数的定量关系式，依据关系式可将计算结果描绘成光滑连续曲线。

数值解与解析解两种解法是自然科学中的对立统一，缺一不可，不能厚此薄彼，彼此替代。但可以你中有我，我中有你，相辅相成，和谐发展。这是作者对自然科学中所谓“和谐理念”的拙见。

正是这种理念不断地使作者站在另外一种角度——物理角度重新审视如今似乎已是冷门话题的刚塑性变分原理，并将目光凝聚在所谓构筑材料成形全能率泛函整体积分的线性化解法上，试图在变分解法久被冷落的传统领域中开发新的亮点。可以理解，所谓泛函积分的困难实际上是指泛函被积函数的不可积性或非线性；而构筑刚塑性材料成形整体工件全能率泛函的被积函数主要依据非线性的 Von. Mises 屈服准则与 Levy-Mises 流动法则（增量理论）所确定的单位体积塑性功率（也称比塑性功率）。于是，追根溯源，Mises 屈服准则的非线性是导致全能率泛函整体积分被积函数（单位体积塑性功率）非线性的源头。因此产生于源头的创新思想是：如果采用逼近 Mises 屈服轨迹的线性化屈服准则及流动法则构筑成形能率泛函的被积函数，此被积函数可否有效地线性化呢？作者的研究表明，答案是肯定的。我们把依据物理方程（线性屈服条件与本构方程）推导的全能率泛函线性被积函数（单位体积塑性功率线性表达式）取代与其逼近的 Mises 比塑性功率非线性被积函数，而使积分线性化的解法研究称为成形能率泛函积分的物理线性化解法。在此，值得赞誉的是俞茂宏教授以及早年的 R. 希尔（Hill）教授，是他们对线性屈服准则的早期研究工作，启发我用线性屈服准则与流动法则来构筑成形能率泛函并使成形能率积分物理线性化解法成为可能。

如果站在数学角度重新审视如今似乎已是冷门话题的刚塑性第一变分原理并将目光重新凝聚在由非线性 Mises 准则构筑材料成形全能率泛函整体积分的被积函数上，似乎又有一些新的认识，这种由等效应力 σ_s 与等效应变乘积构成的单位体积塑性功率（泛函被积函数）不过是材料瞬时变形抗力常数与应变速率张量的第二不变量（张量的模）的乘积；是否可将张量的第二不变量化成矢量的模，而将上述张量构成的被积函数化成矢量的点积，进而实现矢量的逐项积分然后求和呢？作者的研究表明答案也是肯定的。我们把由 Mises 准则构筑的成形全能率非线性泛函被积函数化为应变速率矢量的点积（内积）及相应的逐项积分解法称为成形能率泛函积分的数学线性化解法。其实质是：分量同名张量的乘积就是一种内积。

作者在研究前述两种使材料成形能率泛函积分线性化的理论解法时，一个基本的目标是获得工件成形能率泛函的解析解，研究中发现有时对泛函的自变函数及其导数采用微分中值定理与积分中值定理似乎可以对泛函整体积分获得解析解起到四两拨千斤的微妙作用；同样，黄金分割法在优化某些泛函最小值时，也有同样的微妙作用，这些“微妙”只有采用前述方法对实际成形问题亲自解析者方可体察。

在此，作者由衷感谢国家自然科学基金委员会对课题《成形能率泛函整体积分的线性化解法及其在金属加工中应用研究（50474015）》和《应变速率矢量内积解法在轧制功率变分中应用研究（51074052）》的资助，以及辽宁省自然科学基金（962174，972198）对本研究早期的资助。他们资助下的研究论文与成果构成了本书后 8 章应用部分的全部内容。显然本书作为专著出版也是对项目申请书预期成果中作者对国家自然科学基金委员会许下承诺的兑现。

作者认为自 A. A. 马尔科夫（Марков）与 R. 希尔（Hill）从数学塑性理论角度以完整的形式证明可变形连续介质力学的极值原理以来，成形领域数学解法的相应研究工作是远远不够的。正确看待冷落与追捧、热门与冷门话题的变换，可以认为以张量的矢量形式表示连续介质内部的塑性功率并将其转化为应变速率矢量点积并逐项积分而得到解析解的研究工作，才刚刚开始；而采用线性屈服条件逼近Mises屈服函数而使成形功率泛函被积函数线性化的研究仅仅初露端倪。或许这对成形力学中非线性力学与数学问题解法的线性化是另辟蹊径，诸多内容与学术观点难免与传统解法不一，但我们的国家是创新型国家，允许各种学术观点的百花齐放，百家争鸣，长期共存，和谐发展，这为著者完成本书提供了勇气和胆量。作者认为，从提高连续体成形力学解析性、严密性与科学性以金属塑性加工角度看待泛函积分的所谓“物理与数学”线性化解法，无论如何都是一种坚持科学发展观的有益尝试。

作者对轧制技术及连轧自动化国家重点实验室的主要合作者王国栋院士及刘相华、邸洪双、杜林秀、徐建中、高秀华、邱春林、高彩茹教授；早期合作者张强、赵志业、白光润教授，以及曾对研究工作给予热情支持的钱伟长、徐秉业、俞茂宏、戴天民教授表示衷心感谢。

全书共分12章，前4章对本书研究内容必备基础知识进行了简单、基本的介绍。后8章则主要选自本人与本人的博士、硕士生在国内外发表的部分相关论文。其中博士生章顺虎参加了第12章部分内容的编写，该章也个别介绍了他人相关研究成果。书中的疏漏与不妥之处，恳请读者批评指正。

本书及其不同的学术观点能在东北大学90周年校庆和轧制技术及连轧自动化国家重点实验室建室18周年之际出版，实令作者感到欣慰。

著 者

于东北大学轧制技术与连轧自动化国家重点实验室

2012年4月

主要符号表

x、y、z，r、θ、z，e_{ijk}	直角坐标，圆柱坐标，排列符号或 Eddington 张量
$\boldsymbol{G}$，$\mathrm{grad}\varphi$，K，$\dot{\lambda}$	梯度矢量，平面变形抗力，流动法则中瞬时正比例常数
Q，U，L，θ，δ_{ij}	通量，秒流量，环量，温度场、接触角，克罗内克尔符号
$\nabla = \mathrm{grad}$，$\nabla\nabla = \nabla^2$	微分算子、哈密顿或 Nabla 算子，拉普拉斯算子
x_i，X_i，a_i，x_n	空间坐标，物质坐标，加速度分量、待定常数，中性面参数
V，V_e，$\bar{v}_i$，v_0、v_1	变形体体积，单元体积，已知速度分量，变形区入、出口速度
u_i，$u_{i,j}$，v_i，v_n	位移矢量分量，相对位移张量，速度矢量分量，中性面速度
P，$\bar{p}$，$\bar{p}_i$，n_σ	总压力，平均单位压力，已知表面力分量，应力状态系数
ε，δ，ρ，c，k	压下率或对数应变，变分符号，密度，比热，导热系数
E、G，ν，k，Δ	弹性（剪切）模量，泊松系数，屈服切应力，增量、误差符号
m，n，f，α，f_i	摩擦因子，硬化指数，摩擦系数，收缩、膨胀系数，约束条件
λ，α_{ij}，μ_i，τ_f，C	导温系数，拉格朗日乘子，摩擦应力，标量场、浓度场，常数
λ_i，β_i，β，F	特征根，曲线坐标，标量，泛函被积函数、运动曲面方程
ε_{ij}，δ_{ij}，γ_{ij}，μ'	应变张量，单位张量，工程剪应变张量，黏性系数

$\dot{\varepsilon}_{ij}$，σ_{ij}，σ'_{ij}，$\dot{\sigma}_{ij}$	应变率张量，应力张量，偏应力张量，应力率张量
$\boldsymbol{T}_{\dot{\varepsilon}}$，$\boldsymbol{T}_{\sigma}$，$\boldsymbol{D}_{\sigma}$，$\boldsymbol{T}_{\dot{\sigma}}$	应变率张量，应力张量，偏应力张量，应力率张量
ε_{e}，ε_{m}，e_{ij}，σ_{e}，σ_{m}	等效应变，平均应变，偏应变张量，等效应力，平均应力
$\dot{\varepsilon}_{e}$，$\dot{\varepsilon}_{V}$，$\dot{\varepsilon}_{V_m}$，ε_{Σ}	等效应变率，体积应变率，平均体应变率，累计应变
D/Dt，ψ，χ，φ	物质或随体导数，流面函数，宽度，标量函数、总能率泛函
ω，ω_{ij}，ω_{k}，ω_{i}	角速度矢量，刚性转动张量，对偶矢量，固有振动频率
Φ，J，$\Phi_{\min}$，$J_{\min}$	总能率泛函，总功率泛函，总能率泛函最小值，总功率泛函最小值
$\dot{W}_{i}$，$\dot{W}_{f}$，$\dot{W}_{s}$，$\dot{W}_{b}$	内部塑性功率，摩擦功率，剪切功率泛函，外加阻力功率泛函
R，$\dot{R}$，r，t，$\boldsymbol{R}$	总余能、轧辊半径，总余能率泛函，余能，时间，旋度矢量
S_{p}，S_{u}，S_{v}，S_{D}	外力已知面，位移已知面，速度已知表面，速度或应力不连续面
$\boldsymbol{T}_{A}=\boldsymbol{A}=[a_{ij}]$，$\Pi$	张量 a_{ij}，连乘符号
Γ，$\dot{\Gamma}$，T，Λ	广义剪应变，广义剪应变率，广义剪应力、动能，累积剪应变
$\boldsymbol{T}_{\sigma}$、$\boldsymbol{T}_{\varepsilon}$、$\boldsymbol{T}_{\dot{\varepsilon}}$，$\varepsilon_{e}$、$\dot{\varepsilon}_{e}$	应力、应变、应变速率张量，等效应变、应变率张量
M，$J=\Delta$，D，$\boldsymbol{q}$	质量，雅可比行列式，扩散系数，热流矢量
f，σ_{s}，R，μ_{d}，θ_{σ}	屈服函数，屈服应力，屈服半径，罗德参数，罗金别尔格角
$\bar{y}$，$[N]$，$\{y\}^{e}$，$\bar{u}_{i}$	试函数，形函数矩阵，单元节点函数值列阵，已知位移分量
M_{i}，$\boldsymbol{F}_{i}$，$\boldsymbol{w}_{i}$，$\boldsymbol{R}_{i}$	质点系，主动力矢量，加速度矢量，约束反力矢量
$E(\varepsilon_{ij})$、$E(\dot{\varepsilon}_{ij})$，$\dot{W}_{a}$	应变势能、应变势能率本构函数，前张力功率

$E_R(\sigma_{ij})$、$E_r(\sigma_{ij})$，J	应变余能本构函数，热功当量
e，$\boldsymbol{I}=\delta_{ik}$，$\tau_s=k$	工程应变，单位张量，屈服切应力
$\dot{\phi}_1$，$D(\dot{\varepsilon}_{ik})$，$\lvert\dot{\boldsymbol{\varepsilon}}\rvert$	刚塑性第一变分原理总能率，比塑性功率，应变速率矢量模长
Δv_f、Δv_t，τ	摩擦表面、刚塑性界面切向速度不连续量，切应力
$\dot{W}_k$，g_i，q_a、q_b	体积力综合影响功率，重力加速度分量，轧制变形区前、后张力
E_9，E_5，$\boldsymbol{e}_q$，$\boldsymbol{E}_{ik}$	九维空间，五维空间，正交基矢量，欧拉有限应变张量
$\boldsymbol{I}'_1$、$\boldsymbol{I}'_2$、$\boldsymbol{I}'_3$，$\boldsymbol{I}_2$	偏应变张量第一、二、三不变量，应变张量第二不变量
$\dot{\boldsymbol{I}}'_1$、$\dot{\boldsymbol{I}}'_2$、$\dot{\boldsymbol{I}}'_3$，$\dot{\boldsymbol{I}}_2$	偏应变率张量第一、二、三不变量，应变率张量第二不变量
$\boldsymbol{J}'_1$、$\boldsymbol{J}'_2$、$\boldsymbol{J}'_3$，H	偏应力张量第一、二、三不变量，等倾空间屈服柱面轴线
$\boldsymbol{J}_1$、$\boldsymbol{J}_2$、$\boldsymbol{J}_3$，Q	应力张量第一、二、三不变量，外端界面水平力
$\dot{\boldsymbol{\varepsilon}}$，$\dot{\boldsymbol{\varepsilon}}^0$，$\boldsymbol{\varepsilon}$，$\boldsymbol{\varepsilon}^0$	应变率矢量，应变率单位矢量，应变矢量，应变单位矢量
l_q，$\boldsymbol{n}$，$\mathrm{div}\boldsymbol{T}_A$	分矢量的方向余弦，表面单位法线矢量，张量场的散度
ψ'，f'，α，θ	强化系数，单向强化系数，应力矢量锥角，曲面传播速度
I_i，α，θ，r	内积分矢量积分项，模半角或接触角变量，π 平面极角，压下率
σ_d、σ_{xf}，σ_e、σ_{xb}	拉拔应力，挤压应力
l，L，b，s，t	接触弧水平投影，定径带长度，鼓形参数，管材壁厚，板材厚度
H、h_0，h、h_1	板带变形前厚度，板带变形后厚度
v_R，α_n，h_n，h_x	轧辊圆周速度，中性角，中性面厚度，变形区内任意一点厚度

B，b_0，b_x，b_1	轧前坯料宽度，变形区入口宽度，变形区内任意点宽度，出口宽度
M，χ，N，a_i	轧制力矩，力臂系数，秒流量对中性角导数，加速度分量
α_2，η，t_c，$\dot{\alpha}$，q_0	接触角，热功转换系数，接触时间，角速度，极限荷载
a，K_I，σ_0，r_p	加强系数、裂纹长度，断裂韧性，屈服强度，裂纹扩展区直径
M_r、M_θ，D，w	圆板径向、周向弯矩，抗弯刚度，挠度
V_x、V_y，R_{eq}，τ_e	工具速度，等效半径，等效摩擦力
P_{I}、P_{II}、P_{III}	异步轧制Ⅰ、Ⅱ、Ⅲ区总压力
F_{s1}、F_{s2}，K_1、K_2	慢、快速辊前滑，上、下层金属平面变形抗力
x_{n1}、x_{n2}，V_2/V_1	慢、快速辊中性点位置，异步速比
L_{s1}，T，T_1、T_2	前滑印痕长度，总力矩，慢、快速辊力矩
$\bar{\tau}$，τ_1、τ_2，τ_0	纵向净剪应力，上、下层表面摩擦力，复合层剪应力
a_{c1}、a_{c2}，γ_1、γ_2	上、下辊打滑临界速比，上、下辊中性角
$\int_V \mathrm{d}V = \iiint_V \mathrm{d}V$	体积分
$\int_S \mathrm{d}S = \iint_S \mathrm{d}S$	面积分

目　　录

1 矢量分析

材料成形力学理论是研究材料变形区内各点温度、速度、位移、应变和应力等诸多物理量变化规律的科学。这些量一般都是点的坐标和时间的函数，实际上是在所研究的变形区几何空间不同时刻形成了上述物理量的场，如应力场、速度场等。也就是说，在变形的某一瞬时，对于变形区几何空间内某点以上物理量有确定的值相对应。本章主要参考文献为［1，2，4，5，10］。

1.1 场的定义

如果在空间某个区域内定义了某个或某些标量（即数量）函数，则称被定义的区域为标量场，如温度场、势函数与流函数场等。如所定义的函数为矢量（即向量），则称相应区域为矢量场，如速度场、位移场等。同理，若被定义的函数为张量，则称为张量场，如应力场、应变场、应变速率场等。应当指出，对同一区域，由于研究的物理量不同或坐标空间不同，它可能同时被看成标量场、矢量场和张量场。

场内定义的物理量应当是单值、连续、可导的。例如应力和应变对坐标应有连续到二阶、位移和速度应有连续到三阶的偏导数。如果场内定义的物理量在每点不随时间而改变，则称为定常场或稳定场；否则称为非定常场或时变场。把每一时间间隔内的非定常场看成定常场 $\varphi(x_1, x_2, x_3)=C$ 来研究，即把一个连续变动过程离散为一系列定常过程的总和，可使工程问题得到解决并具有足够的精度。

1.2 标量场

1.2.1 等值面

设标量场内定义的标量函数（称数量函数、纯量函数）φ 连续可导，$\varphi=\varphi(x_1, x_2, x_3)$，令 φ 等于常数 C，则得到

$$\varphi=\varphi(x_1,x_2,x_3)=C$$

这是一个空间曲面，称为标量场的等值面。根据不同的物理意义，φ 可分别为等势面、等温面、流函数等值面等。令 $C=C_1$，C_2，…就得到该函数的等值面族。通过空间每一点只有一个等值面，任何两等值面不会相交。等值面族充满了

整个空间。对 φ 为二元标量函数时，$\varphi=\varphi(x_1, x_2)=C$ 则是一个以 x_1x_2 平面为底的物体被平面 $x_3=$ 常数截成一系列以封闭曲线为界的平面，这些封闭曲线在 x_1x_2 平面上的投影称为等高线，如图 1.1 所示。如果等高线以相同高度差作出，即 $C_2-C_1=C_3-C_2=\cdots$ 则等高线的疏密程度体现了标量函数 φ 的分布特征。沿任何等高线 φ 的切向导数 $\frac{\partial\varphi}{\partial T}=0$；而法向导数 $\frac{\partial\varphi}{\partial n}$ 一般不为零。在等高线最密处 $\frac{\partial\varphi}{\partial n}$ 最大，说明沿等高线法向，函数 φ 变化最激烈。

三维标量函数等值面可化为二维来研究。例如轧制变形区各点铅直正应力 σ_3 的等值面是 $\sigma_3(x_1,x_2,x_3)=C$。图 1.2 示意地给出了等高线 $\sigma_3(x_1,b,x_3)=C_1$ 的图像，其中轧辊轴线方向坐标 $x_2=b$，故得到平面曲线。要搞清 σ_3 的整个分布，需将变形区沿宽向截取若干截面，分别令 $x_2=b_1, b_2, \cdots$，即作出的若干个等高线图，比较后方可得知。上例表明，尽管 σ_3 是矢量场函数，但当其方向已确定且不变时，研究其数值也可按标量函数处理。由此可见，对非定常场，只要相对固定时间 t，也可作出相应瞬时的等值面或等高线。

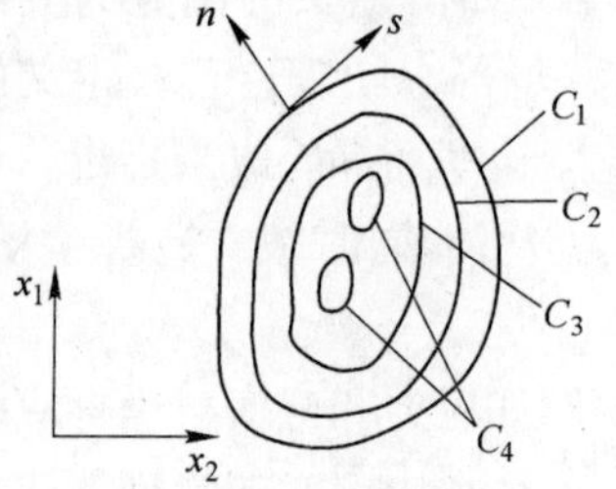

图 1.1　标量场的等高线

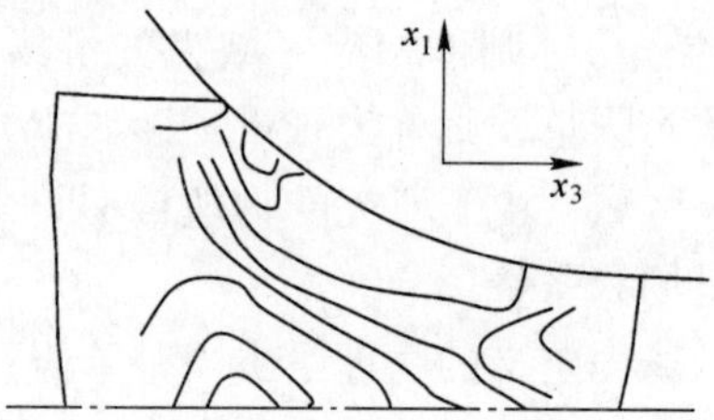

图 1.2　矢量场的分量等高线

1.2.2　方向导数

考察标量函数 $\varphi(x_1, x_2, x_3)$ 沿空间任意方向 S 的变化率即方向导数问题。如图 1.3 所示，由任意点 M 作空间任意方向直线 S，在 S 上取 M 的邻近点 M_1，且 M 和 M_1 不在同一等值面上，则下列极限

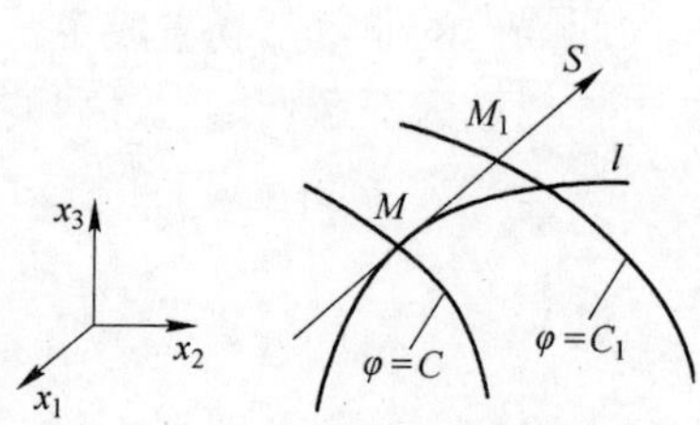

图 1.3　标量场的方向导数

$$\lim_{MM_1\to 0}\frac{\varphi(M_1)-\varphi(M)}{MM_1}=\frac{\partial\varphi}{\partial S}$$

称为 φ 在 M 点的方向导数。一般有

$$\frac{\partial\varphi}{\partial S}=\frac{\partial\varphi}{\partial x_1}\frac{\mathrm{d}x_1}{\mathrm{d}S}+\frac{\partial\varphi}{\partial x_2}\frac{\mathrm{d}x_2}{\mathrm{d}S}+\frac{\partial\varphi}{\partial x_3}\frac{\mathrm{d}x_3}{\mathrm{d}S}=\frac{\partial\varphi}{\partial x_1}l_1+\frac{\partial\varphi}{\partial x_2}l_2+\frac{\partial\varphi}{\partial x_3}l_3 \tag{1.1}$$

式中，l_1、l_2、l_3 分别为方向直线 S 对坐标轴 x_1、x_2、x_3 夹角的余弦。

也可证明，若弧长方向与其切线 S 的正向一致，如图 1.3 所示，则 φ 在 M 点对弧长 l 的方向导数等于 φ 在 M 点对 l 的切线 S 的导数，即

$$\frac{\partial\varphi}{\partial S}=\frac{\mathrm{d}\varphi}{\mathrm{d}l} \tag{1.2}$$

1.2.3 梯度

在标量函数 $\varphi(x_1, x_2, x_3)$ 定义的场内某点的无数个方向导数中，最大的导数连同其方向称为 φ 在该点的梯度矢量。各点的梯度矢量构成 φ 的梯度场。在图 1.3 中，过 M 点的任何方向直线 S 取一单位矢量 $\boldsymbol{S}^0$，$|\boldsymbol{S}^0|=1$，则 $\boldsymbol{S}^0$ 在坐标方向的三个投影正好是方向直线 S 的方向余弦 l_1、l_2、l_3。故有：

$$\boldsymbol{S}^0=l_1\boldsymbol{e}_1+l_2\boldsymbol{e}_2+l_3\boldsymbol{e}_3 \tag{1.3}$$

式中，$\boldsymbol{e}_1$、$\boldsymbol{e}_2$、$\boldsymbol{e}_3$ 是沿坐标轴 x_1、x_2、x_3 方向的单位矢量（固定坐标基）。

设过 M 点有一个矢量 $\boldsymbol{G}$，它由下式定义

$$\boldsymbol{G}=(\partial\varphi/\partial x_1)\boldsymbol{e}_1+(\partial\varphi/\partial x_2)\boldsymbol{e}_2+(\partial\varphi/\partial x_3)\boldsymbol{e}_3 \tag{1.4}$$

作以上二矢量点积的方向导数式：

$$\boldsymbol{S}^0\cdot\boldsymbol{G}=\frac{\partial\varphi}{\partial x_1}l_1+\frac{\partial\varphi}{\partial x_2}l_2+\frac{\partial\varphi}{\partial x_3}l_3=\frac{\partial\varphi}{\partial S} \tag{1.5}$$

$$\boldsymbol{S}^0\cdot\boldsymbol{G}=|\boldsymbol{G}|\cos(\boldsymbol{S}^0,\boldsymbol{G}) \tag{1.6}$$

定义式（1.4）的矢量 $\boldsymbol{G}$ 为标量函数 φ 的梯度。它有以下特点：

（1）$\boldsymbol{G}$ 在 S 方向投影即为标量函数 φ 沿方向 S 的方向导数值，见式（1.5）。该值可由式（1.6）计算，其中要求 $\boldsymbol{G}$ 和 S 方向的夹角（$\boldsymbol{S}^0$，$\boldsymbol{G}$）已知。

（2）式（1.6）表明任意方向的方向导数值 $\boldsymbol{S}^0\cdot\boldsymbol{G}$ 当 $\boldsymbol{G}$ 与 $\boldsymbol{S}^0$ 方向重合时极大，故 $|\boldsymbol{G}|$ 是 M 点的方向导数中数值最大的。

（3）由几何学可知，等值面 $\varphi(x_1, x_2, x_3)=C$ 法线的方向余弦正是 $\frac{\partial\varphi}{\partial x_1}$，$\frac{\partial\varphi}{\partial x_2}$，$\frac{\partial\varphi}{\partial x_3}$。式(1.4)表明 $\boldsymbol{G}$ 沿着等值面法向。方向导数最大值等于 $|\boldsymbol{G}|$，$|\boldsymbol{G}|>0$，故 $\boldsymbol{G}$ 指向 φ 增大的一方。

以后将梯度矢量记为 $\mathrm{grad}\varphi$，即

$$\mathrm{grad}\varphi=\boldsymbol{G}=(\partial\varphi/\partial x_1)\boldsymbol{e}_1+(\partial\varphi/\partial x_2)\boldsymbol{e}_2+(\partial\varphi/\partial x_3)\boldsymbol{e}_3 \tag{1.7}$$

也可由等值面上一点的法向导数表示梯度，即

$$\mathrm{grad}\varphi=(\partial\varphi/\partial n)\boldsymbol{n} \tag{1.8}$$

式中，n 是等值面上一点处的法向单位矢量。方向导数为梯度在该方向的投影，如过某点 S 方向的方向导数为

$$\mathrm{grad}_s\varphi = \partial\varphi/\partial S \tag{1.9}$$

梯度表示标量函数 φ 代表的物理量在几何空间分别的不均匀程度。例如速度势函数$\varphi(x_1, x_2, x_3)$ 的梯度是速度场，即$\boldsymbol{v} = \mathrm{grad}\varphi$，或

$$v_1 = \partial\varphi/\partial x_1,\ v_2 = \partial\varphi/\partial x_2,\ v_3 = \partial\varphi/\partial x_3 \tag{1.10}$$

1.3 矢量场

1.3.1 矢量线

矢量场是由矢量函数 $\boldsymbol{a}(x_1, x_2, x_3)$ 定义的空间区域，场中每一点都有一个具有大小和方向确定的矢量 $\boldsymbol{a}$。矢量线是一族布满区域的空间曲线，其上每点处的切线与该点矢量 $\boldsymbol{a}$ 重合，如图 1.4 所示。空间每点只有一个确定的矢量，而矢量线上每点只有一条切线，故两条矢量线不会相交，如流线、电力线、磁力线等。矢量线 l 上任一点 $M(x_1, x_2, x_3)$ 的矢径 $\boldsymbol{x}$ 为

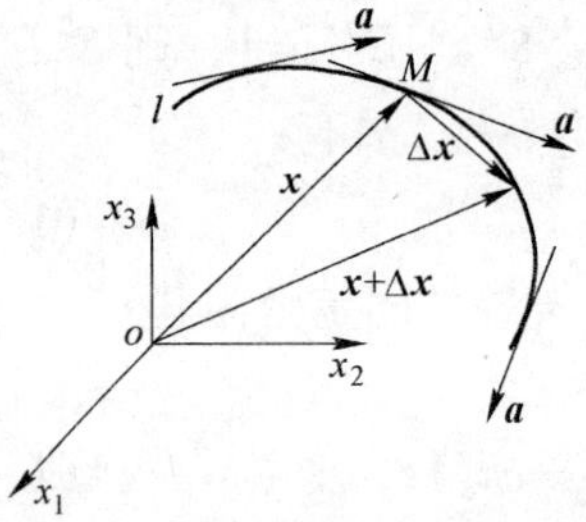

图 1.4 矢量场的矢量线

$$\boldsymbol{x} = x_1\boldsymbol{e}_1 + x_2\boldsymbol{e}_2 + x_3\boldsymbol{e}_3,\qquad \mathrm{d}\boldsymbol{x} = \mathrm{d}x_1\boldsymbol{e}_1 + \mathrm{d}x_2\boldsymbol{e}_2 + \mathrm{d}x_3\boldsymbol{e}_3$$

由于矢径函数的微分为在点 M 处与矢量线相切的矢量，故在 M 点必与场矢量 $\boldsymbol{a} = a_1\boldsymbol{e}_1 + a_2\boldsymbol{e}_2 + a_3\boldsymbol{e}_3$ 共线，于是有

$$\frac{\mathrm{d}x_1}{a_1(x_1, x_2, x_3)} = \frac{\mathrm{d}x_2}{a_2(x_1, x_2, x_3)} = \frac{\mathrm{d}x_3}{a_3(x_1, x_2, x_3)} \tag{1.11}$$

式 (1.11) 即为矢量线的微分方程。

在矢量场内作一任意封闭的曲线 C，C 不一定是平面曲线，但它不和任何矢量线重合，则 C 上每点都有一矢量线通过，矢量线所围成的区域称为矢量管。例如速度场的矢量线称为流线，矢量管称为流管。读者应注意矢量线与矢端曲线（矢端图 hodograph）是完全不同的两个概念。

1.3.2 通量和散度

1.3.2.1 通量

分片光滑的变形区域如图 1.5 所示，在侧表面 S 上的 M 点作一微分面 $\mathrm{d}S$，以 $\boldsymbol{n}$ 表示 M 点单位外法线矢量，假定区域是速度矢量函数 $\boldsymbol{a}$ 的场，$\boldsymbol{a}$ 在边界上一点的法矢量是

$$a_n = \boldsymbol{a}\boldsymbol{n} = a_1 n_1 + a_2 n_2 + a_3 n_3$$

式中，(a_1, a_2, a_3) 为矢量场 $\boldsymbol{a}$ 的边值，是坐标的函数；而 (n_1, n_2, n_3) 则是单位外法线的方

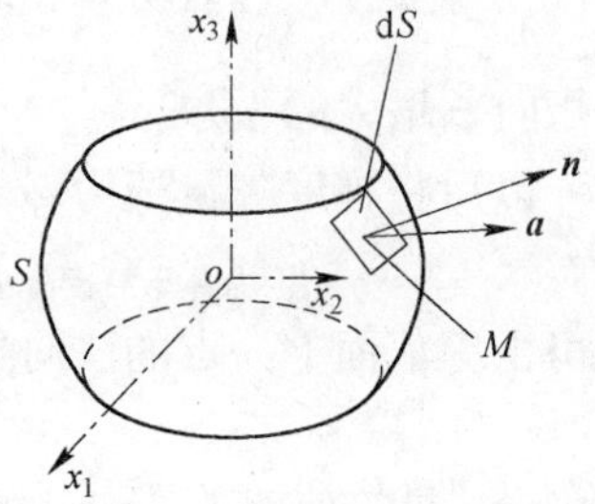

图 1.5 矢量场的通量

向余弦，是单位法矢量 $\boldsymbol{n}$ 沿坐标的投影；$\boldsymbol{an}$ 表示二者的点积（标积）$\boldsymbol{a}\cdot\boldsymbol{n}$。定义

$$\mathrm{d}Q = a_n\mathrm{d}S = \boldsymbol{an}\mathrm{d}S = \boldsymbol{a}\mathrm{d}\boldsymbol{S}$$

为微分面 dS 上矢量场 $\boldsymbol{a}$ 的通量。最后写法中 d$\boldsymbol{S}$ 本身也被看成矢量，其模是 dS 方向为 $\boldsymbol{n}$ 整个曲面 S 的通量为

$$Q = \oint\!\!\oint_S \mathrm{d}Q = \oint\!\!\oint_S a_n\mathrm{d}S = \oint\!\!\oint_S \boldsymbol{an}\mathrm{d}S = \oint\!\!\oint_S \boldsymbol{a}\mathrm{d}\boldsymbol{S} \qquad ①$$

若 S 分片光滑，则积分要对 S_1，S_2，…分片进行。式①最后一项展开为：

$$\boldsymbol{a} = a_1(x_1,x_2,x_3)\boldsymbol{e}_1 + a_2(x_1,x_2,x_3)\boldsymbol{e}_2 + a_3(x_1,x_2,x_3)\boldsymbol{e}_3 \qquad ②$$

$$\mathrm{d}\boldsymbol{S} = \mathrm{d}Sn_1e_1 + \mathrm{d}Sn_2e_2 + \mathrm{d}Sn_3e_3 = \mathrm{d}x_2\mathrm{d}x_3e_1 + \mathrm{d}x_3\mathrm{d}x_1e_2 + \mathrm{d}x_1\mathrm{d}x_2e_3 \qquad ③$$

将式②、式③代入式①，矢量场 $\boldsymbol{a}$ 对闭曲面 S 的通量公式为

$$Q = \oint\!\!\oint_S \boldsymbol{a}\mathrm{d}\boldsymbol{S} = \oint\!\!\oint_S a_1\mathrm{d}x_2\mathrm{d}x_3 + \oint\!\!\oint_S a_2\mathrm{d}x_3\mathrm{d}x_1 + \oint\!\!\oint_S a_3\mathrm{d}x_2\mathrm{d}x_1 \qquad (1.12)$$

注意到 $\boldsymbol{a}$ 与 $\boldsymbol{n}$ 正向间的夹角可能大于 $\pi/2$，即 dQ 可能为负，故式（1.12）中总通量 Q 是 dQ 的代数和。

1.3.2.2 散度

矢量场通过单位体积封闭表面的通量称为 $\boldsymbol{a}$ 的散度，散度是通量对体积的变化率，是通量的一种集度。场内 M 点的散度表示为

$$\mathrm{div}\boldsymbol{a} = \lim_{\substack{V\to 0\\ M\in V}} \frac{\oint\!\!\oint_S \boldsymbol{a}\mathrm{d}\boldsymbol{S}}{V} \qquad (1.13)$$

式中，div 为散度符号；右端分子为宏观体积 V 的表面积 S 的通量；分母为 S 所围的体积。

奥高公式 $$\oint\!\!\oint_S P\mathrm{d}y\mathrm{d}z + Q\mathrm{d}z\mathrm{d}x + R\mathrm{d}x\mathrm{d}y = \iiint_V \left(\frac{\partial P}{\partial x} + \frac{\partial Q}{\partial y} + \frac{\partial R}{\partial z}\right)\mathrm{d}V \qquad (1.14)$$

将此式与式（1.12）对比，可看出式（1.13）右端分子等于

$$\iiint_V \left(\frac{\partial a_1}{\partial x_1} + \frac{\partial a_2}{\partial x_2} + \frac{\partial a_3}{\partial x_3}\right)\mathrm{d}V = \left[\frac{\partial a_1}{\partial x_1} + \frac{\partial a_2}{\partial x_2} + \frac{\partial a_3}{\partial x_3}\right]_M V$$

上式右端由于 M 点总在 V 之内，所以 V 很小时使用中值定理，则可认为方括号内导数和就是 M 点的导数和。将上式代入式（1.13）得到直角坐标系中一点散度公式

$$\mathrm{div}\boldsymbol{a} = \frac{\partial a_1}{\partial x_1} + \frac{\partial a_2}{\partial x_2} + \frac{\partial a_3}{\partial x_3} \qquad (1.15)$$

矢量场的散度是一个标量，在矢量定义域内构成一个标量场。

1.3.2.3 散度的物理意义

由式（1.13）可知，一点的散度是矢量场在该点的一种特征，与坐标选择无关。虽然给定坐标系后具有式（1.15）的形式，但不随坐标轴转动而改变数值，它是矢量场 $\boldsymbol{a}$ 在该点的一个不变量。若 $\boldsymbol{a}$ 是速度场，式（1.13）表示单位时间内流过表面 S 的总流量与体积 V 之比，当 V 趋于零时它表示该点的体积变化率。但 V 为有限体积时它表示一点的体积膨胀率（为正）或收缩率（为负）。塑性变形常假定体积不可压缩，此时塑性区内满足 $\mathrm{div}\boldsymbol{v}=\dot{\varepsilon}_x+\dot{\varepsilon}_y+\dot{\varepsilon}_z=0$，即满足体积不变定律，变形区为无散场或无源场。表明区内发生塑性变形时不“产生”新的体积，即场无源；也不“消失”某些体积。

1.3.2.4 奥高公式

由式（1.14），矢量场 $\boldsymbol{a}$ 可写成：

$$\oint\!\!\!\oint_S a_1\mathrm{d}x_2\mathrm{d}x_3+a_2\mathrm{d}x_3\mathrm{d}x_1+a_3\mathrm{d}x_1\mathrm{d}x_2=\iiint_V\left(\frac{\partial a_1}{\partial x_1}+\frac{\partial a_2}{\partial x_2}+\frac{\partial a_3}{\partial x_3}\right)\mathrm{d}V \tag{1.16a}$$

这是直角坐标系中的表达式，将式（1.12）、式（1.15）代入得到

$$\oint\!\!\!\oint_S a_n\mathrm{d}S=\iiint_V\mathrm{div}\boldsymbol{a}\mathrm{d}V \tag{1.16b}$$

这是奥高公式又一写法，表明 V 内各处通量之和即为 V 的表面 S 上的总通量。

1.3.3 环量和旋度

1.3.3.1 环量

如图1.6所示，在矢量场内作任意有向封闭曲线 L，规定反时针为 L 正向。记 $\mathrm{d}L$ 为 L 的有向弧段，它沿切线 T 指向 L 的正向。将 L 上的每点矢量 $\boldsymbol{a}$ 和过此点的 $\mathrm{d}\boldsymbol{L}$ 作点乘，定义为 $\mathrm{d}\boldsymbol{L}$ 上的环量 $\mathrm{d}\Gamma$ 有

$$\mathrm{d}\Gamma=\boldsymbol{a}\mathrm{d}\boldsymbol{L}=a_t\mathrm{d}L=\boldsymbol{at}\mathrm{d}L$$

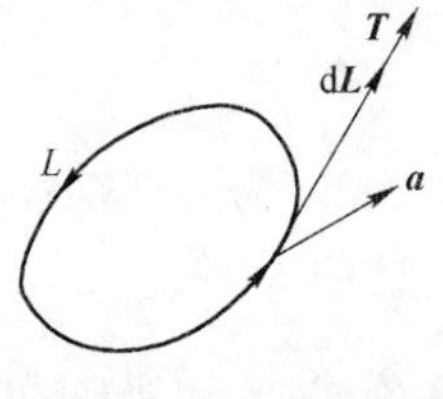

图1.6 矢量场的环量

式中，a_t 为 $\boldsymbol{a}$ 沿 L 的切线分量，$\mathrm{d}L$ 是 $\mathrm{d}\boldsymbol{L}$ 的模，$\boldsymbol{t}$ 是 T 的单位切矢量。沿封闭切线 L 总环量是

$$\Gamma=\oint_L\mathrm{d}\Gamma=\oint_L a_t\mathrm{d}L=\oint_L\boldsymbol{a}\mathrm{d}\boldsymbol{L} \tag{④}$$

若 $\boldsymbol{a}$ 是速度场，则 Γ 表示单位时间的环流量。若 L 不封闭，上式仍成立，此时应改为沿 L 的普通曲线积分。注意到

$$\boldsymbol{a}=a_1(x_1,x_2,x_3)\boldsymbol{e}_1+\boldsymbol{a}_2(x_1,x_2,x_3)\boldsymbol{e}_2+a_3(x_1,x_2,x_3)\boldsymbol{e}_3$$

$$\mathrm{d}\boldsymbol{L}=\mathrm{d}Ln_1\boldsymbol{e}_1+\mathrm{d}Ln_2\boldsymbol{e}_2+\mathrm{d}Ln_3\boldsymbol{e}_3=\mathrm{d}x_1\boldsymbol{e}_1+\mathrm{d}x_2\boldsymbol{e}_2+\mathrm{d}x_3\boldsymbol{e}_3$$

式中，（n_1，n_2，n_3）是 $\mathrm{d}\boldsymbol{L}(\mathrm{d}x_1,\ \mathrm{d}x_2,\ \mathrm{d}x_3)$ 的方向余弦，即单位矢量 $\boldsymbol{t}$ 在坐标轴上的投影。将上二式代入式④得到总环量表达式为：

$$\Gamma = \oint_L \boldsymbol{a}\mathrm{d}\boldsymbol{L} = \oint_L a_1\mathrm{d}x_1 + a_2\mathrm{d}x_2 + a_3\mathrm{d}x_3 \tag{1.17}$$

和通量一样，当 $\boldsymbol{a}$ 和 $\boldsymbol{t}$ 的正向最小交角大于 $\pi/2$ 时，Γ 为负。

1.3.3.2 环量面密度

如图 1.7 所示，在场内取一点 M，过 M 作一曲面 S 使 S 在 M 点处有法向 $\boldsymbol{n}$，S 的周界走向和 $\boldsymbol{n}$ 构成右手系。则下列极限称为矢量场 $\boldsymbol{a}$ 在 M 点的环量面密度。

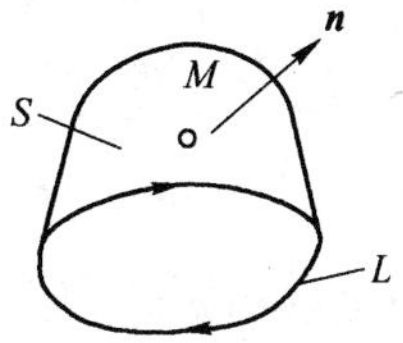

图 1.7 环量的面密度

$$\mathrm{rot}_{\mathrm{n}}\boldsymbol{a} = \lim_{\substack{S\to 0\\ M\in S}} \frac{\oint_L \boldsymbol{a}\mathrm{d}\boldsymbol{L}}{S} \tag{1.18}$$

式中，分子是宏观面积 S 的周界 L 的环量；分母为面积，当 S 趋于零且收缩到 M 时，所得极限即为 M 点的环量面密度，它是一个有方向的量，方向为 $\boldsymbol{n}$。由斯托克公式

$$\oint_L P\mathrm{d}x + Q\mathrm{d}y + R\mathrm{d}z = \iint_S \left(\frac{\partial R}{\partial y} - \frac{\partial Q}{\partial z}\right)\mathrm{d}y\mathrm{d}z + \left(\frac{\partial P}{\partial z} - \frac{\partial R}{\partial x}\right)\mathrm{d}z\mathrm{d}x + \left(\frac{\partial Q}{\partial x} - \frac{\partial P}{\partial y}\right)\mathrm{d}x\mathrm{d}y \tag{1.19}$$

与式(1.17) 对比,式(1.18) 右端分子等于

$$\begin{aligned}
&\iint_S \left(\frac{\partial a_3}{\partial x_2} - \frac{\partial a_2}{\partial x_3}\right)\mathrm{d}x_2\mathrm{d}x_3 + \left(\frac{\partial a_1}{\partial x_3} - \frac{\partial a_3}{\partial x_1}\right)\mathrm{d}x_1\mathrm{d}x_3 + \left(\frac{\partial a_2}{\partial x_1} - \frac{\partial a_1}{\partial x_2}\right)\mathrm{d}x_2\mathrm{d}x_1 \\
&= \iint_S \left[\left(\frac{\partial a_3}{\partial x_2} - \frac{\partial a_2}{\partial x_3}\right)n_1 + \left(\frac{\partial a_1}{\partial x_3} - \frac{\partial a_3}{\partial x_1}\right)n_2 + \left(\frac{\partial a_2}{\partial x_1} - \frac{\partial a_1}{\partial x_2}\right)n_3\right]\mathrm{d}S \\
&= \left[\left(\frac{\partial a_3}{\partial x_2} - \frac{\partial a_2}{\partial x_3}\right)n_1 + \left(\frac{\partial a_1}{\partial x_3} - \frac{\partial a_3}{\partial x_1}\right)n_2 + \left(\frac{\partial a_2}{\partial x_1} - \frac{\partial a_1}{\partial x_2}\right)n_3\right]_M S
\end{aligned} \tag{⑤}$$

当 $S\to 0$，M 总在 S 内，故可由积分中值定理将 M 点的导数值作为积分中值，即 $S\to 0$ 将收缩在 M 点。$\boldsymbol{n}(n_1, n_2, n_3)$ 是面积向量 d$\boldsymbol{S}$ 的方向余弦，即 d$\boldsymbol{S}$ 的单位法向量 $\boldsymbol{n}$ 沿坐标的投影。将式⑤代入式（1.18），直角坐标系下矢量场 $\boldsymbol{a}$ 内一点沿 $\boldsymbol{n}$ 方向的环量面密度为

$$\mathrm{rot}_{\mathrm{n}}\boldsymbol{a} = \left(\frac{\partial a_3}{\partial x_2} - \frac{\partial a_2}{\partial x_3}\right)n_1 + \left(\frac{\partial a_1}{\partial x_3} - \frac{\partial a_3}{\partial x_1}\right)n_2 + \left(\frac{\partial a_2}{\partial x_1} - \frac{\partial a_1}{\partial x_2}\right)n_3 \tag{1.20}$$

1.3.3.3 旋度

令式（1.20）中

$$\left.\begin{aligned}
R_1 &= \partial a_3/\partial x_2 - \partial a_2/\partial x_3 \\
R_2 &= \partial a_1/\partial x_3 - \partial a_3/\partial x_1 \\
R_3 &= \partial a_2/\partial x_1 - \partial a_1/\partial x_2
\end{aligned}\right\} \tag{1.21}$$

并构成一个矢量 $\boldsymbol{R}=R_1\boldsymbol{e}_1+R_2\boldsymbol{e}_2+R_3\boldsymbol{e}_3$。因为式（1.20）环量面密度的方向为 $\boldsymbol{n}$，单位矢量为 $\boldsymbol{n}=n_1\boldsymbol{e}_1+n_2\boldsymbol{e}_2+n_3\boldsymbol{e}_3$，作两矢量点积便得到式（1.20），即

$$\mathrm{rot_n}\boldsymbol{a}=\boldsymbol{Rn}=|\boldsymbol{R}|\cos(\boldsymbol{R},\boldsymbol{n}) \tag{1.22}$$

可见矢量 $\boldsymbol{R}$ 在 $\boldsymbol{n}$ 上的投影就是式（1.20）中 $\boldsymbol{n}$ 方向的环量面密度，其最大值为 $|\boldsymbol{R}|$，记为

$$\mathrm{rot}\boldsymbol{a}=\boldsymbol{R}=\left(\frac{\partial a_3}{\partial x_2}-\frac{\partial a_2}{\partial x_3}\right)\boldsymbol{e}_1+\left(\frac{\partial a_1}{\partial x_3}-\frac{\partial a_3}{\partial x_1}\right)\boldsymbol{e}_2+\left(\frac{\partial a_2}{\partial x_1}-\frac{\partial a_1}{\partial x_2}\right)\boldsymbol{e}_3 \tag{1.23}$$

称为矢量场 $\boldsymbol{a}$ 的旋度，其行列式形式为

$$\mathrm{rot}\boldsymbol{a}=\begin{vmatrix}\boldsymbol{e}_1 & \boldsymbol{e}_2 & \boldsymbol{e}_3\\ \dfrac{\partial}{\partial x_1} & \dfrac{\partial}{\partial x_2} & \dfrac{\partial}{\partial x_3}\\ a_1 & a_2 & a_3\end{vmatrix} \tag{1.24}$$

矢量场 $\boldsymbol{a}$ 的旋度 $\mathrm{rot}\boldsymbol{a}$ 也是一个矢量场，称为旋度场。式（1.21）为其在坐标方向的 3 个分量。$\mathrm{rot_n}\boldsymbol{a}$ 表示旋度 $\mathrm{rot}\boldsymbol{a}$ 在 $\boldsymbol{n}$ 方向的投影。$\mathrm{rot}\boldsymbol{a}$ 处在环量面密度最大的方向，而沿 M 点其他方向环量面密度都是它的投影。

1.3.3.4 旋度的物理意义

在速度场内取一六面体体积单元，其侧面平行于坐标面，六面体在 x_1x_2 坐标面上的投影如图 1.8 所示。现研究 $MA=\mathrm{d}x_1$ 和 $MB=\mathrm{d}x_2$ 所代表的两个侧平面的转角，为了不引进高阶小量，取无穷小量 $\mathrm{d}x_1=\mathrm{d}x_2$。先假定 MB 平面发生转角 α_{12}，如图 1.8a 所示。该转角使原直角减少规定为正，同理平行于 MB 的 AC 侧面也转角 α_{12}，结果使对角线转动了 α_3' 角，且由圆周角与圆心角间关系知 $\alpha_3'=\dfrac{\alpha_{12}}{2}$，以速度 v 表示为

$$\alpha_{12}=(\partial v_1/\partial x_2)\mathrm{d}x_2\Delta t/\mathrm{d}x_2=(\partial v_1/\partial x_2)\Delta t,\ \alpha_3'=(\partial v_1/\partial x_2)\Delta t/2$$

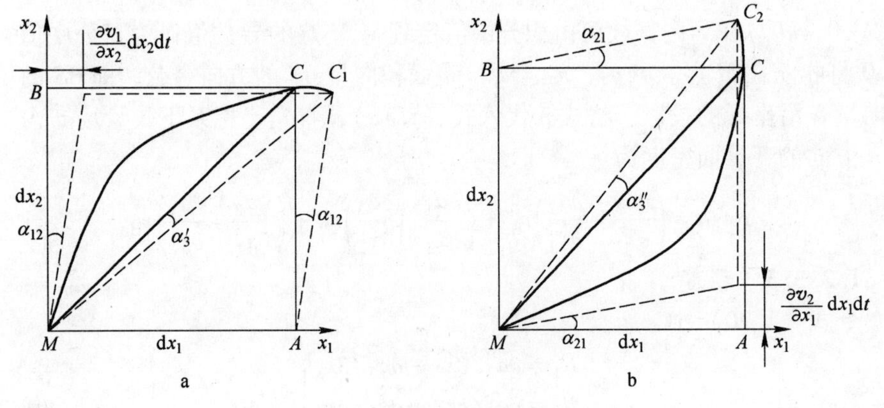

图 1.8 旋度的几何解释

a—MB 平面转角 α_{12}；b—MC 平面转角 α_{21}

由图 1.8b，侧面 MA 和 BC 正的转角 α_{21} 为

$$\alpha_{21} = (\partial v_2/\partial x_1)\mathrm{d}x_1\Delta t/\mathrm{d}x_1 = (\partial v_2/\partial x_1)\Delta t, \quad \alpha_3'' = (\partial v_2/\partial x_1)\Delta t/2$$

同时考虑 α_{21} 与 α_{12}，注意到 α_3' 与 α_3'' 反向，取反时针为正，对角线 MC 总的转角与角速度为

$$\alpha_3 = \alpha_3'' - \alpha_3' = (1/2)(\partial v_2/\partial x_1 - \partial v_1/\partial x_2)\Delta t$$

$$\omega_3 = \lim_{\Delta t\to 0}(\alpha_3/\Delta t) = (1/2)(\partial v_2/\partial x_1 - \partial v_1/\partial x_2)$$

上式角速度作为矢量看待时，方向和坐标轴 x_3 一致。同理可推导出其余两个坐标面上角速度分量为 ω_1 和 ω_2。于是一点处无限小六面体对角线在空间转动的角速度矢量 $\boldsymbol{\omega}$ 为

$$\begin{aligned}\boldsymbol{\omega} &= \omega_1\boldsymbol{e}_1 + \omega_2\boldsymbol{e}_2 + \omega_3\boldsymbol{e}_3 \\ &= \frac{1}{2}\left(\frac{\partial v_3}{\partial x_2} - \frac{\partial v_2}{\partial x_3}\right)\boldsymbol{e}_1 + \frac{1}{2}\left(\frac{\partial v_1}{\partial x_3} - \frac{\partial v_3}{\partial x_1}\right)\boldsymbol{e}_2 + \frac{1}{2}\left(\frac{\partial v_2}{\partial x_1} - \frac{\partial v_1}{\partial x_2}\right)\boldsymbol{e}_3 \end{aligned} \tag{1.25}$$

$$\boldsymbol{\omega} = \frac{1}{2}\mathrm{rot}\boldsymbol{v} \tag{1.26}$$

即体积微元旋转角速度 ω 的 2 倍是速度矢量的旋度。对位移矢量场 $\boldsymbol{u}$,同样步骤得一点转角矢量 $\boldsymbol{\theta}$ 为

$$\boldsymbol{\theta} = \frac{1}{2}\mathrm{rot}\boldsymbol{u}$$

上述各式表明，一点旋度矢量是矢量场在该点与坐标选择无关的量，尽管其 3 个分量 R_1，R_2，R_3 与坐标有关，$\boldsymbol{R}$($\mathrm{rot}\boldsymbol{a}$) 在空间是不变的。它是矢量场 $\boldsymbol{a}$ 在该点处的不变量。

1.3.3.5 斯托克公式

对于矢量场 $\boldsymbol{a}$，斯托克公式（1.19）为

$$\begin{aligned}\oint_L a_1\mathrm{d}x_1 + a_2\mathrm{d}x_2 + a_3\mathrm{d}x_3 = &\iint_S\left(\frac{\partial a_3}{\partial x_2} - \frac{\partial a_2}{\partial x_3}\right)\mathrm{d}x_2\mathrm{d}x_3 + \\ &\left(\frac{\partial a_1}{\partial x_3} - \frac{\partial a_3}{\partial x_1}\right)\mathrm{d}x_1\mathrm{d}x_3 + \left(\frac{\partial a_2}{\partial x_1} - \frac{\partial a_1}{\partial x_2}\right)\mathrm{d}x_1\mathrm{d}x_2\end{aligned} \tag{1.27}$$

将式（1.17）、式（1.23）代入得

$$\oint_L \boldsymbol{a}\mathrm{d}\boldsymbol{L} = \iint_S \mathrm{rot}_n\boldsymbol{a}\mathrm{d}\boldsymbol{S} \tag{1.28}$$

这是斯托克公式的又一形式，它与坐标无关且表明：矢量场 $\boldsymbol{a}$ 沿封闭曲线 L 的环量等于 L 所围成的面积 S 上的各处的法向环量密度之和。

1.4 微分算子与求和约定

1.4.1 哈密顿算子

∇是矢量分析中重要的线性微分算子，称为哈密顿算子或 Nabla 算子，它的定义为：

$$\nabla = \frac{\partial}{\partial x_1}\boldsymbol{e}_1 + \frac{\partial}{\partial x_2}\boldsymbol{e}_2 + \frac{\partial}{\partial x_3}\boldsymbol{e}_3 \tag{1.29}$$

该算子是一个微分符号，也可看做一个向量

$$\nabla\varphi = \left(\frac{\partial}{\partial x_1}\boldsymbol{e}_1 + \frac{\partial}{\partial x_2}\boldsymbol{e}_2 + \frac{\partial}{\partial x_3}\boldsymbol{e}_3\right)\varphi = \frac{\partial\varphi}{\partial x_1}\boldsymbol{e}_1 + \frac{\partial\varphi}{\partial x_2}\boldsymbol{e}_2 + \frac{\partial\varphi}{\partial x_3}\boldsymbol{e}_3 = \mathrm{grad}\varphi \tag{1.30}$$

可见，标量函数 φ 的运算 $\nabla\varphi$ 和梯度 $\mathrm{grad}\varphi$ 是一个含义。但∇作为矢量符号，可与另一矢量点乘或叉乘，这时有

$$\begin{aligned}\nabla\cdot\boldsymbol{a} &= \left(\frac{\partial}{\partial x_1}\boldsymbol{e}_1 + \frac{\partial}{\partial x_2}\boldsymbol{e}_2 + \frac{\partial}{\partial x_3}\boldsymbol{e}_3\right)(a_1\boldsymbol{e}_1 + a_2\boldsymbol{e}_2 + a_3\boldsymbol{e}_3)\\ &= \left(\frac{\partial a_1}{\partial x_1} + \frac{\partial a_2}{\partial x_2} + \frac{\partial a_3}{\partial x_3}\right) = \mathrm{div}\boldsymbol{a}\end{aligned} \tag{1.31}$$

$$\begin{aligned}\nabla\times\boldsymbol{a} &= \left(\frac{\partial}{\partial x_1}\boldsymbol{e}_1 + \frac{\partial}{\partial x_2}\boldsymbol{e}_2 + \frac{\partial}{\partial x_3}\boldsymbol{e}_3\right)(a_1\boldsymbol{e}_1 + a_2\boldsymbol{e}_2 + a_3\boldsymbol{e}_3)\\ &= \left(\frac{\partial a_3}{\partial x_2} - \frac{\partial a_2}{\partial x_3}\right)\boldsymbol{e}_1 + \left(\frac{\partial a_1}{\partial x_3} - \frac{\partial a_3}{\partial x_1}\right)\boldsymbol{e}_2 + \left(\frac{\partial a_2}{\partial x_1} - \frac{\partial a_1}{\partial x_2}\right)\boldsymbol{e}_3 = \mathrm{rot}\boldsymbol{a}\end{aligned} \tag{1.32}$$

即哈密顿算子点乘矢量函数 $\boldsymbol{a}$ 得到 $\boldsymbol{a}$ 的散度，叉乘矢量函数 $\boldsymbol{a}$ 得到 $\boldsymbol{a}$ 的旋度，两个哈密顿算子点乘得拉普拉斯算子 ∇^2，即

$$(\nabla\cdot\nabla)\varphi = \left(\frac{\partial^2}{\partial x_1^2} + \frac{\partial^2}{\partial x_2^2} + \frac{\partial^2}{\partial x_3^2}\right) = \nabla^2\varphi \tag{1.33}$$

形如 $\nabla^2\varphi = 0$ 方程称为拉普拉斯方程或调和方程，形如 $\nabla^2\varphi =$ 常数的方程称为泊松方程。此处不加证明地给出下述两式：

$$\mathrm{rot\ grad}\varphi = \nabla\times(\nabla\varphi) = 0 \tag{1.34}$$

$$\mathrm{div}(\boldsymbol{a}\times\boldsymbol{b}) = \nabla\cdot(\boldsymbol{a}\times\boldsymbol{b}) = \boldsymbol{b}\cdot(\nabla\times\boldsymbol{a}) - \boldsymbol{a}\cdot(\nabla\times\boldsymbol{b}) \tag{1.35}$$

1.4.2 求和约定

求和约定包括以下 5 点：

(1) 只有一个下标的字母，例如 a_i，表示下标依次取为 1，2，3 的三个量的全体 (a_1, a_2, a_3)。所以 a_i 是某个分量的总记号，据此可写出 $\boldsymbol{a} = \boldsymbol{a}(a_i)$。下标 i 称为自由指标，也可用其他字母代替。例如 n_k 表示方向余弦 $(n_1, n_2,$

n_3），$\partial\varphi/\partial x_i$ 表示梯度 gradφ 的总分量等。

（2）在一项中如有一个指标重复出现，则表示对此指标依次取 1，2，3 然后求和，此指标称为哑标，哑标也可用任何字母表示，例如：

$$a_i\boldsymbol{e}_i = a_1\boldsymbol{e}_1 + a_2\boldsymbol{e}_2 + a_3\boldsymbol{e}_3 = \boldsymbol{a}$$

$$a_ib_i = a_1b_1 + a_2b_2 + a_3b_3 = \boldsymbol{ab}$$

$$\partial a_i/\partial x_i = \frac{\partial a_1}{\partial x_1} + \frac{\partial a_2}{\partial x_2} + \frac{\partial a_3}{\partial x_3} = \mathrm{div}\boldsymbol{a}$$

$$a_{ii} = a_{mm} = a_{11} + a_{22} + a_{33}$$

同时规定一等式两边的自由下标必须相同。例如：

$$p_i = \sigma_{ij}n_j$$

（3）带有两个不同下标的量，例如 σ_{ij}表示下列 9 个元素组成的张量

$$\sigma_{ij} = \begin{pmatrix} \sigma_{11} & \sigma_{12} & \sigma_{13} \\ \sigma_{21} & \sigma_{22} & \sigma_{23} \\ \sigma_{31} & \sigma_{32} & \sigma_{33} \end{pmatrix}$$

当 $i=1$ 时，j 依次取 1，2，3，构成第一行。同理得之下两行。再如$\partial\sigma_{ij}/\partial x_j = 0$ 也可写作 $\sigma_{ij,j}=0$，其中逗号表示后面的下标对相应坐标求导，而且 j 是哑标表明对 j 求和，即

$$\frac{\partial\sigma_{11}}{\partial x_1} + \frac{\partial\sigma_{12}}{\partial x_2} + \frac{\partial\sigma_{13}}{\partial x_3} = 0,\quad \frac{\partial\sigma_{21}}{\partial x_1} + \frac{\partial\sigma_{22}}{\partial x_2} + \frac{\partial\sigma_{23}}{\partial x_3} = 0,\quad \frac{\partial\sigma_{31}}{\partial x_1} + \frac{\partial\sigma_{32}}{\partial x_2} + \frac{\partial\sigma_{33}}{\partial x_3} = 0$$

这是熟知的平衡方程。应指出 σ_{ij}也表示张量或矩阵中的任意元素，如果其表示一个行列式，则应带有行列式符号写成$|\sigma_{ij}|$。

（4）克罗内克尔符号 δ_{ij}是表示以下单位矩阵

$$\delta_{ij} = \begin{bmatrix} 1 & 0 & 0 \\ 0 & 1 & 0 \\ 0 & 0 & 1 \end{bmatrix}$$

的符号。但在写成分量形式的运算式中 δ_{ij}的定义为

$$\delta_{ij} = \begin{cases} 1 & 若\ i=j \\ 0 & 若\ i\neq j \end{cases}$$

以下事实读者应充分注意：$\alpha_{ip}\alpha_{kq}\delta_{ik} = \alpha_{mp}\alpha_{mq}$，成立条件 $i=k=m$；并有

$$\delta_{ii} = \delta_{11} + \delta_{22} + \delta_{33} = 3;\ \delta_{im}a_m = a_i;\ \delta_{im}T_{mj} = T_{ij}$$

$$\delta_{im}\delta_{mj} = \delta_{ij}$$

$$\delta_{im}\delta_{mj}\delta_{jn} = \delta_{in}$$

$$\boldsymbol{e}_i\cdot\boldsymbol{e}_j = \delta_{ij}$$

（5）置换符号。置换符号用 e_{ijk}表示，称排列符号或爱丁顿（Eddington）张

量。定义为

$$e_{ijk}=\begin{cases}1, & \\ -1, \text{当 } i,\ j,\ k \text{ 构成} & \begin{cases}1,\ 2,\ 3 \text{ 的偶排列}\\ 1,\ 2,\ 3 \text{ 的奇排列}\\ i,\ j,\ k \text{ 中有相同者}\end{cases} \\ 0, & \end{cases} \tag{1.36}$$

即

$$\left.\begin{aligned}&e_{111}=e_{222}=e_{333}=e_{112}=e_{113}=e_{221}=e_{223}=e_{331}=e_{332}=0\\&e_{123}=e_{231}=e_{312}=1\\&e_{213}=e_{321}=e_{132}=-1\end{aligned}\right\}$$

$$e_{ijk}=e_{jki}=e_{kij}=-e_{jik}=-e_{ikj}=-e_{kji}$$

例：行列式 $\Delta=\begin{vmatrix}a_{11} & a_{12} & a_{13}\\ a_{21} & a_{22} & a_{23}\\ a_{31} & a_{32} & a_{33}\end{vmatrix}=e_{ijk}a_{1i}a_{2j}a_{3k}=e_{ijk}a_{i1}a_{j2}a_{k3}$，由此知：

$$e_{\alpha\beta\gamma}\Delta=e_{ijk}a_{\alpha i}a_{\beta j}a_{\gamma k}=\begin{vmatrix}a_{1\alpha} & a_{1\beta} & a_{1\gamma}\\ a_{2\alpha} & a_{2\beta} & a_{2\gamma}\\ a_{3\alpha} & a_{3\beta} & a_{3\gamma}\end{vmatrix}$$

例：旋度和叉乘定义

$$\mathrm{rot}\boldsymbol{a}=\nabla\times\boldsymbol{a}=\begin{vmatrix}\boldsymbol{e}_1 & \boldsymbol{e}_2 & \boldsymbol{e}_3\\ \dfrac{\partial}{\partial x_1} & \dfrac{\partial}{\partial x_2} & \dfrac{\partial}{\partial x_3}\\ a_1 & a_2 & a_3\end{vmatrix}=e_{ijk}\frac{\partial a_k}{\partial x_j}\boldsymbol{e}_i\rightarrow(\mathrm{rot}\boldsymbol{a})_i=(\nabla\times\boldsymbol{a})_i=e_{ijk}\frac{\partial a_k}{\partial x_j}$$

$$\boldsymbol{u}\times\boldsymbol{v}=\begin{vmatrix}\boldsymbol{e}_1 & \boldsymbol{e}_2 & \boldsymbol{e}_3\\ u_1 & u_2 & u_3\\ v_1 & v_2 & v_3\end{vmatrix}=e_{ijk}u_jv_k\boldsymbol{e}_i\rightarrow(\boldsymbol{u}\times\boldsymbol{v})_i=e_{ijk}u_jv_k$$

δ_{ij}与 e_{ist}均为张量，二者之间关系为

$$e_{ijk}e_{ist}=\delta_{js}\delta_{kt}-\delta_{jt}\delta_{ks}$$

1.5 拉格朗日与欧拉变量

以连续介质力学研究材料成形常用点和质点两个术语。点是指几何空间的一个固定位置，它由坐标值表示，又叫“空间点”。质点是指变形介质的无限小的物质集合，它有物质和空间双重属性：一是指各向尺寸无限小的物质的点可看成几何空间的点，其位置由坐标值表示；二是指质点是物质的，因而具有体积，所以可谈及一点的密度，一点处的应变，乃至一点的转动等。基于后者，我们有时也把质点说成“微团”、“微分体”、“体元”。质点与时间有密切的关系，一质

点在某时刻只能占据空间某一确定位置。

质点的集合形成物质线、物质面和物体，它们同样具有物质和空间双重属性。通常所说空间某区域 D，系指形状由坐标唯一确定的空间体。而区域 D 内每点都充满质点，那就是物体 D 了。物体 D 的形状不仅决定于坐标，而且还取决于时间。二者不能混为一谈。

1.5.1 拉格朗日变量

研究连续体运动有两种方法：第一种方法叫拉格朗日方法，它立足质点本身，跟踪质点研究与质点相关的物理量的变化规律。形象地说，是“骑”在某质点 M 上观察属于质点 M 的某物理量 A 随时间的变化，可记为 $A=A(M,\ t)$。

例如要描述某质点的运动轨迹，先假定 $t=t_0$ 时刻包含该质点的物体占据空间的某个区域。此时一个质点 M 的位置，可用它从某固定点 O 计量的位置矢量 $\boldsymbol{X}$ 来描述，如图 1.9 所示。设在即时时刻 t，该质点的位置矢量为 $\boldsymbol{x}$，则以下形式的两公式

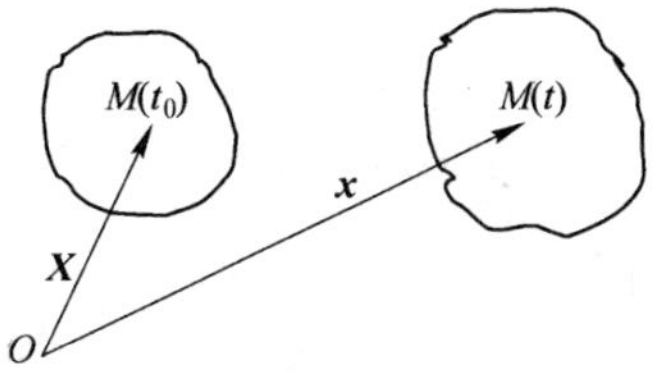

图 1.9 质点轨迹的描述

$$\boldsymbol{x}=\boldsymbol{x}(\boldsymbol{X},t) \quad \text{同} \quad \boldsymbol{x}(\boldsymbol{X},t_0)=\boldsymbol{X}$$

$$x_i=x_i(X_k,t) \quad \text{同} \quad X_i=x_i(X_k,t_0)$$

$$\left.\begin{aligned} x_1&=x_1(X_1,X_2,X_3,t)\\ x_2&=x_2(X_1,X_2,X_3,t)\\ x_3&=x_3(X_1,X_2,X_3,t)\end{aligned}\right\} \quad \text{同} \quad \left.\begin{aligned} X_1&=x_1(X_1,X_2,X_3,t_0)\\ X_2&=x_2(X_1,X_2,X_3,t_0)\\ X_3&=x_3(X_1,X_2,X_3,t_0)\end{aligned}\right\} \tag{1.37}$$

就描述了在 $t=t_0$ 时，位于 $\boldsymbol{X}$ 的每个质点的轨迹（对不同的质点，$\boldsymbol{X}$ 不同）。式中，x_i 是质点的空间（即时）坐标；X_k 是该质点在 $t=t_0$ 初始时刻的物质坐标；$(X_k,\ t)$ 称为拉格朗日变量，简称拉氏变量。x_i 和 X_k 都是笛卡儿坐标，分别称空间坐标与物质坐标。对物理量形如式（1.37）的描述称“物质描述”、“拉格朗日描述”、“起始描述”。

在式（1.37）中若令 X_k 固定，则得到一特定质点在空间的位置随时间的变化情况，即质点 X_k 的轨迹。若令 t 为常数，则得到在特定时刻 t 各初始点在空间的位置。若 X_k 和 t 都不固定，则得到变形介质运动的一般图像。这里假定 x_i 是连续函数，对全部变量有连续的各阶偏导数，且 X_k 是 x_i 和 t 的单值函数。因为空间一个点不能同时为两个质点所占据，各质点的速度与加速度分量可用坐标 x_i 对时间的偏导数表示，即

$$v_i = \partial x_i / \partial t = \partial x_i(X_k, t) / \partial t$$

$$a_i = \partial v_i / \partial t = \partial^2 x_i(X_k, t) / \partial t^2$$

对式（1.37）的含义可作如下引申：（1）在 $t = t_0$ 时，设有 $x_i = X_i$，如果令这时的 $X_i = 0$，这就是初始正交坐标面，而式（1.37）正好是这组初始正交坐标面在时刻 t 被扭曲以后的情况，如图 1.10a 所示。（2）如果在 $t = t_0$ 时有个长方体 D_0，X_k 是这时长方体 D_0 内全部质点的坐标，那么式（1.37）就是 D_0 在时刻 t 的形状 D，如图 1.10b 所示。可见式（1.37）就是把初始时刻的线、面、体不断映射成不同时刻 t 的线、面、体。

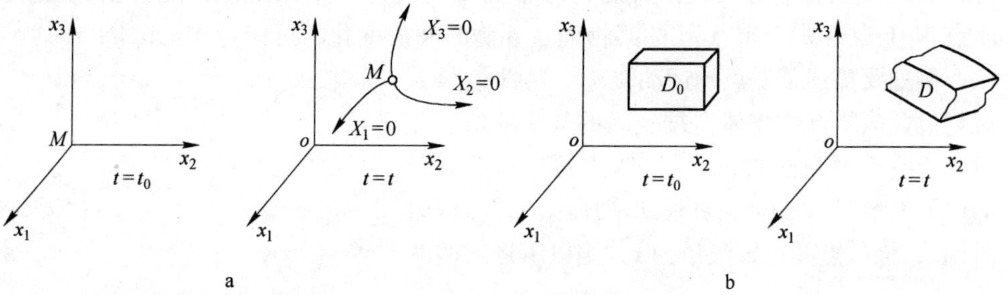

图 1.10 拉格朗日变量表示的运动

1.5.2 欧拉变量

研究连续体运动的第二种方法叫欧拉方法，该法立足于观察者空间的固定点，所考察的物理量是空间固定点的坐标与时间的函数。用此法描述变形材料的运动，由于观察者只盯住固定空间的点，所以就无法测得质点的位置随时间变化的情况。但能测得每一空间点处流过质点的速度，也就是

$$v_i = v_i(x_k, t)$$

或 $$v_1 = v_1(x_1, x_2, x_3, t),\ v_2 = v_2(x_1, x_2, x_3, t),\ v_3 = v_3(x_1, x_2, x_3, t) \quad (1.38)$$

式中，（x_k，t）称为欧拉变量，简称欧氏变量。用欧拉方法可以描述应力、应变、温度等诸多物理量在固定空间或它的一个不变的区域内的变化规律，即它研究的是一个场。本章前述的若干概念与公式实际上都是用欧氏变量表示的场。形如式（1.38）的描述称“欧拉描述”、“空间描述”。x_k 定出实际空间中点的固定位置，故称空间坐标。

式（1.38）中令 t 固定，则得到在时刻 t 区域 D 内各点的速度分布图像，即速度场。若令 x_k 固定，则得到空间固定点 x_k 处质点速度随时间的变化规律。在不同时刻总有不同质点流过空间固定点 x_k。若 x_k 和 t 都不固定，则得到场内各点的速度随时间变化的规律。

若式（1.38）中 v_i 与时间无关则得到定常速度场，例如，轧制、挤压、拉

拔等过程的稳定阶段，速度场就是定常场。随时间发生变化的速度场为非定常场，又称时变场，例如冲孔、穿孔、锻造等过程的速度场就是非定常场。若式（1.38）中 v_i 与坐标及时间都无关，即各点速度相同，则为均匀速度场。

1.5.3 拉氏与欧氏变量间的转换

欧拉方法的优点是可借助场论知识来研究变形材料的运动及场内所定义的物理量的变化规律，所以相对方便。拉格朗日方法的优点是可跟踪一个质点研究有关量的变化历史。

材料成形通常不关心具体质点，而关心整个变形区内应力场或速度场所反映的图像，故主要应用欧氏变量。但实验研究变形时，常观察事先埋在变形体中的格子和线条在变形后的歪斜情况，所以必然用到拉氏变量。而且连续介质力学的基本定律最初形式都是以拉氏观点表达的。两种变量间转换如下：注意到拉氏变量表示的运动，如式（1.37）

$$x_i = x_i(X_k, t) \tag*{①}$$

速度函数是坐标对时间求偏导

$$v_i = \partial x_i(X_k, t)/\partial t = v_i(X_k, t) \tag*{②}$$

由式①反解出 $X_k = X_k(x_i,\ t)$ 代入式②即得：

$$v_i = v_i[X_k(x_i, t), t] = v_i(x_k, t) \tag*{③}$$

这就是自变量是欧氏变量的式（1.38）。反之，如给定欧氏变量表示的速度式（1.38）

$$v_i = v_i(x_k, t) \tag*{④}$$

注意到这时速度是全导数，上式写成

$$\mathrm{d}x_i/\mathrm{d}t = v_i = v_i(x_k, t) \tag*{⑤}$$

假如上述常微分方程组可以积分得到通解

$$x_i = x_i(C_k, t) \tag*{⑥}$$

此处 C_k 是三个常数，由 $t = t_0$时 $x_i = X_i$ 的条件确定。由此得

$$C_k = C_k(X_1, X_2, X_3) \tag*{⑦}$$

将式⑦代入式⑥即得式（1.37）

$$x_i = x_i[C_k(X_i), t] = x_i(X_k, t) \tag*{⑧}$$

式中，X_k 是质点的初始坐标值。

例 1：将下述拉氏变量表示的运动转换成欧氏变量表达式，并求速度场

$$x_1 = X_1;\quad x_2 = X_2 + X_3(e^t - 1);\quad x_3 = X_3 + X_2(e^{-t} - 1) \tag*{⑨}$$

解：当 $t = t_0 = 0$ 时，$x_i = X_i$，足见 X_i 是 $t = 0$ 时的初始坐标。反解上式得

$$X_1 = x_1,\quad X_2 = \frac{x_3(e^t - 1) - x_2}{1 - e^t - e^{-t}},\quad X_3 = \frac{x_2(e^{-t} - 1) - x_3}{1 - e^t - e^{-t}} \tag*{⑩}$$

此式即运动的欧氏变量表达，其决定每一时刻 t 流经空间点的是哪个质点，即质点在 $t=0$ 时的初始坐标值 X_i。将式⑨按式②对 t 求导得

$$v_1=0,\ v_2=X_3e^t,\ v_3=-X_2e^{-t}$$

将式⑩代入上式即得形如式③的方程

$$v_1=0,\ v_2=\frac{x_2(1-e^t)-x_3e^t}{1-e^t-e^{-t}},\ v_3=-\frac{x_3(1-e^{-t})-x_2e^{-t}}{1-e^t-e^{-t}}$$

例 2：求下列欧氏变量表示速度场的运动的拉氏表达。

$$v_1=ax_1+t^2,\ v_2=bx_2-t^2,\ v_3=0$$

解：依据式④对上式写出

$$\mathrm{d}x_1/\mathrm{d}t=ax_1+t^2,\ \mathrm{d}x_2/\mathrm{d}t=bx_2-t^2,\ \mathrm{d}x_3/\mathrm{d}t=0$$

求解上述非齐次微分方程组，积分的通解为

$$x_1=-\frac{t^2}{a}-\frac{2t}{a^2}-\frac{2}{a^3}+C_1e^{at},\ x_2=\frac{t^2}{b}+\frac{2t}{b^2}+\frac{2}{b^3}+C_2e^{bt},\ x_3=C_3$$

利用初始条件 $(x_i)_{t=0}=X_i$，求出 C_i 代入上式得

$$\left.\begin{aligned}x_1&=-\frac{t^2}{a}-\frac{2t}{a^2}-\frac{2}{a^3}+e^{at}(X_1+\frac{2}{a^3})\\x_2&=\frac{t^2}{b}+\frac{2t}{b^2}+\frac{2}{b^3}+e^{bt}(X_2-\frac{2}{b^3})\\x_3&=X_3\end{aligned}\right\}$$

上式即为形如式（1.37）的以拉氏变量表示的质点的运动。

1.5.4 连续体运动的仿形映射

描述一个物质区域 D 内的全部质点运动的方程通常以拉氏变量表示

$$\boldsymbol{x}=\boldsymbol{x}(\boldsymbol{X},t) \tag{1.39}$$

式中 $\boldsymbol{X}$ 是在 $t=t_0$ 时刻 D 内所有质点的笛卡儿坐标，即

$$\boldsymbol{X}=\boldsymbol{x}\big|_{t=t_0}=X_i\boldsymbol{e}_i=X_1\boldsymbol{e}_1+X_2\boldsymbol{e}_2+X_3\boldsymbol{e}_3 \qquad ①$$

而 $\boldsymbol{X}\in D$，例如 D 是一个长方体，如图 1.11a 所示。在后续时刻 $t=t_1$ 每一质点 $\boldsymbol{x}$ 都占据一个新的空间点 $\boldsymbol{x}$，如图中 A 点移动到了 A' 的位置。整个物质区域 D 改变了形状和位置而成为 E，如图 1.11b 所示。E 中点的坐标 $\boldsymbol{x}$ 由式（1.39）变为

$$\boldsymbol{x}=\boldsymbol{x}\big|_{t=t_1}=x_i\boldsymbol{e}_i=x_1\boldsymbol{e}_1+x_2\boldsymbol{e}_2+x_3\boldsymbol{e}_3 \qquad ②$$

而 $\boldsymbol{x}\in E$，我们把 D 称为原象，E 称为映象。式（1.39）反映由原象求映象的规律。

如由映象求原象，则需反解式（1.39）得出

$$\boldsymbol{X}=\boldsymbol{X}(\boldsymbol{x},t) \tag{1.40}$$

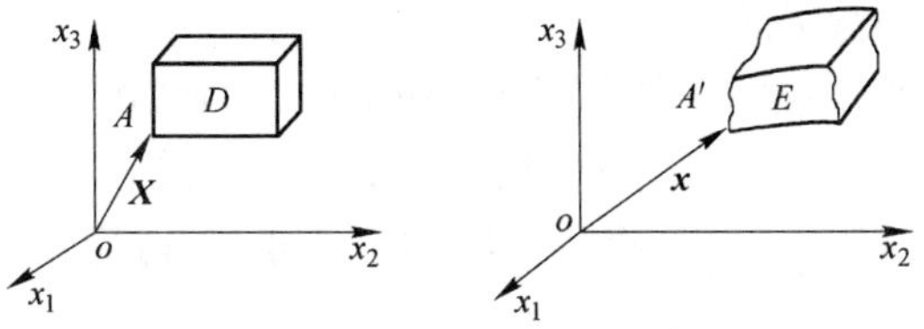

图 1.11 拉氏变量的映射

若此反函数存在且单值，则原象和映象是一一对应的。如果式（1.39）描述 D 内每个质点的真实运动，则整个 D 的边长应当是充分光滑的，即该式对其全部自变量应有连续的任意阶偏导数。不过通常只要求对时间两次可导且连续（即外力无突变），对坐标三次可导且连续（应变场协调）就足够了。因此要求式（1.39）下列雅可比行列式

$$\Delta = |\partial x_i/\partial X_k| = \begin{vmatrix} \partial x_1/\partial X_1 & \partial x_1/\partial X_2 & \partial x_1/\partial X_3 \\ \partial x_2/\partial X_1 & \partial x_2/\partial X_2 & \partial x_2/\partial X_3 \\ \partial x_3/\partial X_1 & \partial x_3/\partial X_2 & \partial x_3/\partial X_3 \end{vmatrix} = \frac{\mathrm{D}(\boldsymbol{x})}{\mathrm{D}(\boldsymbol{X})} \tag{1.41}$$

在所考察的区域内每一点不为零，且其对应的方程组的系数矩阵必须是满秩的（行列式内每一元素都存在）。由多元函数微分学知，Δ 的含义是 D 内任一点处的体积变换到 E 以后增大了多少倍，所以 Δ 不为零且总是正的，但一般是时间的函数。

于是当 $t = t_0$时，$\Delta = 1$。初始体积 $\mathrm{d}V$ 与即时体积 $\mathrm{d}v$ 间满足下列关系

$$\mathrm{d}v = \Delta \mathrm{d}V \tag{1.42}$$

而体积不可压缩条件可表述为：在每一点 $\Delta = 1$，对应逆变换也可写出雅可比行列式且

$$\mathrm{d}V = |\partial X_i/\partial x_k| \mathrm{d}v \tag{1.43}$$

最重要的一种映射是仿形映射，又称线性变换，此时式（1.39）的形式为

$$x_i = b_i + a_{ik}X_k \qquad ③$$

式③可理解为两个矢量 $\boldsymbol{x}$ 与 $\boldsymbol{X}$ 之间的对应关系，依据后面将讲述的张量判别定理 a_{ik}为张量，由于 b_i 为与 X_k 无关的矢量，所以

$$\Delta = |a_{ik}| = |\partial x_i/\partial X_k| \qquad ④$$

由于 a_{ik}中已不含坐标，可见 Δ 在各点相同，这就是线性变换的特点。与式（1.41）一样，一般 Δ 中含有时间，这点可从前述两例题中看出。所谓线性变换或仿形变换，意指原象为直线（平面），经式③映射的映象也是直线（平面），一个圆（或球）变换后成为椭圆（或椭球）。值得注意的是，两正交直线经线性变换后，一般不再正交，所以一个正六面体变形后为平行六面体，它虽然歪斜

了，但其侧面仍是平行平面。

就宏观物体来说，变形一般不可能是仿形的，但就物体中每个质点或体积微元来说，变形是局部仿形的，即线性的，一点的变形总是具有线性性质。

在某一时刻 t，在某一点处将坐标转动，使张量 a_{ik} 变成对角形（即主轴），式③可写成

$$x_1 = b_1 + a_1 X_1^*, \quad x_2 = b_2 + a_2 X_2^*, \quad x_3 = b_3 + a_3 X_3^* \tag{1.44}$$

足见线性变换是每点处沿其主方向的拉伸或压缩，但各点的主方向不一定相同，则说明为何局部线性变换但宏观整体上又不具仿形性。

1.6 速度矢量场

设 t 时刻即时坐标为 x_i 的质点，移动后占据新的空间位置为 $x_i + \Delta u_i$，然后将 Δu 除以 Δt，并令 $\Delta t \to 0$，即得到速度矢量场如图 1.12a 所示。

$$\boldsymbol{v}(\boldsymbol{x}, t) = \lim_{\Delta t \to 0} (\Delta \boldsymbol{u} / \Delta t)$$

或

$$v_i = v_i(x_k, t) \tag{1.45}$$

这是以欧氏变量表示的区域内全部质点的即时速度图像，即速度场。然后用前述例 2 的方法可以建立任意质点初始坐标与即时坐标的关系。这样对有限变形即大变形的研究，可以化成一系列时刻速度场的研究，直接应用前述场论的数学工具。速度场有以下性质。

1.6.1 流线

速度场的矢量线叫流线。流线上每点的速度方向与该点的切线方向相重合，全部流线的总体反映出该时刻 t（对定常场则为任何时刻），整个区域内各点按式（1.45）确定的流动图像。流线的方程依其定义为

$$\boldsymbol{v} \times \mathrm{d}\boldsymbol{x} = 0$$

或

$$\frac{\mathrm{d}x_1}{v_1(x_k, t)} = \frac{\mathrm{d}x_2}{v_2(x_k, t)} = \frac{\mathrm{d}x_3}{v_3(x_k, t)} \tag{1.46}$$

此处只有两个独立方程。由于流线是对同一时刻而言的，故有积分式（1.46）时，时间 t 是一常数。对于不同时刻一般有不同的流线。因为空间每点只能有一个速度方向，故任意两流线不会相交，变形区每点都有一条流线通过。对定常场，流线形状不随时间变化。

1.6.2 迹线

迹线是指一质点在不同时刻占据空间点的坐标的整体，又称轨迹或质点的路

径。轨迹的切线也表示速度的方向线，不过一条轨迹的全部切线只是同一个质点不同时刻的速度方向线而已，如图 1.12b 所示。轨迹总是和流线相切，在场内每一空间点上总有一条轨迹通过，而时刻 t 的流线总是在轨迹上的同时刻点处和轨迹相切。对于定常运动，轨迹也是不随时间变化的，其切线图像也不随时间变化，故迹线与流线相重合。

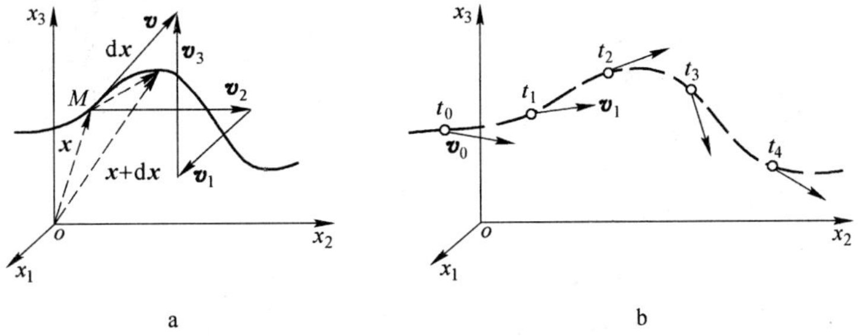

图 1.12 流线与迹线
a—流线；b—迹线

设欧拉变量表示的速度场为$\boldsymbol{v}(\boldsymbol{x},t)$或 $v_i(x_k,t)$，则轨迹方程是

$$\mathrm{d}\boldsymbol{x}=\boldsymbol{v}(\boldsymbol{x},t)\,\mathrm{d}t$$

或

$$\frac{\mathrm{d}x_1}{v_1(x_k,t)}=\frac{\mathrm{d}x_2}{v_2(x_k,t)}=\frac{\mathrm{d}x_3}{v_3(x_k,t)}=\mathrm{d}t \tag{1.47}$$

这里是三个独立的微分方程，$\mathrm{d}x_i$ 是沿轨迹的坐标增量。积分时 t 不再是常数。对定常场，v_i 与 t 无关，故上式与式（1.46）相同。

例 3：欧氏变量速度场为 $v_1=x_1-t$，$v_2=-x_2-t$，$v_3=0$。求（1）$t=0$ 时，坐标为（1，1）的质点的轨迹。（2）$t=0$ 时，过点（1，1）的一条流线。

解：（1）由式（1.47），$\dfrac{\mathrm{d}x_1}{x_1-t}=\dfrac{\mathrm{d}x_2}{-x_2-t}=\mathrm{d}t$；积分时视 t 为变量 $\mathrm{d}x_1/\mathrm{d}t=x_1-t$，$\mathrm{d}x_2/\mathrm{d}t=-x_2-t$，这是两个非齐次线性微分方程，通解为

$$x_1=C_1e^t+t+1,\qquad x_2=C_2e^{-t}-t+1$$

利用 $t=0$ 时 $x_1=1$，$x_2=1$ 的初始条件，得 $C_1=C_2=0$。将 $C_1=C_2=0$ 代入上式有：$x_1=t+1$，$x_2=-t+1$；消去时间参数轨迹为下列直线

$$x_1+x_2=2$$

（2）由式（1.46）流线微分方程为：$\dfrac{\mathrm{d}x_1}{x_1-t}=\dfrac{\mathrm{d}x_2}{-x_2-t}$，积分时视 t 为常量有

$$(x_1-t)(-x_2-t)=C$$

所求一条流线是 $t=0$ 时的，故 $x_1x_2=-C$，又已知该流线通过点（1，1），故 $C=-1$，代回原式得流线方程为下列双曲线

$$x_1x_2=1$$

图 1.13 为质点（1，1，$t=0$）的轨迹图和 $t=0$ 时过点（1，1）的流线图，它们在点（1，1）相切。因为是非定常场，故二者并不重合。

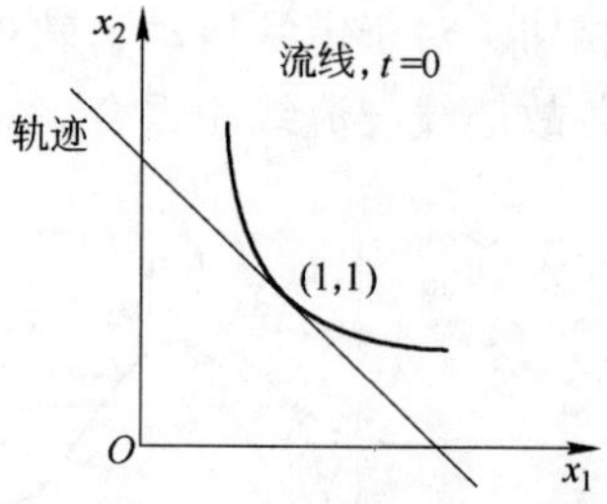

图 1.13 时变场的迹线与流线

例 4：求下列定常场 $v_1=x_1$，$v_2=-x_2$，$v_3=0$ 的轨迹与流线，条件同上例。

解：（1）轨迹由式（1.47）

$$\frac{dx_1}{x_1}=\frac{dx_2}{-x_2}=dt\rightarrow x_1=C_1e^t,\ x_2=C_2e^{-t}$$

对于质点（1，1，$t=0$），定出 $C_1=C_2=1$。于是 $x_1=e^t$，$x_2=e^{-t}$，消去时间参数 t 后，得此质点轨迹方程为 $x_1x_2=1$。

（2）流线按式（1.46）

$$\frac{dx_1}{x_1}=\frac{dx_2}{-x_2}\rightarrow \ln x_1=-\ln(x_2)+\ln C\rightarrow x_1x_2=C$$

令该流线通过（1，1）点，得 $C=1$，故流线方程为 $x_1x_2=1$，与迹线相重合。

1.6.3 流管

在变形区内作任一条不是流线的封闭曲线 C，过 C 上各点流线的全体便形成一个流面，流面所围成的区域称为流管。当流管截面取得无限小时，得到流管元，如图 1.14 所示。流管的基本性质和流线一样，它起始于变形区边界（接触表面、自由表面），或伸展至无穷远处，流管在变形区内不能中断并彼此互不相交。

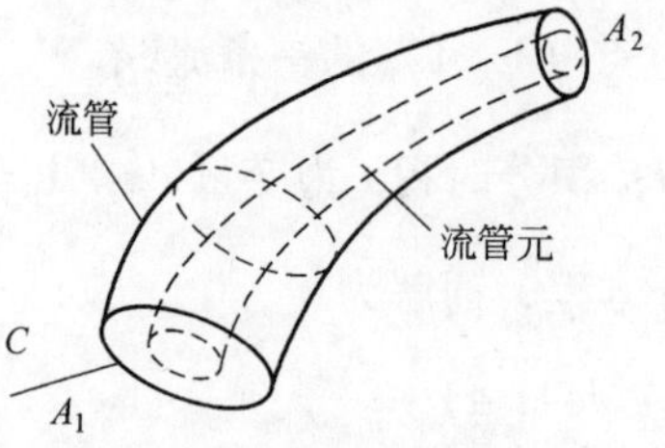

图 1.14 流管和流管元

非定常流的流管形状随时间变化，定常流的流管形状不随时间变化。定常流动的流管可视为真正的管子，管壁视为“刚性”，介质只能切于管壁在管内流动，而不能穿透管壁流动。管壁由流管边界流线构成。

对流管元，截面上速度可视为相同，设流管元任意两个与流线垂直的截面为 A_1 与 A_2，若介质不可压缩，相应流速应满足

$$v_1A_1=v_2A_2 \tag{1.48}$$

可见流管截面缩小时，流速增大；流速减小时，流管截面增大。一般情况下流管的截面不一定是平面，但同一时刻，流管任意截面上的质量应相等，故有（见图 1.15）

$$\iint_{\Phi_1}\rho_1\,\boldsymbol{v}_1 n_1 \mathrm{d}\boldsymbol{\Phi}_1 = \iint_{\Phi_2}\rho_2\,\boldsymbol{v}_2 n_2 \mathrm{d}\boldsymbol{\Phi}_2$$

如体积不可压缩，则密度 $\rho_1=\rho_2$。若所取截面与管内所有流线都正交（等势面），上式为

$$\iint_{\Phi_1} v_1 \mathrm{d}\boldsymbol{\Phi}_1 = \iint_{\Phi_2} v_2 \mathrm{d}\boldsymbol{\Phi}_2$$

截面很小时上式即为式（1.48）。

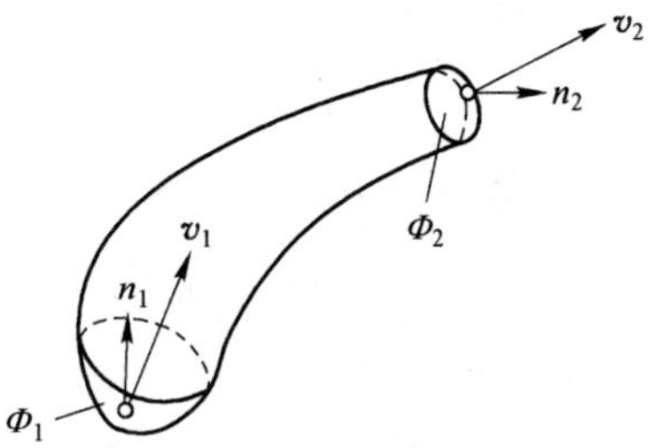

图 1.15 流量计算

1.6.4 速度势

对于给定的速度场 v_i，若存在一个标量函数 $\varphi(x_k)$，使 $v_i=\partial\varphi(x_k)/\partial x_i$，即

$$\boldsymbol{v}=\nabla\varphi=\mathrm{grad}\varphi \qquad ①$$

则称速度场有势，称 φ 为速度势函数，简称速度势。注意到式（1.34），速度场有势的必要和充分条件是速度场无旋，即

$$\nabla\times\boldsymbol{v}=\mathrm{rot}\,\boldsymbol{v}=0$$

由式（1.35）知$\nabla\times\nabla\varphi=\mathrm{rot\ grad}\varphi=0$，令 $\boldsymbol{v}=\nabla\varphi$，则有$\nabla\times\boldsymbol{v}=0$（必要性）。反之，若$\nabla\times\boldsymbol{v}=0$，则$\boldsymbol{v}$ 必为某函数 φ 的梯度，即 $\boldsymbol{v}=\nabla\varphi$（充分性）。该结论与体积是否不可压缩无关。对时变速度场，势函数仍存在，不过是与时间有关。以后称有势速度场为无旋速度场。

1.6.5 通量

设速度场内给定区域 V，其表面 S 分片光滑如图 1.5 所示，参照 1.3.2 节及式（1.16），记 dS 的单位法向量为 $\boldsymbol{n}$，则边界上的法向速度 $v_{\mathrm{n}}=\boldsymbol{v}\cdot\boldsymbol{n}$。定义单位时间内流过表面 S 的体积量为速度场通量 Q，有

$$Q=\iint_S v_{\mathrm{n}}\mathrm{d}S=\iint_S \boldsymbol{v}\cdot\boldsymbol{n}\mathrm{d}S=\iiint_V\left(\frac{\partial v_1}{\partial x_1}+\frac{\partial v_2}{\partial x_2}+\frac{\partial v_3}{\partial x_3}\right)\mathrm{d}V=\iiint_V \mathrm{div}\,\boldsymbol{v}\,\mathrm{d}V \qquad (1.49)$$

如果介质不可压缩，则区域内每点速度场必满足

$$\mathrm{div}\,\boldsymbol{v}=\frac{\partial v_1}{\partial x_1}+\frac{\partial v_2}{\partial x_2}+\frac{\partial v_3}{\partial x_3}=0 \qquad (1.50)$$

对材料成形，这是经常用到的体积不变条件或不可压缩条件。满足式（1.50）的速度场称为管形场（无散），如此速度场又是有势场（无旋），则可将①代入上式得

$$\mathrm{div\ grad}\varphi=\nabla\nabla\varphi=0$$

或

$$\nabla^2\varphi=\frac{\partial^2\varphi}{\partial x_1^2}+\frac{\partial^2\varphi}{\partial x_2^2}+\frac{\partial^2\varphi}{\partial x_3^2}=0$$

此时 φ 是满足拉普拉斯方程的调和函数，而由其确定的速度场式①称调和速度场。

1.6.6 随体导数与局部导数

一个物质质点的某物理量（如温度、速度等）对时间的变化率称为物质导数或随体导数，用符号 D/Dt 来表示。

1.6.6.1 标量场对时间的导数

如该物理量以拉氏变量给出（采用物质描述），则对时间的导数就是对 t 的偏导数。例如：$\theta=\theta(X_1,X_2,X_3,t)$，则随体导数为

$$\frac{\mathrm{D}\theta}{\mathrm{D}t}=\left.\frac{\partial\theta}{\partial t}\right|_{X\text{固定}}=\lim_{\Delta t\to 0}\frac{\theta(\boldsymbol{X},t+\Delta t)-\theta(\boldsymbol{X},t)}{\Delta t} \tag{1.51}$$

如该物理量以欧氏变量给出（采用空间描述），如 $\theta=\theta(x_1,\ x_2,\ x_3,\ t)$，注意到 x_i 是物质质点目前的即时位置，通过已知的运动 $x_i=x_i(X_1,\ X_2,\ X_3,\ t)$ 而与物质坐标相关联，故对时间的导数按复合函数求导是

$$\frac{\mathrm{d}\theta}{\mathrm{d}t}=\lim_{\Delta t\to 0}\frac{\theta(\boldsymbol{x}+\Delta\boldsymbol{x},t+\Delta t)-\theta(\boldsymbol{x},t)}{\Delta t}=\frac{\partial\theta}{\partial t}+\frac{\partial\theta}{\partial x_i}\frac{\mathrm{d}x_i}{\mathrm{d}t}=\frac{\partial\theta}{\partial t}+\frac{\partial\theta}{\partial x_i}v_i \quad (\text{对 } i \text{ 求和})$$

或写成矢量

$$\frac{\mathrm{d}\theta}{\mathrm{d}t}=\frac{\partial\theta}{\partial t}+\boldsymbol{v}\cdot\mathrm{grad}\theta=\frac{\partial\theta}{\partial t}+\boldsymbol{v}\cdot\nabla\theta=\left(\frac{\partial}{\partial t}+\boldsymbol{v}\cdot\nabla\right)\theta=\frac{\mathrm{D}\theta}{\mathrm{D}t} \tag{1.52}$$

将式中的括号定义成算子 $\dfrac{\mathrm{D}}{\mathrm{D}t}=\dfrac{\partial}{\partial t}+\boldsymbol{v}\cdot\nabla$

上式即随体导数公式。式中 $\dfrac{\partial\theta}{\partial t}=\lim\limits_{\Delta t\to 0}\dfrac{\theta(\boldsymbol{x},t+\Delta t)-\theta(\boldsymbol{x},t)}{\Delta t}$ 称为 θ 对 t 的局部导数，矢径 $\boldsymbol{x}$ 为一常数，另一部分称为位移导数。

1.6.6.2 矢量场对时间的导数

对于时变矢量场 $\boldsymbol{a}(\boldsymbol{x},\ t)$，重复上述讨论得到以下局部导数和随体导数为

$$\frac{\partial\boldsymbol{a}}{\partial t}=\frac{\partial a_k}{\partial t}\boldsymbol{e}_k \tag{1.53}$$

$$\frac{\mathrm{d}\boldsymbol{a}}{\mathrm{d}t}=\frac{\partial\boldsymbol{a}}{\partial t}+\frac{\partial\boldsymbol{a}}{\partial x_i}\frac{\mathrm{d}x_i}{\mathrm{d}t}=\frac{\partial\boldsymbol{a}}{\partial t}+\frac{\partial\boldsymbol{a}}{\partial x_i}v_i \quad (\text{对 } i \text{ 求和})$$

$$\frac{\mathrm{d}\boldsymbol{a}}{\mathrm{d}t}=\left(\frac{\partial}{\partial t}+\frac{\partial}{\partial x_i}v_i\right)\boldsymbol{a}=\left(\frac{\partial}{\partial t}+\boldsymbol{v}\cdot\nabla\right)\boldsymbol{a}$$

$$\frac{\mathrm{d}\boldsymbol{a}}{\mathrm{d}t}=\frac{\mathrm{D}}{\mathrm{D}t}\boldsymbol{a}=\left(\frac{\partial a_k}{\partial t}+\frac{\partial a_k}{\partial x_i}v_i\right)\boldsymbol{e}_k \tag{1.54}$$

应当指出，如场是定常的，函数 θ 或 $\boldsymbol{a}$ 对 t 的局部导数为零，此时随体导数就等于位移导数。

1.7 势函数与流函数

1.7.1 平面流动的势函数

材料成形中二维流动称平面流动，包括板带轧制、平板挤压拉拔等，即变形仅发生在 x_1Ox_2 平面，则有

$$v_3 = 0,\ \partial/\partial x_3 = 0$$

1.6.4 节已证明，对无旋的速度场一定存在一个势函数 φ，它对坐标 x_i 的导数给出相应速度分量 v_i。由于 $\text{rot}\boldsymbol{v} = 0$，则任意点三个转动速度分量，即由式（1.25）得

$$2\omega_1 = \frac{\partial v_3}{\partial x_2} - \frac{\partial v_2}{\partial x_3} = 0,\ 2\omega_2 = \frac{\partial v_1}{\partial x_3} - \frac{\partial v_3}{\partial x_1} = 0,\ 2\omega_3 = \frac{\partial v_2}{\partial x_1} - \frac{\partial v_1}{\partial x_2} = 0$$

上式 $\omega_3 = 0$ 是平面流动无旋的条件。令标量函数 $\varphi(x_1,\ x_2)$ 对坐标求导得

$$v_1 = \partial\varphi/\partial x_1,\ v_2 = \partial\varphi/\partial x_2 \tag{1.55}$$

$$\partial v_1/\partial x_2 = \partial^2\varphi/\partial x_1\partial x_2,\ \partial v_2/\partial x_1 = \partial^2\varphi/\partial x_2\partial x_1$$

$$\partial v_2/\partial x_1 - \partial v_1/\partial x_2 = 0 \tag{1.56}$$

若已知无旋速度场 $\boldsymbol{v}$，则可由式（1.55）求速度势 φ，先将该式写成

$$\boldsymbol{v} = \text{grad}\varphi$$

然后两边点乘任意两点间任意曲线 M_0M 的弧微分矢量 $\text{d}\boldsymbol{x}$，得

$$\boldsymbol{v}\cdot\text{d}\boldsymbol{x} = \text{grad}\varphi\cdot\text{d}\boldsymbol{x} = \text{d}\varphi$$

再沿 M_0M 积分即得到势函数为

$$\varphi(M) = \varphi(M_0) + \int_{M_0}^{M}\boldsymbol{v}\cdot\text{d}\boldsymbol{x} = \varphi(M_0) + \int_{M_0}^{M}v_1\text{d}x_1 + v_2\text{d}x_2 \tag{1.57}$$

确定势函数应注意以下几点：

（1）按上式因所选初始点 M_0 不同可得出无数个 $\varphi = \varphi(M)$，即任何势函数 $\varphi(M)$ 加一个常量仍是原来的速度势，并不改变速度场。

（2）$\varphi(x_1,\ x_2) =$ 常数代表标量场的等势线，任意点速度矢量沿过该点的等势线的法向。

（3）注意到式（1.18），式（1.57）积分是沿曲线 M_0M 速度矢量的环量 Γ，其值等于曲线两端点速度势的差值 $\Delta\varphi$，即

$$\Gamma = \int_{M_0}^{M}v_1\text{d}x_1 + v_2\text{d}x_2 = \varphi(M) - \varphi(M_0) = \Delta\varphi$$

若 M 和 M_0 位于同一等势线上，则 $\varphi(M) - \varphi(M_0) = \Delta\varphi = 0$，即沿等势线速度环量为零。

（4）对单连通域 φ 是单值函数。因是无旋场，注意到式（1.28），沿封闭曲

线 L 的速度环量是

$$\Gamma = \oint_L v_1 \mathrm{d}x_1 + v_2 \mathrm{d}x_2 = \oint_L \boldsymbol{v} \cdot \mathrm{d}\boldsymbol{x} = \iint_S \mathrm{rot}\, \boldsymbol{v}\, \mathrm{d}\boldsymbol{S} = \Delta\varphi = 0$$

（5）对多连通域 φ 是多值函数，对任意两点 M 和 M_0 有

$$\varphi(M) = \varphi(M_0) + k\Gamma_0$$

式中，Γ_0 为沿内周 L_0 的环量；k 为一整数。

如果介质不可压缩，则无论 φ 是单值还是多值均有

$$\partial v_1/\partial x_1 + \partial v_2/\partial x_2 = 0 \tag{1.58}$$

将 $v_i = \partial\varphi(x_k)/\partial x_i$ 代入上式得 $\dfrac{\partial^2\varphi}{\partial x_1^2} + \dfrac{\partial^2\varphi}{\partial x_2^2} = \nabla^2\varphi = 0$，即 φ 为满足拉普拉斯方程的调和函数。

1.7.2 平面流动的流函数

若函数 $\psi(x_1, x_2)$ 满足式（1.58），即

$$v_1 = \partial\psi/\partial x_2,\ v_2 = -\partial\psi/\partial x_1 \tag{1.59}$$

则 ψ 为流函数。如已知速度场 $\boldsymbol{v}$ 及体积不变条件，可由上式求得流函数 ψ，即将 $\mathrm{d}\psi$ 沿曲线 M_0M 积分

$$\int_{M_0}^{M} \mathrm{d}\psi = \int_{M_0}^{M} \frac{\partial\psi}{\partial x_1}\mathrm{d}x_1 + \frac{\partial\psi}{\partial x_2}\mathrm{d}x_2 = \int_{M_0}^{M} v_1 \mathrm{d}x_2 - v_2 \mathrm{d}x_1 = \psi(M) - \psi(M_0)$$

故有

$$\psi(M) = \psi(M_0) + \int_{M_0}^{M} v_1 \mathrm{d}x_2 - v_2 \mathrm{d}x_1 \tag{1.60}$$

确定流函数应注意以下几点：

（1）按上式因所选初始点 M_0 不同可得出无数个 $\psi = \psi(M)$，即任何流函数 $\psi(M)$ 加一个常量反映的是同一个运动，因为速度场只决定于流函数的梯度。

（2）$\psi(x_1, x_2) =$ 常数代表标量场的等值线，可以证明该等值线是流线。其方程满足式（1.46）。将式（1.59）代入式（1.46）得

$$\frac{\partial\psi}{\partial x_1}\mathrm{d}x_1 + \frac{\partial\psi}{\partial x_2}\mathrm{d}x_2 = \mathrm{d}\psi = 0$$

表明 $\psi =$ 常数，即流函数的等值线是流线。

（3）注意到式（1.49），可证明过 M_0M 的通量 Q 等于 M 点和 M_0 点的流函数之差，即

$$Q = \psi(M) - \psi(M_0) = \Delta\psi$$

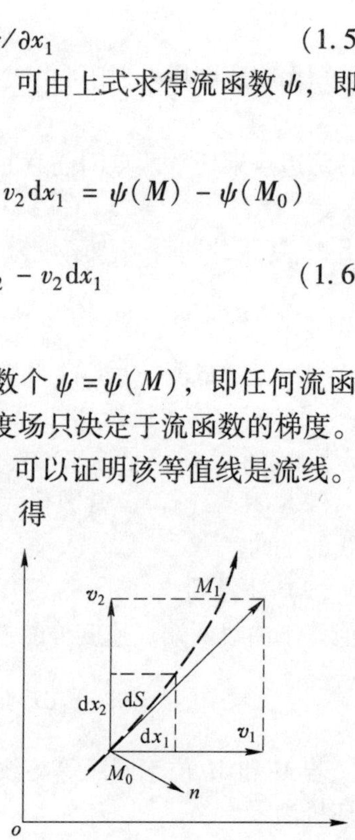

图 1.16 过任意曲线 MM_0 流量计算

证明如下：由图 1.16 有

$$Q = \int_{M_0}^{M} v_n \mathrm{d}S = \int_{M_0}^{M} \boldsymbol{v} \cdot \boldsymbol{n} \mathrm{d}S = \int_{M_0}^{M} [v_1 \cos(n, x_1) + v_2 \cos(n, x_2)] \mathrm{d}S$$

$$= \int_{M_0}^{M} v_1 \mathrm{d}x_2 - \int_{M_0}^{M} v_2 \mathrm{d}x_1 = \psi(M) - \psi(M_0) = \Delta\psi$$

若 M 和 M_0 位于同一流线上，则过曲线 MM_0 的流量为零。

（4）对单连通域，若流速场无散（即场无源），则沿任何封闭曲线的流量

$$Q = \oint v_n \mathrm{d}S = 0$$

即 ψ 在单连通域内为单值函数。

（5）对多连通域，ψ 是多值函数，过任意包含内周 L_0 的封闭曲线 L 有

$$Q = \oint v_n \mathrm{d}S \neq 0$$

$$\psi(M) = \psi(M_0) + kQ_0$$

式中，Q_0 为通过内周 L_0 的总流量；k 为一整数。

（6）如果速度场无旋，无论 ψ 是单值或多值总可从 $2\omega_3 = \frac{\partial v_2}{\partial x_1} - \frac{\partial v_1}{\partial x_2} = 0$，由式（1.59）导出

$$\frac{\partial^2 \psi}{\partial x_1^2} + \frac{\partial^2 \psi}{\partial x_2^2} = \nabla^2 \psi = 0$$

即无旋速度场中，流函数 ψ 也是满足拉普拉斯方程的调和函数。

综上所述，平面流场如无旋，则有速度势 φ，由它可借助式（1.55）求得速度场；如果该速度场又无散，则势函数 φ 可由拉氏方程求得。平面流场如无散，则有流函数 ψ，由它可借助式（1.59）求得速度场，如该速度场又无旋，则流函数 ψ 可由拉氏方程求得。

1.7.3　速度复势

多于既无散又无旋的平面流场，φ 和 ψ 都是存在的。注意到式（1.55）与式（1.59）可知，φ 和 ψ 是共轭函数，二者满足柯西－黎曼条件

$$\frac{\partial \varphi}{\partial x_1} = \frac{\partial \psi}{\partial x_2}, \quad \frac{\partial \varphi}{\partial x_2} = -\frac{\partial \psi}{\partial x_1} \tag{1.61}$$

于是可构造一个解析函数

$$w(z) = \varphi + i\psi$$

称 $w(z)$ 为速度的复势，速度场即为由其导数表示的下列复数形式

$$\frac{\mathrm{d}w(z)}{\mathrm{d}z} = \frac{\partial \varphi(x_1, x_2)}{\partial x_1} + i\frac{\partial \psi(x_1, x_2)}{\partial x_1} = v_1 - iv_2 \tag{1.62}$$

或

$$v_1 = Re\, w'(z), \quad v_2 = -I_m w'(z) \tag{1.63}$$

也即 $$v=\overline{w'}(z)=v_1+iv_2 \tag{1.64}$$

式中，$\overline{w'}$是w'的共轭复数。

应当指出，无散无旋的平面流场的重要性质是：势函数的梯度场和流函数的梯度场二者的点积等于零。由式（1.61）可得

$$\mathrm{grad}\varphi\cdot\mathrm{grad}\psi=\frac{\partial\varphi}{\partial x_1}\frac{\partial\psi}{\partial x_1}+\frac{\partial\varphi}{\partial x_2}\frac{\partial\psi}{\partial x_2}=0$$

由此可见等势线 φ = 常数和流线 ψ = 常数是两族正交曲线。

1.8 三维流函数

1.8.1 流面与速度场

满足体积不可压缩条件三维流动的流线通过两族空间曲面 $\psi_1(x_1, x_2, x_3)$ = 常数与 $\psi_2(x_1, x_2, x_3)$ = 常数的交线表示，称此两族曲面为流面。可以证明场内任一点的速度矢量$\boldsymbol{v}$与两个梯度矢量$\nabla\psi_1$、$\nabla\psi_2$ 的叉积成比例，即

$$c\,\boldsymbol{v}=\nabla\psi_1\times\nabla\psi_2 \tag{1.65}$$

式中，c 是坐标 x_i 的确定函数，$\nabla\psi_1\times\nabla\psi_2$ 满足速度边界条件时，c 随之确定。

首先由式（1.35）、式（1.34）证明上式散度为零，有

$$\begin{aligned}\mathrm{div}(\nabla\psi_1\times\nabla\psi_2)&=\nabla\cdot(\nabla\psi_1\times\nabla\psi_2)\\&=\nabla\psi_2\cdot(\nabla\times\nabla\psi_1)-\nabla\psi_1\cdot(\nabla\times\nabla\psi_2)=0\end{aligned} \tag{1.66}$$

由此可见式（1.65）无散。其次证明过交线上一点 M 的切向量正好是$\nabla\psi_1\times\nabla\psi_2$。如图1.17所示，因为$\nabla\psi_1$ 与 ψ_1 = 常数相垂直，$\nabla\psi_2$与 ψ_2 = 常数相垂直，所以$\nabla\psi_1\times\nabla\psi_2$ 必与 ψ_1 = 常数、ψ_2 = 常数的交线相平行。注意到$\nabla\psi_1\times\nabla\psi_2$ 经过交线上的点 M，所以必与 M 点的切矢量相重合，即与两平面交线相切。

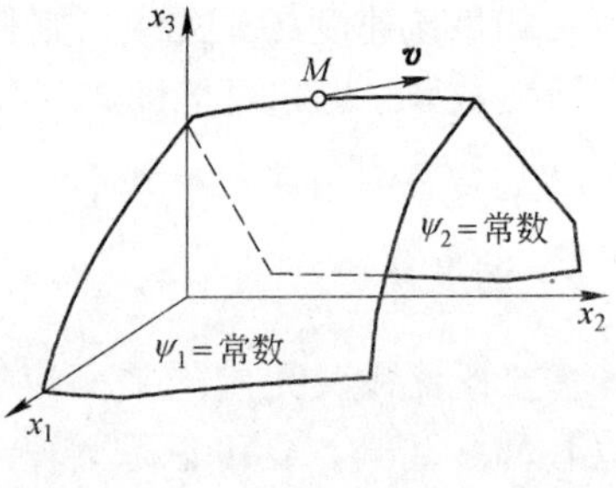

图1.17 三维流动的流面和流线

如暂不考虑速度边界条件，三维流函数速度场为

$$\boldsymbol{v}=\begin{vmatrix}\boldsymbol{e}_1 & \boldsymbol{e}_2 & \boldsymbol{e}_3\\ \frac{\partial\psi_1}{\partial x_1} & \frac{\partial\psi_1}{\partial x_2} & \frac{\partial\psi_1}{\partial x_3}\\ \frac{\partial\psi_2}{\partial x_1} & \frac{\partial\psi_2}{\partial x_2} & \frac{\partial\psi_2}{\partial x_3}\end{vmatrix}\rightarrow\left.\begin{aligned}v_1&=\frac{\partial\psi_1}{\partial x_2}\frac{\partial\psi_2}{\partial x_3}-\frac{\partial\psi_1}{\partial x_3}\frac{\partial\psi_2}{\partial x_2}\\ v_2&=\frac{\partial\psi_1}{\partial x_3}\frac{\partial\psi_2}{\partial x_1}-\frac{\partial\psi_1}{\partial x_1}\frac{\partial\psi_2}{\partial x_3}\\ v_3&=\frac{\partial\psi_1}{\partial x_1}\frac{\partial\psi_2}{\partial x_2}-\frac{\partial\psi_1}{\partial x_2}\frac{\partial\psi_2}{\partial x_1}\end{aligned}\right\} \tag{1.67}$$

1.8.2 流量

流函数在两个流面上的差值，等于这两个流面间区域内的流通量。三维流函数的流管共由两对四个流面 ψ_1^+、ψ_1^-、ψ_2^+、ψ_2^- 构成。过流管的任意截面例如 x_3 = 常数的截面 Ω，如图 1.18 所示，流量为

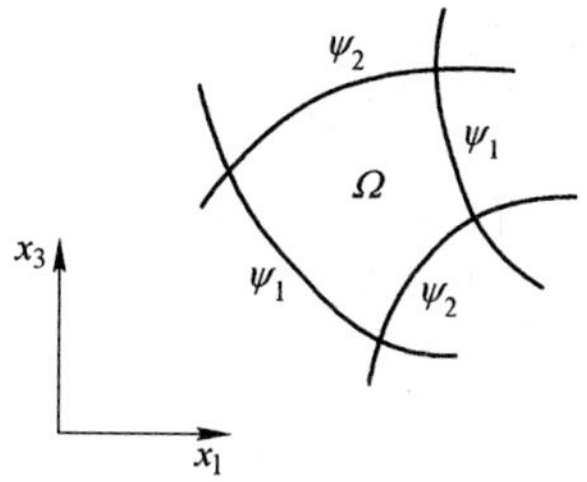

图 1.18 三维流动的流管截面

$$Q = \iint_\Omega v_3 \mathrm{d}x_1 \mathrm{d}x_2 = \iint_\Omega \left(\frac{\partial \psi_1}{\partial x_1}\frac{\partial \psi_2}{\partial x_2} - \frac{\partial \psi_1}{\partial x_2}\frac{\partial \psi_2}{\partial x_1}\right)\mathrm{d}x_1 \mathrm{d}x_2$$

此处，括号内二元函数 ψ_1 和 ψ_2 事实上恰为区域 Ω 变换的雅可比行列式，故

$$Q = \iint_\Omega \frac{\mathrm{D}(\psi_1, \psi_2)}{\mathrm{D}(x_1, x_2)}\mathrm{d}x_1 \mathrm{d}x_2 = \psi_1 \Big|_{\psi_1^-}^{\psi_1^+} \psi_2 \Big|_{\psi_2^-}^{\psi_2^+} = \Delta\psi_1 \Delta\psi_2 \tag{1.68}$$

因此，任意截面 x_3 = 常数上的通量等于两组同名流函数的差值之积，将截面换成 x_1 = 常数结论不变。

简化三维流函数可得到以下情况：

(1) 平面流动（在 x_1x_2 平面内）。设 $\psi_1 = \psi(x_1, x_2)$，ψ_2 则必须设为 $\psi_2 = x_3$，这样才可在 x_1，x_2 平面内得到流线，即 ψ_1 和 ψ_2 的交线，将其代入式 (1.67)

$$v_1 = \partial\psi/\partial x_2,\ v_2 = -\partial\psi/\partial x_1,\ v_3 = 0$$

即得到式 (1.59)，ψ 是平面流动流函数。

(2) 简化三维流动。设在 x_1x_2 平面内流动用 $\psi_1(x_1, x_2)$ 描述，x_1x_3 平面内流动用 $\psi_2(x_1, x_3)$ 描述，整个三维流动是 ψ_1 = 常数与 ψ_2 = 常数两组曲面的交线，由式 (1.67) 速度场是

$$v_1 = \frac{\partial \psi_1}{\partial x_2}\frac{\partial \psi_2}{\partial x_3},\ v_2 = -\frac{\partial \psi_1}{\partial x_1}\frac{\partial \psi_2}{\partial x_3},\ v_3 = -\frac{\partial \psi_1}{\partial x_2}\frac{\partial \psi_2}{\partial x_1} \tag{1.69}$$

此简化三维流动速度场可用于求解有宽展的轧制。

1.8.3 三维速度场一般表示法

场论中已证明的赫姆霍兹（Helmholtz）定理表明，任何一个矢量场 $\boldsymbol{v}$，如果它在足够远处趋近于零（材料成形变形区内速度场正是如此），则总可以唯一地表示为一个无旋（有势）场 $\boldsymbol{v}_1$ 和一个无散场（管形场）$\boldsymbol{v}_2$ 之和，即 $\boldsymbol{v} = \boldsymbol{v}_1 + \boldsymbol{v}_2$。其中有势部分可表示为某速度势的梯度 $\nabla\varphi$，无散部分可表示为两个流函数的梯度矢量的叉积 $\nabla\psi_1 \times \nabla\psi_2$；如认为 $\nabla\varphi$ 只是有势场的无散部分而对有散部分以另一势函数 Φ 的梯度 $\nabla\Phi$ 表示，则有

$$\boldsymbol{v}=\nabla\varphi+\nabla\psi_1\times\nabla\psi_2+\nabla\Phi \tag{1.70}$$

式中，φ，ψ_1，ψ_2，Φ 都是标量函数。其中 φ 满足拉氏方程$\nabla^2\varphi=0$。式（1.70）证明如下：

将任意矢量场$\boldsymbol{v}=\boldsymbol{v}_1+\boldsymbol{v}_2$写为$\boldsymbol{v}=\mathrm{grad}\Pi+\mathrm{rot}\boldsymbol{A}$，或用哈氏算子表示为

$$\boldsymbol{v}=\nabla\Pi+\nabla\times\boldsymbol{A} \tag{1.71}$$

式中，$\boldsymbol{v}_1=\nabla\Pi$ 说明任何无旋场$\boldsymbol{v}_1$可表示为某标量函数（标量势）的梯度，梯度场$\nabla\Pi$ 总是无旋的，见式（1.34），但可能有散。$\boldsymbol{v}_2=\nabla\times\boldsymbol{A}$ 说明任何无散场$\boldsymbol{v}_2$可表示为某矢量函数（矢量势）的旋度，旋度场$\nabla\times\boldsymbol{A}$ 总是无散的（读者自行证明），但可能有旋。令 $\Pi=\varphi+\Phi$，φ 是无散势函数即 Π 中的调和部分，满足$\nabla^2\varphi=0$。Φ 是有散势函数仅当体积不可压缩时 $\Phi\equiv0$，否则$\nabla\Phi$ 给出有散无旋的速度。至于矢量势 $\boldsymbol{A}$，可令 $\boldsymbol{A}=\psi_1\nabla\psi_2+\nabla u$。由于$\nabla\times(\nabla u)=0$，以及$\nabla\times(\psi_1\nabla\psi_2)=\nabla\psi_1\times\nabla\psi_2+\psi_1\nabla\times\nabla\psi_2=\nabla\psi_1\times\nabla\psi_2$，足见对$\nabla\times\boldsymbol{A}$，$\boldsymbol{A}$ 中包括的∇u 仅是任意标量的梯度，它只说明矢量势不唯一而已，在$\nabla\times\boldsymbol{A}$ 时该项为零，从而保持了$\boldsymbol{v}_2=\nabla\psi_1\times\nabla\psi_2$。这就证明了式（1.70）的正确性。于是对体积不可压缩总有

$$\boldsymbol{v}=\nabla\varphi+\nabla\psi_1\times\nabla\psi_2 \tag{1.72}$$

式中，$\nabla\varphi$ 为速度场$\boldsymbol{v}$ 的基本部分称基础速度场，是无旋的，可由拉氏方程解出，解题时令其满足问题的速度边界条件。$\nabla\psi_1\times\nabla\psi_2$ 为附加速度场，可能是有旋的，它不改变已由基础速度场满足了的边界速度，它只需满足齐次边界条件即可。

2 张量分析

张量是不依赖坐标系选择的物理量，本章讨论笛卡儿张量或称仿射正交张量。下文凡黑体大写斜体字母表示张量，黑体小写斜体字母表示矢量；$\boldsymbol{T}_A=\boldsymbol{A}=[a_{ik}]$，$\int_V \mathrm{d}V$ 为三重积分 $\iiint_V \mathrm{d}V$，$\int_S \mathrm{d}S$ 为二重积分 $\iint_S \mathrm{d}S$。

2.1 张量的定义

2.1.1 笛卡儿坐标变换

笛卡儿坐标系是指右手旋转的空间直角坐标系，设为 $ox_1x_2x_3$，$\boldsymbol{e}_i$ 为沿 ox_i 的单位矢量，则

$$\boldsymbol{e}_i\cdot\boldsymbol{e}_j=\delta_{ij} \tag{2.1}$$

$\boldsymbol{x}$ 为此坐标系中矢径 $\boldsymbol{oM}$，如图 1.4 所示。$\boldsymbol{x}$ 的分量为 x_j（M 点的坐标），有 $\boldsymbol{x}=x_j\boldsymbol{e}_j$。

把此坐标系变为另一个右手直角坐标系 $o'x_1'x_2'x_3'$，记 $\boldsymbol{e}_i'$ 为沿 $o'x_i'$ 轴的单位矢量，同样有 $\boldsymbol{e}_i'\cdot\boldsymbol{e}_j'=\delta_{ij}$，记

$$\alpha_{ij}=\boldsymbol{e}_i'\cdot\boldsymbol{e}_j \tag{2.2}$$

α_{ij}是 $o'x_i'$ 轴与 ox_j轴夹角的方向余弦。由式（2.2）有

$$\boldsymbol{e}_i'=\alpha_{ij}\boldsymbol{e}_j,\quad \boldsymbol{e}_i=\alpha_{ji}\boldsymbol{e}_j' \tag{2.3}$$

由于 $\boldsymbol{e}_i'\cdot\boldsymbol{e}_j'=\delta_{ij}=\boldsymbol{e}_i\cdot\boldsymbol{e}_j$，故有 $\alpha_{ij}\alpha_{kj}=\alpha_{ji}\alpha_{jk}=\delta_{ik}$

记矢量 $\boldsymbol{c}$ 为 $\boldsymbol{oo'}$，它在 $ox_1x_2x_3$ 中的分量（即 o'的坐标）为 c_i，M 在两坐标系中的坐标分别为 x_i 和x_i'，则由 $\boldsymbol{oM}=\boldsymbol{o'M}+\boldsymbol{oo'}$得

$$\boldsymbol{x}=x_j\boldsymbol{e}_j=x_j'\boldsymbol{e}_j'+\boldsymbol{c}$$

用 $\boldsymbol{e}_i$ 和 $\boldsymbol{e}_i'$ 分别点乘上式得

$$x_i=\alpha_{ji}x_j'+c_i \tag{2.4}$$

$$x_i'=\alpha_{ij}x_j+c_i' \tag{2.5}$$

式中
$$c_i'=\boldsymbol{c}\cdot\boldsymbol{e}_i'=c_j\boldsymbol{e}_j\cdot\boldsymbol{e}_i'=\alpha_{ij}c_j$$

坐标变换式（2.4）与式（2.5）称为刚体运动变换，其中 $\boldsymbol{c}$ 代表刚体（坐标架）平移，张量 α_{ij}代表刚体转动。位置矢量 $\boldsymbol{r}=\boldsymbol{o'M}$ 在两个坐标系中的分量分别为 $y_i=x_i-c_i$（旧坐标系）和 $y_i{}'=x_i'$，则式（2.4）与式（2.5）给出

$$y_i = \alpha_{ji} y_j', \qquad y_i' = \alpha_{ij} y_j \tag{2.6}$$

由于行列式
$$|\alpha_{ij}| = \begin{vmatrix} \alpha_{11} & \alpha_{12} & \alpha_{13} \\ \alpha_{21} & \alpha_{22} & \alpha_{23} \\ \alpha_{31} & \alpha_{32} & \alpha_{33} \end{vmatrix} = (\boldsymbol{e}_1' \times \boldsymbol{e}_2') \cdot \boldsymbol{e}_3' = 1$$

足见变换式（2.6）为刚体旋转变换。

2.1.2 张量的定义

张量分量中所含指标的个数称为张量的阶。在三维空间中行指标可取值 1，2，3，若每行分量含有 n 个指标，就得到 n 阶张量，其共有 3^n 个分量。通常用张量的分量随坐标系变换的规律来定义张量，笛卡儿张量坐标变换由式（2.4）与式（2.5）给出。笛卡儿张量定义如下：

（1）零阶张量（即绝对标量）Φ。它只有一个分量，且其值不随坐标系改变，即标量 Φ 是坐标变换下的不变量。也可认为坐标变换时 $\Phi' = \Phi$，即变换系数为 1，变换系数是 α 的零次乘幂，或者说变换系数的维度是零。

（2）一阶张量（即矢量、向量）$\boldsymbol{T} = (T_i)$。它有三个分量 T_i，它们随坐标变换的规律与位置矢量式（2.6）相同，即

$$T_i' = \alpha_{ij} T_j, \ T_i = \alpha_{ji} T_j' \tag{2.7}$$

其变换公式是线性的，变换系数是 α 的一次乘幂，或者说变换系数的维度是 1（注意两式同时给出是为了醒目，实际上可以只写出一个，另一个即随之导出。例如以 α_{ik} 乘前式两边，再将 k 换成 i，i 换成 j 即得后式）。

（3）二阶张量 $\boldsymbol{T} = (T_{ij})$。它有九个分量 T_{ij}，分量随坐标变换的规律是

$$T_{ij}' = \alpha_{im} \alpha_{jn} T_{mn}, \ T_{ij} = \alpha_{mi} \alpha_{nj} T_{mn}' \tag{2.8}$$

上述变换关系中变换系数是 α 的累积二次乘幂，变换系数的维度是 2。

（4）n 阶张量 $\boldsymbol{T} = (T_{i_1 \cdots i_n})$。它有 3^n 个分量 $T_{i_1 \cdots i_n}$，分量随坐标变换的规律是

$$T_{i_1 \cdots i_n}' = \alpha_{i_1 j_1} \cdots \alpha_{i_n j_n} T_{j_1 \cdots j_n} \tag{2.9}$$

当指标本身又有附标时，可采用以下简化符号

$$T_{i_1 \cdots i_n} \equiv T_{i_n}, \qquad T_{i_1 \cdots i_p j_1 \cdots j_q} \equiv T_{i_p j_q}$$

以Π表示连乘符号：$\Pi \alpha_{i_n j_n} \equiv \alpha_{i_1 j_1} \alpha_{i_2 j_2} \cdots \alpha_{i_n j_n}$，则 n 阶分量随坐标变换的规律是

$$T_{i_n}' = \Pi \alpha_{i_n j_n} T_{j_n}, \qquad T_{i_n} = \Pi \alpha_{j_n i_n} T_{j_n}' \tag{2.10}$$

（5）零张量。直角坐标系下所有分量都是零的张量，变换到其他任意直角坐标系中此张量的分量也都是零。这种分量都是零的张量定义为零张量。

2.2 张量代数运算

2.2.1 张量加减

阶数相同的张量可以相加减并得到同阶张量。如 $\boldsymbol{A}$ 和 $\boldsymbol{B}$ 都是 n 阶张量，则

$$\boldsymbol{A} \pm \boldsymbol{B} = \boldsymbol{C} \quad \text{即} \quad C_{i_n} = A_{i_n} \pm B_{i_n}$$

由于 $\boldsymbol{A}$，$\boldsymbol{B}$ 都是 n 阶张量，于是有

$$\begin{aligned} C'_{i_n} &= A'_{i_n} \pm B'_{i_n} = \Pi\alpha_{i_nj_n}A_{j_n} \pm \Pi\alpha_{i_nj_n}\alpha_{j_n} \\ &= \Pi\alpha_{i_nj_n}(A_{j_n} \pm B_{j_n}) = \Pi\alpha_{i_nj_n}C_{j_n} \end{aligned}$$

因此 $\boldsymbol{C} = (C_{i_n})$ 是同阶张量。若 $\boldsymbol{A} = \boldsymbol{B}$ 是张量方程（方程中每一项都是同阶张量），只要$\boldsymbol{A} = \boldsymbol{B}$，即 $\boldsymbol{A} - \boldsymbol{B} = 0$（零张量）在某一直角坐标系中成立，则在任意其他直角坐标系中$\boldsymbol{A} - \boldsymbol{B}$也是零张量，从而方程 $\boldsymbol{A} = \boldsymbol{B}$ 在任意其他直角坐标系中也成立。

2.2.2 张量的乘法

2.2.2.1 张量与标量（数量）乘法

λ 是标量（数量），$\boldsymbol{A}$ 是 n 阶张量，$\lambda\boldsymbol{A} = \boldsymbol{A}\lambda = \boldsymbol{B}$，即 $B_{i_n} = \lambda A_{i_n}$，则 $\boldsymbol{B}$ 也是 n 阶张量。足见张量与数乘积得到一个同阶张量，这个张量的分量等于数与原张量分量之乘积。

2.2.2.2 矢量并积

二矢量除有点积和叉积外还有另外一种乘法，形如 $(a_i)(b_k)^T$，即

$$\begin{pmatrix} a_1 \\ a_2 \\ a_3 \end{pmatrix} \begin{pmatrix} b_1 & b_2 & b_3 \end{pmatrix} = \begin{pmatrix} a_1b_1 & a_1b_2 & a_1b_3 \\ a_2b_1 & a_2b_2 & a_2b_3 \\ a_3b_1 & a_3b_2 & a_3b_3 \end{pmatrix}$$

记为

$$\boldsymbol{a} \otimes \boldsymbol{b} = (a_i) \otimes (b_k) = a_i b_k \boldsymbol{e}_i \otimes \boldsymbol{e}_k \tag{2.11}$$

称为二矢量的并积。上式表明二矢量的并积是此二矢量的分量的一切可能的交乘的组合，为一个二阶张量。同样，三个矢量的并积为三阶张量。矢量并积有以下性质

$$(\lambda\boldsymbol{a}) \otimes \boldsymbol{b} = \boldsymbol{a} \otimes (\lambda\boldsymbol{b}) = \lambda(\boldsymbol{a} \otimes \boldsymbol{b}), \quad \boldsymbol{a} \otimes (\boldsymbol{b} + \boldsymbol{c}) = \boldsymbol{a} \otimes \boldsymbol{b} + \boldsymbol{a} \otimes \boldsymbol{c}$$

$$(\boldsymbol{a} \otimes \boldsymbol{b})\boldsymbol{c} = \boldsymbol{a}(\boldsymbol{bc}) = b_i c_i a_k \boldsymbol{e}_k, \quad \boldsymbol{a}(\boldsymbol{b} \otimes \boldsymbol{c}) = (\boldsymbol{ab})\boldsymbol{c} = a_i b_i c_k \boldsymbol{e}_k$$

2.2.2.3 张量的外积

两张量 $\boldsymbol{A}$ 和 $\boldsymbol{B}$ 的外积记为 $\boldsymbol{AB}$。张量的外积是二张量的分量一切可能的交乘的组合。设 $\boldsymbol{A}$ 是 m 阶张量，$\boldsymbol{B}$ 是 n 阶张量，$A_{i_m}B_{j_n} = (\boldsymbol{AB})_{i_mj_n}$，由于

$$(AB)'_{i_m j_n} = A'_{i_m} B'_{j_n} = (\Pi\alpha_{i_m k_m} A_{k_m})(\Pi\alpha_{j_n s_n} B_{s_n})$$
$$= (\Pi\alpha_{i_m k_m} \alpha_{j_n s_n}) A_{k_m} B_{s_n} = (\Pi\alpha_{i_m k_m} \alpha_{j_n s_n})(AB)_{k_m s_n} \tag{2.12}$$

足见 $\boldsymbol{AB}$ 是 $m+n$ 阶的张量（注意 $\Pi\alpha_{i_m k_m}\alpha_{j_n s_n} = \alpha_{i_1 k_1}\cdots\alpha_{i_m k_m}\alpha_{j_1 s_1}\cdots\alpha_{j_n s_n}$，故上式右端不只是对 k_m 和 s_n 约定求和，而是对 k_1，k_2，…，k_m，s_1，s_2，…，s_n 都约定求和)。

可以证明，两个二阶张量的外积是一个四阶张量，即 $A_{ik}B_{pq} = C_{ikpq}$，该张量共有分量为 $3^n = 3^4 = 81$ 个，证明如下：

由式（2.8）

$$C'_{mnrs} = A'_{mn} B'_{rs} = (\alpha_{mi}\alpha_{nk}A_{ik})(\alpha_{rp}\alpha_{sq}\alpha_{pq}) = \alpha_{mi}\alpha_{nk}\alpha_{rp}\alpha_{sq}C_{ikpq}$$

上式右端系数展开，坐标变换为方向余弦 α 的四次式，足见 C_{ikpq} 为四阶张量。上式也可写成矢量并积

$$C'_{mnrs} = \alpha_{mi}\alpha_{nk}\alpha_{rp}\alpha_{sq}(A_{ik}B_{pq})\boldsymbol{e}_m \otimes \boldsymbol{e}_n \otimes \boldsymbol{e}_r \otimes \boldsymbol{e}_s$$

2.2.2.4 张量的收缩

当 $i_1 \cdots i_n$ 中有两个自由指标相同时，用求和约定就得到 $n-2$ 个自由指标的张量 $\boldsymbol{B}$，$\boldsymbol{B}$ 是张量 $\boldsymbol{A}$ 的收缩。例如当 $\boldsymbol{A}$ 中最后两个指标 $i_{n-1} = i_n = m$ 时，记

$$A_{i_1 \cdots i_{n-2} mm} \equiv A_{i_{n-2} mm} \equiv B_{i_{n-2}}$$

由于
$$B'_{i_{n-2}} = A'_{i_{n-2} mm} = \Pi\alpha_{i_{n-2} j_{n-2}} \alpha_{mp}\alpha_{mq} A_{j_{n-2} pq}$$
$$= \Pi\alpha_{i_{n-2} j_{n-2}} \delta_{pq} A_{j_{n-2} pq} = \Pi\alpha_{i_{n-2} j_{n-2}} A_{j_{n-2} pp} = \Pi\alpha_{i_{n-2} j_{n-2}} \alpha_{j_{n-2}}$$

故 $\boldsymbol{B} = (B_{i_{n-2}})$ 是 $n-2$ 阶张量。

足见张量若有一对下标相同时，该张量收缩 2 阶，称该张量对某两个下标收缩一次。

2.2.2.5 张量的内积

张量 $\boldsymbol{A}$ 和 $\boldsymbol{B}$ 的外积 $\boldsymbol{AB}$ 收缩一次后就得到 $\boldsymbol{A}$ 和 $\boldsymbol{B}$ 的内积。取 $\boldsymbol{A}$ 的最后一个指标与 $\boldsymbol{B}$ 的第一个指标相同，则 $\boldsymbol{AB}$ 收缩后的张量记为 $\boldsymbol{A} \cdot \boldsymbol{B}$。

设 $\boldsymbol{A}$ 是 m 阶张量，$\boldsymbol{B}$ 是 n 阶张量，则

$$A_{i_1 \cdots i_{m-1} k} B_{k j_2 \cdots j_n} \equiv (\boldsymbol{A} \cdot \boldsymbol{B})_{i_1 \cdots i_{m-1}, j_2 \cdots j_n}$$

因外积及张量收缩后所得到的都是张量，故知 $\boldsymbol{A} \cdot \boldsymbol{B}$ 是 $m+n-2$ 阶张量。

以下为对张量乘法的一些规定并重点讨论二阶张量。

(1) 定义二张量（A_{ip}）和（B_{qk}）相乘的积是其外积对于下标 p 和 q 收缩一次的内积，即外积：$A_{ip}B_{qk} = C_{ipqk}$（四阶）；收缩一次：$\delta_{pq}A_{ip}B_{qk}$；内积是

$$A_{ip}B_{pk} = C_{ik} \text{（二阶）} \tag{2.13}$$

式（2.13）已与矩阵乘法一致。证明：

$$C'_{ik} = A'_{ip}B'_{pk} = \alpha_{im}\alpha_{pn}A_{mn}\alpha_{pr}\alpha_{ks}B_{rs} = \alpha_{im}\alpha_{ks}\delta_{nr}A_{mn}B_{rs}$$
$$= \alpha_{im}\alpha_{ks}A_{mr}B_{rs} = \alpha_{im}\alpha_{ks}C_{ms}$$

上式完全符合式（2.8），故 C_{ik} 为一个二阶张量。

例 2.1：已知应力张量 $\boldsymbol{T}_\sigma$ 和应变张量 $\boldsymbol{T}_\varepsilon$，求单位体积变形功公式。

解：$\boldsymbol{T}_\sigma=[\sigma_{ik}]=\begin{bmatrix}\sigma_{11}&\sigma_{12}&\sigma_{13}\\\sigma_{21}&\sigma_{22}&\sigma_{23}\\\sigma_{31}&\sigma_{32}&\sigma_{33}\end{bmatrix}$，$\boldsymbol{T}_\varepsilon=[\varepsilon_{rs}]=\begin{bmatrix}\varepsilon_{11}&\varepsilon_{12}&\varepsilon_{13}\\\varepsilon_{21}&\varepsilon_{22}&\varepsilon_{23}\\\varepsilon_{31}&\varepsilon_{32}&\varepsilon_{33}\end{bmatrix}$

由于应力分量沿应变分量方向做功，故单位体积变形功应是应力应变同名分量乘积之和。将两张量相乘后外积的四阶张量对同名下标 i，r 收缩一次，得二阶张量，再对 k，s 收缩一次得零阶张量即得一标量，即

$$W=\delta_{ir}\delta_{ks}\sigma_{ik}\varepsilon_{rs}=\sigma_{ik}\varepsilon_{ik} \tag{2.14}$$

式（2.14）表明此变形功为九对同名分量相乘取和。

（2）矢量（b_m）和二阶张量（A_{ik}）乘积为一行矢量，此矢量规定为外积 b_mA_{ik} 对下标 i，m 收缩一次的内积（即 i 与 m 必须相等），记为 C_k，并有

$$C_k=\delta_{mi}b_mA_{ik}=b_iA_{ik} \tag{2.15}$$

上式又称矢量 $\boldsymbol{b}$ 对张量 $\boldsymbol{A}$ 的左乘。证明：

$$b_i'A_{ik}'=\alpha_{ij}b_j\alpha_{ip}\alpha_{kq}A_{pq}=\alpha_{kq}\delta_{jp}b_jA_{pq}=\alpha_{kq}b_pA_{pq}=\alpha_{kq}C_q=C_k'$$

满足矢量变换式（2-7），故 C_k 为行矢量。

（3）二阶张量（A_{ik}）和矢量（b_m）乘积为一列矢量，此矢量规定为外积 $A_{ik}b_m$ 对下标 k，m 收缩一次的内积（即 k 与 m 必须相等），记为 C_i，并有

$$C_i=\delta_{km}A_{ik}b_m=A_{ik}b_k \tag{2.16}$$

上式又称矢量 $\boldsymbol{b}$ 对张量 $\boldsymbol{A}$ 的右乘。

（4）二矢量（a_i）和（b_k）的内积是一标量，是其并积收缩的结果，即

$$\boldsymbol{c}=\delta_{ik}a_ib_k=a_ib_i=\boldsymbol{ab} \tag{2.17}$$

上式即二矢量点积公式。

2.3 张量的特性

2.3.1 张量判别定理

如果 $A_{i_m}=T_{i_mj_n}B_{j_n}$ 恒成立，已知 $\boldsymbol{A}$ 是 m 阶张量，$\boldsymbol{B}$ 是 n 阶张量，则 $\boldsymbol{T}=(T_{i_mj_n})$ 必是 $m+n$ 阶张量。

如果在三维空间给定了矢量 $\boldsymbol{b}$ 和 $\boldsymbol{c}$，且二者之间关系 $\boldsymbol{Tb}=\boldsymbol{c}$ 在任何直角坐标中成立，则 $\boldsymbol{T}$ 必为一张量，记为 $\boldsymbol{T}=(T_{ik})$。

2.3.2 张量的分解

根据张量加法，一个任意张量可以分解为有限个张量之和。最有价值的分解为以下两种：

(1) 任何一个张量（A_{ik}）可以唯一地分解为一个对称张量（B_{ik}）和一个反对称张量（C_{ik}）之和，即：

$$A_{ik}=\frac{A_{ik}+B_{ik}}{2}+\frac{A_{ik}-B_{ik}}{2}=B_{ik}+C_{ik} \tag{2.18}$$

式中，$B_{ik}=\frac{A_{ik}+B_{ik}}{2}\rightarrow B_{ik}=B_{ki}=A_{ik}$，所以 $B_{ik}=\frac{A_{ik}+A_{ki}}{2}$；同理 $C_{ik}=\frac{A_{ik}-A_{ki}}{2}$。

例如
$$\begin{bmatrix}1&3&5\\7&9&1\\3&5&7\end{bmatrix}=\begin{bmatrix}1&5&4\\5&9&3\\4&3&7\end{bmatrix}+\begin{bmatrix}0&-2&1\\2&0&-2\\-1&2&0\end{bmatrix}$$

(2) 任何一个张量 $\boldsymbol{T}_{\mathrm{A}}$ 可唯一地分解为一个球张量和一个偏张量之和，即

$$\boldsymbol{T}_{\mathrm{A}}=\boldsymbol{I}A_{\mathrm{m}}+\boldsymbol{D}_{\mathrm{A}}$$

即
$$\begin{bmatrix}A_{11}&A_{12}&A_{13}\\A_{21}&A_{22}&A_{23}\\A_{31}&A_{32}&A_{33}\end{bmatrix}=\begin{bmatrix}A_{\mathrm{m}}&0&0\\0&A_{\mathrm{m}}&0\\0&0&A_{\mathrm{m}}\end{bmatrix}+\begin{bmatrix}A_{11}-A_{\mathrm{m}}&A_{12}&A_{13}\\A_{21}&A_{22}-A_{\mathrm{m}}&A_{23}\\A_{31}&A_{32}&A_{33}-A_{\mathrm{m}}\end{bmatrix}$$

或
$$\boldsymbol{T}_{\mathrm{A}}=\boldsymbol{I}A_{\mathrm{m}}+\boldsymbol{D}_{\mathrm{A}}=[\delta_{ij}]A_{\mathrm{m}}+[A_{ij}-\delta_{ij}A_{\mathrm{m}}] \tag{2.19}$$

式中，$A_{\mathrm{m}}=A_{ii}/3$ 为主对角线上元素的平均值。后文将看到无论 $\boldsymbol{T}_{\mathrm{A}}$ 表示应力还是应变，$\boldsymbol{D}_{\mathrm{A}}$（偏张量）只和形状改变有关，$\boldsymbol{I}A_{\mathrm{m}}$（球张量）只和体积改变有关。

2.3.3 张量主值、主方向和不变量

张量 $\boldsymbol{T}_{\mathrm{A}}$ 乘以矢量 $\boldsymbol{b}$ 得一矢量 $\boldsymbol{c}$，可把 $\boldsymbol{T}_{\mathrm{A}}$ 看成是矢量 $\boldsymbol{b}$ 到矢量 $\boldsymbol{c}$ 的线性变换，即

$$\boldsymbol{T}_{\mathrm{A}}\boldsymbol{b}=\boldsymbol{c}$$

若有 $\boldsymbol{b}\neq 0$，则它对应 $\boldsymbol{c}=\lambda\boldsymbol{b}$，于是有 $\boldsymbol{T}_{\mathrm{A}}\boldsymbol{b}=\lambda\boldsymbol{b}$ (2.20)

上式表明乘积矢量 $\boldsymbol{c}$ 与原矢量 $\boldsymbol{b}$ 有共同的方向。称此标量 λ 为张量 $\boldsymbol{T}_{\mathrm{A}}$ 的主值（特征值），相应的非零解 $\boldsymbol{b}$ 称为张量 $\boldsymbol{T}_{\mathrm{A}}$ 对应于主值 λ 的特征矢量，而特征矢量 $\boldsymbol{b}$ 的方向称为张量 $\boldsymbol{T}_{\mathrm{A}}$ 的主方向（特征方向）。以下小写字母 a_{ik} 表示张量 $\boldsymbol{T}_{\mathrm{A}}$ 的分量，特征值求法如下：

$$\begin{bmatrix}a_{11}-\lambda&a_{12}&a_{13}\\a_{21}&a_{22}-\lambda&a_{23}\\a_{31}&a_{32}&a_{33}-\lambda\end{bmatrix}\begin{bmatrix}b_1\\b_2\\b_3\end{bmatrix}=0 \tag{2.21}$$

因为 $\boldsymbol{b}\neq 0$，故上述系数行列式必为零，即

$$|a_{ik}-\lambda\delta_{ik}|=\begin{vmatrix}a_{11}-\lambda&a_{12}&a_{13}\\a_{21}&a_{22}-\lambda&a_{23}\\a_{31}&a_{32}&a_{33}-\lambda\end{vmatrix}=0 \tag{2.22}$$

上式可解出三个特征实根 λ_1，λ_2，λ_3，代回式（2.21）可求得三组特征矢量 $\boldsymbol{b}_i$，每一个 $\boldsymbol{b}$ 对应于一个特征根，三个 $\boldsymbol{b}_i$ 彼此正交。将式（2.22）展开得 λ 的三次方程称张量特征方程：

$$\lambda^3 - I_1\lambda^2 + I_2\lambda - I_3 = 0 \tag{2.23}$$

式中各系数分别称为张量 $\boldsymbol{T}_\mathrm{A}$ 的第一、第二和第三不变量，即

$$\begin{aligned} I_1 &= a_{11} + a_{22} + a_{33} = \lambda_1 + \lambda_2 + \lambda_3 \\ I_2 &= \begin{vmatrix} a_{11} & a_{12} \\ a_{21} & a_{22} \end{vmatrix} + \begin{vmatrix} a_{22} & a_{23} \\ a_{32} & a_{33} \end{vmatrix} + \begin{vmatrix} a_{33} & a_{31} \\ a_{13} & a_{11} \end{vmatrix} = \lambda_1\lambda_2 + \lambda_2\lambda_3 + \lambda_3\lambda_1 \\ I_3 &= |a_{ik}| = \lambda_1\lambda_2\lambda_3 \end{aligned} \tag{2.24}$$

上述系数既是张量在任意坐标系的分量的函数，又是三个特征根 λ_i 的函数，既可用任意坐标系的九个分量表达，也可用主坐标系的三个主值表达，它们是与坐标选择无关的不变量。

将三个特征矢量 $\boldsymbol{b}^{(1)}$，$\boldsymbol{b}^{(2)}$，$\boldsymbol{b}^{(3)}$ 的列阵汇成张量 $\boldsymbol{B}$

$$\boldsymbol{B} = (b^{(1)}b^{(2)}b^{(3)}) = \begin{pmatrix} b_1^{(1)} & b_1^{(2)} & b_1^{(3)} \\ b_2^{(1)} & b_2^{(2)} & b_2^{(3)} \\ b_3^{(1)} & b_3^{(2)} & b_3^{(3)} \end{pmatrix}$$

将式（2－20）写成 $\boldsymbol{T}_\mathrm{A}\boldsymbol{B} = \lambda\boldsymbol{B}$，如果 $\boldsymbol{B}$ 是非奇异的（满秩的），就有 $\boldsymbol{B}^{-1}$存在，于是有

$$\boldsymbol{B}^{-1}\boldsymbol{T}_\mathrm{A}\boldsymbol{B} = \lambda\boldsymbol{B}^{-1}\boldsymbol{B} = \begin{pmatrix} \lambda_1 & 0 & 0 \\ 0 & \lambda_2 & 0 \\ 0 & 0 & \lambda_3 \end{pmatrix}$$

上式可验证特征矢量 $\boldsymbol{b}_i$ 的正确性，它表示张量 $\boldsymbol{T}_\mathrm{A}$ 与其主轴（对角形张量）相似。通常写成：

$$\boldsymbol{T}_\mathrm{A} = \begin{bmatrix} a_{11} & a_{12} & a_{13} \\ a_{21} & a_{22} & a_{23} \\ a_{31} & a_{32} & a_{33} \end{bmatrix} = \begin{bmatrix} a_1 & 0 & 0 \\ 0 & a_2 & 0 \\ 0 & 0 & a_3 \end{bmatrix}$$

式中，主值一般按代数值排列 $a_1 > a_2 > a_3$。

写在主坐标系中的张量是对角形张量，根据张量乘法有

$$\boldsymbol{T}_\mathrm{A}^2 = \begin{bmatrix} a_1^2 & 0 & 0 \\ 0 & a_2^2 & 0 \\ 0 & 0 & a_3^2 \end{bmatrix}, \cdots, \boldsymbol{T}_\mathrm{A}^n = \begin{bmatrix} a_1^n & 0 & 0 \\ 0 & a_2^n & 0 \\ 0 & 0 & a_3^n \end{bmatrix} \tag{2.25a}$$

这些张量的第一不变量构成下列所谓 T_A 的对称不变量系列

$$A_1 = a_1 + a_2 + a_3,\ 2A_2 = a_1^2 + a_2^2 + a_3^2,$$
$$3A_3 = a_1^3 + a_2^3 + a_3^3,\ 4A_4 = a_1^4 + a_2^4 + a_3^4 \tag{2.25b}$$
$$\cdots\cdots$$

可以证明上述不变量只有 A_1，A_2，A_3 是独立的，它们与式（2.24）基础不变量的关系为：

$$A_1 = I_1,\ A_2 = -I_2 + I_1{}^2/2,\ A_3 = I_3 - I_1 I_2 + I_1{}^3/3 \tag{2.25c}$$

2.3.4 偏张量主值、主方向和不变量

由式（2.19)，将偏张量分量以小写字母表示

$$\boldsymbol{D}_{\mathrm{A}} = [a_{ik} - \delta_{ik} a_{\mathrm{m}}] = \begin{bmatrix} a'_{11} & a_{12} & a_{13} \\ a_{21} & a'_{22} & a_{23} \\ a_{31} & a_{32} & a'_{33} \end{bmatrix} = [a'_{ik}]$$

参照式（2.22)，令特征行列式为零有

$$|a'_{ik} - \lambda' \delta_{ik}| = |a_{ik} - (\lambda' + a_{\mathrm{m}})\delta_{ik}| = 0$$

由此可见，偏张量的特征值 λ'_i 加上 a_{m}就是原张量 T_{A} 的特征值 λ。特征值又称张量主值，有 $a'_{11} = a_{11} - a_{\mathrm{m}}$，$a'_{22} = a_{22} - a_{\mathrm{m}}$，…偏张量的主值为：

$$a'_1 = a_1 - a_{\mathrm{m}},\quad a'_2 = a_2 - a_{\mathrm{m}},\quad a'_3 = a_3 - a_{\mathrm{m}}$$

尚可看出，偏张量主方向与原张量主方向一致。注意到 $a_{\mathrm{m}} = a_{ii}/3$，$a'_{ik} = a_{ik}$（$i \neq k$)，偏张量为对称张量，其特征方程与不变量依次为：

$$\lambda'^3 + I'_2 \lambda' - I'_3 = 0$$

$$\begin{cases} I'_1 = 0 \\ I'_2 = \begin{vmatrix} a'_{11} & a_{12} \\ a_{21} & a'_{22} \end{vmatrix} + \begin{vmatrix} a'_{22} & a_{23} \\ a_{32} & a'_{33} \end{vmatrix} + \begin{vmatrix} a'_{33} & a_{31} \\ a_{13} & a'_{11} \end{vmatrix} = -\dfrac{1}{2} a'_{ik} a'_{ik} \\ \quad = -(1/6)[(a_{11} - a_{22})^2 + (a_{22} - a_{33})^2 + (a_{33} - a_{11})^2 + 6(a_{12}^2 + a_{23}^2 + a_{31}^2)] \\ I'_3 = |a'_{ik}| \end{cases} \tag{2.26}$$

以三角法解上述特征方程，由于 $I'_2 < 0$，若令

$$B = +\sqrt{|I'_2|} = +\sqrt{(1/2) a'_{ik} a'_{ik}} \qquad ①$$

则特征方程可表示为

$$\lambda'^3 - B^2 \lambda' = I'_3 \qquad ②$$

对比三角降幂恒等式 $4\cos^3\alpha - 3\cos\alpha = \cos 3\alpha$ 可知，若令 $\lambda' = C\cos\alpha$，代入式②得

$$\cos^3\alpha - (B/C)^2 \cos\alpha = I'_3 / C^3$$

这与三角降幂等式完全对应，问题归结为求新变量 α 和 C，它们是

$$\cos 3\alpha = 4I_3'/C^3, \quad C = 2B/\sqrt{3} \tag{2.27}$$

由此总可在 [0, π] 内找到一个 3α 值，另两个值是 $3\alpha+2\pi$ 和 $2\pi-3\alpha$。如有意使偏张量三个主值 λ_i' 按代数值排列，即式②的三个实根 $a_1'>a_2'>a_3'$，则有

$$\left.\begin{aligned} a_1' &= \lambda_1' = (2/\sqrt{3})B\cos\alpha \\ a_2' &= \lambda_2' = (2/\sqrt{3})B\sin(\alpha-\pi/6) \\ a_3' &= \lambda_3' = -(2/\sqrt{3})B\cos(\pi/3-\alpha) \end{aligned}\right\} \tag{2.28}$$

式①的参数 B 对确定屈服准则具有重要意义。

2.3.5 张量场梯度、散度和奥高公式

2.3.5.1 张量场梯度

由式（1.30），$\nabla = \mathrm{grad} = \left\{\frac{\partial}{\partial x_1}, \frac{\partial}{\partial x_2}, \frac{\partial}{\partial x_3}\right\}$，设 $\boldsymbol{A}$ 是 n 阶张量，$\boldsymbol{A}=\{A_{i_n}\}$，记 $\frac{\partial}{\partial x_k}A_{i_n}=A_{i_n,k}$。张量 $\boldsymbol{A}$ 梯度的定义为

$$\mathrm{grad}\boldsymbol{A} = \nabla\boldsymbol{A} = \left\{\frac{\partial}{\partial x_k}A_{i_n}\right\} = \{A_{i_n,k}\} \tag{2.29}$$

以下证明 $\nabla\boldsymbol{A}$ 是 $n+1$ 阶张量。由于

$$\mathrm{d}A_{i_n}' = \mathrm{d}[(\Pi\beta_{i_nj_n})A_{j_n}] = (\Pi\beta_{i_nj_n})\mathrm{d}A_{j_n}$$

所以 d$\boldsymbol{A}$ 与 $\boldsymbol{A}$ 一样也是 n 阶张量。由微分法则有

$$\mathrm{d}A_{i_n} = \left(\frac{\partial}{\partial x_k}A_{i_n}\right)\mathrm{d}x_k = A_{i_n,k}\mathrm{d}x_k$$

由张量识别定理上式右边 $\mathrm{d}x_k$ 是一阶张量，左边 $\mathrm{d}A_{i_n}$ 是 n 阶张量，故 $\nabla\boldsymbol{A}$ 是 $n+1$ 阶张量。由此结论可以推论出：由于矢量是一阶张量，故矢量的梯度是二阶张量，详细说明如下。

2.3.5.2 矢量对坐标矢量的导数及梯度

已知某区域为矢量场 $\boldsymbol{a}=\boldsymbol{a}(\boldsymbol{x},t)$，$\boldsymbol{x}$ 是场内点的坐标矢量（又称宗量），t 为时间，写成分量形式为 $a_i=a_i(x_k, t)$。如图 2.1 所示，在某瞬时时刻 M 点有矢量 $\boldsymbol{a}$，点的坐标是 $\boldsymbol{x}$，在无限接近此点的 M_1 点，坐标变为 $\boldsymbol{x}+\mathrm{d}\boldsymbol{x}$，矢量获得增量 d$\boldsymbol{a}$，显然 d$\boldsymbol{a}$ 是 $\boldsymbol{a}$ 对坐标矢量的全微分，写成分量形式为：

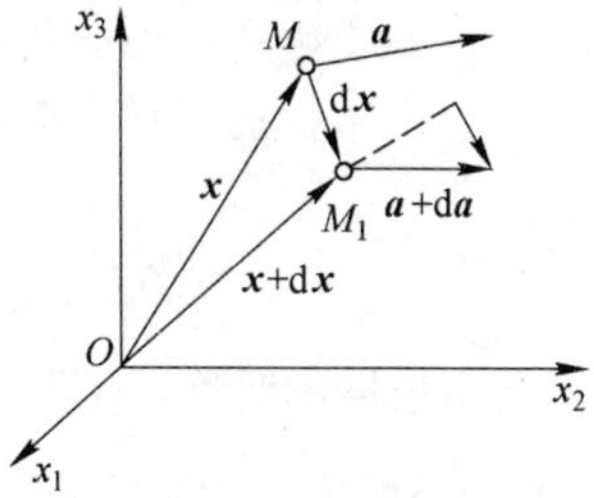

图 2.1 矢量对坐标的导数

$$\mathrm{d}a_i = \frac{\partial a_i}{\partial x_k}\mathrm{d}x_k$$

这是三个方程，每个方程展开为三项求和。该式也可写成如下两种形式

$$\begin{pmatrix} \mathrm{d}a_1 \\ \mathrm{d}a_2 \\ \mathrm{d}a_3 \end{pmatrix} = \left(\frac{\partial a_i}{\partial x_k}\right)\begin{pmatrix} \mathrm{d}x_1 \\ \mathrm{d}x_2 \\ \mathrm{d}x_3 \end{pmatrix} \quad 或 \quad \mathrm{d}\boldsymbol{a} = [\partial a_i/\partial x_k]\mathrm{d}\boldsymbol{x}$$

上式建立了矢量与宗量的对应关系，由张量识别定理$[\partial a_i/\partial x_k]$为二阶张量。由此可知，在矢量场中，约束矢量 $\boldsymbol{a}$（指有确定的作用点的矢量，例如各点速度）对矢径 $\boldsymbol{x}$ 的偏导数

$$\frac{\partial \boldsymbol{a}}{\partial \boldsymbol{x}} = \left[\frac{\partial a_i}{\partial x_k}\right] = \begin{bmatrix} \partial a_1/\partial x_1 & \partial a_1/\partial x_2 & \partial a_1/\partial x_3 \\ \partial a_2/\partial x_1 & \partial a_2/\partial x_2 & \partial a_2/\partial x_3 \\ \partial a_3/\partial x_1 & \partial a_3/\partial x_2 & \partial a_3/\partial x_3 \end{bmatrix} \tag{2.30}$$

构成一个二阶张量场。将该张量的转置张量即∇与 $\boldsymbol{a}$ 的并积定义为矢量 $\boldsymbol{a}$ 的梯度

$$\nabla \boldsymbol{a} = \mathrm{grad}\boldsymbol{a} = \left[\frac{\partial a_k}{\partial x_i}\right] = \left[\frac{\partial a_i}{\partial x_k}\right]^T \tag{2.31}$$

式中，k 为列标；i 为行标。即矢量场的梯度也为一个二阶张量。尚可看出无论 $\boldsymbol{a}$ 对 $\boldsymbol{x}$ 的导数还是$\nabla\boldsymbol{a}$ 的第二不变量都是矢量场 $\boldsymbol{a}$ 的散度 div$\boldsymbol{a}$。

二阶张量$[\partial a_i/\partial x_k]$总可以分解为对称张量与反对称张量之和，即

$$\left[\frac{\partial a_i}{\partial x_k}\right] = \left[\frac{1}{2}\left(\frac{\partial a_i}{\partial x_k} + \frac{\partial a_k}{\partial x_i}\right)\right] + \left[\frac{1}{2}\left(\frac{\partial a_i}{\partial x_k} - \frac{\partial a_k}{\partial x_i}\right)\right] \tag{2.32}$$

例如速度场$\boldsymbol{v}$ 或位移场 $\boldsymbol{u}$ 为矢量（一阶张量），求其对坐标矢量的导数（称相对位移或相对位移速度）及其梯度时，需将其分解如下：

$$\left[\frac{\partial v_i}{\partial x_k}\right] = \begin{bmatrix} \frac{\partial v_1}{\partial x_1} & \frac{\partial v_1}{\partial x_2} & \frac{\partial v_1}{\partial x_3} \\ \frac{\partial v_2}{\partial x_1} & \frac{\partial v_2}{\partial x_2} & \frac{\partial v_2}{\partial x_3} \\ \frac{\partial v_3}{\partial x_1} & \frac{\partial v_3}{\partial x_2} & \frac{\partial v_3}{\partial x_3} \end{bmatrix} = v_{i,j} \qquad \left[\frac{\partial u_i}{\partial x_k}\right] = \begin{bmatrix} \frac{\partial u_1}{\partial x_1} & \frac{\partial u_1}{\partial x_2} & \frac{\partial u_1}{\partial x_3} \\ \frac{\partial u_2}{\partial x_1} & \frac{\partial u_2}{\partial x_2} & \frac{\partial u_2}{\partial x_3} \\ \frac{\partial u_3}{\partial x_1} & \frac{\partial u_3}{\partial x_2} & \frac{\partial u_3}{\partial x_3} \end{bmatrix} = u_{i,j} \tag{2.32a}$$

$$\nabla \boldsymbol{v} = \left[\frac{\partial v_i}{\partial x_k}\right]^T \qquad \nabla \boldsymbol{u} = \left[\frac{\partial u_i}{\partial x_k}\right]^T$$

上述张量不对称，但第一不变量均为$\boldsymbol{v}$ 或 $\boldsymbol{u}$ 的散度。由式（2.18）分解如下

$$\left[\frac{\partial v_i}{\partial x_k}\right] = \left[\frac{1}{2}\left(\frac{\partial v_i}{\partial x_k} + \frac{\partial v_k}{\partial x_i}\right)\right] + \left[\frac{1}{2}\left(\frac{\partial v_i}{\partial x_k} - \frac{\partial v_k}{\partial x_i}\right)\right] 或\ v_{i,k} = \frac{1}{2}(v_{i,k} + v_{k,i}) + \frac{1}{2}(v_{i,k} - v_{k,i})$$

$$\left[\frac{\partial u_i}{\partial x_k}\right] = \left[\frac{1}{2}\left(\frac{\partial u_i}{\partial x_k} + \frac{\partial u_k}{\partial x_i}\right)\right] + \left[\frac{1}{2}\left(\frac{\partial u_i}{\partial x_k} - \frac{\partial u_k}{\partial x_i}\right)\right] 或\ u_{i,k} = \frac{1}{2}(u_{i,k} + u_{k,i}) + \frac{1}{2}(u_{i,k} - u_{k,i}) \tag{2.32b}$$

前一张量为对称张量，称为（纯）应变速率及（纯）应变张量或无旋张量；后者为反对称张量，称为角速度张量及角位移（或转角）张量。前者满足几何方程，后者对应刚性转动，记为

$$R_1 = (1/2)(\partial v_3/\partial x_2 - \partial v_2/\partial x_3)$$
$$R_2 = (1/2)(\partial v_1/\partial x_3 - \partial v_3/\partial x_1)$$
$$R_3 = (1/2)(\partial v_2/\partial x_1 - \partial v_1/\partial x_2)$$

则有

$$\left[\frac{1}{2}\left(\frac{\partial v_i}{\partial x_k} - \frac{\partial v_k}{\partial x_i}\right)\right] = \begin{bmatrix} 0 & -R_3 & R_2 \\ R_3 & 0 & -R_1 \\ -R_2 & R_1 & 0 \end{bmatrix} \tag{2.33}$$

与式（1.22）比较可知，反对称张量表示矢量场$\boldsymbol{v}$的旋度矢量$\boldsymbol{R}$，即式（1.27）

$$\boldsymbol{R} = (1/2)\,\mathrm{rot}\boldsymbol{a}$$

本节也表明，任何非对称张量$\boldsymbol{T}_{\mathrm{A}}$一定包含一个反对称张量（即旋度张量），扣除该旋度张量后，仍得到对称张量。任何对称张量均可求出三个主值和三个正交的主方向，从而将其化为对角张量（主轴张量）。

2.3.5.3 张量场的散度

设$\boldsymbol{A}$为n阶张量，其散度定义为

$$\mathrm{div}\boldsymbol{A} = \nabla \cdot \boldsymbol{A} = \left\{\frac{\partial}{\partial x_k} A_{k,i_2\cdots i_n}\right\}$$

它是由$\nabla\boldsymbol{A}$收缩一次而得到的$n-1$阶张量。

如前所述$\boldsymbol{v}$是一阶张量（矢量），其梯度$\nabla\boldsymbol{v} = \left[\frac{\partial v_i}{\partial x_k}\right]^T$是二阶张量，而其散度为$\mathrm{div}\boldsymbol{v} = \nabla \cdot \boldsymbol{v} = \frac{\partial v_i}{\partial x_i}$，是$\nabla\boldsymbol{v}$收缩一次所得的标量（零阶张量）。

显然对于二阶张量$\boldsymbol{T}_{\mathrm{A}}$，$\mathrm{div}\boldsymbol{T}_{\mathrm{A}}$应是$\nabla\boldsymbol{T}_{\mathrm{A}}(2+1)$阶张量收缩一次而得到的$(2-1)$阶张量，即矢量。故有

$$\mathrm{div}\boldsymbol{T}_{\mathrm{A}} = \frac{\partial a_{ik}}{\partial x_k}\boldsymbol{e}_i \tag{2.34}$$

如区域内每点都给定一个张量场$\boldsymbol{T}_{\mathrm{A}} = \boldsymbol{T}_{\mathrm{A}}(\boldsymbol{x}, t)$，即给定了九个量$a_{ik} = a_{ik}(x_{\mathrm{m}}, t)$，其中每个量都是坐标矢量$\boldsymbol{x}(x_{\mathrm{m}})$和时间$t$的连续函数。在该场内作任意封闭曲面$S$所围体积为$V$，如图2.2所示。设$\boldsymbol{n}$是面元$\mathrm{d}\boldsymbol{S}$的单位外法线，则张量$\boldsymbol{T}_{\mathrm{A}}$和表面矢量$\boldsymbol{n}$的乘积的积分即

$$\oint_S T_{\mathrm{A}} n \mathrm{d}S = \left(\oint_S a_{ik} n_k \mathrm{d}S\right)\boldsymbol{e}_i$$

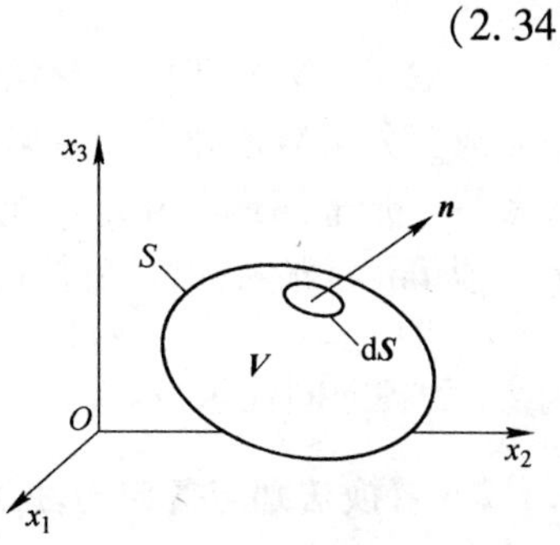

图2.2 张量场的通量

称为张量场 $\boldsymbol{T}_A$ 在表面 S 上的通量。上式右端括号内是分量形式，可记为 c_i，$c_i\boldsymbol{e}_i$ 是矢量 $\boldsymbol{c}$。用奥高公式（1.14）将上式括号内的曲面积分化为体积积分得

$$c_i = \oint_S a_{ik}(n_k \mathrm{d}S) = \oint_S a_{ik}\mathrm{d}S_k = \int_V \frac{\partial a_{ik}}{\partial x_k}\mathrm{d}V$$

令

$$\mathrm{div}\boldsymbol{T}_A = \frac{\partial a_{ik}}{\partial x_k}\boldsymbol{e}_i$$

上式即式（2.34）。故二阶张量场 $\boldsymbol{T}_A$ 的散度为一矢量，其分量是 $\partial a_{ik}/\partial x_k$。该场的奥高公式为

$$\oint_S \boldsymbol{T}_A\boldsymbol{n}\mathrm{d}S = \left(\int_V \frac{\partial a_{ik}}{\partial x_k}\mathrm{d}V\right)\boldsymbol{e}_i = \int_V \mathrm{div}\boldsymbol{T}_A\mathrm{d}V \tag{2.35}$$

对 n 阶张量 $\boldsymbol{A}$，将分量 $A_{i_1\cdots i_n}$ 代入前式

$$\int_S n_i A_{i_1\cdots i_n}\mathrm{d}S = \int_V\left(\frac{\partial}{\partial x_i}A_{i_1\cdots i_n}\right)\mathrm{d}V$$

上式中取 $i=i_1=1$ 或 2 或 3 时，等式皆成立，故

$$\int_S n_i A_{ii_2\cdots i_n}\mathrm{d}S = \int_V\left(\frac{\partial}{\partial x_i}A_{ii_2\cdots i_n}\right)\mathrm{d}V$$

即

$$\int_S \boldsymbol{nA}\mathrm{d}S = \int_V \mathrm{div}\boldsymbol{A}\mathrm{d}V \tag{2.36}$$

式（2.36）即 n 阶张量的奥高公式。

曲线坐标 β_1，β_2，β_3 下张量场的散度 $\mathrm{div}\boldsymbol{T}_A$ 的第一个分量是

$$\begin{aligned}\frac{1}{H_1H_2H_3}\Big[&\frac{\partial}{\partial\beta_1}(H_2H_3a_{11}) + \frac{\partial}{\partial\beta_2}(H_3H_1a_{12}) + \frac{\partial}{\partial\beta_3}(H_1H_2a_{13})\\ &+ H_3\frac{\partial H_1}{\partial\beta_2}a_{12} + H_2\frac{\partial H_1}{\partial\beta_3}a_{13} - H_3\frac{\partial H_2}{\partial\beta_1}a_{22} - H_2\frac{\partial H_3}{\partial\beta_1}a_{33}\Big]\end{aligned} \tag{2.37}$$

其余两分量将括号内诸项用下标轮换法，即以下标 2 代替 1，3 代替 2，1 代替 3 方法逐次写出。

2.4 各向同性张量

2.4.1 各向同性张量定义

一般在坐标旋转后各分量将改变其数值，这是张量的各向异性。在坐标变换后不改变分量数值即在新老坐标系中保持同名分量相等的张量叫各向同性张量。或者每一分量都是坐标系作刚体转动变换下的不变量，则此张量是各向同性张量。即 $\boldsymbol{T}_H=(h_{i_1i_2\cdots i_n})$，变换后每一分量间

$$h'_{i_1i_2\cdots i_n} = h_{i_1i_2\cdots i_n} \tag{2.38}$$

则 $\boldsymbol{T}_H$ 为各向同性张量。

2.4.2 置换法则与各向同性条件

设在 x_i 坐标系中原张量任意分量是 h_{ik}，现转动坐标轴使旋转后的新老坐标

轴相重合，但仍保持右手系，则只有如图 2.3 所示的两个方案，即

（1） $x_1 \to x_1'$，$x_2 \to x_2'$，$x_3 \to x_3'$，（1→2，2→3，3→1）；

（2） $x_1 \to x_1''$，$x_2 \to x_2''$，$x_3 \to x_3''$，（1→3，3→2，2→1）。

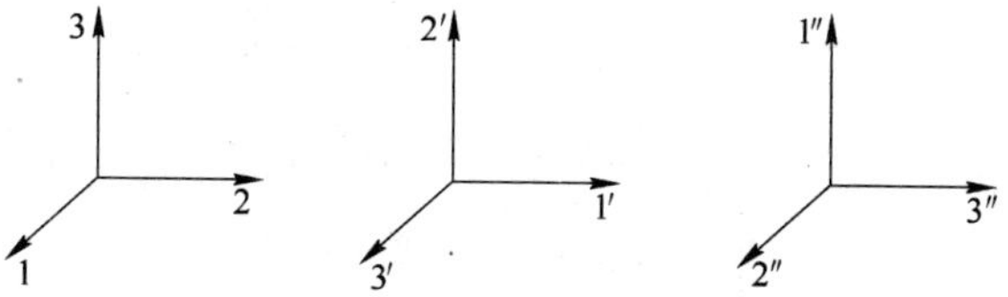

图 2.3 各向同性张量坐标变换

考察 h_{ik} 的一个分量 h_{12}，若 $\boldsymbol{T}_{\mathrm{H}}$ 各向同性应有 $h_{12}=h'_{12}=h''_{12}$；但是对于这种“重叠”的转动，显然有 $h'_{12}=h_{23}$ 和 $h''_{12}=h_{31}$，于是一般有下列置换法则：

$$h_{12}=h_{23}=h_{31},\quad h_{21}=h_{32}=h_{13},\quad h_{11}=h_{22}=h_{33} \tag{2.39}$$

可见三维二阶各向同性张量模型可表示为图 2.4 所示形式。图 2.4 中两张量具有各向同性且后者是对称张量。

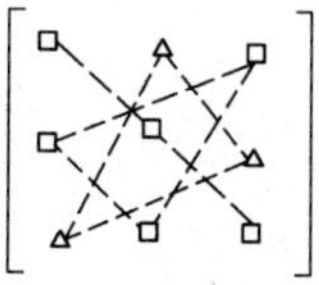

$$\begin{bmatrix} a & b & c \\ c & a & b \\ b & c & a \end{bmatrix},\begin{bmatrix} a & b & b \\ b & a & b \\ b & b & a \end{bmatrix}$$

图 2.4 三维二阶各向同性张量模型

若 $a=1$，$b=0$，后者为单位张量。式（2.39）也是二阶张量的各向同性的条件。

对三阶张量 $[h_{ijk}]$，各向同性的条件是

$$h_{111}=h_{222}=h_{333}(=0),h_{211}=h_{322}=h_{133}(=0),h_{311}=h_{122}=h_{233}(=0)$$

$$h_{112}=h_{223}=h_{331}(=0),h_{212}=h_{323}=h_{131}(=0),h_{312}=h_{123}=h_{231}(=1) \tag{2.40}$$

$$h_{113}=h_{221}=h_{332}(=0),h_{213}=h_{321}=h_{132}(=-1),h_{313}=h_{121}=h_{232}(=0)$$

三维三阶各向同性张量模型和其元素的下标数组如图 2.5 所示。图中正负号表示 +1 和 -1，其余 21 个元素为零。当分量按式（2.40）括号中的数取值时，就得到三维单位张量 $[e_{ijk}]$，又叫置换张量。e_{ijk} 也同 δ_{ik} 一样可以写入代数式，其定义同式（1.36）为

$$e_{ijk}=\begin{cases}+1 & i,j,k\ \text{次序排列(偶排列)},\text{如}\ e_{123},e_{312}\\ -1 & i,j,k\ \text{反序排列(奇排列)},\text{如}\ e_{321},e_{213}\\ 0 & i,j,k\ \text{排列中有重复},\text{如}\ e_{111},e_{121}\end{cases}$$

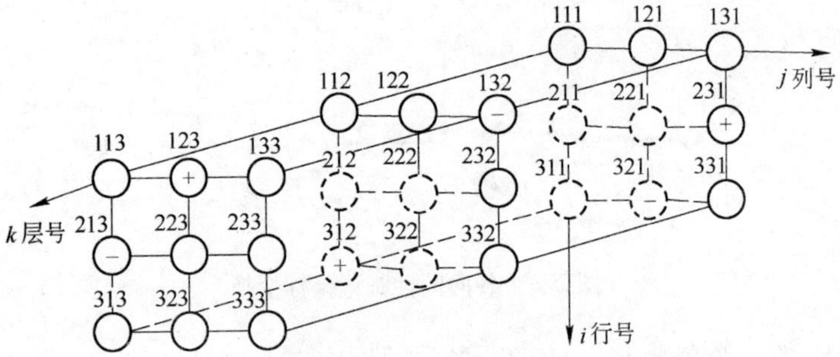

图 2.5　三阶三维各向同性张量模型

一般可将 n 阶张量 $h_{i_1i_2\cdots i_n}$ 的置换法则表述为下标的轮换，如下

$$1\to2,\ 2\to3,\ \cdots,\ n\to1 \quad \text{或} \quad 1\to n,\ n\to n-1,\ \cdots,\ 2\to1$$

若所得的新分量 $h'_{i_1i_2\cdots i_n}$ 和原来的分量相等即满足式（2.38），则原张量 $\boldsymbol{T}_{\mathrm{H}}$ 为各向同性张量。

2.4.3　各向同性张量性质

各向同性张量的性质主要有以下几点：

（1）零阶张量（标量）都各向同性。

（2）一阶张量除零矢量外都各向异性。

（3）二阶各向同性张量必为

$$h_{ik}=\lambda\delta_{ik} \tag{2.41}$$

（4）三阶各向同性张量必为

$$h_{ijk}=\lambda e_{ijk} \tag{2.42}$$

（5）四阶各向同性张量必可化为

$$h_{ijkl}=\lambda\delta_{ij}\delta_{kl}+\alpha\delta_{ik}\delta_{jl}+\beta\delta_{il}\delta_{jk} \tag{2.43}$$

式中，λ、α、β 为标量。

证明性质（2）：设 $\boldsymbol{v}$ 是一非零矢量，大小 $v\neq0$，取 x_1 轴正向与 $\boldsymbol{v}$ 的方向重合，则在此坐标系中有 $\boldsymbol{v}=(v,\ 0,\ 0)$ 即 $v_1=v$。取 x_1' 轴正向与 $\boldsymbol{v}$ 的方向相反（图 2.3 坐标系绕 x_3 轴旋转 180°得到）。于是在新坐标系中 $\boldsymbol{v}=(-v,\ 0,\ 0)$，即 $v_1'=-v$。由于 $v\neq0$，$v_1'\neq v_1$，足见 $\boldsymbol{v}$ 不是各向同性的。

证明性质（3）：因为 $\delta'_{ij}=\delta_{ij}$，故 $\lambda\delta_{ij}$ 为二阶各向同性张量。若 h_{ik} 为二阶同性张量，则由式（2.39）有

$$h_{11}=h_{22}=h_{33}=\lambda \quad (i=k) \qquad ①$$

$$h_{12}=h_{23}=h_{31},\ h_{21}=h_{32}=h_{13} \quad (i\neq k)$$

绕 x_3 轴旋转 180°得一新坐标系，此时：$x'_1=-x_1$，$x'_2=-x_2$，$x'_3=x_3$；即方向余弦表示为

$$(\alpha_{ik})=\begin{pmatrix}-1 & 0 & 0\\ 0 & -1 & 0\\ 0 & 0 & 1\end{pmatrix} \qquad ②$$

于是有 $h_{23}=h'_{23}=\alpha_{2m}\alpha_{3n}h_{mn}=\alpha_{22}\alpha_{33}h_{23}=(-1)(+1)h_{23}=-h_{23}$

$h_{32}=h'_{32}=\alpha_{3m}\alpha_{2n}h_{mn}=\alpha_{33}\alpha_{22}h_{32}=(+1)(-1)h_{32}=-h_{32}$

只有 $h_{23}=h_{32}=0$；才有 $\quad h_{ik}=0 \quad (i\neq k)$ ③

注意到式①、式③合写为 $h_{ik}=\lambda\delta_{ik}$，则式（2.41）成立。

证明性质（4）：由于 $e'_{ijk}=e_{ijk}$，可知 λe_{ijk} 是各向同性的三阶张量。设 h_{ijk} 是任一个各向同性的三阶张量，则

$$h_{ijk}=h'_{ijk}=\alpha_{il}\alpha_{jm}\alpha_{kn}h_{lmn} \qquad ④$$

令坐标轴绕 x_3 轴旋转 180°，即取式②的方向余弦，对 $i=j=k=1$ 的情况有

$$h_{111}=h'_{111}=\alpha_{1l}\alpha_{1m}\alpha_{1n}h_{lmn}=\alpha_{11}\alpha_{11}\alpha_{11}h_{111}=-h_{111}$$

足见 $h_{111}=0$，又根据式（2.40）有

$$h_{ijk}=0 \quad (i=j=k) \qquad ⑤$$

再设 $i=1$、$j=k=3$ 有 $h_{133}=h'_{133}=\alpha_{1l}\alpha_{3m}\alpha_{3n}h_{lmn}=\alpha_{11}\alpha_{33}\alpha_{33}h_{133}=-h_{133}$，所以 $h_{133}=0$，故对一切有两个相重复下标时有

$$h_{ijk}=0 \qquad ⑥$$

绕 x_3 轴旋转 90°，有：$x'_1=x_2$，$x'_2=-x_1$，$x'_3=x_3$，方向余弦为

$$(\alpha_{ik})=\begin{pmatrix}0 & 1 & 0\\ -1 & 0 & 0\\ 0 & 0 & 1\end{pmatrix} \qquad ⑦$$

代入式④得

$$h_{123}=h'_{123}=\alpha_{1l}\alpha_{2m}\alpha_{3n}h_{lmn}=\alpha_{12}\alpha_{21}\alpha_{33}h_{213}=-h_{213}$$

表明偶排列 h_{123} 与奇排列 h_{213} 等值反号，由式（2-40）

$$h_{123}=h_{231}=h_{312}=\lambda \qquad 当 i,\ j,\ k 为顺序时$$

$$h_{213}=h_{321}=h_{132}=-\lambda \qquad 当 i,\ j,\ k 为反序时$$

将上两式与式⑤、式⑥合写为

$$h_{ijk}=\begin{cases}0 & i,\ j,\ k\ 相重排列\\ \lambda & i,\ j,\ k\ 偶排列\\ -\lambda & i,\ j,\ k\ 奇排列\end{cases}$$

即

$$h_{ijk}=\lambda e_{ijk}$$

证明性质（5）：式（2.43）右侧每项都是四阶各向同性张量，故相加后仍是四阶各向同性张量。

设 h_{ijkl}是任意一个各向同性张量，故有

$$h_{ijkl}=h'_{ijkl}=\alpha_{im}\alpha_{in}\alpha_{kp}\alpha_{lq}h_{mnpq} \quad ⑧$$

坐标轴绕 x_3 轴旋转 180°，取式②的方向余弦。当 i，j，k，l 中有单数个 3 时

$$h_{1223}=h'_{1223}=\alpha_{1m}\alpha_{2n}\alpha_{2p}\alpha_{3q}h_{mnpq}=(-1)(-1)^2(+1)h_{1223}=-h_{1223}$$

$$h_{1333}=h'_{1333}=\alpha_{1m}\alpha_{3n}\alpha_{3p}\alpha_{3q}h_{mnpq}=(-1)(+1)^3h_{1333}=-h_{1333}$$

足见 $h_{1223}=h_{1333}=0$。再由偶排列及穷举法可知，只要 1 或 2 或 3 在四个指标 i，j，k，l 中出现单数次（一次或重复三次），该分量总有

$$h_{ijkl}=0 \quad ⑨$$

于是不为零的分量 h_{ijkl}只能有以下四类：

$$i=j=k=l,\ i=j\neq k=l,\ i=k\neq j=l,\ i=l\neq j=k$$

绕 x_3轴旋转 90°，方向余弦如式⑦，代入式⑧

$$h_{1122}=h'_{1122}=\alpha_{1m}\alpha_{1n}\alpha_{2p}\alpha_{2q}h_{mnpq}=\alpha_{12}\alpha_{12}\alpha_{21}\alpha_{21}h_{2211}=h_{2211}$$

同理有： $h_{1212}=h_{2121}$， $h_{1221}=h_{2112}$

由以上三式可以置换出对应后三类条件的三组等式：

$$\left.\begin{aligned}&h_{1122}=h_{2233}=h_{3311}=h_{3322}=h_{2211}=h_{1133}=\lambda \quad i=j\neq k=l\\&h_{1212}=h_{2323}=h_{3131}=h_{2121}=h_{3232}=h_{1313}=\alpha \quad i=k\neq j=l\\&h_{1221}=h_{2332}=h_{3113}=h_{3223}=h_{2112}=h_{1331}=\beta \quad i=l\neq j=k\end{aligned}\right\} \quad ⑩$$

绕 x_3轴旋转 45°，方向余弦为$(\alpha_{ik})=\begin{pmatrix}1/\sqrt{2} & 1/\sqrt{2} & 0\\ -1/\sqrt{2} & 1/\sqrt{2} & 0\\ 0 & 0 & 1\end{pmatrix}$，代入式⑧得

$$h_{1111}=h'_{1111}=\alpha_{1m}\alpha_{1n}\alpha_{1p}\alpha_{1q}h_{mnpq}$$

注意到上式 m，n，p，q 中只能取偶数个 1 和偶数个 2，因为奇数的 1 和 2 已在式⑨中证明，所以只能有

$$h_{1111}=h'_{1111}=(1/4)(h_{1111}+h_{2222}+h_{1122}+h_{2211}+h_{1212}+h_{2121}+h_{1221}+h_{2112})$$

因为 h_{ijkl}是各向同性张量，有 $h_{1111}=h_{2222}=h_{3333}$，代入上式并注意到式⑩，有

$$h_{1111}=(1/4)(h_{1111}+h_{1111}+\lambda+\lambda+\alpha+\alpha+\beta+\beta)$$

所以 $$h_{1111}=h_{2222}=h_{3333}=\lambda+\alpha+\beta$$

将上式与式⑩、式⑨合写为

$$h_{ijkl}=\begin{cases}\lambda+\alpha+\beta & i=j=k=l\\ \lambda & i=j\neq k=l\\ \alpha & i=k\neq j=l\\ \beta & i=l\neq j=k\\ 0 & \text{其他情形}\end{cases}$$

即性质（5）中式（2.43）成立。

应当指出，若 h_{ijkl} 对前两个指标对称，则有：

$$h_{ijkl}=h_{jikl}=(1/2)(h_{ijkl}+h_{jikl})$$

若 h_{ijkl} 对后两个指标对称，则有：

$$h_{ijkl}=h_{ijlk}=(1/2)(h_{ijkl}+h_{ijlk})$$

在上述情形下易知式⑩中的 $\alpha=\beta$，记此常数为 μ。以 $\alpha=\beta=\mu$ 代入式（2.43），则得到四阶对称的各向同性张量的一般形式为

$$h_{ijkl}=\lambda\delta_{ij}\delta_{kl}+\mu(\delta_{ik}\delta_{jl}+\delta_{il}\delta_{jk}) \tag{2.44}$$

式（2.44）表明若四阶各向同性张量关于 i 和 j 对称，则可借助两个常数 λ 和 μ 表达；还可由式（2.44）证明若 h_{ijkl} 各向同性且关于 i 和 j 对称，则关于 k 和 l 也是对称的。

2.5 二阶对称张量

2.5.1 线性各向异性关系

由张量判别定理知，两个矢量间可通过一个二阶张量相联系。仿此，两个二阶张量之间可由一个四阶张量相联系，即

$$z_{ik}=c_{ikpq}y_{pq} \tag{2.45}$$

式中，四阶张量 c_{ikpq} 下标取决于 z 和 y 的下标，且满足：

$$c_{ikpq}=\alpha_{im}\alpha_{kn}\alpha_{pr}\alpha_{qs}c_{mnrs}$$

若［z_{ik}］和［y_{pq}］都是对称张量（例如应力张量和应变张量在各向异性体内也是对称张量），则

$$c_{ikpq}=c_{kipq},\quad c_{ikpq}=c_{ikqp}$$

这样，三维四阶张量的 $3^4=81$ 个独立元素就减少到 36 个（四阶张量视为两二阶张量外积元素为 $9\times 9=81$，若两张量都对称，实际只有 $6\times 6=36$ 个独立元素）。由于各向异性，一般 T_y 与 T_z 的主方向不重合。

2.5.2 线性各向同性关系

若 c_{ikpq} 是四阶各向同性张量，其应满足式（2.44），于是两二阶张量关系可表示为

$$z_{ik} = \lambda\delta_{ik}\delta_{pq}y_{pq} + \mu(\delta_{ip}\delta_{kq} + \delta_{iq}\delta_{kp})y_{pq} = \lambda\delta_{ik}y_{pp} + \mu(y_{ik} + y_{ki})$$

注意到上式第一等式右端第一项只能是 $p = q$，否则为零，将失去意义。第二项非零只能是 $p = i$、$q = k$ 与 $p = k$、$q = i$，否则全是零。注意到 T_z 与 T_y 对称得

$$z_{ik} = \lambda\delta_{ik}y_{pp} + 2\mu y_{ik} \tag{2.46}$$

式（2.46）即线性各向同性关系。将两张量进一步按式（2.19）分解得

$$\boldsymbol{T}_y = \boldsymbol{D}_y + y_{\mathrm{m}}\boldsymbol{I},\ \boldsymbol{T}_z = \boldsymbol{D}_z + z_{\mathrm{m}}\boldsymbol{I}$$

式中，$y_{\mathrm{m}} = y_{pp}/3$；$z_{\mathrm{m}} = z_{pp}/3$；$\boldsymbol{I} = [\delta_{ik}]$。代入式（2.46）

$$\boldsymbol{T}_z = z_{\mathrm{m}}\boldsymbol{I} + \boldsymbol{D}_z = 3\lambda y_{\mathrm{m}}\boldsymbol{I} + 2\mu(\boldsymbol{D}_y + y_{\mathrm{m}}\boldsymbol{I}) = (3\lambda + 2\mu)y_{\mathrm{m}}\boldsymbol{I} + 2\mu\boldsymbol{D}_y$$

令上式两端球部等于球部，偏部等于偏部有

$$z_{\mathrm{m}} = (3\lambda + 2\mu)y_{\mathrm{m}} = 3ky_{\mathrm{m}},\quad \boldsymbol{D}_z = 2\mu\boldsymbol{D}_y \tag{2.47}$$

式（2.47）为各向同性的线弹性体本构方程，前者为体积改变定律，后者为形状改变定律，二者皆为线性正比关系。式中，$[z_{ik}]$ 和 $[y_{ik}]$ 是应力与应变张量；$k = (3\lambda + 2\mu)/3$ 是体积弹性模量；λ，μ 是拉梅弹性常数；G 是剪切弹性模量；$\lambda = \nu E/[(1+\nu)(1-2\nu)]$；$E$ 与 ν 是杨式模量与泊松比。式（2.47）表明，$\boldsymbol{D}_y$ 与 $\boldsymbol{D}_z$ 同轴，足见 $\boldsymbol{T}_y$ 与 $\boldsymbol{T}_z$ 也同轴。

2.5.3 非线性各向同性关系

Hamilton-Cayley 定理：任何二阶对称张量 $\boldsymbol{T}_{\mathrm{A}}$ 都可化为对角形张量，一个对角形张量多次自乘的结果，可得到一系列二阶对称的对角形张量，如式（2.25）所示。对称张量 $\boldsymbol{T}_{\mathrm{A}}$，$\boldsymbol{T}_{\mathrm{A}}^2$，…，$\boldsymbol{T}_{\mathrm{A}}^n$都有相同的主方向。写出其特征方程为式（2.23）。将此方程中 λ 的乘方改成张量 $\boldsymbol{T}_{\mathrm{A}}$ 的相应乘方，则得到下列张量等式

$$\boldsymbol{T}_{\mathrm{A}}^3 - I_1\boldsymbol{T}_{\mathrm{A}}^2 + I_2\boldsymbol{T}_{\mathrm{A}} - I_3\boldsymbol{I} = \odot \tag{2.48}$$

或

$$\begin{bmatrix}\lambda_1^3 & 0 & 0\\ 0 & \lambda_2^3 & 0\\ 0 & 0 & \lambda_3^3\end{bmatrix} - I_1\begin{bmatrix}\lambda_1^2 & 0 & 0\\ 0 & \lambda_2^2 & 0\\ 0 & 0 & \lambda_3^2\end{bmatrix} + I_2\begin{bmatrix}\lambda_1 & 0 & 0\\ 0 & \lambda_2 & 0\\ 0 & 0 & \lambda_3\end{bmatrix} - I_3\begin{bmatrix}1 & 0 & 0\\ 0 & 1 & 0\\ 0 & 0 & 1\end{bmatrix} = \begin{bmatrix}0 & 0 & 0\\ 0 & 0 & 0\\ 0 & 0 & 0\end{bmatrix}$$

式中，$\boldsymbol{I} = [\delta_{ij}]$ 是单位张量；$\odot$是零张量。式（2.48）称哈密顿-凯莱（Hamilton-Cayley）定理。它表明任何二阶张量 $\boldsymbol{T}_{\mathrm{A}}$ 的特征方程 $\lambda^3 - I_1\lambda^2 + I_2\lambda - I_3 = 0$ 都可由此张量自身来满足，这时特征方程即化为张量形式。

两张量之间非线性关系一般可描述为 $\boldsymbol{T}_z = f(\boldsymbol{T}_y)$或 $z_{ik} = f_{ik}(y_{pq})$。式中借助算子符号 f_{ik}表示某种求 z_{ik}的运算。若介质各向同性，上式与指标选择无关，故有

$$z'_{ik}=f_{ik}(y'_{pq})$$

为满足各向同性要求，其间关系应表示为与 $[y_{pq}]$ 同轴张量的相加形式，即

$$f_{ik}(y_{pq})=\lambda\delta_{ik}+Aa_{ik}+Bb_{ik}+Cc_{ik}$$

式中，λ、A、B、C 是标量。为体现关系的非线性将同轴张量 $\boldsymbol{T}_{\mathrm{A}}$、$\boldsymbol{T}_{\mathrm{B}}$、$\boldsymbol{T}_{\mathrm{C}}$ 设成 $\boldsymbol{T}_y$ 的整数次幂，于是有

$$[a_{ik}]=[y_{ik}],\ [b_{ik}]=[y_{ik}]^2=y_{ip}y_{pk},\ [c_{ik}]=[y_{ik}]^3=y_{ip}y_{pq}y_{qk}$$

代入前式，则前式可改写为

$$\boldsymbol{T}_z=a_0\boldsymbol{I}+a_1\boldsymbol{T}_y+a_2\boldsymbol{T}_y^2+a_3\boldsymbol{T}_y^3 \tag{2.49}$$

显然，这是用 $\boldsymbol{T}_y$ 的多项式来逼近 $\boldsymbol{T}_z$。若 $\boldsymbol{T}_y$ 与 $\boldsymbol{T}_z$ 是两个有明确物理意义的彼此相关的二阶对称张量，则系数 a_0，a_1，a_2，a_3 应与介质的宏观物理性质无关，它们应是仅取决于张量 $\boldsymbol{T}_y$ 与 $\boldsymbol{T}_z$ 自身的不变量的函数，也可理解为 $\boldsymbol{T}_z$ 是 $\boldsymbol{T}_y$ 与 $\boldsymbol{T}_z$ 自身不变量的泛函。

注意到 $\boldsymbol{T}_y$ 是二阶对称张量，因此满足式（2.48），于是有

$$\boldsymbol{T}_y^3=I_1\boldsymbol{T}_y^2-I_2\boldsymbol{T}_y+I_3\boldsymbol{I}$$

足见 $\boldsymbol{T}_y^3$ 不过是 $\boldsymbol{T}_y$ 及其自身不变量的函数而已。同理 $\boldsymbol{T}_y^4$ 及更高次项均可表示为 $\boldsymbol{T}_y$ 及其自身不变量的函数，故均可从式（2.49）中舍去，于是取

$$\boldsymbol{T}_z=a_0\boldsymbol{I}+a_1\boldsymbol{T}_y+a_2\boldsymbol{T}_y^2 \tag{2.50}$$

来描述二阶对称张量 $\boldsymbol{T}_z$ 与 $\boldsymbol{T}_y$ 之间的非线性各向同性关系。

2.5.4 拟线性各向同性关系

式（2.50）用起来较复杂，如果应变 $\boldsymbol{T}_y$ 是坐标的二次式，则应力就是坐标的四次式，位移则是坐标的三次式。为此令该式 $a_2=0$，$a_0=a_{\mathrm{m}}$，得到简化后的拟线性关系为

$$\boldsymbol{T}_z=a_{\mathrm{m}}\boldsymbol{I}+a_1\boldsymbol{T}_y \tag{2.51}$$

记 $a_{\mathrm{m}}=3\lambda y_{\mathrm{m}}$，$a_1=2\mu$，注意到 $y_{\mathrm{m}}=(1/3)y_{ii}$，$k=(3\lambda+2\mu)/3$，上式则变为式（2.47），即：

$$z_{\mathrm{m}}=(3\lambda+2\mu)y_{\mathrm{m}}=3ky_{\mathrm{m}}\qquad \boldsymbol{D}_z=2\mu\boldsymbol{D}_y \tag{2.52}$$

但此式中 λ 和 μ 已不再是式（2.47）中的物理常数，而是随 $\boldsymbol{T}_z$ 与 $\boldsymbol{T}_y$ 变化的随机常数。

在以式（2.52）建立本构关系时，常假定体积不可压缩条件，进而更多关注 $2\mu=\boldsymbol{D}_z/\boldsymbol{D}_y$。由于两个二阶对称张量的主偏量的分量平方之比等于两偏张量的第二不变量之比，若记偏量 $\boldsymbol{D}_z$ 和 $\boldsymbol{D}_y$ 的第二不变量为 I'_2 与 J'_2，则有

$$\frac{(z_1-z_{\mathrm{m}})^2}{(y_1-y_{\mathrm{m}})^2}=\frac{(z_2-z_{\mathrm{m}})^2}{(y_2-y_{\mathrm{m}})^2}=\frac{(z_3-z_{\mathrm{m}})^2}{(y_3-y_{\mathrm{m}})^2}=\frac{I'_2}{J'_2} \tag{2.53}$$

$$D_z = \sqrt{\frac{I_2'}{J_2'}} D_\gamma, \quad 2\mu = \sqrt{\frac{I_2'}{J_2'}} \tag{2.54}$$

有关应力与应变（速率）之间的关系，后文将予深入讨论。

2.6 应变张量

2.6.1 有限应变张量

假设两个无限接近的点 M 和 N 在由区域 D 变换到区域 E 时，分别占据空间点 m 和 n，如图 2.6 所示。用矢径表示点的坐标有 $M(\boldsymbol{X})$、$N(\boldsymbol{X}+\mathrm{d}\boldsymbol{X})$，矢量 $\boldsymbol{MN}$ 是 $\boldsymbol{X}$ 的微分 $\mathrm{d}\boldsymbol{X}$。又有 $m(\boldsymbol{x})$、$n(\boldsymbol{x}+\mathrm{d}\boldsymbol{x})$，矢量 $\boldsymbol{mn}$ 是 $\boldsymbol{x}$ 的微分 $\mathrm{d}\boldsymbol{x}$。如果 M 点位移以 $\boldsymbol{u}$ 表示且为坐标的连续函数，则 N 点位移为 $\boldsymbol{u}+\mathrm{d}\boldsymbol{u}$。这里并不认为 $\boldsymbol{u}$ 很小，即不认为时间间隔 Δt 是小量。在此基础上研究无限小线段 MN 的有限应变（大变形）。

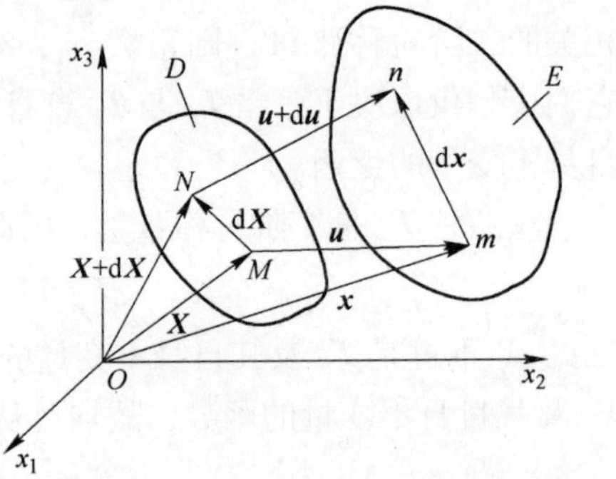

图 2.6 线段 MN 的应变

计算线段 MN 长度的变化，方便的方法是以矢量的平方来衡量矢量模的大小，可用以下两种方法计算。

2.6.1.1 拉格朗日有限应变张量

矢量 $\mathrm{d}\boldsymbol{X}$ 的自乘是其模 MN 的平方，有

$$(MN)^2 = \mathrm{d}\boldsymbol{X}\mathrm{d}\boldsymbol{X} = \mathrm{d}X_p\mathrm{d}X_p = \delta_{ik}\mathrm{d}X_i\mathrm{d}X_k \tag{①}$$

为用拉格朗日变量表示 $\mathrm{d}\boldsymbol{x}$ 的模，取 $\boldsymbol{x}=\boldsymbol{x}(\boldsymbol{X}, t)$，$\boldsymbol{x}$ 对坐标的全微分为

$$\mathrm{d}\boldsymbol{x} = \frac{\partial \boldsymbol{x}}{\partial \boldsymbol{X}}\mathrm{d}\boldsymbol{X} \quad 或 \quad \mathrm{d}x_p = \frac{\partial x_p}{\partial X_k}\mathrm{d}X_k$$

$$(mn)^2 = \mathrm{d}\boldsymbol{x}\mathrm{d}\boldsymbol{x} = \mathrm{d}x_p\mathrm{d}x_p = \frac{\partial x_p}{\partial X_i}\frac{\partial x_p}{\partial X_k}\mathrm{d}X_i\mathrm{d}X_k \tag{②}$$

以式②减式①之差来度量线元 MN 的伸长有

$$(mn)^2 - (MN)^2 = \left(\frac{\partial x_p}{\partial X_i}\frac{\partial x_p}{\partial X_k} - \delta_{ik}\right)\mathrm{d}X_i\mathrm{d}X_k \tag{2.55}$$

注意上式描述了一点附近的变形，因为如果是刚体运动，此差值为零，否则说明该点处于某种变形状态。因为 $\mathrm{d}X_i\mathrm{d}X_k$ 是二阶张量，$(mn)^2-(MN)^2$ 是标量，故由张量识别定理，括号内为下列二阶对称张量

$$L_{ik} = \frac{1}{2}\left(\frac{\partial x_p}{\partial X_i}\frac{\partial x_p}{\partial X_k} - \delta_{ik}\right) \tag{2.56}$$

称此张量为拉格朗日有限应变张量（格林张量）。令 $x_p = u_p + X_p$，有

$$\frac{\partial x_p}{\partial X_i} = \frac{\partial u_p}{\partial X_i} + \delta_{pi}, \quad \frac{\partial x_p}{\partial X_k} = \frac{\partial u_p}{\partial X_k} + \delta_{pk}$$

因为总有：

$$\frac{\partial x_p}{\partial X_i}\delta_{pk} = \frac{\partial u_k}{\partial X_i}, \quad \frac{\partial x_p}{\partial X_k}\delta_{pi} = \frac{\partial u_i}{\partial X_k}, \quad \delta_{pi}\delta_{pk} = \delta_{ik}$$

故有

$$\frac{\partial x_p}{\partial X_i}\frac{\partial x_p}{\partial X_k} = \frac{\partial u_p}{\partial X_i}\frac{\partial u_p}{\partial X_k} + \frac{\partial u_k}{\partial X_i} + \frac{\partial u_i}{\partial X_k} + \delta_{ik}$$

代入式（2.56）得

$$L_{ik} = \frac{1}{2}\left[\frac{\partial u_i}{\partial X_k} + \frac{\partial u_k}{\partial X_i} + \frac{\partial u_p}{\partial X_k}\frac{\partial u_p}{\partial X_i}\right] \tag{2.57}$$

随意写出 L_{ik} 的两个分量如下

$$L_{11} = \frac{\partial u_1}{\partial X_1} + \frac{1}{2}\left[\left(\frac{\partial u_1}{\partial X_1}\right)^2 + \left(\frac{\partial u_2}{\partial X_1}\right)^2 + \left(\frac{\partial u_3}{\partial X_1}\right)^2\right]$$

$$L_{12} = \frac{1}{2}\left(\frac{\partial u_1}{\partial X_2} + \frac{\partial u_2}{\partial X_1} + \frac{\partial u_1}{\partial X_1}\frac{\partial u_1}{\partial X_2} + \frac{\partial u_2}{\partial X_1}\frac{\partial u_2}{\partial X_2} + \frac{\partial u_3}{\partial X_1}\frac{\partial u_3}{\partial X_2}\right)$$

所以 L_{ik} 是应变张量（位移对坐标一阶导数统称应变）。

2.6.1.2 欧拉有限应变张量

记图 2.6 中矢量 d$\boldsymbol{x}$ 模的平方为 $(mn)^2 = \mathrm{d}\boldsymbol{x}\mathrm{d}\boldsymbol{x} = \delta_{ik}\mathrm{d}x_i\mathrm{d}x_k$，矢量 d$\boldsymbol{X}$ 模的平方为：$(MN)^2 = \mathrm{d}\boldsymbol{X}\mathrm{d}\boldsymbol{X} = \frac{\partial X_p}{\partial x_i}\frac{\partial X_p}{\partial x_k}\mathrm{d}x_i\mathrm{d}x_k$，二者相减得

$$(mn)^2 - (MN)^2 = \left(\delta_{ik} - \frac{\partial X_p}{\partial x_i}\frac{\partial X_p}{\partial x_k}\right)\mathrm{d}x_i\mathrm{d}x_k \tag{2.58}$$

令

$$E_{ik} = \frac{1}{2}\left(\delta_{ik} - \frac{\partial X_p}{\partial x_i}\frac{\partial X_p}{\partial x_k}\right) \tag{2.59}$$

上式称为欧拉有限应变张量。它也是一个二阶对称张量，以位移表示为

$$E_{ik} = \frac{1}{2}\left[\frac{\partial u_i}{\partial x_k} + \frac{\partial u_k}{\partial x_i} - \frac{\partial u_p}{\partial x_i}\frac{\partial u_p}{\partial x_k}\right] \tag{2.60}$$

证明与展开写法类似 L_{ik}。

2.6.1.3 对数应变张量

厚度为 h_0 的材料被压缩到厚度 h_1，工程相对应变（压缩应变）表示为 $e = \Delta h/h_0 = (h_1 - h_0)/h_0$；描写大变形时更常用对数应变又称自然应变或真应变，其定义为 $\mathrm{d}\varepsilon = \mathrm{d}h/h$，这里 h 是即时厚度。于是总对数应变是

$$\varepsilon = \int_{h_0}^{h_1}\mathrm{d}\varepsilon = \int_{h_0}^{h_1}\mathrm{d}h/h = \ln(h_1/h_0) \quad ③$$

对数应变与工程应变 e 的关系为

$$\varepsilon = \ln(1+e) \tag{2.61}$$

对数应变 ε 较工程应变 e 的独具优点为可加性、可比性与满足不可压缩性。具体为：

（1）可加性：压缩次序 $h_0 \to h_1 \to h_2$，总的对数应变为

$$\varepsilon_{02} = \ln\left(\frac{h_2}{h_0}\right) = \ln\left(\frac{h_1}{h_0}\right) + \ln\left(\frac{h_2}{h_1}\right) = \varepsilon_{01} + \varepsilon_{12}$$

而工程相对应变 e 不可加。

（2）可比性：压缩工艺分别为 $l_0 \to 2l_0$，$l_0 \to 0.5l_0$，即

$$\varepsilon_+ = \ln\left(\frac{2l_0}{l_0}\right) = 0.693, \quad \varepsilon_- = \ln\left(\frac{0.5l_0}{l_0}\right) = -0.693$$

即二倍伸长与一半减缩具有相同应变值，负号表示压缩。

（3）不可压缩性：变形前体积为 LBH，变形后为 lbh，若材料体积不变，对数体积应变为

$$\varepsilon_V = \ln\frac{lbh}{LBH} = \ln\frac{l}{L} + \ln\frac{b}{B} + \ln\frac{h}{H} = \varepsilon_L + \varepsilon_B + \varepsilon_H = 0$$

而工程相对应变则为

$$e_V = \frac{\Delta V}{V} = \frac{L(1+e_L)B(1+e_B)H(1+e_H) - LBH}{LBH} = (1+e_L)(1+e_B)(1+e_H) - 1 \neq 0$$

以上表明工程应变只适用小变形，对数应变可以有效表示有限变形（大变形）。

现以拉氏变量来表示对数应变。设给定了下列运动 $x_i = x_i(X_k, t)$，如图 2.7 所示，在初始时刻 t_0 考察区域内一点 M 附近的无限小圆球，其半径为 $\mathrm{d}r = |\mathrm{d}\boldsymbol{X}|$。圆球面方程是

$$\mathrm{d}\boldsymbol{X}\mathrm{d}\boldsymbol{X} = \delta_{ik}\mathrm{d}X_i\mathrm{d}X_k = \mathrm{d}r^2 \tag{2.62}$$

变形后圆球面发生变化，新的球面方程为

$$\left(\frac{\partial X_i}{\partial x_p}\mathrm{d}x_p\right)\left(\frac{\partial X_i}{\partial x_q}\mathrm{d}x_q\right) = \mathrm{d}r^2 \tag{2.63}$$

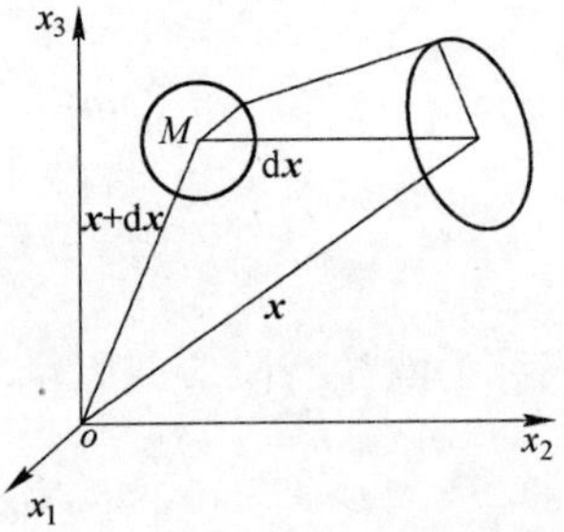

图 2.7　一点附近的线性变换

由于圆球无限小，所以变形是局部仿形的。设其服从下列线性变换

$$x_1 = a_1X_1, \quad x_2 = a_2X_2, \quad x_3 = a_3X_3 \tag{2.64}$$

式（2.64）代入式（2.63）整理得

$$\left(\frac{\mathrm{d}x_1}{a_1\mathrm{d}r}\right)^2 + \left(\frac{\mathrm{d}x_2}{a_2\mathrm{d}r}\right)^2 + \left(\frac{\mathrm{d}x_3}{a_3\mathrm{d}r}\right)^2 = 1$$

这是椭球面方程，$dr_1 = a_1 dr$、$dr_2 = a_2 dr$、$dr_3 = a_3 dr$ 分别是椭球的三个半轴。由式③对数应变及应变张量为

$$\varepsilon_1 = \ln\left(\frac{dr_1}{dr}\right) = \ln a_1,\quad \varepsilon_2 = \ln\left(\frac{dr_2}{dr}\right) = \ln a_2,\quad \varepsilon_3 = \ln\left(\frac{dr_3}{dr}\right) = \ln a_3$$

$$[\varepsilon_{ik}] = \begin{bmatrix} \varepsilon_1 & 0 & 0 \\ 0 & \varepsilon_2 & 0 \\ 0 & 0 & \varepsilon_3 \end{bmatrix}$$

式中，ε_i 是一点 M 对数应变张量的三个主值，其方向已不和 x_i 轴相重合，由式（2.8）可求出任意坐标系的对数应变分量。请注意对数应变张量没有要求位移很小，时间间隔 Δt 也可任意。

2.6.2 小变形应变张量

2.6.2.1 小变形下应变的线性化

由式（2.57）与式（2.60），如认为位移 $\boldsymbol{u}$ 对 $\boldsymbol{x}$ 和 $\boldsymbol{X}$ 的导数很小，则可忽略位移导数的乘积项，得到

$$l_{ik} = \frac{1}{2}\left[\frac{\partial u_i}{\partial X_k} + \frac{\partial u_k}{\partial X_i}\right] \qquad \varepsilon_{ik} = \frac{1}{2}\left[\frac{\partial u_i}{\partial x_k} + \frac{\partial u_k}{\partial x_i}\right] \tag{2.65}$$

如再假定位移本身也很小，即意味着 $\boldsymbol{X}$ 与 $\boldsymbol{x}$ 之间没有多大差别，于是上式变为

$$l_{ik} = \varepsilon_{ik} \tag{2.66}$$

式（2.66）表明，在小变形条件下应变分量已线性化，不再包括位移导数乘积项。

2.6.2.2 应变张量与转角张量

空间无限接近的两点 $M(\boldsymbol{x})$ 和 $N(\boldsymbol{x} + d\boldsymbol{x})$ 的位移分别是 $\boldsymbol{u}(\boldsymbol{x})$ 和 $\boldsymbol{u} + d\boldsymbol{u}$，则由泰勒展开有

$$\boldsymbol{u}(\boldsymbol{x} + d\boldsymbol{x}) = \boldsymbol{u}(\boldsymbol{x}) + d\boldsymbol{u} = \boldsymbol{u}(\boldsymbol{x}) + \frac{\partial \boldsymbol{u}}{\partial \boldsymbol{x}} d\boldsymbol{x} + \cdots \tag{2.67}$$

因 $MN = |d\boldsymbol{x}|$ 甚小，仅保留线性部分有：

$$d\boldsymbol{u} = \frac{\partial \boldsymbol{u}}{\partial \boldsymbol{x}} d\boldsymbol{x} = \left[\frac{\partial u_i}{\partial x_k}\right] d\boldsymbol{x} \tag{2.68}$$

式（2.30）已证明 $[\partial u_i/\partial x_k]$ 为一个二阶张量，并按式（2.32）分解为

$$\left[\frac{\partial u_i}{\partial x_k}\right] = \left[\frac{1}{2}\left(\frac{\partial u_i}{\partial x_k} + \frac{\partial u_k}{\partial x_i}\right)\right] + \left[\frac{1}{2}\left(\frac{\partial u_i}{\partial x_k} - \frac{\partial u_k}{\partial x_i}\right)\right]$$

上式右端后一个张量是反对称的转角张量，由式（2.67）恰为 $(1/2)\mathrm{rot}\boldsymbol{u}$，于是式（2.67）改写为

$$\boldsymbol{u}(\boldsymbol{x} + d\boldsymbol{x}) = \boldsymbol{u}(\boldsymbol{x}) + \frac{1}{2}\mathrm{rot}\boldsymbol{u} \times d\boldsymbol{x} + \left[\frac{1}{2}\left(\frac{\partial u_i}{\partial x_k} + \frac{\partial u_k}{\partial x_i}\right)\right] d\boldsymbol{x} \tag{2.69}$$

式（2.69）的几何解释如图2.8所示，即N点位移等于M点位移$\boldsymbol{u}(\boldsymbol{x})$加上一个转角$\theta_i=(1/2)\mathrm{rot}\boldsymbol{u}$的纯转动及一个变形项。而在复合运动的刚体中，$N$点的速度$\boldsymbol{v}$是$M$点的迁移速度$\boldsymbol{v}_0$加上一个$N$点相当于$M$点的速度$\boldsymbol{\omega}\times\boldsymbol{r}$，$\boldsymbol{r}$是相对运动的半径$MN$，$\boldsymbol{\omega}$是$N$绕$M$的角速度矢量，即

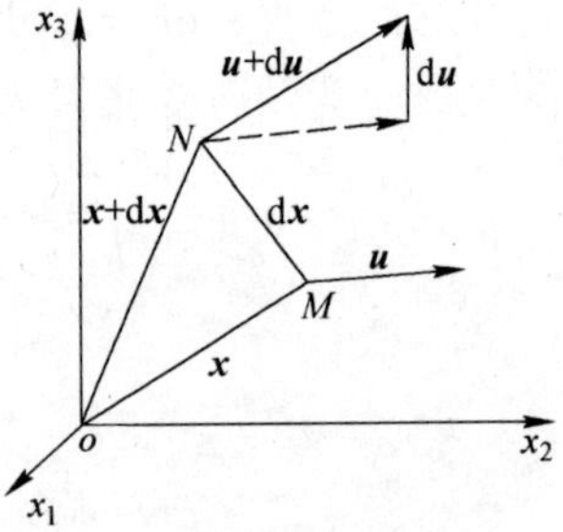

图2.8 位移的分解

$$\boldsymbol{v}=\boldsymbol{v}_0+\boldsymbol{\omega}\times\boldsymbol{r}\quad \text{或}\quad \boldsymbol{u}(N)=\boldsymbol{u}(M)+(\boldsymbol{\omega}t)\times\boldsymbol{r} \tag{2.70}$$

比较式（2.70）与式（2.69）知$\boldsymbol{\omega}t$即转角$\theta_i=(1/2)\mathrm{rot}\boldsymbol{u}$，$\boldsymbol{r}$即$\mathrm{d}\boldsymbol{x}$，两式相比，仅多了最后的变形项，这就是变形连续体与刚体运动的区别。在此定义变形

$$\varepsilon_{ik}=\left[\frac{1}{2}\left(\frac{\partial u_i}{\partial x_k}+\frac{\partial u_k}{\partial x_i}\right)\right]\rightarrow\left.\begin{aligned}\varepsilon_{11}&=\partial u_1/\partial x_1,\varepsilon_{12}=\varepsilon_{21}=(1/2)(\partial u_1/\partial x_2+\partial u_2/\partial x_1)\\ \varepsilon_{22}&=\partial u_2/\partial x_2,\varepsilon_{23}=\varepsilon_{32}=(1/2)(\partial u_2/\partial x_3+\partial u_3/\partial x_2)\\ \varepsilon_{33}&=\partial u_3/\partial x_3,\varepsilon_{31}=\varepsilon_{13}=(1/2)(\partial u_3/\partial x_1+\partial u_1/\partial x_3)\end{aligned}\right\} \tag{2.71a}$$

为小变形应变张量（纯应变张量），它是一个二阶对称张量，又称应变与位移关系的几何方程。其中ε_{ik}（$i=k$）为一点M附近的三个线应变分量（沿坐标方向的相对正应变）；$\varepsilon_{ik}(i\neq k)=\varepsilon_{ki}$为剪应变分量。$\varepsilon_{ik}(i\neq k)=(1/2)(\beta_{ik}+\beta_{ki})=(1/2)\gamma_{ik}$，$\gamma_{ik}$称为工程剪应变，它是纯剪应变分量的两倍。$\beta_{ik}=\dfrac{\partial u_i}{\partial x_k}\neq\beta_{ki}=\dfrac{\partial u_k}{\partial x_i}$为角位移（偏转角），为位移张量式（2.30）与式（2.32a）的非主对角线部分，即

$$\left[\frac{\partial u_i}{\partial x_k}\right]=\begin{bmatrix}\partial u_1/\partial x_1 & \partial u_1/\partial x_2 & \partial u_1/\partial x_3\\ \partial u_2/\partial x_1 & \partial u_2/\partial x_2 & \partial u_2/\partial x_3\\ \partial u_3/\partial x_1 & \partial u_3/\partial x_2 & \partial u_3/\partial x_3\end{bmatrix}=\begin{bmatrix}\varepsilon_{11} & \beta_{12} & \beta_{13}\\ \beta_{21} & \varepsilon_{22} & \beta_{23}\\ \beta_{31} & \beta_{32} & \varepsilon_{33}\end{bmatrix}$$

显然上述张量不是对称的。如取$\varepsilon_{12}=(1/2)(\beta_{12}+\beta_{21}),\varepsilon_{23}=(1/2)(\beta_{23}+\beta_{32})$，…，则得到小变形下应变张量为二阶对称张量，它是从位移导数张量扣除刚性转动张量后剩下的变形项，虽有局限性，但采用增量理论求解大变形问题时，它仍然适用。

$$[\varepsilon_{ik}]=\begin{bmatrix}\varepsilon_{11} & \varepsilon_{12} & \varepsilon_{13}\\ \varepsilon_{21} & \varepsilon_{22} & \varepsilon_{23}\\ \varepsilon_{31} & \varepsilon_{32} & \varepsilon_{33}\end{bmatrix} \tag{2.71b}$$

2.6.3 主应变张量

将张量式（2.71b）经坐标转动后化为对角张量

$$[\varepsilon_{ik}] = \begin{bmatrix} \varepsilon_1 & 0 & 0 \\ 0 & \varepsilon_2 & 0 \\ 0 & 0 & \varepsilon_3 \end{bmatrix} \tag{2.72}$$

称为主应变张量，ε_1，ε_2，ε_3为主应变。依式（2.22）展开$|\varepsilon_{ik}-\lambda\delta_{ik}|=0$得其特征方程为

$$\lambda^3 - I_1\lambda^2 + I_2\lambda - I_3 = 0 \tag{2.73}$$

式（2.73）三个实根 λ_i 即前述三个主应变，其第一、第二、第三不变量依次为：

$$I_1 = \varepsilon_{11} + \varepsilon_{22} + \varepsilon_{33} = \varepsilon_1 + \varepsilon_2 + \varepsilon_3 = 3\varepsilon_m$$

$$I_2 = \begin{vmatrix} \varepsilon_{11} & \varepsilon_{12} \\ \varepsilon_{21} & \varepsilon_{22} \end{vmatrix} + \begin{vmatrix} \varepsilon_{22} & \varepsilon_{23} \\ \varepsilon_{32} & \varepsilon_{33} \end{vmatrix} + \begin{vmatrix} \varepsilon_{33} & \varepsilon_{31} \\ \varepsilon_{13} & \varepsilon_{11} \end{vmatrix} = \varepsilon_1\varepsilon_2 + \varepsilon_2\varepsilon_3 + \varepsilon_3\varepsilon_1 \tag{2.74}$$

$$I_3 = |\varepsilon_{ik}| = \varepsilon_1\varepsilon_2\varepsilon_3$$

其中第一不变量表示变形体一点处体积相对变化，称为体积应变，它是平均应变 ε_m 的三倍。如以 v 与 V 表示变形前后微分体体积，令 $v = dx_1dx_2dx_3$，则 $V=(1+\varepsilon_1)dx_1(1+\varepsilon_2)dx_2(1+\varepsilon_3)dx_3$，忽略高阶无穷小，则体积应变为

$$\frac{V-v}{v} = (1+\varepsilon_1)(1+\varepsilon_2)(1+\varepsilon_3) = \varepsilon_1 + \varepsilon_2 + \varepsilon_3 = I_1 = 3\varepsilon_m$$

注意到式（2.71a），第一不变量为矢量场 $\boldsymbol{u}$ 散度有

$$\mathrm{div}\boldsymbol{u} = \frac{\partial u_i}{\partial x_i} = \frac{\partial u_1}{\partial x_1} + \frac{\partial u_2}{\partial x_2} + \frac{\partial u_3}{\partial x_3} = \varepsilon_{ii} = \varepsilon_{11} + \varepsilon_{22} + \varepsilon_{33} = \varepsilon_1 + \varepsilon_2 + \varepsilon_3 = I_1 \tag{2.75}$$

2.6.4 偏差应变张量

参照式（2.19），分解应变张量式（2.71b）为偏差应变张量 $\boldsymbol{D}_\varepsilon$ 和球应变张量 $[\varepsilon_m\delta_{ik}]$ 之和有

$$\boldsymbol{T}_\varepsilon = \boldsymbol{D}_\varepsilon + \varepsilon_m\boldsymbol{I} \quad 或 \quad [\varepsilon_{ik}] = [\varepsilon_{ik} - \varepsilon_m\delta_{ik}] + \varepsilon_m[\delta_{ik}] \tag{2.76}$$

式中

$$\boldsymbol{D}_\varepsilon = \begin{bmatrix} \varepsilon'_{11} & \varepsilon_{12} & \varepsilon_{13} \\ \varepsilon_{21} & \varepsilon'_{22} & \varepsilon_{23} \\ \varepsilon_{31} & \varepsilon_{32} & \varepsilon'_{33} \end{bmatrix} = \begin{bmatrix} \varepsilon_{11} - \varepsilon_m & \varepsilon_{12} & \varepsilon_{13} \\ \varepsilon_{21} & \varepsilon_{22} - \varepsilon_m & \varepsilon_{23} \\ \varepsilon_{31} & \varepsilon_{32} & \varepsilon_{33} - \varepsilon_m \end{bmatrix} \tag{2.77}$$

$\boldsymbol{D}_\varepsilon$ 称为偏差应变张量。由于第一不变量为零，故该张量与体积改变无关，只与形状改变有关。如果假定体积不变并认为材料是刚塑性的，则材料的塑性变形就由整个偏差应变张量来表示。显然球张量中唯一的第一不变量仅反映体积变化是由原张量 $[\varepsilon_{ik}]$ 引起的。球张量任何方向都是主方向，所以式（2.76）中 $\boldsymbol{D}_\varepsilon$

和 $\boldsymbol{T}_\varepsilon$ 具有相同的主方向，其主值由特征方程求出。

参照式（2.26）$\boldsymbol{D}_\varepsilon$ 的特征方程与不变量依次为

$$\lambda'^3 + I_2'\lambda' - I_3' = 0 \tag{2.78}$$

$$\begin{cases} I_1' = 0 \\ I_2' = \begin{vmatrix} \varepsilon_{11}' & \varepsilon_{12} \\ \varepsilon_{21} & \varepsilon_{22}' \end{vmatrix} + \begin{vmatrix} \varepsilon_{22}' & \varepsilon_{23} \\ \varepsilon_{32} & \varepsilon_{33}' \end{vmatrix} + \begin{vmatrix} \varepsilon_{33}' & \varepsilon_{31} \\ \varepsilon_{13} & \varepsilon_{11}' \end{vmatrix} = -\dfrac{1}{2}\varepsilon_{ik}'\varepsilon_{ik}' \\ \quad = -(1/6)\left[(\varepsilon_{11}-\varepsilon_{22})^2 + (\varepsilon_{22}-\varepsilon_{33})^2 + (\varepsilon_{33}-\varepsilon_{11})^2 + 6(\varepsilon_{12}^2+\varepsilon_{23}^2+\varepsilon_{31}^2)\right] \\ I_3' = |\varepsilon_{ik}'| = \varepsilon_1'\varepsilon_2'\varepsilon_3' \end{cases} \tag{2.79}$$

特征方程的三个实根为偏差主应变。定义下面的量

$$\Gamma = +2\sqrt{|I_2'|} = \sqrt{2\varepsilon_{ik}'\varepsilon_{ik}'} \tag{2.80}$$

为剪应变强度，称广义剪应变。注意到纯剪 $\varepsilon_{\mathrm{e}} = \gamma/\sqrt{3} = \tan\varphi/\sqrt{3}$，定义等效应变为

$$\varepsilon_{\mathrm{e}} = \frac{\Gamma}{\sqrt{3}} = \frac{2}{\sqrt{3}}\sqrt{|I_2'|} = \sqrt{\frac{2}{3}\varepsilon_{ik}'\varepsilon_{ik}'}$$

几种典型应变张量（满足体积不变）的广义剪应变与等效应变如下：

（1）单向（x_1 方向）拉伸，$\varepsilon_1 = \varepsilon > 0$，$\varepsilon_2 = \varepsilon_3 = -0.5\varepsilon$，则有

$$\boldsymbol{T}_\varepsilon = \begin{bmatrix} \varepsilon & 0 & 0 \\ 0 & -0.5\varepsilon & 0 \\ 0 & 0 & -0.5\varepsilon \end{bmatrix}, \quad \Gamma = \sqrt{3}\varepsilon, \quad \varepsilon_{\mathrm{e}} = \varepsilon \tag{2.81}$$

（2）单向（x_3 方向）压缩，$\varepsilon_2 = \varepsilon_1 = 0.5\varepsilon > 0$，$\varepsilon_3 = -\varepsilon$，则有

$$\boldsymbol{T}_\varepsilon = \begin{bmatrix} 0.5\varepsilon & 0 & 0 \\ 0 & 0.5\varepsilon & 0 \\ 0 & 0 & -\varepsilon \end{bmatrix}, \quad \Gamma = \sqrt{3}\varepsilon, \quad \varepsilon_{\mathrm{e}} = \varepsilon \tag{2.82}$$

（3）纯剪，在 x_1x_2 平面内有

$$\boldsymbol{T}_\varepsilon = \begin{bmatrix} 0 & 0.5\gamma & 0 \\ 0.5\gamma & 0 & 0 \\ 0 & 0 & 0 \end{bmatrix}, \quad \Gamma = |\gamma|, \quad \varepsilon_{\mathrm{e}} = |\gamma|/\sqrt{3} \tag{2.83}$$

（4）平面应变，$u_1 = u_1(x_1, x_2)$，$u_2 = u_2(x_1, x_2)$，$u_3 = 0$，$\varepsilon_3 = 0$，$\varepsilon_1 = -\varepsilon_2$，则有

$$\boldsymbol{T}_\varepsilon = \begin{bmatrix} \varepsilon_{11} & \varepsilon_{12} & 0 \\ \varepsilon_{21} & \varepsilon_{22} & 0 \\ 0 & 0 & 0 \end{bmatrix}, \quad \Gamma = 2\sqrt{\varepsilon_{11}^2+\varepsilon_{12}^2}, \quad \varepsilon_{\mathrm{e}} = \frac{2}{\sqrt{3}}\sqrt{\varepsilon_{11}^2+\varepsilon_{12}^2} \tag{2.84}$$

（5）三维应变，$\varepsilon_{ii}=0$，$\boldsymbol{T}_{\varepsilon}=[\varepsilon_{ik}]=[\varepsilon'_{ik}]=\boldsymbol{T}_{\varepsilon'}$，则有

$$
\begin{aligned}
&\boldsymbol{\Gamma}=\sqrt{2\varepsilon'_{ik}\varepsilon'_{ik}}=\sqrt{2\varepsilon_{ik}\varepsilon_{ik}}=2\sqrt{\varepsilon_{11}^2+\varepsilon_{11}\varepsilon_{22}+\varepsilon_{22}^2+\varepsilon_{12}^2+\varepsilon_{23}^2+\varepsilon_{31}^2}\\
&\varepsilon_{\mathrm{e}}=\sqrt{\frac{2}{3}\varepsilon_{ik}\varepsilon_{ik}}=\sqrt{\frac{2}{9}[(\varepsilon_{11}-\varepsilon_{22})^2+(\varepsilon_{22}-\varepsilon_{33})^2+(\varepsilon_{33}-\varepsilon_{11})^2+6(\varepsilon_{12}^2+\varepsilon_{23}^2+\varepsilon_{31}^2)^2]}\\
&\varepsilon_{\mathrm{e}}=\boldsymbol{\Gamma}/\sqrt{3}
\end{aligned}
\tag{2.85}
$$

2.7 应变速率张量

2.7.1 一点附近的速度

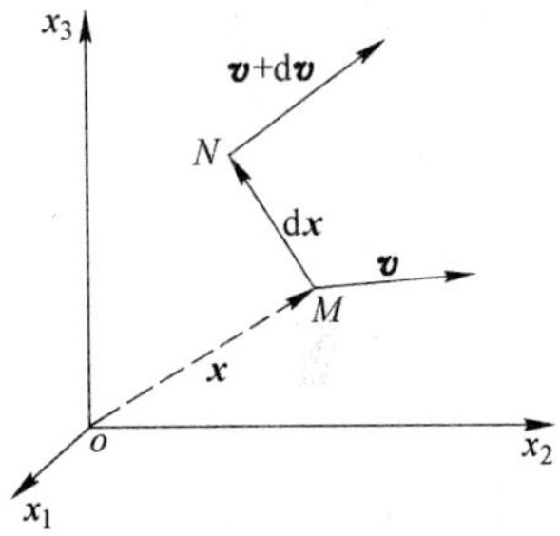

图 2.9 速度的分解

参照式（2.68）及图 2.9，变形体内一点 $M(\boldsymbol{x})$处速度为$\boldsymbol{v}(\boldsymbol{x})$，则附近另一点 $N(\boldsymbol{x}+\mathrm{d}\boldsymbol{x})$处的速度为$\boldsymbol{v}(\boldsymbol{x}+\mathrm{d}\boldsymbol{x})=\boldsymbol{v}(\boldsymbol{x})+\mathrm{d}\boldsymbol{v}$，则有 $\mathrm{d}\boldsymbol{v}=\dfrac{\partial\boldsymbol{v}}{\partial\boldsymbol{x}}\mathrm{d}\boldsymbol{x}=\left[\dfrac{\partial v_i}{\partial x_k}\right]\mathrm{d}\boldsymbol{x}$，分解张量$\left[\dfrac{\partial v_i}{\partial x_k}\right]$为对称与反对称张量之和得：

$$
\boldsymbol{v}(\boldsymbol{x}+\mathrm{d}\boldsymbol{x})=\boldsymbol{v}(\boldsymbol{x})+\frac{1}{2}\mathrm{rot}\,\boldsymbol{v}\times\mathrm{d}\boldsymbol{x}+\left[\frac{1}{2}\left(\frac{\partial v_i}{\partial x_k}+\frac{\partial v_k}{\partial x_i}\right)\right]\mathrm{d}\boldsymbol{x}
\tag{2.86}
$$

式(2.86)表明 N 点速度包括：与 M 一起作刚体平动的速度$\boldsymbol{v}(\boldsymbol{x})$，绕 M 点作刚性转动的角速度$\frac{1}{2}\mathrm{rot}\boldsymbol{v}$，及与变形有关的速度$\left[\frac{1}{2}\left(\frac{\partial v_i}{\partial x_k}+\frac{\partial v_k}{\partial x_i}\right)\right]\mathrm{d}\boldsymbol{x}$。

2.7.2 应变速率张量

对 t 时刻的速度场$\boldsymbol{v}$，给予时间增量 $\mathrm{d}t$，产生小位移增量 $\mathrm{d}\boldsymbol{u}=\boldsymbol{v}\mathrm{d}t$，将式（2.71a）两侧微分，小位移增量 $\mathrm{d}\boldsymbol{u}$ 引起的小应变张量为

$$
\mathrm{d}\varepsilon_{ik}=\left[\frac{1}{2}\left(\frac{\partial(\mathrm{d}u_i)}{\partial x_k}+\frac{\partial(\mathrm{d}u_k)}{\partial x_i}\right)\right]
$$

上式两端除以 $\mathrm{d}t$，注意到 $\dot{\varepsilon}_{ik}=\mathrm{d}\varepsilon_{ik}/\mathrm{d}t$，$\mathrm{d}u_i/\mathrm{d}t=v_i$ 有

$$
\dot{\varepsilon}_{ik}=\frac{1}{2}\left[\frac{\partial v_i}{\partial x_k}+\frac{\partial v_k}{\partial x_i}\right]\rightarrow
\left.\begin{aligned}
&\dot{\varepsilon}_{11}=\partial v_1/\partial x_1,\dot{\varepsilon}_{12}=\dot{\varepsilon}_{21}=(1/2)(\partial v_1/\partial x_2+\partial v_2/\partial x_1)\\
&\dot{\varepsilon}_{22}=\partial v_2/\partial x_2,\dot{\varepsilon}_{23}=\dot{\varepsilon}_{32}=(1/2)(\partial v_2/\partial x_3+\partial v_3/\partial x_2)\\
&\dot{\varepsilon}_{33}=\partial v_3/\partial x_3,\dot{\varepsilon}_{31}=\dot{\varepsilon}_{13}=(1/2)(\partial v_3/\partial x_1+\partial v_1/\partial x_3)
\end{aligned}\right\}
\tag{2.87}
$$

式(2.87)称应变率与位移速度的几何方程。定义下列张量为应变速率张量

$$T_{\dot{\varepsilon}} = [\dot{\varepsilon}_{ik}] = \begin{bmatrix} \dot{\varepsilon}_{11} & \dot{\varepsilon}_{12} & \dot{\varepsilon}_{13} \\ \dot{\varepsilon}_{21} & \dot{\varepsilon}_{22} & \dot{\varepsilon}_{23} \\ \dot{\varepsilon}_{31} & \dot{\varepsilon}_{32} & \dot{\varepsilon}_{33} \end{bmatrix} \tag{2.88}$$

2.7.3 主应变速率张量

式 (2.87) 经转动坐标轴转化为对角张量

$$[\dot{\varepsilon}_{ik}] = \begin{bmatrix} \dot{\varepsilon}_1 & 0 & 0 \\ 0 & \dot{\varepsilon}_2 & 0 \\ 0 & 0 & \dot{\varepsilon}_3 \end{bmatrix} \tag{2.89}$$

称为主应变速率张量。主应变速率由展开 $|\dot{\varepsilon}_{ik} - \lambda\delta_{ik}| = 0$，即式 (2.88) 的特征方程

$$\lambda^3 - \dot{I}_1\lambda^2 + \dot{I}_2\lambda - \dot{I}_3 = 0 \tag{2.90}$$

的三个实根 λ_i 确定；其第一、第二、第三不变量依次为：

$$\begin{aligned} \dot{I}_1 &= \dot{\varepsilon}_{11} + \dot{\varepsilon}_{22} + \dot{\varepsilon}_{33} = \dot{\varepsilon}_1 + \dot{\varepsilon}_2 + \dot{\varepsilon}_3 = 3\dot{\varepsilon}_{\mathrm{m}} \\ \dot{I}_2 &= \begin{vmatrix} \dot{\varepsilon}_{11} & \dot{\varepsilon}_{12} \\ \dot{\varepsilon}_{21} & \dot{\varepsilon}_{22} \end{vmatrix} + \begin{vmatrix} \dot{\varepsilon}_{22} & \dot{\varepsilon}_{23} \\ \dot{\varepsilon}_{32} & \dot{\varepsilon}_{33} \end{vmatrix} + \begin{vmatrix} \dot{\varepsilon}_{33} & \dot{\varepsilon}_{31} \\ \dot{\varepsilon}_{13} & \dot{\varepsilon}_{11} \end{vmatrix} = \dot{\varepsilon}_1\dot{\varepsilon}_2 + \dot{\varepsilon}_2\dot{\varepsilon}_3 + \dot{\varepsilon}_3\dot{\varepsilon}_1 \\ \dot{I}_3 &= |\dot{\varepsilon}_{ik}| = \dot{\varepsilon}_1\dot{\varepsilon}_2\dot{\varepsilon}_3 \end{aligned} \tag{2.91}$$

其中第一不变量表示变形体一点处体积相对改变速度，称为体应变率，因为

$$\operatorname{div} \boldsymbol{v} = \frac{\partial v_i}{\partial x_i} = \dot{\varepsilon}_{11} + \dot{\varepsilon}_{22} + \dot{\varepsilon}_{33} = \dot{I}_1 \tag{2.92}$$

2.7.4 偏差应变速率张量

参照式 (2.19)，分解应变速率张量为偏差张量和球张量之和有

$$T_{\dot{\varepsilon}} = D_{\dot{\varepsilon}} + \dot{\varepsilon}_{\mathrm{m}}I \quad 或 \quad [\dot{\varepsilon}_{ik}] = [\dot{\varepsilon}_{ik} - \dot{\varepsilon}_{\mathrm{m}}\delta_{ik}] + \dot{\varepsilon}_{\mathrm{m}}[\delta_{ik}] \tag{2.93}$$

$$D_{\dot{\varepsilon}} = \begin{bmatrix} \dot{\varepsilon}_{11} - \dot{\varepsilon}_{\mathrm{m}} & \dot{\varepsilon}_{12} & \dot{\varepsilon}_{13} \\ \dot{\varepsilon}_{21} & \dot{\varepsilon}_{22} - \dot{\varepsilon}_{\mathrm{m}} & \dot{\varepsilon}_{23} \\ \dot{\varepsilon}_{31} & \dot{\varepsilon}_{32} & \dot{\varepsilon}_{33} - \dot{\varepsilon}_{\mathrm{m}} \end{bmatrix} = \begin{bmatrix} \dot{\varepsilon}'_{11} & \dot{\varepsilon}_{12} & \dot{\varepsilon}_{13} \\ \dot{\varepsilon}_{21} & \dot{\varepsilon}'_{22} & \dot{\varepsilon}_{23} \\ \dot{\varepsilon}_{31} & \dot{\varepsilon}_{32} & \dot{\varepsilon}'_{33} \end{bmatrix} = [\dot{\varepsilon}'_{ik}] \tag{2.94}$$

$\boldsymbol{D}_{\dot{\varepsilon}}$ 为偏差应变速率张量。式中 $\dot{\varepsilon}_{\mathrm{m}}=(1/3)\dot{\varepsilon}_{ii}=(1/3)(\dot{\varepsilon}_{11}+\dot{\varepsilon}_{22}+\dot{\varepsilon}_{33})=(1/3)(\dot{\varepsilon}_1+\dot{\varepsilon}_2+\dot{\varepsilon}_3)$ 为平均应变速率，$\boldsymbol{I}=[\delta_{ik}]$ 是单位张量。$\boldsymbol{D}_{\dot{\varepsilon}}$ 也是二阶对称张量，且有 $\dot{\varepsilon}'_{ik}=\dot{\varepsilon}_{ik}(i\neq k)$。化成对角形主偏差应变速率张量为

$$[\dot{\varepsilon}'_{ik}]=\begin{bmatrix}\dot{\varepsilon}'_1 & 0 & 0\\ 0 & \dot{\varepsilon}'_2 & 0\\ 0 & 0 & \dot{\varepsilon}'_3\end{bmatrix}$$

主偏差应变速率由展开 $|\dot{\varepsilon}'_{ik}-\lambda\delta_{ik}|=0$ 的特征方程求出，即

$$\lambda^3+\dot{I}'_2\lambda-\dot{I}'_3=0 \tag{2.95}$$

不变量依次为

$$\dot{I}'_1=\dot{\varepsilon}'_{11}+\dot{\varepsilon}'_{22}+\dot{\varepsilon}'_{33}=\dot{\varepsilon}'_1+\dot{\varepsilon}'_2+\dot{\varepsilon}'_3=\dot{\varepsilon}_{ii}-3\dot{\varepsilon}_{\mathrm{m}}\equiv 0$$

$$\begin{aligned}\dot{I}'_2&=\begin{vmatrix}\dot{\varepsilon}'_{11} & \dot{\varepsilon}_{12}\\ \dot{\varepsilon}_{21} & \dot{\varepsilon}'_{22}\end{vmatrix}+\begin{vmatrix}\dot{\varepsilon}'_{22} & \dot{\varepsilon}_{23}\\ \dot{\varepsilon}_{32} & \dot{\varepsilon}'_{33}\end{vmatrix}+\begin{vmatrix}\dot{\varepsilon}'_{33} & \dot{\varepsilon}_{31}\\ \dot{\varepsilon}_{13} & \dot{\varepsilon}'_{11}\end{vmatrix}=-\frac{1}{2}\dot{\varepsilon}'_{ik}\dot{\varepsilon}'_{ik}\\ &=-\frac{1}{6}[(\dot{\varepsilon}_{11}-\dot{\varepsilon}_{22})^2+(\dot{\varepsilon}_{22}-\dot{\varepsilon}_{33})^2+(\dot{\varepsilon}_{33}-\dot{\varepsilon}_{11})^2+6(\dot{\varepsilon}_{12}^2+\dot{\varepsilon}_{23}^2+\dot{\varepsilon}_{31}^2)]\\ &=-\frac{1}{6}[(\dot{\varepsilon}_1-\dot{\varepsilon}_2)^2+(\dot{\varepsilon}_2-\dot{\varepsilon}_3)^2+(\dot{\varepsilon}_3-\dot{\varepsilon}_1)^2]\end{aligned} \tag{2.96}$$

$$\dot{I}'_3=|\dot{\varepsilon}'_{ik}|=\dot{\varepsilon}'_1\dot{\varepsilon}'_2\dot{\varepsilon}'_3$$

主偏差应变速率也可由主应变速率 $\dot{\varepsilon}_i$ 直接求得，即

$$\dot{\varepsilon}'_i=\dot{\varepsilon}_i-\dot{\varepsilon}_{\mathrm{m}} \tag{2.97}$$

若体积不变时有 $\dot{I}'_1=0$，$\dot{\varepsilon}_{ii}=0$；$\mathrm{div}\boldsymbol{v}=\dot{\varepsilon}_{11}+\dot{\varepsilon}_{22}+\dot{\varepsilon}_{33}=\partial v_1/\partial x_1+\partial v_2/\partial x_2+\partial v_3/\partial x_3=0$，此时应变速率分量 $\dot{\varepsilon}_{ik}$ 就是偏差应变速率分量 $\dot{\varepsilon}'_{ik}$。定义下面的量

$$\dot{\Gamma}=+2\sqrt{|\dot{I}'_2|}=\sqrt{2\dot{\varepsilon}'_{ik}\dot{\varepsilon}'_{ik}} \tag{2.98}$$

叫做剪应变速率强度，称广义剪应变速率。几种典型应变速率张量（满足体积不变）及其广义剪应变速率如下：

（1）单向拉伸与压缩，$\dot{\varepsilon}_1=\dot{\varepsilon}>0$，$\dot{\varepsilon}_2=\dot{\varepsilon}_3=-0.5\dot{\varepsilon}$；$\dot{\varepsilon}_2=\dot{\varepsilon}_1=0.5\dot{\varepsilon}>0$，$\dot{\varepsilon}_3=-\dot{\varepsilon}$，则有

$$\boldsymbol{T}_{\dot{\varepsilon}}=\begin{bmatrix}\dot{\varepsilon} & 0 & 0\\ 0 & -0.5\dot{\varepsilon} & 0\\ 0 & 0 & -0.5\dot{\varepsilon}\end{bmatrix},\ \dot{\Gamma}=\sqrt{3}\dot{\varepsilon};\ \boldsymbol{T}_{\dot{\varepsilon}}=\begin{bmatrix}0.5\dot{\varepsilon} & 0 & 0\\ 0 & 0.5\dot{\varepsilon} & 0\\ 0 & 0 & -\dot{\varepsilon}\end{bmatrix},\ \dot{\Gamma}=\sqrt{3}\dot{\varepsilon} \tag{2.99}$$

（2）纯剪，x_1x_2 平面内有

$$T_{\dot{\varepsilon}}=\begin{bmatrix}0 & 0.5\dot{\gamma} & 0\\ 0.5\dot{\gamma} & 0 & 0\\ 0 & 0 & 0\end{bmatrix},\quad \dot{\Gamma}=|\dot{\gamma}| \tag{2.100}$$

（3）平面流动，$v_1=v_1(x_1,\ x_2)$，$v_2=v_2(x_1,\ x_2)$，$v_3=0$，$\dot{\varepsilon}_{33}=0$，$\dot{\varepsilon}_{11}=-\dot{\varepsilon}_{22}$，则有

$$T_{\dot{\varepsilon}}=\begin{bmatrix}\dot{\varepsilon}_{11} & \dot{\varepsilon}_{12} & 0\\ \dot{\varepsilon}_{21} & \dot{\varepsilon}_{22} & 0\\ 0 & 0 & 0\end{bmatrix},\qquad \dot{\Gamma}=2\sqrt{\dot{\varepsilon}_{11}^2+\dot{\varepsilon}_{12}^2} \tag{2.101}$$

（4）三维应变，$\dot{\varepsilon}_{ii}=0$，$T_{\dot{\varepsilon}}=[\dot{\varepsilon}_{ik}]=[\dot{\varepsilon}'_{ik}]=T_{\dot{\varepsilon}}$，则有

$$\dot{\Gamma}=\sqrt{2\dot{\varepsilon}'_{ik}\dot{\varepsilon}'_{ik}}=\sqrt{2\dot{\varepsilon}_{ik}\dot{\varepsilon}_{ik}}=2\sqrt{\dot{\varepsilon}_{11}^2+\dot{\varepsilon}_{11}\dot{\varepsilon}_{22}+\dot{\varepsilon}_{22}^2+\dot{\varepsilon}_{12}^2+\dot{\varepsilon}_{23}^2+\dot{\varepsilon}_{31}^2} \tag{2.102}$$

在材料成形中为计入应变强化常需计算剪切应变强度的累积值，于是有

$$\Lambda=\int_0^t\dot{\Gamma}(t)\,\mathrm{d}t \tag{2.103}$$

式中，Λ 称为累积剪应变程度。这一积分必须对场中每一质点 $X_i=(x_k,t)$ 进行。即沿轨迹积分以求得 $\Lambda(x_k,t)$。显然有下式成立

$$\dot{\Gamma}=\frac{\partial\Lambda}{\partial t}+\frac{\partial\Lambda}{\partial x_i}v_i \tag{2.104}$$

对于定常场 Λ 与时间无关，可以从上式积出 $\Lambda(x_k)$。对于时变场可把小应变偏差张量 D_ε 表示成五维欧氏空间 E_5 内的矢量 $\boldsymbol{\varepsilon}'(t)=\varepsilon'_m\boldsymbol{e}_m\in E_5(m=1,2,\cdots,5)$。由式（2.79）确定 $I'_2=(1/2)\varepsilon'_{ik}\varepsilon'_{ik}=\varepsilon'_m\varepsilon'_m$。各点 $\boldsymbol{b}$ 都从五维空间原点作出，$\boldsymbol{b}$ 端点的轨迹曲线就是 Λ，$\mathrm{d}\Lambda/\mathrm{d}t$ 就是 $\dot{\Gamma}$，而求 Λ 则按式（2.103）。

2.7.5 协调方程

（1）应变协调方程。材料变形后连续性要求小变形应变张量式（2.71a）与式（2.71b）的各应变分量间保持如下协调关系

$$\frac{\partial^2\varepsilon_{11}}{\partial x_2^2}+\frac{\partial^2\varepsilon_{22}}{\partial x_1^2}=2\frac{\partial^2\varepsilon_{12}}{\partial x_1\partial x_2}(1-2-3-1\text{ 轮换}) \tag{2.105a}$$

$$\frac{\partial}{\partial x_3}\left(\frac{\partial\varepsilon_{23}}{\partial x_1}+\frac{\partial\varepsilon_{31}}{\partial x_2}-\frac{\partial\varepsilon_{12}}{\partial x_3}\right)=\frac{\partial^2\varepsilon_{33}}{\partial x_1\partial x_2}(1-2-3-1\text{ 轮换}) \tag{2.105b}$$

以上共六个方程称变形协调方程或连续方程，用来检验所得应变分量的正确性。

（2）应变速率协调方程。由应变速率张量与应变张量的相似性，应变速率协调条件为

$$\frac{\partial^2 \dot{\varepsilon}_{11}}{\partial x_2^2}+\frac{\partial^2 \dot{\varepsilon}_{22}}{\partial x_1^2}=2\frac{\partial^2 \dot{\varepsilon}_{12}}{\partial x_1 \partial x_2}(1-2-3-1\text{ 轮换}) \tag{2.106}$$

$$\frac{\partial}{\partial x_3}\left(\frac{\partial \dot{\varepsilon}_{23}}{\partial x_1}+\frac{\partial \dot{\varepsilon}_{31}}{\partial x_2}-\frac{\partial \dot{\varepsilon}_{12}}{\partial x_3}\right)=\frac{\partial^2 \dot{\varepsilon}_{33}}{\partial x_1 \partial x_2}(1-2-3-1\text{ 轮换}) \tag{2.107}$$

2.8 应力张量

2.8.1 外力

引起材料质点运动与变形的原因是外力与应力。作用在域 D 及其表面 S 上的外力通常分为质量力与表面力，是指区域 D 以外的介质或物体对区域 D 的作用力。

2.8.1.1 质量力与体积力

首先来定义密度。密度是单位体积的质量。设在 M 点附近作一体积微元 ΔV，其质量记为 Δm，则密度 ρ 表示为一种集度，即

$$\rho(M)=\lim_{\Delta V\to 0}\frac{\Delta m}{\Delta V} \tag{①}$$

这是 M 点的密度，密度分布认为是连续的。

设作用在质量元素 Δm（其体积为 ΔV）上的外力主矢量为 $\Delta \boldsymbol{f}$，则质量力为

$$\boldsymbol{F}(M)=\lim_{\Delta m\to 0}\frac{\Delta \boldsymbol{f}}{\Delta m}=\lim_{\Delta V\to 0}\frac{\Delta \boldsymbol{f}}{\rho\Delta V} \tag{②}$$

这是 M 点的质量力。显然若密度为常量时，则可定义单位体积所受的外力 $\rho\boldsymbol{F}$ 为体积力或体力。质量力与体积力包括重力、引力、惯性力、电磁力等。

2.8.1.2 表面力

设变形体表面一点 M 附近的面积元素是 ΔS，其法线为 $\boldsymbol{n}$，ΔS 上的表面力主矢量为 $\Delta \boldsymbol{P}$，则一点的面力可看成一种集度，有

$$\boldsymbol{p}(M)=\lim_{\Delta S\to 0}\frac{\Delta \boldsymbol{P}}{\Delta S} \tag{③}$$

这是 M 点的表面力，其正向由 $\boldsymbol{n}$ 决定，但 $\boldsymbol{p}$ 一般不和 $\boldsymbol{n}$ 重合。表面集中力只是理论上的抽象，实际上也是分布力，以后认为表面力的分布是连续可微的。

2.8.2 应力张量和边界条件

2.8.2.1 应力分量

应力是一种内力。如图 2.10 所示，过一点 M 沿坐标面的三个面元，每一个

面元上作用一个面力称全应力 $\boldsymbol{\sigma}^i$（i 表示该面元的法线方向），每一个全应力 $\boldsymbol{\sigma}^i$ 又可分解为一个正应力和两个剪应力，共有：

$$\boldsymbol{\sigma}^1(\sigma_{11},\sigma_{12},\sigma_{13}),\ \boldsymbol{\sigma}^2(\sigma_{22},\sigma_{21},\sigma_{23}),\ \boldsymbol{\sigma}^3(\sigma_{33},\sigma_{31},\sigma_{32})$$

即九个应力分量，它们组成下述二阶张量

$$\boldsymbol{T}_\sigma = [\sigma_{ik}] = \begin{bmatrix} \sigma_{11} & \sigma_{12} & \sigma_{13} \\ \sigma_{21} & \sigma_{22} & \sigma_{23} \\ \sigma_{31} & \sigma_{32} & \sigma_{33} \end{bmatrix} \tag{2.108}$$

称一点 M 的应力张量或应力状态，如图 2.11 所示。注意到 $i \neq k$ 时 $\sigma_{ik} = \sigma_{ki}$，故为二阶对称张量。

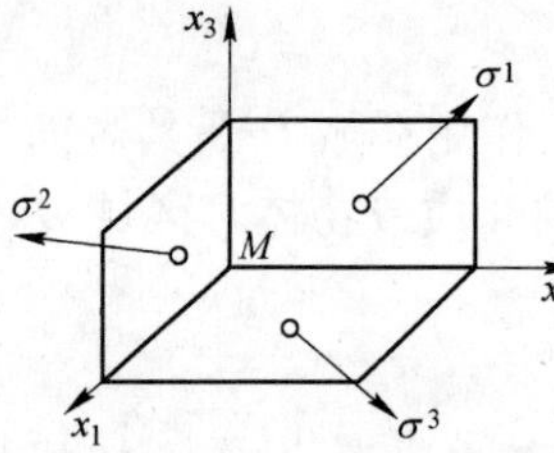

图 2.10　一点 M 的三个全应力

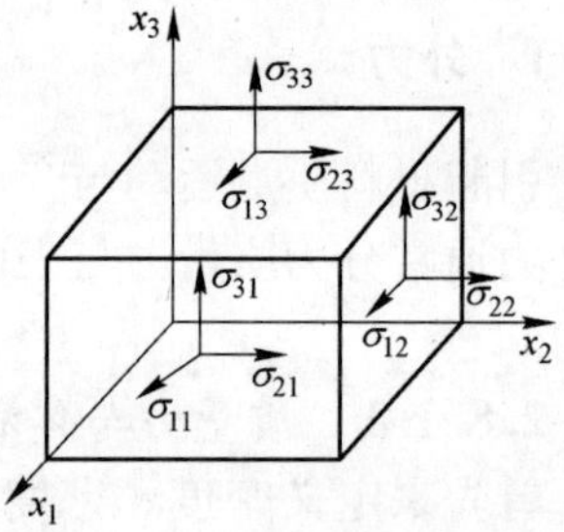

图 2.11　一点应力状态的九个分量

图 2.11 也称应力状态图，其上应力符号规定如下：当某应力作用面的外法线与坐标轴正向一致时，该面上的正应力与剪应力皆与相应坐标轴正向一致者为正，反之为负；当某应力作用面的外法线与坐标轴负向一致时，该面上的正应力与剪应力皆与相应坐标轴负向一致者为正，反之为负。据此图 2.11 所示应力均为正的。

2.8.2.2　四面体应力

假定过一点 M 的三个坐标面上的九个应力分量已知，求过此点任意斜平面 ABC 上的全应力，即四面体斜面应力，如图 2.12 所示。设斜面 ABC 面积为 S，外法线 $\boldsymbol{n}$ 的方向余弦为 $n_k(n_1,n_2,n_3)$，则三角形 MBC、MCA、MAB 的面积依次为 Sn_1、Sn_2、Sn_3，任意斜面 ABC 上的全应力 $\boldsymbol{p}$ 以（p_1，p_2，p_3）表示。四面体 $MABC$ 在 x_1 方向的平衡条件为：

$$p_1S - \sigma_{11}Sn_1 - \sigma_{12}Sn_2 - \sigma_{13}Sn_3 + \rho F_1(1/3)Sh - (\mathrm{d}v/\mathrm{d}t)\rho(1/3)Sh = 0$$

式中表面力 $\boldsymbol{p}$ 的分量 p_1 依坐标 x_1 的方向取为正，各应力按符号规则都是正的，但它们与 p_1 反向，故在平衡式中带负号。质量力 F_1 在图 2.12 中未标出，它是 $\boldsymbol{F}$ 沿 x_1 向的分量 F_1，沿 x_1 记为正。h 为四面体底面 S 的高，最后一项为惯性力，根据达伦贝尔原理，这一项在平衡中取负号。消去公共因子 S，令 $h \to 0$，则使斜面 ABC 通过原点 M，得

$$\left.\begin{aligned}p_1 &= \sigma_{11}n_1 + \sigma_{12}n_2 + \sigma_{13}n_3 \\ p_2 &= \sigma_{21}n_1 + \sigma_{22}n_2 + \sigma_{23}n_3 \\ p_3 &= \sigma_{31}n_1 + \sigma_{32}n_2 + \sigma_{33}n_3\end{aligned}\right\} \quad 或 \quad p_i = \sigma_{ik}n_k \tag{2.109}$$

式（2.109）表明：

（1）若斜平面 ABC 恰为变形体边界表面面元，n_k 为其外法线的方向余弦，则式（2.109）表示边界外力 p_i 和变形体内部应力 σ_{ik} 的关系，称为变形体的应力边界条件。

（2）若已知 M 点应力状态，则可求出过 M 点任意斜面的全应力投影 p_i，即全应力 $\boldsymbol{p}$ 可求。即一点应力状态可用全应力矢量 $\boldsymbol{p}$ 来描述。

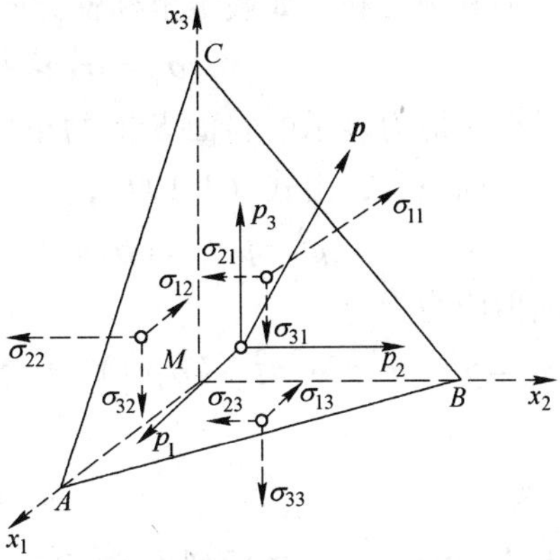

图 2.12 四面体斜面上的应力

（3）上式描述了矢量 $\boldsymbol{p}(p_1, p_2, p_3)$ 与矢量 $\boldsymbol{n}(n_1, n_2, n_3)$ 之间的一一对应关系，与坐标取法无关。由张量识别定理知 σ_{ik} 为一个二阶张量，即下式写法成立：

$$\boldsymbol{p} = \boldsymbol{T}_\sigma \boldsymbol{n} \tag{2.110}$$

式中，$\boldsymbol{T}_\sigma$ 的各分量 σ_{ik} 满足坐标变换式（2.8）。

2.8.2.3 主应力张量

将对称张量［σ_{ik}］化为对角形，得主应力张量：

$$\boldsymbol{T}_\sigma = [\sigma_{ik}] = \begin{bmatrix}\sigma_1 & 0 & 0 \\ 0 & \sigma_2 & 0 \\ 0 & 0 & \sigma_3\end{bmatrix}$$

式中，σ_1，σ_2，σ_3 为主应力，是展开式

$$|\sigma_{ik} - \lambda\delta_{ik}| = 0 \tag{2.111}$$

所得特征方程

$$\lambda^3 - J_1\lambda^2 + J_2\lambda - J_3 = 0 \tag{2.112}$$

的三个实根。应力张量［σ_{ik}］的三个不变量即上述方程的三个系数依次为

$$\left.\begin{aligned}J_1 &= \sigma_{11} + \sigma_{22} + \sigma_{33} = \sigma_1 + \sigma_2 + \sigma_3 = 3\sigma_0 \\ J_2 &= \begin{vmatrix}\sigma_{11} & \sigma_{12} \\ \sigma_{21} & \sigma_{22}\end{vmatrix} + \begin{vmatrix}\sigma_{22} & \sigma_{23} \\ \sigma_{32} & \sigma_{33}\end{vmatrix} + \begin{vmatrix}\sigma_{33} & \sigma_{31} \\ \sigma_{13} & \sigma_{11}\end{vmatrix} = \sigma_1\sigma_2 + \sigma_2\sigma_3 + \sigma_3\sigma_1 \\ J_3 &= |\sigma_{ik}| = \sigma_1\sigma_2\sigma_3\end{aligned}\right\} \tag{2.113}$$

2.8.2.4 最大剪应力

已知某点应力张量，求过此点法线为 $\boldsymbol{n}$ 的斜面 S 上主应力 σ_n 和剪应力 τ_n，

见图 2.12。可将斜面上全应力 p_i 投影到法线 $\boldsymbol{n}$ 方向，得 S 上的正应力 σ_n 为（投影定理）

$$\sigma_n = \sigma_{ik} n_k n_i \tag{2.114}$$

上式为 9 项之和。如假定坐标轴方向与过此点的主应力方向重合，则

$$\sigma_n = \sigma_1 n_1^2 + \sigma_2 n_2^2 + \sigma_3 n_3^2 = \sigma_i n_i^2 \tag{2.115}$$

这是以主应力表示的斜面 S 上的正应力。为求 S 上的全应力 $\boldsymbol{p}$ 的模，仍假设 x_i 与主方向重合，由式（2.109），

$$p^2 = p_i p_i = (\sigma_1 n_1)^2 + (\sigma_2 n_2)^2 + (\sigma_3 n_3)^2 = \sigma_i^2 n_i^2 \tag{2.116}$$

斜面剪应力为

$$\tau_n^2 = p^2 - \sigma_n^2 = \sigma_i^2 n_i^2 - (\sigma_i n_i^2)^2 = \sigma_1^2 n_1^2 + \sigma_2^2 n_2^2 + \sigma_3^2 n_3^2 - (\sigma_1 n_1^2 + \sigma_2 n_2^2 + \sigma_3 n_3^2)^2 \tag{2.117}$$

$$n_1^2 + n_2^2 + n_3^2 = 1 \quad ④$$

从上式中消去 n_3，然后列出 $\partial\tau_n^2/\partial n_1 = 0$ 和 $\partial\tau_n^2/\partial n_2 = 0$ 两个条件得

$$\left.\begin{aligned} n_1[(\sigma_1-\sigma_3)n_1^2+(\sigma_2-\sigma_3)n_2^2-(\sigma_1-\sigma_3)/2]=0 \\ n_2[(\sigma_1-\sigma_3)n_1^2+(\sigma_2-\sigma_3)n_2^2-(\sigma_2-\sigma_3)/2]=0 \end{aligned}\right\} \quad ⑤$$

由式⑤并注意到式④解得以下极值剪应力、对应的 n_k 及最大剪应力 $(\tau_n)_{\max}$ 如表 2.1 所示。由表可知，当 n_k 中有一个为 ±1，其余两个为零时，得到主平面，在主平面上正应力为主应力而剪应力为零（极值）。当 n_k 中有一个为零其余两个为 $\pm 1/\sqrt{2}$ 时，得到平分两主平面间夹角的平面，其上剪应力有非零极值。若主应力按代数值大小排列即 $\sigma_1 > \sigma_2 > \sigma_3$，最大剪应力则为 $\tau_{13} = \pm\dfrac{\sigma_1 - \sigma_3}{2}$。提请注意的是在正应力取极值的面上无剪应力，而剪应力取极值的面上却有正应力。过空间一点可作六个剪应力有非零极值的平面。

表 2.1 极值剪应力与坐标面

n_1	0	0	±1	0	$\pm\frac{1}{\sqrt{2}}$	$\pm\frac{1}{\sqrt{2}}$
n_2	70	±1	0	$\pm\frac{1}{\sqrt{2}}$	0	$\pm\frac{1}{\sqrt{2}}$
n_3	±1	0	0	$\pm\frac{1}{\sqrt{2}}$	$\pm\frac{1}{\sqrt{2}}$	0
$(\tau_n)_{\max}$	0	0	0	$\tau_{23} = \pm\frac{\sigma_2-\sigma_3}{2}$	$\tau_{13} = \pm\frac{\sigma_1-\sigma_3}{2}$	$\tau_{12} = \pm\frac{\sigma_1-\sigma_2}{2}$
σ	σ_3	σ_2	σ_1	$\frac{\sigma_2+\sigma_3}{2}$	$\frac{\sigma_1+\sigma_3}{2}$	$\frac{\sigma_1+\sigma_2}{2}$

2.8.3 偏差应力张量

2.8.3.1 偏差应力张量

分解应力张量为偏差应力张量和球应力张量之和有

$$\boldsymbol{T}_\sigma = \boldsymbol{D}_\sigma + \sigma_m \boldsymbol{I} \tag{2.118}$$

$$\boldsymbol{D}_\sigma = [\sigma'_{ik}] = \begin{bmatrix} \sigma_{11}-\sigma_m & \sigma_{12} & \sigma_{13} \\ \sigma_{21} & \sigma_{22}-\sigma_m & \sigma_{23} \\ \sigma_{31} & \sigma_{32} & \sigma_{33}-\sigma_m \end{bmatrix} = \begin{bmatrix} \sigma'_{11} & \sigma_{12} & \sigma_{13} \\ \sigma_{21} & \sigma'_{22} & \sigma_{23} \\ \sigma_{31} & \sigma_{32} & \sigma'_{33} \end{bmatrix} \tag{2.119}$$

$$\sigma_m = (1/3)\sigma_{ii},\ \sigma'_{ik} = \sigma_{ik} - \sigma_m\delta_{ik},\ \sigma'_{ik} = \sigma_{ik}\ (i \neq k)$$

式中，$\boldsymbol{D}_\sigma$ 称为偏差应力张量。它仍是二阶对称张量，有三个不变量和偏差主应力 σ'_1，σ'_2，σ'_3 为下列特征方程 $|\sigma'_{ik} - \lambda\delta_{ik}| = 0 \rightarrow \lambda^3 + J'_2\lambda - J'_3 = 0$ 的三个实根 λ_i，其三个不变量依次为

$$J'_1 = \sigma'_{ii} \equiv 0$$

$$J'_2 = \begin{vmatrix} \sigma'_{11} & \sigma_{12} \\ \sigma_{21} & \sigma'_{22} \end{vmatrix} + \begin{vmatrix} \sigma'_{22} & \sigma_{23} \\ \sigma_{32} & \sigma'_{33} \end{vmatrix} + \begin{vmatrix} \sigma'_{33} & \sigma_{31} \\ \sigma_{13} & \sigma'_{11} \end{vmatrix} = -\frac{1}{2}\sigma'_{ik}\sigma'_{ik}$$

$$= -\frac{1}{6}[(\sigma_{11}-\sigma_{22})^2 + (\sigma_{22}-\sigma_{33})^2 + (\sigma_{33}-\sigma_{11})^2 + 6(\sigma_{12}^2 + \sigma_{23}^2 + \sigma_{31}^2)]$$

$$= -\frac{1}{6}[(\sigma_1-\sigma_2)^2 + (\sigma_2-\sigma_3)^2 + (\sigma_3-\sigma_1)^2]$$

$$J'_3 = |\sigma'_{ik}| = \sigma'_1\sigma'_2\sigma'_3 \tag{2.120}$$

2.8.3.2 剪应力强度

定义剪应力强度为

$$T = +\sqrt{|J'_2|} = \sqrt{(1/2)\sigma'_{ik}\sigma'_{ik}} \tag{2.121}$$

又称广义剪应力。它不是一个实际的应力，但具有应力因次。典型应力状态下剪应力强度为：

（1）单向拉伸与压缩：$\sigma_1 > 0$，$\sigma_2 = \sigma_3 = 0$；$\sigma_1 = \sigma_2 = 0$，$\sigma_3 < 0$，则有

$$\boldsymbol{T}_\sigma = \begin{bmatrix} \sigma_1 & 0 & 0 \\ 0 & 0 & 0 \\ 0 & 0 & 0 \end{bmatrix},\ T = \sigma_1/\sqrt{3};\ \boldsymbol{T}_\sigma = \begin{bmatrix} 0 & 0 & 0 \\ 0 & 0 & 0 \\ 0 & 0 & \sigma_3 \end{bmatrix},\ T = |\sigma_3|/\sqrt{3} \tag{2.122}$$

（2）纯剪，在 x_1x_2 平面内有

$$\boldsymbol{T}_\sigma = \begin{bmatrix} 0 & \tau & 0 \\ \tau & 0 & 0 \\ 0 & 0 & 0 \end{bmatrix},\quad T = |\tau| \tag{2.123}$$

（3）平面应力：$\sigma_{11}(x_1, x_2)$，$\sigma_{22}(x_1, x_2)$，$\sigma_{12}(x_1, x_2)$，但 $\sigma_{13}=\sigma_{23}=\sigma_{33}=0$，则有

$$\boldsymbol{T}_\sigma=\begin{bmatrix}\sigma_{11} & \sigma_{12} & 0\\ \sigma_{21} & \sigma_{22} & 0\\ 0 & 0 & 0\end{bmatrix},\ T=\frac{1}{\sqrt{3}}\sqrt{\sigma_{11}^2-\sigma_{11}\sigma_{22}+\sigma_{22}^2+3\sigma_{12}^2} \tag{2.124}$$

（4）平面应变：$\sigma_{11}(x_1, x_2)$，$\sigma_{22}(x_1, x_2)$，$\sigma_{12}(x_1, x_2)$，但 $\sigma_{33}=(1/2)(\sigma_{11}+\sigma_{22})$，$\sigma_{13}=\sigma_{23}=0$，则有

$$\boldsymbol{T}_\sigma=\begin{bmatrix}\sigma_{11} & \sigma_{12} & 0\\ \sigma_{21} & \sigma_{22} & 0\\ 0 & 0 & \sigma_{33}\end{bmatrix},\ T=\frac{1}{2}\sqrt{\sigma_{11}^2-2\sigma_{11}\sigma_{22}+\sigma_{22}^2+4\sigma_{12}^2} \tag{2.125}$$

（5）三维应力：

$$\boldsymbol{T}_\sigma=\begin{bmatrix}\sigma_{11} & \sigma_{12} & \sigma_{13}\\ \sigma_{21} & \sigma_{22} & \sigma_{23}\\ \sigma_{31} & \sigma_{32} & \sigma_{33}\end{bmatrix},\ T=\frac{1}{\sqrt{6}}\sqrt{\Sigma\,(\sigma_{11}-\sigma_{22})^2+6\Sigma\sigma_{12}^2} \tag{2.126}$$

（6）等效应力：参照 Mises 屈服条件，等效应力 $\sigma_e=\sigma_s=\sqrt{3}k$，等效应力为

$$\sigma_e=\sigma_s=\sqrt{3}T=\sqrt{(3/2)\sigma'_{ik}\sigma'_{ik}}=\sqrt{3J'_2} \tag{2.127}$$

3 守恒定律与力学方程

守恒定律与力学方程是构筑材料成形能率泛函的基础，本章试图借助前两章基础知识从质量守恒推导体积不变方程与菲克第二定律，动量守恒推导运动方程与静力微分平衡方程，动量矩守恒推导剪应力互等定理，热量守恒推导温度场与热传导方程；并着重阐述屈服准则、本构关系及最大塑性功原理。本章主要参考文献为［1～11，13，43］。

3.1 介质中曲面移动和传播

3.1.1 曲面移动和传播速度

设运动的曲面方程为 $F(x_1, x_2, x_3, t)=0$，则

$$\mathrm{d}F=\frac{\partial F}{\partial t}\mathrm{d}t+\frac{\partial F}{\partial x_i}\mathrm{d}x_i=\frac{\partial F}{\partial t}\mathrm{d}t+\mathrm{grad}F\cdot\mathrm{d}\boldsymbol{x}=0$$

记 $\mathrm{d}r$ 为 $\mathrm{d}\boldsymbol{x}$ 在曲面法线方向（即 $\mathrm{grad}F$ 的方向）的投影，则上式为

$$\frac{\partial F}{\partial t}\mathrm{d}t+|\mathrm{grad}F|\mathrm{d}r=0$$

$$N=\frac{\mathrm{d}r}{\mathrm{d}t}=-\frac{\dfrac{\partial F}{\partial t}}{|\mathrm{grad}F|} \tag{3.1}$$

称 N 为曲面 $F=0$ 的移动速度。设 $\boldsymbol{v}$ 为介质速度，$\boldsymbol{n}$ 为曲面 $F=0$ 的单位法矢量，$v_n=\boldsymbol{vn}$ 为介质速度在曲面法向的分量，于是有

$$\theta=N-v_n=-\frac{1}{|\mathrm{grad}F|}\left(\frac{\partial F}{\partial t}+v_i\frac{\partial F}{\partial x_i}\right)=-\frac{\dfrac{\mathrm{D}F}{\mathrm{D}t}}{|\mathrm{grad}F|} \tag{3.2}$$

称 θ 为曲面 $F=0$ 在介质中的传播速度。

如果曲面 $F=0$ 在空间中固定不动（即 F 中不含 t），则 $N=0$，从而 $\theta=-v_n$。

如果曲面 $F=0$ 始终由同样介质一些质点组成（这样的曲面称为物质面），则随体导数 $\frac{\mathrm{D}F}{\mathrm{D}t}$ 和 θ 都为零，此时 $N=v_n$。曲面与介质在空间移动速度相同，在介质中不传播。

3.1.2 变域物理量对时间求导

设控制体积 $V(t)$ 是可随时间变化的空间区域，称可变域，其周界面为 $S(t)$，物理量 A 在区域 V 内的总量为 $\int_V A\mathrm{d}V$，下面求 $\frac{\mathrm{d}}{\mathrm{d}t}\int_V A\mathrm{d}V$。

$$\begin{aligned}&\frac{\mathrm{d}}{\mathrm{d}t}\int_{V(t)}A(\boldsymbol{x},t)\mathrm{d}V\\&=\lim_{\Delta t\to 0}\frac{1}{\Delta t}\left[\int_{V+\Delta V}A(\boldsymbol{x},t+\Delta t)\mathrm{d}V-\int_V A(\boldsymbol{x},t)\mathrm{d}V\right]\\&=\lim_{\Delta t\to 0}\frac{1}{\Delta t}\left\{\int_V[A(\boldsymbol{x},t+\Delta t)-A(\boldsymbol{x},t)]\mathrm{d}V+\int_{\Delta V}A(\boldsymbol{x},t+\Delta t)\mathrm{d}V\right\}\\&=\int_V\frac{\partial A}{\partial t}\mathrm{d}V+\lim_{\Delta t\to 0}\frac{1}{\Delta t}\int_{\Delta V}A\mathrm{d}V\end{aligned}$$

如图 3.1 所示，设 $V(t)$ 周界面 $S(t)$ 上面元 $\mathrm{d}S$ 的外法线单位矢量为 $\boldsymbol{n}$，在 $\mathrm{d}S$ 处移动速度为 N，则在 Δt 时间内 $\mathrm{d}S$ 处发生的区域变化 $\mathrm{d}V=\mathrm{d}SN\Delta t$，从而有 $\int_{\Delta V}A\mathrm{d}V=\int_S AN\Delta t\mathrm{d}S$，代入上式

$$\frac{\mathrm{d}}{\mathrm{d}t}\int_{V(t)}A\mathrm{d}V=\int_V\frac{\partial A}{\partial t}\mathrm{d}V+\int_S AN\mathrm{d}S \tag{3.3}$$

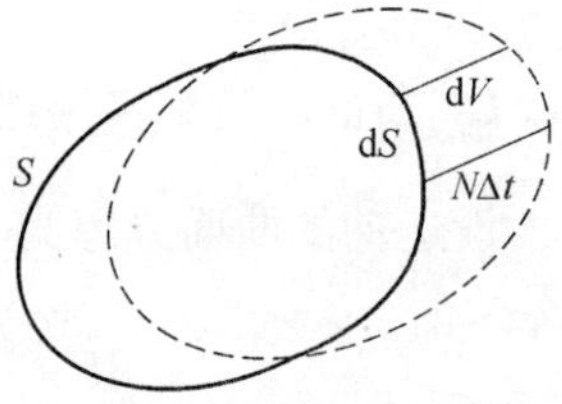

图 3.1 曲面在介质中传播

特别若 $V(t)$ 为确定的连续介质物体，周界面 S 为物质面，有 θ 为零，$N=v_n$，上式就变为

$$\frac{\mathrm{D}}{\mathrm{D}t}\int_{V(t)}A\mathrm{d}V=\int_V\frac{\partial A}{\partial t}\mathrm{d}V+\int_S Av_n\mathrm{d}S=\int_V\left[\frac{\partial A}{\partial t}+\mathrm{div}(A\boldsymbol{v})\right]\mathrm{d}V \tag{3.4}$$

进一步简化并注意到式（1.52）、式（1.54）则有

$$\begin{aligned}\frac{\mathrm{D}}{\mathrm{D}t}\int_{V(t)}A\mathrm{d}V&=\int_V\left[\frac{\partial A}{\partial t}+\mathrm{div}(A\boldsymbol{v})\right]\mathrm{d}V\\&=\int_V\left[\left(\frac{\partial A}{\partial t}+\frac{\partial A}{\partial x_i}v_i\right)+A\frac{\partial v_i}{\partial x_i}\right]\mathrm{d}V=\int_V\left[\frac{\mathrm{D}A}{\mathrm{D}t}+A\frac{\partial v_i}{\partial x_i}\right]\mathrm{d}V\end{aligned} \tag{3.5}$$

3.2 质量守恒与体积不变方程

质量守恒定律表明物体在运动过程中其质量 M 保持不变，即随体导数 $\frac{\mathrm{D}M}{\mathrm{D}t}=0$，物质不生不灭。其数学方程有多种形式。

3.2.1 拉氏变量的质量守恒定律

3.2.1.1 质量守恒定律积分形式

设连续介质占有的体积为 V，密度为 ρ，不管 V 内介质处于何种机械、物理

和化学状态，其总质量的随体导数为零，即

$$\frac{\mathrm{D}}{\mathrm{D}t}\int_V \rho(x_i,t)\mathrm{d}V = 0 \tag{3.6}$$

3.2.1.2 质量守恒定律的微分形式

用下标“0”表示初始时刻 $t=0$ 的有关量，物质坐标 $\boldsymbol{X}$ 取为 $t=0$ 时质点的直角坐标，质量守恒给出

$$M = \int_V \rho \mathrm{d}V = \int_{V_0} \rho_0 \mathrm{d}V_0,\ \mathrm{d}V = \mathrm{d}x_1\mathrm{d}x_2\mathrm{d}x_3,\ \mathrm{d}V_0 = \mathrm{d}X_1\mathrm{d}X_2\mathrm{d}X_3$$

由雅可比行列式（1.41）及式（1.42），$\mathrm{d}V = J\mathrm{d}V_0$，$J=\Delta$ 为雅可比行列式。代入上式有

$$\int_{V_0} \rho J \mathrm{d}V_0 = \int_{V_0} \rho_0 \mathrm{d}V_0 \quad 或 \quad \int_{V_0} (\rho J - \rho_0)\mathrm{d}V_0 = 0$$

假定被积函数连续，由于 V_0的任意性，上式给出连续方程

$$\rho_0 = \rho J \tag{3.7}$$

小变形时假定 $\left|\frac{\partial u_i}{\partial x_j}\right| \ll 1$，将式$\frac{\partial x_i}{\partial X_j} = \frac{\partial u_i}{\partial X_j} + \delta_{ij}$代入行列式（1.41），忽略二阶小量有

$$J = \Delta = 1 + \frac{\partial u_i}{\partial X_i} = 1 + \mathrm{div}\boldsymbol{u}$$

将该式代入式（3.7），则连续方程简化为

$$\rho_0 = \rho(1 + \mathrm{div}\boldsymbol{u}) \quad 或 \quad \rho = \rho_0(1 - \mathrm{div}\boldsymbol{u})$$

式中，位移散度 $\mathrm{div}\boldsymbol{u} = J - 1 = \frac{\mathrm{d}V - \mathrm{d}V_0}{\mathrm{d}V_0}$表示体积元的相对变化，而速度散度 $\mathrm{div}\boldsymbol{v}$ 表示单位时间内体积元的相对变化率。该式表明质量守恒定律的微分形式的实质是：当即时密度与初始密度之比 $\rho/\rho_0 = 1$（密度不变）时，体积的相对变化必须为零（$\mathrm{div}\boldsymbol{u} = \mathrm{div}\boldsymbol{v} = 0$）。

3.2.2 欧氏变量的质量守恒定律

3.2.2.1 质量守恒定律的积分形式

由式（3.4）注意到控制体积 V 与时间无关

$$\frac{\partial}{\partial t}\int_V \rho(\boldsymbol{x},t)\mathrm{d}V + \int_S \rho v_n \mathrm{d}S = \int_V \frac{\partial \rho}{\partial t}\mathrm{d}V + \int_S \rho v_n \mathrm{d}S = 0 \tag{3.8a}$$

上式为欧氏变量质量守恒定律的整体积分形式，表明单位时间控制体积 V 内增加的质量等于通过其周界 S 流入的质量。由式（3.5），质量守恒定律整体积分的不同形式为

$$\int_V \left[\frac{\partial \rho}{\partial t} + \operatorname{div}(\rho \boldsymbol{v})\right] \mathrm{d}V = \int_V \left[\frac{\mathrm{D}\rho}{\mathrm{D}t} + \rho \frac{\partial v_i}{\partial x_i}\right] \mathrm{d}V = 0 \tag{3.8b}$$

3.2.2.2 质量守恒定律的微分形式

假定被积函数连续，注意上式 V 的任意性得

$$\frac{\partial \rho}{\partial t} + \operatorname{div}(\rho \boldsymbol{v}) = 0 \tag{3.9a}$$

或

$$\frac{\mathrm{D}\rho}{\mathrm{D}t} + \rho \frac{\partial v_i}{\partial x_i} = \frac{\mathrm{D}\rho}{\mathrm{D}t} + \rho \operatorname{div} \boldsymbol{v} = 0 \tag{3.9b}$$

或

$$\frac{\mathrm{D}\rho}{\rho \mathrm{D}t} + \operatorname{div} \boldsymbol{v} = 0 \qquad \frac{\mathrm{D}\ln\rho}{\mathrm{D}t} + \operatorname{div} \boldsymbol{v} = 0 \tag{3.9c}$$

上述诸式均为连续性方程的不同形式。式(3.9a)表明，对定常运动$\partial\rho/\partial t = 0$，故有

$$\operatorname{div}(\rho \boldsymbol{v}) = \rho \frac{\partial v_i}{\partial x_i} + \frac{\partial \rho}{\partial x_i} v_i = 0 \rightarrow \mathrm{d}(\rho v_i)/\mathrm{d}x_i = 0 \tag{3.10}$$

3.2.3 体积不变方程

3.2.3.1 体积不变方程定义

式（3.9b）表明，对不可压缩或连续介质运动是等容过程（运动中体积不变）此时 ρ = 常数，于是有

$$\operatorname{div} \boldsymbol{v} = 0 \tag{3.11}$$

足见质量守恒定律的微分形式就是材料成形时的体积不变条件或不可压缩条件。

式（3.9c）的意义在于单位时间内密度的相对变化率（$\Delta\rho/\rho$）/Δt 与体积相对变化率（$\Delta V/V$）/Δt 相等而异号，以保证质量守恒。

3.2.3.2 质量守恒定律的推论

推论 1：若 ρ 为密度，A 为任何一种连续且一阶可导的物理量，有

$$\frac{\mathrm{D}}{\mathrm{D}t}\int_V \rho(x_i, t) A(x_i, t) \mathrm{d}V = \int_V \rho \frac{\mathrm{D}A}{\mathrm{D}t} \mathrm{d}V \tag{3.12}$$

证法 1：体积元 $\mathrm{d}V$ 的质量为 $\mathrm{d}M = \rho \mathrm{d}V$，把对体积 V 的积分换成对质量 M 积分，有

$$\frac{\mathrm{D}}{\mathrm{D}t}\int_V \rho A \mathrm{d}V = \frac{\mathrm{D}}{\mathrm{D}t}\int_M A \mathrm{d}M$$

再由质量守恒 M 和 $\mathrm{d}M$ 都不随时间 t 变化，有

$$\frac{\mathrm{D}}{\mathrm{D}t}\int_M A \mathrm{d}M = \int_M \frac{\mathrm{D}A}{\mathrm{D}t} \mathrm{d}M = \int_V \rho \frac{\mathrm{D}A}{\mathrm{D}t} \mathrm{d}V$$

证法 2：由式（3.5），并注意到式（3.9b）

$$\frac{\mathrm{D}}{\mathrm{D}t}\int_V \rho A\mathrm{d}V = \int_V\left[\frac{\partial(\rho A)}{\partial t} + \mathrm{div}(\rho A\boldsymbol{v})\right]\mathrm{d}V = \int_V\left[\frac{\partial(\rho A)}{\partial t} + \frac{\partial(\rho A v_i)}{\partial x_i}\right]\mathrm{d}V$$

$$= \int_V\left(\frac{\partial\rho}{\partial t} + \frac{\partial\rho}{\partial x_i}v_i + \rho\frac{\partial v_i}{\partial x_i}\right)A\mathrm{d}V + \int_V\rho\left(\frac{\partial A}{\partial t} + \frac{\partial A}{\partial x_i}v_i\right)\mathrm{d}V$$

$$= 0 + \int_V\rho\frac{\mathrm{D}A}{\mathrm{D}t}\mathrm{d}V$$

推论2:若 $\rho(x_i,t)$ 为密度,$\boldsymbol{v}(x_i,t)$ 为质点速度,质点坐标为矢径 $\boldsymbol{x}$,由式(3.12)则有

$$\frac{\mathrm{D}}{\mathrm{D}t}\int_V(\boldsymbol{x}\times\rho\boldsymbol{v})\mathrm{d}V = \int_V\left(\boldsymbol{x}\times\rho\frac{\mathrm{D}\boldsymbol{v}}{\mathrm{D}t}\right)\mathrm{d}V \tag{3.13}$$

证明:由于质量守恒,则由式(3.12)有

$$\frac{\mathrm{D}}{\mathrm{D}t}\int_V(\boldsymbol{x}\times\rho\boldsymbol{v})\mathrm{d}V = \int_V\rho\frac{\mathrm{D}}{\mathrm{D}t}(\boldsymbol{x}\times\boldsymbol{v})\mathrm{d}V = \int_V\left(\boldsymbol{x}\times\rho\frac{\mathrm{D}\boldsymbol{v}}{\mathrm{D}t}\right)\mathrm{d}V + \int_V\left(\rho\frac{\mathrm{D}\boldsymbol{x}}{\mathrm{D}t}\times\boldsymbol{v}\right)\mathrm{d}V$$

$$= \int_V\left(\boldsymbol{x}\times\rho\frac{\mathrm{D}\boldsymbol{v}}{\mathrm{D}t}\right)\mathrm{d}V + 0 \qquad (因为\boldsymbol{v}\times\boldsymbol{v} = 0)$$

3.2.4 菲克第二定律

作为应用例我们推导溶质在溶液中扩散。设 $C(x,y,z,t)$ 为溶质浓度,D 为扩散系数。在 $\mathrm{d}t$ 时间内流过溶液曲面 $\mathrm{d}S$ 的质量 $\mathrm{d}M$ 和$\frac{\partial C}{\partial n}$成正比(因斯特定律),即 $\mathrm{d}M = -D\frac{\partial C}{\partial n}\mathrm{d}S\mathrm{d}t$,求 C 的方程。

解:域 G 中任取闭曲面 S,其包围的区域为 V,取时间间隔为 $[t_1, t_2]$,其间流进曲面的质量为

$$M = \int_{t_1}^{t_2}\int_S D\frac{\partial C}{\partial n}\mathrm{d}S\mathrm{d}t$$

V 内溶质浓度的改变量为

$$M = \int_V[C(x,y,z,t_2) - C(x,y,z,t_1)]\mathrm{d}V = \int_{t_1}^{t_2}\int_V\frac{\partial C}{\partial t}\mathrm{d}V\mathrm{d}t$$

由式(3.8a),其间流入 S 的质量等于 V 体积内溶质浓度的改变量,则

$$\int_{t_1}^{t_2}\int_S D\frac{\partial C}{\partial n}\mathrm{d}S\mathrm{d}t = \int_{t_1}^{t_2}\int_V\frac{\partial C}{\partial t}\mathrm{d}V\mathrm{d}t$$

由奥斯公式有

$$\int_S\frac{\partial C}{\partial n}\mathrm{d}S = \int_V\nabla^2 C\mathrm{d}V$$

$$\int_{t_1}^{t_2}\int_V\left[\frac{\partial C}{\partial t} - D\nabla^2 C\right]\mathrm{d}V\mathrm{d}t = 0$$

由于 t_1，t_2 及 V 的任意性，被积函数 C 的一阶二阶导数连续，故有

$$\frac{\partial C}{\partial t}=D\,\nabla^2 C$$

即

$$\frac{\partial C}{\partial t}=D\left(\frac{\partial^2 C}{\partial x_1^2}+\frac{\partial^2 C}{\partial x_2^2}+\frac{\partial^2 C}{\partial x_3^2}\right)$$

此称传质方程的扩散第二定律。如扩散系数不是常数，则为齐次扩散方程：

$$\frac{\partial C}{\partial t}=\frac{\partial}{\partial x_1}\left(D\,\frac{\partial C}{\partial x_1}\right)+\frac{\partial}{\partial x_2}\left(D\,\frac{\partial C}{\partial x_2}\right)+\frac{\partial}{\partial x_3}\left(D\,\frac{\partial C}{\partial x_3}\right)$$

3.3 动量守恒与静力平衡方程

3.3.1 动量守恒的积分形式

3.3.1.1 拉格朗日描述

牛顿定律认为，物体 V 的总动量对时间的变化率等于作用于物体外力的总和，即

$$\frac{\mathrm{D}}{\mathrm{D}t}\int_V \rho\,\boldsymbol{v}\,\mathrm{d}V=\int_V \rho\boldsymbol{F}\mathrm{d}V+\int_S \boldsymbol{p}\mathrm{d}S \tag{3.14a}$$

记连续介质构成的物体体积为 V，其周界面为 S，面元 $\mathrm{d}S$ 的单位法矢量为 $\boldsymbol{n}$，ρ 为密度，$\boldsymbol{v}$ 为速度，$\boldsymbol{F}$ 为单位质量的体积力，$\boldsymbol{T}_\sigma$ 为应力张量，$p=\boldsymbol{n}\cdot\boldsymbol{T}_\sigma$ 为单位表面力，则上式为

$$\frac{\mathrm{D}}{\mathrm{D}t}\int_V \rho\,\boldsymbol{v}\,\mathrm{d}V=\int_V \rho\boldsymbol{F}\mathrm{d}V+\int_S \boldsymbol{n}\cdot\boldsymbol{T}_\sigma\mathrm{d}S \tag{3.14b}$$

以上两式是拉氏观点描述的动量守恒定律。

3.3.1.2 欧拉描述

将式（3.12）代入式（3.14a）左侧，注意到质量守恒，则有

$$\int_V \rho\left(\frac{\mathrm{D}\boldsymbol{v}}{\mathrm{D}t}-\boldsymbol{F}\right)\mathrm{d}V=\int_S \boldsymbol{p}\mathrm{d}S \tag{3.15}$$

上式即为欧氏观点描述的动量守恒定律。

3.3.2 动量守恒的微分形式

动量守恒定律的微分形式给出运动方程与静力微分平衡方程。

3.3.2.1 运动微分方程

将式（3.15）右端改写为 $\boldsymbol{p}=\boldsymbol{n}\cdot\boldsymbol{T}_\sigma=\sigma_{ik}n_k\boldsymbol{e}_i$，再由奥高公式（2.35）有

$$\int_S \boldsymbol{p}\mathrm{d}S=\int_S \boldsymbol{n}\cdot\boldsymbol{T}_\sigma\mathrm{d}S=\int_V \mathrm{div}\boldsymbol{T}_\sigma\mathrm{d}V$$

代入式（3.15）得

$$\int_V\left[\mathrm{div}\boldsymbol{T}_\sigma+\rho\boldsymbol{F}-\rho\frac{\mathrm{D}\boldsymbol{v}}{\mathrm{D}t}\right]\mathrm{d}V=0 \tag{3.16}$$

注意到 V 任意，被积函数连续，故有

$$\mathrm{div}\boldsymbol{T}_\sigma + \rho \boldsymbol{F} = \rho \frac{\mathrm{D}\boldsymbol{v}}{\mathrm{D}t}$$

即

$$\frac{\partial \sigma_{ik}}{\partial x_k} + \rho F_i = \rho \frac{\mathrm{D}v_i}{\mathrm{D}t}, i = 1,2,3$$

或

$$\sigma_{ik,k} = \rho(w_i - F_i) \tag{3.17}$$

此式在本质上反映了牛顿第二定律，故称为运动微分方程，是塑性动力学中的重要公式，它是动量守恒定律的微分形式。

3.3.2.2 静力微分平衡方程

若上式右端的加速度 $\mathrm{D}\boldsymbol{v}/\mathrm{D}t = 0$，即 V 作为静态空间区域，得到直角坐标系平衡方程

$$\frac{\partial \sigma_{ik}}{\partial x_k} + \rho F_i = 0 \tag{3.18}$$

通常材料成形中不计体积力，于是 $\rho F_i = 0$，于是平衡方程的基本约定与展开形式分别为

$$\frac{\partial \sigma_{ik}}{\partial x_k} = 0, \frac{\partial \sigma_{11}}{\partial x_1} + \frac{\partial \sigma_{12}}{\partial x_2} + \frac{\partial \sigma_{13}}{\partial x_3} = 0 \quad (1-2-3-1 \text{ 轮换}) \tag{3.19}$$

柱坐标系微分平衡方程为

$$\left.\begin{aligned}
&\frac{\partial \sigma_{rr}}{\partial r} + \frac{1}{r}\frac{\partial \sigma_{r\theta}}{\partial \theta} + \frac{\partial \sigma_{rz}}{\partial z} + \frac{\sigma_{rr} - \sigma_{\theta\theta}}{r} + \rho F_r = 0 \\
&\frac{\partial \sigma_{r\theta}}{\partial r} + \frac{1}{r}\frac{\partial \sigma_{\theta\theta}}{\partial \theta} + \frac{\partial \sigma_{\theta z}}{\partial z} + \frac{2\sigma_{r\theta}}{r} + \rho F_\theta = 0 \\
&\frac{\partial \sigma_{rz}}{\partial r} + \frac{1}{r}\frac{\partial \sigma_{\theta z}}{\partial \theta} + \frac{\partial \sigma_{zz}}{\partial z} + \frac{\sigma_{rz}}{r} + \rho F_z = 0
\end{aligned}\right\} \tag{3.20}$$

对于柱坐标下轴对称问题，上式中除 $\sigma_{\theta\theta}$ 外，其余含有下标 θ 的量均为零，各量与 θ 无关。

球坐标系微分平衡方程为

$$\left.\begin{aligned}
&\frac{\partial \sigma_{rr}}{\partial r} + \frac{1}{r}\frac{\partial \sigma_{r\lambda}}{\partial \lambda} + \frac{1}{r\sin\lambda}\frac{\partial \sigma_{r\theta}}{\partial \theta} + \frac{1}{r}(2\sigma_{rr} - \sigma_{\lambda\lambda} - \sigma_{\theta\theta} + \sigma_{r\lambda}\cot\lambda) + \rho F_r = 0 \\
&\frac{\partial \sigma_{\lambda r}}{\partial r} + \frac{1}{r}\frac{\partial \sigma_{\lambda\lambda}}{\partial \lambda} + \frac{1}{r\sin\lambda}\frac{\partial \sigma_{\lambda\theta}}{\partial \theta} + \frac{1}{r}[(\sigma_{\lambda\lambda} - \sigma_{\theta\theta})\cot\lambda + 3\sigma_{\lambda r}] + \rho F_\lambda = 0 \\
&\frac{\partial \sigma_{\theta r}}{\partial r} + \frac{1}{r}\frac{\partial \sigma_{\theta\lambda}}{\partial \lambda} + \frac{1}{r\sin\lambda}\frac{\partial \sigma_{\theta\theta}}{\partial \theta} + \frac{1}{r}(3\sigma_{\theta r} + 2\sigma_{\theta\lambda}\cot\lambda) + \rho F_\theta = 0
\end{aligned}\right\} \tag{3.21}$$

对于球坐标轴对称问题，上式中除 $\sigma_{\theta\theta}$ 外，其余含有下标 θ 的量均为零，各量与 θ 无关。以上是塑性加工力学中静力微分平衡方程的常见形式。

3.4 动量矩守恒与剪应力互等

3.4.1 动量矩守恒的积分形式

3.4.1.1 拉格朗日描述

在空间固定坐标系内，任取一点作为计算动量矩和力矩的参考点，记 $\boldsymbol{x}$ 为所考察的物体系（V，S）内任一点的矢径，物体系中各点的总动量矩对时间的变化率等于物体系所受的质量力 $\boldsymbol{F}$ 与表面力 $\boldsymbol{p}$ 对同一参考点的力矩之和，即

$$\frac{\mathrm{D}}{\mathrm{D}t}\int_V(\boldsymbol{x}\times\rho\boldsymbol{v})\mathrm{d}V=\int_V(\boldsymbol{x}\times\rho\boldsymbol{F})\mathrm{d}V+\int_S(\boldsymbol{x}\times\boldsymbol{p})\mathrm{d}S \tag{3.22}$$

当物体系所受合外力为零时，物体系的总动量不变。上式即拉氏观点描述的动量矩守恒的积分形式。

3.4.1.2 欧拉描述

注意到质量守恒，将式（3.13）代入上式左侧，并注意两侧用控制体积代替就有欧拉描述的动量矩守恒定律

$$\int_V\left(\boldsymbol{x}\times\rho\frac{\mathrm{D}\boldsymbol{v}}{\mathrm{D}t}\right)\mathrm{d}V=\int_V(\boldsymbol{x}\times\rho\boldsymbol{F})\mathrm{d}V+\int_S(\boldsymbol{x}\times\boldsymbol{p})\mathrm{d}S \tag{3.23}$$

3.4.2 动量矩守恒的微分形式

由式（2.109）改写式（3.23）右端的面积分并利用奥高公式得

$$\int_S(\boldsymbol{x}\times\boldsymbol{p})\mathrm{d}S=\int_S(\boldsymbol{x}\times\sigma_{ik}n_k\boldsymbol{e}_i)\mathrm{d}S=\int_S\frac{\partial(\boldsymbol{x}\times\sigma_{ik}\boldsymbol{e}_i)}{\partial x_k}\mathrm{d}S$$

$$=\int_V\left(\frac{\partial\boldsymbol{x}}{\partial x_k}\times\sigma_{ik}\boldsymbol{e}_i+\boldsymbol{x}\times\frac{\partial\sigma_{ik}}{\partial x_k}\boldsymbol{e}_i\right)\mathrm{d}V=\int_V(\boldsymbol{e}_k\times\sigma_{ik}\boldsymbol{e}_i)\mathrm{d}V+\int_V(\boldsymbol{x}\times\mathrm{div}T_\sigma)\mathrm{d}V$$

式中最后一步将 $\boldsymbol{x}$ 看成 $x_k\boldsymbol{e}_k$，故 $\partial\boldsymbol{x}/\partial x_k=\boldsymbol{e}_k$。将上式代入式（3.23）得

$$\int_V\boldsymbol{x}\times(\rho\mathrm{D}\boldsymbol{v}/\mathrm{D}t-\mathrm{div}T_\sigma-\rho\boldsymbol{F})\mathrm{d}V-\int_V(\boldsymbol{e}_k\times\sigma_{ik}\boldsymbol{e}_i)\mathrm{d}V=0$$

由式（3.17），上式第一项积分为零。第二项积分注意到被积函数连续，V 具有任意性，则

$$\boldsymbol{e}_k\times\sigma_{ik}\boldsymbol{e}_i=0\quad(i\neq k) \tag{3.24}$$

注意到 $\boldsymbol{e}_1\times\boldsymbol{e}_2=-\boldsymbol{e}_2\times\boldsymbol{e}_1=\boldsymbol{e}_3$，$\boldsymbol{e}_3\times\boldsymbol{e}_1=\boldsymbol{e}_2$ 等，上式为

$$(\sigma_{23}-\sigma_{32})\boldsymbol{e}_1+(\sigma_{31}-\sigma_{13})\boldsymbol{e}_2+(\sigma_{12}-\sigma_{21})\boldsymbol{e}_3=0$$

故

$$\sigma_{ik}=\sigma_{ki}\quad(i\neq k) \tag{3.25}$$

式（3.25）表明，应力张量总是对称张量，即剪应力两个下标可以互换。

称此性质为剪应力互等定理，在曲线坐标系中仍成立。足见动量矩守恒定律的微分形式给出剪应力互等定理。

3.5 能量守恒定律

3.5.1 动能变化方程

因为$\boldsymbol{v}\cdot \mathrm{D}\boldsymbol{v}=v_i\mathrm{D}v_i=\mathrm{D}\left(\frac{v_iv_i}{2}\right)=\mathrm{D}\left(\frac{v^2}{2}\right)$，以$\boldsymbol{v}$与运动方程（3.17）两侧作内积，并注意到式（2.32b）有 $\boldsymbol{v}\cdot \mathrm{div}\boldsymbol{T}_\sigma+\boldsymbol{v}\cdot\rho\boldsymbol{F}=\boldsymbol{v}\cdot\rho\frac{\mathrm{D}\boldsymbol{v}}{\mathrm{D}t}$，即

$$\boldsymbol{v}\cdot\rho\frac{\mathrm{D}\boldsymbol{v}}{\mathrm{D}t}=\rho\frac{\mathrm{D}}{\mathrm{D}t}\left(\frac{v^2}{2}\right)=\rho\boldsymbol{v}\cdot\boldsymbol{F}+\boldsymbol{v}\cdot\mathrm{div}\boldsymbol{T}_\sigma \qquad ①$$

而 $\mathrm{div}(\boldsymbol{v}\cdot\boldsymbol{T}_\sigma)=\frac{\partial}{\partial x_k}(v_i\sigma_{ik})=v_i\frac{\partial\sigma_{ik}}{\partial x_k}+\sigma_{ik}\frac{\partial v_i}{\partial x_k}=\boldsymbol{v}\cdot\mathrm{div}\boldsymbol{T}_\sigma+\sigma_{ik}(\dot{\varepsilon}_{ik}+\dot{\omega}_{ik})$，其中

$$\dot{\varepsilon}_{ik}=\frac{1}{2}\left(\frac{\partial v_i}{\partial x_k}+\frac{\partial v_k}{\partial x_i}\right),\quad \dot{\omega}_{ik}=\frac{1}{2}\left(\frac{\partial v_i}{\partial x_k}-\frac{\partial v_k}{\partial x_i}\right)$$

因为$\sigma_{ik}=\sigma_{ki}$，$\dot{\omega}_{ik}=-\dot{\omega}_{ki}$，所以$\sigma_{ik}\dot{\omega}_{ik}=0$。则$\boldsymbol{v}\cdot\mathrm{div}\boldsymbol{T}_\sigma=\mathrm{div}(\boldsymbol{v}\cdot\boldsymbol{T}_\sigma)-\sigma_{ik}\dot{\varepsilon}_{ik}$，代入式①变为

$$\rho\frac{\mathrm{D}}{\mathrm{D}t}\left(\frac{v^2}{2}\right)=\rho\boldsymbol{v}\cdot\boldsymbol{F}+\mathrm{div}(\boldsymbol{v}\cdot\boldsymbol{T}_\sigma)-\sigma_{ik}\dot{\varepsilon}_{ik} \qquad (3.26)$$

上式为动能变化的微分方程。对 V 作积分

$$\int_V\rho\frac{\mathrm{D}}{\mathrm{D}t}\left(\frac{v^2}{2}\right)\mathrm{d}V=\int_V\rho\boldsymbol{v}\cdot\boldsymbol{F}\mathrm{d}V+\int_V\mathrm{div}(\boldsymbol{v}\cdot\boldsymbol{T}_\sigma)\mathrm{d}V-\int_V\sigma_{ik}\dot{\varepsilon}_{ik}\mathrm{d}V$$

即

$$\frac{\mathrm{D}}{\mathrm{D}t}\int_V\rho\left(\frac{v^2}{2}\right)\mathrm{d}V=\int_V\rho\boldsymbol{v}\cdot\boldsymbol{F}\mathrm{d}V+\int_S\boldsymbol{v}\cdot\boldsymbol{T}_\sigma\cdot\boldsymbol{n}\mathrm{d}S-\int_V\sigma_{ik}\dot{\varepsilon}_{ik}\mathrm{d}V \qquad (3.27)$$

上式即物体系 V 的动能变化率的积分方程，右边依次为单位时间体力、面力与变形所做功率的总和，最后一项是机械能与热能转换项。

3.5.2 能量守恒定律

3.5.2.1 能量守恒定律的积分形式

能量守恒定律是宇宙最普遍的定律，如只考虑机械能与热能间的转换与守恒，则为热力学第一定律：$U=W+Q$。式中，U 为单位时间内物体系增加的能量；W 为外力做功总和；Q 为物体系增加的热量。对连续介质物体系 V，设 e 为单位质量介质的内能，h 为单位质量介质单位时间放出的热量，q 为热流密度矢量，则能量守恒定律为

$$\frac{\mathrm{D}}{\mathrm{D}t}\int_V\rho\left(\frac{v^2}{2}+e\right)\mathrm{d}V=\int_V(\rho\boldsymbol{v}\cdot\boldsymbol{F}+\rho h)\mathrm{d}V+\int_S(\boldsymbol{v}\cdot\boldsymbol{T}_\sigma\cdot\boldsymbol{n}-\boldsymbol{q}\cdot\boldsymbol{n})\mathrm{d}S \qquad (3.28a)$$

或 $$\frac{\mathrm{D}}{\mathrm{D}t}\int_V \rho\left(\frac{v_i v_i}{2}+e\right)\mathrm{d}V=\int_V(\rho F_i v_i+\rho h)\mathrm{d}V+\int_S(p_i v_i-q_n)\mathrm{d}S \tag{3.28b}$$

式中，$U=\frac{\mathrm{D}}{\mathrm{D}t}\int_V \rho\left(\frac{v_i v_i}{2}+e\right)\mathrm{d}V$，$W=\int_V \rho F_i v_i \mathrm{d}V+\int_S p_i v_i \mathrm{d}S$，$Q=\int_V \rho h \mathrm{d}V-\int_S q_n \mathrm{d}S$。

将式（3.28a）与式（3.27）相减的物体系 V 的内能变化方程为

$$\frac{\mathrm{D}}{\mathrm{D}t}\int_V \rho e \mathrm{d}V=\int_V \rho h \mathrm{d}V-\int_S \boldsymbol{q}\cdot\boldsymbol{n}\mathrm{d}S+\int_V \sigma_{ik}\dot{\varepsilon}_{ik}\mathrm{d}V \tag{3.29}$$

式（3.28a）与式（3.27）最后一项相反恰说明该项实现机械能与热能间的转换。

3.5.2.2 能量守恒定律的微分形式

将式（3.28a）的面积分换成体积分后得到

$$\int_V\left[\rho\frac{\mathrm{D}}{\mathrm{D}t}\left(\frac{v^2}{2}+e\right)-\rho\boldsymbol{v}\cdot\boldsymbol{F}-\rho h-\mathrm{div}(\boldsymbol{v}\cdot\boldsymbol{T}_\sigma)+\mathrm{div}\boldsymbol{q}\right]\mathrm{d}V=0$$

假定被积函数连续，V 具有任意性，则得到能量守恒定律的微分形式为

$$\rho\frac{\mathrm{D}}{\mathrm{D}t}\left(\frac{v^2}{2}+e\right)=\rho\boldsymbol{v}\cdot\boldsymbol{F}+\rho h+\mathrm{div}(\boldsymbol{v}\cdot\boldsymbol{T}_\sigma)-\mathrm{div}\boldsymbol{q} \tag{3.30}$$

式（3.30）与动能变化方程式（3.26）相减即得内能变化的微分方程为

$$\rho\frac{\mathrm{D}e}{\mathrm{D}t}=\rho h-\mathrm{div}\boldsymbol{q}+\sigma_{ik}\dot{\varepsilon}_{ik} \tag{3.31}$$

3.5.2.3 机械能守恒方程

若金属加工中，只考虑机械能守恒，不计系统与外介质的热交换，忽略被加工金属温度变化，以 u 表示单位体积内能，此时外力功率等于系统能量对时间的变化率，即

$$\frac{\mathrm{D}}{\mathrm{D}t}\int_V\left(\rho\frac{v_i v_i}{2}+u\right)\mathrm{d}V=\int_V \rho F_i v_i \mathrm{d}V+\int_S p_i v_i \mathrm{d}S \tag{3.32}$$

这是拉氏观点描述的能量守恒，它表明当外力不存在时系统的能量为常数。由式(3.12)，若采用控制体积，注意到单位体积的变形功率 $\dot{u}=\sigma_{ik}\dot{\varepsilon}_{ik}$，$u=\sigma_{ik}\dot{\varepsilon}_{ik}\mathrm{d}t$，得到

$$\int_V \rho v_i\frac{\mathrm{D}v_i}{\mathrm{D}t}\mathrm{d}V+\int_V \sigma_{ik}\dot{\varepsilon}_{ik}\mathrm{d}V=\int_V \rho F_i v_i \mathrm{d}V+\int_S p_i v_i \mathrm{d}S \tag{3.33}$$

这是从欧氏观点描述的能量守恒方程，表明控制体积 V 内的变形功率与各点处总动能对时间的变化率等于外力功率。借助奥高公式（2.35），上式为

$$\begin{aligned}\int_S p_i v_i \mathrm{d}S&=\int_V\frac{\partial(\sigma_{ik}v_i)}{\partial x_k}\mathrm{d}V=\int_V \mathrm{div}(\boldsymbol{T}_\sigma\cdot\boldsymbol{v})\mathrm{d}V\\&=\int_V v_i\left[\rho\frac{\mathrm{D}v_i}{\mathrm{D}t}-\rho F_i\right]\mathrm{d}V+\int_V \sigma_{ik}\dot{\varepsilon}_{ik}\mathrm{d}V\end{aligned} \tag{3.34}$$

即
$$0 = \int_V \left[v_i \left(\rho \frac{\mathrm{D}v_i}{\mathrm{D}t} - \rho F_i \right) - \mathrm{div}(\boldsymbol{T}_\sigma \cdot \boldsymbol{v}) + \sigma_{ik}\dot{\varepsilon}_{ik} \right] \mathrm{d}V$$

或
$$\int_V \left[\left(\boldsymbol{v} \cdot \rho \frac{\mathrm{D}\boldsymbol{v}}{\mathrm{D}t} - \rho \boldsymbol{v} \cdot \boldsymbol{F} \right) - \mathrm{div}(\boldsymbol{T}_\sigma \cdot \boldsymbol{v}) + \sigma_{ik}\dot{\varepsilon}_{ik} \right] \mathrm{d}V = 0$$

显然如被积函数连续，V任意，可得到机械能守恒的微分形式

$$\boldsymbol{v} \cdot \rho \frac{\mathrm{D}\boldsymbol{v}}{\mathrm{D}t} - \rho \boldsymbol{v} \cdot \boldsymbol{F} - \mathrm{div}(\boldsymbol{T}_\sigma \cdot \boldsymbol{v}) + \sigma_{ik}\dot{\varepsilon}_{ik} = 0 \tag{3.35}$$

其中

$$\mathrm{div}(\boldsymbol{T}_\sigma \cdot \boldsymbol{v}) = \frac{\partial(\sigma_{ik}v_i)}{\partial x_k} = \frac{\partial \sigma_{ik}}{\partial x_k}v_i + \sigma_{ik}\frac{\partial v_i}{\partial x_k}$$

$$\sigma_{ik}\dot{\varepsilon}_{ik} = (\sigma'_{ik} + \sigma_{\mathrm{m}}\delta_{ik})(\dot{\varepsilon}'_{ik} + \dot{\varepsilon}_{\mathrm{m}}\delta_{ik}) = \sigma'_{ik}\dot{\varepsilon}'_{ik} + 3\sigma_{\mathrm{m}}\dot{\varepsilon}_{\mathrm{m}} \tag{3.36}$$

式中，$\sigma'_{ik}\delta_{ik} = \dot{\varepsilon}'_{ik}\delta_{ik} = 0$，$\delta_{ik}\delta_{ik} = 3$，$\sigma'_{ik}$、$\dot{\varepsilon}'_{ik}$分别为偏差应力张量、偏差应变速率张量的分量。

3.5.3 不连续面条件

所谓不连续面（也称间断面）实质是变形介质的一个薄层，薄层内物理量的变化比层外要剧烈得多。由于薄层很薄，忽略层内变化而只关心穿过薄层后物理量总的变化。把薄层区域两个界面上的物理量看成是不连续面两侧面上的物理量，以“+”和“-”来标识，以$[\boldsymbol{\Phi}] = \boldsymbol{\Phi}_+ - \boldsymbol{\Phi}_-$表示物理量$\phi$穿过不连续面的不连续量。在具体求解时，可把不连续面当成连续运动区域的边界面，因此在此边界面上应满足不连续面条件。

首先以基本物理定律建立不连续面条件。将质量、动量、能量守恒定律的积分形式统一写成

$$\frac{\mathrm{D}}{\mathrm{D}t}\int_V \rho\psi \mathrm{d}V = \int_V \rho G \mathrm{d}V + \int_S \boldsymbol{n} \cdot \boldsymbol{\Phi} \mathrm{d}S \qquad ①$$

式中，V是以物质面S为周界面的连续介质物体；$\boldsymbol{n}$为面元的单位法向量。当$\psi = 1$、$G = 0$、$\boldsymbol{\Phi} = 0$时，上式为质量守恒；$\psi = \boldsymbol{v}$、$G = \boldsymbol{F}$、$\boldsymbol{\Phi} = \boldsymbol{T}_\sigma$时，上式为动量守恒；$\psi = \frac{1}{2}v^2 + e$、$G = \boldsymbol{F} \cdot \boldsymbol{v} + h$、$\boldsymbol{\Phi} = \boldsymbol{T}_\sigma \cdot \boldsymbol{v} - \boldsymbol{q}$时，上式为能量守恒。

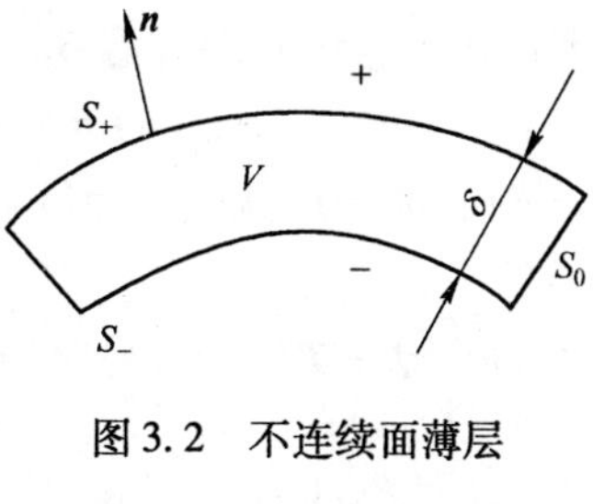

图 3.2 不连续面薄层

如图 3.2 所示，以δ表示不连续面薄层的厚度，$o(\delta)$为可忽略的高阶无穷小量，在t时刻处于不连续面薄层内的物质体为V，底面为S_{D}（上底为S_+，下底为S_-），侧面为S_0，$\boldsymbol{n}$是S_{D}的单位法向量，指向+号一方。不连续面的移动速度为N，传播速度为$\theta_+ = N - v_{n+}$，$\theta_- = N -$

v_{n-}。由于

$$\frac{\mathrm{D}}{\mathrm{D}t}\int_V \rho\psi \mathrm{d}V = \int_V \frac{\partial}{\partial t}(\rho\psi)\mathrm{d}V + \int_S \rho\psi v_n \mathrm{d}S \tag{②}$$

$$\frac{\mathrm{d}}{\mathrm{d}t}\int_V \rho\psi \mathrm{d}V = \int_V \frac{\partial}{\partial t}(\rho\psi)\mathrm{d}V + \int_S \rho\psi N \mathrm{d}S \tag{③}$$

两式相减得

$$\frac{\mathrm{D}}{\mathrm{D}t}\int_V \rho\psi \mathrm{d}V = \frac{\mathrm{d}}{\mathrm{d}t}\int_V \rho\psi \mathrm{d}V - \int_S \rho\psi\theta \mathrm{d}S \tag{④}$$

注意：$\frac{\mathrm{D}}{\mathrm{D}t}\int_V \rho\psi \mathrm{d}V$ 中的 V 是物质体，在 t 瞬时它在不连续面薄层区域，运动后不再是不连续薄层；而 $\frac{\mathrm{d}}{\mathrm{d}t}\int_V \rho\psi \mathrm{d}V$ 中的 V 始终是不连续面层区域即空间区域，它不是物质体。式④代入守恒定律式①，得

$$\frac{\mathrm{d}}{\mathrm{d}t}\int_V \rho\psi \mathrm{d}V = \int_V \rho G \mathrm{d}V + \int_S (\rho\psi\theta + \boldsymbol{n}\cdot\boldsymbol{\Phi})\mathrm{d}S \tag{⑤}$$

式中，$S = S_+ + S_- + S_0$，由于体积 V 和侧面积 S_0 都为 $o(\delta)$，故上式前两项及 S_0 上面积分均为 $o(\delta)$，于是有

$$\int_{S_+ + S_-}(\rho\psi\theta + \boldsymbol{n}\cdot\boldsymbol{\Phi})\mathrm{d}S = o(\delta)$$

令 $\delta\to 0$，S_+ 和 S_- 重合为间断面 S_D，注意到间断面的正法向 $\boldsymbol{n}$ 与 S_- 的外法向相反，上式给出

$$\int_{S_+} = \int_S (\rho\psi\theta + \boldsymbol{n}\cdot\boldsymbol{\Phi})_+ \mathrm{d}S, \qquad \int_{S_-} = -\int_S (\rho\psi\theta + \boldsymbol{n}\cdot\boldsymbol{\Phi})_- \mathrm{d}S$$

两式右边都取间断面 S_D 的正法向，于是得到

$$\int_{S_\mathrm{D}}(\rho\psi\theta + \boldsymbol{n}\cdot\boldsymbol{\Phi})\mathrm{d}S = 0$$

由于被积函数沿 S_D 连续（注意沿 S_D 的每一侧物理量都连续，只是穿过 S_D 物理量才不连续）并注意 S_D 的大小形状的任意性，有

$$[\rho\psi\theta + \boldsymbol{n}\cdot\boldsymbol{\Phi}] = 0 \quad 或 \quad [\rho\psi\theta] + \boldsymbol{n}\cdot[\boldsymbol{\Phi}] = 0 \tag{⑥}$$

以 $\psi = 1$，$\boldsymbol{\Phi} = 0$（质量守恒）代入式⑥为

$$[\rho\theta] = 0 \tag{3.37}$$

以 $\psi = \boldsymbol{v}$、$\boldsymbol{\Phi} = \boldsymbol{T}_\sigma$（动量守恒）代入式⑥得

$$[\rho\theta\boldsymbol{v}] + \boldsymbol{n}\cdot[\boldsymbol{T}_\sigma] = 0 \tag{3.38}$$

以 $\psi = \frac{1}{2}v^2 + e$、$\boldsymbol{\Phi} = \boldsymbol{T}_\sigma\cdot\boldsymbol{v} - \boldsymbol{q}$（能量守恒）代入式⑥得

$$\left[\rho\theta\left(\frac{1}{2}v^2 + e\right)\right] + \boldsymbol{n}\cdot[\boldsymbol{T}_\sigma\cdot\boldsymbol{v} - \boldsymbol{q}] = 0 \tag{3.39}$$

式（3.37）~式（3.39）为一般连续介质问题在不连续面上应满足的条件，亦称间断面条件。

3.5.3.1 密度不连续面

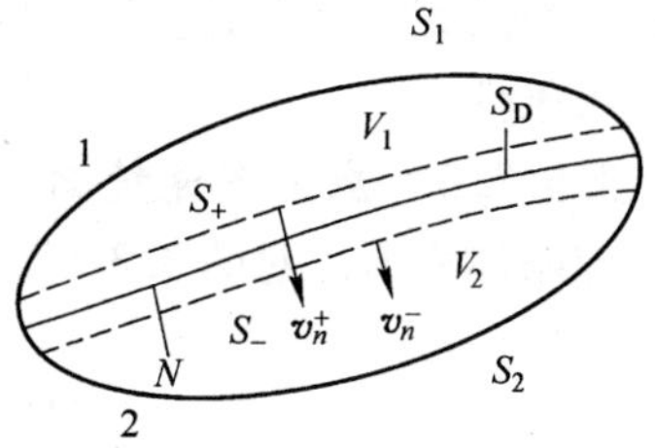

图 3.3 含有不连续面的区域

设系统（V，S）被曲面 S_D（t）把物体系 V 分成 V_1 和 V_2 两部分，外表面 $S=S_1+S_2$，如图 3.3 所示。假设 S_D 为以法向速度 N 运动并指向 V_2 的不连续面，其上单位法矢量 $\boldsymbol{n}$ 也指向 V_2。由式（3.4）

$$\frac{\mathrm{D}}{\mathrm{D}t}\int_{V_1} A(\boldsymbol{x},t)\,\mathrm{d}V = \int_{V_1}\frac{\partial A}{\partial t}\mathrm{d}V + \int_{S_1} Av_{\mathrm{n}}\mathrm{d}S + \int_{S_{\mathrm{D}}} AN\mathrm{d}S$$

$$\frac{\mathrm{D}}{\mathrm{D}t}\int_{V_2} A(\boldsymbol{x},t)\,\mathrm{d}V = \int_{V_2}\frac{\partial A}{\partial t}\mathrm{d}V + \int_{S_2} Av_{\mathrm{n}}\mathrm{d}S - \int_{S_{\mathrm{D}}} AN\mathrm{d}S$$

式中，v_{n} 是 S 的外法向速度，对 V_2，S_{D} 的移动速度为 $-N$。

如果令 A 代表密度 ρ，并 ρ 在 S_{D} 两侧发生不连续，记 ρ^+ 和 ρ^- 分别是不连续面两侧的密度值。考虑到 ρ 尽管在穿过 S_{D} 时产生不连续，但在 V_1 和 V_2 中仍连续可导，上两式相加得

$$\frac{\mathrm{D}}{\mathrm{D}t}\int_{V} \rho(\boldsymbol{x},t)\,\mathrm{d}V = \int_{V}\frac{\partial \rho}{\partial t}\mathrm{d}V + \int_{S_1} \rho v_{\mathrm{n}}\mathrm{d}S + \int_{S_2} \rho v_{\mathrm{n}}\mathrm{d}S + \int_{S_{\mathrm{D}}} (\rho^+ - \rho^-)N\mathrm{d}S$$

由质量守恒定律 $\frac{\mathrm{D}}{\mathrm{D}t}\int_{V} \rho(\boldsymbol{x},t)\,\mathrm{d}V = 0$，于是密度不连续时满足下述方程

$$\int_{V}\frac{\partial \rho}{\partial t}\mathrm{d}V + \int_{S_1} \rho v_{\mathrm{n}}\mathrm{d}S + \int_{S_2} \rho v_{\mathrm{n}}\mathrm{d}S + \int_{S_{\mathrm{D}}} (\rho^+ - \rho^-)N\mathrm{d}S = 0 \tag{3.40}$$

式中，N 在 S_{D} 两侧是连续的，它是不连续曲面 S_{D} 的移动速度；ρ^+ 和 ρ^- 分别是不连续面 S_{D} 两侧的密度值。

3.5.3.2 速度不连续面

现在固定时间 t 来研究薄层两侧发生速度不连续的情况。令 $S_1 \to S_{\mathrm{D}}$，$S_2 \to S_{\mathrm{D}}$，则有 $V \to 0$。如图 3.3 所示，设 S_{D} 两侧虚线上法向速度为 v_{n}^+ 和 v_{n}^-，由式（3.40）有

$$\int_{S_1 \to S_{\mathrm{D}}} \rho^+ (-v_{\mathrm{n}}^+)\mathrm{d}S + \int_{S_2 \to S_{\mathrm{D}}} \rho^- v_{\mathrm{n}}^-\mathrm{d}S + \int_{S_{\mathrm{D}}} (\rho^+ - \rho^-)N\mathrm{d}S = 0$$

注意到积分域 S_{D} 的任意性及被积函数沿 S_{D} 的连续性有

$$\rho^+(v_{\mathrm{n}}^+ - N) = \rho^-(v_{\mathrm{n}}^- - N) \tag{3.41}$$

当 $\rho^+ = \rho^-$，即穿过速度不连续面密度不间断时有

$$v_{\mathrm{n}}^+ = v_{\mathrm{n}}^- \tag{3.42}$$

式（3.42）表明，当密度连续，即区域均质时，只要沿任一不连续面两侧法向

速度相等，质量守恒定律就能满足。换言之，沿不连续面 S_D 两侧法向速度必须连续，而沿 S_D 的切向速度产生不连续并不影响质量守恒。称不连续面 S_D 的运动许可条件。

3.5.3.3 应力不连续面

忽略体积力，对图3.3写出动量方程，由式（3.14b）

$$\frac{D}{Dt}\int_V \rho v_i dV = \int_S \sigma_{ik} n_k dS$$

式中，σ_{ik}是边界 S 上的应力，满足 $\sigma_{ik} n_k = p_i$。由图3.3的微小体积薄层，令 $S_1 \to S_D$，$S_2 \to S_D$，薄层两边应力分别为 σ_{ik}^+，σ_{ik}^-，则上式变为

$$\frac{D}{Dt}\int_{V\to 0} \rho v_i dV = \int_{S_D} (\sigma_{ik}^- - \sigma_{ik}^+) n_k dS \tag{3.43}$$

式中，σ_{ik}^+ 前取负号，因 $S_1 \to S_D$ 时，在1侧的 $\boldsymbol{n}$ 按约定是指向区域内部的。对大区域 V 中的物理量 ρv_i，有下列系统导数

$$\frac{D}{Dt}\int_V \rho v_i dV = \int_V \frac{\partial(\rho v_i)}{\partial t} dV + \int_S \rho v_i v_n dS$$

由图3.3的薄层，令 $S_1 \to S_D$，$S_2 \to S_D$，有 $V \to 0$，上式为

$$\frac{D}{Dt}\int_V \rho v_i dV = \int_{S_1\to S_D} \rho^+ v_i^+ (-v_n^+) dS + \int_{S_2\to S_D} \rho^- v_i^- v_n^- dS + \int_{S_D} (\rho^+ v_i^+ - \rho^- v_i^-) N dS \tag{3.44}$$

由于密度和速度不连续不破坏动量守恒定律，故令式（3.44）等于式（3.43）有

$$\int_{S_D} (\sigma_{ik}^- - \sigma_{ik}^+) n_k dS = \int_{S_D} [\rho^+ v_i^+ (N - v_n^+) - \rho^- v_i^- (N - v_n^-)] dS$$

注意到式（3.41）及 S_D 的任意性

$$(\sigma_{ik}^- - \sigma_{ik}^+) n_k = \rho^+ (v_n^+ - N)(v_i^- - v_i^+) \tag{3.45}$$

或

$$[\sigma_{ik}] n_k = \rho^+ (v_n^+ - N)[v_i]$$

上式建立了应力不连续量与速度不连续量的关系。如介质均匀密度连续，在 S_D 上取局部坐标基 $\boldsymbol{e}_i$，令 $\boldsymbol{e}_1$ 与法向 $\boldsymbol{n}$ 重合，则 $\boldsymbol{e}_2$、$\boldsymbol{e}_3$ 为曲面切平面的正交单位矢量。于是有 $n_1 = 1$，$n_2 = n_3 = 0$，$v_n^+ = v_1^+$，$v_n^- = v_1^-$，由式（3.42），则法向速度一定连续，故定有 $v_n^+ - v_n^- = v_1^+ - v_1^- = [v_1] = 0$，因式（3.45）中

$$(\sigma_{ik}^- - \sigma_{ik}^+) n_k = 0 \tag{3.46}$$

这只能是

$$(\sigma_{11}^- - \sigma_{11}^+) = [\sigma_{11}] = 0$$

上式表明均质连续体内不连续面 S_D 两侧法向应力连续，但两侧剪应力 σ_{21} 和 σ_{31} 可以间断而不破坏动量守恒与质量守恒定律。

3.5.3.4 应力与速度不连续对能量方程的影响

设空间区域由应力不连续面 S_D 所分隔，每一子区域能量方程如式（3.33）

$$\int_V \rho v_i \frac{\mathrm{D}v_i}{\mathrm{D}t}\mathrm{d}V + \int_V \sigma_{ik}\dot{\varepsilon}_{ik}\mathrm{d}V = \int_V \rho F_i v_i \mathrm{d}V + \int_{S_\mathrm{D}} p_i v_i \mathrm{d}S$$

将子区域能量方程相加则发现，在每两个子区域相接的结合面上，表面力变成了内力。因此关键是上式左端第二项面积分在不连续面 S_D 上如何表达，注意到式（3.46），则在 S_D 上有

$$\boldsymbol{p}^+ + \boldsymbol{p}^- = 0$$

上述条件导致在每个结合面 S_D 上有 $\int_{S_\mathrm{D}} p_i^+ v_i \mathrm{d}S + \int_{S_\mathrm{D}} p_i^- v_i \mathrm{d}S = 0$，于是对有限个应力间断面，全部不连续面上面积分总和为零。故应力不连续面的存在不影响机械能守恒方程的形式。即式（3.33）的写法不变，但应力不连续处的速度必须连续。

下面证明存在速度不连续的机械能守恒方程。假定存在速度不连续面 S_D 两侧密度和应力是连续的。写出为有限个速度不连续面 S_D 隔开的每一个子域的能量方程，则在每一个结合面上要消耗附加能量，其形式为

$$\int_{S_\mathrm{D}} [\boldsymbol{p}\,\boldsymbol{v}^- - \boldsymbol{p}\,\boldsymbol{v}^+]\mathrm{d}S = \int_{S_\mathrm{D}} \boldsymbol{p}[\boldsymbol{v}]\mathrm{d}S = \int_{S_\mathrm{D}} \tau_\mathrm{v} |\Delta \boldsymbol{v}_\mathrm{t}| \mathrm{d}S \tag{3.47}$$

式中，$[\boldsymbol{v}] = |\boldsymbol{v}^- - \boldsymbol{v}^+| = |\Delta \boldsymbol{v}_\mathrm{t}|$是 S_D 两侧切向速度差的绝对值，或切向速度不连续量矢量的模。既然法向应力连续，故以 τ_v 取代 $\boldsymbol{p}$，τ_v 是 $\boldsymbol{p}$ 的切向分量在切向速度不连续量矢量$[\boldsymbol{v}]$方向的投影，或者认为 $\boldsymbol{\tau}_\mathrm{v}$ 与 $\boldsymbol{v}^- - \boldsymbol{v}^+ = \Delta\boldsymbol{v}_\mathrm{t}$是共线矢量。于是能量方程（3.33）为

$$\int_{S_\mathrm{D}} \rho \boldsymbol{F}\boldsymbol{v}\mathrm{d}S + \int_{S_\mathrm{D}} \boldsymbol{p}\boldsymbol{v}\mathrm{d}S$$
$$= \int_V \sigma_{ik}\dot{\varepsilon}_{ik}\mathrm{d}V + \int_V \rho v_\mathrm{t}\frac{\mathrm{D}v_i}{\mathrm{D}t}\mathrm{d}V + \left(\int_{S_\mathrm{D1}} \tau_\mathrm{v}|\Delta v_\mathrm{t}|\mathrm{d}S + \cdots + \int_{S_{\mathrm{D}n}} \tau_\mathrm{v}|\Delta v_\mathrm{t}|\mathrm{d}S\right) \tag{3.48}$$

注意式（3.33）与式（3.48）中的（V，S）也是物质区域的物体系（V，S）。式（3.48）的意义是：外部体积力和表面力所做总功率等于物体内部变形功率、速度不连续面上的剪切功率与总动能变化率之和。

3.6 热传导方程

3.6.1 热平衡方程

设变形不等温，体积为 V 的变形体由封闭表面 S 围成，设体积为 $\mathrm{d}V$、温度为 θ 的微团在 $\mathrm{d}t$ 时间内温度改变 $\mathrm{d}\theta$。ρ、c 分别是密度与比热容（依据热力学状态又分等压比热 c_p、等容比热 c_v、等应力比热 c_σ 与等应变比热 c_ε 等）。则微团 $\mathrm{d}V$ 吸收热量为 $\rho c\mathrm{d}\theta\mathrm{d}V$，整个体积吸收的热量为

$$\int_V \rho c \mathrm{d}\theta \mathrm{d}V$$

此热量由两部分组成：由表面 S 传过的热量和由变形产生的热量。假定外介质热源传给体积 V 的热量为零。通过表面 S 的热通量为

$$Q = \int_S q_{\mathrm{n}} \mathrm{d}S$$

式中，q_{n}是热流强度矢量 $\boldsymbol{q}(\boldsymbol{x},t)$ 的法向分量。当指向 dS 的外侧时积分为正（流出为正），规定矢量总是指向降温一侧，量纲是[热量][面积]$^{-1}$[时间]$^{-1}$。

将应变速率张量 $T_{\dot{\varepsilon}}$ 分解为可逆的弹性应变速率张量 $T_{\dot{\varepsilon}}^{e}$ 和不可逆的塑性应变速率张量 $T_{\dot{\varepsilon}}^{p}$ 之和，则单位时间体积 V 内由变形产生的不可逆耗散功率为

$$\frac{1}{J}\int_V \sigma_{ik}\dot{\varepsilon}_{ik}^{p}\mathrm{d}V$$

式中，J 为热功当量，$\sigma_{ik}\dot{\varepsilon}_{ik}^{p}$为单位体积塑性耗散功率。上述三项 d$t$ 时间内的热量平衡方程为

$$\int_V \rho c \mathrm{d}\theta \mathrm{d}V = -\int_S q_{\mathrm{n}} \mathrm{d}S\mathrm{d}t + \frac{1}{J}\int_V \sigma_{ik}\dot{\varepsilon}_{ik}^{p}\mathrm{d}V\mathrm{d}t \tag{3.49}$$

3.6.2 热传导方程

将式（3.49）面积分化为体积分

$$\int_V \left(\rho c\frac{\mathrm{d}\theta}{\mathrm{d}t} + \frac{\partial q_i}{\partial x_i} - \frac{1}{J}\sigma_{ik}\dot{\varepsilon}_{ik}^{p}\right)\mathrm{d}V = 0$$

注意到 V 任意，被积函数连续有

$$\rho c\frac{\mathrm{d}\theta}{\mathrm{d}t} + \frac{\partial q_i}{\partial x_i} - \frac{1}{J}\sigma_{ik}\dot{\varepsilon}_{ik}^{p} = 0 \tag{3.50}$$

由傅里叶（Fourier）定律，热流强度矢量 $\boldsymbol{q}$ 与温度场梯度矢量成正比，即

$$\boldsymbol{q} = -k\,\mathrm{grad}\theta \tag{3.51}$$

式中，k 为热传导系数。由于梯度矢量总是指向增温方向，而热流强度矢量总是由高温指向低温，所以上式右端取负号，k 的量纲是[热量][长度]$^{-1}$[时间]$^{-1}$[温度]$^{-1}$。上式代入式（3.50）有

$$\frac{\mathrm{d}\theta}{\mathrm{d}t} = \lambda\left(\frac{\partial^2\theta}{\partial x_1^2} + \frac{\partial^2\theta}{\partial x_2^2} + \frac{\partial^2\theta}{\partial x_3^2}\right) + \nu\sigma_{ik}\dot{\varepsilon}_{ik}^{p} \tag{3.52}$$

式中，$\lambda = k/(\rho c)$ 为导温系数；$\nu = 1/(\rho c J)$。上式称为热传导方程，用于求解温度场 $\theta(x_1, x_2, x_3, t)$，进而计算热应力。

前述连续介质力学运动学方程和守恒定律对确定介质的运动和应力是不够的，需补充反映介质物理属性的本构方程（又称物理方程，狭义的本构方程又称应力应变关系方程）。例如弹性力学由几何方程、平衡方程和物理方程（广义胡克定律）就可构成封闭的方程组体系，共 15 个方程可求解 15 个未知数，即 6

个 σ_{ik}，6 个 ε_{ik}和 3 个 u_i。当然还需有足够的边界条件。由运动方程、守恒方程与本构方程共同确定连续介质的运动。

3.6.3 应用例

本应用例旨在由热量守恒定律推导温度场的热传导方程。

设 $T(x, y, z, t)$ 为 t 时刻铸锭 G 内点（x，y，z）处温度。n 为经过点（x，y，z）处曲面元素 ΔS 的法向（n 指向为 ΔS 的正侧）。由傅里叶热传导定律在 Δt 时间内从 ΔS 负侧流向正侧热量为

$$\Delta Q = -K(x,y,z)\frac{\partial T}{\partial n}\Delta S\Delta t$$

式中，$K(x, y, z)$为铸锭在点（x，y，z）处的导热系数；$\frac{\partial T}{\partial n}$为温度函数在点（$x$，$y$，$z$）处沿 n 的方向导数。对 G 内任意封闭曲面 S，从 t_1到 t_2时间内流入的热量为（注意变负号）

$$Q_1 = \int_{t_1}^{t_2}\left[\iint_S K\frac{\partial T}{\partial n}\mathrm{d}S\right]\mathrm{d}t$$

设 S 所围区域为 V，则 V 内温度升高所吸收的热量为

$$\begin{aligned}Q_2 &= \iiint_V c(x,y,z)\rho(x,y,z)\left[T(x,y,z,t_2) - T(x,y,z,t_1)\right]\mathrm{d}x\mathrm{d}y\mathrm{d}z \\ &= \int_{t_1}^{t_2}\iiint_V c(x,y,z)\rho(x,y,z)\frac{\partial T(x,y,z)}{\partial t}\mathrm{d}t\mathrm{d}x\mathrm{d}y\mathrm{d}z\end{aligned}$$

式中，$c(x, y, z)$ 为比热容，J/(kg·℃)；$\rho(x, y, z)$ 为铸坯的密度，$\mathrm{kg/m^3}$；由热量守恒定律 t_1到 t_2时间内流入 S 的热量等于 V 体积内温度升高所吸收的热量，则

$$\int_{t_1}^{t_2}\iint_S K\frac{\partial T}{\partial n}\mathrm{d}S\mathrm{d}t = \int_{t_1}^{t_2}\iiint_V c\rho\frac{\partial T}{\partial t}\mathrm{d}t\mathrm{d}x\mathrm{d}y\mathrm{d}z$$

由奥斯公式：

$$\iint_S K\frac{\partial T}{\partial n}\mathrm{d}S = \iiint_V\left[\frac{\partial}{\partial x}\left(K\frac{\partial T}{\partial x}\right) + \frac{\partial}{\partial y}\left(K\frac{\partial T}{\partial y}\right) + \frac{\partial}{\partial z}\left(K\frac{\partial T}{\partial z}\right)\right]\mathrm{d}x\mathrm{d}y\mathrm{d}z$$

所以有

$$\int_{t_1}^{t_2}\iiint_V\left\{c\rho\frac{\partial T}{\partial t} - \left[\frac{\partial}{\partial x}\left(K\frac{\partial T}{\partial x}\right) + \frac{\partial}{\partial y}\left(K\frac{\partial T}{\partial y}\right) + \frac{\partial}{\partial z}\left(K\frac{\partial T}{\partial z}\right)\right]\right\}\mathrm{d}x\mathrm{d}y\mathrm{d}z = 0$$

由于时间间隔 $[t_1, t_2]$ 及区域 V 任意，被积函数连续，故有

$$c\rho\frac{\partial T}{\partial t} = \frac{\partial}{\partial x}\left(K\frac{\partial T}{\partial x}\right) + \frac{\partial}{\partial y}\left(K\frac{\partial T}{\partial y}\right) + \frac{\partial}{\partial z}\left(K\frac{\partial T}{\partial z}\right)$$

若铸坯均质各向同性 c，K，ρ 为常数，则有

$$\frac{\partial T}{\partial t} = \frac{K}{c\rho}\left(\frac{\partial^2 T}{\partial x^2} + \frac{\partial^2 T}{\partial y^2} + \frac{\partial^2 T}{\partial z^2}\right) \quad (x,y,z) \in V$$

此乃无内热源非稳定温度场热传导方程。若 V 内有内热源且热源热流密度为 $q_v(x,\ y,\ z,\ t)$，则温度场方程为

$$c\rho\frac{\partial T}{\partial t} = \frac{\partial}{\partial x}\left(K\frac{\partial T}{\partial x}\right) + \frac{\partial}{\partial y}\left(K\frac{\partial T}{\partial y}\right) + \frac{\partial}{\partial z}\left(K\frac{\partial T}{\partial z}\right) + q_{\mathrm{v}}(x,y,z,t) \quad (x,y,z,t) \in V$$

此时为非齐次导热方程。

3.7 本构规则与变形体模型

3.7.1 本构关系规则

本构方程是根据实验结果推导出的材料的应力场、应变场、应变速率、温度场之间的物理关系，为在不同实验条件下正确描述材料的物理行为，必须建立这些关系应遵从的一般规则，即宏观确定性、物理许可性及与坐标系无关性。

(1) 宏观确定性：指研究特定物质质点 M（$\boldsymbol{X}$ = 常数）的邻域时，该点应变张量、应力张量、温度场等可由时间的连续函数表示，即 $\boldsymbol{X}$ = 常数，$T_\varepsilon = T_\varepsilon(\tau)$，$T_\sigma = T_\sigma(\tau)$，$\theta = \theta(\tau)$，$t_0 \leqslant \tau \leqslant t$；认为 t 到 t_0 时刻的变形、加载、变温过程宏观上已经确定。该质点 M（$\boldsymbol{X}$ = 常数）在任一瞬时 t 这些宏观物理量都由相应的应变、加载、变温过程 $T_\varepsilon(\tau)$、$T_\sigma(\tau)$、$\theta(\tau)$，$t_0 \leqslant \tau \leqslant t$ 及其初始状态值 $T_\varepsilon(t_0)$、$T_\sigma(t_0)$、$\theta(t_0)$ 单值确定。

在不涉及原子排列、变形机理等微观物理量前提下，认为动力学或静力学（应力），运动学（应变或应变率），以及热力学（温度）宏观量之间具有确定的关系，并按材料宏观大类建立这种关系，称为宏观确定性。例如认为所有固态金属和合金小应变下呈弹性，钢再结晶温度以上呈黏性等。这种关系与时间无关（可重复性），与空间无关（可移植性），故可用取样和实验获得。

(2) 物理许可性：是指本构关系不违背各种守恒定律并保持物理量纲的一致性。

(3) 与坐标系无关性：本构方程以张量形式表示故与坐标系旋转无关，即其函数形式不因坐标系的刚体运动或旋转而变化。此原理称空间各向同性原理。这表明本构关系适于描述各种复杂应力与应变，但对简单情况如单向拉伸，则应与拉伸实验结果一致。

3.7.2 变形体模型

(1) 线弹性体“模型”。应力与应变符合胡克定律的线性关系。以弹簧表示如图 3.4 所示。

$$\sigma = E\varepsilon \tag{3.53}$$

（2）线黏性体模型。遵循牛顿黏性定律的介质模型满足

$$\sigma = \mu' \frac{\mathrm{d}\varepsilon}{\mathrm{d}t} = \mu' \dot{\varepsilon} \tag{3.54}$$

以充满黏性介质的气缸中移动活塞（缸壁和活塞间有介质流出）表示模型，如图 3.5 所示。

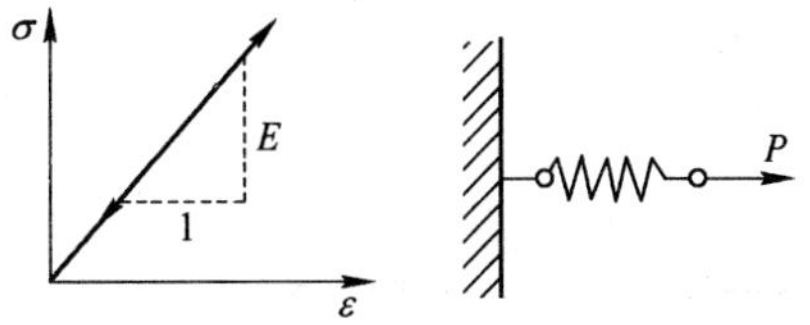

图 3.4　线弹性体

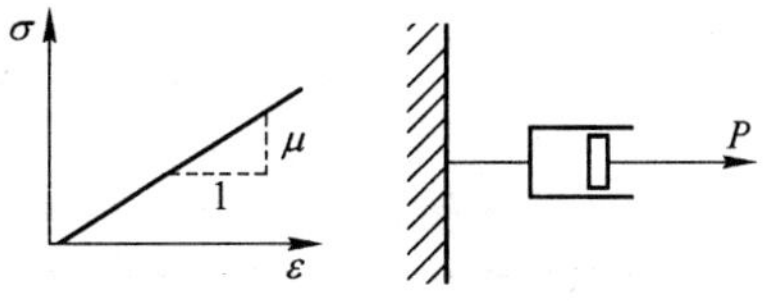

图 3.5　线黏性体

（3）刚塑性体模型。应力低于 σ_s，不流动，故满足流动条件

$$\sigma = \sigma_s \tag{3.55}$$

以满足干摩擦定律的位于平面上固定荷重之滑块表示该模型，如图 3.6 所示。

（4）弹塑性体模型。系组合模型，应力与变形满足下式

$$\left.\begin{aligned} &\sigma = E\varepsilon && (\varepsilon \leqslant \varepsilon_s = \varepsilon^e) \\ &\sigma = \sigma_s = E\varepsilon_s && (\varepsilon > \varepsilon_s = \varepsilon^e) \end{aligned}\right\} \varepsilon = \varepsilon^e + \varepsilon^p \tag{3.56}$$

卸载时弹性变形消失，塑性变形残留，如图 3.7 所示。

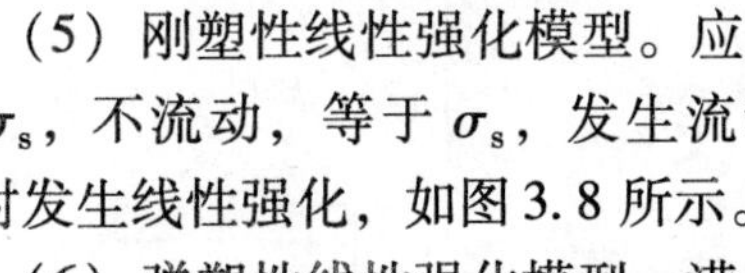

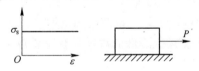

图 3.6　刚塑性体

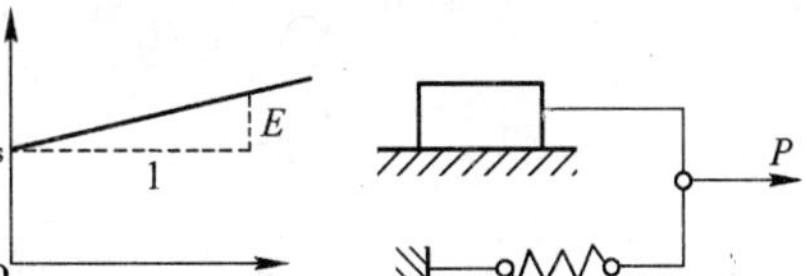

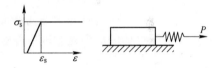

图 3.7　理想弹塑性体

（5）刚塑性线性强化模型。应力低于 σ_s，不流动，等于 σ_s，发生流动并同时发生线性强化，如图 3.8 所示。

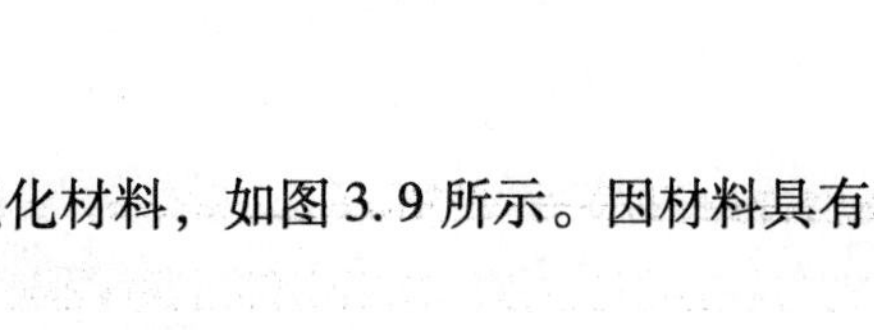

图 3.8　刚塑性线性强化模型

（6）弹塑性线性强化模型。满足式

$$\left.\begin{aligned} &\sigma = E_1\varepsilon && (\varepsilon \leqslant \varepsilon_s) \\ &\sigma = \sigma_s + E_2(\varepsilon - \varepsilon_s) && (\varepsilon \geqslant \varepsilon_s) \end{aligned}\right\} \tag{3.57}$$

应力应变关系的材料，称为弹塑性线性强化材料，如图 3.9 所示。因材料具有非线性强化性质，近似表达式为：

$$\sigma = A\varepsilon^n, \quad \sigma = A + B\varepsilon^n \tag{3.58}$$

式中，n 为强化指数。$n=0$ 时表示理想塑性体的“模型”；$n=1$ 时则为线性强化体的“模型”。

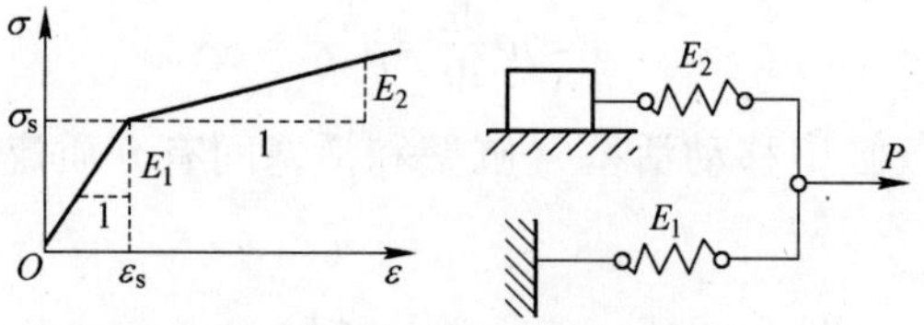

图 3.9 弹塑性线性强化模型

（7）弹黏性体模型。麦克斯韦（Maxwell）认为总应变速率 $\dot{\varepsilon}=\mathrm{d}\varepsilon/\mathrm{d}t$ 是同一应力的弹性应变率 $\dot{\varepsilon}^e=\frac{1}{E}\frac{\mathrm{d}\sigma}{\mathrm{d}t}$ 与黏性应变率 $\dot{\varepsilon}^\nu=\sigma/\mu'$ 之和，即

$$\frac{\mathrm{d}\varepsilon}{\mathrm{d}t}=\frac{1}{E}\frac{\mathrm{d}\sigma}{\mathrm{d}t}+\frac{\sigma}{\mu'} \tag{3.59}$$

其模型为串联弹性与黏性元件，如图 3.10 所示。此模型若应力恒定（σ = 常数），则 $\mathrm{d}\sigma/\mathrm{d}t=0$，材料的流动与黏性液体相似。在时刻 t 施加应力 σ（0）并将杆端固定，因此也就固定了变形，因为此时有 $\mathrm{d}\varepsilon/\mathrm{d}t=0$，于是有 $\frac{1}{E}\frac{\mathrm{d}\sigma}{\mathrm{d}t}+\frac{\sigma}{\mu'}=0$，从而得到

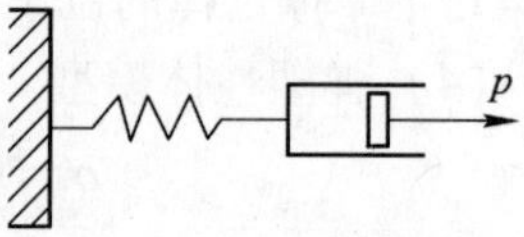

图 3.10 麦克斯韦模型

$$\sigma=\sigma(0)\exp(-t/t_0) \tag{3.60}$$

式中，$t_0=\mu'/E$ 为松弛时间，是初始应力减小到 $e=2.718$ 倍所用的时间。该模型对描述实际物体的应力松弛即应变固定应力按指数降低的规律具有重要意义。

（8）弹黏性介质模型。

弗格特（Voigt）将弹性与黏性元件并联，如图 3.11 所示，应力是弹性分量 $\sigma^e=E\varepsilon$ 与黏性分量 $\sigma^\nu=\mu'\frac{\mathrm{d}\varepsilon}{\mathrm{d}t}$ 之和，即

$$\sigma=E\varepsilon+\mu'\frac{\mathrm{d}\varepsilon}{\mathrm{d}t} \tag{3.61}$$

设 ε = 常数，则应力保持不变，介质行为为弹性；若应力 σ 保持不变，则变形规律逐渐按

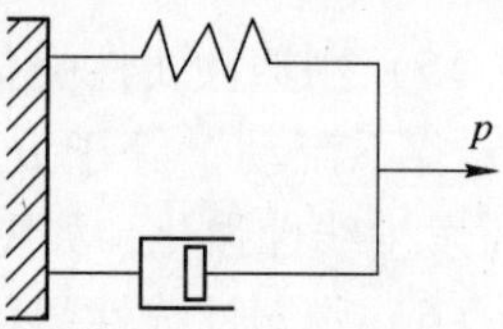

图 3.11 弗格特模型

$$\varepsilon=\frac{\sigma}{E}\left[1-\exp\left(-\frac{E}{\mu'}t\right)\right] \tag{3.62}$$

规律增长，趋于值 σ/E，即发生蠕变。

（9）黏塑性介质模型。串联黏-塑性元件介质模型如图 3.12 所示，$\sigma<\sigma_s$ 时为线黏性；$\sigma=\sigma_s$ 时流动与理想塑性体相似。并联黏-塑性元件介质模

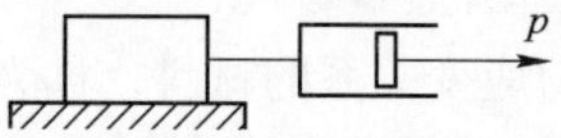

图 3.12 黏塑性介质模型

型如图 3.13 所示，称施维道夫-本亥姆介质，$\sigma<\sigma_s$ 时不变形，$\sigma\geqslant\sigma_s$ 时遵循方程

$$\sigma=\sigma_s+\mu'\frac{d\varepsilon}{dt} \tag{3.63}$$

（10）复杂模型。在一般情况下，将具有弹性、黏性和硬化组合的模型称为复杂模型，如图 3.14 所示。

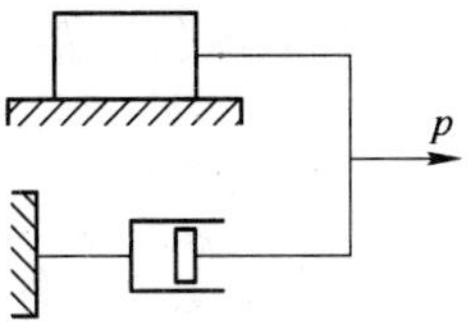

图 3.13 黏塑性介质模

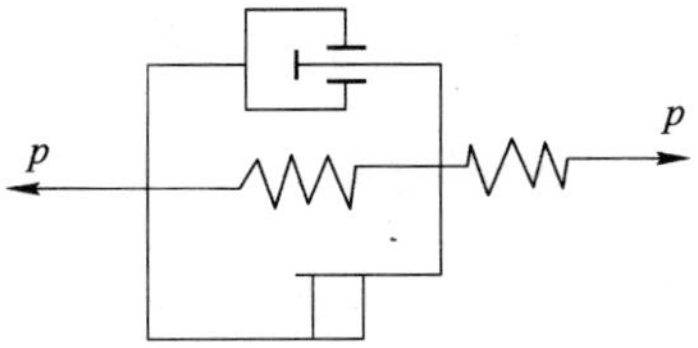

图 3.14 复杂模型

3.7.3 变形抗力模型

金属热变形时变形抗力模型为

$$\sigma_s=A\varepsilon^a\dot{\varepsilon}^b e^{-cT} \tag{3.64}$$

式中，A、a、b、c 取决于材质和变形条件的常数；T 为变形温度；ε 为变形程度；$\dot{\varepsilon}$ 为应变速率。

金属冷变形时变形抗力模型为

$$\sigma_s=A+B\varepsilon^n \tag{3.65}$$

式中，A 为退火状态时变形金属的变形抗力；n、B 为与材质、变形条件有关的系数。

3.8 屈服准则

3.8.1 屈服准则的含义

在外力作用下，材料由弹性变形过渡到塑性变形（发生屈服），主要取决于其力学性能和所受的应力状态。前者是屈服的内因；所受应力状态是屈服的外部条件。对同一材料，在相同变形条件下（变形温度、应变速率和硬化程度一定），由弹性状态过渡到塑性状态所需的力学条件，称为屈服准则或塑性条件。单向拉伸时是 $\sigma=\sigma_s$，对复杂应力状态各向同性体，该条件是三个主应力的函数，即

$$f(\sigma_1, \sigma_2, \sigma_3)=C \quad ①$$

式中，C 是与材料宏观机械性质有关的物理常数。屈服既然是一种物理状态，那么应与坐标选择无关，因此，用应力张量不变量表示屈服条件，即

$$f(J_1, J_2, J_3) = C \qquad ②$$

注意到大静水压力下各向同性的材料不至于屈服的事实，认为平均应力大小与屈服无关，故上式用偏差应力张量不变量表示。因 $J_1' = 0$，故有

$$f(J_2', J_3') = C \qquad ③$$

如果忽略 Bauschinger 效应，认为材料拉压同性，则当一组偏差应力 σ_1'、σ_2'、σ_3' 引起屈服时，一组反号的偏差应力 $-\sigma'_1$、$-\sigma'_2$、$-\sigma'_3$也同样引起屈服，那么三次式 J_3' 要么不进入屈服准则函数式，要么进入，但具有偶次乘方。

3.8.2 Tresca 准则

1864 年法国工程师屈雷斯卡提出：假定同一金属在同样变形条件下，无论是简单还是复杂应力状态，只要最大剪应力达到极限值就发生屈服，即

$$\left.\begin{aligned} \tau_{12} &= (\sigma_1 - \sigma_2)/2 \\ \tau_{23} &= (\sigma_2 - \sigma_3)/2 \\ \tau_{31} &= (\sigma_3 - \sigma_1)/2 \end{aligned}\right\} = C \qquad ④$$

把单向拉伸屈服时 $\tau_{max} = \sigma_s/2 = C$ 代入上式，得到 **Tresca** 屈服准则

$$|\sigma_1 - \sigma_2| = \sigma_s, \quad |\sigma_2 - \sigma_3| = \sigma_s, \quad |\sigma_3 - \sigma_1| = \sigma_s \qquad ⑤$$

式⑤没有规定 $\sigma_1 > \sigma_2 > \sigma_3$。注意到④左端三式相加之和为零，而 σ_s 总为正，可见⑤中三式不会同时满足，只满足其中一式即可发生塑性变形。通常规定 $\sigma_1 > \sigma_2 > \sigma_3$，于是

$$\sigma_1 - \sigma_3 = \sigma_s \qquad (3.66)$$

将薄壁管扭转的剪应力状态 $\sigma_x = \sigma_y = \sigma_z = \tau_{yz} = \tau_{zx} = 0$ 时，$\tau_{xy} = \sigma_1 = -\sigma_3 = \tau_s = k$，代入式④的第三式得 $\tau_{max} = \tau_{31} = \dfrac{\sigma_3 - (-\sigma_3)}{2} = \dfrac{2\sigma_3}{2} = -k = C$；再代入式④整理得

$$\sigma_1 - \sigma_3 = 2k \qquad (3.67)$$

式（3.66）和式（3.67）为屈雷斯卡屈服准则的常见形式。比较两式 $k = \sigma_s/2$。

在主应力空间，式⑤表示三对平行平面围成的轴线与三坐标轴等倾的无限长六棱柱，如图 3.15b 所示。棱柱面称为塑性表面，其在三个坐标轴上的六个截距均等于 σ_s。该准则的不足之处在于未反映出中间主应力 σ_2 的影响。

应指出，屈雷斯卡屈服准则是最早的线性屈服准则，在后续对非线性屈服准则线性化研究中具有重要现实意义。后文将证明它是屈服轨迹误差三角形的直角边，所确定的比塑性功率最小。

3.8.3 Mises 准则

1913 年密赛斯提出以六棱柱的外接圆柱代替塑性表面，圆柱方程为

$$f=(\sigma_1-\sigma_2)^2+(\sigma_2-\sigma_3)^2+(\sigma_3-\sigma_1)^2=6k^2=2\sigma_s^2 \tag{3.68}$$

该圆柱面在三个坐标轴上的六个截距均等于 σ_s，如图 3.15a 所示。

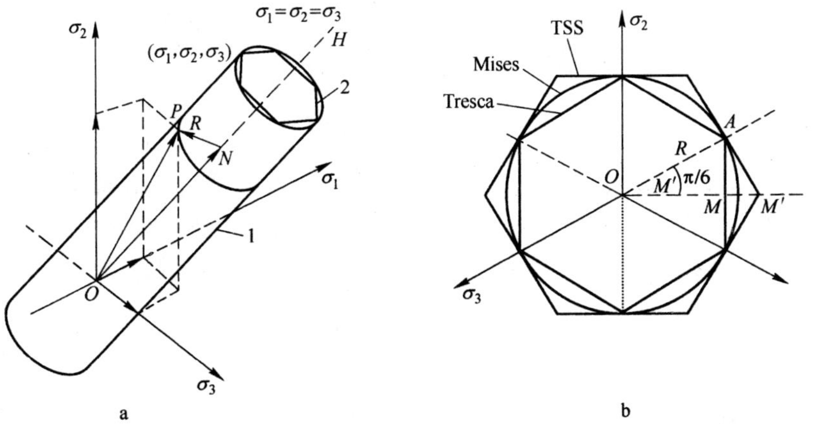

图 3.15 屈服准则的几何解释

a—塑性柱面；b—π 平面各种屈服轨迹

式（3.68）以屈服与偏差应力二次不变量有关为依据，即同一材料在相同变形温度、应变速率和硬化条件下，只要偏差应力张量二次不变量 J_2' 达到某一定值时便开始屈服，即

$$|J_2'| = \frac{1}{6}[(\sigma_x-\sigma_y)^2+(\sigma_y-\sigma_z)^2+(\sigma_z-\sigma_x)^2+6(\tau_{xy}^2+\tau_{yz}^2+\tau_{zx}^2)]$$

$$= C = \sigma_s^2/3 = k^2$$

$$|J_2'| = \frac{1}{6}[(\sigma_1-\sigma_2)^2+(\sigma_2-\sigma_3)^2+(\sigma_3-\sigma_1)^2] = C = \sigma_s^2/3 = k^2$$

⑥

$$(\sigma_x-\sigma_y)^2+(\sigma_y-\sigma_z)^2+(\sigma_z-\sigma_x)^2+6(\tau_{xy}^2+\tau_{yz}^2+\tau_{zx}^2) = 6k^2 = 2\sigma_s^2 \tag{3.69}$$

$$(\sigma_1-\sigma_2)^2+(\sigma_2-\sigma_3)^2+(\sigma_3-\sigma_1)^2 = 6k^2 = 2\sigma_s^2 \tag{3.70}$$

由式（3.69）和式（3.70）可见，按密赛斯准则 $k=\frac{\sigma_s}{\sqrt{3}}=0.577\sigma_s$。

这说明，按密赛斯屈服准则单向拉伸时屈服剪应力为 $\sigma_s/2$，纯剪时增大至 $\sigma_s/2$ 的 1.155 倍。这和 Tresca 准则认为剪应力达到 $\sigma_s/2$ 为判断是否屈服的依据是不同的。大量事实证明密赛斯屈服准则更符合实际。1924 年汉基进行了合理的物理的和力学的解释，认为密赛斯屈服准则表示各向同性材料内部所积累的单位体积变形能达到一定值时发生屈服，故又称为形变能定值理论。用式

(2.121)，把式⑥写为

$$T = +\sqrt{|J_2'|} = \sigma_s/\sqrt{3} = k \tag{3.71}$$

即广义剪应力或剪应力强度达到 $k=\sigma_s/\sqrt{3}$时，材料进入屈服状态。也可根据上式将密赛斯屈服准则写成求和约定形式

$$\sigma_{ik}'\sigma_{ik}' = 2k^2 \quad 或 \quad \sigma_{ik}'\sigma_{ik}' = \frac{2}{3}\sigma_s^2 \tag{3.72}$$

应特别指出：式（3.69）、式（3.70）为应力空间上的二次曲线，故将两式称为非线性屈服准则，基于该准则或式（3.72）的比塑性功（率）同样亦为非线性表达式，这给成形能率积分带来困难。如何使非线性屈服准则线性化将是本书后文重点研究内容之一。

3.8.4 屈服轨迹

如图 3.15 所示，式（3.68）在主应力空间是一无限长的圆柱面，轴线 OH 通过原点，并与三个坐标轴 $O\sigma_1$、$O\sigma_2$、$O\sigma_3$ 成等倾角 54°44′。若变形体内一点的主应力为（σ_1，σ_2，σ_3），则此点应力状态可用主应力坐标空间的一点 P 来表示，如图 3.15a 所示。此点的坐标为（σ_1，σ_2，σ_3），而

$$\overline{OP}^2 = \overline{OP_1}^2 + \overline{OP_2}^2 + \overline{OP_3}^2 = \sigma_1^2 + \sigma_2^2 + \sigma_3^2$$

即

$$\boldsymbol{OP} = \boldsymbol{OP}_1 + \boldsymbol{OP}_2 + \boldsymbol{OP}_3 \tag{3.73}$$

OH 与各坐标轴夹角的方向余弦都等于 $1/\sqrt{3}$。所以上式两端在 OH 上投影可求 $\boldsymbol{ON}$ 有

$$ON = \sigma_1 l + \sigma_2 m + \sigma_3 n = \frac{1}{\sqrt{3}}(\sigma_1 + \sigma_2 + \sigma_3) = 3\frac{\sigma_m}{\sqrt{3}}$$

$$ON^2 = \frac{1}{3}(\sigma_1 + \sigma_2 + \sigma_3)^2 = 3\sigma_m^2 \tag{3.74}$$

足见，ON 相当于三个主方向的 σ_m 向 OH 的投影之和。于是 $\boldsymbol{ON}$ 是平均应力矢量，$\boldsymbol{OP}$ 是全应力矢量，$\boldsymbol{NP}$ 是偏差应力矢量。NP 的值为

$$\begin{aligned} NP^2 &= OP^2 - ON^2 = \sigma_1^2 + \sigma_2^2 + \sigma_3^2 - 3\sigma_m^2 \\ &= \frac{1}{3}[(\sigma_1-\sigma_2)^2 + (\sigma_2-\sigma_3)^2 + (\sigma_3-\sigma_1)^2](\sigma_1-\sigma_m)^2 + \\ &\quad (\sigma_2-\sigma_m)^2 + (\sigma_3-\sigma_m)^2 = (\sigma_1')^2 + (\sigma_2')^2 + (\sigma_3')^2 = 2|J_2'| \end{aligned} \tag{3.75}$$

足见，$\boldsymbol{NP}$ 是三个主偏差应力的合成矢量，它由 J_2' 唯一地确定。$|J_2'| = \sigma_s^2/3$ 恰为密赛斯准则，而密赛斯圆柱半径

$$NP = \sqrt{2|J_2'|} = R = \sqrt{\frac{2}{3}}\sigma_s = \sqrt{2}k \tag{3.76}$$

以 $R=NP=\sqrt{2/3}\sigma_s$ 或$\sqrt{2}k$ 为半径的圆柱面称为塑性表面。一点应力状态 $P(\sigma_1, \sigma_2, \sigma_3)$ 若位于此圆柱面以内，则处于弹性状态；若位于圆柱面上，则处于塑性状态。继续塑性变形时因加工硬化，圆柱的半径将增大。实际应力状态的点不可能处于圆柱面以外。**ON** 为球应力分量的矢量和，**NP** 为偏差应力分量的矢量和。ON 大小对屈服无影响，仅 PN 与屈服有关。

取 ON 等于零，或 $\sigma_1+\sigma_2+\sigma_3=0$，即过原点作圆柱横截面，称此截面为 π 平面。其上面的圆称密赛斯屈服轨迹或简称 Mises 圆，内接正六边形为屈雷斯卡屈服轨迹，见图 3.15b。二者在 π 平面上差别最大之处 R 与 OM 之比为 $2/\sqrt{3}=1.155$。图中的外切六边形则为近年来俞茂宏推导的双剪应力（TSS）屈服准则轨迹，在对 Mises 非线性准则线性化时，显然它是误差三角形 AMM' 的斜边，后文将证明它所确定的比塑性功率为上限。

应指出，上述讨论不受 $\sigma_1>\sigma_2>\sigma_3$ 排列限制。如规定按代数值排列 $\sigma_1>\sigma_2>\sigma_3$，则圆柱面或 π 平面上的屈服轨迹只存在六分之一。

3.9 本构方程

3.9.1 弹黏性介质本构关系

3.9.1.1 线弹性材料

对各向同性弹性体，线性应力应变关系的张量形式，参照式（2.46）为

$$T_\sigma=3\lambda\varepsilon_m I+2\mu T_\varepsilon \tag{3.77}$$

或写成分量（标量）形式

$$\sigma_{ik}=3\lambda\delta_{ik}\varepsilon_m+2\mu\varepsilon_{ik} \tag{3.78}$$

式中，$3\varepsilon_m=\varepsilon_{ii}$，称为相对体积应变。上式称为广义胡克定律，$\lambda$ 和 μ 称为拉梅弹性常数。

以等价关系按式（2.47）的形式写出

$$\sigma_m=3k\varepsilon_m \tag{3.79}$$

$$D_\sigma=2\mu D_\varepsilon \tag{3.80}$$

式中，系数 $k=(3\lambda+2\mu)/3$，称为体积弹性模量。上式表明平均应力 σ_m 与平均应变 ε_m 成正比。比例系数为 $3k$；偏差压力与偏差应变成正比，比例系数为 2μ。将熟知的弹性力学公式

$$\mu=G=E/[2(1+\nu)],\ 3k=E/(1-2\nu),\ \lambda=\nu E/[(1+\nu)(1-2\nu)] \qquad ①$$

代入式（3.64），注意到 E、G 为弹性模量，ν 为泊松比，则对单向应力状态得如下胡克第一定律

$$\sigma_{11}=E\varepsilon_{11}$$

及纯剪（$3\varepsilon_m=0$）状态下，由式（3.78）得胡克第二定律

$$\sigma_{12}=2G\varepsilon_{12},\ \sigma_{13}=2G\varepsilon_{13},\ \cdots$$

3.9.1.2 非线弹性材料

若材料不遵循胡克定律，或单向应力状态 σ-ε 关系曲线不是直线，应力应变为非线性函数 $\sigma=f(\varepsilon)$，如图 3.16a 所示。此时加载与卸载都与同一曲线 OA 相对应，卸载后变形等于零，则为非线性弹性材料。若加载规律（沿 OA）和卸载规律（沿 OB）不同，并完全卸载后有残余变形，则为非弹性材料，如图 3.16b 所示。

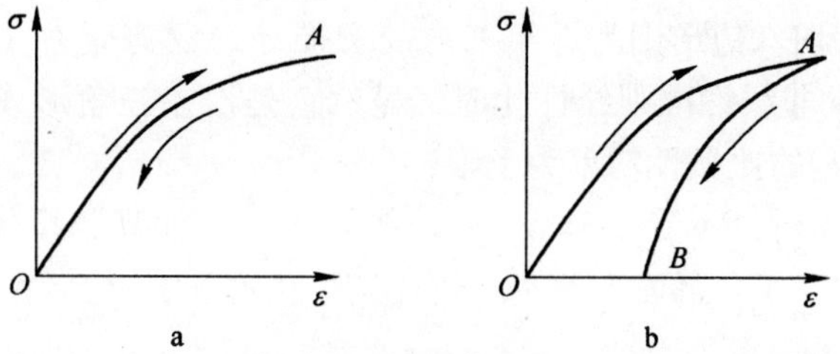

图 3.16 弹性与非弹性材料

a—非线性弹性材料；b—非弹性材料

本构关系的张量形式按式（2.47）有

$$\sigma_m=3k\varepsilon_m \tag{3.81}$$

$$D_\sigma=2\mu(\Gamma)D_\varepsilon \tag{3.82}$$

式中，k 为常数，因为体积应变是线弹性的。而 μ（Γ）是依赖剪应变强度变化的剪切模量。由式（2.53）、式（2.80）与式（2.127）对实际 $\mathrm{d}T/\mathrm{d}\Gamma>0$ 的稳定材料有力学状态方程：

$$\mu=T/\Gamma \quad 或 \quad T=\mu(\Gamma)\Gamma \tag{3.83}$$

上式表明非线弹性材料，应力与应变关系仍旧是单值的，平均应力与平均应变成正比，偏差应力张量 D_σ 与偏差应变张量 D_ε 成正比，但后者的比例系数 μ 由实验按式（3.83）测定。

3.9.1.3 线黏性材料

对黏性材料，假定平均应力 σ_m 由不依赖应变速率的静水压力 $-p$（p 总为正），以及与体应变速率 $\dot{\varepsilon}_{ii}=3\dot{\varepsilon}_m=\dot{\varepsilon}_{11}+\dot{\varepsilon}_{22}+\dot{\varepsilon}_{33}$ 成比例的附加压力 σ_m' 组合而成，即

$$\sigma_m=-p+k'\dot{\varepsilon}_{ii} \tag{3.84}$$

由式（2.46），其张量与分量形式分别为

$$T_\sigma=-pI+3\lambda'\dot{\varepsilon}_m I+2\mu' T_{\dot{\varepsilon}} \tag{3.85}$$

$$\sigma_{ik} = -p\delta_{ik} + \lambda'\delta_{ik}\dot{\varepsilon}_{ii} + 2\mu'\dot{\varepsilon}_{ik} \tag{3.86}$$

式中，$k' = (3\lambda' + 2\mu')/3$ 为体积黏性系数，λ'、μ'称为黏性系数，因为它们不依赖应变或应变速率（但可能依赖温度），故又称黏性常数。上式描述的物体称为牛顿黏性流体。上式的另一种书写形式为

$$\sigma_{\mathrm{m}} = -p + k'\dot{\varepsilon}_{ii},\ D_{\sigma} = 2\mu' D_{\dot{\varepsilon}} \tag{3.87}$$

若体积不可压缩，即 $\dot{\varepsilon}_{ii} = 0$，表明平均应力与速度无关，上式转化为偏差应力张量与偏差应变速率张量成比例的条件。若 λ'、μ'为零，则应力仅构成一球张量，偏差应力不存在，这正是理性流体的基本性质。

3.9.1.4 非线黏性材料

仿照式（3.87）可以写出非线黏性体本构方程为

$$\begin{aligned} \sigma_{\mathrm{m}} &= -p + k'\dot{\varepsilon}_{ii} \\ D_{\sigma} &= 2\mu'(\theta, \dot{\Gamma}) D_{\dot{\varepsilon}} \end{aligned} \tag{3.88}$$

式中，k'为常数，但黏性系数$\mu'(\theta,\ \dot{\Gamma})$ 是变化的，它依赖于温度和切应变速率强度。由式（2.53）、式（2.121）与式（2.98）导出力学状态方程为

$$\mu' = T/\dot{\Gamma} \quad \text{或} \quad T = \mu'(\theta, \dot{\Gamma})\dot{\Gamma} \tag{3.89}$$

金属在高温下显示出黏性，故 $\mu' = \mu'(\theta,\ \dot{\Gamma})$ 应由实验确定。式（3.89）是非线性的。

3.9.2 金属成形的本构关系

3.9.2.1 广义胡克定律

当金属材料处于弹性状态时本构关系符合广义胡克定律（3.78），以应力表示应变并注意式①有

$$\varepsilon_{ik} = \frac{\sigma_{ik}}{2G} - \frac{3\nu}{E}\delta_{ik}\sigma_{\mathrm{m}} \tag{3.90}$$

注意到式（2.119），上式又可写成

$$\varepsilon_{ik} = \frac{\sigma'_{ik}}{2G} + \frac{1-2\nu}{E}\delta_{ik}\sigma_{\mathrm{m}} \tag{3.91}$$

3.9.2.2 普朗特－路斯方程

1870 年，圣维南（Saint－Venant）提出应变增量主轴与应力主轴（或偏差应力主轴）重合的假设。1924 年普朗特（L. Prandtl）先对平面变形情况提出了理想弹－塑性体的应力－应变关系。1930 年路斯（A. Reuss）推广到一般情况，即

$$d\varepsilon_{ik}^{p}=\sigma_{ik}'d\lambda \tag{3.92}$$

式中，上角标 p 表示塑性，$d\lambda$ 是瞬时正比例系数，与应变历史有关，在整个加载过程中可能是变量。$d\lambda$ 可按如下方式确定：将上式取为主轴

$$d\varepsilon_1^p=\sigma_1'd\lambda \qquad d\varepsilon_2^p=\sigma_2'd\lambda \qquad d\varepsilon_3^p=\sigma_3'd\lambda \qquad ②$$

将式（2.80）写成增量形式

$$\begin{aligned} d\Gamma &= +2\sqrt{|dI_2'|}=\sqrt{2d\varepsilon_{ik}'d\varepsilon_{ik}'} \\ &=\sqrt{2/3}\sqrt{\Sigma(d\varepsilon_{11}-d\varepsilon_{22})^2+6\Sigma(d\varepsilon_{12})^2}\ (1\to2\to3\to1\cdots) \\ &=\sqrt{2/3}\sqrt{(d\varepsilon_1-d\varepsilon_2)^2+(d\varepsilon_2-d\varepsilon_3)^2+(d\varepsilon_3-d\varepsilon_1)^2} \qquad ③ \end{aligned}$$

将式②两两相减后代入③注意到式（2.126）

$$d\Gamma^p=\sqrt{2/3}d\lambda\ \sqrt{(\sigma_1'-\sigma_2')^2+(\sigma_2'-\sigma_3')^2+(\sigma_3'-\sigma_1')^2}=2Td\lambda$$

于是

$$d\lambda=d\Gamma^p/(2T) \tag{3.93}$$

式（3.92）化为

$$d\varepsilon_{ik}^p=\frac{d\Gamma^p}{2T}\sigma_{ik}' \tag{3.94}$$

这是塑性应变增量表达式。因为总应变增量是弹性应变增量 $d\varepsilon_{ik}^e$ 和塑性应变增量 $d\varepsilon_{ik}^p$ 之和，注意将式（3.91）写成增量形式，有

$$d\varepsilon_{ik}=d\varepsilon_{ik}^e+d\varepsilon_{ik}^p=\frac{d\sigma_{ik}'}{2G}+\frac{1-2\nu}{E}\delta_{ik}d\sigma_m+\frac{d\Gamma^p}{2T}\sigma_{ik}' \tag{3.95}$$

式（3.95）称为普朗特－路斯弹塑性应力增量与应变增量关系方程。属于增量理论，仅当靠近弹性区的塑性变形很小，不能忽视弹性应变时，采用该方程。对大塑性变形加工问题，常忽略弹性应变，应用 Levy－Mises 应力应变关系。

3.9.2.3 列维－密赛斯方程

列维于 1871 年，密赛斯在 1913 年提出同样关系，即

$$d\varepsilon_{ik}=\sigma_{ik}'d\lambda \tag{3.96}$$

上式称为 Levy－Mises 方程。该理论假定塑性应变增量的分量与偏差应力分量每一瞬时成比例，把塑性应变增量看成是总应变增量，即认为在大塑性变形条件下可以忽略弹性应变。与式（3.93）相对应，系数 $d\lambda$ 由下式确定

$$d\lambda=d\Gamma/(2T) \tag{3.97}$$

式（3.96）可表示为

$$d\varepsilon_{ik}=d\lambda\sigma_{ik}'=\frac{d\Gamma}{2T}\sigma_{ik}' \tag{3.98}$$

把上式等号两边同时除以时间增量 dt 得

$$\dot{\varepsilon}_{ik}=\dot{\lambda}\sigma'_{ik}=\frac{\dot{\Gamma}}{2T}\sigma'_{ik} \tag{3.99}$$

式中，$\dot{\lambda}=\mathrm{d}\lambda/\mathrm{d}t$ 仍为正比例系数，而 $\dot{\Gamma}=\mathrm{d}\Gamma/\mathrm{d}t$ 为剪切应变速率强度，即广义剪应变速率。应当指出，增量理论无论对简单加载还是复杂加载都是适用的。注意到式（3.93），式（3.97）有

$$\dot{\lambda}=\frac{\dot{\Gamma}}{2T}$$

3.9.2.4 全量理论

全量理论建立应力与应变全量之间的关系，要求简单或成比例加载，即变形时各应力分量按同一比例单调增长，有

$$\sigma_{11}=c\sigma_{11}^{0},\ \sigma_{22}=c\sigma_{22}^{0},\ \cdots,\ \sigma_{12}=c\sigma_{12}^{0},\ \cdots$$

式中，c 是一单调增变数，而初始值 σ_{11}^{0} 等是常量。上述加载过程中每点应力主轴方向不变。不符合上述规则的加载为复杂加载。于是对简单加载若已知初始状态到某时刻的变形历史及某时刻的应力增量和应变增量之间关系，则可跟踪变形历史对增量积分。此时偏差应变增量为

$$\mathrm{d}\varepsilon_{ik}'=\mathrm{d}\varepsilon_{ik}'^{e}+\mathrm{d}\varepsilon_{ik}^{p}=\frac{\mathrm{d}\sigma_{ik}}{2G}+\mathrm{d}\lambda\sigma_{ik} \tag{3.100}$$

设应力相对同一参量 t 按比例增加，即 $\sigma_{ik}=\sigma_{ik}^{0}t$，$\sigma_{ik}'=\sigma_{ik}'^{0}t$，代入上式积分

$$\begin{aligned}\int_0^t \mathrm{d}\varepsilon_{ik}' &= \frac{\sigma'^{0}_{ik}}{2G}\int_0^t \mathrm{d}t+\sigma'^{0}_{ik}\int_0^t t\mathrm{d}\lambda = \frac{\sigma'^{0}_{ik}}{2G}t+\sigma'^{0}_{ik}\frac{t}{t}\int_0^t t\mathrm{d}\lambda \\ &= \frac{\sigma_{ik}'}{2G}+\sigma_{ik}'\frac{1}{t}\int_0^t t\mathrm{d}\lambda = \frac{\sigma_{ik}'}{2G}+\lambda\sigma_{ik}'\end{aligned}$$

式中，令 $\lambda=\frac{1}{t}\int_0^t t\mathrm{d}\lambda$，即得到偏差应变全量 $\varepsilon_{ik}'=\frac{\sigma_{ik}'}{2G}+\lambda\sigma_{ik}'$，注意到式（3.91），则由式（2.76）总应变全量为

$$\varepsilon_{ik}=\varepsilon_{\mathrm{m}}\delta_{ik}+\varepsilon_{ik}'=\frac{1-2\nu}{E}\sigma_{\mathrm{m}}\delta_{ik}+\frac{\sigma_{ik}'}{2G}+\lambda\sigma_{ik}' \tag{3.101}$$

上式即全量理论中的H. 汉基小塑性变形理论，因为计算小塑性变形，所以弹性应变不能忽略。上式也可直接由式（3.95），将普朗特－路斯应力应变增量方程两端写成全量得到，即

$$\varepsilon_{ik}=\varepsilon_{ik}^{e}+\varepsilon_{ik}^{p}=\frac{\sigma_{ik}'}{2G}+\frac{1-2\nu}{E}\delta_{ik}\sigma_{\mathrm{m}}+\frac{\Gamma^{p}}{2T}\sigma_{ik}' \tag{3.102}$$

比较两式 $\lambda=\Gamma^{p}/2T$，λ 与 $\mathrm{d}\lambda$ 均为瞬时正值比例系数，在整个加载过程中可能是变量。尽管全量理论适用于小塑性变形，对大塑性变形仅适于简单加载条件。但由于其表示的是应力与全应变一一对应的关系，在数学处理上比较方便。研究表明，全量理论的应用范围大大超过了原来的一些限制。

3.9.3 应变强化假说

如何用简单应力状态的实验曲线确定非线性强化介质的μ与μ'、$d\lambda$与$\dot{\lambda}$等相关量是本节重点。

3.9.3.1 统一强化曲线

受单向应力状态的强化材料后继屈服应力随瞬态应变增加而增加，有$\sigma_A = \sigma_A(\varepsilon_A)$，如图3.17a所示。

A $T-\Gamma$曲线

令$\tau=\sigma/\sqrt{3}$，$\gamma=\sqrt{3}\varepsilon$，可用同一条拉伸曲线作出剪应力剪应变曲线$\tau=\tau(\gamma)$，如图3.17b所示。在各种复杂应力状态下如能作出统一的广义剪应力－广义剪应变$T-\Gamma$关系曲线，则参数μ可定。由图3.17c和式（3.83）得

$$\mu = T/\Gamma = \tan\alpha \qquad T=T(\Gamma)=\mu(\Gamma)\Gamma \tag{3.103}$$

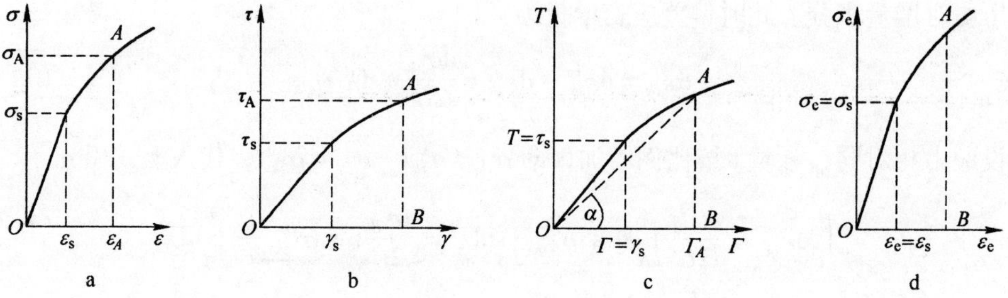

图3.17 统一的$T-\Gamma$、$\sigma_e-\varepsilon_e$强化曲线

a—$\sigma-\varepsilon$；b—$\tau-\gamma$；c—$T-\Gamma$；d—$\sigma_e-\varepsilon_e$

B 等效应力应变曲线

令$\sigma_e=\sigma$，$\varepsilon_e=\varepsilon$，同样也可用同一拉伸曲线作出各种复杂应力状态下统一的等效应力应变关系$\sigma_e-\varepsilon_e$曲线如图3.17d所示。

实验表明，简单加载条件下，$T=T(\Gamma)$及$\sigma_e(\varepsilon_e)$的形式与应力状态无关，广义剪应力与等效应力只取决于温度θ和广义剪应变Γ或等效应变ε_e，即每种材料都存在着与图3.17a、b形式完全相同的统一强度曲线图3.17c、d。它们可由单向拉伸曲线3.17a直接得到。此乃统一强化曲线假说。表明无论简单图3.17a、b或复杂应力状态图3.17c、d，只要强化程度都用变形能衡量，则图中面积ABO相等。

3.9.3.2 弹－塑性小变形理论

各向同性弹－塑性介质小变形简单加载条件的应力应变非线性关系时应限制在等温过程使用式（3.79）、式（3.80），即

$$\sigma_m = k\varepsilon_{ii},\ D_\sigma = 2\mu D_\varepsilon$$

实验表明相对体积变化 ε_{ii} 总是可逆的，故第一式总接近线性（不包括多孔粉末材料），故取 k 为常数。而第二式令 $\mu = \mu$（θ，Γ），再用前述“统一曲线”描述塑性过程。于是弹塑性小变形理论的特点概括为：介质是各向同性；平均应力与平均应变成正比；偏差应力与偏差应变张量成正比，即应力与应变主轴重合。个别情况包括：

（1）线弹性状态

$$\mu = G = \text{常数（剪切弹性模量）}$$

（2）理想塑性状态

$$\mu = \tau_s / \Gamma,\ \tau_s = \sigma_s / \sqrt{3},\ \sigma'_{ik} = \frac{2\tau_s}{\Gamma}\varepsilon'_{ik} \tag{3.104}$$

（3）应变强化状态

$$T = \mu(\theta,\ \Gamma)\Gamma,\ \sigma'_{ik} = \frac{2T\ (\theta,\ \Gamma)}{\Gamma}\varepsilon'_{ik} \tag{3.105}$$

式中，$\mu(\theta,\ \Gamma)$ 由等温条件下统一强化曲线式（3.103）决定。

（4）弹性卸载状态

$$\sigma_m^* - \sigma_m = k(\varepsilon_{ii}^* - \varepsilon_{ii}) = 3k(\varepsilon_m^* - \varepsilon_m) \tag{3.106}$$

$$\sigma'^*_{ik} - \sigma'_{ik} = 2\mu(\varepsilon'^*_{ik} - \varepsilon'_{ik}),\ \mu = \text{常数} \tag{3.107}$$

式中，* 为卸载开始的应力应变状态。

（5）非等温状态。若温度场不稳定，式（3.79）应写作

$$\sigma_m = k[\varepsilon_{ii} - 3\alpha(\theta - \theta_0)] \tag{3.108}$$

式中，α 是线膨胀系数，θ_0 是初始温度。

3.9.3.3 黏性强化

在应力空间 E_9 中塑性曲面随体元应变速率增加（热变形）而扩展，加载面方程形式为

$$\varphi(J'_2,\ J'_3) = f(\theta,\ q) \tag{3.109}$$

如恒温且加载面均匀扩展则为各向同性（等向）强化。f 为 θ = 常数时的应变速率强度参数 q 的增函数。忽略偏应力张量三次不变量影响，以剪切应变速率强度 $\dot{\Gamma}$ 作为参数 q，上式的力学状态方程形式为

$$T = g(\theta,\ \dot{\Gamma})\dot{\Gamma}$$

上式假定热加工塑性流动时剪切应力强度是温度与剪切应变速率强度的函数而与应力状态无关。借助非线黏性介质理论工具描述金属热变形时的黏性强化。如温度不变则上式为

$$T = g(\dot{\Gamma})\dot{\Gamma} \tag{3.110}$$

上述假说也可以功率形式证明，黏性变形中除去平均应力与平均应变所消耗的弹性功外，偏差应力的功率为 $\dot{W}=\sigma'_{ik}\dot{\varepsilon}_{ik}$（九项之和），于是由式（3.88）有 $\sigma'_{ik}=2\mu'\dot{\varepsilon}_{ik}$。此处 μ'（满足 $\mathrm{div}\nu=0$，$\dot{\varepsilon}_{ik}=\dot{\varepsilon}'_{ik}$）即式（3.110）中参数 g。注意式(2.98)，则偏差应力的功率为

$$\dot{W}=\sigma'_{ik}\dot{\varepsilon}_{ik}=2\mu'\dot{\varepsilon}_{ik}\dot{\varepsilon}_{ik}=\frac{2T}{\dot{\Gamma}}\dot{\varepsilon}_{ik}\dot{\varepsilon}_{ik}，\dot{W}=T\dot{\Gamma}=\sigma_{\mathrm{e}}\dot{\varepsilon}_{\mathrm{e}} \tag{3.111}$$

这表明假说认为偏差应力与偏差应变速率的功率与应力状态无关，$T=T(\dot{\Gamma})$ 是唯一的。

3.9.3.4 黏塑性流动理论

忽略弹性变形与温度应力，将非线性黏性理论推广则得到黏－塑性流动理论，认为介质各向同性且不可压缩；偏差应力张量与偏差应变速率张量成正比。

$$D_\sigma=2gD_{\dot{\varepsilon}} \tag{3.112}$$

即应力张量与应变速率张量主轴重合。式（3.112）特殊情况包括

线黏性状态： $g=$常数

理想塑性状态： $g=\dfrac{\tau_{\mathrm{s}}}{\dot{\Gamma}},\tau_{\mathrm{s}}=\dfrac{\sigma_{\mathrm{s}}}{\sqrt{3}}=k，\sigma'_{ik}=\dfrac{2\tau_{\mathrm{s}}}{\dot{\Gamma}}\dot{\varepsilon}'_{ik}=\dfrac{2}{3}\dfrac{\sigma_{\mathrm{e}}}{\dot{\varepsilon}_{\mathrm{e}}}\dot{\varepsilon}_{ik}，\dot{\varepsilon}'_{ik}=\dot{\varepsilon}_{ik}$ (3.113)

黏性强化状态：对等温过程： $T=g(\dot{\Gamma})\dot{\Gamma}，\sigma'_{ik}=\dfrac{2T}{\dot{\Gamma}}\dot{\varepsilon}'_{ik}=\dfrac{2}{3}\dfrac{\sigma_{\mathrm{e}}}{\dot{\varepsilon}_{\mathrm{e}}}\dot{\varepsilon}_{ik}$ (3.114)

3.9.3.5 混合强化假说

研究表明一点的应力状态不仅与应变或应变速率的即时值有关，而且还与应变历史有关。特别是对持续一段时间的加工过程来说影响应力状态的历史因素是累积剪应变程度 Λ，由式（2.103），$\Lambda=\int_0^t\dot{\Gamma}\mathrm{d}t$。这一积分必须对场中每一质点进行，即沿轨迹积分。对定常场则沿流线进行。所谓混合强化即材料既呈黏性强化又呈应变强化，剪应力强度可表示为

$$T=g(\theta，\dot{\Gamma}，\Lambda) \tag{3.115}$$

上述关系与应力状态无关，故可由单向拉压实验获得。这样考虑混合强化则有平均应力与平均应变成正比

$$\sigma_{\mathrm{m}}=k\varepsilon_{ii} \tag{3.116a}$$

偏差应力与偏差应变速率张量成正比

$$\sigma'_{ik}=2g(\theta，\dot{\Gamma}，\Lambda)\dot{\varepsilon}'_{ik}=\frac{2T}{\dot{\Gamma}}\dot{\varepsilon}'_{ik} \tag{3.116b}$$

应指出，前述强化假说适用于引入一般连续介质力学按张量理论建立的本构关系，明确了强化系数的测试方法。以下主要介绍塑性加工力学强化的引入与

$d\lambda$、$\dot{\lambda}$ 参数的测试方法。

A 用强化曲线确定 $d\lambda$ 与 $\dot{\lambda}$ 的方法

密赛斯屈服条件对理想塑性材料 $T=\tau_s=\sigma_s/\sqrt{3}=k$，但 $d\Gamma$ 和 $\dot{\Gamma}$ 是不定的。必须确定 $T=T(\Gamma)$ 与 $T=T(\dot{\Gamma})$ 关系。用前述“统一曲线”即剪切应力强度与剪切应变强度曲线确定 $d\lambda$ 与 $\dot{\lambda}$ 有两种方法，利用单向拉伸曲线，绘制统一曲线 $T=\phi(\Gamma)$，如图 3.18 所示。其上每点斜率记为 $\phi'=dT/d\Gamma=\tan\theta$，代入式 (3.97)、式 (3.98) 得

$$d\lambda=\frac{dT}{2T\phi'},\quad d\varepsilon_{ik}=\frac{dT}{2T\phi'}\sigma'_{ik} \tag{3.117}$$

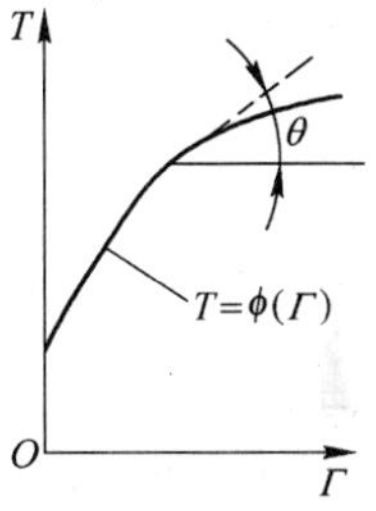

图 3.18 强化曲线

此处曲线 $T=\phi(\Gamma)$ 被看成与应力状态无关（是唯一的），但式 (3.117) 中 T 应是累积剪应变增量的函数，即

$$T=\phi\left(\int_L d\Gamma\right) \tag{3.118}$$

上述积分应在变形路径 L 上进行，因为塑性变形应力状态与应变历史有关。

B 利用变形功率

设为刚塑性体，平均应力不做塑性功，故单位体积塑性功增量为

$$dW^p=\sigma'_1 d\varepsilon_1+\sigma'_2 d\varepsilon_2+\sigma'_3 d\varepsilon_3=\sigma'_{ik}d\varepsilon_{ik}$$

假定统一曲线中剪应力强度 T 由塑性功唯一决定而与应力状态无关。则

$$T=F(W^p)=F\left(\int\sigma'_{ik}d\varepsilon_{ik}\right) \tag{3.119}$$

表明强化程度只取决于付出的塑性功而与变形路径无关。如图 3.19 所示，π 平面上矢量 $\boldsymbol{op}$ 的模为

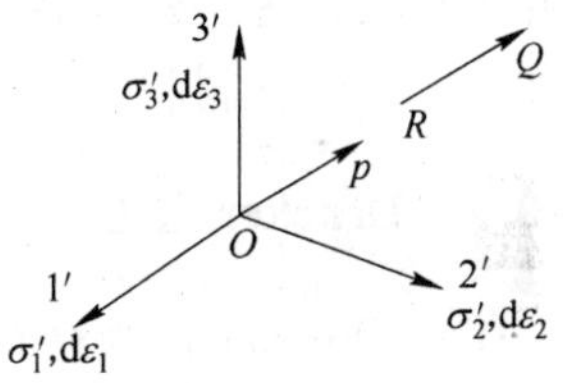

图 3.19 π 平面上塑性功

$$|\boldsymbol{op}|=\sqrt{\sigma_1'^2+\sigma_2'^2+\sigma_3'^2}=\sqrt{(1/3)[(\sigma_1-\sigma_2)^2+(\sigma_2-\sigma_3)^2+(\sigma_3-\sigma_1)^2]}=\sqrt{2}T$$

注意式 (3.96)，忽略弹性变形，且 $d\varepsilon_{ii}=0$，$d\varepsilon_{ik}$ 与 σ'_{ik} 为同轴矢量，π 平面上应变增量矢量 $\boldsymbol{RQ}$ 为

$$|\boldsymbol{RQ}|=\sqrt{d\varepsilon_1^2+d\varepsilon_2^2+d\varepsilon_3^2}$$

$$=\sqrt{(1/3)[(d\varepsilon_1-d\varepsilon_2)^2+(d\varepsilon_2-d\varepsilon_3)^2+(d\varepsilon_3-d\varepsilon_1)^2]}=d\Gamma/\sqrt{2}$$

作二向量数乘得塑性功增量 $dW^p=\boldsymbol{OP}\cdot\boldsymbol{RQ}=Td\Gamma$，将式中 $d\Gamma$ 代入式 (3.97)、式 (3.98) 有

$$d\lambda=\frac{dW^p}{2T^2},\quad d\varepsilon_{ik}=\frac{dW^p}{2T^2}\sigma'_{ik} \tag{3.120}$$

上式还表明，加载时应力总是做正功，$d\lambda$ 不为负。对应变速率仿照式 (3.99)，

同样有

$$\dot{\lambda}=\frac{\dot{W}^{p}}{2T^{2}},\qquad \dot{\varepsilon}_{ik}=\frac{\dot{W}^{p}}{2T^{2}}\sigma'_{ik} \tag{3.121}$$

式中，$\dot{W}=\mathrm{d}W/\mathrm{d}t$，且有 $\dot{W}^{p}=T\dot{\Gamma}$。

3.10 Drucker 公设与最大塑性功原理

3.10.1 九维加载面

把一点应力状态 σ_{ik} 九个分量的每一分量 σ_{11}，$\sigma_{22}\cdots$看成是“应力矢量”的分量，则得到九维矢量空间 Σ_9，同样方法，应变 ε_{ik} 也可看成九维空间矢量，记九维应变空间为 E_9。仿照三维欧氏空间定义九维空间矢量加法和数乘，则塑性表面可抽象为图 3.20 所示的封闭曲面形式，称加载面。图中 OA 代表加载路径，它是一系列九维应力矢量端点的轨迹。A 点代表一个屈服状态。从 A 点开始如应力获得一个增量 $\mathrm{d}\sigma_{ik}$，并指向加载面内侧，则表示应力从该屈服状态减少，即卸载；若 $\mathrm{d}\sigma_{ik}$ 与加载面相切，意味着屈服并未加载，为中性变载；当 $\mathrm{d}\sigma_{ik}$ 指向加载面以外时才是加载。对强化材料只有加载才能进一步塑性变形。

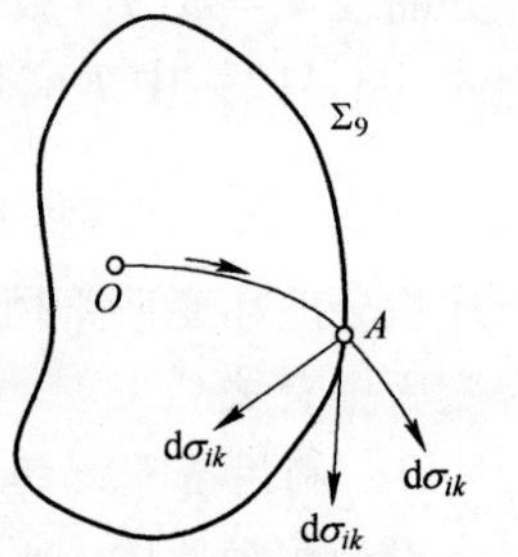

图 3.20 九维空间加载面

3.10.2 Drucker 公设

D. C. Drucker 认为材料单向拉伸应力应变关系中，如 $\mathrm{d}\sigma>0$时有 $\mathrm{d}\varepsilon>0$，则材料为稳定材料。图 3.21 所示为 Drucker 对材料性质的假定。对稳定材料加载强化规律如下：

（1）对一个屈服状态 B，如应力获得一个增量 $\mathrm{d}\sigma$，有应变增量 $\mathrm{d}\varepsilon$，则附加应力做正功即 $\mathrm{d}\sigma\mathrm{d}\varepsilon>0$。

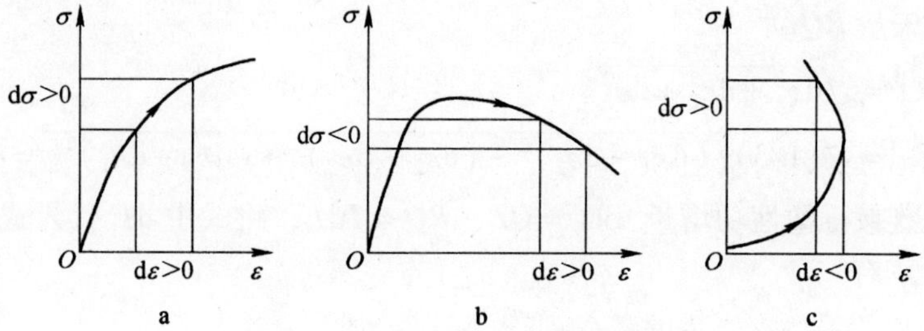

图 3.21 Drucker 对材料性质的假定

a—稳定材料；b—不稳定材料；c—背离能量守恒材料

（2）如图 3.22 所示，初始 A 点应力（A 点也可在屈服段）σ_A 升到一个后继屈服状态 σ 后，又获得增量 $d\sigma$ 达到 σ_C，然后卸载到 σ_A。在此应力循环 $ABCA'$ 中附加应力做了正功。对应于阴影部分面积且 $d\varepsilon^p$，当过程纯弹性时，此功为零。对复杂应力状态，考察初始应力状态 σ_{ik}^0 的强化材料单元，对其加附加应力，缓慢并等温卸载，如图 3.23 所示。

（3）加载过程中附加应力做正功。

（4）附加应力加上又卸去的循环中，若发生塑性变形，附加应力做正功，若纯弹性，则此功为零。图 3.23 中，A 点初始应力 σ_{ik}^0（A 点也可在屈服面上），经加载路径到屈服面 S 上 B 点，然后给单元以应力张量 $d\sigma_{ik}$，使达到后继屈服面 S' 上的 C 点。

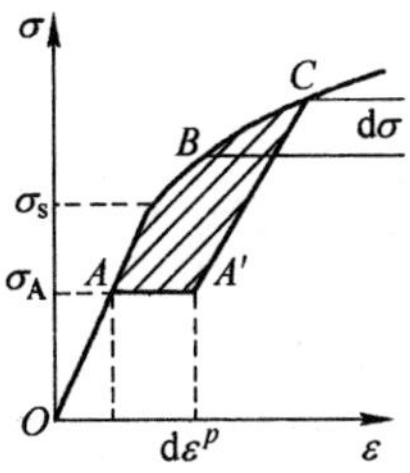

图 3.22 稳定材料加载

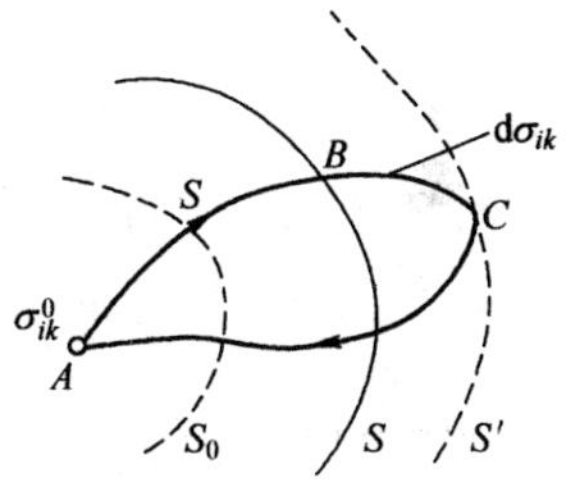

图 3.23 复杂应力状态加载

（5）加载和卸载循环 $A\to B\to C\to A$ 中若发生塑性变形，$\int_{ABCA}(\sigma_{ik}-\sigma_{ik}^0)d\varepsilon_{ik} > 0$。式中 σ_{ik} 是闭合路径上各点的应力，$\sigma_{ik}-\sigma_{ik}^0$ 是各点相对于 A 点的附加应力，$d\varepsilon_{ik}$ 是路径各点应变增量。由于 $d\varepsilon_{ik}=d\varepsilon_{ik}^e+d\varepsilon_{ik}^p$，但弹性应变是可逆的，在整个应力循环后 ε_{ik}^e 没有变化，它仍等于 A 点的 ε_{ik}^e，或 $d\varepsilon_{ik}^e=0$。于是前式为

$$\int_{ABCA}(\sigma_{ik}-\sigma_{ik}^0)d\varepsilon_{ik}^p > 0$$

因 $d\varepsilon_{ik}^p$ 只有应力达到初始屈服加载面 S_0 才可能，故沿闭路径积分可写成沿 SBC 的积分即

$$\int_{SBC}(\sigma_{ik}-\sigma_{ik}^0)d\varepsilon_{ik}^p > 0$$

上式表明沿 AS 没有塑性应变增量，由 C 卸载只发生弹性恢复。由于 SBC 任意，被积函数连续，故有

$$(\sigma_{ik}-\sigma_{ik}^0)\ d\varepsilon_{ik}^p > 0 \tag{3.122}$$

（6）对 $B\to C$ 的加载过程： $\sigma_{ik}d\varepsilon_{ik}>0$ （3.123）

（7）对加载又卸载应力循环 $B\to C\to B$ 有

$$\sigma_{ik}d\varepsilon_{ik}^p>0 \tag{3.124}$$

3.10.3 加载面的外凸性

Drucker 公设得到的推论是塑性应变增量必须指向加载面的外法向。由式（3.124）及图3.23，B 点应力增量 $\mathrm{d}\sigma_{ik}$ 因加载应指向加载面 S 的外侧，极端情况下 $\mathrm{d}\sigma_{ik}$ 与 S 相切（中性变载）。因此欲使 $\sigma_{ik}\mathrm{d}\varepsilon_{ik}^{p}$ 恒为正，必然导致塑性应变增量 $\mathrm{d}\varepsilon_{ik}^{p}$ 在 $\boldsymbol{B}$ 点指向加载面 $\boldsymbol{S}$ 的外侧。此外还可证明加载面（包括平面上的屈服轨迹）必须外凸。

图3.24a 表示九维空间由状态 $A(\sigma_{ik}^{0})$ 加载到状态 $B(\sigma_{ik}^{*})$，代入式（3.122）有 $(\sigma_{ik}^{*}-\sigma_{ik}^{0})\mathrm{d}\varepsilon_{ik}^{p}>0$，其中括号量为 B 点的附加应力即矢量 $\boldsymbol{AB}$，$\mathrm{d}\varepsilon_{ik}^{p}$ 是 B 点的塑性应变增量，九维空间的应变矢量。欲使两矢量数积恒为正，必有 $\varphi<\pi/2$。这表明 A 和 O 两点必位于 B 点切线 T 的同侧。即证明了加载面 Σ 相对其中心 O 是外凸的。反之，若加载面在 B 点是凹的如图 3.24b 所示，则总可找到一点 A，使 $\boldsymbol{AB}$ 和 $\mathrm{d}\varepsilon^{p}$ 之间正向夹角 $\varphi>\pi/2$，于是不满足式（3.122），并违背 Drucker 公设，这是不可能的。

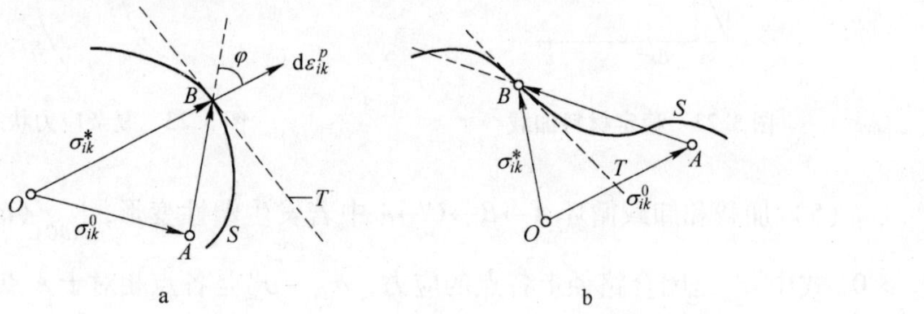

图3.24 加载面与屈服轨迹的外凸性

3.10.4 塑性势

变形某瞬间加载面为加载函数的等值面，由其与梯度关系可知，加载面上一点的梯度方向是等值面的法线方向，既然 $\mathbf{d}\boldsymbol{\varepsilon}^{p}$ 和梯度矢量 $\mathrm{grad}\varphi$ 都是加载面上相应点的法矢量，则二者的分量 $\mathrm{d}\varepsilon_{ik}^{p}$ 与 $\partial\varphi/\partial\sigma_{ik}$ 必成比例，有

$$\mathrm{d}\varepsilon_{ik}^{p}=\frac{\partial\varphi(\sigma_{ik})}{\partial\sigma_{ik}}\mathrm{d}\beta \tag{3.125}$$

式中，$\mathrm{d}\beta$ 为非负的瞬时比例常数。上式表明矢量场 $\mathrm{d}\varepsilon_{ik}^{p}$ 是一个有势场，而函数 φ 是一个势函数，称此加载函数 $\varphi(\sigma_{ik})$ 为塑性势。它是应力的数量函数。

将 φ 取为密赛斯函数 f，对 σ_1 求导，并注意到式（3.68），有

$$\varphi(\sigma_{ik})=f=\frac{1}{2}[(\sigma_1-\sigma_2)^2+(\sigma_2-\sigma_3)^2+(\sigma_3-\sigma_1)^2]-\sigma_s^2=0 \tag{3.126}$$

$$\partial\varphi/\partial\sigma_1=(\sigma_1-\sigma_2)-(\sigma_3-\sigma_1)=3(\sigma_1-\sigma_0)=3\sigma_1'$$

上式代入式（3.125）得到 $d\varepsilon_1^p=3\sigma_1'd\beta$，同理 $d\varepsilon_2^p=3\sigma_2'd\beta$，$d\varepsilon_3^p=3\sigma_3'd\beta$，式（3.125）成为

$$d\varepsilon_{ik}^p=\sigma_{ik}'(3d\beta)$$

比较两式，令 $3d\beta=d\lambda$，则得到列维-密赛斯方程（3.96）。足见，密赛斯屈服函数可理解为塑性势，而列维-密赛斯方程可称为"与密赛斯屈服准则相适应的流动法则"。同样可证明塑性应变增量矢量的方向沿屈服面的外法向如图 3.25 所示。因主应力与主塑性应变增量方向相同（二者同轴），故两坐标系刻度仅差一常数倍。设屈服表面一点 P（σ_1，σ_2，σ_3），其产生塑性应变增量 $d\varepsilon_1^p$，$d\varepsilon_2^p$，$d\varepsilon_3^p$，三分量合成应变增量矢量 $d\varepsilon_{ik}^p$ 并放置于 P 点。由微分学知，柱面 $\varphi(\sigma_{ik})=C$ 在 P 点外法线的三个方向余弦之比为

$$(\partial\varphi/\partial\sigma_1):(\partial\varphi/\partial\sigma_2):(\partial\varphi/\partial\sigma_3)$$

由式（3.125）知，这正是该点的塑性应变增量的三个主分量之比，足见矢量 $d\varepsilon_{ik}^p$ 指向圆柱面外法向。同理在 π 平面上塑性应变增量矢量指向屈服轨迹外法向，如图 3.26 所示。因此 Drucker 公设具有普遍性。

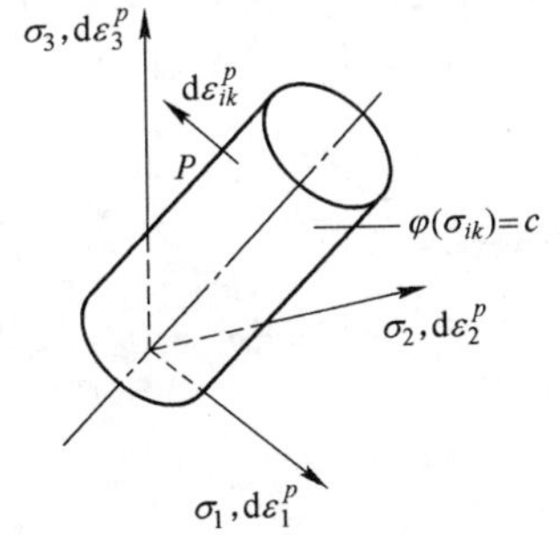

图 3.25　屈服面

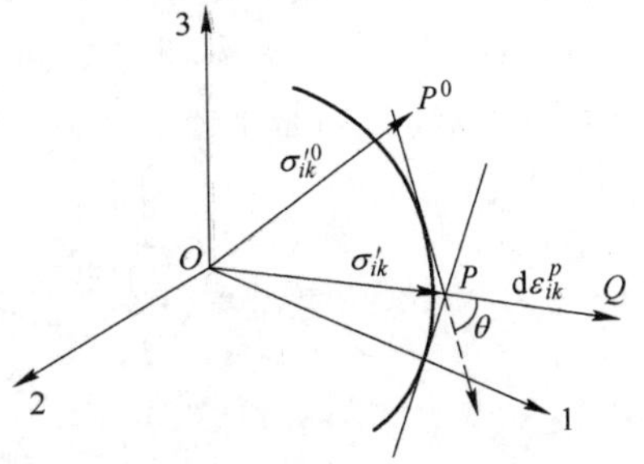

图 3.26　π 平面上偏应力与应变增量矢量

3.10.5 关于加载和卸载

3.10.5.1 应变硬化材料

加载函数 $\varphi(\sigma_{ik})=0$，屈服；$\varphi(\sigma_{ik})<0$，未屈服。势函数 $\varphi(\sigma_{ik})$ 的增量或全微分 $d\varphi=\dfrac{\partial\varphi}{\partial\sigma_{ik}}d\sigma_{ik}$，可用来表示加载、卸载和中性过程。对一组应力增量而言有：$d\varphi>0$，为加载过程；$d\varphi=0$，为中性过程；$d\varphi<0$，为卸载过程。

若某时刻 $\varphi(\sigma_{ik})=0$，$d\varphi>0$，则下一时刻 $\varphi(\sigma_{ik})>0$，故为加载过程；同理，某时刻 $\varphi(\sigma_{ik})=0$，$d\varphi<0$，则下一时刻 $\varphi(\sigma_{ik})<0$，就是处于弹性状态，为卸载过程；中性过程是该点既非加载又非卸载的过程，显然 $d\varphi=0$。

3.10.5.2 理想塑性材料（无应变硬化）

由于屈服面为加载面，故 $f(\sigma_{ik})=\varphi(\sigma_{ik})=0$，屈服。$f(\sigma_{ik})<0$ 为弹性状态，故有

$$\text{加载过程}\quad \left.\begin{aligned} & f(\sigma_{ik})=0 \\ & \mathrm{d}f=\frac{\partial f}{\partial \sigma_{ik}}\mathrm{d}\sigma_{ik}=0 \end{aligned}\right\} \tag{3.127}$$

$$\text{卸载过程}\quad \left.\begin{aligned} & f(\sigma_{ik})=0 \\ & \mathrm{d}f=\frac{\partial f}{\partial \sigma_{ik}}\mathrm{d}\sigma_{ik}<0 \end{aligned}\right\} \tag{3.128}$$

应指出，无论材料是否发生硬化，卸载过程均按弹性应力应变关系进行，即卸载时塑性应变增量为零，此时只有弹性应变增量。

3.10.6 最大塑性功原理

设两个应力状态 σ_{ik}（对应偏差压力为 σ'_{ik}）和 σ^0_{ik}（σ'^0_{ik}）均满足 Mises 屈服条件，分别对应图 3.26 中 π 平面上屈服轨迹的 P 与 P^0 点。其中 σ_{ik}（σ'_{ik}）和应变增量 $\mathrm{d}\varepsilon^p_{ik}$ 之间满足 Levy－Mises 流动法则，即 σ_{ik} 的应力主轴与 $\mathrm{d}\varepsilon^p_{ik}$ 的主轴方向一致，而 σ^0_{ik}（σ'^0_{ik}）和 $\mathrm{d}\varepsilon^p_{ik}$ 之间并不满足 Levy－Mises 流动法则。由 Drucker 公设式（3.122）对整个体积积分有

$$\int_V(\sigma_{ik}-\sigma^0_{ik})\mathrm{d}\varepsilon^p_{ik}\mathrm{d}V\geqslant 0 \tag{3.129}$$

由于 $\sigma_{ik}=\sigma'_{ik}+\delta_{ik}\sigma_{\mathrm{m}}$，$\sigma^0_{ik}=\sigma'^0_{ik}+\delta_{ik}\sigma^0_{\mathrm{m}}$；并注意到 $\delta_{ik}\mathrm{d}\varepsilon^p_{ik}=\mathrm{d}\varepsilon^p_{ii}=0$，代入上式得

$$\int_V(\sigma'_{ik}-\sigma'^0_{ik})\mathrm{d}\varepsilon^p_{ik}\mathrm{d}V\geqslant 0 \tag{3.130}$$

上式即最大塑性功原理。这表明在所有符合屈服条件的应力场中，与应变增量场之间符合 Levy－Mises 流动法则的应力场所做塑性功最大。

由图 3.26 可知，由于 σ_{ik} 即 σ'_{ik} 和应变增量 $\mathrm{d}\varepsilon^p_{ik}$ 之间满足 Levy－Mises 流动法则，所以 σ'_{ik} 与 $\mathrm{d}\varepsilon^p_{ik}$ 方向一致；而其他应力状态 σ^0_{ik} 虽符合 Mises 塑性条件，但与 $\mathrm{d}\varepsilon^p_{ik}$ 间不符合Levy－Mises 流动法则，故图中 $\boldsymbol{OP^0}$ 与 $\boldsymbol{PQ}$ 方向不一致，足见最大塑性功原理与 Drucker 公设等价。注意到 Levy－Mises 流动法则有 $\mathrm{d}\varepsilon^p_{ik}=\mathrm{d}\varepsilon_{ik}$，将应变增量换成应变速率 $\dot{\varepsilon}_{ik}$，最大塑性功率原理为

$$\int_V(\sigma_{ik}-\sigma^0_{ik})\dot{\varepsilon}_{ik}\mathrm{d}V\geqslant 0 \tag{3.131}$$

3.10.7 等向强化方程与几何描述

对等向强化给出在主应力空间的具体强化曲面方程，绘出了比例加载条件下

稳定材料相应的屈服轨迹及后续强化曲面。证明若后续屈服三轴强化系数不等并逐渐减小时则强化曲面不再是圆台面而是椭球面；但当强化半径相等即三轴强化系数相等时为球面；两轴应力且强化系数不等时为椭圆。

对等向强化，一般定性给出下式：

$$\bar{\sigma} = F\left(\int \bar{\sigma} \mathrm{d}\bar{\varepsilon}^p\right) = 0$$

本节给出后续屈服硬化指数 $f' \approx n \neq E = \tan\alpha$ 时，上式的具体形式及几何描述。

3.10.7.1 单向拉伸强化

如图 3.27 所示，A 点对应弹性应变的应力球分量为

$$\sigma_{m0} = (\sigma_1 + \sigma_2 + \sigma_3)/3 = \sigma_{s0}/3 \tag{3.132}$$

式中，$\sigma_2 = \sigma_3 = 0$；σ_{s0} 为初始屈服点。B 点应力状态为：$\sigma_1 = \sigma_s$，$\sigma_s > \sigma_{s0}$，并有

$$\sigma_m = (\sigma_{s0} + \mathrm{d}\sigma_s)/3 = \sigma_{m0} + \mathrm{d}\sigma_s/3 > \sigma_{m0} \tag{3.133}$$

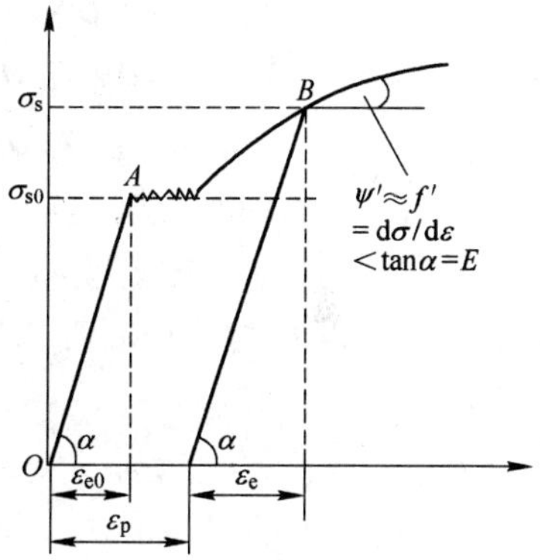

图 3.27 单向拉伸初始与后继屈服

将体积改变定律代入式（3.133）得：

$$\varepsilon_m = \frac{1-2\nu}{3E}\sigma_s > \varepsilon_{m0} = \frac{1-2\nu}{3E}\sigma_{s0} \tag{3.134}$$

$$\sigma_m/\sigma_{m0} = \varepsilon_m/\varepsilon_{m0} = \sigma_s/\sigma_{s0} \tag{3.135}$$

$$\tan\alpha = \frac{\sigma_s - \sigma_{s0}}{\varepsilon_e - \varepsilon_{e0}} = \frac{\mathrm{d}\sigma_s}{\mathrm{d}\varepsilon_e} = E \tag{3.136}$$

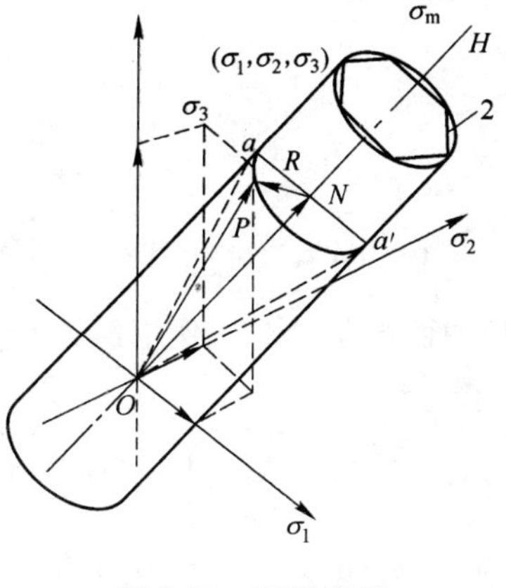

图 3.28 屈服柱面

式（3.135）、式（3.136）表明单向拉伸后续屈服极限 σ_s 的增加伴随着 ε_m 与 σ_m 的增加。在等倾应力空间 ε_m 的变化取决于屈服柱面轴线 H 与原点 O 的距离，如图 3.28 所示。称该距离为球应力矢量，即 $ON_0^2 = 3\sigma_{m0}^2$，为此 σ_m 的增加意味着材料的硬化使后续屈服柱面的垂直截面沿 H 离原点越来越远。由于多数强化材料后续屈服发生总伴随一定递增的平均应力，故平均应力增加的幅度决定了初始屈服轨迹与后续屈服轨迹在 Mises 柱面上沿 H 移动的垂直距离（若存在异号主应力，且 $\sigma_m = \sigma_1 + \sigma_2 + \sigma_3 = 0$，则 π 平面经过原点，σ_m 与强化无关，存在无需 σ_m 递增后续屈服轨迹半径仍沿 π 平面扩大的情况）；而屈服

半径的增加决定于偏差应力增加的幅度或后续硬化指数 f'。

3.10.7.2 等斜率强化曲面方程

如图 3.28 所示，设复杂应力状态在等倾空间上的位置为 $P_0(\sigma_{10}, \sigma_{20}, \sigma_{30})$，且该点发生初始屈服。于是 $\boldsymbol{OP}_0$ 为处于屈服柱面上的应力矢量，$\boldsymbol{P_0N_0}$ 为初始屈服半径，H 为初始屈服柱面轴线。上述各量为

$$P_0N_0 = R_0 = \sqrt{2/3}\sigma_{s0}$$

$$ON_0 = (\sigma_{10} + \sigma_{20} + \sigma_{30})/\sqrt{3}$$

令初始屈服时应力矢量 $\boldsymbol{OP}_0$ 与 H 夹角为 α，则

$$\tan\alpha = P_0N_0/ON_0 = \sqrt{2}\sigma_{s0}/(\sigma_{10} + \sigma_{20} + \sigma_{30}) \tag{3.137}$$

需指出，对比例加载，当应力矢量在 Mises 空间的方向不改变，即后续屈服发生时硬化指数为常数或 $f' = \tan\alpha$ 时，则初始屈服柱面内各点均处于弹性状态，故图 3.28 中以 H 为轴心，矢量 $\boldsymbol{OP}_0$ 绕 H 旋转得到的圆锥面 Oaa' 为一弹性锥面，且 H 满足

$$l = m = n = 1/\sqrt{3},\ \sigma_1/l = \sigma_2/m = \sigma_3/n$$

上式表明在 H 上的点满足 $\sigma_1 = \sigma_2 = \sigma_3$。

对于 $\boldsymbol{OP}_0$ 延长线上任一点 $P(\sigma_1, \sigma_2, \sigma_3)$，如图 3.29 所示，到原点与 H 的距离分别为

$$PN = \sqrt{(\sigma_1^2 + \sigma_2^2 + \sigma_3^2) - [l\sigma_1 + m\sigma_2 + n\sigma_3]^2} \tag{3.138}$$

$$OP = \sqrt{(\sigma_1^2 + \sigma_2^2 + \sigma_3^2)} \tag{3.139}$$

$\sin\alpha = PN/OP$，将式（3.138）、式（3.139）代入该式，得

$$\sin^2\alpha = \frac{(\sigma_1^2 + \sigma_2^2 + \sigma_3^2) - [l\sigma_1 + m\sigma_2 + n\sigma_3]^2}{\sigma_1^2 + \sigma_2^2 + \sigma_3^2}$$

展开、整理并注意到 $\sec^2\alpha = 1 + \tan^2\alpha$，得

$$\sigma_1^2 + \sigma_2^2 + \sigma_3^2 = [l\sigma_1 + m\sigma_2 + n\sigma_3]^2 \sec^2\alpha$$

$$\sigma_1^2 + \sigma_2^2 + \sigma_3^2 = \frac{1}{3}(\sigma_1 + \sigma_2 + \sigma_3)^2(1 + \tan^2\alpha) \tag{3.140}$$

式（3.140）即为图 3.29 中所示弹性锥面 Oaa' 的曲面方程。对比例加载，且 $f' = \tan\alpha$ 为常数，将式（3.137）代入式（3.140）得

$$\sigma_1^2 + \sigma_2^2 + \sigma_3^2 = \frac{(\sigma_1 + \sigma_2 + \sigma_3)^2}{3}\left[1 + \frac{2\sigma_{s0}^2}{(\sigma_{10} + \sigma_{20} + \sigma_{30})^2}\right] \tag{3.141}$$

式中，σ_{10}，σ_{20}，σ_{30} 为初始屈服应力矢量端点的坐标；α 为弹性硬化锥角。式（3.140）与式（3.141）为主应力空间以坐标 σ_1，σ_2，σ_3 为变量的弹性二次锥面方程的不同形式。圆锥轴线 σ_m 等倾54°44′。欲检验两式的可靠程度，将弹性锥面边界点 $P_0(\sigma_{10}, \sigma_{20}, \sigma_{30})$ 代入式（3.141），展开并整理得

$$3(\sigma_{10}^2+\sigma_{20}^2+\sigma_{30}^2)-(\sigma_{10}+\sigma_{20}+\sigma_{30})^2=2\sigma_{s0}^2$$

$$(\sigma_{10}-\sigma_{20})^2+(\sigma_{20}-\sigma_{30})^2+(\sigma_{10}-\sigma_{30})^2=2\sigma_{s0}^2 \tag{3.142}$$

即为初始 Mises 屈服准则。

设后续屈服某瞬时强化材料的屈服应力为 σ_s，应力矢量为 **OP**，图 3.29 中 P 点坐标为：$P(\sigma_{10}+d\sigma_1, \sigma_{20}+d\sigma_2, \sigma_{30}+d\sigma_3)=P(\sigma_1, \sigma_2, \sigma_3)$，则后续屈服条件为：

$$(\sigma_1-\sigma_2)^2+(\sigma_2-\sigma_3)^2+(\sigma_1-\sigma_3)^2=3(\sqrt{2/3}\sigma_s)^2 \tag{3.143}$$

由高等数学 $(x_1-x_2)^2+(x_2-x_3)^2+(x_3-x_1)^2=3R^2$ 可知上式是半径为 $\sqrt{2/3}\sigma_s$，等倾54°44′的圆柱面方程。**OP** 的端点落在柱面 P 点上（见图 3.29），且 $PN=R=\sqrt{2/3}\sigma_s$。

注意到柱面与锥面方程联立表示一条空间曲线即柱面与锥面的交线，于是联立有：

$$\left.\begin{aligned}&(\sigma_1-\sigma_2)^2+(\sigma_2-\sigma_3)^2+(\sigma_1-\sigma_3)^2=2\sigma_s^2\\&\sigma_1^2+\sigma_2^2+\sigma_3^2=\frac{1}{3}(\sigma_1+\sigma_2+\sigma_3)^2(1+\tan^2\alpha)\end{aligned}\right\} \tag{3.144}$$

式（3.144）即为等向强化后续屈服轨迹在主应力空间上的曲线方程，其在 π 平面上的投影为一系列半径线性递增同心圆。求解上式（3.144）得

$$\tan\alpha=\sqrt{2}\sigma_s/(\sigma_1+\sigma_2+\sigma_3) \tag{3.145}$$

式（3.145）仅是式（3.144）的不同形式。因此比例加载下强化曲面则为图中以初始屈服轨迹 aa' 为底。由这些同心圆组成的圆台 $aa'bb'$ 的侧表面如图 3.29 所示。其物理意义在于：随着强化进行，尽管屈服半径和轨迹离原点距离同时增加，但二者比值不变，且半径增大直至材料失稳破断为止，其数学方程为式（3.146）

$$\left.\begin{aligned}&\sigma_1^2+\sigma_2^2+\sigma_3^2=\frac{1}{3}(\sigma_1+\sigma_2+\sigma_3)^2(1+\tan^2\alpha)\\&\sigma_1\geqslant\sigma_{10},\sigma_2\geqslant\sigma_{20},\sigma_3\geqslant\sigma_{30}\end{aligned}\right\} \tag{3.146}$$

3.10.7.3 变斜率强化曲面方程

然而绝大多数材料初始屈服后强化斜率发生变化，而且 $d\sigma/d\varepsilon<\sigma/\varepsilon$（切线斜率小于割线斜率），即

$$\psi'\approx f'=d\sigma/d\varepsilon=\tan\alpha<E$$

此时单向拉伸曲线发生弯曲，后续屈服有

$$\varepsilon=\varepsilon^e+\varepsilon^p=\frac{\sigma}{E}+\varepsilon^p \tag{3.147}$$

将其代入 $\sigma=f(\varepsilon)$ 后，求导有 $d\sigma=f'\left(\frac{d\sigma}{E}+d\varepsilon^p\right)$，该式变形为 $\left(1-\frac{f'}{E}\right)d\sigma=$

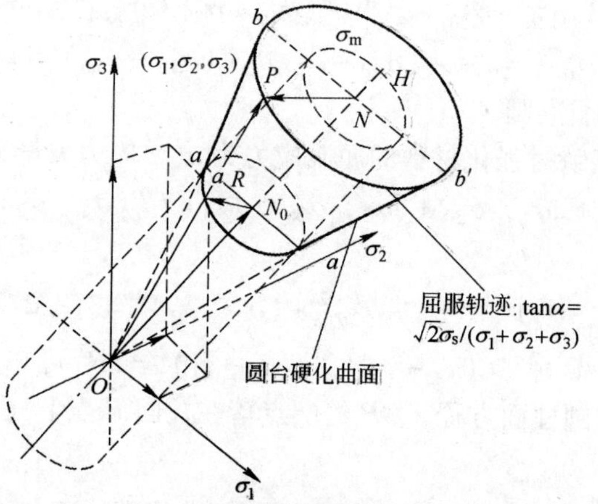

图 3.29 强化指数为常数 $\tan\alpha$ 的硬化曲面

$f'\mathrm{d}\varepsilon^p$，令

$$\psi' = \frac{\mathrm{d}\sigma}{\mathrm{d}\varepsilon^p},\ \psi' = \frac{\mathrm{d}\sigma}{\mathrm{d}\varepsilon^p} = \frac{f'}{1 - f'/E} \approx f' \tag{3.148}$$

这是因为 $f' = \dfrac{\mathrm{d}\sigma}{\mathrm{d}\varepsilon^p} \ll E$，代入式（3.145），并注意此时 $\tan\alpha = \dfrac{\mathrm{d}\sigma}{\mathrm{d}\varepsilon^p} = f'$ 已是逐渐减小的变量，于是有

$$(\sigma_1 + \sigma_2 + \sigma_3)\frac{\mathrm{d}\sigma}{\mathrm{d}\varepsilon^p} = \sqrt{2}\sigma_s \qquad f' = \frac{\sqrt{2}\sigma_s}{(\sigma_1 + \sigma_2 + \sigma_3)} = \frac{\sqrt{2}}{3}\frac{\sigma_s}{\sigma_m}$$

把 f' 表达式代入到式（3.140），整理得

$$\sigma_1^2 + \sigma_2^2 + \sigma_3^2 = \frac{1}{3}(\sigma_1 + \sigma_2 + \sigma_3)^2(1 + f'^2) = [\sqrt{3}\sigma_m]^2(1 + f'^2)$$

$$\frac{\sigma_1^2}{[\sqrt{3}\sigma_m]^2(1 + f'^2)} + \frac{\sigma_2^2}{[\sqrt{3}\sigma_m]^2(1 + f'^2)} + \frac{\sigma_3^2}{[\sqrt{3}\sigma_m]^2(1 + f'^2)} = 1 \tag{3.149}$$

式（3.149）为标准球面方程。该式表明强化球面的半径为：$\sqrt{3}\sigma_m\sqrt{1 + f'^2}$。

假定材料为非线性强化且按幂率强化

$$\sigma = K\varepsilon^n,\quad K = \left(\frac{e}{n}\right)^n \sigma'_{\mathrm{uts}} \tag{3.150}$$

式中，K 是强度系数，即产生塑性真应变为 1 时真应力值；n 是硬化指数。拉伸塑性失稳时

$$\frac{\partial\sigma}{\partial\varepsilon} = \sigma = \varepsilon_u = \ln(A_0/A_u) = n \tag{3.151}$$

如三轴强化系数满足上式并相等，强化曲面为球面[8]

$$\frac{\sigma_1^2}{f(\sigma_m,\ n)}+\frac{\sigma_2^2}{f(\sigma_m,\ n)}+\frac{\sigma_3^2}{f(\sigma_m,\ n)}=1 \tag{3.152}$$

实际上尽管屈服柱面的同一截面上具有相同的静水压力即 σ_m 相同，但多数情况下因材料性能差异致使三轴在比例加载条件下硬化指数也不能完全一致，即：$n_1 \neq n_2 \neq n_3 \neq n$，于是硬化曲面的标准方程变为

$$\frac{\sigma_1^2}{f(\sigma_m,\ n_1)}+\frac{\sigma_2^2}{f(\sigma_m,\ n_2)}+\frac{\sigma_3^2}{f(\sigma_m,\ n_3)}=1 \tag{3.153}$$

此时硬化曲面为标准椭球面如图 3.30 所示。曲面性质具体如下：

如果两向拉伸硬化指数相等，即 $f_1'=n_1=f_2'=n_2$，则强化椭球面变成回转椭球面，强化状态对称于 $O\sigma_3$ 轴。

如果三向拉伸的强化系数都相等，即 $n_1=n_2=n_3=n=f'$，则强化曲面变成圆球面，此时球面强化方程为式（3.149）及式（3.152）。

如果两向拉伸且强化系数都不等，即 $n_1 \neq n_2$，$\sigma_3=0$，则强化曲面轨迹变成二维椭圆如图 3.31 所示。此时强化方程满足：

$$\frac{\sigma_1^2}{f(\sigma_m,\ n_1)}+\frac{\sigma_2^2}{f(\sigma_m,\ n_2)}=1,\quad \sigma_{s0}<\sigma_3=\sigma_s<\sigma_b \tag{3.154}$$

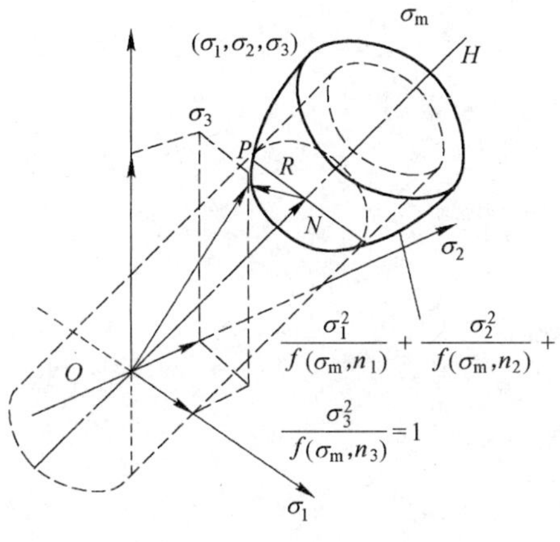

图 3.30 变斜率等向化曲面几何描述及数学方程 $f' \ll E$

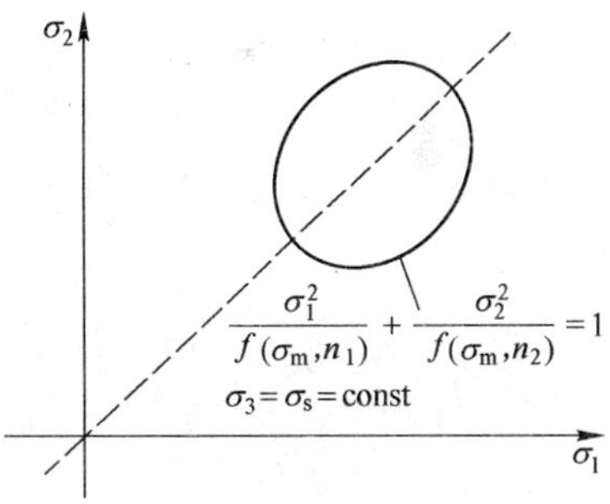

图 3.31 后续随动等向强化 $\sigma_3=\text{const}$ 的轨迹

还应特别指出：对无包辛格效应材料，在应力状态为负时，相应硬化曲面图形与图 3.29 ~ 图 3.31 沿 OH 负向相对 O 点对称。以上讨论仅适合严格按 Drucker 公设的稳定材料。

以上分析得出如下结论：

（1）随动线性强化的曲面为圆台面，后续轨迹为一系列同心圆，特点为比

例加载条件下 $f'=n=\tan\alpha$ 不变。

(2) $f'\approx n=\dfrac{d\sigma}{d\varepsilon^p}<E$ 条件下比例加载随动强化为非线性强化，三轴强化系数不等时强化曲面为椭球面，二维时为椭圆。

(3) 满足幂率方程的强化材料，若三轴强化系数相同即 $f'=n_1=n_2=n_3$ 时，比例加载的随动强化曲面为球面。

4 泛函与塑性变分原理

泛函与变分的概念及塑性变分原理是金属塑性成形能量法解析的基础。本章首先简介泛函极值条件、基本引理与直接解法，然后给出虚功原理及塑性变分原理的相关证明。本章主要参考文献为［1，2，4，5，9，10，11］。

4.1 泛函变分与极值条件

4.1.1 泛函的概念

金属塑性变形全能 ϕ 的大小随变形区内质点所选取的三个位移函数 u_i 而变化，因此它是一个泛函；位移函数 u_i 为它的自变函数。后者必须满足的体积不变条件 $\varepsilon_{ii}=0$ 为该泛函 ϕ 取极值的约束条件。足见，成形问题归结为求使全能泛函 ϕ 达到最小值的位移函数。以下介绍泛函与变分的基本概念。

引例1：已知 xoy 平面两点 $A(x_0,\ y_0)$、$B(x_1,\ y_1)$，求连接 A、B 两点的最短弧线，如图4.1所示。设连接 A、B 两点曲线的函数为 $y=y(x)$，则弧长为

$$\widehat{AB} = L = \int_{x_2}^{x_1} \sqrt{1+[y'(x)]^2}\mathrm{d}x \tag{4.1}$$

可见，L 随函数 $y=y(x)$ 的选取而变，它就是一个泛函。利用求泛函极值的间接变分法可以确定使 L 最短的函数曲线，即泛函有极值的自变函数曲线为

$$y=c_1x+c_2$$

其中，常数 c_1、c_2 可由边界点 A、B 的坐标（边界条件）确定。

引例2：要求通过两点 $A(x_0,\ y_0)$、$B(x_1,\ y_1)$ 且长度 l 为一定值的函数曲线 $y=y(x)$，使图4.2中所示曲边梯形 $ABCD$ 的面积 A_s 达到最大。

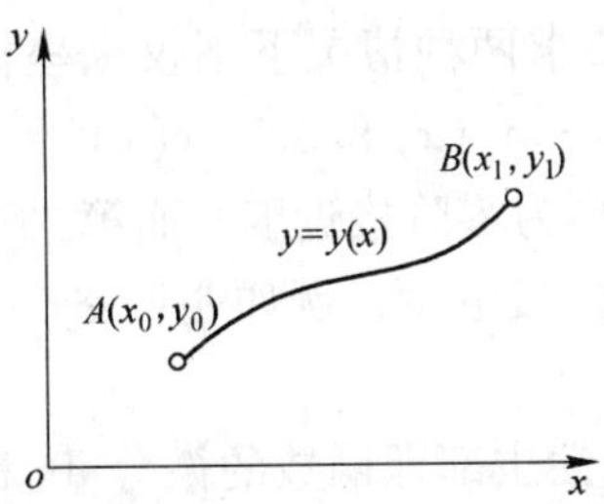

图4.1　两点间的最短弧线问题

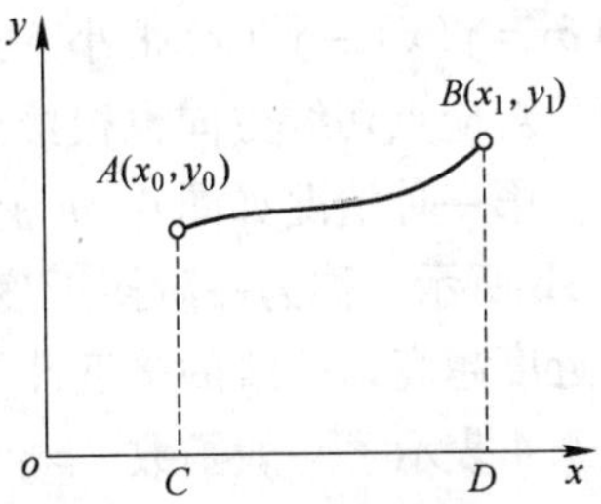

图4.2　曲边梯形的面积

曲边梯形 $ABCD$ 的面积为

$$A_s = \int_{x_0}^{x_1} y\mathrm{d}x \tag{4.2}$$

A_s依 y 的选取而定，它也是一个泛函。但在这个问题中还有一个约束条件，即 AB 长度

$$l = \int_{x_0}^{x_1} \sqrt{1 + [y'(x)]^2}\mathrm{d}x = \text{const} \tag{4.3}$$

这是一个带约束条件的泛函极值问题。由变分法可以确定，泛函 A_s的极值曲线为

$$(x - c_2)^2 + (y - c_1)^2 = r^2$$

其中常数 c_1、c_2、r 可由条件 $y(x_0) = y_0$，$y(x_1) = y_1$ 及 $\int_{x_0}^{x_1} \sqrt{1 + [y'(x)]^2}\mathrm{d}x = l$ 来确定。

由以上两例可知，L、A_s及前述变形全能 ϕ 都是依赖于一些可变化的函数的量。这些可变化的函数称为自变函数，随自变函数而变的量称为自变函数的泛函，常用一个统一的符号 ϕ 或 J 表示，记做 $\phi[y(x)]$或 $\phi(y)$等。变分法就是研究泛函极大值和极小值的方法。凡有关求泛函极大值和极小值的问题都叫做变分问题。

4.1.2 自变函数的变分

由微分学知，函数 $y = y(x)$ 的自变量为 x，它的增量 $\Delta x = x - x_0$。当增量 Δx 无限小时，$\Delta x = \mathrm{d}x$，$\mathrm{d}x$ 为自变量 x 的微分。相似地，泛函 $\phi[y(x)]$的自变函数为 $y(x)$。当自变函数 $y(x)$的增量 $\Delta y(x)$无限小时，称其为自变量函数的变分，用 $\delta y(x)$(或简写为 δy)来表示。δy 是指函数 $y(x)$和跟它相接近的另一函数 $y_1(x)$的微差。

泛函的自变函数要怎样改变才算是微小呢？或说 $y = y(x)$和 $y_1 = y_1(x)$要怎样才算是很接近呢？最简单的情况是在一切的 x 值上，$y_1(x)$和 $y(x)$的差都很小，即 $\delta y = y(x) - y_1(x)$很小。进一步还可以要求两种情况下不仅纵坐标很接近，而且对应点切线方向也很接近，即 $\delta y = y(x) - y_1(x)$和 $\delta y' = y(x)' - y_1(x)'$都很小。第一种情况如图 4.3a 上的两条曲线，称为零阶接近度，而第二种情况如图 4.3b 所示，称为一阶接近度。还有更高阶的接近度，例如 $\delta y''$、$\delta y'''$…都很小。接近度越高，曲线的接近性越好。

图 4.4 表示了一般函数 $y = y(x)$的增量的线性主部即函数的微分 $\mathrm{d}y$ 和泛函自变函数的变分 δy 之间的区别。前者是针对一条曲线 $y = y(x)$而言，当自变量有增量$\Delta x = \mathrm{d}x$ 时，函数值即纵坐标发生变化的线性主部是 $\mathrm{d}y$。而后一种情况乃

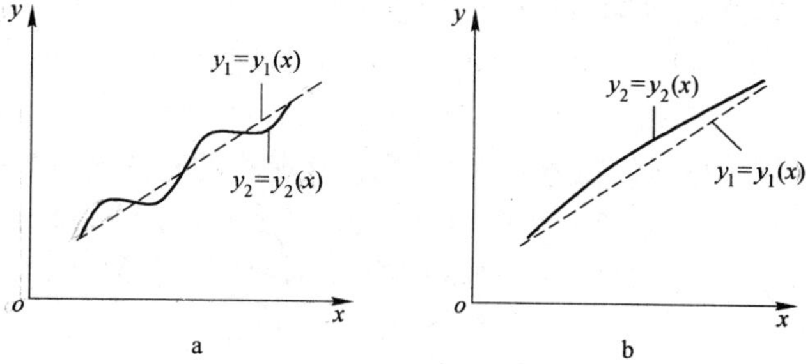

图 4.3 曲线的接近度

是针对两条接近的曲线 $y(x)$ 和 $y_1(x)$ 而言。由于自变函数 $y(x)$ 变到 $y_1(x)$，而发生变分 δy，所以 δy 是 x 的函数。

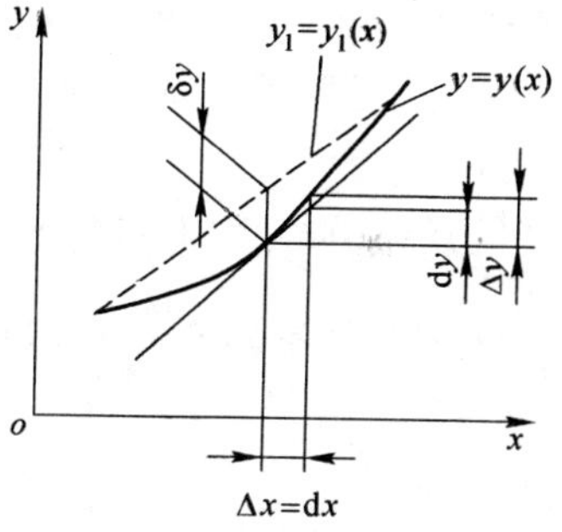

图 4.4 dy 和 δy 的区别

4.1.3 泛函的变分

函数的微分有两个定义。其一是通常的定义，即函数的增量

$$\Delta y = y(x+\Delta x) - y(x)$$

可以展开为线性项和非线性项，即

$$\Delta y = A(x)\Delta x + \varphi(x,\Delta x)\Delta x \qquad (4.4)$$

其中 $A(x)$ 和 Δx 无关，而 $\varphi(x,\Delta x)$ 和 Δx 有关，且当 $\Delta x \to 0$ 时，$\varphi(x,\Delta x)\to 0$，于是称 $y(x)$ 是可微的，其线性部分就称为函数的微分，微分是函数增量的线性主部。

$$\mathrm{d}y = A(x)\Delta x = y'(x)\Delta x \qquad \Delta x = \mathrm{d}x \qquad y'(x) = \frac{\mathrm{d}y}{\mathrm{d}x}$$

$A(x) = y'(x)$ 是函数 $y(x)$ 的导数。

函数微分的第二种定义，即：函数 $y(x)$ 在 x 处的微分也等于 $y(x+\varepsilon\Delta x)$ 对 ε 的导数在 $\varepsilon=0$ 时的值。设 ε 为小参数，并将 $y(x+\varepsilon\Delta x)$ 对 ε 求导，得到

$$\frac{\partial}{\partial \varepsilon} y(x+\varepsilon\Delta x) = y'(x+\varepsilon\Delta x)\Delta x$$

当 $\varepsilon=0$ 时有

$$\frac{\partial}{\partial \varepsilon} y(x+\varepsilon\Delta x)\Big|_{\varepsilon=0} = y'(x)\Delta x = \mathrm{d}y(x) \qquad (4.5)$$

这就是函数微分的拉格朗日定义。

泛函的变分也有类似的两个定义。第一种定义是：对于自变函数 $y(x)$ 的变分 $\delta y(x)$ 所引起的泛函的增量，定义为

$$\Delta\phi = \phi[y(x)+\delta y(x)] - \phi[y(x)]$$

它可以展开为线性的泛函项和非线性的泛函项

$$\Delta\phi = L[y(x) + \delta y(x)] + \psi[y(x), \delta y(x)] \cdot \max|\delta y(x)| \tag{4.6}$$

其中 $L[y(x), \delta y(x)]$ 是线性泛函项，而 $\psi[y(x), \delta y(x)] \cdot \max|\delta y(x)|$ 是非线性泛函项。$\psi[y(x), \delta y(x)]$ 是 $\delta y(x)$ 的同阶或高阶小量，当 $\delta y(x) \to 0$ 时，有 $\max|\delta y(x)| \to 0$，$\psi[y(x), \delta y(x)] \to 0$。这样上式中泛函增量对于 $\delta y(x)$ 来说是线性的那一部分，即 $L[y(x), \delta y(x)]$，就叫做泛函的变分，用 $\delta\phi$ 来表示，即

$$\delta\phi = L[y(x), \delta y(x)] \tag{4.7}$$

所以，泛函的变分是泛函增量的主部，对于自变函数的变分 $y(x)$ 来说是线性的。

与函数的微分相对应，泛函的另一个定义是由拉格朗日给出的下述定义：泛函的变分是 $\phi[y(x) + \varepsilon\delta y(x)]$ 对 ε 的导数在 $\varepsilon = 0$ 时的值。

$$\phi[y(x) + \varepsilon\delta y(x)] = \phi[y(x)] + \Delta\phi = \phi[y(x)] + L[y(x), \varepsilon\delta y(x)] + \psi[y(x), \varepsilon\delta y(x)] \cdot \varepsilon \cdot \max|\delta y(x)|$$

因为 $L[y(x), \varepsilon\delta y(x)] = \varepsilon L[y(x), \delta y(x)]$，所以

$$\frac{\partial}{\partial\varepsilon}\phi[y(x) + \varepsilon\delta y(x)] = L[y(x), \delta y(x)] + \psi[y(x), \varepsilon\delta y(x)]\max|\delta y(x)| + \varepsilon\frac{\partial}{\partial\varepsilon}\{\psi[y(x), \varepsilon\delta y(x)]\}\max|\delta y(x)|$$

当 $\varepsilon = 0$ 时 $\quad \frac{\partial}{\partial\varepsilon}\phi[y(x) + \varepsilon\delta y(x)]\big|_{\varepsilon=0} = L[y(x), \delta y(x)]$

这就证明了拉格朗日泛函变分的定义

$$\delta\phi = \frac{\partial}{\partial\varepsilon}\phi[y(x) + \varepsilon\delta y(x)]\big|_{\varepsilon=0} \tag{4.8}$$

例 1：求最简单的泛函 $\phi[y] = \int_{x_0}^{x_1} F(x, y, y')\,dx$ 的变分。

$$\frac{\partial}{\partial\varepsilon}\phi[y + \varepsilon\delta y] = \int_{x_0}^{x_1}\frac{\partial}{\partial\varepsilon}F(x, y + \varepsilon\delta y, y' + \varepsilon\delta y')\,dx$$

令 $y + \varepsilon\delta y = u_1$，$y' + \varepsilon\delta y' = u_2$，则

$$\frac{\partial}{\partial\varepsilon}\phi[y + \varepsilon\delta y] = \int_{x_0}^{x_1}\left[\frac{\partial}{\partial u_1}F(x, y + \varepsilon\delta y, y' + \varepsilon\delta y')\delta y + \frac{\partial}{\partial u_2}F(x, y + \varepsilon\delta y, y' + \varepsilon\delta y')\delta y'\right]dx$$

$$\frac{\partial}{\partial\varepsilon}\phi[y + \varepsilon\delta y]\big|_{\varepsilon=0} = \int_{x_0}^{x_1}\left[\frac{\partial}{\partial y}F(x, y, y')\delta y + \frac{\partial}{\partial y'}F(x, y, y')\delta y'\right]dx$$

$$\delta\phi = \int_{x_0}^{x_1}\left[\frac{\partial F}{\partial y}\delta y + \frac{\partial F}{\partial y'}\delta y'\right]dx \tag{4.9}$$

所以，泛函的变分（又称一阶变分）既然是泛函增量的线性主部，那么求泛函增量主部的过程与求微分的过程是非常相似的，微分运算法则同样适于变分运

算，借助微分运算可求出泛函二阶变分及增量为

$$\delta^2\phi = \int_{x_0}^{x_1}\left[\frac{\partial^2 F}{\partial y^2}(\delta y)^2 + 2\frac{\partial^2 F}{\partial y\partial y'}\delta y\delta y' + \frac{\partial^2 F}{\partial (y')^2}(\delta y')^2\right]\mathrm{d}x \tag{4.10}$$

$$\Delta\phi = \phi[y+\delta y] - \phi[y] = \int_{x_0}^{x_1}[F(x,y+\delta y,y'+\delta y') - F(x,y,y')]\mathrm{d}x$$

$$= \delta\phi + \frac{1}{2}\delta^2\phi + \cdots$$

对于多个自变函数的泛函，也可以借助多元函数的微分法则求出其变分。

4.1.4 泛函变分运算规则

微分运算规则适于变分运算，但应注意以下几个问题：

（1）设有函数 $y(x)$，$u(x)$和 $v(x)$，n 为常量，则

$$\delta y^n = ny^{n-1}\delta y \tag{4.11}$$

$$\delta(u+v) = \delta u + \delta v, \delta(uv) = u\delta v + v\delta u, \delta(u/v) = (v\delta u - u\delta v)/v^2 \tag{4.12}$$

（2）变分号可由积分号外进入积分号内，例如

$$\delta\phi = \delta\int_{x_0}^{x_1}F(x,y,y')\mathrm{d}x = \int_{x_0}^{x_1}\delta F(x,y,y')\mathrm{d}x \tag{4.13}$$

$$\delta\int_{x_0}^{x_1}y\mathrm{d}x = \int_{x_0}^{x_1}\delta y\mathrm{d}x \tag{4.14}$$

（3）在同时进行微分、求导、变分运算时，运算次序可以调换，例如

$$\delta(\mathrm{d}y) = \mathrm{d}(\delta y)$$

$$\delta\left(\frac{\mathrm{d}y}{\mathrm{d}x}\right) = \frac{\mathrm{d}(\delta y)}{\mathrm{d}x} \quad 或 \quad \delta(y') = (\delta y)' \tag{4.15}$$

（4）设有函数 $y(x)$，注意：$\mathrm{d}(xy) = y\mathrm{d}x + x\mathrm{d}y$，而

$$\delta(xy) = x\delta y \tag{4.16}$$

问题（4）揭示了微分与变分的主要区别。微分计算时，$\mathrm{d}y$ 是由 $\mathrm{d}x$ 引起的，突出了 x 是一个自变量，所以 $\mathrm{d}x \neq 0$。由变分定义知，$\delta\phi$ 是 δy 引起的，但 δy 并不是由 δx 引起的，δy 是在 x 为同一值（x 不变）时定义的，即在图 4.4 上是定义在 x 为固定值的一条垂直线上，所以 $\delta x = 0$，即变分计算时突出了 x 是一个常量。

4.1.5 泛函极值的条件

泛函极值条件与函数极值条件具有相似的定义。如果

$$\left.\begin{array}{l}\delta\phi = 0\\ \delta^2\phi > 0\end{array}\right\}泛函取极小值 \qquad \left.\begin{array}{l}\delta\phi = 0\\ \delta^2\phi < 0\end{array}\right\}泛函取极大值 \tag{4.17}$$

对于实际问题，极大或极小往往由问题本身即可确定，无需求出 $\delta^2\phi$。

4.2 基本引理与欧拉方程

4.2.1 变分计算基本引理

设 $F(x)$ 是 $[x_0, x_1]$ 上的连续函数，而 $\eta(x)$ 是一类任意的连续函数，如果下列积分为零

$$\int_{x_0}^{x_1} F(x)\eta(x)\,\mathrm{d}x = 0 \tag{4.18}$$

则在 $[x_0, x_1]$ 上就有 $F(x) \equiv 0$。

证明：用反证法。设在 $[x_0, x_1]$ 上某点 x^* 处，$F(x) \neq 0$，由于 $F(x)$ 是连续的，则必在某个邻域 $\bar{x}_0 \leqslant x^* \leqslant \bar{x}_1$ 上 $F(x)$ 不变号，对任意函数 $\eta(x)$，总可设它在此邻域也不变号，而在此邻域之外有 $\eta(x) = 0$，如图 4.5 所示，于是得出

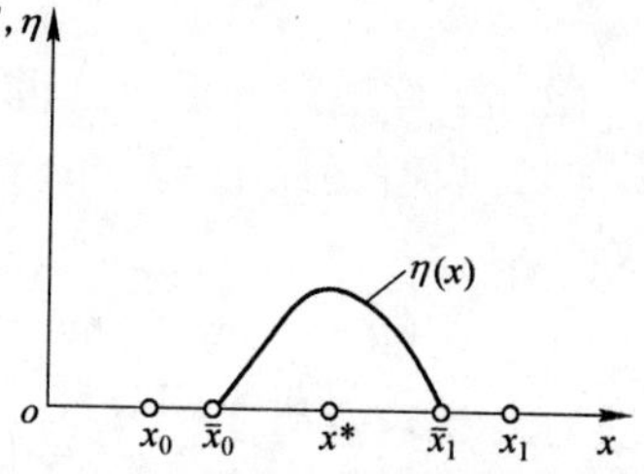

图 4.5 变分引理证明

$$\int_{x_0}^{x_1} F(x)\eta(x)\,\mathrm{d}x = \int_{\bar{x}_0}^{\bar{x}_1} F(x)\eta(x)\,\mathrm{d}x \neq 0$$

这和前提相矛盾，故在 $[x_0, x_1]$ 上到处有 $F(x) \equiv 0$。同样可以证明若多元函数 $F(x, y)$ 在平面域上连续，$\eta(x, y)$ 为任意一类连续函数，且有

$$\int_D F(x,y)\eta(x,y)\,\mathrm{d}x\mathrm{d}y = 0$$

则在 D 上必有 $F(x, y) \equiv 0$。

当 F，η 为三元函数时，上述结论不变；F，η 均为矢量时，上述引理亦成立。在解析具体问题时，η 可指某个函数的变分例如 δy，它在边界上取零值，在边界以内是任意且连续可导的。

此时若

$$\int_{x_0}^{x_1} F(x)\delta y(x)\,\mathrm{d}x = 0$$

则在 $[x_0, x_1]$ 上，必有 $F(x) \equiv 0$。

4.2.2 欧拉方程

例 1 中最简单的泛函，$\phi[y] = \int_{x_0}^{x_1} F(x,y,y')\,\mathrm{d}x$，其两个端点 A (x_0, y_0)、B (x_1, y_1) 是固定的，其一阶变分由式（4.9）为

$$\delta\phi = \int_{x_0}^{x_1}\left[\frac{\partial F}{\partial y}\delta y + \frac{\partial F}{\partial y'}\delta y'\right]\mathrm{d}x$$

$$= \int_{x_0}^{x_1}\left[\frac{\partial F}{\partial y}\delta y + \frac{\partial F}{\partial y'}\delta\left(\frac{\mathrm{d}y}{\mathrm{d}x}\right)\right]\mathrm{d}x = \int_{x_0}^{x_1}\left[\frac{\partial F}{\partial y}\delta y + \frac{\partial F}{\partial y'}\frac{\mathrm{d}(\delta y)}{\mathrm{d}x}\right]\mathrm{d}x$$

对被积函数第二项作分部积分并将其积出，注意到端点固定条件 $\delta y(x_0) = \delta y(x_1) = 0$，有

$$\begin{aligned}\delta\phi &= \int_{x_0}^{x_1}\left[\frac{\partial F}{\partial y}\delta y + \frac{\mathrm{d}}{\mathrm{d}x}\left(\frac{\partial F}{\partial y'}\delta y\right) - \frac{\mathrm{d}}{\mathrm{d}x}\left(\frac{\partial F}{\partial y'}\right)\delta y\right]\mathrm{d}x \\ &= \frac{\partial F}{\partial y'}\delta y\Big|_{x_0}^{x_1} + \int_{x_0}^{x_1}\left[\frac{\partial F}{\partial y} - \frac{\mathrm{d}}{\mathrm{d}x}\left(\frac{\partial F}{\partial y'}\right)\right]\delta y\mathrm{d}x\end{aligned}$$

考虑到极值条件式（4.17）有

$$\delta\phi = \int_{x_0}^{x_1}\left[\frac{\partial F}{\partial y} - \frac{\mathrm{d}}{\mathrm{d}x}\left(\frac{\partial F}{\partial y'}\right)\right]\delta y\mathrm{d}x \tag{4.19}$$

由基本引理式（4.18），注意到 δy 的任意性有

$$\frac{\partial F}{\partial y} - \frac{\mathrm{d}}{\mathrm{d}x}\left(\frac{\partial F}{\partial y'}\right) = 0 \tag{4.20}$$

上式称为泛函 $\phi[y] = \int_{x_0}^{x_1}F(x,y,y')\mathrm{d}x$ 在固定边界的条件下取极值的欧拉方程。

注意到上式第二项是对 x 的全导数，所以

$$\mathrm{d}\left(\frac{\partial F}{\partial y'}\right) = \frac{\partial^2 F}{\partial y'\partial x}\mathrm{d}x + \frac{\partial^2 F}{\partial y'\partial y}\mathrm{d}y + \frac{\partial^2 F}{\partial y'\partial y'}\mathrm{d}y'$$

或

$$\begin{aligned}\frac{\mathrm{d}}{\mathrm{d}x}\left(\frac{\partial F}{\partial y'}\right) &= \frac{\partial^2 F}{\partial y'\partial x} + \frac{\partial^2 F}{\partial y'\partial y}\times\frac{\mathrm{d}y}{\mathrm{d}x} + \frac{\partial^2 F}{\partial y'\partial y'}\times\frac{\mathrm{d}y'}{\mathrm{d}x} \\ &= F_{xy'} + F_{yy'}y' + F_{y'y'}y''\end{aligned}$$

故式（4.20）也可写成

$$F_y - F_{xy'} - F_{yy'}y' - F_{y'y'}y'' = 0 \tag{4.21}$$

式（4.20）和式（4.21）是二阶微分方程，解此方程可求出使泛函 $\phi[y(x)]$ 达到极值的函数曲线 $y(x)$。利用相似方法，可以确定其他形式泛函的欧拉方程，结果给出如表 4.1 所示。

表 4.1　各种形式泛函及欧拉方程

泛函形式	欧拉方程
$\phi(y) = \int_{x_0}^{x_1}F(x,y,y',y'',\cdots,y^{(n)})\mathrm{d}x$ 边界固定，依赖于高阶导数的泛函	$F_y - \frac{\mathrm{d}}{\mathrm{d}x}F_{y'} + \frac{\mathrm{d}^2}{\mathrm{d}x^2}F_{y''} + \cdots + (-1)^n\frac{\mathrm{d}^n}{\mathrm{d}x^n}F_{y^{(n)}} = 0$
$\phi[w(x,y,z)] = \int_V F(x,y,z,w,w_x,w_y,w_z)\mathrm{d}x\mathrm{d}y\mathrm{d}z$ 边界固定，依赖于多元函数的泛函	$F_w - \frac{\partial}{\partial x}F_{w_x} - \frac{\partial}{\partial y}F_{w_y} - \frac{\partial}{\partial z}F_{w_z} = 0$

续表 4.1

泛函形式	欧拉方程
$\phi(y_1,y_2,\cdots,y_n)=\int_{x_0}^{x_1}F(x,y_1,y_2,\cdots,y_n,y_1',y_2',\cdots,y_n')\mathrm{d}x$ 边界固定，依赖于多个函数的泛函	$F_{y_i}-\frac{\mathrm{d}}{\mathrm{d}x}F_{y_i'}=0 \quad i=1,2,\cdots,n$
$\phi(y_1,y_2,\cdots,y_n)=\int_{x_0}^{x_1}F(x,y_1,y_2,\cdots,y_n,y_1',y_2',\cdots,y_n')\mathrm{d}x$ 约束条件：$f_i(x,y_1,y_2,\cdots,y_n)=0 \quad i=1,2,\cdots,k$	$F_{y_j}+\sum_{i=1}^{k}\lambda_i(x)\frac{\partial f_i}{\partial y_j}-\frac{\mathrm{d}}{\mathrm{d}x}F_{y_j'}=0$ $j=1,2,\cdots,n$

例 2：求使下列泛函取极值的函数曲线 $y(x)$。

$$\phi[y]=\int_0^{\pi/2}(y'^2-y^2)\mathrm{d}x,\ y(0)=2,\ y(\pi/2)=0$$

解：对照例 1，$F(x,\ y,\ y')=y'^2-y^2$，所以 $F_y=-2y$，$F_{y'}=2y'$，$\frac{\mathrm{d}}{\mathrm{d}x}F_{y'}=2y''$。欧拉方程式（4.20）为 $y''+y=0$，其通解为 $y=C_1\cos x+C_2\sin x$。由边界条件得 $y=2\cos x$。

4.2.3 泛函的条件极值

本节推导表 4.1 第四行约束条件下泛函极值的欧拉方程，又称条件极值变分法。即研究泛函

$$\phi(y_1,y_2,\cdots,y_n)=\int_{x_0}^{x_1}F(x,y_1,y_2,\cdots,y_n,y_1',y_2',\cdots,y_n')\mathrm{d}x \tag{4.22}$$

在约束条件：　$f_i(x,\ y_1,\ y_2,\ \cdots,\ y_n)=0 \quad (i=1,\ 2,\ \cdots,\ k)$　（4.23）

下的极值问题。与数学分析中求函数极值的拉格朗日乘子法类似，将约束条件式（4.23）分别乘以拉格朗日乘子 $\lambda_i(x)$（$i=1,\ 2,\ \cdots,\ k$），并加到式（4.22）表示的原泛函 ϕ 中，便得到新的泛函

$$\phi^*=\int_{x_0}^{x_1}[F+\sum_{i=1}^{k}\lambda_i(x)f_i]\mathrm{d}x=\int_{x_0}^{x_1}F^*\mathrm{d}x \tag{4.24}$$

于是便可把上述新泛函当做无条件极值问题处理，依据表 4.1 的第三栏泛函，可给出上述新泛函的欧拉方程组

$$\frac{\partial F^*}{\partial y_j}-\frac{\mathrm{d}}{\mathrm{d}x}\left(\frac{\partial F^*}{\partial y_j'}\right)=0 \quad (j=1,2,\cdots,n) \tag{4.25}$$

由于

$$F^*=F+\sum_{i=1}^{k}\lambda_i(x)f_i$$

所以式（4.25）也可以写成

$$\frac{\partial F}{\partial y_j}+\sum_{i=1}^{k}\lambda_i(x)\frac{\partial f_i}{\partial y_j}-\frac{\mathrm{d}}{\mathrm{d}x}\left(\frac{\partial F}{\partial y_j'}\right)=0 \quad (j=1,2,\cdots,n) \tag{4.26}$$

以上考虑到约束条件方程组式（4.23），共有 $k+n$ 个方程，因而可以确定 $k+n$ 个未知数 y_1，y_2，…，y_n 和 $\lambda_1(x)$，$\lambda_2(x)$，…，$\lambda_k(x)$。再利用边界条件 $y_1(x_0)=y_{10}$，…，$y_n(x_0)=y_{n0}$ 和 $y_1(x_1)=y_{11}$，…，$y_n(x_1)=y_{n1}$，就可以确定欧拉方程通解中的 $2n$ 个积分常数。这样得到的 y_1，y_2，…，y_n 可以使 ϕ^* 达到驻值。

另一种方法罚函数法也常用于求解泛函极值。设有泛函 ϕ 与约束条件 $f=0$。将约束条件平方后乘以惩罚因子 M（足够大的数）并加入原泛函得到新泛函为

$$\phi^*=\phi+Mf^2$$

在不满足 $f=0$，即稍许偏离约束条件时，则 $Mf^2\neq 0$，且因为 M 是一个足够大的数，使 Mf^2 也足够大，因而泛函 ϕ^* 不会达到极值，故只有在满足 $f=0$ 的条件下，ϕ^* 才可能达到极值，而这正是泛函 ϕ 的极值。足见，原来带约束条件的极值问题以此化为新的无条件极值问题。

上述通过求解欧拉方程的边值问题来寻找使泛函取得极值的极端函数，这种解法叫变分问题的间接解法。其突出特点是给出解析解，但求解微分方程往往非常困难。

4.3 泛函极值的直接解法

另一解法是不借助欧拉微分方程而以近似方法直接求泛函取极值的极端函数的方法，称为泛函变分问题的直接解法。直接解法相对简单，但得到的只是数值解。

4.3.1 差分法

差分法是最简单的直接解法之一，例如对例 1 中最简单的泛函用差分法求解

$$\phi[y]=\int_a^b F(x,y,y')\mathrm{d}x,\quad y(a)=y_a,\quad y(b)=y_b \tag{4.27}$$

第一步：将微分写成差分，将积分式写成差分求和式。首先把区间 $[a,b]$ 用分点 $a=x_0<x_1<x_2<\cdots<x_{n-1}<x_n=b$，划分成 n 个小区间。可划为等分区间，使区间长度 $\Delta x=\dfrac{b-a}{n}$。设极端函数 $y=y(x)$ 是通过点 (a,y_a)，(x_1,y_1)，(x_2,y_2)，…(b,y_b) 的一条折线，但 y_i 要根据泛函取极值的条件来确定。导数 y'_i 可以一般地表示为 $y'_i=(y_{i+1}-y_i)/\Delta x$（$i=0,1,2,\cdots,n-1$），此处 $y_0=y_a$，$y_n=y_b$。把导数代入上面的泛函，使 $\phi(y)$ 实际上成为 y_1，y_2，…，y_{n-1} 的函数，即

$$\phi[y]=\sum_{i=0}^{n-1}F\left(x_i,y_i,\frac{y_{i+1}-y_i}{\Delta x}\right)\Delta x \tag{4.28}$$

注意上述和式中未知量仅是 y_1，y_2，…，y_{n-1}。

第二步：选择 y_i 使满足条件

$$\frac{\partial\phi[y]}{\partial y_i}=0 \qquad (i=1,2,\cdots,n-1)$$

因为在式（4.28）中，含 y_i 的只是第 i 项和第 $i-1$ 项，于是上式求导后得下列代数方程组：

$$F_y(x_i,y_i,\frac{\Delta y_i}{\Delta x})-\frac{1}{\Delta x}\Big[F_{y'}(x_i,y_i,\frac{\Delta y_i}{\Delta x})-F_{y'}(x_{i-1},y_{i-1},\frac{\Delta y_{i-1}}{\Delta x})\Big]=0$$

$$(i=1,2,\cdots,n-1) \tag{4.29}$$

解此代数方程组，可得到一条由折线组成的近似极端函数曲线 $y_i=y_i(x_i)$。当 n 增大或区间 $[a,\ b]$ 分得越细时，极端函数曲线会越精确。对于依赖多个函数和多元函数的泛函也可用差分法求解。当 $n\to\infty$ 时，式（4.29）导至式(4.20)。显然对于每一个取定的 n，例如 $n=k$，可以得到一个近似极端函数 $f_k(x)$ 的极小化序列

$$\{f_1(x),f_2(x),\cdots,f_n(x)\}$$

差分法就是要建立泛函这样的极小化序列，使当 n 充分大时，得到 $f_n(x)\to y(x)$，进而收敛到真正的极端函数 $y(x)$。

4.3.2 里兹法

以下是里兹 1908 年首先提出的方法。其基本思想是把泛函的极值问题化为有限个变量的多元函数极值问题，当变量数目为有限多时，给出问题的近似解，它们的极限给出问题精确解。

设 y 是泛函 $\phi(y)$ 取极值 m 的极端函数，即它是取极值时的正确解。如果能求得另一个函数 $\bar{y}$（又称试验函数），它满足给定的边界条件，且使泛函 $\phi[\bar{y}]$ 之值接近于 m，则 $\bar{y}$ 就是该问题的近似解。考察泛函式（4.27），里兹解法如下：

(1) 选择一适当的彼此线性无关的函数序列（又称坐标函数）$w_1(x)$，$w_2(x)$，…，$w_n(x)$，…，构造下列形式的试验函数

$$\bar{y}=\sum_{i=1}^{n}a_iw_i \tag{4.30}$$

式中，a_i（$i=1,\ 2,\ \cdots,\ n$）为 n 个任意的待定常数。将 $\bar{y}=\sum_{i=1}^{n}a_iw_i$ 代入泛函表达式 $\phi(y)$ 中，经过微积分运算，则将泛函化为以待定常数 a_1，…，a_n 为自变量的多元函数 $\bar{\psi}(a_i)$，即

$$\phi(y)\approx\phi(\bar{y})=\int_a^b F[x,\sum_{i=1}^{n}a_iw_i(x),\sum_{i=1}^{n}a_iw_i'(x)]\mathrm{d}x=\bar{\psi}(a_1,a_2,\cdots,a_n) \tag{4.31}$$

（2）依照数学分析多元函数求极值的方法，欲使多元函数 $\overline{\psi}$（a_1，a_2，…，a_n）取极值，必须

$$\frac{\partial\overline{\psi}}{\partial a_i}=0 \quad (i=1,2,\cdots,n) \tag{4.32}$$

求解上述方程组来确定 a_1，a_2，…，a_n，并将其代入式（4.30），所得 $\overline{y}$ 即为原泛函极值问题的近似解。n 为有限多个时，所得为近似解，n 越大，所得近似解越接近于精确解。

4.3.3 康托罗维奇法

当求依赖于多个自变量的函数的泛函 ϕ [y（x_1，x_2，…，x_n）] 的极值的近似解时，常采用里兹法的推广——康托罗维奇法。步骤如下：

（1）选取函数序列：ψ_1（x_1，x_2，…，x_{n-1}），ψ_2（x_1，x_2，…，x_{n-1}），…，ψ_n（x_1，x_2，…，x_{n-1}），…构造满足边界条件的近似函数

$$\overline{y}(x_1,x_2,\cdots,x_n) = \sum_{i=1}^{m}A_i(x_n)\psi_i(x_1,x_2,\cdots,x_{n-1}) \tag{4.33}$$

式中，$A_i(x_n)$ 是以权重自变量 x_n 为自变量的待定函数，它与选取函数 ψ_i 线性组合后的 $\overline{y}$ 应满足给定的边界条件。将式（4.33）的 $\overline{y}$ 代入原泛函，则选取函数 $\psi_i(x_1$，x_2，…，$x_{n-1})$ 在原泛函中经微积分运算化掉 x_1，x_2，…，x_{n-1}，得到以 $A_1(x_n)$，$A_2(x_n)$，…，$A_m(x_n)$ 为自变函数的新泛函 $\phi^*(A_1$，A_2，…，$A_m)$，即

$$\phi(y)\approx\phi(\overline{y})=\phi^*[A_1(x_n),A_2(x_n),\cdots,A_m(x_n)] \tag{4.34}$$

（2）由欧拉方程确定函数 $A_1(x_n)$，$A_2(x_n)$，…，$A_m(x_n)$，使泛函 ϕ（$\overline{y}$）达到极值，即求解

$$F_{A_i}-\frac{\mathrm{d}}{\mathrm{d}x}F_{A_i'}=0 \quad (i=1,\ 2,\ \cdots,\ m) \tag{4.35}$$

$A_1(x_n)$，$A_2(x_n)$，…，$A_m(x_n)$ 的选取应使 $\overline{y}(x_1$，x_2，…，$x_n)$ 在直线 $x=a$ 和 $x=b$ 上满足给定的边界条件，这样便得到变分问题的近似解。当 $m\to\infty$，某些情况下得到精确解，如果 m 为有限数，则只能得到近似解。

上述解法的实质是把原来含多变量的偏微分方程问题化为仅含单变量的常微分方程问题。一般是把 x_1，x_2，…，x_n 中变化复杂且处于主要影响地位的变量取为 x_n，该解法在处理含多个自变量的自变函数的泛函时，比里兹法要精确得多。

4.3.4 有限元法

有限元法已由弹性、弹－塑性、刚－塑性、黏－塑性有限元构成了独立的数

值解法体系，并开发了多种商业计算软件，故本书不囊括有限元内容，但为了比较仅做一般概述。

该法是用有限个单元的集合来代替成形工件的整体，单元间用结点（即离散点）彼此联结。独建每个单元的泛函公式，然后集合起来，施以变分，最终得到整体工件解的离散值。实质为数值解法，也称从局部到整体的方法。计算步骤如下：

(1) 整体工件离散化。选择单元类型、数目、大小、排列方式并有效表示工件整体。

(2) 选择自变函数，建立单元节点自变函数值与单元内部未知函数插值关系的形函数以使数值结果更精确。

(3) 建立单元刚度矩阵（弹性、弹塑性有限元）与单元能量泛函（刚－塑性有限元）。

(4) 建立整体方程。对弹性、弹塑性有限元要建立整体刚度矩阵；对刚－塑性有限元则建立整个工件的变分方程组。

(5) 求未知节点速度或位移。解线性方程组（弹性）或非线性方程组（弹塑性）。

(6) 由节点位移或速度计算各单元应力与应变。

本节最后将以综合实例阐述此种解法。

4.3.5 搜索法

数值解法的变分问题最终归结为求多元函数 $\varphi(a_1, a_2, \cdots, a_n)$ 的极值和极值点坐标 $a_1, a_2, \cdots, a_n$ 的数学问题，当求解方程组遇到困难时，可借助无约束优化方法中的按坐标搜索法进行极值搜索。

欲寻找二元函数 $\phi(x, y)$ 的极值，只需将其函数图形视为空间曲面 $z=\phi(x, y)$。通过一系列平行于 $x-y$ 面的平面，来截割该曲面即可寻得一个很小的 z。由于极值原理已证明了全功率泛函具有极小值，且实践证明此极值是唯一的，注意到塑性全功率是一个凸函数，故在任意一水平面上，函数 $\phi(x, y)$ 的截面图形是一个凸的封闭曲线，如图 4.6 所示。随着 z 的减小，封闭曲线逐渐缩为一椭圆区域最后收缩到一点，此点标高 $z=z_0$ 即为 ϕ 的极小值。

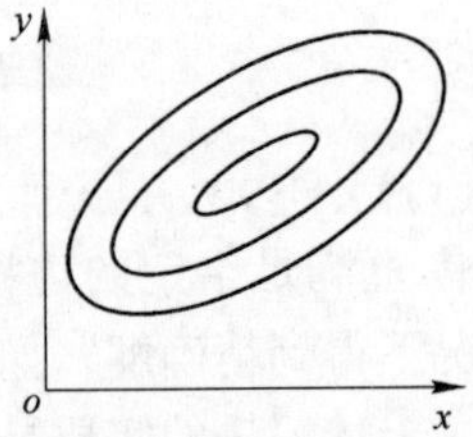

图 4.6 凸函数等高线

在采用里兹法、有限元等求解泛函极值时，泛函 ϕ 常是多维空间的超曲面，全功率泛函 $J=\phi(a_1, a_2, \cdots)$。设 ϕ 是一个四维曲面 $\phi=\varphi(a, b, c, d)$，搜索法首先从一个初始值 $\phi(a_0, b_0, c_0, d_0)$ 开始，令后三个变量固定，而 a 由 a_0

开始变化，可以得到一条曲线 $\phi=\phi(a, b_0, c_0, d_0)$，如图4.7所示。保留一个最低点 a_1 不变，再令 b 是变量，可得另一条函数曲线 $\phi=\phi(a_1, b, c_0, d_0)$，如图4.8所示。最低点的 b 是 b_1。当求得四个参数值 a_1，b_1，c_1，d_1 以后，则以它们为初始值重复以上计算过程，最后可求得一个"锅底"，即 a_n，b_n，c_n，d_n 及对应的最小值 ϕ_n。为确信所得 ϕ_n 接近极小，只要验证 $\phi_1>\phi_2>\cdots>\phi_n$ 和 $\phi_{n-1}-\phi_n<\varepsilon$ 即可。

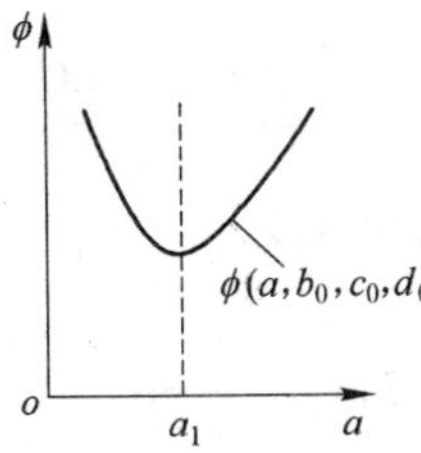

图4.7 坐标搜索法 a 变化

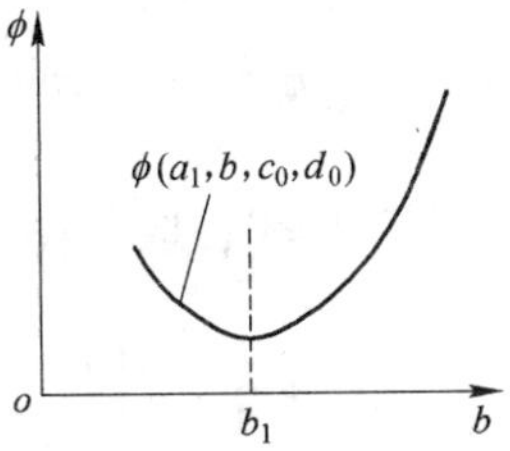

图4.8 坐标搜索法 b 变化

4.3.6 综合引例

为有效消化各种解法，以下综合引例分别采用间接解法（欧拉法，解析法），里兹法（近似解析解法），有限差分法（差分法，数值法），有限单元法（数值法）解析某泛函极值函数。读者将看到，前两种解法将得到解析式或近似解析式，而后两种解法将得到的解是离散值。此引例给出的详细步骤乃为读者深入理解泛函解法抛出的引玉之砖。

引例：泛函 $\phi[y(x)]=\int_0^1[(y')^2-y^2-2xy]\mathrm{d}x$，$y(0)=y(1)=0$

求此泛函取极值的极端函数。

（1）解析解（间接解法，欧拉法）：

$$\frac{\partial F}{\partial y}-\frac{\mathrm{d}}{\mathrm{d}x}\left(\frac{\partial F}{\partial y'}\right)=0,\quad -2y-2x-\frac{\mathrm{d}}{\mathrm{d}x}(2y')=0,\quad y''+y+x=0$$

由于 $y(0)=y(1)=0$，该微分方程的特解为

$$y=\frac{\sin x}{\sin 1}-x \tag{4.36}$$

（2）里兹解（近似解析解）：

设里兹多项式为 $x(1-x)$，$x^2(1-x)$，…；试函数取 $i=2$，$\bar{y}(x)=a_1x(1-x)+a_2x^2(1-x)$，则有

$$\phi[\bar{y}]=\int_0^1[(\bar{y}')^2-\bar{y}^2-2x\bar{y}]\mathrm{d}x=\bar{\phi}[a_1,a_2]$$

$$\begin{cases} \partial\overline{\phi}/\partial a_1 = 0 \\ \partial\overline{\phi}/\partial a_2 = 0 \end{cases}$$

解之得：$a_1 = \dfrac{71}{369}$，$a_2 = \dfrac{7}{41}$，近似解析解为

$$\overline{y}(x) = \frac{71}{369}x(1-x) + \frac{7}{41}x^2(1-x) \tag{4.37}$$

（3）差分解（离散值）：

将欧拉微分方程写成差分：$y'' + y + x = 0 \rightarrow y + x + \dfrac{\mathrm{d}}{\mathrm{d}x}(y') = 0 \rightarrow y_i + x_i + \dfrac{1}{\Delta x}\left[\dfrac{\Delta y_i}{\Delta x_i} - \dfrac{\Delta y_{i-1}}{\Delta x_i}\right] = 0$；取步长 $\Delta x = \Delta x_i = 0.25$，如图 4.9 所示，得到

$$y_1 + \frac{1}{4} + 4\left[\frac{y_2 - y_1}{0.25} - \frac{y_1 - 0}{0.25}\right] = 0 \rightarrow 16y_2 - 31y_1 + \frac{1}{4} = 0$$

$$y_2 + \frac{1}{2} + 4\left[\frac{y_3 - y_2}{0.25} - \frac{y_2 - y_1}{0.25}\right] = 0 \rightarrow 16y_3 + 16y_1 - 31y_2 + \frac{1}{2} = 0$$

$$y_3 + \frac{3}{4} + 4\left[\frac{-y_3}{0.25} - \frac{y_3 - y_2}{0.25}\right] = 0 \rightarrow -31y_3 + 16y_2 + \frac{3}{4} = 0$$

解上述方程组得到 y 的数值解为

$$\left.\begin{aligned} y_1 &= 0.044258 \\ y_2 &= 0.0701256 \\ y_3 &= 0.060387 \end{aligned}\right\} \tag{4.38}$$

（4）有限元解（离散值）：

1）把自变函数变化域离散化，如图 4.9 所示，共化为 4 个单元，5 个节点。

2）建立单元节点 y_{i-1}，y_i 与内部各点 $\overline{y}$ 的线性插值关系为：

$$\overline{y} = y_{i-1} + \frac{y_i - y_{i-1}}{x_i - x_{i-1}}(x - x_{i-1}),\quad i = 1,2,3,4$$

整理得 $\overline{y} = \dfrac{x_i - x}{x_i - x_{i-1}}y_{i-1} + \dfrac{x - x_{i-1}}{x_i - x_{i-1}}y_i$

取 $x_i - x_{i-1} = 0.25 = 1/4$

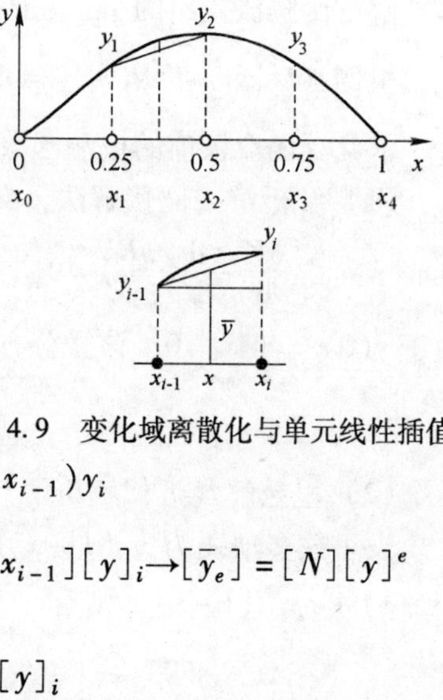

图 4.9 变化域离散化与单元线性插值

代入上式写成 $\overline{y} = 4(x_i - x)y_{i-1} + 4(x - x_{i-1})y_i$

$$\overline{y} = 4[x_i - x, x - x_{i-1}]\begin{bmatrix} y_{i-1} \\ y_i \end{bmatrix} \rightarrow \overline{y} = 4[x_i - x, x - x_{i-1}][y]_i \rightarrow [\overline{y}_e] = [N][y]^e$$

$$(\overline{y})' = \frac{\mathrm{d}\overline{y}}{\mathrm{d}x} = 4[-1,1][y]_i$$

式中，$[y]_i = [y]^e = \begin{bmatrix} y_{i-1} \\ y_i \end{bmatrix}$为单元节点列阵；$[N]=4[x_i - x,\ x - x_{i-1}]$ 为形函数矩阵；$[\bar{y}_e]=[\bar{y}]=\bar{y}$ 为单元内任意点自变函数值列阵。

3）建立总泛函。将上述各式代入式①得：

$$\phi[y] \approx \phi[\bar{y}] = \sum_{i=1}^{4}\phi^e[\bar{y}_i] = \sum_{i=1}^{4}\int_{x_{i-1}}^{x_i}\left\{[y]_i^T 16\begin{bmatrix} -1 \\ 1 \end{bmatrix}[-1 \quad 1][y]_i - [y]_i^T 16\begin{bmatrix} x_i - x \\ x - x_{i-1} \end{bmatrix}[x_i - x \quad x - x_{i-1}][y]_i - 2x[y]_i^T 4\begin{bmatrix} x_i - x \\ x - x_{i-1} \end{bmatrix}\right\}dx$$

$$= \sum_{i=1}^{4}\int_{x_{i-1}}^{x_i}16(y_i - y_{i-1})^2 dx - \sum_{i=1}^{4}\int_{x_{i-1}}^{x_i}16[(x_i - x)y_{i-1} + (x - x_{i-1})y_i]^2 dx - \sum_{i=1}^{4}\int_{x_{i-1}}^{x_i}8x[(x_i - x)y_{i-1} + (x - x_{i-1})y_i]dx = \bar{\varphi}(y_1, y_2, y_3)$$

4）由$\dfrac{\partial\bar{\varphi}}{\partial y_i}=0$，建立整体联立方程组并解之得到如下数值解

$$\left.\begin{aligned} \frac{\partial\bar{\varphi}}{\partial y_1} &= \frac{1}{12}(188y_1 - 97y_2 - 1.5) = 0 \\ \frac{\partial\bar{\varphi}}{\partial y_2} &= \frac{1}{12}(-97y_1 + 188y_2 - 97y_3 - 3.0) = 0 \\ \frac{\partial\bar{\varphi}}{\partial y_3} &= \frac{1}{12}(-97y_2 + 188y_3 - 4.5) = 0 \end{aligned}\right\} \rightarrow \left.\begin{aligned} y_1 &= 0.044 \\ y_2 &= 0.069 \\ y_3 &= 0.060 \end{aligned}\right\} \tag{4.39}$$

将式（4.36）~式（4.39）结果比较如表4.2所示。

表4.2 各种方法计算结果比较

x	$x_0=0$	$x_1=0.25$	$x_2=0.5$	$x_3=0.75$	$x_4=1$	特　点
解析解式（4.36）：y	0	$y_1=0.044$	$y_2=0.070$	$y_3=0.060$	0	解析式曲线连续
里兹近似解析解式（4.37）：$\bar{y}$	0	$y_1=0.044$	$y_2=0.069$	$y_3=0.060$	0	近似解析式曲线连续
差分法数值解式（4.38）：$\bar{y}_i$	0	$\bar{y}_1=0.044$	$\bar{y}_2=0.0701$	$\bar{y}_3=0.060$	0	离散值曲线不连续
有限元数值解式（4.39）：$\bar{y}_i$	0	$\bar{y}_1=0.044$	$\bar{y}_2=0.069$	$\bar{y}_3=0.060$	0	离散值曲线不连续

应当指出，有限元和差分法单元划分更细，节点更多时，计算结果会更精确，可称为精确解，但求解时间增加。数值法理论上虽然严密，但最终只能给出离散的数值结果。解析解虽给出解析或近似解析结果，但有些泛函目前无法以间接解法得到解析解，而必须求助数值手段。因此只有二者相辅相成，和谐发展，

才能不断推进研究水平走向纵深。

4.4 成形边值问题的提法

4.4.1 方程组与边界条件

要确定材料成形的力能参数与变形参数，必须在一定初始和边界条件下求解有关的方程组，也就是解塑性加工力学的边值问题。对于由表面 S 所围的体积 V 中，应力场 σ_{ik}、位移场 u_i（或速度场 v_i）、应变场 ε_{ik}（或应变速率场 $\dot{\varepsilon}_{ik}$）、温度场 θ 应满足下列方程：

（1）运动方程式

$$\mathrm{div}\boldsymbol{T}_\sigma + \rho\boldsymbol{F} = \rho\frac{D\boldsymbol{v}}{Dt} \tag{4.40}$$

或

$$\sigma_{ik,k} = \rho(a_i - F_i)$$

式中，ρ 为工件密度，a_i为工件质点的加速度分量，F_i为单位质量的体积力分量。

静力平衡微分方程式

$$\mathrm{div}\boldsymbol{T}_\sigma = \sigma_{ik,k} = 0 \tag{4.41}$$

（2）本构方程由式

$$\sigma_\mathrm{m} = k\Delta \tag{4.42}$$

$$\sigma'_{ik} = 2g(\theta, \dot{\Gamma}, \Lambda)\ \dot{\varepsilon}'_{ik} = \frac{2T}{\dot{\Gamma}}\dot{\varepsilon}'_{ik} \tag{4.43}$$

一般情况下由于 $k = k(\Delta, \dot{\varepsilon}_\mathrm{m}, \Lambda, \theta)$，$T = T(\dot{\Gamma}, \Lambda, \Delta, \theta)$，更一般的形式可写为

$$\sigma'_{ik} = \sigma'_{ik}(\dot{\Gamma}, \Delta, \Lambda, \theta, \cdots, t) \tag{4.44}$$

$$\sigma_m = \sigma_\mathrm{m}(\dot{\varepsilon}_\mathrm{m}, \Delta, \Lambda, \theta, \cdots, t) \tag{4.45}$$

诸式中，$\boldsymbol{T}$ 满足式（2.121），$\dot{\Gamma}$ 满足式（2.98），Λ 按式（2.103）计算。$\Delta = 3\int_0^t \dot{\varepsilon}_m \mathrm{d}t$。

（3）几何方程式

$$\varepsilon_{ik} = \frac{1}{2}\left(\frac{\partial u_i}{\partial x_k} + \frac{\partial u_k}{\partial x_i}\right) \tag{4.46}$$

$$\dot{\varepsilon}_{ik} = \frac{1}{2}\left(\frac{\partial v_i}{\partial x_k} + \frac{\partial v_k}{\partial x_i}\right) \tag{4.47}$$

（4）热传导方程式

$$\frac{\mathrm{d}\theta}{\mathrm{d}t} = \lambda\ \nabla^2\theta + \nu T\dot{\Gamma} \tag{4.48}$$

需求解的未知量共 17 个，即 σ'_{ik}，$\dot{\varepsilon}_{ik}$，σ_m，v_i 和 θ，基本方程式（4.41）~式

(4.48) 也是17个，原则上可求解，但还应满足下列一些边界条件。

假定区域边界由给定外力的表面 S_p 和给定速度的表面 S_v（或给定位移的表面 S_u）组成，则固定时刻边界条件应满足

在 S_p 上 $$\sigma_{ik}n_k = \bar{p}_i \tag{4.49}$$

在 S_v 上 $$v_i = \bar{v}_i \tag{4.50}$$

或 S_u 上 $$u_i = \bar{u}_i \tag{4.51}$$

应指出，还应已知决定初始温度分布和边界表面热交换条件的温度边值条件。但若认为材料成形为等温变形，可不考虑热传导方程式（4.48），并且常忽略质量力与惯性力。即便如此，满足初始和边界条件联立求解前述微分方程组也是非常困难的。因此寻求用变分原理的求解途径，可以证明，二者是等价的。

4.4.2 变形区边界的划分

将变形区表面划分为三部分，如图4.10所示的轧制变形区。图中 S_v 是速度已知表面，S_p 是外力已知面，S_f 是接触表面，其上接触正压力 p 是未知的，而接触摩擦力可看成是已知的（$\tau_f = mk$），接触表面 S_f 上的法向速度 v_n 一般是已知的（锻压锤头速度已知，稳定轧制辊面法向速度为零），介质的切向速度 v_t 一般是未知的，介质与工具之间相对滑动速度为

$$\Delta v_f = |v_t - v_{t工具}| \tag{4.52}$$

应注意，即使是同一个面，常常既为应力已知面 S_p，又为速度已知面 S_v 或位移已知面 S_u。对不同变形情况如何定义边值已知面对开发不同解法具有重要意义，上述并非唯一可行的定义方式。如图4.11所示，同样是轧制问题，因接触面法向速度已知，故接触面也可为速度已知面 S_v，因前后张力 q_f、q_b 已知，故前后张力作用面也可为应力已知面 S_p。同样在稳定轧制条件下侧自由表面法向速度为零（侧自由表面速度合矢量与该表面相切，但法向投影为零，表面视为刚性，见1.6.3节），故也可视为 S_v，与轧制变形区形状相同的辊拔（惰性辊）S_p 与 S_v 与前述情况又有不同，总之对具体问题应予具体分析。

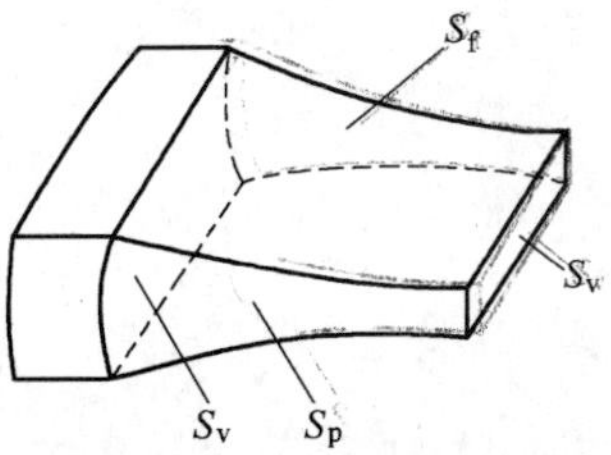

图4.10 变形区边界划分

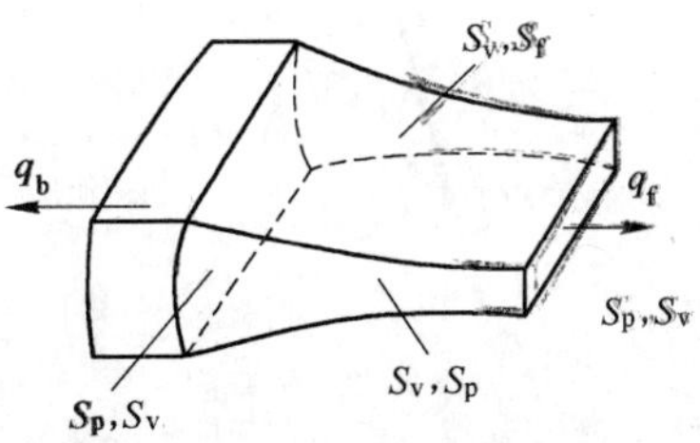

图4.11 既是 S_p 又是 S_v 变形

4.4.3 基本术语及定义

边值问题涉及的基本术语及定义主要有：

（1）在体积 V 中满足平衡方程式（4.41），在塑性区满足屈服条件（3.72），在刚性区不违反屈服条件（$\sigma'_{ik}\sigma'_{ik}\leqslant 2k^2$），在 S_p 上满足应力边界条件式（4.49）的应力场 σ_{ik} 成为静力许可应力场。相应的三个条件称为静力许可条件。

（2）在 S_v 上满足速度边界条件（4.50），在 V 内满足几何方程（4.47），塑性应变满足体积不变方程式（1.50）、式（3.11）的速度场 v_i 称为运动许可速度场。相应三个条件称为运动许可条件。

（3）在 S_v 上满足 $\delta\bar{v}_i=0$，在 V 内满足 $\delta\dot{\varepsilon}_{ik}=\dfrac{1}{2}(\delta v_{i,k}+\delta v_{k,i})$ 的速度场 δv_i 称为虚速度场。在 S_p 上满足 $\delta\bar{p}_i=0$，在 V 内满足 $\delta\sigma_{ik,k}=0$ 的应力场 $\delta\sigma_{ik}$，称为虚应力场。应注意，在约束条件不随时间而变的情况下运动许可速度与虚速度两者无区别。

（4）运动许可速度场与静力许可应力场彼此间适合本构方程式（4.44）或式（4.45）的，则分别称之为真实速度场与真实应力场。足见真实解应当满足 7 个条件。而虚速度场和虚应力场之间未必适合本构方程，可各自独立选择，故它们并非是真实速度场与真实应力场。

应指出若速度场 v_i 改为位移场 u_i，可仿照以上关于速度场的定义，可给出运动许可位移场、虚位移场和真实位移场的定义。

（5）由运动许可速度场 v_i 按本构方程式（4.42）、式（4.43）推导出的应力场 σ^*_{ik} 称为运动学应力场；由静力许可应力场 σ_{ik} 按本构方程式（4.42）、式（4.43）推导出来的应变速率场 ε^*_{ik} 称为静力学应变速率场。

以上定义揭示出，如果静力许可应力场按本构方程确定的应变速率场满足运动许可条件，则该应力场是真实应力场；同理，如果运动许可速度场按本构方程确定的应力场满足静力许可条件则该速度场是真实速度场。

4.5 虚功原理与极值原理

4.5.1 基本能量方程

忽略质量力与惯性力，机械能守恒定律式（3.33）为

$$\int_S p_i v_i \mathrm{d}S=\int_V \sigma_{ik}\dot{\varepsilon}_{ik}\mathrm{d}V \tag{4.53}$$

称为基本能量方程，表明面力 $\boldsymbol{p}$（主动力）与边界速度 v 在边界上付出的功率等于变形体内部（被动的）变形功率。此式成立条件：在 V 内，应力场 σ_{ik} 满足

$\sigma_{ik,k}=0$ 以便保持动量守恒，σ_{ik}与面力协调即 $\sigma_{ik}n_k=p_i$，速度场 v_i与应变速率场 $\dot{\varepsilon}_{ik}$满足几何方程 $\dot{\varepsilon}_{ik}=(v_{i,k}+v_{k,i})/2$。

请注意，式（4.53）仅反映一种内外功率平衡关系，$\dot{\varepsilon}_{ik}$与 σ_{ik}之间没有必然的物理联系，它们可以各自独立选择。然而，如果 σ_{ik}与 v_i是真实的，则二者不仅满足式（4.53），而且由 v_i导出的 $\dot{\varepsilon}_{ik}$与 σ_{ik}之间必然满足流动法则。

由式（3.33）知应力不连续面的存在不影响机械能守恒。当存在速度不连续面时，基本能量方程由式（3.48）为

$$\int_S p_i v_i \mathrm{d}S = \int_V \sigma_{ik}\dot{\varepsilon}_{ik}\mathrm{d}V + \sum\int_{S_\mathrm{D}} \tau_v \mid \Delta v_\mathrm{t} \mid \mathrm{d}S \tag{4.54}$$

当真实应力场与真实速度场间满足本构关系且发生塑性变形时（$\tau_v=k$）基本能量方程为

$$\int_S p_i v_i \mathrm{d}S = \int_V \sigma_{ik}\dot{\varepsilon}_{ik}\mathrm{d}V + \sum\int_{S_\mathrm{D}} k \mid \Delta v_\mathrm{t} \mid \mathrm{d}S \tag{4.55}$$

4.5.2 虚功（率）方程

静力许可应力场 σ_{ik}^* 和运动许可速度场 v_i^* 之间建立的基本能量方程

$$\int_S p_i^* v_i^* \mathrm{d}S = \int_V \sigma_{ik}^* \dot{\varepsilon}_{ik}^* \mathrm{d}V \quad (\text{不存在不连续面 } S_\mathrm{D}) \tag{4.56a}$$

$$\int_S p_i^* v_i^* \mathrm{d}S = \int_V \sigma_{ik}^* \dot{\varepsilon}_{ik}^* \mathrm{d}V + \sum\int_{S_\mathrm{D}} \tau_v^* \mid \Delta v_\mathrm{t}^* \mid \mathrm{d}S \tag{4.56b}$$

称为虚功（率）方程。显见满足式（4.53）和式（4.56）的应力场与速度场是无穷多的，如何求出其中的真实解是极限分析法的主要任务。应当指出，任何真实应力场都是静力许可的，任何真实速度场都是运动许可的，真实场与许可场的区别仅在于真实场应力与应变偏量满足本构方程式（3.116），即

$$\sigma_{ik}'=\frac{2T}{\dot{\Gamma}}\dot{\varepsilon}_{ik}'=\frac{2}{3}\frac{\sigma_\mathrm{e}}{\dot{\varepsilon}_\mathrm{e}}\dot{\varepsilon}_{ik}'$$

（当体积不可压缩时 $\dot{\varepsilon}_{ik}'$就是 $\dot{\varepsilon}_{ik}$）而许可场应力与应变偏量之间没有联系。

4.5.3 虚功（率）方程的不同形式

（1）将式（4.56a）两侧对速度场变分，并注意到 $S=S_\mathrm{p}+S_\mathrm{v}$，有

$$\int_{S_\mathrm{p}} p_i^* \delta v_i^* \mathrm{d}S + \int_{S_\mathrm{v}} p_i^* \delta v_i^* \mathrm{d}S = \int_V \sigma_{ik}^* \delta\dot{\varepsilon}_{ik}^* \mathrm{d}V$$

注意到式（4.49）、式（4.50）与4.4.3节中的基本定义（3），δv^* 为虚速度场 δv 在 S_v 上满足 $\delta\bar{v}_i=0$，有

$$\int_{S_\mathrm{p}} \bar{p}_i \delta v_i \mathrm{d}S = \int_V \sigma_{ik}^* \delta\dot{\varepsilon}_{ik} \mathrm{d}V \tag{4.57}$$

式（4.57）也称为虚功（率）方程。它表明任何虚速度场 δv_i 在外力已知表面上形成的总虚功（率）等于变形体内部静力许可应力场储存的总虚应变能（率）。将式（4.57）与式（4.56a）比较知，两式只是虚功方程的不同形式，式（4.57）是式（4.56a）对速度场的变分形式。

（2）将式（4.56a）两侧对应力场变分，并注意到 $S=S_{\text{p}}+S_{\text{v}}$，有

$$\int_{S_{\text{p}}}\delta p_i^* v_i^* \mathrm{d}S+\int_{S_{\text{v}}}\delta p_i^* v_i^* \mathrm{d}S=\int_V \delta\sigma_{ik}^* \dot{\varepsilon}_{ik}^* \mathrm{d}V$$

注意到式（4.49）、式（4.50）与4.4.3节中的基本定义（3），$\delta\sigma_{ik}^*$ 为虚应力场 $\delta\sigma_{ik}$，在 S_{p} 上满足 $\delta\bar{p}_i=0$，有

$$\int_{S_{\text{v}}}\bar{v}_i\delta p_i\mathrm{d}S=\int_V\delta\sigma_{ik}\dot{\varepsilon}_{ik}^*\mathrm{d}V \tag{4.58}$$

式（4.58）为虚功（率）方程对应力场的变分形式，又称虚余功率方程。它表明任何虚应力场 $\delta\sigma_{ik}$ 在 V 内储存的虚余应变能率等于速度已知表面虚外力与运动许可速度场所做的总虚余功（率）。

以下给出虚功与虚余功方程（不予推导）

$$\int_{S_{\text{p}}}\bar{p}_i\delta u_i\mathrm{d}S=\int_V\sigma_{ik}\delta\varepsilon_{ik}\mathrm{d}V,\quad \int_{S_{\text{u}}}\bar{u}_i\delta p_i\mathrm{d}S=\int_V\varepsilon_{ik}\delta\sigma_{ik}\mathrm{d}V$$

（3）将式（4.56a）两侧对速度场与应力场同时变分，并注意到 $S=S_{\text{p}}+S_{\text{v}}$，有

$$\int_{S_{\text{p}}}p_i^*\delta v_i^*\mathrm{d}S+\int_{S_{\text{p}}}\delta p_i^* v_i^*\mathrm{d}S+\int_{S_{\text{v}}}p_i^*\delta v_i^*\mathrm{d}S+\int_{S_{\text{v}}}\delta p_i^* v_i^*\mathrm{d}S=\int_V\delta\sigma_{ik}^*\dot{\varepsilon}_{ik}^*\mathrm{d}V+\int_V\sigma_{ik}^*\delta\dot{\varepsilon}_{ik}^*\mathrm{d}V$$

注意到在 S_{p} 上 $\delta p_i^*=\delta\bar{p}_i=0$，在 S_{v} 上 $\delta v_i^*=\delta\bar{v}_i=0$；$\delta\sigma_{ik}^*$ 为虚应力场 $\delta\sigma_{ik}$，δv_i^* 为虚速度场 δv_i，有

$$\int_{S_{\text{p}}}\bar{p}_i\delta v_i\mathrm{d}S+\int_{S_{\text{v}}}\delta p_i\bar{v}_i\mathrm{d}S=\int_V\delta\sigma_{ik}\dot{\varepsilon}_{ik}^*\mathrm{d}V+\int_V\sigma_{ik}^*\delta\dot{\varepsilon}_{ik}\mathrm{d}V \tag{4.59}$$

式（4.59）表明如果应力场 σ_{ik} 是静力许可场，速度场 v 是运动许可场，虚功率方程式（4.56a）对应力与速度场同时变分的形式则满足式（4.59）。

（4）注意到将平衡方程式（4.41），边界条件式（4.49）分别对时间求导有

$$\dot{\sigma}_{ik,k}=0,\quad \dot{\bar{p}}_i-\dot{\sigma}_{ik}n_k=0$$

将运动许可速度场 v_i 分别乘以上式两边同样可得速率问题的如下方程：

$$\int_V\dot{\sigma}_{ik}\dot{\varepsilon}_{ik}^*\mathrm{d}V=\int_{S_{\text{p}}}\dot{\bar{p}}_i v_i^*\mathrm{d}S+\int_{S_{\text{v}}}\dot{\sigma}_{ik}n_k\bar{v}_i\mathrm{d}S$$

4.5.4 对虚功方程的理解

设式（4.57）中 δv_i 及与其对应的 $\delta\dot{\varepsilon}_{ik}$ 为无限小，则式中 σ_{ik}^* 和 $\bar{p}$ 可认为不变，此时 δ 便可作为变分符号提到积分号外面去，移项后则有

$$\delta\left(\int_V \sigma_{ik}^* \dot{\varepsilon}_{ik} \mathrm{d}V - \int_{S_p} \bar{p}_i v_i \mathrm{d}S\right) = 0$$

令

$$\dot{\phi} = \int_V \sigma_{ik}^* \dot{\varepsilon}_{ik} \mathrm{d}V - \int_{S_p} \bar{p}_i v_i \mathrm{d}S$$

上式为

$$\delta\dot{\phi} = 0$$

上式可理解为 $\dot{\phi}$ 是关于自变函数 v_i 的总势能泛函，其一阶变分为零。这表明泛函 $\dot{\phi}$ 对真实速度场 $\boldsymbol{v}$ 取驻值。但应注意上式成立条件与材料性质即本构关系无关。

4.5.5 下界定理

对刚塑性体，静力许可应力场 σ_{ik}^* 与真实速度场间运用虚功原理

$$\int_S p_i^* v_i \mathrm{d}S = \int_V \sigma_{ik}^* \dot{\varepsilon}_{ik} \mathrm{d}V + \sum \int_{S_D} \tau_v^* \mid \Delta v_t \mid \mathrm{d}S \qquad ①$$

在变形体表面上，已知表面力的区域为 S_p，已知位移速度 v_i 的区域为 S_v，所以

$$\int_S p_i v_i \mathrm{d}S = \int_{S_p} p_i v_i \mathrm{d}S + \int_{S_v} p_i v_i \mathrm{d}S \qquad ②$$

$$\int_S p_i^* v_i \mathrm{d}S = \int_{S_p} p_i^* v_i \mathrm{d}S + \int_{S_v} p_i^* v_i \mathrm{d}S \qquad ③$$

在 S_p 上 $p_i = p_i^* = \bar{p}_i$，并注意到在 S_v 上 $v_i = \bar{v}_i$。于是，由②减去③，则有

$$\int_S p_i v_i \mathrm{d}S - \int_S p_i^* v_i \mathrm{d}S = \int_{S_v} (p_i - p_i^*) \bar{v}_i \mathrm{d}S \qquad ④$$

把式（4.55）和①代入④得

$$\int_{S_v} (p_i - p_i^*) \bar{v}_i \mathrm{d}S = \int_V (\sigma_{ik} - \sigma_{ik}^*) \dot{\varepsilon}_{ik} \mathrm{d}V + \sum \int_{S_D} (k - \tau_v^*) \mid \Delta v_t \mid \mathrm{d}S$$

由于 $\tau_v^* \leqslant k$，按最大塑性功原理式（3.131）有 $\int_V (\sigma_{ij} - \sigma_{ij}^*) \dot{\varepsilon}_{ij} \mathrm{d}V \geqslant 0$，所以

$$\int_{S_v} (p_i - p_i^*) \bar{v}_i \mathrm{d}S \quad 或 \quad \int_{S_v} p_i^* \bar{v}_i \mathrm{d}S \leqslant \int_{S_v} p_i \bar{v}_i \mathrm{d}S \qquad (4.60)$$

上式即下界定理表达式，其物理意义表述为：与静力许可应力 σ_{ik}^* 相平衡的外力 p_i^* 所提供的功率小于或等于与真实应力 σ_{ik} 相平衡的外力 p_i 所提供的功率。据此，在已知位移速度时，根据静力许可应力场 σ_{ij}^* 求出未知的单位表面力 p_i^*（如单位压力）给出了下界解。

4.5.6 上界定理

对真实应力场 σ_{ij} 和运动许可位移速度场 v_i^* 之间运用虚功原理

$$\int_S p_i v_i^* \mathrm{d}S = \int_V \sigma_{ij} \dot{\varepsilon}_{ij}^* \mathrm{d}V + \sum \int_{S_D} \tau_v \mid \Delta v_t^* \mid \mathrm{d}S \qquad ⑤$$

由式（3.131）

$$\int_V(\sigma_{ij}^* - \sigma_{ij})\dot{\varepsilon}_{ij}^* \mathrm{d}V \geqslant 0;\int_V \sigma_{ij}^* \dot{\varepsilon}_{ij}^* \mathrm{d}V \geqslant \int_V \sigma_{ij}\dot{\varepsilon}_{ij}^* \mathrm{d}V \qquad ⑥$$

$$\int_S p_i v_i^* \mathrm{d}S \leqslant \int_V \sigma_{ij}^* \dot{\varepsilon}_{ij}^* \mathrm{d}V + \sum \int_{S_\mathrm{D}} \tau_\mathrm{v} \mid \Delta v_\mathrm{t}^* \mid \mathrm{d}S$$

将 $\int_S p_i v_i^* \mathrm{d}S = \int_{S_\mathrm{v}} p_i v_i^* \mathrm{d}S + \int_{S_\mathrm{p}} p_i v_i^* \mathrm{d}S$ 代入上式，则

$$\int_{S_\mathrm{v}} p_i v_i^* \mathrm{d}S + \int_{S_\mathrm{p}} p_i v_i^* \mathrm{d}S \leqslant \int_V \sigma_{ij}^* \dot{\varepsilon}_{ij}^* \mathrm{d}V + \sum \int_{S_\mathrm{D}} \tau_\mathrm{v} \mid \Delta v_\mathrm{t}^* \mid \mathrm{d}S \qquad ⑦$$

注意到在 S_v 上 $v_i^* = v_i = \bar{v}_i$，且 $k \geqslant \tau$，则得

$$\int_{S_\mathrm{v}} p_i v_i \mathrm{d}S \leqslant \int_V \sigma_{ik}^* \dot{\varepsilon}_{ik}^* \mathrm{d}V + \sum \int_{S_\mathrm{D}} k \mid \Delta v_\mathrm{t}^* \mid \mathrm{d}S - \int_{S_\mathrm{p}} p_i v_i^* \mathrm{d}S$$

或

$$J \leqslant J^* = \dot{W}_i + \dot{W}_\mathrm{s} + \dot{W}_\mathrm{b} \qquad (4.61)$$

式（4.61）为上界定理数学表达式，它表明真实外力功率决不会大于按运动许可速度场所确定的上界功率。即按运动许可速度场所确定的功率，对实际所需的功率给出上界值。由上界功率确定变形力的方法为上界法。上、下界定理统称极值原理，相应解法称为极限分析法。

应当指出，极值原理是针对刚塑性体的，即材料一旦发生变形就是塑性变形，且后续剪应力强度 $T = \sqrt{(1/2)\sigma'_{ik}\sigma'_{ik}} = \tau_\mathrm{s}$ = 常数，表明材料不强化。

4.6 虚速度与变分预备定理

4.6.1 质点系运动的约束条件

质点系运动的约束条件包括：

（1）位置约束。研究 I 个质点构成的质点系 $M_i(i=1, 2, \cdots, I)$ 的运动。若对其施加 N 个位置约束 $f_n(n=1, 2, \cdots, N)$，参照式（4.23）则有 N 个约束方程

$$f_n(\boldsymbol{x}_i, t) = 0 \quad (i=1, 2, \cdots, I, \ n=1, 2, \cdots, N) \qquad (4.62)$$

位置约束又称几何约束。

（2）速度约束。参照式（4.26），无论式（4.62）的位置约束函数 f_n 是否为时间 t 的显函数，只要上式两边对时间微分，则得到下述方程组

$$\sum_{i=1}^{I} \frac{\partial f_n}{\partial \boldsymbol{x}_i}\boldsymbol{v}_i + \frac{\partial f_n}{\partial t} = 0 \quad (N\text{个方程}) \qquad (4.63)$$

于是得到了对速度的限制条件，也称运动约束条件。当然对速度的约束也可不经式（4.62）而单独给出。

（3）加速度约束。同样，式（4.63）再一次对 t 微分则得到对质点系 M_i 的加速度约束，即

$$\sum_{i=1}^{I}\frac{\partial f_n}{\partial \boldsymbol{x}_i}\boldsymbol{w}_i+\sum_{i=1}^{I}\left(\frac{\mathrm{d}}{\mathrm{d}t}\frac{\partial f_n}{\partial \boldsymbol{x}_i}\right)\boldsymbol{v}_i+\frac{\mathrm{d}}{\mathrm{d}t}\frac{\partial f_n}{\partial t}=0 \quad (N\text{个方程}) \tag{4.64}$$

（4）位移约束。将$\boldsymbol{v}_i=\mathrm{d}\boldsymbol{x}_i/\mathrm{d}t$ 代入式（4.63）则得到对质点系 M_i位移的约束方程（以下 Σ 默认 i 从 1 到 I 求和），即

$$\sum\frac{\partial f_n}{\partial \boldsymbol{x}_i}\mathrm{d}\boldsymbol{x}_i+\frac{\partial f_n}{\partial t}\mathrm{d}t=0 \quad (N\text{个方程}) \tag{4.65}$$

通常，式（4.63）的 N 个方程不足以解出 I 个速度，因为总有 $I>N$。如果 $I=N$，质点系运动就失去了任何自由度，进而不能运动，这种情况无意义。由于满足式（4.63）或式（4.65）的速度场$\boldsymbol{v}_i$或位移场 $\mathrm{d}\boldsymbol{x}_i$有很多组，故定义满足约束条件（4.63）的速度场$\boldsymbol{v}_i(x_k,\ t)$为运动许可速度场；满足约束条件式（4.65）的位移 $\mathrm{d}\boldsymbol{x}_i(x_k,\ t)$ 为运动许可位移场。当然真实位移场和真实速度场也是运动许可位移场和速度场。

（5）虚速度场。若$\boldsymbol{v}_i$是真实速度场，v_i^* 是任何一组运动许可速度场，则二者之差$\delta\boldsymbol{v}_i=\boldsymbol{v}_i-\boldsymbol{v}_i^*$定义为虚速度场。将$\boldsymbol{v}_i$和 v_i^* 分别代入约束条件式（4.63）再相减得

$$\sum\frac{\partial f_n}{\partial \boldsymbol{x}_i}\delta\boldsymbol{v}_i=0 \quad (N\text{个方程}) \tag{4.66}$$

同理对虚位移 $\delta\boldsymbol{x}_i=\mathrm{d}\boldsymbol{x}_i-\mathrm{d}\boldsymbol{x}_i^*$ 代入式（4.65）有

$$\sum\frac{\partial f_n}{\partial \boldsymbol{x}_i}\delta\boldsymbol{x}_i=0 \quad (N\text{个方程}) \tag{4.67}$$

于是可定义满足齐次约束条件式（4.66）的速度场为虚速度场；满足齐次约束条件式（4.67）的位移场为虚位移场；满足非齐次约束条件式（4.63）与式（4.65）的速度场和位移场为运动许可速度场和位移场。

可以看出，若把式（4.63）的约束条件针对某特定时刻 t，命$\partial f_n/\partial t$ 为某个特定常数，则该时刻的运动许可速度场或位移场就是同一时刻的虚速度场或虚位移场。这与 4.4.3 节的定义（3）完全一致。

4.6.2 虚速度原理

若前述质点系每个质点 M_i上给定一个主动力 $\boldsymbol{F}_i$（$i=1,\ 2,\ \cdots,\ I$），相应的约束反力记为 $\boldsymbol{R}_i$，则按下列牛顿定律可确定的一组满足约束条件式（4.64）的加速度 $\boldsymbol{w}_i$ 与约束反力 $\boldsymbol{R}_i$

$$m_i\boldsymbol{w}_i=\boldsymbol{F}_i+\boldsymbol{R}_i \quad (\text{下标不求和}) \tag{4.68}$$

该方程因为既求 $\boldsymbol{w}_i$ 又求 $\boldsymbol{R}_i$一般无定解。方程未知量为 $2I$ 个，而考虑约束条件（4.64）的方程数共为 $N+I$ 个。但对理性约束，则能解出，因为理想约束的约束反力在虚速度（位移）上所做总功率（功）为零，即

$$\sum \boldsymbol{R}_i \delta \boldsymbol{v}_i = 0 \qquad \sum \boldsymbol{R}_i \delta \boldsymbol{x}_i = 0 \tag{4.69}$$

将式(4.68)代入上式得到

$$\sum(\boldsymbol{F}_i - m_i \boldsymbol{w}_i)\delta \boldsymbol{v}_i = 0 \tag{4.70}$$

$$\sum(\boldsymbol{F}_i - m_i \boldsymbol{w}_i)\delta \boldsymbol{x}_i = 0 \tag{4.71}$$

式（4.70）和式（4.71）称为质点系的虚速度与虚位移原理。它表明，受理想约束的质点系在其运动的任何时刻，主动力和惯性力在各质点虚速度（虚位移）所做的总功率（功）之和为零。由于虚速度 $\delta \boldsymbol{v}_i$ 也是速度场的变分，故上述两式也叫约束质点系运动的动力学广义变分方程。

动力学广义变分方程的实质是反映了运动加速度矢量 $\boldsymbol{w}_i$ 与主动力 $\boldsymbol{F}_i$ 之间相适应的必要与充分条件。因为对于给定的主动力 $\boldsymbol{F}_i$，如果 $\boldsymbol{w}_i$ 是真实的，必满足约束条件式（4.64）并必与 $\boldsymbol{F}_i$ 相适应，因此有按牛顿定律确定的下列量

$$\boldsymbol{R}_i = m_i \boldsymbol{w}_i - \boldsymbol{F}_i$$

其必为每个质点处的真实约束反力，则 $\boldsymbol{R}_i$ 必满足式（4.69），进而必有动力学普遍变分方程式（4.70）$\sum(\boldsymbol{F}_i - m_i \boldsymbol{w}_i)\delta \boldsymbol{v}_i = 0$ 成立。反之，若广义变分方程（4.70）成立，令 $m_i \boldsymbol{w}_i - \boldsymbol{F}_i = \boldsymbol{R}_i$，并代入式（4.70）必得到

$$\sum \boldsymbol{R}_i \delta \boldsymbol{v}_i = 0$$

足见 $\boldsymbol{R}_i$ 是理想约束反力。

总之，如果系统给定 N 个约束条件式（4.64），则还缺 $I-N$ 个方程。若系统质点有限，则总可找出 $I-N$ 组 $\delta \boldsymbol{v}_i$，得到 $I-N$ 个补充方程式（4.70），从而设法求出 I 个 $\boldsymbol{v}_i$。

4.6.3 虚速度场特征

考察材料成形定常问题，例如对速度场 $\boldsymbol{v} = \boldsymbol{v}(x_i) = \boldsymbol{v}(x_1, x_2, x_3)$，$x_i$ 是基本变量。而速度场的变分 $\delta \boldsymbol{v}(x_i)$ 则是一个任意函数，如图 4.12 所示。而 $\boldsymbol{v}_1 = \boldsymbol{v} + \delta \boldsymbol{v}$ 则是一个新的速度场。为使此变分成为虚速度场，则要具备以下基本特征：

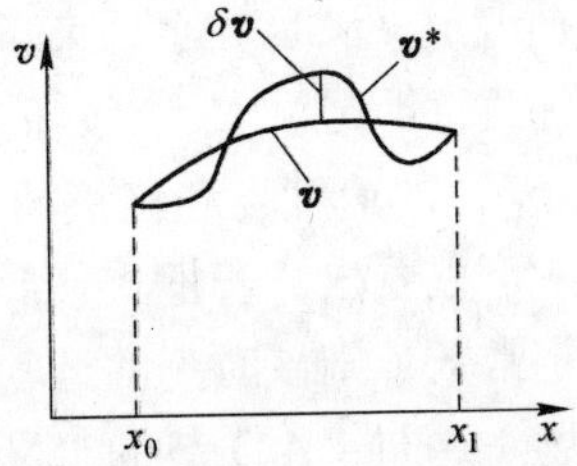

图 4.12 虚速度场示意图

（1）$\delta \boldsymbol{v}$ 必须足够小，小到不破坏平衡方程。

（2）在速度已知表面 S_v 上 $\delta \boldsymbol{v} = 0$，即满足齐次边界条件。

（3）如材料不可压缩，则 $\delta \boldsymbol{v}$ 无散，即 $\mathrm{div}\delta \boldsymbol{v} = 0$；同时满足 $\delta \varepsilon_{ik} = \frac{1}{2}(\delta v_{i,k} + \delta v_{k,i})$。

（4）速度场的变分 $\delta \boldsymbol{v}$ 具有任意性。但应注意其他物理量不能任意，而由 $\boldsymbol{v}$ 的变分 $\delta \boldsymbol{v}$ 决定。如控制体积 V 内的动能 T 及其变分分别是

$$T = \int_V \left(\frac{\rho}{2}\right) \boldsymbol{v}\boldsymbol{v}\,\mathrm{d}V \quad 和 \quad \delta T = \int_V \rho\, \boldsymbol{v}\, \delta \boldsymbol{v}\,\mathrm{d}V$$

图4.12中示意地给出真实速度场$\boldsymbol{v}$、运动许可速度场$\boldsymbol{v}^*$及速度场的变分$\delta\boldsymbol{v}$，由于$\delta\boldsymbol{v}$满足在x_0，x_1处的齐次边界条件，故为虚速度场。

4.6.4 变分预备定理

4.6.4.1 基本预备定理

在S包围的封闭区域V内给定一个对称张量场$\boldsymbol{T}_A=[a_{ik}]$和矢量场$\boldsymbol{b}$，则有

$$\int_V \mathrm{div}\boldsymbol{T}_A\boldsymbol{b}\mathrm{d}V = \int_S \boldsymbol{ab}\mathrm{d}S - \int_V a_{ik}\beta_{ik}\mathrm{d}V$$

或

$$\int_V a_{ik,k}b_i\mathrm{d}V = \int_{S=S_\mathrm{p}+S_\mathrm{v}} a_{ik}b_in_k\mathrm{d}S - \int_V a_{ik}\beta_{ik}\mathrm{d}V \tag{4.72}$$

式中，$\beta_{ik}=\frac{1}{2}(b_{i,k}+b_{k,i})$，$\boldsymbol{a}=\boldsymbol{T}_A\boldsymbol{n}=a_{ik}n_k\boldsymbol{e}_i$，$\boldsymbol{a}$是$\boldsymbol{T}_A$的表面矢量。

证明：由式（2.34），有

$$\begin{aligned}\int_V \mathrm{div}\boldsymbol{T}_A\boldsymbol{b}\mathrm{d}V &= \int_V a_{ik,k}b_i\mathrm{d}V \\ &= \int_V (a_{ik,}b_i)_{,k}\mathrm{d}V - \int_V a_{ik}b_{i,k}\mathrm{d}V \quad （分部积分）\\ &= \int_S a_{ik}b_in_k\mathrm{d}S - \int_V \frac{1}{2}a_{ik}(b_{i,k}+b_{k,i})\mathrm{d}V \quad （式(3.34)）\\ &= \int_S \boldsymbol{ab}\mathrm{d}S - \int_V a_{ik}\beta_{ik}\mathrm{d}V \quad （已知条件）\end{aligned}$$

4.6.4.2 静力许可应力场判别条件

对称应力张量场σ_{ik}为静力许可应力场的充分必要条件是与任何虚速度场$\delta\boldsymbol{v}$之间满足如下方程

$$\int_{S_\mathrm{p}} \bar{\boldsymbol{p}}\delta\,\boldsymbol{v}\,\mathrm{d}S = \int_V \sigma_{ik}\delta\dot{\varepsilon}_{ik}\mathrm{d}V \tag{4.73}$$

必要性：如果σ_{ik}是静力许可的，则必须满足式（4.41）、式（4.49），即$\mathrm{div}\boldsymbol{T}_\sigma=0$，$S_\mathrm{p}$上：$\sigma_{ik}n_k=\bar{p}_i$；将两式乘以虚速度场$\delta v_i$然后相加有

$$\int_V \mathrm{div}\boldsymbol{T}_\sigma\delta\,\boldsymbol{v}\,\mathrm{d}V + \int_{S_\mathrm{p}} (\bar{p}_i - \sigma_{ik}n_k)\delta v_i\mathrm{d}S = 0$$

令式（4.72）中$a_{ik}=\sigma_{ik}$，$b_i=\delta v_i$，$\beta_{ik}=\delta\dot{\varepsilon}_{ik}$代入上式并注意到$S_v$上$\delta\bar{v}_i=0$有

$$\int_{S=S_\mathrm{p}+S_\mathrm{v}} \sigma_{ik}\delta v_in_k\mathrm{d}S - \int_V \sigma_{ik}\delta\dot{\varepsilon}_{ik}\mathrm{d}V + \int_{S_\mathrm{p}} (\bar{p}_i - \sigma_{ik}n_k)\delta v_i\mathrm{d}S = 0$$

整理并写成矢量形式必有

$$\int_{S_\mathrm{p}} \bar{\boldsymbol{p}}\delta\,\boldsymbol{v}\,\mathrm{d}S = \int_V \sigma_{ik}\delta\dot{\varepsilon}_{ik}\mathrm{d}V$$

证毕。

充分性：若式（4.73）成立，与式（4.72）相减，注意到$a_{ik}=\sigma_{ik}$，$\boldsymbol{a}=\boldsymbol{p}$，

$\beta_{ik} = \delta \dot{\varepsilon}_{ik}$，$b_i = \delta v_i$ 得

$$\int_{S_p} (\bar{\boldsymbol{p}} - \boldsymbol{p}) \delta \boldsymbol{v} \, \mathrm{d}S + \int_V \mathrm{div} \boldsymbol{T}_\sigma \delta \boldsymbol{v} \, \mathrm{d}V = 0$$

由变分引理式（4.18），$\delta \boldsymbol{v}$ 有任意性，故只有上式左端两个积分分别为零，于是有

在 S_p 上：$\boldsymbol{P} = \bar{\boldsymbol{P}}$；

在 V 内：$\mathrm{div}\boldsymbol{T}_\sigma = 0$

于是必有 $\boldsymbol{T}_\sigma = \boldsymbol{\sigma}_{ij}$ 是静力许可的。（证毕）

简要证法：由虚功原理式 $\int_{S_p} \bar{p}_i \delta v_i \mathrm{d}S = \int_V \sigma_{ik}^* \delta \dot{\varepsilon}_{ik} \mathrm{d}V$ 知，与任何虚速度场 δv_i 之间满足上式的应力场 $\boldsymbol{\sigma}_{ik} = \boldsymbol{\sigma}_{ik}^*$，即必为静力许可的。注意到“ * ”表示满足静力许可条件，足见上式写成矢量形式后即为式（4.73）（证毕）。于是静力许可应力场判别定理的另一种表述是：应力张量 $\boldsymbol{\sigma}_{ik}$ 为静力许可应力场的充分必要条件是满足速度场变分形式的虚功率方程。

4.6.4.3 运动许可速度场判别条件

对称应变速率场 $\dot{\varepsilon}_{ik}$ 为运动许可应变速率场的充分必要条件是，与任何虚应力场 $\delta\sigma_{ik}$ 之间满足如下方程

$$\int_{S_v} \delta \boldsymbol{p} \, \bar{\boldsymbol{v}} \, \mathrm{d}S = \int_V \delta \sigma_{ik} \dot{\varepsilon}_{ik} \mathrm{d}V \tag{4.74}$$

式中，$\delta \boldsymbol{p}$ 是虚应力场 $\delta\sigma_{ik}$ 确定的边界外力，满足 $\delta \boldsymbol{p} = \delta\sigma_{ik} n_k \boldsymbol{e}_i$。

必要性：若 $\dot{\varepsilon}_{ik}$ 为运动许可的，它必由 $\boldsymbol{v}$ 按式（4.47）导出，且在 S_v 上有 $\boldsymbol{v} = \bar{\boldsymbol{v}}$。将上式与式（4.47）乘以满足平衡方程（4.41）与边界条件式（4.49）的虚应力场 $\delta\sigma_{ik}$，将此三个条件代入式（4.72），令 $\boldsymbol{T}_A = \boldsymbol{T}_{\delta\sigma}$，$\boldsymbol{b} = \boldsymbol{v}$，则必得式（4.74）。

充分性：若式（4.74）成立将其和式（4.72）相减，注意到 $\boldsymbol{T}_A = \boldsymbol{T}_{\delta\sigma}$，$\boldsymbol{a} = \delta \boldsymbol{p}$，$\boldsymbol{b} = \boldsymbol{v}$，得

$$\int_{S_v} \delta \boldsymbol{p} (\bar{\boldsymbol{v}} - \boldsymbol{v}) \mathrm{d}S + \int_V \mathrm{div} \boldsymbol{T}_{\delta\sigma} \boldsymbol{v} \, \mathrm{d}V = 0$$

由于已知 $\mathrm{div}\boldsymbol{T}_{\delta\sigma} = 0$，由变分引理必有在 $\boldsymbol{S}_v$ 上：$\boldsymbol{v} = \bar{\boldsymbol{v}}$。于是速度场 $\boldsymbol{v}$ 及由其导出的几何方程必为运动许可的。证毕。

简要证法：将虚余功率方程式（4.58）写成矢量形式即得

$$\int_{S_v} \delta \boldsymbol{p} \, \bar{\boldsymbol{v}} \, \mathrm{d}S = \int_V \delta \sigma_{ik} \dot{\varepsilon}_{ik}^* \mathrm{d}V$$

表明与任何虚应力场 $\delta\sigma_{ik}$ 之间满足上式的应变速率场必为运动许可的，即 $\dot{\varepsilon}_{ik} = \dot{\varepsilon}_{ik}^*$。注意到“ * ”表示满足运动许可条件，足见上式与式（4.74）完全一致。证毕。于是运动许可应变速率场判别定理的另一种表述是：应变速率张量 $\dot{\varepsilon}_{ik}$ 为

运动许可的充分必要条件是满足应力场变分形式的虚余功率方程。

4.6.4.4 推论

将式（4.73）和式（4.74）相加得下式

$$\int_{S_p}\bar{\boldsymbol{p}}\delta\boldsymbol{v}\,dS+\int_{S_v}\delta\boldsymbol{p}\,\bar{\boldsymbol{v}}\,dS=\int_V\delta\sigma_{ik}\dot{\varepsilon}_{ik}dV+\int_V\sigma_{ik}\delta\dot{\varepsilon}_{ik}dV \tag{4.75}$$

式（4.75）表明若应力场 σ_{ik} 与速度场 $\boldsymbol{v}$ 与任何虚速度场 $\delta\boldsymbol{v}$ 及虚应力场 $\delta\sigma_{ik}$ 之间满足上式，则应力场 σ_{ik} 与速度场 $\boldsymbol{v}$ 分别是静力与运动许可场。

简要证法：由虚功率原理的变分形式（4.59）知

$$\int_{S_p}\bar{p}_i\delta v_i dS+\int_{S_v}\delta p_i\bar{v}_i dS=\int_V\delta\sigma_{ik}\dot{\varepsilon}_{ik}^{*}dV+\int_V\sigma_{ik}^{*}\delta\dot{\varepsilon}_{ik}dV$$

将此式左侧写成矢量形式，注意到右侧“＊”依次表示满足运动与静力许可条件，则该式与式（4.75）完全一致。它表明虚速度场与虚应力场在应力与速度已知表面所做总虚功等于变形体内与二者相适应的应变速率场及应力场储存的虚应变能之和。应指出，上述定理与推论均由虚[illegible]推出，未涉及本构关系，故结论适合任何本构关系的材料。

4.7 材料成形的变分原理

4.7.1 体积可压缩材料的变分原理

4.7.1.1 常用的变分公式

设给定某运动许可速度场 $\boldsymbol{v}$，于是可由本构方程计算出 V 内每点与该速度场相适应的 σ_m 和 T，若 V 内变分 $\delta\boldsymbol{v}$ 引起的相关变分为：

应变速率式（4.47）
$$\delta\dot{\varepsilon}_{ik}=\frac{1}{2}\left(\frac{\partial\delta v_i}{\partial x_k}+\frac{\partial\delta v_k}{\partial x_i}\right) \tag{4.76}$$

剪应变速率强度
$$\delta\dot{\Gamma}=\delta\sqrt{2\dot{\varepsilon}'_{ik}\dot{\varepsilon}'_{ik}}=\frac{2\cdot 2\dot{\varepsilon}'_{ik}\delta\dot{\varepsilon}'_{ik}}{2\sqrt{2\dot{\varepsilon}'_{ik}\dot{\varepsilon}'_{ik}}}=\frac{2\dot{\varepsilon}'_{ik}\delta\dot{\varepsilon}'_{ik}}{\dot{\Gamma}} \tag{4.77}$$

平均应变速率
$$\delta\dot{\varepsilon}_m=(\delta\dot{\varepsilon}_{11}+\delta\dot{\varepsilon}_{22}+\delta\dot{\varepsilon}_{33})/3 \tag{4.78}$$

$\delta\sigma_{ik}$ 引起的相关变分为：

剪应力强度
$$\delta T=\delta\sqrt{(1/2)\sigma'_{ik}\sigma'_{ik}}=\frac{(1/2)2\sigma'_{ik}\delta\sigma'_{ik}}{2\sqrt{(1/2)\sigma'_{ik}\sigma'_{ik}}}=\frac{\sigma'_{ik}\delta\sigma'_{ik}}{2T} \tag{4.79}$$

平均应力
$$\delta\sigma_m=(\delta\sigma_{11}+\delta\sigma_{22}+\delta\sigma_{33})/3 \tag{4.80}$$

式中
$$\delta\dot{\varepsilon}'_{ik}=\delta\dot{\varepsilon}_{ik}-\delta\dot{\varepsilon}_m\delta_{ik},\quad \delta\sigma'_{ik}=\delta\sigma_{ik}-\delta\sigma_m\delta_{ik} \tag{4.81}$$

则有下述可压缩材料的变分原理成立。

4.7.1.2 虚速度原理

欲使运动许可速度场 $\boldsymbol{v}$ 成为真实速度场的必要充分条件是它对任何虚速度场

$\delta \boldsymbol{v}$ 满足下式

$$\int_{S_p} \bar{\boldsymbol{p}} \delta \boldsymbol{v} \, dS = \int_V (T\delta\dot{\Gamma} + 3\sigma_m \delta\dot{\varepsilon}_m) \, dV \tag{4.82}$$

必要性：设$\boldsymbol{v}$ 是真实速度场，则由本构方程式（4.43）确定下列运动学应力场

$$\sigma_{ik} = (2T/\dot{\Gamma})\dot{\varepsilon}'_{ik} + \sigma_m \delta_{ik} \tag{4.83}$$

无疑是静力许可的，因为它应能满足式（4.73）。由式（4.81）、式（4.83）、式（4.77）有

$$\sigma_{ik}\delta\dot{\varepsilon}_{ik} = \sigma'_{ik}\delta\dot{\varepsilon}'_{ik} + 3\sigma_m\delta\dot{\varepsilon}_m = (2T/\dot{\Gamma})\dot{\varepsilon}'_{ik}\delta\dot{\varepsilon}'_{ik} + 3\sigma_m\delta\dot{\varepsilon}_m = T\delta\dot{\Gamma} + 3\sigma_m\delta\dot{\varepsilon}_m \tag{4.84}$$

将式（4.84）代入式（4.73），即得式（4.82）。

充分性：设对某个运动许可速度[illegible]有式（4.82）成立，现由$\boldsymbol{v}$ 按式（4.83）求出运动学应力 σ_{ik}，再利用式[illegible]）就有

$$T\delta\dot{\Gamma} + 3\sigma_m\delta[illegible] = \sigma_{ik}\delta\dot{\varepsilon}_{ik}$$

将其代入式（4.82），便得到式（4.73），故运动学应力场 σ_{ik}是静力许可的，速度场$\boldsymbol{v}$ 是真实的。

4.7.1.3 虚应力原理

欲使静力许可应力场 σ_{ik}成为真实应力场的必要充分条件是它对任何虚应力场 $\delta\sigma_{ik}$满足下式

$$\int_{S_v} \delta\boldsymbol{p} \, \bar{\boldsymbol{v}} \, dS = \int_V (\delta T\dot{\Gamma} + 3\delta\sigma_m \dot{\varepsilon}_m) \, dV \tag{4.85}$$

必要性：设 σ_{ik}是真实应力场，按本构方程式（4.43）、式（4.83）确定下列静力学应变速率

$$\dot{\varepsilon}_{ik} = (\dot{\Gamma}/2T)\sigma'_{ik} + \dot{\varepsilon}_m \delta_{ik} \tag{4.86}$$

无疑是运动许可的，它应能满足式（4.74）。先利用式（4.86）与式（4.79）求出

$$\delta\sigma_{ik}\dot{\varepsilon}_{ik} = \delta\sigma'_{ik}\dot{\varepsilon}'_{ik} + 3\delta\sigma_m\dot{\varepsilon}_m = (\dot{\Gamma}/2T)\sigma'_{ik}\delta\sigma'_{ik} + 3\delta\sigma_m\dot{\varepsilon}_m = \delta T\dot{\Gamma} + 3\delta\sigma_m\dot{\varepsilon}_m \tag{4.87}$$

将其代入式（4.74），即得式（4.85）。

充分性：设对某个静力许可应力场 σ_{ik}已有式（4.85）成立，现由 σ_{ik}按式（4.86）求出静力学应变速率场 $\dot{\varepsilon}_{ik}$，再利用式（4.87）就有

$$\delta T\dot{\Gamma} + 3\delta\sigma_m\dot{\varepsilon}_m = \delta\sigma_{ik}\dot{\varepsilon}_{ik}$$

将其代入式（4.85），得到的公式正是式（4.74），也就是说静力学应变速率场 $\dot{\varepsilon}_{ik}$是运动许可的。因而应力场 σ_{ik}是真实的。

4.7.1.4 推论

将式（4.82）、式（4.85）相加得到下式

$$\int_{S_p} \bar{\boldsymbol{p}}\delta \boldsymbol{v}\,\mathrm{d}S + \int_{S_v} \delta\boldsymbol{p}\,\bar{\boldsymbol{v}}\,\mathrm{d}S = \int_V [(T\delta\dot{\Gamma} + \delta T\dot{\Gamma}) + 3(\sigma_m\delta\dot{\varepsilon}_m + \delta\sigma_m\dot{\varepsilon}_m)]\mathrm{d}V \tag{4.88}$$

上式表明欲使运动许可速度场 $\boldsymbol{v}$ 和静力许可应力场 σ_{ik}同时成为真实场，必要和充分条件是它们对任何虚速度场 $\delta\boldsymbol{v}$ 和虚应力场 $\delta\sigma_{ik}$满足方程式（4.88）。

4.7.2 体积不可压缩材料变分原理

4.7.2.1 体积不可压缩材料特点

与体积可压缩材料相比不可压缩材料特点为：

（1）运动许可速度场 $\boldsymbol{v}$ 与虚速度场 $\delta\boldsymbol{v}$ 都必须满足不可压缩条件 $\mathrm{div}\boldsymbol{v}=0$，$\mathrm{div}\delta\boldsymbol{v}=0$。

（2）因为 $\dot{\varepsilon}_m \equiv 0$，故由本构方程式（4.43），依据 $\dot{\varepsilon}'_{ik}=\dot{\varepsilon}_{ik}$可求出偏差压力，但无法按式（4.42）求平均应力 σ_m。欲求 σ_m，必须利用平衡方程与边界外力条件。

（3）若偏应力张量 σ'_{ik}借助补充一球张量 $\sigma_m I$ 而成为静力许可应力场，则 σ'_{ik}为静力许可的。

（4）体积不可压缩材料有以下关系

$$\dot{\varepsilon}_m=0,\quad \delta\dot{\varepsilon}_m=0$$

$$\sigma_{ik}\delta\dot{\varepsilon}_{ik}=\sigma'_{ik}\delta\dot{\varepsilon}'_{ik},\ \delta\sigma_{ik}\dot{\varepsilon}_{ik}=\delta\sigma'_{ik}\dot{\varepsilon}'_{ik},\ \sigma'_{ik}\delta\dot{\varepsilon}'_{ik}=T\delta\dot{\Gamma},\ \delta\sigma'_{ik}\dot{\varepsilon}'_{ik}=\delta T\dot{\Gamma}$$

4.7.2.2 许可场判别式

对体积不可压缩材料许可场判别式（4.73）~式（4.75）依次为：

静力许可偏应力场判别式：

$$\int_{S_p} \bar{\boldsymbol{p}}\delta \boldsymbol{v}\,\mathrm{d}S = \int_V \sigma'_{ik}\delta\dot{\varepsilon}'_{ik}\mathrm{d}V \tag{4.89}$$

运动许可偏应变速率场判别式：

$$\int_{S_v} \delta\boldsymbol{p}\,\bar{\boldsymbol{v}}\,\mathrm{d}S = \int_V \delta\sigma'_{ik}\dot{\varepsilon}'_{ik}\mathrm{d}V \tag{4.90}$$

应指出：对不可压缩介质，上式偏差应变速率场就是应变速率场。

静力与运动许可偏张量场判别式为

$$\int_{S_p} \bar{\boldsymbol{p}}\delta \boldsymbol{v}\,\mathrm{d}S + \int_{S_v} \delta \boldsymbol{p}\,\bar{\boldsymbol{v}}\,\mathrm{d}S = \int_V (\delta\sigma'_{ik}\dot{\varepsilon}'_{ik} + \sigma'_{ik}\delta\dot{\varepsilon}'_{ik})\mathrm{d}V \tag{4.91}$$

4.7.2.3 变分原理

体积不可压缩介质的变分原理数学表达式与许可场判别式（4.89）~式（4.91）具有完全相同的形式

虚速度原理式（4.82）：
$$\int_{S_p} \bar{\boldsymbol{p}}\delta \boldsymbol{v}\mathrm{d}S = \int_V T\delta\dot{\Gamma}\mathrm{d}V \tag{4.92}$$

虚应力原理式（4.85）：
$$\int_{S_v} \delta \boldsymbol{p}\bar{\boldsymbol{v}}\mathrm{d}S = \int_V \delta T\dot{\Gamma}\mathrm{d}V \tag{4.93}$$

推论式（4.88）：
$$\int_{S_p} \bar{\boldsymbol{p}}\delta \boldsymbol{v}\mathrm{d}S + \int_{S_v} \delta \boldsymbol{p}\bar{\boldsymbol{v}}\mathrm{d}S = \int_V (T\delta\dot{\Gamma} + \delta T\dot{\Gamma})\mathrm{d}V \tag{4.94}$$

4.7.2.4 对变分原理的理解

为了加深理解，我们换一种方式对式（4.92）~式（4.94）进行表述：设式（4.92）中 $\delta\boldsymbol{v}$ 及与其对应的 $\delta\dot{\Gamma}$ 为无限小，由 4.6.3 节虚速度场基本特点（1），则式中 T 和 $\bar{p}$ 可认为不变，此时 δ 便可作为变分符号提到积分号外面去，移项后则有

$$\delta\left(\int_V T\dot{\Gamma}\mathrm{d}V - \int_{S_p} \bar{\boldsymbol{p}}\,\boldsymbol{v}\,\mathrm{d}S\right) = 0$$

令 $\dot{\phi} = \int_V T\dot{\Gamma}\mathrm{d}V - \int_{S_p} \bar{\boldsymbol{p}}\boldsymbol{v}\mathrm{d}S$，上式为

$$\delta\dot{\phi} = 0 \qquad ①$$

式①表明 $\dot{\phi}$ 是关于函数 $\boldsymbol{v}$ 的总势能泛函，其一阶变分为零。注意到 T 与 $\dot{\Gamma}$ 之间满足流动法则，表明泛函 $\dot{\phi}$ 对真实速度场 $\boldsymbol{v}$ 取驻值。这是对式（4.92）虚速度原理或总势能泛函对运动许可速度场的变分的理解。读者应注意上式与式（4.57）的区别，后者不受物理条件（流动法则）的制约。同样式（4.93）、式（4.94）也可变化为类似式①的形式，有

$$\delta\left(\int_V T\dot{\Gamma}\mathrm{d}V - \int_{S_v} \boldsymbol{p}\,\bar{\boldsymbol{v}}\,\mathrm{d}S\right) = 0 \qquad \delta\dot{\phi} = 0 \qquad ②$$

$$\int_V (T\delta\dot{\Gamma} + \delta T\dot{\Gamma})\mathrm{d}V - \int_{S_p} \bar{\boldsymbol{p}}\delta\boldsymbol{v}\,\mathrm{d}S - \int_{S_v} \delta\boldsymbol{p}\,\bar{\boldsymbol{v}}\,\mathrm{d}S = 0$$

$$\int_V \delta(T\dot{\Gamma})\mathrm{d}V - \int_{S_p+S_v} (\bar{\boldsymbol{p}}\delta\boldsymbol{v} + \delta\boldsymbol{p}\,\bar{\boldsymbol{v}})\mathrm{d}S = \delta\int_V T\dot{\Gamma}\mathrm{d}V - \delta\int_S \bar{\boldsymbol{p}}\,\boldsymbol{v}\,\mathrm{d}S$$

$$\delta\left(\int_V T\dot{\Gamma}\mathrm{d}V - \int_S \boldsymbol{p}\,\boldsymbol{v}\,\mathrm{d}S\right) = 0 \qquad \delta\dot{\phi} = 0 \qquad ③$$

式②、式③的 T 与 $\dot{\Gamma}$ 之间均满足流动法则，可参照式①的物理意义进行理解，并注意与式（4.57）的区别。

4.7.3 最小能原理

对真实速度场，若把总势能泛函定义成

$$\dot{\phi} = \int_V E(\dot{\varepsilon}_{ik})\mathrm{d}V - \int_{S_\mathrm{p}} \bar{p}_i v_i \mathrm{d}S \tag{4.95}$$

变分有

$$\delta\dot{\phi} = \int_V \frac{\partial E}{\partial \dot{\varepsilon}_{ik}} \delta\dot{\varepsilon}_{ik}\mathrm{d}V - \int_{S_\mathrm{p}} \bar{p}_i \delta v_i \mathrm{d}S \qquad ④$$

由于真实速度场 v_i 是运动许可的，与其相适合本构关系的应力场 σ_{ik} 是静力许可的，若本构方程中 σ_{ik} 是 $\dot{\varepsilon}_{ik}$ 的光滑函数，且满足

$$\frac{\partial \sigma_{ik}}{\partial \dot{\varepsilon}_{jl}} = \frac{\partial \sigma_{jl}}{\partial \dot{\varepsilon}_{ik}} \tag{4.96}$$

则一定存在一个势函数 E（$\dot{\varepsilon}_{ik}$），且有梯度场

$$\sigma_{ik} = \frac{\partial E}{\partial \dot{\varepsilon}_{ik}} \tag{4.97}$$

代入式④并注意到虚功方程式（4.57），则有：

$$\delta\dot{\phi} = \delta\left(\int_V \sigma_{ik}\dot{\varepsilon}_{ik}\mathrm{d}V - \int_{S_\mathrm{p}} \bar{p}_i v_i \mathrm{d}S\right) = 0 \tag{4.98}$$

式（4.98）表明，无论何种本构关系，只要式（4.96）、式（4.97）成立，则必存在势函数 E（$\dot{\varepsilon}_{ik}$），于是便有式（4.95）、式（4.98）表示的最小势能原理成立。

同理对真实位移场 u_i 有

$$\phi = \int_V E(\varepsilon_{ik})\mathrm{d}V - \int_{S_\mathrm{p}} \bar{p}_i u_i \mathrm{d}S, \delta\phi = 0 \tag{4.99}$$

采用同样方法，由式（4.58）虚余功率方程，对真实应力场得

$$\dot{R} = \int_V E(\sigma_{ik})\mathrm{d}V - \int_{S_\mathrm{v}} \sigma_{ik} n_k \bar{v}_i \mathrm{d}S,\quad E(\sigma_{ik}) = \int_0^{\sigma_{ik}} \dot{\varepsilon}_{ik}\mathrm{d}\sigma_{ik},\quad \delta\dot{R} = 0 \tag{4.100}$$

$$R = \int_V E(\sigma_{ik})\mathrm{d}V - \int_{S_\mathrm{u}} \sigma_{ik} n_k \bar{u}_i \mathrm{d}S,\quad E(\sigma_{ik}) = \int_0^{\sigma_{ik}} \varepsilon_{ik}\mathrm{d}\sigma_{ik},\quad \delta R = 0 \tag{4.101}$$

两式称为最小余能原理。应指出，变分引理具体形式还取决于不同材料具体应力与应变关系。

4.8 刚塑性材料的变分原理

4.8.1 第一变分原理

4.8.1.1 第一变分原理成立条件

刚－塑性材料流动模型如图 3.6 所示。忽略质量力、惯性力，注意到体积不可压缩且暂不考虑速度间断面，$\dot{\varepsilon}_{e}=\sqrt{(2/3)\ \dot{\varepsilon}_{ik}\dot{\varepsilon}_{ik}}=\dot{\Gamma}/\sqrt{3}$，$\sigma_{e}=\sigma_{s}=\sqrt{3}k=\sqrt{3}\tau_{s}=\sqrt{3}T_{s}$ 塑性区内真实解应满足如下 7 个条件：

（1）平衡方程（4.41）　$\sigma_{ik,k}=0$

（2）Mises 屈服准则（3.72）　$T=k=\sqrt{(1/2)\ \sigma'_{ik}\sigma'_{ik}}$

（3）几何方程（4.47）　$\dot{\varepsilon}_{ik}=\frac{1}{2}\left(\frac{\partial v_i}{\partial x_k}+\frac{\partial v_k}{\partial x_i}\right)$

（4）本构方程（4.43）　$\dot{\varepsilon}_{ik}=\frac{\dot{\Gamma}}{2T}\sigma'_{ik}=\frac{3}{2}\frac{\dot{\varepsilon}_{e}}{\sigma_{s}}\sigma'_{ik}$

（5）体积不变条件（1.50）　$\dot{\varepsilon}_{ik}\delta_{ik}=0$

（6）应力边界条件（4.49）　S_{p} 上：$\sigma_{ik}n_k=\bar{p}_i$

（7）速度边界条件（4.50）　S_{v} 上：$v_i=\bar{v}_i$

4.8.1.2 第一变分原理证明

第一变分原理表明：在满足式（4.47）、式（1.50）、式（4.50）的一切运动许可速度场 v_i^* 中，使泛函

$$\dot{\phi}_1=\sqrt{\frac{2}{3}}\sigma_{s}\int_V\sqrt{\dot{\varepsilon}_{ik}\dot{\varepsilon}_{ik}}\mathrm{d}V-\int_{S_p}\bar{p}_iv_i\mathrm{d}S \tag{4.102}$$

的 $\delta\dot{\phi}_1=0$，且 $\dot{\phi}_1$ 取最小值的 v_i必为本问题真实解。

证明：设问题的真实解为 σ_{ik}、$\dot{\varepsilon}_{ik}$ 和 v_i，而运动许可解为 σ_{ik}^*、$\dot{\varepsilon}_{ik}^*$ 和 v_i^*。由式（4.43）并注意式（1.50），$\sigma'_{ik}=\sqrt{\frac{2}{3}}\sigma_{s}\frac{\dot{\varepsilon}_{ik}}{\sqrt{\dot{\varepsilon}_{ik}\dot{\varepsilon}_{ik}}}$，有：

$$\sqrt{\frac{2}{3}}\sigma_{s}\sqrt{\dot{\varepsilon}_{ik}\dot{\varepsilon}_{ik}}=\sqrt{\frac{2}{3}}\sigma_{s}\frac{\dot{\varepsilon}_{ik}\dot{\varepsilon}_{ik}}{\sqrt{\dot{\varepsilon}_{ik}\dot{\varepsilon}_{ik}}}=\sigma'_{ik}\dot{\varepsilon}_{ik}=(\sigma_{ik}-\frac{1}{3}\sigma_{jj}\delta_{ik})\dot{\varepsilon}_{ik}=\sigma_{ik}\dot{\varepsilon}_{ik} \tag{4.103}$$

式（4.103）表明，式（4.102）中 $\sqrt{\frac{2}{3}}\sigma_{s}\sqrt{\dot{\varepsilon}_{ik}\dot{\varepsilon}_{ik}}=\sigma_{ik}\dot{\varepsilon}_{ik}$ 相当于式（4.96）和式（4.97）中的 E（$\dot{\varepsilon}_{ik}$）并满足两式条件，故对真实速度场 v_i有 $\delta\dot{\phi}_1=0$。表明泛函 $\dot{\phi}_1$ 有驻值。以下证明对真实速度场 v_i，$\dot{\phi}_1$ 取最小值。由 Drucker

公设式（3.131）

$$\int_V(\sigma_{ik}^* - \sigma_{ik})\dot{\varepsilon}_{ik}^* \mathrm{d}V \geqslant 0 \tag{4.104}$$

对真实解的 σ_{ik} 和运动许可速度场 v_i^*、$\dot{\varepsilon}_{ik}^*$ 之间用虚功方程

$$\int_V \sigma_{ik}\dot{\varepsilon}_{ik}^* \mathrm{d}V = \int_{S_p} \bar{p}_i v_i^* \mathrm{d}S + \int_{S_v} \sigma_{ik} n_k \bar{v}_i \mathrm{d}S$$

将上式代入式（4.104）

$$\int_V \sigma_{ik}^* \dot{\varepsilon}_{ik}^* \mathrm{d}V - \int_{S_p} \bar{p}_i v_i^* \mathrm{d}S \geqslant \int_{S_v} \sigma_{ik} n_k \bar{v}_i \mathrm{d}S \tag{4.105}$$

由于真实解 σ_{ik} 和 $\dot{\varepsilon}_{ik}$、v_i 之间也满足虚功方程

$$\int_{S_v} \sigma_{ik} n_k \bar{v}_i \mathrm{d}S = \int_V \sigma_{ik}\dot{\varepsilon}_{ik} \mathrm{d}V - \int_{S_p} \bar{p}_i v_i \mathrm{d}S \tag{4.106}$$

将式（4.106）代入式（4.105）

$$\int_V \sigma_{ik}^* \dot{\varepsilon}_{ik}^* \mathrm{d}V - \int_{S_p} \bar{p}_i v_i^* \mathrm{d}S \geqslant \int_V \sigma_{ik}\dot{\varepsilon}_{ik} \mathrm{d}V - \int_{S_p} \bar{p}_i v_i \mathrm{d}S \tag{4.107}$$

把式（4.103）代入式（4.107）得

$$\int_V \sigma_{ik}^* \dot{\varepsilon}_{ik}^* \mathrm{d}V - \int_{S_p} \bar{p}_i v_i^* \mathrm{d}S \geqslant \sqrt{\frac{2}{3}}\sigma_s \int_V \sqrt{\dot{\varepsilon}_{ik}\dot{\varepsilon}_{ik}} \mathrm{d}V - \int_{S_p} \bar{p}_i v_i \mathrm{d}S$$

即
$$\dot{\phi}_1^* \geqslant \dot{\phi}_1$$

足见泛函 $\dot{\phi}_1$ 取最小值，于是刚塑性材料的第一变分原理得证。此原理又称 A. A.马尔柯夫（MapkoB）原理。

注意到 S_v 上 $\sigma_{ik}n_k = p_i$，式（4.105）可写成无速度间断面的上界定理表达式（4.61）：

$$\int_{S_v} p_i \bar{v}_i \mathrm{d}S \leqslant \int_V \sigma_{ik}^* \dot{\varepsilon}_{ik}^* \mathrm{d}V - \int_{S_p} \bar{p}_i v_i^* \mathrm{d}S \tag{4.108}$$

4.8.1.3 与虚速度原理的区别

将不可压缩材料虚速度原理式（4.92）进行改写，注意到其成立条件及 $T\dot{\Gamma} = \sqrt{\frac{2}{3}}\sigma_s \sqrt{\dot{\varepsilon}_{ik}\dot{\varepsilon}_{ik}}$，矢量形式写成分量形式有

$$\int_V T\delta\dot{\Gamma}\mathrm{d}V - \int_{S_p} \bar{\boldsymbol{p}}\delta \boldsymbol{v}\,\mathrm{d}S = \delta\left[\int_V T\dot{\Gamma}\mathrm{d}V - \int_{S_p} \bar{\boldsymbol{p}}\boldsymbol{v}\,\mathrm{d}S\right]$$

$$= \delta\left[\int_V \sqrt{\frac{2}{3}}\sigma_s \sqrt{\dot{\varepsilon}_{ik}\dot{\varepsilon}_{ik}}\mathrm{d}V - \int_{S_p} \bar{p}_i v_i \mathrm{d}S\right] = \delta\dot{\phi}_1 = 0$$

其中：
$$\dot{\phi}_1 = \sqrt{\frac{2}{3}}\sigma_s \int_V \sqrt{\dot{\varepsilon}_{ik}\dot{\varepsilon}_{ik}}\mathrm{d}V - \int_{S_p} \bar{p}_i v_i \mathrm{d}S \tag{4.109}$$

式（4.109）与刚－塑性材料的第一变分原理式（4.102）完全一致。于是，

虚速度原理表述为：运动许可速度场$\boldsymbol{v}$成为真实速度场的必要充分条件是，它对式③的一阶变分$\delta\dot{\phi}_1=0$。即真实速度场使$\dot{\phi}_1$取驻值。表明虚速度原理只提供判断真实速度场的准则，并未指明如何确定真实速度场。而第一变分原理不仅证明泛函$\dot{\phi}_1$有驻值，而且证明对真实速度场$\dot{\phi}_1$取最小值。如将最小势能原理式（4.98）用于刚塑性材料，则与虚速度原理、第一变分原理具有完全相同的形式。

4.8.2 完全广义变分原理

将运动许可条件式（4.47）、式（1.50）、式（4.50）作为约束条件以拉格朗日乘子$\alpha_{ik}=\alpha_{ki}$，λ，μ_i引入式（4.102）中构成新泛函

$$\dot{\phi}_1^*=\sqrt{\frac{2}{3}}\sigma_s\int_V\sqrt{\dot{\varepsilon}_{ik}\dot{\varepsilon}_{ik}}\mathrm{d}V-\int_{S_p}\bar{p}_iv_i\mathrm{d}S-\int_V\alpha_{ik}\left[\dot{\varepsilon}_{ik}-\frac{1}{2}(v_{i,k}+v_{k,i})\right]\mathrm{d}V+\int_V\lambda\dot{\varepsilon}_{ik}\delta_{ik}\mathrm{d}V-\int_{S_v}\mu_i(v_i-\bar{v})\mathrm{d}S \tag{4.110}$$

在一切σ_{ik}，$\dot{\varepsilon}_{ik}$和v_i的函数中，使上述泛函取驻值的σ_{ik}、$\dot{\varepsilon}_{ik}$和v_i是真实解。此即刚塑性材料完全广义变分原理。此时，可预先无约束地选择$\dot{\varepsilon}_{ik}$和v_i使新泛函$\dot{\phi}_1^*$一阶变分等于零。

证明：只要证明使泛函式（4.110）的一阶变分为零，则σ_{ik}、$\dot{\varepsilon}_{ik}$和v_i满足全部方程和相应的边界条件即可。对式（4.110）变分，并令其为零得

$$\delta\dot{\phi}_1^*=\sqrt{\frac{2}{3}}\sigma_s\int_V\frac{2\dot{\varepsilon}_{ik}}{2\sqrt{\dot{\varepsilon}_{ik}\dot{\varepsilon}_{ik}}}\delta\dot{\varepsilon}_{ik}\mathrm{d}V-\int_{S_p}\bar{p}_i\delta v_i\mathrm{d}S-\int_V\delta\alpha_{ik}\left[\dot{\varepsilon}_{ik}-\frac{1}{2}(v_{i,k}+v_{k,i})\right]\mathrm{d}V-\int_V\alpha_{ik}\left[\delta\dot{\varepsilon}_{ik}-\frac{1}{2}(\delta v_{i,k}+\delta v_{k,i})\right]\mathrm{d}V+\int_V\delta\lambda\dot{\varepsilon}_{ik}\delta_{ik}\mathrm{d}V+\int_V\lambda\delta\dot{\varepsilon}_{ik}\delta_{ik}\mathrm{d}V-\int_{S_v}\delta\mu_i(v_i-\bar{v}_i)\mathrm{d}S-\int_{S_v}\mu_i(\delta v_i)\mathrm{d}S=0$$

由本构关系$s_{ik}=\sqrt{\frac{2}{3}}\frac{\sigma_s\dot{\varepsilon}_{ik}}{\sqrt{\dot{\varepsilon}_{ik}\dot{\varepsilon}_{ik}}}$，$s_{ik}=\sigma_{ik}-\frac{1}{3}\sigma_{jj}\delta_{ik}$，$\alpha_{ik}\frac{1}{2}(\delta v_{i,k}+\delta v_{k,i})=\alpha_{ik}\delta v_{i,k}$，整理得

$$\delta\dot{\phi}_1^*=\int_V\left(\sigma_{ik}-\frac{1}{3}\sigma_{jj}\delta_{ik}-\alpha_{ik}+\lambda\delta_{ik}\right)\delta\dot{\varepsilon}_{ik}\mathrm{d}V-\int_{S_p}\bar{p}_i\delta v_i\mathrm{d}S-\int_V\left[\dot{\varepsilon}_{ik}-\frac{1}{2}(v_{i,k}+v_{k,i})\right]\delta\alpha_{ik}\mathrm{d}V+\int_V\alpha_{ik}\delta v_{i,k}\mathrm{d}V+\int_V\dot{\varepsilon}_{ik}\delta_{ik}\delta\lambda\mathrm{d}V-\int_{S_v}(v_i-\bar{v}_i)\delta\mu_i\mathrm{d}S-\int_{S_v}\mu_i\delta v_i\mathrm{d}S=0$$

用分部积分和高斯公式

$$\int_V \alpha_{ik}\delta v_{i,k}\mathrm{d}V = \int_V (\alpha_{ik}\delta v_i)_{,k}\mathrm{d}V - \int_V \alpha_{ik,k}\delta v_i \mathrm{d}V$$

$$= \int_{S_\mathrm{p}+S_\mathrm{v}} \alpha_{ik}\delta v_i n_k \mathrm{d}S - \int_V \alpha_{ik,k}\delta v_i \mathrm{d}V$$

代入上式并整理得

$$\delta \dot{\phi}_1^* = \int_V (\sigma_{ik} - \alpha_{ik})\delta\dot{\varepsilon}_{ik}\mathrm{d}V + \int_V \left(\lambda - \frac{1}{3}\sigma_{jj}\right)\delta_{ik}\delta\dot{\varepsilon}_{ik}\mathrm{d}V +$$

$$\int_{S_\mathrm{p}} (\alpha_{ik}n_k - \bar{p}_i)\delta v_i \mathrm{d}S + \int_V \left[\dot{\varepsilon}_{ik} - \frac{1}{2}(v_{i,k} + v_{k,i})\right]\delta\alpha_{ik}\mathrm{d}V +$$

$$\int_{S_\mathrm{v}} (\alpha_{ik}n_k - \mu_i)\delta v_i \mathrm{d}S - \int_V \alpha_{ik,k}\delta v_i \mathrm{d}V + \int_V \dot{\varepsilon}_{ik}\delta_{ik}\delta\lambda \mathrm{d}V -$$

$$\int_{S_\mathrm{v}} (v_i - \bar{v}_i)\delta\mu_i \mathrm{d}S = 0$$

注意到自变函数变分的任意性，得到

在体积 V 内　$\sigma_{ik} - \alpha_{ik} = 0$　或　$\sigma_{ik} = \alpha_{ik}$；　$\sigma_{ik,k} = 0$

$$\dot{\varepsilon}_{ik} - \frac{1}{2}(v_{i,k} + v_{k,i}) = 0, \quad \lambda - \frac{1}{3}\sigma_{jj} = 0, \quad \dot{\varepsilon}_{ik}\delta_{ik} = 0$$

在 S_p 面上　$\alpha_{ik}n_k - \bar{p}_i = 0$

在 S_v 面上　$v_i - \bar{v}_i = 0$，$\alpha_{ik}n_k - \mu_i = 0$

上述诸式分别为平衡方程、几何方程、边界条件和体积不变条件。这表明预先任选 $\dot{\varepsilon}_{ik}$和 v_i 只要能使式（4.110）泛函的一阶变分为零，则它们以及相应的应力 σ_{ik}就一定满足基本方程组和相应边界条件，所以为真实解。即按此变分引理求解与在给定边界条件下求解基本方程组是等价的。

4.8.3 不完全广义变分原理

由于预选速度场时，几何方程与速度边界条件容易满足，体积不变条件不易满足，所以只把体积不变条件用拉格朗日乘子 λ 引入泛函中，得到如下新泛函

$$\dot{\phi}_1^{**} = \sqrt{\frac{2}{3}}\sigma_\mathrm{s}\int_V \sqrt{\dot{\varepsilon}_{ik}\dot{\varepsilon}_{ik}}\mathrm{d}V - \int_{S_\mathrm{p}} \bar{p}_i v_i \mathrm{d}S + \int_V \lambda\dot{\varepsilon}_{ik}\delta_{ik}\mathrm{d}V \tag{4.111}$$

用同样方法可以证明在一切满足几何方程与速度边界条件的 v_i中使上式泛函取驻值的 v_i是真实解。此时 $\lambda = \frac{1}{3}\sigma_{jj}$，乃是刚塑性材料不完全的广义变分原理。

4.8.4 刚塑性材料第二变分原理

在满足平衡方程、Mises 屈服条件和应力边界条件的一切静力许可应力场 σ_{ik}^* 中，使泛函

$$\dot{\phi}_2 = -\int_{S_v} \sigma_{ik} n_k v_i \mathrm{d}S \tag{4.112}$$

取最小值的 σ_{ik} 必为本问题的真实解。

证明：设本问题的真实解为 σ_{ik}，$\dot{\varepsilon}_{ik}$，v_i，静力许可解为 σ_{ik}^*，因为静力许可应力场 σ_{ik}^* 与真实解的应变速率之间未必适合本构关系，由 Drucker 公设式 (3.131) 有

$$\int_V (\sigma_{ik} - \sigma_{ik}^*) \dot{\varepsilon}_{ik} \mathrm{d}V \geqslant 0 \quad ①$$

真实解为 σ_{ik}，$\dot{\varepsilon}_{ik}$，v_i 由虚功原理

$$\int_V \sigma_{ik} \dot{\varepsilon}_{ik} \mathrm{d}V = \int_{S_p} \bar{p}_i v_i \mathrm{d}S + \int_{S_p} \sigma_{ik} n_k \bar{v}_i \mathrm{d}S \quad ②$$

真实解的 $\dot{\varepsilon}_{ik}$ 与静力许可应力场 σ_{ik}^* 之间也应满足虚功原理

$$\int_V \sigma_{ik}^* \dot{\varepsilon}_{ik} \mathrm{d}V = \int_{S_p} \bar{p}_i v_i \mathrm{d}S + \int_{S_v} \sigma_{ik}^* n_k \bar{v}_i \mathrm{d}S \quad ③$$

注意到在 S_p 上 $p_i^* = \bar{p}_i$，将式③、式②代入式①，移项得

$$\int_{S_v} \sigma_{ik} n_k \bar{v}_i \mathrm{d}S \geqslant \int_{S_v} \sigma_{ik}^* n_k \bar{v}_i \mathrm{d}S$$

或

$$-\int_{S_v} \sigma_{ik} n_k \bar{v}_i \mathrm{d}S \leqslant -\int_{S_v} \sigma_{ik}^* n_k \bar{v}_i \mathrm{d}S \quad 即 \quad \dot{\phi}_2^* \geqslant \dot{\phi}_2 \tag{4.113}$$

足见，真实解应力 σ_{ik} 使泛函 $\dot{\phi}_2$ 取最小值，于是刚塑性材料的第二变分原理得证。此原理又称为希尔（Hill）原理。

注意到 $p_i = \sigma_{ik} n_k$，$p_i^* = \sigma_{ik}^* n_k$，式（4.113）的第一式可写成下界定理数学表达式（4.60）

$$\int_{S_v} p_i^* \bar{v}_i \mathrm{d}S \leqslant \int_{S_v} p_i \bar{v}_i \mathrm{d}S$$

4.8.5 轧制变分原理具体形式

4.8.5.1 虚速度原理

对于体积可压缩材料轧制，虚速度原理可表述为：为使运动许可速度场成为真实场，必要充分条件是对任何虚速度场 $\delta \boldsymbol{v}$，满足下列方程

$$\int_{S_p} \bar{p} \delta \boldsymbol{v} \, \mathrm{d}S + \int_{S_f} \bar{\tau}_f \boldsymbol{e}_v \delta \boldsymbol{v}_f \mathrm{d}S + Q \delta \boldsymbol{v} = \int_V (T \delta \dot{\Gamma} + 3\sigma_m \delta \dot{\varepsilon}_m) \mathrm{d}V \tag{4.114}$$

式中，$\boldsymbol{e}_v$ 为与接触面相对滑动速度 $\Delta \boldsymbol{v}$ 方向相反的单位矢量；$\delta \boldsymbol{v}_f$ 是 $\delta \boldsymbol{v}$ 沿 S_f 的切向分量；Q 为后外端界面上的水平合外力；$\delta \boldsymbol{v}$ 是后外端界面水平速度的变分。上式证明与式（4.82）相同。对于满足体积不变的轧制情况，虚速度原理简化为

$$\int_{S_p} \bar{p} \delta \boldsymbol{v} \, \mathrm{d}S + \int_{S_f} \bar{\tau}_f \boldsymbol{e}_v \delta \boldsymbol{v}_f \mathrm{d}S + Q \delta \boldsymbol{v} = \int_V T \delta \dot{\Gamma} \mathrm{d}V \tag{4.115}$$

4.8.5.2 全功率最小原理

前述虚速度原理仅提供真实速度场判断准则，全功率最小原理则给出求解真实速度场的方法，由式（4.114）定义

$$\dot{\phi}(\boldsymbol{v}) = \int_V (T\dot{\Gamma} + 3\sigma_m\dot{\varepsilon}_m)\,dV - \int_{S_p}\bar{p}\,\boldsymbol{v}\,dS - \int_{S_f}\bar{\tau}_f\boldsymbol{e}_v\delta\,\boldsymbol{v}_f dS - Q\,\boldsymbol{v} \quad (4.116)$$

为全功率。其一阶变分为

$$\delta\dot{\phi}(\boldsymbol{v}) = \int_V (T\delta\dot{\Gamma} + 3\sigma_m\delta\dot{\varepsilon}_m)\,dV - \int_{S_p}\bar{p}\delta\,\boldsymbol{v}\,dS - \int_{S_f}\bar{\tau}_f\boldsymbol{e}_v\delta\,\boldsymbol{v}_f dS - Q\delta\,\boldsymbol{v} = 0 \quad (4.117)$$

这是运动许可速度场$\boldsymbol{v}$成为真实速度场的必要和充分条件。即在所考察的运动许可速度场中，真实速度场式$\dot{\phi}(\boldsymbol{v})$有极值。然后证明$\boldsymbol{v}$是真实的，则$\delta^2\dot{\phi}>0$，即$\dot{\phi}$有极小值（证明从略）。

4.9 刚黏塑性材料变分原理

4.9.1 刚黏塑性材料变分原理

针对大塑性变形速度敏感性材料，即弹性变形可以忽略的变分原理为刚黏塑性材料的变分原理。前已述及，无论何种本构关系，只要式（4.96）、式（4.97）成立，则一切运动许可速度场v_i^*与$\dot{\varepsilon}_{ij}^*$中，真实的速度场$\dot{\varepsilon}_{ij}$，v_i使式（4.95）的泛函的一阶变分为零即

$$\delta\dot{\phi} = \delta\left\{\int_V E(\dot{\varepsilon}_{ik})\,dV - \int_{S_p}\bar{p}_i v_i dS\right\} = 0 \quad (4.118)$$

则泛函$\dot{\phi}$取极值。所以首先必须证明刚黏塑性材料满足式（4.96）、式（4.97），其次证明$\dot{\phi}$取最小值。

证明：由式（3.113）、式（3.114），刚黏塑性材料本构方程满足

$$\dot{\varepsilon}_{ik} = \frac{3}{2}\frac{\dot{\varepsilon}_e}{\sigma_e}\sigma'_{ik} \quad (4.119)$$

$$\sigma'_{ik} = \frac{2}{3}\frac{\sigma_e}{\dot{\varepsilon}_e}\dot{\varepsilon}_{ik} \quad (4.120)$$

表明本构方程是单值函数，故满足式（4.97）。设$\bar{\sigma}$按 F. E. Hausmer 等推荐的下式确定，即

$$\sigma_e = \sigma_{sc}\left[1 + \left(\frac{\dot{\varepsilon}_e}{\gamma_0}\right)^n\right] \quad (4.121)$$

式中，$\sigma_{sc} = \sigma_{sc}(\varepsilon)$为静屈服应力；$\gamma_0$为流动参数。

注意到式（4.119）及 $\dot{\varepsilon}_{ik}\delta_{ik}=0$，$\dot{\varepsilon}_{e}=\sqrt{\frac{2}{3}\dot{\varepsilon}_{ik}\dot{\varepsilon}_{ik}}$，式（4.97）中

$$E(\dot{\varepsilon}_{ik}) = \int_0^{\dot{\varepsilon}_{ij}} \sigma_{ik}\mathrm{d}\dot{\varepsilon}_{ij} = \int_0^{\dot{\varepsilon}_{ij}} \sigma'_{ik}\mathrm{d}\dot{\varepsilon}_{ik} = \int_0^{\dot{\varepsilon}_{e}} \sigma_{e}\mathrm{d}\dot{\varepsilon}_{e}$$

将式（4.121）代入上式有

$$E(\dot{\varepsilon}_{ik}) = \int_0^{\dot{\varepsilon}} \sigma_{sc}\left[1+\left(\frac{\dot{\varepsilon}_{e}}{\gamma_0}\right)^n\right]\mathrm{d}\dot{\varepsilon}_{e} = \frac{1}{n+1}(n\sigma_{sc}+\sigma_{e})\dot{\varepsilon}_{e} \tag{4.122}$$

$$\begin{aligned}\frac{\partial E}{\partial \dot{\varepsilon}_{ik}} &= \frac{1}{n+1}\left[(n\sigma_{sc}+\sigma_{e})\frac{2}{3}\frac{\dot{\varepsilon}_{ik}}{\dot{\varepsilon}_{e}} + n\sigma_{sc}\left(\frac{\dot{\varepsilon}_{e}}{\gamma_0}\right)^n\frac{2}{3}\frac{\dot{\varepsilon}_{ik}}{\dot{\varepsilon}_{e}}\right] \\ &= \frac{1}{n+1}\frac{2}{3}\frac{\dot{\varepsilon}_{ik}}{\dot{\varepsilon}_{e}}(\sigma_{e}+n\sigma_{e}) = \frac{2}{3}\frac{\sigma_{e}}{\dot{\varepsilon}_{e}}\dot{\varepsilon}_{ik} = \sigma'_{ik}\end{aligned}$$

在 $\dot{\varepsilon}_{ik}\delta_{ik}=0$ 时，则有

$$\frac{\partial E}{\partial \dot{\varepsilon}_{ik}} = \sigma_{ik}$$

所以满足式（4.97），故式（4.118）成立，表明泛函$\dot{\phi}$取极值。

以下证明 $\dot{\phi}$ 取最小值，故必须证明 $\delta^2\dot{\phi}\geqslant 0$。

注意到式（4.118）第二项 $\bar{p}_i v_i$ 是 v_i 的线性函数，因此 $\delta^2\int_{S_p}\bar{p}_i v_i\mathrm{d}S = 0$，所以只需证明第一项，即 $\delta^2\dot{\phi} = \int_V \delta^2 E(\dot{\varepsilon}_{ik})\mathrm{d}V \geqslant 0$ 或 $\delta^2 E(\dot{\varepsilon}_{ik}) \geqslant 0$ 即可。注意到式（4.121）

$$E(\dot{\varepsilon}_{ik}) = \int_0^{\varepsilon_e} \sigma_{e}(\dot{\varepsilon}_{e})\mathrm{d}\dot{\varepsilon}_{e}, \delta E = \frac{\partial E}{\partial \dot{\varepsilon}_{e}}\delta\dot{\varepsilon}_{e} = \sigma_{e}\delta\dot{\varepsilon}_{e}$$

$$\delta^2 E = \delta(\delta E) = \delta(\sigma_{e}\delta\dot{\varepsilon}_{e}) = \delta\sigma_{e}\delta\dot{\varepsilon}_{e} + \sigma_{e}\delta^2\dot{\varepsilon}_{e} = \frac{\delta\sigma_{e}}{\delta\dot{\varepsilon}_{e}}(\delta\dot{\varepsilon}_{e})^2 + \sigma_{e}\delta^2\dot{\varepsilon}_{e}$$

假定材料是稳定的，即 σ_{e} 随 $\dot{\varepsilon}_{e}$ 增加而增加，则$\frac{\delta\sigma_{e}}{\delta\dot{\varepsilon}_{e}}\geqslant 0$，所以$\frac{\delta\sigma_{e}}{\delta\dot{\varepsilon}_{e}}(\delta\dot{\varepsilon}_{e})^2\geqslant 0$。

下面继续证明 $\sigma_{e}\delta^2\dot{\varepsilon}_{e}\geqslant 0$。注意到 $\dot{\varepsilon}_{e}=\sqrt{\frac{2}{3}\dot{\varepsilon}_{ik}\dot{\varepsilon}_{ik}}$，则

$$\begin{aligned}\sigma_{e}\delta^2\dot{\varepsilon}_{e} &= \sigma_{e}\frac{\partial^2}{\partial\zeta^2}\bigg|_{\zeta=0}\sqrt{\frac{2}{3}(\dot{\varepsilon}_{ik}+\zeta\delta\dot{\varepsilon}_{ik})(\dot{\varepsilon}_{ik}+\zeta\delta\dot{\varepsilon}_{ik})} \\ &= \sigma_{e}\frac{\partial}{\partial\zeta}\bigg|_{\zeta=0}\left[\frac{\frac{2}{3}(\dot{\varepsilon}_{ik}+\zeta\delta\dot{\varepsilon}_{ik})\delta\dot{\varepsilon}_{ik}}{\sqrt{\frac{2}{3}(\dot{\varepsilon}_{jl}+\zeta\delta\dot{\varepsilon}_{jl})(\dot{\varepsilon}_{jl}+\zeta\delta\dot{\varepsilon}_{jl})}}\right]\end{aligned}$$

$$
=\sigma_e\left[\frac{\frac{2}{3}\delta\dot{\varepsilon}_{ik}\delta\dot{\varepsilon}_{ik}}{\sqrt{\frac{2}{3}\dot{\varepsilon}_{jk}\dot{\varepsilon}_{jk}}}-\frac{\left(\frac{2}{3}\dot{\varepsilon}_{ik}\delta\dot{\varepsilon}_{ik}\right)^2}{\left(\sqrt{\frac{2}{3}\dot{\varepsilon}_{jk}\dot{\varepsilon}_{jk}}\right)^3}\right]=\frac{\sigma_e}{\dot{\varepsilon}_e}\left\{(\delta\dot{\varepsilon}_e)^2-\frac{1}{4\dot{\varepsilon}_e^2}[\delta(\dot{\varepsilon}_e^2)]^2\right\}
$$

$$
=\frac{\sigma_e}{\dot{\varepsilon}_e}\{\cdots\}
$$

下面证明上式 $\{\cdots\}$ 括号内的值是非负的。因为 $\dot{\varepsilon}_e$ 与坐标选取无关，故用其主应变速率表示，即

$$
\dot{\varepsilon}_e^2=\frac{2}{3}(\dot{\varepsilon}_1^2+\dot{\varepsilon}_2^2+\dot{\varepsilon}_3^2),(\delta\dot{\varepsilon}_e)^2=\frac{2}{3}[(\delta\dot{\varepsilon}_1)^2+(\delta\dot{\varepsilon}_2)^2+(\delta\dot{\varepsilon}_3)^2]
$$

经简单变换后有

$$
\{\cdots\}=\frac{2}{3}\times\frac{(\dot{\varepsilon}_1\delta\dot{\varepsilon}_2-\dot{\varepsilon}_2\delta\dot{\varepsilon}_1)^2+(\dot{\varepsilon}_2\delta\dot{\varepsilon}_3-\dot{\varepsilon}_3\delta\dot{\varepsilon}_2)^2+(\dot{\varepsilon}_3\delta\dot{\varepsilon}_1-\dot{\varepsilon}_1\delta\dot{\varepsilon}_3)^2}{\dot{\varepsilon}_1^2+\dot{\varepsilon}_2^2+\dot{\varepsilon}_3^2}\geqslant 0
$$

因为$\frac{\sigma_e}{\dot{\varepsilon}_e}$为正，所以 $\sigma_e\delta^2\dot{\varepsilon}_e\geqslant 0$，于是 $\dot{\phi}$ 取最小值。证毕。

4.9.2 刚黏塑性材料不完全广义变分原理

将体积不变条件以拉格朗日乘子 λ 引入泛函中，用4.8.1 节方法可证明不完全广义变分原理，即在一切运动许可速度场 v_i 中，真实解使新泛函

$$
\dot{\phi}^*=\int_V E(\dot{\varepsilon}_{ik})\mathrm{d}V-\int_{S_p}\bar{p}_i v_i\mathrm{d}S+\int_V\lambda\dot{\varepsilon}_{ik}\delta_{ik}\mathrm{d}V \tag{4.123}
$$

取驻值，即 $\delta\phi^*=0$，此时拉氏乘子等于平均应力，即 $\lambda=\frac{1}{3}\sigma_{kk}$。若将 S_p 面上摩擦功率单独写出上式为

$$
\dot{\phi}^*=\int_V E(\dot{\varepsilon}_{ik})\mathrm{d}V-\int_{S_p}\bar{p}_i v_i\mathrm{d}S-\int_{S_f}\tau_f|\Delta v_f|\mathrm{d}S+\int_V\lambda\dot{\varepsilon}_{ik}\delta_{ik}\mathrm{d}V \tag{4.124}
$$

接触面上摩擦应力取决于相对滑动速度，可由 Chen 和 Kobayashi 的计算公式

$$
\tau_f=-mk\left\{\frac{2}{\pi}\tan^{-1}\left(\frac{|\Delta\boldsymbol{v}_f|}{a|\boldsymbol{v}_D|}\right)\right\}\boldsymbol{t} \tag{4.125}
$$

式中，$0\leqslant m\leqslant 1$ 为摩擦因子；k 为屈服切应力；$|\Delta\boldsymbol{v}_f|$ 为工具与工件相对速度矢量；$|\boldsymbol{v}_D|$ 为工具速度矢量；$\boldsymbol{t}$ 为相对速度方向单位矢量；a 为小于工具速度几个数量级的常数，可取 10^{-5}。

4.10 弹塑性硬化材料的变分原理

4.10.1 全量理论最小能原理

全量理论塑性应力应变关系，就相当于非线性弹性关系。和线弹性一样，也

存在最小势能原理和最小余能原理。为简明，采用 Mises 等向强化加载面，取泊松系数 $\nu=\frac{1}{2}$及统一强化曲线假设，取

$$\sigma_e = A\varepsilon_e^n \tag{4.126}$$

假定材料是稳定的，即$\frac{d\sigma_e}{d\varepsilon_e}\geqslant 0$，此时本构关系为单值函数，有

$$\sigma'_{ik} = \frac{2}{3}\frac{\sigma_e}{\varepsilon_e}\varepsilon_{ik} \tag{4.127}$$

$$\varepsilon_{ik} = \frac{3}{2}\frac{\varepsilon_e}{\sigma_e}\sigma'_{ik} \tag{4.128}$$

于是 $$E(\varepsilon_{ik}) = \int_0^{\varepsilon_{ik}}\sigma_{ik}d\varepsilon_{ik} = \int_0^{\bar{\varepsilon}}\sigma_e d\varepsilon_e = \int_0^{\bar{\varepsilon}}A\varepsilon_e^n d\varepsilon_e = \frac{1}{n+1}\sigma_e\cdot\varepsilon_e$$

与式（4.122）导出相同，可得到$\frac{\partial E}{\partial\varepsilon_{ik}}=\sigma_{ik}$，故满足式（4.96）和式（4.97），于是在一切运动许可位移场（u_i^* 和 ε_{ik}^*）中，真实的 u_i 和 ε_{ik}使如下泛函的一阶变分为零，即

$$\phi = \int_V E(\varepsilon_{ik})dV - \int_{S_p}\bar{p}_i u_i dS \qquad \delta\phi = 0 \tag{4.129}$$

同上方法可证明 $\delta^2\phi\geqslant 0$，即泛函（4.36）有最小值。上述即全量理论最小势能原理。由于全量理论结果有时与实验符合较好，表明其适用范围实际上比简单加载更广。冷加工或应变速率影响较小时，用上式较方便。

用同样方法也可证明在一切静力许可应力场中真实应力场使泛函式（4.100）和式（4.101）取最小值，即全量理论的最小余能原理。

4.10.2 增量理论的最小能原理

忽略质量力与惯性力，某时刻 t 加载，在 S_p 上给定$\dot{\bar{p}}_i$（面力对时间的变化率），在 S_v 上给定 $\bar{v}_i=\dot{\bar{u}}_i$，并已知在 t 之前任意时刻 t_x（$0\leqslant t_x\leqslant t$）的应力 σ_{ik}、应变 ε_{ik}和位移场 u_i。此时真实解 $\dot{\sigma}_{ik}$，$\dot{\varepsilon}_{ik}$，v_i 应满足：（1）在 V 内应力率平衡方程 $\dot{\sigma}_{ik,k}=0$；（2）$\dot{\varepsilon}_{ik}=\frac{1}{2}(v_{i,k}+v_{k,i})$；（3）在 S_p 上 $\dot{\sigma}_{ik}n_k=\dot{\bar{p}}_i$；（4）在 S_v 上 $v_i=\bar{v}_i=\dot{\bar{u}}_i$；（5）$\dot{\sigma}_{ik}$和 $\dot{\varepsilon}_{ik}$间满足本构关系。

由于 t 时刻之前结果已知，加载时强化材料 $\dot{\sigma}_{ik}$和 $\dot{\varepsilon}_{ik}$间存在线性关系，且这种关系可逆唯一，所以卸载情况下 $\dot{\sigma}_{ik}$和 $\dot{\varepsilon}_{ik}$之间满足线弹性关系。为导出速率问题的最小势能和最小余能原理，需利用速率问题不等式。

从满足真实解条件的状态（1）$\sigma_{ik}^{(1)}$、$\varepsilon_{ik}^{(1)}$，变到另一状态（2）$\sigma_{ik}^{(2)}$、$\varepsilon_{ik}^{(2)}$。在变载过程中位于加载面上的应力为 σ_{ik}，它与 $\mathrm{d}\varepsilon_{ik}$ 适合本构关系，而 $\sigma_{ik}^{(1)}$ 与 $\mathrm{d}\varepsilon_{ik}$ 未必适合本构关系，由 Drucker 公设有

$$\int_{(1)}^{(2)}(\sigma_{ik}-\sigma_{ik}^{(1)})\mathrm{d}\dot{\varepsilon}_{ik}\geqslant 0 \tag{4.130}$$

为将此式变成相应的速率问题的不等式，在变载中任选一状态 σ_{ij}^{s}，于是

$$\left.\begin{aligned}\sigma_{ik}&=\sigma_{ik}^{s}+\dot{\sigma}_{ik}\mathrm{d}t\\ \sigma_{ik}^{(1)}&=\sigma_{ik}^{s}+\dot{\sigma}_{ik}^{(1)}\mathrm{d}t\\ \varepsilon_{ik}&=\varepsilon_{ik}^{s}+\dot{\varepsilon}_{ik}\mathrm{d}t\end{aligned}\right\} \tag{4.131}$$

式中，$\mathrm{d}t>0$。把式（4.131）代入式（4.130）得

$$\int_{(1)}^{(2)}(\dot{\sigma}_{ik}-\dot{\sigma}_{ik}^{(1)})\mathrm{d}\dot{\varepsilon}_{ik}\geqslant 0 \tag{4.132}$$

由于 $\dot{\sigma}_{ik}$ 和 $\dot{\varepsilon}_{ik}$ 间满足线性关系有 $\int_{(1)}^{(2)}\dot{\sigma}_{ik}\mathrm{d}\dot{\varepsilon}_{ik}=\int_{(1)}^{(2)}\dot{\varepsilon}_{ik}\mathrm{d}\dot{\sigma}_{ik}=\frac{1}{2}\dot{\sigma}_{ik}\dot{\varepsilon}_{ik}$

于是速率不等式（4.132）可写成

$$\frac{1}{2}\dot{\sigma}_{ik}^{(2)}\dot{\varepsilon}_{ik}^{(2)}-\frac{1}{2}\dot{\sigma}_{ik}^{(1)}\dot{\varepsilon}_{ik}^{(1)}-\dot{\sigma}_{ik}^{(1)}(\dot{\varepsilon}_{ik}^{(2)}-\dot{\varepsilon}_{ik}^{(1)})\geqslant 0 \tag{4.133}$$

注意到此式中已令状态（1）为速率问题的真实解（$\dot{\sigma}_{ik}$，$\dot{\varepsilon}_{ik}$），并令状态（2）为运动许可解（$\dot{\sigma}_{ik}^{*}$，$\dot{\varepsilon}_{ik}^{*}$）（式中 $\dot{\sigma}_{ik}^{*}$ 由 $\dot{\varepsilon}_{ik}^{*}$ 按本构关系求得），则上式可写成

$$\frac{1}{2}\dot{\sigma}_{ik}^{*}\dot{\varepsilon}_{ik}^{*}-\dot{\sigma}_{ik}\dot{\varepsilon}_{ik}^{*}\geqslant\frac{1}{2}\dot{\sigma}_{ik}\dot{\varepsilon}_{ik}-\dot{\sigma}_{ik}\dot{\varepsilon}_{ik}$$

或

$$\dot{E}(\dot{\varepsilon}_{ik}^{*})-\dot{\sigma}_{ik}\dot{\varepsilon}_{ik}^{*}\geqslant\dot{E}(\dot{\varepsilon}_{ik})-\dot{\sigma}_{ik}\dot{\varepsilon}_{ik}$$

积分为

$$\int_V\dot{E}(\dot{\varepsilon}_{ik}^{*})\mathrm{d}V-\int_V\dot{\sigma}_{ik}\dot{\varepsilon}_{ik}^{*}\mathrm{d}V\geqslant\int_V\dot{E}(\dot{\varepsilon}_{ik})\mathrm{d}V-\int_V\dot{\sigma}_{ik}\dot{\varepsilon}_{ik}\mathrm{d}V$$

不等式两侧第二项由速率问题虚功率方程有 S_{v} 上 $\bar{v}_i=\bar{v}_i^{*}$ 故 $\int_{S_{\mathrm{v}}}\dot{\sigma}_{ik}n_k\bar{v}_i\mathrm{d}S$ 相消仅剩 S_{p} 项，于是

$$\int_V\dot{E}(\dot{\varepsilon}_{ik}^{*})\mathrm{d}V-\int_{S_{\mathrm{p}}}\dot{\bar{p}}_i v_i^{*}\mathrm{d}S\geqslant\int_V\dot{E}(\dot{\varepsilon}_{ik})\mathrm{d}V-\int_{S_{\mathrm{p}}}\dot{\bar{p}}_i v_i\mathrm{d}S$$

$$\dot{\phi}^{*}\geqslant\dot{\phi}$$

从而得到在一切运动许可应变速率场中，真实场使下泛函取最小值

$$\dot{\phi} = \int_V \dot{E}(\dot{\varepsilon}_{ik})\,\mathrm{d}V - \int_{S_\mathrm{p}} \dot{\bar{p}}_i v_i \mathrm{d}S \tag{4.134}$$

此即速率问题的最小势能原理，主要在弹塑性有限元分析中应用。

同样也可得到，在一切静力许可应力速率场中，真实场使泛函

$$\dot{R} = \int_V \dot{E}_\mathrm{R}(\dot{\sigma}_{ik})\,\mathrm{d}V - \int_{S_\mathrm{v}} \dot{\sigma}_{ik} n_k \bar{v}_i \mathrm{d}S \tag{4.135}$$

取最小值。这就是速率问题的最小余能原理，目前在材料成形中应用不多。

5　能率积分数学线性化原理

在数学上，某些由应力或应变（速率）张量确定的被积函数是非线性的，刚塑性成形能率泛函就是如此。本章提出两种所谓刚塑性能率泛函积分线性化方法，即数学方法——应变（率）矢量内积法，以及物理方法——以线性屈服准则使塑性比功率线性化的积分方法。本章首先讨论二阶对称张量化为9维矢量，再依据约束条件化为5维矢量，对分矢量逐项积分再求和。此即所谓应变矢量内积法。然后将深入讨论Mises非线性屈服准则如何线性化，进而实现比塑性功率线性化，最终实现成形能率泛函积分线性化并得到解析解的物理方法。本章主要参考文献为［1，3，6~8，11，12］。

5.1　能率泛函的构成

5.1.1　总能率

由最小能原理式（4.95）及虚功原理式（4.57）材料成形总能率泛函的基本形式为

$$\dot{\phi} = \int_V E(\dot{\varepsilon}_{ik})\mathrm{d}V - \int_{S_\mathrm{p}} \bar{p}_i v_i \mathrm{d}S = \int_V \sigma_{ik}\dot{\varepsilon}_{ik}\mathrm{d}V - \int_{S_\mathrm{p}} \bar{p}_i v_i \mathrm{d}S \tag{5.1}$$

式中能率势函数 $E(\dot{\varepsilon}_{ik})$ 满足

$$\sigma_{ik} = \frac{\partial E}{\partial \dot{\varepsilon}_{ik}}$$

分析式（5.1）可知，成形总能率泛函由两部分组成，泛函第一项是变形体整个体积 V 之内的内部应变能率 $\int_V \sigma_{ik}\dot{\varepsilon}_{ik}\mathrm{d}V$ 。当发生塑性变形时该项积分的被积函数依赖不同变形材料的本构关系与屈服条件，故也被称为内部塑性耗散功率，以 $\dot{W}_i = \int_V D(\dot{\varepsilon}_{ij})\mathrm{d}V = \int_V \sigma_\mathrm{s}\dot{\varepsilon}_\mathrm{e}\mathrm{d}V$ 表示。采用非线性Mises屈服准则比塑性功率作为被积函数时，这一积分一般得不到解析解。这启示人们可从联解物理方程（本构关系与屈服条件）入手解决非线性泛函的积分问题，即所谓物理线性化解法。

泛函第二项是变形体已知外力的表面 S_p 上所做的外功率 $\int_{S_\mathrm{p}} \bar{p}_i v_i \mathrm{d}S$ ，该项积分依据变形材料速度场与外力的性质不同，具体积分表达式有所不同，但积分不会遇到很大困难。很显然，当已知外力是单位摩擦力或屈服切应力时，它与相应的切向速度不连续量是共线矢量，以共线矢量内积解法不难解决积分问题。

5.1.2 弹性应变能率

由式（5.1）注意到弹性材料本构关系是简单线性的，弹性成形能率泛函基本形式为

$$\dot{\phi} = \frac{1}{2}\int_V \sigma_{ik}\dot{\varepsilon}_{ik}\mathrm{d}V - \int_{S_p}\bar{p}_i v_i \mathrm{d}S \tag{5.2}$$

由于弹性本构关系满足广义胡克定律，所以其内部应变能率，即上式泛函右端第一项满足线性关系，即便用有限元解法，最终也归结为求解以位移为未知量的线性方程组。

5.1.3 塑性成形能率

由刚塑性材料第一变分原理式（4.102），刚塑性成形能率泛函的基本形式为

$$\dot{\phi}_1 = \int_V \sigma_e \dot{\varepsilon}_e \mathrm{d}V - \int_{S_p}\bar{p}_i v_i \mathrm{d}S = \sqrt{\frac{2}{3}}\sigma_s \int_V \sqrt{\dot{\varepsilon}_{ik}\dot{\varepsilon}_{ik}}\mathrm{d}V - \int_{S_p}\bar{p}_i v_i \mathrm{d}S \tag{5.3}$$

式中 $\sigma_e = \sigma_s$ 为等效应力；$\dot{\varepsilon}_e = \sqrt{\frac{2}{3}}\sqrt{\dot{\varepsilon}_{ik}\dot{\varepsilon}_{ik}}$ 为等效应变速率。

材料变形区内单位体积塑性功率或称比塑性功率为

$$D(\dot{\varepsilon}_{ik}) = \sigma'_{ik}\dot{\varepsilon}_{ik} = \boldsymbol{\sigma}' \cdot \dot{\boldsymbol{\varepsilon}} = |\boldsymbol{\sigma}'|\,|\dot{\boldsymbol{\varepsilon}}|\cos\theta \tag{5.4}$$

假定塑性应变速率的主轴与偏差应力张量的主轴一致，即满足 Levy - Mises 流动法则式（3.99），两矢量方向一致；及满足式（3.125），即两矢量的分量成比例，于是 $\theta = 0$，有

$$D(\dot{\varepsilon}_{ik}) = |\boldsymbol{\sigma}'| \cdot |\dot{\boldsymbol{\varepsilon}}|$$

将式（3.72）或式（3.76）代入上式并注意到应变速率矢量的模 $|\dot{\boldsymbol{\varepsilon}}| = \sqrt{\dot{\varepsilon}_{ik}\dot{\varepsilon}_{ik}}$，则有

$$D(\dot{\varepsilon}_{ik}) = |\boldsymbol{\sigma}'| \cdot |\dot{\boldsymbol{\varepsilon}}| = \sqrt{\frac{2}{3}}\sigma_e \sqrt{\dot{\varepsilon}_{ik}\dot{\varepsilon}_{ik}} = \sigma_e \dot{\varepsilon}_e \tag{5.5}$$

比较式（5.5）与式（4.121）可知当刚塑性材料满足屈服条件式（3.72）与流动法则式（3.99）时，单位体积塑性功率或比塑性功率满足

$$D(\dot{\varepsilon}_{ik}) = \sqrt{\frac{2}{3}}\sigma_s \sqrt{\dot{\varepsilon}_{ik}\dot{\varepsilon}_{ik}}$$

于是对整个变形体变形区内部刚塑性材料成形功率实质是一点的单位体积塑性功

率或比功率对整个变性区体积 V 的积分，即

$$\dot{W}_i = \int_V \sigma_{ik}\dot{\varepsilon}_{ik}\mathrm{d}V = \int_V D(\dot{\varepsilon}_{ik})\mathrm{d}V = \int_V \sigma_e\dot{\varepsilon}_e\mathrm{d}V = \int_V \sqrt{\frac{2}{3}}\sigma_s\sqrt{\dot{\varepsilon}_{ik}\dot{\varepsilon}_{ik}}\mathrm{d}V$$

上式表明，刚塑性材料内部成形功率（内部成形能率）泛函项的非线性性质主要取决于 Mises 屈服条件的非线性（π 平面上轨迹为二次曲线圆）和刚塑性本构关系流动法则。

5.1.4 黏塑性成形能率

由刚黏塑性材料本构关系方程及式（4.118），成形能率泛函的基本形式为

$$\dot{\phi} = \int_V E(\dot{\varepsilon}_{ik})\mathrm{d}V - \int_{S_p}\bar{p}_i v_i\mathrm{d}S = \int_V\left(\int_0^{\dot{\varepsilon}_e}\sigma_e\mathrm{d}\dot{\varepsilon}_e\right)\mathrm{d}V - \int_{S_p}\bar{p}_i v_i\mathrm{d}S \tag{5.6}$$

式中，$\sigma_e = \sigma_{sc}\left[1+\left(\frac{\dot{\varepsilon}_e}{\gamma_0}\right)^n\right]$，$\dot{\varepsilon}_e = \sqrt{\frac{2}{3}}\sqrt{\dot{\varepsilon}_{ik}\dot{\varepsilon}_{ik}}$为等效应力。

比较式（5.2）、式（5.3）和式（5.6）可知，弹性材料成形能率泛函是简单、线性的，应变能率项前系数为$\frac{1}{2}$；而刚塑性材料成形能率泛函是复杂的、非线性的，应变能率项前系数为$\sqrt{\frac{2}{3}}$。

5.1.5 轧制成形功率

5.1.5.1 已知外力表面功率泛函

在 S_p 上的外力功率应结合塑性加工工艺的具体情况确定，例如对图 4.11 中所示的轧制 S_p 上外力功率为：

$$\int_{S_p}\bar{p}_i v_i\mathrm{d}S = -\int_{S_f}\tau_f\,|\Delta v_f|\,\mathrm{d}S - q_b F_b v_b + q_a F_a v_a \tag{5.7}$$

式中，$\tau_f = m\frac{\sigma_s}{\sqrt{3}}$，为轧辊与轧件接触面上的单位摩擦力，$0\leqslant m\leqslant 1$，$m$ 为摩擦因子；Δv_f 为轧辊与轧件沿接触面切向的相对速度；v_a，v_b，F_a，F_b 分别为轧件前后外端的水平移动速度与横截面积。式中右侧后两项力与速度方向相同取正号，相反取负号。式（5.7）已知外力表面功率已包括接触面摩擦功率，前、后张力功率。此外速度不连续面上（如刚塑性区界面）的剪切功率也认为是应力已知面（$\tau = k$），即

$$\dot{W}_s = \int_{S_D} k\,|\Delta v_t|\,\mathrm{d}S$$

5.1.5.2 总功率泛函

考虑到存在质量力、惯性力和速度不连续面，用式（5.7）代替 S_p 面上的

外力功率泛函；以式（5.5）代替变形区体积 V 内的内部塑性变形功率（内部应变能率）泛函；注意到速度间断面上的剪应力达到屈服切应力 k，轧制总功率泛函为

$$\dot{\phi}_1 = \sqrt{\frac{2}{3}}\sigma_s\int_V \sqrt{\dot{\varepsilon}_{ik}\dot{\varepsilon}_{ik}}\mathrm{d}V + \int_V \rho(a_i - g_i)v_i\mathrm{d}V +$$

$$\int_{S_f}\tau_f \mid \Delta v_f \mid \mathrm{d}S + \int_{S_D} k \mid \Delta v_t \mid \mathrm{d}S + q_b F_b v_b - q_a F_a v_a \tag{5.8}$$

或写成

$$J = \dot{W}_i + \dot{W}_k + \dot{W}_f + \dot{W}_s + \dot{W}_b + \dot{W}_a$$

式中，$\dot{W}_k = \int_V \rho(a_i - g_i)v_i\mathrm{d}V$ 代表体积力的综合影响。

或由式（3.55）写出考虑质量力与惯性力轧制的上界定理表达式

$$\int_{S_v} p_i \bar{v}_i \mathrm{d}S \leqslant \int_V \sigma_{ik}^* \dot{\varepsilon}_{ik}^* \mathrm{d}V + \int_V \rho(a_i - g_i)v_i^* \mathrm{d}V + \int_{S_f}\tau_f \mid \Delta v_f^* \mid \mathrm{d}S +$$

$$\int_{S_D} k \mid \Delta v_t^* \mid \mathrm{d}S + q_b F_b v_b^* - q_a F_a v_a^* \tag{5.9}$$

不等式中带*号者为运动许可的。显然忽略质量力、惯性力、阻尼力等体积力影响，轧制总功率泛函的最简单形式为

$$\dot{\phi}_1 = \sqrt{\frac{2}{3}}\sigma_s\int_V \sqrt{\dot{\varepsilon}_{ik}\dot{\varepsilon}_{ik}}\mathrm{d}V + \int_{S_f}\tau_f \mid \Delta v_f \mid \mathrm{d}S + \int_{S_D} k \mid \Delta v_t \mid \mathrm{d}S + q_b F_b v_b - q_a F_a v_a \tag{5.10}$$

或写成

$$J = \dot{W}_i + \dot{W}_f + \dot{W}_s + \dot{W}_b + \dot{W}_a$$

式中计算前张力功率时为负号。应指出以变分法研究轧件内部裂纹或缺陷压合时，上式仍需增加附加功率项。

以上以轧制为例给出了成形能率泛函最简单最基本的构筑方法，结合具体轧制工艺时还应考虑平面变形轧制、三维轧制、板材、型材、线材轧制的诸多区别，不能一概而论。

其他如锻造、挤压、拉拔、冲压等成形能率泛函的构筑方式应依据具体的本构关系和屈服条件灵活确定，但其内部应变能率泛函只要是刚塑性本构模型和满足 Mises 屈服条件则均为式（5.10）右端第一项的形式，即内部塑性变形功率 $\dot{W}_i$ 满足

$$\dot{W}_i = \int_V D(\dot{\varepsilon}_{ik})\mathrm{d}V = \int_V \sigma_e \dot{\varepsilon}_e \mathrm{d}V = \int_V \sqrt{\frac{2}{3}}\sigma_s \sqrt{\dot{\varepsilon}_{ik}\dot{\varepsilon}_{ik}}\mathrm{d}V \tag{5.11}$$

5.2 应变张量的矢量表述

在有些情况下，我们需要计算变形区内某点张量所做塑性功的累计值，例如某点的累计等效应变或等效应变速率，这时需要将应变张量 $\boldsymbol{T}_\varepsilon$ 在整个变形区对体积积分。即使对于定常场，由于场内每点处应变张量的主方向不同，求累计等效应变所做塑性功也还要沿质点的路径积分。这时若能将张量用矢量表达，就会带来很大方便。

5.2.1 九维应变矢量

一个张量有 9 个分量 $\varepsilon_{ik}(t)$，可把张量 $\boldsymbol{T}_\varepsilon$ 用九维空间 $\boldsymbol{E}_9$ 的一个时变矢量 $\boldsymbol{\varepsilon}(t)$ 来表示。用 $\boldsymbol{e}_q$（$q=1, 2, \cdots, 9$）表示九维欧几里得空间 $\boldsymbol{E}_9$ 的一个正交坐标基矢量，即 $\boldsymbol{e}_q\boldsymbol{e}_n=\delta_{qn}$。定义此空间任意二矢量 $\boldsymbol{\varepsilon}$ 和 $\boldsymbol{z}$ 的加法与数量乘法为

$$\boldsymbol{\varepsilon}+\boldsymbol{z}=(\varepsilon_q+z_q)\boldsymbol{e}_q\in\boldsymbol{E}_9$$

$$\boldsymbol{\varepsilon z}=\boldsymbol{z\varepsilon}=\varepsilon_q z_q\in\boldsymbol{E}_9$$

这样空间 $\boldsymbol{E}_9$ 就有了明确的含义。于是张量 $\boldsymbol{T}_\varepsilon=\varepsilon_{ik}$ 就可看成空间 $\boldsymbol{E}_9$ 内的矢量 $\boldsymbol{\varepsilon}$。$\boldsymbol{\varepsilon}$ 的定义为

$$\varepsilon_q=\varepsilon_{ik}\quad(q=1, 2, \cdots, 9;\ i=1, 2, 3;\ k=1, 2, 3)$$

注意 q 为应变矢量下标。矢量 $\boldsymbol{\varepsilon}$ 的模的平方规定为

$$\boldsymbol{\varepsilon}^2=\varepsilon_q\varepsilon_q=\varepsilon_{ik}\varepsilon_{ik}\tag{5.12}$$

这里 $\varepsilon_{ik}\varepsilon_{ik}$ 是张量 $\boldsymbol{T}_\varepsilon$ 的一个对称不变量，这是 $\boldsymbol{\varepsilon}$ 的本质意义。

在 $\boldsymbol{E}_9$ 内张量的微积分也仿照矢量来规定，矢量 $\boldsymbol{\varepsilon}$ 对时间的微分和积分的线性运算就是其分量对时间的微分和积分的线性运算，即张量可和矢量一样写成

$$\boldsymbol{\varepsilon}(t)=\varepsilon_q(t)\boldsymbol{e}_q\quad(q=1,2,\cdots,9)\tag{5.13}$$

可见，$\boldsymbol{\varepsilon}(t)$ 是一个以时间为变量的自由矢量。应变场内一点的应变矢量 $\boldsymbol{\varepsilon}$ 可以从一固定点以时间为变量作出。连接同一质点的各矢量端点即得到 $\boldsymbol{\varepsilon}$ 的轨迹。应指出，以应变矢量方法描述应变张量实际上失去了张量的某些不变性，应变张量有三个不变量，但表示成矢量 $\boldsymbol{\varepsilon}$ 后实际上原张量只保留一个不变量 - 矢量 $\boldsymbol{\varepsilon}$ 的模，即张量 $\boldsymbol{T}_\varepsilon$ 的第二对称不变量 $\boldsymbol{I}_2$ 或 $\boldsymbol{I}_2'$，详见式（2.10）与式（2.31）。足见同样一个 $\boldsymbol{\varepsilon}$ 完全可用另外 9 个不同的分量表示，只要不破坏 $\boldsymbol{\varepsilon}$ 的模，但这已不是原来的 $\boldsymbol{\varepsilon}$ 了。

5.2.2 五维应变矢量

将对称应变张量 ε_{ik} 分解为偏张量 $[\varepsilon_{ik}']$ 与球张量 $[\varepsilon_m\delta_{ik}]$ 之和，即

$$[\varepsilon_{ik}(t)]=[\varepsilon_{ik}'(t)]+\varepsilon_m(t)[\delta_{ik}]\tag{5.14}$$

由于 $\boldsymbol{I}_1'=\varepsilon_{ii}'=0$，则 $[\varepsilon_{ik}']$ 中只有五个独立分量，把它们记为

$$\boldsymbol{\varepsilon}_q'(t) \quad (q = 1, 2, \cdots, 5) \tag{5.15}$$

每一个分量表示为

$$\left.\begin{aligned}&\varepsilon_1' = \varepsilon_{11}'\cos(\beta + \pi/6) - \varepsilon_{22}'\sin\beta, \varepsilon_2' = \varepsilon_{11}'\sin(\beta + \pi/6) + \varepsilon_{22}'\cos\beta \\ &\varepsilon_3' = \varepsilon_{12}, \varepsilon_4' = \varepsilon_{23}, \varepsilon_5' = \varepsilon_{31}\end{aligned}\right\} \tag{5.16}$$

由式（5.15）、式（5.16）可以验证矢量 $\boldsymbol{\varepsilon}'$（$\varepsilon_1'$，$\varepsilon_2'$，$\varepsilon_3'$，$\varepsilon_4'$，$\varepsilon_5'$）能满足

$$\varepsilon_q'\varepsilon_q' = (1/2)\varepsilon_{ik}'\varepsilon_{ik}' = \boldsymbol{I}_2' \tag{5.17}$$

式（5.17）已经证明了五维矢量 $\boldsymbol{\varepsilon}'$ 的模的平方正好是张量 ε_{ij}' 的第二不变量 $\boldsymbol{I}_2'$。而 ε_{ik} 的第一不变量 $\boldsymbol{I}_1$ 可由前述球张量的 ε_{m} 去满足。而 $\boldsymbol{I}_3$ 和 $\boldsymbol{I}_3'$ 迄今尚无明确物理意义。足见式（5.16）的矢量表达连同 ε_{m} 一起维持了两个不变量。式中 β 是一个只和张量主方向有关而与时间无关的参数。当对各向同性体的同一点列出几个相关矢量时，其 β 应相同。

于是我们就得到另一种描述张量场的方法，即一个随时间变化的过程 $\varepsilon_{ij}'(t)$ 可以通过一个五维矢量

$$\boldsymbol{\varepsilon}'(t) = \varepsilon_q' e_q \in \boldsymbol{E}_5 \quad (q = 1, 2, \cdots, 5) \tag{5.18}$$

的端点轨迹和该点的不变量 $\varepsilon_{\mathrm{m}}(t)$ 来表达。显然式（5.18）为后文以矢量表述张量的积分，进而采用应变矢量内积解法提供了理论依据。

5.2.3 张量对时间的导数

下面讨论张量对时间的导数

$$[\dot{\varepsilon}_{ik}(t)] = [\mathrm{d}\varepsilon_{ik}(t)/\mathrm{d}t]$$

或

$$[\dot{\varepsilon}_{ik}(t)] = [\dot{\varepsilon}_{ik}'(t)] + \dot{\varepsilon}_{\mathrm{m}}(t)[\delta_{ij}] \tag{5.19}$$

式中
$$\dot{\varepsilon}_{ik}' = \mathrm{d}\varepsilon_{ik}'/\mathrm{d}t,\ \dot{\varepsilon}_{\mathrm{m}}(t) = \mathrm{d}\varepsilon_{\mathrm{m}}(t)/\mathrm{d}t$$

显然式（5.19）为应变速率张量场，和一般矢量一样，$\boldsymbol{\varepsilon}'$ 对时间的微分是

$$\mathrm{d}\boldsymbol{\varepsilon}' = \mathrm{d}\varepsilon_q' e_q \quad (q = 1, 2, \cdots, 5)$$

其方向显然和 $\boldsymbol{\varepsilon}'$ 端点的轨迹相切，其模是 $|\mathrm{d}\boldsymbol{a}'| = \mathrm{d}\Lambda = \sqrt{\mathrm{d}\varepsilon_q\mathrm{d}\varepsilon_q}$（$q = 1$，2，…，5）且有

$$\frac{\mathrm{d}\Lambda}{\mathrm{d}t} = \sqrt{\frac{\mathrm{d}\varepsilon_q'}{\mathrm{d}t}\frac{\mathrm{d}\varepsilon_q'}{\mathrm{d}t}} = \frac{1}{2}\sqrt{\frac{\mathrm{d}\varepsilon_{ik}'}{\mathrm{d}t}\frac{\mathrm{d}\varepsilon_{ik}'}{\mathrm{d}t}} = \sqrt{\frac{1}{2}\dot{\varepsilon}_{ik}'\dot{\varepsilon}_{ik}'} = \dot{\Lambda} \tag{5.20}$$

这里 $\mathrm{d}\Lambda$ 是偏应变张量的矢量 $\boldsymbol{\varepsilon}'$ 增量的模，称为矢量 $\boldsymbol{\varepsilon}'$ 的轨迹的弧微分。

如果［ε_{ik}］是应变张量且体积不可压缩，则 $\varepsilon_{\mathrm{m}} = 0$，$\boldsymbol{\varepsilon}'$ 则表示偏应变张量（从而也是应变张量）的矢量，$|\boldsymbol{\varepsilon}'|^2$ 则是该张量的第二不变量，［$\dot{\varepsilon}_{ik}'$］则是应变速率张量。$\mathrm{d}\Lambda$ 是偏应变增量，$\dot{\Lambda}$ 则是剪应变速率强度。如果给定了应变速率

张量 $[\dot{\varepsilon}'_{ik}]$，则从 t_0 开始的某点累积剪应变是

$$\Lambda = \int_{t_0}^{t} \dot{\Lambda}\mathrm{d}t = \int_{t_0}^{t} \sqrt{\frac{\mathrm{d}\varepsilon'_q}{\mathrm{d}t}\frac{\mathrm{d}\varepsilon'_q}{\mathrm{d}t}}\mathrm{d}t = \int_{t_0}^{t} \sqrt{\frac{1}{2}\dot{\varepsilon}'_{ik}\dot{\varepsilon}'_{ik}}\mathrm{d}t = \int_{t_0}^{t} \sqrt{\dot{I}'_2}\mathrm{d}t \tag{5.21}$$

5.3 应力与应变张量乘积

5.3.1 同名分量的张量内积

已知应力张量 $\boldsymbol{T}_\sigma$ 和应变速率张量 $\boldsymbol{T}_{\dot{\varepsilon}}$，则单位体积应变能率（变形功率）公式为

$$\boldsymbol{T}_\sigma = [\sigma_{ik}] = \begin{bmatrix} \sigma_{11} & \sigma_{12} & \sigma_{13} \\ \sigma_{21} & \sigma_{22} & \sigma_{23} \\ \sigma_{31} & \sigma_{32} & \sigma_{33} \end{bmatrix}, \quad \boldsymbol{T}_{\dot{\varepsilon}} = [\dot{\varepsilon}_{rs}] = \begin{bmatrix} \dot{\varepsilon}_{11} & \dot{\varepsilon}_{12} & \dot{\varepsilon}_{13} \\ \dot{\varepsilon}_{21} & \dot{\varepsilon}_{22} & \dot{\varepsilon}_{23} \\ \dot{\varepsilon}_{31} & \dot{\varepsilon}_{32} & \dot{\varepsilon}_{33} \end{bmatrix} \tag{5.22}$$

由于应力分量沿应变分量的方向做功，故单位体积变形功率应是应力与应变速率同名分量乘积之和。将两张量相乘后外积的四阶张量对同名下标 i，r 收缩一次，得二阶张量，再对 k，s 收缩一次得零阶张量即得一标量，即

$$D(\dot{\varepsilon}_{ik}) = \delta_{ir}\delta_{ks}\sigma_{ik}\dot{\varepsilon}_{rs} = \sigma_{ik}\dot{\varepsilon}_{ik} \tag{5.23}$$

该式表明单位体积应变能率即内部变形功率为九对同名分量相乘取和。

同样，二矢量（a_i）和（b_k）的内积是一标量，是其并积收缩的结果，即

$$c = \delta_{ik}a_i b_k = a_i b_i = \boldsymbol{a} \cdot \boldsymbol{b} \tag{5.24}$$

该式即二矢量内积（点积）公式。

5.3.2 等效应力应变乘积

由式（2.26），当 $\sigma_\mathrm{e} = \sigma_\mathrm{s}$ 时，刚塑性材料比塑性应变能率为

$$D(\dot{\varepsilon}_{ik}) = \sqrt{\frac{2}{3}}\sigma_\mathrm{s}\sqrt{\dot{\varepsilon}_{ik}\dot{\varepsilon}_{ik}} = \frac{2\sigma_\mathrm{s}}{\sqrt{3}}\sqrt{\dot{I}'_2} \tag{5.25}$$

注意到图 3.17 所示的广义剪应力应变曲线与等效应力应变曲线是统一强化曲线的不同形式，则将式（3.111）的体积不可压缩材料单位体积塑性应变能率或比塑性变形功率分别表示为

$$D(\dot{\varepsilon}_{ik}) = \dot{W}_i = \sigma'_{ik}\dot{\varepsilon}_{ik} = T\dot{\Gamma} = \frac{\sigma_\mathrm{e}}{\sqrt{3}}\sqrt{3}\dot{\varepsilon}_\mathrm{e} = \sigma_\mathrm{e}\dot{\varepsilon}_\mathrm{e} \tag{5.26}$$

$$\sigma_\mathrm{e} = \sqrt{3J'_2} = \frac{1}{\sqrt{2}}\sqrt{(\sigma_1 - \sigma_2)^2 + (\sigma_2 - \sigma_3)^2 + (\sigma_3 - \sigma_1)^2} = \sigma_\mathrm{s} = \sqrt{3}k \tag{5.27}$$

$$\dot{\varepsilon}_e = \sqrt{\frac{2}{3}\left(\dot{\varepsilon}_1^2 + \dot{\varepsilon}_2^2 + \dot{\varepsilon}_3^2\right)} = \sqrt{\frac{2}{3}\dot{\varepsilon}_{ik}\dot{\varepsilon}_{ik}} \tag{5.28}$$

$$D(\dot{\varepsilon}_{ik}) = \sigma_s\dot{\varepsilon}_e = \sigma_s\sqrt{\frac{2}{3}}\sqrt{\dot{\varepsilon}_{ik}\dot{\varepsilon}_{ik}} = \sigma'_{ik}\dot{\varepsilon}_{ik} = \sigma_{ik}\dot{\varepsilon}_{ik} \tag{5.29}$$

式（5.29）表明：对刚塑性材料，分量同名的应力与应变（率）张量乘积就是等效应力与等效应变（率）乘积，即屈服应力与等效应变（率）之积，称为单位体积塑性变形功（率）或比塑性变形功（率）。

5.3.3 应变率张量第二不变量

由式（5.22），若 $\boldsymbol{T}_{\dot{\varepsilon}}$ 是应变速率张量且塑性变形满足体积不可压缩条件，注意到应变张量 $\dot{\varepsilon}_{ik}$ 对称，即 $\dot{\varepsilon}_{ik} = \dot{\varepsilon}_{ki}$；且 $\dot{\varepsilon}_{ii} = 0$，注意到对塑性变形，$\dot{\varepsilon}'_{ik} = \dot{\varepsilon}_{ik} - \dot{\varepsilon}_m$，$\dot{\varepsilon}_m = \dot{\varepsilon}_{ii}/3 = 0$，所以偏差应变速率张量 $\boldsymbol{T}_{\dot{\varepsilon}'}$ 满足 $\dot{\varepsilon}'_{ik} = \dot{\varepsilon}_{ik}$；于是应变速率张量与偏应变速率张量间满足

$$\begin{aligned}\dot{I}_2 &= \begin{vmatrix}\dot{\varepsilon}_{11} & \dot{\varepsilon}_{12}\\ \dot{\varepsilon}_{21} & \dot{\varepsilon}_{22}\end{vmatrix} + \begin{vmatrix}\dot{\varepsilon}_{22} & \dot{\varepsilon}_{23}\\ \dot{\varepsilon}_{32} & \dot{\varepsilon}_{33}\end{vmatrix} + \begin{vmatrix}\dot{\varepsilon}_{33} & \dot{\varepsilon}_{31}\\ \dot{\varepsilon}_{13} & \dot{\varepsilon}_{11}\end{vmatrix} = (1/2)\dot{\varepsilon}_{ik}\dot{\varepsilon}_{ik}\\ &= \begin{vmatrix}\dot{\varepsilon}'_{11} & \dot{\varepsilon}_{12}\\ \dot{\varepsilon}_{21} & \dot{\varepsilon}'_{22}\end{vmatrix} + \begin{vmatrix}\dot{\varepsilon}'_{22} & \dot{\varepsilon}_{23}\\ \dot{\varepsilon}_{32} & \dot{\varepsilon}'_{33}\end{vmatrix} + \begin{vmatrix}\dot{\varepsilon}'_{33} & \dot{\varepsilon}_{31}\\ \dot{\varepsilon}_{13} & \dot{\varepsilon}'_{11}\end{vmatrix} = (1/2)\dot{\varepsilon}'_{ik}\dot{\varepsilon}'_{ik} = \dot{I}'_2\end{aligned} \tag{5.30}$$

即对刚塑性材料应变速率张量与偏应变速率张量的第二不变量相同。

5.4 塑性成形功率的积分

5.4.1 化为九维矢量的积分

由第一变分原理，刚塑性成形总功率泛函式（5.3）为

$$\dot{\phi}_1 = \sqrt{\frac{2}{3}}\sigma_s\int_V \sqrt{\dot{\varepsilon}_{ik}\dot{\varepsilon}_{ik}}\,\mathrm{d}V - \int_{S_p}\bar{p}_i v_i\,\mathrm{d}S$$

注意到式（5.5），将其非线性泛函项内部变形功率的被积函数应变率张量的不变量改写成应变率矢量的模，即

$$\sqrt{\dot{\varepsilon}_{ik}\dot{\varepsilon}_{ik}} = |\dot{\boldsymbol{\varepsilon}}| = \sqrt{\dot{\varepsilon}_q\dot{\varepsilon}_q} \quad (q = 1,2,\cdots,9) \tag{5.31}$$

于是

$$\dot{W}_i = \int_V\sqrt{\frac{2}{3}}\sigma_s\sqrt{\dot{\varepsilon}_{ik}\dot{\varepsilon}_{ik}}\,\mathrm{d}V = \sqrt{\frac{2}{3}}\sigma_s\int_V|\dot{\boldsymbol{\varepsilon}}|\,\mathrm{d}V \tag{5.32}$$

由式（5.12）、式（5.13），将式（5.32）转化为九维矢量

$$\dot{W}_i = \sqrt{\frac{2}{3}}\sigma_s\int_V \sqrt{\dot{\varepsilon}_{ik}\dot{\varepsilon}_{ik}}\mathrm{d}V = \sqrt{\frac{2}{3}}\sigma_s\int_V |\dot{\boldsymbol{\varepsilon}}|\,\mathrm{d}V = \sqrt{\frac{2}{3}}\sigma_s\int_V \sqrt{\dot{\varepsilon}_q\dot{\varepsilon}_q}\mathrm{d}V$$

$$(q = 1,2,\cdots,9) \tag{5.33}$$

5.4.2 化为五维矢量的积分

由于张量 $\dot{\varepsilon}_{ik}$（$i=1$, 2, 3; $k=1$, 2, 3）对称，即 $\dot{\varepsilon}_{ij}=\dot{\varepsilon}_{ji}$，且 $\dot{\varepsilon}_{ii}=0$，上式被积函数的模转化为五维矢量的模，参照式（5.16）、式（5.17），有

$$\dot{W}_i = \sqrt{\frac{2}{3}}\sigma_s\int_V \sqrt{\dot{\varepsilon}_{ik}\dot{\varepsilon}_{ik}}\mathrm{d}V = \sqrt{\frac{2}{3}}\sigma_s\int_V \sqrt{\dot{\varepsilon}_q\dot{\varepsilon}_q}\mathrm{d}V \quad (q = 1,2,3,4,5) \tag{5.34}$$

式中，分矢量 $\dot{\varepsilon}_q$ 由式（5.16）确定，并注意对塑性变形，$\dot{\varepsilon}'_{ik}=\dot{\varepsilon}_{ik}-\dot{\varepsilon}_m$，$\dot{\varepsilon}_m=\dot{\varepsilon}_{ii}/3=0$，所以式（5.16）与式（5.29）间满足式（5.25），即

$$\dot{\varepsilon}'_{ik} = \dot{\varepsilon}_{ik},\dot{I}_2 = \dot{I}'_2 \tag{5.35}$$

5.4.3 化为四维矢量的积分

工程上，多数金属成形问题常简化为平面变形或轴对称变形问题，此时应变速率场满足

$$\dot{\varepsilon}_2 = \dot{\varepsilon}_{22} = 0 \quad 或 \quad \dot{\varepsilon}_2 = \dot{\varepsilon}_3,\ \dot{\varepsilon}_{22} = \dot{\varepsilon}_{33} \quad 或 \quad \dot{\varepsilon}_2 = \dot{\varepsilon}_1,\ \dot{\varepsilon}_{22} = \dot{\varepsilon}_{11} \tag{5.36}$$

显然满足式（5.30）的平面变形条件，$\dot{\varepsilon}_2=\dot{\varepsilon}_{22}=0$，则式（5.34）化为四维矢量

$$\dot{W}_i = \sqrt{\frac{2}{3}}\sigma_s\int_V \sqrt{\dot{\varepsilon}_{ik}\dot{\varepsilon}_{ik}}\mathrm{d}V$$

由 $\dot{\varepsilon}_{ik} = \dot{\varepsilon}_{ki},\dot{\varepsilon}_{ii} = 0$ 平面变形

$$\dot{W}_i = \sqrt{\frac{2}{3}}\sigma_s\int_V \sqrt{2\dot{\varepsilon}_{11}^2 + 2\dot{\varepsilon}_{21}^2 + 2\dot{\varepsilon}_{23}^2 + 2\dot{\varepsilon}_{13}^2}\mathrm{d}V$$

$$= \frac{2\sigma_s}{\sqrt{3}}\int_V \sqrt{\dot{\varepsilon}_1^2 + \dot{\varepsilon}_2^2 + \dot{\varepsilon}_3^2 + \dot{\varepsilon}_4^2}\mathrm{d}V = \frac{2\sigma_s}{\sqrt{3}}\int_V \sqrt{\dot{\varepsilon}_q\dot{\varepsilon}_q}\mathrm{d}V \quad (q = 1,2,3,4) \tag{5.37}$$

注意式中，$\dot{\varepsilon}_1=\dot{\varepsilon}_{11}=g\,\dot{\varepsilon}_{11}$，$g=1$。满足式（5.30）的轴对称变形条件：$\dot{\varepsilon}_2=\dot{\varepsilon}_3$，$\dot{\varepsilon}_{22}=\dot{\varepsilon}_{33}$，则式（5.33）化为五维矢量

$$\dot{W}_i = \sqrt{\frac{2}{3}}\sigma_s\int_V \sqrt{\dot{\varepsilon}_{ik}\dot{\varepsilon}_{ik}}\mathrm{d}V$$

由 $\dot{\varepsilon}_{ik} = \dot{\varepsilon}_{ki},\dot{\varepsilon}_{ii} = 0$ 轴对称变形

$$\dot{W}_i = \frac{2\sigma_s}{\sqrt{3}}\int_V \sqrt{\frac{3}{4}\dot{\varepsilon}_{11}^2 + \dot{\varepsilon}_{21}^2 + \dot{\varepsilon}_{23}^2 + \dot{\varepsilon}_{13}^2}\mathrm{d}V$$

$$= \frac{2\sigma_s}{\sqrt{3}}\int_V \sqrt{\dot{\varepsilon}_1^2 + \dot{\varepsilon}_2^2 + \dot{\varepsilon}_3^2 + \dot{\varepsilon}_4^2}\mathrm{d}V = \frac{2\sigma_s}{\sqrt{3}}\int_V \sqrt{\dot{\varepsilon}_q\dot{\varepsilon}_q}\mathrm{d}V \quad (q = 1,2,3,4) \tag{5.38}$$

注意式中，$\dot{\varepsilon}_1 = \sqrt{\frac{3}{2}}\dot{\varepsilon}_{11} = g\,\dot{\varepsilon}_{11}$，$g = \sqrt{\frac{3}{2}}$。将式（5.37）、式（5.38）写成统一的应变率矢量形式

$$\dot{W}_i = \sqrt{\frac{2}{3}}\sigma_s\int_V \sqrt{\dot{\varepsilon}_{ik}\dot{\varepsilon}_{ik}}\mathrm{d}V = \frac{2\sigma_s}{\sqrt{3}}\int_V \sqrt{(g\dot{\varepsilon}_{11})^2 + \dot{\varepsilon}_{21}^2 + \dot{\varepsilon}_{23}^2 + \dot{\varepsilon}_{13}^2}\mathrm{d}V$$

$$= \frac{2\sigma_s}{\sqrt{3}}\int_V \sqrt{\dot{\varepsilon}_q\dot{\varepsilon}_q}\mathrm{d}V \quad (q = 1,2,3,4) \tag{5.39}$$

式（5.39）为成形能率泛函化为四维应变速率矢量的统一形式。式中对平面变形 $g = 1$；对轴对称变形 $g = \sqrt{\frac{3}{2}}$。显然，若为主轴应变速率张量，则式（5.38）、式（5.39）的被积函数将依次化为二维、一维矢量的模。

5.4.4 内积的坐标形式

由式（5.39）有

$$\dot{W}_i = \sqrt{\frac{2}{3}}\sigma_s\int_V \sqrt{\dot{\varepsilon}_{ik}\dot{\varepsilon}_{ik}}\mathrm{d}V = \frac{2\sigma_s}{\sqrt{3}}\int_V \sqrt{\dot{\varepsilon}_q\dot{\varepsilon}_q}\mathrm{d}V \quad (q = 1,2,3,4)$$

$$= \frac{2\sigma_s}{\sqrt{3}}\int_V |\dot{\boldsymbol{\varepsilon}}|\,\mathrm{d}V = \frac{2\sigma_s}{\sqrt{3}}\int_V |\dot{\boldsymbol{\varepsilon}}|\,|\dot{\boldsymbol{\varepsilon}}_0|\cos(\dot{\boldsymbol{\varepsilon}},\dot{\boldsymbol{\varepsilon}}_0)\mathrm{d}V = \frac{2\sigma_s}{\sqrt{3}}\int_V \dot{\boldsymbol{\varepsilon}}\cdot\dot{\boldsymbol{\varepsilon}}_0\mathrm{d}V \quad \text{（矢量内积）}$$

$$= \frac{2\sigma_s}{\sqrt{3}}\int_V [\dot{\varepsilon}_1 l_1 + \dot{\varepsilon}_2 l_2 + \dot{\varepsilon}_3 l_3 + \dot{\varepsilon}_4 l_4]\mathrm{d}V \quad \text{（内积坐标形式）}$$

$$= \frac{2\sigma_s}{\sqrt{3}}\left[\int_V \dot{\varepsilon}_1 l_1\mathrm{d}V + \int_V \dot{\varepsilon}_2 l_2\mathrm{d}V + \int_V \dot{\varepsilon}_3 l_3\mathrm{d}V + \int_V \dot{\varepsilon}_4 l_4\mathrm{d}V\right] \quad \text{（分矢量逐项积分）}$$

$$\dot{W}_i = \frac{2\sigma_s}{\sqrt{3}}\sum_{q=1}^{4}\int_V \dot{\varepsilon}_q l_q\mathrm{d}V \quad \text{（逐项积分结果求和）} \tag{5.40}$$

式（5.40）已将式（5.5）和式（5.6）的张量积分化为应变速率矢量 $\dot{\boldsymbol{\varepsilon}}$ 的内积，即

$$\dot{\boldsymbol{\varepsilon}} = \dot{\varepsilon}_1\boldsymbol{e}_1 + \dot{\varepsilon}_2\boldsymbol{e}_2 + \dot{\varepsilon}_3\boldsymbol{e}_3 + \dot{\varepsilon}_4\boldsymbol{e}_4 \tag{5.41}$$

其单位矢量为

$$\dot{\boldsymbol{\varepsilon}}^0 = l_1\boldsymbol{e}_1 + l_2\boldsymbol{e}_2 + l_3\boldsymbol{e}_3 + l_4\boldsymbol{e}_4 \tag{5.42}$$

对平面变形式（5.41）变为

$$\dot{\boldsymbol{\varepsilon}} = \dot{\varepsilon}_{11}\boldsymbol{e}_1 + \dot{\varepsilon}_{21}\boldsymbol{e}_2 + \dot{\varepsilon}_{23}\boldsymbol{e}_3 + \dot{\varepsilon}_{13}\boldsymbol{e}_4 \tag{5.43}$$

对轴对称变形式（5.41）变为

$$\dot{\boldsymbol{\varepsilon}} = \sqrt{\frac{3}{2}}\dot{\varepsilon}_{11}\boldsymbol{e}_1 + \dot{\varepsilon}_{21}\boldsymbol{e}_2 + \dot{\varepsilon}_{23}\boldsymbol{e}_3 + \dot{\varepsilon}_{13}\boldsymbol{e}_4 \tag{5.44}$$

显然，式（5.40）已将式（5.5）非线性泛函的被积函数化为应变速率矢量 $\dot{\boldsymbol{\varepsilon}}$ 及其单位矢量 $\dot{\boldsymbol{\varepsilon}}^0$ 内积的形式。将式（5.40）分矢量逐项积分，然后各项积分结果求和，即可得到整体积分结果。作者将这一用数学方法使非线性泛函积分的线性化方法，称为应变速率矢量内积法。

特别指出，若为主应变（率）张量或应变速率张量取主轴，式（5.38）和式（5.39）的积分可分别化为二维、一维应变速率矢量的内积。问题的关键是设法合理确定式（5.43）和式（5.44）的方向余弦。

5.4.5 方向余弦

5.4.5.1 九维矢量方向余弦

由式（5.33）有

$$\begin{aligned}
D(\dot{\varepsilon}_{ik}) &= \sigma_s\sqrt{\frac{2}{3}}\sqrt{\dot{\varepsilon}_{ik}\dot{\varepsilon}_{ik}} \quad (i=1,2,3;k=1,2,3)\\
&= \sigma_s\sqrt{\frac{2}{3}}\sqrt{\dot{\varepsilon}_q\dot{\varepsilon}_q} \quad (q=1,2,\cdots,9) = \sigma_s\sqrt{\frac{2}{3}}\left(\frac{\dot{\varepsilon}_1^2+\dot{\varepsilon}_2^2+\dot{\varepsilon}_3^2+\cdots+\dot{\varepsilon}_9^2}{\sqrt{\dot{\varepsilon}_q\dot{\varepsilon}_q}}\right)\\
&= \sigma_s\sqrt{\frac{2}{3}}\left(\frac{\dot{\varepsilon}_1^2}{\sqrt{\dot{\varepsilon}_q\dot{\varepsilon}_q}}+\frac{\dot{\varepsilon}_2^2}{\sqrt{\dot{\varepsilon}_q\dot{\varepsilon}_q}}+\cdots+\frac{\dot{\varepsilon}_9^2}{\sqrt{\dot{\varepsilon}_q\dot{\varepsilon}_q}}\right)\\
&= \sigma_s\sqrt{\frac{2}{3}}\left\{\dot{\varepsilon}_1\left[\sqrt{1+\left(\frac{\dot{\varepsilon}_q}{\dot{\varepsilon}_1}\right)^2_{q\neq1}}\right]^{-1}+\cdots+\dot{\varepsilon}_9\left[\sqrt{1+\left(\frac{\dot{\varepsilon}_q}{\dot{\varepsilon}_9}\right)^2_{q\neq9}}\right]^{-1}\right\}
\end{aligned} \tag{5.45}$$

式（5.45）为九维矢量的内积积分。由此式九维矢量的方向余弦分别为

$$l_q = \left[\sqrt{1+\left(\frac{\dot{\varepsilon}_i}{\dot{\varepsilon}_q}\right)^2_{q\neq i}}\right]^{-1} \quad (q=1,\ 2,\ \cdots,\ 9) \tag{5.46}$$

5.4.5.2 五维矢量的方向余弦

由式（5.34），五维矢量成形能率泛函内积为

$$\begin{aligned}
\dot{W}_i &= \sqrt{\frac{2}{3}}\sigma_s\int_V\sqrt{\dot{\varepsilon}_{ik}\dot{\varepsilon}_{ik}}\mathrm{d}V = \sqrt{\frac{2}{3}}\sigma_s\int_V\sqrt{\dot{\varepsilon}_q\dot{\varepsilon}_q}\mathrm{d}V = \sigma_s\sqrt{\frac{2}{3}}\int_V\dot{\boldsymbol{\varepsilon}}\cdot\dot{\boldsymbol{\varepsilon}}^0\mathrm{d}V\\
&= \sigma_s\sqrt{\frac{2}{3}}\left[\int_V\dot{\varepsilon}_1 l_1\mathrm{d}V+\int_V\dot{\varepsilon}_2 l_2\mathrm{d}V+\cdots+\int_V\dot{\varepsilon}_5 l_5\mathrm{d}V\right]
\end{aligned}$$

$$= \sigma_s \sqrt{\frac{2}{3}} \sum_{q=1}^{5} \int_V \dot{\varepsilon}_q l_q \mathrm{d}V \quad (q = 1,2,3,4,5)$$

五维矢量的方向余弦分别为

$$l_q = \left(\sqrt{1 + \left(\frac{\dot{\varepsilon}_i}{\dot{\varepsilon}_q} \right)^2_{i \neq q}} \right)^{-1} \tag{5.47}$$

对平面变形与轴对称变形问题，成形能率泛函可写成式（5.47）统一的五维矢量形式。参照前述方法，其单位矢量方向余弦为

$$l_q = \left(\sqrt{1 + (\dot{\varepsilon}_i / \dot{\varepsilon}_q)^2_{i \neq q}} \right)^{-1} \quad (q = 1, 2, 3, 4) \tag{5.48}$$

由式（5.46）~式（5.48）可以看出，应变矢量内积（Inner - product）或标积（Scalar - product）点积积分中，单位矢量 $\dot{\boldsymbol{\varepsilon}}_0$ 的方向余弦 l_q（$q = 1, 2, 3, 4, \cdots, 9$）由应变比值确定。

5.4.6 中值定理

5.4.6.1 微分中值定理

常见微分中值定理公式如下：

设 $f(x)$ 在 $[a, b]$ 上连续、(a, b) 内可微，则在 (a, b) 内至少存在一点 ξ，使得

$$f(b) - f(a) = f'(\xi)(b - a),\ f'(\xi) = \frac{f(b) - f(a)}{(b - a)} \tag{5.49}$$

5.4.6.2 积分中值定理

常见积分中值定理公式如下：

设 $f(x)$ 在 $[a, b]$ 上连续则在 $[a, b]$ 上至少存在一点 ξ，使得

$$\int_a^b f(x)\mathrm{d}x = f(\xi)(b - a),\ f(\xi) = \frac{\int_a^b f(x)\mathrm{d}x}{b - a} \tag{5.50}$$

在以后的成形能率泛函微积分中我们将经常使用微分中值定理与积分中值定理。

由式（5.49）、式（5.50）有

$$\frac{f'(\xi)}{f(\xi)} = \frac{f(b) - f(a)}{\int_a^b f(x)\mathrm{d}x} \tag{5.51}$$

5.5 比塑性变形功率

5.5.1 比变形功率的定义

一长为 a_1 的方棒，伸长为 $\mathrm{d}a$ 所需之功为 $\mathrm{d}w = F\mathrm{d}a$，如图 5.1a 所示。若横

截面为 a_2a_3，则比变形功，即单位体积变形功为

$$dW = \frac{dw}{V} = \frac{Fda}{a_1a_2a_3} = \left(\frac{F}{a_2a_3}\right)\frac{da}{a_1} = \sigma_1 d\varepsilon_1 \tag{5.52}$$

两侧除时间 dt 或对 t 求导，单位体积变形功率或比变形功率为

$$D(\dot{\varepsilon}_1) = \frac{\dot{w}}{V} = \sigma_1\dot{\varepsilon}_1 \tag{5.53}$$

另一剪力 F'作用于 a_1a_2 平面内，使 a_2 边产生剪切位移 da，如图 5.1b 所示，所需之功为 d$w = F'$da，则比变形功，即单位体积变形功为

$$dW = \frac{dw}{V} = \frac{F'da}{a_1a_2a_3} = \left(\frac{F'}{a_2a_3}\right)\frac{da}{a_3} = \tau_{31}d\gamma_{31} = 2\tau_{31}d\varepsilon_{31} \tag{5.54}$$

同理，单位体积变形功率或比功率为

$$D(\dot{\varepsilon}_{31}) = \frac{\dot{w}}{V} = \tau_{31}\dot{\gamma}_{31} = 2\tau_{31}\dot{\varepsilon}_{31} \tag{5.55}$$

推广到九维应力分量

$$D(\dot{\varepsilon}_{ik}) = \sigma_{ik}\dot{\varepsilon}_{ik} \tag{5.56}$$

塑性变形时

$$D(\dot{\varepsilon}_{ik}) = \sigma_e\dot{\varepsilon}_e \tag{5.57}$$

对刚塑性材料，因为 $\sigma_e = \sigma_s$，所以有

$$D(\dot{\varepsilon}_{ik}) = \sigma_s\dot{\varepsilon}_e = \sigma_s\sqrt{\frac{2}{3}\dot{\varepsilon}_{ik}\dot{\varepsilon}_{ik}} = \sqrt{\frac{2}{3}}\sigma_s\sqrt{\dot{\varepsilon}_{ik}\dot{\varepsilon}_{ik}} \tag{5.58}$$

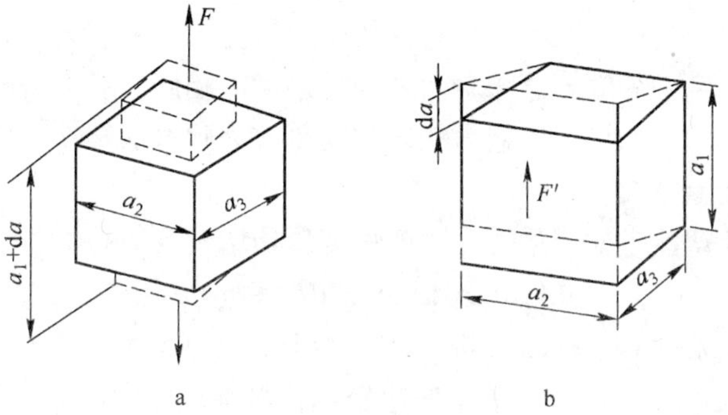

图 5.1 应变增量与比功率

a—拉伸；b—剪切

5.5.2 应力与应变率矢量的正交

由于应力和应变都是张量，将其定义为应力和应变矢量将极为方便。设主方向为以单位矢量 i_1，i_2，i_3 标识的主方向 1，2，3，如图 5.2 所示，则应力矢量

表示为

$$\boldsymbol{\sigma}=\sigma_1\boldsymbol{i}_1+\sigma_2\boldsymbol{i}_2+\sigma_3\boldsymbol{i}_3 \tag{5.59}$$

忽略体积变化，应变增量矢量与应变速率矢量为

$$\mathrm{d}\boldsymbol{\varepsilon}=\mathrm{d}\varepsilon_1\boldsymbol{i}_1+\mathrm{d}\varepsilon_2\boldsymbol{i}_2+\mathrm{d}\varepsilon_3\boldsymbol{i}_3 \tag{5.60}$$

$$\dot{\boldsymbol{\varepsilon}}=\dot{\varepsilon}_1\boldsymbol{i}_1+\dot{\varepsilon}_2\boldsymbol{i}_2+\dot{\varepsilon}_3\boldsymbol{i}_3 \tag{5.61}$$

比功和比功率为两矢量的标（点）积为

$$\mathrm{d}W=\boldsymbol{\sigma}\mathrm{d}\boldsymbol{\varepsilon}=\sigma_1\mathrm{d}\varepsilon_1+\sigma_2\mathrm{d}\varepsilon_2+\sigma_3\mathrm{d}\varepsilon_3 \tag{5.62}$$

$$D(\dot{\varepsilon}_{ik})=\boldsymbol{\sigma}\dot{\boldsymbol{\varepsilon}}=\sigma_1\dot{\varepsilon}_1+\sigma_2\dot{\varepsilon}_2+\sigma_3\dot{\varepsilon}_3 \tag{5.63}$$

以上表明应力与应变速率矢量的正交性。

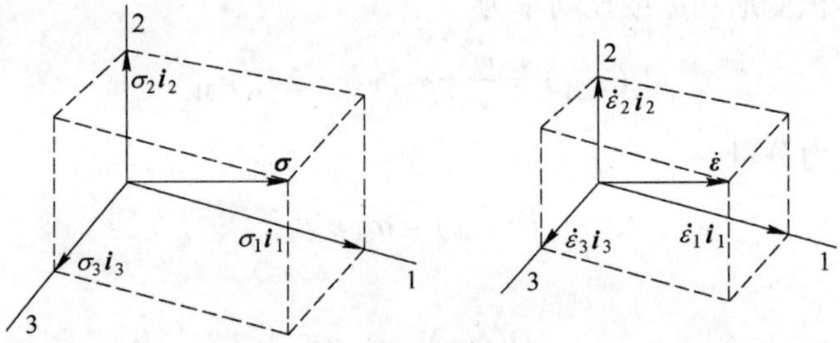

图5.2 应力和应变率矢量（因体积不变 $\theta=0$，分量符号不同）

5.5.3 比塑性功率的内积形式

金属的加工硬化程度取决于金属内的变形潜能，一般应力状态和单向应力状态在加工硬化程度上等效，意味着两者的变形潜能相同。变形潜能取决于塑性变形功率。可以认为，如果一般应力状态和简单应力状态的塑性功耗相等，则两者在加工硬化程度上等效。

产生微小的塑性应变增量时，比塑性变形功增量为

$$\mathrm{d}W_\mathrm{p}=\sigma_1'\mathrm{d}\varepsilon_1+\sigma_2'\mathrm{d}\varepsilon_2+\sigma_3'\mathrm{d}\varepsilon_3 \tag{5.64}$$

注意到体积不变条件 $\mathrm{d}\varepsilon_1+\mathrm{d}\varepsilon_2+\mathrm{d}\varepsilon_3=0$，则上式与（5.56）完全相同。

两矢量的数积（或点积）等于对应坐标分量乘积之和。上式可写成

$$\mathrm{d}W_\mathrm{p}=\boldsymbol{\sigma}'\cdot\mathrm{d}\boldsymbol{\varepsilon}=|\boldsymbol{\sigma}'||\mathrm{d}\boldsymbol{\varepsilon}|\cos\theta \quad ①$$

假定塑性应变增量的主轴与偏差应力主轴重合，两者相应的分量成比例（$\mathrm{d}\lambda$ 为瞬时正常数），两矢量方向一致，$\theta=0$，如图3.15所示，则塑性功中偏差应力矢量 $\boldsymbol{\sigma}'$ 的模为

$$\mathrm{d}W_\mathrm{p}=|\boldsymbol{\sigma}'|\cdot|\mathrm{d}\boldsymbol{\varepsilon}| \quad ②$$

$$PN^2=(\sigma_1')^2+(\sigma_2')^2+(\sigma_3')^2=\frac{1}{3}[(\sigma_1-\sigma_2)^2+(\sigma_2-\sigma_3)^2+(\sigma_3-\sigma_1)^2]$$

$$|\boldsymbol{\sigma}'| = PN = \frac{1}{\sqrt{3}}\sqrt{(\sigma_1-\sigma_2)^2+(\sigma_2-\sigma_3)^2+(\sigma_3-\sigma_1)^2}$$

$$= \sqrt{\frac{2}{3}}\frac{1}{\sqrt{2}}\sqrt{(\sigma_1-\sigma_2)^2+(\sigma_2-\sigma_3)^2+(\sigma_3-\sigma_1)^2} = \sqrt{\frac{2}{3}}\sigma_e \qquad ③$$

将上式代入式②并改成全量，并注意屈服时 $\sigma_e=\sigma_s$，则有

$$W_p = \sqrt{\frac{2}{3}}\sigma_e \cdot |\boldsymbol{\varepsilon}| = \sqrt{\frac{2}{3}}\sigma_s\sqrt{\varepsilon_1^2+\varepsilon_2^2+\varepsilon_3^2} = \sigma_e\varepsilon_e = \sigma_s\varepsilon_e \qquad (5.65)$$

式中 $\varepsilon_e = \sqrt{\frac{2}{3}}\sqrt{\varepsilon_1^2+\varepsilon_2^2+\varepsilon_3^2} = \sqrt{\frac{2}{9}[(\varepsilon_1-\varepsilon_2)^2+(\varepsilon_2-\varepsilon_3)^2+(\varepsilon_3-\varepsilon_1)^2]}$

$$= \sqrt{\frac{2}{9}[(\varepsilon_x-\varepsilon_y)^2+(\varepsilon_y-\varepsilon_z)^2+(\varepsilon_z-\varepsilon_x)^2+6(\varepsilon_{xy}^2+\varepsilon_{yz}^2+\varepsilon_{zx}^2)]} \qquad ④$$

主轴时

$$\boldsymbol{I}_2 = -(\varepsilon_1\varepsilon_2+\varepsilon_2\varepsilon_3+\varepsilon_3\varepsilon_1) = \frac{1}{6}[(\varepsilon_1-\varepsilon_2)^2+(\varepsilon_2-\varepsilon_3)^2+(\varepsilon_3-\varepsilon_1)^2]$$

非主轴时

$$\boldsymbol{I}_2 = -(\varepsilon_x\varepsilon_y+\varepsilon_y\varepsilon_z+\varepsilon_z\varepsilon_x)+\varepsilon_{xy}^2+\varepsilon_{yz}^2+\varepsilon_{zx}^2$$

$$= \frac{1}{6}[(\varepsilon_x-\varepsilon_y)^2+(\varepsilon_y-\varepsilon_z)^2+(\varepsilon_z-\varepsilon_x)^2+6(\varepsilon_{xy}^2+\varepsilon_{yz}^2+\varepsilon_{zx}^2)] \qquad ⑤$$

由体积不变

$$(\varepsilon_x+\varepsilon_y+\varepsilon_z)^2 = \varepsilon_x^2+\varepsilon_y^2+\varepsilon_z^2+2\varepsilon_x\varepsilon_y+2\varepsilon_y\varepsilon_z+2\varepsilon_z\varepsilon_x = 0$$

于是有

$$-(\varepsilon_x\varepsilon_y+\varepsilon_y\varepsilon_z+\varepsilon_z\varepsilon_x) = \frac{\varepsilon_x^2+\varepsilon_y^2+\varepsilon_z^2}{2} \qquad ⑥$$

式⑥代入式⑤得

$$\boldsymbol{I}_2 = \frac{\varepsilon_x^2+\varepsilon_y^2+\varepsilon_z^2}{2}+\varepsilon_{xy}^2+\varepsilon_{yz}^2+\varepsilon_{zx}^2$$

$$2\boldsymbol{I}_2 = \varepsilon_x^2+\varepsilon_y^2+\varepsilon_z^2+2\varepsilon_{xy}^2+2\varepsilon_{yz}^2+2\varepsilon_{zx}^2 \qquad ⑦$$

$$\boldsymbol{I}_2 = \frac{\varepsilon_x^2+\varepsilon_y^2+\varepsilon_z^2}{2}+\varepsilon_{xy}^2+\varepsilon_{yz}^2+\varepsilon_{zx}^2$$

$$= \frac{1}{6}[(\varepsilon_x-\varepsilon_y)^2+(\varepsilon_y-\varepsilon_z)^2+(\varepsilon_z-\varepsilon_x)^2+6(\varepsilon_{xy}^2+\varepsilon_{yz}^2+\varepsilon_{zx}^2)]$$

或

$$6\boldsymbol{I}_2 = [(\varepsilon_x-\varepsilon_y)^2+(\varepsilon_y-\varepsilon_z)^2+(\varepsilon_z-\varepsilon_x)^2+6(\varepsilon_{xy}^2+\varepsilon_{yz}^2+\varepsilon_{zx}^2)] \qquad ⑧$$

将式⑧代入式④整理得

$$\varepsilon_e = \sqrt{\frac{12}{9}\boldsymbol{I}_2} = \sqrt{\frac{2}{3}}\sqrt{2\boldsymbol{I}_2} \qquad (5.66)$$

$$= \sqrt{\frac{2}{3}} \sqrt{\varepsilon_x^2 + \varepsilon_y^2 + \varepsilon_z^2 + \varepsilon_{xy}^2 + \varepsilon_{xy}^2 + \varepsilon_{yz}^2 + \varepsilon_{yz}^2 + \varepsilon_{zx}^2 + \varepsilon_{zx}^2} \quad ⑨$$

将式⑨代入式（5.65）得

$$\begin{aligned} W_{\mathrm{p}} &= \sigma_{\mathrm{e}} \varepsilon_{\mathrm{e}} = \sigma_{\mathrm{s}} \sqrt{\frac{2}{3}} \sqrt{\varepsilon_x^2 + \varepsilon_y^2 + \varepsilon_z^2 + \varepsilon_{xy}^2 + \varepsilon_{xy}^2 + \varepsilon_{yz}^2 + \varepsilon_{yz}^2 + \varepsilon_{zx}^2 + \varepsilon_{zx}^2} \\ &= \sigma_{\mathrm{s}} \sqrt{\frac{2}{3}} \sqrt{\varepsilon_{ik} \varepsilon_{ik}} = \sigma_{\mathrm{s}} \sqrt{\frac{2}{3}} \left(\frac{\varepsilon_x^2 + \varepsilon_y^2 + \varepsilon_z^2 + \varepsilon_{xy}^2 + \varepsilon_{xy}^2 + \varepsilon_{yz}^2 + \varepsilon_{yz}^2 + \varepsilon_{zx}^2 + \varepsilon_{zx}^2}{\sqrt{\varepsilon_{ik} \varepsilon_{ik}}} \right) \\ &= \sqrt{\frac{2}{3}} \sigma_{\mathrm{s}} \left(\frac{\varepsilon_x^2}{\sqrt{\varepsilon_{ik} \varepsilon_{ik}}} + \frac{\varepsilon_y^2}{\sqrt{\varepsilon_{ik} \varepsilon_{ik}}} + \frac{\varepsilon_z^2}{\sqrt{\varepsilon_{ik} \varepsilon_{ik}}} + \cdots \right) \\ &= \sqrt{\frac{2}{3}} \sigma_{\mathrm{s}} \left(\frac{\varepsilon_x}{\sqrt{1 + \left(\frac{\varepsilon_{ik}}{\varepsilon_x} \right)^2_{i=k \neq x}}} + \frac{\varepsilon_y}{\sqrt{1 + \left(\frac{\varepsilon_{ik}}{\varepsilon_y} \right)^2_{i=k \neq y}}} + \frac{\varepsilon_z}{\sqrt{1 + \left(\frac{\varepsilon_{ik}}{\varepsilon_z} \right)^2_{i=k \neq z}}} + \cdots \right) \end{aligned} \tag{5.67}$$

式(5.67)是能量泛函应变矢量内积积分,即泛函变分线性化数学方法的基础。特别值得注意的是,分母应变分量之间的比例系数采用积分中值定理时对积分结果影响甚微,这为此法的应用与解析解的明晰化带来良好的前景。

将式(5.67)改写为应变矢量点积,并推广到 n 维

$$D(\varepsilon_{ik}) = \sqrt{\frac{2}{3}} \sigma_{\mathrm{s}} (\varepsilon_x l_1 + \varepsilon_y l_2 + \varepsilon_z l_3 + \cdots + \varepsilon_{ik} l_n) = \sqrt{\frac{2}{3}} \sigma_{\mathrm{s}} (\boldsymbol{\varepsilon} \cdot \boldsymbol{\varepsilon}^0) \tag{5.68}$$

式中应变矢量及其单位矢量分别为

$$\boldsymbol{\varepsilon} = \varepsilon_x \boldsymbol{e}_1 + \varepsilon_y \boldsymbol{e}_2 + \varepsilon_z \boldsymbol{e}_3 + \cdots + \varepsilon_{ik} \boldsymbol{e}_n$$

$$\boldsymbol{\varepsilon}^0 = l_1 \boldsymbol{e}_1 + l_2 \boldsymbol{e}_2 + l_3 \boldsymbol{e}_3 + \cdots + l_n \boldsymbol{e}_n$$

$$l_1 = \left[1 + \left(\frac{\varepsilon_{ik}}{\varepsilon_x} \right)^2_{i=k \neq x} \right]^{-1/2}, \ l_2 = \left[1 + \left(\frac{\varepsilon_{ik}}{\varepsilon_y} \right)^2_{i=k \neq y} \right]^{-1/2}, \ \cdots, \ l_n = \left[1 + \left(\frac{\varepsilon_{ik}}{\varepsilon_n} \right)^2_{i=k \neq n} \right]^{-1/2} \tag{5.69}$$

式（5.69）为应变比函数构成的方向余弦。

同样应变速率构成的单位体积塑性功率或比塑性功率的内积形式为

$$D(\dot{\varepsilon}_{ik}) = \sqrt{\frac{2}{3}} \sigma_{\mathrm{s}} (\dot{\varepsilon}_x l_1 + \dot{\varepsilon}_y l_2 + \dot{\varepsilon}_z l_3 + \cdots + \dot{\varepsilon}_{ik} l_n) = \sqrt{\frac{2}{3}} \sigma_{\mathrm{s}} (\dot{\boldsymbol{\varepsilon}} \cdot \dot{\boldsymbol{\varepsilon}}^0)$$

主轴

$$D(\dot{\varepsilon}_{ik}) = \sqrt{\frac{2}{3}} \sigma_{\mathrm{s}} (\dot{\varepsilon}_1 l_1 + \dot{\varepsilon}_2 l_2 + \dot{\varepsilon}_3 l_3 + \cdots + \dot{\varepsilon}_n l_n) = \sqrt{\frac{2}{3}} \sigma_{\mathrm{s}} (\dot{\boldsymbol{\varepsilon}} \cdot \dot{\boldsymbol{\varepsilon}}^0) \tag{5.70}$$

式（5.68）、式（5.69）和式（5.70）为比塑性功率的应变速率矢量内积表达式。后文将依此进行成形能率的线性化积分，即依据具体成形工艺条件，将内部

塑性变形功率化为

$$\dot{W}_i = \int_V D(\dot{\varepsilon}_{ik})\mathrm{d}V = \sqrt{\frac{2}{3}}\sigma_s\int_V(\dot{\boldsymbol{\varepsilon}} \cdot \dot{\boldsymbol{\varepsilon}}^0)\mathrm{d}V \tag{5.71}$$

的内积积分形式，并对分矢量逐项积分然后求和。此法称为塑性功率泛函的内积积分法，本书也称此为成形能率泛函线性化的数学方法。

5.5.4 对比塑性功率的理解

由于应力矢量 $\boldsymbol{\sigma}$ 与塑性应变率矢量 $\dot{\boldsymbol{\varepsilon}}$ 间满足塑性本构方程——流动法则，所以应力矢量代入式（5.63）后，$D(\dot{\varepsilon}_{ik})$ 就变为应变速率矢量 $\dot{\boldsymbol{\varepsilon}}$ 分量的单值函数。假定比功率为有序均匀的函数，其分量乘以正标量因子 λ 有

$$D[(\lambda\dot{\boldsymbol{\varepsilon}})] = \lambda D[(\dot{\boldsymbol{\varepsilon}})],\ \lambda > 0$$

注意到式（5.63），改写成

$$D(\lambda\dot{\boldsymbol{\varepsilon}}) = \lambda D(\dot{\boldsymbol{\varepsilon}}),\ \lambda > 0$$

此式确定了变形体内一点理想刚塑性材料非黏性的流动特点。因 λ 为正，由 $\lambda\dot{\boldsymbol{\varepsilon}}$ 和应变速率矢量 $\dot{\boldsymbol{\varepsilon}}$ 确定的流动特点是完全相同的。该特点可用 $\dot{\boldsymbol{\varepsilon}}$ 的单位矢量 $\dot{\boldsymbol{\varepsilon}}_0$ 表示。如果给定一点的 $\dot{\boldsymbol{\varepsilon}}_0$，即确定了该点唯一的比塑性功率 D（$\dot{\boldsymbol{\varepsilon}}_0$），任何应力矢量 $\boldsymbol{\sigma}$，如果

$$\boldsymbol{\sigma} \cdot \dot{\boldsymbol{\varepsilon}}_0 < D(\dot{\boldsymbol{\varepsilon}}_0)$$

均不能发生塑性流动，因此不能产生单位矢量 $\dot{\boldsymbol{\varepsilon}}_0$。假定所有满足上述关系的以应力矢量 $\boldsymbol{\sigma}$ 为半径的应力矢量端点均在含有原点 O 的半空间之内。此半空间界为以垂直于矢量 $\dot{\boldsymbol{\varepsilon}}_0$、与原点距离为 $D(\dot{\boldsymbol{\varepsilon}}_0)$ 的平面。当绕原点旋转塑性流动矢量 $\dot{\boldsymbol{\varepsilon}}_0$ 时，这些半空间之内端点共同落在屈服柱面之上。半空间界面也就闭合成屈服柱面如图 5.3a 所示。由于有连续旋转的法线，该柱面必须是严格外凸的且应力端点与 $\dot{\boldsymbol{\varepsilon}}_0$ 一一对应。屈服面呈现出许多极点，在一个极点 P，法线锥体上所有外指的应力矢量可能对应不同的流动特点，但 P 点的单位应变速率矢量 $\dot{\boldsymbol{\varepsilon}}_0$ 仅决定于在 P 点正交的应力矢量，如图 5.3b 所示。

设 $f(\sigma_{ik}) = \sigma_s$ 为应变速率的势函数，因为 $\dot{\boldsymbol{\varepsilon}}$ 在应力点 P 垂直于屈服表面，故有

$$\dot{\varepsilon}_x = \lambda\frac{\partial f}{\partial\sigma_x},\ \dot{\varepsilon}_y = \lambda\frac{\partial f}{\partial\sigma_y},\ \dot{\varepsilon}_{ik}^p = \lambda\,\mathrm{grad}f$$

因 λ 为正，足见 f 为势函数，矢量 $\dot{\boldsymbol{\varepsilon}}(\dot{\varepsilon}_{ik}^p)$ 为一有势场。

取主应力和应变速率作为矢量 $\boldsymbol{\sigma}$ 与 $\dot{\boldsymbol{\varepsilon}}$ 的分量，令 P 为屈服柱面的普通一点，

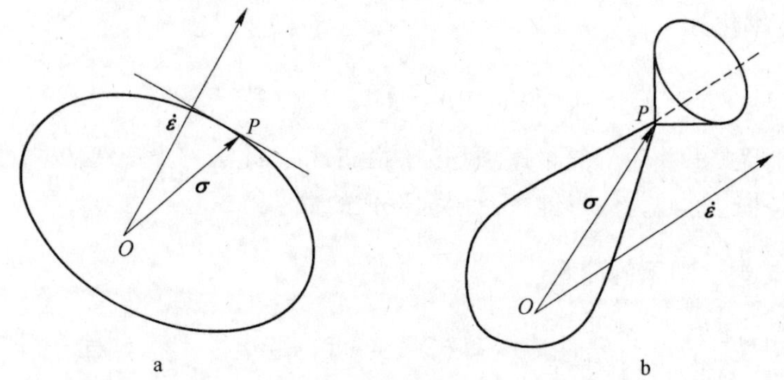

图 5.3　等倾空间屈服柱面外凸性及应力与应变矢量的对应性

C 为由 P 到圆柱轴线的垂足，由方程 $f(\sigma_{ik})=\sigma_s$，比塑性功率对应的应力矢量为 $\boldsymbol{\sigma}=\boldsymbol{OP}$ 和应变率矢量 $\dot{\boldsymbol{\varepsilon}}=\boldsymbol{OQ}$（平行于 CP）的模 $|\dot{\boldsymbol{\varepsilon}}|$ 乘以 $\boldsymbol{OP}$ 在 $\boldsymbol{OQ}$ 线上的投影确定。该投影长度为 CP，大小为柱面半径 $\sqrt{2/3}\sigma_s$，即

$$D(\dot{\varepsilon}_{ik})=\sqrt{\frac{2}{3}}\sigma_s\,|\boldsymbol{OQ}|=\sqrt{\frac{2}{3}}\sigma_s\sqrt{\dot{\varepsilon}_1^2+\dot{\varepsilon}_2^2+\dot{\varepsilon}_3^2}=\sqrt{\frac{2}{3}}\sigma_s(\dot{\boldsymbol{\varepsilon}}\cdot\dot{\boldsymbol{\varepsilon}}_0)$$

前述结果也可这样理解，单位矢量 $\dot{\boldsymbol{\varepsilon}}_0$ 形成的比塑性耗散为原点到屈服表面上应力矢量端点 P 的切平面的距离。对 Mises 准则，该距离为 $\sqrt{2/3}\sigma_s$，对 Tresca 准则是 $\sigma_s/\sqrt{2}$。

5.6　Mises 圆的内接六边形

与能率泛函积分线性化的数学方法不同，物理方法是通过对应力应变空间内非线性 Mises 屈服准则式（3.69）、式（3.70）进行线性逼近，得到与 Mises 屈服准则误差很小的线性屈服条件，再联解流动法则求得线性单位体积塑性功率（又称比塑性功率）表达式，以其取代非线性泛函积分中的被积函数，进而积分得到解析解。由于确定比塑性功率要联解流动法则与屈服条件，二者均属物理方程，所以本书称此法为泛函线性化的物理方法。

5.6.1　Tresca 轨迹

前已述及，由于 Mises 屈服准则为非线性屈服准则，导致泛函式（5.32）的积分也是非线性的。而最早最简单的线性屈服条件是 Tresca 屈服准则，参照式（3.66）和式（3.67）

$$\sigma_1-\sigma_3=\sigma_s \tag{5.72a}$$

或

$$\sigma_1-\sigma_3=2k=\sigma_s \tag{5.72b}$$

式中，$k=\sigma_s/2$。

前已述及，非线性的 Mises 屈服轨迹为圆，其单位体积塑性功率表达式也是非线性表达式（5.32）。这是刚塑性成形能率泛函的积分困难的根本原因。能否开发逼近 Mises 屈服轨迹的一次线性屈服条件，开发出单位体积塑性功率的线性表达式并使成形能率泛函积分线性化，显然是物理线性化方法的研究重点。

由图 3.15 可以看出屈雷斯卡屈服准则式（5.72）在 π 平面上的屈服轨迹为 Mises 圆的内接六边形，在外切与内接圆之间诸多逼近 Mises 圆的线性屈服轨迹中，Tresca 轨迹实际上是对 Mises 圆逼近程度最小的，而且未反映出中间主应力 σ_2 的影响。它在主应力空间为 Mises 屈服圆柱面的内接无限长六棱柱面。在图 3.15b 中将 π 平面 Tresca 轨迹（σ_2 影响最小或影响为零）AM 作为逼近 Mises 轨迹“误差三角形”的直角边，或称影响“下限”，而将 Mises 圆的外切六边形，即“误差三角形”的斜边 AM′称误差“上限”。后文将证明，此上限 AM′即俞茂宏提出的 TSS 屈服准则的轨迹，即 Mises 圆的外切正六边形。

5.6.2 对 Mises 圆的逼近

将密赛斯屈服准则式（3.70）化成与屈雷斯卡屈服准则同样的形式，并考虑中间主应力 σ_2 对屈服的影响，简化式为

$$\sigma_1-\sigma_3=\frac{2}{\sqrt{3+\mu_d^2}}\sigma_s=\beta\sigma_s \tag{5.73}$$

式中，$\beta=2/\sqrt{3+\mu_d^2}$，μ_d 被称为 Lode 参数。它与罗金别尔格（B. M. Розенберга）角 θ_σ 相对应。二者关系为 $\theta_\sigma=\tan^{-1}(\mu_\sigma/\sqrt{3})$。Lode 参数表达式为

$$\mu_d=\left(\sigma_2-\frac{\sigma_1+\sigma_3}{2}\right)\Big/\left(\frac{\sigma_1-\sigma_3}{2}\right) \tag{5.74}$$

式（5.73）与式（5.74）比较知

$$\sigma_2=\sigma_1,\ \mu_d=1,\ \sigma_1-\sigma_3=\sigma_s \qquad \text{（轴对称应力状态）}$$

$$\sigma_2=\frac{\sigma_1+\sigma_3}{2},\ \mu_d=0,\ \sigma_1-\sigma_3=\frac{2}{\sqrt{3}}\sigma_s \qquad \text{（平面变形状态）}$$

$$\sigma_2=\sigma_3,\ \mu_d=-1,\ \sigma_1-\sigma_3=\sigma_s \qquad \text{（轴对称应力状态）}$$

足见 β 的变化范围为 $1\sim2/\sqrt{3}=1.155$，这也是与 Mises 圆逼近的误差范围。由图 5.4 可以看出，在平面变形应力状态与 Mises 圆的最大绝对误差为线段 FE，为 $0.155\sigma_s$。

5.6.3 比塑性功率证明

任何逼近密赛斯圆的线性屈服准则只有给出比塑性功（率）表达式，才能

在以基本能量原理（虚功原理）构筑的能率泛函解析中发挥作用。为此必须先对屈雷斯卡准则比塑性功（率）证明，并考察其比塑性功率是否为一次线性，然后分析其与 Mises 比塑性功率的逼近精度。

注意到屈雷斯卡屈服轨迹是密赛斯屈服轨迹的内接正六边形，如图 5.4 所示。设应力分量 σ_{ik} 满足屈服函数 $f(\sigma_{ik})=0$ 且与 $\dot{\varepsilon}_{ik}$ 间满足流动法则，由式（3.125）则有

$$\dot{\varepsilon}_{ik}=\lambda\frac{\partial f}{\partial \sigma_{ik}} \tag{5.75}$$

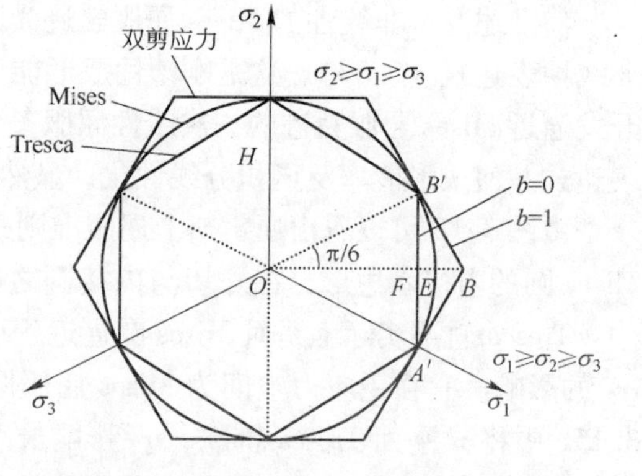

图 5.4 π 平面上 Tresca、双剪应力屈服轨迹与误差三角形

式中，λ 为瞬时正比例常数。

按屈雷斯卡屈服准则，B' 应力状态为 $\sigma_1=\sigma_2$，为轴对称应力状态；F 点应力 $\sigma_2=\dfrac{\sigma_1+\sigma_3}{2}$，为平面变形应力状态；所以，在 $B'F$ 及 FA' 区域有

$$f_1=\sigma_1-\sigma_3-\sigma_s=0,\quad \sigma_2\geqslant\frac{\sigma_1+\sigma_3}{2} \tag{①}$$

$$f_2=-\sigma_3+\sigma_1-\sigma_s=0,\ \sigma_2\leqslant\frac{\sigma_1+\sigma_3}{2} \tag{②}$$

令 $1\geqslant\mu\geqslant0$，$1\geqslant\lambda\geqslant0$，由式（5.75）及式①有

$$\dot{\varepsilon}_1:\dot{\varepsilon}_2:\dot{\varepsilon}_3=1:0:-1=\mu:0:-\mu$$

由式（5.75）及式②有

$$\dot{\varepsilon}_1:\dot{\varepsilon}_2:\dot{\varepsilon}_3=-1:0:1=-(1-\lambda):0:(1-\lambda)$$

将两式线性组合则在 $f_1=0$、$f_2=0$ 的相交处有

$$\dot{\varepsilon}_1:\dot{\varepsilon}_2:\dot{\varepsilon}_3=(\mu+\lambda-1):0:(1-\mu-\lambda)$$

取
$$\dot{\varepsilon}_1=\dot{\varepsilon}_{\max}=\mu+\lambda-1,\ \dot{\varepsilon}_2=0,\ \dot{\varepsilon}_3=\dot{\varepsilon}_{\min}=1-\mu-\lambda$$

$$\dot{\varepsilon}_{\max}-\dot{\varepsilon}_{\min}=2(\mu+\lambda-1),(\mu+\lambda-1)=\frac{\dot{\varepsilon}_{\max}-\dot{\varepsilon}_{\min}}{2} \tag{③}$$

应力点在 F，有

$$\sigma_2=\frac{\sigma_1+\sigma_3}{2} \tag{④}$$

$$\begin{aligned}D(\dot{\varepsilon}_{ik})&=\sigma_1\dot{\varepsilon}_1+\sigma_2\dot{\varepsilon}_2+\sigma_3\dot{\varepsilon}_3\\&=\sigma_1(\mu+\lambda-1)+\sigma_3(1-\mu-\lambda)\end{aligned}$$

$$=\sigma_1(\mu+\lambda-1)-\sigma_3(\mu+\lambda-1)$$
$$=(\sigma_1-\sigma_3)(\mu+\lambda-1) \quad ⑤$$

注意到在 D 点将式①式②联立，得 $\sigma_1-\sigma_3=\sigma_s$。将该式与式③代入式⑤

$$D(\dot{\varepsilon}_{ik})=\sigma_s(\mu+\lambda-1)=\frac{\sigma_s}{2}(\dot{\varepsilon}_{max}-\dot{\varepsilon}_{min})=0.5\sigma_s(\dot{\varepsilon}_{max}-\dot{\varepsilon}_{min})=\sigma_s|\dot{\gamma}_{max}| \quad ⑥$$

注意到屈服时 D 点变形状态满足 $\dot{\varepsilon}_1=\dot{\varepsilon}_{max}=-\dot{\varepsilon}_3=\dot{\varepsilon}_{min}$，$\dot{\varepsilon}_2=0$，代入式⑥有

$$D(\dot{\varepsilon}_{ik})=\frac{\sigma_s}{2}(\dot{\varepsilon}_{max}-\dot{\varepsilon}_{min})=\frac{\sigma_s}{2}(2\dot{\varepsilon}_1)=\sigma_s|\dot{\varepsilon}_1|=\sigma_s|\dot{\varepsilon}_3|=\sigma_s|\dot{\varepsilon}_i|_{max} \tag{5.76}$$

式（5.76）为 Tresca 屈服准则单位体积塑性功率表达式。比较式（5.76）与式（2.26）可知，Tresca 准则的比塑性功率表达式（5.76）是最简化的，它的大小仅取决于绝对值最大的线应变速率。在所有情况下，比塑性功率表达式为：

$$D(\dot{\varepsilon}_{ik})=\sigma_s|\dot{\varepsilon}_i|_{max}=\frac{1}{2}\sigma_s(|\dot{\varepsilon}_1|+|\dot{\varepsilon}_2|+|\dot{\varepsilon}_3|) \tag{5.77}$$

5.7 Mises 圆的外切六边形

5.7.1 TSS 准则及轨迹

与称之为最大剪应力或单剪应力的 Tresca 屈服准则相对应，俞茂宏教授 1961 年最先提出了双剪应力屈服准则：当一点应力状态所存在的三个主剪应力之间，两个较大剪应力之和达到某一定值时，材料发生屈服。即主应力按代数值大小排列，只要一点两个主剪应力满足以下关系式材料就发生屈服

$$f=\tau_{13}+\tau_{12}=\sigma_1-\frac{1}{2}(\sigma_2+\sigma_3)=\sigma_s \quad 当\ \sigma_2\leqslant\frac{1}{2}(\sigma_1+\sigma_3) \tag{5.78a}$$

$$f'=\tau_{13}+\tau_{23}=\frac{1}{2}(\sigma_1+\sigma_2)-\sigma_3=\sigma_s \quad 当\ \sigma_2\geqslant\frac{1}{2}(\sigma_1+\sigma_3) \tag{5.78b}$$

该准则在 π 平面上屈服轨迹为密赛斯圆的外切正六边形，如图 5.5 所示。黄文彬等证明该准则的单位体积塑性功率表达式为

$$D(\dot{\varepsilon}_{ik})=\frac{2}{3}\sigma_s(\dot{\varepsilon}_{max}-\dot{\varepsilon}_{min})=0.6667\sigma_s(\dot{\varepsilon}_{max}-\dot{\varepsilon}_{min}) \tag{5.79}$$

式中，假定材料拉、压屈服极限 σ_s 相等；$\dot{\varepsilon}_{max}$、$\dot{\varepsilon}_{min}$ 分别为最大与最小主应变速率。

著者认为 TSS 屈服准则与 Tresca 准则具有同样重要理论意义，因为该准则确定了诸多逼近 Mises 准则的若干线性屈服轨迹的“上限”，也是图 5.5 中误差三

角形 $B'FB$ 的斜边 $B'B$；其屈服轨迹恰为 Mises 圆的外切六边形。该准则与 Tresca 准则的最大区别在于其考虑了中间主应力 σ_2 对屈服的影响，且影响最大。

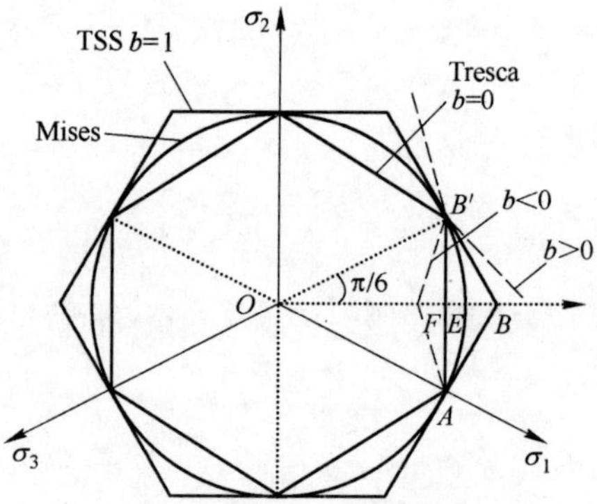

图 5.5 π 平面上逼近 Mises 轨迹的误差三角形

如用式（5.79）双剪应力屈服准则的比塑性功率代替式（5.11）的被积函数时，材料成形内部塑性变形功率的积分变为

$$
\begin{aligned}
\dot{W}_i &= \int_V D(\dot{\varepsilon}_{ik})\mathrm{d}V \\
&= \int_V \sqrt{\frac{2}{3}}\sigma_s \sqrt{\dot{\varepsilon}_{ik}\dot{\varepsilon}_{ik}}\mathrm{d}V \\
&\doteq \int_V \frac{2}{3}\sigma_s(\dot{\varepsilon}_{\max} - \dot{\varepsilon}_{\min})\mathrm{d}V
\end{aligned} \tag{5.80}
$$

后文的诸多应用表明，由于双剪应力屈服轨迹为误差三角形的“上限”，该式解析结果将明显高于式（5.11）的解析结果，但积分简单并具备考虑了中间主应力对屈服影响的基本特点。

5.7.2 误差三角形

由图 5.5 可以看出：如果在 π 平面上取 π/6（30°）幅角，以 Mises 屈服轨迹圆的内接六边形即 Tresca 屈服轨迹（$b=0$）作为直角边，以 Mises 圆的外切六边形即双剪应力屈服轨迹（$b=1$）作为斜边，则构成如图所示的直角三角形 $B'FB$。过 B' 点逼近 Mises 圆的所有十二边形轨迹均落在三角形 $B'FB$ 之内，覆盖面积大于 Tresca 轨迹，小于双剪应力屈服轨迹；将三角形 $B'FB$ 定义为与 Mises 准则线性逼近的误差三角形。在该三角形内所有过 B' 点逼近 Mises 圆的十二边形轨迹都是一次线性的，它们的边长由 F 向 B 依次增加；对应的 b 值依次由 0 变化到 1，反映了中间应力 σ_2 对屈服的影响越来越大。尽管它们与 Mises 圆的逼近程度或误差不同，但影响最小或为零的是 Tresca（$b=0$）的直角边 $B'F$，称其为误差三角形“下限”；而双剪应力屈服轨迹（$b=1$）恰为斜边 $B'B$，它的覆盖面积最大，σ_2 对屈服的影响最大，定义为误差三角形的“上限”。

后文将证明所有误差三角形之内的线性屈服轨迹均不同程度地反映了中间主应力对屈服的影响。它们的突出特点是比塑性功率都是一次线性的，这为成形能率泛函积分带来方便，是开发使能率泛函积分线性化物理方法的主要理论依据。

5.7.3 取代能率被积函数的物理方法

既然外切与内接六边形之间的任何一次线性方程均为逼近密赛斯准则的线性

屈服条件，那么寻找最逼近 Mises 轨迹的线性屈服条件，并联解流动法则求出其比塑性功率线性表达式，然后取代成形能率泛函的被积函数—— Mises 比塑性功率非线性表达式，进而使泛函被积函数线性化，使泛函整体积分可积并得到解析结果，则是本书物理线性化方法的宗旨之一，也是对双剪强度理论研究成果在金属成形领域开拓应用的具体举措。我们把采用线性化的屈服条件及流动法则推导的系列不同线性屈服准则的比塑性功率表达式并用以取代式（5.11）的 $D(\dot{\varepsilon}_{ik})=\sqrt{2/3}\,\sigma_s\sqrt{\dot{\varepsilon}_{ik}\dot{\varepsilon}_{ik}}$的非线性被积函数，进而使成形能率积分线性化的方法定义为能率泛函线性化的物理方法。

如用式（5.79）双剪应力屈服准则的比塑性功率对式（5.11）的泛函积分线性化时，被积函数进行下述替换

$$\dot{W}_i = \int_V D(\dot{\varepsilon}_{ik})\mathrm{d}V = \int_V \sqrt{\frac{2}{3}}\sigma_s\sqrt{\dot{\varepsilon}_{ik}\dot{\varepsilon}_{ik}}\mathrm{d}V \doteq \int_V \frac{2}{3}\sigma_s(\dot{\varepsilon}_{\max} - \dot{\varepsilon}_{\min})\mathrm{d}V$$

可以看出，由于双剪应力屈服轨迹为误差三角形的“上限”，该式积分的解析结果将明显大于式（5.11）的积分结果。因此，如何开发出既考虑了中间主应力影响又与 Mises 准则误差最小的线性屈服条件及相应比塑性功率表达式，是本书成形能率泛函积分物理线性化方法的主要任务。

5.8 能量法简介

5.8.1 基本解析步骤

能量法也称变分法，它以泛函的里兹近似解法为基础，基本解析步骤可描述如下：

对具体成形过程首先设定某瞬间工件的表面形状；在给定的边界条件下设定运动许可速度（或位移）场或静力许可应力场，把其写成含有几个待定参量的数学式。

根据变分原理使相应的泛函（功率或功，余功率或余功）最小化；把相应的泛函作为这些待定参量的多元函数，求其对待定参量的偏导数并令其为零，构成以这些待定参量为变量的联立方程组。

解此方程组求出待定参量，用其得到更接近真实的运动许可速度（或位移）场或静力许可应力场。

按已知速度（或位移）场，由几何方程求应变速率（或应变）场，由已知工件边缘位移确定工件外形尺寸；由外力功率和内力功率平衡求出力能参数。

在设定速度场时对有流动分界面的成形过程（如圆环镦粗和轧制等），常把中性面位置坐标作为待定参数，欲求缺陷压合条件可把压合有关因子作为待定参量。

5.8.2 存在的主要问题

能量法有两类，一是设定运动许可的位移或速度函数，利用变分原理的最小能原理，确定更真实的位移场或速度场，并按外力功和内力功平衡确定变形功和变形力；二是设定静力许可的应力函数，利用变分原理的最小余能原理，确定更真实的应力场，从而求变形力和变形功。由于设定运动许可的位移或速度函数比设定静力许可应力场容易，所以基于最小能原理的第一种方法应用广泛，而基于最小余能原理确定应力场仅有为数不多的例子。

与前述各种方法相比能量法除可确定力能参数（如轧制力和力矩以及其他变形力或功率等）外，尚可确定变形参数（如轧制时的宽展、前滑、孔型和模锻的充满条件等）与自由面鼓形、凹形、轧件前后端鱼尾、内部缺陷压合条件等。和工程法有同样广泛的适用范围，可以解析轧制、挤压、拉拔、锻造等诸多成形问题。

应指出，在解析定常与非定常两种成形过程时，解析步骤略有不同。对定常变形，变形区形状不随时间变化，用能量法设定速度场时，必须对初始假设的表面形状反复修正，直到满足定常变形条件为止。对非定常成形过程，因变形区形状随时间变化，此时必须用步进小变形计算大变形问题。即从初始已知表面形状开始，用能量法求出第一步最适速度场（或位移场）以此求出第一步后的表面形状；再把此表面形状作为下一步初始条件，用能量法求第二步最适速度场，进而求第二步后的工件表面形状。依此类推一直进行到所要求的终了变形。一般每一步变形程度小于 10%（如镦粗每步压下率小于 10%），视要求的计算精度而定。

5.8.3 能量法解析的新思路

作者认为通过将刚塑性第一变分原理的内部塑性变形功率泛函的积分项通过应变张量化为应变矢量内积并将分矢量逐项积分求和，达到使泛函积分线性化，并得到解析解或近似解析解方法，即所谓使塑性变形功率非线性泛函线性化的**数学方法**。这种方法是从积分方法角度对目前研究传统能量法或变分法可能开辟的一个新亮点。

作者还认为，从物理方程入手推导构成 High - Westergaad 空间对 Mises 准则最为逼近的线性化屈服准则与轨迹，联解流动法则（物理方程）得到最为逼近 Mises 准则的线性比塑性功率表达式，取代刚塑性第一变分原理塑性变形功率泛函的非线性被积函数—— Mises 比塑性功率，使泛函积分可积并得到解析解或近似解，即所谓塑性变形功率非线性泛函线性化的**物理方法**。这种方法也是当前对传统变分法解析材料成形的一个新思路。

前述研究的实质是构筑具体成形泛函的线性化被积函数，优化 π 平面上偏差应力矢量平均模长（尽量接近 Mises 偏差应力矢量模长），解决泛函整体积分与最小化的数学方法。第 6、7 章将具体介绍能率泛函积分线性化的数学方法——应变率矢量内积解法的解析实例。第 8、9、10 章具体介绍能率泛函积分线性化物理方法的解析实例，第 11 章介绍物理方法在其他领域的应用，第 12 章介绍异步轧制的线性化解析方法。

6 应变矢量内积的应用

由本章开始将采用第5章提出的能率泛函积分线性化的数学方法——应变矢量内积法，用于解析拉拔、挤压与锻造的具体成形工艺的力能参数问题，体现二应变张量如何依据对称性、体积不变条件、变形条件化及其他简化条件转化为六维、四维、三维、二维，甚至更低维数的矢量，并逐项积分、求和、获得解析结果及如何在解析实践中灵活巧妙运用微、积分中值定理。

6.1 球坐标速度场解圆棒线拉拔

将圆棒拉拔球坐标应变速率张量场构成的拉拔能率泛函表示为二维应变速率矢量内积并逐项积分，以中值定理确定应变矢量比函数值，将逐项积分结果求和得到了圆棒拉拔与挤压应力状态影响系数的解析解，并与直接积分方法进行比较。

6.1.1 球坐标应变速率场

圆棒线拉拔变形区如图6.1所示。变形区呈径向流动；球坐标速度场[14]如图6.2所示。图6.2中Ⅰ区和Ⅲ区只有均匀的轴向速度 v_0 和 v_1，由秒流量相等条件得

$$v_0 = v_1\left(\frac{R_1}{R_0}\right)^2 \tag{6.1}$$

Ⅰ区金属未变形，经 $\varGamma_2$ 进入塑性变形区Ⅱ。Ⅱ区内，$v_\theta = v_\varphi = 0$，v_r 按秒流量相等确定。在Ⅲ内区有

$$R = r_1\sin\theta,\ \mathrm{d}R = r_1\cos\theta\mathrm{d}\theta$$

与 $\mathrm{d}R$，$\mathrm{d}\theta$ 对应秒流量为

$$2\pi R\mathrm{d}Rv_1 = 2\pi v_1 r_1^2\sin\theta\cos\theta\mathrm{d}\theta \quad ①$$

与此对应的Ⅱ区的秒流量为

$$-2\pi(r\sin\theta)r\mathrm{d}\theta v_r \quad ②$$

令式①=式②得

$$v_r = -v_1 r_1^2\frac{\cos\theta}{r^2} \tag{6.2}$$

因 v_r 与球坐标系 r 轴正向相反故加负号。由球坐标几何方程

$$\dot{\varepsilon}_r = \frac{\partial v_r}{\partial r},\ \dot{\varepsilon}_\theta = \frac{v_r}{r},\ \dot{\varepsilon}_\varphi = \frac{v_r}{r} = -(\dot{\varepsilon}_r + \dot{\varepsilon}_\theta),\ \dot{\varepsilon}_{r\theta} = \frac{1}{2r}\frac{\partial v_r}{\partial \theta} \tag{③}$$

把式（6.2）代入式③得Ⅱ区内应变速率场为

$$\dot{\varepsilon}_r = -2\dot{\varepsilon}_\theta = -2\dot{\varepsilon}_\varphi = 2v_1 r_1^2 \frac{\cos\theta}{r^3},\ \dot{\varepsilon}_{r\theta} = \frac{1}{2}v_1 r_1^2 \frac{\sin\theta}{r^3}, \dot{\varepsilon}_{\theta\varphi} = \dot{\varepsilon}_{r\varphi} = 0 \tag{6.3}$$

应变速率比值函数为

$$\dot{\varepsilon}_{r\theta}/\dot{\varepsilon}_r = \tan\theta/4 \tag{④}$$

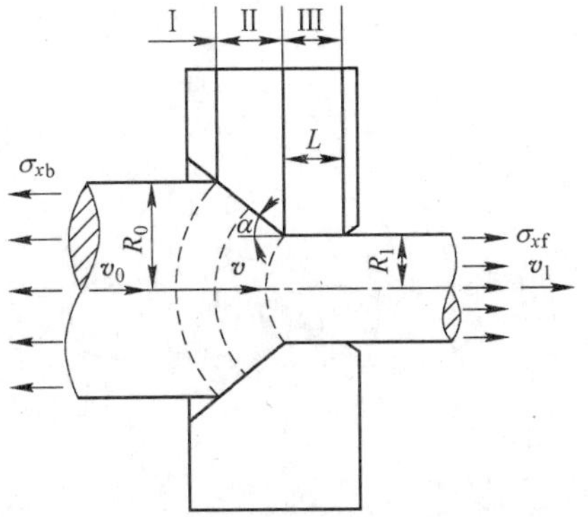

图 6.1 圆棒材拉拔

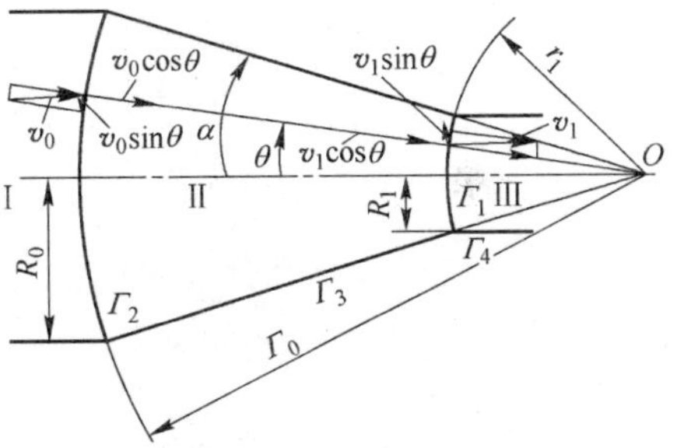

图 6.2 球坐标速度场

6.1.2 成形能率泛函

6.1.2.1 内部变形功率应变矢量内积

参照式（5.40），并将式（6.3）代入，注意到 $k = \sigma_s/\sqrt{3}$，则有

$$\begin{aligned}\dot{W}_i &= \frac{2\sigma_s}{\sqrt{3}}\int_V \sqrt{\frac{1}{2}\dot{\varepsilon}_{ik}\dot{\varepsilon}_{ik}}\,\mathrm{d}V = 2k\int_V \sqrt{\frac{1}{2}(\dot{\varepsilon}_r^2 + \dot{\varepsilon}_\theta^2 + \dot{\varepsilon}_\varphi^2 + 2\dot{\varepsilon}_{r\theta}^2)}\,\mathrm{d}V \\ &= k\int_V \left(\sqrt{3}\dot{\varepsilon}_r l_1 + 2\dot{\varepsilon}_{r\theta} l_2\right)\mathrm{d}V = k\int_V \dot{\boldsymbol{\varepsilon}} \cdot \dot{\boldsymbol{\varepsilon}}^0 \mathrm{d}V = k(I_1 + I_2)\end{aligned} \tag{6.4}$$

应变速率矢量与单位矢量分别为

$$\dot{\boldsymbol{\varepsilon}} = \sqrt{3}\dot{\varepsilon}_r \boldsymbol{e}_1 + 2\dot{\varepsilon}_{r\theta}\boldsymbol{e}_2,\ \dot{\boldsymbol{\varepsilon}}^0 = l_1\boldsymbol{e}_1 + l_2\boldsymbol{e}_2$$

参照式（5.46）、式（5.47）矢量的方向余弦为

$$l_1 = \left(1 + \frac{4}{3}\frac{\dot{\varepsilon}_{r\theta}^2}{\dot{\varepsilon}_r^2}\right)^{-1/2},\ l_2 = \left[1 + \left(\frac{4}{3}\frac{\dot{\varepsilon}_{r\theta}^2}{\dot{\varepsilon}_r^2}\right)^{-1}\right]^{-1/2} \tag{6.5}$$

注意 $\mathrm{d}V = 2\pi r(\sin\theta) r\mathrm{d}\theta\mathrm{d}r$，将式（6.3）、式④、式（6.5）代入式（6.4），逐项积分为

$$I_1 = \int_V \frac{\sqrt{3}\dot{\varepsilon}_r}{\sqrt{1+\frac{4}{3}\frac{\dot{\varepsilon}_{r\theta}^2}{\dot{\varepsilon}_r^2}}}\mathrm{d}V = 24\pi v_1 r_1^2 \int_0^{\alpha}\int_{r_1}^{r_0} \frac{\cos\theta\sin\theta\mathrm{d}\theta}{\sqrt{12+\tan^2\theta}}\frac{\mathrm{d}r}{r}$$

$$= 12\pi v_1 r_1^2 \ln\frac{r_0}{r_1}\left[\frac{\sqrt{12}}{11} - \frac{\cos\alpha\sqrt{11\cos^2\alpha+1}}{11} + \frac{1}{11\sqrt{11}}\left(\ln\frac{\cos\alpha\sqrt{11}+\sqrt{11\cos^2\alpha+1}}{\sqrt{11}+\sqrt{12}}\right)\right]$$

$$I_2 = \int_V \frac{2\dot{\varepsilon}_{r\theta}\mathrm{d}V}{\sqrt{1+\left(\frac{4}{3}\frac{\dot{\varepsilon}_{r\theta}^2}{\dot{\varepsilon}_r^2}\right)^{-1}}}$$

$$= \pi v_1 r_1^2 \ln\frac{r_0}{r_1}\left[\frac{\cos\alpha}{11}\sqrt{11\cos^2\alpha+1} - \frac{\sqrt{12}}{11} + \left(\frac{1}{11\sqrt{11}} + \frac{2\sqrt{11}}{11}\right)\ln\frac{\sqrt{11}+\sqrt{12}}{\cos\alpha\sqrt{11}+\sqrt{11\cos^2\alpha+1}}\right]$$

将分矢量积分结果 I_1，I_2 代入式（6.4）求和，注意$\frac{r_0}{r_1}=\frac{R_0}{R_1}$，$r_1=\frac{R_1}{\sin\alpha}$，整理得

$$\dot{W}_i = 2\pi\sigma_s v_1 R_1^2 \ln\frac{R_0}{R_1} f(\alpha) \tag{6.6}$$

$$f(\alpha) = \frac{1}{\sin^2\alpha}\left(1-\cos\alpha\sqrt{1-\frac{11}{12}\sin^2\alpha} + \frac{1}{\sqrt{11\times 12}}\ln\frac{1+\sqrt{\frac{11}{12}}}{\sqrt{\frac{11}{12}}\cos\alpha+\sqrt{1-\frac{11}{12}\sin^2\alpha}}\right) \tag{6.7}$$

对非常小的 α，$f(\alpha)$ 趋于 1。式（6.6）应变速率矢量内积结果与直接积分结果一致。

6.1.2.2 积分中值定理

对式④应变速率比函数用积分中值定理

$$\overline{\frac{\dot{\varepsilon}_{r\theta}}{\dot{\varepsilon}_r}} = \frac{1}{\alpha}\int_0^{\alpha}\frac{\tan\theta}{4}\mathrm{d}\theta = -\frac{\ln\cos\alpha}{4\alpha} \qquad ⑤$$

将式⑤代入式（6.6），然后再做内积逐项积分得

$$I_1 = \int_V \frac{\sqrt{3}\dot{\varepsilon}_r\mathrm{d}V}{\sqrt{1+\frac{4}{3}\left(\overline{\frac{\dot{\varepsilon}_{r\theta}}{\dot{\varepsilon}_r}}\right)^2}} = 4\sqrt{3}\pi v_1 r_1^2 \int_0^{\alpha}\int_{r_1}^{r_0}\frac{\mathrm{d}r}{r}\frac{\cos\theta\sin\theta\mathrm{d}\theta}{\sqrt{1+\frac{(\ln\cos\alpha)^2}{12\alpha^2}}}$$

$$= \frac{12\pi v_1 r_1^2 \ln \frac{r_0}{r_1} \alpha \sin^2\alpha}{\sqrt{12\alpha^2 + (\ln\cos\alpha)^2}}$$

$$I_2 = \int_V \frac{2\dot{\varepsilon}_{r\theta} \mathrm{d}V}{\sqrt{1 + \left(\frac{4}{3}\left[\frac{\dot{\varepsilon}_{r\theta}}{\dot{\varepsilon}_r}\right]^2\right)^{-1}}} = \pi v_1 r_1^2 \ln \frac{r_0}{r_1} \frac{\ln\cos\alpha\left[\alpha - \frac{\sin 2\alpha}{2}\right]}{\sqrt{(\ln\cos\alpha)^2 + 12\alpha^2}}$$

将 I_1、I_2 代入式（6.4），注意到$\frac{r_0}{r_1} = \frac{R_0}{R_1}$，$r_1 = \frac{R_1}{\sin\alpha}$，整理得

$$\dot{W}_i = 2\pi\sigma_s v_1 R_1^2 \ln \frac{R_0}{R_1} f_1(\alpha) \tag{6.8}$$

$$f_1(\alpha) = \frac{6\alpha \sin^2\alpha + \ln\cos\alpha\left(\frac{\alpha}{2} - \frac{\sin 2\alpha}{4}\right)}{\sqrt{3}\sin^2\alpha \sqrt{12\alpha^2 + (\ln\cos\alpha)^2}} \tag{6.9}$$

6.1.2.3 剪切和摩擦功率

图 6.2 中球面 Γ_1、Γ_2 是速度不连续面，切向速度不连续量分别为：$\Delta v_1 = v_1 \sin\theta$，$\Delta v_2 = v_0 \sin\theta$，于是剪切功率为

$$\dot{W}_{s1,2} = \int_\Gamma k |\Delta v_t| \mathrm{d}F = \frac{\sigma_s}{\sqrt{3}}\left[\int_{\Gamma_1} \Delta v_1 \mathrm{d}F + \int_{\Gamma_2} \Delta v_2 \mathrm{d}F\right] = \frac{2\sigma_s}{\sqrt{3}} \pi v_1 R_1^2 \left(\frac{\alpha}{\sin^2\alpha} - \cot\alpha\right) \tag{6.10}$$

图 6.2 中锥面 Γ_3 上速度不连续量为锥面上工件径向速度，取 $\Delta v_f = v_1 r_1^2 \frac{\cos\alpha}{r^2}$，摩擦应力 $\tau_f = \frac{m\sigma_s}{\sqrt{3}}$；沿 Γ_3 摩擦功率为

$$\begin{aligned}\dot{W}_{f3} &= \int_{\Gamma_3} \tau_f |\Delta v_f| \mathrm{d}F = m \frac{\sigma_s}{\sqrt{3}} \int_{\Gamma_3} v_1 \left(\frac{R_1}{R}\right)^2 \cos\alpha \mathrm{d}F \\ &= 2\pi v_1 R_1^2 (\cot\alpha) m \frac{\sigma_s}{\sqrt{3}} \int_{R_1}^{R_0} \frac{\mathrm{d}R}{R} = \frac{2\sigma_s}{\sqrt{3}} m\pi v_1 R_1^2 (\cot\alpha) \ln \frac{R_0}{R_1}\end{aligned} \tag{6.11}$$

由图 6.2 沿Ⅲ区（定径带）圆柱面 Γ_4 速度不连续量为 $\Delta v_f = v_1$，摩擦功率为

$$\dot{W}_{f4} = \int_{\Gamma_4} \tau_f |\Delta v_f| \mathrm{d}F = \frac{2\sigma_s}{\sqrt{3}} m\pi v_1 R_1 L \tag{6.12}$$

6.1.2.4 总功率泛函

总功率泛函参照式（5.8）为

$$J^* = \dot{W}_i + \dot{W}_{s1,2} + \dot{W}_{f3} + \dot{W}_{f4} \tag{6.13}$$

6.1.3 应力因子与最佳模角

令拉拔与挤压外功率 $\pi v_1 R_1^2 \sigma_{xf} = J^* = -\pi v_0 R_0^2 \sigma_{xb}$，将式（6.8）、式（6.10）、式（6.11）、式（6.12）代入式（6.13）整理得

$$\frac{\sigma_{xf}}{\sigma_s} = 2f_1(\alpha)\ln\left(\frac{R_0}{R_1}\right) + \frac{2}{\sqrt{3}}\left[\frac{\alpha}{\sin^2\alpha} - \cot\alpha + m(\cot\alpha)\ln\left(\frac{R_0}{R_1}\right) + m\frac{L}{R_1}\right] \tag{6.14}$$

$$\frac{\sigma_{xb}}{\sigma_s} = -2f_1(\alpha)\ln\left(\frac{R_0}{R_1}\right) - \frac{2}{\sqrt{3}}\left[\frac{\alpha}{\sin^2\alpha} - \cot\alpha + m(\cot\alpha)\ln\left(\frac{R_0}{R_1}\right) + m\frac{L}{R_1}\right] \tag{6.15}$$

式（6.14）、式（6.15）分别为以应变速率矢量内积及中值定理得到的拉拔与挤压棒线材应力状态系数，也称应力因子。式（6.14）、式（6.15）中 $f_1(\alpha)$ 由式（6.9）确定。将式（6.14）对 α 求导并置零，整理得

$$\frac{m}{2} = (1-\alpha\cot\alpha)\left(\ln\frac{R_0}{R_1}\right)^{-1} + [6\alpha^2\ln\cos\alpha + 6\sin^2\alpha(\ln^2\cos\alpha + \alpha^2) + \ln^3\cos\alpha +$$

$$6\alpha\tan\alpha(\ln\cos\alpha - \alpha^2) - \alpha\cot\alpha\ln^3\cos\alpha - 12\alpha^3\cot\alpha\ln\cos\alpha]\left(6\alpha^2 + \frac{\ln^2\cos\alpha}{2}\right)^{-\frac{3}{2}} \tag{6.16}$$

以搜索法确定最佳模半角 α_{opt} 见表 6.2。将其代入式（6.14），得应力状态系数的最小值。以下给出 B. Avitzur 对圆棒拉拔直接积分结果及最佳模半角公式[15,17]

$$n_\sigma = \frac{\sigma_{xf}}{\sigma_s} = 2f(\alpha)\ln\left(\frac{R_0}{R_1}\right) + \frac{2}{\sqrt{3}}\left\{\frac{\alpha}{\sin^2\alpha} - \cot\alpha + m\left[(\cot\alpha)\ln\left(\frac{R_0}{R_1}\right) + \frac{L}{R_1}\right]\right\} \tag{6.17}$$

$$f(\alpha) = \frac{1}{\sin^2\alpha}\left(1 - \cos\alpha\sqrt{1-\frac{11}{12}\sin^2\alpha} + \frac{1}{\sqrt{11\times12}}\ln\frac{1+\sqrt{\frac{11}{12}}}{\sqrt{\frac{11}{12}}\cos\alpha + \sqrt{1-\frac{11}{12}\sin^2\alpha}}\right)$$

$$\alpha_{opt} \approx \sqrt{\frac{3}{2}m\ln\left(\frac{R_0}{R_1}\right)} \tag{6.18}$$

6.1.4 计算实例

铜棒拉拔直径原始 $D_0 = 10\text{mm}$，拔后直径 $D_1 = 8.37\text{mm}$，压下率 $r = 0.3$，$\mu = 0.08$，$\alpha = 12°$，计算不同模半角 α，摩擦因子 m 时的应力状态系数，及 $\sigma_s = 235\text{N/mm}^2$ 的拉拔力。

6.1.4.1 应力状态系数

不同 α 值，按式（6.7）和式（6.9）计算 $f_1(\alpha)$、$f(\alpha)$ 值如表 6.1 所示。

表 6.1 不同 α 时式(6.7)与式(6.9)的 $f_1(\alpha)$ 与 $f(\alpha)$ 值

α/(°)	4	6	8	10	12	14
$f_1(\alpha)$	0.99981	0.99968	0.99926	0.99883	0.99830	0.99768
$f(\alpha)$	1.00010	1.00023	1.00041	1.00064	1.00093	1.00127

表6.1表明 α 在4°~14°内 $f_1(\alpha)$ 与 $f(\alpha)$ 值相对误差不足0.3%。对 $\alpha=6°\sim13°$，$m=0.06\sim0.46$，式（6.14）、式（6.17）得到的应力状态系数如图6.3所示；对 $m=0.1\sim0.3$，$\alpha=3°\sim13°$时，计算出结果如图6.4所示。可见两式计算结果误差也不足0.3%。

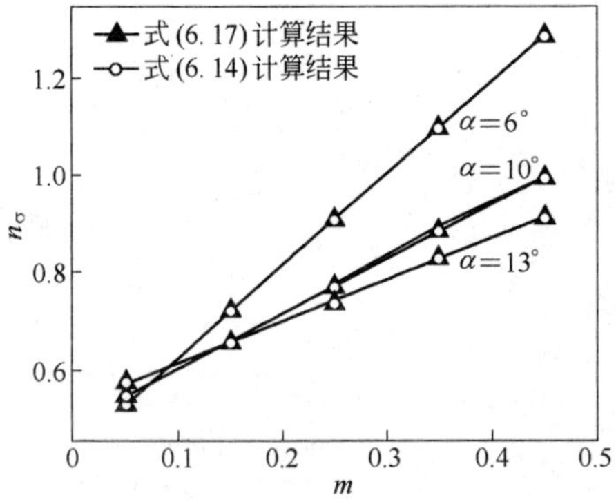

图6.3 不同 m 与 α 的应力状态系数

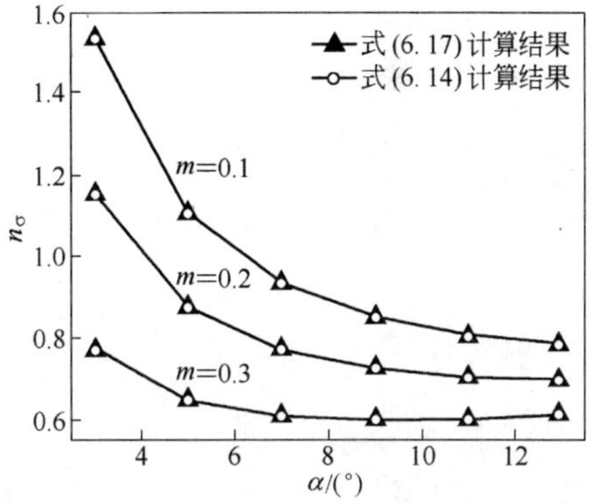

图6.4 不同 m 与 α 的应力状态系数比较

6.1.4.2 最佳模角及拉拔力

取不同 m 值式（6.16）用搜索法求得 α_{opt} 与式（6.18）计算结果比较如表6.2所示；用 α_{opt} 计算的应力状态系数比较如图6.5所示。图6.5表明，尽管最佳模角有微小差别，但图6.5计算结果仍重合。将 $m=2\mu=0.16$、$r=0.3$、$\alpha=6°$，代入式（6.14），忽略定径带得

表 6.2 不同 m 式(6.16)与式(6.18)计算的最佳模半角

m	0.060	0.10	0.20	0.30	0.40	0.60
式(6.16)计算的 α_{opt}/(°)	6.662	9.288	13.138	16.088	18.676	20.766
式(6.18)计算的 α_{opt}/(°)	6.626	9.371	13.263	16.231	18.742	20.964

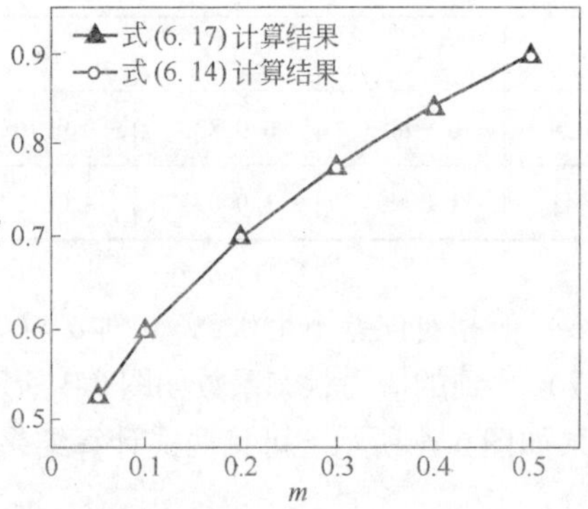

图 6.5 不同 α_{opt} 与 m 两式的 n_σ

$$\frac{\sigma_{xf}}{\sigma_s}=0.73577,\ P=0.73577\times235\times\frac{\pi}{4}D_1^2=9.514\text{kN}$$

同样参数代入 Avitzur 式（6.17）得

$$\frac{\sigma_{xf}}{\sigma_s}=0.73537,\ P=9.509\text{kN}$$

两式计算的拉拔力基本一致。这表明，塑性功率泛函用应变速率矢量内积逐项积分法得到解析解（6.14）与直接积分结果式（6.17）一致；采用中值定理时，应力因子为模半角 α 和摩擦因子 m 及减缩率 r 的函数；该解与式（6.17）相比，$f(\alpha)$，α_{opt}，n_σ、拉拔力 P 相对误差不足0.3%。

6.2 直角坐标内积解扁带拔挤

扁带拉拔与挤压视为平面变形问题，本节介绍此类成形直角坐标连续速度场建立及应变比值函数与应变矢量内积的方法，并与 Avitzur 柱坐标速度场椭圆积分解析同类问题相比较。

6.2.1 应变率场

楔形模平面变形拉拔与挤压如图 6.6 所示，z 为不变形方向，图中 11′与 22′为速度不连续线，入口速度为 v_0，出口速度为 v_1，变形区单位宽度任一断面满足

$$v_0h_0=v_1h_1=v_2h_2=v_xh_x=U$$

式中，U 为单位宽度秒流量。

距原点 O 为 x 的断面 h_x 上水平速度 v_x 为

$$v_x=U/h_x$$

将 $\tan\alpha=h_x/2x$ 代入上式得

$$v_x=U/2x\tan\alpha$$

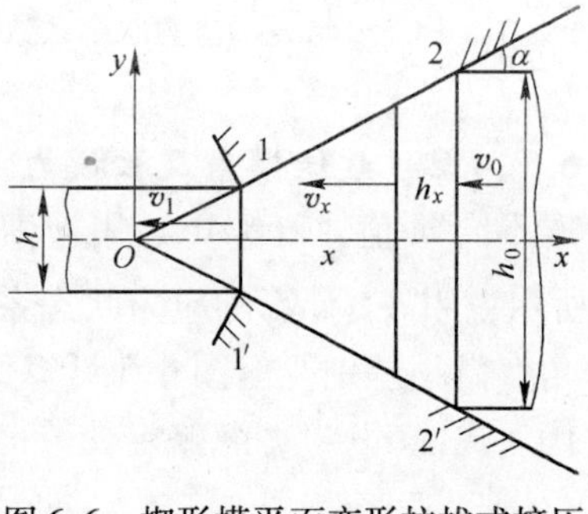

图 6.6 楔形模平面变形拉拔或挤压

由几何方程，并注意到 $\dot\varepsilon_{ii}=0$ 得

$$\dot\varepsilon_x=-\partial v_x/\partial x=U/2x^2\tan\alpha$$

$$\dot\varepsilon_y=-\dot\varepsilon_x=-U/2x^2\tan\alpha$$

由 $\dot{\varepsilon}_y = \partial v_y / \partial y$ 得

$$v_y = \int \dot{\varepsilon}_y \mathrm{d}y = -\frac{Uy}{2x^2 \tan\alpha}$$

$$\dot{\varepsilon}_{xy} = \frac{1}{2}\left(\frac{\partial v_x}{\partial y} + \frac{\partial v_y}{\partial x}\right) = \frac{Uy}{2x^3 \tan\alpha}$$

速度场与应变速率张量场为

$$v_x = U/2(x\tan\alpha),\ v_y = -Uy/(2x^2\tan\alpha),\ v_z = 0 \tag{6.19}$$

$$\dot{\varepsilon}_x = U/(2x^2\tan\alpha) = -\dot{\varepsilon}_y,\ \dot{\varepsilon}_{xy} = Uy/(2x^3\tan\alpha),\ \dot{\varepsilon}_z = \dot{\varepsilon}_{zx} = \dot{\varepsilon}_{zy} = 0 \tag{6.20}$$

式（6.19）中，$y=0$，$v_y=0$；$x=x_0$，$v_x=v_0$；$x=x_1$，$v_x=v_1$。故式满足运动许可条件。

由式（6.20）应变速率比值函数及几何关系分别为

$$\frac{\dot{\varepsilon}_{xy}}{\dot{\varepsilon}_x} = \frac{y}{x} = \tan\theta = -\frac{v_y}{v_x} \tag{①}$$

$$h_x/2 = x\tan\alpha,\ \ln(x_0/x_1) = \ln(h_0/h_1) \tag{②}$$

6.2.2 应变率矢量内积

6.2.2.1 内部变形功率

由式（6.20），并参照式（5.40），单位宽度塑性变形功率为

$$\begin{aligned}\dot{W}_i &= 2k\int_V \sqrt{\frac{1}{2}\dot{\varepsilon}_{ik}\dot{\varepsilon}_{ik}}\mathrm{d}V = 2k\int_V \sqrt{\frac{1}{2}(\dot{\varepsilon}_x^2 + \dot{\varepsilon}_y^2 + 2\dot{\varepsilon}_{xy}^2)}\mathrm{d}V \\ &= 4k\int_{x_1}^{x_0}\int_0^{h_x/2}\sqrt{\dot{\varepsilon}_x^2 + \dot{\varepsilon}_{xy}^2}\mathrm{d}x\mathrm{d}y = 4k\int_{x_1}^{x_0}\int_0^{h_x/2}\left\{\dot{\varepsilon}_x\left[1+\frac{\dot{\varepsilon}_{xy}^2}{\dot{\varepsilon}_x^2}\right]^{-1/2} + \dot{\varepsilon}_{xy}\left[\frac{\dot{\varepsilon}_x^2}{\dot{\varepsilon}_{xy}^2}+1\right]^{-1/2}\right\}\mathrm{d}y\mathrm{d}x \\ &= 4k\int_{x_1}^{x_0}\int_0^{h_x/2}(\dot{\varepsilon}_x l_1 + \dot{\varepsilon}_{xy} l_2)\mathrm{d}y\mathrm{d}x = 4k\int_{x_1}^{x_0}\int_0^{h_x/2}\dot{\boldsymbol{\varepsilon}}\cdot\dot{\boldsymbol{\varepsilon}}^0\mathrm{d}y\mathrm{d}x = 4k(I_1 + I_2)\end{aligned} \tag{③}$$

式③积分化为应变速率矢量的内积，应变速率矢量及其单位矢量分别为

$$\dot{\boldsymbol{\varepsilon}} = \dot{\varepsilon}_x\boldsymbol{e}_1 + \dot{\varepsilon}_{xy}\boldsymbol{e}_2,\ \dot{\boldsymbol{\varepsilon}}^0 = l_1\boldsymbol{e}_1 + l_2\boldsymbol{e}_2 \tag{④}$$

单位矢量方向余弦为

$$l_1 = (1 + \dot{\varepsilon}_{xy}^2/\dot{\varepsilon}_x^2)^{-1/2},\ l_2 = (\dot{\varepsilon}_x^2/\dot{\varepsilon}_{xy}^2 + 1)^{-1/2} \tag{⑤}$$

足见应变速率矢量方向余弦依赖其分量的比值函数，将式⑤代入式③逐项积分为

$$I_1 = \int_{x_1}^{x_0}\int_0^{h_x/2} \frac{\dot{\varepsilon}_x \mathrm{d}y\mathrm{d}x}{\sqrt{1+(\dot{\varepsilon}_{xy}/\dot{\varepsilon}_x)^2}} = \frac{U}{2\tan\alpha}\int_{x_1}^{x_0}\int_0^{h_x/2} \frac{\mathrm{d}y\mathrm{d}x}{x^2\sqrt{1+(y/x)^2}}$$

$$= \frac{U}{2\tan\alpha}\int_{x_1}^{x_0}\int_0^{x\tan\alpha} \frac{\mathrm{d}y\mathrm{d}x}{x\sqrt{x^2+y^2}} = \frac{U}{2\tan\alpha}\int_{x_1}^{x_0}\frac{\mathrm{d}x}{x}\ln\left[y+\sqrt{x^2+y^2}\right]_0^{x\tan\alpha} \quad ⑥$$

$$= \frac{U}{2\tan\alpha}\ln[\tan\alpha+\sec\alpha]\ln\frac{x_0}{x_1}$$

同理，式③第二项积分为（步骤从略）

$$I_2 = \int_{x_1}^{x_0}\int_0^{h_x/2} \frac{\dot{\varepsilon}_{xy} \mathrm{d}y\mathrm{d}x}{\sqrt{1+(\dot{\varepsilon}_x/\dot{\varepsilon}_{xy})^2}} = \frac{U}{4}\ln\frac{h_0}{h_1}[\sec\alpha - \cot\alpha\ln(\tan\alpha+\sec\alpha)] \quad ⑦$$

将式⑥、式⑦代入式③整理得

$$\dot{W}_i = kU\ln\frac{h_0}{h_1}\left[\cot\alpha\ln(\tan\alpha+\sec\alpha)+\sec\alpha\right] \tag{6.21}$$

6.2.2.2 摩擦与剪切功率

图6.6中，由式（6.19）沿22′有

$$\Delta v_t = |0-v_y| = \left|0-\frac{-U}{2x_0^2\tan\alpha}y\right| = \frac{Uy}{2\tan\alpha\,(h_0/2\tan\alpha)^2} = \frac{2Uy\tan\alpha}{h_0^2}$$

单位宽度剪切功率为

$$\dot{W}_{s22'} = k\int_F \Delta v_t \mathrm{d}F = 2k\int_0^{h_0/2}\frac{2U\cdot\tan\alpha}{h_0^2}y\mathrm{d}y = \frac{kU}{2}\tan\alpha \tag{6.22}$$

沿11′有

$$\Delta v_t = |0-v_y| = 2U\,y\tan\alpha/h_1^2$$

$$\dot{W}_{s11'} = k\int_F \Delta v_t \mathrm{d}F = 2k\int_0^{h_1/2}\frac{2U\cdot\tan\alpha}{h_1^2}y\mathrm{d}y = \frac{kU}{2}\tan\alpha \tag{6.23}$$

式（6.22）和式（6.23）表明，尽管入口速度不连续面大于出口速度不连续面，但切向速度不连续量 $2Uy\cdot\tan\alpha/h_0^2$ 小于 $2Uy\cdot\tan\alpha/h_1^2$；故二者消耗的剪切功率相等。

模具上下接触面12与1′2′上消耗摩擦功率，且 $\Delta v_{f1} = v_x/\cos\alpha$，于是

$$\dot{W}_{f1} = 2\int_F \tau_f \Delta v_{f1}\mathrm{d}F = 2mk\int_{x_1}^{x_0}\frac{v_x\mathrm{d}x}{\cos^2\alpha} = \frac{mkU}{\sin\alpha\cos\alpha}\ln\frac{h_0}{h_1} \tag{6.24}$$

6.2.3 总功率泛函及最小化

6.2.3.1 应力状态系数

若忽略变形区侧壁摩擦功率，令拉拔与挤压出口外功率为

$$\sigma_d v_1 h_1 = J^* = \dot{W}_i + \dot{W}_{s11'} + \dot{W}_{s22'} + \dot{W}_{f1} = \sigma_e h_0 v_0 = \sigma_e U$$

将式（6.21）~式（6.24）代入上式，整理得

$$\frac{\sigma_{\mathrm{d}}}{2k}=\frac{\sigma_{\mathrm{e}}}{2k}=\left[\frac{\sec\alpha}{2}+\frac{\cot\alpha}{2}\ln(\tan\alpha+\sec\alpha)+\frac{m}{\sin2\alpha}\right]\ln\frac{h_0}{h_1}+\frac{\tan\alpha}{2} \tag{6.25}$$

若考虑变形区侧壁摩擦功率，注意到侧壁 $\Delta v_{f2}=|0-v_x|=2U/x\tan\alpha$，则有

$$\dot{W}_{f2}=2mk\int_F\Delta v_{f2}\mathrm{d}F=4mk\int_{x_1}^{x_0}\int_0^{h_x/2}\frac{U\mathrm{d}x\mathrm{d}y}{2x\tan\alpha}=\frac{mkU}{\tan\alpha}\Delta h \tag{6.26}$$

宽向两侧仍为接触面时

$$\frac{\sigma_{\mathrm{d}}}{2k}=\frac{\sigma_{\mathrm{e}}}{2k}=\left[\frac{\sec\alpha}{2}+\frac{\cot\alpha}{2}\ln(\tan\alpha+\sec\alpha)+\frac{m}{\sin2\alpha}\right]\ln\frac{h_0}{h_1}+\frac{\tan\alpha}{2}+\frac{m}{2\tan\alpha}\frac{\Delta h}{B} \tag{6.27}$$

足见应力状态系数是模半角 α、道次变形程度 $\ln(h_0/h_1)$、摩擦因子 m，以及相对宽展率 $\Delta h/B$ 的函数。

6.2.3.2 最佳模角与极限道次加工率

由式（6.26），对拉拔令$\partial(\sigma_{\mathrm{d}}/2k)/\partial\alpha=0$，化简得

$$m=\frac{\sin\alpha}{\cos2\alpha}-\frac{\cos^2\alpha}{\cos2\alpha}\ln(\tan\alpha+\sec\alpha)+\frac{\sin^2\alpha}{\cos2\alpha}\left(\ln\frac{h_0}{h_1}\right)^{-1} \tag{6.28}$$

式（6.28）为拉拔能率最低时，m 与最佳模半角 α_{opt} 的关系。给定摩擦条件，可由上式确定最佳模角。

极限道次加工率（考虑宽向与侧壁摩擦），由式（6.27）满足

$$\left[\frac{\sec\alpha}{2}+\frac{\cot\alpha}{2}\ln(\tan\alpha+\sec\alpha)+\frac{m}{\sin2\alpha}\right]\ln\frac{h_0}{h_1}+\frac{\tan\alpha}{2}+\frac{m}{2\tan\alpha}\frac{\Delta h}{B}\leqslant1 \tag{6.29}$$

6.2.3.3 其他解法公式

B. Avitzur 对前述拉拔问题得到下述近似解[17]（无反拉力）

$$\frac{\sigma_{xf}}{2k}=\frac{\sigma_{\mathrm{d}}}{(2/\sqrt{3})\sigma_{\mathrm{s}}}=\frac{E(\sqrt{3}/2,\ \alpha)}{\sin\alpha}\ln\frac{h_0}{h_1}+\frac{m}{2}\cot\alpha\ln\frac{h_0}{h_1}+\frac{1-\cos\alpha}{\sin\alpha} \tag{6.30}$$

式中，右端第一项为第二类椭圆积分，故为数值解；其对应的最佳模半角公式为

$$\alpha_{\mathrm{opt}}\approx\cos^{-1}\left(1-\frac{m}{2}\ln\frac{h_0}{h_1}\right) \tag{6.31}$$

6.2.4 计算实例

拉拔扁带，入口厚度 $h_0=2.54\mathrm{mm}$，宽度为 $b=304.8\mathrm{mm}$，$\bar{k}=206.78\mathrm{MPa}$，模角 $2\alpha=30°$，压下率 $r=0.1$，比较不同模半角 α，摩擦因子 m 时的应力状态系数。

按式（6.26）计算：由 $r=(h_0-h_1)/h_0=0.1$，$h_1/h_0=0.9$，$h_1=0.9\times2.54$

$=2.286\text{mm}$，取 $m=0.1$ 解得

$$\frac{\sigma_d}{2k}=\left[\frac{\sec15°}{2}+\frac{\cot15°\ln(\tan15°+\sec15°)}{2}+\frac{0.10}{\sin30°}\right]\ln\frac{1}{0.9}+\frac{\tan15°}{2}=0.2617$$

$$\sigma_d=2kn_\sigma=0.2617\times2\times206.78=108.2\text{MPa}$$

$$F_d=\sigma_d bh_1=108.2\times304.8\times2.286=75.4\text{kN}$$

按式（6.30）计算：由文献［17］查得 $\alpha=15°$时椭圆积分值$\frac{E(\sqrt{3}/2,\ \alpha)}{\sin\alpha}=$ 1.0031，代入式（6.30）$\frac{\sigma_d}{2k}=0.2568$

$$\sigma_d=2kn_\sigma=0.2568\times2\times206.78=106.2\text{MPa}$$

$$F_d=\sigma_d bh_1=74\text{kN}$$

$\alpha=10°$，取 $m=0.1\sim0.6$，两式计算结果比较如表 6.3 所示。

表 6.3 不同 m 值应力状态系数 n_σ 比较（$\alpha=10°$）

m	0.10	0.20	0.30	0.40	0.60
式（6.26）计算的 n_σ	0.2260	0.2667	0.2866	0.3174	0.3482
式（6.30）计算的 n_σ	0.2229	0.2628	0.2827	0.3126	0.3426

$m=0.2$，取 $\alpha=9°\sim19°$，两式计算应力状态系数 n_σ 的结果比较如表 6.4 所示。

表 6.4 不同模半角 α 值应力状态系数 n_σ 比较（$m=0.20$）

α/(°)	9	11	13	16	17	19
式（6.26）计算的 n_σ	0.2632	0.2696	0.2660	0.2828	0.2976	0.3138
式（6.30）计算的 n_σ	0.2607	0.2661	0.2636	0.2769	0.2898	0.3039

按最佳模角比较，注意到 $1<\tan\alpha+\sec\alpha<2$，将式（6.28）由下式展成幂级数并取首项

$$\ln x=(x-1)-\frac{1}{2}(x-1)^2+\frac{1}{3}(x-1)^3-\cdots+(-1)^{n+1}\frac{1}{n}(x-1)^n+\cdots\quad 0<x\leqslant2$$

$$m\cos2\alpha=\sin\alpha-\cos\alpha-\cos\alpha\sin\alpha+\cos^2\alpha+\sin^2\alpha\left(\ln\frac{h_0}{h_1}\right)^{-1}$$

因为 $\sin\alpha=\dfrac{2\tan\dfrac{\alpha}{2}}{1+\tan^2\dfrac{\alpha}{2}}$，$\cos\alpha=\dfrac{1-\tan^2\dfrac{\alpha}{2}}{1+\tan^2\dfrac{\alpha}{2}}$，设 $\tan\dfrac{\alpha}{2}=u$ 代入上式整理得

$$u^4+\frac{4}{(2-m)}u^3+\frac{4\left(\ln\frac{h_0}{h_1}\right)^{-1}-2+6m}{2-m}u^2-\frac{m}{2-m}=0 \tag{6.32}$$

式（6.32）用搜索法求得最佳模角与式（6.31）结果比较如表 6.5 和表 6.6 所示。

表 6.5 不同 m 值时两式最佳模半角（压下率 $r=0.1$）

m	0.10	0.20	0.30	0.40	0.60
$u=\tan(\alpha/2)$	0.06	0.07	0.09	0.1	0.11
式（6.32）计算的 $\alpha_{opt}/(°)$	6.72	8	10.28	11.42	12.66
式（6.31）计算的 $\alpha_{opt}/(°)$	6.88	8.32	10.20	11.78	13.18

表 6.6 以最佳模半角两式计算的应力状态系数

m	0.10	0.20	0.30	0.40	0.60
式（6.26）计算的 n_σ	0.2088	0.2626	0.2867	0.3167	0.3418
式（6.30）计算的 n_σ	0.2080	0.2602	0.2826	0.3099	0.3336

6.2.5 讨论

将 $\alpha=10°=0.174533\text{rad}$ 代入式（6.26）与式（6.30），塑性功率泛函项分别为

$$\dot{W}_i=\left[\frac{\sec\alpha}{2}+\frac{\cot\alpha}{2}\ln(\tan\alpha+\sec\alpha)\right]\ln\frac{h_0}{h_1}=1.005\ln\frac{h_0}{h_1}$$

$$\dot{W}_i=\frac{E(\sqrt{3}/2,\ 10°)}{\sin 10°}\ln\frac{h_0}{h_1}=1.0014\ln\frac{h_0}{h_1}$$

足见矢量内积与椭圆积分误差不足 0.36%。因此可用应变速率矢量内积方法得到扁带拉拔塑性变形功率的解析解，该解为模半角 α，道次变形程度 $\ln(h_0/h_1)$ 和摩擦因子 m 的函数。

6.3 柱坐标内积解扁带拔挤

本节旨在以柱坐标应变速率矢量内积使楔形模扁带拉拔挤压得到解析解[16,18~20]。

6.3.1 柱坐标速度场

楔形模平面变形拉拔挤压柱坐标速度场如图 6.7 所示。

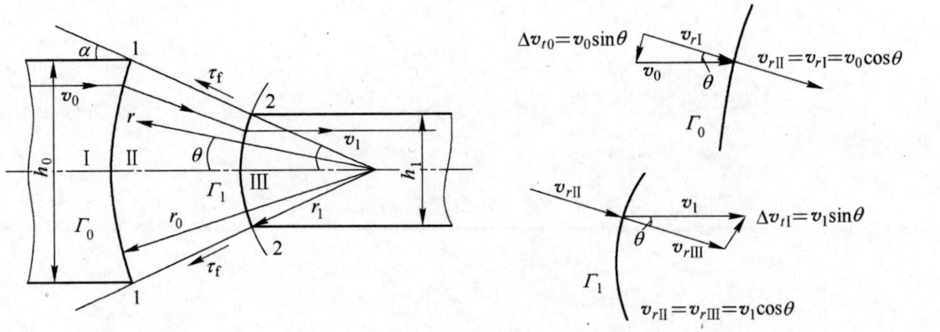

图 6.7 柱坐标楔形模平面变形拉拔挤压

如图 6.7 所示，速度不连续线 Γ_0、Γ_1、工件和工具接触线$\overline{12}$（也可看做速度不连续线）包围的区域Ⅱ区称为塑性区。在此区域内只有 r 方向位移速度 v_r。Ⅲ和Ⅰ区为前后外区，这两个区分别以速度 v_1 和 v_0 沿轴向移动。未变形的Ⅰ区金属通过 Γ_0 进入塑性变形区Ⅱ，再通过 Γ_1 变形完毕，其流线如图 6.7 所示。下面取圆柱面坐标系建立运动许可速度场。由于 $v_z = v_\theta = 0$，由几何方程

$$\dot{\varepsilon}_r = \frac{\partial v_r}{\partial r},\ \dot{\varepsilon}_\theta = \frac{v_r}{r},\ \dot{\varepsilon}_{r\theta} = \frac{1}{2}\frac{\partial v_r}{r\partial\theta} \tag{6.33}$$

按体积不变条件并积分得

$$\frac{\mathrm{d}v_r}{\mathrm{d}r} + \frac{v_r}{r} = 0,\quad \mathrm{d}(rv_r) = 0,\quad rv_r = C \qquad ①$$

根据边界$\widehat{22}$上法向位移速度连续的条件，$r = r_1$ 时，$v_{rIII} = -v_1\cos\theta$（移动方向与 r 轴正向相反故取负号），按此确定积分常数 c，于是得

$$v_r = -\frac{r_1}{r}v_1\cos\theta,\ v_z = v_\theta = 0 \tag{6.34}$$

代入式（6.33），则应变速度场为

$$\dot{\varepsilon}_r = -\dot{\varepsilon}_\theta = \frac{r_1}{r^2}v_1\cos\theta,\ \dot{\varepsilon}_{r\theta} = \frac{r_1 v_1}{2r^2}\sin\theta,\ \dot{\varepsilon}_z = \dot{\varepsilon}_{rz} = \dot{\varepsilon}_{\theta z} = 0 \tag{6.35}$$

速度与应变速率比函数为

$$\frac{\dot{\varepsilon}_{r\theta}}{\dot{\varepsilon}_r} = \frac{\tan\theta}{2},\ \overline{\frac{\dot{\varepsilon}_{r\theta}}{\dot{\varepsilon}_r}} = \frac{1}{2\alpha}\int_0^\alpha \tan\theta \mathrm{d}\theta = -\frac{\ln\cos\alpha}{2\alpha},\ \frac{v_0}{v_1} = \frac{h_1}{h_0} = \frac{r_1}{r_0} \tag{6.36}$$

6.3.2 成形功率泛函

6.3.2.1 应变率矢量内积

将式（6.35）代入下式，单位宽度内部变形功率表示成应变速率矢量内

积为

$$\dot{W}_i = \sqrt{\frac{2}{3}}\sigma_s\int_S \sqrt{\dot{\varepsilon}_{ik}\dot{\varepsilon}_{ik}}\mathrm{d}S = \frac{2\sigma_s}{\sqrt{3}}\int_S \sqrt{\dot{\varepsilon}_r^2 + \dot{\varepsilon}_{r\theta}^2}r\mathrm{d}r\mathrm{d}\theta = \frac{2\sigma_s}{\sqrt{3}}\int_S \dot{\boldsymbol{\varepsilon}} \cdot \dot{\boldsymbol{\varepsilon}}_0 \mathrm{d}S$$

$$= \frac{2\sigma_s}{\sqrt{3}}\int_S \frac{\dot{\varepsilon}_r\mathrm{d}S}{\sqrt{1 + (\dot{\varepsilon}_{r\theta}/\dot{\varepsilon}_r)^2}} + \frac{\dot{\varepsilon}_{r\theta}\mathrm{d}S}{\sqrt{1 + (\dot{\varepsilon}_{r\theta}/\dot{\varepsilon}_r)^{-2}}} = \frac{2\sigma_s}{\sqrt{3}}\int_S (\dot{\varepsilon}_r l_1 + \dot{\varepsilon}_{r\theta} l_2)\mathrm{d}S$$

$$= \frac{2\sigma_s}{\sqrt{3}}(I_1 + I_2) \tag{6.37}$$

式中，应变速率矢量 $\dot{\boldsymbol{\varepsilon}}$ 及其单位矢量 $\dot{\boldsymbol{\varepsilon}}_0$ 分别为：

$$\dot{\boldsymbol{\varepsilon}} = \dot{\varepsilon}_r \boldsymbol{e}_1 + \dot{\varepsilon}_{r\theta}\boldsymbol{e}_2, \quad \dot{\boldsymbol{\varepsilon}}_0 = l_1\boldsymbol{e}_1 + l_2\boldsymbol{e}_2 \tag{6.38}$$

注意到 $\mathrm{d}S = r\mathrm{d}r\mathrm{d}\theta$，将式（6.35）、式（6.36）代入式（6.37）并逐项积分

$$I_1 = \int_S \frac{\dot{\varepsilon}_r\mathrm{d}S}{\sqrt{1 + (\dot{\varepsilon}_{r\theta}/\dot{\varepsilon}_r)^2}} = \int_0^\alpha\int_{r_1}^{r_0} \frac{\dot{\varepsilon}_r r\mathrm{d}r\mathrm{d}\theta}{\sqrt{1 + \left(\overline{\dot{\varepsilon}_{r\theta}/\dot{\varepsilon}_r}\right)^2}} = \frac{r_1 v_1 2\alpha\sin\alpha}{\sqrt{4\alpha^2 + (\ln\cos\alpha)^2}}\ln\frac{r_0}{r_1} \quad ②$$

$$I_2 = \int_S \frac{\dot{\varepsilon}_{r\theta}\mathrm{d}S}{\sqrt{(\dot{\varepsilon}_r/\dot{\varepsilon}_{r\theta})^2 + 1}} = \frac{r_1 v_1}{2}\frac{\ln\cos\alpha(1 - \cos\alpha)}{\sqrt{4\alpha^2 + (\ln\cos\alpha)^2}}\ln\frac{r_0}{r_1} \quad ③$$

将式②、式③代入式（6.37），注意到速度比函数及 $k = \sigma_s/\sqrt{3}$，整理得

$$\dot{W}_i = kv_1h_1\left[\frac{4\alpha\sin\alpha + \ln\cos\alpha(1 - \cos\alpha)}{2\sin\alpha\sqrt{4\alpha^2 + (\ln\cos\alpha)^2}}\right]\ln\frac{h_0}{h_1} = kv_1h_1\xi(\alpha)\ln\frac{h_0}{h_1} \tag{6.39}$$

$$\xi(\alpha) = \frac{4\alpha\sin\alpha + \ln\cos\alpha(1 - \cos\alpha)}{2\sin\alpha\sqrt{4\alpha^2 + (\ln\cos\alpha)^2}}$$

式（6.39）与式（6.33）的根本区别是 $\xi(\alpha)$ 为内积法得到的解析解而不是椭圆积分的数值解。

6.3.2.2 剪切与摩擦功率

沿图 6.7 Γ_0、Γ_1 的切向速度不连续量分别为

$$\Delta v_{t0} = v_0\sin\theta = \frac{h_1}{h_0}v_1\sin\theta, \quad \Delta v_{t1} = v_1\sin\theta \tag{6.40}$$

$$\dot{W}_s = 2k\left[r_0\int_0^\alpha \frac{h_1}{h_0}v_1\sin\theta\mathrm{d}\theta + r_1\int_0^\alpha v_1\sin\theta\mathrm{d}\theta\right] = 2kh_1v_1\frac{1 - \cos\alpha}{\sin\alpha} \tag{6.41}$$

上述积分还表明，入、出口不连续面 Γ_0、Γ_1 上消耗的剪切功相等。

沿工具工件接触面，按式（6.34），$\Delta v_f = -\frac{r_1}{r}v_1\cos\alpha$，摩擦功率为

$$\dot{W}_f = \int_{r_1}^{r_0} \tau_f \frac{r_1}{r} v_1 \cos\alpha dr = mkv_1 h_1 \frac{\cot\alpha}{2} \int_{r_1}^{r_0} \frac{dr}{r} = mkv_1 h_1 \frac{\cot\alpha}{2} \ln \frac{h_0}{h_1} \quad (6.42)$$

6.3.2.3 总功率最小化

注意到变形区对称，将式（6.39）、式（6.41）与式（6.42）代入 $J^* = \dot{W}_i + \dot{W}_s + \dot{W}_f$，整理得

$$J^* = 2kv_1 h_1 \left\{ \frac{(1-\cos\alpha)}{\sin\alpha} + \left[\xi(\alpha) + \frac{m\cot\alpha}{2} \right] \ln \frac{h_0}{h_1} \right\} \quad (6.43)$$

令拉拔挤压功率 $J = \sigma_0 h_0 v_0 = \sigma_1 h_1 v_1$，不考虑挤压缸壁摩擦，拉拔与挤压应力状态系数为

$$n_\sigma = \frac{\sigma_1}{2k} = \frac{\sigma_0}{2k} = \left[\xi(\alpha) + \frac{m}{2}\cot\alpha \right] \ln \frac{h_0}{h_1} + \frac{1-\cos\alpha}{\sin\alpha} \quad (6.44)$$

请注意式（6.44）与式（6.30）的区别，式（6.44）$\xi(\alpha)$ 为满足式（6.39）的解析式，而式（6.30）中 $\xi(\alpha) = \dfrac{E\left(\alpha, \frac{\sqrt{3}}{2}\right)}{\sin\alpha}$，$E\left(\alpha, \frac{\sqrt{3}}{2}\right) = \int_{\theta=0}^{\alpha} \sqrt{1 - \frac{3}{4}\sin^2\theta} d\theta$ 为第二椭圆积分，故为数值解。

6.3.3 最佳模角与泛函最小值

Avitzur 式（6.33）m 与 α 的关系以如下近似式表示为

$$\alpha \approx \cos^{-1}\left(1 - \frac{m}{2}\ln\frac{h_0}{h_1}\right) \quad (6.45)$$

将式（6.44）求导，令 $\dfrac{dn_\sigma}{d\alpha} = 0$，得 m 与 α 的关系式为

$$m = 2\xi'(\alpha)\sin^2\alpha + \frac{2(1-\cos\alpha)}{\ln(h_0/h_1)} \quad ④$$

$$\xi'(\alpha) = \frac{\alpha\ln\cos\alpha\tan\alpha + \ln^2\cos\alpha}{(4\alpha^3 + \alpha\ln^2\cos\alpha)\sqrt{1+\left(\frac{\ln\cos\alpha}{2\alpha}\right)^2}} + \frac{4\alpha(\alpha\ln\cos\alpha - \alpha\sin\alpha\tan\alpha - \sin\alpha\ln\cos\alpha) + \ln^3\cos\alpha}{2(1+\cos\alpha)\ln^3\cos\alpha\left[1+\left(\frac{2\alpha}{\ln\cos\alpha}\right)^2\right]^{\frac{3}{2}}}$$

由式（6.45）或式④确定的 α 代入式（6.33）或式（6.44）可得应力状态系数最小值。

6.3.4 计算实例

拉拔扁带，入口厚度 $h_0 = 2.54$mm，宽度 $b = 304.8$mm，$k = 206.78$MPa，模

角 $2\alpha=30°$，压下率 $r=0.1$，计算拉拔力。

6.3.4.1 按式（6.44）计算

由 $r=(h_0-h_1)/h_0=0.1$，得 $h_1/h_0=0.9$，$h_1=2.286\text{mm}$，$\ln\dfrac{h_0}{h_1}=0.10536$，将 $\alpha=15°$代入式（6.39），$\xi(\alpha)=1.002164131$；将上述各值与 $m=0.1$ 代入式（6.44）得

$$n_\sigma=\frac{\sigma_1}{2k}=0.2569,\ \sigma_1=106.24\text{MPa},\ F_d=\sigma_1 bh_1=74.028\text{kN}$$

6.3.4.2 按式（6.33）计算

由文献［8］查得 $\alpha=15°$椭圆积分值$\dfrac{E(\sqrt{3}/2,\ \alpha)}{\sin\alpha}=1.0031$ 及 $m=0.1$，代入式（6.33）有 $\dfrac{\sigma_1}{2k}=0.2568$，$\sigma_1=106.2\text{MPa}$，$F_d=\sigma_1 bh_1=73.999\text{kN}$。

两式拉拔力相对误差为

$$\Delta=(74.028-73.999)/74.028=0.039\%$$

6.3.4.3 不同 m 与 α_{opt}的计算

$\alpha=15°$，不同 m 值两式计算结果如表 6.7 所示；最佳模角如图 6.8 所示。图 6.8 表明 α_{opt}随 m 与 r 增加（h_1/h_0 减小）而增加。当 $r\leqslant30\%$时，不同 m 两式计算的 α_{opt}及对应曲线几乎重合。由式（6.44）极限道次加工率 ε 满足式⑤及图 6.9。由图 6.9 可知，ε 随 α_{opt}增大及 m 减小而增大。

$$\frac{\sigma_1}{2k}\leqslant1,\ \varepsilon=\ln\left(\frac{h_0}{h_1}\right)\leqslant\frac{\sin\alpha+\cos\alpha-1}{\sin\alpha\left[\xi(\alpha)+\dfrac{m}{2}\cot\alpha\right]} \quad ⑤$$

表 6.7 不同 m 时 n_σ 的计算结果比较

m	0.1	0.2	0.3	0.4	0.5
式（6.44）计算结果	0.2569	0.2766	0.2962	0.3159	0.3355
式（6.33）计算结果	0.2570	0.2767	0.2963	0.3160	0.3356
$\Delta/\%$	0.0389	0.0361	0.0337	0.0316	0.0298

当 $h_1/h_0=0.9$，α 从 $0°\sim25°$变化时，式（6.39）的 $\xi(\alpha)$ 与式（6.33）第二类椭圆积分计算的 $\xi(\alpha)$ 值比较如图 6.10 所示。图 6.10 表明两式计算的 $\xi(\alpha)$数值误差不足 0.002。可见内积法得到的解并未改变变分解法实质，只是积分方式有所不同。

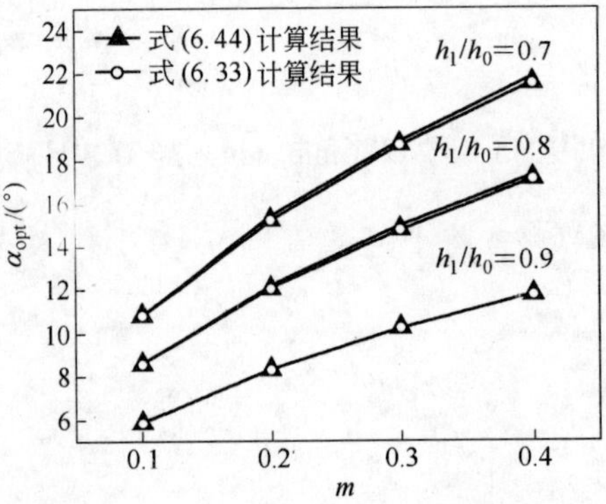

图 6.8 α_{opt} 与 m 及 r 的关系

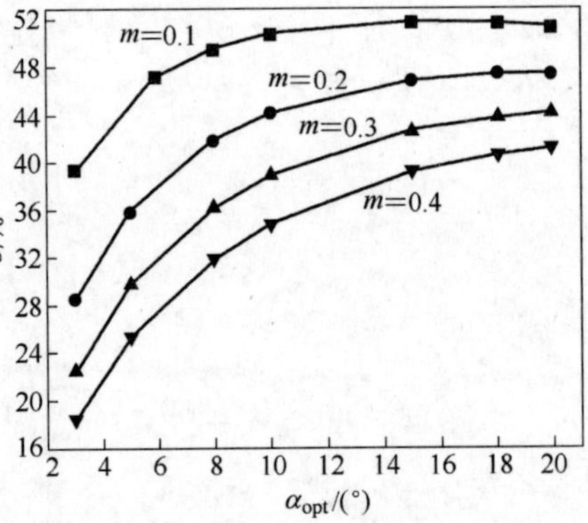

图 6.9 极限道次加工率 ε 与 m 及 α_{opt} 的关系

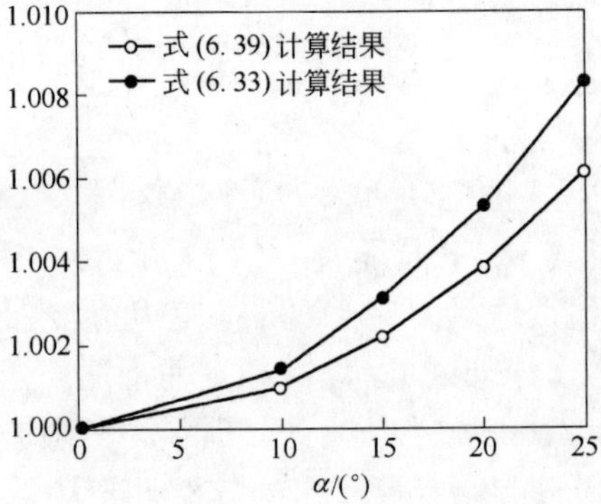

图 6.10 $h_1/h_0=0.9$ 时不同 α 计算的 $\xi(\alpha)$ 比较

6.4 楔形模挤压拉拔圆棒

本节拟以应变矢量内积法及柱坐标速度场解析楔形模挤压拉拔圆棒[21~23]。

6.4.1 柱坐标速度场

采用圆柱坐标系（r，θ，z），挤压拉拔速度场如图 6.11 所示。图中坐标原点为 o，S_1、S_0 为半径为 R_1，R_0 的绕 z 轴的速度不连续面，变形区由旋转模面 AA_1 与两不连续圆面组成。由体积不变条件

$$\pi R_0^2 v_0 = \pi R_1^2 v_1 = \pi R_z^2 v_z = C \quad ①$$

由于 $R_z = z\tan\alpha$，$R_0 = z_0\tan\alpha$，$R_1 =$

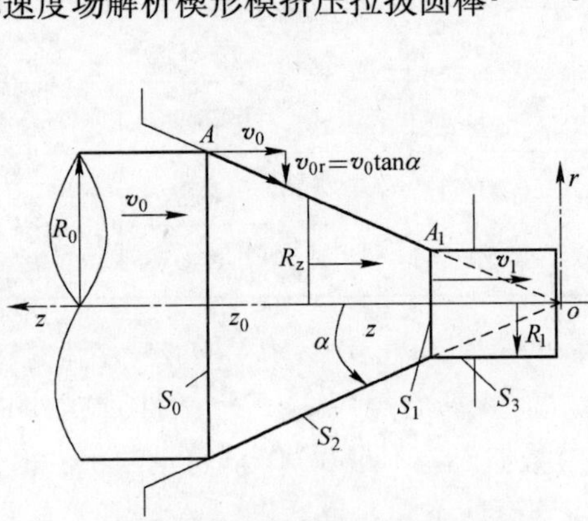

图 6.11 挤压拉拔棒材柱坐标速度场

$z_1\tan\alpha$，故 C、α 与 z 无关。并注意到在 A 点径向速度 $v_{0r}=v_0\tan\alpha$，水平轴（z 轴）上径向速度 $v_{0r}=0$，故 $v_r=v_z\tan\alpha_r=v_z\dfrac{r}{z}$，速度场为

$$v_z=\frac{C}{\pi R_z^2}=\frac{-C}{\pi\tan^2\alpha\cdot z^2},\quad v_r=v_z\frac{r}{z}=-\frac{Cr}{\pi\tan^2\alpha\cdot z^3},\quad v_\theta=0 \tag{6.46}$$

由几何方程应变速率场

$$\begin{aligned}&\dot{\varepsilon}_z=\frac{\partial v_z}{\partial z}=\frac{2C}{\pi\tan^2\alpha\cdot z^3},\quad \dot{\varepsilon}_r=\frac{\partial v_r}{\partial r}=\frac{-C}{\pi\tan^2\alpha\cdot z^3},\quad \dot{\varepsilon}_\theta=\frac{v_r}{r}=\frac{-C}{\pi\tan^2\alpha\cdot z^3}\\&\dot{\varepsilon}_{rz}=\frac{1}{2}\left(\frac{\partial v_r}{\partial z}+\frac{\partial v_z}{\partial r}\right)=\frac{3}{2}\frac{Cr}{\pi\tan^2\alpha\cdot z^4},\quad \dot{\varepsilon}_{\theta r}=\dot{\varepsilon}_{\theta z}=0\end{aligned} \tag{6.47}$$

圆棒拉拔挤压视为轴对称问题，由 $\dot{\varepsilon}_r=\dot{\varepsilon}_\theta$ 及体积不变条件

$$\dot{\varepsilon}_z+\dot{\varepsilon}_r+\dot{\varepsilon}_\theta=0,\quad \dot{\varepsilon}_z=-(\dot{\varepsilon}_r+\dot{\varepsilon}_\theta)=-2\dot{\varepsilon}_r,\quad \dot{\varepsilon}_r=\dot{\varepsilon}_\theta=-\frac{\dot{\varepsilon}_z}{2}=\frac{-C}{\pi\tan^2\alpha\cdot z^3} \quad ②$$

$$\frac{\dot{\varepsilon}_{rz}}{\dot{\varepsilon}_z}=\frac{3}{2}\frac{Cr}{\pi\tan^2\alpha\cdot z^4}\times\frac{\pi\tan^2\alpha\cdot z^3}{2C}=\frac{3}{4}\frac{r}{z} \tag{6.48}$$

切向速度不连续量，沿入口截面 S_0、出口截面 S_1、接触面 S_2、接触面 S_3（定径区）依次为

$$\begin{aligned}&\Delta v_{0t}=|0-v_{0r}|=\frac{Cr}{\pi\tan^2\alpha\cdot z_0^3}=\frac{C\cdot\tan\alpha}{\pi R_0^3}r,\quad \Delta v_{1t}=|0-v_{1r}|=\frac{Cr}{\pi\tan^2\alpha\cdot z_1^3}=\frac{C\cdot\tan\alpha}{\pi R_1^3}r\\&\Delta v_{s2}=\frac{v_z}{\cos\alpha}=\frac{-C\cdot\cos\alpha}{\pi\sin^2\alpha\cdot z^2},\quad \Delta v_{s3}=v_1\end{aligned} \tag{6.49}$$

6.4.2 成形功率内积

6.4.2.1 内部变形功率

注意到 $\mathrm{d}V=2\pi r\mathrm{d}r\mathrm{d}z$，$R_z=z\cdot\tan\alpha$，$z_0/z_1=R_0/R_1$，将式（6.47）代入下式

$$\begin{aligned}\dot{W}_i&=\frac{2\sigma_s}{\sqrt{3}}\int_V\sqrt{\frac{1}{2}\dot{\varepsilon}_{ik}\dot{\varepsilon}_{ik}}\,\mathrm{d}V=\frac{2\sigma_s}{\sqrt{3}}\int_V\sqrt{\frac{1}{2}(\dot{\varepsilon}_z^2+\dot{\varepsilon}_r^2+\dot{\varepsilon}_\theta^2+2\dot{\varepsilon}_{zr}^2)}\,\mathrm{d}V\\&=\frac{2\sigma_s}{\sqrt{3}}\int_V\sqrt{\left(\frac{3\dot{\varepsilon}_z^2}{4}+\dot{\varepsilon}_{rz}^2\right)}\,\mathrm{d}V=\frac{2\sigma_s}{\sqrt{3}}\int_V|\dot{\boldsymbol{\varepsilon}}||\dot{\boldsymbol{\varepsilon}}^0|\cos(\dot{\boldsymbol{\varepsilon}},\dot{\boldsymbol{\varepsilon}}^0)\,\mathrm{d}V\\&=\frac{2\sigma_s}{\sqrt{3}}\int_V\dot{\boldsymbol{\varepsilon}}\cdot\dot{\boldsymbol{\varepsilon}}^0\,\mathrm{d}V=\frac{2\sigma_s}{\sqrt{3}}\int_V\left(\frac{\sqrt{3}}{2}\dot{\varepsilon}_z l_1+\dot{\varepsilon}_{rz}l_2\right)\mathrm{d}V=\frac{2\sigma_s}{\sqrt{3}}(I_1+I_2)\end{aligned} \quad ③$$

式中应变率矢量及其单位矢量为

$$\dot{\boldsymbol{\varepsilon}}=\frac{\sqrt{3}}{2}\dot{\varepsilon}_z\boldsymbol{e}_1+\dot{\varepsilon}_{rz}\boldsymbol{e}_2,\qquad \dot{\boldsymbol{\varepsilon}}^0=l_1\boldsymbol{e}_1+l_2\boldsymbol{e}_2 \tag{6.50}$$

单位矢量方向余弦为

$$l_1 = \frac{\sqrt{3}\dot{\varepsilon}_z/2}{\sqrt{3\dot{\varepsilon}_z^2/4 + \dot{\varepsilon}_{rz}^2}},\ l_2 = \frac{\sqrt{3}\dot{\varepsilon}_z/2}{\sqrt{3\dot{\varepsilon}_z^2/4 + \dot{\varepsilon}_{rz}^2}} = \frac{\dot{\varepsilon}_{rz}}{\sqrt{3\dot{\varepsilon}_z^2/4 + \dot{\varepsilon}_{rz}^2}} \tag{6.51}$$

注意到式（6.48）、式（6.51），式③的分矢量积分为

$$I_1 = \int_{z_1}^{z_0}\int_0^{R_z}\frac{\sqrt{3}}{2}\dot{\varepsilon}_z l_1 2\pi r\mathrm{d}z\mathrm{d}r = \sqrt{3}\pi\int_{z_1}^{z_0}\int_0^{R_z}\dot{\varepsilon}_z\frac{\sqrt{3}\dot{\varepsilon}_z/2}{\sqrt{3\dot{\varepsilon}_z^2/4 + \dot{\varepsilon}_{rz}^2}}r\mathrm{d}z\mathrm{d}r$$

$$= \sqrt{3}\pi\int_{z_1}^{z_0}\int_0^{R_z}\frac{\dot{\varepsilon}_z r\mathrm{d}z\mathrm{d}r}{\sqrt{1 + 4\dot{\varepsilon}_{rz}^2/3\dot{\varepsilon}_z^2}} = \frac{2\sqrt{3}\pi C}{\pi\tan^2\alpha}\int_{z_1}^{z_0}\int_0^{z\tan\alpha}\frac{\mathrm{d}z}{z^3}\frac{r\mathrm{d}r}{\sqrt{1 + 3r^2/4z^2}}$$

$$= \frac{8C}{\sqrt{3}\tan^2\alpha}\left[\sqrt{1 + \frac{3}{4}\tan^2\alpha} - 1\right]\ln\frac{R_0}{R_1} \tag{④}$$

同样步骤

$$I_2 = \int_0^{R_z}\int_{z_1}^{z_0}\dot{\varepsilon}_{rz}l_2 2\pi r\mathrm{d}z\mathrm{d}r = 2\pi\int_0^{R_z}\int_{z_1}^{z_0}\frac{\dot{\varepsilon}_{rz}r\mathrm{d}z\mathrm{d}r}{\sqrt{3\dot{\varepsilon}_z^2/4\dot{\varepsilon}_{rz}^2 + 1}}$$

$$= \frac{2C}{\sqrt{3}}\ln\frac{R_0}{R_1}\sqrt{1 + \frac{3}{4}\tan^2\alpha} - \frac{16C}{3\sqrt{3}\tan^2\alpha}\left[\sqrt{1 + \frac{3}{4}\tan^2\alpha} - 1\right]\ln\frac{R_0}{R_1} \tag{⑤}$$

将式④、式⑤代入式③整理得

$$\dot{W}_i = \frac{2\sigma_s}{\sqrt{3}}(I_1 + I_2) = \frac{16\sigma_s C}{9\tan^2\alpha}\left[\sqrt{\left(1 + \frac{3}{4}\tan^2\alpha\right)^3} - 1\right]\ln\frac{R_0}{R_1} \tag{6.52}$$

6.4.2.2 剪切与摩擦功率

出入口的剪切功率为

$$\dot{W}_{s0} + \dot{W}_{s1} = \int_{s_0}k\Delta v_{0t}\mathrm{d}S_0 + \int_{s_1}k\Delta v_{1t}\mathrm{d}S_1 = k\left(\int_{s_0}\frac{C\cdot\tan\alpha}{\pi R_0^3}r + k\int_{s1}\frac{C\cdot\tan\alpha}{\pi R_1^3}r\right)2\pi r\mathrm{d}r$$

$$= \frac{2\pi\sigma_s}{\sqrt{3}}\left(\int_0^{R_0}\frac{C\cdot\tan\alpha}{\pi R_0^3}r^2\mathrm{d}r + \int_0^{R_1}\frac{C\cdot\tan\alpha}{\pi R_1^3}r^2\mathrm{d}r\right) = \frac{4\sigma_s C\cdot\tan\alpha}{3\sqrt{3}} \tag{6.53}$$

注意到 $R_z = z\cdot\tan\alpha$，摩擦功率为

$$\dot{W}_{s2} + \dot{W}_{s3} = \int_{s2}\tau_f\Delta v_{2t}\mathrm{d}S_2 + \int_{s3}\tau_f\Delta v_{3t}\mathrm{d}S_3 = \frac{m\sigma_s C}{\sqrt{3}}\int_{s2}\frac{2\pi R_z\mathrm{d}z}{\pi\sin^2\alpha\cdot z^2} + \frac{m\sigma_s}{\sqrt{3}}\int_{s3}v_1\mathrm{d}S_3$$

$$= m\frac{2\sigma_s C}{\sqrt{3}}\frac{\tan\alpha}{\sin^2\alpha}\ln\frac{R_0}{R_1} + m\frac{\sigma_s}{\sqrt{3}}v_1 2\pi R_1 L \tag{6.54}$$

6.4.2.3 总功率与应力状态系数

令 $J=\pi R_1^2\sigma_d v_1=-\pi R_0^2\sigma_e v_0=\dot{W}_i+\dot{W}_{s0}+\dot{W}_{s1}+\dot{W}_{s2}+\dot{W}_{s3}$，将式（6.52）、式（6.53）、式（6.54）代入该式整理，注意到式①，对拉拔，有

$$\frac{\sigma_d}{\sigma_s}=\left\{\frac{16}{9\tan^2\alpha}\left[\sqrt{\left(\frac{3}{4}\tan^2\alpha+1\right)^3}-1\right]+\frac{2m}{\sqrt{3}}\frac{\tan\alpha}{\sin^2\alpha}\right\}\ln\frac{R_0}{R_1}+\frac{4\tan\alpha}{3\sqrt{3}}+\frac{2m}{\sqrt{3}}\frac{L}{R_1} \tag{6.55}$$

对挤压，有

$$\frac{\sigma_e}{\sigma_s}=-\left[\frac{16}{9\tan^2\alpha}\left(\sqrt{\left(\frac{3}{4}\tan^2\alpha+1\right)^3}-1\right)+\frac{2m}{\sqrt{3}}\frac{\tan\alpha}{\sin^2\alpha}\right]\ln\frac{R_0}{R_1}-\frac{4\tan\alpha}{3\sqrt{3}}-\frac{2}{\sqrt{3}}\frac{mL}{R_1} \tag{6.56}$$

6.4.2.4 最小化

将式（6.55）对 α 求导，令 $\frac{d}{d\alpha}\left(\frac{\sigma_d}{\sigma_s}\right)=0$，可以得到 m 与 α 之间的关系式为

$$\frac{\partial}{\partial\alpha}\left(\frac{\sigma_d}{\sigma_s}\right)=\frac{16}{9}\ln\frac{R_0}{R_1}\left\{\frac{\frac{3}{2}\left(\frac{3}{4}\tan^2\alpha+1\right)^{1/2}\frac{3}{2}\frac{\tan^3\alpha}{\cos^2\alpha}-\left[\sqrt{\left(\frac{3}{4}\tan^2\alpha+1\right)^3}-1\right]\frac{2\tan\alpha}{\cos^2\alpha}}{\tan^4\alpha}\right\}-$$

$$\frac{8m}{\sqrt{3}}\ln\frac{R_0}{R_1}\frac{\cos2\alpha}{\sin^2 2\alpha}+\frac{4}{3\sqrt{3}}\frac{1}{\cos^2\alpha}=0$$

整理得

$$m=\sqrt{3}\tan2\alpha\left(\frac{3}{4}\tan^2\alpha+1\right)^{\frac{1}{2}}-\frac{16\sqrt{3}\cos^3\alpha}{9\sin\alpha\cos2\alpha}\left[\left(\frac{3}{4}\tan^2\alpha+1\right)^{\frac{3}{2}}-1\right]+\frac{2\sin^2\alpha}{3\cos2\alpha\ln\frac{R_0}{R_1}} \tag{6.57}$$

将由式（6.57）确定的 α 代入式（6.55）可得拉拔应力状态系数的最小值。

6.4.3 中值定理

由式（6.48）注意到 $r/z=\tan\alpha_i$（$0\leqslant\alpha_i\leqslant\alpha$），代入下式

$$\frac{\dot{\varepsilon}_{rz}}{\dot{\varepsilon}_z}=\frac{3}{2}\frac{Cr}{\pi\tan^2\alpha\cdot z^4}\times\frac{\pi\tan^2\alpha\cdot z^3}{2C}=\frac{3}{4}\frac{r}{z}=\frac{3}{4}\tan\alpha_i \tag{⑥}$$

$$\overline{\dot{\varepsilon}_{rz}/\dot{\varepsilon}_z}=\frac{1}{\alpha}\int_0^{\alpha}\frac{3}{4}\tan\alpha_i d\alpha_i=-\frac{3}{4}\frac{\ln\cos\alpha}{\alpha}$$

将式⑥与式（6.47）代入式③内积的第一项，积分为

$$I_1 = \int_{z_1}^{z_0}\int_0^{R_z}\frac{\sqrt{3}}{2}\dot{\varepsilon}_z l_1 2\pi r\mathrm{d}z\mathrm{d}r = \sqrt{3}\pi\int_{z_1}^{z_0}\int_0^{R_z}\frac{\dot{\varepsilon}_z r\mathrm{d}z\mathrm{d}r}{\sqrt{1+\frac{4}{3}(\dot{\varepsilon}_{rz}/\dot{\varepsilon}_z)^2}}$$

$$= \sqrt{3}\pi\int_{z_1}^{z_0}\int_0^{R_z}\frac{\dot{\varepsilon}_z r\mathrm{d}z\mathrm{d}r}{\sqrt{1+\frac{4}{3}\left(\dot{\varepsilon}_{rz}/\dot{\varepsilon}_z\right)^2}} = \frac{2\sqrt{3}\pi C}{\pi\tan^2\alpha}\int_{z_1}^{z_0}\int_0^{z\tan\alpha}\frac{r\mathrm{d}r\mathrm{d}z}{z^3\sqrt{1+\frac{4}{3}\left(-\frac{3}{4}\frac{\ln\cos\alpha}{\alpha}\right)^2}}$$

$$= \frac{2\alpha\sqrt{3}C}{\sqrt{4\alpha^2+3\left(\ln\cos\alpha\right)^2}}\ln\frac{R_0}{R_1}$$

同样步骤：

$$I_2 = \int_0^{R_z}\int_{z_1}^{z_0}\dot{\varepsilon}_{rz} l_2 2\pi r\mathrm{d}z\mathrm{d}r = 2\pi\int_0^{R_z}\int_{z_1}^{z_0}\frac{\dot{\varepsilon}_{rz} r\mathrm{d}z\mathrm{d}r}{\sqrt{\frac{3}{4}\left(\dot{\varepsilon}_z/\dot{\varepsilon}_{rz}\right)^2+1}}$$

$$= 2\pi\int_0^{R_z}\int_{z_1}^{z_0}\frac{\dot{\varepsilon}_{rz} r\mathrm{d}z\mathrm{d}r}{\sqrt{\frac{3}{4}\left(\dot{\varepsilon}_{rz}/\dot{\varepsilon}_z\right)^{-2}+1}} = \frac{3C}{\tan^2\alpha}\int_0^{z\tan\alpha}\int_{z_1}^{z_0}\frac{\mathrm{d}z}{z^4}\frac{r^2\mathrm{d}r}{\sqrt{\frac{3}{4}\left(-\frac{3}{4}\frac{\ln\cos\alpha}{\alpha}\right)^{-2}+1}}$$

$$= \frac{\tan\alpha\sqrt{3}C\ln\cos\alpha}{\sqrt{4\alpha^2+3\left(\ln\cos\alpha\right)^2}}\ln\frac{R_0}{R_1}$$

将分矢量积分结果 I_1，I_2 式代入式③整理得

$$\dot{W}_i = 2\sigma_s C\left[\frac{2\alpha+\tan\alpha\ln\cos\alpha}{\sqrt{4\alpha^2+3\left(\ln\cos\alpha\right)^2}}\right]\ln\frac{R_0}{R_1} \tag{6.58}$$

6.4.4 总功率泛函

令 $J = \pi R_1^2\sigma_d v_1 = -\pi R_0^2\sigma_e v_0 = \dot{W}_i + \dot{W}_{s0} + \dot{W}_{s1} + \dot{W}_{s2} + \dot{W}_{s3}$，将式（6.58）、式（6.53）、式（6.54）代入前式并整理，注意到式①，对拉拔棒线材，有

$$\frac{\sigma_d}{\sigma_s} = \left[\frac{2\alpha+\tan\alpha\ln\cos\alpha}{\sqrt{4\alpha^2+3\left(\ln\cos\alpha\right)^2}}\right]\ln\left(\frac{R_0}{R_1}\right)^2 + \frac{4\tan\alpha}{3\sqrt{3}} + \frac{2m}{\sqrt{3}}\frac{\tan\alpha}{\sin^2\alpha}\ln\frac{R_0}{R_1} + \frac{2m}{\sqrt{3}}\frac{L}{R_1} \tag{6.59}$$

对挤压棒线材，有

$$\frac{\sigma_e}{\sigma_s} = -\left[\frac{2\alpha+\tan\alpha\ln\cos\alpha}{\sqrt{4\alpha^2+3\left(\ln\cos\alpha\right)^2}}\right]\ln\left(\frac{R_0}{R_1}\right)^2 - \frac{4\tan\alpha}{3\sqrt{3}} - \frac{2m}{\sqrt{3}}\frac{\tan\alpha}{\sin^2\alpha}\ln\frac{R_0}{R_1} - \frac{2m}{\sqrt{3}}\frac{L}{R_1} \tag{6.60}$$

将式（6.59）对 α 求导，令 $\frac{\mathrm{d}}{\mathrm{d}\alpha}\left(\frac{\sigma_d}{\sigma_s}\right)=0$，可以得到 m 与 α 之间的关系式为

$$m = \frac{\tan\alpha \cdot \tan 2\alpha}{3\ln(R_0/R_1)} + \frac{\sqrt{3}\sin^2\alpha}{1-\tan^2\alpha}\left\{\frac{2+\sec^2\alpha\ln\cos\alpha - \tan^2\alpha}{\sqrt{4\alpha^2+3(\ln\cos\alpha)^2}} - \right.$$
$$\left.[8\alpha^2 - 2\alpha\tan\alpha\ln\cos\alpha - 3\tan^2\alpha(\ln\cos\alpha)^2][4\alpha^2+3(\ln\cos\alpha)^2]^{-3/2}\right\} \tag{6.61}$$

将由式（6.61）确定的 α 代入式（6.59），可得拉拔应力状态系数的最小值。

6.4.5 计算实例

为验证柱坐标内积解析拉拔圆棒结果，将柱坐标公式（6.55）、式（6.59）与 Avitzur 球坐标拉拔圆棒的式（6.17）进行比较，采用 6.1.4 计算实例：计算铜棒拉拔直径 $D_0=10$mm，$D_1=8.37$mm，变形程度 $r=0.3$，$\mu=0.08$，模半角为 12°。计算不同模半角 α，不同摩擦因子 m 时的应力状态系数及 $\sigma_s=235\text{N/mm}^2$ 的拉拔力。

不同 m 值，分别按式（6.18）、式（6.57）、式（6.61）计算最佳模半角 α_{opt} 值如图 6.12 所示；再将对应的 α_{opt} 值代入式（6.17）、式（6.55）、式（6.59）得应力状态因子如图 6.13 所示，不同模角与摩擦因子对应力因子的影响如图 6.14 与图 6.15 所示。由图 6.12 可知，相同摩擦条件下两种柱坐标内积的 m 与 α 关系式计算最佳模角结果与 Avitzur 公式（6.18）基本一致。图 6.13 表明采用各自的最佳模角，三公式计算应力状态影响因子结果趋于一致，应力因子随 m 增加而增大。图 6.14 表明模角 α 皆取 12°时不同摩擦条件三式计算结果趋于一致。图 6.15 表明相同摩擦条件下三式均存在最佳模半角及其对应的应力状态系数最小值。以上结果表明了柱坐标应变矢量内积及中值定理方法的有效性。

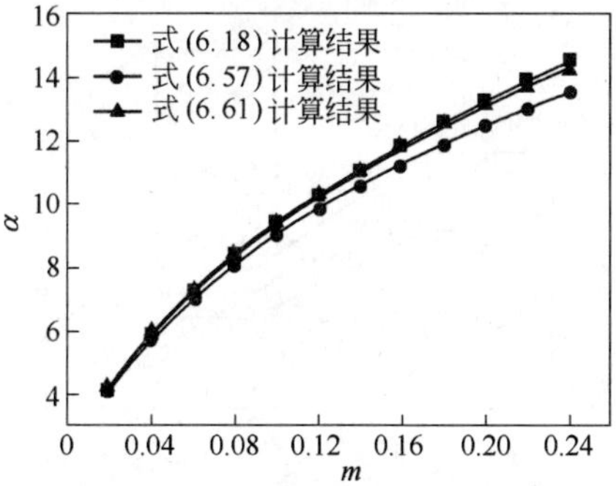

图 6.12 不同 m 值对应的最佳模角

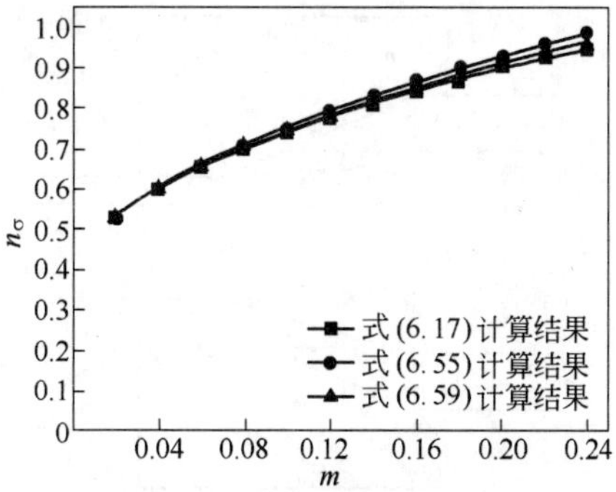

图 6.13 对应最佳模角的计算结果

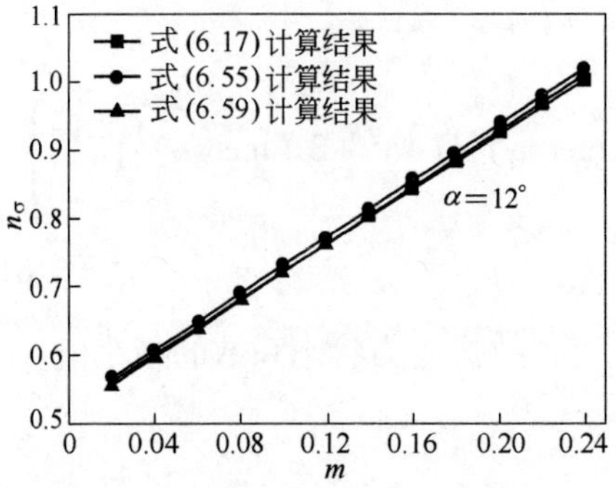

图 6.14 模角为 12°时 m 对 n_σ 的影响

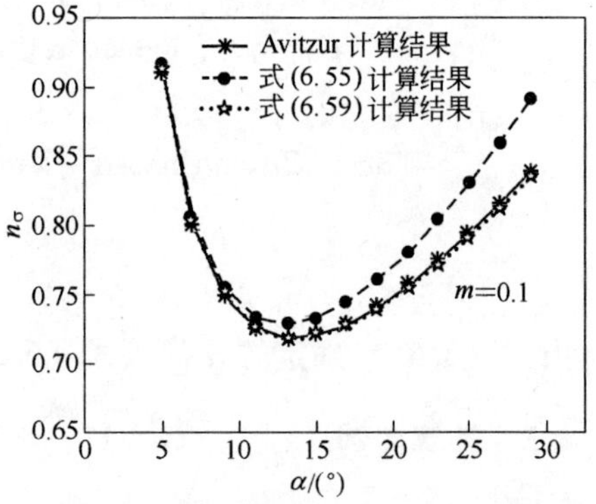

图 6.15 相同摩擦条件时 α 对 n_σ 的影响

6.5 管材空拔

本节将管材空拔柱坐标应变速率张量转化为应变率矢量并进行内积[24~27]。

6.5.1 柱坐标速度场

如图 6.16、图 6.17 所示，距原点 O 为 x 处垂直断面上水平速度为 v_x，外径为 R_{ox}，内径为 R_{ix}，由秒流量相等有

$$v_x(\pi R_{ox}^2 - \pi R_{ix}^2) = v_0(\pi R_o^2 - \pi R_i^2) = v_f(\pi R_{of}^2 - \pi R_{if}^2) = U$$

$$v_x = \frac{U}{\pi(R_{ox}^2 - R_{ix}^2)} = \frac{U}{\pi(\tan^2\alpha - \tan^2\alpha_i)x^2} \qquad ①$$

式中，$R_{ox} = x\tan\alpha$，$R_{ix} = x\tan\alpha_i$；U，α，α_i 与 x 无关。

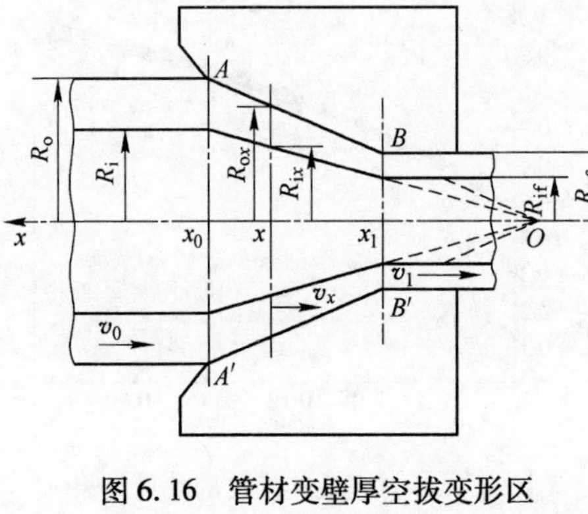

图 6.16 管材变壁厚空拔变形区

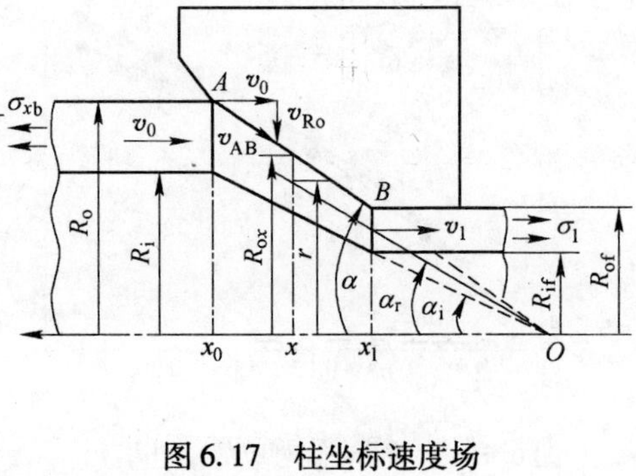

图 6.17 柱坐标速度场

水平轴上半部分如图6.17所示，A 点外侧速度为 v_0，过 A 进入变形区沿模面 AB 速度为 $v_{AB}=v_0/\cos\alpha$；A 点径向速度为 $v_{Ro}=-v_0\tan\alpha$。注意到沿管壁截面 AC，α_r 由 α 变化到 α_i，故 $\alpha\geqslant\alpha_r\geqslant\alpha_i$，于是入口截面径向速度为 $v_{Ro}=-v_0\tan\alpha_r$。同理，变形区内任一截面若水平速度为 v_x，径向速度为

$$v_{rx}=-v_x\tan\alpha_r \qquad \alpha\geqslant\alpha_r\geqslant\alpha_i \tag{②}$$

由图6.16、图6.17，$\tan\alpha_r=r/x$，将其与式①代入式②，略去角标 x 得

$$v_r=\frac{-Ur}{\pi(\tan^2\alpha-\tan^2\alpha_i)x^3},\quad v_x=-\frac{U}{\pi(\tan^2\alpha-\tan^2\alpha_i)x^2},\quad v_\theta=0 \tag{6.62}$$

由几何方程，应变速率张量场为

$$\dot{\varepsilon}_x=-\frac{\partial v_x}{\partial x}=\frac{2U}{\pi(\tan^2\alpha-\tan^2\alpha_i)x^3},\quad \dot{\varepsilon}_r=\frac{\partial v_r}{\partial r}=\frac{-U}{\pi(\tan^2\alpha-\tan^2\alpha_i)x^3}$$

$$\dot{\varepsilon}_\theta=\frac{-U}{\pi(\tan^2\alpha-\tan^2\alpha_i)x^3},\quad \dot{\varepsilon}_{rx}=\frac{-3Ur}{2\pi(\tan^2\alpha-\tan^2\alpha_i)x^4},\quad \dot{\varepsilon}_{\theta r}=\dot{\varepsilon}_{\theta x}=0 \tag{6.63}$$

式中，R_o、R_i、v_0 为拔前外径、内径及入口速度；R_{of}、R_{if}、v_1 为拔后外径、内径与出口速度。由图6.16、图6.17，将 $x=x_0$，$x=x_1$ 代入式（6.62）

$$v_x\big|_{x=x_0}=\frac{U}{\pi(\tan^2\alpha-\tan^2\alpha_i)x_0^2}=v_0,\quad v_x\big|_{x=x_1}=\frac{U}{\pi(\tan^2\alpha-\tan^2\alpha_i)\ x_1^2}=v_1$$

将 $r=0$，$r=R_{ox}(\alpha_r=\alpha)$，$r=R_{ix}(\alpha_r=\alpha_i)$代入（6.62）有 $v_r\big|_{r=0}=0$，

$$v_r\big|_{r=R_{ox}}=\frac{-UR_{ox}}{\pi(\tan^2\alpha-\tan^2\alpha_i)x^3}=-v_x\tan\alpha$$

$$v_r\big|_{r=R_{ix}}=\frac{-UR_{ix}}{\pi(\tan^2\alpha-\tan^2\alpha_i)x^3}=-v_x\tan\alpha_i$$

注意到 $\dot{\varepsilon}_x+\dot{\varepsilon}_r+\dot{\varepsilon}_\theta=0$，故式（6.63）、式（6.62）满足运动许可条件。

应变率比值函数为

$$\frac{\dot{\varepsilon}_{rx}}{\dot{\varepsilon}_r}=\frac{3r}{2x}=\frac{3}{2}\tan\alpha_r \tag{③}$$

6.5.2 应变率矢量内积

6.5.2.1 塑性功率的内积

将应变率张量转为二维应变率矢量内积有

$$\begin{aligned}\dot{W}_i &= \frac{2\sigma_s}{\sqrt{3}}\int_V \sqrt{\frac{\dot{\varepsilon}_{ik}\dot{\varepsilon}_{ik}}{2}}\mathrm{d}V = \frac{2\sigma_s}{\sqrt{3}}\int_V \sqrt{3\dot{\varepsilon}_r^2 + \dot{\varepsilon}_{rx}^2}\mathrm{d}V = \frac{2\sigma_s}{\sqrt{3}}\int_V \dot{\boldsymbol{\varepsilon}} \cdot \dot{\boldsymbol{\varepsilon}}^0 \mathrm{d}V \\ &= \frac{2\sigma_s}{\sqrt{3}}\int_V (\sqrt{3}\dot{\varepsilon}_r l_1 + \dot{\varepsilon}_{rx} l_2)\mathrm{d}V = \frac{2\sigma_s}{\sqrt{3}}\int_V \left(\frac{\sqrt{3}\dot{\varepsilon}_r}{\sqrt{1+(1/3)(\dot{\varepsilon}_{rx}^2/\dot{\varepsilon}_r^2)}} + \frac{\dot{\varepsilon}_{rx}}{\sqrt{3(\dot{\varepsilon}_r^2/\varepsilon_{rx}^2)+1}}\right)\mathrm{d}V \\ &= \frac{2\sigma_s}{\sqrt{3}}(I_1 + I_2)\end{aligned} \tag{④}$$

式中

$$\dot{\boldsymbol{\varepsilon}} = \sqrt{3}\dot{\varepsilon}_r \boldsymbol{e}_1 + \dot{\varepsilon}_{ry}\boldsymbol{e}_2,\quad \dot{\boldsymbol{\varepsilon}}^0 = l_1\boldsymbol{e}_1 + l_2\boldsymbol{e}_2$$

$$l_1 = \frac{1}{\sqrt{1+(\dot{\varepsilon}_{rx}^2/\dot{\varepsilon}_r^2)/3}},\qquad l_2 = \frac{1}{\sqrt{3\dot{\varepsilon}_r^2/\dot{\varepsilon}_{rx}^2+1}} \tag{⑤}$$

注意到 $\mathrm{d}V = 2\pi r\mathrm{d}r\mathrm{d}x$，将式（6.62）及式③、式⑤代入式④，分矢量逐项积分为

$$\begin{aligned}I_1 &= \int_V \sqrt{3}\dot{\varepsilon}_r l_1 \mathrm{d}V = \int_V \frac{\sqrt{3}\dot{\varepsilon}_r \mathrm{d}V}{\sqrt{1+(\dot{\varepsilon}_{rx}/\dot{\varepsilon}_r)^2/3}} \\ &= \frac{2\sqrt{3}U}{\tan^2\alpha - \tan^2\alpha_i}\int_{x_1}^{x_0}\int_{R_{ix}}^{R_{ox}} \frac{2r\mathrm{d}r}{\sqrt{4x^2+3r^2}}\frac{\mathrm{d}x}{x^2} \\ &= \frac{4\sqrt{3}U[\sqrt{4+3\tan^2\alpha} - \sqrt{4+3\tan^2\alpha_i}]}{3(\tan^2\alpha - \tan^2\alpha_i)}\ln\frac{R_o}{R_{of}}\end{aligned} \tag{⑥}$$

同理

$$\begin{aligned}I_2 &= \int_V \dot{\varepsilon}_{rx} l_2 \mathrm{d}V \\ &= \sqrt{3}U\ln\frac{R_o}{R_{of}}\left[\frac{\sqrt{4+3\tan^2\alpha}(3\tan^2\alpha - 8) - \sqrt{4+3\tan^2\alpha_i}(3\tan^2\alpha_i - 8)}{9(\tan^2\alpha - \tan^2\alpha_i)}\right]\end{aligned} \tag{⑦}$$

将逐项积分结果式⑥、式⑦代入式④，注意 $\ln(x_o/x_1) = \ln(R_o/R_{of})$，$k = \sigma_s/\sqrt{3}$ 整理得

$$\dot{W}_i = 2\sqrt{3}kU\ln\frac{R_o}{R_{of}}\left[\frac{(4+3\tan^2\alpha)^{3/2}}{9(\tan^2\alpha - \tan^2\alpha_i)} - \frac{(4+3\tan^2\alpha_i)^{3/2}}{9(\tan^2\alpha - \tan^2\alpha_i)}\right] \tag{6.64}$$

6.5.2.2 剪切功率的内积

由图 6.16，AA' 为速度不连续面，沿 AA'，$\mathrm{d}F = 2\pi r\mathrm{d}r$，由式（6.62）

$$\Delta v_{t0} = |0 - v_r| = \left|\frac{Ur}{\pi(\tan^2\alpha - \tan^2\alpha_i)x_0^3}\right| = \frac{Ur\tan^3\alpha}{\pi(\tan^2\alpha - \tan^2\alpha_i)R_o^3}$$

$$\dot{W}_{s1} = \int_F k\Delta v_{t0}\mathrm{d}F = k\int_F \frac{2U\tan^3\alpha r^2\mathrm{d}r}{(\tan^2\alpha - \tan^2\alpha_i)R_o^3} = \frac{2kU\tan^3\alpha}{3(\tan^2\alpha - \tan^2\alpha_i)}\left[1 - \left(\frac{R_i}{R_o}\right)^3\right]$$

沿出口截面 BB'，注意到 $x = x_1$，

$$\Delta v_{t1} = |0 - v_r| = \frac{Ur\tan^3\alpha}{\pi(\tan^2\alpha - \tan^2\alpha_i)R_{o1}^3}$$

$$\dot{W}_{s2} = \int_F k\Delta v_{t1}\mathrm{d}F = \frac{2kU\tan^3\alpha}{3(\tan^2\alpha - \tan^2\alpha_i)}\left[1 - \left(\frac{R_{i1}}{R_{o1}}\right)^3\right]$$

因为 $R_o/R_{of} = x_0/x_1$，$R_i/R_{if} = x_0/x_1$

所以 $R_i/R_o = R_{if}/R_{of}$代入上式

$$\dot{W}_{s1} = \dot{W}_{s2} = \frac{2kU\tan^3\alpha}{3(\tan^2\alpha - \tan^2\alpha_i)}\left[1 - \left(\frac{R_i}{R_o}\right)^3\right] \tag{6.65}$$

6.5.2.3 摩擦功率的内积

锥形模面 AB 上消耗摩擦功，设摩擦力 $\tau_f = mk$，沿 AB，$R_{ox} = x\tan\alpha$

$$v_{ab} = \frac{v_x}{\cos\alpha} = \frac{U}{\pi(\tan^2\alpha - \tan^2\alpha_i)x^2\cos\alpha}, \quad \dot{W}_{f1} = \int_F \tau_f v_{ab}\mathrm{d}F$$

$$\dot{W}_{f1} = mk\int_{x_1}^{x_0}\frac{U2\pi R_{ox}\mathrm{d}x}{\pi(\tan^2\alpha - \tan^2\alpha_i)x^2\cos^2\alpha} = \frac{2mkU\tan\alpha\ln(R_o/R_{of})}{\cos^2\alpha(\tan^2\alpha - \tan^2\alpha_i)} \tag{6.66}$$

沿定径区 L，$\Delta v_L = v_1$，令 $\tau_f = mk$，则定径区摩擦功率

$$\dot{W}_{f2} = \int_{F2} mk\Delta v_L\mathrm{d}F2 = mkv_1\int_{F1}\mathrm{d}F2 = mkv_1 2\pi R_{of}L \tag{6.67}$$

6.5.3 总功率泛函及最小化

6.5.3.1 应力状态系数

总能率泛函为

$$J = \dot{W}_i + \dot{W}_{s1} + \dot{W}_{s2} + \dot{W}_{f1} + \dot{W}_{f2}$$

令管材出口施加外功率为 $\pi(R_{of}^2 - R_{if}^2)\sigma_{x1}v_1 = \sigma_{x1}U = J$，将式（6.64）~式（6.67）代入上式并整理，注意 $U = \pi v_1(R_{of}^2 - R_{if}^2)$，$k = \sigma_s/\sqrt{3}$，得

$$\frac{\sigma_{x1}}{\sigma_s} = \frac{16\ln(R_o/R_{of})}{9(\tan^2\alpha - \tan^2\alpha_i)}\left[\sqrt{\left(\frac{3}{4}\tan^2\alpha + 1\right)^3} - \sqrt{\left(\frac{3}{4}\tan^2\alpha_i + 1\right)^3}\right] + \frac{4\tan^3\alpha[1 - R_i^3/R_o^3]}{3\sqrt{3}(\tan^2\alpha - \tan^2\alpha_i)} + \frac{2m\tan\alpha\ln(R_o/R_{of})}{\sqrt{3}\cos^2\alpha(\tan^2\alpha - \tan^2\alpha_i)} + \frac{2mLR_{of}}{\sqrt{3}(R_{of}^2 - R_{if}^2)} \tag{6.68}$$

有反拉力 σ_{xb}时，将 $N_b = \pi v_0(R_o^2 - R_i^2)\sigma_{xb} = U\sigma_{xb}$代入上式并整理，得

$$\frac{\sigma_{x1}}{\sigma_s} = \frac{\sigma_{xb}}{\sigma_s} + \frac{16\ln(R_o/R_{o1})}{9(\tan^2\alpha - \tan^2\alpha_i)}\left[\sqrt{\left(\frac{3}{4}\tan^2\alpha + 1\right)^3} - \sqrt{\left(\frac{3}{4}\tan^2\alpha_i + 1\right)^3}\right] + \frac{4\tan^3\alpha(1 - R_i^3/R_0^3)}{3\sqrt{3}(\tan^2\alpha - \tan^2\alpha_i)} + \frac{2m\tan\alpha\ln(R_o/R_{o1})}{\sqrt{3}\cos^2\alpha(\tan^2\alpha - \tan^2\alpha_i)} + \frac{2mLR_{o1}}{\sqrt{3}(R_{o1}^2 - R_{i1}^2)} \tag{6.69}$$

若将 $\tan\alpha_i = (R_i/R_o)\tan\alpha$ 代入式（6.40），并进一步简化为

$$\frac{\sigma_{x1}}{\sigma_s} = \frac{16\ln(R_o/R_{of})}{9(1-R_i^2/R_o^2)\tan^2\alpha}\left[\sqrt{\left(\frac{3}{4}\tan^2\alpha+1\right)^3} - \sqrt{\left(\frac{3}{4}\frac{R_i^2}{R_o^2}\tan^2\alpha+1\right)^3}\right] + \frac{4\tan\alpha\ (1-R_i^3/R_o^3)}{3\sqrt{3}(1-R_i^2/R_o^2)} + \frac{2m\ln(R_o/R_{of})}{\sqrt{3}\cos\alpha\sin\alpha(1-R_i^2/R_o^2)} + \frac{2mL}{\sqrt{3}R_{of}(1-R_{if}^2/R_{of}^2)} \tag{6.70}$$

式（6.68）~式（6.70）表明 σ_{x1}/σ_s 是 α，α_i，R_o，R_i，m 的函数。

同类问题 Avitzur 球坐标速度场上界解析解为

$$\left.\frac{\sigma_{xf}}{\sigma_0}\right|_{\sigma_{xb}=0} = \frac{1}{1-(R_i/R_o)^2}\left\{2f(\alpha)\ln\left(\frac{R_o}{R_{of}}\right) + \frac{2}{\sqrt{3}}\left[\frac{\alpha}{\sin^2\alpha} - \cot\alpha + m\left(\cot\alpha\ln\left(\frac{R_o}{R_{of}}\right) + \frac{L}{R_{of}}\right)\right] - \left(\frac{R_i}{R_o}\right)^2\left[2f(\alpha_i)\ln\left(\frac{R_o}{R_{of}}\right) + \frac{2}{\sqrt{3}}\left(\frac{\alpha_i}{\sin^2\alpha_i} - \cot\alpha_i\right)\right]\right\} \tag{6.71}$$

式中，$f(\alpha)$ 与 $f(\alpha_i)$ 由式（6.17）确定。

为分析式（6.70）柱坐标速度场解析解的精度，将其与式（6.71）的解析结果比较如图 6.18、图 6.19 所示。图 6.18 表明柱、球坐标解析结果基本一致。图 6.19 给出摩擦因子 m 与道次减缩率 $r=\ln(R_o/R_{of})$ 对应力因子 $N_\sigma = \sigma_{x1}/\sigma_s = \sigma_{xf}/\sigma_0$ 的影响规律。

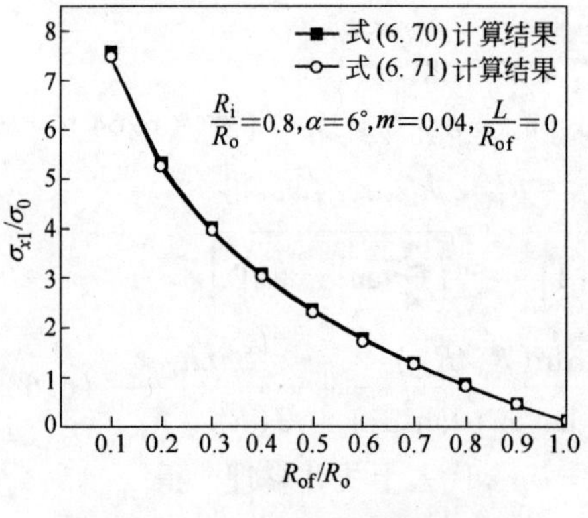

图 6.18 式（6.70）计算结果与式（6.71）计算结果比较

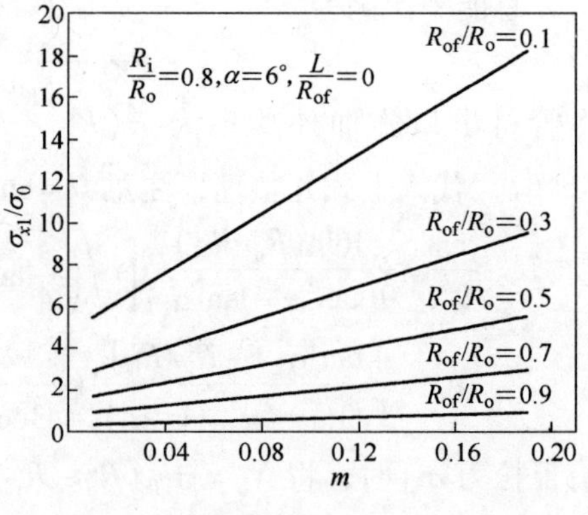

图 6.19 m 与减缩率对应力因子的影响

6.5.3.2 极限加工率与最佳模角

注意到极限加工率满足 $\frac{\sigma_{x1}}{\sigma_0} \leqslant 1$，则

$$\left.\frac{R_o}{R_{o1}}\right|_{max} \leqslant \exp\left\{\frac{1-\dfrac{R_i^2}{R_o^2}-\dfrac{4}{3\sqrt{3}}\left(1-\dfrac{R_i^3}{R_o^3}\right)\tan\alpha-\dfrac{2mL}{\sqrt{3}R_{of}}}{\dfrac{16}{9}\dfrac{1}{\tan^2\alpha}\left[\sqrt{\left(\dfrac{3}{4}\tan^2\alpha+1\right)^3}-\sqrt{\left(\dfrac{3}{4}\dfrac{R_i^2}{R_o^2}\tan^2\alpha+1\right)^3}\right]+\dfrac{2m}{\sqrt{3}\cos\alpha\sin\alpha}}\right\} \tag{6.72}$$

按式（6.72）摩擦因子 m 与减缩率 α 对极限道次加工率影响如图 6.20 所示。m 与 r 对最佳模半角的影响如图 6.21 所示。

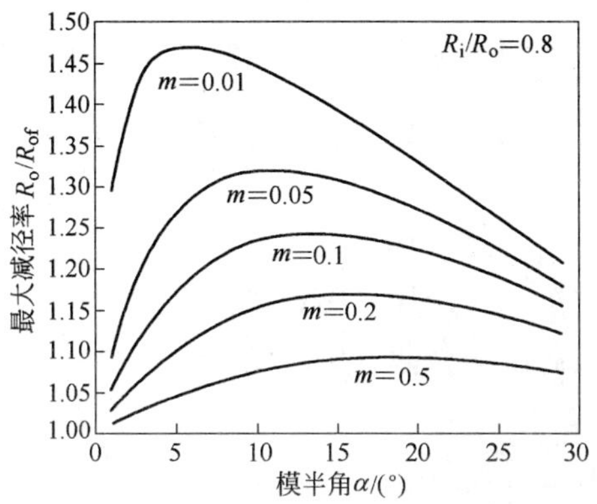

图 6.20 m 与 α 对极限道次加工率的影响

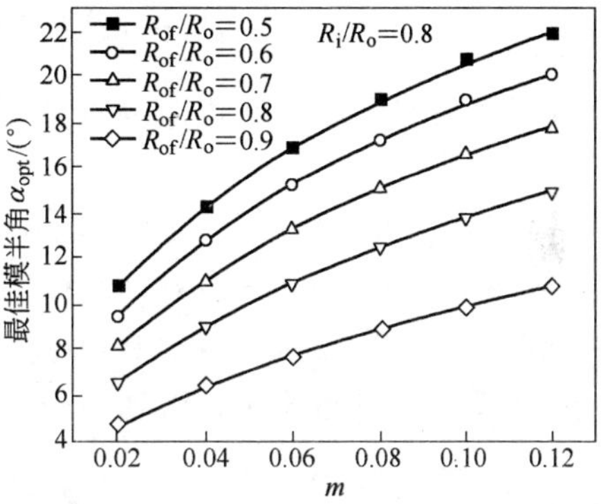

图 6.21 m 与 r 对最佳模半角的影响

由式（6.70），$\dfrac{\partial}{\partial\alpha}\left(\dfrac{\sigma_{x1}}{\sigma_0}\right)=0$，得到最佳模角与 m 的关系如式（6.73）所示。

$$m=\sqrt{3}\tan2\alpha\left(\sqrt{\frac{3}{4}\tan^2\alpha+1}-\frac{R_i^2}{R_o^2}\sqrt{\frac{3}{4}\frac{R_i^2}{R_o^2}\tan^2\alpha+1}\right)-\frac{16\sqrt{3}}{9}\frac{\cos^3\alpha}{\sin\alpha\cos2\alpha}$$
$$\left[\sqrt{\left(\frac{3}{4}\tan^2\alpha+1\right)^3}-\sqrt{\left(\frac{3}{4}\frac{R_i^2}{R_o^2}\tan^2\alpha+1\right)^3}\right]+\frac{2}{3}\left(1-\frac{R_i^3}{R_o^3}\right)\left(\ln\frac{R_o}{R_i}\right)^{-1}\frac{\sin^2\alpha}{\cos2\alpha} \tag{6.73}$$

6.5.4 空拔与皱折条件

6.5.4.1 空拔临界条件

如图 6.22 所示，设 σ_n 是模壁任一点的法向压应力，σ_r，σ_θ，σ_m 分别为径向、周向及平均应力；D，d，s，f，α 分别为外径、内径、壁厚、摩擦系数及模半角。

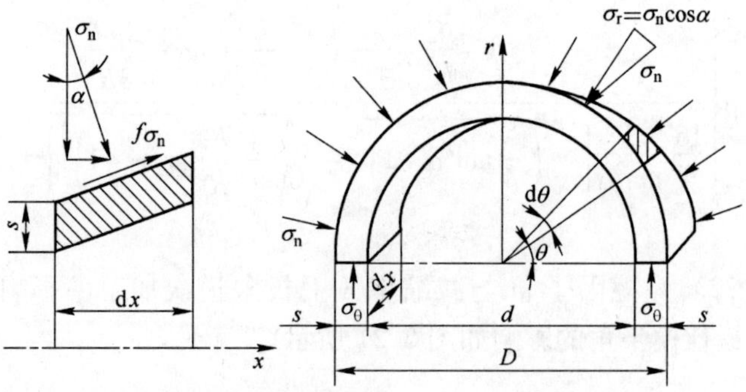

图6.22 微分体内 σ_θ，σ_r 与 σ_n 的关系

注意到径向的壁厚 s 变化应与径向偏差应力 σ_r' 有关，当壁厚不变时 $\varepsilon_r=0$，于是

$\sigma_r-\sigma_m=0$，$\varepsilon_r=0$，$du_r/dr=ds/dr=0$，s 不变，$D/s=5\sim6$；

$\sigma_r-\sigma_m>0$，$\varepsilon_r>0$，$ds/dr>0$，$|\varepsilon_\theta|$ 增大，s 增加，$D/s>5\sim6$；

$\sigma_r-\sigma_m<0$，$\varepsilon_r<0$，$ds/dr<0$，$|\varepsilon_\theta|$ 减小，s 减薄，$D/s<5\sim6$。

由图6.22 微分体取平衡，得到

$$2\sigma_\theta s\mathrm{d}x+\int_0^\pi f\sigma_n\sin\alpha\frac{D}{2}\sin\theta\mathrm{d}\theta\mathrm{d}x=\int_0^\pi\sigma_n\cos\alpha\frac{D}{2}\sin\theta\mathrm{d}\theta\mathrm{d}x$$

$$\sigma_\theta=\frac{D}{s}\left(\frac{\sigma_n}{2}\cos\alpha-\frac{\sigma_n}{2}f\sin\alpha\right)\tag{6.74}$$

参照图6.22，变形区入口截面任一点应力状态为 $\sigma_x=\sigma_1=0$，$\sigma_\theta<0$，$\sigma_n<0$，$|\sigma_\theta|>|\sigma_n|$，因此 σ_n 是中间主应力；代入屈服条件 $\sigma_x-\sigma_\theta=1.155\sigma_s$ 得 $\sigma_\theta=-1.155\sigma_s$；若壁厚不变，取 $\sigma_n\doteq\sigma_r$，则 $\sigma_n-\sigma_m=\sigma_n-\frac{\sigma_x+\sigma_\theta+\sigma_n}{3}=0$，于是 $\sigma_n=-\frac{1.155}{2}\sigma_s$。

将入口 σ_θ，σ_n 值代入式（6.74），得到壁厚不变空拔临界条件为

$$\frac{D}{s}=\frac{4}{\cos\alpha-f\sin\alpha}\tag{6.75}$$

式（6.75）为预测壁厚不变空拔的几何、摩擦与模半角应满足的条件。D、s 可取拔前管坯外径与壁厚。计算中发现式（6.75）计算的 D/s 值略大于 $D/s=5\sim6$的经验值。一般认为 $D/s>5\sim6$ 空拔后壁厚增加；$D/s<5\sim6$ 时壁厚减小。

6.5.4.2 褶皱临界条件

注意到 $\sigma_r-\sigma_m>0$，$\varepsilon_r>0$，$ds/dr>0$，s 增加；此时由于 ε_r 与 ε_x 同号为正，则 ε_θ 必为负（压应变），且 $|\varepsilon_\theta|$必增大。由图6.23，变形终了出口外侧周向应变为

$$\varepsilon_{\theta o}=\frac{2\pi R_o-2\pi R_{o1}}{2\pi R_o}=\frac{R_o-R_{o1}}{R_o}=\frac{\Delta R_o}{R_o}=\frac{s}{R_o}$$

变形终了出口内侧周向应变为

$$\varepsilon_{\theta 1}=\frac{2\pi R_i-2\pi R_{i1}}{2\pi R_i}=\frac{\Delta R_i}{R_i}=\frac{s_1}{R_i}$$

注意到 $s_1>s$，$R_i<R_o$，有

$$|\varepsilon_{\theta 1}|\ll|\varepsilon_{\theta 0}| \quad ⑧$$

即内壁周向应变（压应变）绝对值远大于外侧。这是 $D/s>5\sim6$ 时增厚空拔导致管材内壁出现褶皱的临界条件之一。

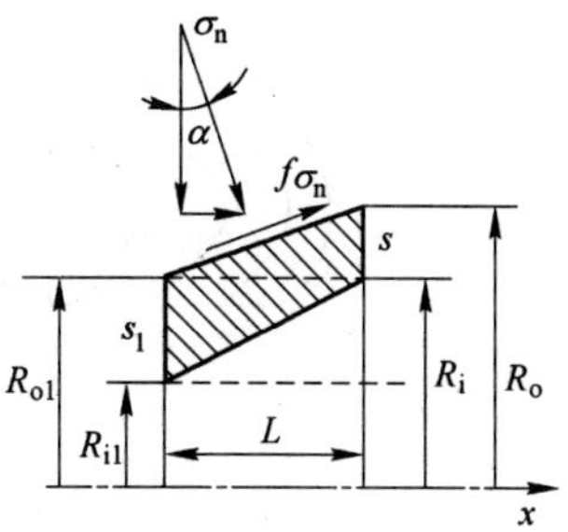

图 6.23 空拔变形区纵截面

6.5.4.3 皱折产生原因

皱折一般产生于板坯的壁厚不均处，如图 6.24 所示。变形前周向 A 点壁厚大于 B 点，变形时

$$|\sigma_{\theta B}|=\frac{D}{s-\Delta s}\left(\frac{\sigma_n}{2}\cos\alpha-\frac{\sigma_n}{2}f\sin\alpha\right)>\frac{D}{s}\left(\frac{\sigma_n}{2}\cos\alpha-\frac{\sigma_n}{2}f\sin\alpha\right)=|\sigma_{\theta A}| \quad ⑨$$

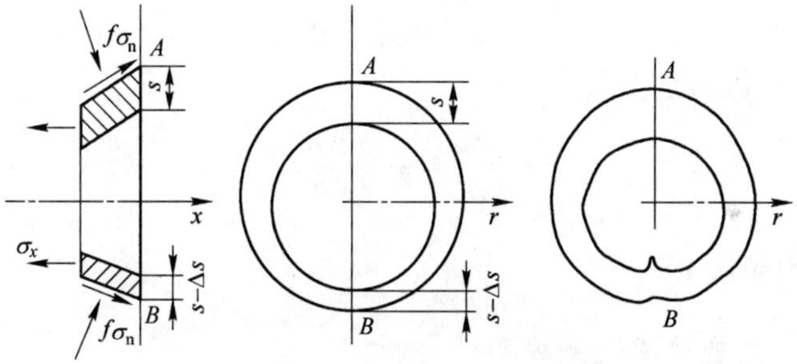

图 6.24 不等厚管坯拔后微分体内周向皱折

变形区截面任一点拉拔应力为 $\sigma_x=\sigma_1$，于是最先满足屈服条件的点为 B 点，即

$$\sigma_x+|\sigma_{\theta B}|=\sigma_s>\sigma_x+|\sigma_{\theta A}| \quad ⑩$$

即，B 点先屈服造成管壁失稳向内凹陷并增厚称之为皱折，如图 6.24 所示。当 $D/s>26$ 时应特别注意。

6.6 圆坯锻造

本节介绍有鼓形圆坯锻造二维应变速率矢量内积方法[28~31]。所得应力状态系数与传统的直接积分方法相一致。用级数展开给出了鼓形参数 b 的计算方法。

6.6.1 应变率场

由表面摩擦使中心层 v_r 比表层大，进而导致鼓形的圆盘压缩如图 6.25 所

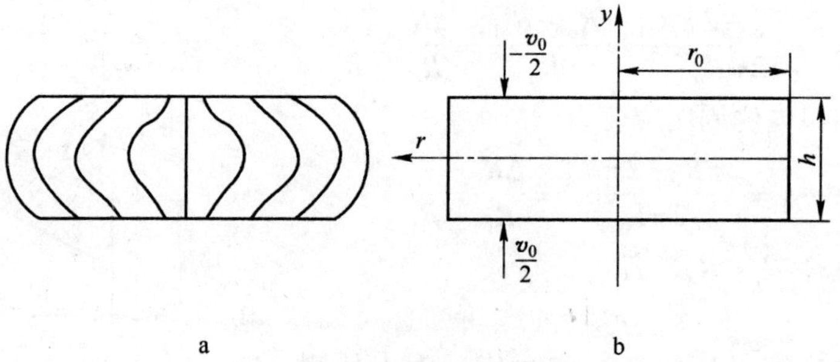

图6.25　有侧鼓形的锻造

示。表层到内层速度梯度引起剪应变速率 $\dot{\varepsilon}_{ry}$。设 v_r 沿 y 方向按指数函数变化，运动许可速度与应变速率场为

$$v_r=\frac{1}{4}\frac{-b}{(e^{-b/2}-1)}v_0\frac{r}{h}e^{-by/h},\ v_\theta=0,\ v_y=-\frac{v_0}{2}\frac{(1-e^{-by/h})}{(1-e^{-b/2})}\tag{6.76}$$

$$\dot{\varepsilon}_\theta=\dot{\varepsilon}_r=-\frac{\dot{\varepsilon}_y}{2}=\frac{1}{4}\frac{-b}{(e^{-b/2}-1)}\frac{v_0}{h}e^{-by/h},\ \dot{\varepsilon}_{ry}=\frac{1}{8}\frac{b^2v_0}{(e^{-b/2}-1)}\frac{r}{h^2}e^{-by/h}$$

$$\dot{\varepsilon}_{r\theta}=\dot{\varepsilon}_{\theta y}=0\tag{6.77}$$

张量场应变比函数满足：

$$\frac{\dot{\varepsilon}_{ry}}{\dot{\varepsilon}_r}=-\frac{b}{2}\frac{r}{h}\qquad ①$$

6.6.2　泛函内积法1

6.6.2.1　应变速率矢量内积

将塑性功率应变速率张量的积分表示为应变速率矢量内积

$$\begin{aligned}\dot{W}_i&=\frac{2}{\sqrt{3}}\sigma_s\int_V\sqrt{\frac{1}{2}\dot{\varepsilon}_{ik}\dot{\varepsilon}_{ik}}\mathrm{d}V=\frac{2\sigma_s}{\sqrt{3}}\int_V\sqrt{3\dot{\varepsilon}_r^2+\dot{\varepsilon}_{ry}^2}\mathrm{d}V\\&=\frac{2\sigma_s}{\sqrt{3}}\int_V(\sqrt{3}\dot{\varepsilon}_rl_1+\dot{\varepsilon}_{ry}l_2)\mathrm{d}V=\frac{2\sigma_s}{\sqrt{3}}\int_V\dot{\boldsymbol{\varepsilon}}\cdot\dot{\boldsymbol{\varepsilon}}^0\mathrm{d}V=\frac{2\sigma_s}{\sqrt{3}}(I_1+I_2)\end{aligned}\qquad ②$$

$$\dot{\boldsymbol{\varepsilon}}=\dot{\varepsilon}_r\boldsymbol{e}_1+\dot{\varepsilon}_{ry}\boldsymbol{e}_2,\ \dot{\boldsymbol{\varepsilon}}^0=l_1\boldsymbol{e}_1+l_2\boldsymbol{e}_2$$

逐项积分，将 $\mathrm{d}V=2\pi r\mathrm{d}r\mathrm{d}y$ 及式①代入式②得

$$I_1=\int_V\sqrt{3}\dot{\varepsilon}_r\left[1+\frac{1}{3}\frac{\dot{\varepsilon}_{ry}^2}{\dot{\varepsilon}_r^2}\right]^{-1/2}\mathrm{d}V=\frac{12\sqrt{3}\pi h^2v_0}{b^2}\left(\sqrt{1+\frac{b^2r_0^2}{12h^2}}-1\right)$$

$$I_2=\int_V\dot{\varepsilon}_{ry}\left[\frac{3\dot{\varepsilon}_r^2}{\dot{\varepsilon}_{ry}^2}+1\right]^{-1/2}\mathrm{d}V=-\pi v_0\left[\left(\frac{\sqrt{3}r_0^2}{3}\sqrt{1+\frac{b^2r_0^2}{12h^2}}\right)-\frac{8\sqrt{3}h^2}{b^2}\left(\sqrt{1+\frac{b^2r_0^2}{12h^2}}-1\right)\right]$$

将 I_1，I_2 代入式②整理得

$$\dot{W}_i = \frac{2\pi\sigma_s r_0^2 v_0}{3}\left[\frac{12h^2}{r_0^2 b^2}\left(\sqrt{1+\frac{b^2 r_0^2}{12h^2}}-1\right)+\sqrt{1+\frac{b^2 r_0^2}{12h^2}}\right] \tag{6.78}$$

上式即应变矢量内积得到的解析解。右端括号内提出$\frac{br_0}{2\sqrt{3}h}$，即得下式直接积分结果[3]

$$\dot{W}_i = \frac{\sigma_s \pi b r_0^3 v_0}{3h\sqrt{3}}\left[\left(\frac{12h^2}{r_0^2 b^2}+1\right)^{3/2}-\left(\frac{12h^2}{r_0^2 b^2}\right)^{3/2}\right] \quad ③$$

这证明了应变矢量的分矢量逐项积分求和后与直接积分结果一致。

6.6.2.2 摩擦功率

由式（6.76）

$$\dot{W}_f = 4\pi m\frac{\sigma_s}{\sqrt{3}}\int_0^{r_0} v_r\big|_{y=h/2} r\mathrm{d}r = -\frac{\pi m\sigma_s v_0}{3\sqrt{3}h}br_0^3\frac{e^{-b/2}}{e^{-b/2}-1} \tag{6.79}$$

6.6.2.3 总功率泛函最小化

令锤头外功率为

$$\pi r_0^2 \bar{p} v_0 = J^* = \dot{W}_i + \dot{W}_f$$

将式（6.78）、式（6.79）代入上式并整理，得

$$J^* = \pi\sigma_s r_0^2 v_0\left[\frac{8h^2}{r_0^2 b^2}\left(\sqrt{1+\frac{b^2 r_0^2}{12h^2}}-1\right)+\frac{2}{3}\sqrt{1+\frac{b^2 r_0^2}{12h^2}}-\frac{mr_0}{3\sqrt{3}h}\frac{be^{-b/2}}{e^{-b/2}-1}\right]$$

$$\frac{\bar{p}}{\sigma_s} = \frac{8h^2}{r_0^2 b^2}\left(\sqrt{1+\frac{b^2 r_0^2}{12h^2}}-1\right)+\frac{2}{3}\sqrt{1+\frac{b^2 r_0^2}{12h^2}}-\frac{mr_0}{3\sqrt{3}h}\frac{be^{-b/2}}{e^{-b/2}-1} \tag{6.80}$$

为求上式最小值及 b 与 m 的显式关系，将式（6.80）展成级数，由于

$$[1+x]^{1/2} = 1+\frac{1}{2}x-\frac{1}{8}x^2+\cdots,\quad |x|\leqslant 1$$

$$\frac{x}{e^x-1} = 1-\frac{x}{2}+\frac{1}{12}x^2-\cdots,\quad |x|<2\pi$$

并注意到$\frac{r_0^2 b^2}{12h^2}<1$，忽略四次以上项，可以得到

$$\begin{aligned}\frac{\bar{p}}{\sigma_s} &= \frac{8h^2}{r_0^2 b^2}\left(\sqrt{1+\frac{b^2 r_0^2}{12h^2}}-1\right)+\frac{2}{3}\sqrt{1+\frac{b^2 r_0^2}{12h^2}}+\frac{2mr_0}{3\sqrt{3}h}\frac{b/2}{e^{b/2}-1}\\ &= \frac{h^2}{r_0^2 b^2}\frac{1}{3}\frac{b^2 r_0^2}{h^2}-\frac{h^2}{r_0^2 b^2}\left(\frac{b^2 r_0^2}{12h^2}\right)^2+\frac{2}{3}+\frac{2}{3}\frac{1}{2}\frac{b^2 r_0^2}{12h^2}-\frac{2}{3}\frac{1}{8}\left(\frac{b^2 r_0^2}{12h^2}\right)^2+\\ &\quad \frac{2mr_0}{3\sqrt{3}h}\left(1-\frac{b}{4}\right)\end{aligned}$$

$$\frac{\bar{p}}{\sigma_s}=1+\frac{b^2 r_0^2}{36h^2}+\frac{2mr_0}{3\sqrt{3}h}-\frac{mr_0 b}{6\sqrt{3}h} \tag{6.81}$$

参数 b 与 m 由式（6.81）的最小化来确定。将式（6.81）对 b 求导，令 $\frac{\partial(\bar{p}/2k)}{\partial b}=0$，有

$$b=\frac{4h}{\sqrt{3}r_0}m \tag{6.82}$$

将式（6.82）代入式（6.81），得

$$n_\sigma=\frac{\bar{p}}{\sigma_s}=1+\frac{2mr_0}{3\sqrt{3}h}-\frac{m^2}{9} \tag{6.83}$$

足见，应力状态影响系数是几何参数 r_0/h 和摩擦因子 m 的函数。

6.6.2.4 鼓形参数 b 的计算

由速度场式（6.76）

$$v_r\big|_{y=0,r=r_0}-v_r\big|_{y=h/2,r=r_0}=\frac{1}{4}\frac{-b}{e^{-b/2}-1}\frac{v_0 r_0}{h}(1-e^{-b/2})=\frac{bv_0 r_0}{4h}=\Delta v_r\big|_{r=r_0}$$

$$b=\frac{4h}{r_0 v_0}\Delta v_r\big|_{r=r_0}=\frac{4h}{r_0 v_0}\left(\frac{r_1\big|_{y=0}-r_0}{t}-\frac{r_1\big|_{y=h/2}-r_0}{t}\right)=\frac{4h}{r_0 v_0}\left(\frac{r_1\big|_{y=0}-r_1\big|_{y=h/2}}{t}\right)=\frac{2}{r_0\varepsilon}\Delta r$$

$$b=\frac{2}{r_0\varepsilon}\Delta r \tag{6.84}$$

式中，$\Delta r=r_1\big|_{y=0}-r_1\big|_{y=h/2}$ 为锻后圆盘中心与表面层半径测量的差值。将式（6.84）代入式（6.82）即得 m 值。对以上问题，Avitzur 有下述近似解

$$n_\sigma=\frac{\bar{p}}{\sigma_s}=1+\frac{2}{3}\frac{m}{\sqrt{3}}\frac{r_0}{h}-\frac{\frac{1}{3}\left(\frac{m}{\sqrt{3}}\right)^2}{1+\frac{2}{3}\frac{m}{\sqrt{3}}\frac{h}{r_0}} \tag{6.85}$$

$$b=\frac{4m/\sqrt{3}}{r_0/h+2m/3\sqrt{3}} \tag{④}$$

6.6.3 试验验证

在轧制技术国家重点实验室 200kN 万能试验机上以 30mm/min 压缩纯铅圆盘 $h_0=15$，$d_0=41.38\text{mm}$；$h_1=13.64\text{mm}$，水平对称面直径 $d_{1中}=44.26\text{mm}$，接触面直径 $d_{1面}=43.44\text{mm}$；指示盘读数为 35.2kN，以各式计算变形力。

6.6.3.1 计算步骤

将 $\frac{r}{h}=\frac{r_0+r_1}{h_0+h_1}=1.4808$，$\Delta h=1.36\text{mm}$，$b=\frac{2\Delta r\big|_{r=r_0}}{r_0\varepsilon}=\frac{44.26-43.44}{20.69\times0.091}=0.4355$

$$m=\frac{\sqrt{3}\times0.4355\times1.4808}{4}=0.28$$ 代入式（6.83），得

$$\frac{\bar{p}}{\sigma_s}=1.151$$

$$t=\frac{1.36\times2}{30/60}=5.44(\mathrm{s}),\quad \varepsilon=\frac{1.36}{15}=9.1(\%),\quad \dot{\varepsilon}=\frac{\varepsilon}{t}=0.01673(\mathrm{s}^{-1})$$

$$\sigma_s=20.06\ (\mathrm{MPa})$$

$$P=\frac{\pi}{4}\times\left(\frac{43.44+44.26}{2}\right)^2\times1.151\times20.06=35.22(\mathrm{kN})$$

6.6.3.2 结果比较

将 $m=0.28$ 分别代入式（6.85）和式④，得

$$\frac{\bar{p}}{\sigma_s}=1.1515,\ b=0.435,\ P=35.23(\mathrm{kN})$$

依次取 $m=0.1\sim0.5$，$r_0/h=1\sim5$，式（6.83）和式（6.85）计算的 n_σ 比较如表6.8、表6.9所示。由结果可知应力状态系数随 m、r_0/h 的增加而增加，但两式计算误差不大。

表6.8 不同 m 值计算的 n_σ 比较（$r_0/h=1.4808$）

m	0.1	0.2	0.3	0.4	0.6
式（6.83)计算结果	1.0669	1.1096	1.1610	1.2102	1.2672
式（6.85)计算结果	1.0669	1.1098	1.1617	1.2119	1.2604

表6.9 不同几何参数计算的 n_σ 比较（$m=0.3$）

r_0/h	1	2	3	4	6
式（6.83）计算结果	1.1066	1.2216	1.3368	1.4622	1.6676
式（6.85）计算结果	1.1066	1.2209	1.3364	1.4619	1.6674

足见，圆盘锻造塑性变形功率可用应变速率矢量内积的逐项积分方法得到解析解，该解与传统直接积分法求得的表达式一致。依据以级数展开的圆盘锻造鼓形参数 b 与 m 的关系式，可以确定应力状态系数 n_σ，该值随摩擦因子 m 及几何参数 r_0/h 增加而增加。

6.6.4 泛函内积法2

在应变矢量内积中用张量场式（6.77）坐标比函数，即

$$\frac{\partial r}{\partial y}=2\frac{\dot{\varepsilon}_{ry}}{\dot{\varepsilon}_r}=-b\frac{r}{h} \tag{⑤}$$

6.6.4.1 变形功率内积

将式⑤代入以下内积积分

$$\dot{W}_i = \frac{2\sigma_s}{\sqrt{3}}\int_V \sqrt{\frac{1}{2}\dot{\varepsilon}_{ik}\dot{\varepsilon}_{ik}}\mathrm{d}V = \frac{2\sigma_s}{\sqrt{3}}\int_V \sqrt{3\dot{\varepsilon}_r^2 + \dot{\varepsilon}_{yr}^2}\mathrm{d}V = \frac{2\sigma_s}{\sqrt{3}}\int_V \dot{\boldsymbol{\varepsilon}} \cdot \dot{\boldsymbol{\varepsilon}}^0 \mathrm{d}V$$

$$= \frac{2\sigma_s}{\sqrt{3}}\int_V (\sqrt{3}\dot{\varepsilon}_r l_1 + \dot{\varepsilon}_{yr} l_2)\mathrm{d}V = \frac{2\sigma_s}{\sqrt{3}}\int_V \left(\frac{\sqrt{3}\dot{\varepsilon}_r \partial y}{\sqrt{\partial r^2 + \partial y^2}} + \frac{\dot{\varepsilon}_{yr}\partial r}{\sqrt{\partial r^2 + \partial y^2}}\right)\mathrm{d}V$$

$$= \frac{2\sigma_s}{\sqrt{3}}[\sqrt{3}\dot{\varepsilon}_r (1 + \partial r^2/\partial y^2)^{-1/2} + \dot{\varepsilon}_{ry} (1 + \partial y^2/\partial r^2)^{-1/2}]\mathrm{d}V = \frac{2\sigma_s}{\sqrt{3}}(I_1 + I_2) \quad ⑥$$

式中，单位矢量方向余弦 $l_n(n=1,\ 2)$ 由坐标增量近似确定。对上式进行逐项积分，由 $\mathrm{d}V = 2\pi r\mathrm{d}r\mathrm{d}y$ 及式（6.77）得

$$I_1 = 4\pi\int_0^{r_0}\int_0^{h/2}\sqrt{3}\dot{\varepsilon}_r (1 + \partial r^2/\partial y^2)^{-1/2} r\mathrm{d}r\mathrm{d}y = \frac{\pi\sqrt{3}h^2 v_0}{2b^2}\left(\sqrt{1 + \frac{b^2 r_0^2}{h^2}} - 1\right)$$

$$I_2 = 4\pi\int_0^{r_0}\int_0^{h/2}\dot{\varepsilon}_{ry} (1 + \partial y^2/\partial r^2)^{-1/2} r\mathrm{d}r\mathrm{d}y = -\frac{\pi v_0}{2}\left[\frac{r_0^2}{3}\sqrt{\frac{b^2 r_0^2}{h^2} + 1} - \frac{2h^2}{3b^2}\left(\sqrt{\frac{b^2 r_0^2}{h^2} + 1} - 1\right)\right]$$

将 I_1, I_2 代入式 ⑥，取 $\xi = \sqrt{1 + \frac{b^2 r_0^2}{h^2}}$ 得

$$\dot{W}_i = \frac{\pi\sigma_s v_0 r_0^2}{\sqrt{3}}\left[\left(2\sqrt{3} - \frac{2}{3}\right)\frac{h^2}{r_0^2 b^2}(\xi - 1) + \frac{\xi}{3}\right] \tag{6.86}$$

注意到摩擦功率泛函同式（6.78），由上式则总功率泛函为

$$J^* = \frac{\pi\sigma_s v_0 r_0^2}{\sqrt{3}}\left[\left(2\sqrt{3} - \frac{2}{3}\right)\frac{h^2}{r_0^2 b^2}(\xi - 1) + \frac{\xi}{3} - \frac{m r_0}{3h} \times \frac{b}{1 - e^{b/2}}\right] \tag{6.87}$$

令锤头外功率 $\pi r_0^2 \bar{p} v_0 = J^*$

$$n_\sigma = \frac{\bar{p}}{\sigma_s} = \left(2 - \frac{2}{3\sqrt{3}}\right)\frac{h^2}{r_0^2 b^2}(\xi - 1) + \frac{\xi}{3\sqrt{3}} - \frac{m r_0}{3\sqrt{3}h} \times \frac{b}{1 - e^{b/2}} \tag{6.88}$$

6.6.4.2 能率泛函最小化

式（6.88）对 b 求导，令一阶导数等于零，整理得

$$m = \eta\left\{(4 - 12\sqrt{3})\frac{h^3}{r_0^3 b^3}(\xi - 1) + \left[(6\sqrt{3} - 2)\frac{h}{r_0 b} + \frac{b r_0}{h}\right]\xi^{-1}\right\} \tag{6.89}$$

式中，$\eta = \frac{2\mathrm{ch}(b/2) - 2}{1 - b/2 - e^{-b/2}}$。

6.6.4.3 鼓形参数 b

由速度场式（6.76）得

$$v_r\big|_{y=0,r=r_0}-v_r\big|_{y=h/2,r=r_0}=\frac{1}{4}\frac{-b}{(e^{-b/2}-1)}\frac{v_0r_0}{h}(1-e^{-b/2})=\frac{bv_0r_0}{4h}=\Delta v_r\big|_{r=r_0}$$

$$\frac{br_0}{4h}=\frac{\Delta v_r\big|_{r=r_0}}{v_0}$$

由体积不变，$\pi r^2v_0=2\pi rhv_r$，$\mathrm{d}rv_0=2h\mathrm{d}v_r$，$\frac{\mathrm{d}v_r}{v_0}=\frac{\mathrm{d}r}{2h}\to\frac{\Delta v_r}{v_0}=\frac{\Delta r}{2h}$

注意到$\Delta v_r\big|_{r=0}=0$，$\Delta v_r=\frac{1}{2}(\Delta v_r\big|_{r=0}+\Delta v_r\big|_{r=r_0})=\frac{\Delta v_r\big|_{r=r_0}}{2}$，代入上式

$$\frac{\Delta v_r\big|_{r=r_0}}{v_0}=\frac{\Delta r}{h},\quad \frac{br_0}{4h}=\frac{\Delta r}{h}$$

于是

$$b=\frac{4}{r_0}\Delta r=\frac{2}{r_0}(d_{1中}-d_{1面}) \tag{⑦}$$

式中，$\Delta r=r_1\big|_{y=0}-r_1\big|_{y=h/2}$为变形后圆盘中心与表面层半径测量的差值。

将式⑦测量的 b 值，或将式（6.89）计算的 b 值代入式（6.88）均可得到应力状态系数的最小上界解，不过应变速率单位矢量方向余弦由坐标增量比值函数按式⑤近似确定，这是内积方法 2 与方法 1 的主要区别之处。

6.7 平砧锻压矩形坯

不采用 Бунясовский 不等式放大被积函数，而将能量泛函应变张量表示为应变矢量点积[32~37]，进而得到平面变形锻压能量泛函的解析解。经实验与 Тарновский 结果进行了比较。

6.7.1 位移与应变场

在工具表面粗糙条件下平面变形锻压 $0.6\sim0.5<\frac{l}{h}<6\sim4$ 矩形坯，横断面的网格垂直线具有抛物线特征，粘着区遍及接触面并出现单鼓形，如图 6.26 所示。变形区 1/4 象限如图 6.27 所示，取 Тарновский 位移与应变函数

$$u_x=a_0x+ax\left(1-\frac{3y^2}{h^2}\right)\left(1-\frac{1}{3}\frac{x^2}{l^2}\right),\ u_y=-\left[a_0y+ay\left(1-\frac{y^2}{h^2}\right)\left(1-\frac{x^2}{l^2}\right)\right],\ u_z=0 \tag{6.90}$$

$$\varepsilon_x=a_0+a\left(1-3\frac{y^2}{h^2}\right)\left(1-\frac{x^2}{l^2}\right)=-\varepsilon_y,\ \varepsilon_{xy}=-3a\frac{xy}{h^2}\left(1-\frac{1}{3}\frac{x^2}{l^2}\right)+a\frac{xy}{l^2}\left(1-\frac{y^2}{h^2}\right)$$

$$\varepsilon_{xz}=\varepsilon_{zy}=0 \tag{6.91}$$

由图 6.27，按体积不变条件与积分中值定理有

$$\Delta h\cdot l=\int_0^h u_x\big|_{x=l}\mathrm{d}y,\ a_0=\frac{\Delta h}{h}=\varepsilon,\ \bar{u}_x=\frac{1}{h}\int_0^h u_x\big|_{x=l}\mathrm{d}y=\frac{\Delta hl}{h} \tag{①}$$

$$\bar{\varepsilon}_x = \frac{1}{lh}\int_0^l\int_0^h\left[a_0 + a\left(1 - 3\frac{y^2}{h^2}\right)\left(1 - \frac{x^2}{l^2}\right)\right]\mathrm{d}x\mathrm{d}y = a_0 = \varepsilon = -\varepsilon_y = \varepsilon_x \quad ②$$

由式（6.90）第二式，导函数（值）方程为

$$\frac{\partial y}{\partial x} = \frac{\dfrac{\partial u_y}{\partial x}}{\dfrac{\partial u_y}{\partial y}} = \frac{\dfrac{1}{hl}\displaystyle\int_0^l\int_0^h \frac{\partial u_y}{\partial x}\mathrm{d}x\mathrm{d}y}{\varepsilon_y} = \frac{\dfrac{1}{hl}\displaystyle\int_0^l\int_0^h\left(\frac{2axy}{l^2} - \frac{2axy^3}{l^2h^2}\right)\mathrm{d}x\mathrm{d}y}{-\varepsilon} = -\frac{a}{\varepsilon}\frac{h}{4l} \quad ③$$

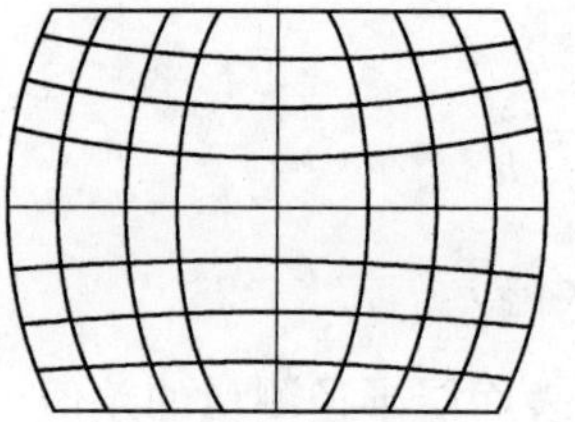

图 6.26　矩形件压缩断面网格

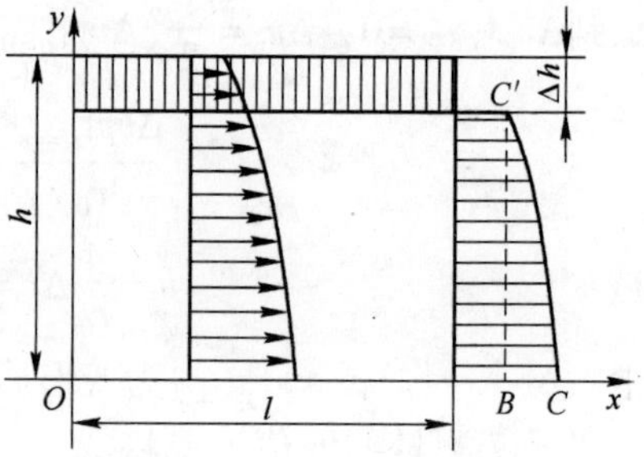

图 6.27　坐标系和位移函数 u_x

6.7.2　泛函内积法 1

6.7.2.1　能量泛函

由第一变分原理成形能量泛函为

$$\varphi = \sigma_s\int_0^l\int_0^h \varepsilon_e \mathrm{d}x\mathrm{d}y + m\frac{\sigma_s}{\sqrt{3}}\int_0^l u_x\big|_{y=h}\mathrm{d}x = \varphi_1 + \varphi_2 \quad ④$$

不采用以 Бунясовский 不等式放大被积函数，用以下应变矢量内积

$$\varphi_1 = \sigma_s\int_0^l\int_0^h\sqrt{\frac{2}{3}(\varepsilon_x^2 + \varepsilon_y^2 + 2\varepsilon_{xy}^2)}\,\mathrm{d}x\mathrm{d}y = \frac{2}{\sqrt{3}}\sigma_s\int_0^l\int_0^h|\boldsymbol{\varepsilon}||\boldsymbol{\varepsilon}^0|\cos(\boldsymbol{\varepsilon}, \boldsymbol{\varepsilon}^0)\mathrm{d}x\mathrm{d}y$$

式中，$\boldsymbol{\varepsilon} = \varepsilon_x\boldsymbol{e}_1 + \varepsilon_{xy}\boldsymbol{e}_2$，$\boldsymbol{\varepsilon}^0 = l_1\boldsymbol{e}_1 + l_2\boldsymbol{e}_2 + l_3\boldsymbol{e}_3$。令 $l_3 = 0$（平面变形），上式为

$$\begin{aligned}\varphi_1 &= \frac{2\sigma_s}{\sqrt{3}}\int_0^l\int_0^h \boldsymbol{\varepsilon}\cdot\boldsymbol{\varepsilon}^0\mathrm{d}x\mathrm{d}y = \frac{2\sigma_s}{\sqrt{3}}\int_0^l\int_0^h(\varepsilon_x l_1 + \varepsilon_{xy}l_2)\mathrm{d}x\mathrm{d}y \\ &= \frac{2\sigma_s}{\sqrt{3}}\int_0^l\int_0^h\left(\frac{\varepsilon_x\partial x}{\sqrt{\partial x^2 + \partial y^2}} + \frac{\varepsilon_{xy}\partial y}{\sqrt{\partial x^2 + \partial y^2}}\right)\mathrm{d}x\mathrm{d}y \\ &= \frac{2\sigma_s}{\sqrt{3}}\int_0^l\int_0^h\left\{\varepsilon_x\left[1 + (\partial y/\partial x)^2\right]^{-1/2} + \varepsilon_{xy}\left[(\partial x/\partial y)^2 + 1\right]^{-1/2}\right\}\mathrm{d}x\mathrm{d}y \\ &= \frac{2\sigma_s}{\sqrt{3}}(I_1 + I_2)\end{aligned} \quad ⑤$$

将式（6.91）、式②、式③代入式⑤得

$$I_1 = \int_0^l \int_0^h \varepsilon_x \left[1 + \left(-\frac{a}{\varepsilon}\frac{h}{4l}\right)^2\right]^{-1/2} \mathrm{d}x\mathrm{d}y = a_0 lh \left[1 + \left(-\frac{a}{\varepsilon}\frac{h}{4l}\right)^2\right]^{-1/2}$$

$$I_2 = \int_0^h \int_0^l \frac{\varepsilon_{xy}\mathrm{d}x\mathrm{d}y}{\sqrt{(\partial x/\partial y)^2 + 1}} = \int_0^h \int_0^l \frac{\varepsilon_{xy}\cdot(\partial y/\partial x)}{\sqrt{(\partial y/\partial x)^2 + 1}}\mathrm{d}x\mathrm{d}y$$

$$= \frac{-\dfrac{a}{\varepsilon}\times\dfrac{h}{4l}\left(-\dfrac{5al^2}{8} + \dfrac{ah^2}{8}\right)}{\sqrt{1 + \left(-\dfrac{a}{\varepsilon}\dfrac{h}{4l}\right)^2}}$$

将I_1，I_2代入式⑤整理得

$$\varphi_1 = \frac{2\sigma_s}{\sqrt{3}}\left\{\frac{a_0 lh - \left(\dfrac{a}{\varepsilon}\dfrac{h}{4l}\right)\left(-\dfrac{5al^2}{8} + \dfrac{ah^2}{8}\right)}{\sqrt{1 + \left(-\dfrac{a}{\varepsilon}\dfrac{h}{4l}\right)^2}}\right\} \tag{6.92}$$

接触摩擦力 $\tau_f = mk = m\sigma_s/\sqrt{3}$，摩擦功泛函为

$$\varphi_2 = \frac{m\sigma_s}{\sqrt{3}}\int_0^l u_x\Big|_{y=h}\mathrm{d}x = \frac{m\sigma_s l^2}{\sqrt{3}}\left(\frac{a_0}{2} - \frac{5a}{6}\right) \tag{6.93}$$

将式（6.92）、式（6.93）代入式④整理得能量总泛函

$$\varphi = \frac{2\sigma_s}{\sqrt{3}}\left[\frac{a_0 lh - \left(\dfrac{a}{\varepsilon}\dfrac{h}{4l}\right)\left(\dfrac{ah^2}{8} - \dfrac{5al^2}{8}\right)}{\sqrt{1 + \left(-\dfrac{a}{\varepsilon}\dfrac{h}{4l}\right)^2}} + ml^2\left(\frac{a_0}{4} - \frac{5a}{12}\right)\right] \tag{6.94}$$

由内外功平衡，注意到 $\bar{p} = \dfrac{P}{l\times 1}$，$\varepsilon = a_0 = \dfrac{\Delta h}{h}$，$K = 2k = \dfrac{2}{\sqrt{3}}\sigma_s$ 应力状态系为

$$n_\sigma = \frac{\bar{p}}{K} = \frac{1 - \dfrac{a^2}{\varepsilon^2}\dfrac{h}{4l}\left(\dfrac{h}{8l} - \dfrac{5l}{8h}\right)}{\sqrt{1 + \left(\dfrac{a}{\varepsilon}\dfrac{h}{4l}\right)^2}} + m\frac{l}{h}\left(\frac{1}{4} - \frac{5a}{12\varepsilon}\right) \tag{6.95}$$

式（6.92）与式（6.93）积分中没有放大被积函数，而是以坐标增量代替应变比函数进行内积得到成形能率泛函的解析解。式中 m 值可按 Tarnovskii 公式确定

$$m = f + \frac{1}{8}\frac{l}{h}(1 - f)\sqrt{f} \qquad ⑥$$

式中，f 为滑动摩擦系数。

6.7.2.2 a 和工件外形的确定

由式（6.90）与图 6.27，C' 点 x 方向位移为

$$u_x\big|_{x=l,y=h} = a_0 l - \frac{4}{3}al = \frac{\Delta h}{h}l - \frac{4}{3}al \qquad ⑦$$

对称轴 C 点 x 方向位移为

$$u_x\big|_{x=l,y=0}=a_0l+\frac{2}{3}al=\frac{\Delta h}{h}l+\frac{2}{3}al$$

抛物线 BCC' 内（$BC=b$）面积为压下面积减去 C' 点 x 方向位移沿 $C'B$ 的矩形面积，将式⑦代入下式

$$S_{BCC'}=\frac{2}{3}bh_1=l\Delta h-u_x\big|_{x=l,y=h}h_1=l\Delta h-l\left(\frac{\Delta h}{h}-\frac{4}{3}a\right)h_1$$

$$a=\frac{b}{2l}-0.75\left(\frac{\Delta h}{h_1}-\varepsilon\right) \tag{6.96}$$

式中，$b=OC-OC'=l_{中}-l_{面}$，依赖于实测。

6.7.3 实验验证

压力机以 26mm/min 压缩铅件，试样尺寸 $2h_0=40$mm，$2l_0=38$mm，$B=58$mm，$2\Delta h=7.6$mm。取 $f=0.5$，第一步压缩 $\Delta h_1=2$mm，第二步 $\Delta h_2=1.8$mm；压力机指示盘读数依次为 67.6kN 与 70.4kN，计算如下。

6.7.3.1 压缩参数计算

压缩后 $h_1=18(\mathrm{mm})$，$l_{中1}=21.5(\mathrm{mm})$，$l_{面1}=20(\mathrm{mm})$，$b_1=l_{中1}-l_{面1}=1.5(\mathrm{mm})$；$\varepsilon_1=\dfrac{\Delta h_1}{h_0}=0.1$，$t_1=\dfrac{\Delta h_1}{v}=\dfrac{2}{25/60}=4.8(\mathrm{s})$，$\dot{\varepsilon}_1=\dfrac{\varepsilon_1}{t_1}=0.0208(\mathrm{s}^{-1})$；$20\times19=18l_1$，$l_1=21.111(\mathrm{mm})$，$\bar{l}=(l_0+l_1)/2=20.056(\mathrm{mm})$，$\bar{h}=(h_0+h_1)/2=19(\mathrm{mm})$；$\bar{l}/\bar{h}=1.056(\mathrm{mm})$；

由式⑥与式（6.96）

$a_1=\dfrac{1.5}{2\times19}-0.75\times\left(\dfrac{2}{18}-0.1\right)=0.031$，$m_1=0.5+0.125\times1.056\times0.5\times\sqrt{0.5}=0.547$。

6.7.3.2 外形计算

当 $x=l_0=l$ 时，由式⑦

对接触面：将 $a_1=0.031$，$l_0=19$，$\varepsilon_1=0.1$ 代入下式

$$u_x\big|_{x=l_0,y=h}=\frac{\Delta h}{h_0}l_0-\frac{4}{3}a_1l_0=1.115(\mathrm{mm})$$

$l_{面1}=l_0+1.115=20.115(\mathrm{mm})$，实测 $l_{面1}=20(\mathrm{mm})$；

对称轴：$u_x\big|_{x=l_0,y=0}=\dfrac{\Delta h}{h_0}l_0+\dfrac{2}{3}a_1l_0=2.293(\mathrm{mm})$，$l_{中1}=l_0+2.293=21.293(\mathrm{mm})$，实测 $l_{中1}=21.5(\mathrm{mm})$；

距水平轴 6mm 处：$u_x\big|_{x=l_0,y=5}=a_0l_0+\dfrac{2a_1l_0}{3}\left(1-\dfrac{3y^2}{h_0^2}\right)=2.219(\mathrm{mm})$，

$l_{x=l_0,y=5}=19+2.219=21.219(\text{mm})$，实测 $l_{x=l_0,y=5}=21.33(\text{mm})$；

距水平轴 10mm 处：$u_x\big|_{x=l_0,y=10}=\dfrac{\Delta h l_0}{h_0}+\dfrac{2a_1l_0}{3}\left(1-\dfrac{3\times10^2}{h_0^2}\right)=1.998(\text{mm})$

$l_{x=l_0,y=10}=19+1.998=20.998(\text{mm})$，实测 $l_{x=l_0,y=10}=21.02(\text{mm})$；

距水平轴 16mm 处：$u_x\big|_{x=l_0,y=15}=\dfrac{\Delta h}{h_0}l_0+\dfrac{2}{3}a_1l_0\left(1-\dfrac{3\times15^2}{h_0^2}\right)=1.63$ （mm），$l_{x=l_0,y=15}=19+1.63=20.63$（mm），实测 $l_{x=l_0,y=15}=20.54$ （mm）。

以上计算与实测结果比较如图 6.28 所示。

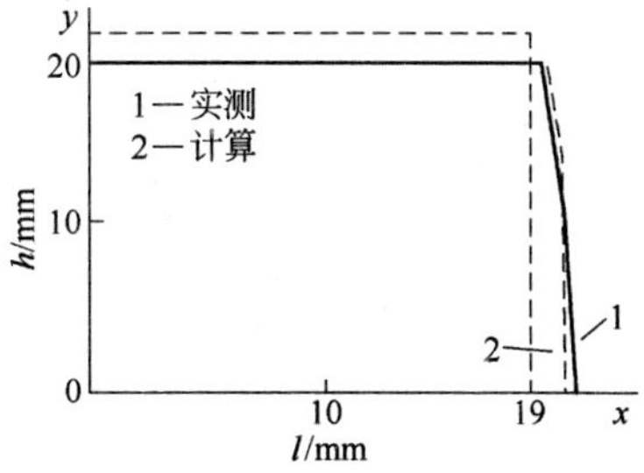

图 6.28 压缩后侧面形状比较

6.7.3.3 变形力计算

将 $\varepsilon_1=0.1$，$\overline{l}/\overline{h}=1.056$，$a/\varepsilon=0.31$，$m_1=0.547$ 代入式（6.95）

$$n_\sigma=\overline{p}/K=1.079$$

依据 ε_1，$\dot{\varepsilon}_1$ 值查得 $\sigma_s=20.15\text{MPa}$，总变形力 $P=1.155\sigma_s\cdot n_\sigma\cdot LB=58.26$ (kN)。

6.7.3.4 计算结果比较

工程法全粘着 $n_\sigma=\dfrac{\overline{p}}{K}=1+\dfrac{1}{4}\dfrac{l}{h}=1.264$，$P_1=68.2(\text{kN})$

滑移线法 $n_\sigma=\dfrac{\overline{p}}{K}=0.75+0.25\dfrac{l}{h}=1.014$，$P_1=54.75(\text{kN})$

连续速度场 $n_\sigma=\dfrac{\overline{p}}{K}=1+\dfrac{m}{4}\dfrac{l}{h}-\dfrac{3}{2}\cdot\dfrac{\left(\dfrac{m}{4}\right)^2}{1+2\times\dfrac{m}{4}\dfrac{h}{l}}=1.2$，$P_1=64.79(\text{kN})$

Тарновский 用 Бунясовский 不等式放大被积函数得到下式

$$n_\sigma=\left[1+\left(\frac{a}{\varepsilon}\right)^2\left(0.213+0.648\frac{l^2}{h^2}+0.026\frac{h^2}{l^2}\right)\right]^{\frac{1}{2}}+m\frac{l}{h}\left(0.25-0.417\frac{a}{\varepsilon}\right)\tag{6.97}$$

将 $m=0.547$，$\overline{l}/\overline{h}=1.056$，$\varepsilon=0.1$，$\dfrac{a}{\varepsilon}=0.256$ 代入上式得

$$n_\sigma=1.114，P_1=60.15(\text{kN})$$

各种解析方法计算结果与式（6.95）结果比较表明：坐标矢量内积式（6.95）结果低于式（6.97）结果。但应指出，用“坐标”表示单位矢量时，导函数必须能以运动许可的位移与应变函数表示。坐标单位矢量与应变单位矢量方

向未必一致，此处仅为一种“替代矢量”，相关解法需进一步探索。但计算的外形与实测基本一致。

6.7.4 泛函内积法 2

6.7.4.1 应变比值函数

由式（6.90）、式（6.91）及 $a_0=\dfrac{\Delta h}{h}=\varepsilon$，按积分中值定理

$$\bar{\varepsilon}_{xy}=\frac{1}{hl}\int_0^l\int_0^h\varepsilon_{xy}\mathrm{d}x\mathrm{d}y$$

$$=\frac{1}{hl}\int_0^l\int_0^h\left[-3a\frac{xy}{h^2}\left(1-\frac{1}{3}\times\frac{x^2}{l^2}\right)+a\frac{xy}{l^2}\left(1-\frac{y^2}{h^2}\right)\right]\mathrm{d}x\mathrm{d}y=\frac{a}{8}\times\frac{h}{l}-\frac{5a}{8}\times\frac{l}{h}$$

$$\bar{\varepsilon}_x=\frac{1}{lh}\int_0^l\int_0^h\left[a_0+a\left(1-3\frac{y^2}{h^2}\right)\left(1-\frac{x^2}{l^2}\right)\right]\mathrm{d}x\mathrm{d}y=\frac{1}{lh}\int_0^l a_0h\mathrm{d}x=a_0=\varepsilon$$

$$\frac{\bar{\varepsilon}_{xy}}{\bar{\varepsilon}_x}=\frac{a}{\varepsilon}\left(\frac{1}{8}\times\frac{h}{l}-\frac{5}{8}\times\frac{l}{h}\right) \qquad ⑧$$

6.7.4.2 成形功率泛函

假定工件材料为刚塑性体，按第一变分原理

$$\varphi=\sigma_s\int_0^l\int_0^h\varepsilon_e\mathrm{d}x\mathrm{d}y+m\frac{\sigma_s}{\sqrt{3}}\int_0^l u_x\big|_{y=h}\mathrm{d}x=\varphi_1+\varphi_2$$

$$\varphi_1=\sigma_s\int_0^l\int_0^h\sqrt{\frac{2}{3}(\varepsilon_x^2+\varepsilon_y^2+2\varepsilon_{xy}^2)}\mathrm{d}x\mathrm{d}y=\sqrt{\frac{2}{3}}\sigma_s\int_0^l\int_0^h\sqrt{2\varepsilon_x^2+2\varepsilon_{xy}^2}\mathrm{d}x\mathrm{d}y$$

$$=\frac{2\sigma_s}{\sqrt{3}}\int_0^l\int_0^h\boldsymbol{\varepsilon}\cdot\boldsymbol{\varepsilon}^0\mathrm{d}x\mathrm{d}y=\frac{2\sigma_s}{\sqrt{3}}\int_0^l\int_0^h(\varepsilon_x l_1+\varepsilon_{xy}l_2)\mathrm{d}x\mathrm{d}y$$

$$=\frac{2\sigma_s}{\sqrt{3}}\int_0^l\int_0^h\left(\frac{\varepsilon_x\varepsilon_x}{\sqrt{\varepsilon_x^2+\varepsilon_{xy}^2}}+\frac{\varepsilon_{xy}\varepsilon_{xy}}{\sqrt{\varepsilon_x^2+\varepsilon_{xy}^2}}\right)\mathrm{d}x\mathrm{d}y$$

$$=\frac{2\sigma_s}{\sqrt{3}}\int_0^l\int_0^h\{\varepsilon_x(1+(\varepsilon_{xy}/\varepsilon_x)^2)^{-1/2}+\varepsilon_{xy}[(\varepsilon_x/\varepsilon_{xy})^2+1]^{-1/2}\}\mathrm{d}x\mathrm{d}y$$

$$=\frac{2\sigma_s}{\sqrt{3}}(I_1+I_2) \qquad ⑨$$

式中，应变函数 $\varepsilon_x/\varepsilon_{xy}$ 的比值由式⑧代替并积分

$$I_1=\int_0^l\int_0^h\varepsilon_x[1+(\bar{\varepsilon}_{xy}/\bar{\varepsilon}_x)^2]^{-1/2}\mathrm{d}x\mathrm{d}y=\varepsilon hl\left[\sqrt{1+\frac{a^2}{\varepsilon^2}\left(\frac{1}{8}\times\frac{h}{l}-\frac{5}{8}\times\frac{l}{h}\right)^2}\right]^{-1/2}$$

$$I_2=\frac{a^2}{\varepsilon}\left(\frac{1}{8}\times\frac{h}{l}-\frac{5}{8}\times\frac{l}{h}\right)\left(\frac{h^2}{8}-\frac{5l^2}{8}\right)\left\{1+\left[\frac{a}{\varepsilon}\left(\frac{1}{8}\times\frac{h}{l}-\frac{5}{8}\times\frac{l}{h}\right)\right]^2\right\}^{-1/2}$$

将 I_1，I_2 代入式⑨整理得塑性功泛函

$$\varphi_1 = \frac{2\sigma_s}{\sqrt{3}}\left[\frac{\varepsilon hl}{\sqrt{1+\frac{a^2}{\varepsilon^2}\left(\frac{1}{8}\times\frac{h}{l}-\frac{5}{8}\times\frac{l}{h}\right)^2}}+\frac{\frac{a^2}{\varepsilon}\left(\frac{1}{8}\times\frac{h}{l}-\frac{5}{8}\times\frac{l}{h}\right)\left(\frac{h^2}{8}-\frac{5l^2}{8}\right)}{\sqrt{1+\left[\frac{a}{\varepsilon}\left(\frac{1}{8}\times\frac{h}{l}-\frac{5}{8}\times\frac{l}{h}\right)\right]^2}}\right]$$

摩擦功泛函为

$$\varphi_2 = m\frac{\sigma_s}{\sqrt{3}}\int_0^l u_x\Big|_{y=h}\mathrm{d}x = m\frac{\sigma_s}{\sqrt{3}}\int_0^l\left[a_0x-2ax\left(1-\frac{x^2}{3l^2}\right)\right]\mathrm{d}x = m\frac{\sigma_s}{\sqrt{3}}l^2\left(\frac{a_0}{2}-\frac{5a}{6}\right)$$

将 φ_1，φ_2 代入总能量泛函为

$$\varphi=\varphi_1+\varphi_2=\frac{2\sigma_s}{\sqrt{3}}\left\{\left[\frac{\varepsilon hl+\frac{a^2}{\varepsilon}\left(\frac{1}{8}\times\frac{h}{l}-\frac{5}{8}\times\frac{l}{h}\right)\left(\frac{h^2}{8}-\frac{5l^2}{8}\right)}{\sqrt{1+\left[\frac{a}{\varepsilon}\left(\frac{1}{8}\times\frac{h}{l}-\frac{5}{8}\times\frac{l}{h}\right)\right]^2}}\right]+ml^2\left(\frac{a_0}{4}-\frac{5a}{12}\right)\right\} \tag{6.98}$$

单位宽度锻压力为

$$P=\frac{1}{\Delta h}\times\frac{2}{\sqrt{3}}\sigma_s\left\{\left[\frac{\varepsilon hl+\frac{a^2}{\varepsilon}\left(\frac{1}{8}\times\frac{h}{l}-\frac{5}{8}\times\frac{l}{h}\right)\left(\frac{h^2}{8}-\frac{5l^2}{8}\right)}{\sqrt{1+\left[\frac{a}{\varepsilon}\left(\frac{1}{8}\times\frac{h}{l}-\frac{5}{8}\times\frac{l}{h}\right)\right]^2}}\right]+ml^2\left(\frac{a_0}{4}-\frac{5a}{12}\right)\right\} \tag{6.99}$$

应力状态影响系数为

$$n_\sigma=\frac{\bar{p}}{K}=\sqrt{1+\frac{a^2}{\varepsilon^2}\left(\frac{h}{8l}-\frac{5l}{8h}\right)^2}+m\frac{l}{h}\left(\frac{1}{4}-\frac{5a}{12\varepsilon}\right)$$

展开后化为如下形式

$$\frac{\bar{p}}{1.15\sigma_s}=\left[1+\left(\frac{a}{\varepsilon}\right)^2\left(-0.156+0.016\frac{h^2}{l^2}+0.391\frac{l^2}{h^2}\right)\right]^{\frac{1}{2}}+m\frac{l}{h}\left(0.25-0.417\frac{a}{\varepsilon}\right) \tag{6.100}$$

式（6.100）即锻压矩形坯以应变矢量内积得到的解析解。

6.7.4.3 *a* 值的确定方法

用能量最小化，由式（6.100）$\frac{\partial n_\sigma}{\partial(a/\varepsilon)}=0$，

$$m=\frac{a}{\varepsilon}\left(\frac{h}{8l}-\frac{5l}{8h}\right)^2\left[1+\frac{a^2}{\varepsilon^2}\left(\frac{h}{8l}-\frac{5l}{8h}\right)^2\right]^{-1/2}\frac{12h}{5l} \tag{6.101}$$

$$\frac{\varepsilon}{a}=\sqrt{\left(\frac{h}{8l}-\frac{5l}{8h}\right)^4\left(\frac{12h}{5ml}\right)^2-\left(\frac{h}{8l}-\frac{5l}{8h}\right)^2} \tag{6.102}$$

6.7.4.4 算例与计算结果比较

实验验证同 6.7.3 节，第一步变形力计算如下：将 $\varepsilon_1=0.1$，$\bar{l}/\bar{h}=1.056$，$m_1=0.547$，$a/\varepsilon=0.31$，$\sigma_s=20.15\text{MPa}$ 代入式（6.100）

$n_\sigma=\bar{p}/K=1.084$，$P=1.155\sigma_s n_\sigma LB=1.155\times20.15\times1.084\times40\times58=68.6\text{kN}$

同样方法第二步变形力计算结果：$n_\sigma=\bar{p}/K=1.11$，$P=67.06\text{kN}$。

第一步压缩计算结果与 6.7.3 节各种解析方法的结果比较如表 6.10 所示。

表 6.10 各种计算结果比较

项　目	试验机指示值	工程法	滑移线法	上界法	能量法	矢量内积
n_σ		1.264	1.014	1.2	1.114	1.084
P/kN	57.6	68.2	54.75	64.79	60.15	58.5
与指示值误差/%		16.6	-6.2	11.1	4.2	1.6
与滑移线误差/%	4.9	19.7	0	16.4	8.9	6.4

表 6.10 表明应变矢量分析法计算结果与试验机指示值及滑移线法计算结果误差最小。足见以不等式放大被积函数，令 $\varepsilon_x=-\varepsilon_y=\varepsilon$，而其他应变均为零是式（6.97）偏高的主要原因。

6.8 平板锻造带材

平板锻造带材[38,39]如图 6.29 所示。由于表面摩擦，中心 v_x 比表层大而导致出现鼓形如图 6.29a 所示。于是从表层到内层产生速度梯度引起剪应变速率 $\dot{\varepsilon}_{xy}$。

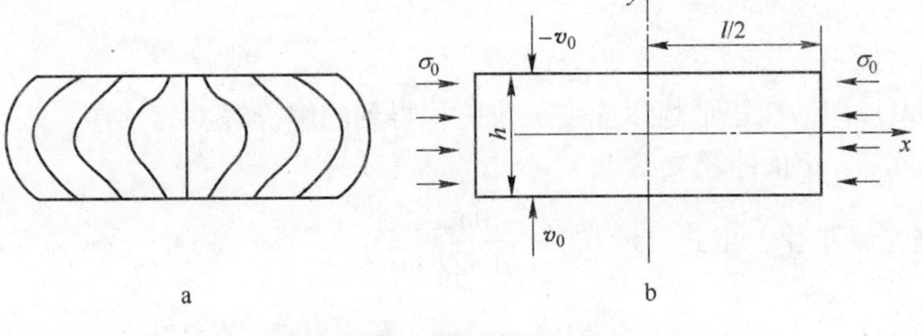

图 6.29 有侧鼓形平板锻造

6.8.1 应变率张量场

如图 6.29b 所示在第一象限，假定 v_x 沿 y 轴按指数函数变化，则 $v_x = Av_0 \dfrac{2x}{h} e^{-2by/h}$，视板带锻造为平面变形有 $\dot{\varepsilon}_z = 0$，由体积不变

$$\dot{\varepsilon}_x = \frac{\partial v_x}{\partial x} = \frac{2Av_0}{h}e^{-2by/h} = -\dot{\varepsilon}_y = \frac{\partial v_y}{\partial y}$$

$$v_y = -\frac{2Av_0}{h}\int e^{-2by/h}\mathrm{d}y = \frac{A}{b}v_0 e^{-2by/h} + f(x)$$

考虑变形对称，$y=0$ 时，$v_y=0$，代入上式得 $f(x) = -\dfrac{A}{b}v_0$；故 $v_x = Av_0 \dfrac{2x}{h}e^{-2by/h}$，$v_y = \dfrac{A}{b}v_0(e^{-2by/h} - 1)$。

在 $y = \dfrac{h}{2}$ 的表面上，$v_y = -v_0$，即 $v_y|_{y=h/2} = \dfrac{A}{b}v_0(e^{-b} - 1) = -v_0$

$$A = \frac{b}{1 - e^{-b}}$$

于是运动许可速度场与应变速率张量场为

$$v_x = \frac{b}{1-e^{-b}}v_0 \frac{2x}{h}e^{-2by/h},\ v_y = \frac{1}{1-e^{-b}}v_0(e^{-2by/h} - 1),\ v_z = 0 \tag{6.103}$$

$$\dot{\varepsilon}_x = \frac{2bv_0}{(1-e^{-b})h}e^{-2by/h} = -\dot{\varepsilon}_y,\ \dot{\varepsilon}_{xy} = \frac{-2b^2v_0x}{(1-e^{-b})h^2}e^{-2by/h},\ \dot{\varepsilon}_{zx} = \dot{\varepsilon}_{yz} = \dot{\varepsilon}_z = 0 \tag{6.104}$$

张量场分量满足

$$\dot{\varepsilon}_{xy}/\dot{\varepsilon}_x = -bx/h \quad ①$$

6.8.2 泛函内积法 1

6.8.2.1 塑性功率

等效应变速率表示为应变矢量内积

$$\dot{W}_i = \int_V \sigma_e \dot{\varepsilon}_e \mathrm{d}V = 2k\int_V \sqrt{\dot{\varepsilon}_x^2 + \dot{\varepsilon}_{xy}^2}\mathrm{d}V = 8k\int_0^{l/2}\int_0^{h/2} \dot{\boldsymbol{\varepsilon}} \cdot \dot{\boldsymbol{\varepsilon}}^0 \mathrm{d}x\mathrm{d}y$$

$$= 8k\int_0^{l/2}\int_0^{h/2} (\dot{\varepsilon}_x l_1 + \dot{\varepsilon}_{xy} l_2)\mathrm{d}x\mathrm{d}y = 8k(I_1 + I_2) \quad ②$$

式中应变率矢量及其单位矢量分别为

$$\dot{\boldsymbol{\varepsilon}} = \dot{\varepsilon}_x \boldsymbol{e}_1 + \dot{\varepsilon}_{xy}\boldsymbol{e}_2,\ \dot{\boldsymbol{\varepsilon}}^0 = l_1\boldsymbol{e}_1 + l_2\boldsymbol{e}_2$$

方向余弦为

$$l_1=\frac{\dot{\varepsilon}_x}{\sqrt{\dot{\varepsilon}_x^2+\dot{\varepsilon}_{xy}^2}}=[1+(\dot{\varepsilon}_{xy}/\dot{\varepsilon}_x)^2]^{-1/2},\ l_2=[1+(\dot{\varepsilon}_{xy}/\dot{\varepsilon}_x)^{-2}]^{-1/2}$$

对分矢量逐项积分并注意到式①有

$$\begin{aligned}I_1&=\int_0^{l/2}\int_0^{h/2}\dot{\varepsilon}_x[1+(\dot{\varepsilon}_{xy}/\dot{\varepsilon}_x)^2]^{-1/2}\mathrm{d}x\mathrm{d}y\\&=\frac{2bv_0}{(1-e^{-b})h}\int_0^{l/2}\int_0^{h/2}e^{-2by/h}\left[1+\left(b\frac{x}{h}\right)^2\right]^{-1/2}\mathrm{d}x\mathrm{d}y\\&=v_0\frac{h}{b}\ln\left(\frac{bl}{2h}+\sqrt{1+\left(\frac{bl}{2h}\right)^2}\right)\end{aligned}$$

$$\begin{aligned}I_2&=\int_0^{l/2}\int_0^{h/2}\dot{\varepsilon}_{xy}[1+(\dot{\varepsilon}_{xy}/\dot{\varepsilon}_x)^{-2}]^{-1/2}\mathrm{d}x\mathrm{d}y\\&=v_0\left[\frac{l}{4}\sqrt{1+\frac{b^2l^2}{4h^2}}-\frac{h}{2b}\ln\left(\frac{bl}{2h}+\sqrt{1+\frac{b^2l^2}{4h^2}}\right)\right]\end{aligned}$$

将 I_1，I_2 代入式②整理得

$$\dot{W}_i=4kv_0\left[\frac{h}{b}\mathrm{Arsh}\frac{bl}{2h}+\frac{l}{2}\sqrt{1+\left(\frac{bl}{2h}\right)^2}\right]\tag{6.105}$$

足见应变矢量内积经逐项积分再求和后得到的内部变形功率的解析解与直接积分结果一致。

6.8.2.2 摩擦与外加阻力功率

令接触摩擦力为 $\tau_f=mk$，$\Delta\overline{v}_f=v_x|_{y=h/2}=\frac{b}{1-e^{-b}}v_0\frac{2x}{h}e^{-b}$，接触面摩擦功率为

$$\dot{W}_f=\int_{F_f}\tau_f|\Delta v_f|\mathrm{d}F=\frac{4mk\cdot 2bv_0}{(1-e^{-b})h}e^{-b}\int_0^{l/2}x\mathrm{d}x=mk\frac{be^{-b}v_0}{(1-e^{-b})}\times\frac{l^2}{h}\tag{6.106}$$

假定外加应力 σ_0 沿 h 均布，外加功率为

$$\dot{W}_b=4\times\frac{h}{2}v_x\sigma_0=4\times\frac{h}{2}\times\frac{v_0l}{h}\sigma_0=2lv_0\sigma_0\tag{6.107}$$

6.8.2.3 解析解

将式（6.105）~式（6.107）代入式 $J^*=\dot{W}_i+\dot{W}_f+\dot{W}_b$，总功率泛函为

$$J^*=4kv_0\left[\frac{h}{b}\mathrm{Arsh}\frac{bl}{2h}+\frac{l}{2}\sqrt{1+\left(\frac{bl}{2h}\right)^2}\right]+mk\frac{be^{-b}v_0}{(1-e^{-b})}\times\frac{l^2}{h}+2lv_0\sigma_0\tag{6.108}$$

对总功率求导，令 $\frac{\mathrm{d}J^*}{\mathrm{d}b}=0$，整理得

$$m=\eta\left\{\left(\frac{2h}{bl}\right)^2\left[\ln\left(\frac{bl}{2h}(1+\xi)\right)-\frac{1+\xi^{-1}}{1+\xi}\right]-\xi^{-1}\right\} \quad ③$$

式中

$$\xi=\sqrt{1+\left(\frac{2h}{bl}\right)^2},\quad \eta=\frac{2\mathrm{ch}b-2}{1-b-e^{-b}}=\frac{e^b+e^{-b}-2}{1-b-e^{-b}}$$

令 $2\bar{p}lv_0=J^*_{\min}$，整理得

$$n_\sigma=\frac{\bar{p}}{2k}=\frac{h}{bl}\mathrm{Arsh}\,\frac{bl}{2h}+\frac{1}{2}\sqrt{1+\left(\frac{bl}{2h}\right)^2}+\frac{me^{-b}}{(1-e^{-b})}\frac{bl}{4h}+\frac{\sigma_0}{2k} \tag{6.109}$$

式（6.109）中应力状态系数是内积解析解，为反双曲函数；无外加应力时 $\sigma_0/2k=0$。

6.8.2.4 级数解

注意到 $\frac{bl}{2h}<1$ 下述级数展开成立

$$\mathrm{Arsh}\left(\frac{bl}{2h}\right)=\left(\frac{bl}{2h}\right)-\frac{1}{2\times3}\left(\frac{bl}{2h}\right)^3+\cdots,\qquad \left|\frac{bl}{2h}\right|<1;$$

$$\left[1+\left(\frac{bl}{2h}\right)\right]^{1/2}=1+\frac{1}{2}\left(\frac{bl}{2h}\right)-\cdots,\qquad \left|\frac{bl}{2h}\right|\leqslant1;$$

$$e^{-b}=1+\frac{(-b)}{1!}+\frac{(-b)^2}{2!}+\cdots,\qquad |-b|<\infty$$

式（6.109）展成级数仅保留 2 次幂整理得

$$\frac{\bar{p}}{2k}=\frac{h}{bl}\left(\frac{bl}{2h}-\frac{1}{6}\times\frac{b^3l^3}{8h^3}\right)+\frac{1}{2}\left[1+\frac{1}{2}\left(\frac{bl}{2h}\right)^2\right]+\frac{m(1-b)}{1-(1-b)}\times\frac{bl}{4h}+\frac{\sigma_0}{2k}$$

$$\frac{\bar{p}}{2k}=1+\frac{b^2l^2}{24h^2}+\frac{ml}{4h}-\frac{ml}{4h}b+\frac{\sigma_0}{2k} \tag{6.110}$$

$\frac{\partial(\bar{p}/2k)}{\partial b}=0$；解得 $b=m\frac{3h}{l}$ 代入式（6.110）的最小值为

$$n_{\sigma(\min)}=\frac{\bar{p}_{\min}}{2k}=1+\frac{ml}{4h}-\frac{3m^2}{8}+\frac{\sigma_0}{2k} \tag{6.111}$$

同类问题 Avitzur 对式（6.109）级数展开后的近似解为

$$\frac{\bar{p}}{2k}=1+\frac{m}{4}\frac{l}{h}-\frac{3}{2}\frac{\left(\frac{m}{4}\right)^2}{1+2\left(\frac{m}{4}\right)\left(\frac{h}{l}\right)}+\frac{\sigma_0}{2k} \tag{6.112}$$

$$b=\frac{3m}{m+2l/h} \quad ④$$

6.8.2.5 *b*值的测量方法

由式（6.103）的第一式

$$v_x\big|_{y=0,x=l/2}-v_x\big|_{y=h/2,x=l/2}=\frac{b}{1-e^{-b}}v_0\frac{l}{h}-\frac{b}{1-e^{-b}}v_0\frac{l}{h}e^{-b}=\frac{bv_0l}{h}=\Delta v_x\big|_{x=l/2}$$

$$\frac{bl}{h}=\frac{\Delta v_x\big|_{x=l/2}}{v_0}$$

$$b=\frac{h\,\Delta v_x\big|_{x=l/2}}{lv_0}=\frac{h}{lv_0}\left(\frac{l_{1中}-l_0}{t}-\frac{l_{1面}-l_0}{t}\right)=\frac{h}{l}\left(\frac{l_{1中}-l_{1面}}{\Delta h}\right)=\frac{h}{2l\Delta h}(l_1\big|_{y=0}-l_1\big|_{y=h/2})$$

$$b=\frac{h\Delta l\big|_{x=l/2}}{l\Delta h}=\frac{1}{l\varepsilon}\Delta l\big|_{x=l/2} \qquad ⑤$$

式中，$\Delta l\big|_{x=l/2}=\dfrac{l_{y=0}-l_{y=h/2}}{2}$，为变形后试件中心与接触面 x 方向实测长度差。

6.8.3 实验验证

在轧制技术国家重点实验室200kN万能试验机上以30mm/min压缩纯铅试件。原始尺寸为 $h_0=20.27\text{mm}$，$l_0=49.73\text{mm}$，$B_0=70.12\text{mm}$，压缩后 $h_1=18.35\text{mm}$，$B_1=72.81\text{mm}$；压力机指示盘读数为97.2kN，计算变形力。

6.8.3.1 计算与实测比较

压缩后实测 $l_中=55.09\text{mm}$，$l_面=54.07\text{mm}$。由式（6.109）与式⑤$l/h=2.9466$，$\Delta h=1.92\text{mm}$，$b=\dfrac{1}{l\varepsilon}\Delta l\big|_{x=l/2}=0.099286$，$\eta=\dfrac{e^b+e^{-b}-2}{1-b-e^{-b}}=-2.068372$

代入式③，$m=0.2005$，注意到 $\sigma_0=0$；$\dfrac{\bar{p}}{2k}=1.14$；$\varepsilon=\dfrac{\Delta h}{h_0}=0.095$，$t=\dfrac{\Delta h}{v}=\dfrac{2\times1.92}{30/60}=7.68(\text{s})$；$\dot{\varepsilon}=\dfrac{\varepsilon}{t}=0.01237(\text{s}^{-1})$，查得 $\sigma_s=20.06\text{MPa}$，$P=1.14\times\dfrac{2}{\sqrt{3}}\times20.06\times53.38\times71.85=101.3$（kN）；计算结果与指示值误差为$\Delta=4.2\%$。

6.8.3.2 与Avitzur公式比较

将 $m=0.2005$ 代入式④，再代入（6.112）并注意 $l/h=54.07/18.35$，

$$b=\frac{3m}{m+2l/h}=0.09871,\ \frac{\bar{p}}{2k}=1.1441,\ P=101.7\text{kN}$$

与式(6.109）结果基本一致。

6.8.4 泛函内积法2

6.8.4.1 应变比值函数

由式（6.103）、式（6.104），上述张量场满足

$$\frac{\partial y}{\partial x}=\frac{\partial v_x}{\partial x}\bigg/\frac{\partial v_x}{\partial y}=\frac{2bv_0}{(1-e^{-b})h}e^{-2by/h}\bigg/\frac{-4b^2v_0x}{(1-e^{-b})h^2}e^{-2by/h}=-\frac{h}{2bx} \qquad ⑥$$

6.8.4.2 内积积分

将塑性功率等效应变速率表示为应变矢量内积

$$\begin{aligned}\dot{W}_i &= 2k\int_V\sqrt{\dot{\varepsilon}_{xy}^2+\dot{\varepsilon}_x^2}\,\mathrm{d}V = 8k\int_0^{l/2}\int_0^{h/2}\dot{\boldsymbol{\varepsilon}}\cdot\dot{\boldsymbol{\varepsilon}}^0\,\mathrm{d}x\mathrm{d}y\\ &= 8k\int_0^{l/2}\int_0^{h/2}(\dot{\varepsilon}_{xy}l_1+\dot{\varepsilon}_x l_2)\,\mathrm{d}x\mathrm{d}y = 8k(I_1+I_2)\end{aligned} \qquad ⑦$$

式中，分矢量方向余弦为

$$l_1=\frac{\partial x}{\sqrt{\partial x^2+\partial y^2}}=[1+(\partial y/\partial x)^2]^{-1/2},\ l_2=[1+(\partial y/\partial x)^{-2}]^{-1/2}$$

对式⑦用逐项积分并注意到式（6.104）、式⑥有

$$\begin{aligned}I_1 &= \int_0^{l/2}\int_0^{h/2}\dot{\varepsilon}_{xy}\left[1+\left(\frac{\partial y}{\partial x}\right)^2\right]^{-1/2}\mathrm{d}x\mathrm{d}y\\ &= \frac{-2b^2v_0}{(1-e^{-b})h^2}\int_0^{l/2}\int_0^{h/2}e^{-2by/h}\left[1+\left(-\frac{h}{2bx}\right)^2\right]^{-1/2}x\mathrm{d}x\mathrm{d}y\\ &= -v_0\left[\frac{l}{4}\sqrt{1+\frac{b^2l^2}{4h^2}}-\frac{h}{2b}\ln\left(\frac{bl}{2h}+\sqrt{1+\frac{b^2l^2}{4h^2}}\right)\right]\end{aligned}$$

$$I_2=\int_0^{l/2}\int_0^{h/2}\dot{\varepsilon}_x\left[\left(\frac{\partial y}{\partial x}\right)^{-2}+1\right]^{-1/2}\mathrm{d}x\mathrm{d}y=\frac{v_0h}{2b}\ln\left[b\frac{l}{h}+\sqrt{b^2\left(\frac{l}{h}\right)^2+1}\right]$$

将 I_1，I_2 积分结果代入式⑦整理得

$$\dot{W}_i=kv_0\left[l\sqrt{\left(\frac{bl}{h}\right)^2+1}+\frac{3h}{b}\mathrm{Arsh}\frac{bl}{h}\right] \qquad ⑧$$

式⑧即以坐标增量确定方向余弦时应变矢量内积得到的内部变形功率，该解为反双曲正弦函数。注意到摩擦功率泛函不变，总功率泛函为

$$J^*=\dot{W}_i+\dot{W}_f=kv_0\left[l\sqrt{\left(\frac{bl}{h}\right)^2+1}+\frac{3h}{b}\mathrm{Arsh}\frac{bl}{h}+\frac{mbe^{-b}l^2}{(1-e^{-b})h}\right] \qquad ⑨$$

6.8.4.3 能率泛函最小化

由式⑨对总功率求导令 $\frac{\mathrm{d}J^*}{\mathrm{d}b}=0$，整理得

$$m=\eta\left\{3\left(\frac{h}{bl}\right)^2\left[\ln\frac{bl}{h}(1+\xi)-\frac{1+\xi^{-1}}{1+\xi}\right]-\xi^{-1}\right\} \qquad ⑩$$

式中，$\xi=\sqrt{1+\left(\frac{h}{bl}\right)^2}$，$\eta=\frac{2\mathrm{ch}b-2}{1-b-e^{-b}}=\frac{e^b+e^{-b}-2}{1-b-e^{-b}}$。

令 $2\bar{p}lv_0=J^*_{\min}$，整理得

$$n_\sigma = \frac{\bar{p}}{2k} = \frac{3h}{4bl}\text{Arsh}\,\frac{bl}{h} + \frac{1}{4}\sqrt{\left(\frac{bl}{h}\right)^2 + 1} + \frac{me^{-b}}{(1-e^{-b})}\frac{bl}{4h} \tag{6.113}$$

上式展成级数为

$$\text{Arsh}\left(\frac{bl}{h}\right) = \left(\frac{bl}{h}\right) - \frac{1}{2\times 3}\left(\frac{bl}{h}\right)^3 + \cdots,\quad \left|\frac{bl}{h}\right| < 1;$$

$$\left[1 + \left(\frac{bl}{h}\right)\right]^{1/2} = 1 + \frac{1}{2}\left(\frac{bl}{h}\right) - \cdots,\quad \left|\frac{bl}{h}\right| \leqslant 1;$$

$$e^{-b} = 1 + \frac{(-b)}{1!} + \frac{(-b)^2}{2!} + \cdots,\quad |-b| < \infty$$

展成级数仅保留 3 次幂整理得

$$\frac{\bar{p}}{2k} \doteq \frac{3h}{4bl}\left(\frac{bl}{h} - \frac{1}{6}\cdot\frac{b^3l^3}{h^3}\right) + \frac{1}{4}\left[1 + \frac{1}{2}\left(\frac{bl}{h}\right)^2\right] + \frac{m\left(1 - b + \frac{b^2}{2}\right)}{1 - \left(1 - b + \frac{b^2}{2}\right)}\frac{bl}{4h}$$

$$= 1 + \frac{\left(1 - \frac{b}{2}\right)^2 + \frac{b^2}{4}}{1 - \frac{b}{2}}\frac{ml}{4h} = 1 + \left(1 - \frac{b}{2} + \frac{b/2}{2/b - 1}\right)\frac{ml}{4h}$$

$$\frac{\bar{p}}{2k} = 1 + \frac{ml}{4h} - \frac{ml}{8h}b + \frac{b/2}{2/b - 1}\frac{ml}{4h} \tag{6.114}$$

$$\frac{\partial(\bar{p}/2k)}{\partial b} = 0,\quad -\frac{ml}{8h} + \frac{ml}{4h}\left[\frac{\frac{1}{2}\left(\frac{2}{b} - 1\right) + \frac{1}{b}}{(2/b - 1)^2}\right] = 0;\ b = \frac{2}{2 + \sqrt{2}}$$

将 b 代入式（6.78）得无外加阻力平板锻造最小应力状态系数公式

$$n_{\sigma\min} = \frac{\bar{p}}{2k} = 1 + \frac{ml}{4h} - 0.043\,\frac{ml}{h} \tag{6.115}$$

读者可自行比较式（6.115）、式（6.114）与式（6.110）。

6.9 三维带外端锻造

6.9.1 应变率场

三维带外端锻造[40,41]如图 6.30 所示，因变形对称仅研究八分之一部分。速度场与应变速率张量场分别为

$$v_x = \frac{v_0}{h}x - 2a\,\frac{v_0}{h}\times\frac{l}{\pi}\sin\frac{\pi x}{2l},\quad v_y = a\,\frac{v_0}{h}y\cos\frac{\pi x}{2l},\quad v_z = -\frac{v_0}{h}z \tag{6.116}$$

$$\boldsymbol{v} = \left(\frac{v_0}{h}x - 2a\,\frac{v_0}{h}\times\frac{l}{\pi}\sin\frac{\pi x}{2l}\right)\boldsymbol{i} + \frac{av_0}{h}y\cos\frac{\pi x}{2l}\boldsymbol{j} - \frac{v_0}{h}z\boldsymbol{k}$$

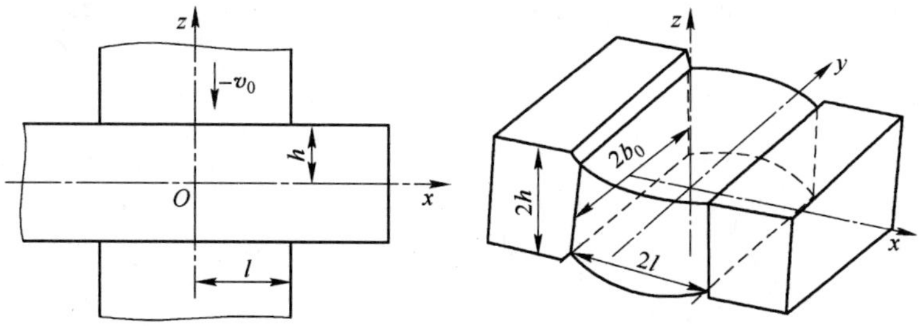

图 6.30 带外端压缩矩形件三维变形

由几何方程应变速率场为

$$\dot{\varepsilon}_x=\frac{\partial v_x}{\partial x}=\frac{v_0}{h}-\frac{av_0}{h}\cos\frac{\pi x}{2l},\ \dot{\varepsilon}_y=\frac{\partial v_y}{\partial y}=\frac{av_0}{h}\cos\frac{\pi x}{2l},\ \dot{\varepsilon}_z=\frac{\partial v_z}{\partial z}=-\frac{v_0}{h}$$

$$\dot{\varepsilon}_{xy}=-\frac{\pi av_0}{4lh}y\sin\frac{\pi x}{2l},\ \dot{\varepsilon}_{xz}=\dot{\varepsilon}_{zx}=\dot{\varepsilon}_{yz}=\dot{\varepsilon}_{zy}=0 \tag{6.117}$$

注意到 $x=0$，$v_x=0$；$y=0$，$v_y=0$；$z=0$，$v_z=0$；$z=h$，$v_z=-v_0$；$x=0$，$y=0$，$z=0$，$\boldsymbol{v}=0$；且有

$$\operatorname{div}\boldsymbol{v}=\nabla\cdot\boldsymbol{v}=\frac{\partial}{\partial x}\left(\frac{v_0}{h}x-2a\frac{v_0}{h}\times\frac{l}{\pi}\sin\frac{\pi x}{2l}\right)+\frac{\partial}{\partial y}\left(a\frac{v_0}{h}y\cos\frac{\pi x}{2l}\right)+\frac{\partial}{\partial z}\left(-\frac{v_0}{h}z\right)$$

$$=\frac{v_0}{h}-\frac{av_0}{h}\cos\frac{\pi x}{2l}+\frac{av_0}{h}\cos\frac{\pi x}{2l}-\frac{v_0}{h}=\dot{\varepsilon}_x+\dot{\varepsilon}_y+\dot{\varepsilon}_z=0 \qquad ①$$

说明式（6.116）、式（6.117）满足运动许可条件，为无源场。

$$\operatorname{rot}\boldsymbol{v}=\nabla\times\boldsymbol{v}=\begin{vmatrix}\boldsymbol{i}&\boldsymbol{j}&\boldsymbol{k}\\ \frac{\partial}{\partial x}&\frac{\partial}{\partial y}&\frac{\partial}{\partial z}\\ v_x&v_y&v_z\end{vmatrix}=\left(\frac{\partial v_z}{\partial y}-\frac{\partial v_y}{\partial z}\right)\boldsymbol{i}+\left(\frac{\partial v_x}{\partial z}-\frac{\partial v_z}{\partial x}\right)\boldsymbol{j}+\left(\frac{\partial v_y}{\partial x}-\frac{\partial v_x}{\partial y}\right)\boldsymbol{k}$$

$$=\left(\frac{\partial v_y}{\partial x}-\frac{\partial v_x}{\partial y}\right)\boldsymbol{k}=-\frac{\pi av_0}{2lh}y\sin\frac{\pi x}{2l}\boldsymbol{k}=2\dot{\omega}_{xy}\boldsymbol{k}$$

速度场式（6.116）的旋度不为零，绕 z 轴旋转分量为

$$\dot{\boldsymbol{\omega}}_{xy}=-\frac{\pi av_0}{4lh}y\sin\frac{\pi x}{2l}=\dot{\varepsilon}_{xy}=\frac{1}{2}v_{y,x}=\frac{1}{2}\times\frac{\partial v_y}{\partial x}$$

刚性转动速率张量（反对称张量）

$$\dot{\boldsymbol{\omega}}_{xy}=\frac{1}{2}(v_{x,y}-v_{y,x})=\frac{\pi av_0}{4lh}y\sin\frac{\pi x}{2l}=-\dot{\varepsilon}_{xy}=-\frac{1}{2}v_{y,x}$$

足见刚性转动张量 z 轴分量与旋度矢量的 z 向分量差“ - ”号。由积分中值定理及式①

$$\bar{\dot{\varepsilon}}_x = \frac{1}{bl}\int_0^b\int_0^l \dot{\varepsilon}_x \mathrm{d}x\mathrm{d}y = \frac{v_0}{h} - \frac{2av_0}{\pi h},\ \dot{\varepsilon}_z = -\frac{v_0}{h},\ \dot{\varepsilon}_y = \frac{2av_0}{\pi h}$$

$$\bar{\dot{\varepsilon}}_{xy} = \frac{1}{bl}\int_0^l\int_0^b \dot{\varepsilon}_{xy}\mathrm{d}x\mathrm{d}y = -\frac{abv_0}{4lh}$$

应变速率场比值函数为

$$\frac{\bar{\dot{\varepsilon}}_{xy}}{\bar{\dot{\varepsilon}}_x} = \frac{-\pi ab}{4l(\pi - 2a)},\ \frac{\dot{\varepsilon}_y}{\bar{\dot{\varepsilon}}_x} = \frac{2a}{\pi - 2a},\ \frac{\dot{\varepsilon}_z}{\bar{\dot{\varepsilon}}_x} = \frac{-\pi}{\pi - 2a},\ \frac{\dot{\varepsilon}_z}{\dot{\varepsilon}_y} = \frac{-\pi}{2a},\ \frac{\bar{\dot{\varepsilon}}_{xy}}{\dot{\varepsilon}_y} = -\frac{\pi b}{8l},\ \frac{\bar{\dot{\varepsilon}}_{xy}}{\dot{\varepsilon}_z} = \frac{ab}{4l} \quad ②$$

而由式（6.116），按中值定理

$$\bar{v}_x = \frac{1}{l}\int_0^l v_x \mathrm{d}x = \frac{lv_0}{2h} - \frac{4alv_0}{\pi^2 h},\ \bar{v}_y = \frac{1}{bl}\int_0^l\int_0^b v_y \mathrm{d}x\mathrm{d}y = \frac{abv_0}{\pi h},\ \frac{\bar{v}_y}{\bar{v}_x} = \frac{2\pi ab}{\pi^2 l - 8al} \quad ③$$

6.9.2 成形功率泛函

6.9.2.1 内部变形功率内积

$$\begin{aligned}\dot{W}_i &= \int_V \sigma_e \dot{\varepsilon}_e \mathrm{d}V = \sqrt{\frac{2}{3}}\sigma_s \int_0^b\int_0^l \sqrt{\dot{\varepsilon}_x^2 + \dot{\varepsilon}_y^2 + \dot{\varepsilon}_z^2 + 2\dot{\varepsilon}_{xy}^2}\,h\mathrm{d}x\mathrm{d}y \\ &= \sqrt{\frac{2}{3}}\sigma_s h\int_0^b\int_0^l \dot{\boldsymbol{\varepsilon}}\cdot\dot{\boldsymbol{\varepsilon}}^0 \mathrm{d}x\mathrm{d}y = \sqrt{\frac{2}{3}}\sigma_s h\int_0^b\int_0^l (\dot{\varepsilon}_x l_1 + \dot{\varepsilon}_y l_2 + \dot{\varepsilon}_z l_3 + 2\dot{\varepsilon}_{xy} l_4)\mathrm{d}x\mathrm{d}y \\ &= \sqrt{\frac{2}{3}}\sigma_s h(I_1 + I_2 + I_3 + I_4)\end{aligned} \quad ④$$

方向余弦依次为：

$$l_1 = \frac{\dot{\varepsilon}_x}{\sqrt{\dot{\varepsilon}_x^2 + \dot{\varepsilon}_y^2 + \dot{\varepsilon}_z^2 + 2\dot{\varepsilon}_{xy}^2}} = \left[1 + \left(\frac{\dot{\varepsilon}_y}{\dot{\varepsilon}_x}\right)^2 + \left(\frac{\dot{\varepsilon}_z}{\dot{\varepsilon}_x}\right)^2 + 2\left(\frac{\dot{\varepsilon}_{xy}}{\dot{\varepsilon}_x}\right)^2\right]^{-1/2}$$

$$l_2 = \left[1 + \left(\frac{\dot{\varepsilon}_x}{\dot{\varepsilon}_y}\right)^2 + \left(\frac{\dot{\varepsilon}_z}{\dot{\varepsilon}_y}\right)^2 + 2\left(\frac{\dot{\varepsilon}_{xy}}{\dot{\varepsilon}_y}\right)^2\right]^{-1/2}$$

$$l_3 = \left[1 + \left(\frac{\dot{\varepsilon}_x}{\dot{\varepsilon}_z}\right)^2 + \left(\frac{\dot{\varepsilon}_y}{\dot{\varepsilon}_z}\right)^2 + 2\left(\frac{\dot{\varepsilon}_{xy}}{\dot{\varepsilon}_z}\right)^2\right]^{-1/2}$$

$$l_4 = \left[2 + \left(\frac{\dot{\varepsilon}_x}{\dot{\varepsilon}_{xy}}\right)^2 + \left(\frac{\dot{\varepsilon}_y}{\dot{\varepsilon}_{xy}}\right)^2 + \left(\frac{\dot{\varepsilon}_z}{\dot{\varepsilon}_{xy}}\right)^2\right]^{-1/2}$$

将式②代入上述各式，然后代入式④并将分矢量逐项积分，注意到式（6.117）得

$$I_1 = \int_0^b \int_0^l \dot{\varepsilon}_x l_1 \mathrm{d}x\mathrm{d}y = \frac{bl^2 v_0}{h}\left(\frac{4a^2}{\pi} - 4a + \pi\right)\left[l^2(\pi-2a)^2 + 4a^2l^2 + \pi^2 l^2 + \frac{1}{8}(\pi ab)^2\right]^{-1/2}$$

$$I_2 = \frac{4a^2 bl^2 v_0}{\pi h}\left[4a^2l^2 + l^2(\pi-2a)^2 + \pi^2l^2 + \frac{1}{8}(\pi ab)^2\right]^{-1/2}$$

$$I_3 = -\frac{v_0}{h}\pi bl^2\left[\pi^2l^2 + l^2(\pi-2a)^2 + 4a^2l^2 + \frac{1}{8}(\pi ab)^2\right]^{-1/2}$$

$$I_4 = -\frac{\pi a^2 b^3 v_0}{8h}\left[\frac{1}{8}(\pi ab)^2 + l^2(\pi-2a)^2 + 4a^2l^2 + \pi^2l^2\right]^{-1/2}$$

将 I_1，I_2，I_3，I_4 代入式④并整理得

$$\dot{W}_i = \sqrt{\frac{2}{3}}\frac{\sigma_s b v_0}{\pi}\sqrt{l^2(\pi-2a)^2 + 4a^2l^2 + \pi^2l^2 + \frac{\pi^2a^2b^2}{8}} \qquad (6.118)$$

6.9.2.2 摩擦功率共线矢量内积

沿接触面，$|\Delta \boldsymbol{v}_\mathrm{f}| = \sqrt{|v_x|^2 + |v_y|^2}$，$|\boldsymbol{\tau}_\mathrm{f}| = mk$，注意到 $\boldsymbol{\tau}_\mathrm{f}$ 与 $\Delta \boldsymbol{v}_\mathrm{f}$ 为共线矢量

$$\dot{W}_\mathrm{f} = mk\int_0^b\int_0^l |\Delta \boldsymbol{v}_\mathrm{f}|\mathrm{d}x\mathrm{d}y = \int_0^b\int_0^l |\boldsymbol{\tau}_\mathrm{f}||\Delta \boldsymbol{v}_\mathrm{f}|\cos(\boldsymbol{\tau}_\mathrm{f},\Delta \boldsymbol{v}_\mathrm{f})\mathrm{d}x\mathrm{d}y = \int_0^b\int_0^l \boldsymbol{\tau}_\mathrm{f}\cdot\Delta \boldsymbol{v}_\mathrm{f}\mathrm{d}x\mathrm{d}y$$

$$= \int_0^b\int_0^l (mkv_x\cos\alpha + mkv_y\cos\beta)\mathrm{d}x\mathrm{d}y = mk\int_0^b\int_0^l\left(\frac{v_xv_x}{\sqrt{v_x^2+v_y^2}} + \frac{v_yv_y}{\sqrt{v_x^2+v_y^2}}\right)\mathrm{d}x\mathrm{d}y$$

$$= mk\int_0^b\int_0^l \{v_x[1+(v_y/v_x)^2]^{-1/2} + v_y[1+(v_y/v_x)^{-2}]^{-1/2}\}\mathrm{d}x\mathrm{d}y$$

$$= mk(I_{11} + I_{22}) \qquad ⑤$$

注意到式③代入下式，分矢量逐项积分有

$$I_{11} = \int_0^b\int_0^l v_x[1+(v_y/v_x)^2]^{-1/2}\mathrm{d}x\mathrm{d}y = \frac{(\pi^2l - 8al)\left(\frac{bl^2v_0}{2h} - \frac{4abl^2v_0}{\pi^2h}\right)}{\sqrt{(\pi^2l-8al)^2 + (2\pi ab)^2}}$$

$$I_{22} = \int_0^b\int_0^l v_y[1+(v_y/v_x)^{-2}]^{-1/2}\mathrm{d}x\mathrm{d}y = \frac{2a^2b^3lv_0/h}{\sqrt{(2\pi ab)^2 + (\pi^2l-8al)^2}}$$

将 I_{11} 和 I_{22} 代入式⑤整理得

$$\dot{W}_\mathrm{f} = \frac{mkblv_0}{2\pi^2h}\sqrt{(\pi^2l-8al)^2 + (2\pi ab)^2} \qquad (6.119)$$

6.9.2.3 剪切功率

$$\dot{W}_\mathrm{s} = \int_s \boldsymbol{k}\Delta \boldsymbol{v}_t\mathrm{d}z\mathrm{d}y = kbh\Delta\bar{v}_t;\ \Delta v_\mathrm{t} = \bar{v}_z = \frac{1}{bh}\int_0^h\int_0^b v_z\mathrm{d}z\mathrm{d}y = -\frac{v_0}{2}$$

$$\dot{W}_\mathrm{s} = \int_s \boldsymbol{k}|\Delta \boldsymbol{v}_\mathrm{t}|\mathrm{d}z\mathrm{d}y = \frac{kbhv_0}{2} \qquad (6.120)$$

6.9.3 总功率及最小化

6.9.3.1 总功率泛函

令 $\bar{p}blv_0 = J^* = \dot{W}_i + \dot{W}_\mathrm{f} + \dot{W}_\mathrm{s}$，将式（6.118）~式（6.120）代入该式

$$J^* = \frac{\sigma_\mathrm{s} bv_0}{\pi}\left[\sqrt{\frac{2}{3}}\sqrt{l^2\ (\pi-2a)^2+4a^2l^2+\pi^2l^2+\frac{\pi^2a^2b^2}{8}}+\frac{ml}{2\sqrt{3}\pi h}\sqrt{(\pi^2l-8al)^2+(2\pi ab)^2}+\frac{\pi h}{2\sqrt{3}}\right] \tag{6.121}$$

6.9.3.2 应力状态系数与 *m* 值

$$n_\sigma = \frac{\bar{p}}{\sigma_\mathrm{s}} = \sqrt{\frac{2}{3}}\sqrt{2-\frac{4a}{\pi}+\frac{8a^2}{\pi^2}+\frac{a^2b^2}{8l^2}}+\frac{m}{2\sqrt{3}\pi h}\sqrt{\left(\pi l-\frac{8al}{\pi}\right)^2+4a^2b^2}+\frac{h}{2\sqrt{3}l} \tag{6.122}$$

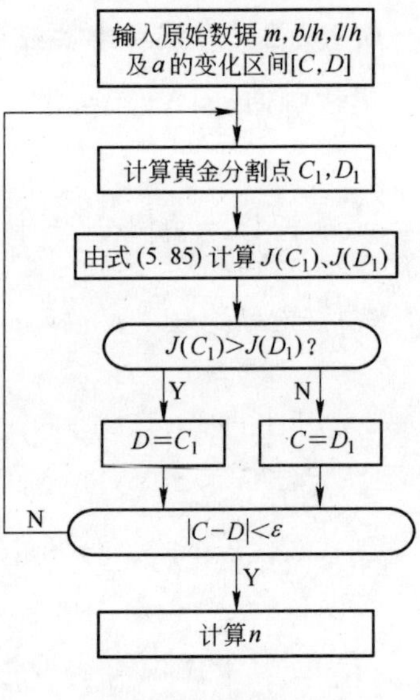

图 6.31　计算框图

显然应力状态因子 n_σ 是参数 a，m，b_0/h 及 l/h 的函数，最佳 a 值及相应 n_σ 可按图 6.31 以黄金分割法得到。

令 $\dfrac{\partial J^*}{\partial a}=0$，然后整理得

$$m = -\frac{\sqrt{2}h\left(\frac{\pi ab^2}{16l^2}+\frac{4a}{\pi}-1\right)}{\sqrt{2-\frac{4a}{\pi}+\frac{8a^2}{\pi^2}+\frac{a^2b^2}{8l^2}}}\ \frac{\sqrt{\left(\pi l-\frac{8al}{\pi}\right)^2+4a^2b^2}}{ab^2+\frac{16al^2}{\pi^2}-2l^2} \qquad ⑥$$

式⑥为解析的 a 与 m 关系式。

6.9.3.3 鼓形参数

由式（6.116）的第二式，

$$v_y\big|_{x=0,y=b_0} - v_y\big|_{x=0,y=b_0} = a\frac{v_0}{h}b_0 - 0，\quad \frac{v_y\big|_{x=0,y=b_0}}{b_0} = a\frac{v_0}{h}$$

$$\frac{v_y\big|_{x=0,y=b_0}}{b_0}\Delta t = a\frac{v_0}{h}\Delta t，\ \frac{\Delta b_1}{b_0} = a\frac{\Delta h}{h_0}，\ a = \frac{\Delta b_1}{b_0}\frac{h_0}{\Delta h} \qquad ⑦$$

式⑦建议的为鼓形参数测量公式。

6.9.4 实验验证

在轧制技术国家重点实验室200kN万能试验机上以30mm/min压缩纯铅试件。三组试样变形前尺寸如表6.11所示。实测压力为F_m，计算中σ_s依据ε、$\dot{\varepsilon}$确定，m取0.2。仅以第一组试样1为例计算如下：由表6.12，$l/h=1.62$，$b_0/h=1.10$，$m=0.2$（锤头淬火），代入方程（6.112）并经图6.31优化得：$a=0.78$，$n_\sigma=1.22$。

表6.11 试样尺寸与实测力

编号	$2b_0$/mm	$2h_0$/mm	$2l$/mm	$2b_1$/mm	$2h$/mm	F_m/kN
1	20.33	20.33	30.0	21.70	18.50	14.10
2	39.86	19.70	30.0	42.16	17.49	30.00
3	39.97	10.12	15.0	40.75	9.08	14.50

第一组试样的应变与应变速率为：

$$\varepsilon=\ln\frac{20.33}{18.50}=0.094$$

$$\dot{\varepsilon}=\frac{\varepsilon}{t}=\frac{30/60}{20.33-18.50}\ln\frac{20.33}{18.50}=0.026(\mathrm{s}^{-1})$$

根据上述ε，$\dot{\varepsilon}$值，查得纯铅变形抗力为$\sigma_s=20.05$（MPa），于是试样1的总压力及与测量力误差分别为

$$F_0=n_\sigma\sigma_s\frac{2l(2b_1+2b_0)}{2\times1000}=15.48(\mathrm{kN})$$

$$\Delta=\frac{15.48-14.10}{14.10}\times100\%=9.79\%$$

三组试样计算与比较结果如表6.12所示，相对误差范围为2.6%~10.14%。取$b_0/h=1.1$，2.28，4.4；$l/h=0.5\sim5.5$；$m=0.2\sim1.0$分别以黄金分割法优化a与n_σ值，结果如图6.32、图6.33及图6.34所示。

表6.12 三组试样优化结果

编号	l/h	b_0/h	A	n_σ	F_0/kN	Δ/%
1	1.62	1.10	0.78	1.22	15.48	9.79
2	1.72	2.28	0.61	1.25	30.78	2.60
3	1.65	4.40	0.34	1.32	15.97	10.14

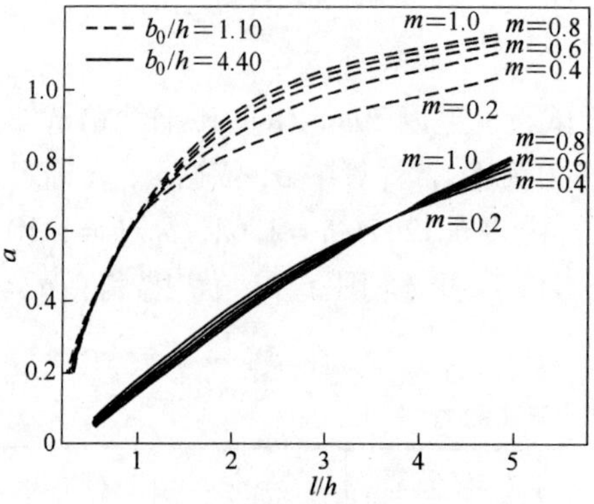

图 6.32 l/h 与 b_0/h 对最优 a 值的影响

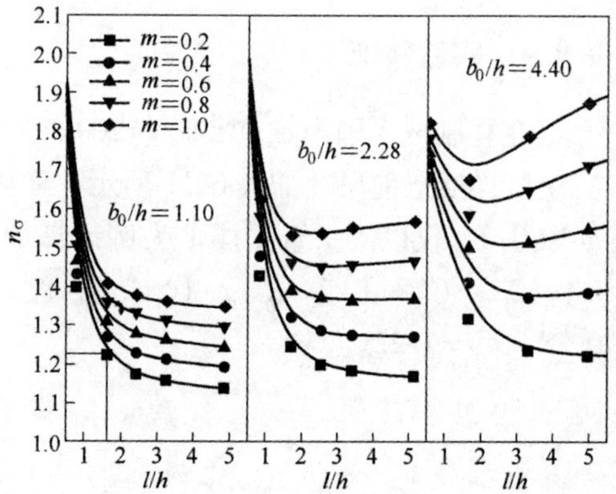

6.33 最优 a 值时 l/h，b_0/h，m 对 n_σ 的影响

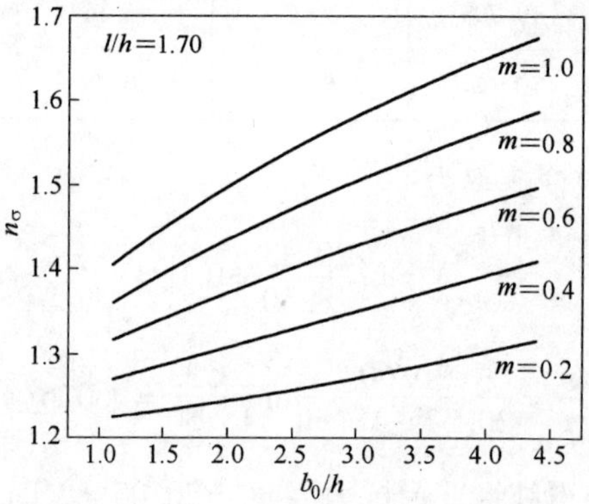

图 6.34 l/h 一定时 b_0/h 对 n_σ 的影响

图 6.32 表明：a 值代表鼓形范围，随 l/h 增加 a 值增加；对同样 b_0/h 值，鼓形随摩擦增加而增加；当 $l/h<1$ 时，摩擦影响不明显；对给定的 m 值，鼓形随 b_0/h 减小和 l/h 增大而增加。图 6.33 表明：对给定的 b_0/h 及 l/h，n_σ 随 m 增加而增加；但每条曲线总存在最小值。图 6.34 表明对给定的 l/h，n_σ 随 b_0/h 及 m 增加而增加。

第 7 章将介绍内积法在解析轧制成形中的具体运用。

7 轧制成形内积解法

轧制和辊拔、辊挤为接触弧（模面）为圆的二次曲线方程，包括模面纵剖线为圆的模拔模挤等成形，泛函积分有一定的数学困难。传统解法是以弦代弧即将边值方程线性化，实质是以一次曲线取代二次曲线。著名的采里柯夫（Целисов）、史通（M. D . Stone）公式，以及抛物线代弧的西姆斯（Simis）轧制力公式均对接触弧进行了不同简化。本章专门讨论不进行接触弧简化的轧制成形泛函应变率向量内积问题，即前文所述成形能率泛函积分的数学线性化方法在轧制中的具体应用。

7.1 变形区相关参数

7.1.1 接触弧方程

平辊轧制变形区水平轴上半部如图 7.1 所示。AC 为入口断面，BO 为出口断面，$\overset{\frown}{AB}$为以 o' 为圆心的接触弧，假定平面变形取单位宽度，由图 7.1

$$\sin\alpha = \frac{x}{R}$$

$$R\cos\alpha + \frac{h_x}{2} = R + \frac{h}{2} \qquad ①$$

$$\cos\alpha = 1 - \frac{h_x - h}{2R}$$

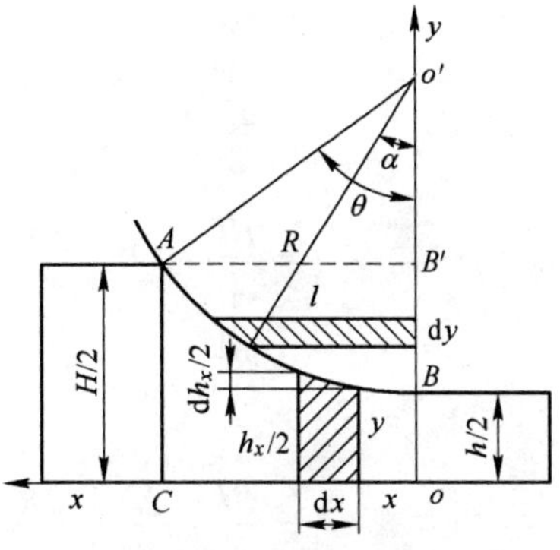

图 7.1 平辊轧制变形区水平轴上半部

（变形区体积 $V = \int_0^l y\mathrm{d}x$，反函数积分：$V = \frac{Hl}{2} - \int_{y_B}^{y_{B'}} x\mathrm{d}y$）

上式中一、三式平方后相加，得到$\overset{\frown}{AB}$的反函数方程为

$$x^2 = -\frac{h^2}{4} - \frac{h_x^2}{4} - Rh + Rh_x + \frac{h}{2}h_x \qquad ②$$

由式①的第一、第二式得到接触弧$\overset{\frown}{AB}$的参数方程与直角坐标方程分别为

$$h_x = h_\alpha = 2R + h - 2R\cos\alpha,\ x = R\sin\alpha \qquad (7.1)$$

$$h_x = 2R + h - 2\sqrt{R^2 - x^2} \qquad (7.2)$$

7.1.2 几何参数

$l/\bar{h}$ 是影响轧制压力的主要几何参数之一，也是单位压力计算曲线的纵坐标。$\bar{h}$ 的计算精度决定几何参数 $l/\bar{h}$ 的精度。传统对轧制变形区 $\bar{h}$ 的计算方法有两种，一种是对图 7.1 以弦代弧，

$$\bar{h} = (H + h)/2 \tag{7.3}$$

另一种是以抛物线代弧

$$\bar{h} = (H + 2h)/3 \tag{7.4}$$

式中，H，h 分别为变形区入、出口厚度。以下提出三种不简化接触弧方程时 $\bar{h}$ 的准确算法。

7.1.2.1 反函数积分确定变形区体积与 $\bar{h}$

由式②及图 7.1

$$x = \sqrt{-y^2 + (2R + h)y - \left(\frac{h^2}{4} + Rh\right)} = f(y) \quad ③$$

采用变量代换 $y = h_x/2$，变形区水平轴上半部分体积为

$$\begin{aligned}
V_{\text{ABOC}} &= \frac{H}{2}l - \int_{y_{\text{B}}}^{y_{\text{B}'}} x\text{d}y \\
&= \frac{H}{2}l - \int_{\frac{h}{2}}^{\frac{H}{2}} f(y)\text{d}y \\
&= \frac{H}{2}l - \int_{\frac{h}{2}}^{\frac{H}{2}} \sqrt{-y^2 + (2R + h)y - \left(\frac{h^2}{4} + Rh\right)}\text{d}y \\
&= \frac{Hl}{2} - \frac{2y - 2R - h}{4}\sqrt{-y^2 + (2R + h)y - \left(\frac{h^2}{4} + Rh\right)}\Bigg|_{h/2}^{H/2} - \\
&\quad \frac{R^2}{2}\arcsin\frac{2y - 2R - h}{\sqrt{4R^2}}\Bigg|_{h/2}^{H/2} \\
&= \frac{Hl}{2} - \frac{\Delta h - 2R}{4}\sqrt{-\frac{H^2}{4} + (2R + h)\frac{H}{2} - \left(\frac{h^2}{4} + Rh\right)} - \\
&\quad \frac{R^2}{2}\left(\arcsin\frac{\Delta h - 2R}{2} + \frac{\pi}{2}\right)
\end{aligned} \quad ④$$

整个变形区单位宽度体积为

$$V = Hl - \frac{\Delta h - 2R}{2}\sqrt{-\frac{H^2}{4} + (2R + h)\frac{H}{2} - \left(\frac{h^2}{4} + Rh\right)} - R^2\left(\arcsin\frac{\Delta h - 2R}{2R} + \frac{\pi}{2}\right) \quad ⑤$$

变形区平均高度 $\bar{h}$ 为

$$\bar{h} = \frac{V}{l} = H - \frac{\Delta h - D}{2l}\sqrt{-\frac{H^2}{4} + (D + h)\frac{H}{2} - \left(\frac{h^2}{4} + Rh\right)} - \frac{R^2}{l}\left(\arcsin\frac{\Delta h - D}{D} + \frac{\pi}{2}\right) \tag{7.5}$$

式中，$D=2R$ 为辊径；$l=\sqrt{R\Delta h}$为接触弧水平投影；$\Delta h=H-h$ 为道次绝对压下量。

7.1.2.2 显函数积分确定变形区体积与 $\bar{h}$

由式（7.2），

$$V=2V_{\mathrm{ABOC}}=\int_0^l h_x\mathrm{d}x=\int_0^l(2R+h-2\sqrt{R^2-x^2})\mathrm{d}x=2Rl+hl-2\int_0^l\sqrt{R^2-x^2}\mathrm{d}x$$

$$=2Rl+hl-2\left[\frac{x}{2}\sqrt{R^2-x^2}+\frac{R^2}{2}\arcsin\frac{x}{R}\right]_0^l$$

$$=2Rl+hl-2\left(\frac{l}{2}\sqrt{R^2-l^2}+\frac{R^2}{2}\arcsin\frac{l}{R}\right) \qquad ⑥$$

$$\bar{h}=\frac{V}{l}=H+\sqrt{R^2-l^2}-\frac{R^2}{l}\sin^{-1}\left(\frac{l}{R}\right) \qquad (7.6)$$

7.1.2.3 参量积分确定变形区体积与 $\bar{h}$

由式（7.1）$\mathrm{d}x=R\cos\alpha\mathrm{d}\alpha$

$$V=2V_{\mathrm{ABOC}}=\int_0^\theta(2R+h-2R\cos\alpha)R\cos\alpha\mathrm{d}\alpha$$

$$=2R^2\int_0^\theta\cos\alpha\mathrm{d}\alpha+Rh\int_0^\theta\cos\alpha\mathrm{d}\alpha-2R^2\int_0^\theta\cos^2\alpha\mathrm{d}\alpha$$

$$=(2R^2+Rh)\sin\theta-2R^2\left(\frac{\theta}{2}+\frac{\sin\theta\cos\theta}{2}\right) \qquad ⑦$$

注意到 $\sin\theta=l/R$，

$$\bar{h}=\frac{V}{l}=R+h-\frac{R^2\theta}{l}+\frac{\Delta h}{2} \qquad (7.7)$$

式中，θ 为最大接触角，$\cos\theta=1-\Delta h/D$。$\bar{h}$ 也可由方程式（7.1）、式（7.2）以积分中值定理计算。

7.1.3 中性面参数

平辊轧制中性面参数如图 7.2 所示，图中 n、α_{n}、h_{n}、θ、R、α 依次为中性点、中性角、中性面高度、最大接触角、轧辊半径与接触角。令 $y=\frac{h_x}{2}$由式②得到

$$y^2-(2R+h)y+\left(\frac{h^2}{4}+Rh+x^2\right)=0 \qquad (7.8)$$

上式一元二次方程的两个根为 $y_{1,2}=R+\frac{h}{2}\pm\sqrt{R^2-x^2}$ ⑧

式⑧的物理意义如图 7.2 所示。它表明 y_1 与 y_2 是以上辊中心 o' 为对称的圆弧方程。其中 y_1 对应圆弧面$\overset{\frown}{A_1B_1}$上各点到水平轴 x 的垂直距离；y_2 对应圆弧面$\overset{\frown}{AB}$

（即接触弧）上各点到水平轴 x 的垂直距离。为此在研究轧制变形区内各截面高度时舍去正根 y_1，取

$$y = y_2 = \frac{h_x}{2} = R + \frac{h}{2} - \sqrt{R^2 - x^2} \quad 或 \quad h_x = 2R + h - 2\sqrt{R^2 - x^2}$$

若水平速度分布如图 7.3 所示。轧制运动学方程（秒流量）满足

$$h_x v_x = H v_{\mathrm{H}} = h v_{\mathrm{h}} = v_{\mathrm{n}} h_{\mathrm{n}} = v\cos\alpha_{\mathrm{n}} h_{\mathrm{n}} = V/T = C \tag{7.9}$$

式中，v，v_{n}，V，T 依次为轧辊圆周速度、中性点水平速度、被轧制板带单位宽度体积、完成轧制过程的总时间。由式（7.9），令

$$\cos\alpha_{\mathrm{n}} h_{\mathrm{n}} = \frac{V}{vT} = a$$

则

$$\cos\alpha_{\mathrm{n}} = \frac{V}{h_{\mathrm{n}} vT} = \frac{a}{h_{\mathrm{n}}},\ a_{\mathrm{n}} = \cos^{-1}\left(\frac{a}{h_{\mathrm{n}}}\right) \quad ⑨$$

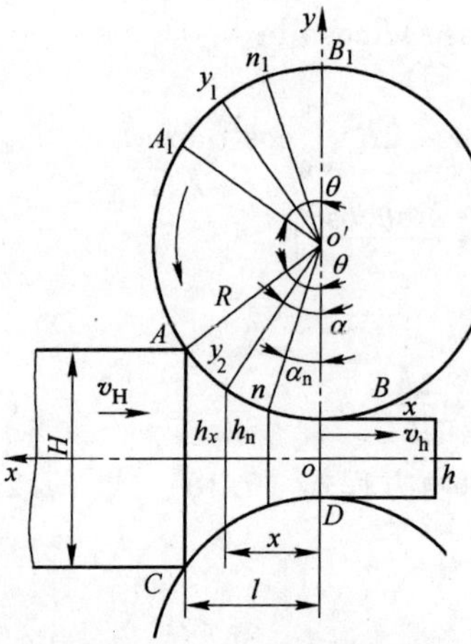

图 7.2 平辊轧制变形区

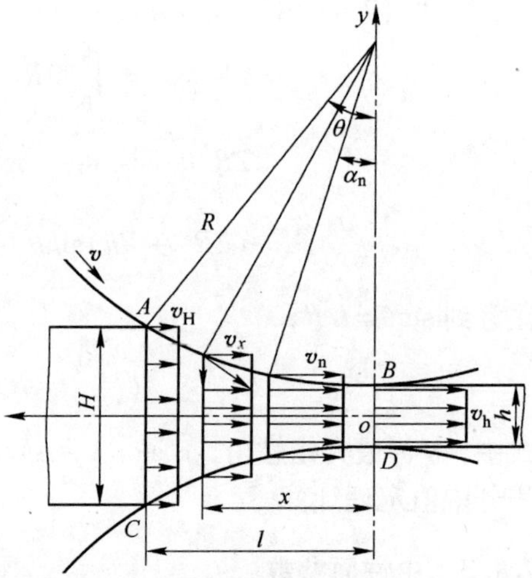

图 7.3 变形区水平速度分布

由式（7.1），$h_{\mathrm{n}} = 2R + h - 2R\cos\alpha_{\mathrm{n}}$，将上式代入该式并两侧乘以 h_{n} 得到

$$h_{\mathrm{n}}^2 - (2R + h)h_{\mathrm{n}} + 2Ra = 0$$

注意到上述方程的两个实根

$$h_{\mathrm{n}(1,2)} = \frac{(2R + h) \pm \sqrt{(2R + h)^2 - 8Ra}}{2}$$

舍去上表面对称点 h_{n1}（见图 7.2），参照式⑧与式（7.2），则变形区接触弧 $\overset{\frown}{AB}$ 上的 h_{n} 为

$$h_n = h_{n2} = R + \frac{h}{2} - \sqrt{\left(R + \frac{h}{2}\right)^2 - 2Ra},\ \alpha_n = \cos^{-1}\left(\frac{a}{h_n}\right)$$

式⑨即中性面参数计算公式。只要设法准确测量轧制时间并由式⑨计算 a 值，则按上式中性面参数可求。计算时应注意中性点轧辊圆周速度 v 与同方向变形介质速度一致。

上式也可按下述方法推导：将式⑨、$h_n = \frac{a}{\cos\alpha_n}$ 与式（7.1）联立

$$h_n = 2R + h - 2R\cos\alpha_n = \frac{a}{\cos\alpha_n},\quad \cos^2\alpha_n - \frac{2R+h}{2R}\cos\alpha_n + \frac{a}{2R} = 0$$

解之得

$$\cos\alpha_{n(1,2)} = \frac{\left(1 + \frac{h}{2R}\right) \pm \sqrt{\left(1 + \frac{h}{2R}\right)^2 - \frac{2a}{R}}}{2}$$

取正根（因为 $0 \leqslant \alpha_n \leqslant \theta$）有

$$\alpha_n = \cos^{-1}\left[\frac{\left(1 + \frac{h}{2R}\right) + \sqrt{\left(1 + \frac{h}{2R}\right)^2 - \frac{2a}{R}}}{2}\right];\ h_n = 2a\Big/\left[\left(1 + \frac{h}{2R}\right) + \sqrt{\left(1 + \frac{h}{2R}\right)^2 - \frac{2a}{R}}\right] \tag{7.10}$$

将式（7.10）第一式代入式⑨，注意到式（7.8），得

$$\begin{aligned} h_n\cos\alpha_n &= \frac{R}{2}\left[\left(1 + \frac{h}{2R}\right) - \sqrt{\left(1 + \frac{h}{2R}\right)^2 - \frac{2a}{R}}\right]\left[\left(1 + \frac{h}{2R}\right) + \sqrt{\left(1 + \frac{h}{2R}\right)^2 - \frac{2a}{R}}\right] \\ &= \frac{R}{2}\left[\left(1 + \frac{h}{2R}\right)^2 - \left(\sqrt{\left(1 + \frac{h}{2R}\right)^2 - \frac{2a}{R}}\right)^2\right] = \frac{R}{2}\left[\left(1 + \frac{h}{2R}\right)^2 - \left(1 + \frac{h}{2R}\right)^2 + \frac{2a}{R}\right] \\ &= a = \frac{C}{v} \end{aligned}$$

式中，C 为秒流量常数；v 为轧辊圆周速度。上式验证了式⑨与式（7.10）间关系满足体积不变方程式（7.9）。虽然二者形式不同但计算结果一致。

7.1.4　计算实例

计算实例1：在 $\phi500$ 轧机上热轧 LY12 合金板，轧制温度为 375℃，轧制速度 $v = 2\text{m/s}$，轧前厚度 $H = 10\text{mm}$，轧后厚度 $h = 6\text{mm}$，宽度 $B = 1500\text{mm}$，取 $f = 0.4$，计算几何参数 $\bar{h}$ 与 $l/\bar{h}$。

按式（7.3）：$l = \sqrt{250 \times 4} = 31.62(\text{mm})$，$\bar{h} = \frac{10+6}{2} = 8(\text{mm})$，$\frac{l}{\bar{h}} = 3.95$

按式（7.4）：$\bar{h} = \frac{10 + 2 \times 6}{3} = 7.33(\text{mm})$；$\frac{l}{\bar{h}} = 4.31$

按式（7.5）：将 $H=10$，$l=31.72$，$D=500$，$\Delta h=4$；$\bar{h}=7.34$，$\frac{l}{\bar{h}}=4.31$

按式（7.6）：$\bar{h}=10+\sqrt{250^2-31.62^2}-\frac{250^2}{31.62}\sin^{-1}\left(\frac{31.62}{250}\right)=7.32$，$\frac{l}{\bar{h}}=4.32$

按式（7.7）：$\bar{h}=250+6-\frac{250^2}{31.62}\sin^{-1}\left(\frac{31.62}{250}\right)+\frac{4}{2}=7.33$，$\frac{l}{\bar{h}}=4.31$

以上结果表明以弦代弧式（7.3）与各式计算 $l/\bar{h}$ 的误差 $\Delta=(3.95-4.31)/3.95=9.1\%$其他结果基本一致。且式（7.7）只有在极特定条件下方可直接导出式（7.3）。如果接触角 θ 很小，假定 $\theta=\arcsin(l/R)\approx l/R$ 代入式（7.7），有

$$\bar{h}=R+h-\frac{R^2}{l}\times\frac{l}{R}+\frac{\Delta h}{2}=h+\frac{\Delta h}{2}=h+\frac{H-h}{2}=\frac{H+h}{2}$$

足见可用三种数学积分方法精确计算轧制变形区几何参数，变形区体积 V，平均高度 $\bar{h}$ 及 $l/\bar{h}$。而以弦代弧的式（7.3）误差最大。

计算实例 2：在 $\phi 300$ 轧机轧制四组宽为 50.30mm 的 H_{62} 铜带，辊径 $R=132.9$mm，负荷下轧辊周速 $v=177$mm/s，第三组测压曲线输出长度 $l'=40$mm，示波器走纸速度 $v_1=25$mm/s，试计算中性面参数。

以第三组试件为例计算如下：$T=l'/v=1.6$，$a=V/(vT)=5.2521307$ 将 $R=132.9$、$h=4.78$代入式（7.9），$h_n=5.2616655$，$\alpha_n=\cos^{-1}(a/h_n)=0.0602109=3.45°$；$\theta=\sin^{-1}(\sqrt{R\Delta h}/R)=0.0877=5.026°$，$\theta/2=2.51°$，$\alpha_n>\theta/2$；$\varepsilon=\Delta h/H=17.5\%$。

代入 Avitzur 公式：$\ln\frac{H}{h}+\frac{1}{4}\sqrt{\frac{h}{R}}\sqrt{\frac{H}{h}-1}-m\sqrt{\frac{R}{h}}\tan^{-1}\sqrt{\frac{H}{h}-1}=-3m\frac{R}{h}\alpha_n$

得 $m=0.08$。四组试件测试计算结果如表 7.1 所示。

表 7.1　中性面参数测试与计算结果

试件	HL/mm × mm	hl/mm × mm	l'/mm	T/s	a	h_0/mm	α_n/(°)	θ/(°)	m	ε/%	润滑
1	5.42 × 228.9	4.72 × 258	37.5	1.47	4.8281377	4.8301	1.75	4.17	0.31	12.9	
2	5.77 × 319	4.77 × 379	52	2.08	5.0192308	5.0242	2.55	4.98	0.14	17.3	
3	5.80 × 255	3.78 × 300	40	1.70	5.2521307	5.2717	3.45	5.027	0.08	17.5	机油
4	5.87 × 532	4.74 × 730	82.5	3.3	5.3777309	5.3807	3.98	5.28	0.07	19.1	机油

本节主要参考文献为［42，43］。

7.2 应变与应变率参数

对材料成形，平均总应变程度 $\bar{\varepsilon}$（又称冷作硬化参数）是影响冷变形状态下

金属变形抗力 σ_s 的主要参数；而应变速率参数 $\bar{\dot{\varepsilon}}$ 是影响热变形状态下金属变形抗力 σ_s 的主要参数，二者直接影响到轧制力计算结果的精确性。因此必须建立相应的精确计算公式[44~46]。

7.2.1 轧制的应变程度参数

设轧件退火状态厚为 H_0，计算道次变形区入口厚度为 H，出口厚度为 h（见图 7.3）。按工程主变形则入口、出口与变形区任一断面 h_x 处总冷变形程度依次为

$$\varepsilon_H = \frac{H_0 - H}{H_0},\ \varepsilon_h = \frac{H_0 - h}{H_0},\ \varepsilon_x = \frac{H_0 - h_x}{H_0} \quad (l \geqslant x \geqslant 0) \qquad ①$$

将参数方程式（7.1）代入上式的第三式

$$\varepsilon_x = \frac{H_0 - h - 2R(1 - \cos\alpha)}{H_0}$$

注意到上式 ε_x 是 α 的函数，$\theta \geqslant \alpha \geqslant 0$，由中值定理并以 $\bar{\varepsilon}$ 表示 ε_x 的均值，则变形区内

$$\begin{aligned}\bar{\varepsilon} &= \frac{1}{\theta}\int_0^\theta \frac{H_0 - h - 2R(1 - \cos\alpha)}{H_0}\mathrm{d}\alpha \\ &= \frac{1}{\theta}\int_0^\theta \varepsilon_h \mathrm{d}\alpha - \frac{1}{\theta} \times \frac{2R}{H_0}\int_0^\theta (1 - \cos\alpha)\mathrm{d}\alpha \\ &= \varepsilon_h - \frac{2R}{H_0} + \frac{2R}{H_0}\frac{\sin\theta}{\theta} \qquad (7.11a)\end{aligned}$$

注意到 $\sin\theta = l/R$，$l = \sqrt{R\Delta h}$，上式的不同形式为

$$\bar{\varepsilon} = \varepsilon_h - \frac{2R}{H_0} + \frac{2l}{H_0}\left(\arcsin\frac{l}{R}\right)^{-1}$$

$$\bar{\varepsilon} = \varepsilon_h - \frac{2R}{H_0} + \frac{2\sqrt{R\Delta h}}{H_0}\left(\arcsin\sqrt{\frac{\Delta h}{R}}\right)^{-1} \qquad (7.11b)$$

式（7.11）为接触弧参数方程与积分中值定理推导的计算轧制变形区平均总变形程度精确公式。其中 Δh 为计算道次的绝对压下量；ε_h 为计算道次出口总冷变形程度。

同理将接触弧直角坐标方程式（7.2）代入式①的第三式

$$\varepsilon_x = \frac{H_0 - 2R - h + 2\sqrt{R^2 - x^2}}{H_0}$$

注意到 ε_x 是 x 的函数且 $l \geqslant x \geqslant 0$，以 $\bar{\varepsilon}$ 表示 ε_x 的均值，注意到 $\varepsilon_h = \frac{H_0 - h}{H_0}$ 则

$$\bar{\varepsilon} = \frac{1}{l}\int_0^l \frac{H_0 - h - (2R - 2\sqrt{R^2 - x^2})}{H_0}\mathrm{d}x$$

$$= \varepsilon_{\mathrm{h}} - \frac{2R}{H_0} + \frac{1}{H_0}\left(\sqrt{R^2 - l^2} + \frac{R^2}{l}\arcsin\frac{l}{R}\right) \tag{7.12}$$

式（7.12）表明，冷轧时平均变形程度 $\bar{\varepsilon}$ 是出口冷变形程度 ε_{h}，辊半径 R，退火时坯料厚度 H_0 及接触弧水平投影 l 的函数。式（7.11）与式（7.12）可用于冷轧精确计算 $\bar{\varepsilon}$ 的值。两式也可采用下述推导方式。

由式①知 ε_x 是 h_x 的单值函数，故有

$$\bar{\varepsilon} = \frac{H_0 - \bar{h}_x}{H_0} \quad ②$$

由参数方程式（7.1）和中值定理

$$\bar{h}_\alpha = \bar{h}_x = \frac{1}{\theta}\int_0^\theta (2R + h - 2R\cos\alpha)\mathrm{d}\alpha = 2R + h - 2R\frac{\sin\theta}{\theta}$$

代入式②得

$$\bar{\varepsilon} = \varepsilon_{\mathrm{h}} - \frac{2R}{H_0} + \frac{2R}{H_0} \times \frac{\sin\theta}{\theta}$$

同理由直角坐标方程式（7.2），可得式（7.7）

$$\bar{h}_x = \frac{1}{l}\int_0^l (2R + h - 2\sqrt{R^2 - x^2})\mathrm{d}x = 2R + h - \frac{2}{l}\int_0^l \sqrt{R^2 - x^2}\mathrm{d}x$$

$$= 2R + h - \left(\sqrt{R^2 - l^2} + \frac{R^2}{l}\arcsin\frac{l}{R}\right)$$

代入式②也可直接得到

$$\bar{\varepsilon} = \varepsilon_{\mathrm{h}} - \frac{2R}{H_0} + \frac{1}{H_0}\left(\sqrt{R^2 - l^2} + \frac{R^2}{l}\arcsin\frac{l}{R}\right)$$

7.2.2　对数变形程度

在硬化模型中有时用对数表示总冷变形程度，这时硬化曲线横坐标也为变形程度的对数值。对冷轧某道次轧制变形区入口、出口变形区内任一断面 h_x 的总变形程度（由退火状态厚 H_0 算起）依次为

$$\varepsilon_{\mathrm{H}} = \ln\frac{H_0}{H},\ \varepsilon_{\mathrm{h}} = \ln\frac{H_0}{h},\ \varepsilon_x = \ln\frac{H_0}{h_x} \quad (l \geqslant x \geqslant 0) \quad ③$$

注意到上式中 ε_x 是 x 单值函数，则

$$\bar{\varepsilon}_x = \ln\frac{H_0}{\bar{h}_x} \quad ④$$

以 $\bar{\varepsilon}$ 表示 $\bar{\varepsilon}_x$ 并将前述 $\bar{h}_x = \bar{h}$ 依次代入式④得

$$\bar{\varepsilon} = \ln\frac{H_0}{\bar{h}_x} = \ln\frac{H_0}{2R + h - 2R\dfrac{\sin\theta}{\theta}},\ \bar{\varepsilon} = \ln\frac{H_0}{2R + h - \sqrt{R^2 - l^2} - \dfrac{R^2}{l}\arcsin\dfrac{l}{R}} \tag{7.13}$$

式（7.13）分别为以接触弧参数方程与直角坐标方程推导的对数平均总变形程度 $\bar{\varepsilon}$ 的精确公式。

将 $\sin\theta = l/R$ 分别代入式（7.12）与式（7.12）得

$$\bar{\varepsilon} = \varepsilon_h - \frac{2R}{H_0} + \frac{2l}{\theta H_0} \quad ⑤$$

$$\bar{\varepsilon} = \varepsilon_h - \frac{2R}{H_0} + \frac{1}{H_0}\left(\sqrt{R^2 - l^2} + \frac{R^2}{l}\arcsin\frac{l}{R}\right) = \varepsilon_h - \frac{2R}{H_0} + \frac{2l}{H_0} \times \frac{\cos\alpha\sin\theta + \theta}{2\sin^2\theta} \quad ⑥$$

比较式⑤、式⑥知，二者结果不完全一致，因为：$\frac{\cos\alpha\sin\theta + \theta}{2\sin^2\theta} \neq \frac{1}{\theta}$，以不同最大接触角代入上式知（见表7.2）

$$\frac{\cos\alpha\sin\theta + \theta}{2\sin^2\theta} > \frac{1}{\theta}$$

表7.2 式⑤、式⑥计算结果比较（θ 计算时取弧度）

θ/(°)	$\frac{\cos\alpha\sin\theta + \theta}{2\sin^2\theta}$	$\frac{1}{\theta}$
1	57.2958	57.2958
5	11.4592	11.4592
10	5.7297	5.7297
15	3.8201	3.8197
20	2.8758	2.8748
25	2.2937	2.2918
30	1.9132	1.9099

作者发现，10°以内相对误差不超过 $\Delta = 0.001\%$；15°时二者误差仅为 $\Delta = 0.01\%$；30°时二者误差仅为 $\Delta = 0.17\%$。

通常，冷轧接触角一般不超过8°，这说明用参数方程与直角坐标推导的公式计算8°以内的平均总变形程度得到一致的结果。

目前轧制理论中广泛应用的冷变形程度 $\bar{\varepsilon}$ 算式为

$$\bar{\varepsilon} = \frac{1}{2}(\varepsilon_H + \varepsilon_h) = \frac{1}{2}\left(\frac{H_0 - H}{H_0} + \frac{H_0 - h}{H_0}\right) \quad ⑦$$

$$\bar{\varepsilon} = 0.4\varepsilon_H + 0.6\varepsilon_h = \varepsilon_H + 0.6\varepsilon(1 + \varepsilon_H) \quad (7.14)$$

$$\bar{\varepsilon} = \frac{\Delta h}{lH}\int_0^l\left(1 - \frac{x^2}{l^2}\right)dx = \frac{2}{3}\frac{\Delta h}{H} \quad (7.15)$$

上述各式实际上是平锤头压缩冷变形程度公式但已采用在轧制过程的数学模型中，均为近似公式。式（7.15）精度最高，是采里柯夫以抛物线代弧按中值定理的推导结果。

应指出，接触弧参数方程式（7.1）与直角坐标方程式（7.2）推导的计算轧制道次相对平均压下量公式依次为

$$\bar{\varepsilon}_x = \varepsilon_h - \frac{2R}{H} + \frac{2l}{H}\left(\arcsin\frac{l}{R}\right)^{-1} \tag{7.16}$$

$$\bar{\varepsilon}_x = \varepsilon_h - \frac{2R}{H} + \frac{1}{H}\left(\sqrt{R^2 - l^2} + \frac{R^2}{l}\arcsin\frac{l}{R}\right) \tag{7.17}$$

需注意式（7.11）与式（7.12）的区别，仅当退火第一道次 $H = H_0$ 时二者才一致。此处 H 是道次轧制入口厚，不是退火状态坯料厚度 H_0。

为比较本书式（7.11）、式（7.12）与传统近似公式计算平均冷变形程度 $\bar{\varepsilon}$ 的区别，现以退火后第一道次冷轧 0Cr18Ni10 不锈钢为例，Δh = 1.5mm、2.5mm、3.0mm 时，各式计算结果比较如表 7.3（H_0 = 20mm、R = 153mm）所示。

表 7.3 不同绝对压下量时各公式计算 $\bar{\varepsilon}$ 的比较 (%)

公式	$\Delta h_1 = 1.5$	$\Delta h_2 = 2.5$	$\Delta h_3 = 3.0$	与式（7.11）的误差
(7.11)	4.997	8.32	9.985	—
(7.12)	4.993	8.3	9.97	$\Delta_1 = 0.07$ $\Delta_2 = 0.24$ $\Delta_3 = 0.15$
(7.15)	5	8.3	10	$\Delta_1 = 0.08$ $\Delta_2 = 0.24$ $\Delta_3 = 0.15$
(7.14)	4.5	7.5	9	$\Delta_1 = 11$ $\Delta_2 = 11$ $\Delta_3 = 11$
⑦	3.7	7.25	7.5	$\Delta_1 = 33.2$ $\Delta_2 = 33.1$ $\Delta_3 = 33.1$

由表可知传统公式⑦误差最大，式（7.14）误差较大，式（7.12）与式（7.15）接近精确值。

7.2.3 应变率参数

注意到热、温轧是主要成形手段，且热轧变形抗力 σ_s 主要依赖应变速率参数 $\bar{\dot{\varepsilon}}$，故 $\bar{\dot{\varepsilon}}$ 的计算对确定热轧力能参数具有特殊重要意义。因轧制变形区内金属质点流动速度的垂直分量与断面高度均不相等，故沿接触弧 $\dot{\varepsilon}$ 不是常数。目前通用的办法是计算变形区各断面 $\dot{\varepsilon}$ 的均值，称平均应变速率参数 $\bar{\dot{\varepsilon}}$。常用的公式有下述三种[43, 44]。

$$\bar{\dot{\varepsilon}} \approx \frac{2v\sqrt{\dfrac{h_0 - h_1}{R}}}{h_0 + h_1} \tag{7.18}$$

$$\bar{\dot{\varepsilon}} \approx \frac{h_0 - h_1}{h_0} \times \frac{v}{\sqrt{R(h_0 - h_1)}} \tag{7.19}$$

式中，R 为轧辊半径；v 为轧辊圆周速度；h_0，h_1 为轧件轧制前后厚度。式（7.18）称 Ekelund 公式。采里柯夫评价了两式不足并提出下式

$$\bar{\dot{\varepsilon}}=\frac{v_1h_1}{l}\left(\frac{1}{h_1}-\frac{1}{h_0}\right)\quad 或\quad \bar{\dot{\varepsilon}}=\frac{v_1}{l}\times\frac{\Delta h}{h_0}\tag{7.20}$$

式中，l 为接触弧水平投影长度；v_1 为轧件出辊速度；h_0 为轧前厚度；Δh 为道次绝对压下量。本节拟采用精确接触参数方程建立运动许可速度场经参变量积分求 $\bar{\dot{\varepsilon}}$ 的精确计算公式，再与前述各公式比较，并证明式（7.20）仅是本解公式简化后的特殊情况。

7.2.3.1 变形区速度场

平辊轧制板带忽略宽展如图 7.4 所示。假定 v_x 沿高向均布，任一断面高度 h_x 满足式（7.1）、式（7.2）。入口速度为 v_0，出口速度为 v_1。对单位宽度，由体积不变条件 $v_xh_x=v_0h_0=v_1h_1=C$；各截面水平速度 v_x 满足

$$v_x=\frac{C}{h_x}=\frac{C}{2R+h_1-2R\cos\alpha}$$

式中，C 为秒流量，在变形区内与 α 无关。因平面变形且 v_x 沿高向均布，即 v_x 与 y 无关。由 Cauchy 方程及式（7.1）并注意平面变形

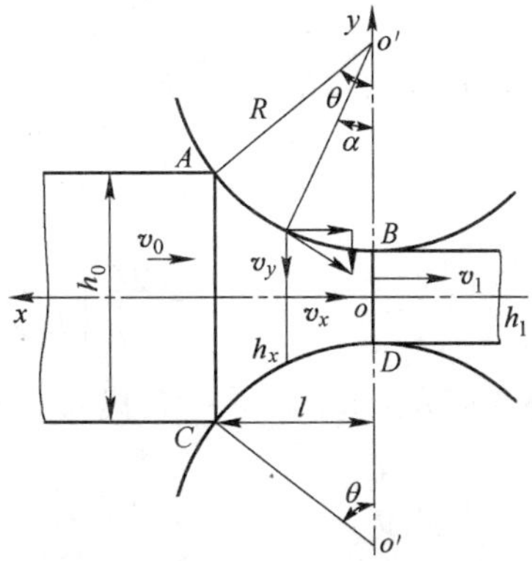

图 7.4 平辊轧制接触面垂直速度

$$\dot{\varepsilon}_x=\frac{\partial v_x}{\partial x}=\frac{\mathrm{d}v_x}{\mathrm{d}\alpha}\frac{\mathrm{d}\alpha}{\mathrm{d}x}$$

$$=\frac{2CR\sin\alpha}{(2R+h_1-2R\cos\alpha)^2}\frac{1}{R\cos\alpha}$$

$$\dot{\varepsilon}_x=-\dot{\varepsilon}_y=\frac{2C\sin\alpha}{\cos\alpha\,(2R+h_1-2R\cos\alpha)^2}\tag{⑧}$$

$$\dot{\varepsilon}_z=0$$

由 Cauchy 方程，$\dot{\varepsilon}_y=\dfrac{\partial v_y}{\partial y}$，故速度场为

$$v_x=\frac{C}{2R+h_1-2R\cos\alpha},\ v_y=\int\dot{\varepsilon}_y\mathrm{d}y=-\frac{2Cy\sin\alpha}{\cos\alpha(2R+h_1-2R\cos\alpha)},\ v_z=0$$

当 $x=0$，$\alpha=0$ 时，$v_x=\dfrac{C}{2R+h_1-2R}=\dfrac{C}{h_1}=v_1$；当 $x=l$，$\alpha=\theta$ 时，$v_x=\dfrac{C}{h_0}=v_0$；

$y=0$，$v_y=0$ 时，将 $y=\pm\dfrac{h_x}{2}$（即上、下接触面）代入上式

$$v_y=\frac{\mp Ch_x\sin\alpha}{\cos\alpha\,(2R+h_1-2R\cos\alpha)^2}=\mp\frac{C\sin\alpha}{\cos\alpha\,(2R+h_1-2R\cos\alpha)^2}=\mp v_x\tan\alpha$$

上式以图形表示如图7.4所示，“-”表示上表面 v_y 与 y 轴一致。足见上述速度场满足变形区速度边界条件。因 $\dot{\varepsilon}_x+\dot{\varepsilon}_y=0$，故式⑧满足运动许可条件。

7.2.3.2 平均应变速率$\bar{\dot{\varepsilon}}_y$的推导

参数$\bar{\dot{\varepsilon}}$是指轧制压下应变速率 $\dot{\varepsilon}_y$ 的平均值$\bar{\dot{\varepsilon}}_y$，由式⑧用参量积分与中值定理

$$\bar{\dot{\varepsilon}}_y=\frac{1}{\theta}\int_0^\theta\dot{\varepsilon}_y\mathrm{d}\alpha=\frac{1}{\theta}\int_0^\theta\frac{-2C\sin\alpha\mathrm{d}\alpha}{\cos\alpha\,(2R+h_1-2R\cos\alpha)^2}$$
$$=\frac{2C}{\theta}\int_0^\theta\frac{\mathrm{d}\cos\alpha}{\cos\alpha\,(2R+h_1-2R\cos\alpha)^2}$$

令 $\cos\alpha=u$，$2R+h_1=b$，$-2R=a$；$\alpha=0$，$u=1$；$\alpha=\theta$，$u=\cos\theta$，由数学手册，

$$\bar{\dot{\varepsilon}}_y=\frac{2C}{\theta}\int_0^\theta\frac{\mathrm{d}u}{u\,(au+b)^2}$$
$$=\frac{2C}{\theta}\left[\frac{1}{b(au+b)}-\frac{1}{b^2}\ln\frac{au+b}{u}\right]_1^{\cos\theta}$$

将 $b=2R+h_1$，$a=-2R$ 代入上式并注意$\bar{\dot{\varepsilon}}_y=\bar{\dot{\varepsilon}}$展开整理

$$\bar{\dot{\varepsilon}}=\frac{2C}{\theta}\Big[\frac{1}{(2R+h_1)(2R+h_1-2R\cos\theta)}-\frac{1}{(2R+h_1)^2}\ln\frac{2R+h_1-2R\cos\theta}{\cos\theta}-$$
$$\frac{1}{(2R+h_1)(2R+h_1-2R)}+\frac{1}{(2R+h_1)^2}\ln(2R+h_1-2R)\Big]$$
$$=\frac{2v_1h_1[\ln(h_1\cos\theta/h_0)-\varepsilon(D/h_1+1)]}{\theta\,(D+h_1)^2}\tag{7.21}$$

式中，$v_1h_1=C$；最大接触角 $\theta=\sin^{-1}(l/R)$；$D=2R$；$\varepsilon=(h_0-h_1)/h_0$ 为道次加工率；h_1为轧件出口厚度。式（7.21）即未经数学简化以参量积分与中值定理得到的$\bar{\dot{\varepsilon}}$的计算公式。

7.2.4 与传统公式比较

我国某厂 $\phi500$ 轧机上热轧 Ly12 合金铝板。轧制温度为375℃，轧制速度为 2m/s，$h_0=10\text{mm}$，$h_1=6\text{mm}$，宽度 $B=1500\text{mm}$，计算参数$\bar{\dot{\varepsilon}}$如下：

$$l=\sqrt{R\Delta h}=31.62(\text{mm})；\ \varepsilon=\Delta h/h_0=0.4$$
$$\theta=\sin^{-1}(l/R)=\sin^{-1}(31.62/250)=0.1268197\text{rad}$$

按式（7.18）：$\bar{\dot{\varepsilon}}=(2\times2000\sqrt{4/250})/(10+6)=31.622777(\text{s}^{-1})$

按式（7.19）：$\bar{\dot{\varepsilon}}=\dfrac{10-6}{6}\times\dfrac{2000}{\sqrt{250\times(10-6)}}=25.298221(\text{s}^{-1})$

按式（7.20）：$\bar{\dot{\varepsilon}}=\dfrac{2000}{31.62}\times0.4=25.30043(\text{s}^{-1})$

按式（7.21）：$\dot{\bar{\varepsilon}} = \frac{2\times2000\times6}{0.1268197\times(500+6)^2}\left[\ln\frac{6}{10}\cos0.1268197 - 0.4\times\left(\frac{500}{6}+1\right)\right]$

$= -25.316989(\mathrm{s}^{-1})$

上式中“ - ”表示$\dot{\bar{\varepsilon}}$为压缩变形。

比较知，式（7.18）与式（7.21）相对误差为

$$\Delta = (25.316989 - 31.62)/25.316989 = 24.9\%$$

而式（7.20）与式（7.21）误差仅为$\Delta = 0.07\%$。这表明采里柯夫公式（7.20）与精确解式（7.21）基本一致。前式不过是后式忽略前滑取轧辊周速v等于轧制速度v_1的简化结果。证明如下：

取式（7.21）$v \approx v_1$，$\left|\ln\frac{h_1}{h_0}\cos\theta\right| < 1 \ll (D/h_1 + 1)$，忽略此项。对冷轧板带，$\theta$角不大于8°，取$\theta = \sin^{-1}\left(\frac{l}{R}\right) \approx \frac{l}{R}$；式（7.21）化为

$$\dot{\bar{\varepsilon}}_y = \frac{-2v_1 R\varepsilon}{h_1 l(D/h_1 + 1)} \tag{7.22}$$

式（7.22）仍相当于式（7.20）的精度，以式（7.22）计算上例

$$\dot{\bar{\varepsilon}}_y = -\frac{2\times2000\times250\times0.4}{6\times31.62(500/6+1)} = -25.0005(\mathrm{s}^{-1})$$

进一步整理：$\dot{\bar{\varepsilon}}_y = -\frac{v_1}{l}\frac{\varepsilon 2R}{h_1(D/h_1+1)} = -\frac{v_1}{l}\varepsilon\frac{2R}{(2R+h_1)}$。对板带轧制，$h_1 \ll 2R$，取$\frac{2R}{2R+h_1} \approx 1$ 代入上式$\dot{\bar{\varepsilon}}_y = -\frac{v_1}{l}\varepsilon = -\frac{v_1}{l}\frac{\Delta h}{h_0} = \dot{\bar{\varepsilon}}$这就是采里柯夫公式。

7.3 板材轧制内积解法1

板带轧制因宽度B与厚度h比值远大于10，故为平面变形问题。以下给出平板轧制二维速度场成形能率泛函的应变速率向量内积解法。

7.3.1 速度场

如图7.5所示，图中垂直纸面方向为不变形方向，已知轧辊圆周速度为v，轧辊半径为R，变形区入口、出口厚度分别为H与h，速度分别为v_H及v_h；取出口截面中心为坐标原点，注意到变形区对称，仅研究水平轴上半部分。

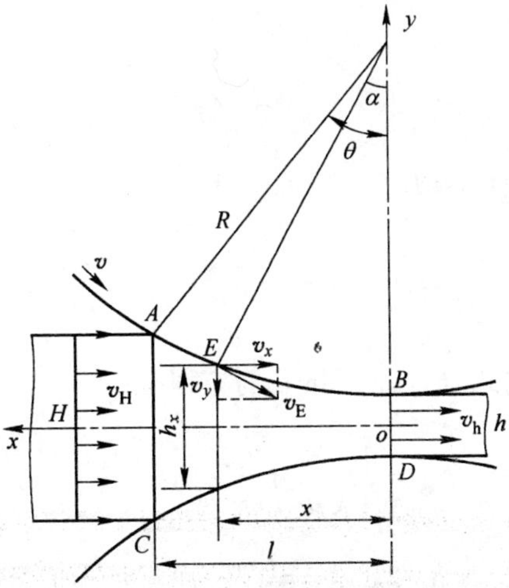

图7.5 平辊轧制变形区

设距出口截面为 x 处厚度为 h_x，则接触弧方程由式（7.2）为

$$h_x = 2R + h - 2\sqrt{R^2 - x^2} \qquad ①$$

注意到弧 BE 对应的圆心角为 α，则接触弧参数方程由式（7.1）为

$$h_x = h_\alpha = 2R + h - 2R\cos\alpha \qquad ②$$

$$x = R\sin\alpha,\ \mathrm{d}x = R\cos\alpha\mathrm{d}\alpha$$

h_x 的一、二阶导数及其参数方程为

$$h'_x = \frac{\mathrm{d}h_x}{\mathrm{d}x} = \frac{2x}{\sqrt{R^2 - x^2}} = 2\tan\alpha \qquad ③$$

$$h''_x = \frac{\mathrm{d}h'_x}{\mathrm{d}x} = \frac{\mathrm{d}h'_x}{\mathrm{d}\alpha}\frac{\mathrm{d}\alpha}{\mathrm{d}x} = \frac{2}{R\cos^3\alpha}$$

积分中值定理确定的一、二阶导数中值为

$$\overline{h'_x} = \frac{1}{l}\int_0^l h'_x\mathrm{d}x = \frac{1}{l}\int_0^l \frac{\mathrm{d}h_x}{\mathrm{d}x}\mathrm{d}x = \frac{1}{l}(H - h) = \Delta h/l$$

$$\overline{h''_x} = \frac{1}{l}\int_0^l \frac{\mathrm{d}h'_x}{\mathrm{d}x}\mathrm{d}x = \frac{1}{l}\int_0^l \mathrm{d}h'_x = \frac{1}{l}[h'_x]_0^l = 2/\sqrt{R^2 - l^2} \qquad ④$$

$$\overline{h_x} = (H + 2h)/3$$

变形区单位宽度秒流量方程为

$$v_{\mathrm{H}}H = v_{\mathrm{h}}h = v_x h_x = v\cos\alpha_{\mathrm{n}} h_{\mathrm{n}} = C = \frac{V}{tB} \qquad ⑤$$

$$v_x = C/h_x$$

按几何方程

$$\dot{\varepsilon}_x = -\frac{\partial v_x}{\partial x} = C\frac{h'_x}{h_x^2} = -\dot{\varepsilon}_y,\ v_y = -C\frac{h'_x}{h_x^2}y$$

速度场为

$$v_x = \frac{C}{h_x},\ v_y = -C\frac{h'_x}{h_x^2}y,\ v_z = 0 \qquad (7.23)$$

由式（7.23）按几何方程

$$\dot{\varepsilon}_{xy} = \frac{1}{2}\left(\frac{\partial v_y}{\partial x}\right) = -Cy\frac{h_x^2 h''_x - 2h_x h'^2_x}{2h_x^4} - C\frac{h'_x}{2h_x^2}y' = -\frac{Cyh''_x}{2h_x^2} + \frac{Cyh'^2_x}{h_x^3} - C\frac{h'_x}{2h_x^2}y'$$

取 $y = h_x/2$，$y' = h'_x/2$；注意到图 7.5 中 y 由 o 变化到 $h_x/2$，取 $\bar{y} = h_x/4$ 代入上式整理

$$\dot{\varepsilon}_{xy} = -\frac{Ch''_x}{8h_x} + \frac{Ch'^{\,2}_x}{4h_x^2} - \frac{Ch'^2_x}{4h_x^2} = -\frac{Ch''_x}{8h_x}$$

应变速率场为

$$\dot{\varepsilon}_x = -C\frac{h'_x}{h_x^2} = -\dot{\varepsilon}_y,\ \dot{\varepsilon}_{xy} = -\frac{Ch''_x}{8h_x},\ \dot{\varepsilon}_{iz} = \dot{\varepsilon}_{zk} = 0 \tag{7.24}$$

对于式（7.23），当 $x=0$，$v_x = \frac{C}{h} = \frac{v_h h}{h} = v_h$；$x=l$，$v_x = \frac{C}{H} = \frac{v_H H}{H} = v_H$，$y=0$，$v_y=0$；当 $y=h_x/2$，$y'=h'_x/2$，$v_y = -C\frac{h'_x}{h_x^2}\times\frac{h_x}{2} = -C\frac{h'_x}{2h_x} = -v_x\frac{h'_x}{2} = -v_x\tan\alpha$，$\tan\alpha = -\frac{v_y}{v_x} = \frac{dy}{dx} = y'$，辊面满足流线微分方程。式（7.24）满足 $\dot{\varepsilon}_x + \dot{\varepsilon}_y + \dot{\varepsilon}_z = 0$。速度场与应变速率场满足运动许可条件。

为简化，应变速率比值函数取式④与式（7.7）

$$\overline{\dot{\varepsilon}}_{xy} = \frac{Ch''_x}{8h_x} \doteq -\frac{C\,\overline{h}''_x}{8\,\overline{h}_x} = -\frac{3C}{4(H+2h)\sqrt{R^2-l^2}} \tag{⑥}$$

$$\overline{\dot{\varepsilon}_x} = \frac{1}{l}\int_0^l \frac{Ch'_x}{h_x^2}dx = \frac{C}{l}\int_h^H \frac{dh_x}{h_x^2} = -\frac{C}{l}\left(\frac{1}{h_x}\right)_h^H = \frac{C}{l}\times\frac{\Delta h}{hH} \tag{⑦}$$

$$\frac{\dot{\varepsilon}_{xy}}{\dot{\varepsilon}_x} = \frac{\overline{\dot{\varepsilon}_{xy}}}{\overline{\dot{\varepsilon}_x}} = -\frac{3hHl}{4\Delta h(H+2h)\sqrt{R^2-l^2}} = \frac{3hl}{4\varepsilon(H+2h)\sqrt{R^2-l^2}} = \frac{3\tan\theta}{4\varepsilon(\eta+2)} \tag{⑧}$$

式中，θ 为接触角；$l=\sqrt{R\Delta h}$为接触弧长度水平投影；$\varepsilon=\Delta h/H$ 为道次加工率；$\eta = H/h$ 为道次压下系数或压缩比。

7.3.2 成形功率泛函

7.3.2.1 变形功率内积

取单位宽度，$dV=dxdy$，由式（5.40）并注意到式（7.24）

$$\dot{W}_i = \sqrt{\frac{2}{3}}\sigma_s\iint_S\sqrt{\dot{\varepsilon}_{ik}\dot{\varepsilon}_{ik}}dxdy = \sqrt{\frac{2}{3}}\sigma_s\iint_S\sqrt{\dot{\varepsilon}_x^2+\dot{\varepsilon}_y^2+\dot{\varepsilon}_{xy}^2+\dot{\varepsilon}_{yx}^2}dxdy$$

$$= \frac{2\sigma_s}{\sqrt{3}}\iint_S\sqrt{\dot{\varepsilon}_x^2+\dot{\varepsilon}_{xy}^2}dxdy = \frac{4\sigma_s}{\sqrt{3}}\int_0^l\int_0^{h_x/2}\left(\dot{\varepsilon}_x/\sqrt{1+(\dot{\varepsilon}_{xy}/\dot{\varepsilon}_x)^2} + \dot{\varepsilon}_{xy}/\sqrt{1+(\dot{\varepsilon}_{xy}/\dot{\varepsilon}_x)^{-2}}\right)dxdy$$

$$= \frac{4\sigma_s}{\sqrt{3}}\int_0^l\int_0^{h_x/2}(\dot{\varepsilon}_x l_1 + \dot{\varepsilon}_{xy}l_2)dxdy = \frac{2\sigma_s}{\sqrt{3}}\iint_S\dot{\boldsymbol{\varepsilon}}\cdot\dot{\boldsymbol{\varepsilon}}^0 dxdy = \frac{4\sigma_s}{\sqrt{3}}(I_1+I_2) \tag{7.25}$$

式中，应变速率矢量、单位矢量，及其方向余弦分别为

$$\dot{\boldsymbol{\varepsilon}} = \dot{\varepsilon}_x\boldsymbol{e}_1 + \dot{\varepsilon}_{xy}\boldsymbol{e}_2,\ \dot{\boldsymbol{\varepsilon}}^0 = l_1\boldsymbol{e}_1 + l_2\boldsymbol{e}_2 \tag{7.26}$$

$$l_1 = [1 + (\dot{\varepsilon}_{xy}/\dot{\varepsilon}_x)^2]^{-1/2},\ l_2 = [1 + (\dot{\varepsilon}_{xy}/\dot{\varepsilon}_x)^{-2}]^{-1/2} \quad ⑨$$

将式⑧代入式⑨再对式（7.25）逐项积分，注意塑性功为正

$$I_1 = \int_0^l \int_0^{h_x/2} \dot{\varepsilon}_x l_1 \mathrm{d}x\mathrm{d}y = \int_0^l \int_0^{h_x/2} \frac{C\dfrac{h_x'}{h_x^2}\mathrm{d}x\mathrm{d}y}{\sqrt{1 + (\dot{\varepsilon}_{xy}/\dot{\varepsilon}_x)^2}} = \frac{C\int_0^l \dfrac{\mathrm{d}h_x}{h_x}}{2\sqrt{1 + \left(\dfrac{3\tan\theta}{4\varepsilon(\eta+2)}\right)^2}}$$

$$= \frac{C\ln\dfrac{H}{h}}{2\sqrt{1 + \left(\dfrac{3\tan\theta}{4\varepsilon(\eta+2)}\right)^2}}$$

$$I_2 = \int_0^l \int_0^{h_x/2} \dot{\varepsilon}_{xy} l_2 \mathrm{d}x\mathrm{d}y = \frac{C\tan\theta}{8\sqrt{\left(\dfrac{4\varepsilon(\eta+2)}{3\tan\theta}\right)^2 + 1}}$$

将分矢量积分结果 I_1，I_2 代入式（7.25）整理得

$$\dot{W}_i = \frac{2C\sigma_s}{\sqrt{3}}\left(\frac{\ln(H/h)}{\sqrt{1 + \left(\dfrac{3\tan\theta}{4\varepsilon(\eta+2)}\right)^2}} + \frac{\tan\theta}{4\sqrt{1 + \left(\dfrac{3\tan\theta}{4\varepsilon(\eta+2)}\right)^{-2}}}\right) \tag{7.27}$$

7.3.2.2 摩擦功率

令摩擦力 $\tau_f = mk$，v_R 为轧辊周速，上下接触面摩擦功率总和为

$$\dot{W}_f = 2mk\left[\int_0^{x_n}(v_x - v_R\cos\alpha)\mathrm{d}x - \int_{x_n}^{l}(v_x - v_R\cos\alpha)\mathrm{d}x\right]$$

由方程式②，$\sin\alpha = x/R$，$\mathrm{d}x = R\cos\alpha\mathrm{d}\alpha$；$x = x_n$，$\alpha = \alpha_n$；$x = l$，$\alpha = \theta$；$h_x = h_\alpha = 2R + h - 2R\cos\alpha$，令 $b = h/2R + 1$，则

$$\dot{W}_f = 2mk\left[\int_0^{\alpha_n}\left(\frac{C}{2R + h - 2R\cos\alpha} - v_R\cos\alpha\right)R\cos\alpha\mathrm{d}\alpha - \int_{\alpha_n}^{\theta}\left(\frac{C}{2R + h - 2R\cos\alpha} - v_R\cos\alpha\right)R\cos\alpha\mathrm{d}\alpha\right]$$

$$= 2mkC\left\{-\alpha_n + \frac{b\tan^{-1}\dfrac{\sqrt{b^2-1}\sin\alpha_n}{-1 + b\cos\alpha_n}}{\sqrt{b^2-1}} - \frac{b\tan^{-1}\dfrac{\sqrt{b^2-1}\sin\theta}{-1 + b\cos\theta}}{2\sqrt{b^2-1}} - \frac{Rv_R\alpha_n}{C} - \frac{Rv_R\sin2\alpha_n}{2C} + \frac{\theta}{2} + \frac{Rv_R\theta}{2C} + \frac{Rv_R\sin2\theta}{4C}\right\} \tag{7.28}$$

7.3.2.3 剪切功率

由式（7.23），$x=0$ 时，$v_x=v_h$，$v_y=0$；故沿出口截面 BD 不消耗剪切功率。$x=l$ 时，$v_x=v_H$，$v_y=-C\dfrac{2\tan\theta}{H^2}y=-\dfrac{2v_H y}{H}\tan\theta$，则沿入口断面 AC，$\Delta v=|0-v_y|=2v_H y\tan\theta/H$，剪切功率为

$$\dot{W}_s=\int_S k\Delta v\mathrm{d}S=2k\int_0^{H/2}\frac{2v_H y}{H}\tan\theta\mathrm{d}y=\frac{kC}{2}\tan\theta \tag{7.29}$$

7.3.3 总功率最小化

将式（7.27）~式（7.29）代入 $\Phi=\dot{W}_i+\dot{W}_f+\dot{W}_s$ 得单位宽度轧制总功率泛函

$$\Phi=\frac{2C\sigma_s}{\sqrt{3}}\left\{\left(\frac{\ln(H/h)}{\sqrt{1+\left(\dfrac{3\tan\theta}{4\varepsilon(\eta+2)}\right)^2}}+\frac{\tan\theta}{4\sqrt{\left(\dfrac{4\varepsilon(\eta+2)}{3\tan\theta}\right)^2+1}}\right)+m\left(\frac{b\tan^{-1}\dfrac{\sqrt{b^2-1}\sin\alpha_n}{b\cos\alpha_n-1}}{\sqrt{b^2-1}}-\frac{b\tan^{-1}\dfrac{\sqrt{b^2-1}\sin\theta}{b\cos\theta-1}}{2\sqrt{b^2-1}}+\frac{Rv_R(\theta-2\alpha_n)}{2C}+\frac{Rv_R(\sin2\theta-2\sin2\alpha_n)}{4C}+\frac{\theta}{2}-\alpha_n\right)+\frac{\tan\theta}{4}\right\} \tag{7.30}$$

由能量总泛函 Φ 对变数 α_n 求导，令一阶导数为零，整理后可得

$$\frac{\partial\Phi}{\partial\alpha_n}=\frac{\partial\dot{W}_i}{\partial\alpha_n}+\frac{\partial\dot{W}_f}{\partial\alpha_n}+\frac{\partial\dot{W}_s}{\partial\alpha_n}=\frac{b}{\sqrt{b^2-1}}\frac{\dfrac{\sqrt{b^2-1}(b-\cos\alpha_n)}{(b\cos\alpha_n-1)^2}}{1+\dfrac{(b^2-1)\sin^2\alpha_n}{(b\cos\alpha_n-1)^2}}-\frac{Rv_R}{C}-\frac{Rv_R\cos2\alpha_n}{C}-1=0$$

$$\cos^2\alpha_n-b\cos\alpha_n+\frac{C}{2Rv_R}=0$$

解上述一元二次方程并取正根

$$\alpha_n=\cos^{-1}\frac{b+\sqrt{b^2-\dfrac{2C}{Rv_R}}}{2} \tag{7.31}$$

将 α_n 代入式（7.30）即求得单位宽度泛函最小值 $\Phi^*_{\min}$，每辊轧制力矩为

$$M_{\min}=\frac{R\Phi^*_{\min}}{2v_R} \tag{7.32}$$

设接触弧上任一点单位压力为 p，该点轧辊垂直分速度为 v_y，该点的压下功率为 $p\cdot v_y$，设单位宽度总压力为 $F=\bar{p}l$，令上下辊单位宽度总压下功率等于最小上界功率 $\Phi^*_{\min}$ 有

$$J = 2\bar{p}l\frac{1}{\theta}\int_0^\theta v_y \mathrm{d}\alpha = 2F\frac{1}{\theta}\int_0^\theta v\sin\alpha \mathrm{d}\alpha = 2Fv\frac{1-\cos\theta}{\theta} = \Phi^*_{\min}$$

$$n_\sigma = \frac{\bar{p}}{2k} = \frac{F}{2kl} = \frac{\theta\Phi^*_{\min}}{4klv_{\mathrm{R}}(1-\cos\theta)} \tag{7.33}$$

总轧制力为

$$P = \bar{p}\,\bar{B}l = n_\sigma 2k\,\bar{B}l = 1.15\sigma_{\mathrm{s}} n_\sigma \bar{B}l \tag{7.34}$$

作者也推崇单位宽度外力功率，如下式

$$\bar{p}lv_{\mathrm{R}}\sin\frac{\theta}{2} = \Phi_{\min}$$

7.4 板材轧制内积解法 2[47~50]

7.4.1 速度场与比函数

由图 7.5，板带轧制运动许可速度场与应变速率场为

$$v_x = \frac{C}{h_x},\ v_y = -C\frac{h'_x}{h_x^2}y,\ v_z = 0 \tag{7.35}$$

$$\dot{\varepsilon}_x = -C\frac{h'_x}{h_x^2} = -\dot{\varepsilon}_y,\ \dot{\varepsilon}_{xy} = -\frac{Ch''_x}{8h_x},\ \dot{\varepsilon}_{iz} = \dot{\varepsilon}_{zk} = 0 \tag{7.36}$$

速度场比值函数由流线微分方程为

$$[\mathrm{d}y/\mathrm{d}x]_{y=h_x/2} = [v_y/v_x]_{y=h_x/2} = -C\frac{h'_x}{h_x^2}y\frac{h_x}{C}\bigg|_{y=h_x/2}$$

$$= \frac{\mathrm{d}h_x}{2\mathrm{d}x} = -\frac{h'_x}{2}$$

$$[v_y/v_x]_{y=0} = \left[-\frac{h'_x}{h_x}y\right]_{y=0} = 0$$

由积分中值定理

$$\overline{\mathrm{d}y/\mathrm{d}x} = \frac{1}{l}\int_0^l\left[\frac{2}{h_x}\int_0^{\frac{h_x}{2}} - \frac{h'_x}{2}\mathrm{d}y\right]\mathrm{d}x = \frac{1}{l}\int_0^l -\frac{h_x h'_x}{h_x 2}\mathrm{d}x$$

$$= -\frac{1}{2l}\int_0^l \mathrm{d}h_x = -\frac{\Delta h}{2l}$$

$$\overline{(\mathrm{d}y/\mathrm{d}x)^2} = (\Delta h/2l)^2 \tag{①}$$

7.4.2 成形功率泛函

7.4.2.1 塑性变形功率内积

注意到单位宽度 $\mathrm{d}V=\mathrm{d}x\mathrm{d}y$，变形区塑性变形功率为

$$\dot{W}_i = \sqrt{\frac{2}{3}}\sigma_{\mathrm{s}}\iint_V\sqrt{\dot{\varepsilon}_{ik}\dot{\varepsilon}_{ik}}\mathrm{d}V = \sqrt{\frac{2}{3}}\sigma_{\mathrm{s}}\iint_V\sqrt{\dot{\varepsilon}_x^2+\dot{\varepsilon}_y^2+\dot{\varepsilon}_{xy}^2+\dot{\varepsilon}_{yx}^2}\mathrm{d}V$$

$$= \frac{2\sigma_s}{\sqrt{3}}\iint_V \sqrt{\dot{\varepsilon}_x^2 + \dot{\varepsilon}_{xy}^2}\mathrm{d}V = \frac{2\sigma_s}{\sqrt{3}}\iint_V \dot{\boldsymbol{\varepsilon}} \cdot \dot{\boldsymbol{\varepsilon}}^0 \mathrm{d}V$$

$$= \frac{4\sigma_s}{\sqrt{3}}\int_0^l\int_0^{h_x/2}(\dot{\varepsilon}_x l_1 + \dot{\varepsilon}_{xy} l_2)\mathrm{d}x\mathrm{d}y = \frac{4\sigma_s}{\sqrt{3}}(I_1 + I_2) \qquad ②$$

式中应变速率向量、单位向量及取坐标增量近似表示的方向余弦分别为

$$\dot{\boldsymbol{\varepsilon}} = \dot{\varepsilon}_x \boldsymbol{e}_1 + \dot{\varepsilon}_{xy}\boldsymbol{e}_2,\ \dot{\boldsymbol{\varepsilon}}^0 = l_1\boldsymbol{e}_1 + l_2\boldsymbol{e}_2,$$

$$l_1 = \cos\alpha = [1 + (\mathrm{d}y/\mathrm{d}x)^2]^{-1/2},\ l_2 = \cos\beta = [1 + (\mathrm{d}y/\mathrm{d}x)^{-2}]^{-1/2} \qquad ③$$

将式①代入式③，再代入式②并对分矢量逐项积分得

$$I_1 = \int_0^l\int_0^{h_x/2}\dot{\varepsilon}_x l_1 \mathrm{d}x\mathrm{d}y = \int_0^l\int_0^{h_x/2}\frac{\dot{\varepsilon}_x \mathrm{d}x\mathrm{d}y}{\sqrt{1 + (\mathrm{d}y/\mathrm{d}x)^2}} = \int_0^l\int_0^{h_x/2}\frac{C\dfrac{h'_x}{h_x^2}\mathrm{d}x\mathrm{d}y}{\sqrt{1 + (\Delta h/2l)^2}}$$

$$= \frac{C\int_0^l \mathrm{d}h_x/h_x}{2\sqrt{1 + (\Delta h/2l)^2}} = \frac{C\ln(H/h)}{2\sqrt{1 + (\Delta h/2l)^2}} \qquad ④$$

$$I_2 = \int_0^l\int_0^{h_x/2}\dot{\varepsilon}_{xy} l_2 \mathrm{d}x\mathrm{d}y = \int_0^l\int_0^{h_x/2}\frac{\dfrac{Ch''_x}{8h_x}\mathrm{d}x\mathrm{d}y}{\sqrt{1 + (2l/\Delta h)^2}} = \frac{C\tan\theta}{8\sqrt{1 + (2l/\Delta h)^2}} \qquad ⑤$$

将式④、式⑤的 I_1，I_2 积分结果代入式②整理得

$$\dot{W}_i = \frac{2\sigma_s C}{\sqrt{3}}\left[\frac{\ln(H/h)}{\sqrt{1 + \left(\dfrac{\Delta h}{2l}\right)^2}} + \frac{\tan\theta}{4\sqrt{1 + \left(\dfrac{2l}{\Delta h}\right)^2}}\right] \qquad (7.37)$$

7.4.2.2 摩擦与剪切功率泛函

摩擦功率泛函同式（7.28），剪切功率泛函同式（7.29）分别为

$$\dot{W}_f = 2mkC\left\{-\alpha_n + \frac{b\tan^{-1}\dfrac{\sqrt{b^2 - 1}\sin\alpha_n}{-1 + b\cos\alpha_n}}{\sqrt{b^2 - 1}} - \frac{b\tan^{-1}\dfrac{\sqrt{b^2 - 1}\sin\theta}{-1 + b\cos\theta}}{2\sqrt{b^2 - 1}} - \frac{Rv_R\alpha_n}{C} - \frac{Rv_R\sin2\alpha_n}{2C} + \frac{\theta}{2} + \frac{Rv_R\theta}{2C} + \frac{Rv_R\sin2\theta}{4C}\right\}$$

$$\dot{W}_s = \frac{kC}{2}\tan\theta$$

7.4.3 总功率泛函及最小化

7.4.3.1 总功率泛函

将式（7.37）、式（7.28）、式（7.29）代入 $\Phi = \dot{W}_i + \dot{W}_f + \dot{W}_s$，注意到 $k =$

$\sigma_s/\sqrt{3}$，整理得

$$\Phi = 2kC\left\{\left[\frac{\ln(H/h)}{\sqrt{1+(\Delta h/2l)^2}} + \frac{\tan\theta}{4\sqrt{1+(2l/\Delta h)^2}}\right] + m\left[-\alpha_n + \frac{b\tan^{-1}\dfrac{\sqrt{b^2-1}\sin\alpha_n}{-1+b\cos\alpha_n}}{\sqrt{b^2-1}} - \frac{b\tan^{-1}\dfrac{\sqrt{b^2-1}\sin\theta}{-1+b\cos\theta}}{2\sqrt{b^2-1}} - \frac{Rv_R\alpha_n}{C} - \frac{Rv_R\sin2\alpha_n}{2C} + \frac{\theta}{2} + \frac{Rv_R\theta}{2C} + \frac{Rv_R\sin2\theta}{4C}\right] + \frac{\tan\theta}{4}\right\} \tag{7.38}$$

7.4.3.2 总功率最小化

由能量总泛函 Φ 对变数 α_n 求导，令一阶导数为零，整理后可得

$$\frac{\partial\Phi}{\partial\alpha_n} = \frac{b}{\sqrt{b^2-1}}\,\frac{\dfrac{\sqrt{b^2-1}(b-\cos\alpha_n)}{(b\cos\alpha_n-1)^2}}{1+\dfrac{(b^2-1)\sin^2\alpha_n}{(b\cos\alpha_n-1)^2}} - \frac{Rv_R}{C} - \frac{Rv_R\cos2\alpha_n}{C} - 1 = 0$$

整理得
$$\cos^2\alpha_n - b\cos\alpha_n + \frac{C}{2Rv_R} = 0 \tag{⑥}$$

解上述一元二次方程并取正根

$$\alpha_n = \cos^{-1}\frac{b+\sqrt{b^2-\dfrac{2C}{Rv_R}}}{2}$$

以上是局部最小化。也可采用搜索法进行整体最小化，此时式（7.38）中

$$C = v\cos\alpha_n h_n = v\cos\alpha_n(2R+h-2R\cos\alpha_n) \tag{7.39}$$

将式（7.39）代入式（7.38）后以搜索法确定使泛函最小的 α_n 及相应的 $\Phi^*_{\min}$。

7.4.3.3 力能参数

由前述式（7.32）~式（7.34）计算力能参数。即

$$M_{\min} = \frac{R\Phi^*_{\min}}{2v_R};\quad n_\sigma = \frac{\bar{p}}{2k} = \frac{\theta\Phi^*_{\min}}{4klv_R(1-\cos\theta)};\quad P = \bar{p}\,\bar{B}l = 1.15\sigma_s n_\sigma \bar{B}l$$

应力状态系数表达式为

$$n_\sigma = \frac{\theta C}{2lv_R(1-\cos\theta)}\left\{\left[\frac{\ln\dfrac{H}{h}}{\sqrt{1+\left(\dfrac{\Delta h}{2l}\right)^2}} + \frac{\tan\theta}{2\sqrt{1+\left(\dfrac{2l}{\Delta h}\right)^2}}\right] + m\left[-\alpha_n + \frac{b\arctan\dfrac{\sqrt{b^2-1}\sin\alpha_n}{-1+b\cos\alpha_n}}{\sqrt{b^2-1}} - \frac{b\arctan\dfrac{\sqrt{b^2-1}\sin\theta}{-1+b\cos\theta}}{2\sqrt{b^2-1}} - \frac{Rv_R\alpha_n}{C} - \frac{Rv_R\sin2\alpha_n}{2C} + \frac{\theta}{2} + \frac{Rv_R\theta}{2C} + \frac{Rv_R\sin2\theta}{4C}\right] + \frac{\tan\theta}{4}\right\} \tag{7.40}$$

式中，$b=\dfrac{h}{2R}+1$；$\tan\theta=\dfrac{l}{\sqrt{R^2-l^2}}$；$C=v_1h$；$m$ 为摩擦因子。式（7.40）即应变率矢量内积坐标积分的解析解。

7.5 板材轧制柱坐标速度场内积[51~54]

7.5.1 柱坐标速度场

板材轧制变形区横截面与纵截面如图7.6a、b 所示。注意到图7.6a 中 $b/h\geqslant 1$，故视为平面变形问题。柱坐标取 r，θ，z；z 方向垂直于纸面，为不变形方向（宽度方向），故 $v_z=v_\theta=0$。速度场图7.6b 中变形区左侧Ⅰ区速度为 v_0，右侧Ⅲ区（出口侧）速度为 v_1。Ⅱ区为变形区，Ⅱ区与Ⅲ区接口通过上、下辊心联线，该截面曲率半径为无穷大，故不是速度不连续面。Ⅰ区与Ⅱ区界面为圆柱面（Γ 面），该面为速度不连续面，在Ⅱ区内为上、下辊面对称点一系列曲率半径不等的圆弧线。设过辊面不同点的切线与水平轴夹角为 α，此处，$h=h_\alpha$，在出口为 $h_1=h$；于是变形区内任意点截面高度为

$$h=h_1+2R(1-\cos\alpha) \tag{7.41}$$

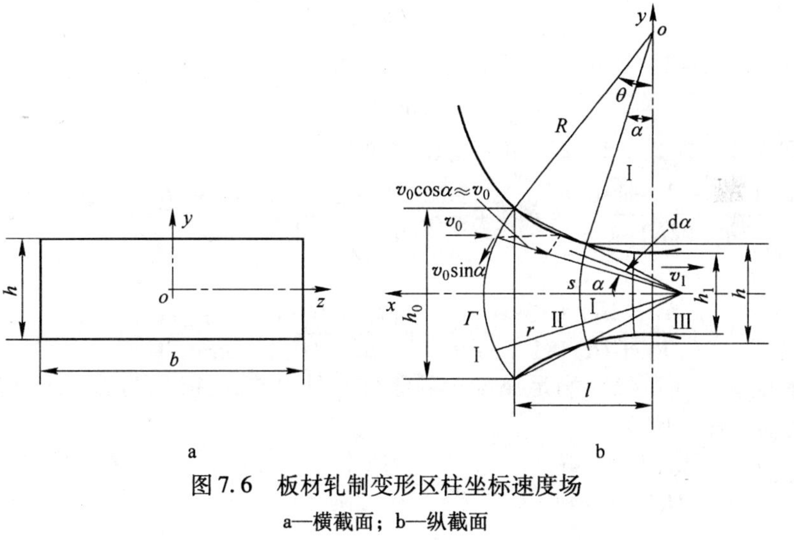

图7.6 板材轧制变形区柱坐标速度场

a—横截面；b—纵截面

最大接触角 θ 满足

$$h_0=h_1+2R(1-\cos\theta),\ \theta=\sin^{-1}(l/R) \tag{①}$$

采用 Avitzur 体积不变方程

$$vh=v_1h_1=v_0h_0=v_nh_n=\dot{v}h_n \tag{②}$$

式中，h_n 为中性面厚度；$\dot{v}$ 为轧辊圆周速度（注意此处已取 $\dot{v}=v_n$）。将 $h_n=h_1+2R(1-\cos\alpha_n)$ 及式（7.41）代入式②，则

$$v=v_n\frac{h_1/(2R)+1-\cos\alpha_n}{h_1/(2R)+1-\cos\alpha}=\dot{v}\frac{h_1/(2R)+1-\cos\alpha_n}{h_1/(2R)+1-\cos\alpha},\ v_\theta=v_z=0 \quad (7.42)$$

注意上式当 $\alpha_n=0$ 时，$v=\dot{v}=v_1$ 此时中性点在出口，为全后滑。

由图7.6b，变形区各圆弧 s 近似满足 $\mathrm{d}s=r\mathrm{d}\alpha$，$\frac{\mathrm{d}s}{\mathrm{d}\alpha}=r$，将式（7.42）代入下式，在变形区内沿圆弧切向（θ 方向）角速度为

$$\frac{\mathrm{d}\alpha}{\mathrm{d}t}=-\frac{v\sin\alpha}{r}=-\frac{\dot{v}}{r}\frac{h_1/(2R)+1-\cos\alpha_n}{h_1/(2R)+1-\cos\alpha}\sin\alpha$$

$$\frac{\mathrm{d}s}{\mathrm{d}t}=\frac{\mathrm{d}\alpha}{\mathrm{d}t}\frac{\mathrm{d}s}{\mathrm{d}\alpha}=\frac{-\dot{v}[h_1/(2R)+1-\cos\alpha_n]\sin\alpha}{h_1/(2R)+1-\cos\alpha} \quad ③$$

由式③应变速率场为

$$\dot{\varepsilon}_\theta=\frac{\mathrm{d}s}{\mathrm{d}t}\Big/\frac{S}{2}=\frac{-2\dot{v}[h_1/(2R)+1-\cos\alpha_n]\sin\alpha}{[h_1/(2R)+1-\cos\alpha]S}=-\dot{\varepsilon}_r,\ \dot{\varepsilon}_{\theta k}=\dot{\varepsilon}_z=\dot{\varepsilon}_{zk}=0 \quad (7.43)$$

注意到变形区沿水平轴对称，且 θ 很小，可认为连接上下辊面的弧与弦近似相等，即

$$S=2s=2r\alpha\approx h=h_1+2R\ (1-\cos\alpha) \quad ④$$

由于 $\alpha<\theta$，$\alpha\leqslant 1$，所以

$$\sin\alpha\approx\alpha \quad ⑤$$

注意到式②，在式（7.42）中，当 $\alpha=0$ 时

$$v=\dot{v}\frac{h_1/(2R)+1-\cos\alpha_n}{h_1/(2R)}=\dot{v}\left[1+\frac{2R(1-\cos\alpha_n)}{h_1}\right]=\dot{v}\frac{h_1+2R(1-\cos\alpha_n)}{h_1}=\frac{\dot{v}h_n}{h_1}=v_1$$

当 $\alpha=\theta$ 时

$$v=\dot{v}\frac{h_1/(2R)+1-\cos\alpha_n}{h_1/(2R)+1-\cos\theta}=\dot{v}\left[\frac{h_1+2R(1-\cos\alpha_n)}{h_1+2R(1-\cos\theta)}\right]=\dot{v}\frac{h_n}{h_0}=v_0$$

表明速度场式（7.42）满足速度边界条件，且由该式并注意到式④、式⑤及 v_r 与 r 方向相反，则

$$v_r=\dot{v}\left[\frac{h_1+2R(1-\cos\alpha_n)}{h_1+2R(1-\cos\alpha)}\right]=\dot{v}\left[\frac{h_1+2R(1-\cos\alpha_n)}{2r\alpha}\right]$$

$$\dot{\varepsilon}_r=-\frac{\partial v_r}{\partial r}=\dot{v}\left[\frac{h_1+2R(1-\cos\alpha_n)}{2\alpha r^2}\right]=\dot{v}\left[\frac{h_1+2R(1-\cos\alpha_n)}{h_1+2R(1-\cos\alpha)}\right]\frac{1}{r}$$

$$=\dot{v}\left[\frac{h_1+2R(1-\cos\alpha_n)}{h_1+2R(1-\cos\alpha)}\right]\frac{2\alpha}{S}\doteq 2\dot{v}\left[\frac{h_1+2R(1-\cos\alpha_n)}{h_1+2R(1-\cos\alpha)}\right]\frac{\sin\alpha}{S}=-\dot{\varepsilon}_\theta$$

$$\dot{\varepsilon}_\theta=\frac{v_r}{r}+\frac{1}{r}\frac{\partial v_\theta}{\partial\theta}=-\dot{v}\left[\frac{h_1+2R(1-\cos\alpha_n)}{h_1+2R(1-\cos\alpha)}\right]\frac{1}{r}=-\dot{v}\left[\frac{h_1+2R(1-\cos\alpha_n)}{h_1+2R(1-\cos\alpha)}\right]\frac{2\sin\alpha}{S}$$

$$=-\dot{\varepsilon}_r$$

足见式（7.43）满足几何方程。注意到式 $\dot{\varepsilon}_r+\dot{\varepsilon}_\theta+\dot{\varepsilon}_z=0$，故式（7.42）、式（7.43）满足运动许可条件。

应变速率比函数满足

$$\dot{\varepsilon}_r/\dot{\varepsilon}_\theta=-1 \tag{⑥}$$

7.5.2 成形功率内积

7.5.2.1 塑性变形功率

将式（7.43）代入下式积分

$$\begin{aligned}\dot{W}_i &= \sqrt{\frac{2}{3}}\sigma_s\int_V\sqrt{\dot{\varepsilon}_{ik}\dot{\varepsilon}_{ik}}\mathrm{d}V=\sqrt{\frac{2}{3}}\sigma_s\int_V\sqrt{\dot{\varepsilon}_r^2+\dot{\varepsilon}_\theta^2}\mathrm{d}V\\&=\sqrt{\frac{2}{3}}\sigma_s\int_V\left\{\dot{\varepsilon}_r\left[1+(\dot{\varepsilon}_\theta/\dot{\varepsilon}_r)^2\right]^{-1/2}+\dot{\varepsilon}_\theta\left[1+(\dot{\varepsilon}_\theta/\dot{\varepsilon}_r)^{-2}\right]^{-1/2}\right\}\mathrm{d}V\\&=\sqrt{\frac{2}{3}}\sigma_s\int_V[\dot{\varepsilon}_r l_1+\dot{\varepsilon}_\theta l_2]\mathrm{d}V=\sqrt{\frac{2}{3}}\sigma_s\iint_V\dot{\boldsymbol{\varepsilon}}\cdot\dot{\boldsymbol{\varepsilon}}^0\mathrm{d}V=\sqrt{\frac{2}{3}}\sigma_s(I_1+I_2)\end{aligned} \tag{⑦}$$

$$\dot{\boldsymbol{\varepsilon}}=\dot{\varepsilon}_r\boldsymbol{e}_1+\dot{\varepsilon}_\theta\boldsymbol{e}_2,\quad \dot{\boldsymbol{\varepsilon}}^0=l_1\boldsymbol{e}_1+l_2\boldsymbol{e}_2$$

$$l_1=\left[1+(\dot{\varepsilon}_\theta/\dot{\varepsilon}_r)^2\right]^{-1/2},\quad l_2=\left[(\dot{\varepsilon}_r/\dot{\varepsilon}_\theta)^2+1\right]^{-1/2} \tag{⑧}$$

将式⑥代入式⑧再代入式⑦，并注意到式（7.43），再逐项积分

$$\begin{aligned}I_1&=\int_V\dot{\varepsilon}_r l_1\mathrm{d}V=\int_0^\theta\frac{\dot{\varepsilon}_r}{\sqrt{1+(-1)^2}}SR\mathrm{d}\alpha\\&=\frac{2R}{\sqrt{2}}\int_0^\theta\frac{\dot{v}[h_1/(2R)+1-\cos\alpha_n]\sin\alpha\mathrm{d}\alpha}{h_1/(2R)+1-\cos\alpha}\\&=\frac{\dot{v}h_n}{\sqrt{2}}\int_0^\theta\frac{\mathrm{d}[h_1/(2R)+1-\cos\alpha]}{h_1/(2R)+1-\cos\alpha}\\&=\frac{\dot{v}h_n}{\sqrt{2}}\ln\frac{h_1/(2R)+1-\cos\theta}{h_1/(2R)}=\frac{\dot{v}h_n}{\sqrt{2}}\ln\frac{h_0}{h_1}=I_2\end{aligned}$$

将 I_1，I_2 逐项积分结果代入式⑦，整理得

$$\dot{W}_i=\sqrt{\frac{2}{3}}\sigma_s(I_1+I_2)=\frac{2\sigma_s}{\sqrt{3}}\dot{v}h_n\ln\frac{h_0}{h_1}=\frac{2\sigma_s\dot{v}h_1}{\sqrt{3}}\left[1+\frac{2R(1-\cos\alpha_n)}{h_1}\right]\ln\frac{h_0}{h_1} \tag{7.44}$$

7.5.2.2 剪切功率

由图 7.1b，入口剪切功率由式④，$\mathrm{d}S=2R\sin\alpha\mathrm{d}\alpha$，$\Delta v_t=v_0\sin\alpha$，有

$$\begin{aligned}\dot{W}_s&=\int_s\Delta v_t k\mathrm{d}S=2Rkv_0\int_s\sin^2\alpha\mathrm{d}\alpha=4Rkv_0\int_0^\theta\sin^2\alpha\mathrm{d}\alpha\\&=4Rkv_0\left[\frac{\alpha}{2}-\frac{1}{4}\sin2\alpha\right]_0^\theta=2Rkv_0[\theta-\sin\theta\cos\theta]\end{aligned} \tag{7.45}$$

出口截面切向速度分量为零，故不是速度不连续面。

7.5.2.3 摩擦功率

轧辊与坯料间相对滑动速度由式（7.42）为

$$\Delta v_{\mathrm{f}} = v - \dot{v} = \dot{v}\,\frac{h_1/(2R) + 1 - \cos\alpha_n}{h_1/(2R) + 1 - \cos\alpha} - \dot{v} \qquad ⑨$$

令上、下轧辊接触面摩擦力 $\tau_{\mathrm{f}} = m\sigma_{\mathrm{s}}/\sqrt{3}$，单位宽度摩擦功率为

$$\begin{aligned}
\dot{W}_{\mathrm{f}} &= 2\int_s \tau_{\mathrm{f}}\,|\Delta v_{\mathrm{f}}|\,\mathrm{d}s \\
&= \frac{2m\sigma_{\mathrm{s}}\dot{v}}{\sqrt{3}}\left\{\int_0^{\alpha_n}\left[\frac{h_1/(2R) + 1 - \cos\alpha_n}{h_1/(2R) + 1 - \cos\alpha} - 1\right] - \int_{\alpha_n}^{\theta}\left[\frac{h_1/(2R) + 1 - \cos\alpha_n}{h_1/(2R) + 1 - \cos\alpha} - 1\right]\right\}R\mathrm{d}\alpha \\
&= \frac{2Rm\sigma_{\mathrm{s}}\dot{v}}{\sqrt{3}}(I_3 - I_4)
\end{aligned} \qquad ⑩$$

令 $h_1/(2R) + 1 = b$，逐项积分为

$$\begin{aligned}
I_3 &= \int_0^{\alpha_n}\left[\frac{h_1/(2R) + 1 - \cos\alpha_n}{h_1/(2R) + 1 - \cos\alpha} - 1\right]\mathrm{d}\alpha = \int_0^{\alpha_n}\frac{b - \cos\alpha_n}{b - \cos\alpha}\mathrm{d}\alpha - \alpha_n \\
&= (b - \cos\alpha_n)\int_0^{\alpha_n}\frac{\mathrm{d}\alpha}{b - \cos\alpha} - \alpha_n = \frac{(b - \cos\alpha_n)}{\sqrt{b^2 - 1}}\tan^{-1}\frac{\sqrt{b^2 - 1}\sin\alpha}{-1 + b\cos\alpha}\Bigg|_0^{\alpha_n} - \alpha_n \\
&= \frac{b - \cos\alpha_n}{\sqrt{b^2 - 1}}\tan^{-1}\frac{\sqrt{b^2 - 1}\sin\alpha_n}{-1 + b\cos\alpha_n} - \alpha_n
\end{aligned}$$

同理

$$\begin{aligned}
I_4 &= \int_{\alpha_n}^{\theta}\left[\frac{b - \cos\alpha_n}{b - \cos\alpha} - 1\right]\mathrm{d}\alpha \\
&= \frac{b - \cos\alpha_n}{\sqrt{b^2 - 1}}\left(\tan^{-1}\frac{\sqrt{b^2 - 1}\sin\theta}{-1 + b\cos\theta} - \tan^{-1}\frac{\sqrt{b^2 - 1}\sin\alpha_n}{-1 + b\cos\alpha_n}\right) - (\theta - \alpha_n)
\end{aligned}$$

将 I_3，I_4 代入式⑩整理得

$$\dot{W}_{\mathrm{f}} = \frac{2Rm\sigma_{\mathrm{s}}\dot{v}}{\sqrt{3}}\left\{\frac{b - \cos\alpha_n}{\sqrt{b^2 - 1}}\left(2\tan^{-1}\frac{\sqrt{b^2 - 1}\sin\alpha_n}{b\cos\alpha_n - 1} - \tan^{-1}\frac{\sqrt{b^2 - 1}\sin\theta}{b\cos\theta - 1}\right) + (\theta - 2\alpha_n)\right\} \tag{7.46}$$

7.5.3 总功率最小化

7.5.3.1 总功率泛函

将式（7.44）、式（7.45）、式（7.46）代入式 $\Phi = B(\dot{W}_i + \dot{W}_{\mathrm{s}} + \dot{W}_{\mathrm{f}})$

$$\Phi = \frac{4\sigma_s BR\dot{v}}{\sqrt{3}}\left[(b-\cos\alpha_n)\ln\frac{h_0}{h_1} + \frac{v_0}{2\dot{v}}(\theta - \sin\theta\cos\theta) + \frac{m}{2}\frac{b-\cos\alpha_n}{\sqrt{b^2-1}}\right.$$

$$\left.\left(2\tan^{-1}\frac{\sqrt{b^2-1}\sin\alpha_n}{b\cos\alpha_n - 1} - \tan^{-1}\frac{\sqrt{b^2-1}\sin\theta}{b\cos\theta - 1}\right) + \frac{m}{2}(\theta - 2\alpha_n)\right] \tag{7.47}$$

7.5.3.2 总功率最小化

$$\frac{\mathrm{d}\Phi}{\mathrm{d}\alpha_n} = \frac{\mathrm{d}\dot{W}_i}{\mathrm{d}\alpha_n} + \frac{\mathrm{d}\dot{W}_s}{\mathrm{d}\alpha_n} + \frac{\mathrm{d}\dot{W}_f}{\mathrm{d}\alpha_n} = 0$$

$$\frac{\mathrm{d}\dot{W}_i}{\mathrm{d}\alpha_n} = \frac{4\sigma_s BR\dot{v}}{\sqrt{3}}\ln\frac{h_0}{h_1}\sin\alpha_n,\quad \frac{\mathrm{d}\dot{W}_s}{\mathrm{d}\alpha_n} = 0$$

$$\frac{\mathrm{d}\dot{W}_f}{\mathrm{d}\alpha_n} = \frac{2\sigma_s mBR\dot{v}}{\sqrt{3}}\frac{\sin\alpha_n}{\sqrt{b^2-1}}\left(2\tan^{-1}\frac{\sqrt{b^2-1}\sin\alpha_n}{b\cos\alpha_n - 1} - \tan^{-1}\frac{\sqrt{b^2-1}\sin\theta}{b\cos\theta - 1}\right) \tag{7.48}$$

$$m = \frac{-2\ln\frac{h_0}{h_1}\sqrt{b^2-1}}{2\tan^{-1}\frac{\sqrt{b^2-1}\sin\alpha_n}{b\cos\alpha_n - 1} - \tan^{-1}\frac{\sqrt{b^2-1}\sin\theta}{b\cos\theta - 1}} \tag{7.49}$$

式中，$b = h_1/(2R) + 1$，该式为摩擦因子与中性角的解析关系。以此代入式（7.47）确定泛函最小值。其他轧制力能参数可参照式（7.32）~式（7.34）进行计算。

7.6 三维轧制几何参数[1,2]

7.6.1 接触弧方程

三维轧制轧件因坐标系原点习惯上取在变形区入口，且变形区高度、宽度仅取实际尺寸的一半，所以接触弧方程与二维轧制（原点取在出口，取单位宽度）有所不同。如图 7.7 所示，由于轧件对称，故仅研究图中 1/4 象限。过轧件 xoz 与 xoy 截面如图 7.8、图 7.9 所示。精确接触弧方程、参数方程及其一阶导数方程分别为

$$h_x = R + h_1 - [R^2 - (l-x)^2]^{1/2} \tag{7.50}$$

$$h_x = h_\alpha = R + h_1 - R\cos\alpha,\quad l - x = R\sin\alpha,\quad \mathrm{d}x = -R\cos\alpha\mathrm{d}\alpha \tag{7.51}$$

$$h'_x = -\frac{l-x}{\sqrt{R^2-(l-x)^2}} = \frac{-R\sin\alpha}{\sqrt{R^2 - R^2\sin^2\alpha}} = -\tan\alpha = \frac{\mathrm{d}h_x}{\mathrm{d}\alpha}\times\frac{\mathrm{d}\alpha}{\mathrm{d}x} = \frac{R\sin\alpha}{-R\cos\alpha} \tag{7.52}$$

$$h''_x = \frac{\mathrm{d}h'_x}{\mathrm{d}\alpha} \times \frac{\mathrm{d}\alpha}{\mathrm{d}x} = \frac{1}{\cos^2\alpha} \times \frac{1}{R\cos\alpha} = \frac{1}{R\cos^3\alpha} \tag{7.53}$$

式中，h_x 为距入口为 x 处的变形区高度的一半；h_1 为出口厚度的一半；R 为轧辊半径，α 为 x 处的接触角；l 为接触弧水平投影。

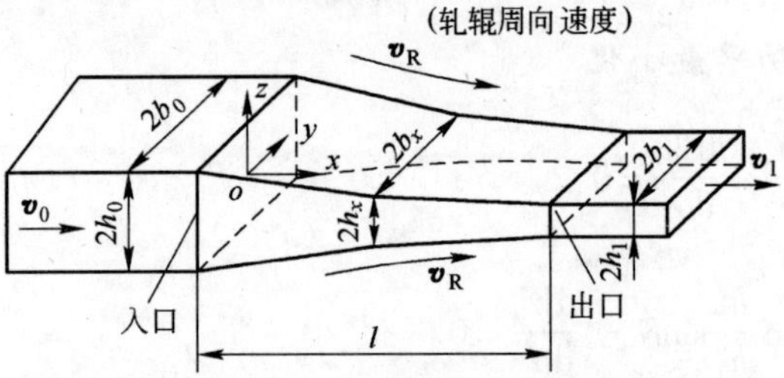

图 7.7 三维轧制

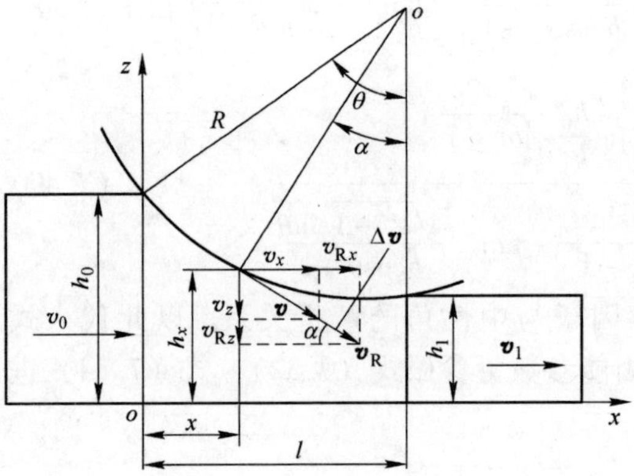

图 7.8 xoz 截面速度场

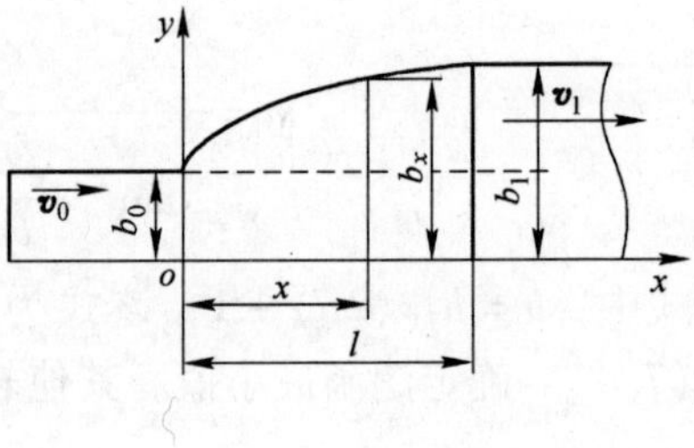

图 7.9 xoz 截面速度场

7.6.2 侧表面为抛物线

由图 7.9，轧件侧自由表面（宽展面）为抛物面，若不简化该面，则距入口为 x 处截面建立精确宽度 b_x 方程、参数方程、一、二阶导数方程分别为

$$b_x = b_1 - \frac{\Delta b}{l^2}(l - x)^2 \tag{7.54}$$

$$b_x = b_\alpha = b_1 - \frac{\Delta b}{l^2}R^2\sin^2\alpha$$

$$b'_x = \frac{2\Delta b}{l^2}(l - x) = \frac{2R\Delta b}{l^2}\sin\alpha \tag{7.55}$$

$$b''_x = -\frac{2\Delta b}{l^2} \tag{7.56}$$

式中，b_x 为距入口 x 处工件半宽；α 为该处接触角；b_1 为出口半宽，$\Delta b = b_1 - b_0$。

由式（7.51）、式（7.54）知

$$x=0,\ \alpha=\theta,\ h_x=h_\alpha=h_\theta=h_0;\ b_x=b_\alpha=b_\theta=b_0$$

$$x=l,\ \alpha=0,\ h_x=h_\alpha=h_1;\ b_x=b_\alpha=b_1$$

式（7.52）与式（7.55）中

$$x=l,\ \alpha=0,\ h'_x=b'_x=0;\ x=0,\ \alpha=\theta,\ h'_x=-\tan\theta,\ b'_x=\frac{2\Delta b}{l}$$

表明变形区边值二次曲线满足边界条件。

7.6.3 侧表面为三次曲线

轧件侧自由表面（宽展面）（见图7.9）采用小林三次多项式为试函数

$$b_x=b_0+a_1x+\left(\frac{3b_0a_2}{l^2}-\frac{2a_1}{l}\right)x^2+\left(\frac{a_1}{l^2}-\frac{2b_0a_2}{l^3}\right)x^3 \tag{7.57}$$

注意参数方程式（7.54）及上式 a_1 为 b_x 在变形区入口（$x=0$）处的斜率；$a_2=\dfrac{b_1-b_0}{b_0}=\dfrac{\Delta b}{b_0}$，故宽度方程与参数方程一、二阶导数方程及参数方程分别为

$$b_x=b_0+a_1l\left(\frac{x}{l}\right)+(3\Delta b-2a_1l)\left(\frac{x}{l}\right)^2+(a_1l-2\Delta b)\left(\frac{x}{l}\right)^3 \tag{7.58}$$

$$b_\alpha=b_1+(a_1l-3\Delta b)\frac{\sin^2\alpha}{\sin^2\theta}+(2\Delta b-a_1l)\frac{\sin^3\alpha}{\sin^3\theta} \tag{7.59}$$

$$b'_x=a_1+\left(\frac{6\Delta b}{l}-4a_1\right)\frac{x}{l}+\left(3a_1-\frac{6\Delta b}{l}\right)\frac{x^2}{l^2} \tag{7.60}$$

$$b'_x=\left(\frac{6\Delta b}{l}-2a_1\right)\frac{\sin\alpha}{\sin\theta}+\left(3a_1-\frac{6\Delta b}{l}\right)\frac{\sin^2\alpha}{\sin^2\theta} \tag{7.61}$$

$$b''_x=\frac{6\Delta b}{l^2}-\frac{4a_1}{l}+\left(\frac{6a_1}{l^2}-\frac{12\Delta b}{l^3}\right)x=\frac{6\Delta b}{l^2}-\frac{4a_1}{l}+\left(\frac{6a_1}{l^2}-\frac{12\Delta b}{l^3}\right)(l-R\sin\alpha) \tag{7.62}$$

式（7.51）、式（7.52）、式（7.58）、式（7.59）中，当 $x=0$，$\alpha=\theta$ 时，$h_x=h_\alpha=h_\theta=h_0$；$b_x=b_\alpha=b_\theta=b_0$；当 $x=l$，$\alpha=0$ 时，$h_x=h_\alpha=h_1$；$b_x=b_\alpha=b_1$。

式（7.52）与式（7.60）、式（7.61）中，当 $x=l$，$\alpha=0$ 时 $h'_x=b'_x=0$；当 $x=0$，$\alpha=\theta$，$h'_x=-\tan\theta$，$b'_x=a_1$。表明变形区边值二次曲线方程满足边界条件。

7.6.4 中值定理的应用

在以后三维轧制的具体计算中，微分、积分中值定理是必不可少的解析与简

化手段，以下分别以参量积分计算。

7.6.4.1 精确接触弧方程

注意到 $r\sin\theta = l$，$R(1-\cos\theta) = h_0 - h_1 = \Delta h$

$$\bar{h}_x = \frac{1}{l}\int_0^l h_x \mathrm{d}x = \frac{1}{l}\int_\theta^0 (R + h_1 - R\cos\alpha)(-R\cos\alpha)\mathrm{d}\alpha$$

$$= \frac{1}{l}(R+h)R\int_0^\theta \cos\alpha \mathrm{d}\alpha + \frac{R^2}{l}\int_0^\theta \cos^2\alpha \mathrm{d}\alpha = \frac{1}{l}(R+h)R\sin\theta -$$

$$\frac{R^2}{2l}\left(\theta + \frac{1}{2}\sin 2\theta\right) = \frac{R}{2} + h_1 + \frac{\Delta h}{2} - \frac{R^2\theta}{2l} \tag{7.63}$$

$$\bar{h}'_x = \frac{1}{l}\int_0^l h' \mathrm{d}x = \frac{1}{l}\int_\theta^0 -\tan\alpha(-R\cos\alpha)\mathrm{d}\alpha = \frac{R}{l}\int_\theta^0 \sin\alpha \mathrm{d}\alpha = -\frac{\Delta h}{l} \tag{7.64}$$

$$\bar{h}''_x = \frac{1}{l}\int_0^l h''_x \mathrm{d}x = \frac{1}{l}\int_0^l \mathrm{d}h'_x = \frac{1}{l}(-\tan\alpha)\Big|_\theta^0 = \frac{\tan\theta}{l} = \frac{1}{R-\Delta h} \tag{7.65}$$

7.6.4.2 侧自由表面方程（抛物线）

$$\bar{b}_x = \frac{1}{l}\int_0^l b_x \mathrm{d}x = \frac{-R}{l}\int_\theta^0 \left(b_1 - \frac{\Delta b}{l^2}R^2\sin^2\alpha\right)\cos\alpha \mathrm{d}\alpha$$

$$= \frac{\Delta b R^3}{l^3}\int_\theta^0 \sin^2\alpha\cos\alpha \mathrm{d}\alpha - \frac{Rb_1}{l}\int_\theta^0 \cos\alpha \mathrm{d}\alpha$$

$$= -\frac{\Delta b R^3\sin^3\theta}{3l^3} + \frac{Rb_1\sin\theta}{l} = b_1 - \frac{\Delta b}{3} \tag{7.66}$$

$$\bar{b}'_x = \frac{1}{l}\int_0^l b'_x \mathrm{d}x = \frac{1}{l}\int_\theta^0 \frac{2R\Delta b}{l^2}\sin\alpha(-R\cos\alpha)\mathrm{d}\alpha = \frac{R^2\Delta b}{l^3}\int_0^\theta \sin 2\alpha \mathrm{d}\alpha$$

$$= \frac{R^2\Delta b}{2l^3}(1-\cos 2\theta) = \frac{R^2\Delta b}{l^3}\sin^2\theta = \frac{\Delta b}{l} \tag{7.67}$$

由式（7.67）

$$\bar{b}''_x = \frac{1}{l}\int_0^l b''_x \mathrm{d}x = \frac{1}{l}\int_0^l \frac{\mathrm{d}b'_x}{\mathrm{d}x}\mathrm{d}x = \frac{b'_x\big|_0^l}{l} = \frac{-2\Delta b/l}{l} = -2\Delta b/l^2 \tag{7.68}$$

应指出，由于式（7.50）~式（7.62）为精确边值方程，故其相关参数，例如$\bar{b}''_x$等，可根据解析需要采用上述方法随时确定。

7.6.4.3 侧自由表面方程（小林三次多项式）

$$\bar{b}_x = \frac{1}{l}\int_0^l b_x \mathrm{d}x = \frac{1}{l}\int_\theta^0 \left[b_1 + (a_1 l - 3\Delta b)\frac{\sin^2\alpha}{\sin^2\theta} + (2\Delta b - a_1 l)\frac{\sin^3\alpha}{\sin^3\theta}\right](-R\cos\alpha)\mathrm{d}\alpha$$

$$= b_0 + \frac{6\Delta b + a_1 l}{12} = b_0 + \frac{\Delta b}{2} + \frac{a_1 l}{12} \tag{7.69}$$

$$\bar{b}'_x = \frac{1}{l}\int_0^l b'_x \mathrm{d}x = \frac{1}{l}\int_{b_0}^{b_1} \mathrm{d}b_x = \frac{b_1 - b_0}{l} = \frac{\Delta b}{l} \tag{7.70}$$

$$\bar{b}''_x = \frac{1}{l}\int_0^l b''_x \mathrm{d}x = \frac{1}{l}\int_0^l \left[\frac{6\Delta b}{l^2} - \frac{4a_1}{l} + \left(\frac{6a_1}{l^2} - \frac{12\Delta b}{l^3}\right)\right]\mathrm{d}x = -\frac{a_1}{l} \quad (7.71)$$

在以下的矢量分析方法中将随时取用上述公式。

7.6.5 垂直投影方程

由轧制入口向轧制方向变形区的投影视图，如图7.10所示。所确定的边值方程定义为轧制垂直投影方程，满足稳定轧制条件的速度场还应满足垂直投影方程式。

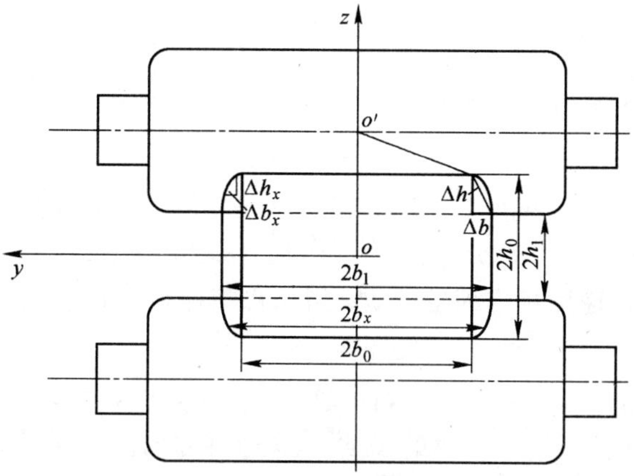

图7.10 三维轧制变形区垂直投影

由图7.10，

$$\tan\eta = \frac{\mathrm{d}z}{\mathrm{d}y} = \frac{\mathrm{d}h_x}{\mathrm{d}b_x} = \frac{\Delta h_x}{\Delta b_x} = \frac{h'_x}{b'_x} = \frac{-\tan\alpha}{\frac{2R\Delta b}{l^2}\sin\alpha} = -\frac{l^2}{2R\Delta b}\sec\alpha \quad ①$$

当 $\alpha=0$，出口 $\tan\eta = -\frac{l^2}{2R\Delta b}$；当 $\alpha=\theta$，入口 $\tan\eta = -\frac{l^2}{2R\Delta b}\sec\theta = -\frac{l}{2\Delta b}\tan\theta$；若设

$$\frac{\Delta b}{\Delta h} = \frac{\mathrm{d}b_x}{\mathrm{d}h_x} = \frac{b'_x}{h'_x} = \tan\eta^{-1} = \cot\eta \quad ②$$

$$b'_x = h'_x\cot\eta = -\frac{\Delta b}{\Delta h}\tan\alpha \quad ③$$

或

$$h'_x = \frac{b'_x}{\cot\eta} = -\frac{\Delta h}{\Delta b}b'_x = -\frac{2R\Delta h}{l^2}\sin\alpha \quad ④$$

式③中，当 $\alpha=0$ 时，$b'_x=0$；当 $\alpha=\theta$ 时，$b'_x = -\frac{\Delta b}{\Delta h}\tan\theta$；式④中当 $\alpha=0$ 时，$h'_x=0$；当 $\alpha=\theta$ 时，$h'_x = -\frac{2\Delta h}{l}\approx\tan\theta$，在边缘对小林速度场有

$$\left.\frac{v_z}{v_y}\right|_{y=b_x,z=h_x}=\frac{v_x h_x'}{v_x b_x'}=\tan\eta=-\frac{l^2\sec\alpha}{2R\Delta b}=-\frac{l^2\sqrt{1+\tan^2\alpha}}{2R\Delta b}=-\frac{l^2}{2R\Delta b}\sqrt{1+(h_x')^2}=\frac{\mathrm{d}z}{\mathrm{d}y} \tag{7.72}$$

即满足流线微分方程，故著者认为，满足稳定轧制条件还应满足方程式(7.72)。

7.7 三维轧制内积解法

7.7.1 速度场

注意到图 7.8 轧辊刚性表面法向速度为零，取辊面为流面[1]，有

$$\psi=U_z/h_x \quad ①$$

$$U=v_0h_0b_0=v_xh_xb_x=v_nh_nb_n=v_1h_1b_1=v_mh_mb_m \tag{7.73}$$

式中，U 为秒流量；h_x、b_x分别满足方程式（7.50）~式（7.56）。为保证变形区侧面形状不变，速度场应满足运动许可条件与稳定轧制条件，侧面流函数为

$$\chi=-y/\phi \quad ②$$

式中，ϕ 是 x 的函数，$x=0$，$\phi=b_0$；故可取 $\phi=b_x$。由图 7.8 可知：$z=0$ 时的平面（水平对称面）与 $y=0$ 时的平面（垂直对称面）均为流面，两面上 $\psi_1=0$，$\chi_1=0$；$z=h_x$的辊面与 $y=\phi$ 的侧面亦为流面，其上，$\psi_2=U$，$\chi_2=\pm1$，四个面围成的流管流量满足

$$Q=(\psi_2-\psi_1)(\chi_2-\chi_1) \quad ③$$

于是速度场为两流面 ψ 与 χ 梯度矢量的矢量积，故由方程式①、式②

$$\boldsymbol{v}=v_x\boldsymbol{i}+v_y\boldsymbol{i}+v_z\boldsymbol{k}=(\mathrm{grad}\boldsymbol{\psi})\times(\mathrm{grad}\boldsymbol{\chi})$$

$$=\begin{vmatrix}\boldsymbol{i} & \boldsymbol{j} & \boldsymbol{k}\\ \frac{\partial\psi}{\partial x} & \frac{\partial\psi}{\partial y} & \frac{\partial\psi}{\partial z}\\ \frac{\partial\chi}{\partial x} & \frac{\partial\chi}{\partial y} & \frac{\partial\chi}{\partial z}\end{vmatrix}=\left(\frac{U}{h_x}\frac{1}{\phi}\right)\boldsymbol{i}+\left(\frac{U}{h_x}\frac{y\phi'}{\phi^2}\right)\boldsymbol{j}+\left(\frac{Uz}{h_x^2}\frac{h_x'}{\phi}\right)\boldsymbol{k}$$

上式展开并将式①、式②代入即得 Hill 流函数速度场为

$$v_x=\frac{U}{h_x\phi},\ v_y=\frac{U_y\phi'}{h_x\phi^2},\ v_z=\frac{U_z}{\phi}\frac{h_x'}{h_x^2} \tag{7.74}$$

取 $\phi=b_x$ 代入上式则得如下速度场为

$$v_x=\frac{U}{h_xb_x},\ v_y=v_x\frac{b_x'}{b_x}y,\ v_z=v_x\frac{h_x'}{h_x}z \tag{7.75}$$

如图 7.7 ~ 图 7.9 所示，式（7.75）满足稳定轧制条件，即

（1）$v_0h_0b_0=v_1h_1b_1=U$，为秒流量。

（2）在 $\phi=b_x$ 和平断面假设（v_x 与 y，z 无关）条件下 $[v_y/v_x]_{y=b_x}=b'_x$，此时宽向自由表面上质点的速度向量切于宽向自由表面。在 $z=h_x$ 的辊面上，$[v_z/v_x]_{z=h_x}=h'_x$，表明辊面上坯料质点的速度与辊面相切。

$v_z|_{z=h_x}=v_xh'_x$ 为轧辊与轧件接触面上质点的压下速度，$v_y|_{y=b_x}=v_xb'_x$ 为轧件宽向自由表面上质点的宽展速度。所以，该速度场满足接触表面和宽向自由表面的边界条件，即满足稳定轧制条件：

$$v_z|_{z=h_x}=v_xh'_x,\quad v_y|_{y=b_x}=v_xb'_x \tag{7.76}$$

由式（7.75）按几何方程确定的应变速率场为

$$\begin{aligned}
&\dot{\varepsilon}_x=\frac{\partial v_x}{\partial x}=-v_x\left(\frac{b'_x}{b_x}+\frac{h'_x}{h_x}\right),\quad \dot{\varepsilon}_y=\frac{\partial v_y}{\partial y}=v_x\frac{b'_x}{b_x},\quad \dot{\varepsilon}_z=\frac{\partial v}{\partial z}=v_x\frac{h'_x}{h_x}\\
&\dot{\varepsilon}_{zx}=\frac{1}{2}\left(\frac{\partial v_z}{\partial x}+\frac{\partial v_x}{\partial z}\right)=\frac{z}{2}v_x\left[\frac{h''_x}{h_x}-\frac{h'_x}{h_x}\frac{b'_x}{b_x}-2\left(\frac{h'_x}{h_x}\right)^2\right]\\
&\dot{\varepsilon}_{xy}=\frac{1}{2}\left(\frac{\partial v_y}{\partial x}+\frac{\partial v_x}{\partial y}\right)=\frac{y}{2}v_x\left[\frac{b''_x}{b_x}-\frac{h'_x}{h_x}\frac{b'_x}{b_x}-2\left(\frac{b'_x}{b_x}\right)^2\right]
\end{aligned} \tag{7.77}$$

上式满足 $\dot{\varepsilon}_x+\dot{\varepsilon}_y+\dot{\varepsilon}_z=0$。且式（7.75）中：$x=0$，$v_x=v_0$；$x=l$，$v_x=v_1$；$y=z=0$，$v_y=v_z=0$；表明式（7.75）、式（7.77）满足运动许可与稳定轧制条件。

7.7.2 成形功率内积

按刚塑性第一变分原理，泛函 $\Phi=\dot{W}_i+\dot{W}_f+\dot{W}_s$ 有极小值。式中右侧依次为工件内部变形能率、接触面摩擦能率及轧件出入口断面剪切能率。将 $\sigma_e=\sigma_s$，$\dot{\varepsilon}_e=\sqrt{\frac{2}{3}}\,(\dot{\varepsilon}_x^2+\dot{\varepsilon}_y^2+\dot{\varepsilon}_z^2+2\dot{\varepsilon}_{xy}^2+2\dot{\varepsilon}_{xz}^2)$ 及式（7.77）代入下式，内部变形功率泛函为[2]

$$\dot{W}_i=\iiint_V\bar{\sigma}\,\dot{\bar{\varepsilon}}\mathrm{d}V=4\sqrt{\frac{2}{3}}\sigma_s\int_0^{h_x}\int_0^{b_x}\int_0^{l}v_x\sqrt{g^2+N^2y^2+I^2z^2}\,\mathrm{d}x\mathrm{d}y\mathrm{d}z \tag{7.78}$$

式中

$$\begin{cases}
g=\sqrt{2\left[\left(\dfrac{b'_x}{b_x}\right)^2+\left(\dfrac{h'_x}{h_x}\right)^2+\dfrac{h'_x}{h_x}\dfrac{b'_x}{b_x}\right]}\\
N=\sqrt{\dfrac{1}{2}}\left[\dfrac{b''_x}{b_x}-\dfrac{h'_x}{h_x}\dfrac{b'_x}{b_x}-2\left(\dfrac{b'_x}{b_x}\right)^2\right]\\
I=\sqrt{\dfrac{1}{2}}\left[\dfrac{h''_x}{h_x}-\dfrac{h'_x}{h_x}\dfrac{b'_x}{b_x}-2\left(\dfrac{h'_x}{h_x}\right)^2\right]
\end{cases} \tag{④}$$

注意到接触弧 h_x 与宽度函数 b_x 都是 x 的单值函数，故可按中值定理

$$\overline{\frac{b'_x}{b_x}} = \frac{1}{l}\int_0^l \frac{b'_x}{b_x}\mathrm{d}x = \frac{1}{l}\int_0^l \frac{\mathrm{d}b_x}{\mathrm{d}x b_x}\mathrm{d}x = \frac{1}{l}\int_0^l \frac{\mathrm{d}b_x}{b_x} = \frac{\ln b_x|_0^l}{l} = \frac{\ln(b_1/b_0)}{l} = \varepsilon_2/l$$

$$\overline{\frac{h'_x}{h_x}} = \frac{1}{l}\int_0^l \frac{h'_x}{h_x}\mathrm{d}x = \frac{1}{l}\int_0^l \frac{\mathrm{d}h_x}{\mathrm{d}x h_x}\mathrm{d}x = \frac{1}{l}\int_0^l \frac{\mathrm{d}h_x}{h_x} = \frac{\ln h_x|_0^l}{l} = -\frac{\ln(h_0/h_1)}{l} = -\varepsilon_3/l$$

由式（7.68）、式（7.66）、式（7.63）、式（7.65）得

$$\frac{b''_x}{\overline{b}_x} = \frac{-2\Delta b}{l^2\overline{b}_x} = \frac{-2\Delta b}{l^2(b_1-\Delta b/3)}$$

$$\frac{h''_x}{\overline{h}_x} = \frac{3\tan\theta}{l(h_0+2h_1)} = \frac{3}{(R-\Delta h)(h_0+2h_1)}$$

以上参数代入式④得

$$\begin{cases} g = \dfrac{\sqrt{2}}{l}\ (\varepsilon_2^2+\varepsilon_3^2-\varepsilon_2\varepsilon_3)^{1/2} \\ N = \dfrac{1}{\sqrt{2}l^2}\left(\varepsilon_2\varepsilon_3 - \dfrac{2}{b_0/\Delta b+2/3} - 2\varepsilon_2^2\right) \\ I = \dfrac{1}{\sqrt{2}}\left[\dfrac{3}{(h_0+2h_1)(R-\Delta h)} + \dfrac{\varepsilon_2\varepsilon_3}{l^2} - 2\dfrac{\varepsilon_3^2}{l^2}\right] \end{cases} \quad ⑤$$

式（7.28）为小林史郎 1975 年推导的三维轧制内部功率泛函公式，未见获得解析解的报道。以下以应变速率矢量内积法探索解析解。

7.7.2.1 变形功率内积

由式（7.78）

$$\dot{W}_i = 4\sqrt{\frac{2}{3}}\sigma_s\int_0^{h_x}\int_0^{b_x}\int_0^l \sqrt{v_x^2g^2+v_x^2N^2y^2+v_x^2I^2z^2}\,\mathrm{d}x\mathrm{d}y\mathrm{d}z$$

$$= 4\sqrt{\frac{2}{3}}\sigma_s\int_0^{h_x}\int_0^{b_x}\int_0^l \dot{\boldsymbol{\varepsilon}}\cdot\dot{\boldsymbol{\varepsilon}}^0\,\mathrm{d}x\mathrm{d}y\mathrm{d}z$$

$$\dot{\boldsymbol{\varepsilon}} = gv_x\boldsymbol{i} + Nyv_x\boldsymbol{j} + Izv_x\boldsymbol{k},\quad \dot{\boldsymbol{\varepsilon}}^0 = l_1\boldsymbol{i}+l_2\boldsymbol{j}+l_3\boldsymbol{k},\quad |\dot{\boldsymbol{\varepsilon}}^0| = 1$$

式中，$\dot{\boldsymbol{\varepsilon}}$ 为应变速率矢量；$\dot{\boldsymbol{\varepsilon}}^0$ 单位矢量 $l_1=\cos\alpha$，$l_2=\cos\beta$，$l_3=\cos\gamma$ 在坐标方向上的投影（与坐标夹角的余弦）。于是

$$\dot{W}_i = 4\sqrt{\frac{2}{3}}\sigma_s\int_0^{h_x}\int_0^{b_x}\int_0^l (gv_xl_1+Nyv_xl_2+Izv_xl_3)\,\mathrm{d}x\mathrm{d}y\mathrm{d}z$$

$$= 4\sqrt{\frac{2}{3}}\sigma_s(I_1+I_2+I_3) \quad ⑥$$

式中

$$l_1=\cos\alpha=[1+(\mathrm{d}y/\mathrm{d}x)^2+(\mathrm{d}z/\mathrm{d}x)^2]^{-1/2}$$
$$l_2=\cos\beta=[1+(\mathrm{d}x/\mathrm{d}y)^2+(\mathrm{d}z/\mathrm{d}y)^2]^{-1/2}$$
$$l_3=[1+(\mathrm{d}x/\mathrm{d}z)^2+(\mathrm{d}y/\mathrm{d}z)^2]^{-1/2} \qquad ⑦$$

式⑦中变形区导数值由稳定轧制条件式（7.76）及中值定理式（7.63）~式（7.68）确定：

$$\mathrm{d}y/\mathrm{d}x=(v_y/v_x)_{y=b_x}=b_x'\doteq\Delta b/l=\bar{b}_x';\ \mathrm{d}z/\mathrm{d}x=(v_z/v_x)_{z=h_x}=h_x'\doteq-\Delta h/l=\bar{h}_x'$$
$$z=h_x,\ \mathrm{d}z/\mathrm{d}y=0;\ \mathrm{d}x/\mathrm{d}z=1/h_x' \qquad ⑧$$

将式⑧代入式⑦，然后再代入式⑥，注意到式（7.77）然后逐项积分分别为

$$I_1=\int_0^{h_x}\int_0^{b_x}\int_0^l\frac{gv_x\mathrm{d}x\mathrm{d}y\mathrm{d}z}{\sqrt{1+(b_x')^2+(h_x')^2}}=\frac{\sqrt{2}}{l}\int_0^l\frac{(\varepsilon_2^2+\varepsilon_3^2-\varepsilon_2\varepsilon_3)^{1/2}v_xb_xh_x\mathrm{d}x}{\sqrt{1+(\bar{b}_x')^2+(\bar{h}_x')^2}}$$
$$=\frac{\sqrt{2}U(\varepsilon_2^2+\varepsilon_3^2-\varepsilon_2\varepsilon_3)^{1/2}}{\sqrt{1+(\Delta b/l)^2+(\Delta h/l)^2}}\frac{\int_0^l\mathrm{d}x}{l}=\frac{\sqrt{2}U(\varepsilon_2^2+\varepsilon_3^2-\varepsilon_2\varepsilon_3)^{1/2}}{\sqrt{1+(\Delta b/l)^2+(\Delta h/l)^2}}$$
$$=\sqrt{2}lU\left(\frac{\varepsilon_2^2+\varepsilon_3^2-\varepsilon_2\varepsilon_3}{l^2+\Delta b^2+\Delta h^2}\right)^{1/2}=\sqrt{2}lUf_1$$

式中，$\varepsilon_2=\ln(b_1/b_0)$；$\varepsilon_3=\ln(h_0/h_1)$ 为道次宽高方向对数主应变；U 为秒流量。

注意到 $\mathrm{d}z/\mathrm{d}y=0$，$\mathrm{d}x/\mathrm{d}y=1/b_x'\doteq1/\bar{b}_x'=l/\Delta b$，则

$$I_2=\int_0^{h_x}\int_0^{b_x}\int_0^l\frac{Nv_xy\mathrm{d}x\mathrm{d}y\mathrm{d}z}{\sqrt{1+(1/b_x')^2}}=\frac{\left(\varepsilon_2\varepsilon_3-\dfrac{2}{b_0/\Delta b+2/3}-2\varepsilon_2^2\right)}{\sqrt{2}l^2\sqrt{1+(l/\Delta b)^2}}\int_0^{b_x}\int_0^l v_xh_xy\mathrm{d}x\mathrm{d}y$$
$$=\frac{U\left(\varepsilon_2\varepsilon_3-\dfrac{2}{b_0/\Delta b+2/3}-2\varepsilon_2^2\right)}{2\sqrt{2}l\sqrt{1+(l/\Delta b)^2}}\times\frac{\int_0^l b_x\mathrm{d}x}{l}$$
$$=\frac{U\left(\varepsilon_2\varepsilon_3-\dfrac{2}{b_0/\Delta b+2/3}-2\varepsilon_2^2\right)}{2\sqrt{2}l\sqrt{1+(l/\Delta b)^2}}\left(b_1-\frac{\Delta b}{3}\right)$$
$$=\frac{U\Delta b\left(\varepsilon_2\varepsilon_3-\dfrac{2}{b_0/\Delta b+2/3}-2\varepsilon_2^2\right)(b_0/\Delta b+2/3)}{2\sqrt{2}l\sqrt{1+(l/\Delta b)^2}}$$
$$=\frac{lU}{2\sqrt{2}}\times\frac{(\varepsilon_2\varepsilon_3-2\varepsilon_2^2)(b_0\Delta b+2\Delta b^2/3)-2\Delta b^2}{l^2\sqrt{\Delta b^2+l^2}}=\frac{lU}{2\sqrt{2}}f_2$$

注意到 y 与 z 无关，$\mathrm{d}x/\mathrm{d}z=1/h_x'=-l/2\Delta h$，

$$I_3 = \int_0^{h_x}\int_0^{b_x}\int_0^{l}\frac{Izv_x\mathrm{d}x\mathrm{d}y\mathrm{d}z}{\sqrt{1+(1/h'_x)^2}} = \frac{\frac{3}{(h_0+2h_1)(R-\Delta h)}+\frac{\varepsilon_2\varepsilon_3}{l^2}-2\frac{\varepsilon_3^2}{l^2}}{2\sqrt{2}\sqrt{1+(l/2\Delta h)^2}}\int_0^l v_x h_x^2 b_x\mathrm{d}x$$

$$= \frac{lU\left[\frac{3}{(h_0+2h_1)(R-\Delta h)}+\frac{\varepsilon_2\varepsilon_3-2\varepsilon_3^2}{l^2}\right]}{2\sqrt{2}\sqrt{1+(l/2\Delta h)^2}}\frac{\int_0^l h_x\mathrm{d}x}{l}$$

$$= \frac{lU\Delta h\left[\frac{3}{(h_0+2h_1)(R-\Delta h)}+\frac{\varepsilon_2\varepsilon_3-2\varepsilon_3^2}{l^2}\right]}{\sqrt{2}\sqrt{l^2+4\Delta h^2}}\frac{(h_0+2h_1)}{3}$$

$$= \frac{Ul}{\sqrt{2}}\left[\frac{\Delta h/(R-\Delta h)+(\varepsilon_2\varepsilon_3-2\varepsilon_3^2)(h_0+2h_1)/6R}{\sqrt{l^2+4\Delta h^2}}\right] = \frac{lU}{\sqrt{2}}f_3$$

将逐项积分结果 I_1，I_2，I_3 代入式⑥整理得

$$\dot{W}_i = \frac{2\sigma_s lU}{\sqrt{3}}\left[4\sqrt{\frac{\varepsilon_2^2+\varepsilon_3^2-\varepsilon_2\varepsilon_3}{l^2+\Delta b^2+\Delta h^2}}+\frac{(\varepsilon_2\varepsilon_3-2\varepsilon_2^2)(b_0\Delta b+2\Delta b^2/3)-2\Delta b^2}{l^2\sqrt{l^2+\Delta b^2}}+\frac{\Delta h/(R-\Delta h)+(\varepsilon_2\varepsilon_3-2\varepsilon_3^2)(h_0+2h_1)/6R}{\sqrt{l^2+\Delta h^2}}\right] \tag{7.79}$$

或

$$\dot{W}_i = \frac{2\sigma_s lU}{\sqrt{3}}(4f_1+f_2+f_3)$$

式中，R 为轧辊半径；l 为接触弧水平投影，注意该值为 $l=\sqrt{2R\Delta h}$；Δh 与 Δb 为绝对压下量与宽展量之半；$\bar{h}_x$、$\bar{b}_x$ 分别为按式（7.63）、式（7.64）或 $\bar{h}=(H+2h)/3$ 中值定理确定的变形区高度、宽度。

7.7.2.2 摩擦功率内积

小林 1975 年给出三维轧制摩擦率泛函积分的框架公式为

$$\dot{W}_f = \int_0^l\int_0^{b_x}\tau_f|\Delta v_f|\mathrm{d}s = \frac{4\sigma_s mU}{\sqrt{3}}\int_0^l\int_0^{b_x}\frac{\Delta v_f}{U}\sqrt{1+h'^2_x}\mathrm{d}x\mathrm{d}y \tag{7.80}$$

该式未见获得解析解的报道。以下以共线矢量内积法探索解析解。

轧件与轧辊接触面 xoz 截面速度场如图 7.11a 所示。在 $y=0$ 的截面上

$$|\Delta \boldsymbol{v}| = |v_R - \boldsymbol{v}| = |v_R - v_x\sec\alpha| = \sqrt{(v_{Rx}-v_x)^2+(v_{Rz}-v_z)^2}$$

$$= \sqrt{(v_R\cos\alpha - v_x)^2+(v_R\sin\alpha - v_x\tan\alpha)^2}$$

式中，$v_R=\sqrt{v_{Rx}^2+v_{Rz}^2}$，$v=v_x\sec\alpha=\sqrt{v_x^2+v_z^2}$，$v_z=v_x\tan\alpha$。

在平行于 xoz 的其他截面上，$v_y\neq0$，辊面切向速度不连续量为

$$|\Delta \boldsymbol{v}_{\mathrm{f}}| = \sqrt{\Delta v_x^2 + \Delta v_y^2 + \Delta v_z^2} = \sqrt{v_y^2 + (v_{\mathrm{R}x} - v_x)^2 + (v_{\mathrm{R}z} - v_z)^2}$$
$$= \sqrt{v_y^2 + (v_{\mathrm{R}}\cos\alpha - v_x)^2 + (v_{\mathrm{R}}\sin\alpha - v_x\tan\alpha)^2} = \sqrt{v_y^2 + (v_{\mathrm{R}} - v_x\sec\alpha)^2} \tag{7.81}$$

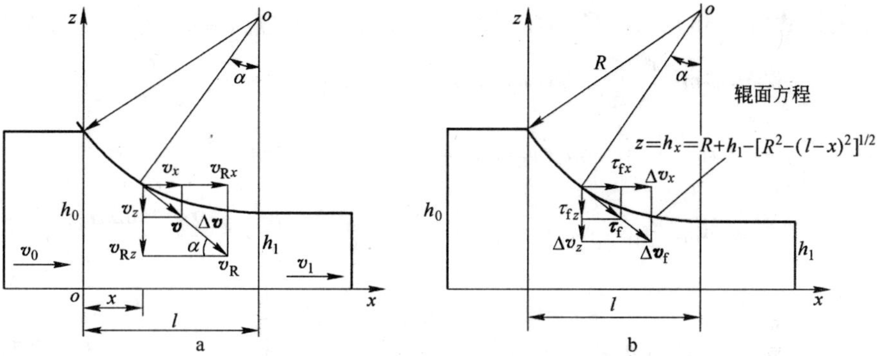

图 7.11 xoz 截面速度场与摩擦力
a—速度场；b—摩擦应力

将式（7.80）改写为共线向量 $\Delta\boldsymbol{v}_{\mathrm{f}}$与 $\boldsymbol{\tau}_{\mathrm{f}}$ 的内积形式（注意二者均沿辊面切线方向故为共线矢量）于是摩擦功率为

$$\dot{W}_{\mathrm{f}} = 4\int_0^l\int_0^{b_x}\tau_{\mathrm{f}}|\Delta \boldsymbol{v}_{\mathrm{f}}|\mathrm{d}F = 4\int_0^l\int_0^{b_x}|\boldsymbol{\tau}_{\mathrm{f}}||\Delta \boldsymbol{v}_{\mathrm{f}}|\cos(\boldsymbol{\tau}_{\mathrm{f}},\Delta \boldsymbol{v}_{\mathrm{f}})\mathrm{d}F = 4\int_0^l\int_0^{b_x}\boldsymbol{\tau}_{\mathrm{f}}\cdot\Delta \boldsymbol{v}_{\mathrm{f}}\mathrm{d}F$$
$$= 4\int_0^l\int_0^{b_x}(\tau_{\mathrm{f}x}\Delta v_x + \tau_{\mathrm{f}y}\Delta v_y + \tau_{\mathrm{f}z}\Delta v_z)\mathrm{d}F$$
$$= 4mk\int_0^l\int_0^{b_x}(\Delta v_x\cos\alpha + \Delta v_y\cos\beta + \Delta v_z\cos\gamma)\mathrm{d}F \tag{7.82}$$

式中，$\cos\alpha$，$\cos\beta$，$\cos\gamma$ 为切向速度不连续矢量 $\Delta\boldsymbol{v}_{\mathrm{f}}$或切向摩擦应力 $\boldsymbol{\tau}_{\mathrm{f}} = mk$ 与坐标轴夹角的余弦。因切向速度不连续矢量 $\Delta\boldsymbol{v}_{\mathrm{f}}$与辊面的切线方向一致。

由辊面方程 $z = h_x = R + h_1 - [R^2 - (l-x)^2]^{1/2}$，辊面的切线方向余弦为

$$\left.\begin{aligned}
&\cos\alpha = 1/\pm\sqrt{1 + (\mathrm{d}y/\mathrm{d}x)^2 + (\mathrm{d}z/\mathrm{d}x)^2} = \pm\sqrt{R^2 - (l-x)^2}/R\\
&\cos\gamma = 1/\pm\sqrt{(\mathrm{d}x/\mathrm{d}z)^2 + (\mathrm{d}y/\mathrm{d}z)^2 + 1} = \pm\frac{l-x}{R},\ \cos^2\beta = 1 - \cos^2\alpha - \cos^2\gamma = 0\\
&\cos\beta = \cos\frac{\pi}{2} = 0;\ \cos\beta = 1/\pm\sqrt{(\mathrm{d}x/\mathrm{d}y)^2 + 1 + (\mathrm{d}z/\mathrm{d}y)^2} = 0
\end{aligned}\right\} \tag{7.83}$$

将辊面切向速度不连续量 $\Delta\boldsymbol{v}_{\mathrm{f}}$写成向量形式

$$\Delta \boldsymbol{v}_{\mathrm{f}} = \Delta v_x\boldsymbol{i} + \Delta v_y\boldsymbol{j} + \Delta v_z\boldsymbol{k} = (v_{\mathrm{R}}\cos\alpha - v_x)\boldsymbol{i} + v_x\frac{b'_x}{b_x}y\boldsymbol{j} + (v_{\mathrm{R}}\sin\alpha - v_x\tan\alpha)\boldsymbol{k}$$

$$\Delta v_x = v_R\cos\alpha - v_x,\ \Delta v_y = v_x \frac{b_x'}{b_x}y,\ \Delta v_z = v_R\sin\alpha - v_x\tan\alpha \tag{7.84}$$

辊面面元微分

$$\mathrm{d}F = \sqrt{1 + (\mathrm{d}z/\mathrm{d}x)^2 + (\mathrm{d}z/\mathrm{d}y)^2}\mathrm{d}x\mathrm{d}y = \sqrt{1 + (h_x')^2}\mathrm{d}x\mathrm{d}y \tag{7.85}$$

将上式及式（7.83）、式（7.84）代入式（7.82），注意 $l - x = R\sin\alpha$，积分得

$$\begin{aligned}\dot{W}_\mathrm{f} &= 4mk\int_0^l\int_0^{b_x}\cos\alpha(v_R\cos\alpha - v_x)\sec\alpha\mathrm{d}x\mathrm{d}y + \\ &\quad 4mk\int_0^l\int_0^{b_x}\sin\alpha(v_R\sin\alpha - v_x\tan\alpha)\sec\alpha\mathrm{d}x\mathrm{d}y \\ &= 4mk(I_{11} + I_{22}) = 4mk\left[\frac{\Delta bR^3 v_R}{l^2}\left(\alpha_n - \frac{\theta}{2} + \frac{\sin2\theta}{4} - \frac{\sin2\alpha_n}{2}\right) + \right. \\ &\quad \left. v_R Rb_1(\theta - 2\alpha_n) + \frac{UR}{\bar{h}}\ln\frac{\tan^2\left(\frac{\pi}{4} + \frac{\alpha_n}{2}\right)}{\tan\left(\frac{\pi}{4} + \frac{\theta}{2}\right)}\right]\end{aligned} \tag{7.86}$$

内积逐项积分 I_{11}，I_{22} 分别为

$$I_{11} = \frac{\Delta bR^3 v_R}{l^2}\left(\frac{\alpha_n}{4} - \frac{\theta}{8} - \frac{\sin4\alpha_n}{16} + \frac{\sin4\theta}{32}\right) - v_R Rb_1\left(\alpha_n + \frac{\sin2\alpha_n}{2} - \frac{\theta}{2} - \frac{\sin2\theta}{4}\right) + \frac{U(l - 2x_n)}{\bar{h}_x}$$

$$\begin{aligned}I_{22} &= \frac{\Delta bR^3 v_R}{l^2}\left(\frac{3\alpha_n}{4} - \frac{\sin2\alpha_n}{2} + \frac{\sin4\alpha_n}{16} - \frac{3\theta}{8} + \frac{\sin2\theta}{4} - \frac{\sin4\theta}{32}\right) + v_R Rb_1\left(\frac{\theta}{2} - \alpha_n + \frac{\sin2\alpha_n}{2} - \frac{\sin2\theta}{4}\right) + \\ &\quad \frac{UR}{\bar{h}_x}\left[2\ln\tan\left(\frac{\pi}{4} + \frac{\alpha_n}{2}\right) - \ln\tan\left(\frac{\pi}{4} + \frac{\theta}{2}\right)\right] + \frac{U(2x_n - l)}{\bar{h}_x}\end{aligned}$$

I_{11}、I_{22} 积分步骤见附录7。并注意上式 I_{22} 积分时同 I_{11} 一样考虑了 Δv_z 在中性点不连续，参量积分域为由 θ 到 α_n，由 α_n 到0；将水平与垂直方向速度不连续量同时对中性角 α_n 的积分定义为共线向量的双弧积分。

7.7.2.3 剪切功率的变上限积分

小林1975年推导了三维轧制剪切功率泛函公式

$$\dot{W}_\mathrm{s} = \frac{4\sigma_\mathrm{s}}{\sqrt{3}}\left\{U\int_0^{b_0}\int_0^{h_0}\left\{\frac{1}{U}\sqrt{v_y^2 + v_z^2}\right\}_{x=0}\mathrm{d}z\mathrm{d}y + \int_0^{b_1}h_1\left(\frac{v_y}{U}\right)_{x=l}\mathrm{d}y\right\} \tag{7.87}$$

式（7.87）也未见获得解析解的报道，本书将以下述积分方法给出解析解。

在变形区出口截面，当 $x = l$ 时，$h_x' = b_x' = 0$，故速度场式（7.75）中

$$v_y|_{x=l} = v_z|_{x=l} = \Delta v_y|_{x=l} = \Delta v_z|_{x=l} = 0$$

这表明出口截面不消耗剪切功率。变形区入口消耗剪切功率为

$$\dot{W}_\mathrm{s} = 4k\int_0^{b_0}\int_0^{h_0}\left[\sqrt{v_y^2 + v_z^2}\right]_{x=0}\mathrm{d}z\mathrm{d}y$$

入口截面切向速度场由式（7.75）为

$$v_y\big|_{x=0}=\frac{2U\Delta b}{h_0 l b_0^2}y\,,\quad v_z\big|_{x=0}=\frac{-U\tan\theta}{h_0^2 b_0}z$$

$$|\Delta v_t|=\sqrt{v_y^2+v_z^2}\Big|_{x=0}=v_0\sqrt{\left(\frac{2\Delta b}{lb_0}\right)^2y^2+\left(\frac{\tan\theta}{h_0}\right)^2z^2} \qquad (7.88)$$

式（7.88）代入前式有

$$\dot{W}_s=4k\int_0^{b_0}\int_0^{h_0}\sqrt{\left(\frac{2U\Delta b}{h_0 l b_0^2}\right)^2y^2+\left(\frac{-U\tan\theta}{h_0^2 b_0}\right)^2z^2}\,\mathrm{d}z\mathrm{d}y \qquad (7.89)$$

入口截面二重积分域如图 7.12 所示。在$x=0$截面上引直线 OB 将二重积分域分割成两部分，OB 直线方程（变上限积分域）如图 7.12 所示。因变形区对称，$BBB'B'$截面上剪切功率就是三角形 OBC 与 OBE 区域剪切功率之和再四倍；将式（7.88）代入下式，注意三角形 OBC 域内先对 z 变上限积分后对 y 定积分；

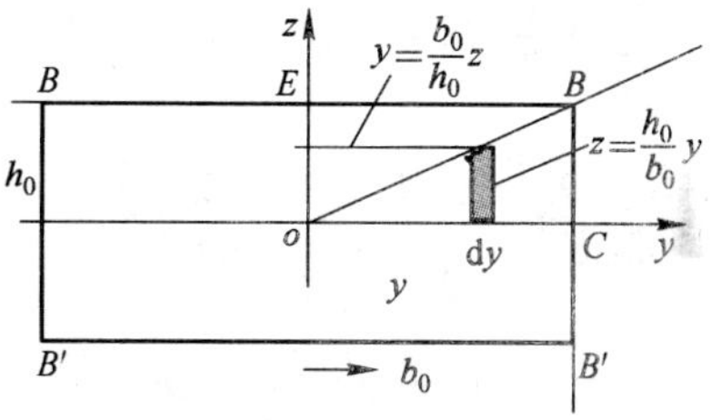

图 7.12 入口截面变上限积分域

OBE 区域先对 y 变上限积分后对 z 积分有

$$\begin{aligned}\dot{W}_s&=4k\left(\int_{OBC}|\Delta v_t|\mathrm{d}F+\int_{OBE}|\Delta v_t|\mathrm{d}F\right)\\&=4kv_0\left\{\int_0^{b_0}\int_0^{z=\frac{h_0}{b_0}y}\sqrt{\left(\frac{2\Delta b}{lb_0}\right)^2y^2+\left(\frac{\tan\theta}{h_0}\right)^2z^2}\,\mathrm{d}y\mathrm{d}z+\right.\\&\qquad\left.\int_0^{h_0}\int_0^{y=\frac{b_0}{h_0}z}\sqrt{\left(\frac{2\Delta b}{lb_0}\right)^2y^2+\left(\frac{\tan\theta}{h_0}\right)^2z^2}\,\mathrm{d}y\mathrm{d}z\right\}\\&=4kv_0(I_{111}+I_{222})\end{aligned}$$

I_{111}，I_{222}积分结果如下（积分步骤见附录 8）

$$I_{111}=\frac{h_0b_0}{6}\sqrt{\left(\frac{2\Delta b}{l}\right)^2+\tan^2\theta}+\frac{2h_0b_0\Delta b^2}{3l^2\tan\theta}\ln\frac{l\tan\theta+l\sqrt{\left(\frac{2\Delta b}{l}\right)^2+\tan^2\theta}}{2\Delta b}$$

$$I_{222}=\frac{b_0h_0}{6}\sqrt{\left(\frac{2\Delta b}{l}\right)^2+\tan^2\theta}+\frac{lb_0h_0\tan^2\theta}{12\Delta b}\ln\frac{\frac{2\Delta b}{l}+\sqrt{\left(\frac{2\Delta b}{l}\right)^2+\tan^2\theta}}{\tan\theta}$$

将 I_{111}，I_{222}代入前式整理得剪切功率泛函解析解为（θ 为接触角，$k=\sigma_s/\sqrt{3}$）

$$\dot{W}_s = 4kU\left\{\frac{\sqrt{(2\Delta b/l)^2+\tan^2\theta}}{3}+\frac{2\Delta b^2}{3l^2\tan\theta}\cdot\ln\frac{\tan\theta+\sqrt{(2\Delta b/l)^2+\tan^2\theta}}{2\Delta b/l}+\right.$$
$$\left.\frac{l\tan^2\theta}{12\Delta b}\ln\frac{2\Delta b/l+\sqrt{(2\Delta b/l)^2+\tan^2\theta}}{\tan\theta}\right\} \tag{7.90}$$

7.7.3 总功率泛函最小化

将式（7.79）、式（7.87）、式（7.90）代入 $\Phi=\dot{W}_i+\dot{W}_f+\dot{W}_s$ 注意到 $x_n=l-R\sin\alpha_n$ 得

$$\Phi=\frac{4\sigma_s U}{\sqrt{3}}\left\{\frac{l}{2}[4f_1+f_2+f_3]+\left[\frac{\sqrt{(2\Delta b/l)^2+\tan^2\theta}}{3}+\frac{2\Delta b^2}{3l^2\tan\theta}\ln\frac{\tan\theta+\sqrt{(2\Delta b/l)^2+\tan^2\theta}}{2\Delta b/l}+\right.\right.$$
$$\left.\frac{l\tan^2\theta}{12\Delta b}\ln\frac{2\Delta b/l+\sqrt{(2\Delta b/l)^2+\tan^2\theta}}{\tan\theta}\right]+\frac{m}{U}\left[\frac{\Delta bR^3 v_R}{l^2}\left(\alpha_n-\frac{\theta}{2}+\frac{\sin2\theta}{4}-\frac{\sin2\alpha_n}{2}\right)+\right.$$
$$\left.\left.v_R R b_1(\theta-2\alpha_n)+\frac{UR}{\bar{h}}\ln\frac{\tan^2\left(\frac{\pi}{4}+\frac{\alpha_n}{2}\right)}{\tan\left(\frac{\pi}{4}+\frac{\theta}{2}\right)}\right]\right\} \tag{7.91}$$

式中，f_1，f_2，f_3 按式⑧、式⑨、式⑩计算。按式（7.4）有，$\bar{h}=(h_0+2h_1)/3$。

由能量总泛函 Φ 对变数 α_n 求导，令一阶导数为零，整理后可得下式

$$\frac{\partial\Phi}{\partial\alpha_n}=\frac{\partial\dot{W}_i}{\partial\alpha_n}+\frac{\partial\dot{W}_s}{\partial\alpha_n}+\frac{\partial\dot{W}_f}{\partial\alpha_n}=\cos^3\alpha_n+\left(\frac{b_1l^2}{\Delta bR^2}-1\right)\cos\alpha_n-\frac{Ul^2}{h_m\Delta bR^2v_R}=0$$

令：$p=\dfrac{b_1l^2}{\Delta bR^2}-1$；$q=-\dfrac{Ul^2}{h_m\Delta bR^3\omega}$；有 $\cos^3\alpha_n+p\cos\alpha_n+q=0$

以卡尔丹公式求解，方程唯一实根为

$$\alpha_n=\cos^{-1}\left[\sqrt[3]{-\frac{q}{2}+\sqrt{\left(\frac{q}{2}\right)^2+\left(\frac{p}{3}\right)^3}}+\sqrt[3]{-\frac{q}{2}-\sqrt{\left(\frac{q}{2}\right)^2+\left(\frac{p}{3}\right)^3}}\right]$$

将此中性角 α_n 代入式（7.91）得总能量泛函最小值 $\Phi_{\min}$。设轧制力矩为 M，角速度为 ω，相应轧制力矩、轧制力、应力状态系数最小值为

$$M_{\min}=\frac{R}{2v_R}\Phi_{\min}，F_{\min}=\frac{\theta\cdot\Phi_{\min}}{2v_R(1-\cos\theta)}，n_\sigma=\frac{\bar{p}}{2k}=\frac{F_{\min}}{2b_m l\cdot 2k} \tag{7.92}$$

7.7.4 与小林及 Sims 结果比较

在 ϕ130 轧机上重复了 Sims 试验。辊径 $D=127$mm(5in)，辊身长为 254mm (10in)，辊速为 100r/min。与 Sims 尺寸相同的三组纯铅试样，用与 Sims 相同的

纯铅屈服切应力曲线，以式（7.92）计算，计算结果与小林、Sims 理论结果、Sims 试验结果比较如图 7.13 ~ 图 7.15 所示。表明：三组试样按本节公式计算的轧制力矩与小林及 sims 实验结果基本一致；仅第一组试样当压下率大于 30% 后略高于小林结果。图 7.14 中第一组试样按本节公式计算结果与西姆斯轧制力与力矩的理论及实验结果比较，表明轧制力矩与 sims 理论结果一致，轧制力在压下率 10% ~ 30% 间略高于 sims 结果。图 7.15 表明第二、三组试样本节公式计算结果仅当压下率大于 40% 后略低于 sims 结果。计算中 $U = vh_1b_1$，$v_1 \approx v_R$，取 $q = -(b_1 + 2b_m)l^2/(3\Delta bR^2)$。

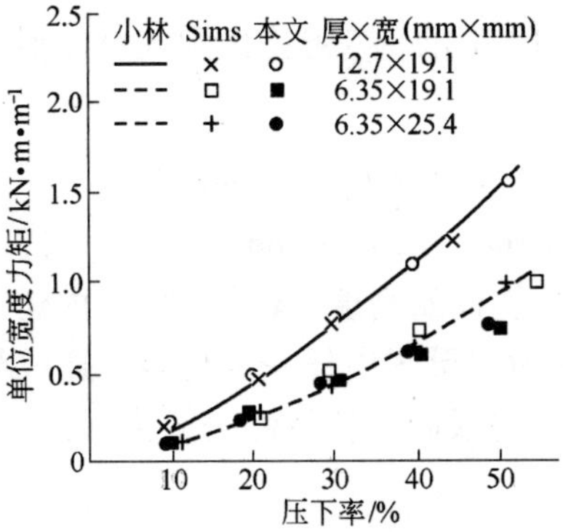

图 7.13 轧制三组铅试样轧制力矩与小林史郎及 Sims 结果比较（$m = 1.0$）

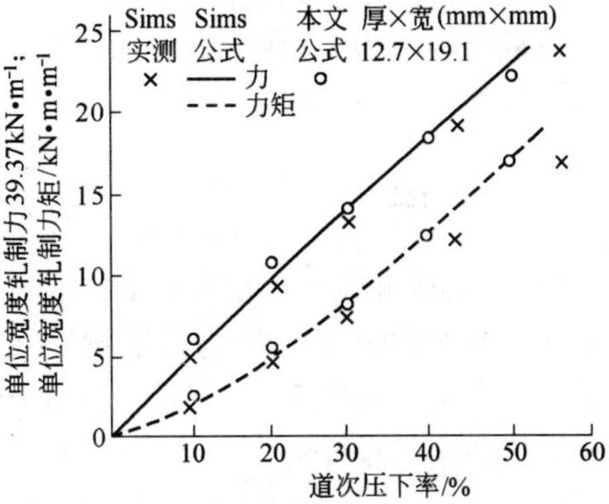

图 7.14 第一组轧铅时计算轧制力、力矩与 sims 实测及理论结果比较（$m = 1.0$）

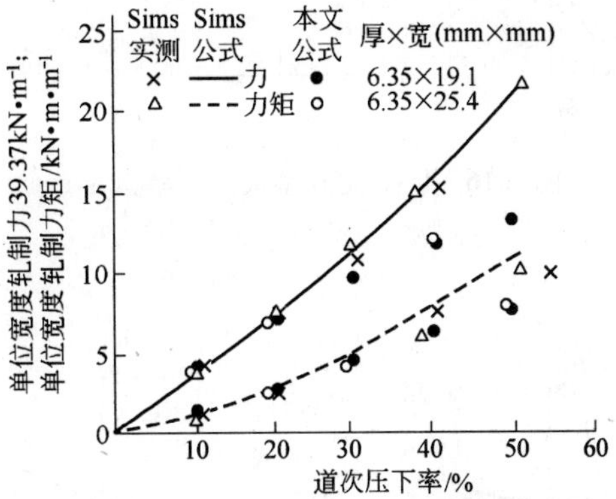

图 7.15 第二、三组轧铅时计算轧制力、力矩与 sims 实测及理论结果比较（$m = 1.0$）

7.8 线材轧制内积

Morgan 高速无扭线材轧机共由 25 架组成。由于使用型辊（带沟槽辊），变形区轧辊接触面和侧自由表面（无约束表面）二次曲面方程具有复杂性，得到线材轧制力能参数的解析解是极其困难的，不简化上述方程获得线材轧制能率泛函解析解未见报道。本节采用应变率矢量内积的方法，对粗轧第一机架建立了三维速度场，对粗轧 1 ~5 架轧机轧制力、力矩进行了解析与计算[55~57]，并与实测结果进行了比较。

7.8.1 速度场

115mm 方坯经槽底直径为 R_0 的一对圆辊由厚 $2h_0$ 轧成 $2h_1$，宽度由 $2b_0$ ($=2h_0$)增加到 $2b_1$。第 1 ~3 道次孔型为方 - 椭圆 - 圆如图 7. 16 所示。

第一机架箱型孔轧机孔型如图 7. 16 所示。因轧件对称，取变形区 1/4 象限，入口截面中心为坐标原点，如图 7. 17、图 7. 18 所示。变形区内距入口截面距离为 x 的任一点的半高度则 h_x 为

$$h_x = R_0 + h_1 - \sqrt{R_0^2 - (l-x)^2} = h_\alpha = R_0 + h_1 - R_0\cos\alpha$$
$$l - x = R_0\sin\alpha,\ \mathrm{d}x = -R_0\cos\alpha\mathrm{d}\alpha,\ h_x' = -\tan\alpha \tag{7.93}$$

式中，l 为接触弧水平投影长度；h_1 为出口处轧件的高度；x 为变形区内任一点到入口截面的距离；R_0 为轧辊槽底半径；α 为变形区内任一点到辊心连线与垂直方向夹角。如图 7. 17 所示，因轧槽对宽展的限制，轧件侧表面为一次方程，变形区截面的宽度为

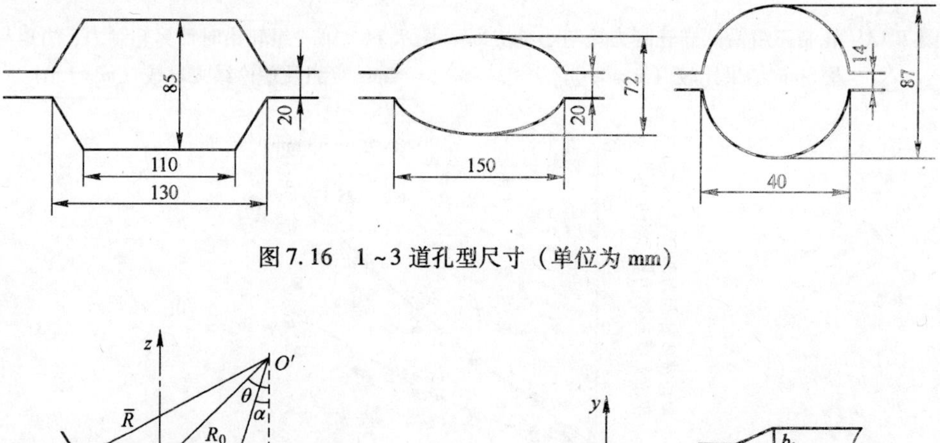

图 7. 16 1 ~3 道孔型尺寸（单位为 mm）

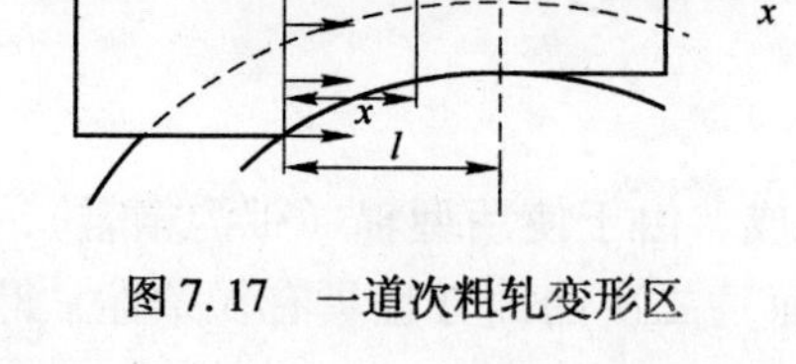

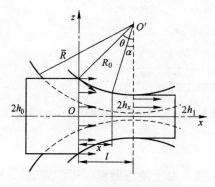

图 7. 17 一道次粗轧变形区

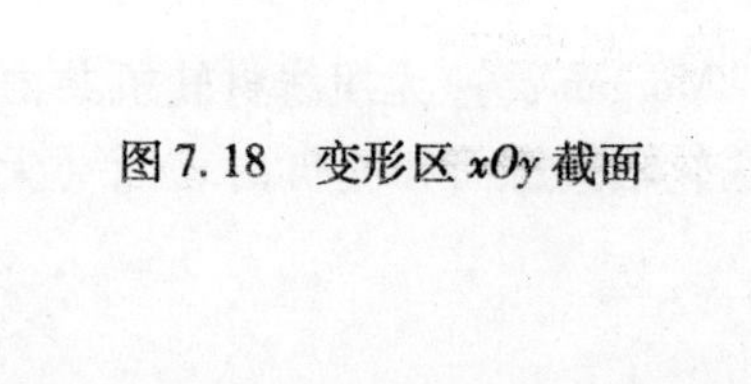

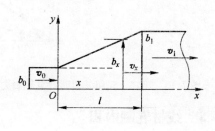

图 7. 18 变形区 xOy 截面

$$b_x = b_0 + \Delta bx/l, \quad b'_x = \Delta b/l, \quad b''_x = 0 \tag{7.94}$$

Δb 为变形区出口的宽展之半，$\Delta b = b_1 - b_0$，b_1 为坯料出口的宽度之半，b_0 为坯料入口处的宽度，$l = R_0 \sin\theta$，θ 为接触角。秒流量方程为

$$U = h_0 b_0 v_0 = h_1 b_1 v_1 = h_x b_x v_x = v_R \cos\alpha_n h_n b_n \tag{7.95}$$

式中，U 为秒流量；$h_0 b_0$，$h_1 b_1$，v_0，v_1 分别为入口、出口截面积及入口、出口速度。于是速度场为

$$v_x = \frac{U}{h_x b_x}, \quad v_y = v_x \frac{b'_x y}{b_x}, \quad v_z = v_x \frac{h'_x}{h_x} z \tag{7.96}$$

按几何方程，应变速率场为

$$\begin{aligned}
\dot{\varepsilon}_x &= -v_x\left(\frac{b'_x}{b_x} + \frac{h'_x}{h_x}\right), \quad \dot{\varepsilon}_y = \frac{v_x}{b_x} b'_x, \quad \dot{\varepsilon}_z = \frac{v_x}{h_x} h'_x \\
\dot{\varepsilon}_{xy} &= \frac{v_x}{2}\left[\frac{b''_x}{b_x} - \frac{h'_x b'_x}{h_x b_x} - 2\left(\frac{b'_x}{b_x}\right)^2\right] y \\
\dot{\varepsilon}_{zx} &= \frac{v_x}{2}\left[\frac{h''_x}{h_x} - \frac{h'_x b'_x}{h_x b_x} - 2\left(\frac{h'_x}{h_x}\right)^2\right] z
\end{aligned} \tag{7.97}$$

注意到式（7.97）满足 $\dot{\varepsilon}_x + \dot{\varepsilon}_y + \dot{\varepsilon}_z = 0$，则式（7.96）中

$$x = 0, \quad v_x = \frac{U}{b_0(R_0 + h_1 - \sqrt{R_0^2 - l^2})} = \frac{U}{b_0 h_0} = v_0$$

$$x = l, \quad v_x = \frac{U}{(b_0 + \Delta b)(R_0 + h_1 - \sqrt{R_0^2})} = \frac{U}{b_1 h_1} = v_1$$

$$y = 0, \quad v_y = 0; \quad z = 0, \quad v_z = 0$$

表明式（7.96）、式（7.97）速度场满足变形区入口、出口与水平轴上速度边界条件，故为运动许可速度场。

7.8.2 成形功率泛函

由刚－塑性材料 MapkoB 变分原理，泛函 $\Phi = \dot{W}_i + \dot{W}_f + \dot{W}_s$ 有极小值。式中右侧依次为工件内部变形功率、接触表面摩擦功率及轧件出入口断面消耗的剪切功率。

7.8.2.1 塑性功率内积法

将 $\sigma_e = \sigma_s$，$\dot{\varepsilon}_e = \sqrt{\frac{2}{3}(\dot{\varepsilon}_x^2 + \dot{\varepsilon}_y^2 + \dot{\varepsilon}_z^2 + 2\dot{\varepsilon}_{xy}^2 + 2\dot{\varepsilon}_{xz}^2)}$ 代入下式并整理，

$$\begin{aligned}
\dot{W}_i &= 4\sqrt{\frac{2}{3}}\sigma_s \int_0^{h_x}\int_0^{b_x}\int_0^{l} \sqrt{v_x^2 g^2 + v_x^2 n^2 y^2 + v_x^2 q^2 z^2}\,\mathrm{d}x\mathrm{d}y\mathrm{d}z \\
&= 4\sqrt{\frac{2}{3}}\sigma_s \int_0^{h_x}\int_0^{b_x}\int_0^{l} \dot{\boldsymbol{\varepsilon}} \cdot \dot{\boldsymbol{\varepsilon}}_0 \,\mathrm{d}x\mathrm{d}y\mathrm{d}z
\end{aligned}$$

$$= 4\sqrt{\frac{2}{3}}\sigma_s\int_0^{h_x}\int_0^{b_x}\int_0^{l}(gv_xl_1 + nyv_xl_2 + qzv_xl_3)\mathrm{d}x\mathrm{d}y\mathrm{d}z \tag{7.98}$$

式中，$\dot{\boldsymbol{\varepsilon}} = gv_x\boldsymbol{i} + nyv_x\boldsymbol{j} + qzv_x\boldsymbol{k}$；$\dot{\boldsymbol{\varepsilon}}_0 = l_1\boldsymbol{i} + l_2\boldsymbol{j} + l_3\boldsymbol{k}$；其他边值函数为

$$g = \sqrt{2}\sqrt{\left[\left(\frac{b'_x}{b_x}\right)^2 + \left(\frac{h'_x}{h_x}\right)^2 + \left(\frac{h'_x}{h_x}\right)\left(\frac{b'_x}{b_x}\right)\right]}$$

$$n = \frac{1}{\sqrt{2}}\left[\frac{b''_x}{b_x} - \frac{h'_x}{h_x}\frac{b'_x}{b_x} - 2\left(\frac{b'_x}{b_x}\right)^2\right] \tag{7.99}$$

$$q = \frac{1}{\sqrt{2}}\left[\frac{h''_x}{h_x} - \frac{h'_x}{h_x}\frac{b'_x}{b_x} - 2\left(\frac{h'_x}{h_x}\right)^2\right]$$

取 $\dot{\varepsilon}$ 单位矢量在 x，y，z 方向投影的余弦为 l_1，l_2，l_3，

$$l_1 = \frac{\mathrm{d}x}{\sqrt{\mathrm{d}x^2 + \mathrm{d}y^2 + \mathrm{d}z^2}},\ l_2 = \frac{\mathrm{d}y}{\sqrt{\mathrm{d}x^2 + \mathrm{d}y^2 + \mathrm{d}z^2}},\ l_3 = \frac{\mathrm{d}z}{\sqrt{\mathrm{d}x^2 + \mathrm{d}y^2 + \mathrm{d}z^2}} \tag{7.100}$$

将方程式（7.100）、式（7.99）代入式（7.98）得

$$\dot{W}_i = 4\sqrt{\frac{2}{3}}\sigma_s\int_0^{h_x}\int_0^{b_x}\int_0^{l}\left[\frac{gv_x\mathrm{d}x\mathrm{d}y\mathrm{d}z}{\sqrt{1 + \left(\frac{\mathrm{d}y}{\mathrm{d}x}\right)^2 + \left(\frac{\mathrm{d}z}{\mathrm{d}x}\right)^2}} + \frac{Nyv_x\mathrm{d}x\mathrm{d}y\mathrm{d}z}{\sqrt{1 + \left(\frac{\mathrm{d}x}{\mathrm{d}y}\right)^2 + \left(\frac{\mathrm{d}z}{\mathrm{d}y}\right)^2}} + \right.$$

$$\left.\frac{qzv_x\mathrm{d}x\mathrm{d}y\mathrm{d}z}{\sqrt{1 + \left(\frac{\mathrm{d}x}{\mathrm{d}z}\right)^2 + \left(\frac{\mathrm{d}y}{\mathrm{d}z}\right)^2}}\right] = 4\sqrt{\frac{2}{3}}\sigma_s(I_1 + I_2 + I_3) \tag{7.101}$$

采用积分中值定理对式（7.101）I_1，I_2，I_3 逐项积分（见附录 1）为

$$I_1 = \sqrt{2}lU\left[\frac{\left(\frac{\Delta b}{b_m}\right)^2 + \left(\frac{\Delta h}{h_m}\right)^2 - \frac{\Delta b\Delta h}{b_mh_m}}{l^2 + \Delta b^2 + \Delta h^2}\right]^{\frac{1}{2}} = \sqrt{2}lUf_1$$

$$I_2 = \frac{lU}{2\sqrt{2}}\frac{\frac{(\Delta b)^2\Delta h}{l^2h_m} - \frac{2(\Delta b)^3}{l^2b_m}}{\sqrt{l^2 + \Delta b^2}} = \frac{lU}{2\sqrt{2}}f_2$$

$$I_3 = \frac{-\frac{lU}{2\sqrt{2}}\left(\frac{\Delta h}{R_0 - \Delta h} + \frac{\Delta b\Delta h^2}{l^2b_m} - 2\frac{\Delta h^3}{l^2h_m}\right)}{\sqrt{l^2 + \Delta h^2}} = \frac{lUf_3}{2\sqrt{2}}$$

将 I_1，I_2，I_3 代入式（7.101）得

$$\dot{W}_i = 4\sqrt{\frac{2}{3}}\sigma_s\left(l\sqrt{2}Uf_1 + \frac{Ul}{2\sqrt{2}}f_2 + \frac{Ul}{2\sqrt{2}}f_3\right) \tag{7.102}$$

7.8.2.2 辊面摩擦功率曲面积分

$$\dot{W}_{f1} = \int_0^l\int_0^{b_x}\boldsymbol{\tau}_f|\Delta\boldsymbol{v}_{f1}|ds,\ |\Delta\boldsymbol{v}_{f_1}| = U\sqrt{\left(\frac{b'_x y}{b_x^2 h_x}\right)^2 + \left(\frac{v_R}{U} - \frac{\sqrt{1+h'^2_x}}{b_x h_x}\right)^2} \tag{7.103}$$

注意到辊面切向摩擦应力 $\boldsymbol{\tau}_f = m\boldsymbol{k}$ 与切向速度不连续量 $\Delta\boldsymbol{v}_f$为共线向量，辊面的曲面方程为

$$z = h_x = R_0 + h_1 - [R_0^2 - (l-x)^2]^{1/2}$$

于是摩擦功率积分为

$$\dot{W}_{f1} = 4\int_0^l\int_0^{b_x}\boldsymbol{\tau}_f|\Delta\boldsymbol{v}_f|\,dF = 4\int_0^l\int_0^{b_x}|\boldsymbol{\tau}_f||\Delta\boldsymbol{v}_f|\cos(\boldsymbol{\tau}_f,\Delta\boldsymbol{v}_f)dF = 4\int_0^l\int_0^{b_x}\boldsymbol{\tau}_f\cdot\Delta\boldsymbol{v}_f dF$$

$$= 4\int_0^l\int_0^{b_x}(\tau_{fx}\Delta v_x + \tau_{fy}\Delta v_y + \tau_{fz}\Delta v_z)dF$$

采用共线矢量积分（见附录2），结果为

$$\dot{W}_{f1} = 4mk\left[\frac{\Delta b R_0^2 v_R}{l}(1+\cos\theta - 2\cos\alpha_n) + v_R R_0 b_1(\theta - 2\alpha_n) + \frac{UR_0}{h_m}\ln\frac{\tan^2\left(\frac{\pi}{4}+\frac{\alpha_n}{2}\right)}{\tan\left(\frac{\pi}{4}+\frac{\theta}{2}\right)}\right] \tag{7.104}$$

7.8.2.3 剪切功率泛函

在变形区出口截面

$$x = l, h'_x = 0, b'_x = \frac{\Delta b}{l}; v_z|_{x=l} = \Delta v_z|_{x=l} = 0, v_y|_{x=l} = \Delta v_y|_{x=l} = \frac{\Delta b}{l}v_x|_{x=l} = \frac{\Delta b v_1 y}{l b_1}$$

出口截面剪切功率为

$$\dot{W}_{s1} = 4k\int_0^{b_1}\int_0^{h_1}\sqrt{\Delta v_y^2 + \Delta v_z^2}\,dzdy = 4kh_1\int_0^{b_1}\frac{v_1\Delta b}{b_1 l}y\,dy = \frac{2kU\Delta b}{l} \tag{7.105}$$

变形区入口截面切线速度不连续量为

$$|\Delta v|_{x=0} = \sqrt{\Delta v_y^2 + \Delta v_z^2}\Big|_{x=0} = v_y\sqrt{1+(v_z/v_y)^2}\Big|_{x=0}$$

入口截面剪切功率为

$$v_y|_{x=0} = \frac{v_0\Delta b}{l b_0}y, v_z|_{x=0} = -\frac{v_0\tan\theta}{h_0}z; \bar{v}_y|_{x=0} = \frac{1}{b_0}\int_0^{b_0}\frac{v_0\Delta b}{l b_0}y\,dy = \frac{v_0\Delta b}{2l}$$

$$\bar{v}_z|_{x=0} = \frac{1}{h_0}\int_0^{h_0} - \frac{v_0\tan\theta}{h_0}z\,dz = -\frac{v_0\tan\theta}{2}, \frac{\bar{v}_z}{\bar{v}_y}\Big|_{x=0} = -\frac{l\tan\theta}{\Delta b}$$

入口截面积分域如图 7.19 所示。采用积分中值定理

$$\dot{W}_{s0} = 4k\int_0^{b_0}\int_0^{h_0} |\Delta v|_{x=0}\mathrm{d}z\mathrm{d}y = 4k\int_0^{b_0}\int_0^{h_0} v_y\sqrt{1+\left(\frac{\bar{v}_z}{\bar{v}_y}\right)^2}\mathrm{d}z\mathrm{d}y$$

$$= \frac{4kh_0v_0\Delta b}{lb_0}\sqrt{1+\left(\frac{l\tan\theta}{\Delta b}\right)^2}\int_0^{b_0} y\mathrm{d}y$$

$$= \frac{2kU\Delta b}{l}\sqrt{1+\frac{l^2\tan^2\theta}{4\Delta b^2}} \tag{7.106}$$

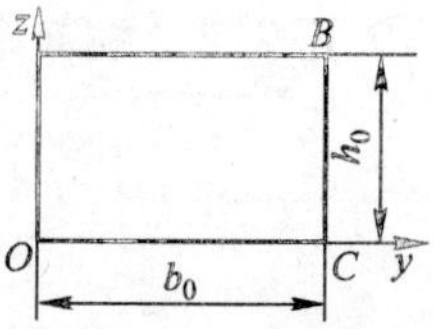

图 7.19 入口截面积分域

7.8.2.4 辊槽侧壁摩擦能率

坯料与辊侧壁切向速度差 $\Delta v_{f2} = v_x - v\cos\alpha$，当轧辊角速度为 ω，辊径由槽底 R_0 变化到辊环最大半径 R_m 时，轧辊周速的平均值由图 7.17

$$\Delta v_{f2} = v_x - v_R\cos\alpha,\ v_R = \omega R_0,\ \Delta R = R_h - R_0,\ \tau_f = mk$$

$$\bar{v} = (v_1 + v_0)/2,\ \bar{R} = (R_h + R_0)/2 \tag{7.107}$$

$$\dot{W}_{f2} = 4mk\int_{\alpha_n}^{\theta}\int_{R_0}^{R_h}\left(\frac{v_x}{\cos\alpha} - v_R\right)R\mathrm{d}r\mathrm{d}\alpha + 4mk\int_{\alpha_n}^{0}\int_{R_0}^{R_h}\left(\frac{v_x}{\cos\alpha} - v_R\right)R\mathrm{d}r\mathrm{d}\alpha \tag{7.108}$$

设入口与出口侧壁滑动速度分别为 $v_x \approx \frac{v_0 + v_R}{2}$ 和 $v_x \approx \frac{v_1 + v_R}{2}$，代入上式积分得侧壁摩擦功率为

$$\dot{W}_{f2} = 4mk\bar{R}\Delta R\left[(v_0 + v_R)\ln\tan\left(\frac{\pi}{4} + \frac{\theta}{2}\right) - 2(\bar{v} + v_R)\ln\tan\left(\frac{\pi}{4} + \frac{\alpha_n}{2}\right) - 2v_R(\theta - 2\alpha_n)\right] \tag{7.109}$$

7.8.3 总功率最小化

$$\Phi = \dot{W}_i + \dot{W}_{s0} + \dot{W}_{s1} + \dot{W}_{f1} + \dot{W}_{f2}$$

$$= 4\sqrt{\frac{2}{3}}\sigma_s\left(l\sqrt{2}Uf_1 + \frac{Ul}{2\sqrt{2}}f_2 + \frac{Ul}{2\sqrt{2}}f_3\right) + \frac{2kU\Delta b}{l} + \frac{2kU\Delta b}{l}\sqrt{1+\frac{l^2\tan^2\theta}{\Delta b^2}} +$$

$$4mk\left[\frac{\Delta bR_0^2v_R}{l}(1+\cos\theta - 2\cos\alpha_n) + v_RR_0b_1(\theta - 2\alpha_n) + \frac{UR_0}{h_m}\ln\frac{\tan^2\left(\frac{\pi}{4}+\frac{\alpha_n}{2}\right)}{\tan\left(\frac{\pi}{4}+\frac{\theta}{2}\right)}\right] +$$

$$4mk\bar{R}\Delta R\left[(v_0 + v_R)\ln\tan\left(\frac{\pi}{4}+\frac{\theta}{2}\right) - 2(\bar{v} + v_R)\ln\tan\left(\frac{\pi}{4}+\frac{\alpha_n}{2}\right)\right] \tag{7.110}$$

注意到 $h_n = R_0 + h_1 - R_0\cos\alpha_n$，$b_n = b_0 + \frac{\Delta bx_n}{l}$，$x_n = l - R\sin\alpha_n$，秒流量 U 为

$$U = (v_RR_0b_1 + v_Rh_1b_1)\cos\alpha_n - b_1R_0v_R\cos^2\alpha_n - \left(\frac{v_R\Delta bR_0^2}{l} + \frac{v_Rh_1\Delta bR_0}{l}\right)$$

$$\cos\alpha_n\sin\alpha_n+\frac{v_R\Delta bR_0^2}{l}(\sin\alpha_n-\sin^3\alpha_n)$$

取 $a=\dfrac{v_R R_0^2\Delta b}{l}$，$b=1+\dfrac{h_1}{R_0}$，$c=\dfrac{b_1 l}{R_0\Delta b}$，将 U 对 α_n 求导有

$$\frac{dU}{d\alpha_n}=-abc\sin\alpha_n+ac\sin2\alpha_n-ab\cos2\alpha_n-2a\cos\alpha_n+3a\cos^3\alpha_n \tag{7.111}$$

将式（7.110）中 Φ 对 α_n 求导并令一阶导数为零，即

$$\frac{d\Phi}{d\alpha_n}=\frac{\partial\dot{W}_i}{\partial\alpha_n}+\frac{\partial\dot{W}_{s0}}{\partial\alpha_n}+\frac{\partial\dot{W}_{s1}}{\partial\alpha_n}+\frac{\partial\dot{W}_{f1}}{\partial\alpha_n}+\frac{\partial\dot{W}_{f2}}{\partial\alpha_n}=0 \tag{7.112}$$

求出方程式（7.112）的各项导数并令 $dU/d\alpha_n=N$，得到 m 与 α_n 的解析式为

$$m=\left[N\left(4lf_1+\frac{lf_2}{2}+\frac{lf_3}{2}\right)+\frac{N\Delta bf_4}{2l}\right]\div\left[2v_R R_0 b_1-\bar{R}\Delta R\left(2v_R-\frac{\bar{v}+v_R}{\cos\alpha_n}\right)-\right.$$

$$\left.\frac{2\Delta bR_0^2 v_R\sin\alpha_n}{l}-\frac{NR_0}{h_m}\ln\frac{\tan^2\left(\dfrac{\pi}{4}+\dfrac{\alpha_n}{2}\right)}{\tan\left(\dfrac{\pi}{4}+\dfrac{\theta}{2}\right)}-\frac{2UR_0}{h_m\cos\alpha_n}\right] \tag{7.113}$$

将由方程式（7.113）确定的 α_n 代入方程式（7.110）得总能率泛函最小值 $\Phi_{\min}$。注意到变形区平均宽度 $\bar{B}=2\bar{b}_x$，接触面积 $F=2\bar{b}_x l$，则所需外功率

$$J=4\bar{p}\,\bar{b}_x l\,\frac{1}{l}\int_0^l v_{Rz}\,dx=2\bar{p}\bar{b}_x R_0 v_R\sin^2\theta=\frac{2\,\bar{p}\,\bar{b}_x l^2 v_R}{R_0}=\Phi_{\min} \tag{7.114}$$

式中，$v_{Rz}=-v_R\sin\alpha$，$\bar{p}=\dfrac{R_0}{2\bar{b}_x l^2 v_R}\Phi_{\min}$。

借助 $\Phi_{\min}$，相应的轧制力 P、力矩 M 及应力状态系数 n_σ 分别为

$$P=\bar{p}\cdot F,\ M=\frac{R_0}{2v_R}\Phi_{\min},\ n_\sigma=\frac{\bar{p}}{\sigma_s}=\frac{R_0\Phi_{\min}}{2\bar{b}_x l^2 v_R\sigma_s} \tag{7.115}$$

或由本文 $\Phi_{\min}$，用 Tselicov 公式

$$\bar{p}=\frac{\Phi_{\min}}{v_R 8\chi b_m\Delta h},\ M=\frac{R_0\Phi_{\min}}{2v_R},\ n_\sigma=\frac{\bar{p}}{\sigma_s} \tag{7.116}$$

式中，χ 为力臂系数。

7.8.4 结果与讨论

Morgan 轧机第 1 ~ 第 5 架数据如表 7.4 所示。轧 S80 硬线（high - quality carbon steel）115mm 粗轧方坯，首架开轧 1050℃，变形抗力模型为

$$\sigma_s=135.4\exp(3.751-2.974T)\cdot\left(\frac{\dot{\varepsilon}}{10}\right)^{0.034T+0.1089}\cdot\left[1.312\left(\frac{\varepsilon}{0.4}\right)^{0.2781}-0.78\varepsilon\right] \tag{7.117}$$

由前述方程用 C 语言编程及黄金分割法，摩擦因子取 $m=1.0$ 时，单辊轧制力与力矩计算结果如表 7.5 所示。

表 7.4 Morgan 粗轧机架数据

机架	孔型	辊缝 /mm	深度 /mm	高度 /mm	轧辊直径 /mm	转速 /r · min^{-1}	变速比 /%	出口速度 /m · s^{-1}
1	SQ	20	32.5	85	460	283.65	36.14	0.1663
2	O	20	26	72	483	306.27	34.071	0.2132
3	R	14	36.5	87	457	492.33	34.679	0.2978
4	O	14	17.5	49	480	335.92	18.774	0.4322
5	R	10	26	62	479	326.32	12.772	0.5865

表 7.5 粗轧机力能参数计算结果 ($h=(h_1+h_0)/2$)

机架	1RM	2RM	3RM	4RM	5RM
压下率/%	26.1	15.3	40.7	43.7	41.7
n_σ	1.2134	0.9783	1.1869	1.3912	1.2832
l/h	0.80	0.87	1.02	1.50	1.28
轧制力/kN	677.3	419.4	456.1	677.0	502.1
轧制力矩/kN · m	71.2	39.0	62.0	41.1	51.6

计算结果表明前五机架轧制力和力矩分配不均源于各道道次压下率不均。为使各架载荷平衡有必要增加第二道次压下率。计算值与力能参数实测值比较如图 7.20 所示。

按表 7.5 数据计算的轧制力与力矩与实测结果的比较如图 7.20 所示。由

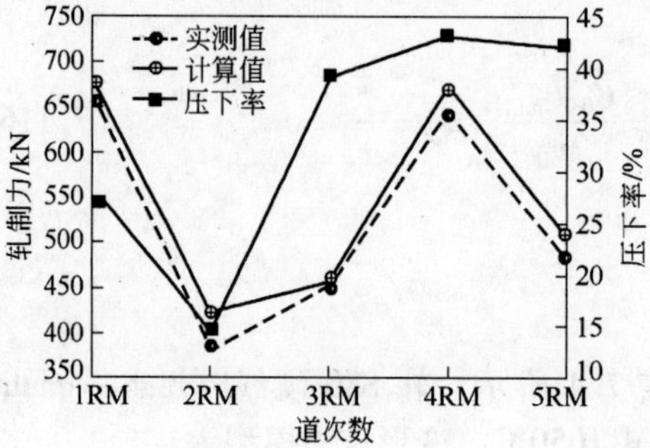

a

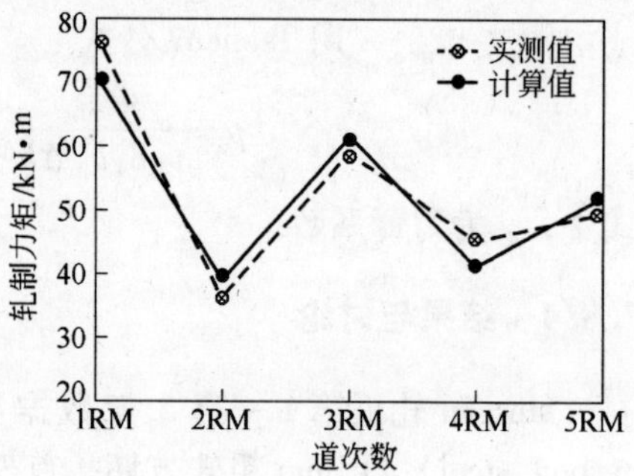

b

图 7.20 计算轧制力和力矩与实测结果比较

a—不同道次轧制力计算与实测值比较；b—轧制力矩计算与实测值比较

图7.20a可见计算的轧制力值均高于实测值，这与采用上界连续速度场有关，但各道次相对误差不大于10%；图7.20b则表明计算的轧制力矩与实测值基本趋于一致。足见本文线性应变矢量内积积分法对线材粗轧力能参数解析有效。图7.21a给出m值与中性角α_n的关系，表明中性角随摩擦因子增加而增大；图7.21b给出不同摩擦条件（m值）、不同几何条件（l/h值）对应力状态系数n_σ的影响规律，表明随l/h和m的增加，n_σ值先减小后增大，l/h接近0.9时，n_σ出现最小值。

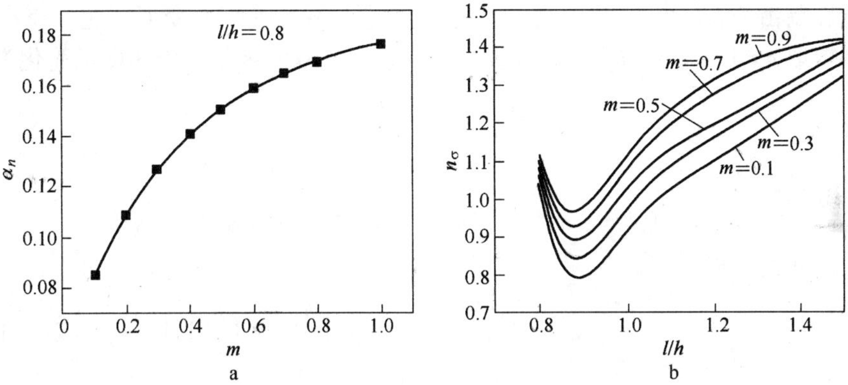

图7.21 计算结果

a—中性角α_n与摩擦因子m的关系；b—不同l/h与m值对应力状态系数n_σ的影响

7.9 展宽轧制

本节主要介绍采用简化的三维流函数速度场和应变速率矢量内积解析粗轧展宽轧制力能参数的典型研究进展[58]。

由于接触面和侧自由表面二次方程的复杂性，使得中厚板轧制力能参数数学解析异常困难。注意到粗轧展宽轧制道次形状因子（$l/\bar{h}$）通常小于1，宽厚比接近大于10，故可按平面变形条件予以解析。

7.9.1 简化流函数速度场

如图7.22所示，厚板坯由变形区入口尺寸$2h_0$轧到出口尺寸$2h_1$，轧辊半径为R，坐标轴x，y，z代表长、宽、高方向，接触弧长水平投影为l。由于对称性，仅研究变形区1/4部分，高度h_x的直角坐标方程、参数方程，一二阶导数方程分别为

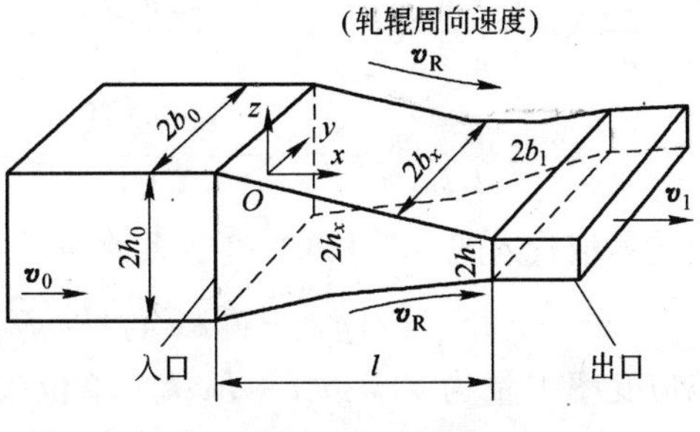

图7.22 展宽轧制

$$\left.\begin{aligned} z &= h_x = R + h_1 - [R^2 - (l-x)^2]^{1/2} \\ z &= h_x = h_\alpha = R + h_1 - R\cos\alpha \end{aligned}\right\} \tag{7.118}$$

$$\left.\begin{aligned} l - x &= R\sin\alpha,\ \mathrm{d}x = -R\cos\alpha\mathrm{d}\alpha \\ h_x' &= -\tan\alpha,\ h_x'' = (R\cos^3\alpha)^{-1} \end{aligned}\right\} \tag{7.119}$$

Kobayashi[1]（宽度函数 $y = cb_x$）速度场为

$$v_x = \frac{U}{ch_x b_x},\ v_y = v_x \frac{b_x'}{b_x}y,\ v_z = v_x \frac{h_x'}{h_x}z \tag{7.120}$$

展宽轧制由于 $l/\bar{h}$ 小于 1，宽厚比大于 10，故可视为伪平面变形问题，将小林宽度函数取 $c = 1$，且 $y = b_x = (b_1 + b_0)/2 = b$；于是双流函数三维速度场简化为

$$v_x = \frac{U}{h_x b},\ v_z = v_x \frac{h_x'}{h_x}z,\ v_y = 0 \tag{7.121}$$

式中，秒流量为

$$U = v_x h_x b = v_n h_n b = v_R \cos\alpha_n b(R + h_1 - R\cos\alpha_n) = v_1 h_1 b$$

由几何方程

$$\dot{\varepsilon}_x = \frac{\partial v_x}{\partial x} = -v_x \frac{h_x'}{h_x},\ \dot{\varepsilon}_z = v_x \frac{h_x'}{h_x},\ \dot{\varepsilon}_{xz} = \frac{z}{2}v_x\left[\frac{h_x''}{h_x} - 2\left(\frac{h_x'}{h_x}\right)^2\right],\ \dot{\varepsilon}_{xy} = \dot{\varepsilon}_{yz} = 0 \tag{7.122}$$

注意到 $\dot{\varepsilon}_x + \dot{\varepsilon}_z = 0$；$x = 0$，$v_x = v_0$；$x = l$，$v_x = v_1$；$z = 0$，$v_z = 0$；$z = h_x$，$v_z = -v_x \tan\alpha$；式（7.121）、式（7.122）满足运动许可条件。

7.9.2 成形功率泛函

7.9.2.1 应变率矢量内积

$$\dot{W}_i = \iiint_V \bar{\sigma}\dot{\bar{\varepsilon}}\mathrm{d}V = 4\sqrt{\frac{2}{3}}\sigma_s \int_0^{h_x}\int_0^l v_x \sqrt{g^2 + I^2z^2}\,b\mathrm{d}x\mathrm{d}z \tag{7.123}$$

式中
$$g = \sqrt{2}h_x'/h_x,\ I = [h_x''/h_x - 2(h_x'/h_x)^2]/\sqrt{2} \tag{7.124}$$

注意到式（7.124）中系数皆为 x 的单值函数，故用中值定理

$$\overline{\frac{h'_x}{h_x}} = \frac{1}{l}\int_0^l \frac{h'_x}{h_x}\mathrm{d}x = -\frac{\ln(h_0/h_1)}{l} = -\frac{\varepsilon_3}{l}$$

$$\bar{h}_x'' = \frac{1}{l}\int_0^l h_x''\mathrm{d}x = \frac{(-\tan\alpha)\big|_\theta^0}{l} = \frac{\tan\theta}{l} \approx \frac{\Delta h}{l^2},\ \bar{h}_x = h_m,\ \frac{\bar{h}_x''}{h_x} = \frac{\Delta h}{l^2 h_m}$$

上述各值代入式（7.124）确定系数为

$$g = -\sqrt{2}\varepsilon_3/l,\ I = \sqrt{2}(\Delta h/2h_m - \varepsilon_3^2)/l^2 \tag{7.125}$$

取应变率矢量为 $\dot{\boldsymbol{\varepsilon}} = gv_x\boldsymbol{i} + Izv_x\boldsymbol{k}$，单位矢量为 $\dot{\boldsymbol{\varepsilon}}_0 = l_1\boldsymbol{i} + l_3\boldsymbol{k}$；方向余弦为 $l_1 = \cos\alpha$，$l_3 = \cos\gamma$，式（7.123）的内积为

$$\dot{W}_i = 4\sqrt{\frac{2}{3}}\sigma_s\int_0^l\int_0^{h_x}\dot{\boldsymbol{\varepsilon}}\cdot\dot{\boldsymbol{\varepsilon}}_0 b\mathrm{d}x\mathrm{d}z = 4b\sqrt{\frac{2}{3}}\sigma_s\int_0^l\int_0^{h_x}(gv_x\cos\alpha + Izv_x\cos\gamma)\mathrm{d}x\mathrm{d}z$$

$$= 4b\sqrt{\frac{2}{3}}\sigma_s\int_0^l\int_0^{h_x}\left[\frac{gv_x\mathrm{d}x\mathrm{d}z}{\sqrt{1+(\mathrm{d}z/\mathrm{d}x)^2}} + \frac{Izv_x\mathrm{d}x\mathrm{d}z}{\sqrt{1+(\mathrm{d}x/\mathrm{d}z)^2}}\right] = 4b\sqrt{\frac{2}{3}}\sigma_s(I_1 + I_3)$$

(7.126)

由式（7.120），$\mathrm{d}z/\mathrm{d}x = [v_z/v_x]_{z=h_x} = h'_x = -\tan\theta \approx \Delta h/l$，$\mathrm{d}x/\mathrm{d}z = 1/h'_x = l/\Delta h$；代入式（7.126）逐项积分为

$$I_1 = \int_0^l\int_0^{h_x}\frac{gv_x\mathrm{d}x\mathrm{d}z}{\sqrt{1+(h'_x)^2}} = \frac{U}{b}\frac{\sqrt{2}\varepsilon_3}{\sqrt{1+(\Delta h/l)^2}}\frac{\int_0^l\mathrm{d}x}{l} = \frac{\sqrt{2}lU}{b}f_1,\ f_1 = \frac{\varepsilon_3}{\sqrt{l^2+\Delta h^2}}$$

$$I_3 = \frac{Ul\sqrt{2}(\Delta h^2/2h_m - \Delta h\varepsilon_3^2)h_m}{2bl^2\sqrt{l^2+\Delta h^2}} = \frac{\sqrt{2}lU}{b}f_3,\ f_3 = \frac{(\Delta h^2/2 - h_m\Delta h\varepsilon_3^2)}{2l^2\sqrt{l^2+\Delta h^2}}$$

将 I_1，I_3 代入式（7.126）得

$$\dot{W}_i = \frac{8\sigma_s lU}{\sqrt{3}}(f_1 + f_3) \tag{7.127}$$

式中，$l = \sqrt{2R\Delta h}$，$\Delta h = h_0 - h_1$，$\varepsilon_3 = \ln(h_0/h_1)$，$h_m = \frac{R}{2} + h_1 + \frac{\Delta h}{2} - \frac{R^2\theta}{2l^2}$。

7.9.2.2 摩擦功率内积

摩擦功率内积为

$$\dot{W}_f = \frac{4\sigma_s mb}{\sqrt{3}}\int_0\Delta v_f\sqrt{1+h'^2_x}\mathrm{d}x,\ \Delta v_f = v_R - v_x\sqrt{1+h'^2_x} = v_R - v_x\sec\alpha \tag{7.128}$$

辊面方程与面积微元为 $z = h_x = R + h_1 - [R^2 - (l-x)^2]^{1/2}$，$\mathrm{d}F = \sqrt{1+(h'_x)^2}b\mathrm{d}x = b\sec\alpha$，由于摩擦应力 $\boldsymbol{\tau}_f = m\boldsymbol{k}$ 与切向速度差 $\Delta\boldsymbol{v}_f$ 为共线矢量如图 7.23 所示，摩擦功率内积为

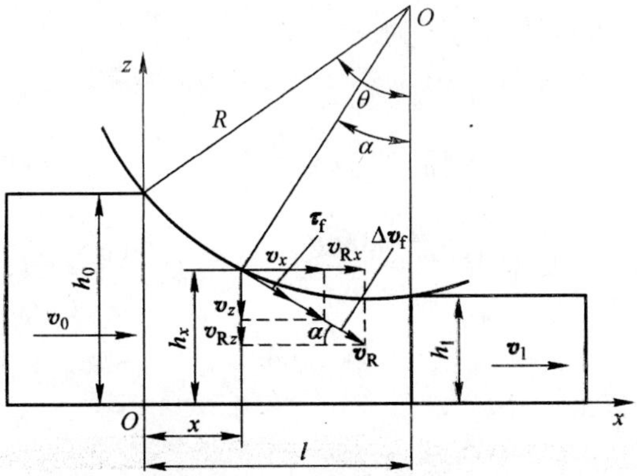

图 7.23 接触面上共线矢量 $\boldsymbol{\tau}_f$ 与 $\Delta\boldsymbol{v}_f$

$$\dot{W}_{\mathrm{f}} = 4\int_0^l \tau_{\mathrm{f}} \cdot \Delta \boldsymbol{v}_{\mathrm{f}} \mathrm{d}F = 4\int_0^l (\tau_{\mathrm{fx}}\Delta v_x + \tau_{\mathrm{fz}}\Delta v_z)\sqrt{1+(h'_x)^2}\,b\mathrm{d}x$$

$$= 4mkb\int_0^l (\Delta v_x\cos\alpha + \Delta v_z\cos\gamma)\sec\alpha\mathrm{d}x \tag{7.129}$$

$\Delta \boldsymbol{v}_{\mathrm{f}}$（辊面切向）与坐标轴夹角余弦由辊面方程为

$$\cos\alpha = \pm\sqrt{R^2-(l-x)^2}/R,\cos\gamma = \pm(l-x)/R = \sin\alpha,\cos\beta = 0$$

代入式（7.129）积分并注意方程式（7.119）得

$$\dot{W}_{\mathrm{f}} = 4mkb\left[\int_0^l \cos\alpha(v_{\mathrm{R}}\cos\alpha - v_x)\sec\alpha\mathrm{d}x + \int_0^l \sin\alpha(v_{\mathrm{R}}\sin\alpha - v_x\tan\alpha)\sec\alpha\mathrm{d}x\right]$$

$$= 4mkb(I_1 + I_2)$$

$$I_1 = \int_0^l (v_{\mathrm{R}}\cos\alpha - v_x)\mathrm{d}x = \int_0^{x_n}(v_{\mathrm{R}}\cos\alpha - v_x)\mathrm{d}x - \int_{x_n}^l (v_{\mathrm{R}}\cos\alpha - v_x)\mathrm{d}x$$

$$= v_{\mathrm{R}}R\left(\frac{\theta}{2} - \alpha_n + \frac{\sin2\theta}{4} - \frac{\sin2\alpha_n}{2}\right) + \frac{U(l-2x_n)}{bh_m}$$

$$I_2 = \int_0^{x_n}(v_{\mathrm{R}}\sin\alpha - v_x\tan\alpha)\tan\alpha\mathrm{d}x - \int_{x_n}^l (v_{\mathrm{R}}\sin\alpha - v_x\tan\alpha)\tan\alpha\mathrm{d}x$$

$$= v_{\mathrm{R}}R\left(\frac{\theta}{2} - \alpha_n + \frac{\sin2\alpha_n}{2} - \frac{\sin2\theta}{4}\right) + \frac{UR}{bh_m}\left[2\ln\tan\left(\frac{\pi}{4}+\frac{\alpha_n}{2}\right) - \ln\tan\left(\frac{\pi}{4}+\frac{\theta}{2}\right)\right] + \frac{U(2x_n - l)}{bh_m}$$

$$\dot{W}_{\mathrm{f}} = 4mkb(I_1 + I_2) = 4mkb\left[v_{\mathrm{R}}R(\theta - 2\alpha_n) + \frac{UR}{bh_m}\ln\frac{\tan^2\left(\frac{\pi}{4}+\frac{\alpha_n}{2}\right)}{\tan\left(\frac{\pi}{4}+\frac{\theta}{2}\right)}\right] \tag{7.130}$$

7.9.2.3 剪切功率

注意到方程式（7.121），当 $x = l$，$h'_x = b'_x = 0$；$v_y|_{x=l} = v_z|_{x=l} = 0$；故出口截面不消耗剪切功；入口剪切功率为

$$v_z|_{\substack{x=0\\z=0}} = 0, v_z|_{\substack{x=0\\z=h_0}} = v_0 h'_x = v_0\tan\theta$$

所以

$$|\bar{v}_z|_{x=0}| = \frac{v_0\tan\theta}{2}$$

$$\dot{W}_{s0} = 4\int_0^{h_0} k|\Delta v_z|b\mathrm{d}z = 4kb\int_0^{h_0}\frac{v_0\tan\theta}{2}\mathrm{d}z = 2klU\frac{\tan\theta}{l} = 2klU\frac{\Delta h}{l^2} = 2kUlf_4$$

$$f_4 = \Delta h/l^2 \tag{7.131}$$

7.9.3 总功率及最小化

式（7.127）、式（7.130）与式（7.131）求和得总功率泛函为

$$\begin{aligned}\Phi &= \dot{W}_i + \dot{W}_{\mathrm{f}} + \dot{W}_{\mathrm{s}} \\ &= \frac{8\sigma_{\mathrm{s}} lU}{\sqrt{3}}\left(f_1 + f_3 + \frac{f_4}{4}\right) + \frac{4m\sigma_{\mathrm{s}}}{\sqrt{3}}\left[bv_{\mathrm{R}}R(\theta - 2\alpha_n) + \frac{UR}{h_{\mathrm{m}}}\ln\frac{\tan^2\left(\frac{\pi}{4}+\frac{\alpha_n}{2}\right)}{\tan\left(\frac{\pi}{4}+\frac{\theta}{2}\right)}\right]\end{aligned} \tag{7.132}$$

式中，v_{R} 为轧辊周速；α_n 为中性角；θ 为接触角；$k=\sigma_{\mathrm{s}}/\sqrt{3}$为屈服切应力。

将 Φ 对 α_n 求导并置零

$$\frac{\mathrm{d}\Phi}{\mathrm{d}\alpha_n} = \frac{\partial \dot{W}_i}{\partial \alpha_n} + \frac{\partial \dot{W}_{\mathrm{s0}}}{\partial \alpha_n} + \frac{\partial \dot{W}_{\mathrm{f}}}{\partial \alpha_n} = 0 \tag{7.133}$$

式中

$$\frac{\partial \dot{W}_i}{\partial \alpha_n} = Nl\frac{8\sigma_{\mathrm{s}}}{\sqrt{3}}(f_1 + f_3)$$

$$\frac{\partial \dot{W}_{\mathrm{s0}}}{\partial \alpha_n} = Nl\frac{2\sigma_{\mathrm{s}}}{\sqrt{3}}f_4$$

$$\frac{\partial \dot{W}_{\mathrm{f}}}{\partial \alpha_n} = \frac{4m\sigma_{\mathrm{s}}}{\sqrt{3}}\left[\frac{2UR}{h_m\cos\alpha_n} - 2v_{\mathrm{R}}bR + \frac{NR}{h_m}\ln\frac{\tan^2\left(\frac{\pi}{4}+\frac{\alpha_n}{2}\right)}{\tan\left(\frac{\pi}{4}+\frac{\theta}{2}\right)}\right] \tag{7.134}$$

式中，$\frac{\mathrm{d}U}{\mathrm{d}\alpha_n} = v_{\mathrm{R}}bR\sin 2\alpha_n - v_{\mathrm{R}}b(R+h_1)\sin\alpha_n = N$。

代入式（7.133）求解得

$$m = N\left(\frac{l\varepsilon_3}{\sqrt{l^2+4\Delta h^2}} + \frac{\Delta h^2/2 - h_m\Delta h\varepsilon_3^2}{2l\sqrt{l^2+4\Delta h^2}} + \frac{\Delta h}{4l}\right)\Bigg/\left[v_{\mathrm{R}}bR - \frac{UR}{h_{\mathrm{m}}\cos\alpha_n} - \frac{NR}{2h_{\mathrm{m}}}\ln\frac{\tan^2\left(\frac{\pi}{4}+\frac{\alpha_n}{2}\right)}{\tan\left(\frac{\pi}{4}+\frac{\theta}{2}\right)}\right] \tag{7.135}$$

将式（7.135）确定的 α_n 代入到式（7.132），得不同摩擦条件下最小能率泛函 $\Phi_{\min}$然后按下述各式确定力能参数

$$M_{\min} = \frac{R}{2v_{\mathrm{R}}}\Phi_{\min},\quad F_{\min} = \frac{M_{\min}}{\chi l},\quad n_\sigma = \frac{\bar{p}}{2k} = \frac{F_{\min}}{4blk} \tag{7.136}$$

式中，χ 为力臂系数，对热轧厚板可取 0.45～0.55。

7.9.4 计算与比较

国内某厂 4300 轧机轧制 120mm 特厚 Q345B 成品板，已知工作辊径为 1070mm，连铸坯尺寸为 320mm × 2050mm × 3250mm，首道整型纵轧制后坯厚

299mm。旋转90°后进行展宽轧制，试求第2至第6道展宽轧制道次横轧轧制力与力矩。按本文式（7.132）与式（7.136）计算结果与实测结果比较如表7.6所示；轧制力、力矩与压下率、中性角及摩擦因子关系如图7.24～图7.26所示。变形抗力模型为课题组在本室MSS-300热模拟机上实测并回归[59]为

$$\sigma_s = 3583.195 \cdot e^{\frac{-2.23341T}{1000}} \dot{\varepsilon}^{\frac{-0.3486T}{1000}+0.46339} \varepsilon^{0.42437} \tag{7.137}$$

表7.6 展宽轧制道次计算力能参数与实测结果比较

道次数	v_R /m·s^{-1}	温度 /℃	$\varepsilon=\varepsilon_3$ $\ln(h_0/h_1)$	实测轧制力 /kN	计算轧制力 /kN	误差 Δ/%	实测力矩 /kN·m	计算力矩 /kN·m	误差 Δ/%
2	1.64	945	0.09577	43607	44502	2.05	2640	2694	2.05
3	1.66	933	0.10312	44006	44573	1.29	2694	2729	1.30
4	1.68	923	0.11461	43172	46205	7.03	2665	2852	7.02
5	1.82	925	0.12099	42269	46895	10.94	2430	2696	10.95
6	1.97	932	0.11288	39061	39935	2.24	2101	2148	2.24

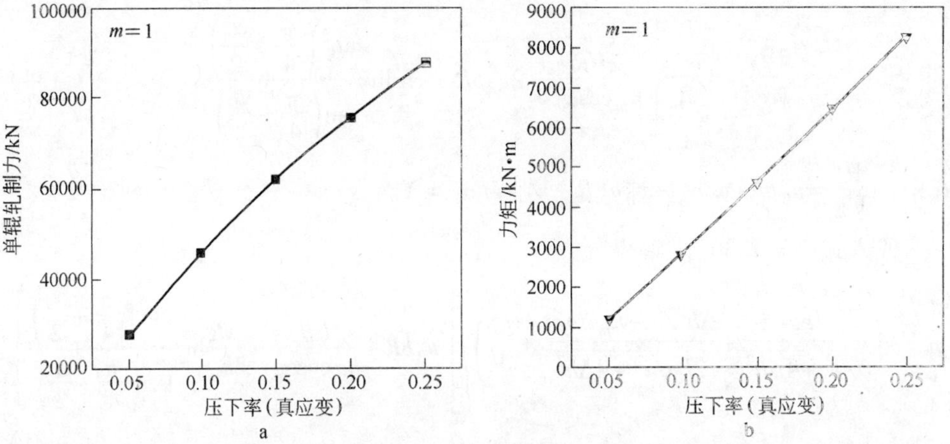

图7.24 不同压下率的轧制力与力矩

a—轧制力；b—轧制力矩

表7.6表明按本书公式计算，无论轧制力与力矩均高于实测结果，但最大相对误差不超过11%。图7.24表明轧制力与力矩均随压下率ε（对数应变）增加而增加。图7.25表明中性点位置x_N/l是摩擦因子m与压下率ε的函数。当m减小或ε增加时中性点朝出口移动。

图7.26表明几何参数$l/\bar{h}$对应力状态系数的影响。可以看出m不变时，n_σ随$l/\bar{h}$减小而明显增加；这与平锤头压缩带外端的$l/\bar{h}\leqslant 1$厚件的规律相同，此时外端是主要影响而摩擦影响几乎可以忽略。

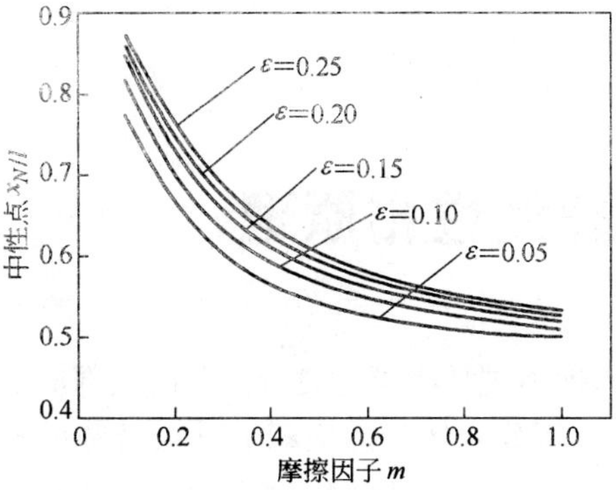

图 7.25　摩擦因子 m 对中性点的影响

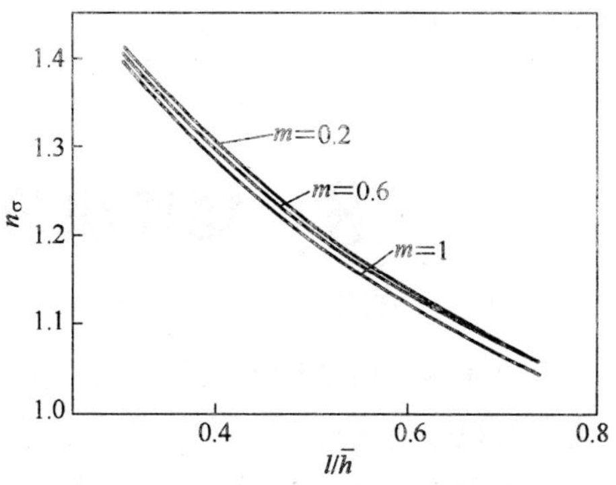

图 7.26　不同 m 值 $l/\bar{h}$ 对 n_σ 影响

以上研究表明，采用对双流函数三维速度场的简化速度场及应变速率矢量内积可有效解析展宽轧制的力能参数并得到解析解。

8 能率积分物理线性化原理

前述各章所谓能率积分的数学线性化原理不过是将第一变分原理的内部应变能率的积分化为应变（率）矢量内积的逐项积分，然后逐项积分结果求和的解法。本章将从物理方程入手，联解塑性本构方程－流动法则与逼近 Mises 准则的各种线性屈服准则，得到不同屈服准则的线性比塑性功率表达式，用以代替第一变分原理的内部应变能率积分项的被积函数－Mises 比塑性功率（或等效应力与应变率的乘积）。由于被积函数是线性的，进而积分可得到解析结果。由于被积函数非常逼近 Mises 比塑性功率，所以积分结果也非常逼近 Mises 屈服准则与 Levy-Mises 流动法则确定的等效应力与等效应变率之积的积分结果。这是不同于内积解法的另一使泛函积分线性化的途径，由于取决于联解物理方程，故称为能率积分线性化的物理方法。这是本章及后续各章的重点。

本章将严格推导逼近 Mises 准则的各种线性屈服准则、屈服轨迹并与流动法则联立确定比塑性功率表达式，分析对 Mises 准则的逼近精度，为后续各章物理线性化解法应用奠定基础。

8.1 Tresca 准则

8.1.1 屈服方程

1864 年法国工程师屈雷斯卡基于最大剪应力理论及在软钢变形实验中发现屈服时的吕德斯带（吕德斯带与主应力方向约成 45°角），提出塑性变形的开始与最大剪应力有关，即所谓最大剪应力理论。此理论是假定对同一金属在同样的变形条件下，无论是简单应力状态还是复杂应力状态，只要最大剪应力达到极限值就发生屈服[6]，即

$$\tau_{max} = \frac{\sigma_1 - \sigma_3}{2} = C \qquad ①$$

式中，C 会由简单应力状态的实验来确定。把单向拉伸产生屈服的 $\tau_{max} = \sigma_s/2 = C$ 代入上式得到屈雷斯卡屈服准则

$$\sigma_1 - \sigma_3 = \sigma_s \qquad (8.1)$$

将薄壁管扭转时的纯剪应力状态：$\sigma_x = \sigma_y = \sigma_z = \tau_{yz} = \tau_{zx} = 0$，$\tau_{xy} \neq 0$，纯剪时的主应力 $\sigma_1 = -\sigma_3 = \tau_{xy} = \tau_{yx} = k$ 代入式①，得

$$\tau_{\max}=\frac{\sigma_1-(-\sigma_1)}{2}=\frac{2\sigma_1}{2}=k=C$$

$$\sigma_1-\sigma_3=2k=\sigma_s \tag{8.2}$$

式中，$k=\sigma_s/2$。前已述及，对于屈雷斯卡屈服准则，由于式（8.1）、式（8.2）屈服方程是一次线性的，所以计算时容易得到解析解，有时也比较符合实际，也比较常用。但是，由于该准则未反映出中间主应力 σ_2 的影响，故有明显不足之处。

8.1.2 几何描述

如图 8.1 所示，注意到式（8.1）、式（8.2）是一次线性的屈服方程，因此它在主应力空间为 Mises 屈服柱面的内接无限长六棱柱面，π 平面上屈服轨迹为 Mises 圆的内接六边形。在今后诸多逼近 Mises 屈服准则的屈服轨迹中，我们将 π 平面上覆盖 π/6 象限内 Tresca 轨迹（σ_2 影响最小或影响为零）作为逼近 Mises 轨迹误差三角形（$B'FB$）的直角边 $B'F$ 或 σ_2 影响的“下限”。后文将证明：Mises 圆的外切六边形为双剪应力（TSS）屈服轨迹，是三角形斜边 $B'B$ 或 σ_2 影响最大的“上限”。

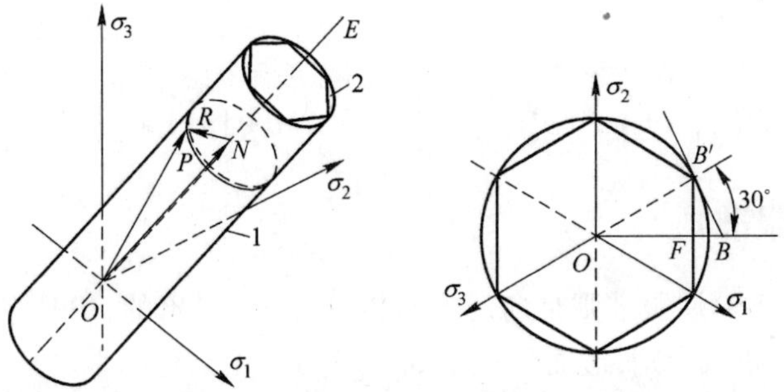

图 8.1 Tresca 准则的几何描述及误差三角形 $B'FB$

8.1.3 逼近精度

将密赛斯屈服准则式（3.70）化成与屈雷斯卡屈服准则同样的形式，并考虑中间主应力 σ_2 对屈服的影响，简化为

$$\sigma_1-\sigma_3=\frac{2}{\sqrt{3+\mu_d^2}}\sigma_s=\beta\sigma_s \tag{8.3}$$

式中，$\beta=2/\sqrt{3+\mu_d^2}$；μ_d 为 Lode 参数，它与罗金别尔格（B. M. Розенберга）角 θ_σ 相对应，二者关系为 $\theta_\sigma=\tan^{-1}(\mu_\sigma/\sqrt{3})$。Lode 参数表达式为

$$\mu_d=\left(\sigma_2-\frac{\sigma_1+\sigma_3}{2}\right)\Big/\left(\frac{\sigma_1-\sigma_3}{2}\right) \tag{8.4}$$

式（8.3）与式（8.4）比较知

$$\sigma_2=\sigma_1,\ \mu_d=1,\ \sigma_1-\sigma_3=\sigma_s \qquad \text{（轴对称应力状态）}$$

$$\sigma_2=\frac{\sigma_1+\sigma_3}{2},\ \mu_d=0,\ \sigma_1-\sigma_3=\frac{2}{\sqrt{3}}\sigma_s \qquad \text{（平面变形状态）}$$

$$\sigma_2=\sigma_3,\ \mu_d=-1,\ \sigma_1-\sigma_3=\sigma_s \qquad \text{（轴对称应力状态）}$$

足见β的变化范围为$1\sim 2/\sqrt{3}(1.155)$。这也是与Mises圆逼近的误差范围，由图8.4可以看出，在平面变形应力状态与Mises圆的最大绝对误差为线段FE，等于$0.155\sigma_s$。

8.1.4 比塑性功率

注意到Tresca屈服轨迹是Mises屈服轨迹的内接正六边形如图8.2所示。设应力分量σ_{ik}满足屈服函数$f(\sigma_{ik})=0$且与$\dot{\varepsilon}_{ik}$间满足流动法则，则有

$$\dot{\varepsilon}_{ik}=\lambda\frac{\partial f}{\partial\sigma_{ik}} \tag{8.5}$$

5.6.3节已详细证明，其比塑性功率表达式分别为：

$$D(\dot{\varepsilon}_{ik})=\frac{\sigma_s}{2}(\dot{\varepsilon}_{max}-\dot{\varepsilon}_{min})=\frac{\sigma_s}{2}(2\dot{\varepsilon}_1)=\sigma_s|\dot{\varepsilon}_1|=\sigma_s|\dot{\varepsilon}_3|=\sigma_s|\dot{\varepsilon}_i|_{max} \tag{8.6}$$

$$D(\dot{\varepsilon}_{ik})=\sigma_s|\dot{\varepsilon}_i|_{max}=\frac{1}{2}\sigma_s(|\dot{\varepsilon}_1|+|\dot{\varepsilon}_2|+|\dot{\varepsilon}_3|) \tag{8.7}$$

8.2 TSS屈服准则

双剪应力(TSS)屈服准则是俞茂宏教授[60]最先提出的,1991年趋于完善,后又提出双剪统一屈服准则,进而建立了双剪应力强度理论。双剪应力强度理论已在强度分析、结构力学及断裂力学中取得诸多应用。

8.2.1 TSS屈服方程

著者认为双剪应力屈服准则与Tresca准则具有同样重要的理论意义,因为该准则确定了诸多逼近Mises准则的若干线性屈服轨迹的“上限”,即误差三角形$B'FB$的斜边,其屈服轨迹恰为Mises圆的外切六边形。该准则表述如下:

若主应力按代数值大小排列,只要一点两个主剪应力满足以下关系式材料就发生屈服

$$\tau_{13}+\tau_{12}=\sigma_1-\frac{1}{2}(\sigma_2+\sigma_3)=\sigma_s \qquad 当\ \sigma_2\leqslant\frac{1}{2}(\sigma_1+\sigma_3) \tag{8.8}$$

$$\tau_{13}+\tau_{23}=\frac{1}{2}(\sigma_1+\sigma_2)-\sigma_3=\sigma_s \qquad 当\ \sigma_2\geqslant\frac{1}{2}(\sigma_1+\sigma_3) \tag{8.9}$$

8.2.2 几何描述与精度

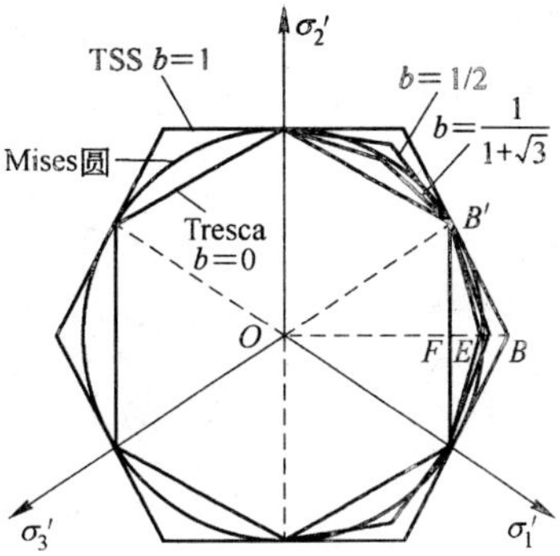

图 8.2 π 平面上 Mises 轨迹的线性逼进

该准则在 π 平面上屈服轨迹为密赛斯圆的外切正六边形如图 8.2 所示。在等倾空间为 Mises 屈服柱面的外切正六棱柱面。图 8.2 中在 Mises 圆的外切点 B'，为各线性屈服准则与 Mises 圆的共同交点，对应轴对称应力状态。这类交点共 6 个，在这些交点上各准则与 Mises 准则求解结果相同。最大误差在平面变形应力状态对应的 FEB 线段上，也是误差三角形直角边 FB。B 点为 TSS 准则的对应点，也是对 Mises 圆误差最大点。斜边 $B'B$ 为误差最大的 TSS 准则屈服轨迹。

8.2.3 比塑性功率

黄文彬[61]等证明 TSS 屈服准则的单位体积塑性功率表达式为：

$$D(\dot{\varepsilon}_{ij}) = \frac{2}{3}\sigma_s(\dot{\varepsilon}_{max} - \dot{\varepsilon}_{min})$$

或
$$D(\dot{\varepsilon}_{ij}) = 0.6667\sigma_s(\dot{\varepsilon}_{max} - \dot{\varepsilon}_{min}) \tag{8.10}$$

式中，假定材料拉、压屈服极限 σ_s 相等，$\dot{\varepsilon}_{max}$、$\dot{\varepsilon}_{min}$分别为该点最大与最小主应变速率。

著者在以式（8.10）的能率泛函解析金属成形问题时，力能参数的计算结果高于密赛斯准则计算结果。由式（8.9）右端可以看出，在误差三角形内的线性屈服准则中此准则比功率是最大的。对应误差三角形的斜边 $B'B$。

式（8.10）证明方法同 5.6.3 节，详细步骤从略。

8.3 MY 准则

本节介绍依赖 Tresca 和双剪应力屈服函数平均值确定新的屈服准则的明确方法。为使 Mises 屈服准则线性化，在 Haigh Westergard 应力空间，将 Tresca 与双剪应力屈服函数相加并取其平均值作为新的屈服函数，相应的屈服准则简称平均屈服准则（Mean Yield Criterion），简称 MY 准则。该准则给出平均屈服准则的数学表达式、屈服轨迹及由物理方程推导的与单位体积塑性功率表达式。以下给出精度分析与计算实例[62,63]。

8.3.1 平均屈服方程

8.3.1.1 数学表达式

在主应力空间，Tresca（1864）屈服准则式（8.1）的屈服函数表达式为

$$\sigma_1 - \sigma_3 = \sigma_s, f = \sigma_1 - \sigma_3 - \sigma_s = 0 \quad ①$$

由双剪应力屈服准则式（8.8）、式（8.9），屈服函数表达式为

$$f_1 = \sigma_1 - \frac{1}{2}(\sigma_2 + \sigma_3) - \sigma_s = 0, \ \sigma_2 \leqslant \frac{1}{2}(\sigma_1 + \sigma_3) \quad ②$$

$$f_2 = \frac{1}{2}(\sigma_1 + \sigma_2) - \sigma_3 - \sigma_s = 0 \quad \sigma_2 \geqslant \frac{1}{2}(\sigma_1 + \sigma_3) \quad ③$$

注意到方程式①与式②皆为一次线性，将方程式①与式②相加后除 2 得

$$\sigma_1 - \frac{1}{4}\sigma_2 - \frac{3}{4}\sigma_3 = \sigma_s \quad \sigma_2 \leqslant \frac{1}{2}(\sigma_1 + \sigma_3) \tag{8.11a}$$

或

$$\sigma_1 - 0.25\sigma_2 - 0.75\sigma_3 = \sigma_s \tag{8.11b}$$

若将方程式①与式③相加并除 2 得

$$\frac{3}{4}\sigma_1 + \frac{1}{4}\sigma_2 - \sigma_3 = \sigma_s \quad \sigma_2 \geqslant \frac{1}{2}(\sigma_1 + \sigma_3) \tag{8.12a}$$

或

$$0.75\sigma_1 + 0.25\sigma_2 - \sigma_3 = \sigma_s \tag{8.12b}$$

式（8.11）与式（8.12）也是一次线性方程，其明确的意义是 Tresca 与双剪应力二个经典屈服函数加后的平均值，故称为平均屈服准则。其最终的表达式为

$$\left.\begin{aligned} &\sigma_1 - \frac{1}{4}\sigma_2 - \frac{3}{4}\sigma_3 = \sigma_s, \text{当 } \sigma_2 \leqslant \frac{1}{2}(\sigma_1 + \sigma_3) \text{时} \\ &\frac{3}{4}\sigma_1 + \frac{1}{4}\sigma_2 - \sigma_3 = \sigma_s, \text{当 } \sigma_2 \geqslant \frac{1}{2}(\sigma_1 + \sigma_3) \text{时} \end{aligned}\right. \tag{8.12c}$$

8.3.1.2 屈服轨迹计算

在主应力空间屈服柱面上的点为以 σ_1，σ_2，σ_3 为分量的合矢量端点，合矢量的球应力分量 OO' 在 π 平面上的投影与原点重合，为图 8.3 中 O 点，合矢量的偏差应力分量端点则在屈服轨迹上。由图 8.3，D 点应力状态对应的合矢量 OD 及其分量 σ_1，σ_2，σ_3 在 π 平面上投影为

$$OG = OB = \sqrt{\frac{2}{3}}\sigma_1 = \frac{1}{\cos 30°} \cdot \sqrt{\frac{2}{3}}\sigma_s = \frac{2\sqrt{2}}{3}\sigma_s$$

所以

$$\sigma_1 = 2\sigma_s/\sqrt{3},$$

$$\sigma_3 = 0, \ \sigma_2 = (\sigma_1 + \sigma_3)/2$$

$$OH = GD = \sqrt{\frac{2}{3}}\sigma_2 = \frac{2\sqrt{2}}{3}\sigma_s \cdot \sin 30° = \frac{\sqrt{2}}{3}\sigma_s, \ \sigma_2 = \frac{\sigma_s}{\sqrt{3}}$$

将此应力值代入 Mises 准则式（3.68），得

$$f = \frac{1}{\sqrt{2}}\sqrt{\left(\frac{2\sigma_s}{\sqrt{3}} - \frac{\sigma_s}{\sqrt{3}}\right)^2 + \left(\frac{\sigma_s}{\sqrt{3}}\right)^2 + \left(-\frac{2\sigma_s}{\sqrt{3}}\right)^2} = \sigma_s$$

这表明 D 点应力状态刚好处于屈服状态。将此应力值代入 MY 准则式(8.12)，得

$$f_1=\frac{2\sigma_s}{\sqrt{3}}-\frac{1}{4}\cdot\frac{\sigma_s}{\sqrt{3}}=\frac{7\sigma_s}{4\sqrt{3}}=1.010363\sigma_s$$

式中，屈服应力 σ_s 之前的系数大于1，说明上述应力状态按 MY 准则已先于 D 点屈服，屈服点位置 E 应在 D 点内侧。ED 距离由两式差值在 π 平面上的投影的大小确定，于是 E 点确切位置为

$$ED=\sqrt{\frac{2}{3}}(f_1-f)=0.00846133\sigma_s$$

即，由图8.4的 D 点向内移动 $0.00846133\sigma_s$ 为 E 点（伪内接点）位置。连接 $A'E$，$B'E$ 即为 MY 准则的屈服轨迹，如图8.4所示。边长与顶角计算如下

$$B'F=\frac{1}{2}\sqrt{\frac{2}{3}}\sigma_s,\quad \tan\angle FB'E=\frac{\sqrt{2/3}\sigma_s-\sqrt{2}\sigma_s/2-ED}{\sqrt{2/3}\sigma_s/2}=0.2472233$$

$$\angle FB'E=\tan^{-1}(0.2472233)=13.89^\circ,\quad \angle OB'E=60^\circ+13.89^\circ=73.89^\circ$$

$$\angle OEB'=180^\circ-30^\circ-73.89^\circ=76.11^\circ$$

$$B'E=\frac{B'F}{\cos 13.89^\circ}=\frac{1}{2}\sqrt{\frac{2}{3}}\sigma_s\frac{1}{\cos 13.89^\circ}=0.4205457\sigma_s$$

因此，MY 线性屈服准则的屈服轨迹为 Mises 圆内等边非等角内接十二边形，6个内接点顶角分别为148.88°，6个伪内接点顶角为152.22°，边长为 $0.4205457\sigma_s$，如图8.4所示。而 Mises 圆内接正十二边形边长为 $0.4226498\sigma_s$，顶角为150°。

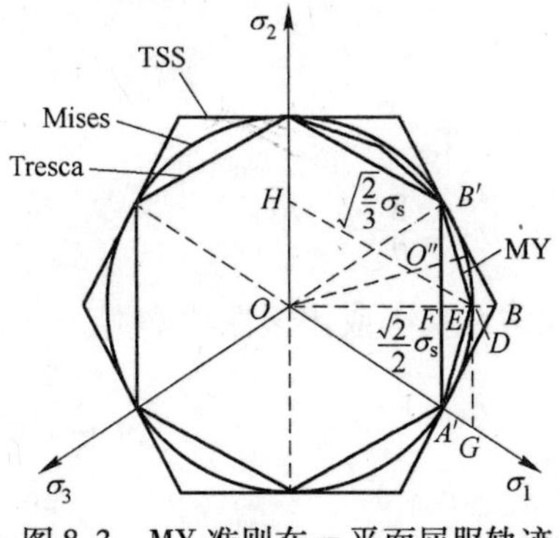

图8.3 MY 准则在 π 平面屈服轨迹

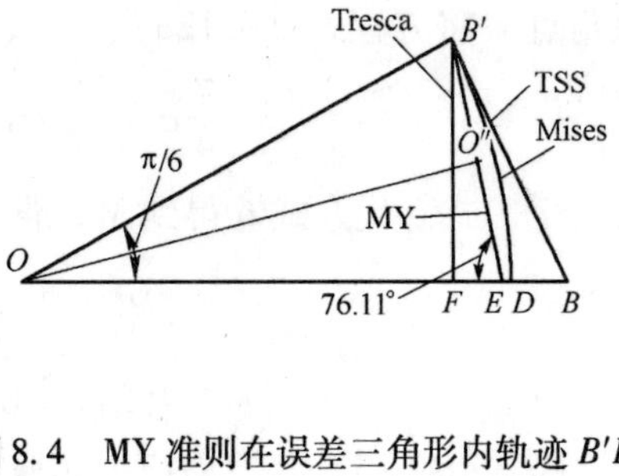

图8.4 MY 准则在误差三角形内轨迹 $B'E$

8.3.2 比塑性功率与精度

8.3.2.1 数学表达式

设应力分量 σ_{ik} 满足 $f(\sigma_{ik})=0$ 且与 $\dot{\varepsilon}_{ik}$ 间满足流动法则

$$\dot{\varepsilon}_{ik} = \mathrm{d}\lambda \frac{\partial f}{\partial \sigma_{ik}}$$

由式（8.5）、式（8.12a），得

$$\dot{\varepsilon}_1 : \dot{\varepsilon}_2 : \dot{\varepsilon}_3 = 1 : -0.25 : -0.75 = 1 : -\frac{1}{4} : -\frac{3}{4} = \lambda : -\frac{\lambda}{4} : -\frac{3\lambda}{4}$$

由式（8.5），式（8.12b），得

$$\dot{\varepsilon}_1 : \dot{\varepsilon}_2 : \dot{\varepsilon}_3 = 0.75 : 0.25 : -1 = \frac{3}{4} : \frac{1}{4} : -1 = \frac{3\mu}{4} : \frac{\mu}{4} : -\mu$$

因为 $\lambda \geqslant 0$，$\mu \geqslant 0$，两结果线性组合，有

$$\dot{\varepsilon}_1 : \dot{\varepsilon}_2 : \dot{\varepsilon}_3 = \frac{3\mu}{4} + \lambda : \frac{\mu - \lambda}{4} : -\left(\frac{3\lambda}{4} + \mu\right)$$

因 λ，μ 大小可任取，取 $\dot{\varepsilon}_1 = \dfrac{3\mu}{4} + \lambda$，有

$$\dot{\varepsilon}_2 = \frac{\mu - \lambda}{4},\quad \dot{\varepsilon}_3 = -\left(\frac{3\lambda}{4} + \mu\right) \qquad ④$$

其中，$\dot{\varepsilon}_{\max} = \dot{\varepsilon}_1$，$\dot{\varepsilon}_{\min} = \dot{\varepsilon}_3$。由此得

$$\dot{\varepsilon}_{\max} - \dot{\varepsilon}_{\min} = \dot{\varepsilon}_1 - \dot{\varepsilon}_3 = \frac{7}{4}(\mu + \lambda),\ (\mu + \lambda) = \frac{4}{7}(\dot{\varepsilon}_1 - \dot{\varepsilon}_3) = \frac{4}{7}(\dot{\varepsilon}_{\max} - \dot{\varepsilon}_{\min}) \qquad ⑤$$

注意到式④及在 E 点 $\sigma_2 = \dfrac{1}{2}(\sigma_1 + \sigma_3)$，塑性比功率为

$$D(\dot{\varepsilon}_{ij}) = \sigma_1\dot{\varepsilon}_1 + \sigma_2\dot{\varepsilon}_2 + \sigma_3\dot{\varepsilon}_3 = \sigma_1\left(\frac{3\mu}{4} + \lambda\right) + \sigma_2\frac{\mu - \lambda}{4} - \sigma_3\left(\frac{3\lambda}{4} + \mu\right)$$

$$= (\sigma_1 - \sigma_3)\frac{7}{8}(\mu + \lambda) \qquad ⑥$$

在角点 E 将方程式（8.12a）、式（8.12b）联立，得

$$\frac{7}{4}\sigma_1 - \frac{7}{4}\sigma_3 = 2\sigma_s,\quad \sigma_1 - \sigma_3 = \frac{8}{7}\sigma_s \qquad ⑦$$

将式⑦、式⑤代入式⑥得到 MY 准则单位体积塑性功率或比塑性功率

$$D(\dot{\varepsilon}_{ij}) = \frac{4}{7}\sigma_s(\dot{\varepsilon}_{\max} - \dot{\varepsilon}_{\min})$$

或

$$D(\dot{\varepsilon}_{ij}) = 0.571\sigma_s(\dot{\varepsilon}_{\max} - \dot{\varepsilon}_{\min}) \qquad (8.13)$$

将式（8.13）与双剪应力屈服准则式（8.9）比较，单位体积塑性功率相对误差为

$$\Delta = \left(\frac{2}{3} - \frac{4}{7}\right) \Big/ \frac{2}{3} = 14.3\%$$

MY 准则单位体积塑性功率较双剪应力准则下降了 14.3%，这定量地揭示了

用双剪应力屈服准则进行能率积分时计算结果偏高的主要原因。

8.3.2.2 精度分析

通过比较偏差矢量模长，可以进一步分析 MY 准则的精度。如图 8.4 所示，π 平面上 E，D 两点 MY 轨迹与 Mises 轨迹偏差应力矢量模长分别为

$$OE=\sqrt{\frac{2}{3}}\sigma_s-\frac{7\sqrt{2}-4\sqrt{6}}{12}\sigma_s=0.8080353\sigma_s,\quad OD=\sqrt{\frac{2}{3}}\sigma_s=0.8164966\sigma_s$$

在伪内接点 E、D 二者误差为 $\Delta=\dfrac{OD-OE}{OD}=1\%$。在内接点 A'、B'，二者最小误差为零。在图 8.4 中 O''点二者最大相对误差与平均误差为

$$\Delta=\left(\sqrt{\frac{2}{3}}\sigma_s-\sqrt{\frac{2}{3}}\sigma_s\sin73.89^\circ\right)\Big/\sqrt{\frac{2}{3}}\sigma_s=3.9\%,\quad \Delta_m=1.95\%$$

应指出，Hill 最先以线性屈服条件逼近[64] Mises 圆得到误差 8% 的精度，而 MY 准则的逼近精度显然已大大提高。

8.3.3 屈服验证

注意到图 8.5，E 点应力状态为

$$\sigma_1=\frac{OE\sqrt{3}}{\cos30\sqrt{2}}=\sqrt{2}\times0.8080353\sigma_s$$

$$\sigma_2=\frac{OE\tan30\sqrt{3}}{\sqrt{2}}=\frac{0.8080353\sigma_s}{\sqrt{2}}$$

$$\sigma_3=0$$

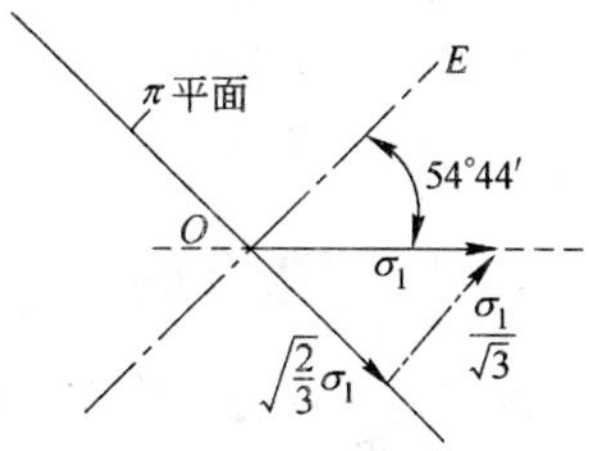

图 8.5 σ_1 在 π 平面上投影

代入 MY 准则式（8.12）（精确到小数点后 5 位）有

$$\sigma_1-\frac{1}{4}\sigma_2-\frac{3}{4}\sigma_3=\sqrt{2}\times0.8080353\sigma_s-0.25\times\frac{0.8080353\sigma_s}{\sqrt{2}}=\sigma_s$$

表明 E 点在 MY 准则屈服柱面上并处于屈服状态。

将式（8.12）与后文式（8.21）比较

$$\frac{b}{1+b}=\frac{1}{4},\quad \frac{1}{1+b}=\frac{3}{4}$$

解得

$$b=\frac{1}{3}=0.333$$

即 MY 准则为表 8.1 中 $b=0.333$ 时式（8.21）的特例。k 与 σ_s 的关系相当于

$$b=\frac{2\tau_s-\sigma_s}{\sigma_s-\tau_s}=\frac{1}{3},\quad \tau_s=k=4\sigma_s/7=0.571\sigma_s$$

各式中 b 为中间主应力对屈服准则影响参数。

8.3.4 计算实例

已知材料许用拉压应力相等为 $[\sigma] = 200\text{MPa}$，承受应力状态为 $\sigma_1 = 210\text{MPa}$，$\sigma_2 = 190\text{MPa}$，$\sigma_3 = 10\text{MPa}$，校核其强度。

解：由 Tresca 准则式（8.1）

$$f = \sigma_1 - \sigma_3 = 210 - 10 = 200(\text{MPa}) = [\sigma]，材料屈服$$

由 Mises 准则式(3.68)

$$f = \frac{1}{\sqrt{2}}[(\sigma_1 - \sigma_2)^2 + (\sigma_2 - \sigma_3)^2 + (\sigma_3 - \sigma_1)^2]^{1/2} = 191\text{MPa} < [\sigma]，材料未屈服$$

注意到该应力状态为 $\sigma_2 > (\sigma_1 + \sigma_3)/2$，由 MY 准则式（8.12b）

$$f = 0.75\sigma_1 + 0.25\sigma_2 - \sigma_3 = 195\text{MPa} < [\sigma]，材料未屈服$$

以上分析表明，按 Tresca 准则材料发生屈服，按 Mises 与 MY 准则，材料安全；MY 与Mises准则误差为 $\Delta = (191 - 195)/191 = -2\%$。足见，主应力空间内 Tresca 与双剪应力屈服函数的平均值，即 MY 屈服准则式（8.12）为一次线性式。单位体积塑性功率为式（8.13）也为线性表达式，MY 屈服准则与 Mises 准则的比塑性功最大误差不超过 3.9%，平均误差仅为 1.95%，具有较高逼近精度。

8.4 GM 屈服准则

本节在 π 平面上，取 Tresca 与双剪应力屈服轨迹间误差三角形的几何中线确定新的屈服轨迹，提出在 Haigh Westergard 应力空间上建立该轨迹方程的方法。此方程称为几何中线屈服方程或几何中线屈服准则（Geometrical Midline Yield Criterion）简称 GM 屈服准则或中线屈服准则[65]。本节将证明其单位塑性功率表达式及其对 Mises 圆的逼近精度。精度分析与计算实例表明 GM 准则将比 MY 准则的逼近精度提高 1%。

8.4.1 中线屈服函数

8.4.1.1 数学表达式

如图 8.6 所示，取误差三角形 $B'FB$ 内，Tresca 轨迹上偏差应力矢量模长由 OB'沿 $B'F$ 减小至 OF，而双剪准则由 OB'沿 $B'B$ 增大至 OB，两组矢量在 B'点共线并模长相等，在 OB 上共线但模长差别最大；取 OB 上模长 OF 与 OB 的平均长度 OE 为新准则的最大模长，则 E 恰为误差三角形直角边 FB 的几何中点，连线 $B'E$ 恰为误差三角形 $B'FB$ 的几何中线；将其作为新准则的屈服轨迹，则中线 $B'E$为与 Mises 圆相交的十二边形的边长。图 8.6 中 $A'E$，$B'E$ 所对应的直线方程推导如下：

在 π 平面上，因为

$$OD = \sqrt{2/3}\sigma_s = 0.8165\sigma_s,\quad OF = \sqrt{2}\sigma_s/2$$

$$OB = OB'/\cos 30° = 2\sqrt{2}\sigma_s/3$$

所以

$$OE = (OB + OF)/2 = 7\sqrt{2}\sigma_s/12 = 0.825\sigma_s$$

$$DE = OE - OD = 0.008461331\sigma_s$$

由图 8.6、图 8.3 中 E 点应力状态为

$$\sigma_1 = OE'\sqrt{3}/\sqrt{2} = OE\sqrt{3}/(\sqrt{2}\cos 30°) = 7\sigma_s/6$$

$$\sigma_3 = 0,\quad \sigma_2 = (\sigma_1 + \sigma_3)/2 = 7\sigma_s/12$$

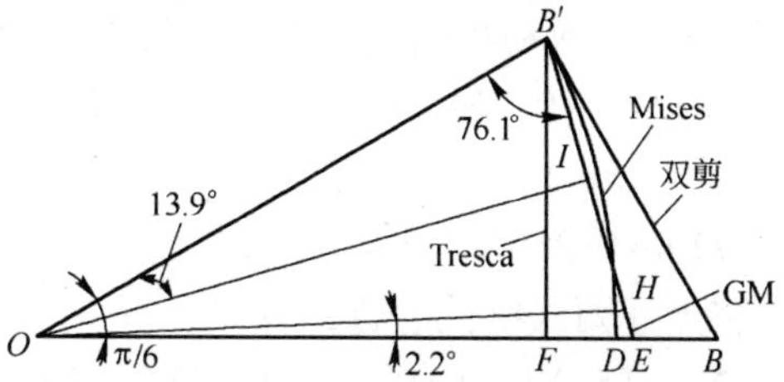

图 8.6 GM 准则在 π 平面的几何描述

设图 8.3 中主应力空间直线 $A'E$（$B'E$ 的对称线）方程为

$$\sigma_1 - a_1\sigma_2 - a_2\sigma_3 - c = 0 \tag{8.14}$$

屈服时 $c = \sigma_s$ 且满足 $a_1 + a_2 = 1$，将 E 点应力分量代入上式并注意 E 点处于屈服状态有

$$7\sigma_s/6 - a_1 7\sigma_s/12 - \sigma_s = 0$$

解得：$a_1 = 2/7 = 0.2857$，$a_2 = 5/7 = 0.7143$。将 a_1，a_2 代入式（8.14）得 $A'E$、$B'E$ 屈服方程分别为

$$\sigma_1 - \frac{2}{7}\sigma_2 - \frac{5}{7}\sigma_3 = \sigma_s,\quad \sigma_2 \leqslant (\sigma_1 + \sigma_3)/2 \tag{8.15a}$$

$$\frac{5}{7}\sigma_1 + \frac{2}{7}\sigma_2 - \sigma_3 = \sigma_s,\quad \sigma_2 \geqslant (\sigma_1 + \sigma_3)/2 \tag{8.15b}$$

式（8.15a）、式（8.15b）即新屈服准则的数学表达式。因其顶点恰位于 Tresca 与双剪应力屈服准则误差三角形直角边 FB 的中点，其轨迹恰为此三角形的几何中线 $B'E$，故称为几何中线（Geometrical Midline）屈服准则或简称 GM 屈服准则。

8.4.1.2 屈服轨迹

由图 8.6，并参照图 8.3，GM 准则在 π 平面上边长与顶角计算如下

$$B'F = \frac{\sigma_s}{2}\sqrt{\frac{2}{3}};\quad \tan\angle FB'E = \frac{OE - OF}{B'F} = \sqrt{3}/6$$

$$\angle FB'E = 16.1°,\ \angle OB'E = 60° + 16.1° = 76.1°$$

$$\angle OEB' = 180° - 30° - 76.1° = 73.9°;\ B'E = B'F/\cos 16.1° = 0.4249138\sigma_s$$

以上计算表明；在 π 平面上，GM 准则的屈服轨迹为与 Mises 圆相交的等边非等角十二边形，其6个顶点为 Mises 圆的内接点，顶角为 152.2°；另外6个顶点在 Mises 圆外侧距 Mises 轨迹 $0.0085\sigma_s$，顶角为 148.8°，十二边形边长为 $0.4249138\sigma_s$。

8.4.2 比塑性功率与精度

8.4.2.1 比塑性功率表达式

与前述证明方法相同，由流动法则式（8.5）及式（8.15a）

$$\dot{\varepsilon}_1:\dot{\varepsilon}_2:\dot{\varepsilon}_3 = 1:-0.2857:-0.7143 = 1:-2/7:-5/7 = \lambda:-2\lambda/7:-5\lambda/7$$

由式（8.5）及式（8.15b）

$$\dot{\varepsilon}_1:\dot{\varepsilon}_2:\dot{\varepsilon}_3 = 0.7143:0.2867:-1 = 5/7:2/7:-1 = 5\mu/7:2\mu/7:-\mu$$

注意到 $\lambda \geqslant 0$，$\mu \geqslant 0$，将上述两式线性组合，有

$$\dot{\varepsilon}_1:\dot{\varepsilon}_2:\dot{\varepsilon}_3 = (5\mu/7 + \lambda):2(\mu - \lambda)/7:-(5\lambda/7 + \mu)$$

取 $\dot{\varepsilon}_1 = 5\mu/7 + \lambda = \dot{\varepsilon}_{max}$，有

$$\dot{\varepsilon}_2 = 2(\mu - \lambda)/7,\ \dot{\varepsilon}_3 = -(5\lambda/7 + \mu) = \dot{\varepsilon}_{min}$$

$$\dot{\varepsilon}_{max} - \dot{\varepsilon}_{min} = \dot{\varepsilon}_1 - \dot{\varepsilon}_3 = 12(\mu + \lambda)/7,(\mu + \lambda) = 7(\dot{\varepsilon}_1 - \dot{\varepsilon}_3)/12 = 7(\dot{\varepsilon}_{max} - \dot{\varepsilon}_{min})/12 \quad ①$$

注意到 E 点 $\sigma_2 = (\sigma_1 + \sigma_3)/2$，单位体积塑性功率为

$$D(\dot{\varepsilon}_{ij}) = \sigma_1\dot{\varepsilon}_1 + \sigma_2\dot{\varepsilon}_2 + \sigma_3\dot{\varepsilon}_3 = (\sigma_1 - \sigma_3)\frac{6}{7}(\mu + \lambda) \quad ②$$

在角点 E 将方程式（8.15a）与式（8.15b）联立得

$$\frac{12}{7}\sigma_1 - \frac{12}{7}\sigma_3 = 2\sigma_s,\ \sigma_1 - \sigma_3 = \frac{7}{6}\sigma_s \quad ③$$

将式③，式①代入式②，得到 GM 准则比塑性功率

$$D(\dot{\varepsilon}_{ij}) = \frac{7}{12}\sigma_s(\dot{\varepsilon}_{max} - \dot{\varepsilon}_{min}),D(\dot{\varepsilon}_{ij}) = 0.583\sigma_s(\dot{\varepsilon}_{max} - \dot{\varepsilon}_{min}) \quad (8.16)$$

8.4.2.2 精度分析

将式（8.16）与双剪应力准则比塑性功率式（8.9）比较，相对误差为

$$\Delta = (2/3 - 7/12)/(2/3) = 12.5\%$$

即 GM 屈服准则单位体积塑性功率较双剪应力准则降低 12.5%。

与 Mises 准则精度比较，图 8.6 中 D，E 两点屈服时 GM 与 Mises 轨迹偏差应力矢量的模长为

$$OE = 0.825\sigma_s,\ OD = 0.8165\sigma_s$$

E 点误差为

$$\Delta = (OD - OE)/OD = -1\%$$

I 点误差为

$$\Delta = (OD - OI)/OD = (OD - OE\cos 13.9°)/OD = 2.9\%$$

平均误差为

$$\Delta_m = (2.9\% - 1\%)/2 = 0.95\%$$

表明，GM 轨迹与 Mises 轨迹最小误差为零（B'与 H 点），最大误差为 2.9%，平均误差为 0.95%，比 MY 准则的逼近精度提高 1%。

图 8.6 表明：在 π 平面上，Mises 轨迹覆盖面积为扇形 ODB'

$$S_{ODB'} = \pi(OB')^2/12 = 0.1745\sigma_s^2$$

Tresca 轨迹覆盖的三角形 $OB'F$ 面积为

$$S_{OB'F} = B'F \cdot OF/2 = 0.1443\sigma_s^2$$

双剪应力准则轨迹覆盖三角形 $OB'B$ 面积为

$$S_{OB'B} = BB' \cdot OB'/2 = BB' \cdot (OB/2)/2 = 0.1925\sigma_s^2$$

GM 准则覆盖的三角形 $OB'E$ 面积为

$$S_{OB'E} = S_{OA'F} = OE \cdot B'F/2 = 0.1683938\sigma_s^2$$

上述比较知，GM 准则轨迹覆盖的面积与 Mises 圆覆盖面积最为接近。

8.4.3 屈服验证

将前述 *E* 点应力状态 $\sigma_1 = 7\sigma_s/6$，$\sigma_3 = 0$，$\sigma_2 = 7\sigma_s/12$ 代入 GM 准则式（8.15）右侧得

$$f = \sigma_s \tag{8.17}$$

表明按 GM 准则计算，*E* 点刚好开始屈服（屈服函数值恰好等于 σ_s）。

将 Tresca 与双剪应力准则轨迹覆盖面积代入下式并取平均值得到

$$(S_{OB'F} + S_{OB'B})/2 = 0.1683938\sigma_s^2 = S_{OB'E} \qquad ④$$

这验证了 GM 准则覆盖的三角形 $OB'E$ 面积等于双剪与 Tresca 两准则覆盖面积得几何平均值原理，即 $B'E$ 为几何中线。研究 *H* 点的几何位置，如图 8.6 所示，*H* 为 Mises 准则与 GM 准则两轨迹的交点，矢量 *OH* 满足

$$\tan\theta = \tan 2.2° = \frac{2\sigma_2 - \sigma_1 - \sigma_3}{\sqrt{3}(\sigma_1 - \sigma_3)} \tag{8.18}$$

方程（8.18）的正切值应由 Mises 轨迹上 *H* 点即 *OH* 矢量的端点的应力状态唯一确定[66]。

同样将式（8.15）与 UY 准则的第一式联立解得

$$\left.\begin{aligned}&\sigma_1-\frac{b}{1+b}\sigma_2-\frac{1}{1+b}\sigma_3=\sigma_s\\&\sigma_1-\frac{2}{7}\sigma_2-\frac{5}{7}\sigma_3=\sigma_s\end{aligned}\right\}\rightarrow\left.\begin{aligned}&\frac{b}{1+b}=\frac{2}{7}\\&\frac{1}{1+b}=\frac{5}{7}\end{aligned}\right\}\rightarrow b=\frac{2}{5}=0.4$$

即 GM 准则相当于表 8.1 及 UY 准则中 $b=2/5=0.4$。注意到其轨迹为两准则误差三角形的几何中线，GM 表达式具有明确特殊的物理意义，塑性功对 Mises 准则线性逼近精度高于其他特例，故作为新准则讨论。

因为 GM 轨迹为误差三角形中线，由前述几何平均值原理，其 τ_s 与 σ_s 的关系也应是 Tresca 与双剪两准则对应 τ_s 的平均值，即下式成立

$$k=\tau_s=(\sigma_s/2+2\sigma_s/3)/2=7\sigma_s/12=0.583\sigma_s$$

8.4.4 计算实例

许用应力为 $[\sigma]=200\text{MPa}$，$\sigma_1=210\text{MPa}$，$\sigma_2=190\text{MPa}$，$\sigma_3=10\text{MPa}$，校核强度。

解：因为 $\sigma_2>(\sigma_1+\sigma_3)/2$，以 Tresca 准则式（8.1）$f=\sigma_1-\sigma_3=200\text{MPa}=[\sigma]$，屈服；以 Mises 准则式（3.68），$f=\frac{1}{\sqrt{2}}[(\sigma_1-\sigma_2)^2+(\sigma_2-\sigma_3)^2+(\sigma_3-\sigma_1)^2]^{1/2}=191\text{MPa}<[\sigma]$，未屈服；以 GM 屈服准则式（8.15）$f=0.7143\sigma_1+0.2867\sigma_2-\sigma_3=194.476\text{MPa}$，未屈服。将各应力分量在 π 平面投影并绘制，长度分别为 $\sqrt{2/3}\sigma_1=171.45\text{MPa}(39.87\text{mm})$，$\sqrt{2/3}\sigma_2=155.13\text{MPa}(36.08\text{mm})$，$\sqrt{2/3}\sigma_3=8.16\text{MPa}$（1.9mm）。

上述应力矢量绘制在 π 平面上如图 8.7 所示。可以看出该点应力状态的偏差合矢量 $O''P$ 端点 P 点恰落在 Mises，GM 准则之内，表明未屈服；却落在 Tresca 屈服轨迹之外表明已屈服。足见 GM 准则计算结果更靠近 Mises 结果。

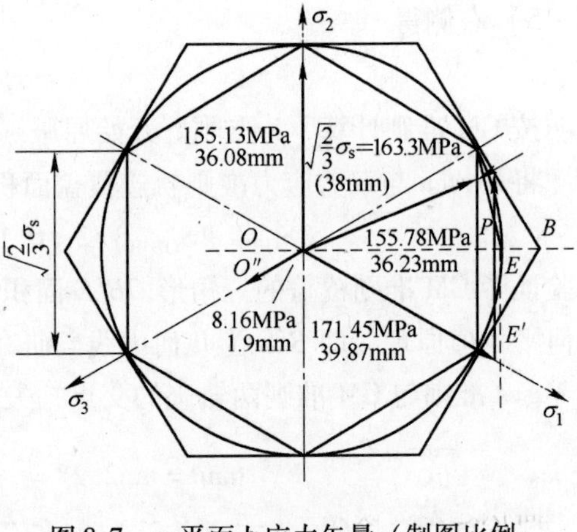

图 8.7 π 平面上应力矢量（制图比例：4.3MPa/mm）

$\sigma_s=200\text{MPa}$，$\sqrt{2/3}\sigma_s=163.3\text{MPa}=38\text{mm}$

可见误差三角形间几何中线为等倾空间一次线性屈服方程，其屈服轨迹为与 Mises 圆相交的等边非等角十二边形，为 Mises 准则的线性逼近，与 Mises 准则平均误差不超过 0.95%，比 MY 准则逼近精度

提高 1%。

8.5 EA 屈服准则

在 π 平面上，与 Mises 轨迹覆盖面积相等的十二边形确定的线性屈服条件，称为等面积屈服准则[67,68]。该准则明确的物理意义是屈服轨迹的偏差应力矢量模长与 Mises 准则模长在 π 平面上平均误差为零。

8.5.1 等面积屈服方程

8.5.1.1 建立方法

如图 8.8 所示，注意到 Tresca 轨迹上偏差应力矢量由 OB' 沿直线 $B'F$ 变化至 OF；双剪应力准则屈服轨迹偏差应力矢量由 OB' 沿直线 $B'B$ 变化至 OB；Mises 准则偏差应力矢量模长由 OB' 沿圆弧 $B'D$ 转动但模长（半径）不变。由图 8.8 知，三组矢量在 B' 点共线并模长相等，在水平线 OB 上虽共线但模长不等。Mises轨迹介于 Tresca 轨迹 $B'F$ 与双剪准则轨迹 $B'B$ 之间。于是等覆盖面积屈服轨迹明确定义为：直角三角形 $B'FE$ 的面积必须与圆弧 $B'D$ 覆盖的面积 $B'FD$ 相等；显然三角形 $FB'B$ 内任何与 Mises 圆弧多于两个交点的连续曲线都不是一次线性的。

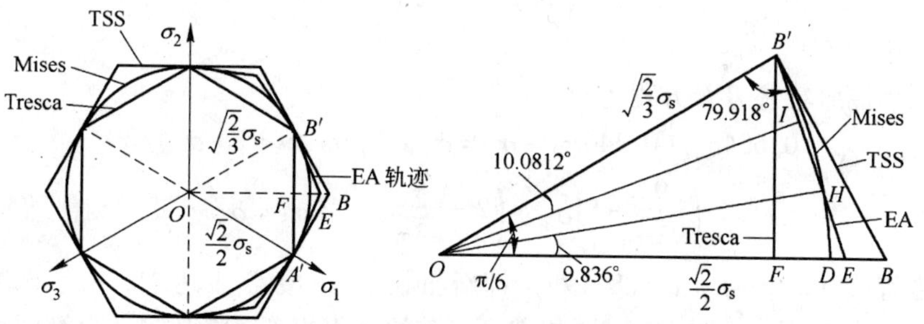

图 8.8　EA 准则在 π 平面上的几何描述

π 平面上 Mises 轨迹覆盖的扇形 ODB' 面积为

$$\overset{\frown}{S}_{ODB'} = S_{ODA'} = \pi R^2/12 = \pi(OB')^2/12 = \pi(\sqrt{2/3}\sigma_s)^2/12 = 0.1745\sigma_s^2 \qquad ①$$

Tresca 准则覆盖的直角三角形 $OB'F$ 面积为

$$S_{OB'F} = B'F \cdot OF/2 = 0.1443\sigma_s^2 \qquad ②$$

二面积之差为误差三角形 $FB'B$ 内圆弧 $B'D$ 覆盖的面积 $\overset{\frown}{S}_{B'FD}$。令其等于直角三角形 $B'FE$ 面积即

$$\overset{\frown}{S}_{B'FD} = \overset{\frown}{S}_{ODB'} - S_{OB'F} = S_{B'FE} = B'F \cdot FE/2$$

将 $B'F=\frac{1}{2}\sqrt{\frac{2}{3}}\sigma_s$ 代入上式，解得

$$FE=0.1479264\sigma_s，\ OE=OF+FE=0.8550332\sigma_s$$

$$ED=OE-\sqrt{2/3}\sigma_s=0.0385336\sigma_s，\ B'E=\sqrt{FE^2+B'F^2}=0.4342222\sigma_s \quad ③$$

下面建立直线 $A'E$ 与 $B'E$ 在 Haigh Westergaard 空间的应力方程，采用前述基本方法，E 点应力状态为

$$\sigma_1=OE\sqrt{3}/(\sqrt{2}\cos30°)=1.2092\sigma_s，\ \sigma_3=0，\ \sigma_2=(\sigma_1+\sigma_3)/2=\sqrt{3}\pi\sigma_s/9 \quad ④$$

8.5.1.2 数学方程

设 Haigh Westergaard 空间直线 $A'E$ 方程为

$$\sigma_1-a_1\sigma_2-a_2\sigma_3-c=0 \quad ⑤$$

注意屈服时 $c=\sigma_s$，且满足 $a_1+a_2=1$。将 E 点应力分量式④代入式⑤，注意 E 点处于屈服状态有

$$2\sqrt{3}\pi\sigma_s/9-a_1\sqrt{3}\pi\sigma_s/9-\sigma_s=0$$

解得：$a_1=0.346$，$a_2=0.654$。将 a_1，a_2 代入式⑤则屈服方程为

$$\sigma_1-0.346\sigma_2-0.654\sigma_3=\sigma_s，\ \sigma_2\leqslant(\sigma_1+\sigma_3)/2$$

$$\sigma_1-\left(2-\frac{9}{\sqrt{3}\pi}\right)\sigma_2-\left(\frac{9}{\sqrt{3}\pi}-1\right)\sigma_3=\sigma_s \quad (8.19a)$$

屈服轨迹为 $A'E$。

同理屈服轨迹 $B'E$ 方程为

$$0.654\sigma_1+0.346\sigma_2-\sigma_3=\sigma_s，\ 当\ \sigma_2\geqslant(\sigma_1+\sigma_3)/2$$

$$\left(\frac{9}{\sqrt{3}\pi}-1\right)\sigma_1+\left(2-\frac{9}{\sqrt{3}\pi}\right)\sigma_2-\sigma_3=\sigma_s \quad (8.19b)$$

方程式（8.19a）、式（8.19b）即新屈服准则的数学表达式。由于该准则的屈服轨迹在 π 平面上与 Mises 圆相交且覆盖的面积相等，将其定义为等面积屈服准则（Equal Area Yield Criterion）简称 EA 屈服准则。以下将证明该准则平均模长与 Mises 圆的半径平均误差为零。

8.5.1.3 几何表述

由图 8.8，EA 准则的几何表示为 π 平面上与 Mises 圆相交的等边非等角 12 边形，边长与顶角计算如下

$$B'F=\sqrt{2/3}\sigma_s/2，\ \tan\angle FB'E=(OE-OF)/B'F=0.3623442，\ \angle FB'E=19.918°$$

$$\angle OB'E=60°+19.918°=79.918°，\ \angle OEB'=180°-30°-79.918°=70.082°$$

$$B'E=B'F/\cos19.918°=0.43422\sigma_s$$

上式 $B'E$ 计算结果与式③完全一致。于是方程式（8.19a）、式（8.19b）是与 Mises 圆相交的等边非等角十二边形的两条边，十二边形的 6 个内接点与 Mises

圆内接十二边形 6 个顶点相重合，在 Mises 轨迹之上，内接点顶角为 159.836°；另外 6 个顶点在 Mises 圆外侧距 Mises 轨迹为 $0.0385366\sigma_s$，顶角为 140.164°；边长为 $0.43422\sigma_s$，如图 8.8 所示。

8.5.2 比塑性功率

由式（8.5）及式（8.19.a）、式（8.19.b）

$$\dot{\varepsilon}_1:\dot{\varepsilon}_2:\dot{\varepsilon}_3 = 1:-0.346:-0.654 = \lambda: -(2-9/\sqrt{3}\pi)\lambda: -(9/\sqrt{3}\pi-1)\lambda$$

$$\dot{\varepsilon}_1:\dot{\varepsilon}_2:\dot{\varepsilon}_3 = 0.654:0.346:-1 = (9/\sqrt{3}\pi-1)\mu:(2-9/\sqrt{3}\pi)\mu:-\mu$$

因为 $\lambda \geqslant 0$，$\mu \geqslant 0$，将上述两式线性组合有

$$\dot{\varepsilon}_1:\dot{\varepsilon}_2:\dot{\varepsilon}_3 = [(9/\sqrt{3}\pi-1)\mu+\lambda]:[(2-9/\sqrt{3}\pi)(\mu-\lambda)]:\{-[(9/\sqrt{3}\pi-1)\lambda+\mu]\}$$

取

$$\left.\begin{aligned}&\dot{\varepsilon}_1 = (9/\sqrt{3}\pi-1)\mu+\lambda = \dot{\varepsilon}_{max},\ \dot{\varepsilon}_2 = (2-9/\sqrt{3}\pi)(\mu-\lambda)\\&\dot{\varepsilon}_3 = -[(9/\sqrt{3}\pi-1)\lambda+\mu] = \dot{\varepsilon}_{min}\\&\dot{\varepsilon}_{max}-\dot{\varepsilon}_{min} = \dot{\varepsilon}_1-\dot{\varepsilon}_3 = 9(\mu+\lambda)/\sqrt{3}\pi;\quad \mu+\lambda = \sqrt{3}\pi(\dot{\varepsilon}_{max}-\dot{\varepsilon}_{min})/9\end{aligned}\right\} \quad ⑥$$

注意到 E 点为平面变形状态，$\sigma_2 = (\sigma_1+\sigma_3)/2$，比塑性功率为

$$D(\dot{\varepsilon}_{ij}) = \sigma_1\dot{\varepsilon}_1+\sigma_2\dot{\varepsilon}_2+\sigma_3\dot{\varepsilon}_3 = \frac{(\sigma_1-\sigma_3)9(\mu+\lambda)}{2\sqrt{3}\pi} \quad ⑦$$

在角点 E 将 EA 屈服方程联立得

$$9\sigma_1/(\sqrt{3}\pi) - 9\sigma_3/(\sqrt{3}\pi) = 2\sigma_s \quad \sigma_1-\sigma_3 = 2\sqrt{3}\pi\sigma_s/9$$

将上式与式⑥代入式⑦得 EA 屈服准则单位体积塑性功与功率

$$\begin{aligned}&D(\varepsilon_{ij}) = \sqrt{3}\pi\sigma_s(\varepsilon_{max}-\varepsilon_{min})/9,\ D(\varepsilon_{ij}) = 0.6046\sigma_s(\varepsilon_{max}-\varepsilon_{min})\\&D(\dot{\varepsilon}_{ij}) = \sqrt{3}\pi\sigma_s(\dot{\varepsilon}_{max}-\dot{\varepsilon}_{min})/9,\ D(\dot{\varepsilon}_{ij}) = 0.6046\sigma_s(\dot{\varepsilon}_{max}-\dot{\varepsilon}_{min})\end{aligned} \quad (8.20)$$

8.5.3 精度分析

8.5.3.1 与双剪准则比塑性功率比较

将式（8.20）与式（8.9）比较，比塑性功率相对误差为

$$\Delta = (2/3-\sqrt{3}\pi/9)/(2/3) = 9.3\%$$

可见 EA 准则单位体积塑性功率较双剪应力准则降低 9.3%。

8.5.3.2 与 Mises 准则模长比较

图 8.8 中 Mises 轨迹上偏差矢量模长为

$$OD = OB' = \sqrt{2/3}\sigma_s = 0.816\sigma_s \quad ⑧$$

EA 屈服准则模长可由图 8.9 按以下方程求出，设三角形 $OB'E$ 内 EA 准则屈服轨迹 $B'E$ 上任意一点 O' 处偏差矢量模长 $OO' = L$，则

$$S_{OB'E}=OE\cdot B'F/2=\pi\sigma_s^2/18=L\sqrt{2/3}\sigma_s\sin\theta/2+OE\cdot L\cdot\sin(\pi/6-\theta)/2$$

由加法公式

$$L=\frac{\pi\sigma_s/9}{(\sqrt{2/3}-\sqrt{2}\pi/6)\sin\theta+\sqrt{6}\pi\cos\theta/18}=f(\theta)$$

平均模长由积分中值定理

$$L_m=\frac{6}{\pi}\int_0^{\frac{\pi}{6}}f(\theta)\,d\theta=\frac{2\sigma_s}{3}\int_0^{\frac{\pi}{6}}\frac{d\theta}{(\sqrt{2/3}-\sqrt{2}\pi/6)\sin\theta+\sqrt{6}\pi\cos\theta/18}$$

$$=\sqrt{\frac{2}{3}}\sigma_s=0.816\sigma_s \qquad ⑨$$

即平均模长 L_m 与 Mises 轨迹模长 OD 一致，式⑨，式⑧意味着二准则模长平均误差为零。EA 准则在 π 平面上覆盖的三角形 $OB'E$ 面积 $S_{OB'E}=S_{OA'E}=\frac{OE\cdot B'F}{2}=0.1745\sigma_s^2$，上式与 Mises 轨迹覆盖面积式①一致。

作者在此指出，由于变形区整个体积内，不同应力状态的点可能同时存在，故塑性功率对整个体积积分时沿屈服轨迹各点偏差矢量模长平均值是衡量逼近 Mises 准则精度的重要参数。

8.5.3.3 交点 *H* 位置

H 为 Mises 准则与等面积屈服准则的交点，如图 8.9 所示，轨迹圆心与交点连线 OH 与水平线 OB 夹角为 9.836°，并 **OH** 矢量满足

$$\tan\theta=\tan 9.836°=(2\sigma_2-\sigma_1-\sigma_3)/[\sqrt{3}(\sigma_1-\sigma_3)] \qquad ⑩$$

正切值由 **OH** 矢量端点的应力状态唯一确定。

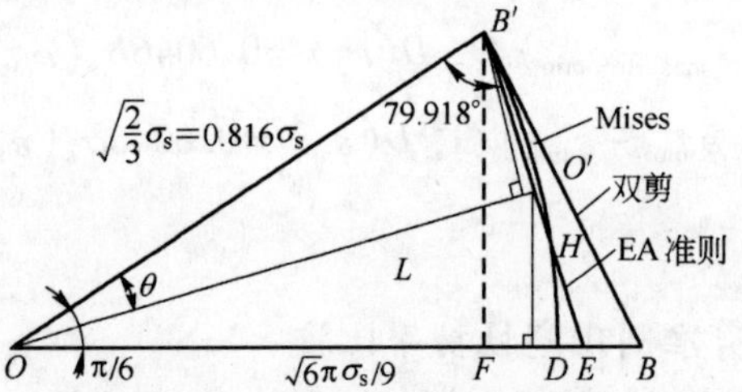

图 8.9 EA 准则偏差矢量平均模长

将式（8.21）与 EA 准则式（8.19a）联立解得

$$\left.\begin{aligned}b/(1+b)&=2-9/\sqrt{3}\pi\\1/(1+b)&=9/\sqrt{3}\pi-1\end{aligned}\right\}\rightarrow b=\frac{2\sqrt{3}\pi-9}{9-\sqrt{3}\pi}=0.529$$

即 EA 准则相当于广义双剪屈服准则 $b=0.529$。因文献［3］同一双剪强度理论 6 种计算准则中无此特例，注意到 Haigh Westergaard 空间直线方程的独特建立与模长证明方法，且两轨迹覆盖面积相等的物理意义明确，故此处作为新的线性逼

近屈服准则提出。由式（8.11）

$$b=\frac{2\tau_s-\sigma_s}{\sigma_s-\tau_s}=\frac{2\sqrt{3}\pi-9}{9-\sqrt{3}\pi}$$

解得 $\tau_s=k=\frac{\sqrt{3}\pi}{9}\sigma_s=0.6046\sigma_s$。

8.5.4 计算实例

算例同前，已知材料许用拉压应力相等，为［σ］=200MPa，承受应力状态为 $\sigma_1=210\text{MPa}$，$\sigma_2=190\text{MPa}$，$\sigma_3=10\text{MPa}$，校核其强度。

解：该应力状态为 $\sigma_2>(\sigma_1+\sigma_3)/2$，

由 Tresca 准则式（8.1），得 $f=\sigma_1-\sigma_3=210-10=200\text{MPa}$，

由 Mises 准则式（3.68），得 $f=\frac{1}{\sqrt{2}}[(\sigma_1-\sigma_2)^2+(\sigma_2-\sigma_3)^2+(\sigma_3-\sigma_1)^2]^{1/2}=191\text{MPa}$，

由 EA 准则（8.19b）式，得 $f_2=0.654\sigma_1+0.346\sigma_2-\sigma_3=193.08\text{MPa}$，

EA 准则与 Mises 准则相对误差仅为 −1%。

综上，π 平面上与 Mises 圆相交且覆盖面积与其相等的等边非等角十二边形棱边为等倾空间的一次线性屈服方程，其偏差应力矢量平均模长与 Mises 屈服半径相等。与 Mises 圆内接顶角为 159.836°，圆外顶角为 140.164°，边长为 $0.43422\sigma_s$。

以积分中值定理证明了该准则屈服平均模长与 Mises 准则的屈服半径模长相等。

8.6 UY 比塑性功率

本节对俞茂宏教授 1992 年提出[69]的双剪统一屈服准则（UY 准则）的比塑性功率以流动法则进行了证明[70,71]，得到了 π 平面上由双剪应力屈服轨迹及 Tresca 屈服轨迹构成的误差三角形内各种线性屈服条件的比塑性功率的统一表达式。给出不同的线性准则参数 b 值时，相应比塑性功率的对应形式。

证明了 π 平面上线性准则参数 b 与罗德参数及极坐标参数 θ 的定量关系。并给出了统一屈服准则以 μ 与 θ 为准则参数时单位体积塑性功率的函数关系式。

8.6.1 统一双剪准则及特例

1991 年俞茂宏提出统一双剪应力屈服准则，简称 UY 准则，如下式

$$\sigma_1-\frac{1}{1+b}(b\sigma_2+\sigma_3)=\sigma_s，当\ \sigma_2\leqslant\frac{\sigma_1+\sigma_3}{2}时$$

$$\frac{1}{1+b}(\sigma_1+b\sigma_2)-\sigma_3=\sigma_s,\text{当 }\sigma_2\geqslant\frac{\sigma_1+\sigma_3}{2}\text{时}$$

对上式取不同 b 值后给出以下 6 种典型特例，如表 8.1 所示。

表 8.1 中，b 值为中间主应力对屈服准则的影响参数，典型特例应当有明确的物理意义，以表述其作为新准则的几何特点及 b 值的确定性。为此 $b=0.366$ 的线性屈服准则具有明确物理意义，它表示该准则为 Mises 圆的内接十二边形或为误差三角形内 Tresca 与 TSS 轨迹间夹角的平分线。

本文拟从金属成形能率角度，对 UY 准则的单位体积塑性功率表达式进行严格证明，给出其统一的比塑性功率线性化形式；以期在金属成形能率泛函领域获得更广泛应用。

表 8.1 双剪统一屈服准则的六种典型特例

b 值	$\sigma_2\leqslant(\sigma_1+\sigma_3)/2$	$\sigma_2\geqslant(\sigma_1+\sigma_3)/2$	线性准则	误差三角形
1	$\sigma_1-\sigma_2/2-\sigma_3/2=\sigma_s$	$\sigma_1/2+\sigma_2/2-\sigma_3=\sigma_s$	双剪准则	斜边（上限）
3/4 = 0.75	$\sigma_1-3\sigma_2/7-4\sigma_3/7=\sigma_s$	$4\sigma_1/7+3\sigma_2/7-\sigma_3=\sigma_s$		
1/2 = 0.5	$\sigma_1-\sigma_2/3-2\sigma_3/3=\sigma_s$	$2\sigma_1/3+\sigma_2/3-\sigma_3=\sigma_s$		
$1/(1+\sqrt{3})$ = 0.366	$\sigma_1-\frac{\sigma_2}{2+\sqrt{3}}-\frac{1+\sqrt{3}}{2+\sqrt{3}}\sigma_3=\sigma_s$	$\frac{1+\sqrt{3}}{2+\sqrt{3}}\sigma_1+\frac{\sigma_2}{2+\sqrt{3}}-\sigma_3=\sigma_s$	ID 准则，或角分线准则	内接十二边形角平分线
1/4 = 0.25	$\sigma_1-\sigma_2/5-4\sigma_3/5=\sigma_s$	$4\sigma_1/5+\sigma_2/5-\sigma_3=\sigma_s$		
$b=0$	$\sigma_1-\sigma_3=\sigma_s$	$\sigma_1-\sigma_3=\sigma_s$	Tresca	直角边（下限）

8.6.2 比塑性功率证明

由流动法则式（8.5）及式（8.21）的第一式与第二式

$$\dot{\varepsilon}_1:\dot{\varepsilon}_2:\dot{\varepsilon}_3=1:-\frac{b}{1+b}:-\frac{1}{1+b}=\lambda:-\frac{b\lambda}{1+b}:-\frac{\lambda}{1+b}$$

$$\dot{\varepsilon}_1:\dot{\varepsilon}_2:\dot{\varepsilon}_3=\frac{1}{1+b}:\frac{b}{1+b}:-1=\frac{\mu}{1+b}:\frac{b\mu}{1+b}:-\mu$$

注意到 $\lambda\geqslant0$，$\mu\geqslant0$，对外凸屈服面 $0\leqslant b\leqslant1$，将上述两式线性组合有

$$\dot{\varepsilon}_1:\dot{\varepsilon}_2:\dot{\varepsilon}_3=\left(\frac{\mu}{1+b}+\lambda\right):\frac{b}{1+b}(\mu-\lambda):-\left(\frac{\lambda}{1+b}+\mu\right)$$

因 λ，μ 大小可任取，故取

$$\dot{\varepsilon}_1=\frac{\mu}{1+b}+\lambda=\dot{\varepsilon}_{\max},\ \dot{\varepsilon}_2=\frac{b}{1+b}(\mu-\lambda),\ \dot{\varepsilon}_3=-\left(\frac{\lambda}{1+b}+\mu\right)=\dot{\varepsilon}_{\min} \qquad ①$$

$$\dot{\varepsilon}_{\max}-\dot{\varepsilon}_{\min}=\frac{\mu}{1+b}+\lambda+\frac{\lambda}{1+b}+\mu=(\lambda+\mu)\left(\frac{1}{1+b}+1\right)=(\lambda+\mu)\left(\frac{2+b}{1+b}\right)$$

$$\mu+\lambda=\frac{1+b}{2+b}(\dot{\varepsilon}-\dot{\varepsilon}_3)=\frac{1+b}{2+b}(\dot{\varepsilon}_{\max}-\dot{\varepsilon}_{\min}) \qquad ②$$

注意到式①及图 8.10，E 点处 $\sigma_2=(\sigma_1+\sigma_3)/2$，比塑性功率为

$$\begin{aligned}D(\dot{\varepsilon}_{ij})&=\sigma_1\dot{\varepsilon}_1+\sigma_2\dot{\varepsilon}_2+\sigma_3\dot{\varepsilon}_3\\&=\sigma_1\left(\frac{\mu}{1+b}+\lambda\right)+\frac{\sigma_1+\sigma_3}{2}\left[\frac{b}{1+b}(\mu-\lambda)\right]+\sigma_3\left[-\left(\frac{\lambda}{1+b}+\mu\right)\right]\\&=(\sigma_1-\sigma_3)(\mu+\lambda)\frac{1+b/2}{1+b}\end{aligned} \qquad ③$$

在角点 E 将方程式（8.21）联立得

$$\sigma_1\left(1+\frac{1}{1+b}\right)-\sigma_3\left(\frac{1}{1+b}+1\right)=2\sigma_s$$

$$\sigma_1-\sigma_3=\frac{1+b}{1+b/2}\sigma_s \qquad ④$$

式为 UY 准则平面变形形式，将式④、式②代入式③得 UY 准则比塑性功率为

$$\begin{aligned}D(\dot{\varepsilon}_{ij})&=\frac{1+b}{2+b}\sigma_s(\dot{\varepsilon}_{\max}-\dot{\varepsilon}_{\min})\\&=\frac{1+b}{2+b}\sigma_s(\dot{\varepsilon}_1-\dot{\varepsilon}_3)\end{aligned} \qquad (8.21)$$

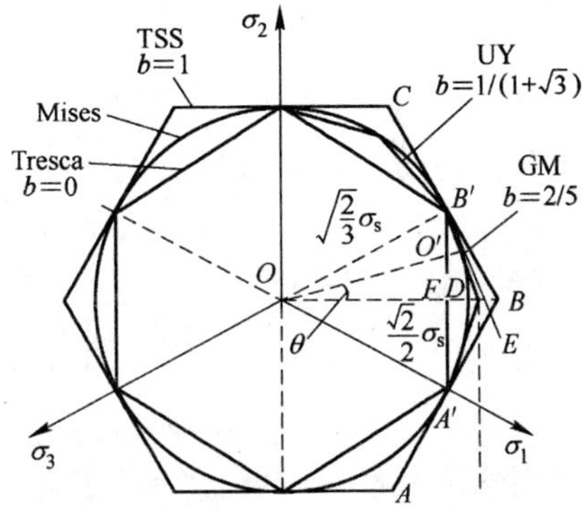

图 8.10 π 平面上的各种屈服轨迹

式（8.21）为统一屈服准则的单位体积塑性功耗（Unified Dissipation of Plastic Work Rate Done Per Unit Volume），简称 UY 单位体积塑性功率或 UY 比塑性功率。

8.6.3 比塑性功率广义性

由以下分析式证明比塑性功率的广义性。

（1）TSS 准则

将 $b=1$ 代入式（8.21）得 TSS 准则比塑性功率表达式

$$D(\dot{\varepsilon}_{ij})=\frac{2}{3}\sigma_s(\dot{\varepsilon}_{\max}-\dot{\varepsilon}_{\min})=0.667\sigma_s(\dot{\varepsilon}_1-\dot{\varepsilon}_3)$$

（2）Tresca 准则

将 $b=0$ 代入式（8.21）即得 Tresca 准则比塑性功率表达式

$$D(\dot{\varepsilon}_{ij})=\frac{\sigma_s}{2}(\dot{\varepsilon}_{\max}-\dot{\varepsilon}_{\min})=0.5\sigma_s(\dot{\varepsilon}_1-\dot{\varepsilon}_3)=\sigma_s|\dot{\varepsilon}_i|_{\max}$$

（3）MY 准则

将 $b=1/3=0.333$ 代入式（8.21）即得 MY 准则比塑性功率表达式

$$D(\dot{\varepsilon}_{ij}) = \frac{4}{7}\sigma_s(\dot{\varepsilon}_{max} - \dot{\varepsilon}_{min}) = 0.571\sigma_s(\dot{\varepsilon}_1 - \dot{\varepsilon}_3)$$

（4）GM 准则

将 $b = 2/5 = 0.4$ 代入式（8.21），即得 GM（中线）屈服准则的塑性功率表达式

$$D(\dot{\varepsilon}_{ij}) = \frac{7}{12}\sigma_s(\dot{\varepsilon}_{max} - \dot{\varepsilon}_{min}) = 0.583\sigma_s(\dot{\varepsilon}_1 - \dot{\varepsilon}_3)$$

（5）EA 屈服准则

将 $b = \dfrac{2\sqrt{3}\pi/9 - 1}{1 - \sqrt{3}\pi/9} = 0.529$，代入式（8.21）即得 EA 屈服准则及相应比塑性功率表达式

$$D(\varepsilon_{ij}) = \frac{\sqrt{3}\pi}{9}\sigma_s(\varepsilon_{max} - \varepsilon_{min}) = 0.6046\sigma_s(\varepsilon_1 - \varepsilon_3)$$

以上分析表明式（8.21）具有广义性。以此类推，可推出以下线性塑性功率表达式。

（6）ID 屈服准则

将 $b = 1/(1 + \sqrt{3}) = 0.366$ 代入式（8.21）得 ID 屈服准则比塑性功率表达式

$$D(\dot{\varepsilon}_{ij}) = \sigma_s/\sqrt{3}(\dot{\varepsilon}_{max} - \dot{\varepsilon}_{min}) = 0.577\sigma_s(\dot{\varepsilon}_1 - \dot{\varepsilon}_3) \tag{8.22}$$

此准则轨迹为 Mises 圆内接十二边形（Inscribed dodecagon of the Von Mises yield locus）故简称 ID 屈服准则，如图 8.10 所示。该顶点位于 Mises 圆上，故对平面变形问题该准则及其比塑性功率与 Mises 准则一致。由于轨迹为 Tresca 与 TSS 屈服轨迹夹角平分线（Angular Bisector），故也可简称 AB 屈服准则。在 1992，Maohong Yu 曾提出该准则为圆的内接正十二边形与 Mises 圆的相对误差不超过 4%。

在误差三角形 $B'FB$ 内，依次取 b 为 0 ~ 1 内的任何值，均得到相应的比塑性功率，表明式（8.21）的广义性。各种线性屈服准则的比塑性功率表达式如表 8.2 所示。

表 8.2 各种线性准则比塑性功率表达式

准则名称	单位体积塑性功率线性表达式	几何特征
UY（统一屈服准则） $0 \leqslant b \leqslant 1$	$D(\dot{\varepsilon}_{ij}) = \dfrac{1+b}{2+b}\sigma_s(\dot{\varepsilon}_{max} - \dot{\varepsilon}_{min})$	误差三角形面积
Tresca $b = 0$（下限）	$D(\dot{\varepsilon}_{ij}) = \dfrac{\sigma_s}{2}(\dot{\varepsilon}_{max} - \dot{\varepsilon}_{min})$ $= 0.5\sigma_s(\dot{\varepsilon}_1 - \dot{\varepsilon}_3)$	误差三角形直角边，Mises 圆内接六边形

续表 8.2

准则名称	单位体积塑性功率线性表达式	几何特征
TS $b=1$（上限）	$D(\dot{\varepsilon}_{ij})=\frac{2}{3}\sigma_s(\dot{\varepsilon}_{max}-\dot{\varepsilon}_{min})$ $=0.667\sigma_s(\dot{\varepsilon}_1-\dot{\varepsilon}_3)$	误差三角形斜边 Mises 圆外切六边形，斜边张角 $\theta=30°$
ID（内接） $b=1/(1+\sqrt{3})=0.366$	$D(\dot{\varepsilon}_{ij})=\sigma_s/\sqrt{3}(\dot{\varepsilon}_{max}-\dot{\varepsilon}_{min})$ $=0.577\sigma_s(\dot{\varepsilon}_1-\dot{\varepsilon}_3)$	误差三角形角平分线；张角 $\theta=15°$，Mises 圆内接等边等角十二边形，也称角分线准则
EA（等面积） $b=\frac{2\sqrt{3}\pi-9}{9-\sqrt{3}\pi}=0.529$	$D(\dot{\varepsilon}_{ij})=\frac{\sqrt{3}\pi}{9}\sigma_s(\dot{\varepsilon}_{max}-\dot{\varepsilon}_{min})$ $=0.6046\sigma_s(\dot{\varepsilon}_1-\dot{\varepsilon}_3)$	与 Mises 圆覆盖面积相同并相交的误差三角形，斜边张角 $\theta=19.918°$
MY（平均） $b=1/3=0.333$	$D(\dot{\varepsilon}_{ij})=\frac{4}{7}\sigma_s(\dot{\varepsilon}_{max}-\dot{\varepsilon}_{min})$ $=0.571\sigma_s(\dot{\varepsilon}_1-\dot{\varepsilon}_3)$	误差三角形斜边与直角边屈服函数均值，斜边张角 $\theta=13.89°$
GM（中线） $b=2/5=0.4$	$D(\dot{\varepsilon}_{ij})=\frac{7}{12}\sigma_s(\dot{\varepsilon}_{max}-\dot{\varepsilon}_{min})$ $=0.583\sigma_s(\dot{\varepsilon}_1-\dot{\varepsilon}_3)$	误差三角形几何中线与 Mises 圆相交斜边张角 $\theta=16.1°$
Mises （非线性）	$D(\dot{\varepsilon}_{ij})=\sqrt{\frac{2}{3}}\sigma_s\sqrt{\dot{\varepsilon}_{ij}\dot{\varepsilon}_{ij}}$	通过误差三角形内的圆弧

8.6.4 几何描述与极角

主应力 σ_1，σ_2，σ_3 在 π 平面上的投影分别如图 8.11a 所示。

$$a=(2/3)^{1/2}\sigma_1\cos30°-(2/3)^{1/2}\sigma_3\cos30°=(\sigma_1-\sigma_3)/2^{1/2}$$

$$b=(2/3)^{1/2}\sigma_2-(2/3)^{1/2}[\sigma_1+\sigma_3]\sin30°=[2\sigma_2-\sigma_1-\sigma_3]/\sqrt{6}$$

$$r^2=a^2+b^2=2J'_2=\sigma_1'^2+\sigma_2'^2+\sigma_3'^2$$

$$\theta=\tan^{-1}\frac{b}{a}=\tan^{-1}\frac{2\sigma_2-\sigma_1-\sigma_3}{(\sigma_1-\sigma_3)\sqrt{3}}=\tan^{-1}\frac{\mu}{\sqrt{3}} \tag{8.23}$$

式中，$\frac{2\sigma_2-\sigma_1-\sigma_3}{\sigma_1-\sigma_3}$为 Lode 应力参数。由图 8.11b，$\theta$ 为极角，也是误差三角形 $FB'B$ 内任意线性屈服轨迹 $B'E$ 与 Tresca 轨迹 $B'F$ 的夹角；当 $\theta=\pi/6$，$B'F=\sqrt{2/3}\sigma_s/2$；误差三角形 $FB'B$ 内对 θ 的任意值有

$$\tan\theta=FE/B'F=\sqrt{6}FE/\sigma_s \tag{8.24}$$

该式表明 π 平面上 UY 线性屈服准则的轨迹为由 Tresca 轨迹直角边 $B'F$ 及双

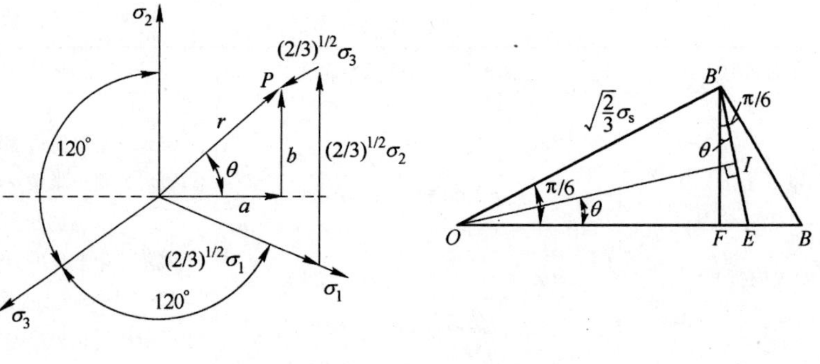

图 8.11 几何描述

a—π 平面上 P 点极坐标；b—30°扇形区屈服轨迹与极角

剪轨迹斜边 $B'B$ 构成的误差三角形内一族由同一点 B'开始指向直角边 FB 上不同点或张角 θ 不同的直线；当准则影响参数 b 由 0 变化到 1，张角 θ 由 0 变化到 $\pi/6$ ，覆盖了由下限 Tresca 轨迹到上限 TS 轨迹的全部区域。

应指出极角 θ 定义在 Mises 圆内所有应力空间，而张角 θ 仅定义在误差三角形之内 0° ~30°之内。尽管二者相等，但后者仅表示对 Mises 圆的逼近程度或对 Tresca 轨迹的倾斜程度，对十二边形轨迹的一条边而言，后者随极角变化而变化且二者相等。

8.7 EP 屈服准则

本节将在 π 平面上与 Mises 轨迹周长相等并在轴对称状态共有六个交点的十二边形轨迹，称为等周长屈服轨迹，其对应的线性方程称为等周长屈服方程或等周长屈服准则（Equal perimeter yield criterion），简称 EP Yield Criterion（EP 屈服准则）。以下推导 EP 屈服方程、几何描述与比塑性功率表达式，给出应用计算实例[72]。

8.7.1 等周长屈服方程

8.7.1.1 几何描述

如图 8.12 所示，在 π 平面上 Mises 屈服轨迹为圆，半径为 $\sqrt{2/3}\sigma_s=\sqrt{2}k$；Tresca 屈服轨迹为该圆的内接正六边形，内接点对应六个轴对称应力状态；TSS 屈服轨迹为该圆的外切正六边形，外切点同样对应 6 个轴对称应力状态并与该圆的内接点重合如图 8.12a 所示。

本节将与 Mises 圆内接点 B'重合（圆上共 6 点，为轴对称应力状态）、在 H 点相交（圆上共 12 点）、以圆外 E 点为顶点（圆外共六点，为平面应变应力状态），边长 $B'E$ 与 Mises 圆 π/6 象限圆弧 $\overset{\frown}{B'D}$ 长度相等的十二边形轨迹定义为新的屈服轨迹，称为等周长屈服轨迹。

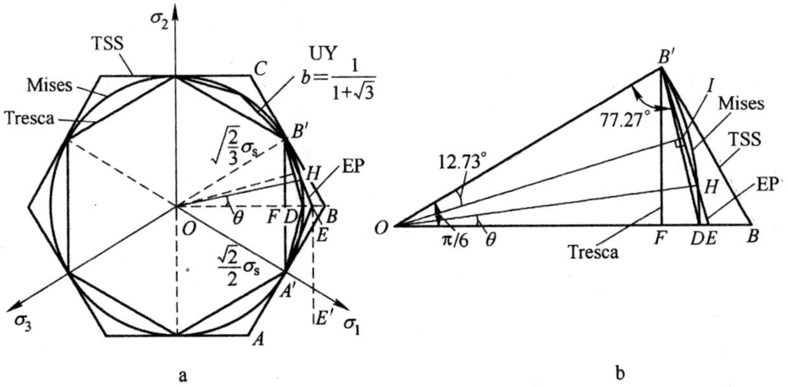

图 8.12 EP 准则在 π 平面的几何描述

a—π 平面上屈服轨迹；b—误差三角形 $B'FB$ 内 EP 屈服轨迹

8.7.1.2 屈服方程

如图 8.12b 所示，在误差三角形 $B'FB$ 内，Mises 轨迹沿等直径圆弧 $B'D$，由 OB' 变化到 OD。故等周长屈服轨迹应满足：它是一条由 B' 点引出、长度与圆弧 $\overset{\frown}{B'D}$ 相等的直线 BE；BE 必须与直角边 FB 相交于 E 点，因此与圆弧 $\overset{\frown}{B'D}$ 自然产生交点 H。由于 π/6 象限圆弧 $\overset{\frown}{B'D}$ 长度与 BE 长度相等，所以在 π 平面 2π 圆周内以 BE 长度为边长的十二边形周长与 Mises 轨迹圆周长必然相等。

由于 Mises 圆屈服半径为 $\sqrt{2/3}\sigma_s$，对应周角为 π/6，所以直线 $B'E$ 的长度为

$$B'E = \sqrt{\frac{2}{3}}\sigma_s \times \frac{\pi}{6} = \frac{\pi\sqrt{6}}{18}\sigma_s \qquad ①$$

在直角三角形 $B'FE$ 内，令 $\alpha = \angle FB'E$ 有

$$FE = B'E\sin\alpha = \frac{\pi\sqrt{6}}{18}\sigma_s\sin\alpha \qquad ②$$

由正弦定理，在三角形 $B'OE$ 内

$$\frac{OE}{\sin\angle OB'E} = \frac{B'E}{\sin(\pi/6)} = 2B'E = \frac{\pi\sqrt{6}}{9}\sigma_s \qquad ③$$

注意到式②，在直角三角形 $B'FO$ 内有

$$OF = \frac{\sqrt{2}}{2}\sigma_s,\ OE = OF + FE = \frac{\sqrt{2}}{2}\sigma_s + \frac{\pi\sqrt{6}}{18}\sigma_s\sin\alpha,\ \angle OB'E = 60° + \alpha \qquad ④$$

代入式③并注意加法公式得

$$\frac{\frac{\sqrt{2}}{2}\sigma_s + \frac{\pi\sqrt{6}}{18}\sigma_s \sin\alpha}{\sin(60^\circ + \alpha)} = \frac{\pi\sqrt{6}}{9}\sigma_s, \quad \frac{\frac{\sqrt{2}}{2} + \frac{\pi\sqrt{6}}{18}\sin\alpha}{\frac{\sqrt{3}}{2}\cos\alpha + \frac{1}{2}\sin\alpha} = \frac{\pi\sqrt{6}}{9}$$

上式解得 $\cos\alpha = \frac{3}{\pi}$； $\sin\alpha = \frac{\sqrt{\pi^2 - 9}}{\pi}$， $\alpha = \cos^{-1}\left(\frac{3}{\pi}\right) = 17.27^\circ = 0.214152(\text{rad})$。将 α 值代入式②有

$$FE = \frac{\pi\sqrt{6}}{18}\sigma_s \sin\alpha = \left[\frac{\sqrt{6(\pi^2 - 9)}}{18}\right]\sigma_s = 0.127\sigma_s \quad ⑤$$

注意到 $OB' = OD = \sqrt{2/3}\sigma_s = 0.8165\sigma_s$ 故

$$OE = OF + FE = \frac{9\sqrt{2} + \sqrt{6(\pi^2 - 9)}}{18}\sigma_s = 0.834\sigma_s, \quad DE = OE - OD = 0.0175\sigma_s \quad ⑥$$

以下建立直线 $A'E$ 与 $B'E$ 的屈服方程。图 8.13 为主应力分量在 π 平面的投影，由于 E 点为平面变形应力状态，即

$$\sigma_1 = \sqrt{\frac{3}{2}}OE' = \sqrt{\frac{3}{2}}\frac{OE}{\cos(\pi/6)} = \sqrt{2}OE = \frac{9 + \sqrt{3(\pi^2 - 9)}}{9}\sigma_s, \sigma_3 = 0$$
$$\sigma_2 = \frac{9 + \sqrt{3(\pi^2 - 9)}}{18}\sigma_s \quad ⑦$$

设直线 $A'E$ 方程为

$$\sigma_1 - a_1\sigma_2 - a_2\sigma_3 - c = 0 \quad ⑧$$

注意到屈服发生时 $c = \sigma_s, a_1 + a_2 = 1$，将式⑦应力分量代入式⑧得

$$a_1 = \frac{2\sqrt{3(\pi^2 - 9)}}{9 + \sqrt{3(\pi^2 - 9)}} = 0.304$$
$$a_2 = \frac{9 - \sqrt{3(\pi^2 - 9)}}{9 + \sqrt{3(\pi^2 - 9)}} = 0.696 \quad ⑨$$

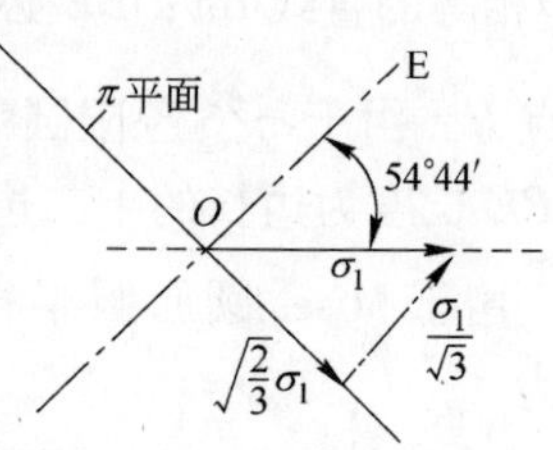

图 8.13 主应力分量 σ_1 在 π 平面的投影

即 $A'E$ 的屈服方程为

$$\sigma_1 - 0.304\sigma_2 - 0.696\sigma_3 = \sigma_s, \text{当 } \sigma_2 \leqslant \frac{1}{2}(\sigma_1 + \sigma_3) \text{ 时} \quad (8.25a)$$

同样方法得 $B'E$ 方程为

$$0.696\sigma_1 + 0.304\sigma_2 - \sigma_3 = \sigma_s, \text{当 } \sigma_2 \geqslant \frac{1}{2}(\sigma_1 + \sigma_3) \text{ 时} \quad (8.25b)$$

方程式（8.25）即等周长屈服准则数学表达式。

8.7.1.3 屈服轨迹

由图 8.12 可知，等周长屈服轨迹为 π 平面上与 Mises 圆相交（H 点）的等

边但不等角的十二边形，边长与顶角分别为

$$B'E = A'E = \frac{\pi\sqrt{6}}{18}\sigma_s = 0.4275\sigma_s,\quad \angle OB'E = 60° + \alpha = 77.27°$$

$$\angle OEB' = 180° - 30° - 77.27° = 72.73° \qquad ⑩$$

该十二边形有6个顶角（顶点在Mises圆上，表示轴对称应力状态）为154.54°；另外6个顶角为145.46°，顶点在Mises圆外距Mises轨迹为$0.0175\sigma_s$；十二边形每条边长为$0.4275\sigma_s$。注意到上述屈服准则描述的屈服轨迹为π平面上等边不等角十二边形，具有与Mises轨迹圆周长度相等并相交的明确物理意义及一次线性的特点，故作为新的屈服准则进行定义，称为等周长屈服准则，英文表述为Equal Perimeter Yield Criterion，简称为EP屈服准则。

8.7.2 比塑性功率

与前述各线性屈服准则相同证明方法（证明步骤从略），可以证明EP屈服准则的比塑性功率为

$$D(\dot{\varepsilon}_{ij}) = \frac{9+\sqrt{3(\pi^2-9)}}{18}\sigma_s(\dot{\varepsilon}_{max} - \dot{\varepsilon}_{min}) \tag{8.26}$$

$$D(\dot{\varepsilon}_{ij}) = 0.5897\sigma_s(\dot{\varepsilon}_{max} - \dot{\varepsilon}_{min}) \tag{8.27}$$

与方程式（8.10）的TSS准则比塑性功率相比，相对误差为

$$\Delta = \frac{2/3 - 0.5897}{2/3} = 11.55\%$$

8.7.3 精度分析

8.7.3.1 屈服半径

如图8.12b，在平面变形应力状态发生屈服时EP准则与Mises准则偏差应力矢量的模长分别为$OE = 0.834\sigma_s$；$OD = \sqrt{\frac{2}{3}}\sigma_s = 0.8165\sigma_s$，二者相对误差为

$$\Delta_E = (OE - OD)/OD = 2.1\%$$

显然在点B'与H，两准则误差为零；而图8.12中I点相对最大误差为-2.5%，足见平均误差仅0.2%。

8.7.3.2 覆盖面积

注意到π平面上，$\pi/6$周角Mises弧覆盖的面积为$S_{\widehat{ODB'}} = \frac{\pi(OB')^2}{12} = 0.1745\sigma_s^2$，Tresca轨迹覆盖面积为$S_{OB'F} = \frac{B'F \times OF}{2} = 0.1443\sigma_s^2$而EP屈服轨迹覆盖面积仅为

$$S_{OB'E}=\frac{OE\times B'F}{2}=0.1702395\sigma_s^2$$

8.7.4 *H* 点位置

EP 轨迹与 Mises 轨迹交点 H 对应的周角为 $\theta=\angle B'OB-2\times\angle B'OI=4.54°$，矢量 **OH** 满足

$$\tan\theta=\tan4.54°=\frac{2\sigma_2-\sigma_1-\sigma_3}{\sqrt{3}(\sigma_1-\sigma_3)}$$

与 UY 准则比较可知

$$\frac{b}{1+b}=\frac{2\sqrt{3(\pi^2-9)}}{9+\sqrt{3(\pi^2-9)}},\ b=2\sqrt{3(\pi^2-9)}/[9-\sqrt{3(\pi^2-9)}]=0.4374$$

相当于 UY 准则 b 取值 0.4374。

式（8.25）与式（8.26）今后在成形及塑性理论研究中应扩大应用。

8.8 能率积分物理线性化方法

8.8.1 无鼓形带材锻造引例

为验证式（8.21）的实用性与广义性，取无鼓形平板[70]锻造为例，如图 8.14 所示。上下锤头以 v_0 相对运动，假定 v_y 沿 y 线性分布，运动许可速度场与应变速率场（平行速度场）分别为

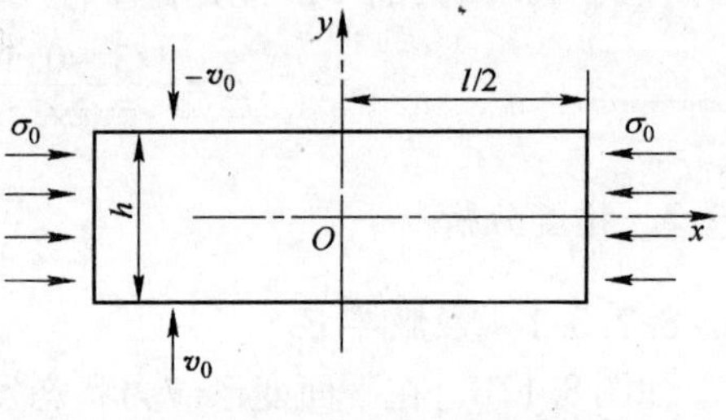

图 8.14 无鼓形带材锻造

$$v_x=\frac{2v_0}{h}x,\ \dot{v}_y=-\frac{2v_0}{h}y,\ v_z=0 \quad ①$$

$$\dot{\varepsilon}_x=-\dot{\varepsilon}_y=\frac{2v_0}{h},\ \dot{\varepsilon}_z=0 \quad ②$$

上述速度场满足

$$\dot{\varepsilon}_{\max}=\dot{\varepsilon}_1=\dot{\varepsilon}_x=\frac{2v_0}{h},\ \dot{\varepsilon}_{\min}=\dot{\varepsilon}_3=\dot{\varepsilon}_y=-\frac{2v_0}{h},\ \dot{\varepsilon}_2=0 \quad ③$$

将式③代入式（8.21），然后代入下式积分得到

$$\begin{aligned}\dot{W}_i&=\int_V D(\dot{\varepsilon}_{ik})\mathrm{d}V=\int_V\frac{1+b}{2+b}\sigma_s(\dot{\varepsilon}_{\max}-\dot{\varepsilon}_{\min})\mathrm{d}V\\&=2\frac{1+b}{2+b}\sigma_s\int_0^l\int_0^{h/2}\frac{4v_0}{h}\mathrm{d}y\mathrm{d}x=4\frac{1+b}{2+b}\sigma_s v_0 l\end{aligned} \quad (8.28)$$

由式①，接触面切向速度不连续量为

$$\Delta v_{\mathrm{f}} = v_x = \frac{2v_0}{h}x$$

令接触面摩擦应力为 $\tau_{\mathrm{f}} = mk = m\sigma_{\mathrm{s}}/\sqrt{3}$，则

$$\dot{W}_{\mathrm{f}} = mk\int_{F_{\mathrm{f}}} |\Delta v_{\mathrm{f}}| \mathrm{d}F = 4mk\frac{2v_0}{h}\int_0^{l/2} x\mathrm{d}x = m\frac{l^2\sigma_{\mathrm{s}}}{h\sqrt{3}}v_0 \qquad (8.29)$$

注意到式①，克服外加阻力 σ_0 的功率为

$$\dot{W}_{\mathrm{b}} = 4\frac{h}{2}v_x\sigma_0 = 2lv_0\sigma_0 \qquad (8.30)$$

将式（8.28），式（8.29），式（8.30）代入下式整理得

$$J^* = \dot{W}_i + \dot{W}_{\mathrm{f}} + \dot{W}_{\mathrm{b}} = 4\frac{1+b}{2+b}\sigma_{\mathrm{s}}v_0 l + m\frac{l^2\sigma_{\mathrm{s}}}{h\sqrt{3}}v_0 + 2lv_0\sigma_0 \qquad ④$$

令锤头施加的成形功率满足 $J = 2\bar{p}lv_0 = J^*$，整理得到

$$\bar{p} = 2\frac{1+b}{2+b}\sigma_{\mathrm{s}} + m\frac{l\sigma_{\mathrm{s}}}{2h\sqrt{3}} + \sigma_0 \qquad (8.31)$$

注意到式②，成形属于平面变形，由式（8.22）及表 8.2，准则参数 $b = 1/(1+\sqrt{3})$，代入式（8.31）并注意取 $k = \sigma_{\mathrm{s}}/\sqrt{3}$，整理则得到

$$\bar{p} = 2\frac{2+\sqrt{3}}{3+2\sqrt{3}}\sigma_{\mathrm{s}} + m\frac{l\sigma_{\mathrm{s}}}{2h\sqrt{3}} + \sigma_0$$

$$\frac{\bar{p}}{2k} = 1 + \frac{m}{4}\frac{l}{h} + \frac{\sigma_0}{2k} \qquad (8.32)$$

显然式（8.32）与 Avitzur[17] 采用 Mises 屈服准则推导的结果相同。另外当 $m = 1$，$\sigma_0 = 0$ 时，上式则变为

$$\bar{p}/2k = 1 + 0.25l/h \qquad (8.33)$$

显然此时式（8.30）计算结果已与传统工程法解析全粘着无外加阻力带材锻造结果相同。

按照式（8.21）的广义性，我们显然可以将参数 $b = 1/(1+\sqrt{3})$ 直接代入式（8.21）得到相应的比塑性功率表达式

$$D(\dot{\varepsilon}_{ik}) = (\dot{\varepsilon}_{\max} - \dot{\varepsilon}_{\min})\sigma_{\mathrm{s}}/\sqrt{3}$$

式（8.22）显然是 UY（统一）准则当参数 $b = 1/(1+\sqrt{3})$ 时对应的特定屈服准则，本文称为内接十二边形准则或等角分线准则，为俞茂宏教授最早提出，对平面变形问题上式确定的成形功率与 Mises 准则完全一致。显然直接积分式（8.22），则可得到式（8.32）、式（8.33）完全相同的结果。

以上计算实例表明：针对 UY 屈服准则存在着 UY 比塑性功率表达式，在误差三角形内依据准则参数 b 的变化二者存在一一对应的关系，即对应每个特定的

线性屈服准则唯一存在特定的线性塑性功率表达式。注意到 π 平面上 0 ~ 30°极角之内包括了金属成形中由平面变形（$\theta=0$）到轴对称（$\theta=30°$）的全部 9 种应力状态，而屈服准则的差别仅在 1 ~ 1.155 之间变化；可是实际的金属成形，无论何种成形过程，同时存在的应力状态不超过 9 种，塑性主变形状态不超过 3 种，这样就使线性屈服准则比塑性功率表达式的研究尤为重要，因为它使成形能率泛函的积分尤为简化。

以下对前述线性屈服准则及比塑性功率解析不同工艺的金属成形问题概述如下。

8.8.2 平面变形比功率的线性形式

平面变形问题比功率的线性形式可由应变张量不变量证明，由应变张量的特征方程

$$\varepsilon^3 - I_1\varepsilon^2 - I_2\varepsilon - I_3 = 0 \tag{8.34}$$

由塑性变形的体积不变 $\varepsilon_{ii}=0=I_1$，对平面变形问题，$-I_3=-\varepsilon_1\varepsilon_2\varepsilon_3=0$，代入上式

$$\varepsilon^3 - I_2\varepsilon = 0,\ \varepsilon(\varepsilon^2 - I_2) = 0$$

解上述方程得

$$\varepsilon = \varepsilon_2 = 0,\ \varepsilon^2 = I_2,\ \varepsilon = \varepsilon_{1,3} = \pm\sqrt{I_2} \qquad ①$$

$$\varepsilon_1 - \varepsilon_3 = \sqrt{I_2} - [-\sqrt{I_2}] = 2\sqrt{I_2} \tag{8.35}$$

于是有

$$\varepsilon_e = \sqrt{\frac{2}{3}}\sqrt{2I_2} = \frac{2\sqrt{I_2}}{\sqrt{3}} = \frac{\varepsilon_1 - \varepsilon_3}{\sqrt{3}} = \frac{\varepsilon_{max} - \varepsilon_{min}}{\sqrt{3}} \tag{8.36}$$

式（8.36）的重要意义在于，对平面变形，等效应变最大和最小主应变满足上式，而中间主应变为零。将上式代入单位体积塑性功表达式

$$D(\varepsilon_{ik}) = \sigma_e \cdot \varepsilon_e = \sigma_s \cdot \frac{\varepsilon_1 - \varepsilon_3}{\sqrt{3}} = \frac{\sigma_s}{\sqrt{3}}(\varepsilon_{max} - \varepsilon_{min}) \tag{8.37}$$

写成比塑性功率的形式

$$D(\dot{\varepsilon}_{ik}) = \frac{\sigma_s}{\sqrt{3}}(\dot{\varepsilon}_1 - \dot{\varepsilon}_3) = \frac{\sigma_s}{\sqrt{3}}(\dot{\varepsilon}_{max} - \dot{\varepsilon}_{min}) = 0.577\sigma_s(\dot{\varepsilon}_{max} - \dot{\varepsilon}_{min}) \tag{8.38}$$

显然式（8.38）为平面变形时能率泛函积分被积函数的线性表达式，即式(8.22)。该点应力状态为 π 平面上 OB 线与 Mises 圆的交点，如图 8.8 所示；对应的准则参数 $b=1/(1+\sqrt{3})=0.366$，对应的屈服轨迹为 Mises 圆的内接十二边形。

将式①代入应变张量不变量可进行下述验证

$$I_1=\varepsilon_{ii}=\varepsilon_1+\varepsilon_2+\varepsilon_3=\frac{\sqrt{I_2}}{\sqrt{3}}-\frac{\sqrt{I_2}}{\sqrt{3}}=0$$

$$I_2=\frac{1}{6}[(\varepsilon_1^2)+(-\varepsilon_3)^2+(\varepsilon_3-\varepsilon_1)^2]=-\frac{1}{6}[(\sqrt{I_2})^2+(\sqrt{I_2})^2+(-2\sqrt{I_2})^2]=I_2$$

$$-I_3=-\varepsilon_1\varepsilon_2\varepsilon_3=0$$

将 $\varepsilon_2=0$，$\varepsilon_{1,3}=\pm\sqrt{I_2}$，分别代入特征方程

$$\varepsilon_2=0,\ \varepsilon^3-I_1\varepsilon^2-I_2\varepsilon-I_3=0$$

由于 $I_1=I_3=0$、$\varepsilon_{1,3}=\pm\sqrt{I_2}$

于是有 $(\pm\sqrt{I_2})^3-I_2(\pm\sqrt{I_2})=0$

足见满足应变特征方程成立的各项条件。

式（8.37），式（8.38）是能量泛函积分线性化物理原理的数学基础。可为线性屈服条件应用找到用武之地。

8.8.3 轴对称比功率的线性形式

当 $\varepsilon_1=\varepsilon_2$ 时，$2\varepsilon_1+\varepsilon_3=0$，$\varepsilon_1=\varepsilon_2=-\frac{\varepsilon_3}{2}$

因为 $I_1=0$，$I_3=2\varepsilon_1^3=2\varepsilon^3$，代入下式

$\varepsilon^3-I_2\varepsilon+2\varepsilon^3=0$，注意到 $\varepsilon\neq0$，两侧除 ε

$$3\varepsilon^2-I_2=0,\ \varepsilon_1=\frac{\sqrt{I_2}}{\sqrt{3}},\ \varepsilon_3=-\frac{2\sqrt{I_2}}{\sqrt{3}}$$

于是有

$$\varepsilon_1-\varepsilon_3=\frac{\sqrt{I_2}}{\sqrt{3}}+\frac{2\sqrt{I_2}}{\sqrt{3}}=\sqrt{3}\sqrt{I_2}$$

$$\varepsilon_e=\sqrt{\frac{2}{3}}\sqrt{2I_2}=\frac{2}{\sqrt{3}}\frac{\varepsilon_1-\varepsilon_3}{\sqrt{3}}=\frac{2}{3}(\varepsilon_1-\varepsilon_3)=\frac{2}{3}(\varepsilon_{\max}-\varepsilon_{\min})=|\varepsilon_3|$$

$$A_{\mathrm{p}}=\sigma_e\cdot\varepsilon_e=\frac{2}{3}\sigma_{\mathrm{s}}(\varepsilon_1-\varepsilon_3)=\frac{2\sigma_{\mathrm{s}}}{3}(\varepsilon_{\max}-\varepsilon_{\min})=\sigma_{\mathrm{s}}|\varepsilon_3|$$

$$D(\dot{\varepsilon}_{ik})=\frac{2}{3}\sigma_{\mathrm{s}}(\dot{\varepsilon}_1-\dot{\varepsilon}_3)=\frac{2\sigma_{\mathrm{s}}}{3}(\dot{\varepsilon}_{\max}-\dot{\varepsilon}_{\min})=\sigma_{\mathrm{s}}|\varepsilon_3|=\sigma_{\mathrm{s}}|\varepsilon_i|_{\max}$$

另一种证明方法为

当 $\varepsilon_1=\varepsilon_2$ 时，$2\varepsilon_1+\varepsilon_3=0$，$\varepsilon_1=\varepsilon_2=-\frac{\varepsilon_3}{2}$，代入下式

$$\varepsilon_e=\sqrt{\frac{2}{9}[(\varepsilon_1-\varepsilon_2)^2+(\varepsilon_2-\varepsilon_3)^2+(\varepsilon_3-\varepsilon_1)^2]}=|\varepsilon_3|$$

$$A_p=\sigma_e\cdot\varepsilon_e=\sigma_s|\varepsilon_3|=\frac{2}{3}\sigma_s(\varepsilon_1-\varepsilon_3)=\frac{2\sigma_s}{3}(\varepsilon_{max}-\varepsilon_{min})=\sigma_s|\varepsilon_i|_{max}$$

因为轴对称有$\frac{2}{3}(\varepsilon_1-\varepsilon_3)=\frac{2}{3}\left(-\frac{\varepsilon_3}{2}-\varepsilon_3\right)=\varepsilon_3$，证毕。

当$\varepsilon_1>0$，$\varepsilon_2=\varepsilon_3=-\frac{\varepsilon_1}{2}$时，

因为$I_1=0$，$I_3=\frac{\varepsilon_1^3}{4}=\frac{\varepsilon_3}{4}$；将前述各量代入应变特征方程得下式

$\varepsilon^3-I_2\varepsilon-\frac{\varepsilon^3}{4}=0\rightarrow\frac{3}{4}\varepsilon^2-I_2=0$，注意到$\varepsilon\neq0$，两侧除$\varepsilon$

$$\varepsilon_1=\frac{2\sqrt{I_2}}{\sqrt{3}},\ \varepsilon_3=\varepsilon_2=-\frac{\sqrt{I_2}}{\sqrt{3}}$$

于是有

$$\varepsilon_1-\varepsilon_3=\frac{2\sqrt{I_2}}{\sqrt{3}}+\frac{\sqrt{I_2}}{\sqrt{3}}=\sqrt{3}\sqrt{I_2},\frac{\varepsilon_1-\varepsilon_3}{\sqrt{3}}=\sqrt{I_2}\rightarrow\frac{\sqrt{2}(\varepsilon_1-\varepsilon_3)}{\sqrt{3}}=\sqrt{2}\sqrt{I_2}$$

$$\varepsilon_e=\sqrt{\frac{2}{3}}\sqrt{2I_2}=\sqrt{\frac{2}{3}}\frac{\sqrt{2}(\varepsilon_1-\varepsilon_3)}{\sqrt{3}}=\frac{2}{3}(\varepsilon_1-\varepsilon_3)=\frac{2}{3}(\varepsilon_{max}-\varepsilon_{min})$$

$$A_p=\sigma_e\cdot\varepsilon_e=\frac{2}{3}\sigma_s(\varepsilon_1-\varepsilon_3)=\frac{2}{3}\sigma_s\left(\varepsilon_1+\frac{\varepsilon_1}{2}\right)=\sigma_s\varepsilon_1$$

$$=\frac{2\sigma_s}{3}(\varepsilon_{max}-\varepsilon_{min})=\sigma_s|\varepsilon_1|=\sigma_s|\varepsilon_i|_{max}$$

$$D(\dot{\varepsilon}_{ik})=\frac{2}{3}\sigma_s(\dot{\varepsilon}_1-\dot{\varepsilon}_3)=\frac{2\sigma_s}{3}(\dot{\varepsilon}_{max}-\dot{\varepsilon}_{min})=\sigma_s|\dot{\varepsilon}_i|_{max}$$

以上结果与式（8.6）一致。

以上推导证明任何变形状态的单位体积塑性功率即比塑性功率均可表示为主轴应变速率场的线性函数，这为以寻求线性屈服准则及其线性比塑性功率解析成形能率泛函提供了理论依据。

采用一系列逼近 Mises 准则的线性屈服准则及其比塑性功率代替非线性的 Mises 准则比塑性功率作为不同变形状态成形能率积分的被积函数，进而得到相应泛函的解析表达式，即为本书定义的成形能率泛函积分的物理线性化方法。

第 9、10、11 章将提供物理线性化解法对金属成形、断裂力学、结构力学泛函变分的具体应用与研究进展。

9 二维成形物理线性化解法

本章主要介绍采用线性屈服准则比塑性功（率）对具体成形工艺能率泛函的积分进行物理线性化求解。给出具体的典型实例和研究的最新进展，重点在平面变形与轴对称等二维金属成形问题。

9.1 GM 准则解矩形坯锻造

用 GM 准则求解锻压矩形坯[73,74]，应首先了解该准则是在 π 平面上取Tresca与双剪应力屈服轨迹间误差三角形的几何中线，对 Mises 准则逼近程度与精度误差做到心中有数。由于其比塑性功率表达式为线性表达式，将其作为成形能率泛函被积函数进而使泛函积分由不可积变为可积，得到解析解后应通过锻压试验，将GM 屈服准则的解析解与 Mises 屈服准则的结果进行比较。本节将表明两者解析结果基本一致。GM 屈服准则计算得到的压力与实测值误差仅为 1.25%。

9.1.1 概述

在 $0.6 \sim 0.5 < \dfrac{l}{h} < 6 \sim 4$ 和工具表面粗糙的条件下平面变形锻压矩形坯，横断面网格的抛物线特征如图 9.1，图 9.2 所示。黏着区遍及接触面并出现单鼓形，m 值按 Тарновский 公式计算，接触摩擦力为

$$\tau_f = m\sigma_s/\sqrt{3},\ m = f + \frac{1}{8}\frac{l}{h}(1-f)\sqrt{f} \tag{9.1}$$

式中，f 为滑动摩擦系数。

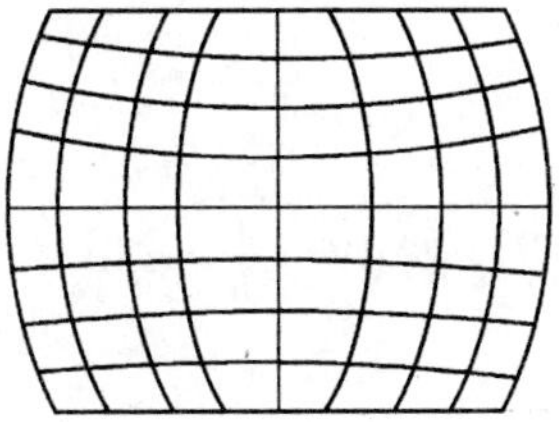

图 9.1　矩形件压缩后断面网格

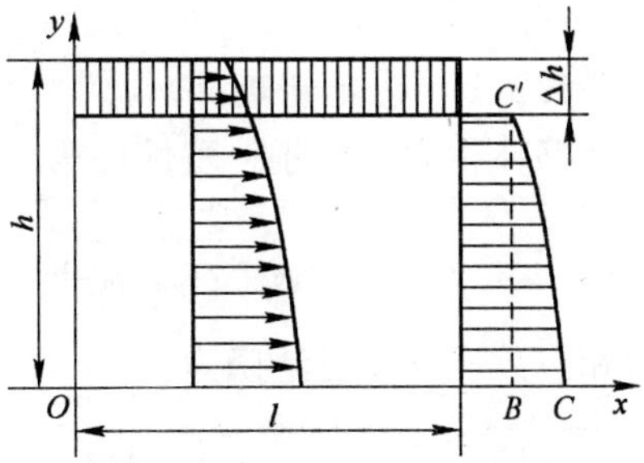

图 9.2　坐标系和位移场

此问题可从数学线性化方法入手，以应变矢量内积解法进行研究，得到解

析解并计算变形后的侧面形状。本文旨在从物理方法利用线性准则比塑性功率对其成形泛函进行求解，得到另外一种形式的解析解，并经锻压实验与 Mises 屈服准则进行比较。GM 准则又称中线屈服准则。由式（8.16），其比塑性功表达式为

$$D(\varepsilon_{ij}) = \frac{7}{12}\sigma_s(\varepsilon_{\max} - \varepsilon_{\min}) \tag{9.2}$$

9.1.2 位移场

如图 9.2 所示，因变形区对称，故仅研究四分之一部分，设定位移与应变函数为

$$u_x = a_0 x + ax\left(1 - \frac{3y^2}{h^2}\right)\left(1 - \frac{1}{3}\frac{x^2}{l^2}\right),\ u_y = -\left[a_0 y + ay\left(1 - \frac{y^2}{h^2}\right)\left(1 - \frac{x^2}{l^2}\right)\right],\ u_z = 0 \tag{9.3}$$

$$\varepsilon_x = a_0 + a\left(1 - 3\frac{y^2}{h^2}\right)\left(1 - \frac{x^2}{l^2}\right) = -\varepsilon_y$$

$$\varepsilon_{xy} = -3a\frac{xy}{h^2}\left(1 - \frac{1}{3}\frac{x^2}{l^2}\right) + a\frac{xy}{l^2}\left(1 - \frac{y^2}{h^2}\right) = \varepsilon_{yx} \tag{9.4}$$

$$\varepsilon_{xz} = \varepsilon_{zx} = \varepsilon_{yz} = \varepsilon_{zy} = \varepsilon_z = 0$$

由体积不变条件与中值定理可得

$$\Delta h \cdot l = \int_0^h u_x\big|_{x=l}\mathrm{d}y, a_0 = \frac{\Delta h}{h} = \varepsilon \tag{9.5}$$

注意到 Тарновский 假定 $\varepsilon_x = -\varepsilon_y = \varepsilon$，其他应变为零。这意味着式（9.4）中实际上取主轴

$$\varepsilon_{\max} = a_0 + a\left(1 - 3\frac{y^2}{h^2}\right)\left(1 - \frac{x^2}{l^2}\right),\ \varepsilon_{\min} = -\left[a_0 + a\left(1 - 3\frac{y^2}{h^2}\right)\left(1 - \frac{x^2}{l^2}\right)\right] \tag{9.6}$$

9.1.3 总能量泛函

9.1.3.1 总能量泛函

忽略体积力，由刚－塑性按第一变分原理

$$\varphi = \sqrt{\frac{2}{3}}\sigma_s\int_V\sqrt{\varepsilon_{ik}\varepsilon_{ik}}\mathrm{d}V - \int_{s_p}\bar{p}_i u_i\mathrm{d}s = \int_V D(\varepsilon_{ik})\mathrm{d}V - \int_{s_p}\bar{p}_i u_i\mathrm{d}s \tag{9.7}$$

此时相应的成形能量泛函为：

$$\varphi = \sigma_s\int_0^l\int_0^h\bar{\varepsilon}\mathrm{d}x\mathrm{d}y + m\frac{\sigma_s}{\sqrt{3}}\int_0^l u_x\big|_{y=h}\mathrm{d}x = \varphi_1 + \varphi_2 \tag{9.8}$$

将式（9.2）代入下式，内部塑性变形功为

$$
\begin{aligned}
\varphi_1 &= \int_0^l\int_0^h D(\varepsilon_{ik})\mathrm{d}x\mathrm{d}y = \frac{7}{12}\sigma_s\int_0^l\int_0^h(\dot{\varepsilon}_{\max} - \dot{\varepsilon}_{\min})\mathrm{d}x\mathrm{d}y \\
&= \frac{7}{6}\sigma_s\int_0^l\int_0^h\left[a_0 + a\left(1 - 3\frac{y^2}{h^2}\right)\left(1 - \frac{x^2}{l^2}\right)\right]\mathrm{d}x\mathrm{d}y \\
&= \frac{7}{6}\sigma_s a_0 lh
\end{aligned} \tag{9.9}
$$

而由式（9.3）接触表面摩擦功为

$$
\varphi_2 = \frac{m\sigma_s}{\sqrt{3}}\int_0^l u_x|_{y=h}\mathrm{d}x = \frac{m\sigma_s l^2}{\sqrt{3}}\left(\frac{a_0}{2} - \frac{5a}{6}\right) \tag{9.10}
$$

将式（9.9）和式（9.10）代入式（9.8），可得

$$
\phi = \frac{7}{6}\sigma_s a_0 lh + \frac{m\sigma_s l^2}{\sqrt{3}}\left(\frac{a_0}{2} - \frac{5a}{6}\right) = \frac{7}{6}\sigma_s\varepsilon lh + \frac{m\sigma_s l^2}{\sqrt{3}}\left(\frac{\varepsilon}{2} - \frac{5a}{6}\right) \tag{9.11}
$$

由内外功平衡，注意到 $\bar{p} = \frac{P}{l\times 1}$，而 $\varepsilon = a_0 = \frac{\Delta h}{h}$，$K = 2k = \frac{2}{\sqrt{3}}\sigma_s$。

因此，应力状态系数 n_σ 为

$$
\begin{aligned}
n_\sigma &= \frac{\bar{p}}{K} = \frac{7\sqrt{3}}{12} + \frac{ml}{h}\left(\frac{1}{4} - \frac{5a}{12\varepsilon}\right) \\
n_\sigma &= \frac{\bar{p}}{K} = 1.01 + \frac{ml}{4h} - \frac{5a}{12\varepsilon}\frac{ml}{h}
\end{aligned} \tag{9.12}
$$

9.1.3.2 *a* 值的确定

由式（9.3）与图9.2，C'点 x 方向位移为

$$
u_x|_{x=l,y=h} = a_0 l - \frac{4}{3}al = \frac{\Delta h}{h}l - \frac{4}{3}al \tag{9.13}
$$

对称轴 C 点 x 方向位移为

$$
u_x|_{x=l,y=0} = a_0 l + \frac{2}{3}al = \frac{\Delta h}{h}l + \frac{2}{3}al \tag{9.14}
$$

抛物线 BCC'内（$BC = b$）面积为压下面积减去 C'点 x 方向位移沿 $C'B$ 的矩形面积，将式（9.14）代入下式并整理得

$$
S_{BCC'} = \frac{2}{3}bh_1 = l\Delta h - u_x|_{x=l,y=h}h_1 = l\Delta h - \left(\frac{\Delta h}{h}l - \frac{4}{3}al\right)h_1
$$

$$
a = \frac{b}{2l} - 0.75\left(\frac{\Delta h}{h_1} - \varepsilon\right) \tag{9.15}
$$

式中，$b = OC - OC' = l_{中} - l_{面}$，依赖于实测。

9.1.3.3 实验验证

在轧制技术及连轧自动化国家重点实验室压力机上以 25mm/min 压缩铅件，试样尺寸为 $H_0 = 2h_0 = 40$mm，$L_0 = 2l_0 = 38$mm，$B = 58$mm。取 $f = 0.5$，压缩后

$H_1 = 2h_1 = 36\text{mm}$，压力机指示盘读数为 57.6kN。

压缩后实测 $L_{中} = 2l_{中} = 43\text{mm}$，$L_{面} = 2l_{面} = 40\text{mm}$，因此 $b = l_{中} - l_{面} = 1.5\text{mm}$；$\varepsilon = \dfrac{\Delta h}{h_0} = 0.1$，

$$t = \frac{\Delta h}{v} = \frac{2}{25/60} = 4.8\text{s}；\ \dot{\varepsilon} = \frac{\varepsilon}{t} = 0.0208\text{s}^{-1}$$

由体积不变可知：$2 \times 20 \times 19 = 2 \times 18 l_1$，所以 $l_1 = 21.111\text{mm}$，因此

$$\frac{l}{h} = \frac{(l_0 + l_1)/2}{(h_0 + h_1)/2} = 1.056$$

将以上参数代入式（9.15）与式（9.1）得

$$a = \frac{1.5}{2 \times 19} - 0.75 \times \left(\frac{2}{18} - 0.1\right) = 0.031$$

$$m = 0.5 + 0.125 \times 1.056 \times 0.5 \times \sqrt{0.5} = 0.547$$

将 $\varepsilon = 0.1$，$\dfrac{\bar{l}}{h} = 1.056$，$a = 0.031$，$m = 0.547$ 代入式（9.12）得

$$n_\sigma = \frac{\bar{p}}{K} = 1.0802$$

依据 ε，$\dot{\varepsilon}$ 值查得 $\sigma_s = 20.15\text{MPa}$，则总变形力为

$$P = 1.155\sigma_s \cdot n_\sigma \cdot L \cdot B = 58.32\text{kN}$$

与压力机实测值误差为

$$\Delta_1 = \frac{58.32 - 57.6}{57.6} \times 100\% = 1.25\%$$

9.1.4 计算结果比较

Тарновский 用 Mises 屈服准则解析矩形件锻压问题，得到如下结果[9]

$$\frac{a}{\varepsilon} = \frac{0.4167m\dfrac{l}{h}}{0.213 + 0.648\dfrac{l^2}{h^2} + 0.026\dfrac{h^2}{l^2}} \tag{9.16}$$

$$n_\sigma = \left[1 + \left(\frac{a}{\varepsilon}\right)^2 \left(0.213 + 0.648\frac{l^2}{h^2} + 0.026\frac{h^2}{l^2}\right)\right]^{\frac{1}{2}} + m\frac{l}{h}\left(0.25 - 0.416\frac{a}{\varepsilon}\right) \tag{9.17}$$

将 $l/h = 1.056$ 及 $m = 0.547$ 代入上式可以得到

$$\frac{a}{\varepsilon} = 0.251，\ n_\sigma = 1.1139$$

而总压力 $P = 60.14\text{kN}$。

与压力机实测值误差为

$$\Delta_2 = \frac{60.14 - 57.6}{57.6} \times 100\% = 4.41\%$$

由 Δ_1 和 Δ_2 可知，两种屈服准则的结果都比实测值略大，但是 GM 准则的结果更接近实测值，与实测值的误差仅为 1.25%。更重要的是 GM 准则是一种线性屈服条件，其相应的比塑性功表达式也为线性形式，这为能量泛函的解析性创造了条件。

将 m 依次从 0.1 取到 1.0，而 l/h 则从 0.5 取到 6.0，分别计算用 GM 和 Mises两种屈服准则所得到的应力状态系数 n_σ，并将结果分别比较，如图 9.3 和图 9.4 所示。

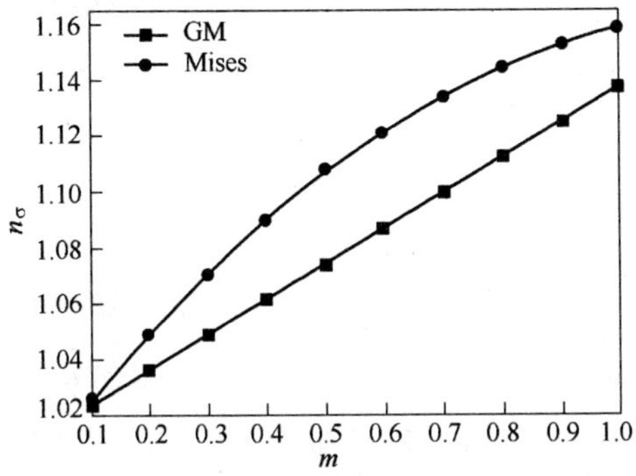

图 9.3 GM 和 Mises 准则应力因子比较（$l/h = 1.056$）

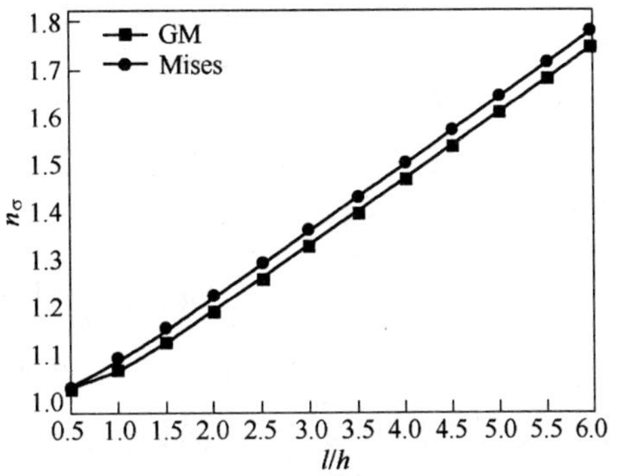

图 9.4 GM 和 Mises 准则的应力因子的比较（$m = 0.547$）

从图 9.3 和图 9.4 可以看出，GM 屈服准则和 Mises 准则的计算结果基本一致，但是后者结果略低。GM 准则的解析形式（9.12）比 Тарновский 式（9.17）要简单得多，且前者是解析解。而式（9.17）推导过程中，使用了 Shwarz 不等式进行放大，其结果为数值解。从图 9.3，图 9.4 中还可以看出，应力状态系数 n_σ 的值随着 m 和 l/h 的增大而增大。

以上研究表明，用 GM 屈服准则比塑性功取代第一变分原理的 Mises 准则比塑性功被积函数求解矩形坯的锻压问题，可得到应力状态系数的解析解。该解表明应力状态系数 n_σ 值随 m 和 l/h 的增大而增大。经锻压实验及与 Mises 屈服准则的计算结果比较表明由 GM 屈服准则比塑性功得到的解析解计算压力值与实测值和 Mises 结果接近，起到了物理线性化的实际效果。解析式简单，物理意义明确。

9.2 TSS 准则解圆坯锻造

9.2.1 空心锻造

空心件锻造[75,76,1]如图 9.5 所示。变形时空心件不发生转动，故视为轴对称问题，即 $v_\theta=0$；上锤头以 v_0 向下运动，可设 v_z 沿 z 线性分布，既 $v_z=-\frac{Z}{h}v_0$；令 r_n 为中性层半径，在中性层 r_n 两侧的金属沿相反方向流动，按体积不变条件，设 r_n 里侧任一点半径为 r 处的径向速度为 v_r，则有

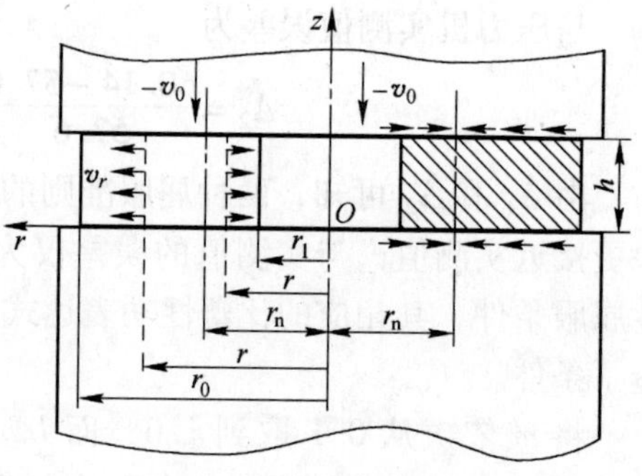

图 9.5 空心圆件的锻造

$$-v_0\pi(r_n^2-r^2)=2\pi rhv_r$$

于是

$$v_r=-\frac{v_0}{2h}r\left(\frac{r_n^2}{r^2}-1\right)\qquad r\leqslant r_n \tag{9.18}$$

在 r_n 外侧任一点 r 处

$$-v_0\pi(r_n^2-r^2)=2\pi rhv_r$$

得到

$$v_r=-\frac{v_0}{2h}r\left(\frac{r_n^2}{r^2}-1\right)\qquad r\geqslant r_n \tag{9.19}$$

可见 r_n 两侧金属流动速度 v_r 具有相同的表达式，当 $r\leqslant r_n$ 时，v_r 计算值为负，表明 v_r 指向与 r 的正向相反，说明金属向里流；当 $r\geqslant r_n$ 时代入式（9.19）计算值为正，说明 v_r 与 r 正向一致，即金属向外流。故速度场为

$$v_\theta=0,\ v_z=-\frac{z}{h}v_0,\ v_r=-\frac{v_0}{2h}r\left(\frac{r_n^2}{r^2}-1\right) \tag{9.20}$$

由几何方程并注意到式（9.20），应变速度场为

$$\dot\varepsilon_r=\frac{\partial v_r}{\partial r}=\frac{v_0}{2h}\left(\frac{r_n^2}{r^2}+1\right),\ \dot\varepsilon_\theta=\frac{v_r}{r}=-\frac{v_0}{2h}\left(\frac{r_n^2}{r^2}-1\right)$$

$$\dot\varepsilon_z=\frac{\partial v_z}{\partial z}=-\frac{v_0}{h},\ \dot\varepsilon_{r\theta}=\dot\varepsilon_{rz}=\dot\varepsilon_{\theta z}=0 \tag{9.21}$$

式（9.20）中，当 $z=0$，$v_z=0$；当 $z=h$，$v_z=-v_0$；当 $r=r_n$，$v_r=0$；式（9.21）满足 $\dot\varepsilon_r+\dot\varepsilon_\theta+\dot\varepsilon_z=\frac{v_0}{2h}\left(\frac{r_n^2}{r^2}+1\right)-\frac{v_0}{2h}\left(\frac{r_n^2}{r^2}-1\right)-\frac{v_0}{h}=0$。故两式为运动许可速度场与应变速率场。

9.2.2 能率泛函

注意到式（9.21）中，$\dot\varepsilon_{r\theta}=\dot\varepsilon_{rz}=\dot\varepsilon_{\theta z}=0$；故

$$\dot\varepsilon_{\max}=\dot\varepsilon_1=\dot\varepsilon_r,\ \dot\varepsilon_{\min}=\dot\varepsilon_3=\dot\varepsilon_z \tag{9.22}$$

由式（8.9），TSS 准则比塑性功率为

$$D(\dot{\varepsilon}_{ik}) = \frac{2}{3}\sigma_s(\dot{\varepsilon}_{max} - \dot{\varepsilon}_{min}) = \frac{2}{3}\sigma_s(\dot{\varepsilon}_r - \dot{\varepsilon}_z) \tag{9.23}$$

将式(9.21)代入上式然后取代第一变分原理被积函数并对体积积分,变形体内部塑性变形功率为

$$\dot{W}_i = \int_V D(\dot{\varepsilon}_{ik})\mathrm{d}V = \int_V\left[\frac{2}{3}\sigma_s(\dot{\varepsilon}_r - \dot{\varepsilon}_z)\right]\mathrm{d}V = \frac{2}{3}\sigma_s\int_{r_1}^{r_0}\int_0^{2\pi}\int_0^h\left[\frac{v_0}{2h}\left(\frac{r_n^2}{r^2}+1\right)+\frac{v_0}{h}\right]r\mathrm{d}r\mathrm{d}z\mathrm{d}\theta$$

$$= \frac{2}{3}\sigma_s\frac{v_0}{h}2\pi h\int_{r_1}^{r_0}\left[\frac{r_n^2}{r^2}+3\right]r\mathrm{d}r = \frac{2}{3}\sigma_s v_0\pi\left[r_n^2\ln\frac{r_0}{r_1}+\frac{3}{2}(r_0^2-r_1^2)\right] \tag{9.24}$$

设上下接触面 $\tau_f = mk = \frac{m\sigma_s}{\sqrt{3}}$, $|\Delta v_f| = |v_r| = \frac{v_0}{2h}r\left(\frac{r_n^2}{r^2}-1\right)$，摩擦功率为

$$\dot{W}_f = 2\int_F \tau_f|\Delta v_f|\mathrm{d}F = \frac{2m\sigma_s}{\sqrt{3}}\int_F\frac{v_0}{2h}r\left(\frac{r_n^2}{r^2}-1\right)2\pi r\mathrm{d}r$$

$$= \frac{2m\sigma_s}{\sqrt{3}}\times\frac{v_0}{h}\pi\left[\int_{r_1}^{r_n}(r_n^2-r^2)\mathrm{d}r - \int_{r_n}^{r_0}(r_n^2-r^2)\mathrm{d}r\right]$$

$$= \frac{2m\sigma_s v_0}{\sqrt{3}h}\pi\left[r_n^2(2r_n-r_1-r_0)+\frac{1}{3}(r_0^3+r_1^3-2r_n^3)\right] \tag{9.25}$$

令外功率 $J = \bar{p}\pi(r_0^2-r_1^2)v_0 = J^* = \dot{W}_i + \dot{W}_f$，将式（9.24）、式（9.25）代入整理得

$$\bar{p}\pi(r_0^2-r_1^2)v_0 = \frac{2}{3}\sigma_s v_0\pi\left[r_n^2\ln\frac{r_0}{r_1}+\frac{3}{2}(r_0^2-r_1^2)\right] + \frac{2m\sigma_s v_0}{\sqrt{3}h}\pi\left[r_n^2(2r_n-r_1-r_0)+\frac{1}{3}(r_0^3+r_1^3-2r_n^3)\right]$$

$$n_\sigma = \frac{\bar{p}}{\sigma_s} = \frac{r_n^2\ln\frac{r_0^2}{r_1^2}}{3(r_0^2-r_1^2)} + 1 + \frac{2m}{\sqrt{3}h}\left[\frac{4r_n^3-3r_n^2r_1-3r_n^2r_0+r_0^3+r_1^3}{3(r_0^2-r_1^2)}\right] \tag{9.26}$$

上式即 TSS 屈服准则比塑性功率解析空心圆形件锻造应力状态影响系数的解析解。

上式对 r_n 求导并令一阶导数为零，即

$$\frac{\partial}{\partial r_n}\left(\frac{\bar{p}}{\sigma_s}\right) = \frac{\ln\frac{r_0^2}{r_1^2}}{3(r_0^2-r_1^2)}\cdot 2r_n + \frac{2m}{\sqrt{3}h}\left(\frac{1}{3(r_0^2-r_1^2)}\right)(12r_n^2-6r_nr_1-6r_nr_0) = 0$$

整理得

$$m=\sqrt{3}h\ln\frac{r_0}{r_1}\Big/(3r_0+3r_1-6r_n)$$

$$r_n=\frac{r_0+r_1}{2}-\frac{\sqrt{3}h\ln\frac{r_0}{r_1}}{6m} \tag{9.27a}$$

上式为上界功率最小时 r_n 与常摩擦因子 m 的关系式。式（9.27）可用于测量 m 值，即在一定摩擦条件下取原始尺寸 r_0，r_1，h 不同的圆环进行压缩（控制变形程度约为 5%）。压缩后内径 r_1 不变的试件，可认为 $r_1=r_n$，代入式（9.27a）有

$$m=\sqrt{3}h\ln\frac{r_0}{r_1}\Big/3(r_0-r_1) \tag{9.27b}$$

Avitzur 按 Mises 准则锻压圆环计算公式为

$$n_\sigma=\frac{\bar{p}}{\sigma_s}=\frac{1}{1-\left(\frac{r_1}{r_0}\right)^2}\left\{\sqrt{1+\frac{1}{3}\left(\frac{r_n}{r_0}\right)^4}-\sqrt{\left(\frac{r_1}{r_0}\right)^4+\frac{1}{3}\left(\frac{r_n}{r_0}\right)^4}+\frac{2m}{3\sqrt{3}}\frac{r_0}{h}\left[1+\left(\frac{r_1}{r_0}\right)^3-2\left(\frac{r_n}{r_0}\right)^3\right]\right\} \tag{9.28}$$

$$m\frac{r_0}{h}=\frac{1}{2\left(1-\frac{r_1}{r_0}\right)}\ln\frac{3\left(\frac{r_0}{r_1}\right)^2}{1+\sqrt{1+3\left(\frac{r_0}{r_1}\right)^4}} \tag{9.29}$$

$$\frac{r_n}{r_0}\approx\frac{2\sqrt{3}m\frac{r_0}{h}}{\left(\frac{r_0}{r_1}\right)^2-1}\sqrt{1+\frac{\left(1+\frac{r_1}{r_0}\right)\left[\left(\frac{r_0}{r_1}\right)^2-1\right]}{2\sqrt{3}m\frac{r_0}{h}}-1} \tag{9.30}$$

9.2.3 实验验证

为检验式（9.26）计算精度并与 Avitzur 公式（9.28）比较。模拟工作在东北大学轧制技术国家重点实验室无润滑条件下压缩外径 $r_0=19\text{mm}$，内径 $r_1=10\text{mm}$，高 h 依次为 5mm，9mm，11mm，15mm 的四组纯铅圆环，仅以 $h=5\text{mm}$ 圆环为例说明计算步骤。

压下量 $\varepsilon=\Delta h/h=5\%$ 时，四组圆环中 $h=9\text{mm}$ 之内径变化最小，将 $r_0=19\text{mm}$，内径 $r_1=10\text{mm}$，$h=9\text{mm}$ 代入式（9.27b）得 $m=0.37$。将 $m=0.37$，$h=5\text{mm}$ 代入式（9.27a）得 $r_n=11.996$；将 $r_n=11.996$，$r_0=19$，$r_1=10$，$h=5$，$m=0.37$ 代入（9.26）得 $n_\sigma=\bar{p}/\sigma_s=1.48$。将 $h=5\text{mm}$，$r_0/h=19/5=3.8$，

$m=0.37$，代入式（9.30）则

$$\frac{r_n}{r_0}=\frac{2\sqrt{3}\times 0.37\times 3.8}{\left(\frac{19}{10}\right)^2-1}\left\{\sqrt{1+\frac{\left(1+\frac{10}{19}\right)\left[\left(\frac{19}{10}\right)^2-1\right]}{2\sqrt{3}\times 0.37\times 3.8}}-1\right\}=0.65$$

$r_n=r_0\times 0.65=12.32$，所以 $10<r_n<19$，将 $r_n/r_0=0.65$，$m=0.37$ 代入式（9.28）得 $n_\sigma=\bar{p}/\sigma_s=1.36$。式（9.26）与式（9.28）相对误差为 $\Delta=(1.48-1.36)/1.48=9.1\%$。

上述结果为按式（9.27b）计算的 m 值。若按公式（9.29）计算 m 值：则将内径变化最小的圆环 $h=9$ 代入式（9.29）得 $m=0.27$；如以 $m=0.27$ 按式（9.26）算得 $n_\sigma=1.4$，按式（9.28）算得 $n_\sigma=1.3$，相对误差为 $\Delta=7.1\%$。

不同 m，h 值按式（9.26）与式（9.28）计算结果比较如表 9.1 所示。结果表明随 h 增加，n_σ 减小；随 m 的增加，$\bar{p}/\sigma_s$ 增加；由于误差三角形的“上限”，所以 TSS 准则式（9.26）结果高于 Mises 屈服准则式（9.28）结果。误差约 7%～9%。但式（9.26）较式（9.28）相对简化。

表 9.1 不同 m，h 值两式计算结果比较（$r_0=19$，$r_1=10$，$\varepsilon=5\%$）

试件	h	$m=0.37$ 按式（9.26）计算 n_σ	$m=0.37$ 按式（9.28）计算 n_σ	误差 Δ/%	$m=0.27$ 按式（9.27b）计算 n_σ	$m=0.27$ 按式（9.29）计算 n_σ	误差 Δ/%
1	5	1.49	1.36	9.1	1.4	1.3	7.1
2	9	1.35	1.24	9.1	1.29	1.19	7.7
3	11	1.317	1.21	9.1	1.26	1.17	7.1
4	15	1.26	1.17	7.1	1.2	1.123	6.4

9.2.4 实心锻造

对实心锻造 Avitzur 按 Mises 准则得到的下述解

$$n_\sigma=\frac{\bar{p}}{\sigma_s}=1+\frac{2}{3}\frac{m}{\sqrt{3}}\frac{R}{h} \tag{9.31}$$

9.2.4.1 速度场

平砧热锻圆盘[77]，不考虑侧面鼓形时，如图 9.6 所示，为轴对称问题。因变形时圆盘不发生转动，故 $v_\theta=0$；设下砧不动，上砧以 v_0 向下运动，按体积不变条件，距垂直轴为 r 处断面速度为 v_r 满足（上砧 $-v_0$ 表示 v_0 与 z 方向相反）：$-v_0\pi r^2+2\pi rhv_r=0$，于是

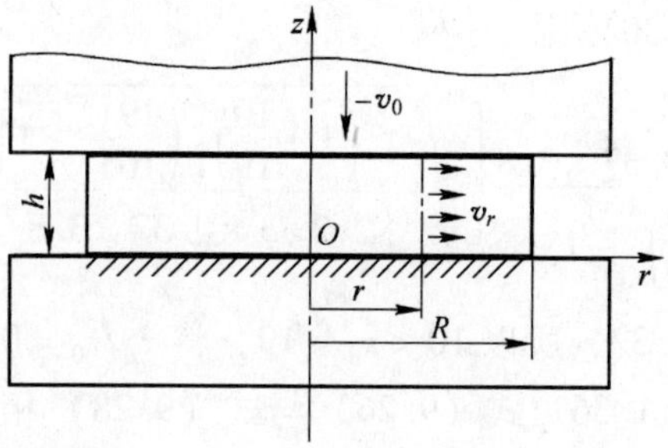

图 9.6 圆盘实心锻造（侧面无鼓形）

$$v_r = \frac{1}{2}\frac{r}{h}v_0$$

设 v_z 沿 z 线性分布则速度场为

$$v_\theta = 0,\ v_r = \frac{1}{2}\frac{r}{h}v_0,\ v_z = -\frac{z}{h}v_0 \tag{9.32}$$

应变速度场为

$$\dot{\varepsilon}_r = \frac{\partial v_r}{\partial r} = \frac{v_0}{2h},\ \dot{\varepsilon}_\theta = \frac{v_r}{r} = \frac{v_0}{2h}$$

$$\dot{\varepsilon}_z = \frac{\partial v_z}{\partial z} = -\frac{v_0}{h},\ \dot{\varepsilon}_{r\theta} = \dot{\varepsilon}_{\theta z} = \dot{\varepsilon}_{zr} = 0 \tag{9.33}$$

对式（9.32），当 $r=0$，$v_r=0$；$z=0$，$v_z=0$；$z=h$，$v_z=-v_0$。式（9.33）中，$\dot{\varepsilon}_r + \dot{\varepsilon}_\theta + \dot{\varepsilon}_z = 0$；故两式为运动许可速度场与应变速率场。

9.2.4.2 变形力

注意式（9.33）中剪应变速率为零（侧面无鼓形）故

$$\dot{\varepsilon}_{\max} = \dot{\varepsilon}_1 = \dot{\varepsilon}_r = \dot{\varepsilon}_\theta = \dot{\varepsilon}_2,\ \dot{\varepsilon}_{\min} = \dot{\varepsilon}_3 = \dot{\varepsilon}_z$$

将上式与式（9.32）代入双剪准则比塑性功率式（8.9）然后代入下式积分，得内部塑性变形功率为

$$\dot{W}_i = \int_V D(\dot{\varepsilon}_{ik})\mathrm{d}V = \int_V\left[\frac{2}{3}\sigma_s(\dot{\varepsilon}_r - \dot{\varepsilon}_z)\right]\mathrm{d}V = \int_0^R\int_0^{2\pi}\int_0^h\left[\frac{2}{3}\sigma_s\left(\frac{v_0}{2h}+\frac{v_0}{h}\right)\right]r\mathrm{d}r\mathrm{d}z\mathrm{d}\theta$$

$$= \frac{v_0}{h}\sigma_s\int_0^R\int_0^{2\pi}\int_0^h r\mathrm{d}r\mathrm{d}z\mathrm{d}\theta = \pi R^2 v_0\sigma_s \tag{9.34}$$

接触面工具与工件水平方向相对滑动速度为 $\Delta v_f = |0 - v_r| = \frac{1}{2}\frac{r}{h}v_0$，$\tau_f = mk = m\sigma_s/\sqrt{3}$，则上下接触面摩擦功率总和为

$$\dot{W}_f = 2\int_F \tau_f|\Delta v_f|\mathrm{d}F = 2\int_0^R m\frac{\sigma_s}{\sqrt{3}}\times\frac{1}{2}\times\frac{r}{h}v_0 2\pi r\mathrm{d}r = \frac{2\pi m}{3}\times\frac{\sigma_s}{\sqrt{3}}\times\frac{v_0}{h}R^3 \tag{9.35}$$

式中，σ_s 为锻件屈服极限；R，h 为圆盘半径与高；m 为常摩擦因子，$0 \leqslant m \leqslant 1$，对热锻圆盘 m 应取 1。令外功率 $J = \bar{p} v_0 \pi R^2 = J^* = \dot{W}_i + \dot{W}_s$，将式（9.34）、式（9.35）代入前式得

$$\bar{p} v_0 \pi R^2 = \pi R^2 v_0 \sigma_s + \frac{2\pi}{3} m \frac{\sigma_s}{\sqrt{3}} \frac{v_0}{h} R^3$$

$$n_\sigma = \frac{\bar{p}}{\sigma_s} = 1 + \frac{2}{3} \frac{m}{\sqrt{3}} \frac{R}{h} \qquad n_\sigma = \frac{\bar{p}}{\sigma_s} = 1 + \frac{m\sqrt{3}}{9} \frac{d}{h} \tag{9.36}$$

式中，$\bar{p}$ 为锻造平均单位压力；n_σ 为应力状态影响系数；R 为圆盘半径；$d = 2R$。以上结果表明按 TSS 准则比塑性功推导的圆盘锻造上界解析解式（9.36）与 Avitzur 按 Mises 准则推证结果式（9.31）完全一致。式中，对热锻 m 取 1；对温锻或冷锻 m 可实测，或按 Й. Я 塔尔诺夫斯基（Тарновский）的经验公式近似确定

镦粗时
$$m = f + \frac{1}{8} \frac{R}{h} (1 - f) \sqrt{f} \tag{9.37}$$

轧制时
$$m = f \left[1 + \frac{1}{4} n (1 - f) \sqrt[4]{f} \right] \tag{9.38}$$

式中，R/h 为镦粗圆柱体的径高比；n 为 $l/\bar{h}$ 或 $\bar{b}/\bar{h}$ 之较小者；l 为轧制时接触弧长的水平投影，mm；$\bar{h}$，$\bar{b}$ 为轧制时变形区内工件的平均厚度和平均宽度，mm。

9.2.5 讨论

式（9.36）与式（9.31）完全一致的原因，是圆盘锻造属轴对称变形问题；$\dot{\varepsilon}_r = \dot{\varepsilon}_\theta = \dot{\varepsilon}_1 = \dot{\varepsilon}_2$ 表明变形体内任一点的变形速率也处于轴对称状态，于是由流动法则有

$$\dot{\varepsilon}_{ij} = \sigma'_{ij} \dot{\lambda}; \quad \frac{\dot{\varepsilon}_1}{\sigma'_1} = \frac{\dot{\varepsilon}_2}{\sigma'_2} = \frac{\dot{\varepsilon}_3}{\sigma'_3} = \dot{\lambda}$$

$$\sigma'_1 = \sigma'_2 \text{ 即 } \sigma_1 - \sigma_m = \sigma_2 - \sigma_m, \quad \sigma_1 = \sigma_2$$

代入式（8.8）得

$$\sigma_1 - \sigma_3 = \sigma_s$$

上式即为 Tresca 屈服条件式（8.2），其屈服轨迹为 Mises 轨迹的内接正六边形。当一点应力为轴对称状态时，Tresca 条件与 Mises 与 TSS 条件相一致，即三者交于 Mises 圆内接正六边形的顶点也是误差三角形的 B' 点，如图 9.6 所示。此时速度场满足 $\dot{\varepsilon}_r = \dot{\varepsilon}_\theta$，是三者解析结果一致的根本原因。

9.3 MY 准则解扁料压缩

本解试图通过以平均屈服准则解析典型加工工艺——扁料平板压缩[1]，分

析其工程上应用与 Mises 准则上界解的误差。Avitzur 以 Mises 准则的上界解为

$$n_\sigma = \frac{\bar{p}}{K} = \frac{\bar{p}}{2k} = 1 + \frac{m}{4}\frac{l}{h} + \frac{\sigma_0}{2k} \tag{9.39}$$

式中，$K = 2k = 2\sigma_s/\sqrt{3}$ 为平面变形抗力；σ_0 为外加水平压应力；h、l 为试件厚度、长度；m 为常摩擦因子。

9.3.1 速度场

扁料平板压缩（不考虑侧鼓形）[70]，如图 9.7 所示。上、下压板以速度 v_0 相对运动，假定无宽展且有外加水平力 σ_0，取单位宽度，按体积不变条件设定速度场为

$$v_x = \frac{2v_0}{h}x;\ v_y = -\frac{2v_0}{h}y;\ v_z = 0 \tag{9.40}$$

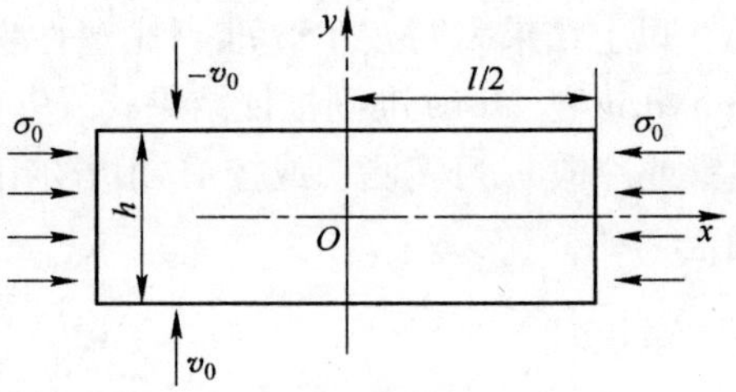

图 9.7 扁料平板压缩（无鼓形）

当 $x = 0$，$v_x = 0$；$y = 0$，$v_y = 0$；$y = \frac{h}{2}$，$v_y = -v_0$；$y = -\frac{h}{2}$，$v_y = +v_0$。故上述速度场满足速度边界条件，为运动许可速度场。

由几何方程

$$\dot{\varepsilon}_x = \frac{\partial v_x}{\partial x} = \frac{2v_0}{h},\ \dot{\varepsilon}_y = \frac{\partial v_y}{\partial y} = -\frac{2v_0}{h},\ \dot{\varepsilon}_z = 0$$

$$\dot{\varepsilon}_{xy} = \dot{\varepsilon}_{yz} = \dot{\varepsilon}_{zx} = 0 \tag{9.41}$$

注意到无鼓形，剪切应变速率为零，式（9.4）满足 $\dot{\varepsilon}_x + \dot{\varepsilon}_y + \dot{\varepsilon}_z = 0$；故为运动许可应变速率场。

由式（8.13），MY 准则的比塑性功率为

$$D(\dot{\varepsilon}_{ik}) = \frac{4}{7}\sigma_s(\dot{\varepsilon}_{\max} - \dot{\varepsilon}_{\min})$$

9.3.2 能率泛函

注意到式（9.41），$\dot{\varepsilon}_{\max} = \dot{\varepsilon}_1 = \dot{\varepsilon}_x$，$\dot{\varepsilon}_{\min} = \dot{\varepsilon}_3 = \dot{\varepsilon}_y$；代入式（8.13），并取代入第一变分原理被积函数并积分，变形体内部变形功率为

$$\begin{aligned}\dot{W}_i &= \int_V D(\dot{\varepsilon}_{ik})\mathrm{d}V = 4\int_0^{\frac{l}{2}}\int_0^{\frac{h}{2}}\frac{4}{7}\sigma_s(\dot{\varepsilon}_{\max} - \dot{\varepsilon}_{\min})\mathrm{d}x\mathrm{d}y \\ &= 4\int_0^{\frac{l}{2}}\int_0^{\frac{h}{2}}\frac{4}{7}\sigma_s(\dot{\varepsilon}_x - \dot{\varepsilon}_y)\mathrm{d}x\mathrm{d}y = 4\int_0^{\frac{l}{2}}\int_0^{\frac{h}{2}}\frac{4}{7}\sigma_s\left(\frac{2v_0}{h} + \frac{2v_0}{h}\right)\mathrm{d}x\mathrm{d}y = \frac{16}{7}\sigma_s l v_0\end{aligned} \tag{9.42}$$

上、下接触面 $\Delta v_{\mathrm{f}} = v_x = \dfrac{2v_0}{h}x$；设 $\tau_{\mathrm{f}} = \dfrac{m}{\sqrt{3}}\sigma_{\mathrm{s}} = mk$，则接触表面摩擦功率为

$$\dot{W}_{\mathrm{f}} = \int_S \tau_{\mathrm{f}} \mid \Delta v_{\mathrm{f}} \mid \mathrm{d}S = 4\int_0^{\frac{l}{2}} \frac{m}{\sqrt{3}}\sigma_{\mathrm{s}} \frac{2v_0}{h} x\mathrm{d}x = \frac{m}{\sqrt{3}}\sigma_{\mathrm{s}} \frac{v_0}{h} l^2 \tag{9.43}$$

假定外加阻力沿件厚均布，克服外加功率为 $\dot{W}_{\mathrm{b}} = 4 \times \dfrac{h}{2}[v_{x=l/2}]\sigma_0$，注意到式（9.40）

$$\dot{W}_{\mathrm{b}} = 4\frac{h}{2}\left[\frac{2v_0}{h}\frac{l}{2}\right]\sigma_0 = 2v_0 l\sigma_0 \tag{9.44}$$

令上下锤头施加外功率 $J = 2\bar{p}lv_0 = \dot{W}_i + \dot{W}_{\mathrm{f}} + \dot{W}_{\mathrm{b}}$，将式（9.42）、式（9.43）、式（9.44）代入并整理得

$$2\bar{p}lv_0 = \frac{16}{7}\sigma_{\mathrm{s}} lv_0 + \frac{1}{\sqrt{3}}\sigma_{\mathrm{s}} m \frac{v_0}{h} l^2 + 2v_0 l\sigma_0$$

$$\frac{\bar{p}}{2\sigma_{\mathrm{s}}/\sqrt{3}} = \frac{4\sqrt{3}}{7} + \frac{m}{4}\frac{l}{h} + \frac{\sigma_0}{2\sigma_{\mathrm{s}}/\sqrt{3}}$$

或

$$\frac{\bar{p}}{2k} = 0.99 + \frac{m}{4}\frac{l}{h} + \frac{\sigma_0}{2k} \tag{9.45}$$

式（9.45）即为 MY 准则与连续速度场推导扁料平板压缩（无侧鼓形）的上界解析解。将式（9.45）与式（9.39）比较可知，MY 准则解析结果与 Mises 准则应力状态影响系数相对误差不足 1%。

1991 年采用完全相同的速度场，TSS 准则比塑性功率对此类锻造给出下述解

$$n_\sigma = \frac{\bar{p}}{2k} = 1.155 + \frac{m}{4}\frac{l}{h} + \frac{\sigma_0}{2k} \tag{9.46}$$

9.3.3 计算结果比较

由图 9.3，取 $l = 30$，$h = 10$，$\sigma_0 = 50\ \mathrm{N/mm^2}$；$\sigma_{\mathrm{s}} = 100\ \mathrm{N/mm^2}$，依次取不同的 m 值分别按式（9.39）与式（9.45）进行计算，例如当 $m = 0.2$，$l = 30$；$h = 10$；代入式（9.39）

$$n_\sigma = 1 + \frac{0.2}{4} \times \frac{30}{10} + \frac{50}{100 \times 2/\sqrt{3}} = 1.583$$

按式（9.45） $$n_\sigma = 0.99 + \frac{0.2}{4} \times \frac{30}{10} + \frac{50}{2/\sqrt{3} \times 100} = 1.573$$

两式计算结果相对误差为 $\Delta = (1.583 - 1.573)/1.583 = 0.63\%$

代入式（9.46） $n_\sigma = \frac{\bar{p}}{2k} = 1.155 + \frac{0.2}{4} \times \frac{30}{10} + \frac{50}{2/\sqrt{3} \times 100} = 1.737$

与 Mises 准则误差为 $\Delta = (1.737 - 1.583)/1.583 = 9.73\%$

比较式（9.39）、式（9.45）、式（9.46）可知三者区别仅在公式右端第一项，即三者对该项分别给出 0.99，1 和 1.155，这也预示对应的误差在此范围之内。分别取 $m = 0, 0.2, 0.4, 0.6, 0.8, 1.0$；$l/h = 3$，按式（9.39）、式（9.46）、式（9.45）三式计算，结果如表 9.2、表 9.3 与图 9.8、图 9.9 所示。

表 9.2 不同 m 值按式（9.39）、式（9.46）与式（9.45）计算结果比较（$l/h = 3$）

m	Mises n_σ 式（9.39）	TSS n_σ 式（9.46）	Δ/% VS 式（9.39）	MY n_σ 式（9.45）	Δ/% VS 式（9.39）
0	1.432	1.587	10.8	1.423	−0.62
0.2	1.583	1.737	9.7	1.573	−0.63
0.4	1.733	1.888	8.9	1.723	−0.58
0.6	1.882	2.037	8.2	1.873	−0.48
0.8	2.032	2.187	7.6	2.023	−0.44
1.0	2.182	2.337	7.1	2.173	−0.41

表 9.3 不同 l/h 值按式（9.39）、式（9.46）与式（9.45）计算结果比较（$m = 0.6$）

l/h	Mises n_σ 式（9.39）	TSS n_σ 式（9.46）	Δ/% VS 式（9.39）	MY n_σ 式（9.45）	Δ/% VS 式（9.39）
1	1.582	1.737	9.8	1.573	−0.57
3	1.882	2.037	8.2	1.873	−0.48
4	2.032	2.187	7.6	2.023	−0.44
6	2.332	2.487	6.6	2.323	−0.39
8	2.632	2.787	5.9	2.623	−0.34
10	2.932	3.087	5.3	2.923	−0.31

表 9.2 表明，随 m 增大，三式计算的应力状态系数 n_σ 都随之增大；随 m 增加，三式相对误差随之减少。表 9.3 表明，在相同的摩擦条件下（$m = 0.6$），随 l/h 增加，三式计算的应力状态系数 n_σ 均增加，但相对误差随 l/h 增加而减少。当 $l/h = 10$ 时，TSS 相对误差降至 5%，而 MY 准则仅为 −0.3%。

总之，以上算例表明对扁坯锻造不同 m 与 l/h，按 MY 准则比塑性功率计算的 n_σ 与 Mises 准则结果误差不足 1%，而 TSS 准则与 Mises 准则结果误差不足 11%。

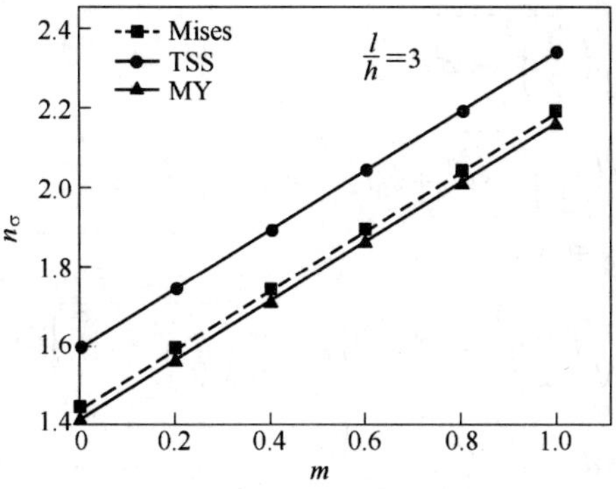

图 9.8 不同屈服准则计算结果比较

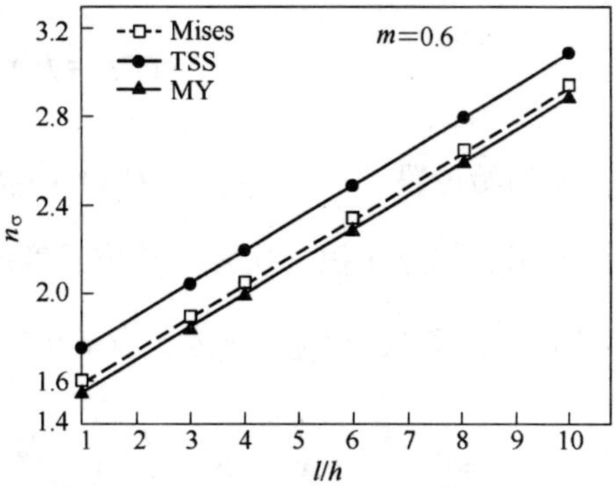

图 9.9 不同屈服准则计算结果比较

9.4 圆坯拔长

采用型砧拔长[78]锻造金属圆坯而不用平砧的原因在于，平砧压缩圆坯中心易产生拉应力而形成孔腔。为此对一些塑性较差的金属有时必须以型砧进行压缩拔长。本节探索以 TSS 准则和连续速度场解析上述问题的可能性，将解析结果与工程法进行比较。

9.4.1 速度场

型砧压缩如图 9.10 所示，上型砧与下型砧为两个直径为 d 的半圆弧，设砧面长为 l_0。由于对称性，仅研究图中的 1/4 象限。当上型砧经数秒后，以速度 v_0 压缩至图 9.11 新位置，上砧截面圆弧各点的绝对压下量为 $\Delta h = AA' = CC' = BB' = v_0 t$；现证明两弧之间阴影部分面积与矩形面积 $AA'BB'$ 相等，取压缩方向为 y，将坐标点移至上型砧终了位置半圆 $A'C'B'$ 的圆心，则砧面终了位置 $A'C'B'$ 的方程为

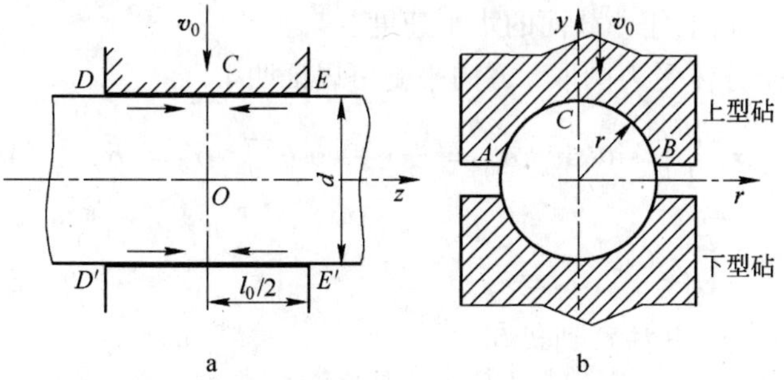

图 9.10 型砧拔长锻压圆坯

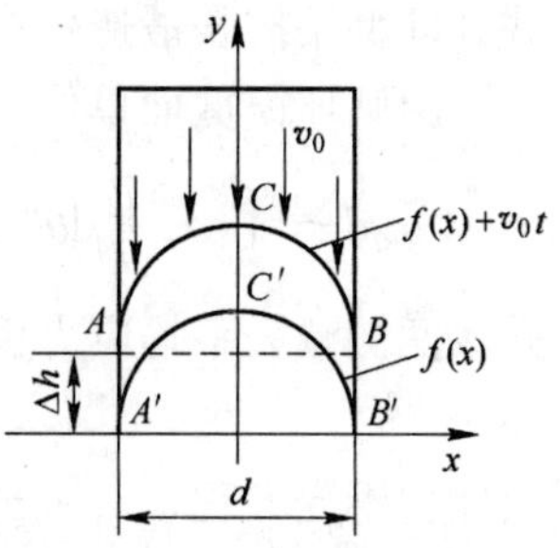

图 9.11 变形区出口速度 $v_z\big|_{z=l_0/2}$ 与 v_0 的关系

$$y_{\widehat{A'C'B'}}=f(x)=\sqrt{\left(\frac{d}{2}\right)^2-x^2}$$

上砧初始位置 $$y_{\widehat{ACB}}=f(x)+v_0t=\sqrt{\left(\frac{d}{2}\right)^2-x^2}+v_0t$$

两弧阴影部分面积（实际为单位长度压缩体积）

$$S_{ABA'B'}=2\int_0^{\frac{d}{2}}[y_{\widehat{ACB}}-y_{\widehat{A'C'B'}}]\mathrm{d}x=2\int_0^{\frac{d}{2}}\left[\sqrt{\left(\frac{d}{2}\right)^2-x^2}+v_0t-\sqrt{\left(\frac{d}{2}\right)^2-x^2}\right]\mathrm{d}x$$

$$=2\int_0^{\frac{d}{2}}v_0t\mathrm{d}x=2v_0t\frac{d}{2}=v_0td=\Delta hd \qquad ①$$

Δhd 为图 9. 11 中矩形 $ABA'B'$ 的面积。式①表明，当上砧向下移动距离为 $\Delta h=v_0t$ 时，单位长度砧面下金属被压缩的体积（即图 9. 11 阴影部分的面积）与移动距离（又称绝对压下量）Δh 和砧面直径 d 的乘积相等。由此可知 t 秒内上型砧的一半压下的体积为

$$V_{入}=v_0td\frac{l_0}{2}$$

在 t 秒内由出口截面 EE'（见图 9. 10a）的一半流出的体积为

$$V_{出}=v_z|_{z=l_0/2}\cdot t\frac{\pi d^2}{4}\frac{1}{2}$$

$v_z|_{z=l_0/2}$ 为 EE' 断面的出口速度；由体积不变条件令 $V_{入}=V_{出}$ 有

$$v_z|_{z=l_0/2}=\frac{4v_0l_0}{\pi d} \qquad ②$$

在 z 由 0 到 $l_0/2$ 内变化时，图 9. 10a 中 oz 轴上任一点的水平速度按体积不变条件满足

$$v_0tdz=v_zt\frac{\pi d^2}{4}\frac{1}{2},\ v_z=\frac{8v_0z}{\pi d}\quad\left(0\leqslant z\leqslant\frac{l_0}{2}\right) \qquad ③$$

式③即型砧拔长锻造变形区 oz 轴上任一截面的水平速度。

由圆坯横截面单位长度微分体受力图取 r 方向平衡可以证明

$$\sigma_\theta d=\int_0^\pi\sigma_r\frac{d}{2}\mathrm{d}\theta\sin\theta=\sigma_r\frac{d}{2}\int_0^\pi\sin\theta\mathrm{d}\theta;\ \sigma_\theta=\frac{\sigma_r}{2}[-\cos\theta]_0^\pi,\ \sigma_\theta=\sigma_r \qquad ④$$

式④两侧减去平均应力后

$$\sigma'_\theta=\sigma'_r;\ \dot{\varepsilon}_r=\dot{\varepsilon}_\theta \qquad ⑤$$

由体积不变方程，$\dot{\varepsilon}_r+\dot{\varepsilon}_\theta+\dot{\varepsilon}_z=0$ 并注意到式⑤

$$2\dot{\varepsilon}_r=-\dot{\varepsilon}_z;\ \dot{\varepsilon}_r=\dot{\varepsilon}_\theta=-\frac{\dot{\varepsilon}_z}{2} \qquad ⑥$$

由几何方程及式③

$$\dot{\varepsilon}_z=\frac{\partial v_z}{\partial z}=\frac{8v_0}{\pi d};\quad \dot{\varepsilon}_r=\frac{\partial v_r}{\partial r};\quad \dot{\varepsilon}_\theta=\frac{v_r}{r} \tag{⑦}$$

将式⑦的第一式代入式⑥并注意到式⑦的第三式

$$\dot{\varepsilon}_r=\dot{\varepsilon}_\theta=-\frac{4v_0}{\pi d};\quad v_r=\dot{\varepsilon}_\theta r=-\frac{4v_0}{\pi d}r$$

于是型砧拔长圆坯连续速度场与应变速率场为

$$v_\theta=0,\ v_r=-\frac{4v_0}{\pi d}r,\ v_z=\frac{8v_0}{\pi d}z \tag{9.47}$$

$$\dot{\varepsilon}_\theta=-\frac{4v_0}{\pi d},\ \dot{\varepsilon}_r=-\frac{4v_0}{\pi d},\ \dot{\varepsilon}_z=\frac{8v_0}{\pi d},\ \dot{\varepsilon}_{r\theta}=\dot{\varepsilon}_{z\theta}=\dot{\varepsilon}_{zr}=0 \tag{9.48}$$

参照图 9.10 知，式（9.47）中 $r=0$，$v_r=0$；$z=0$，$v_z=0$；$z=l_0/2$，$v_z=\frac{8v_0}{\pi d}\frac{l_0}{2}=\frac{4v_0l_0}{\pi d}=v_z\Big|_{z=\frac{l_0}{2}}$；式（9.48）满足 $\dot{\varepsilon}_r+\dot{\varepsilon}_\theta+\dot{\varepsilon}_z=0$，故式（9.47）、式（9.48）为运动许可速度场与应变速率场。

9.4.2 变形力

注意圆坯拔长属轴对称问题，则

$$\dot{\varepsilon}_{\max}=\dot{\varepsilon}_1=\dot{\varepsilon}_z=\frac{8v_0}{\pi d};\quad \dot{\varepsilon}_{\min}=\dot{\varepsilon}_2=\dot{\varepsilon}_3=\dot{\varepsilon}_r=\dot{\varepsilon}_\theta=-\frac{4v_0}{\pi d} \tag{⑧}$$

将式⑧代入式（9.23）并积分，注意到 $dV=2\pi r\mathrm{d}r\mathrm{d}z$ 变形区内 TSS 准则比塑性功率确定的成形功率泛函为

$$\begin{aligned}\dot{W}_i&=\int_V D(\dot{\varepsilon}_{ik})\mathrm{d}V=2\int_0^{\frac{l_0}{2}}\int_0^{\frac{d}{2}}\frac{2}{3}\sigma_s(\dot{\varepsilon}_{\max}-\dot{\varepsilon}_{\min})\mathrm{d}V\\&=2\int_0^{\frac{l_0}{2}}\int_0^{\frac{d}{2}}\frac{2}{3}\sigma_s\left(\frac{8v_0}{\pi d}+\frac{4v_0}{\pi d}\right)2\pi r\mathrm{d}r\mathrm{d}z\\&=2\times\frac{2}{3}\sigma_s\cdot 2\pi\cdot\frac{12v_0}{\pi d}\int_0^{\frac{l_0}{2}}\mathrm{d}z\int_0^{\frac{d}{2}}r\mathrm{d}r=2\sigma_s v_0 l_0 d\end{aligned} \tag{9.49}$$

由图 9.10a，型砧模面消耗摩擦功率，设摩擦力 $\tau_f=mk$，由式（9.47），$\Delta v_f=|0-v_z|=\frac{8v_0z}{\pi d}$于是垂直轴两侧整个接触面的摩擦功率为

$$\dot{W}_f=2\int_F mk\Delta v_f\mathrm{d}F=2mk\int_0^{\frac{l_0}{2}}\frac{8v_0z}{\pi d}2\pi\frac{d}{2}\mathrm{d}z=2mk\frac{8v_0}{\pi d}\pi d\int_0^{\frac{l_0}{2}}z\mathrm{d}z=2mkv_0l_0^2 \tag{9.50}$$

对拔长锻造，工件截面尺寸通常较大，为此不能忽略图 9.10a 中 EE' 截面上

的剪切功率，注意到 EE' 外侧为刚性区，由式（9.47）沿 EE' 切向

$$|\Delta v_t| = |0 - v_r| = |v_r| = \frac{4v_0}{\pi d}r$$

$$\dot{W}_s = \int_S k\,|\,\Delta v_t\,|\,ds = k\int_S \frac{4v_0}{\pi d}r \cdot 2\pi r dr = \frac{8v_0 k}{d}\int_0^{\frac{d}{2}} r^2 dr = \frac{k}{3}v_0 d^2 \tag{9.51}$$

设上砧平均单位压力为 $\bar{p}$（由静力平衡可知 $\bar{p}d = \sigma_\theta d$），令上、下砧面外功率总和为 $J = 2\bar{p}dv_0 l_0 = \dot{W}_i + \dot{W}_f + \dot{W}_s$，将式（9.49），式（9.50），式（9.51）代入前式则有

$$2\bar{p}dv_0 l_0 = 2\sigma_s v_0 l_0 d + 2mkv_0 l_0^2 + \frac{2k}{3}v_0 d^2$$

式中，右侧第三项为图 9.10a 中 EE' 与 DD' 两个截面上的剪切功率。注意到 $\sigma_s = 2k$，整理上式

$$\frac{\bar{p}}{\sigma_s} = 1 + \frac{m}{2}\frac{l_0}{d} + \frac{1}{6}\frac{d}{l_0} \tag{9.52}$$

式中，l_0 为砧面长度；d 为砧口直径；σ_s 为屈服极限；m 为常摩擦因子，可实测或建议参照式（9.37）（R/h 或 l/h 换成 l_0/h）进行计算

$$m = f + \frac{1}{8}\frac{l_0}{d}(1 - f)\sqrt{f} \tag{9.53}$$

式（9.52）即型砧拔长锻造圆坯按双剪应力屈服准则比塑性功率及连续速度场确定的上界解析解，需指出，式（9.52）为型砧拔长全包口（包角为 2π）时的变形力计算公式；当包角小于 2π 时，随着包角减小，式（9.49）、式（9.50）、式（9.51）积分中的 2π 应换成新包角 $2\alpha(\alpha < \pi)$。

9.4.3 与工程法比较

对型砧拔长工程法有下式

$$\frac{\bar{p}}{\sigma_s} = 1 + \frac{2}{3}\mu_s\frac{l_0}{d} \tag{9.54}$$

式中，μ_s 为常摩擦系数。

式（9.52）与工程法式（9.54）的计算结果比较如图 9.12、图 9.13 所示。可以看出，对热拔长锻造（$f = \mu = 0.5$），两式计算结果误差为 0 ~ 7.4%。式（9.52）的计算结果均高于式（9.54）的计算结果；在 $f = \mu = 0.5 \sim 0.2$ 范围内，l_0/d，μ 与 $\bar{p}/\sigma_s$ 的关系为：l_0/d 不变时，$\bar{p}/\sigma_s$ 随摩擦系数增大而增大；μ 不变时，$\bar{p}/\sigma_s$ 随 l_0/d 增加而增加；摩擦系数 μ 与几何条件 l_0/d 是单位压力 $\bar{p}/\sigma_s$ 的主要影响因素。需指出式（9.52）高于式（9.54）的主要原因在于考虑了图 9.6a 中 EE'，DD' 截面上的剪切功率。而后者仅是一个下界解。若式（9.52）也

忽略剪切功率则

$$\frac{\bar{p}}{\sigma_s}=1+\frac{m}{2}\frac{l_0}{d} \tag{9.55}$$

该式与式（9.54）当$\frac{m}{2}=\frac{2}{3}\mu_s$时结果一致。

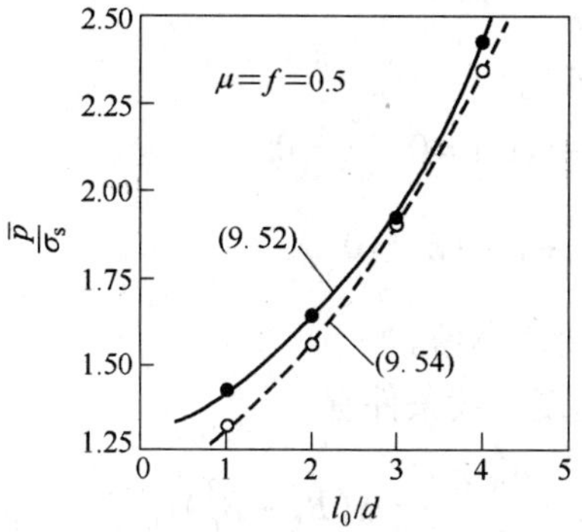

图9.12 相同摩擦不同l_0/d计算结果

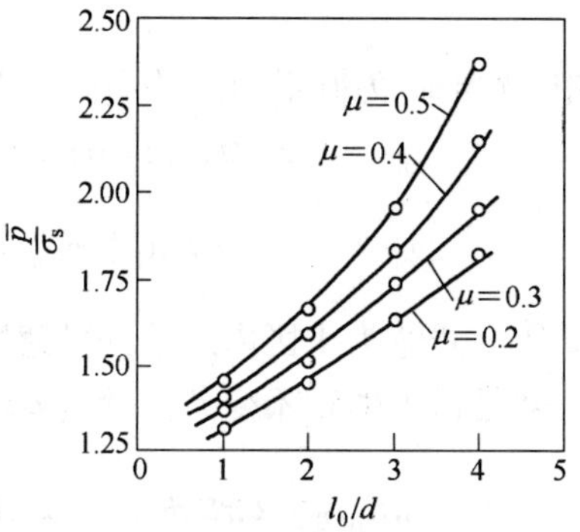

图9.13 不同摩擦不同l_0/d计算结果

9.5 圆冲头压入半无限体

本节以圆盘与圆环压缩组合模拟圆冲头压入半无限体[79~83]，以TSS屈服准则比塑性功率解析轴对称冲入问题，得到$n_\sigma=\bar{p}/2k=2.71$，相应待定参数$\beta=R_f/R_0=1.64$，$\alpha=R_0/h$。

9.5.1 速度场

采用圆形平冲头轴对称压入半无限体变形区如图9.14所示，冲头半径为R_0，冲入速度为v_0。将变形区分为以aa'为侧面的实心圆盘$aaa'a'$（图9.15a）及空心圆环$baa'b'$（图9.15b）。由于aa'上法向速度必连续，实心圆盘Ⅰ区由平行速度场为

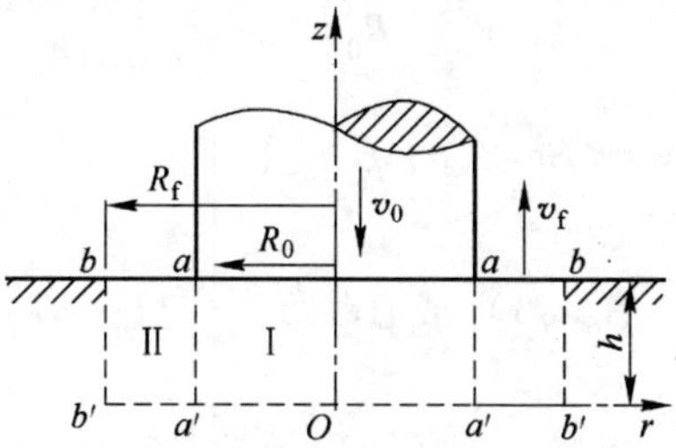

图9.14 轴对称压入半无限体变形区

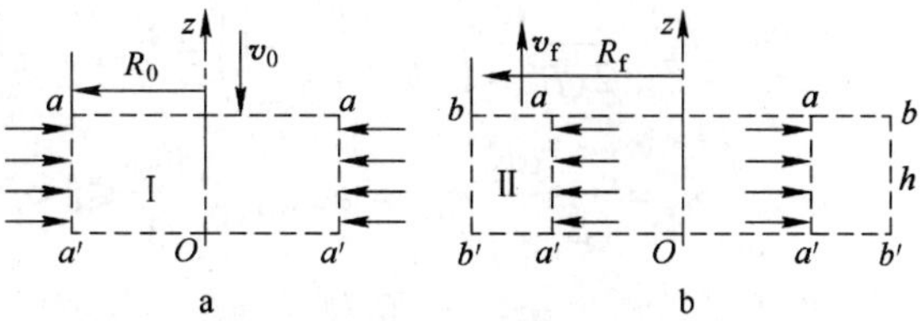

图9.15 轴对称压入半无限体变形区侧面

a—实心圆盘；b—圆环

$$v_z = -\frac{v_0 z}{h},\quad v_\theta = 0,\quad v_r = \frac{r v_0}{2h} \tag{①}$$

由几何方程

$$\dot{\varepsilon}_z = \frac{\partial v_z}{\partial z} = -\frac{v_0}{h} = \dot{\varepsilon}_{\min},\ \dot{\varepsilon}_\theta = \frac{v_r}{r} = \frac{v_0}{2h} = \dot{\varepsilon}_{\max},\ \dot{\varepsilon}_r = \frac{\partial v_r}{\partial r} = \frac{v_0}{2h} = \dot{\varepsilon}_{\max},\ \dot{\varepsilon}_{ik} = 0\ (i \neq k) \tag{②}$$

式中，$h = aa'$为圆盘与圆环高度。由方程①可见

$$z = 0,\ v_z = 0;\ z = h,\ v_z = -v_0;\ r = 0,\ v_r = 0$$

$$r = R_0,\ v_{raa'} = \frac{r_0 v_0}{2h};\ \dot{\varepsilon}_z + \dot{\varepsilon}_r + \dot{\varepsilon}_\theta = 0$$

故式①，式②为Ⅰ区内运动许可速度场与应变速率场。

对Ⅱ区由体积不变条件及过 aa' 的法向速度连续条件有

$$\pi R_0^2 v_0 = 2\pi R_0 h v_{\mathrm{raa'}},\ 2\pi R_0 h v_{\mathrm{raa'}} = \frac{2\pi R_0^2 v_{\mathrm{raa'}}}{\alpha} = \pi(R_{\mathrm{f}}^2 - R_0^2) v_{\mathrm{f}}$$

令 $\alpha = R_0/h$，$\beta = R_{\mathrm{f}}/R_0$ 为待定参量，则Ⅱ区速度场及应变速率场为

$$v_\theta = 0,\ v_z = \frac{\alpha v_0 z}{(\beta^2 - 1) R_0},\ v_{\mathrm{r}} = f(r,\ z),\ v_{\mathrm{f}} = \frac{v_0}{\beta^2 - 1} \tag{③}$$

$$\dot{\varepsilon}_\theta = \frac{v_r}{r},\ \dot{\varepsilon}_z = \frac{\alpha v_0}{(\beta^2 - 1) R_0},\ \dot{\varepsilon}_r = \frac{\partial v_r}{\partial r} \tag{④}$$

由体积不变条件则

$$\frac{v_r}{r} + \frac{\partial v_r}{\partial r} = \frac{1}{r}\frac{\partial(r v_r)}{\partial r} = -\frac{\alpha v_0}{(\beta^2 - 1) R_0};\ v_r = -\frac{\alpha v_0 r}{2(\beta^2 - 1) R_0} + \frac{c(z)}{r}$$

$$r = R_f = \beta R_0,\ v_r = 0;\ c(z) = \frac{\alpha v_0 R_0 \beta^2}{2(\beta^2 - 1)};\ v_r = \frac{\alpha v_0}{2(\beta^2 - 1)}\left(\frac{R_0 \beta^2}{r} - \frac{r}{R_0}\right)$$

将上式代入式③与式④得Ⅱ区速度场与应变速率场为

$$v_z = \frac{\alpha v_0 z}{(\beta^2 - 1) R_0},\ v_\theta = 0,\ v_r = \frac{\alpha v_0}{2(\beta^2 - 1)}\left(\frac{R_0 \beta^2}{r} - \frac{r}{R_0}\right) \tag{9.56}$$

$$\left.\begin{aligned}
&\dot{\varepsilon}_\theta = \frac{\alpha v_0}{2(\beta^2 - 1) R_0}\left(\frac{R_f^2}{r^2} - 1\right) = \dot{\varepsilon}_{\max},\ (R_0 \leqslant r < \beta R_0/\sqrt{3},\ \beta > \sqrt{3}) \\
&\dot{\varepsilon}_z = \frac{\alpha v_0}{(\beta^2 - 1) R_0} = \dot{\varepsilon}_{\max},\ (\frac{\beta R_0}{\sqrt{3}} \leqslant r < \beta R_0,\ \beta > \sqrt{3})\ \text{或}\ \beta \leqslant \sqrt{3} \\
&\dot{\varepsilon}_r = \frac{\alpha v_0}{2(\beta^2 - 1)}\left(\frac{R_0 \beta^2}{r^2} + \frac{1}{R_0}\right) = \dot{\varepsilon}_{\min},\ \dot{\varepsilon}_{ik} = 0 (i \neq k)
\end{aligned}\right\} \tag{9.57}$$

式（9.56）中，$z = 0$，$v_z = 0$；$z = h$，$v_z = v_0/(\beta^2 - 1) = v_f$；$r = \beta R_0$，$v_r = 0$；$r =$

R_0，$v_r = R_0 v_0 / 2h = v_{raa'}$；式（9.57）中，$\dot{\varepsilon}_z + \dot{\varepsilon}_r + \dot{\varepsilon}_\theta = 0$，故两式满足运动许可条件。

9.5.2 成形能率泛函

将式②代入 TSS 准则比塑性功率式（9.23），然后对比塑性功率积分，Ⅰ区的内部变功率为

$$\dot{W}_{i\,\mathrm{I}} = \frac{2}{3}\sigma_s \int_V (\dot{\varepsilon}_{\max} - \dot{\varepsilon}_{\min}) \mathrm{d}V = \frac{2}{3}\sigma_s \int_V \frac{3\alpha v_0}{2R_0} \mathrm{d}V = \pi R_0^2 v_0 \sigma_s \qquad ⑤$$

由于 aa 为接触面，$a'a'$为刚性区与塑性边界面，摩擦功率和剪切功率分别为

$$\dot{W}_{s\,\mathrm{I}} = \int_S k \mid v_{r\,\mathrm{I}} \mid \mathrm{d}S = k\int_0^{R_0} \frac{\alpha v_0 r}{R_0} \pi r \mathrm{d}r = \frac{k\alpha}{3}\pi R_0^2 v_0 \qquad ⑥$$

$$\dot{W}_{f\,\mathrm{I}} = m\int_S k \mid v_{r\,\mathrm{I}} \mid \mathrm{d}S = mk\int_0^{R_0} \frac{\alpha v_0 r}{R_0} \pi r \mathrm{d}r = \frac{mk\alpha}{3}\pi R_0^2 v_0 \qquad ⑦$$

同理，对Ⅱ区

$$\dot{W}_{i\,\mathrm{II}} = \begin{cases} \dfrac{4\sigma_s \pi R_0}{3\alpha}\displaystyle\int_{R_0}^{\beta R_0} (\dot{\varepsilon}_z - \dot{\varepsilon}_r) r \mathrm{d}r = \sigma_s \pi R_0^2 v_0 \left[1 + \dfrac{2\beta^2 \ln\beta}{3(\beta^2 - 1)}\right], \beta \leqslant \sqrt{3} \\ \dfrac{4\sigma_s \pi R_0}{3\alpha}\left[\displaystyle\int_{R_0}^{\beta R_0/\sqrt{3}} (\dot{\varepsilon}_\theta - \dot{\varepsilon}_r) r \mathrm{d}r + \int_{\beta R_0/\sqrt{3}}^{\beta R_0} (\dot{\varepsilon}_z - \dot{\varepsilon}_r) r \mathrm{d}r\right] \\ \sigma_s \pi R_0^2 v_0 \dfrac{2\beta^2 (1 + 2\ln\beta - \ln\sqrt{3})}{3(\beta^2 - 1)}, \beta > \sqrt{3} \end{cases} \qquad ⑧$$

$$\dot{W}_{s\,\mathrm{II}\,bb'} = \int_S k \mid \Delta v_t \mid \mathrm{d}S = k \frac{\alpha v_0}{R_0(\beta^2 - 1)} \int_0^{\frac{R_0}{\alpha}} z \cdot 2\pi\beta R_0 \mathrm{d}z = \frac{k\beta\pi R_0^2 v_0}{\alpha(\beta^2 - 1)} \qquad ⑨$$

$$\dot{W}_{s\,\mathrm{II}\,a'b'} = \int_S k \mid \Delta v_t \mid \mathrm{d}S = k\int_{R_0}^{\beta R_0} v_r 2\pi r \mathrm{d}r = \frac{k\alpha(2\beta^2 - \beta - 1)}{3(\beta - 1)}\pi R_0^2 v_0 \qquad ⑩$$

令 aa 面上冲入外功率

$$J = \bar{p}\pi R_0^2 v_0 = J^* = \dot{W}_{i\,\mathrm{I}} + \dot{W}_{s\,\mathrm{I}} + \dot{W}_{f\,\mathrm{I}} + \dot{W}_{i\,\mathrm{II}} + \dot{W}_{s\,\mathrm{II}\,bb'} + \dot{W}_{s\,\mathrm{II}\,a'b'}$$

将式⑤～式⑩代入并整理，若取 $\sigma_s = 1.5k$ 可得

$$n_\sigma = \frac{\bar{p}}{\sigma_s} = 2 + \frac{2\beta^2 \ln\beta}{3(\beta^2 - 1)} + \frac{2\alpha^2[2\beta^2(\beta - 1) + m(\beta^2 - 1)] + 6\beta}{9\alpha(\beta^2 - 1)}, \ \beta \leqslant \sqrt{3} \qquad (9.58)$$

$$n_\sigma = \frac{\bar{p}}{\sigma_s} = 1 + \frac{2\beta^2[1 + \ln(\beta^2/\sqrt{3})]}{3(\beta^2 - 1)} + \frac{2\alpha^2[2\beta(\beta - 1) + m(\beta^2 - 1)] + 6\beta}{9\alpha(\beta^2 - 1)}, \ \beta > \sqrt{3} \qquad (9.59)$$

或

$$n_\sigma=\frac{\bar{p}}{2k}=\begin{cases}\dfrac{3}{2}+\dfrac{\beta^2\ln\beta}{2(\beta^2-1)}+\dfrac{\alpha^2[2\beta^2(\beta-1)+m(\beta^2-1)]+3\beta}{6\alpha(\beta^2-1)}, & \beta\leqslant\sqrt{3}\\ \dfrac{3}{4}+\dfrac{\beta^2[1+\ln(\beta^2/\sqrt{3})]}{2(\beta^2-1)}+\dfrac{\alpha^2[2\beta^2(\beta-1)+m(\beta^2-1)]+3\beta}{6\alpha(\beta^2-1)}, & \beta>\sqrt{3}\end{cases}$$

$\beta=R_f/R_0$ 和 $\alpha=R_0/h$ 是待定参量，由式（9.58）、式（9.59）经能量最小化确定。

9.5.3 最小值与最佳形状

将式（9.58）、式（9.59）对 α 求导令 $\dfrac{\partial n_\sigma}{\partial\alpha}=0$ 得 $\alpha=\sqrt{\dfrac{3\beta}{2\beta^2(\beta-1)+m(\beta^2-1)}}$

将 α 再代回式（9.58）、式（9.59）得应力状态系数的最小上界值为

$$n_\sigma=\frac{\bar{p}}{2k}=\frac{3}{2}+\frac{\beta^2\ln\beta}{2(\beta^2-1)}+\frac{\beta}{\alpha(\beta^2-1)},\ \beta\leqslant\sqrt{3} \tag{9.60}$$

$$n_\sigma=\frac{\bar{p}}{2k}=\frac{3}{4}+\frac{\beta^2(1+\ln\beta-\ln\sqrt{3})}{2(\beta^2-1)}+\frac{\beta}{\alpha(\beta^2-1)},\ \beta>\sqrt{3} \tag{9.61}$$

优化 α、β 和 m 得变形区的最佳尺寸。$\beta=1.64$，$\alpha=1.20$，$m=0$ 时，n_σ 得最小值为 2.71，变形区最佳尺寸为 $R_f/R_0=1.64$，$R_0/h=1.20$。n_σ 和 α，β 的关系如图 9.16、图 9.17 和表 9.4 所示。

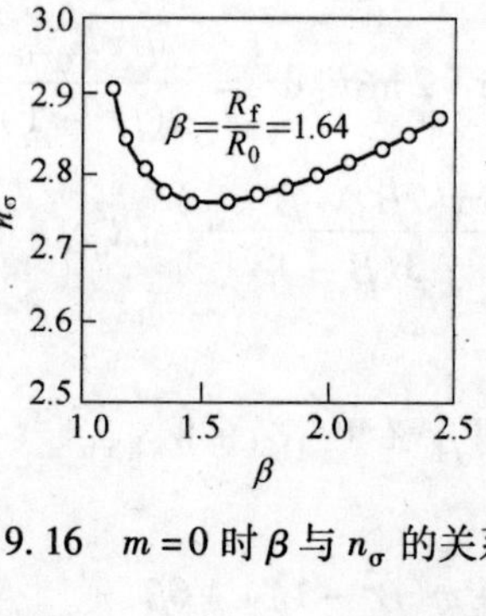

图 9.16 $m=0$ 时 β 与 n_σ 的关系

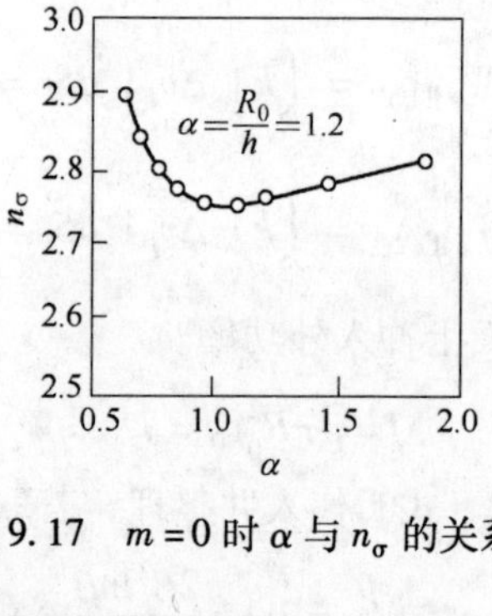

图 9.17 $m=0$ 时 α 与 n_σ 的关系

表 9.4 不同 α、β 和 m 所对应的 n_σ

m	0.0000	0.0001	0.001	0.01	0.2	0.4	0.6	0.9	1.0
α	1.19929	1.19909	1.19764	1.19092	1.07049	0.99566	0.92666	0.97604	0.93214
β	1.63793	1.63796	1.63909	1.64133	1.70307	1.74946	1.77762	1.90536	1.93167
n_σ	2.70569	2.70570	2.70599	2.70769	2.74343	2.77756	2.90943	2.93947	2.96793

9.6 圆环压缩

9.6.1 速度场

粗糙工具压缩圆环如图 9.18 所示，对此小林史郎（Kobayashi）曾以三角形速度场予以解析。本节用线性屈服准则予以解析[76]。按秒流量相等，速度场设定如下

$$v_r = -\frac{v_0}{2h}\left(\frac{R^2}{r} - r\right),\ v_\theta = 0$$

$$v_z = -\frac{v_0}{h}z \tag{9.62}$$

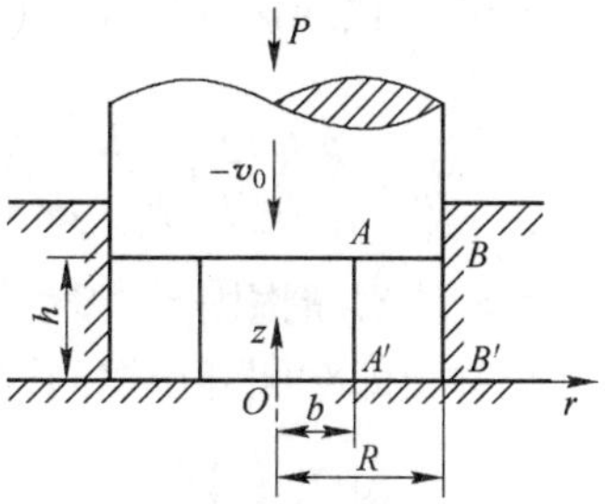

图 9.18 粗糙工具压缩圆环

按几何方程，应变速率场为

$$\dot{\varepsilon}_r = \frac{\partial v_r}{\partial r} = \frac{v_0}{2h}\left(\frac{R^2}{r^2} + 1\right)$$

$$\dot{\varepsilon}_\theta = \frac{v_r}{r} = -\frac{v_0}{2h}\left(\frac{R^2}{r^2} - 1\right) \tag{9.63}$$

$$\dot{\varepsilon}_z = \frac{\partial v_z}{\partial z} = -\frac{v_0}{h}, \dot{\varepsilon}_{r\theta} = \dot{\varepsilon}_{rz} = \dot{\varepsilon}_{\theta z} = 0$$

当 $z=0$，$v_z=0$；$z=h$，$v_z=-v_0$；$r=R$，$v_r=0$；式（9.63）满足 $\dot{\varepsilon}_r + \dot{\varepsilon}_\theta + \dot{\varepsilon}_z = 0$；故两式为运动许可速度场与应变速率场。

9.6.2 变形功率

式（9.63）中，将 $\dot{\varepsilon}_{\max} = \dot{\varepsilon}_1 = \dot{\varepsilon}_r$；$\dot{\varepsilon}_{\min} = \dot{\varepsilon}_3 = \dot{\varepsilon}_z$ 代入 TSS 准则比功率式（8.9），然后对整个体积积分，变形区塑性功率泛函为

$$\dot{W}_i = \int_V D(\dot{\varepsilon}_{ik})\mathrm{d}V = \int_b^R\int_0^{2\pi}\int_0^h\left[\frac{2}{3}\sigma_s(\dot{\varepsilon}_r - \dot{\varepsilon}_z)\right]r\mathrm{d}r\mathrm{d}z\mathrm{d}\theta$$

$$= \frac{2\pi\sigma_s R^2 v_0}{3}\ln\frac{R}{b} + \pi\sigma_s v_0(R^2 - b^2) \tag{9.64}$$

由图 9.18，沿上下接触面 AB 与 $A'B'$ 消耗摩擦功率，设摩擦应力 $\tau_f = \frac{m\sigma_s}{\sqrt{3}}$，切向速度不连续量 $|\Delta v_{f1}| = |v_r| = \frac{v_0}{2h}\left(\frac{R^2}{r} - r\right)$，上下接触面消耗的摩擦功率为

$$\dot{W}_{f1} = 2\int_{F1}\tau_f\,|\Delta v_{f1}|\,\mathrm{d}F = \frac{2m\sigma_s}{\sqrt{3}}\int_b^R\frac{v_0}{2h}\left(\frac{R^2}{r} - r\right)2\pi r\mathrm{d}r$$

$$= \frac{2m\pi\sigma_s v_0}{\sqrt{3}h}\left(\frac{2}{3}R^3 + \frac{b^3}{3} - R^2 b\right) \tag{9.65}$$

同理，沿工具侧壁 BB' 消耗摩擦功率，由式（9.62）$|\Delta v_{f2}| = |v_z| = \frac{v_0}{h}z$，于是侧壁摩擦功率为

$$\dot{W}_{f2} = \int_{F2} \tau_f |\Delta v_{f2}| \, dF = \frac{m\sigma_s}{\sqrt{3}} \int_0^h \frac{v_0}{h} z 2\pi R dz = \frac{\pi R m \sigma_s v_0 h}{\sqrt{3}} \tag{9.66}$$

令外功率 $J = \bar{p} v_0 \pi (R^2 - b^2) = \dot{W}_i + \dot{W}_{f1} + \dot{W}_{f2}$，将式（9.64）、式（9.65）、式（9.66）代入该式整理得 TSS 准则解析结果

$$n_\sigma = \frac{\bar{p}}{\sigma_s} = \frac{2}{3}\left(\frac{R^2}{R^2 - b^2}\right)\ln\frac{R}{b} + 1 + \frac{2m}{\sqrt{3}h} \frac{\frac{2}{3}R^3 + \frac{b^3}{3} - R^2 b}{R^2 - b^2} + \frac{mh}{\sqrt{3}} \frac{R}{R^2 - b^2} \tag{9.67}$$

式中，m 为常摩擦因子，$0 \leqslant m \leqslant 1$，可参照 Avitzur 方法实测或按有关公式计算。

小林史郎对圆环压缩问题按三角形速度场（Mises 屈服准则）的计算公式为

$$n_\sigma = \frac{\bar{p}}{\sigma_s} = \frac{1}{\sqrt{3}}\left[\frac{2\ln\left(\frac{1}{b}\right)}{1 - b^2} - 1\right] + \frac{2h}{1 - b^2}\left[\frac{2}{3\sqrt{3}} \frac{1 + b + b^2}{1 + b}(1 - 2\alpha + 2\alpha^2) + \frac{1 - \alpha}{\sqrt{3}}\right] + \frac{2(1 - b)}{\sqrt{3}h} \tag{9.68}$$

式（9.68）对 α 求导，可得最小上界值时

$$\alpha = \frac{1}{2}\left(1 + \frac{3}{4} \frac{1 + b}{1 + b + b^2}\right) \tag{9.69}$$

为比较线性屈服准则式（9.67）与上界三角形速度场式（9.68），由实际计算进行分析，取 $R = 20$，$b = 10$，$h = 10$。分别以两式进行计算，结果如下：

由式（9.69），$\alpha = 0.537$，代入式（9.68），计算结果为

$$n_\sigma = \frac{\bar{p}}{\sigma_s} = -2.038 \tag{①}$$

式（9.67）计算结果为

$$n_\sigma = \frac{\bar{p}}{\sigma_s} = 1.616 + 1.0264m \tag{②}$$

9.6.3 计算结果比较

取不同 m 值代入 TSS 准则结果，式②的与小林上界结果式①比较如图 9.19 所示。结果表明 TSS 准则应力状态影响系数 n_σ 随摩擦条件 m 值增加而增加，是摩擦因子 m，几何尺寸 R、b、h 的函数；而上界三角形速度场，尽管可求得最小上界解，但最终结果与摩擦条件无关，在图 9.19 中 n_σ 仅为一水平线。

以上研究表明，与传统解法相比，TSS 准则比塑性功率可成功对圆环压缩成形能率泛函进行物理线性化解析并能反映出摩擦影响的明确物理意义。

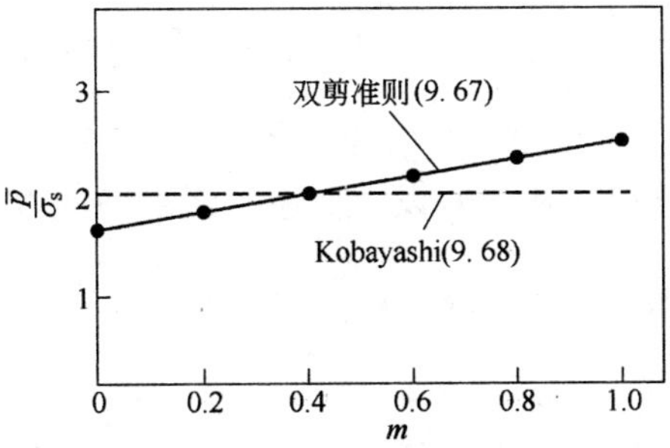

图 9.19 双剪准则与三角形速度场结果比较（$R=20$，$h=b=10$）

9.7 椭圆模拉拔

本节介绍椭圆模拉拔物理线性化解法及工艺特点[84~87]。

9.7.1 速度场

如图 9.20 所示，椭圆模方程为[80]

$$L^2R_Z^2+(R_0^2-R_1^2)Z^2=L^2R_0^2 \quad (R_1\leqslant R_Z\leqslant R_0,\ 0\leqslant Z\leqslant L) \tag{9.70}$$

式中，R_0、R_1 为入、出口半径；L 为椭圆弧$\overset{\frown}{AB}$的水平投影。由式（9.70），距入口截面为 Z 处 AB 截面的半径 R_Z

$$R_Z=\sqrt{L^2R_0^2-(R_0^2-R_1^2)Z^2}/L \tag{9.71}$$

由卡尔曼平断面假设，设 r、θ、Z 为主方向，σ_Z、v_Z 沿横截面均布，按体积不变条件有

$$\pi R_0^2v_0=\pi R_1^2v_1=\pi R_Z^2v_Z=C \tag{9.72}$$

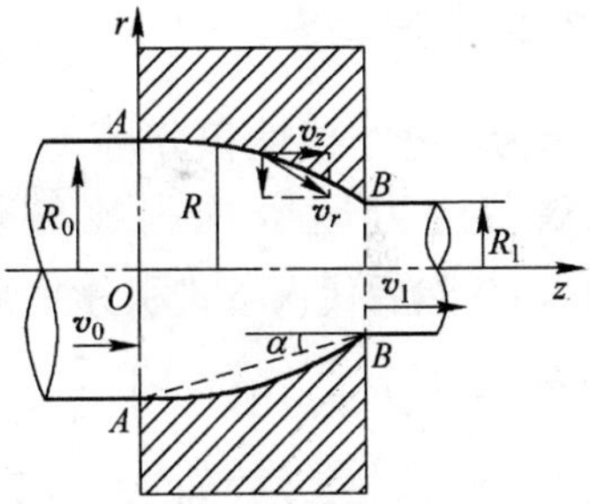

图 9.20 椭圆模拔圆棒

式中，C 为秒流量，在变形区内与 Z 无关；由式（9.72）及式（9.71），有

$$v_Z=\frac{C}{\pi R_Z^2}=\frac{L^2C}{\pi[L^2R_0^2-(R_0^2-R_1^2)Z^2]} \tag{9.73}$$

式（9.73）对 Z 求导

$$\dot{\varepsilon}_Z=\frac{\partial v_Z}{\partial Z}=\frac{2L^2C(R_0^2-R_1^2)Z}{\pi[L^2R_0^2-(R_0^2-R_1^2)Z^2]^2} \tag{9.74}$$

圆棒拔制为轴对称变形有 $\dot{\varepsilon}_r=\dot{\varepsilon}_\theta$。按体积不变条件及上式，$2\dot{\varepsilon}_r+\dot{\varepsilon}_Z=0$；应变

速率场为

$$\dot{\varepsilon}_r = \dot{\varepsilon}_\theta = -\frac{\dot{\varepsilon}_Z}{2} = -\frac{L^2 C(R_0^2 - R_1^2)Z}{\pi[L^2 R_0^2 - (R_0^2 - R_1^2)Z^2]^2} \tag{9.75}$$

注意到 r、θ、Z 为主方向的基本假设，上述速度场特点为 $\dot{\varepsilon}_1 = \dot{\varepsilon}_Z = \dot{\varepsilon}_{\max}$；$\dot{\varepsilon}_2 = \dot{\varepsilon}_3 = \dot{\varepsilon}_\theta = \dot{\varepsilon}_r = \dot{\varepsilon}_{\min}$。由几何方程 $\dot{\varepsilon}_\theta = \frac{v_r}{r}$，注意到式（9.73）与式（9.72），速度场为

$$v_r = \dot{\varepsilon}_\theta r = -\frac{L^2 C(R_0^2 - R_1^2)Zr}{\pi[L^2 R_0^2 - (R_0^2 - R_1^2)Z^2]^2},\ v_Z = \frac{L^2 C}{\pi[L^2 R_0^2 - (R_0^2 - R_1^2)Z^2]},\ v_\theta = 0 \tag{9.76}$$

将 $Z=0$ 代入式（9.76），$v_Z = C/\pi R_0^2 = v_0$；$Z=L$，$v_Z = C/\pi R_1^2 = v_1$；$r=0$，$v_r = 0$。故式（9.76）满足变形区入、出口与水平轴速度边界条件，为运动许可速度场。

锥形模计算结果与椭圆模计算结果比较如图 9.21 所示。

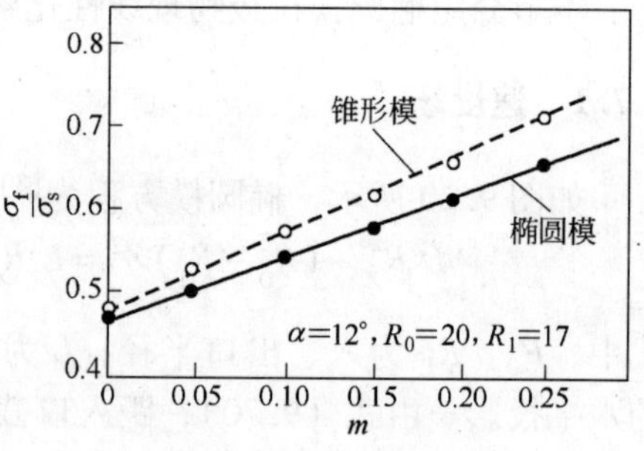

图 9.21 计算结果比较

9.7.2 变形功率

为回避非线性积分将式（9.75）代入双剪应力屈服准则比塑性功率式（8.9），然后代入下式积分并注意积分上限 R_Z 仍为 Z 的函数则

$$\begin{aligned}
\dot{W}_i &= \int_V D(\dot{\varepsilon}_{ik})\mathrm{d}V = \int_V \frac{2}{3}\sigma_s(\dot{\varepsilon}_{\max} - \dot{\varepsilon}_{\min})2\pi r\mathrm{d}r\mathrm{d}Z \\
&= \frac{4}{3}\pi\sigma_s\int_0^L \mathrm{d}Z\int_0^{R_Z}\frac{3L^2C(R_0^2 - R_1^2)Z}{\pi[L^2R_0^2 - (R_0^2 - R_1^2)Z^2]^2}r\mathrm{d}r \\
&= \frac{4}{3}\pi\sigma_s\int_0^L \frac{3L^2C(R_0^2 - R_1^2)Z}{\pi[L^2R_0^2 - (R_0^2 - R_1^2)Z^2]^2}\left(\frac{r^2}{2}\right)\Bigg|_0^{R_Z}\mathrm{d}Z \\
&= 2\sigma_s C\int_0^L \frac{(R_0^2 - R_1^2)Z\mathrm{d}Z}{L^2R_0^2 - (R_0^2 - R_1^2)Z^2} = -\sigma_s C\int_0^L \frac{\mathrm{d}[L^2R_0^2 - (R_0^2 - R_1^2)Z^2]}{L^2R_0^2 - (R_0^2 - R_1^2)Z^2} \\
&= -\sigma_s C\ln[L^2R_0^2 - (R_0^2 - R_1^2)Z^2]\Big|_0^L = -\sigma_s C\ln\left(\frac{R_1}{R_0}\right)^2 = \sigma_s C\ln\lambda
\end{aligned} \tag{9.77}$$

式中，$\lambda = \left(\frac{R_1}{R_0}\right)^2$ 称为拉拔延伸系数。将 $Z=0$ 代入式（9.76），$v_r = 0$；故沿图

9.20 入口断面 AA 切向（径向）不消耗剪切功率。将 $Z=L$ 代入式（9.76），则出口截面 BB 处：$v_r|_{Z=L}=\dfrac{-C(R_0^2-R_1^2)r}{\pi R_1^4 L}$，故沿 BB 切向（径向），$\Delta v_t=|0-v_r|=\dfrac{C(R_0^2-R_1^2)r}{\pi R_1^4 L}$，$BB$ 消耗的剪切功率为

$$\dot{W}_s=\int_F k|\Delta v_t|\,dF=k\int_0^{R_1}\frac{Cr(R_0^2-R_1^2)^2}{\pi R_1^4 L}2\pi r dr=\frac{2}{3}\frac{kC(R_0^2-R_1^2)}{R_1 L}\tag{9.78}$$

由图 9.20，设接触面表面摩擦力为 $\tau_f=mk$，变形金属质点沿弧 $\overset{\frown}{AB}$ 切向速度为 v_t，曲面微元为 dF，则沿椭圆弧 $\overset{\frown}{AB}$ 的摩擦功率为

$$\dot{W}_f=\int_F mk|\Delta v_t|\,dF\tag{9.79}$$

式中，$|\Delta v_t|=|0-v_t|$；因 F 为曲面，上述积分为曲面积分问题（锥形模面纵剖线为直线）。由式（9.76）并将式（9.71）代入，$\overset{\frown}{AB}$ 切向速度 v_t 的分量为

$$v_Z=\frac{L^2C}{\pi[L^2R_0^2-(R_0^2-R_1^2)Z^2]}\qquad v_r|_{r=R_Z}=\frac{-LC(R_0^2-R_1^2)Z}{\pi[L^2R_0^2-(R_0^2-R_1^2)Z^2]^{3/2}}$$

由图 9.20

$$\tan\alpha=\frac{v_r}{v_Z}=\frac{dR_Z}{dZ}=\frac{-(R_0^2-R_1^2)Z}{L\sqrt{L^2R_0^2-(R_0^2-R_1^2)Z^2}},\quad |\Delta v_t|=|v_t|=\sqrt{v_z^2+v_r^2}$$

$ds=\sqrt{1+(dR_z/dZ)^2}\,dZ$，$dF=2\pi R_z ds$，上述各式代入式（9.79），曲面积分化为

$$\begin{aligned}\dot{W}_f&=\int_F mk|v_t|\,dF=mk\int_F\sqrt{v_z^2+v_r^2}2\pi R_Z ds\\&=mk\int_F v_z 2\pi R_Z\sqrt{1+(v_r/v_z)^2}\sqrt{1+(dR_z/dZ)^2}dZ\end{aligned}$$

将式（9.71）、式（9.73）代入上式

$$\begin{aligned}\dot{W}_f&=2\pi mk\int_0^L\frac{L^2C}{\pi[L^2R_0^2-(R_0^2-R_1^2)Z^2]}(1+\tan^2\alpha)\frac{\sqrt{L^2R_0^2-(R_0^2-R_1^2)Z^2}}{L}dZ\\&=2\pi mk\int_0^L\frac{LCdZ}{\pi\sqrt{L^2R_0^2-(R_0^2-R_1^2)Z^2}}+2\pi mk\int_0^L\frac{C(R_0^2-R_1^2)Z^2dZ}{\pi[L^2R_0^2-(R_0^2-R_1^2)Z^2]^{3/2}L}\\&=\frac{2mkLC}{\sqrt{R_0^2-R_1^2}}\int_0^L\frac{dZ}{\sqrt{L^2R_0^2/(R_0^2-R_1^2)-Z^2}}+\frac{2mkC}{L}\int_0^L\frac{(R_0^2-R_1^2)^2Z^2dZ}{\sqrt{[L^2R_0^2-(R_0^2-R_1^2)Z^2]^3}}\\&=I_1+I_2\end{aligned}$$

$$I_1 = \frac{2mkLC}{\sqrt{R_0^2 - R_1^2}}\left[\arcsin\left(Z\Big/\frac{LR_0}{\sqrt{R_0^2 - R_1^2}}\right)\right]_0^L = \frac{2mkLC}{\sqrt{R_0^2 - R_1^2}}\arcsin\left(\frac{\sqrt{R_0^2 - R_1^2}}{R_0}\right)$$

$$I_2 = \frac{2mkC(R_0^2 - R_1^2)}{LR_1} - \frac{2mkC\sqrt{R_0^2 - R_1^2}}{L}\arcsin\left(\frac{\sqrt{R_0^2 - R_1^2}}{R_0}\right)$$

将 I_1、I_2 代入前式并整理

$$\dot{W}_{\mathrm{f}} = 2mkC\arcsin\left(\frac{\sqrt{R_0^2 - R_1^2}}{R_0}\right)\left(\frac{L}{\sqrt{R_0^2 - R_1^2}} - \frac{\sqrt{R_0^2 - R_1^2}}{L}\right) + \frac{2mkC(R_0^2 - R_1^2)}{LR_1} \tag{9.80}$$

令拉拔外功率 $\sigma_{\mathrm{f}}\pi R_1^2 v_1 = \sigma_{\mathrm{f}}C = \dot{W}_i + \dot{W}_{\mathrm{s}} + \dot{W}_{\mathrm{f}}$，将式（9.77）、式（9.78）、式（9.80）代入并整理，令 $k = \frac{\sigma_{\mathrm{s}}}{2}$有

$$\frac{\sigma_{\mathrm{f}}}{\sigma_{\mathrm{s}}} = \ln\lambda + m\sin^{-1}\left(\frac{\sqrt{R_0^2 - R_1^2}}{R_0}\right)\left(\frac{L}{\sqrt{R_0^2 - R_1^2}} - \frac{\sqrt{R_0^2 - R_1^2}}{L}\right) + \frac{R_0^2 - R_1^2}{LR_1}\left(m + \frac{1}{3}\right) \tag{9.81}$$

式（9.81）即椭圆拔制圆棒应力状态系数的上界解析解。m 可参照 Kudo 方法做下述近似估计

$$\mu \doteq \bar{\mu} = \frac{m/2}{\sigma_{\mathrm{s}}/\sigma_{\mathrm{s}}} = 0.5m,\ m \doteq 2\mu \tag{9.82}$$

式中，μ 为滑动摩擦系数。

由式（9.81），极限道次加工率满足

$$\ln\lambda + m\sin^{-1}\left(\frac{\sqrt{R_0^2 - R_1^2}}{R_0}\right)\left(\frac{L}{\sqrt{R_0^2 - R_1^2}} - \frac{\sqrt{R_0^2 - R_1^2}}{L}\right) + \frac{R_0^2 - R_1^2}{LR_1}\left(m + \frac{1}{3}\right) \leqslant 1 \tag{9.83}$$

9.7.3 与锥形模的比较

将图 9.20 弧$\overset{\frown}{AB}$两点连线，其与 L 或水平轴之间的夹角 α 即为同等变形条件下的锥形模拔制半锥角

$$\tan\alpha = \frac{R_0 - R_1}{L},\ L = \frac{R_0 - R_1}{\tan\alpha} \tag{9.84}$$

无反拉力且忽略定径带时锥形模拔制力为

$$\frac{\sigma_{xf}}{\sigma_s}=2f(\alpha)\ln\left(\frac{R_0}{R_f}\right)+\frac{2}{\sqrt{3}}\left[\frac{\alpha}{\sin^2\alpha}-\cot\alpha+m\cot\alpha\ln\left(\frac{R_0}{R_f}\right)\right] \tag{9.85}$$

式中，α 为半锥角，相当于图 9.20 与式（9.84）的 α；现将式（9.81）与式（9.85）在相同变形条件下进行比较。

棒材入口半径 $R_0=20\text{mm}$；出口半径 $R_1=R_f=17\text{mm}$；锥形模半角 $\alpha=12°$；分别以锥形模与椭圆模拔制，摩擦条件 m 依次取 0、0.05、0.1、0.15、0.20、0.25，按式（9.81）与式（9.85）两式计算，对 $m=0.1$、0.15、0.2、0.25，计算结果如图 9.21 所示。表明在同等变形条件下，锥形模拉拔圆棒的拉拔应力高于椭圆模，当 m 由 0 变化到 0.25 时，两式计算结果误差为 1.7% ~4.2%；随 m 增大上述误差增大。这预示着对相同摩擦条件，用椭圆拔制变形力小于锥形模，因而极限道次加工率高于锥形模。对塑性差、强度低的金属选用椭圆模拔制更合适。

9.8 EA 准则及其应用[2]

为便于比较，以下仍采用与 Тарновский 完全相同的摩擦与边界条件；位移与应变函数满足式（9.3）、式（9.4）。

对应变场式（9.4），认为长宽高为主轴（请注意与 Тарновский 式实际计算的假定条件即令 $\varepsilon_x=-\varepsilon_y=\varepsilon$，其他应变均为零）则有

$$\varepsilon_{\max}=\varepsilon_x=a_0+a\left(1-3\frac{y^2}{h^2}\right)\left(1-\frac{x^2}{l^2}\right)=-\varepsilon_y=-\varepsilon_{\min}$$

9.8.1 能量泛函

假定工件材料为刚－塑性体，且忽略质量力和惯性力。按第一变分原理

$$\varphi=\int_V\sigma_e\varepsilon_e\mathrm{d}V-\int_{S_p}\bar{p}_iu_i\mathrm{d}s=\int_V D(\varepsilon_{ik})\mathrm{d}V-\int_{S_p}\bar{p}_iu_i\mathrm{d}s$$

$$=\int_0^l\int_0^h D(\varepsilon_{ik})\mathrm{d}x\mathrm{d}y+m\frac{\sigma_s}{\sqrt{3}}\int_0^l u_x\big|_{y=h}\mathrm{d}x$$

EA 线性屈服准则比塑性功率为

$$D(\varepsilon_{ik})=\frac{\sqrt{3}\pi}{9}\sigma_s(\varepsilon_{\max}-\varepsilon_{\min})$$

将式（8.20）代入式（9.8）然后积分得

$$\varphi=\int_0^l\int_0^h\frac{\sqrt{3}\pi}{9}\sigma_s(\varepsilon_{\max}-\varepsilon_{\min})\mathrm{d}x\mathrm{d}y+m\frac{\sigma_s}{\sqrt{3}}\int_0^l u_x\big|_{y=h}\mathrm{d}x=\varphi_1+\varphi_2$$

$$\varphi_1 = \int_0^l \int_0^h \frac{\sqrt{3}\pi}{9}\sigma_s(\varepsilon_{max} - \varepsilon_{min})\mathrm{d}x\mathrm{d}y = \frac{\sqrt{3}\pi}{9}\sigma_s \int_0^l \int_0^h$$

$$2\left[a_0 + a\left(1 - 3\frac{y^2}{h^2}\right)\left(1 - \frac{x^2}{l^2}\right)\right]\mathrm{d}x\mathrm{d}y = \frac{2\pi\sigma_s}{3\sqrt{3}}\varepsilon hl \tag{9.86}$$

$$\varphi_2 = \frac{m\sigma_s}{\sqrt{3}}\int_0^l u_x\Big|_{y=h}\mathrm{d}x = \frac{m\sigma_s l^2}{\sqrt{3}}\left(\frac{a_0}{2} - \frac{5a}{6}\right)$$

其他步骤同第 9.1 节。

9.8.2 力能参数计算

将式（9.86）、式（9.10）代入前式总能率泛函为

$$\varphi = \frac{2\pi\sigma_s}{3\sqrt{3}}\varepsilon hl + m\frac{\sigma_s}{\sqrt{3}}l^2\left(\frac{\varepsilon}{2} - \frac{5a}{6}\right) \tag{9.87}$$

由外力功和内力功平衡，可求出接触面上单位宽度总压力分别为

$$\left.\begin{aligned} P &= \frac{1}{\Delta h}\frac{2\sigma_s}{\sqrt{3}}\left[\frac{\pi}{3}\varepsilon hl + ml^2\left(\frac{\varepsilon}{4} - \frac{5a}{12}\right)\right] \\ n_\sigma &= \frac{\bar{p}}{K} = \frac{\pi}{3} + m\frac{l}{h}\left(\frac{1}{4} - \frac{5a}{12\varepsilon}\right) \end{aligned}\right\} \tag{9.88}$$

式（9.88）即锻压矩形坯采用 EA（等面积）屈服准则比塑性功取代 Mises 比功对第一变分原理线性化到的结果。它是一个解析解。解法中不采用 Буняковский 不等式做近似处理，完全是泛函通过物理方程（线性屈服准则与流动法则联解）使得被积函数积分线性化得到的解析解；对此法尚需开展更深入的理论研究。

9.8.3 结果比较

采用与第 9.1 节同样测试设备，在轧制技术国家重点实验室压力机上用粗糙砧面压缩铅件。取 $f = 0.5$，试样的尺寸为 $H_0 = 2h_0 = 40\text{mm}$，$L_0 = 2l_0 = 38\text{mm}$，$B = 58\text{mm}$。第一步压缩 $\Delta h = 2\text{mm}$，以第一步压缩计算并比较式（6.100）、式（9.17）和式（9.88）的计算结果与工件外形。锥形模与椭圆模的计算结果比较如图 9.21 所示。

9.8.3.1 变形参数计算

$$\varepsilon = \frac{\Delta h}{h_0} = \frac{2.0}{20} = 0.1;\ t = \frac{\Delta h}{v_y} = \frac{2}{25/60} = 4.8\text{s};\ \bar{\dot{\varepsilon}} = \frac{\varepsilon}{t} = 0.0208\text{s}^{-1};\ h = 18\text{mm};$$

实测 $l_{中} = 21.5\text{mm}$，$l_{面} = 20\text{mm}$；$b = l_{中} - l_{面} = 1.5\text{mm}$；$20 \times 19 = 18l$，$l = 21.111\text{mm}$，$\bar{l} = \frac{l_0 + l}{2} = \frac{19 + 21.111}{2} = 20.056$，$\bar{h} = \frac{h_0 + h_1}{2} = 19$；$\bar{l}/\bar{h} = 1.056$

由式（6.96） $a=\frac{b}{2l_0}-0.75\left(\frac{\Delta h}{h}-\varepsilon\right)=\frac{1.5}{2\times19}-0.75\times\left(\frac{2}{18}-0.1\right)=0.031$

由式（9.3） $m=0.5+0.125\times1.056\times(1-0.5)\sqrt{0.5}=0.547$

9.8.3.2 变形后外形计算

当 $x=l_0$ 时，由式（9.3），计算第一步侧位移 $u_x|_{x=l_0,y=h}=\frac{\Delta h}{h_0}l_0-\frac{4}{3}al_0=0.1\times19-\frac{4}{3}\times0.031\times19=1.115(\text{mm})$，$l|_{x=l_0,y=h}=l_0+1.115=20.115(\text{mm})$；实测 $l_{面}=20(\text{mm})$。相同步骤依次计算 $y=h$，$y=0$，$y=5$，$y=10$，$y=15$ 处的 u_x 值及 l 值，并实测对应点的 l 值，结果如表 9.5 与图 9.22 所示。

表 9.5 侧面 $l_0=19$ 处不同 y 值变形后计算与实测长度比较

计算位移/mm	变形后计算长度 l/mm	变形后实测长度 l/mm
$u_x\|_{x=l_0,y=h}=1.115$	$l\|_{x=l_0,y=h}=l_{面}=20.115$	$l\|_{x=l_0,y=h}=l_{面}=20$
$u_x\|_{x=l_0,y=15}=1.63$	$l_{x=l_0,y=15}=20.63$	$l_{x=l_0,y=15}=20.54$
$u_x\|_{x=l_0,y=10}=1.998$	$l_{x=l_0,y=10}=20.998$	$l_{x=l_0,y=10}=21.02$
$u_x\|_{x=l_0,y=5}=2.219$	$l_{x=l_0,y=5}=21.219$	$l_{x=l_0,y=5}=21.33$
$u_x\|_{x=l_0,y=0}=2.293$	$l\|_{x=l_0,y=0}=l_{中}=21.293$	$l\|_{x=l_0,y=0}=l_{中}=21.5$

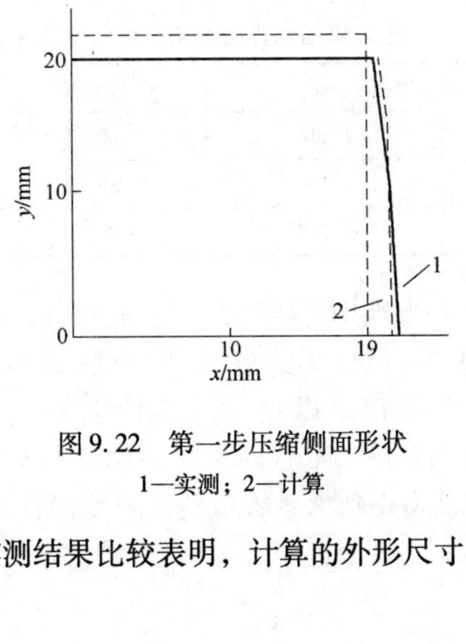

图 9.22 第一步压缩侧面形状

1—实测；2—计算

以上计算结果与实测结果比较表明，计算的外形尺寸与实验结果基本相符。

9.8.3.3 变形力计算

按应变矢量内积结果式（6.100）

将 $\varepsilon=0.1$，$\frac{\bar{l}}{h}=1.056$，$m=0.547$，$a/\varepsilon=0.31$ 代入式（5.20）得

$$\frac{\bar{p}}{K}=\sqrt{1+0.31^2\left(\frac{0.947}{8}-0.625\times1.056\right)^2+0.547\times1.056\times\left(0.25-\frac{5}{12}\times0.31\right)}=1.084$$

由文献查得纯铅 $\sigma_s=20.15\text{MPa}$，总变形力

$$P=1.155\sigma_s\frac{\bar{p}}{K}LB=1.155\times20.15\times1.084\times2\times20\times58=58529.4\text{N}=58.53\text{kN}$$

按 EA 准则结果式（9.88）：将 $\varepsilon=0.1$，$\frac{\bar{l}}{h}=1.056$，$m=0.547$，$a/\varepsilon=0.31$ 代入式（9.88）得

$$\frac{\bar{p}}{K}=1.117,\ P=1.155\sigma_s\frac{\bar{p}}{K}LB=1.155\times20.15\times1.117\times2\times20\times58=60.3\text{kN}$$

按 Тарновский 式（9.17）：将 $m=0.547$，$\frac{\bar{l}}{h}=1.056$ 代入式（9.16）$\frac{a}{\varepsilon}=0.256$，代入式（9.17）

$$n_\sigma=1.114,\ P=1.155\times20.15\times1.114\times20\times2\times58=60.15\text{kN}$$

压力机指示读数：第一步压缩压力机指示盘读数为 57.6kN 与三种计算结果比较如表 9.6 所示。

表 9.6 压力机指示盘读数与三种计算结果比较

计算公式	n_σ	P/kN	压力机指示值 P/kN
Тарновский（9.17）	1.114	60.15	57.6
应变矢量内积（6.100）	1.084	58.53	
EA 准则线性化（9.88）	1.117	60.3	

以上比较可看出 EA 屈服准则比塑性功使泛函线性化的计算结果与 Тарновский 式（9.17）计算结果基本一致；应变矢量内积使泛函线性化计算结果低于 Тарновский 式（9.17）计算结果；以上三种公式计算结果均高于压力机指示值。

足见线性屈服准则比塑性功取代能量泛函积分的 Mises 被积函数（物理方法）使泛函积分线性化从而得到泛函解析解的解法同样适于诸多金属成形问题的解析。

9.9 GM 准则解扁带拉拔[19]

前已述及，Mises 屈服准则非线性比塑性功率表达式为

$$D(\dot{\varepsilon}_{ik}) = \sigma_s \sqrt{2\dot{\varepsilon}_{ik}\dot{\varepsilon}_{ik}/3} \tag{9.89}$$

而非常逼近 Mises 准则的 GM 线性屈服准则比塑性功率线性表达式为

$$D(\dot{\varepsilon}_{ik}) = \frac{7}{12}\sigma_s(\dot{\varepsilon}_{max} - \dot{\varepsilon}_{min}) \tag{9.90}$$

前已注明上式比塑性功率比 TSS 准则低 12.5%。以下采用 GM 准则对扁带拉拔解析线性化。Avitzur 曾以柱坐标速度场得到下述近似解

$$\frac{\sigma_1}{2k} = \frac{\sigma_0}{2k} = \left[\xi(\alpha) + \frac{\tau_f}{2k}\cot\alpha\right]\ln\frac{h_0}{h_1} + \frac{1-\cos\alpha}{\sin\alpha} \tag{9.91}$$

由于式中，$\xi(\alpha) = \dfrac{E\left(\alpha, \dfrac{\sqrt{3}}{2}\right)}{\sin\alpha}$是第二类椭圆积分，故上式实际上是数值解。

9.9.1 速度场

楔形模带材拉拔如图 9.23 所示。已知带材入口厚度为 h_0，速度为 v_0，出口厚度为 h_1，速度为 v_1，接触面 11′与 22′为切向速度不连续面，变形区内任意横截面速度场必须满足以下方程：

$$v_0h_0 = v_1h_1 = v_xh_x = c,\ v_x = c/h_x$$

由图 9.23，$\tan\alpha = \dfrac{h_x}{2x}$，代入上式并注意体积不变条件有

$$v_x = \frac{c}{2x\tan\alpha},\ v_y = -\frac{cy}{2x^2\tan\alpha},\ v_z = 0 \tag{9.92}$$

$$\dot{\varepsilon}_x = \frac{c}{2x^2\tan\alpha},\ \dot{\varepsilon}_y = -\frac{c}{2x^2\tan\alpha},\ \dot{\varepsilon}_{xy} = \frac{cy}{2x^3\tan\alpha},\ \text{其他}\ \dot{\varepsilon}_{ik} = 0 \tag{9.93}$$

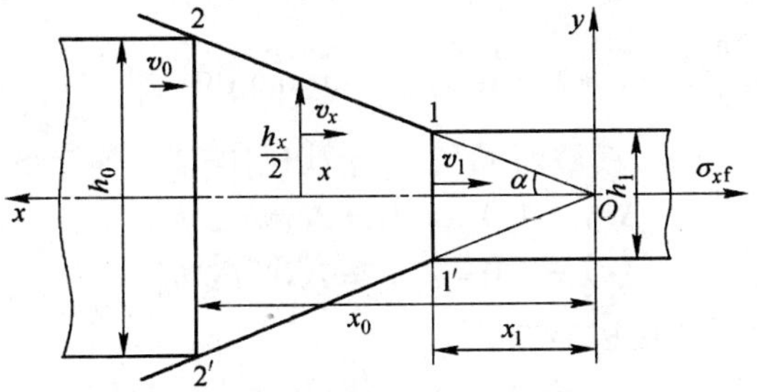

图 9.23 带材拉拔直角坐标速度场

上式代入应变率张量系数行列式，则主应变率张量为

$$\begin{vmatrix} \dot{\varepsilon}_x - \dot{\varepsilon} & \dot{\varepsilon}_{xy} & 0 \\ \dot{\varepsilon}_{yx} & -\dot{\varepsilon}_x - \dot{\varepsilon} & 0 \\ 0 & 0 & 0 - \dot{\varepsilon} \end{vmatrix} = -\dot{\varepsilon}(\dot{\varepsilon}_x - \dot{\varepsilon})(-\dot{\varepsilon}_x - \dot{\varepsilon}) + \dot{\varepsilon}\dot{\varepsilon}_{yx}^2 = 0$$

$$\dot{\varepsilon}[(\dot{\varepsilon}_x - \dot{\varepsilon})(\dot{\varepsilon}_x + \dot{\varepsilon}) + \dot{\varepsilon}_{yx}^2] = 0,\ \dot{\varepsilon}_2 = 0;\ \dot{\varepsilon}_x^2 + \dot{\varepsilon}_{xy}^2 = \dot{\varepsilon}^2$$

$$\dot{\varepsilon}_1 = \sqrt{\dot{\varepsilon}_x^2 + \dot{\varepsilon}_{xy}^2} = \dot{\varepsilon}_{\max} = \frac{c\sqrt{x^2+y^2}}{2x^3\tan\alpha},\quad \dot{\varepsilon}_3 = -\sqrt{\dot{\varepsilon}_x^2 + \dot{\varepsilon}_x^2} = \dot{\varepsilon}_{\min} = -\frac{c\sqrt{x^2+y^2}}{2x^3\tan\alpha} \tag{9.94}$$

注意到式（9.92）

$$y = 0,\ v_y = 0;\ x = x_0,\ v_x = \frac{c}{2x_0\tan\alpha} = v_0;\ x = x_1,\ v_x = \frac{c}{2x_1\tan\alpha} = v_1$$

及式（9.93）、式（9.94）

$$\dot{\varepsilon}_x + \dot{\varepsilon}_y + \dot{\varepsilon}_z = \dot{\varepsilon}_1 + \dot{\varepsilon}_3 + \dot{\varepsilon}_2 = 0$$

故式（9.92）、式（9.93）、式（9.94）满足运动许可条件。

9.9.2 成形能率泛函

将方程（9.94）代入 GM 准则比塑性功率式（9.90），然后代入刚塑性第一变分原理得到下述积分

$$\dot{W}_i = \int_V D(\dot{\varepsilon}_{ik})\,\mathrm{d}V = \frac{7}{12}\sigma_s\int_S(\dot{\varepsilon}_{\max} - \dot{\varepsilon}_{\min})\,\mathrm{d}S = \frac{7\sqrt{3}ck}{12\tan\alpha}\int_V \frac{1}{x^3}\sqrt{x^2+y^2}\,\mathrm{d}V$$

$$= \frac{7\sqrt{3}ck}{12\tan\alpha}\int_{x_1}^{x_0}\frac{1}{x^2}\left[\int_0^y\sqrt{1+\frac{y^2}{x^2}\mathrm{d}y}\right]\mathrm{d}x$$

注意到 $y = h_x/2$，$\ln(x_0/x_1) = \ln(h_0/h_1)$ 则

$$\dot{W}_i = \frac{7\sqrt{3}ck}{6\tan\alpha}\int_{x_1}^{x_0}\frac{1}{x}\left[\frac{y}{2x}\sqrt{1+\frac{y^2}{x^2}} + \frac{1}{2}\ln\left(\frac{y}{x} + \sqrt{1+\frac{y^2}{x^2}}\right)\right]_0^{x\tan\alpha}\mathrm{d}x$$

$$= \frac{7\sqrt{3}ck}{6\tan\alpha}\int_{x_1}^{x_0}\frac{1}{x}\left[\frac{x\tan\alpha}{2}\sqrt{1+\tan^2\alpha} + \frac{1}{2}\ln(\tan\alpha + \sqrt{1+\tan^2\alpha})\right]\mathrm{d}x$$

$$= \frac{7\sqrt{3}ck}{12}\ln\frac{h_0}{h_1}\left[\sqrt{1+\tan^2\alpha} + \frac{1}{\tan\alpha}\ln(\tan\alpha + \sqrt{1+\tan\alpha})\right] \tag{9.95}$$

沿图 9.2.3 入、出口横截面 11′、22′的切向速度不连续量分别为

沿 11′：$\Delta v_{t1} = |0 - v_y| = 2cy\tan\alpha/h_1^2$

沿 22′：$\Delta v_{t0} = |0 - v_y| = 2cy\tan\alpha/h_0^2$

故单位宽度入、出口剪切功率为

$$\dot{W}_s = k\int_{F_{11'}}\Delta v_{t1}\,\mathrm{d}F + k\int_{F_{22'}}\Delta v_{t0}\,\mathrm{d}F = 2k\int_0^{\frac{h_1}{2}}\frac{2c\tan\alpha}{h_1^2}y\,\mathrm{d}y + 2k\int_0^{\frac{h_0}{2}}\frac{2c\tan\alpha}{h_0^2}y\,\mathrm{d}y = kc\tan\alpha \tag{9.96}$$

式（9.96）表明出、入口截面消耗的剪切功率相等。

由式（9.92）工件与工具接触面上切向速度不连续量与摩擦功率分别为

$$\Delta v_{\mathrm{f}} = \frac{v_x}{\cos\alpha}$$

$$\dot{W}_{\mathrm{f}} = 2\int_F \tau_{\mathrm{f}} \Delta v_{\mathrm{f}} \mathrm{d}F = 2mk\int_{x_1}^{x_0} \frac{v_x}{\cos\alpha} \cdot \frac{\mathrm{d}x}{\cos\alpha} = 2mk\int_{x}^{x0} \frac{c}{2x\tan\alpha\cos^2\alpha}\mathrm{d}x$$

$$= \frac{mkc}{\sin\alpha\cos\alpha}\ln\frac{x_0}{x_1} = \frac{mkc}{\sin\alpha\cos\alpha}\ln\frac{h_0}{h_1} \tag{9.97}$$

令外功率等于上界总功率，即

$$J = \sigma_{xf} v_1 h_1 = J^* = \dot{W}_i + \dot{W}_{\mathrm{s}} + \dot{W}_{\mathrm{f}}$$

注意到变形区对称，将式（9.95）、式（9.96）及式（9.97）代入上式整理得

$$\sigma_{xf} v_1 h_1 = \frac{7\sqrt{3}}{12} ck\ln\frac{h_0}{h_1}\left[\sqrt{1+\tan^2\alpha} + \frac{1}{\tan\alpha}\ln(\tan\alpha + \sqrt{1+\tan^2\alpha})\right] + ck\tan\alpha + \frac{mck\ln\dfrac{h_0}{h_1}}{\sin\alpha\cos\alpha} \tag{9.98}$$

应力状态系数为

$$n_\sigma = \frac{\sigma_{xf}}{2k} = \ln\frac{h_0}{h_1}\left\{\frac{7\sqrt{3}}{24}\left[\sqrt{1+\tan^2\alpha} + \frac{1}{\tan\alpha}\ln(\tan\alpha + \sqrt{1+\tan^2\alpha})\right] + \frac{m}{\sin 2\alpha}\right\} + \frac{\tan\alpha}{2} \tag{9.99}$$

可以看出，以 GM 准则比塑性功率确定的应力状态系数式（9.99）是解析解。这表明相对拉拔力为道次变形程度 $\ln\dfrac{h_0}{h_1}$，模半角 α 以及摩擦因子 m 的函数。

9.9.3 最佳模角与极限加工率

对不同 m 与不同变形程度总存在使拉拔力最小的模半角，对 Avitzur 的式（9.91），最佳模半角的近似表达式为

$$\alpha \approx \cos^{-1}\left(1 - \frac{m}{2}\ln\frac{h_0}{h_1}\right) \tag{9.100}$$

将方程式（9.99）对模半角 α 求导并令一阶导数为零，可得采用 GM 准则条件下摩擦因子、变形程度与模半角之间的解析关系为

$$\frac{\partial}{\partial\alpha}\left(\frac{\sigma_{xf}}{2k}\right) = 0$$

$$m = \frac{\sin^2\alpha}{\cos 2\alpha\ln\dfrac{h_0}{h_1}} + \frac{7\sqrt{3}}{12\cos 2\alpha}\left[\frac{\sin\alpha}{\sqrt{1+\tan^2\alpha}} - \cos^2\alpha\ln(\tan\alpha + \sqrt{1+\tan^2\alpha})\right] \tag{9.101}$$

由式（9.99），极限道次加工率满足

$$\frac{\sigma_{xf}}{2k}=\ln\frac{h_0}{h_1}\left\{\frac{7\sqrt{3}}{24}\left[\sqrt{1+\tan^2\alpha}+\frac{1}{\tan\alpha}\ln(\tan\alpha+\sqrt{1+\tan^2\alpha})\right]+\frac{m}{\sin2\alpha}\right\}+\frac{\tan\alpha}{2}\leqslant1$$

$$\ln\left(\frac{h_0}{h_1}\right)\leqslant\frac{1-\frac{1}{2}\tan\alpha}{\frac{7\sqrt{3}}{24}\left[\sqrt{1+\tan^2\alpha}+\frac{1}{\tan\alpha}\ln(\tan\alpha+\sqrt{1+\tan^2\alpha})+\frac{m}{\sin2\alpha}\right]}\qquad(9.102)$$

9.9.4 计算结果比较

带材拉拔例：（Willianm，1983）带材入口厚度 $h_0=2.54\text{mm}$，宽度 $b=304.8\text{mm}$，屈服切应力 $k=206.78\text{MPa}$，模半角 $\alpha=15°$，压下率 $h_1/h_0=0.9$。

图 9.24 表明 GM 准则比塑性功率线性化后与 Avitzur 椭圆积分结果的比较，当 $\alpha<8°$ 时，二者结果基本一致；当 $\alpha>8°$ 前者略高于后者。图 9.25 给出摩擦因子与模半角对最大加工率的影响。图 9.26 表明最佳模半角是摩擦因子 m 与变形程度 h_1/h_0 的函数。随 m 和 h_1/h_0 增加最佳模半角增大。以上研究表明通过线性屈服准则比塑性功率取代带材拉拔能率泛函的被积函数，使泛函积分得到理想的解析效果，表明物理线性化方法行之有效。

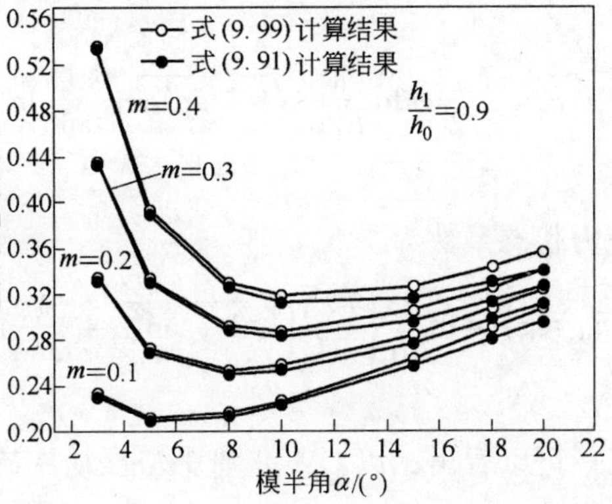

图 9.24 m 与 α 对应力状态系数 n_σ 的影响

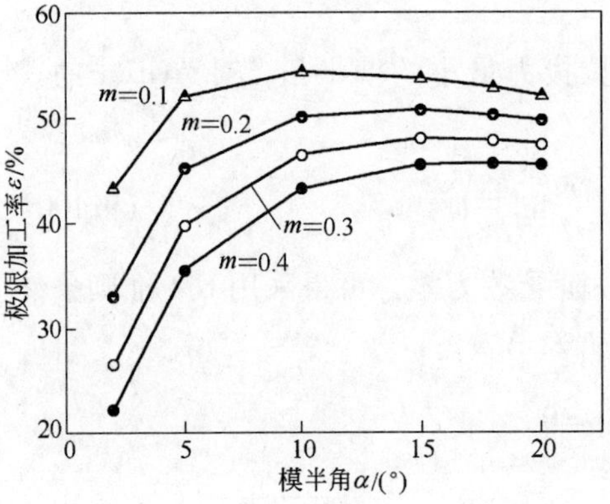

图 9.25 m、α 与极限加工率的关系

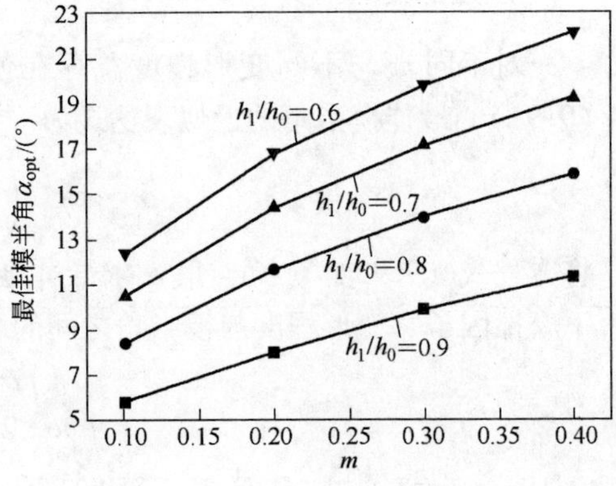

图 9.26 m 与加工率对最佳模半角 α_{opt} 的影响

9.10 双抛物线模拔

本节建立解双抛物线模拔圆棒运动许可速度场并用MY准则比塑性功率解析拉拔能率泛函，解析解将与余弦、椭圆模结果进行比较[88~92]。

9.10.1 速度场

双抛物线拉拔如图9.27所示，柱坐标（z，r，θ）原点选在入口截面中心，模面接触弧水平投影为l。变形区Ⅰ内模面线为$\widehat{AB}$与$\widehat{DE}$，变形区Ⅱ内的模面线为$\widehat{BC}$与$\widehat{EF}$，这些均为抛物线。定义Ⅰ、Ⅱ两区完全相同的模面抛物线（沿模纵向剖线）在B、E两点组合成光滑的曲线模，称为双抛物线模。设线材入口、出口直径为$2R_0$、$2R_1$，入口、出口速度为v_0、v_1，由图9.27，Ⅰ、Ⅱ两区方程分别为

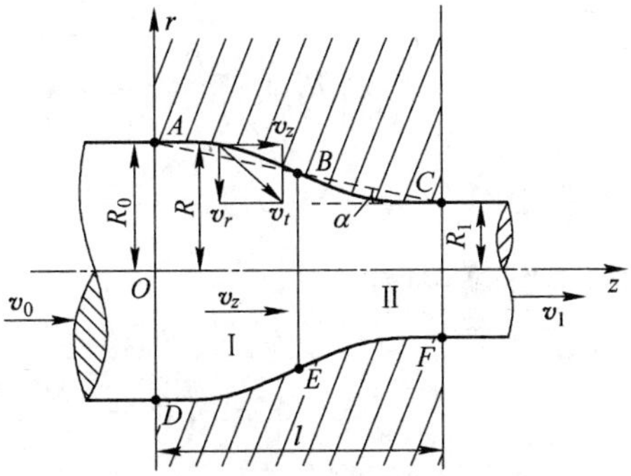

图9.27 双抛物线模拔速度场

$$R=-az^2+R_0 \quad ①$$

$$R=b(z-l)^2+R_1 \quad ②$$

由于两抛物线旋转对称（孪生对称），距BE截面同一水平距离的绝对压下量值相同，所以由入口到接点B（$z=l/2$）及由接B到出口均为$\Delta R/2$（$\Delta R=R_0-R_1$），在$z=l/2$，可由上述两式

$$\frac{R_0+R_1}{2}=-a\left(\frac{l}{2}\right)^2+R_0 \quad ③$$

$$\frac{R_0+R_1}{2}=b\left(-\frac{l}{2}\right)^2+R_1 \quad ④$$

抛物线参数a，b由上述方程联解确定为

$$a=b=\frac{2\Delta R}{l^2}=\frac{2\tan\alpha}{l} \quad ⑤$$

式中，α为模面线上A、B、C三点连线与水平轴夹角。将式⑤代入式①与式②得两抛物线显式分别为

Ⅰ区：
$$R=-\frac{2\Delta R}{l^2}z^2+R_0 \quad (9.103)$$

Ⅱ区：
$$R=\frac{2\Delta R}{l^2}(z-l)^2+R_1 \quad (9.104)$$

在 $z=l/2$ 处，两抛物线斜率均为 $\mathrm{d}R/\mathrm{d}z=2\Delta R/l=2\tan\alpha$，故为光滑过渡。令 U 为秒流量，按体积不变条件有

$$\pi R_0^2 v_0=\pi R^2 v_z=\pi R_1^2 v_1=U \tag{9.105}$$

于是两区 Z 向速度与应变速率分量分别为

Ⅰ区：$$v_z=\frac{U}{\pi R^2}=\frac{U}{\pi\left(R_0-\dfrac{2\Delta R}{l^2}z^2\right)^2};\ \dot{\varepsilon}_z=\frac{\partial v_z}{\partial z}=\frac{8\Delta RUz}{\pi l^2\left(R_0-\dfrac{2\Delta R}{l^2}z^2\right)^3} \quad ⑥$$

Ⅱ区：$$v_z=\frac{U}{\pi R^2}=\frac{U}{\pi\left[R_1+\dfrac{2\Delta R}{l^2}(z-l)^2\right]^2};\ \dot{\varepsilon}_z=\frac{\partial v_z}{\partial z}=\frac{8\Delta RU(z-l)}{\pi l^2\left[R_1+\dfrac{2\Delta R}{l^2}(z-l)^2\right]^3} \quad ⑦$$

注意到轴对称 $\dot{\varepsilon}_r=\dot{\varepsilon}_\theta=-\dfrac{\dot{\varepsilon}_z}{2}$。

Ⅰ区应变速率场为

$$\dot{\varepsilon}_r=\dot{\varepsilon}_\theta=-\frac{4\Delta RUz}{\pi l^2\left(R_0-\dfrac{2\Delta R}{l^2}z^2\right)^3},\ \dot{\varepsilon}_z=\frac{8\Delta RUz}{\pi l^2\left(R_0-\dfrac{2\Delta R}{l^2}z^2\right)^3} \tag{9.106}$$

Ⅱ区应变速率场为

$$\dot{\varepsilon}_r=\dot{\varepsilon}_\theta=-\frac{4\Delta RU(z-l)}{\pi l^2\left[R_1+\dfrac{2\Delta R}{l^2}(z-l)^2\right]^3},\ \dot{\varepsilon}_z=\frac{8\Delta RU(z-l)}{\pi l^2\left[R_1+\dfrac{2\Delta R}{l^2}(z-l)^2\right]^3} \tag{9.107}$$

注意到 $v_\theta=0$，$\dot{\varepsilon}_\theta=\dfrac{v_r}{r}+\dfrac{\partial v_\theta}{r\partial\theta}=\dfrac{v_r}{r}$；$v_r=r\,\dot{\varepsilon}_\theta$。

在Ⅰ区：$$v_r=r\,\dot{\varepsilon}_r=r\,\dot{\varepsilon}_\theta=-\frac{4\Delta RUzr}{\pi l^2\left(R_0-\dfrac{2\Delta R}{l^2}z^2\right)^3} \quad ⑧$$

在Ⅱ区：$$v_r=r\,\dot{\varepsilon}_r=r\,\dot{\varepsilon}_\theta=-\frac{4\Delta RU(z-l)\ r}{\pi l^2\left[R_1+\dfrac{2\Delta R}{l^2}(z-l)^2\right]^3} \quad ⑨$$

于是两区速度场分别为

Ⅰ区：$$v_z=\frac{U}{\pi\left(R_0-\dfrac{2\Delta R}{l^2}z^2\right)^2},\ v_r=-\frac{4\Delta RUzr}{\pi l^2\left(R_0-\dfrac{2\Delta R}{l^2}z^2\right)^3},\ v_\theta=0 \tag{9.108}$$

Ⅱ区：$$v_z=\frac{U}{\pi\left[R_1+\dfrac{2\Delta R}{l^2}(z-l)^2\right]^2},\ v_r=-\frac{4\Delta RU\ (z-l)r}{\pi l^2\left[R_1+\dfrac{2\Delta R}{l^2}(z-l)^2\right]^3},\ v_\theta=0 \tag{9.109}$$

注意到式（9.103）上述速度场当 $r=R$ 时，Ⅰ区满足

$$\left[\frac{v_r}{v_z}\right]_{r=R} = -\frac{4\Delta RUzR}{\pi l^2\left(R_0 - \frac{2\Delta R}{l^2}z^2\right)^3}\frac{\pi\left(R_0 - \frac{2\Delta R}{l^2}z^2\right)^2}{U} = -\frac{4\Delta Rz}{l^2} = \frac{\mathrm{d}R}{\mathrm{d}z} \quad (9.110)$$

式（9.110）满足流线微分方程，表明Ⅰ区抛物线 AB 为流线。同理可证明在Ⅱ区 $r=R$ 时

$$\left[\frac{v_r}{v_z}\right]_{r=R} = -\frac{4\Delta RU\ (z-l)R}{\pi l^2\left[R_1 + \frac{2\Delta R}{l^2}(z-l)^2\right]^3}\frac{\pi\left[R_1 + \frac{2\Delta R}{l^2}(z-l)^2\right]^2}{U} = -\frac{4\Delta R(z-l)}{l^2} = \frac{\mathrm{d}R}{\mathrm{d}z}$$

(9.111)

即抛物线 BC 为流线。故式（9.110）、式（9.111）都证明了模面双抛物线 ABC 为流面。读者可验证式（9.108），式（9.109）满足运动许可条件。

双抛物线与锥形和椭圆模结果比较如图 9.28 所示。

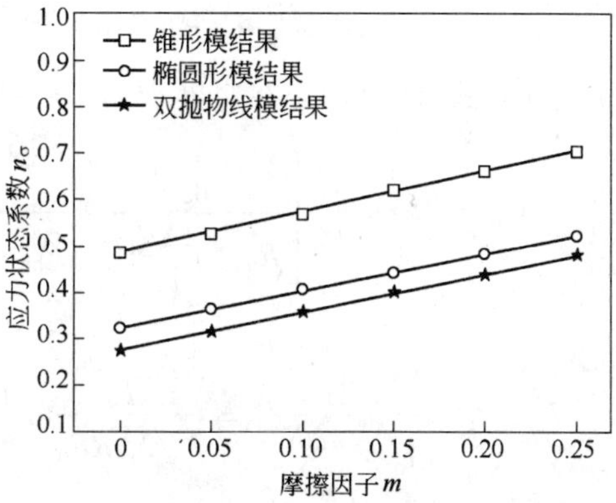

图 9.28 双抛物线与锥形和椭圆模结果比较

9.10.2 成形功率泛函

9.10.2.1 内部变形功率泛函

将 MY 准则比塑性功率式（8.13）取代第一变分原被积函数，注意到式（9.106）、式（9.107）中 $\dot{\varepsilon}_{max} = \dot{\varepsilon}_z$，$\dot{\varepsilon}_{min} = \dot{\varepsilon}_r = \dot{\varepsilon}_\theta$，$\mathrm{d}V = \pi R^2\mathrm{d}z$，代入下式，Ⅰ区成形能率泛函积分为

$$\dot{W}_{i\mathrm{I}} = \int_V D(\dot{\varepsilon}_{ik})\mathrm{d}V = \frac{4}{7}\sigma_s\int_0^{l/2}(\dot{\varepsilon}_{max} - \dot{\varepsilon}_{min})\pi R^2\mathrm{d}z = \frac{12}{7}U\sigma_s\ln\frac{2R_0}{R_0 + R_1}$$

(9.112)

同样步骤，Ⅱ区成形能率为

$$\dot{W}_{i\mathrm{II}} = \int_V D(\dot{\varepsilon}_{ik})\mathrm{d}V = \frac{4}{7}\sigma_s\int_{l/2}^{l}(\dot{\varepsilon}_{max} - \dot{\varepsilon}_{min})\pi R^2\mathrm{d}z = \frac{12}{7}U\sigma_s\ln\frac{R_0 + R_1}{2R_1}$$

(9.113)

$$\dot{W}_i = \dot{W}_{i1} + \dot{W}_{i2} = \frac{12}{7}U\sigma_s\ln\frac{R_0}{R_1} = \frac{6}{7}U\sigma_s\ln\left(\frac{R_0}{R_1}\right)^2 \quad (9.114)$$

9.10.2.2 剪切功率泛函

注意到式（9.108）、式（9.109）中当 $v_r|_{z=0}=0$，$v_r|_{z=l}=0$，故变形区出入

口截面不消耗剪切功率。*BE* 截面左右两侧速度满足

$$(v_r)_L = -\frac{16\Delta RUr}{\pi l\,(R_0+R_1)^3} = (v_r)_R = -\frac{16\Delta RUr}{\pi l\,(R_1+R_0)^3}$$

故也不消耗剪切功率。足见双抛物线模 $\dot{W}_s=0$。这对模具损耗、线材表面质量及难变形金属拔制成形具有重要意义。

9.10.2.3 摩擦功率泛函

由图 9.27，令 $\tau_f = mk$，$|\Delta v_t| = |v_t - 0| = |v_t| = \sqrt{v_z^2 + v_r^2}$，弧微元 $ds = \sqrt{(dz)^2 + (dR)^2} = \sqrt{1 + (dR/dz)^2}\,dz$，模面面元 $dF = 2\pi R ds$，代入下式

$$\begin{aligned}\dot{W}_f &= mk\int_F |\Delta v_t|\,dF = mk\int_F v_z 2\pi R\sqrt{1+(v_r/v_z)^2}\sqrt{1+(dR/dz)^2}dz \\ &= 2\pi Rmk\int_F [v_z + v_z(dR/dz)^2]\,dz \qquad ⑩\end{aligned}$$

对Ⅰ区注意式（9.110）在边界 $dR/dz = -4\Delta Rz/l^2$，代入式⑩

$$\dot{W}_{f1} = 2Umk\int_0^{l/2}\left[\frac{dz}{R_0 - \frac{2\Delta R}{l^2}z^2} + \frac{\frac{16\Delta R^2 z^2}{l^4}}{R_0 - \frac{2\Delta R}{l^2}z^2}dz\right] = 2Umk(I_1 + I_2) \tag{9.115}$$

$$I_1 = \int_0^{l/2}\frac{dz}{R_0 - \frac{2\Delta R}{l^2}z^2} = \frac{l}{2\sqrt{2\Delta RR_0}}\ln\frac{1+\sqrt{r/2}}{1-\sqrt{r/2}}, I_2 = -\frac{4\Delta R}{l} + \frac{8\Delta RR_0}{l^2}I_1$$

代入式（9.115）整理得

$$\dot{W}_{f1} = 2Umk\left(1 + \frac{8\Delta RR_0}{l^2}\right)I_1 - \frac{8\Delta R}{l}Umk \tag{9.116}$$

注意式（9.111），在Ⅱ区边界：$dR/dz = 4\Delta R(z-l)/l^2$，代入式⑩摩擦功率分别为

$$\dot{W}_{f2} = \frac{8\Delta R}{l}Umk + 2Umk\left(1 - \frac{8\Delta RR_1}{l^2}\right)I_3 \tag{9.117}$$

$$I_3 = \int_{l/2}^{l}\frac{dz}{\frac{2\Delta R}{l^2}(z-l)^2 + R_1} = \frac{l}{\sqrt{2\Delta RR_1}}\tan^{-1}\sqrt{\frac{\Delta R}{2R_1}}$$

变形区总摩擦功率为

$$\dot{W}_f = \dot{W}_{f1} + \dot{W}_{f2} = 2Umk\left(1 + \frac{8\Delta RR_0}{l^2}\right)I_1 + 2Umk\left(1 - \frac{8\Delta RR_1}{l^2}\right)I_3 \tag{9.118}$$

9.10.3 拔制力与最佳模角

设线材出口拔制应力为 σ_f，令外加拔制功率 $J = \sigma_f \pi R_1^2 v_1 = \sigma_f U$ 等于上界总

功率

$$\sigma_{\rm f}\pi R_1^2 v_1=\sigma_{\rm f}U=J^*=\dot{W}_i+\dot{W}_{\rm f}$$

将式（9.114）、式（9.118）代入上式整理得

$$n_\sigma=\frac{\sigma_{\rm f}}{\sigma_{\rm s}}=\frac{6}{7}\ln\lambda+\frac{m(l^2+8\Delta RR_0)}{2l\sqrt{2\Delta RR_0}}\ln\frac{1+\sqrt{r/2}}{1-\sqrt{r/2}}+\frac{m(l^2-8\Delta RR_1)}{l\sqrt{2\Delta RR_1}}\tan^{-1}\sqrt{\frac{\Delta R}{2R_1}} \tag{9.119}$$

式中，$\lambda=(R_0/R_1)^2$ 为拉拔系数，$r=\Delta R/R_0$ 为道次减径率。式（9.119）表明 $\sigma_{\rm f}$ 是拉拔道次延伸系数 λ，摩擦因子 m 与模面线水平投影长度 l（或半角 α）与减径率 r 的函数。

极限道次加工率确定为

$$\frac{6}{7}\ln\lambda+\frac{m(l^2+8\Delta RR_0)}{2l\sqrt{2\Delta RR_0}}\ln\frac{1+\sqrt{r/2}}{1-\sqrt{r/2}}+\frac{m(l^2-8\Delta RR_1)}{l\sqrt{2\Delta RR_1}}\tan^{-1}\sqrt{\frac{\Delta R}{2R_1}}\leqslant 1 \tag{9.120}$$

由方程式（9.119），令 $\partial n_\sigma/\partial l=0$

$$l_{\rm opt}=\sqrt{\frac{8\Delta RR_0\ln\dfrac{1+\sqrt{r/2}}{1-\sqrt{r/2}}-16\Delta RR_1\sqrt[4]{\lambda}\tan^{-1}\sqrt{\dfrac{\Delta R}{2R_1}}}{\ln\dfrac{1+\sqrt{r/2}}{1-\sqrt{r/2}}+2\sqrt[4]{\lambda}\tan^{-1}\sqrt{\dfrac{\Delta R}{2R_1}}}} \tag{9.121}$$

式（9.121）给出最佳模具长度与拉拔系数及减径率的关系。最佳模角确定为

$$\tan\alpha=\frac{\Delta R}{l_{\rm opt}},\quad \alpha_{\rm opt}=\tan^{-1}\frac{\Delta R}{l_{\rm opt}} \tag{9.122}$$

9.10.4 计算结果与讨论

对比公式分别为 Avitur 忽略定径带及反拉力的锥形模棒线材拔制力公式（6.17）；及椭圆模拔制力公式（9.81）。取 $l=\dfrac{\Delta R}{\tan\alpha}$，$R_0=20$mm；$R_1=17$mm；$\alpha=12°$；$m=0$、0.05、0.1、0.15、0.20、0.25。比较式（9.119）与式（6.17）或式（9.81）结果如图 9.28 所示。表明 n_σ 随 m 增加而增加，但双抛物线模计算结果总是三者中最小的。同样变形条件下与锥形模和椭圆模最大误差分别达 33.25% 和 14.29%，足见双抛物线模无剪切功率消耗的影响之大 。径向减缩率 $r=\Delta R/R_0$ 对 n_σ 影响如图 9.29 所示；径向减缩率 r 与 R_0 及最佳模具长度 $l_{\rm opt}$ 的关系如图 9.30 所示。已知径向减缩率 r 和 $l_{\rm opt}$ 后，则由式（9.122）确定最佳模角 $\alpha_{\rm opt}$。

注意到式⑤中 l 与 α 为彼此非独立参数，式（9.119）也表示为

$$n_\sigma = \frac{6}{7}\ln\lambda + \frac{m\left(\dfrac{\Delta R}{\tan\alpha} + 8R_0\tan\alpha\right)}{2\sqrt{2\Delta RR_0}}\ln\frac{1+\sqrt{r/2}}{1-\sqrt{r/2}} + \frac{m\left(\dfrac{\Delta R}{\tan\alpha} - 8R_1\tan\alpha\right)}{\sqrt{2\Delta RR_1}}\tan^{-1}\sqrt{\frac{\Delta R}{2R_1}} \tag{9.123}$$

表明 σ_f 是延伸系数 λ、摩擦因子 m、模半角 α 与减径率 r 的函数。由上式令 $\partial n_\sigma/\partial\alpha = 0$ 有

$$\frac{\partial n_\sigma}{\partial\alpha} = \ln\frac{1+\sqrt{r/2}}{1-\sqrt{r/2}}(8R_0 - \Delta R\cot^2\alpha) - 2\sqrt{R_0/R_1}\tan^{-1}\sqrt{\frac{\Delta R}{2R_1}}(\Delta R\cot^2\alpha + 8R_1) = 0$$

$$\tan\alpha_{opt} = \sqrt{\frac{\dfrac{r}{8}\ln\dfrac{1+\sqrt{r/2}}{1-\sqrt{r/2}} + \dfrac{\Delta R}{4\sqrt{R_0R_1}}\tan^{-1}\sqrt{\dfrac{\Delta R}{2R_1}}}{\ln\dfrac{1+\sqrt{r/2}}{1-\sqrt{r/2}} - 2\sqrt{\dfrac{R_1}{R_0}}\tan^{-1}\sqrt{\dfrac{\Delta R}{2R_1}}}},\ \alpha_{opt} = \tan^{-1}\sqrt{\frac{\dfrac{r}{8}\ln\dfrac{1+\sqrt{r/2}}{1-\sqrt{r/2}} + \dfrac{\Delta R}{4\sqrt{R_0R_1}}\tan^{-1}\sqrt{\dfrac{\Delta R}{2R_1}}}{\ln\dfrac{1+\sqrt{r/2}}{1-\sqrt{r/2}} - 2\sqrt{\dfrac{R_1}{R_0}}\tan^{-1}\sqrt{\dfrac{\Delta R}{2R_1}}}} \tag{9.124}$$

注意到 $\tan\alpha_{opt} = \dfrac{\Delta R}{l_{opt}}$，$l_{opt} = \dfrac{\Delta R}{\tan\alpha_{opt}}$；将式（9.124）代入该式整理则得到前述式（9.121），即

$$l_{opt} = \frac{\Delta R}{\tan\alpha_{opt}} = \sqrt{\frac{8\Delta RR_0\ln\dfrac{1+\sqrt{r/2}}{1-\sqrt{r/2}} - 16\Delta RR_1\sqrt[4]{\lambda}\tan^{-1}\sqrt{\dfrac{\Delta R}{2R_1}}}{\ln\dfrac{1+\sqrt{r/2}}{1-\sqrt{r/2}} + 2\sqrt[4]{\lambda}\tan^{-1}\sqrt{\dfrac{\Delta R}{2R_1}}}}$$

以上证明，式（9.123）与式（9.119）优化效果一致，式（9.124）与式（9.121）优化效果一致。

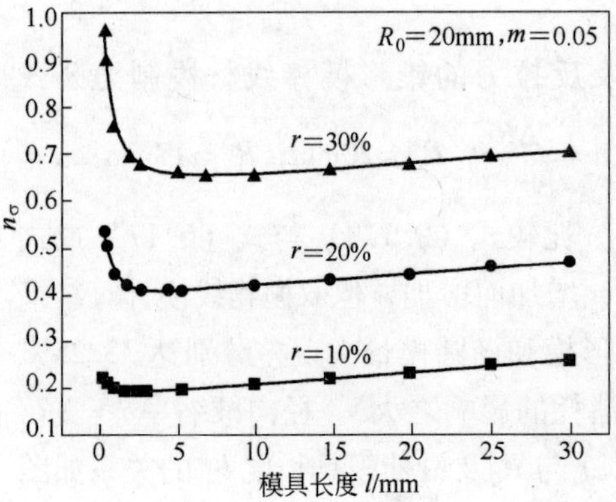

图 9.29 模具长度 l 与减缩率 r 对 n_σ 的影响

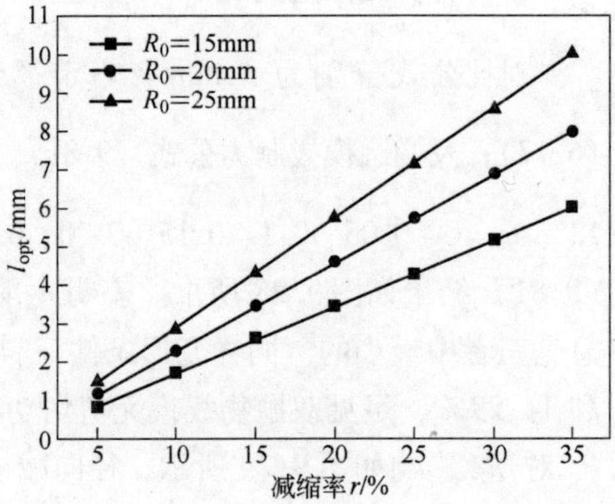

图 9.30 减缩率 r 与 R_0 及 l_{opt} 的关系

10 三维成形物理线性化解法

以下介绍线性屈服准则比塑性功（率）解析金属成形三维速度场的最新研究的主要特点。

10.1 GM 准则解三维锻压

近年来，锻压多集中在限元法、上界元法等模拟技术上，但考虑外端影响的三维锻造解析解法未见报道。如何用线性屈服准则比塑性功率来代替非线性的 Mises 准则比塑性功率，进而使三维锻造能率泛函的积分得到解析解一直吸引着作者。

本节旨在建立抛物线三维直角坐标连续速度场并用 GM 线性屈服准则比塑性功率式解析三维锻造，解析结果将与实测结果进行比较[93~95]。

10.1.1 速度场

平锤头间带外端三维锻压如图 10.1 所示。变形区对称仅研究 1/8 部分，设沿水平与垂直轴

$$\Delta b_1/b_0 = a\Delta h/h_0 \tag{10.1}$$

两边除以时间增量 Δt 有

$$\frac{v_{b1}}{b_0} = a\frac{v_0}{h_0} \tag{10.2}$$

设 v_z 沿 z 呈线性分布，则

$$v_z = -\frac{v_0}{h_0}z \tag{10.3}$$

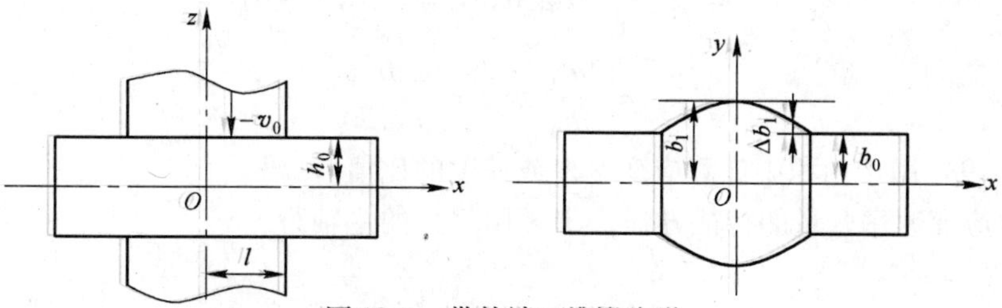

图 10.1　带外端三维锻造形

设变形区宽向自由表面为抛物线，宽度 b 为

$$b = b_0 + \Delta b_1\left(1 - \frac{x^2}{l^2}\right) \tag{10.4}$$

式中，$\Delta b_1 = b_1 - b_0$ 为鼓形最大处测量的宽展。式（10.4）两侧除以 Δt 得宽向速度为

$$v_b = v_{b1}\left(1 - \frac{x^2}{l^2}\right) \tag{10.5}$$

设 v_y 沿 y 呈线性分布有

$$v_y = \frac{v_b}{b_0}y = \frac{v_{b1}}{b_0}\left(1 - \frac{x^2}{l^2}\right)y = a\frac{v_0}{h_0}\left(1 - \frac{x^2}{l^2}\right)y \tag{10.6}$$

按几何方程与体积不变条件有

$$\begin{aligned}
\dot{\varepsilon}_y &= \frac{\partial v_y}{\partial y} = a\frac{v_0}{h_0}\left(1 - \frac{x^2}{l^2}\right) \\
\dot{\varepsilon}_z &= \frac{\partial v_z}{\partial z} = -\frac{v_0}{h_0} \\
\dot{\varepsilon}_x &= -(\dot{\varepsilon}_y + \dot{\varepsilon}_z) = \frac{v_0}{h_0}\left[1 - a\left(1 - \frac{x^2}{l^2}\right)\right] \\
\dot{\varepsilon}_{xy} &= \frac{1}{2}\left(\frac{\partial v_y}{\partial x}\right) = -\frac{av_0}{h_0 l^2}xy \\
\dot{\varepsilon}_{xz} &= \dot{\varepsilon}_{yz} = 0
\end{aligned} \tag{10.7}$$

$v_x = \int \dot{\varepsilon}_x \mathrm{d}x + \psi(y,z)$，令 $x = 0, v_x = 0$，得到

$$v_x = \frac{v_0 x}{h_0}\left[1 - a\left(1 + \frac{x^2}{3l^2}\right)\right],\ v_y = \frac{av_0}{h_0}\left(1 - \frac{x^2}{l^2}\right)y\ ,\ v_z = -\frac{v_0}{h_0}z \tag{10.8}$$

因式（10.8）中，$y=0$，$v_y=0$；$y=b_0$，$v_y=v_b$；$z=0$，$v_z=0$；$z=h_0$；$v_z=-v_0$；且式（10.7）满足 $\dot{\varepsilon}_x+\dot{\varepsilon}_y+\dot{\varepsilon}_z=0$，故式（10.7）、式（10.8）满足运动许可条件。

对两式用积分中值定理并注意体积不变有

$$\begin{aligned}
\bar{v}_y &= \frac{1}{b_0 l}\int_0^{b_0}\int_0^l v_y \mathrm{d}x\mathrm{d}y = \frac{av_0 b_0}{3h_0}, \bar{v}_x = \frac{lv_0}{2h_0}\left[1 - \frac{5a}{6}\right] \\
\bar{\dot{\varepsilon}}_x &= \frac{1}{lb_0}\int_0^{b_0}\int_0^l \dot{\varepsilon}_x \mathrm{d}x\mathrm{d}y = \frac{v_0}{h_0}\left(1 - \frac{2a}{3}\right) \\
\bar{\dot{\varepsilon}}_y &= \frac{2av_0}{3h_0}; \bar{\dot{\varepsilon}}_{xy} = -\frac{av_0 b_0}{4lh_0}
\end{aligned} \tag{10.9}$$

式（10.9）用于内积中计算应变速率或速度的比值。

由应变速率张量的特征方程，式（10.7）的主轴为

$$\begin{vmatrix} \dot{\varepsilon}_x - \dot{\varepsilon} & \dot{\varepsilon}_{xy} & 0 \\ \dot{\varepsilon}_{yx} & \dot{\varepsilon}_y - \dot{\varepsilon} & 0 \\ 0 & 0 & \dot{\varepsilon}_z - \dot{\varepsilon} \end{vmatrix} = 0, \quad \begin{aligned} \dot{\varepsilon}_{1,2} &= \pm\sqrt{\dot{\varepsilon}_{xy}^2 - \dot{\varepsilon}_x\,\dot{\varepsilon}_y + \frac{1}{4}\dot{\varepsilon}_z^2} - \frac{\dot{\varepsilon}_z}{2} = \dot{\varepsilon}_{\max} \\ \dot{\varepsilon}_3 &= \dot{\varepsilon}_z = \dot{\varepsilon}_{\min} \end{aligned} \tag{10.10}$$

10.1.2 总功率泛函

10.1.2.1 内部塑性功率

将式（10.10）代入 GM 准则比塑性功率式（8.16）后，再取代第一变分原理被积函数并对体积积分，注意到式（10.9）有

$$\dot{W}_i=\int_V D(\dot{\varepsilon}_{ik})\mathrm{d}V=\frac{7\sigma_s}{12}\int_V(\dot{\varepsilon}_{\max}-\dot{\varepsilon}_{\min})\mathrm{d}V=\frac{7\sigma_s}{12}\int_V\left(\sqrt{\dot{\varepsilon}_{xy}^2-\dot{\varepsilon}_x\dot{\varepsilon}_y+\frac{1}{4}\dot{\varepsilon}_z^2}-\frac{3}{2}\dot{\varepsilon}_z\right)\mathrm{d}V$$

$$=\frac{7h_0\sigma_s}{12}\left\{\int_0^{b_0}\int_0^l\frac{|\dot{\varepsilon}_{xy}|\mathrm{d}x\mathrm{d}y}{\sqrt{1-\frac{\dot{\varepsilon}_x}{\dot{\varepsilon}_{xy}}\frac{\dot{\varepsilon}_y}{\dot{\varepsilon}_{xy}}+\frac{1}{4}\left(\frac{\dot{\varepsilon}_z}{\dot{\varepsilon}_{xy}}\right)^2}}-\int_0^{b_0}\int_0^l\frac{\dot{\varepsilon}_x\mathrm{d}x\mathrm{d}y}{\sqrt{\left(\frac{\dot{\varepsilon}_{xy}}{\dot{\varepsilon}_y}\right)^2-\frac{\dot{\varepsilon}_x}{\dot{\varepsilon}_y}+\left(\frac{\dot{\varepsilon}_z}{2\dot{\varepsilon}_y}\right)^2}}+\right.$$

$$\left.\int_0^{b_0}\int_0^l\frac{|\dot{\varepsilon}_z|\mathrm{d}x\mathrm{d}y}{4\sqrt{\left(\frac{\dot{\varepsilon}_{xy}}{\dot{\varepsilon}_z}\right)^2-\frac{\dot{\varepsilon}_x}{\dot{\varepsilon}_z}\cdot\frac{\dot{\varepsilon}_y}{\dot{\varepsilon}_z}+\frac{1}{4}}}\right\}+\frac{7h_0\sigma_s}{8}\int_0^{b_0}\int_0^l\frac{v_0}{h_0}\mathrm{d}x\mathrm{d}y$$

$$=\frac{7h_0\sigma_s}{12}(I_1-I_2+I_3)+\frac{7}{8}\sigma_s v_0 b_0 l \tag{10.11}$$

式中，I_1，I_2，I_3 为应变速率矢量内积的逐项积分，注意到式（10.9），分别为

$$I_1=\int_0^{b_0}\int_0^l\frac{|\dot{\varepsilon}_{xy}|\mathrm{d}x\mathrm{d}y}{\sqrt{1-\frac{\bar{\dot{\varepsilon}}_x}{\bar{\dot{\varepsilon}}_{xy}}\cdot\frac{\bar{\dot{\varepsilon}}_y}{\bar{\dot{\varepsilon}}_{xy}}+\frac{1}{4}\left(\frac{\bar{\dot{\varepsilon}}_z}{\bar{\dot{\varepsilon}}_{xy}}\right)^2}}=\frac{3a^2b_0^3v_0}{4h_0\sqrt{(3ab_0)^2-32al^2(3-2a)+(6l)^2}}$$

$$I_2=\frac{8l^2av_0(3-2a)b_0}{3h_0\sqrt{(3ab_0)^2-32al^2(3-2a)+(6l)^2}}$$

$$I_3=\frac{3l^2v_0b_0}{h_0\sqrt{(3ab_0)^2-32al^2(3-2a)+(6l)^2}}$$

将域代入式（10.11）整理得

$$\dot{W}_i=\frac{7}{8}\sigma_s v_0 b_0 l+\frac{7\sigma_s v_0 b_0 l}{144}\sqrt{(3a)^2\frac{b_0^2}{l^2}-32a(3-2a)+36} \tag{10.12}$$

10.1.2.2 摩擦功率

令接触面上 $\tau_f=\frac{m\sigma_s}{\sqrt{3}}$，切向速度不连续量为 $|\Delta v_f|=v_f=\sqrt{v_x^2+v_y^2}$，摩擦功率为

$$\dot{W}_f=\int_s\tau_f|\Delta v_f|\mathrm{d}s=\frac{m\sigma_s}{\sqrt{3}}\int_0^{b_0}\int_0^l\sqrt{v_x^2+v_y^2}\mathrm{d}x\mathrm{d}y$$

用式（10.9）的 $\bar{v}_y/\bar{v}_x$ 代替上式 v_y/v_x，积分得

$$\dot{W}_{\mathrm{f}}=\frac{m\sigma_{\mathrm{s}}lb_0v_0}{12\sqrt{3}h_0}\sqrt{l^2\,(6-5a)^2+(4ab_0)^2} \tag{10.13}$$

10.1.2.3 剪切功率

在外端与变形区界面速度不连续量及剪切功率分别为

$$\Delta v_{\mathrm{t}}=\bar{v}_z=\frac{1}{h}\int_0^h\frac{v_0}{h}z\mathrm{d}z=\frac{v_0}{2},\qquad \dot{W}_{\mathrm{s}}=kb_0h_0\Delta v_t=\frac{\sigma_{\mathrm{s}}b_0h_0v_0}{2\sqrt{3}} \tag{10.14}$$

令外功率等于总功率泛函，即 $\bar{p}v_0b_0l=\dot{W}_{\mathrm{i}}+\dot{W}_{\mathrm{f}}+\dot{W}_{\mathrm{s}}$

将式（10.12）、式（10.13）、式（10.14）代入上式，整理得

$$n_\sigma=\frac{\bar{p}}{\sigma_{\mathrm{s}}}=\frac{7}{8}+\frac{m}{12\sqrt{3}}\sqrt{(6-5a)^2\frac{l^2}{h_0^2}+\left(\frac{4ab_0}{h_0}\right)^2}+\frac{7}{48}\sqrt{\left(\frac{ab_0}{l}\right)^2-\frac{32}{3}a\left(1-\frac{2}{3}a\right)+4}+\frac{h_0}{2\sqrt{3}l} \tag{10.15}$$

因变形区对称，总压力为

$$P=\bar{p}S=4n_\sigma\sigma_{\mathrm{s}}\bar{b}l \tag{10.16}$$

令式（10.16）$\dfrac{\mathrm{d}n_\sigma}{\mathrm{d}a}=0$，得

$$m=\frac{\dfrac{28}{\sqrt{3}}-\dfrac{7\sqrt{3}ab_0^2}{4l^2}-\dfrac{112\sqrt{3}a}{9}}{16a\dfrac{b_0^2}{h_0^2}-(30-25a)\dfrac{l^2}{h_0^2}}\sqrt{\frac{(6-5a)^2\dfrac{l^2}{h_0^2}+16a^2\dfrac{b_0^2}{h_0^2}}{a^2\dfrac{b_0^2}{l^2}-\dfrac{32a}{3}+\dfrac{64a^2}{9}+4}} \tag{10.17}$$

式（10.17）为 a 与 m 及 l/h_0，b_0/h_0 的解析关系式，用于对 a 值的优化。m 值也可按前述塔尔诺夫斯基公式（9.1）估计。作者建议以下述方法测量 a 值：将 $x=0$，$y=b_0$ 代入 式（10.8）后两侧乘 Δt 得

$$v_y\Big|_{\substack{x=0\\y=b_0}}\Delta t=\frac{av_0b_0\Delta t}{h},\ \frac{\Delta b_1}{b_0}=\frac{a\Delta h}{h},\ a=\frac{\Delta b_1}{b_0\varepsilon} \tag{10.18}$$

式中，$\Delta b_1=b_1-b_0$ 为鼓形最大处宽展测量值；ε 为道次相对压下量。上式可用于 a 值测量。

10.1.3 试验验证

在轧制技术国家重点实验室的 200kN 万能试验机上四组纯铅试样以不同锤头及压下量进行压缩试验。锤头速度为 15～30mm/min。试样尺寸及试验数据如表 10.1 所示，P_{m} 为实测总压力。

由式（10.18）、式（10.16）的计算结果如表 10.2 所示。以 2 号试样为例详述计算步骤如下：

由表 10.1，$\varepsilon = \dfrac{9.85-8.745}{9.85} = 11.2\%$，$\dfrac{l}{h_0} = 1.52$，由式（10.18），$a = \dfrac{1.15}{19.93\varepsilon} = 0.51$，锤头淬火磨光取 $f = 0.23$ 代入式（9.1），$m = 0.3$；将 a 与 m 及表 10.1 中 2 号组数据代入式（10.15）、式（10.16）得

$$n_\sigma = 1.296,\quad P = 32.31\ (\text{kN})$$

与实测 P_m 值误差

$$\Delta = \frac{32.31-30}{30} = 7.7\%$$

上述计算中 $\sigma_s = 20.26\text{MPa}$，由 $\dot{\varepsilon} = \dfrac{\varepsilon}{t} = 0.025\ (\text{s}^{-1})$，$\varepsilon = 11.2\%$ 查得，其他各组算法相同。

表 10.1 试样尺寸与数据

编 号	h_0/mm	b_0/mm	l/mm	h_1/mm	b_1/mm	P_m/kN
1	10.165	10.165	15	9.25	10.85	14.1
2	9.85	19.93	15	8.745	21.08	30.0
3	5.035	15.025	7.5	4.325	15.59	11.9
4	5.06	19.99	7.5	4.54	20.38	14.5

表 10.2 表明，四组试样由式（10.16）计算的总压力均大于实测结果 P_m。二者相对误差为 7.5% ~ 18.3%。表 10.3 为用黄金分割法按式（10.18）及式（10.16）编程优化的结果。表明优化的总压力低于表 10.2 的计算结果，优化的总压力 P 与实测总压力 P_m 相对误差减小到 0 ~ 9.5%。

表 10.2 以测量的 α 值计算的结果（$m = 0.3$）

编 号	$\dfrac{b_0}{h_0}$	a	n_σ	P/kN	P_m/kN	Δ/%
1	1	0.75	1.21	15.44	14.1	9.5
2	2	0.51	1.30	32.31	30.0	7.7
3	3	0.27	1.38	12.8	11.9	7.5
4	4	0.19	1.41	17.15	14.5	18.3

表 10.3 以黄金分割法优化的结果($m=0.3$)

编　号	b_0/h_0	a	n_σ	P/kN	P_m/kN	Δ/%
1	1	0.72	1.12	14.44	14.1	2.4
2	2	0.6	1.201	30.21	30.0	0.7
3	3	0.45	1.27	11.9	11.9	0
4	4	0.33	1.31	15.88	14.5	9.5

图 10.2 为 $b_0/h_0=3$ 的计算曲线。图中所示表明对一定的 l/h_0 值，n_σ 随 m 的增加而增加。对确定的 m 值，l/h_0 在 1～5 范围内，n_σ 均有一最小值点。图 10.3 表明在 l/h_0 一定的条件下，n_σ 随 b_0/h_0 及摩擦因子 m 的增加而增加。图 10.4 给出 a 与 l/h_0、b_0/h_0 及 m 的关系曲线。表明在 m 一定条件下，a 随 l/h_0 值的增加而增加。

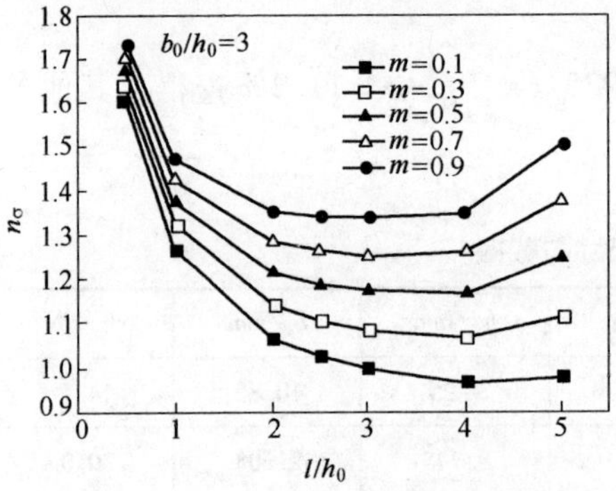

图 10.2　n_σ 与 m 和 l/h_0 之间的关系

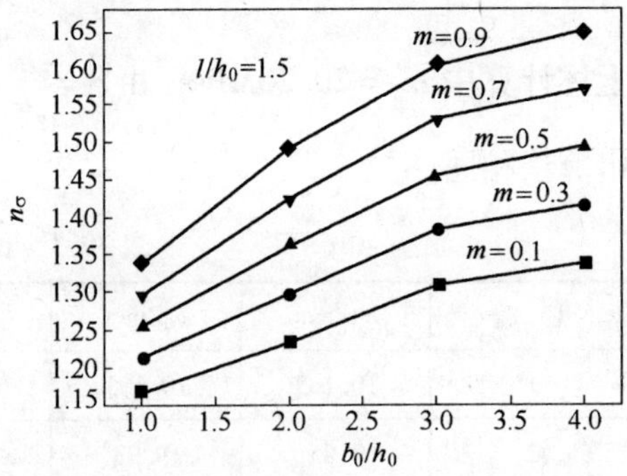

图 10.3　n_σ 与 m 和 b_0/h_0 之间的关系

以上研究表明本节提速度场与应变速率场用 GM 屈服准则比塑性功率使带外端三维锻造并得到了应力状态系数的解析解。收到泛函物理线性化的实际效果。经压缩试验总压力较实测结果高出 7.5%～18.3%；优化后的总压力较实测结果高出 0～9.5%。

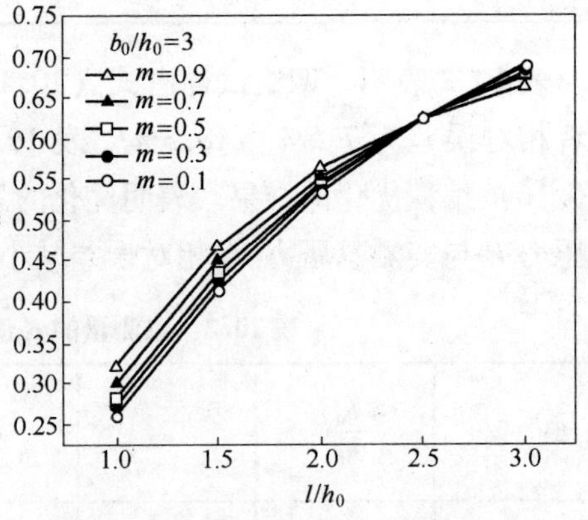

图 10.4　a 与 m 和 l/h_0 之间的关系

10.2 MY 准则解有侧鼓形锻压

本文建立直角坐标幂函数三维速度场，用 MY 准则解析考虑侧面鼓形的三维锻压，经锻压实验比较 Mises，Trasca，TSS 与 MY 准则的解析结果[94～96]。

10.2.1 速度场

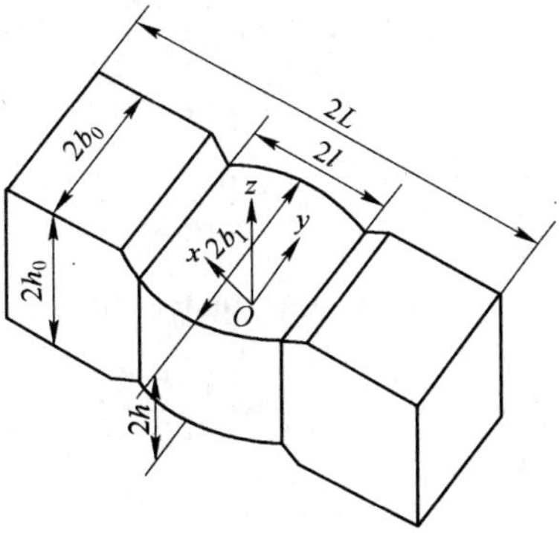

图 10.5 带外端压缩矩形件变形区

有鼓形带外端压缩矩形件变形区如图 10.5 所示。由于变形区对称性，故仅研究八分之一部分。假定 z 向变形程度是宽度最大点宽向最大变形程度的线性函数，即

$$\frac{\Delta b_1}{b_0} = a\,\frac{\Delta h}{h_0}$$

压缩时假定 y 向金属流动为幂函数曲线，速度 v_y 在中心最大，在工具边部为零；z 向速度为 z 的线性函数，在 $z = h_0$ 处，达到最大值，即等于锤头速度 v_0，于是速度场如下

$$v_x = \frac{v_0}{h_0}\left[1 - a\left(1 - \frac{x^2}{l^2} + \frac{x^3}{2l^3}\right)\right]x$$

$$v_y = a\,\frac{v_0}{h_0}\left(1 - \frac{3}{l^2}x^2 + \frac{2}{l^3}x^3\right)y,\ v_z = -\frac{v_0}{h_0}z \tag{10.19}$$

$$\dot{\varepsilon}_x = \frac{v_0}{h_0}\left[1 - a\left(1 - \frac{3}{l^2}x^2 + \frac{2}{l^3}x^3\right)\right],\ \dot{\varepsilon}_y = a\,\frac{v_0}{h_0}\left(1 - \frac{3}{l^2}x^2 + \frac{2}{l^3}x^3\right)$$

$$\dot{\varepsilon}_{xy} = \frac{1}{2}\,\frac{\partial v_y}{\partial x} = \frac{a}{2}\,\frac{v_0}{h_0}\left(\frac{6}{l^3}x^2 - \frac{6}{l^2}x\right)y$$

$$\dot{\varepsilon}_z = -\frac{v_0}{h_0},\ \dot{\varepsilon}_{xz} = \dot{\varepsilon}_{zy} = 0 \tag{10.20}$$

式（10.19）速度场 $\boldsymbol{v} = v_x\boldsymbol{i} + v_y\boldsymbol{j} + v_z\boldsymbol{k}$ 的散度为

$$\mathrm{div}\,\boldsymbol{v} = \frac{\partial v_x}{\partial x} + \frac{\partial v_y}{\partial y} + \frac{\partial v_z}{\partial z} = \dot{\varepsilon}_x + \dot{\varepsilon}_y + \dot{\varepsilon}_z \tag{10.21}$$

方程式（10.19）代入式（10.21）有

$$\mathrm{div}\,\boldsymbol{v} = \dot{\varepsilon}_{ii} = 0$$

表明应变速率场满足体积不变条件。

速度场的旋度为

$$\mathrm{rot}\,\boldsymbol{v} = \begin{vmatrix} \boldsymbol{i} & \boldsymbol{j} & \boldsymbol{k} \\ \dfrac{\partial}{\partial x} & \dfrac{\partial}{\partial y} & \dfrac{\partial}{\partial z} \\ v_x & v_y & v_z \end{vmatrix} = 2\,\dot{\varepsilon}_{xy} \neq 0 \tag{10.22}$$

注意到速度场旋度不为零，则主应变速率场必须使如下系数行列式为零，即

$$\begin{vmatrix} -(\dot{\varepsilon}_y+\dot{\varepsilon}_z)-\dot{\varepsilon} & \dot{\varepsilon}_{xy} & 0 \\ \dot{\varepsilon}_{xy} & \dot{\varepsilon}_y-\dot{\varepsilon} & 0 \\ 0 & 0 & \dot{\varepsilon}_z-\dot{\varepsilon} \end{vmatrix}=0,\ \dot{\varepsilon}_{1,2}=\dot{\varepsilon}_{\max,2}=\frac{-\dot{\varepsilon}_z\pm\sqrt{\dot{\varepsilon}_2^2+4(\dot{\varepsilon}_y^2+\dot{\varepsilon}_y\dot{\varepsilon}_z+\dot{\varepsilon}_{xy}^2)}}{2}$$

$$\dot{\varepsilon}_3=\dot{\varepsilon}_{\min}=\dot{\varepsilon}_z \tag{10.23}$$

对式（10.19）和式（10.20）用积分中值定理

$$\begin{cases} \bar{\dot{\varepsilon}}_x=\dfrac{1}{l}\displaystyle\int_0^l\dot{\varepsilon}_x\mathrm{d}x=\dfrac{v_0}{h_0}\left(1-\dfrac{a}{2}\right) \\ \bar{\dot{\varepsilon}}_y=\dfrac{v_0}{h_0}\dfrac{a}{2} \\ \bar{\dot{\varepsilon}}_{xy}=\dfrac{1}{lb_0}\displaystyle\int_0^l\int_0^{b_0}\dot{\varepsilon}_{xy}\mathrm{d}x\mathrm{d}y=-\dfrac{av_0b_0}{4h_0l} \end{cases}\qquad \begin{cases} \bar{v}_x=\dfrac{1}{l}\displaystyle\int_0^l v_x\mathrm{d}x=\dfrac{l}{h_0}v_0\left(\dfrac{1}{2}-\dfrac{7a}{20}\right) \\ \bar{v}_y=\dfrac{ab_0v_0}{4h_0} \\ \dfrac{\bar{v}_y}{\bar{v}_x}=\dfrac{5ab_0}{l(10-7a)} \end{cases} \tag{10.24}$$

MY 准则比塑性功率为式（8.14）

$$D(\dot{\varepsilon}_{ik})=\frac{4}{7}\sigma_s(\dot{\varepsilon}_{\max}-\dot{\varepsilon}_{\min})$$

10.2.2 总功率泛函

10.2.2.1 内部变形功率

将式（10.20）、式（10.23）代入式（8.14），然后取代能率泛函被积函数对下式积分

$$\dot{W}_i=\int_0^{b0}\int_0^l D(\dot{\varepsilon}_{ik})h_0\mathrm{d}x\mathrm{d}y=\frac{4}{7}h_0\sigma_s\int_0^{b0}\int_0^l(\dot{\varepsilon}_{\max}-\dot{\varepsilon}_{\min})\mathrm{d}x\mathrm{d}y=\frac{6}{7}\sigma_s b_0 l v_0+\dot{W}''_i \tag{10.25}$$

$$\begin{aligned}\dot{W}'_i&=\frac{2}{7}h_0\sigma_s\int_0^{b0}\int_0^l\sqrt{\dot{\varepsilon}_z^2+4(\dot{\varepsilon}_y^2+\dot{\varepsilon}_y\dot{\varepsilon}_z+\dot{\varepsilon}_{xy}^2)}\mathrm{d}x\mathrm{d}y\\&=\frac{2}{7}h_0\sigma_s\int_0^{b0}\int_0^l|\dot{\boldsymbol{\varepsilon}}||\dot{\boldsymbol{\varepsilon}}_0|\cos(\dot{\boldsymbol{\varepsilon}},\dot{\boldsymbol{\varepsilon}}_0)\mathrm{d}x\mathrm{d}y\\&=\frac{2}{7}h_0\sigma_s\int_0^{b0}\int_0^l\dot{\boldsymbol{\varepsilon}}\cdot\dot{\boldsymbol{\varepsilon}}_0\mathrm{d}x\mathrm{d}y=\frac{2h_0\sigma_s}{7}\int_0^{b0}\int_0^l(\dot{\varepsilon}_z l_1+4\dot{\varepsilon}_y l_2+4\dot{\varepsilon}_y l_3+4\dot{\varepsilon}_{xy}l_4)\mathrm{d}x\mathrm{d}y\\&=\frac{2}{7}h_0\sigma_s(I_1+I_2+I_3+I_4)\end{aligned} \tag{10.26}$$

式中，应变率矢量及其单位矢量为

$$\dot{\boldsymbol{\varepsilon}}=\dot{\varepsilon}_z\boldsymbol{e}_1+4\dot{\varepsilon}_y\boldsymbol{e}_2+4\dot{\varepsilon}_y\boldsymbol{e}_3+4\dot{\varepsilon}_{xy}\boldsymbol{e}_4,\ \dot{\boldsymbol{\varepsilon}}^0=l_1\boldsymbol{e}_1+l_2\boldsymbol{e}_2+l_3\boldsymbol{e}_3+l_4\boldsymbol{e}_4$$

由式（10.24）下列参数表示为

$$\frac{\bar{\dot{\varepsilon}}_y}{\dot{\varepsilon}_z}=-\frac{a}{2},\ \frac{\bar{\dot{\varepsilon}}_{xy}}{\bar{\dot{\varepsilon}}_y}=-\frac{b_0}{2l},\ \frac{\bar{\dot{\varepsilon}}_{xy}}{\dot{\varepsilon}_z}=\frac{ab_0}{4l} \tag{10.27}$$

将式（10.27）代入式（10.26）并逐项积分

$$I_1 = \int_0^l \int_0^{b_0} \frac{-\dot{\varepsilon}_z \mathrm{d}x\mathrm{d}y}{\sqrt{1 + 4(\bar{\dot{\varepsilon}}_y / \bar{\dot{\varepsilon}}_z)^2 + 4(\bar{\dot{\varepsilon}}_y / \bar{\dot{\varepsilon}}_z) + 4(\bar{\dot{\varepsilon}}_{xy} / \bar{\dot{\varepsilon}}_z)^2}} = \frac{b_0 l v_0 / h_0}{\sqrt{1 + a^2 - 2a + \frac{a^2 b_0^2}{4l^2}}}$$

$$I_2 = \frac{2ab_0 l v_0 / h_0}{\sqrt{4 + \frac{4}{a^2} - \frac{8}{a} + \frac{b_0^2}{l^2}}},\ I_3 = \frac{-2ab_0 l v_0 / h_0}{\sqrt{1 + a^2 - 2a + \frac{a^2 b_0^2}{4l^2}}},\ I_4 = \frac{ab_0^2 v_0 / 2h_0}{\sqrt{1 + \frac{4l^2}{a^2 b_0^2} - \frac{4l^2}{b_0^2} - \frac{8l^2}{ab_0^2}}} \tag{10.28}$$

代入式（10.26）及式（10.25）整理得

$$\dot{W}_i = \sigma_s b_0 v_0 l \left(\frac{6}{7} + \frac{2}{7} \sqrt{1 + a^2 - 2a + \frac{a^2 b_0^2}{4l^2}} \right) \tag{10.29}$$

10.2.2.2 摩擦功率泛函

由方程式（10.19），工具工件接触面上切向速度不连续量为

$$|\Delta v_f| = \sqrt{v_x^2 + v_y^2} = v_x \sqrt{1 + \left(\frac{v_y}{v_x} \right)^2}$$

代入下式并注意到式（10.24）摩擦功率

$$\dot{W}_f = \int_0^{b_0} \int_0^l \tau_f |\Delta v_f| \mathrm{d}x\mathrm{d}y = mk \int_0^{b_0} \int_0^l v_x \sqrt{1 + \left(\frac{v_y}{v_x} \right)^2} \mathrm{d}x\mathrm{d}y$$

$$= \frac{m\sigma_s b_0 v_0 l}{20\sqrt{3}} \sqrt{(10 - 7a)^2 \frac{l^2}{h_0^2} + (5a)^2 \frac{b_0^2}{h_0^2}} \tag{10.30}$$

10.2.2.3 剪切功率泛函

变形区与外端界面剪切功率为

$$\Delta v_t = \bar{v}_z = \frac{1}{h_0} \int_0^{h_0} v_z \mathrm{d}z = \frac{1}{h_0} \int_0^{h_0} \frac{v_0}{h_0} z \mathrm{d}z = \frac{v_0}{2},\ \dot{W}_s = kb_0 h_0 \Delta v_t = kb_0 h_0 \frac{v_0}{2} \tag{10.31}$$

注意到总能率泛函为 $\Phi = \dot{W}_i + \dot{W}_f + \dot{W}_s$，将式（10.29）、式（10.30）与式（10.31）代入前式并整理得总功率泛函为

$$\Phi = \sigma_s b_0 v_0 l \left(\frac{6}{7} + \frac{2}{7} \sqrt{1 + a^2 - 2a + \frac{a^2 b_0^2}{4l^2}} \right) +$$

$$\frac{m\sigma_s b_0 v_0 l}{20\sqrt{3}} \sqrt{(10 - 7a)^2 \frac{l^2}{h_0^2} + (5a)^2 \frac{b_0^2}{h_0^2}} + kb_0 h_0 \frac{v_0}{2}$$

令外功率 $\bar{p} b_0 v_0 l = \Phi$

$$n_\sigma = \frac{\bar{p}}{\sigma_s} = \frac{6}{7} + \frac{2}{7} \sqrt{1 + a^2 - 2a + \frac{a^2 b_0^2}{4l^2}} +$$

$$\frac{m}{20\sqrt{3}}\sqrt{(10-7a)^2\frac{l^2}{h_0^2}+(5a)^2\frac{b_0^2}{h_0^2}}+\frac{1}{2\sqrt{3}}\frac{h_0}{l} \tag{10.32}$$

令应力状态系数对 a 的一阶导数 $\mathrm{d}n_\sigma/\mathrm{d}a=0$ 解得

$$m=\frac{40\sqrt{3}}{7}\frac{\sqrt{(10-7a)^2\frac{l^2}{h_0^2}+25a^2\frac{b_0^2}{h_0^2}}}{-7(10-7a)\frac{l^2}{h_0^2}+25a\frac{b_0^2}{h_0^2}}\times\frac{1-a-\frac{ab_0^2}{4l^2}}{\sqrt{(1-a)^2+\frac{a^2b_0^2}{4l^2}}} \tag{10.33}$$

式（10.33）表明摩擦因子 m 为 a，l/h_0，b_0/h_0 以及 b_0/l 的函数。将 $x=0$，$y=b_0$ 代入方程式（10.19）的第二式，然后除时间增量 Δt 也可按下述方法测量 a 值

$$v_y\Big|_{\substack{x=0\\y=b_0}}\Delta t=\frac{av_0b_0\Delta t}{h_0},\qquad \frac{\Delta b_1}{b_0}=\frac{a\Delta h}{h_0},\qquad a=\frac{\Delta b_1}{b_0\varepsilon} \tag{10.34}$$

式中，$\Delta b_1=b_1-b_0$ 为宽度最大点的宽展，ε 为该道次压缩率。

总锻造力为

$$p=4\sigma_s n_\sigma\left(b_0+\frac{\Delta b_1}{2}\right)l \tag{10.35}$$

10.2.3 实验与讨论

在东北大学轧制技术国家重点实验室的200kN 万能试验机上五组 24 个纯铅试样以不同锤头及压下量进行压缩试验。锤头速度为 15 ~ 30mm/min。试样尺寸及试验数据如表 10.4 所示，P_m 为实测总压力。纯铅流动应力查自文献［103］，按式（9.1）计算 m 值（取 $\frac{l}{h_0}=\frac{l}{h}$），计算中 f 取 0.2；按式（10.35）计算总压力；计算结果如表 10.5 所示。

表 10.4 试样尺寸与实测压力

编 号	b_0/mm	h_0/mm	l/mm	b_1/mm	h/mm	p_m/kN
1	19.93	9.85	15.00	21.08	8.745	30.00
2	10.17	10.17	15.00	10.85	9.250	14.10
3	10.04	10.04	7.50	10.47	9.180	7.80
4	15.03	5.04	7.50	15.59	4.330	11.90
5	7.32	7.44	15.00	8.06	6.720	10.30

表 10.5 按两种鼓形参数算式计算的总压力比较

编号	摩擦因子	式（10.34）计算结果		式（10.33）计算结果	
		a	压力 p/kN	a	压力 p/kN
1	0.268	0.51428	32.274	0.70398	31.885
2	0.266	0.74293	15.465	0.93042	15.224

续表 10.5

编号	摩擦因子	式（10.34）计算结果		式（10.33）计算结果	
		a	压力 p/kN	a	压力 p/kN
3	0.233	0.49975	9.003	0.69528	8.911
4	0.267	0.26425	12.704	0.49276	12.469
5	0.290	1.04435	10.569	0.99703	10.555

可以看出表10.5计算的总锻造力 p 总是高于表10.4实测锻造力 p_m；同时发现按式（10.34）测量的 a 值总是低于按方程式（10.33）以黄金分割法优化的 a 值。计算与实测压力最大误差为第三组试样，最小误差为第五组试样，分别为

$$\Delta_3=\frac{p-p_m}{p_m}=\frac{9.003-7.8}{7.8}=15.4\%,\qquad \Delta_5=\frac{10.555-10.3}{10.3}=2.5\%$$

对给定的 b_0/h_0，l/h_0 与 m 对 n_σ 的影响如图10.6所示。可以看出对应不同的 l/h_0 与 m 值 n_σ 总存在一个最小值；当 h_0 不变时，减少 l 与锤头宽度则意味着 n_σ 增加。当给定 l/h_0 和 m 时，n_σ 随 b_0/h_0 增加而增加；则意味着摩擦功率增加。

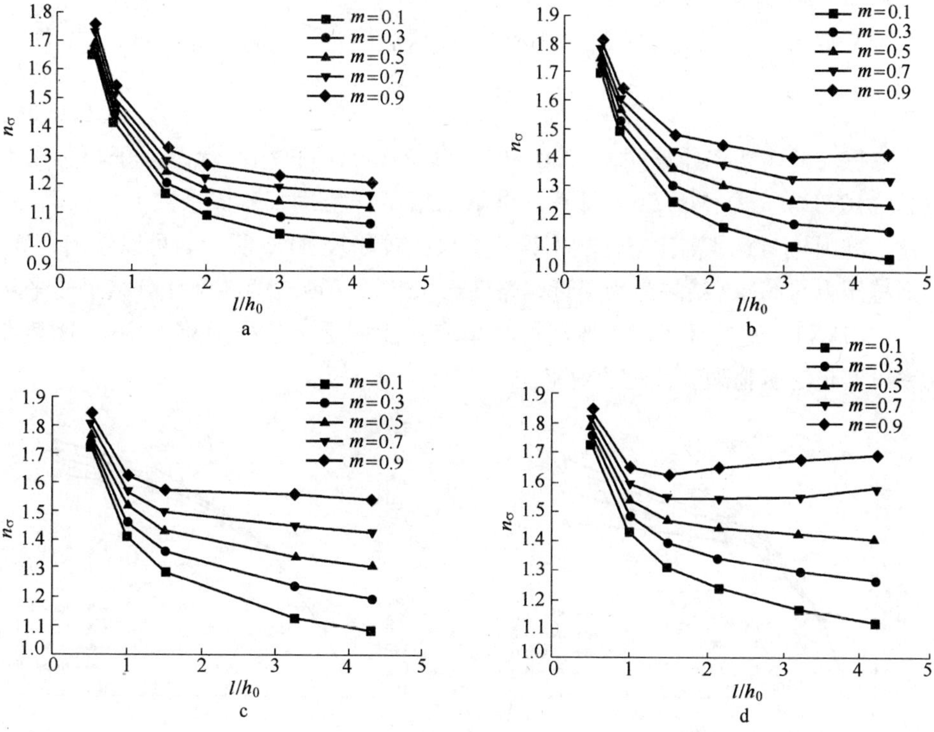

图10.6 优化 a 值下 l/h_0、b_0/h_0、m 对 n_σ 的影响

a—$b_0/h_0=1$；b—$b_0/h_0=2$；c—$b_0/h_0=3$；d—$b_0/h_0=4$

由图10.7给出的l/h_0，m及b_0/h_0对最佳鼓形参数a值的影响可以看出对给定的b_0/h_0值，最佳a值随m或l/h_0的增加而增加。对给定的l/h_0与m值，最佳a值随b_0/h_0增加而减小。当b_0/h_0增大时，图中4条曲线的趋近程度增加。用前述方法分别以Mises、Trasca与TSS准则比塑性功率对内部变形功率进行了计算，得到：

(1) Mises准则：

$$\dot{W}_i = h_0\sigma_s\int_0^b\int_0^l\sqrt{\frac{2}{3}\dot{\varepsilon}_{ik}\dot{\varepsilon}_{ik}}\mathrm{d}x\mathrm{d}y = \sqrt{\frac{2}{3}}\sigma_s blv_0\left[\frac{\dfrac{(2-a)^2}{2a}+\dfrac{a}{2}+\dfrac{abb_0}{4l^2}+\dfrac{2}{a}}{\sqrt{1+\left(\dfrac{2-a}{a}\right)^2+\left(\dfrac{2}{a}\right)^2+\dfrac{b_0^2}{2l^2}}}\right] \tag{10.36}$$

(2) Trasca准则：

$$\dot{W}_i = h_0\sigma_s\int_0^{b_0}\int_0^l|\dot{\varepsilon}_i|_{\max}\mathrm{d}x\mathrm{d}y = \sigma_s b_0 v_0 l\left(\frac{1}{2}+\frac{1}{2}\sqrt{1+a^2-2a+\frac{a^2b_0^2}{4l^2}}\right) \tag{10.37}$$

(3) TSS准则：

$$\dot{W}_i = \frac{2}{3}h_0\sigma_s\int_0^{b_0}\int_0^l(\dot{\varepsilon}_{\max}-\dot{\varepsilon}_{\min})\mathrm{d}x\mathrm{d}y = \sigma_s b_0 v_0 l\left(1+\frac{1}{3}\sqrt{1+a^2-2a+\frac{a^2b_0^2}{4l^2}}\right) \tag{10.38}$$

摩擦与剪切功率计算同式（10.30）、式（10.31）；应力状态因子与总压力按式（10.32）、式（10.35）计算。以第二组试样为例，摩擦系数f取0.2，用上述3准则与MY准则比塑性功率计算结果比较如表10.6所示。可以看出，MY准则总压力与Mises结果最为逼近，略高于TSS及Tresca两准则计算结果的平均值（14.7kN）。这验证了MY比塑性功率取代能率泛函被积函数－Mises比塑性功率可实现泛函物理线性化的效果。

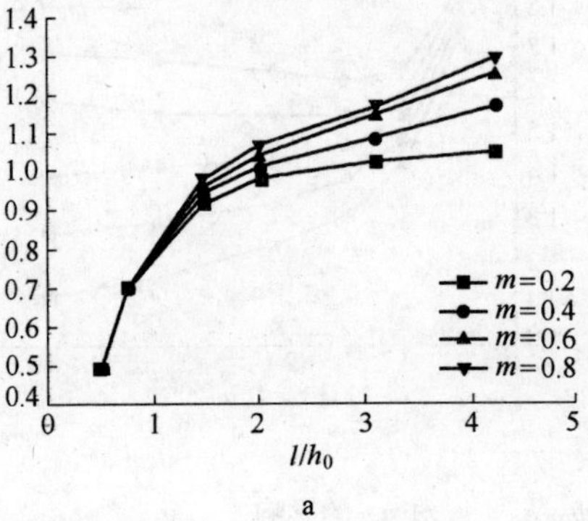

a

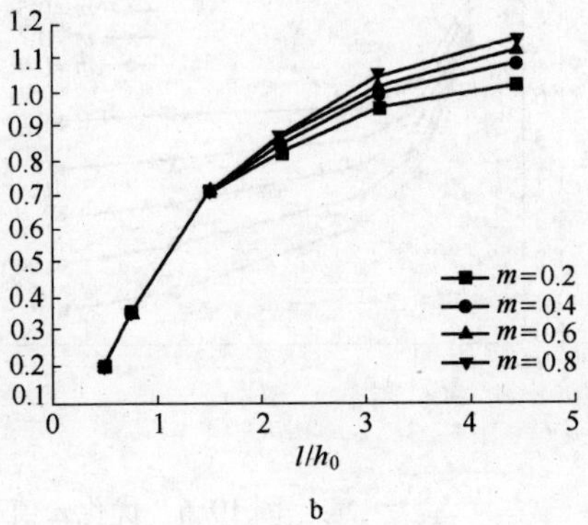

b

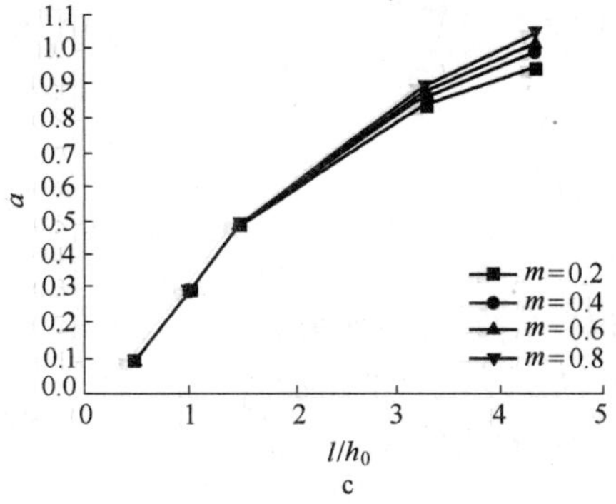

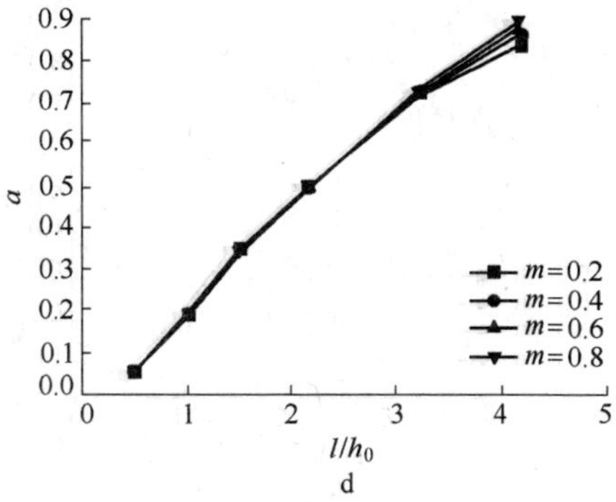

图 10.7 l/h_0、m、b_0/h_0 对优化 a 值的影响

a—$b_0/h_0=1$；b—$b_0/h_0=2$；c—$b_0/h_0=3$；d—$b_0/h_0=4$

表 10.6 不同屈服准则计算的总压力比较

准 则	TSS	Mises	MY	Trasca
压力 p/kN	17.498	16.263	15.465	11.907

10.3 EA 准则解柱坐标轧板

本节采用等面积屈服准则解析板材轧制问题，旨在得到解析解[47]。

10.3.1 柱坐标速度场

假定轧辊为刚性，轧材为刚塑性，变形区纵截面如图 10.8 所示，当 $b/h_0 \geqslant 10$ 便可视为平面变形问题。图中变形区入口侧Ⅰ区水平速度为 v_0，出口侧Ⅲ区水平速度为 v_1。在Ⅱ区变形区内连接上下辊面任意两个对称点的圆弧均为圆柱对称，但为不同心圆弧，随质点离出口越近，半径越大。圆弧与两辊面都相交成直角。弧上任一点都朝圆弧中心方向运动。到达相邻圆弧后速度逐渐增加并逐渐改变方向。Ⅱ区与Ⅲ区分界面是连接上、下辊对称轴的平面，该截面曲率半径为无穷大，故不是速度不连续面。Ⅰ区与Ⅱ区分界面为圆柱面（Γ面），该面为速度不连续面。设过辊面不同点和 O 点连线与 y 轴夹角为 α，则变形区内任意点截面厚度为

$$h = h_1 + 2R(1 - \cos\alpha) \tag{10.39}$$

入口板坯厚度

$$h_0 = h_1 + 2R(1 - \cos\alpha_2)$$

最大接触角 α_2 为

$$\alpha_2 = \sin^{-1}\frac{l}{R} \tag{10.40}$$

设秒流量方程为

$$vh = v_1 h_1 = v_0 h_0 = v_n h_n = \dot{v} h_n \tag{10.41}$$

式中，h_n 为中性面厚度，$\dot{v}$ 为轧辊圆周速度。

将 $h_n = h_1 + 2R(1-\cos\alpha_n)$ 及式（10.39）代入式（10.41），则

$$v = v_n \frac{h_1/(2R)+1-\cos\alpha_n}{h_1/(2R)+1-\cos\alpha} = \dot{v}\frac{h_1/(2R)+1-\cos\alpha_n}{h_1/(2R)+1-\cos\alpha} \tag{10.42}$$

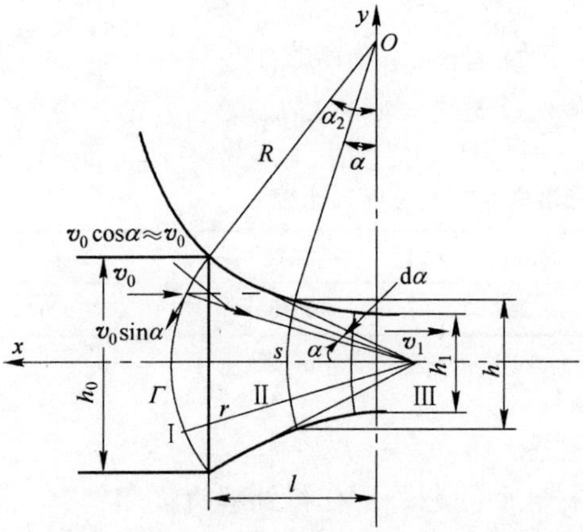

图 10.8 变形区纵向截面

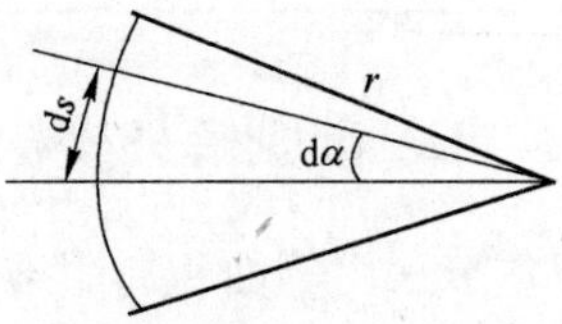

图 10.9 变形区内 ds 与 dα 之间的关系

由图 10.9，$\mathrm{d}s = r\mathrm{d}\alpha$，在变形区沿圆弧切向角速度为

$$\frac{\mathrm{d}\alpha}{\mathrm{d}t} = -\frac{v\sin\alpha}{r} = -\frac{\dot{v}}{r}\frac{h_1/(2R)+1-\cos\alpha_n}{h_1/(2R)+1-\cos\alpha}\sin\alpha$$

$$\frac{\mathrm{d}s}{\mathrm{d}t} = \frac{\mathrm{d}\alpha}{\mathrm{d}t}\times\frac{\mathrm{d}s}{\mathrm{d}\alpha} = \frac{-\dot{v}[h_1/(2R)+1-\cos\alpha_n]\sin\alpha}{h_1/(2R)+1-\cos\alpha} \tag{10.43}$$

于是

$$\dot{\varepsilon}_\theta = \frac{\mathrm{d}s}{\mathrm{d}t}\Big/\frac{S}{2} = \frac{-2\dot{v}[h_1/(2R)+1-\cos\alpha_n]\sin\alpha}{[h_1/(2R)+1-\cos\alpha]S} = -\dot{\varepsilon}_r,\ \dot{\varepsilon}_{ik} = 0\ (i \neq k) \tag{10.44}$$

因此变形区Ⅱ内主应变速率为：

$$\dot{\varepsilon}_r = \dot{\varepsilon}_1 = \dot{\varepsilon}_{\max} = \frac{2\dot{v}[h_1/(2R)+1-\cos\alpha_n]\sin\alpha}{[h_1/(2R)+1-\cos\alpha]S} = -\dot{\varepsilon}_\theta = -\dot{\varepsilon}_3 = -\dot{\varepsilon}_{\min},\ \dot{\varepsilon}_z = \dot{\varepsilon}_2 = 0 \tag{10.45}$$

由于 $\alpha \ll 1$，则连接上下辊面两对称点的圆弧表示为

$$S = 2s = 2r\alpha \approx h = h_1 + 2R(1-\cos\alpha) \tag{10.46}$$

由第 8.5 节，EA 准则的比塑性功率为

$$D(\dot{\varepsilon}_{ik}) = \sqrt{3}\pi\sigma_s(\dot{\varepsilon}_{\max} - \dot{\varepsilon}_{\min})/9$$

10.3.2 成形功率泛函

将式(10.45)代入式(8.20)并注意到式(10.44)，内部塑性变形功率泛函为

$$\dot{W}_i = \frac{\sqrt{3}\pi\sigma_s}{9}\int_V(\dot{\varepsilon}_{\max} - \dot{\varepsilon}_{\min})\mathrm{d}V = \frac{\sqrt{3}\pi\sigma_s}{9}\int_V\left\{\frac{4\dot{v}[h_1/(2R)+1-\cos\alpha_n]\sin\alpha}{[h_1/(2R)+1-\cos\alpha]S}\right\}SR\mathrm{d}\alpha$$

$$= \frac{4\sqrt{3}\pi\sigma_s\dot{v}R}{9}\int_0^{\alpha_2}\left[\frac{h_1/(2R)+1-\cos\alpha_n}{h_1/(2R)+1-\cos\alpha}\sin\alpha\right]\mathrm{d}\alpha$$

$$= \frac{2\sqrt{3}\pi\sigma_s\dot{v}}{9}[h_1 + 2R(1-\cos\alpha_n)]\ln\frac{h_0}{h_1} \tag{10.47}$$

由方程式（10.46），$\mathrm{d}S = 2R\sin\alpha\mathrm{d}\alpha$。入口速度不连续量由图 10.8，为 $\Delta v_t = v_0\sin\alpha$，剪切功率为

$$\dot{W}_s = \int_S \Delta v_t k\mathrm{d}S = 4Rkv_0\int_0^{\alpha_2}\sin^2\alpha\mathrm{d}\alpha = 2Rkv_0(\alpha_2 - \sin\alpha_2\cos\alpha_2) \tag{10.48}$$

出口切向速度分量与剪切功率为零。

由式（10.42）可知轧辊与轧件接触表面相对滑动速度为

$$\Delta v_f = v - \dot{v} = \dot{v}\frac{h_1/(2R)+1-\cos\alpha_n}{h_1/(2R)+1-\cos\alpha} - \dot{v}$$

摩擦应力 $\tau_f = mk(k = \sigma_s/\sqrt{3})$，令 $b = h_1/(2R)+1$，则单位宽度摩擦功率泛函为

$$\dot{W}_f = 2\int_S\tau_f|\Delta v_f|\mathrm{d}S = \frac{2m\sigma_s\dot{v}R}{\sqrt{3}}\left\{\int_0^{\alpha_n}\left[\frac{h_1/(2R)+1-\cos\alpha_n}{h_1/(2R)+1-\cos\alpha} - 1\right] - \int_{\alpha_n}^{\alpha_2}\left[\frac{h_1/(2R)+1-\cos\alpha_n}{h_1/(2R)+1-\cos\alpha} - 1\right]\right\}\mathrm{d}\alpha$$

$$= \frac{2Rm\sigma_s\dot{v}}{\sqrt{3}}\left[\int_0^{\alpha_n}\frac{(b-\cos\alpha_n)\mathrm{d}\alpha}{b-\cos\alpha} - \int_{\alpha_n}^{\alpha_2}\frac{(b-\cos\alpha_n)\mathrm{d}\alpha}{b-\cos\alpha} + (\alpha_2 - 2\alpha_n)\right]$$

$$= \frac{2Rm\sigma_s\dot{v}}{\sqrt{3}}\left[\frac{b-\cos\alpha_n}{\sqrt{b^2-1}}\left(2\tan^{-1}\frac{\sqrt{b^2-1}\sin\alpha_n}{b\cos\alpha_n - 1} - \tan^{-1}\frac{\sqrt{b^2-1}\sin\alpha_2}{b\cos\alpha_2 - 1}\right) + \alpha_2 - 2\alpha_n\right] \tag{10.49}$$

10.3.3 总功率及最小化

将方程式（10.47）、式（10.48）与式（10.49）代入下式的总功率泛函为

$$J^* = B(\dot{W}_i + \dot{W}_s + \dot{W}_f) = \frac{4\sqrt{3}\pi\dot{v}BR\sigma_s}{9}\left\{(b-\cos\alpha_n)\ln\frac{h_0}{h_1} + \right.$$

$$\frac{3v_0}{2\pi\dot{v}}(\alpha_2 - \sin\alpha_2\cos\alpha_2) +$$

$$\frac{3m}{2\pi}\left[\frac{b-\cos\alpha_{\mathrm{n}}}{\sqrt{b^2-1}}\left(2\tan^{-1}\frac{\sqrt{b^2-1}\sin\alpha_{\mathrm{n}}}{b\cos\alpha_{\mathrm{n}}-1}-\right.\right.$$

$$\left.\left.\tan^{-1}\frac{\sqrt{b^2-1}\sin\alpha_2}{b\cos\alpha_2-1}\right)+\alpha_2-2\alpha_{\mathrm{n}}\right]\Bigg\}\qquad(10.50)$$

将上式对 α_n 求导并置零，整理得

$$\frac{\mathrm{d}J^*}{\mathrm{d}\alpha_{\mathrm{n}}}=\frac{\mathrm{d}\dot{W}_i}{\mathrm{d}\alpha_{\mathrm{n}}}+\frac{\mathrm{d}\dot{W}_{\mathrm{s}}}{\mathrm{d}\alpha_{\mathrm{n}}}+\frac{\mathrm{d}\dot{W}_{\mathrm{f}}}{\mathrm{d}\alpha_{\mathrm{n}}}=0,\ \frac{\mathrm{d}\dot{W}_i}{\mathrm{d}\alpha_{\mathrm{n}}}=\frac{4\sqrt{3}\pi\dot{v}BR\sigma_{\mathrm{s}}}{9}\ln\frac{h_0}{h_1}\sin\alpha_{\mathrm{n}},\ \frac{\mathrm{d}\dot{W}_{\mathrm{s}}}{\mathrm{d}\alpha_{\mathrm{n}}}=0$$

$$\frac{\mathrm{d}\dot{W}_{\mathrm{f}}}{\mathrm{d}\alpha_{\mathrm{n}}}=\frac{2\sqrt{3}\dot{v}BR\sigma_{\mathrm{s}}m}{3}\frac{\sin\alpha_{\mathrm{n}}}{\sqrt{b^2-1}}\left(2\tan^{-1}\frac{\sqrt{b^2-1}\sin\alpha_{\mathrm{n}}}{b\cos\alpha_{\mathrm{n}}-1}-\tan^{-1}\frac{\sqrt{b^2-1}\sin\alpha_2}{b\cos\alpha_2-1}\right)$$

$$m=\frac{-\dfrac{2\pi}{3}\ln\dfrac{h_0}{h_1}}{\dfrac{1}{\sqrt{b^2-1}}\left\{2\tan^{-1}\dfrac{\sqrt{b^2-1}\sin\alpha_{\mathrm{n}}}{b\cos\alpha_{\mathrm{n}}-1}-\tan^{-1}\dfrac{\sqrt{b^2-1}\sin\alpha_2}{b\cos\alpha_2-1}\right\}}\qquad(10.51)$$

式中，m 计算可按 Tarnovskii 下述公式

$$m=f+\frac{1}{8}\frac{l}{h}(1-f)\sqrt{f}$$

由式(10.51) 确定的中性角 α_n 代入到式（10.50）得泛函最小值 $J^*_{\min}$，令外功率 $J=J^*_{\min}$，外功率按

$$J=2\bar{p}Bl\frac{1}{\alpha_2}\int_0^{\alpha_2}v_y\mathrm{d}a=2P\frac{1}{\alpha_2}\int_0^{\alpha_2}\dot{v}\sin\alpha\mathrm{d}\alpha=2P\frac{1}{\alpha_2}\dot{v}(-\cos\alpha)_0^{\alpha_2}=2P\dot{v}\frac{1-\cos\alpha_2}{\alpha_2}$$

将上式代入前式整理

$$P=\frac{\alpha_2\cdot J^*_{\min}}{2\dot{v}(1-\cos\alpha_2)},\qquad n_\sigma=\frac{P}{Bl\cdot 2k},\qquad M=\frac{R}{2\dot{v}}J^*_{\min}\qquad(10.52)$$

Avitzur 对此类成形问题曾得到

$$J^*=2kvh\left\{\left(1+\frac{R}{h}\alpha_{\mathrm{n}}^2\right)\left[\ln\frac{H}{h}+\frac{1}{4}\sqrt{\frac{h}{R}}\sqrt{\frac{H}{h}-1}+\frac{\sigma_{xb}-\sigma_{xf}}{2k}+\right.\right.$$

$$\left.\left.m\sqrt{\frac{R}{h}}\left(2\tan^{-1}\sqrt{\frac{R}{h}}\alpha_{\mathrm{n}}-\tan^{-1}\sqrt{\frac{H}{h}-1}\right)\right]+m\frac{R}{h}(\alpha_2-2\alpha_{\mathrm{n}})\right\}\qquad(10.53)$$

10.3.4 应用例

国内某中板厂轧制低碳钢板，工作辊直径 818mm，轧制速度 82r/min，连铸坯尺寸 230mm × 1280mm × 1625mm；精轧入口板厚 28mm。按式（10.50）、式(10.52)、式（10.53）分别计算精轧前三道轧制力，并与实测结果比较如表 10.7、表 10.8 所示。

表 10.7 按式(10.50) 计算的轧制力与实测结果比较

编 号	温度/℃	$\varepsilon=\ln(h_0/h_1)/\%$	实测值/kN	计算值/kN	误差 Δ/%
1	943	19.67	22490	22966	2.12
2	918	21.77	23090	23334	1.06
3	894	24.36	24830	23872	3.86

表 10.8 按式(10.53) 计算的轧制力与实测结果比较

编 号	温度/℃	$\varepsilon=\ln(h_0/h_1)/\%$	实测值/kN	计算值/kN	误差 Δ/%
1	943	19.67	22490	23506	4.52
2	918	21.77	23090	23658	2.46
3	894	24.36	24830	23971	3.46

由表 10.7 和表 10.8、图 10.10 可以看出精轧前三道次由方程式（10.50）、式（10.53）计算的轧制力结果均高于实测结果，但相对误差不超过 5%。首道轧制力计算步骤如下：

$l=\sqrt{R\Delta h}=\sqrt{409\times5}=45.222\text{mm}$，$\alpha_2=\arcsin(l/R)=0.1108\text{rad}, h=(h_0+h_1)/2=25.5\text{mm}, b=1+h_1/(2R)=1.028$；

取 $f=0.4$ 代入式（9.1）得 $m=0.484$。

由式（10.51）

$$\alpha_n=0.0404\text{rad}, h_n=h_1+2R(1-\cos\alpha_n)=23.67\text{mm}, \dot{v}=2\pi R\frac{82}{60}=3.5035\text{ms}^{-1},$$

$$v_1=\dot{v}h_n/h_1=3.614\ \text{ms}^{-1},\ v_0=vh_n/h_0=2.969\ \text{ms}^{-1};\ \varepsilon=\ln(h_0/h_1)=0.197,$$

$$\dot{\varepsilon}=\frac{\dot{v}}{l}\frac{\Delta h}{h_0}=0.0139\text{s}^{-1};$$

将相应 T，ε 与 $\dot{\varepsilon}$ 值代入该钢变形抗力模型，得

$\sigma_s=165.17\text{MPa}$，

按式（10.47）、式（10.48）及式（10.49），$\dot{W}_i=3.2628\text{MPa}\cdot\text{m}^2\cdot\text{s}^{-1}$。

$\dot{W}_s=0.2095\text{MPa}\cdot\text{m}^2\cdot\text{s}^{-1}$，$\dot{W}_f=0.7685\text{MPa}\cdot\text{m}^2\cdot\text{s}^{-1}$。

由式（10.50）$B=2100\text{mm}$，$J^*_{\min}=4.2408\times2.11\text{MPa}\cdot\text{m}^3\cdot\text{s}^{-1}=8.906\times10^3\text{kN}\cdot\text{m}\cdot\text{s}^{-1}$。

由式（10.52），$P=22966\text{kN}$，$n_\sigma=P/(2kBl)=1.26$。

本道次与实测轧制力误差为

$\Delta=(22966-22490)/22490=2.12\%$

将式（10.50）与 Avitzur 公式（10.53）计算结果比较如图 10.10

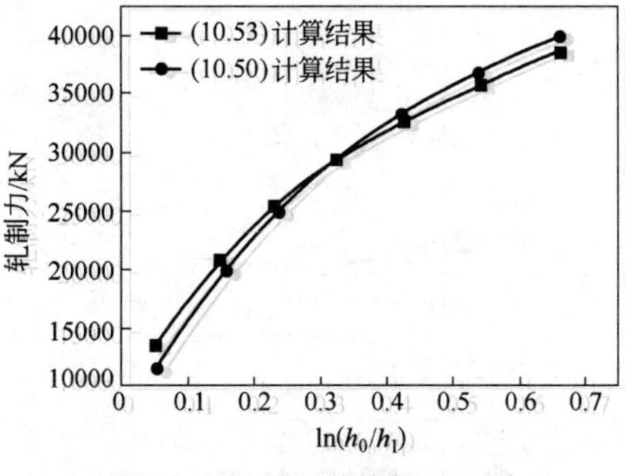

图 10.10 轧制计算结果比较

所示。计算中 $\sigma_s = 165.11\text{MPa}$，$m = 0.484$。结果表明：当压下率 $\ln(h_0/h_1) \geqslant 0.35$，式（10.53）结果低于式（10.50）结果；当 $\ln(h_0/h_1) \leqslant 0.35$ 时，式（10.53）高于式（10.50）结果，但两式符合较好。

10.4 MY 准则解直角坐标轧板

本文建立了板材轧制直角坐标整体加权三维速度场，以 MY 比塑性功率对内部变形功率进行积分，以共线矢量内积对摩擦功率予以解析，并将轧制力能参数经实验与实测结果进行了比较[1]。

10.4.1 整体加权速度场

由于变形区对称仅研究 1/4 部分。坐标原点取在入口截面中点如图 10.11、图 10.12 所示。入口板坯厚度为 $2h_0$，宽度为 $2b_0$；轧后出口厚度减小到 $2h_1$，宽度增加到 $2b_1$，接触弧水平投影长度为 l，轧辊半径为 R。令 x、y、z 方向为轧件长宽高方向，b_x，h_x 分别是轧件变形区内任一点整体宽度和厚度的一半，b_m、h_m 分别为变形区内轧件半宽、半厚的均值。接触弧方程、参数方程及一阶导数方程分别为

$$\left.\begin{aligned} & h_x = R + h_1 - \sqrt{R^2 - (l-x)^2},\ h_\alpha = R + h_1 - R\cos\alpha \\ & l - x = R\sin\alpha,\ \mathrm{d}x = -R\cos\alpha\mathrm{d}\alpha;\ h_m = \frac{R}{2} + h_1 + \frac{\Delta h}{2} - \frac{R^2\theta}{2l} \\ & h'_x = -\frac{l-x}{\sqrt{R^2-(l-x)^2}} = -\tan\alpha \end{aligned}\right\} \tag{10.54}$$

$$\left.\begin{aligned} & b_x = b_0 + \frac{\Delta b}{l}x,\quad b_\alpha = b_1 - \frac{\Delta b}{l}R\sin\alpha \\ & b'_x = \frac{\Delta b}{l},\quad b_m = \frac{b_1 + b_0}{2} = \frac{1}{l}\int_0^l b_x\mathrm{d}x = b_0 + \frac{\Delta b}{2} \end{aligned}\right\} \tag{10.55}$$

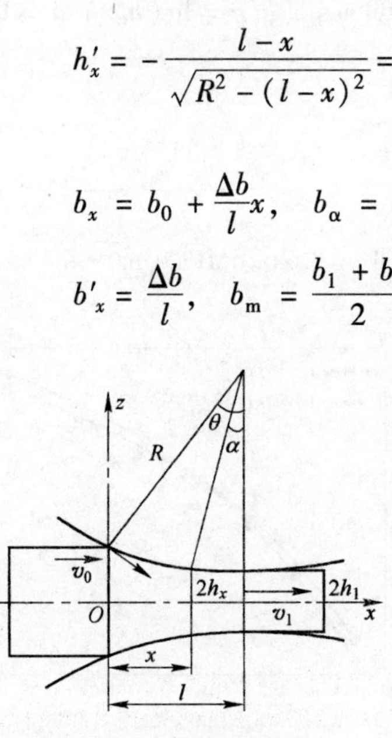

图 10.11 板材轧制变形区

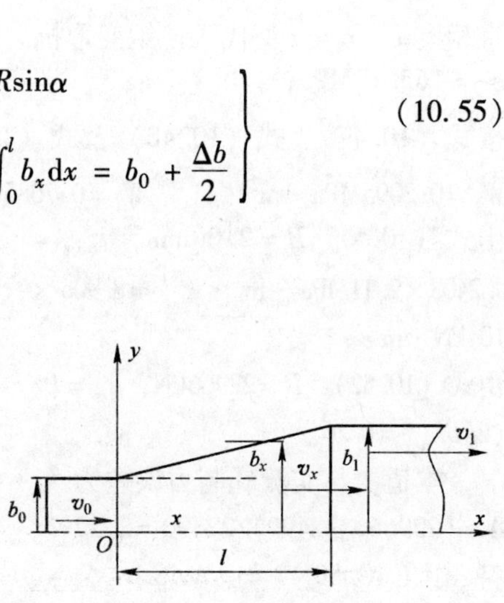

图 10.12 变形区半宽

假定：轧制时轧件横断面保持平面和垂直线保持直线，对此先建立Ⅰ、Ⅱ两种简单情况（Ⅰ为只延伸无宽展；Ⅱ为只宽展无延伸）的速度场，然后用整体加权平均法确定该轧制情况的速度场。

第Ⅰ种情况速度场设定为

$$v_{x\text{I}} = \frac{h_0 v_0}{h_x}, \quad v_{y\text{I}} = 0, \quad v_{z\text{I}} = \frac{h_0 v_0}{h_x^2} h_x' z \tag{10.56}$$

第Ⅱ种情况速度场设定为

$$v_{x\text{II}} = v_0, \quad v_{y\text{II}} = \frac{-h_x' v_0}{h_x} y, \quad v_{z\text{II}} = \frac{h_x' v_0}{h_x} z \tag{10.57}$$

将式（10.56）与式（10.57）在三个方向上速度分量同时加权，设加权系数为 a，加权后的速度场为

$$v_x = a v_{x\text{I}} + (1-a) v_{x\text{II}} = \left[1 - a\left(1 - \frac{h_0}{h_x}\right)\right] v_0$$

$$v_y = a v_{y\text{I}} + (1-a) v_{y\text{II}} = -(1-a)\frac{h_x' v_0}{h_x} y$$

$$v_z = a v_{z\text{I}} + (1-a) v_{z\text{II}} = \left[\frac{a h_0 h_x'}{h_x^2} + (1-a)\frac{h_x'}{h_x}\right] v_0 z \tag{10.58}$$

请读者注意上式与加藤和典（KATO）速度场的区别。加藤速度场仅将式（10.56）、式（10.57）x 与 z 两个方向速度分量加权，y 向速度由体积不变条件确定；而式（10.58）是 x，y，z 三个方向速度分量同时加权，加权后速度场满足体积不变条件。因此将式（10.58）称为**整体加权**；而将加藤速度场称为局部加权。

按几何方程，式（10.58）确定的应变速率分量为

$$\dot{\varepsilon}_x = \frac{\partial v_x}{\partial x} = -\left[\left(1 - \frac{h_0}{h_x}\right) a' + a\frac{h_0 h_x'}{h_x^2}\right] v_0$$

$$\dot{\varepsilon}_y = -(1-a)\frac{h_x' v_0}{h_x}$$

$$\dot{\varepsilon}_z = \left[\frac{a h_0 h_x'}{h_x^2} + (1-a)\frac{h_x'}{h_x}\right] v_0 \tag{10.59}$$

将上述应变速率场代入方程 $\dot{\varepsilon}_x + \dot{\varepsilon}_z + \dot{\varepsilon}_y = 0$，解得 $a' = 0$。将 $a' = 0$ 代回式（10.59）得

$$\dot{\varepsilon}_x = -a\frac{h_0 h_x'}{h_x^2} v_0, \quad \dot{\varepsilon}_y = -(1-a)\frac{h_x' v_0}{h_x}, \quad \dot{\varepsilon}_z = \left[\frac{a h_0 h_x'}{h_x^2} + (1-a)\frac{h_x'}{h_x}\right] v_0 \tag{10.60}$$

注意到方程式（10.58）的第一式，$x=0$ 时，$h_x = h_0$，$v_x = v_0$；第二式 $y=0$，$v_y = 0$；第三式 $z=0$，$v_z = 0$。且式（10.60）满足 $\dot{\varepsilon}_x + \dot{\varepsilon}_z + \dot{\varepsilon}_y = 0$，故二者满足运动许可条件；但 a 必为常数或式（10.58）、式（10.60）与 a' 无关。注意到轧件

横断面保持平面和垂直线保持直线假定，只延伸轧制时 $a=1$，$\Delta b/b_1=0$，$b_0/b_1=1$；有宽展时 $a<1$，$\Delta b>0$，$b_0/b_1<1$ 且一般情况为 $0\leqslant a\leqslant 1$。注意到 a 的变化在 b_0/b_1 与 $b_1/b_1(b_1>b_0)$ 之间，故取常数为

$$
\begin{aligned}
a &= \frac{1}{l}\int_0^l\left[1-\frac{\Delta b}{b_1}\left(1-\frac{x}{l}\right)\right]\mathrm{d}x = \frac{1}{l}\int_0^l\frac{b_x}{b_1}\mathrm{d}x \\
&= \frac{b_\mathrm{m}}{b_1} = \frac{b_1-\Delta b_\mathrm{m}}{b_1} = 1-\frac{\Delta b_\mathrm{m}}{b_1} = 1-\frac{\Delta b}{2b_1}
\end{aligned}
\tag{10.61}
$$

10.4.2 成形功率泛函

10.4.2.1 内部变形功率

注意到式（10.60）中，$\dot{\varepsilon}_{\max}=\dot{\varepsilon}_x=\dot{\varepsilon}_1$，　$\dot{\varepsilon}_{\min}=\dot{\varepsilon}_z=\dot{\varepsilon}_3$，代入式（8.14）的 MY 准则比塑性功率，取代第一变分原理被积函数，再对变形区体积积分得

$$
\begin{aligned}
\dot{W}_i &= \int_V D(\dot{\varepsilon}_{ik})\mathrm{d}V = 4\int_0^l\int_0^{b_\mathrm{m}}\int_0^{h_x}\frac{4}{7}\sigma_\mathrm{s}(\dot{\varepsilon}_{\max}-\dot{\varepsilon}_{\min})\mathrm{d}x\mathrm{d}y\mathrm{d}z \\
&= \frac{16}{7}\sigma_\mathrm{s}b_\mathrm{m}v_0\left[\frac{2b_\mathrm{m}}{b_1}h_0\ln\frac{h_0}{h_1}+\frac{\Delta b\Delta h}{2b_1}\right] = \frac{16\sigma_\mathrm{s}b_\mathrm{m}U}{7h_0b_0}\left[\frac{2b_\mathrm{m}}{b_1}h_0\ln\frac{h_0}{h_1}+\frac{\Delta b\Delta h}{2b_1}\right]
\end{aligned}
\tag{10.62}
$$

式中，$U=v_0h_0b_0=v_xh_xb_x=v_\mathrm{n}h_\mathrm{n}b_\mathrm{n}=v_1h_1b_1$ 为秒流量。

10.4.2.2 摩擦功率

接触面上切向速度不连续量为

$$
\begin{aligned}
|\Delta \boldsymbol{v}_\mathrm{f}| &= \sqrt{\Delta v_x^2+\Delta v_y^2+\Delta v_z^2} = \sqrt{v_y^2+(v_\mathrm{R}\cos\alpha-v_x)^2+(v_\mathrm{R}\sin\alpha-v_x\tan\alpha)^2} \\
\Delta \boldsymbol{v}_\mathrm{f} &= \Delta v_x\boldsymbol{i}+\Delta v_y\boldsymbol{j}+\Delta v_z\boldsymbol{k} = (v_\mathrm{R}\cos\alpha-v_x)\boldsymbol{i}+v_y\boldsymbol{j}+(v_\mathrm{R}\sin\alpha-v_x\tan\alpha)\boldsymbol{k}
\end{aligned}
\tag{10.63}
$$

前已述及，沿接触面切向摩擦剪应力 $\boldsymbol{\tau}_\mathrm{f}=m\boldsymbol{k}$ 与切向速度不连续量 $\Delta\boldsymbol{v}_\mathrm{f}$ 为共线矢量，如图 10.13 所示。采用共线矢量内积，摩擦功率泛函为

$$
\begin{aligned}
\dot{W}_\mathrm{f} &= 4\int_0^l\int_0^{b_x}\boldsymbol{\tau}_\mathrm{f}|\Delta\boldsymbol{v}_\mathrm{f}|\mathrm{d}F = 4\int_0^l\int_0^{b_x}\boldsymbol{\tau}_\mathrm{f}\Delta\boldsymbol{v}_\mathrm{f}\mathrm{d}F = 4\int_0^l\int_0^{b_x}(\tau_{\mathrm{f}x}\Delta v_x+\tau_{\mathrm{f}y}\Delta v_y+\tau_{\mathrm{f}z}\Delta v_z)\mathrm{d}F \\
&= 4mk\int_0^l\int_0^{b_x}(\Delta v_x\cos\alpha+\Delta v_y\cos\beta+\Delta v_z\cos\gamma)\mathrm{d}F
\end{aligned}
\tag{10.64}
$$

式中，$\cos\alpha$、$\cos\beta$、$\cos\gamma$ 分别为 $\Delta\boldsymbol{v}_\mathrm{f}$ 或 $\boldsymbol{\tau}_\mathrm{f}$ 与坐标轴夹角的余弦。由于 Δv_f 沿辊面切向，故方向余弦由辊面切向方程确定。注意到辊面方程为 $z=h_x=R+h_1-\sqrt{R^2-(l-x)^2}$，则方向余弦与面积微元分别为

$$
\cos\alpha=\pm\frac{\sqrt{R^2-(l-x)^2}}{R},\ \cos\beta=0,\ \cos\gamma=\pm\frac{l-x}{R}=\pm\sin\alpha \tag{10.65}
$$

$$
\mathrm{d}F=\sqrt{1+\left(\frac{\mathrm{d}z}{\mathrm{d}x}\right)^2+\left(\frac{\mathrm{d}z}{\mathrm{d}y}\right)^2}\mathrm{d}x\mathrm{d}y=\sqrt{1+(h_x')^2}\mathrm{d}x\mathrm{d}y=\sec\alpha\mathrm{d}x\mathrm{d}y \tag{10.66}
$$

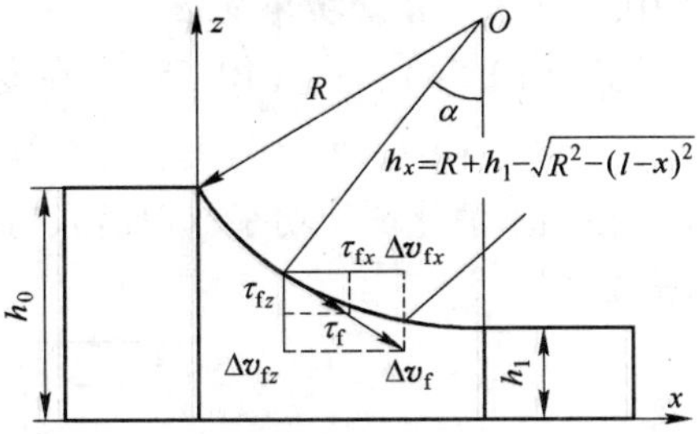

图 10.13 接触面上共线矢量 τ_f 与 Δv_f

将式（10.65）代入式（10.64）并注意到式（10.58）及式（10.61）得

$$\Delta v_y = \frac{\Delta b\, h'_x}{2b_1 h_x} v_0 y$$

$$\Delta v_x = v_R \cos\alpha - \left[1 - \frac{b_m}{b_1}\left(1 - \frac{h_0}{h_x}\right)\right] v_0$$

$$\Delta v_z\big|_{z=h_x} = v_R \sin\alpha - \left[1 - \frac{b_m}{b_1}\left(1 - \frac{h_0}{h_x}\right)\right] v_0 \tan\alpha \tag{10.67}$$

将式（10.67）、式（10.66）及式（10.65）代入式（10.64）并注意到 $k=\sigma_s/\sqrt{3}$，$dz/dy=0$，然后积分

$$\dot W_f = 4mk\int_0^l\int_0^{b_m}\left\{v_R\cos\alpha - \left[1-\frac{b_m}{b_1}\left(1-\frac{h_0}{h_x}\right)\right]v_0\right\}\cos\alpha\sqrt{1+(h'_x)^2}\,dxdy +$$
$$4mk\int_0^l\int_0^{b_m}\left\{v_R\sin\alpha - \left[1-\frac{b_m}{b_1}\left(1-\frac{h_0}{h_x}\right)\right]v_0\tan\alpha\right\}\sin\alpha\sqrt{1+(h'_x)^2}\,dxdy$$
$$= 4mkb_m(\boldsymbol{I}_1 + \boldsymbol{I}_2) \tag{10.68}$$

$$\boldsymbol{I}_1 = \int_0^{x_n}\left\{v_R\cos\alpha - \left[1-\frac{b_m}{b_1}\left(1-\frac{h_0}{h_x}\right)\right]v_0\right\}dx - \int_{x_n}^l\left\{v_R\cos\alpha - \left[1-\frac{b_m}{b_1}\left(1-\frac{h_0}{h_x}\right)\right]v_0\right\}dx$$
$$= v_R R\left(\frac{\theta}{2} - \alpha_n + \frac{\sin2\theta}{4} - \frac{\sin2\alpha_n}{2}\right) + v_0 R\left[\left(1 + a\frac{\Delta h_m}{2h_m}\right)(2\sin\alpha_n - \sin\theta)\right]$$

$$\boldsymbol{I}_2 = \int_0^l\left\{v_R\sin\alpha - \left\{1-\frac{b_m}{b_1}\left(1-\frac{h_0}{h_x}\right)\right\}v_0\tan\alpha\right\}\tan\alpha dx$$
$$= v_R R\left(\frac{\theta}{2} - \alpha_n + \frac{\sin2\alpha_n}{2} - \frac{\sin2\theta}{4}\right) + v_0 R\left(1 + a\frac{\Delta h}{2h_m}\right)\left[\ln\frac{\tan^2\left(\frac{\pi}{4}+\frac{\alpha_n}{2}\right)}{\tan\left(\frac{\pi}{4}+\frac{\theta}{2}\right)} + \sin\theta - 2\sin\alpha_n\right]$$

I_1，I_2 积分结果（见附录6），代入方程式（10.68）整理得

$$\dot W_f = 4mkRb_m\left[v_R(\theta - 2\alpha_n) + \frac{U}{h_0 b_0}\left(1 + a\frac{\Delta h}{2h_m}\right)\ln\frac{\tan^2\left(\frac{\pi}{4}+\frac{\alpha_n}{2}\right)}{\tan\left(\frac{\pi}{4}+\frac{\theta}{2}\right)}\right]$$

或

$$\dot W_f = 4mkRb_m\left[v_R(\theta - 2\alpha_n) + \frac{U}{h_0 b_0}\left(\frac{\Delta b}{2b_1} + \frac{b_m h_0}{b_1 h_m}\right)\ln\frac{\tan^2\left(\frac{\pi}{4}+\frac{\alpha_n}{2}\right)}{\tan\left(\frac{\pi}{4}+\frac{\theta}{2}\right)}\right] \tag{10.69}$$

10.4.2.3 剪切功率泛函

按式（10.54）、式（10.58），在变形区出口横截面

$$x=l,\ h'_x=0,\ v_z|_{x=l}=\Delta v_z|_{x=l}=v_y|_{x=l}=\Delta v_y|_{x=l}=0$$

故出口截面不消化剪切功率；但沿入口横截面按方程式（10.58）的第三、四式用中值定理

$$|\Delta \bar{v}_t|_{x=0}=\sqrt{\Delta \bar{v}_y^2+\Delta \bar{v}_z^2}\Big|_{x=0}=\bar{v}_y\sqrt{1+(\bar{v}_z/\bar{v}_y)^2}\Big|_{x=0}$$

$$\bar{v}_z=\frac{1}{h_0}\int_0^{h_0}v_z|_{x=0}\mathrm{d}z=-\frac{\tan\theta v_0}{2},\quad \bar{v}_y=\frac{1}{b_0}\int_0^{b_0}v_y|_{x=0}\mathrm{d}y=\frac{\Delta b v_0 b_0\tan\theta}{4b_1h_0}$$

代入下式，入口横截面消耗的剪切功率为

$$\dot{W}_{s0}=4k\int_0^{b_0}\int_0^{h_0}\left(\bar{v}_y\sqrt{1+(\bar{v}_z/\bar{v}_y)^2}\right)\mathrm{d}z\mathrm{d}y=\frac{k\tan\theta\Delta b b_0U}{b_1h_0}\sqrt{1+\frac{4b_1^2h_0^2}{\Delta b^2b_0^2}} \tag{10.70}$$

10.4.3 轧制总功率泛函

将式（10.62）、式（10.69）、式（10.70）代入式 $\Phi=\dot{W}_i+\dot{W}_{s0}+\dot{W}_f$，得总功率泛函为

$$\Phi=\frac{16\sigma_s b_m U}{7b_0}\left(\frac{2b_m}{b_1}\ln\frac{h_0}{h_1}+\frac{\Delta b\Delta h}{2b_1h_0}\right)+\frac{k\tan\theta\Delta b b_0U}{b_1h_0}\sqrt{1+\frac{4b_1^2h_0^2}{\Delta b^2b_0^2}}+$$
$$4mkRb_m\left[v_R\ (\theta-2\alpha_n)+\frac{U}{h_0b_0}\left(\frac{\Delta b}{2b_1}+\frac{b_mh_0}{b_1h_m}\right)\ln\frac{\tan^2\left(\frac{\pi}{4}+\frac{\alpha_n}{2}\right)}{\tan\left(\frac{\pi}{4}+\frac{\theta}{2}\right)}\right] \tag{10.71}$$

定义压下率 $\varepsilon=\ln(h_0/h_1)$，将式（10.71）Φ 对 α_n 求导并令 $\mathrm{d}\Phi/\mathrm{d}\alpha_n=0$，有

$$\frac{\mathrm{d}\Phi}{\mathrm{d}\alpha_n}=\frac{\mathrm{d}\dot{W}_i}{\mathrm{d}\alpha_n}+\frac{\mathrm{d}\dot{W}_f}{\mathrm{d}\alpha_n}+\frac{\mathrm{d}\dot{W}_s}{\mathrm{d}\alpha_n}=0 \tag{10.72}$$

由方程式（10.62）、式（10.69）、式（10.70）得到

$$\frac{\mathrm{d}\dot{W}_i}{\mathrm{d}\alpha_n}=\frac{16\sigma_s b_m N}{7b_0}\left(\frac{2b_m}{b_1}\ln\frac{h_0}{h_1}+\frac{\Delta b\Delta h}{2b_1h_0}\right);\quad \frac{\mathrm{d}\dot{W}_s}{\mathrm{d}\alpha_n}=\frac{k\tan\theta\Delta b b_0N}{b_1h_0}\sqrt{1+\frac{4b_1^2h_0^2}{\Delta b^2b_0^2}}$$

$$\frac{\mathrm{d}\dot{W}_f}{\mathrm{d}\alpha_n}=4mRkb_m\left[-2v_R+v_0\left(\frac{\Delta b}{2b_1}+\frac{b_mh_0}{h_mb_1}\right)\frac{2}{\cos\alpha_n}+\frac{N}{b_0h_0}\left(\frac{\Delta b}{2b_1}+\frac{b_mh_0}{h_mb_1}\right)\ln\frac{\tan^2\left(\frac{\pi}{4}+\frac{\alpha_n}{2}\right)}{\tan\left(\frac{\pi}{4}+\frac{\theta}{2}\right)}\right] \tag{10.73}$$

式中，$N=\mathrm{d}U/\mathrm{d}\alpha_n=v_Rb_mR\sin 2\alpha_n-v_Rb_m(R+h_1)\sin\alpha_n$。

将式（10.73）代入式（10.72）得

$$m=\frac{\frac{4\sqrt{3}N}{7b_0R}\left(\frac{2b_m}{b_1}\ln\frac{h_0}{h_1}+\frac{\Delta b\Delta h}{2b_1h_0}\right)+\frac{\tan\theta\Delta bb_0N}{4b_1h_0b_mR}\sqrt{1+\frac{4b_1^2h_0^2}{\Delta b^2b_0^2}}}{2v_R-v_0\left(\frac{\Delta b}{2b_1}+\frac{b_mh_0}{h_mb_1}\right)\frac{2}{\cos\alpha_n}-\frac{N}{b_0h_0}\left(\frac{\Delta b}{2b_1}+\frac{b_mh_0}{h_mb_1}\right)\ln\frac{\tan^2\left(\frac{\pi}{4}+\frac{\alpha_n}{2}\right)}{\tan\left(\frac{\pi}{4}+\frac{\theta}{2}\right)}} \tag{10.74}$$

将式（10.74）确定的α_n代入式（10.71）得泛函最小值Φ_{min}，轧制力矩、轧制力及应力状态系数则为

$$M=\frac{R}{2v_R}\Phi_{min},\quad F=\frac{M}{\chi\sqrt{2R\Delta h}},\quad n_\sigma=\frac{\bar{p}}{2k}=\frac{F}{4b_mlk} \tag{10.75}$$

10.4.4 计算结果比较

某厂4300轧机轧制120mm厚成品板，工作辊直径1070mm；连铸坯尺寸320mm×2050mm×3250mm，首道整形轧制到厚299mm，然后板坯转90°进行横轧（展宽轧制）。试计算展宽第2～第6道次轧制力能参数。变形抗力用以下模型：

$$\sigma_s=3583.195\cdot e^{-2.23341T/1000}\dot{\varepsilon}^{-0.3486T/1000+0.46339}\varepsilon^{0.42437} \quad ①$$

计算时力臂系数χ依次取0.56、0.55、0.55、0.54、0.53；注意到温升取入出口平均温度。以式（10.71）、式（10.75）的计算结果与实测结果比较如表10.9及图10.14所示。

表10.9 按式(10.71)、式（10.75）计算的轧制力、力矩与实测结果比较

道次	v_R/m·s^{-1}	T/℃	ln (h_0/h_1)	实测 F/kN	计算 F/kN	误差 Δ/%	实测 M /kN·m	计算 M /kN·m	误差 Δ/%
2	1.64	965	0.09577	43607	44384	1.8	2640	2963	10.92
3	1.66	953	0.10312	44006	47309	7	2694	2684	12
4	1.68	948	0.11461	43172	47309	8.7	2665	2809	12.9
5	1.82	955	0.12099	42269	46768	9.7	2430	2659	15.5
6	1.97	957	0.11288	39061	41965	6.9	2101	2117	8.95

由表10.9及图10.14可知，无论轧制力还是力矩，计算值均高于实测值；轧制力误差最高为8.7%；力矩最大误差达到15.5%。图10.16表明随着摩擦系数增加及道次压下率减小中性面移向入口侧。图10.15、图10.17表明厚件轧制外端参数$l/(2h_m)$是影响n_σ的主要因素，$l/(2h_m)$减小，应力状态系数明显增

加；而不同摩擦因子 m 的影响仅局限于很窄的范围内，且 $l/(2h_m)$ 越小，摩擦引起的 n_σ 变化越不明显。而图 10.15 第 2 道轧制功率泛函计算表明，入口外端剪切功率泛函占成形功率总泛函达 39%。

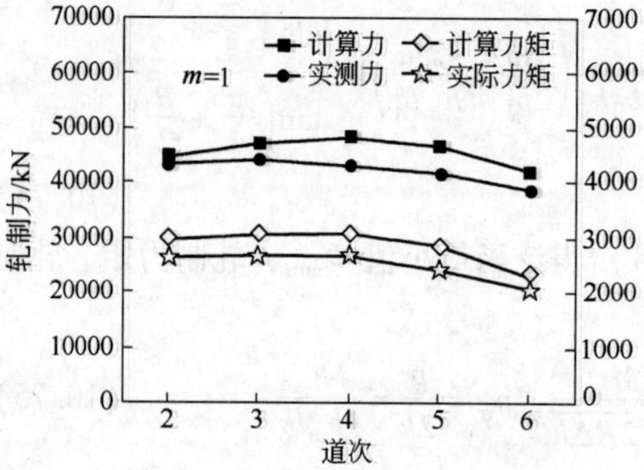

图 10.14 第 2 ~6 道次计算轧制力、力矩与实测比较

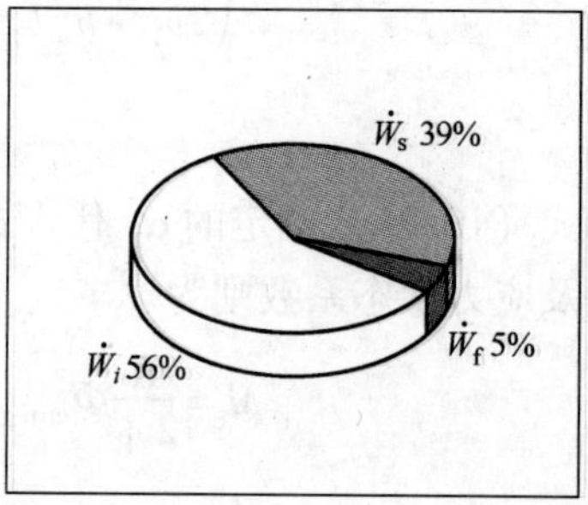

图 10.15 第二道次剪切功率所占比例

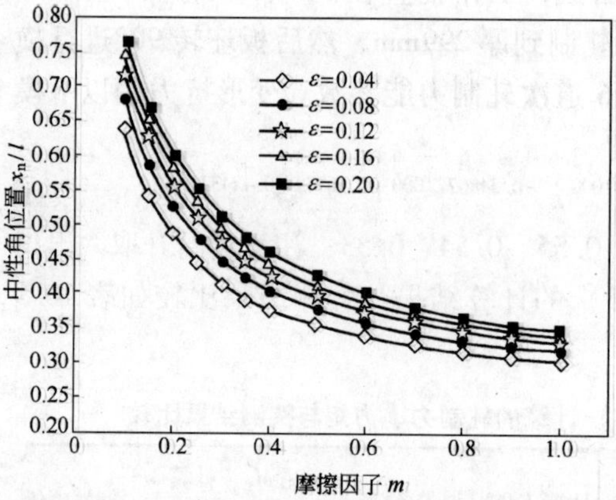

图 10.16 中性角位置与摩擦因子 m 及 ε 关系

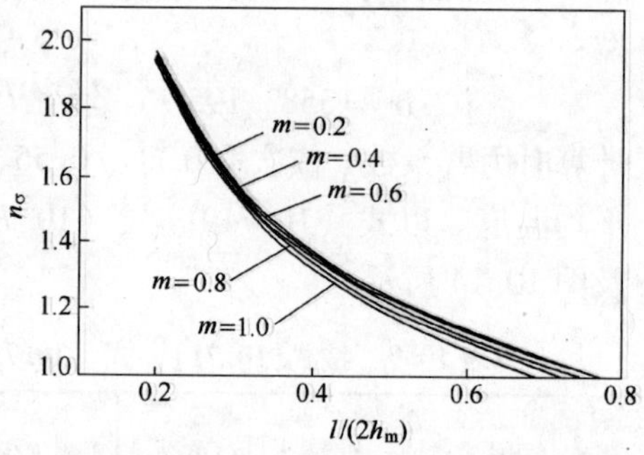

图 10.17 外端 $l/(2h_m)$ 与 m 对 n_σ 的影响

10.4.5 定积分方法

为进一步简化和降低式（10.75）结果，以下给出定积分结果。

由轧件横断面保持平面和垂直线保持直线假定，只延伸时 $a=1$，$\Delta b/b_1=0$，$b_0/b_1=1$；有宽展时 $a<1$，$\Delta b>0$，$b_0/b_1<1$，且一般情况为 $0\leqslant a\leqslant 1$。注意到 a 的变化与 b_0/b_1 同步，且变上限 b_x 简化为定积分限 b_0 体积略微减小，故取加权系数为常数

$$a=b_0/b_1 \tag{②}$$

代入式（10.60），应变速率场的显式为

$$\dot{\varepsilon}_x = -\frac{b_0 h_0 h'_x}{b_1 h_x^2} v_0, \quad \dot{\varepsilon}_y = -\frac{\Delta b h'_x v_0}{b_1 h_x}, \quad \dot{\varepsilon}_z = \left(\frac{b_0 h_0 h'_x}{b_1 h_x^2} + \frac{\Delta b h'_x}{b_1 h_x}\right) v_0 \qquad ③$$

10.4.5.1 内部变形功率

式③中 $\dot{\varepsilon}_{\max} = \dot{\varepsilon}_x$，$\dot{\varepsilon}_{\min} = \dot{\varepsilon}_z$；代入 MY 准则式（8.14），再代入下式积分得

$$\begin{aligned} \dot{W}_i &= \int_V D(\dot{\varepsilon}_{ik}) \mathrm{d}V = 4\int_0^l \int_0^{b_0} \int_0^{h_x} \frac{4}{7} \sigma_s (\dot{\varepsilon}_{\max} - \dot{\varepsilon}_{\min}) \mathrm{d}x\mathrm{d}y\mathrm{d}z \\ &= \frac{16\sigma_s U}{7} \left(\frac{2b_0}{b_1} \ln \frac{h_0}{h_1} + \frac{\Delta b \Delta h}{h_0 b_1} \right) \end{aligned} \qquad ④$$

10.4.5.2 摩擦功率

摩擦功率积分方法同式（10.64）~式（10.66），上积分限 b_x 改为 b_0，得

$$\dot{W}_f = 4\int_0^l \int_0^{b_0} \tau_f |\Delta \boldsymbol{v}_f| \mathrm{d}F = 4mk \int_0^l \int_0^{b_0} (\Delta v_x \cos\alpha + \Delta v_y \cos\beta + \Delta v_z \cos\gamma) \mathrm{d}F$$

注意将 $a = b_0/b_1$ 代入接触面速度不连续量分量

$$\Delta v_y = \frac{\Delta b v_0}{b_1} \frac{h'_x}{h_x} y, \quad \Delta v_x = v_R \cos\alpha - \left[1 - \frac{b_0}{b_1}\left(1 - \frac{h_0}{h_x}\right)\right] v_0$$

$$\Delta v_z |_{z=h_x} = v_R \sin\alpha - \left[1 - \frac{b_0}{b_1}\left(1 - \frac{h_0}{h_x}\right)\right] v_0 \tan\alpha$$

速度不连续量代入式（10.64）积分并注意积分中值定理

$$\begin{aligned} \dot{W}_f =& 4mk \int_0^l \int_0^{b_0} \left\{ v_R \cos\alpha - \left[1 - \frac{b_0}{b_1}\left(1 - \frac{h_0}{h_x}\right)\right] v_0 \right\} \cos\alpha \sqrt{1 + (h'_x)^2} \mathrm{d}x\mathrm{d}y + \\ & 4mk \int_0^l \int_0^{b_0} \left\{ v_R \sin\alpha - \left[1 - \frac{b_0}{b_1}\left(1 - \frac{h_0}{h_x}\right)\right] v_0 \tan\alpha \right\} \sin\alpha \sqrt{1 + (h'_x)^2} \mathrm{d}x\mathrm{d}y \\ =& 4mkb_0 (I_1 + I_2) \end{aligned}$$

$$\begin{aligned} I_1 =& \int_0^{x_n} \left\{ v_R \cos\alpha - \left[1 - \frac{b_0}{b_1}\left(1 - \frac{h_0}{h_x}\right)\right] v_0 \right\} \mathrm{d}x - \int_{x_n}^l \left\{ v_R \cos\alpha - \left[1 - \frac{b_0}{b_1}\left(1 - \frac{h_0}{h_x}\right)\right] v_0 \right\} \mathrm{d}x \\ =& v_R R \left(\frac{\theta}{2} - \frac{\alpha_n}{2} + \frac{\sin 2\theta}{4} - \frac{\sin 2\alpha_n}{4} \right) - v_R R \left(\frac{\alpha_n}{2} + \frac{\sin 2\alpha_n}{4} \right) - \\ & v_0 R \left(1 + \frac{b_0}{b_1} \frac{\Delta h}{2h_m} \right) (\sin\theta - \sin\alpha_n) + v_0 R \left(1 + \frac{b_0}{b_1} \frac{\Delta h}{2h_m} \right) \sin\alpha_n \end{aligned}$$

整理得

$$I_1 = v_R R \left(\frac{\theta}{2} - \alpha_n + \frac{\sin 2\theta}{4} - \frac{\sin 2\alpha_n}{2} \right) + v_0 R \left(1 + \frac{b_0}{b_1} \frac{\Delta h}{2h_m} \right) (2\sin\alpha_n - \sin\theta)$$

$$I_2 = v_R R \left(\frac{\theta}{2} - \alpha_n + \frac{\sin 2\alpha_n}{2} - \frac{\sin 2\theta}{4} \right) + v_0 R \left(1 + \frac{b_0}{b_1} \frac{\Delta h}{2h_m} \right) \left[\ln \frac{\tan^2\left(\frac{\pi}{4} + \frac{\alpha_n}{2}\right)}{\tan\left(\frac{\pi}{4} + \frac{\theta}{2}\right)} + \sin\theta - 2\sin\alpha_n \right]$$

$$\dot{W}_{\mathrm{f}}=4mkb_0R\left[v_{\mathrm{R}}(\theta-2\alpha_{\mathrm{n}})+v_0\left(1+\frac{b_0}{b_1}\frac{\Delta h}{2h_{\mathrm{m}}}\right)\ln\frac{\tan^2\left(\frac{\pi}{4}+\frac{\alpha_{\mathrm{n}}}{2}\right)}{\tan\left(\frac{\pi}{4}+\frac{\theta}{2}\right)}\right]$$

$$\dot{W}_{\mathrm{f}}=4mkRb_0\left[v_{\mathrm{R}}(\theta-2\alpha_{\mathrm{n}})+\frac{U}{h_0b_0}\left(\frac{\Delta b}{b_1}+\frac{b_0h_0}{b_1h_{\mathrm{m}}}\right)\ln\frac{\tan^2\left(\frac{\pi}{4}+\frac{\alpha_{\mathrm{n}}}{2}\right)}{\tan\left(\frac{\pi}{4}+\frac{\theta}{2}\right)}\right] \quad ⑤$$

比较式（10.69）与式⑤，区别在于后者将摩擦区宽度减小为 b_0，但同时也将前者对数项系数$\frac{\Delta b}{2b_1}$，$\frac{b_{\mathrm{m}}}{b_1}$分别增大为 $\Delta b/b_1$ 与减小为 b_0/b_1。由于摩擦不是总功率泛函的主要影响，因此对解析影响基本抵消。

10.4.5.3 剪切功率泛函

$$\dot{W}_{s0}=4k\int_0^{b_0}\int_0^{h_0}\left(\bar{v}_y\sqrt{1+(\bar{v}_z/\bar{v}_y)^2}\right)\mathrm{d}z\mathrm{d}y=\frac{k\tan\theta\Delta bUb_0}{b_1h_0}\sqrt{1+\frac{4b_1^2h_0^2}{\Delta b^2b_0^2}}$$

10.4.6 总功率泛函比较

$$\Phi=\frac{16\sigma_{\mathrm{s}}U}{7}\left(\frac{2b_0}{b_1}\ln\frac{h_0}{h_1}+\frac{\Delta b\Delta h}{h_0b_1}\right)+4mkRb_0\left[v_{\mathrm{R}}(\theta-2\alpha_{\mathrm{n}})+\frac{U}{h_0b_0}\left(\frac{\Delta b}{b_1}+\frac{b_0h_0}{b_1h_{\mathrm{m}}}\right)\ln\frac{\tan^2\left(\frac{\pi}{4}+\frac{\alpha_{\mathrm{n}}}{2}\right)}{\tan\left(\frac{\pi}{4}+\frac{\theta}{2}\right)}\right]+$$
$$\frac{k\tan\theta\Delta bb_0U}{b_1h_0}\sqrt{1+\frac{4b_1^2h_0^2}{\Delta b^2b_0^2}} \quad ⑥$$

定义道次压下率为 $\varepsilon=\ln(h_0/h_1)$，令$\partial\Phi/\partial\alpha_{\mathrm{n}}=0$ 得到

$$\frac{\mathrm{d}\dot{W}_i}{\mathrm{d}\alpha_{\mathrm{n}}}=\frac{16\sigma_{\mathrm{s}}N}{7}\left[\frac{2b_0}{b_1}\ln\frac{h_0}{h_1}+\frac{\Delta b\Delta h}{h_0b_1}\right];\qquad \frac{\mathrm{d}\dot{W}_{\mathrm{s}}}{\mathrm{d}\alpha_{\mathrm{n}}}=\frac{k\tan\theta\Delta bNb_0}{b_1h_0}\sqrt{1+\frac{4b_1^2h_0^2}{\Delta b^2b_0^2}}$$

$$\frac{\mathrm{d}\dot{W}_{\mathrm{f}}}{\mathrm{d}\alpha_{\mathrm{n}}}=4mRkb_0\left\{-2v_{\mathrm{R}}+v_0\left(\frac{\Delta b}{b_1}+\frac{b_0h_0}{h_{\mathrm{m}}b_1}\right)\frac{2}{\cos\alpha_{\mathrm{n}}}+\frac{N}{b_0h_0}\left(\frac{\Delta b}{b_1}+\frac{b_0h_0}{h_{\mathrm{m}}b_1}\right)\left[\ln\frac{\tan^2\left(\frac{\pi}{4}+\frac{\alpha_{\mathrm{n}}}{2}\right)}{\tan\left(\frac{\pi}{4}+\frac{\theta}{2}\right)}\right]\right\}$$

式中，$N=\partial U/\partial\alpha_{\mathrm{n}}=v_{\mathrm{R}}b_{\mathrm{m}}R\sin 2\alpha_{\mathrm{n}}-v_{\mathrm{R}}b_{\mathrm{m}}(R+h_1)\sin\alpha_{\mathrm{n}}$。各导数值代入式（10.72）解得

$$m=\frac{\frac{4\sqrt{3}N}{7R}\left(\frac{2}{b_1}\ln\frac{h_0}{h_1}+\frac{\Delta b\Delta h}{h_0b_1b_0}\right)+\frac{\tan\theta\Delta bN}{4b_1h_0R}\sqrt{1+\frac{4b_1^2h_0^2}{\Delta b^2b_0^2}}}{2v_{\mathrm{R}}-v_0\left(\frac{\Delta b}{b_1}+\frac{b_0h_0}{h_{\mathrm{m}}b_1}\right)\frac{2}{\cos\alpha_{\mathrm{n}}}-\frac{N}{b_0h_0}\left(\frac{\Delta b}{b_1}+\frac{b_0h_0}{h_{\mathrm{m}}b_1}\right)\ln\frac{\tan^2\left(\frac{\pi}{4}+\frac{\alpha_{\mathrm{n}}}{2}\right)}{\tan\left(\frac{\pi}{4}+\frac{\theta}{2}\right)}} \quad ⑦$$

读者可自行将式⑦与式（10.74）比较。力能参数仍按式（10.75）与式①计算，结果如图 10.18、图 10.19 所示。

表 10.10 与图 10.18 表明相同计算条件下，式⑥采用定积分限 b_0 与加权系数 $a=b_0/b_1$ 后，使轧制力与力矩较式（10.71）明显减小，但仍高于实测值。图 10.19 表明中性面位置变化不大，与 m 及压下率的关系同前。这也验证了传统解法在上界解析中采用定积分的可行性。

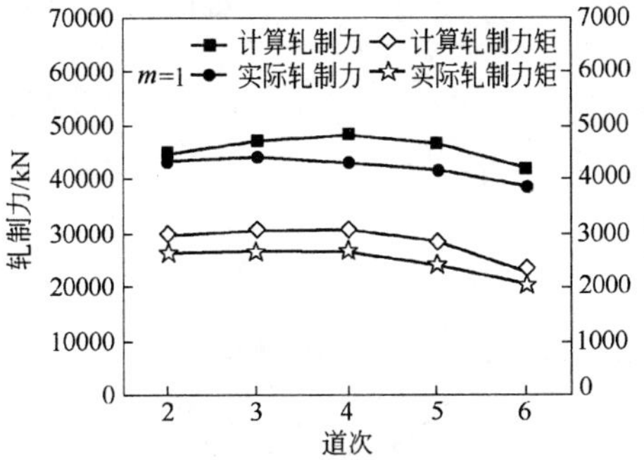

图 10.18 第 2 ~6 道次定积分计算轧制力与力矩

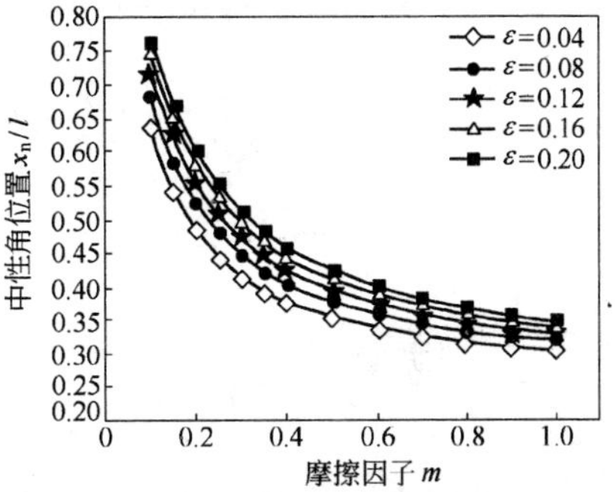

图 10.19 定积分结果中性角与 m 和 ε 的关系

表 10.10 定积分结果式⑥与式(10.74) 计算结果比较

道次	v_R/m · s^{-1}	T/℃	$\varepsilon=\ln\frac{h_0}{h_1}$	式(10.71) 计算 F/kN	式⑥计算 F/kN	实测 F/kN	式(10.71) 计算 M/kN · m	式⑥计算 M/kN · m	实测 M/kN · m
2	1.64	965	0.09577	44384	44355	43607	2963	2960	2640
3	1.66	953	0.10312	47309	45670	44006	2684	2951	2694
4	1.68	948	0.11461	47309	46710	43172	2809	2965	2665
5	1.82	955	0.12099	46768	44889	42269	2659	2764	2430
6	1.97	957	0.11288	41965	40208	39061	2117	2213	2101

10.5 TSS 准则解三维轧制

本节用 TSS 屈服准则，共线矢量曲面积分、变上限积分对小林史郎三维轧制速度场成形能率泛函进行解析[97]，得到的轧制力、力矩将经纯铅轧制实验，与小林史郎及西姆斯的计算结果与实测结果比较。1975 年 Kobayashi（小林史郎）年曾对三维轧制进行研究，并给出泛函积分框架但因整体积分困难只借助 Newton – Raphson 迭代得到数值解，其后不简化接触弧方程与轧件侧自由表面方程获得三维轧制解析解的研究与方法一直未见报道。

10.5.1 流函数速度场

辊径为 R 的两辊单道次轧制厚为 $2h_0$，宽为 $2b_0$，轧后厚为 $2h_1$，宽为 $2b_1$ 的矩形件。设接触弧水平投影长为 l，坐标原点取在入口截面中心，x，y，z 轴分别为长、宽、高方向，如图 10.20 所示。由于变形区对称，仅研究轧件 1/4 象限如图 10.21 所示。精确接触弧方程、参数方程[8]及其一阶导数方程分别为

$$h_x = R + h_1 - [R^2 - (l-x)^2]^{1/2},\ h'_x = \frac{-(l-x)}{\sqrt{R^2-(l-x)^2}} = -\tan\alpha \quad (10.76)$$

$$h_x = h_\alpha = R + h_1 - R\cos\alpha,\ l - x = R\sin\alpha,\ \mathrm{d}x = -R\cos\alpha\mathrm{d}\alpha \quad (10.77)$$

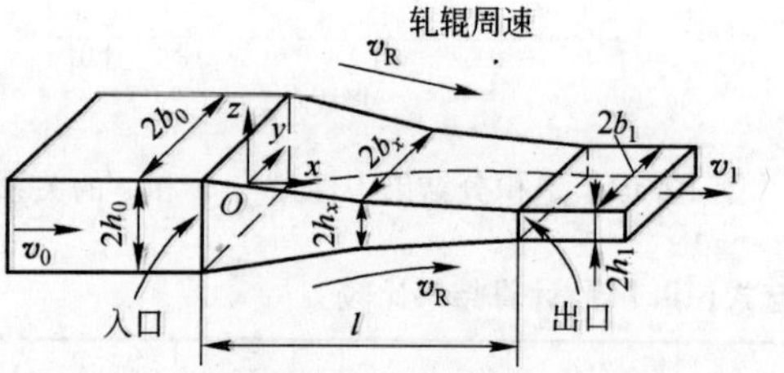

图 10.20 三维轧制

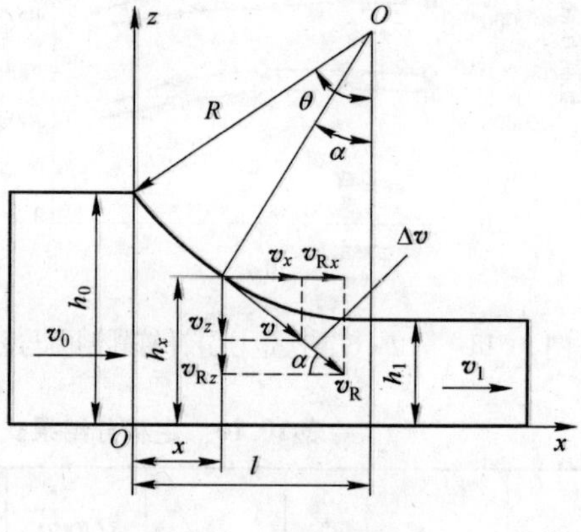

图 10.21 xOz 截面速度场

设轧件宽向侧自由表面为抛物面如图 10.22 所示，距入口为 x 处截面精确宽度为 b_x，其方程、参数方程、一、二阶导数方程为

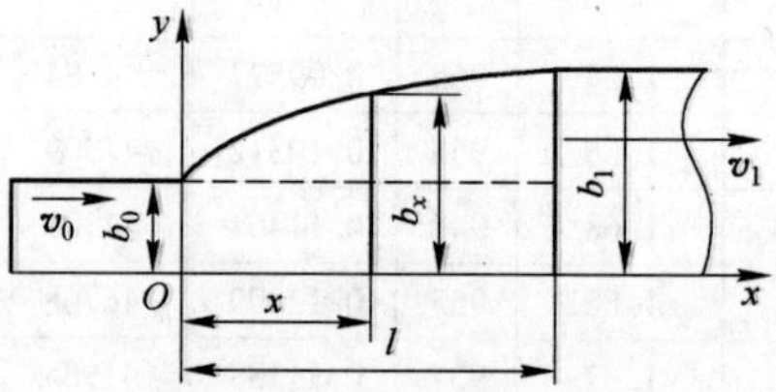

图 10.22 xOy 截面之半

$$b_x = b_1 - \frac{\Delta b}{l^2}(l-x)^2 \quad (10.78)$$

$$b_\alpha = b_1 - \frac{\Delta b}{l^2}R^2\sin^2\alpha \quad (10.79)$$

$$b'_x = \frac{2\Delta b}{l^2}(l-x) = \frac{2R\Delta b}{l^2}\sin\alpha$$
$$b''_x = -\frac{2\Delta b}{l^2} \quad (10.80)$$

式中，α 为接触角变量。

式（10.76）~式（10.79）中，当 $x=0$，$\alpha=\theta$ 时，$h_x=h_\alpha=h_\theta=h_0$；$b_x=b_\alpha=b_\theta=b_0$；当 $x=l$，$\alpha=0$ 时，$h_x=h_\alpha=h_1$；$b_x=b_\alpha=b_1$；注意到式（10.76）

与式（10.80）中，当 $x=l$，$\alpha=0$ 时，$h'_x=b'_x=0$；当 $x=0$，$\alpha=\theta$ 时，$h'_x=-\tan\theta$，$b'_x=2\Delta b/l$。表明前述各方程满足边界条件。

对图 10.20 所示的三维轧制，将 $\phi=cb_x$（取 $c=1$）代入 Hill 流函数速度场式（7.74）得到如下速度场

$$v_x=\frac{U}{h_x b_x},\ v_y=v_x\frac{b'_x}{b_x}y,\ v_z=v_x\frac{h'_x}{h_x}z$$

$$U=v_0h_0b_0=v_xh_xb_x=v_\mathrm{n}h_\mathrm{n}b_\mathrm{n}=v_1h_1b_1=v_\mathrm{m}h_\mathrm{m}b_\mathrm{m} \tag{10.81}$$

式（10.81）为秒流量方程。由式（10.75）按 Cauchy 方程应变速率场为

$$\dot{\varepsilon}_x=-v_x\left(\frac{b'_x}{b_x}+\frac{h'_x}{h_x}\right),\ \dot{\varepsilon}_y=v_x\frac{b'_x}{b_x},\ \dot{\varepsilon}_z=v_x\frac{h'_x}{h_x},\ \dot{\varepsilon}_{xy}=\frac{y}{2}v_x\left[\frac{b''_x}{b_x}-\frac{h'_x}{h_x}\frac{b'_x}{b_x}-2\left(\frac{b'_x}{b_x}\right)\right]^2$$

$$\dot{\varepsilon}_{xz}=\frac{z}{2}v_x\left[\frac{h''_x}{h_x}-\frac{h'_x}{h_x}\frac{b'_x}{b_x}-2\left(\frac{h'_x}{h_x}\right)^2\right] \tag{10.82}$$

式（10.82）中，$\dot{\varepsilon}_x+\dot{\varepsilon}_y+\dot{\varepsilon}_z=0$，式（10.75）中当 $x=l$，$v_x=v_1$；$y=z=0$，$v_y=v_z=0$；表明为运动许可速度场。且可证明该速度场与侧向自由表面相切，$\boldsymbol{v}\cdot\mathrm{grad}\boldsymbol{\omega}=0$，即式（10.75）满足稳定轧制条件。

在水平轴上的主轴应变速率场为

$$\dot{\varepsilon}_x=\dot{\varepsilon}_1=\dot{\varepsilon}_{\max}=-v_x\left(\frac{b'_x}{b_x}+\frac{h'_x}{h_x}\right),\ \dot{\varepsilon}_y=\dot{\varepsilon}_2=v_x\frac{b'_x}{b_x},\ \dot{\varepsilon}_z=\dot{\varepsilon}_3=\dot{\varepsilon}_{\min}=v_x\frac{h'_x}{h_x} \tag{10.83}$$

10.5.2 成形功率

10.5.2.1 塑性变形功率

将式（10.83）代入 TSS 准则比塑性功率式（8.9）然后取代第一部分原理应变能率的被积函数，再对体积积分得

$$\dot{W}_i=\int_V D(\dot{\varepsilon}_{ik})\mathrm{d}V=\frac{8}{3}\sigma_\mathrm{s}\int_0^l\int_0^{b_x}\int_0^{h_x}(\dot{\varepsilon}_{\max}-\dot{\varepsilon}_{\min})\mathrm{d}x\mathrm{d}y\mathrm{d}z=\frac{8}{3}\sigma_\mathrm{s}U\ln\frac{b_0h_0^2}{b_1h_1^2} \tag{10.84}$$

10.5.2.2 摩擦功率

如图 10.21，轧件与轧辊接触面 xoz 截面速度场为

$$|\Delta\boldsymbol{v}|=|v_\mathrm{R}-v|=|v_\mathrm{R}-v_x\sec\alpha|=\sqrt{(v_{\mathrm{R}x}-v_x)^2+(v_{\mathrm{R}z}-v_z)^2}$$
$$=\sqrt{(v_\mathrm{R}\cos\alpha-v_x)^2+(v_\mathrm{R}\sin\alpha-v_x\tan\alpha)^2}$$

$$v_\mathrm{R}=\sqrt{v_{\mathrm{R}x}^2+v_{\mathrm{R}z}^2},\ v=v_x\sec\alpha=\sqrt{v_x^2+v_z^2},\ v_z=v_x\tan\alpha$$

在平行与 xoz 的其他截面上 $v_y\neq0$，则辊面切向速度不连续量为

$$|\Delta\boldsymbol{v}_\mathrm{f}|=\sqrt{\Delta v_x^2+\Delta v_y^2+\Delta v_z^2}=\sqrt{v_y^2+(v_{\mathrm{R}x}-v_x)^2+(v_{\mathrm{R}z}-v_z)^2}=\sqrt{v_y^2+(v_\mathrm{R}-v_x\sec\alpha)^2}$$

将式（10.75）代入并注意到$\sqrt{1+(h'_x)^2}=\sec\alpha$ 则得到

$$|\Delta \boldsymbol{v}_{\mathrm{f}}|=\sqrt{\left(v_x\frac{b'_x}{b_x}y\right)^2+\left[v_{\mathrm{R}}-v_x\sqrt{1+(h'_x)^2}\right]^2}=U\sqrt{\left(\frac{b'_x y}{b_x^2 h_x}\right)^2+\left[\frac{v_{\mathrm{R}}}{U}-\frac{\sqrt{1+(h'_x)^2}}{b_x h_x}\right]^2} \tag{10.85}$$

式（10.85）与小林史郎导出的辊面切向速度不连续量一致。将切向速度差写成矢量形式

$$\Delta \boldsymbol{v}_{\mathrm{f}}=\Delta v_x\boldsymbol{i}+\Delta v_y\boldsymbol{j}+\Delta v_z\boldsymbol{k}=(v_{\mathrm{R}}\cos\alpha-v_x)\boldsymbol{i}+v_x\frac{b'_x}{b_x}y\boldsymbol{j}+(v_{\mathrm{R}}\sin\alpha-v_x\tan\alpha)\boldsymbol{k}$$

$$\Delta v_x=v_{\mathrm{R}}\cos\alpha-v_x,\ \Delta v_y=v_x\frac{b'_x}{b_x}y,\ \Delta v_z=v_{\mathrm{R}}\sin\alpha-v_x\tan\alpha \tag{10.86}$$

辊面方程为

$$z=h_x=R+h_1-[R^2-(l-x)^2]^{1/2} \tag{10.87}$$

辊面切向摩擦应力$\boldsymbol{\tau}_{\mathrm{f}}=m\boldsymbol{k}$与切向速度不连续量$\Delta\boldsymbol{v}_{\mathrm{f}}$为共线矢量，摩擦功率由共线矢量积分为

$$\dot{W}_{\mathrm{f}}=4\int_0^l\int_0^{b_x}\boldsymbol{\tau}_{\mathrm{f}}|\Delta\boldsymbol{v}_{\mathrm{f}}|\mathrm{d}F=4\int_0^l\int_0^{b_x}\boldsymbol{\tau}_{\mathrm{f}}\cdot\Delta\boldsymbol{v}_{\mathrm{f}}\mathrm{d}F=4\int_0^l\int_0^{b_x}(\tau_{\mathrm{f}x}\Delta v_x+\tau_{\mathrm{f}y}\Delta v_y+\tau_{\mathrm{f}z}\Delta v_z)\mathrm{d}F$$

$$=4m\int_0^l\int_0^{b_x}(k\Delta v_x\cos\alpha+k\Delta v_y\cos\beta+k\Delta v_z\cos\gamma)\mathrm{d}F$$

式中，$\cos\alpha$、$\cos\beta$、$\cos\gamma$ 为切向速度不连续矢量$\Delta\boldsymbol{v}_{\mathrm{f}}$与坐标轴夹角的余弦，因$\Delta\boldsymbol{v}_{\mathrm{f}}$与辊面切线方向一致，故由式（10.87）为

$$\cos\alpha=\frac{1}{\pm\sqrt{1+y'^2_x+z'^2_x}}=\pm\sqrt{R^2-(l-x)^2}/R;\ \cos\gamma=\pm\frac{l-x}{R},\ \cos\beta=\cos\frac{\pi}{2}=0$$

辊面微分为

$$\mathrm{d}F=\sqrt{1+\left(\frac{\mathrm{d}z}{\mathrm{d}x}\right)^2+\left(\frac{\mathrm{d}z}{\mathrm{d}y}\right)^2}\mathrm{d}x\mathrm{d}y=\sqrt{1+(h'_x)^2}\mathrm{d}x\mathrm{d}y$$

将式（10.65）、式（10.66）代入前式，注意到$\sqrt{1+(h'_x)^2}=\sec\alpha$，积分得到

$$N_{\mathrm{f}}=4mk\left[\int_0^l\int_0^{b_x}\cos\alpha(v_{\mathrm{R}}\cos\alpha-v_x)\sec\alpha\mathrm{d}x\mathrm{d}y+\int_0^l\int_0^{b_x}\sin\alpha(v_{\mathrm{R}}\sin\alpha-v_x\tan\alpha)\sec\alpha\mathrm{d}x\mathrm{d}y\right]$$

$$=4mkR\left[\frac{\Delta bR^2v_{\mathrm{R}}}{l^2}\left(\alpha_{\mathrm{n}}-\frac{\theta}{2}+\frac{\sin2\theta}{4}-\frac{\sin2\alpha_{\mathrm{n}}}{2}\right)+v_{\mathrm{R}}b_1(\theta-2\alpha_{\mathrm{n}})+\frac{U}{h_{\mathrm{m}}}\ln\frac{\tan^2\left(\frac{\pi}{4}+\frac{\alpha_{\mathrm{n}}}{2}\right)}{\tan\left(\frac{\pi}{4}+\frac{\theta}{2}\right)}\right] \tag{10.88}$$

10.5.2.3 剪切功率

由式（10.76）、式（10.80），在变形区出口，$x=l$，$h'_x=b'_x=0$，$v_z=$

$v_y|_{x=l}=\Delta v_y|_{x=l}=\Delta v_z|_{x=l}=0$ 表明出口截面不消耗剪切功率。

入口截面切向速度由式（10.81）及式（7.75）为

$$v_y|_{x=0}=\frac{2U\Delta b}{h_0 l b_0^2}y,\ v_z|_{x=0}=\frac{-U\tan\theta}{h_0^2 b_0}z,\ |\Delta v_t|=\sqrt{v_y^2+v_z^2}\Big|_{x=0}=v_0\sqrt{\left(\frac{2\Delta b}{lb_0}\right)^2 y^2+\left(\frac{\tan\theta}{h_0}\right)^2 z^2}$$

上式在整个截面域可用下述变上限积分法：如图 10.23 所示，在 $x=0$ 截面上引直线 OB 将二重定积分域分割成两部分，OB 方程为新积分域的变上限。将三角形 OBC 域内对变上限 $z=\frac{h_0}{b_0}y$ 积分，OBE 域内对变上限 $y=\frac{b_0}{h_0}z$ 积分，注意到 $k=\sigma_s/\sqrt{3}$，则入口截面剪切功率（详见附录 8）为

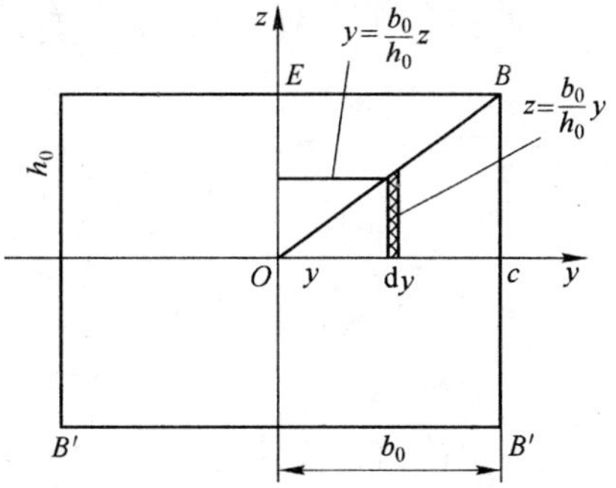

图 10.23 入口截面变上限积分域

$$\dot{W}_s=4k\int_0^{b_0}\int_0^{h_0}\left[\sqrt{v_y^2+v_z^2}\right]_{x=0}\mathrm{d}z\mathrm{d}y=4k\int_{OBC}\left[\sqrt{v_y^2+v_z^2}\right]_{x=0}\mathrm{d}F+4k\int_{OBE}\left[\sqrt{v_y^2+v_z^2}\right]_{x=0}\mathrm{d}F$$

$$=4kv_0\left\{\int_0^{b_0}\int_0^{z=\frac{h_0}{b_0}y}\sqrt{\left(\frac{2\Delta b}{lb_0}\right)^2y^2+\left(\frac{\tan\theta}{h_0}\right)^2z^2}\,\mathrm{d}z\mathrm{d}y+\int_0^{h_0}\int_0^{y=\frac{b_0}{h_0}z}\sqrt{\left(\frac{2\Delta b}{lb_0}\right)^2y^2+\left(\frac{\tan\theta}{h_0}\right)^2z^2}\,\mathrm{d}y\mathrm{d}z\right\}$$

$$=4kU\left\{\frac{1}{3}\sqrt{\left(\frac{2\Delta b}{l}\right)^2+\tan^2\theta}+\frac{2\Delta b^2}{3l^2\tan\theta}\ln\frac{\tan\theta+\sqrt{\tan^2\theta+\left(\frac{2\Delta b}{l}\right)^2}}{\frac{2\Delta b}{l}}+\right.$$

$$\left.\frac{l\tan^2\theta}{12\Delta b}\ln\frac{\frac{2\Delta b}{l}+\sqrt{\tan^2\theta+\left(\frac{2\Delta b}{l}\right)^2}}{\tan\theta}\right\}\tag{10.89}$$

10.5.3 总功率及最小化

将式（10.84）、式（10.88）、式（10.89）代入 $\Phi=\dot{W}_i+\dot{W}_f+\dot{W}_s$，注意到 $x_n=l-R\sin\alpha_n$，得

$$\Phi=\frac{8kU}{\sqrt{3}}\ln\frac{b_0h_0^2}{b_1h_1^2}+4kU\left[\frac{1}{3}\sqrt{\left(\frac{2\Delta b}{l}\right)^2+\tan^2\theta}+\frac{2\Delta b^2}{3l^2\tan\theta}\ln\frac{\tan\theta+\sqrt{\tan^2\theta+\left(\frac{2\Delta b}{l}\right)^2}}{\frac{2\Delta b}{l}}+\right.$$

$$\left.\frac{l\tan^2\theta}{12\Delta b}\ln\frac{\frac{2\Delta b}{l}+\sqrt{\tan^2\theta+\left(\frac{2\Delta b}{l}\right)^2}}{\tan\theta}\right]+4mkRv_Rb_1\left[\frac{\Delta bR^2}{b_1l^2}\left(\alpha_n-\frac{\theta}{2}+\frac{\sin2\theta}{4}-\frac{\sin2\alpha_n}{2}\right)+\right.$$

$$(\theta-2\alpha_n)+\frac{U}{v_R h_m b_1}\ln\frac{\tan^2\left(\frac{\pi}{4}+\frac{\alpha_n}{2}\right)}{\tan\left(\frac{\pi}{4}+\frac{\theta}{2}\right)}\Bigg] \tag{10.90}$$

将总能率泛函 Φ 对变量 α_n 求导，令一阶导数为零，令 $p=\frac{b_1 l^2}{\Delta bR^2}-1$；$q=-\frac{Ul^2}{h_m\Delta bR^3\omega}$

$$\alpha_n=\cos^{-1}\left[\sqrt[3]{-\frac{q}{2}+\sqrt{\left(\frac{q}{2}\right)^2+\left(\frac{p}{3}\right)^3}}+\sqrt[3]{-\frac{q}{2}-\sqrt{\left(\frac{q}{2}\right)^2+\left(\frac{p}{3}\right)^3}}\right] \tag{10.91}$$

式中，α_n 为中性角，将其代入式（10.90）得总能率最小值 $\Phi_{\min}$；相应的单辊轧制力矩、轧制力、应力状态影响系数分别为

$$M_{\min}=\frac{R\Phi_{\min}}{2v_R},\ F_{\min}=\frac{\theta\Phi_{\min}}{2v_R(1-\cos\theta)},\ n_\sigma=\frac{\bar{p}}{2k}=\frac{F_{\min}}{2b_m l\cdot 2k} \tag{10.92}$$

式中，$h_m=\frac{R}{2}+h_1+\frac{\Delta h}{2}-\frac{R^2\theta}{2l}$，$b_m=b_1-\frac{\Delta b}{3}$。

以上是局部最小化。最好的方式是采用秒流量方程式（10.81），以式（10.71）、式（10.72）的方式进行全局最小化，再以搜索法确定中性角与泛函最小值。

10.5.4 轧制实验

在轧制技术与连轧自动化国家重点实验室 ϕ130 轧机上进行了轧制纯铅试样。轧辊直径 $D=127$mm（5in），辊身长为 254mm（10in），辊速为 100r/min。用与 Sims 轧铅试验相同的屈服切应力，取 $m=1$。对试验数据分别以式（10.92）计算单辊轧制力矩与轧制力，然后除以入口宽度并将计算结果与小林史郎及 Sims 结果比较如图 10.24、图 10.25 所示。图 10.24 为二组试样按本文式（10.92）计算的单位宽度轧制力矩与小林史郎及 Sims 结果比较。结果表明在道次压下率小于 30% 时，本文结果略高于小林史郎及 Sims 结果。图 10.25 为按式（10.92）计算的第一组试样轧制力与力矩结果，与西姆斯理论及实测值的比较，表明道次压下率 30% 以内本文轧制力计算结果略高于 Sims 计算与实测结果。

以上用近似主轴速度场与 TSS 屈服准则比塑性功率探索侧自由表面为二次曲线条件下三维轧制的理论解，以扩大能率泛函物理线性化方法的应用范围。

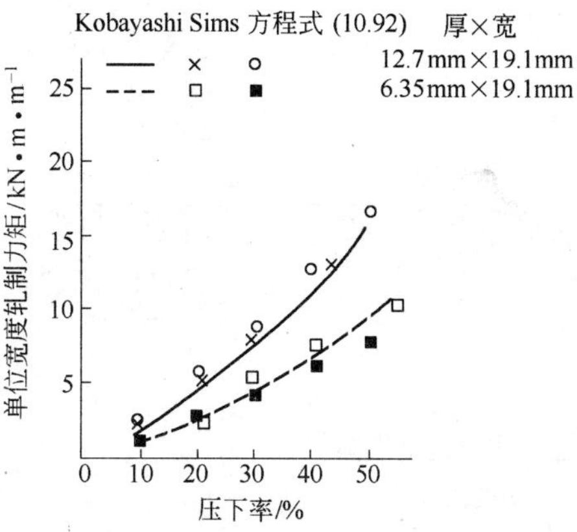

图 10.24 计算的轧制力矩与小林结果及 Sims 实验结果比较（$m=1.0$，轧制纯铅）

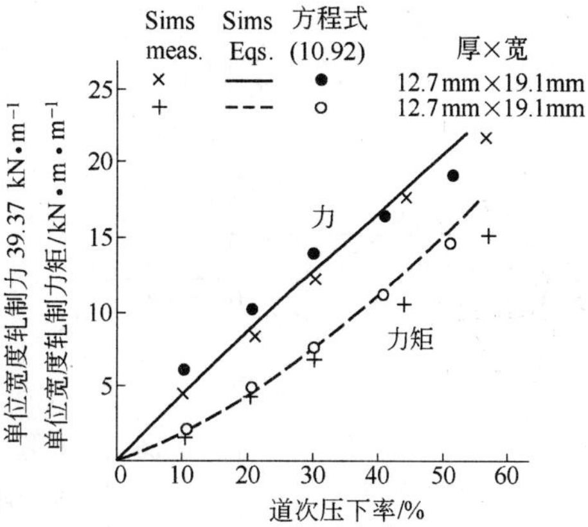

图 10.25 第一组铅试样轧制力与力矩与 Sims 结果比较（$n=1.0$）

10.6 轧制缺陷压合力学条件

本节用上界三角形速度场[98~102]推导了热轧厚板中心气孔缺陷压合及内部缺陷开裂的力学判定条件。证明了动态临界几何条件当 $l/\bar{h}\geqslant 0.518$ 时坯料压合；入口厚度给定，道次压下率 ε、轧辊半径 R、单位宽度轧制力 p 增加时，将有利于厚板缺陷压合；升温和咬入时加后推力有利于缺陷压合。首次提供实例对厚板压下规程的压合条件进行了分析计算，提出了制定厚板轧制规程必须考虑缺陷压合条件的新思路。

连铸坯中心可能存在微裂纹、气孔等铸造缺陷在多大压缩变形率和压应力条件下压合，具有重要理论与实际意义。

10.6.1 三角形速度场

粗轧展宽道次 b/h 接近于 10 时，可视为平面变形。设接触面全黏着并以弦代弧，用三角形速度场（仅研究水平对称轴上半部），则轧件中心无缺陷的塑性流动，速度不连续线与速端图如图 10.26a、b 所示。

由图 10.26a，BC 以右和 AC 以左为外端，各自以水平速度 v_1 和 v_0 移动。三角形 ABC 沿 AB 以轧辊周速 v 运动。AC 和 BC 为速度不连续线，其对应的速度不连续量为 Δv_{AC} 和 Δv_{BC}。v_0 和 Δv_{AC} 的矢量和为 $\triangle ABC$ 区速度 v。v 和 Δv_{BC} 的矢量和为 v_1，如图 10.26b 所示。按正弦定理

$$\frac{v}{\sin(180-\alpha_0)}=\frac{\Delta v_{AC}}{\sin\theta},\ \Delta v_{AC}=\frac{v\sin\theta}{\sin\alpha_0};\ \frac{v}{\sin\alpha_1}=\frac{\Delta v_{BC}}{\sin\theta},\ \Delta v_{BC}=\frac{v\sin\theta}{\sin\alpha_1} \tag{10.93}$$

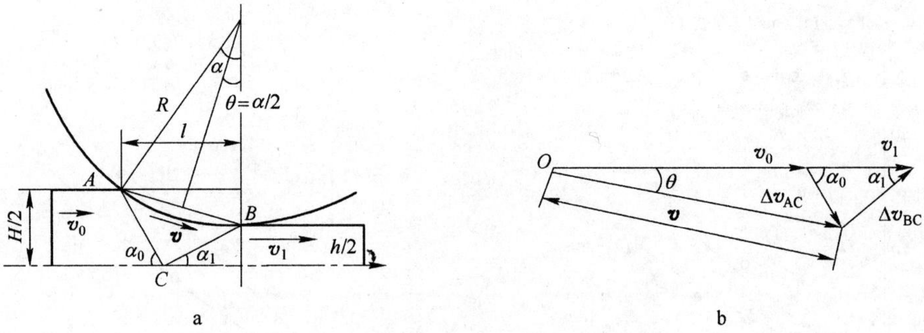

图 10.26 热轧板速度不连续线与速度端图

a—三角形速度场；b—矢端图

设高为 2ε 的缺陷存在于变形区，速度场如图 10.27 所示。与图 10.26 相比，有缺陷后的 AC 和 BC 的线段长度分别为

$$AC=\frac{H/2-\varepsilon}{\sin\alpha_0},\ BC=\frac{h/2-\varepsilon}{\sin\alpha_1} \tag{10.94}$$

由体积不变条件，压下速度满足

$$lv\sin\theta=v_x(\bar{h}-2\varepsilon),\ v_x=\frac{lv\sin\theta}{\bar{h}-2\varepsilon}=v_{\rm n} \tag{10.95}$$

式中，$\bar{h}=(H+h)/2$。

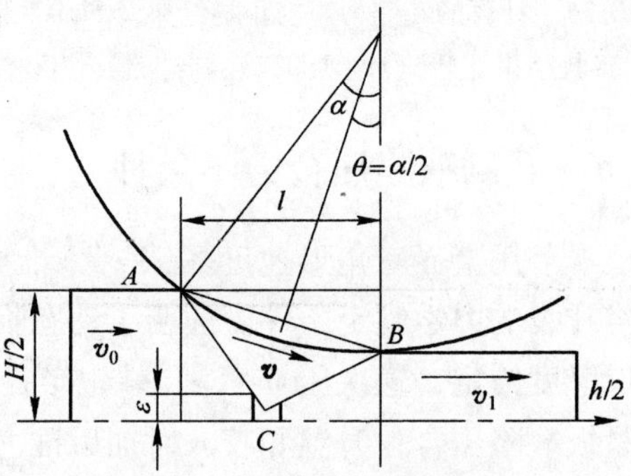

图 10.27 存在中心缺陷的速度场

10.6.2 总功率及开裂条件

10.6.2.1 上界功率最小值

因接触面全黏着，切向速度不连续量为零，故摩擦功率也为零。于是有中心缺陷的上界功率为

$$J^* = \dot{W}_{\rm s}+\dot{W}_\varepsilon = k(AC\Delta v_{\rm AC}+BC\Delta v_{\rm BC})+\sqrt{2}k|\Delta v_{\rm n}|\Gamma_\varepsilon$$

$$= kv\sin\theta\left(\frac{H/2-\varepsilon}{\sin^2\alpha_0}+\frac{h/2-\varepsilon}{\sin^2\alpha_1}\right)+\frac{2\sqrt{2}kv\sin\theta\varepsilon l}{\bar{h}-2\varepsilon} \tag{10.96}$$

式中，$\dot{W}_\varepsilon=\sqrt{2}k|\Delta v_{\rm n}|\Gamma_\varepsilon$ 为缺陷开裂功率；$\sqrt{2}k=\sqrt{2/3}\sigma_{\rm s}$ 为偏应力矢量模；$|\Delta v_{\rm n}|$为 Γ_ε 面上的法向速度差。比较图 10.26 与图 10.27，接触弧 l 与 α_0 改变为

$$l=\frac{H/2-\varepsilon}{\tan\alpha_0}+\frac{h/2-\varepsilon}{\tan\alpha_1},\ \tan\alpha_0=\frac{H-2\varepsilon}{2l-\dfrac{h-2\varepsilon}{\tan\alpha_1}}$$

代入式(10.96)得

$$J^* = kv\sin\theta\left[\left(\frac{H}{2}-\varepsilon\right)+\frac{\left(2l-\dfrac{h-2\varepsilon}{\tan\alpha_1}\right)^2}{2(H-2\varepsilon)}+\left(\frac{h}{2}-\varepsilon\right)\left(1+\frac{1}{\tan^2\alpha_1}\right)+\frac{2\sqrt{2}l\varepsilon}{\bar{h}-2\varepsilon}\right] \tag{10.97}$$

$$J^*|_{\varepsilon\to 0} = kv\sin\theta\left[\frac{H}{2}+\frac{1}{2H}\left(2l-\frac{h}{\tan\alpha_1}\right)^2+\frac{h}{2}\left(1+\frac{1}{\tan^2\alpha_1}\right)\right] \tag{10.98}$$

式（10.98）为式（10.97）中 $\varepsilon\to 0$ 时的无缺陷板材轧制上界功率。

对式（10.97）求导，令 $\dfrac{dJ^*}{d\alpha_1}=0$ 时，整理得

$$\frac{\partial J^*}{\partial\alpha_1} = kv\sin\theta\left[\frac{1}{(H-2\varepsilon)}\left(2l-\frac{h-2\varepsilon}{\tan\alpha_1}\right)(h-2\varepsilon)\csc^2\alpha_1-2\left(\frac{h}{2}-\varepsilon\right)\cot\alpha_1\csc^2\alpha_1\right]=0$$

$$\tan\alpha_1 = \frac{H+h-4\varepsilon}{2l} = \frac{\bar{h}-2\varepsilon}{l} = \frac{\bar{h}}{l}-\frac{2\varepsilon}{l} \tag{10.99}$$

表明满足式（10.99）时，式（10.97）有如下最小值

$$J^*_{\min} = kv\sin\theta\left[\left(\frac{H}{2}-\varepsilon\right)+\frac{l^2\left(2-\dfrac{h-2\varepsilon}{\bar{h}-2\varepsilon}\right)^2}{2\ (H-2\varepsilon)}+\left(\frac{h}{2}-\varepsilon\right)\left(1+\frac{l^2}{(\bar{h}-2\varepsilon)^2}\right)+\frac{2\sqrt{2}l\varepsilon}{\bar{h}-2\varepsilon}\right] \tag{10.100}$$

注意到轧制功率 $J=M\omega$，由图 10.26，$M=PR\sin\theta=\bar{p}lR\sin\theta$，$\omega=\dfrac{v}{R}$，于是

$$J=\bar{p}lv\sin\theta \tag{10.101}$$

令轧制功率 $J=J^*_{\min}$，将式（10.100）、式（10.101）代入该式整理得

$$\frac{\bar{p}}{2k} = \frac{1}{2}\left[\frac{\bar{h}}{l}-\frac{2\varepsilon}{l}+\frac{l\left(2-\dfrac{h-2\varepsilon}{\bar{h}-2\varepsilon}\right)^2}{2(H-2\varepsilon)}+\left(\frac{h}{2}-\varepsilon\right)\frac{l}{(\bar{h}-2\varepsilon)^2}+\frac{2\sqrt{2}\varepsilon}{\bar{h}-2\varepsilon}\right] \tag{10.102}$$

当 $\varepsilon=0$，此时 $l=\dfrac{H/2}{\bar{h}/l}+\dfrac{h/2}{\bar{h}/l}$，式（10.102）变为

$$\left.\frac{\bar{p}}{2k}\right|_{\varepsilon=0} = 0.5\frac{\bar{h}}{l}+0.5\frac{l}{\bar{h}} \tag{10.103}$$

上式正是无缺陷轧板三角形速度场最小上界应力状态系数值。

10.6.2.2 缺陷开裂临界条件

由式（10.102），$\left.\dfrac{\partial}{\partial\varepsilon}\left(\dfrac{\bar{p}}{2k}\right)\right|_{\varepsilon\to 0}=0$，整理得

$$\frac{2\sqrt{2}}{\bar{h}}-\frac{2}{l}+\frac{4\left(l-\dfrac{lh}{2\bar{h}}\right)\dfrac{\bar{h}-h}{\bar{h}^2}}{H}+\frac{4\left(l-\dfrac{lh}{2\bar{h}}\right)^2}{lH^2}+\frac{l(2h-\bar{h})}{\bar{h}^3}=0$$

$$\frac{l^2}{h^2}+\sqrt{2}\frac{l}{h}-1=0$$

取上式正根作为临界条件

$$\left(\frac{l}{\bar{h}}\right)_{\text{critical}}=\frac{\sqrt{2+4}-\sqrt{2}}{2}=0.518,\quad \left(\frac{\bar{h}}{l}\right)_{\text{critical}}=\frac{2}{\sqrt{2+4}-\sqrt{2}}=1.932 \tag{10.104}$$

由式（10.104）得到下列判据：

对板材轧制过程，如果动态几何参数满足

$$l/\bar{h}\leqslant(l/\bar{h})_{\text{critical}}=0.518\quad 或\quad \bar{h}/l\geqslant(\bar{h}/l)_{\text{critical}}=1.932 \tag{10.105}$$

式中，$l=\sqrt{R\Delta h}$为接触弧；$\bar{h}=(H+h)/2$为变形区平均高度。

轧件中心缺陷将出现开裂。

此判据也可表述为：

对板材轧制过程当动态几何参数满足

$$l/\bar{h}>0.518\quad 或\quad \bar{h}/l<1.932 \tag{10.106}$$

轧制中心缺陷将趋于压合。

应指出：对轧制不同道次，尽管辊径一定，式（10.105）中的$l/\bar{h}$会因轧制力、道次压下量及坯料几何条件不同而是一个动态变量；当轧制道次确定时，$l/\bar{h}$是道次压下量$\varepsilon(\varepsilon=\Delta h/H)$、单位宽度轧制力$P$，以及$l/H$和$B/H$的函数。如果参数$l/\bar{h}$值大于0.518，则该道次轧制将使坯料中心气孔等缺陷趋于压合；否则，将使上述缺陷形成的中心裂纹扩展。

平锤头锻压可视轧制变形区入口H等于出口h，即$\bar{h}=(H+h)/2=2h/2=h$，代入式（10.105）得

$$l/h\leqslant(l/h)_{\text{critical}}=0.518 \tag{10.107}$$

该式与锻压矩形件开裂条件[8]一致。

10.6.3 讨论

升高开轧温度、降低变形速率，增加Δh、咬入加后推力均增大接触弧l，故有利于坯料压合；H不变时，增大辊径R、相对压下率ε及单位宽度轧制力P也有利于缺陷压合。

判据$(l/\bar{h})_{\text{critical}}=0.518$恰好落在塔尔诺夫斯基以大量实验研究矩形件压缩得到$l/h<0.5\sim0.6$范围内时侧面出现双鼓形，而$l/h>0.5\sim0.6$出现单鼓形的范围内。双鼓形锻件中心受拉，单鼓中心受压。同理，$l/\bar{h}>0.518$表明轧件中心所受压应力限制裂纹扩展，有利于压合；而$l/\bar{h}\leqslant0.518$则轧件中心受拉应力导致裂纹扩展，不利于压合。滑移线场参量积分表明变形区内平均应力为压应力的

区域不会发生裂纹扩展。而满足压合条件 $l/\bar{h}>0.518$ 的轧制变形区中心的平均应力为压应力。

以上推导基于刚塑性第一变分原理，不反映材料特性对压合的影响。缺陷 2ε 未明确缺陷长高之比的相对概念是速度场的不足之处。

10.6.4 应用例

用厚320mm，宽2000mm 的 Q345B 连铸坯分别轧制厚为 140mm 与 85mm 的特厚板，分别用再结晶 + 未再结晶控轧及再结晶控轧，辊径 $R=560/510$mm。计算压合条件如表 10.11、表 10.12 所示。以下仅以表 10.11 中 0 道次压合条件计算为例详述计算步骤。

表 10.11 140mm 特厚板 CR 压下规程计算分析

道次	H/mm	h/mm	ε/%	轧制力/kN · m^{-1}	l/h	判别	备注
0	320.00	290.011	9.37	10340.9	0.425	开裂	不合理
1	290.01	264.843	8.68	8708	0.428	开裂	不合理
2	264.84	244.025	7.86	8041.9	0.424	开裂	不合理
3	244.46	209.302	14.37	10298	0.618	压合	合理
4	209.30	180.018	13.98	9640.8	0.659	压合	合理
5	180.02						待温
6	180.02	166.942	0.0726	13415.9	0.493	开裂	不合理
7	166.94	156.258	0.0640	12372.4	0.479	开裂	不合理
8	156.26	147.889	0.0535	12116.4	0.450	开裂	不合理
9	147.89	144.993	0.0196	7833.8	0.275	开裂	不合理
10	144.99	142.845	0.0148	7502.2	0.241	开裂	不合理
11	142.85	141.030	0.0127	7489.3	0.223	开裂	不合理
12	141.03						空过

$\varepsilon=(320-290.011)/320=9.37\%$，$l/\bar{h}=\sqrt{560\times(320-290.011)}/305.006=0.425<0.518$，该道次为中心缺陷开裂轧制。

表 10.12 85mm 特厚板再结晶轧制压下规程计算分析

道次	H/mm	h/mm	ε/%	轧制力/kN · m^{-1}	l/h	判别	备 注
0	320.00	280.553	12.327	12141.6	0.495	开裂	$\Delta h=39.45$mm 合理
1	280.55	246.998	11.960	10043.8	0.520	压合	合理
2	248.38	209.686	15.579	10188.6	0.641	压合	合理
3	209.69	174.119	16.962	10273.6	0.735	压合	合理
4	174.12	142.460	18.183	10103.7	0.841	压合	合理

续表 10.12

道次	H/mm	h/mm	ε/%	轧制力/kN · m^{-1}	l/h	判别	备 注
5	142.46	117.848	17.276	9654.8	0.902	压合	合理
6	117.85	99.213	15.813	8673	0.941	压合	合理
7	99.21	93.732	5.525	4527.3	0.574	压合	合理，整型
8	93.73	89.117	4.923	3697	0.555	压合	合理，整型
9	89.12	85.462	4.101	3914.6	0.518	压合	合理，整型

表 10.11 表明纵轧第 3、第 4 道次勉强满足压合条件，其余 10 道均不满足，故压下率分配不合理。而表 10.12 按压合条件采用减量化再结晶轧制 85mm 特厚板，不仅无精轧待温，且轧制道次大为减少（注意表 10.11 的 0 ~ 12 道次相当于表 10.12 的 0 ~ 5 道次）。单板机时由 4min 减到 2min，机时产量提高 1 倍。可观的是表 10.12 粗轧道次压下量、单位宽度轧制压力明显增加，导致全部满足压合条件（因设备绝对压下量 Δh_{max} = 40mm，故第 0 道次判为合理）。轧后特厚板性能如表 10.13 所示，达到 Q345D 级要求并有一定富余量，Z 向性能达到 Q345 - Z35 要求，探伤全部合格。有效提高了特厚板内部质量。

表 10.13 再结晶轧制的 85mm 特厚板力学性能

位置	R_e/MPa	R_m/MPa	A/%	-20℃冲击 A_{KV}/J			0℃冲击 A_{KV}/J			Z 向性能/%		
1/4	310	490	34	95	80	135	158	148	156	54.5	66.5	62.5
1/2	285	490	26.5	76	63	63	109	120	130			

10.7 局部加权速度场解轧制

1980 年加藤和典[1,2,9]（Kazunori KATO）提出以加权平均法建立三维轧制速度场并得到数值结果。本节主要推出采用泛函物理线性化解法（TSS 准则）旨在使加藤和典局部加权速度场的轧制能率泛函获得三维轧制力能参数的解析解。

10.7.1 加藤速度场

三维轧制如图 10.20 所示。轧件 1/4 象限在 xOz 与 xOy 截面投影如图 10.21、图 10.22 所示。若不简化接触弧，精确接触弧方程、参数方程及其一阶导数方程满足式（10.76）、式（10.77）；轧件侧自由表面（宽展面）为抛物面，距入口截面为 x 处截面精确宽度为 b_x。b_x 方程、参数方程、一、二阶导数方程分别满足式（10.78）、式（10.79）及式（10.80）。

加藤和典假定轧制中轧件横断面保持平面和垂直线保持直线，先建立 Ⅰ、Ⅱ 两种简单情况的速度场，然后加权得到加权速度场与应变速率场，具体做法如下所述。

10.7.1.1 只延伸速度场Ⅰ

加藤和典假定轧制中轧件横断面保持平面和垂直线保持直线（与 y、z 无关），只延伸无宽展的速度场Ⅰ为

$$v_{x\text{I}} = \frac{h_0 v_0}{h_x},\ v_{y\text{I}} = 0,\ \dot{\varepsilon}_{y\text{I}} = 0,\ \dot{\varepsilon}_{x\text{I}} = \frac{\partial v_{x\text{I}}}{\partial x} = \frac{-h_0 v_0}{h_x^2} h'_x$$

$$\dot{\varepsilon}_{z\text{I}} = -\dot{\varepsilon}_{x\text{I}} = \frac{h_0 v_0}{h_x^2} h'_x = \frac{\partial v_{z\text{I}}}{\partial z}, v_{z\text{I}} = \int \dot{\varepsilon}_{z\text{I}} \partial z = \frac{h_0 v_0}{h_x^2} h'_x z$$

即

$$v_{x\text{I}} = \frac{h_0 v_0}{h_x},\ v_{y\text{I}} = 0,\ v_{z\text{I}} = \frac{h_0 v_0}{h_x^2} h'_x z \tag{10.108}$$

10.7.1.2 只宽展速度场Ⅱ

由单位长度体积不变条件 $v_{x\text{II}} = v_0$，$\dot{\varepsilon}_{x\text{II}} = 0$，在接触面有

$$\tan\alpha = \frac{v_{z\text{II}}}{v_0},\ v_{z\text{II}} = \tan\alpha v_0 = -h'_x v_0$$

因为

$$v_{z\text{II}}\, y = v_{y\text{II}}\, h_x$$

所以

$$v_{y\text{II}} = \frac{v_{z\text{II}}}{h_x} y = \frac{-h'_x v_0}{h_x} y,\ \dot{\varepsilon}_{y\text{II}} = \frac{\partial v_{y\text{II}}}{\partial y} = \frac{-h'_x v_0}{h_x}$$

因为

$$\dot{\varepsilon}_{x\text{II}} + \dot{\varepsilon}_{y\text{II}} + \dot{\varepsilon}_{z\text{II}} = 0$$

所以

$$\dot{\varepsilon}_{z\text{II}} = \frac{h'_x v_0}{h_x} = \frac{\partial v_{z\text{II}}}{\partial z}, v_{z\text{II}} = \int \dot{\varepsilon}_{z\text{II}} \partial z = \frac{h'_x v_0}{h_x} z$$

即

$$v_{x\text{II}} = v_0,\quad v_{y\text{II}} = \frac{-h'_x v_0}{h_x} y,\ v_{z\text{II}} = \frac{h'_x v_0}{h_x} z \tag{10.109}$$

加藤只将式（10.108）、式（10.109）中两个方向分量 $\boldsymbol{v}_{x\text{I}}$、$\boldsymbol{v}_{x\text{II}}$ 与 $\boldsymbol{v}_{z\text{I}}$、$\boldsymbol{v}_{z\text{II}}$ 同时加权，但 y 向速度分量不同时加权（据此，本文称其为**局部加权**），在求导之后由体积不变条件再积分确定 v_y。其具体做法为：首先

$$v_x = a v_{x\text{I}} + (1-a) v_{x\text{II}} = \left[1 - a\left(1 - \frac{h_0}{h_x}\right)\right] v_0$$

$$v_z = a v_{z\text{I}} + (1-a) v_{z\text{II}} = \left[\frac{a h_0 h'_x}{h_x^2} + (1-a)\frac{h'_x}{h_x}\right] v_0 z$$

然后以加权后的速度 v_x、v_z 按几何方程求出 $\dot{\varepsilon}_x$、$\dot{\varepsilon}_z$

$$\dot{\varepsilon}_x = \frac{\partial v_x}{\partial x} = -\left[\left(1 - \frac{h_0}{h_x}\right) a' + a \frac{h_0 h'_x}{h_x^2}\right] v_0,\ \dot{\varepsilon}_z = \frac{\partial v_z}{\partial z} = \left[\frac{a h_0 h'_x}{h_x^2} + (1-a)\ \frac{h'_x}{h_x}\right] v_0$$

再按体积不变条件求出 $\dot{\varepsilon}_y$，因为

$$\dot{\varepsilon}_x + \dot{\varepsilon}_z + \dot{\varepsilon}_y = 0$$

所以 $$\dot{\varepsilon}_y = \frac{\partial v_y}{\partial y} = -\dot{\varepsilon}_x - \dot{\varepsilon}_z = \left[\left(1-\frac{h_0}{h_x}\right)a' - (1-a)\ \frac{h'_x}{h_x}\right]v_0 \tag{10.110}$$

最后对 $\dot{\varepsilon}_y$ 积分求出 v_y 与加权后的速度 v_x，v_z 构成局部加权速度场为

$$v_y = \int \dot{\varepsilon}_y \partial y = \left[\left(1-\frac{h_0}{h_x}\right)a' - (1-a)\ \frac{h'_x}{h_x}\right]v_0 y, v_x = \left[1 - a\left(1-\frac{h_0}{h_x}\right)\right]v_0 \tag{10.111}$$

$$v_z = \left[\frac{ah_0h'_x}{h_x^2} + (1-a)\ \frac{h'_x}{h_x}\right]v_0 z \tag{10.112}$$

相应的局部加权应变速率场为

$$\dot{\varepsilon}_x = -\left[\left(1-\frac{h_0}{h_x}\right)a' + a\ \frac{h_0h'_x}{h_x^2}\right]v_0，\ \dot{\varepsilon}_z = \left[\frac{ah_0h'_x}{h_x^2} + (1-a)\ \frac{h'_x}{h_x}\right]v_0 \tag{10.113}$$

$$\dot{\varepsilon}_y = \left[\left(1-\frac{h_0}{h_x}\right)a' - (1-a)\ \frac{h'_x}{h_x}\right]v_0 \tag{10.114}$$

式（10.112）~式（10.114）称为加藤和典加权速度场。注意到 v_y 没有同时加权，故本文称为局部加权速度场（以示与第 10.4 节整体加权速度场的区别）。在上述两式中权函数与中性面高度分别满足以下方程

$$a = m_0 - m_1\left(1-\frac{x}{l}\right)^2，\ a' = \frac{2m_1}{l}\left(1-\frac{x}{l}\right) \tag{10.115}$$

$$h_{\mathrm{n}} = R + h_1 - [R^2 - (l-x_{\mathrm{n}})^2]^{1/2} = R + h_1 - R\cos\alpha_{\mathrm{n}}，\ b_{\mathrm{n}} = b_1 - \frac{\Delta b}{l^2}R^2\sin^2\alpha_{\mathrm{n}} \tag{10.116}$$

$$v_{\mathrm{n}} = v_{\mathrm{R}}\cos\alpha_{\mathrm{n}} = \frac{v_{\mathrm{R}}}{\sqrt{1+h'^2_{\mathrm{n}}}},\ v_0 = \frac{b_{\mathrm{n}}h_{\mathrm{n}}v_{\mathrm{n}}}{h_0b_0} = \frac{U}{h_0b_0} \tag{10.117}$$

式中，U 为秒流量。式（10.117）在泛函整体优化中使用。

10.7.1.3 加权函数 $a(x)$

为分析加权函数的物理意义，将式（10.78）变换，然后除以 b_1 有

$$\frac{b_x}{b_1} = 1 - \frac{\Delta b}{b_1}\left(1-\frac{x}{l}\right)^2 \tag{10.118}$$

与式（10.115）比较有

$$\frac{b_x}{b_1} = a，\ m_0 = 1，\ m_1 = \frac{\Delta b}{b_1}，\ a' = \frac{2\Delta b}{lb_1}\left(1-\frac{x}{l}\right) \tag{10.119}$$

式（10.119）的物理意义如图 10.25 所示，当 $x=l$ 时加权系数 $a=1$，说明轧件在变形区出口处只延伸无宽展；这与图 10.22 出口处 $b'_x=0$ 及式（10.112）当 $x=l$ 时，$h'_x=0$，以及式（10.115）中 $a'=0$，为此加权速度分量 $v_y=0$ 的结论相一致。

当 $x=0$ 时，$a=1-\Delta b/b_1$，说明轧件在变形区入口处延伸程度依赖于 $\Delta b/b_1$。

$\Delta b/b_1$ 越大，延伸程度越小，a 值越小；反之，$\Delta b/b_1$ 越小，延伸程度越大，a 值越大。当 $\Delta b/b_1=0$，加权函数 $a=1$ 时，为只延伸无宽展的极限情况Ⅰ，对无孔型轧制这种情况实际很难达到。

当 $\Delta b/b_1 \to 1$ 时，加权函数 $a=1-\Delta b/b_1 \to 0$，此时 $\Delta b/b_1=\dfrac{b_1-b_0}{b_1}=1-\dfrac{b_0}{b_1}\to 1$，$b_0/b_1 \to 0$，即变形区入口轧件宽度与出口宽度比值趋近于零时，方可认为 $a=0$；此时为只宽展无延伸的极限情况Ⅱ，这种轧制情况实际上很难达到。其他轧制情况 a 值按加权系数的定义：$0 \leqslant a \leqslant 1$。

概述式（10.118）的物理意义，读者应理解图 10.28 与图 10.22 的相似性及加权系数与宽展函数之间的对应性。这为寻求中值定理等更简洁的方法确定 a，进而使加权速度场轧制功率泛函的得到解析解提供了很大方便。

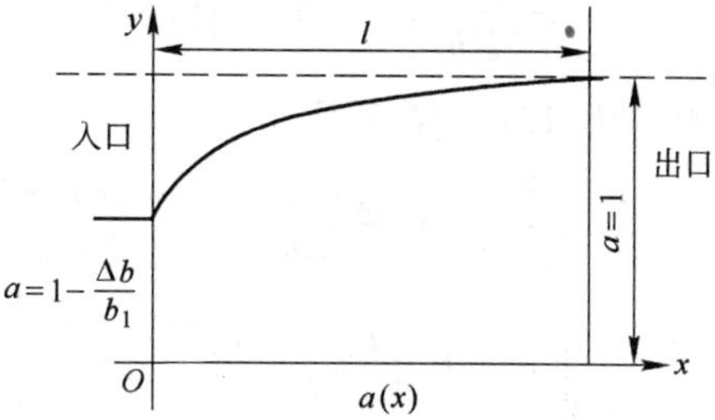

图 10.28 加权系数 $a(x)$ 与宽展函数的对应性

10.7.2 轧制能率泛函

10.7.2.1 变形功率泛函

注意到速度场式（10.113）强调轧制中轧件横断面保持平面和垂直线保持直线，故长宽高为主方向。对式（10.118）中有

$$a'=\frac{b'_x}{b_1}=\frac{2\Delta b}{l^2 b_1}(l-x)=\frac{2R\Delta b}{l^2 b_1}\sin\alpha \geqslant 0;\ h'_x=-\tan\alpha \leqslant 0,\ a=\frac{b_x}{b_1}\geqslant 0 \tag{10.120}$$

故式（10.113）中 $\dot{\varepsilon}_{\max}=\dot{\varepsilon}_x=\dot{\varepsilon}_1$。将 $\dot{\varepsilon}_{\min}=\dot{\varepsilon}_z=\dot{\varepsilon}_3$ 代入 TSS 准则比塑性功率式(8.9)，然后取代轧制内部变形功率泛函被积函数，并注意到式（10.113)，积分得

$$\begin{aligned}
\dot{W}_i &= \int_V D(\dot{\varepsilon}_{ik})\,\mathrm{d}V = 4\int_0^l\int_0^{b_x}\int_0^{h_x}\frac{2}{3}\sigma_s(\dot{\varepsilon}_{\max}-\dot{\varepsilon}_{\min})\,\mathrm{d}x\mathrm{d}y\mathrm{d}z \\
&= \frac{8}{3}\sigma_s v_0\int_0^l\int_0^{b_x}\int_0^{h_x}\left(-\frac{b'_x}{b_1}+\frac{b'_x}{b_1}\frac{h_0}{h_x}-\frac{2b_x h_0 h'_x}{b_1 h_x^2}-\frac{h'_x}{h_x}+\frac{b_x h'_x}{b_1 h_x}\right)\mathrm{d}x\mathrm{d}y\mathrm{d}z \\
&= \frac{8}{3}\sigma_s v_0(I_1+I_2+I_3+I_4+I_5)
\end{aligned} \tag{10.121}$$

式中逐项积分采用参量积分与中值定理，有

$$\begin{aligned}
I_1 &= -\frac{1}{b_1}\int_0^l\int_0^{b_x}\int_0^{h_x} b'_x\,\mathrm{d}x\mathrm{d}y\mathrm{d}z = \frac{h_0}{2b_1}(b_0^2-b_1^2)+\frac{\Delta b^2 R}{10b_1}\cos\theta + \\
&\quad \left(\frac{2\Delta b^2 R^5}{5l^4 b_1}-\frac{\Delta b R^3}{l^2}\right)\left(\cos\theta-\frac{\cos^3\theta}{3}-\frac{2}{3}\right)
\end{aligned} \tag{10.122}$$

$$I_2=\int_0^l\int_0^{b_x}\int_0^{h_x}\frac{b'_x h_0}{b_1 h_x}\mathrm{d}x\mathrm{d}y\mathrm{d}z=\frac{h_0}{2b_1}(b_1^2-b_0^2) \tag{10.123}$$

$$I_3 = \int_0^l \int_0^{b_x} \int_0^{h_x} -\frac{2b_x h'_x h_0}{b_1 h_x^2}\mathrm{d}x\mathrm{d}y\mathrm{d}z = h_0 b_1 \ln\left(\frac{h_m}{h_1}\right)^2 + \frac{h_0 b_0^2}{b_1}\ln\left(\frac{h_0}{h_m}\right)^2 \quad (10.124)$$

$$I_4 = \int_0^l \int_0^{b_x} \int_0^{h_x} -\frac{h'_x}{h_x}\mathrm{d}x\mathrm{d}y\mathrm{d}z = \Delta h b_1 + \frac{\Delta b R^3}{l^2}\left(\cos\theta - \frac{1}{3}\cos^3\theta - \frac{2}{3}\right)$$

$$I_5 = \int_0^l \int_0^{b_x} \int_0^{h_x} \frac{b_x h'_x}{b_1 h_x}\mathrm{d}x\mathrm{d}y\mathrm{d}z = -\Delta h b_1 + \frac{\Delta b^2 R}{5b_1}\cos\theta +$$

$$\left(\frac{4\Delta b^2 R^5}{5l^4 b_1} - \frac{2\Delta b R^3}{l^2}\right)\left(\cos\theta - \frac{1}{3}\cos^3\theta - \frac{2}{3}\right) \quad (10.125)$$

代入式（10.121）整理得

$$\dot{W}_i = \frac{8\sigma_s v_0}{3}\left[\frac{3\Delta b^2 R\cos\theta}{10b_1} + \left(\frac{6\Delta b^2 R^5}{5l^4 b_1} - \frac{2\Delta b R^3}{l^2}\right)\left(\cos\theta - \frac{\cos^3\theta}{3} - \frac{2}{3}\right) + h_0 b_1 \ln\left(\frac{h_m}{h_1}\right)^2 + \frac{h_0 b_0^2}{b_1}\ln\left(\frac{h_0}{h_m}\right)^2\right] \quad (10.126)$$

式（10.126）即TSS屈服准则比塑性功率对加藤局部加权速度场内部变形功率泛函线性化后的解析结果。

10.7.2.2 摩擦功率

将局部加权速度场式（10.112）代入式（10.63）并注意 $Z = h_x$，$h'_x = -\tan\alpha$，辊面切向速度不连续矢量 $\Delta \boldsymbol{v}_f$ 的分量为

$$\Delta v_x = v_R\cos\alpha - \left[1 - a\left(1 - \frac{h_0}{h_x}\right)\right]v_0,\quad \Delta v_y = \left[\left(1 - \frac{h_0}{h_x}\right)a' - (1-a)\frac{h'_x}{h_x}\right]v_0 y \quad (10.127)$$

$$\Delta v_z\big|_{z=h_x} = v_R\sin\alpha - v_z\big|_{z=h_x} = v_R\sin\alpha - \left[1 - a\left(1 - \frac{h_0}{h_x}\right)\right]v_0\tan\alpha \quad (10.128)$$

注意到 $a = \frac{b_x}{b_1}$，$\frac{\mathrm{d}z}{\mathrm{d}y} = 0$，$\sqrt{1 + (h'_x)^2} = \sec\alpha$，$\frac{l-x}{R} = \sin\alpha$ 有

$$\begin{aligned}\dot{W}_f &= 4mk\int_0^l\int_0^{b_x}\left\{v_R\cos\alpha - \left[1 - a\left(1 - \frac{h_0}{h_x}\right)\right]v_0\right\}\cos\alpha\sqrt{1 + (h'_x)^2}\mathrm{d}x\mathrm{d}y + \\ &\quad 4mk\int_0^l\int_0^{b_x}\left\{v_R\sin\alpha - \left[1 - a\left(1 - \frac{h_0}{h_x}\right)\right]v_0\tan\alpha\right\}\sin\alpha\sqrt{1 + (h'_x)^2}\mathrm{d}x\mathrm{d}y \\ &= 4mk(I_{11} + I_{22})\end{aligned}$$

$$I_{11} = v_R R b_1\left(\frac{\theta}{2} - \alpha_n + \frac{\sin 2\theta}{4} - \frac{\sin 2\alpha_n}{2}\right) + \frac{v_R R^3 \Delta b}{l^2}\left(\frac{\alpha_n}{4} - \frac{\theta}{8} + \frac{\sin 4\theta}{32} - \frac{\sin 4\alpha_n}{16}\right) + R v_0\left[b_m - \frac{b_m^2}{b_1}\left(1 - \frac{h_0}{h_m}\right)\right](2\sin\alpha_n - \sin\theta)$$

$$I_{22} = v_R R b_1\left(\frac{\theta}{2} - \alpha_n - \frac{\sin2\theta}{4} + \frac{\sin2\alpha_n}{2}\right) + \frac{\Delta b R^3 v_R}{l^2}\left(\frac{3\alpha_n}{4} - \frac{3\theta}{8} + \frac{\sin 2\theta}{4} - \frac{\sin 2\alpha_n}{2} - \frac{\sin 4\theta}{32} + \frac{\sin 4\alpha_n}{16}\right) + R v_0\left[b_m - \frac{b_m^2}{b_1}\left(1 - \frac{h_0}{h_m}\right)\right]\left[\ln\frac{\tan^2\left(\frac{\pi}{4} + \frac{\alpha_n}{2}\right)}{\tan\left(\frac{\pi}{4} + \frac{\theta}{2}\right)} - 2\sin\alpha_n + \sin\theta\right]$$

I_{11}，I_{22}详细积分步骤见附录7。将积分结果代入前式整理得

$$\dot{W}_f = 4mk\left\{v_R R b_1(\theta - 2\alpha_n) - \frac{\Delta b R^3 v_R}{l^2}\left(\frac{\theta}{2} - \alpha_n - \frac{\sin2\theta}{4} + \frac{\sin2\alpha_n}{2}\right) + R v_0\left[b_m - \frac{b_m^2}{b_1}\left(1 - \frac{h_0}{h_m}\right)\right]\ln\frac{\tan^2\left(\frac{\pi}{4} + \frac{\alpha_n}{2}\right)}{\tan\left(\frac{\pi}{4} + \frac{\theta}{2}\right)}\right\} \tag{10.129}$$

10.7.2.3 剪切功率泛函

由式（10.76）、式（10.86）及式（10.122），在变形区出口截面，$h'_x|_{x=l} = b'_x|_{x=l} = a'|_{x=l} = 0$，故速度场（10.120）中有

$$v_y|_{x=l} = v_z|_{x=l} = \Delta v_y|_{x=l} = \Delta v_z|_{x=l} = 0$$

表明出口截面不消耗剪切功率。

入口截面剪切功率为

$$\dot{W}_s = 4k\int_0^{b_0}\int_0^{h_0}\left(\sqrt{v_y^2 + v_z^2}\right)_{x=0}\mathrm{d}z\mathrm{d}y$$

由于$h_x = h_0$，$a = \frac{b_x}{b_1}|_{x=0} = \frac{b_0}{b_1}$，$h'_x|_{x=0} = -\tan\theta$，$a'|_{x=0} = \frac{b'_x|_{x=0}}{b_1} = \frac{2\Delta b}{l b_1} = \frac{2R\Delta b}{b_1 l^2}\sin\theta$，故切向速度场由式（10.120）为

$$v_y|_{x=0} = \left[\left(1 - \frac{h_0}{h_0}\right)a' + (1 - a)\frac{\tan\theta}{h_0}\right]v_0 y = \left(1 - \frac{b_0}{b_1}\right)\frac{\tan\theta}{h_0}v_0 y$$

$$v_z|_{x=0} = \left[\frac{-b_0 h_0\tan\theta}{b_1 h_0^2} - \left(1 - \frac{b_0}{b_1}\right)\frac{\tan\theta}{h_0}\right]v_0 z = \left[-\frac{b_0}{b_1 h_0} - \left(1 - \frac{b_0}{b_1}\right)\frac{\tan\theta}{h_0}\right]v_0 z = -\frac{\tan\theta v_0 z}{h_0}$$

$$|\Delta v_t| = \sqrt{v_y^2 + v_z^2}\Big|_{x=0} = \frac{\tan\theta v_0}{h_0}\sqrt{\left(1 - \frac{b_0}{b_1}\right)^2 y^2 + z^2} = \frac{\tan\theta v_0}{h_0}\sqrt{\left(\frac{\Delta b}{b_1}\right)^2 y^2 + z^2}$$

再代入前式有

$$\dot{W}_s = 4k\frac{\tan\theta v_0}{h_0}\int_0^{b_0}\int_0^{h_0}\sqrt{\left(\frac{\Delta b}{b_1}\right)^2 y^2 + z^2}\,\mathrm{d}z\mathrm{d}y$$

在整个截面域采用前述变上限积分有

$$\begin{aligned}\dot{W}_s &= 4k\int_{OBC}|\Delta v_t|\mathrm{d}F + 4k\int_{OBE}|\Delta v_t|\mathrm{d}F \\ &= \frac{4k\tan\theta v_0}{h_0}\left[\int_0^{b_0}\int_0^{z=\frac{h_0}{b_0}y}\sqrt{(\Delta b/b_1)^2 y^2 + z^2}\,\mathrm{d}z\mathrm{d}y + \right.\end{aligned}$$

$$\int_0^{h_0}\int_0^{y=\frac{b_0}{h_0}z}\sqrt{(\Delta b/b_1)^2y^2+z^2\mathrm{d}y\mathrm{d}z}\ \Big] = \frac{4k\tan\theta v_0}{h_0}(I_{111}+I_{222})$$

$$= \frac{4k\tan\theta v_0}{h_0}\left[\frac{h_0b_0^2}{3}\sqrt{\left(\frac{\Delta b}{b_1}\right)^2+\left(\frac{h_0}{b_0}\right)^2}+\frac{b_0^3}{6}\left(\frac{\Delta b}{b_1}\right)^2\ln\frac{h_0/b_0+\sqrt{(\Delta b/b_1)^2+(h_0/b_0)^2}}{\Delta b/b_1}+\right.$$

$$\left.\frac{h_0^3b_1}{6\Delta b}\ln\frac{\Delta b/b_1+\sqrt{(\Delta b/b_1)^3+(h_0/b_0)^2}}{h_0^3/b_0}\right] \tag{10.130}$$

$$I_{111}=\frac{h_0b_0^2}{6}\sqrt{\left(\frac{\Delta b}{b_1}\right)^2+\frac{h_0^2}{b_0^2}}+\frac{\Delta b^2b_0^3}{6b_1^2}\ln\frac{h_0/b_0+\sqrt{(\Delta b/b_1)^2+(h_0/b_0)^2}}{\Delta b/b_1}$$

$$I_{222}=\frac{h_0b_0^2}{6}\sqrt{\left(\frac{\Delta b}{b_1}\right)^2+\frac{h_0^3}{b_0^2}}+\frac{h_0^3b_1}{6\Delta b}\ln\frac{\Delta b/b_1+\sqrt{(\Delta b/b_1)^2+(h_0/b_0)^2}}{h_0/b_0}$$

I_{111}，I_{222}积分结果如下（详细积分步骤见附录8）。

将式（10.126）、式（10.129）、式（10.130）代入 $\Phi=\dot W_i+\dot W_f+\dot W_s$ 注意到 $x_n=l-R\sin\alpha_n$ 得

$$\Phi=\frac{8\sigma_sv_0}{3}\left[\frac{3\Delta b^2R\cos\theta}{10b_1}+\left(\frac{6\Delta b^2R^5}{5l^4b_1}-\frac{2\Delta bR^3}{l^2}\right)\left(\cos\theta-\frac{\cos^3\theta}{3}-\frac{2}{3}\right)+h_0b_1\ln\left(\frac{h_m}{h_1}\right)^2+\right.$$

$$\left.\frac{h_0b_0^2}{b_1}\ln\left(\frac{h_0}{h_m}\right)^2\right]+\frac{4m\sigma_s}{\sqrt3}\left\{v_RRb_1(\theta-2\alpha_n)+\frac{\Delta bR^3v_R}{l^2}\left(-\frac{\theta}{2}+\alpha_n+\frac{\sin2\theta}{4}-\frac{\sin2\alpha_n}{2}\right)+\right.$$

$$\left.Rv_0\left[b_m-\frac{b_m^2}{b_1}\left(1-\frac{h_0}{h_m}\right)\right]\ln\frac{\tan^2\left(\frac{\pi}{4}+\frac{\alpha_n}{2}\right)}{\tan\left(\frac{\pi}{4}+\frac{\theta}{2}\right)}\right\}+\frac{4\sigma_s\tan\theta v_0}{\sqrt3h_0}\left(\frac{b_0h_0}{3b_1}\sqrt{\Delta b^2b_0^2+h_0^2b_1^2}+\right.$$

$$\left.\frac{\Delta b^2b_0^3}{6b_1^2}\ln\frac{h_0b_1+\sqrt{\Delta b^2b_0^2+h_0^2b_1^2}}{\Delta bb_0}+\frac{h_0^3b_1}{6\Delta b}\ln\frac{\Delta bb_0+\sqrt{\Delta b^2b_0^2+h_0^2b_1^2}}{h_0b_1}\right) \tag{10.131}$$

变形区内 U 为常量，由能量总泛函 Φ 对变量 α_n 求导，令一阶导数为零，可得

$$\frac{\partial\Phi}{\partial\alpha_n}=\cos^3\alpha_n+\left(\frac{l^2b_1}{\Delta bR^2}-1\right)\cos\alpha_n-\frac{l^2v_0b_m}{\Delta bR^2v_R}\left[1-\frac{b_m}{b_1}\left(1-\frac{h_0}{h_m}\right)\right]=0$$

$$\cos^3\alpha_n+p\cos\alpha_n+q=0;\ p=\frac{b_1l^2}{\Delta bR^2}-1,\ q=-\frac{l^2v_0b_m}{\Delta bR^2v_R}\left[1-\frac{b_m}{b_1}\left(1-\frac{h_0}{h_m}\right)\right]$$

以卡尔丹公式取上述方程正根

$$\alpha_n=\cos^{-1}\left[\sqrt[3]{-\frac{q}{2}+\sqrt{\left(\frac{q}{2}\right)^2+\left(\frac{p}{3}\right)^3}}+\sqrt[3]{-\frac{q}{2}-\sqrt{\left(\frac{q}{2}\right)^2+\left(\frac{p}{3}\right)^3}}\right] \tag{10.132}$$

对热轧薄板可取 $v_R\approx v_1$，此时 $v_0=\frac{h_1b_1v_R}{h_0b_0}$；可取 $q=-\frac{l^2b_m}{\Delta bR^2}$代入式

(10.132) 再代入式 (10.131) 即可求出 $\Phi_{\min}$；以上计算实质是局部（仅对摩擦功率）最小化，最好采用整体最小化，即将式 (10.117) 代入式 (10.131) 后以搜索法求 $\Phi_{\min}$ 与对应 α_n。各式中的 h_m，b_m 用式 (10.77)、式 (10.78) 以积分中值定理计算。轧制力能参数为

$$F = \frac{\theta \cdot \Phi_{\min}}{2v_R(1-\cos\theta)},\ n_\sigma = \frac{p}{2k} = \frac{F}{2b_m l \cdot 2k},\ M = \frac{R}{2v_R}\Phi_{\min} \qquad (10.133)$$

10.7.3 实验及计算结果

在重点实验室 Φ130 轧机上重复 Sims 试验同第 10.5.4 节，采用与 Sims 相同的屈服切应力，以式 (10.133) 计算，计算结果分别与小林史郎 (Kobayashi) 计算结果及 Sims 实测结果比较如图 10.29、图 10.30 所示；表明按本文式 (10.133) 计算结果略高于小林结果。道次压下率高于 40% 后低于西姆斯结果。

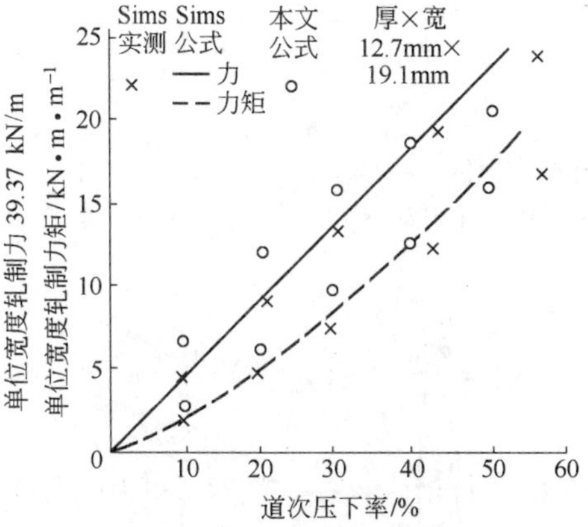

图 10.29 第一组试样本文计算轧制力、力矩与西姆斯实测及理论结果比较 ($m=1.0$)

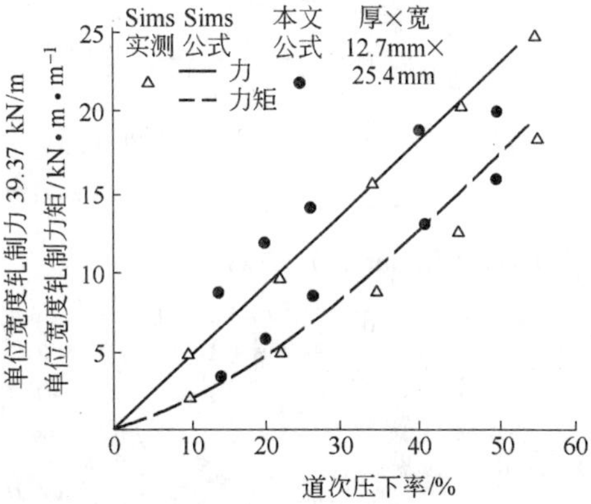

图 10.30 第二组试样本文计算轧制力、力矩与西姆斯实测及理论结果比较 ($m=1.0$)

10.8 整体加权速度场解轧制

本节对与第 10.7 节完全相同的接触面为圆，则自由表面为抛物面的三维轧制问题采用整体加权速度场予以解析，重点剖析整体加权与加藤局部加权速度场及相应解析结果的差别[1,2,9]。

10.8.1 整体加权速度场

接触面为圆，侧自由表面为抛物面的三维轧制问题变形区如图 10.31 所示。前已述及，加藤速度场式 (10.111) 与式 (10.112) 只对 $v_{x\mathrm{I}}$，$v_{x\mathrm{II}}$ 及 $v_{z\mathrm{I}}$，$v_{z\mathrm{II}}$ 两个方向同时进行加权，故为**局部加权**。现采用第 10.4 节的方法，将式

(10.108)、式(10.109)中的相应速度分量 $v_{x\mathrm{I}}$, $v_{x\mathrm{II}}$; $v_{y\mathrm{I}}$, $v_{y\mathrm{II}}$; $v_{z\mathrm{I}}$, $v_{z\mathrm{II}}$ 在 x、y、z 三个方向同时加权(**整体加权**),确定的速度场如下

$$v_x = av_{x\mathrm{I}} + (1-a)v_{x\mathrm{II}} = \left[1 - a\left(1 - \frac{h_0}{h_x}\right)\right]v_0$$

$$v_y = av_{y\mathrm{I}} + (1-a)v_{y\mathrm{II}} = -(1-a)\frac{h'_x v_0}{h_x}y$$

$$v_z = av_{z\mathrm{I}} + (1-a)v_{z\mathrm{II}} = \left[\frac{ah_0h'_x}{h_x^2} + (1-a)\frac{h'_x}{h_x}\right]v_0 z \qquad (10.134)$$

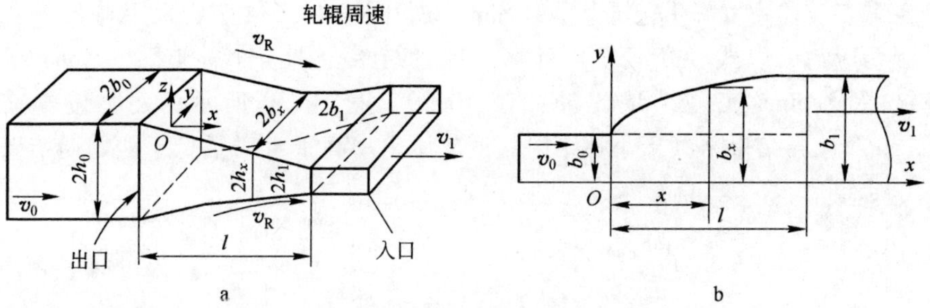

图 10.31 三维轧制变形区

a—三维轧制接触面;b—与侧自由表面

由几何(Chauchy)方程

$$\dot{\varepsilon}_x = \frac{\partial v_x}{\partial x} = -\left[\left(1 - \frac{h_0}{h_x}\right)a' + a\frac{h_0h'_x}{h_x^2}\right]v_0,\ \dot{\varepsilon}_y = \frac{\partial v_y}{\partial y} = -(1-a)\frac{h'_x v_0}{h_x}$$

$$\dot{\varepsilon}_z = \frac{\partial v_z}{\partial z} = \left[\frac{ah_0h'_x}{h_x^2} + (1-a)\frac{h'_x}{h_x}\right]v_0 \qquad (10.135)$$

令式(10.135)

$$\dot{\varepsilon}_x + \dot{\varepsilon}_z + \dot{\varepsilon}_y = -\left[\left(1 - \frac{h_0}{h_x}\right)a' + a\frac{h_0h'_x}{h_x^2}\right]v_0 + \left[\frac{ah_0h'_x}{h_x^2} + (1-a)\frac{h'_x}{h_x}\right]v_0 - (1-a)\frac{h'_x v_0}{h_x}$$

$$= -\left(1 - \frac{h_0}{h_x}\right)a'v_0 = 0$$

由于 $\frac{h_0}{h_x} \neq 1$,解之得:$a' = 0$。这表明权函数 $a(x)$ 必须为常数或 a 与 x 无关,才能使式(10.134)、式(10.135)满足运动许可条件。为此,注意到图 10.31b、图 10.28,以及式(10.118)

$$a(x) = \frac{b_x}{b_1} = 1 - \frac{\Delta b}{b_1}\left(1 - \frac{x}{l}\right)^2$$

则取常数 a 为

$$a = \frac{1}{l}\int_0^l a(x)\,\mathrm{d}x = \frac{1}{l}\int_0^l \left[1 - \frac{\Delta b}{b_1}\left(1 - \frac{x}{l}\right)^2\right]\mathrm{d}x = 1 - \frac{\Delta b}{3b_1} = \frac{b_m}{b_1} \tag{10.136}$$

注意到 $a = 1 - \frac{\Delta b}{3b_1} = \frac{b_m}{b_1}$，$a' = 0$，代入式（10.134）、式（10.135），即得到运动许可速度场与应变速率场为

$$\dot{\varepsilon}_x = -a\frac{h_0 h'_x}{h_x^2}v_0,\ \dot{\varepsilon}_y = -(1-a)\frac{h'_x v_0}{h_x},\ \dot{\varepsilon}_z = \left[\frac{a h_0 h'_x}{h_x^2} + (1-a)\frac{h'_x}{h_x}\right]v_0 \tag{10.137}$$

式（10.134）、式（10.137）中 $a = 1 - \frac{\Delta b}{3b_1} = \frac{b_m}{b_1}$；读者可自行验证两式满足运动许可条件，为**整体加权速度场**。在后续积分运算，注意 a 必须按式（10.136）取常数，即 a 与 x、y 无关。否则将破坏运动许可条件。

10.8.2 成形功率泛函

10.8.2.1 塑性功率泛函

注意到 $h'_x = -\tan\alpha \leqslant 0$，$0 \leqslant \alpha \leqslant 1$，为与局部加权速度场解析结果比较，我们应采用 TSS 准则进行线性化。注意到式（10.137）中 $\dot{\varepsilon}_{\max} = \dot{\varepsilon}_x = \dot{\varepsilon}_1$，$\dot{\varepsilon}_{\min} = \dot{\varepsilon}_z = \dot{\varepsilon}_3$，将式（10.137）代入到 TSS 准则比塑性功率式（8.9），然后取代第一变分原理内部应变能率被积函数，积分得到

$$\begin{aligned}
\dot{W}_i &= \int_V D(\dot{\varepsilon}_{ik})\,\mathrm{d}V = 4\int_0^l\int_0^{b_x}\int_0^{h_x}\frac{2}{3}\sigma_s(\dot{\varepsilon}_{\max} - \dot{\varepsilon}_{\min})\,\mathrm{d}x\mathrm{d}y\mathrm{d}z \\
&= \frac{8}{3}\sigma_s v_0\int_0^l\int_0^{b_x}\int_0^{h_x}\left[-a\frac{h_0 h'_x}{h_x^2} - a\frac{h_0 h'_x}{h_x^2} - (1-a)\frac{h'_x}{h_x}\right]\mathrm{d}x\mathrm{d}y\mathrm{d}z \\
&= \frac{8}{3}\sigma_s v_0\int_0^l\left[-2a\frac{h_0 b_x h'_x}{h_x} - (1-a)b_x h'_x\right]\mathrm{d}x = -\frac{8}{3}\sigma_s v_0(I_1 + I_2)
\end{aligned}$$

$$I_1 = \int_0^l 2a\frac{h_0 b_x h'_x}{h_x}\mathrm{d}x = 2ah_0 b_m \ln\frac{h_1}{h_0},\quad I_2 = (1-a)\int_0^l b_x h'_x\,\mathrm{d}x = -(1-a)b_m\Delta h$$

$$\dot{W}_i = \frac{8}{3}\sigma_s b_m v_0\left[2ah_0\ln\frac{h_0}{h_1} + (1-a)\Delta h\right] \tag{10.138}$$

式（10.138）即整体加权速度场以 TSS 屈服准则比塑性功率线性化得到的内部变形功率泛函解析解。

$$\dot{W}_i = \frac{16\sigma_s b_m^2 U}{3b_0 b_1}\left(\ln\frac{h_0}{h_1} + \frac{\Delta b\Delta h}{6b_m h_0}\right) \tag{10.139}$$

式（10.139）也可采用定积分

$$\begin{aligned}\dot{W}_i &= 4\int_0^l\int_0^{b_m}\int_0^{h_x}\frac{2}{3}\sigma_s(\dot{\varepsilon}_{\max}-\dot{\varepsilon}_{\min})\mathrm{d}x\mathrm{d}y\mathrm{d}z\\ &= \frac{8}{3}\sigma_s v_0 b_m\int_0^l\left[-2a\frac{h_0 h'_x}{h_x^2}h_x-(1-a)\frac{h'_x}{h_x}h_x\right]\mathrm{d}x\\ &= \frac{8}{3}\sigma_s v_0 b_m\int_0^l\left[-2a\frac{h_0\mathrm{d}h_x}{h_x}-(1-a)\mathrm{d}h_x\right]\\ &= \frac{8}{3}\sigma_s v_0 b_m\left[2ah_0\ln\frac{h_0}{h_1}+(1-a)\Delta h\right]\end{aligned}$$

此结果与式（10.138）、式（10.139）一致。

10.8.2.2 摩擦功率泛函

求解摩擦功率泛函的基本步骤同式（10.129），但要注意此处用整体加权速度场式（10.134）代入式（10.63），并注意 $Z=h_x$，$h'_x=-\tan\alpha$ 辊面切向速度不连续矢量 $\Delta \boldsymbol{v}_f$ 的分量为

$$\Delta v_x = v_R\cos\alpha-\left[1-a\left(1-\frac{h_0}{h_x}\right)\right]v_0;\ \Delta v_y=(1-a)\frac{h'_x}{h_x}v_0 y$$

$$\Delta v_z\big|_{z=h_x}=v_R\sin\alpha-v_z\big|_{z=h_x}=v_R\sin\alpha-\left[1-a\left(1-\frac{h_0}{h_x}\right)\right]v_0\tan\alpha$$

注意到辊面上 $\frac{\mathrm{d}z}{\mathrm{d}y}=0$，$\mathrm{d}F=\sqrt{1+\left(\frac{\mathrm{d}z}{\mathrm{d}x}\right)^2+\left(\frac{\mathrm{d}z}{\mathrm{d}y}\right)^2}\mathrm{d}x\mathrm{d}y=\sqrt{1+(h'_x)^2}\mathrm{d}x\mathrm{d}y$，$\sqrt{1+(h'_x)^2}=\sec\alpha$，$\frac{l-x}{R}=\sin\alpha$ 将各量代入下式

$$\begin{aligned}\dot{W}_f &= 4mk\int_0^l\int_0^{b_x}\left\{v_R\cos\alpha-\left[1-a\left(1-\frac{h_0}{h_x}\right)\right]v_0\right\}\cos\alpha\sqrt{1+(h'_x)^2}\mathrm{d}x\mathrm{d}y+\\ &\quad 4mk\int_0^l\int_0^{b_x}\left\{v_R\sin\alpha-\left[1-a\left(1-\frac{h_0}{h_x}\right)\right]v_0\tan\alpha\right\}\sin\alpha\sqrt{1+(h'_x)^2}\mathrm{d}x\mathrm{d}y\\ &= 4mk(I_{11}+I_{22})\end{aligned}\tag{10.140}$$

$$\begin{aligned}I_{11} &= v_R Rb_1\left(\frac{\theta}{2}-\alpha_n+\frac{\sin2\theta}{4}-\frac{\sin2\alpha_n}{2}\right)+\frac{\Delta bR^3v_R}{l^2}\left(\frac{\alpha_n}{4}-\frac{\theta}{8}+\frac{\sin4\theta}{32}-\frac{\sin4\alpha_n}{16}\right)+\\ &\quad v_0Rb_m\left[1-a\left(1-\frac{h_0}{h_m}\right)\right](2\sin\alpha_n-\sin\theta)\end{aligned}\tag{10.141a}$$

$$\begin{aligned}I_{22} &= Rv_Rb_1\left(\frac{\sin2\alpha_n}{2}-\frac{\sin2\theta}{4}+\frac{\theta}{2}-\alpha_n\right)+Rv_0b_m\left[1-a\left(1-\frac{h_0}{h_m}\right)\right]\left[\ln\frac{\tan^2\left(\frac{\pi}{4}+\frac{\alpha_n}{2}\right)}{\tan\left(\frac{\pi}{4}+\frac{\theta}{2}\right)}-\right.\\ &\quad\left.2\sin\alpha_n+\sin\theta\right]+\frac{v_RR^3\Delta b}{l^2}\left(\frac{\sin4\alpha_n}{16}+\frac{3\alpha_n}{4}-\frac{\sin2\alpha_n}{2}-\frac{\sin4\theta}{32}-\frac{3\theta}{8}+\frac{\sin2\theta}{4}\right)\end{aligned}\tag{10.141b}$$

I_{11}、I_{22}详细积分见附录7。将I_{11}、I_{22}代入式（10.140）整理得

$$\dot{W}_{\mathrm{f}}=4mkRb_1v_{\mathrm{R}}\left\{(\theta-2\alpha_{\mathrm{n}})+\frac{v_0}{v_{\mathrm{R}}}\frac{b_{\mathrm{m}}}{b_1}\left[1-a\left(1-\frac{h_0}{h_{\mathrm{m}}}\right)\right]\ln\frac{\tan^2\left(\frac{\pi}{4}+\frac{\alpha_{\mathrm{n}}}{2}\right)}{\tan\left(\frac{\pi}{4}+\frac{\theta}{2}\right)}+\right.$$

$$\left.\frac{R^2\Delta b}{l^2b_1}\left(\alpha_{\mathrm{n}}-\frac{\theta}{2}-\frac{\sin2\alpha_{\mathrm{n}}}{2}+\frac{\sin2\theta}{4}\right)\right\} \tag{10.142}$$

式（10.142）即本文整体加权速度场以共线矢量曲面积分法得到的摩擦功率泛函解析解。

10.8.2.3 剪切功率泛函

变上限积分方法同前，由式（10.76），$h_x'|_{x=l}=0$，故出口不消耗剪切功率。在$x=0$的入口截面$h_x'|_{x=0}=-\tan\theta$，$v_y|_{x=0}=(1-a)\dfrac{\tan\theta}{h_0}v_0y$

$$v_z|_{x=0}=-\frac{\tan\theta v_0z}{h_0},\quad |\Delta\boldsymbol{v}_{\mathrm{t}}|=\sqrt{v_y^2+v_z^2}\Big|_{x=0}=\frac{\tan\theta v_0}{h_0}\sqrt{(1-a)^2y^2+z^2}$$

代入前式

$$\dot{W}_{\mathrm{s}}=4k\int_0^{b_0}\int_0^{h_0}|\Delta\boldsymbol{v}_{\mathrm{t}}|\mathrm{d}z\mathrm{d}y=4k\frac{\tan\theta v_0}{h_0}\int_0^{b_0}\int_0^{h_0}\sqrt{(1-a)^2y^2+z^2}\mathrm{d}z\mathrm{d}y$$

采用前述变上限积分法

$$\begin{aligned}\dot{W}_{\mathrm{s}}&=4k\int_{OBC}|\Delta\boldsymbol{v}_{\mathrm{t}}|\mathrm{d}F+4k\int_{OBE}|\Delta\boldsymbol{v}_{\mathrm{t}}|\mathrm{d}F\\&=\frac{4k\tan\theta v_0}{h_0}\left\{\int_0^{b_0}\int_0^{z=\frac{h_0}{b_0}y}\sqrt{(1-a)^2y^2+z^2}\mathrm{d}z\mathrm{d}y+\int_0^{h_0}\int_0^{y=\frac{b_0}{h_0}z}\sqrt{(1-a)^2y^2+z^2}\mathrm{d}y\mathrm{d}z\right\}\\&=\frac{4k\tan\theta v_0}{h_0}(I_{111}+I_{222})\end{aligned} \tag{10.143}$$

式中

$$I_{111}=\frac{h_0b_0}{6}\sqrt{(1-a)^2b_0^2+h_0^2}+\frac{(1-a)^2b_0^3}{6}\ln\frac{h_0+\sqrt{(1-a)^2b_0^2+h_0^2}}{(1-a)b_0}$$

$$I_{222}=\frac{b_0h_0}{6}\sqrt{(1-a)^2b_0^2+h_0^2}+\frac{h_0^3}{6(1-a)}\ln\frac{(1-a)b_0+\sqrt{(1-a)^2b_0^2+h_0^2}}{h_0}$$

将I_{111}，I_{222}代入式（10.143）整理得

$$\dot{W}_{\mathrm{s}}=\frac{4\sigma_{\mathrm{s}}\tan\theta v_0b_0}{3\sqrt{3}}\left\{\sqrt{\left(\frac{\Delta b}{3b_1}\right)^2b_0^2+h_0^2}+\frac{\Delta b^2b_0^2}{18h_0b_1^2}\ln\frac{h_0+\sqrt{\left(\frac{\Delta b}{3b_1}\right)^2b_0^2+h_0^2}}{\frac{\Delta bb_0}{3b_1}}+\right.$$

$$\left.\frac{3b_1h_0^2}{2b_0\Delta b}\ln\frac{\dfrac{\Delta bb_0}{3b_1}+\sqrt{\left(\dfrac{\Delta b}{3b_1}\right)^2b_0^2+h_0^2}}{h_0}\right\} \tag{10.144}$$

上述各式中，$a=1-\dfrac{\Delta b}{3b_1}=\dfrac{b_m}{b_1}$。

10.8.2.4 总能量泛函

将式（10.138）、式（10.142）、式（10.144）代入 $\Phi=\dot{W}_i+\dot{W}_f+\dot{W}_s$ 得

$$\Phi=\frac{8\sigma_s b_m U}{3b_0}\left(2\frac{b_m}{b_1}\ln\frac{h_0}{h_1}+\frac{\Delta b\Delta h}{3b_1h_0}\right)+\frac{4m\sigma_s Rb_1}{\sqrt{3}}\left\{v_R(\theta-2\alpha_n)+v_0\frac{b_m}{b_1}\left(\frac{\Delta b}{3b_1}+\frac{b_m}{b_1}\frac{h_0}{h_m}\right)\right.$$

$$\left.\ln\frac{\tan^2\left(\dfrac{\pi}{4}+\dfrac{\alpha_n}{2}\right)}{\tan\left(\dfrac{\pi}{4}+\dfrac{\theta}{2}\right)}+\frac{v_R R^2\Delta b}{l^2}\left(\alpha_n-\frac{\theta}{2}-\frac{\sin 2\alpha_n}{2}+\frac{\sin 2\theta}{4}\right)\right\}+\frac{4\sigma_s\tan\theta U}{3\sqrt{3}h_0}\left[\sqrt{(1-a)^2b_0^2+h_0^2}+\right.$$

$$\left.\frac{(1-a)^2b_0^2}{2h_0}\ln\frac{h_0+\sqrt{(1-a)^2b_0^2+h_0^2}}{(1-a)b_0}+\frac{h_0^2}{2b_0(1-a)}\ln\frac{(1-a)b_0+\sqrt{(1-a)^2b_0^2+h_0^2}}{h_0}\right] \tag{10.145}$$

式中，$a=b_m/b_1=1-\Delta b/(3b_1)$，为常数。读者应当注意式（10.145）为解析式。

为与局部加权结果比较，我们采用与式（10.131）相同的局部搜索法，将 $a=1-\Delta b/(3b_1)=b_m/b_1$，代入式（10.145）后，令 $\mathrm{d}\Phi/\mathrm{d}\alpha_n=0$，求得

$$\alpha_n=\cos^{-1}\left[\sqrt[3]{-\frac{q}{2}+\sqrt{\left(\frac{q}{2}\right)^2+\left(\frac{p}{3}\right)^3}}+\sqrt[3]{-\frac{q}{2}-\sqrt{\left(\frac{q}{2}\right)^2+\left(\frac{p}{3}\right)^3}}\right]$$

$$p=\frac{b_1l^2}{\Delta bR^2}-1,\ q=-\frac{l^2v_0b_m}{\Delta bR^2v_R}\left(\frac{\Delta b}{3b_1}+\frac{b_mh_0}{b_1h_m}\right)$$

取 $v_R\approx v_1$，$v_0=\dfrac{h_1b_1v_R}{h_0b_0}$，$q=-\dfrac{l^2b_m}{\Delta bR^2}$，代入上式求出 α_n，再代入式（10.145）求出 $\Phi_{\min}$。进而求出轧制力能参数

$$M=\frac{R}{2v_R}\Phi_{\min},\ F=\frac{\theta\cdot\Phi_{\min}}{2v_R(1-\cos\theta)},\ n_\sigma=\frac{\bar{p}}{2k}=\frac{F}{2b_ml\cdot 2k} \tag{10.146}$$

整体最小化：将式（10.117）代入式（10.131）后以搜索法求 $\Phi_{\min}$ 与对应的 α_n。各式中 h_m，b_m 采用式（10.77）、式（10.78）以积分中值定理计算。轧制力能参数也可将 Φ 分别对变量 α_n 求导。令一阶导数为零有：$\partial\Phi/\partial\alpha_n=0$；解以上方程组得到 Φ 有最小值的 α_n、a；也可用以下方法：注意到 a 的变化范围 $1-\Delta b/b_1\leqslant a\leqslant 1$，由式（10.66）确定。

10.8.3 计算结果比较

轧制实验同第 10.6.3 节。由式（10.145）以搜索法得到计算结果与小林、西姆斯结果比较如图 10.32、图 10.33、图 10.34 所示，中性角如图 10.35 所示。结果表明整体加权速度场计算结果略高于小林与 Sims 结果。但与加藤局部加权速度场结果非常接近，可使推导过程却大为简化。

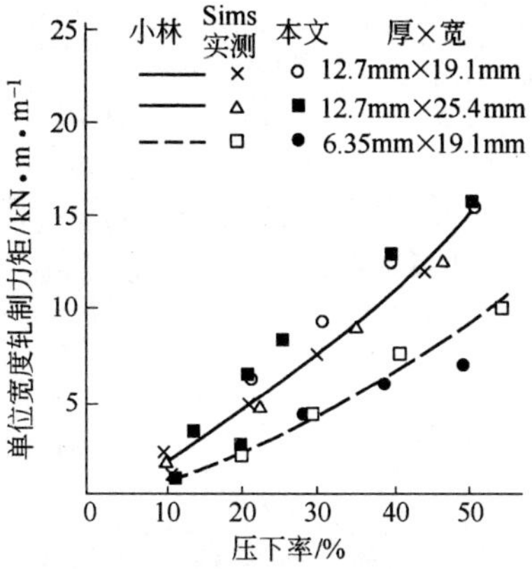

图 10.32 轧制铅试样本文计算轧制力矩与小林史郎理论及西姆斯实测结果比较（$m=1.0$）

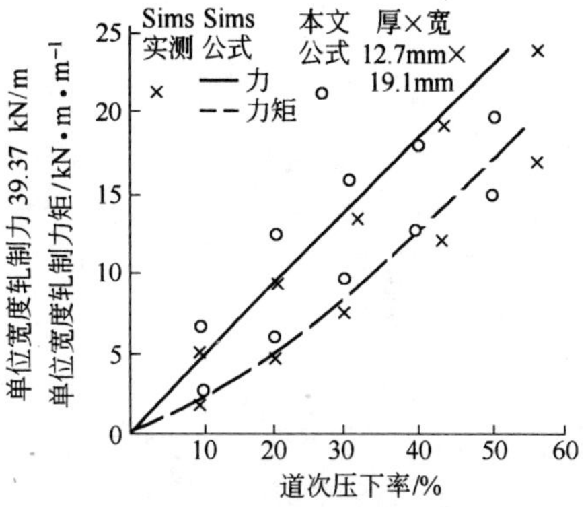

图 10.33 第一组试样本文计算轧制力、力矩与西姆斯实测及理论结果比较（$m=1.0$）

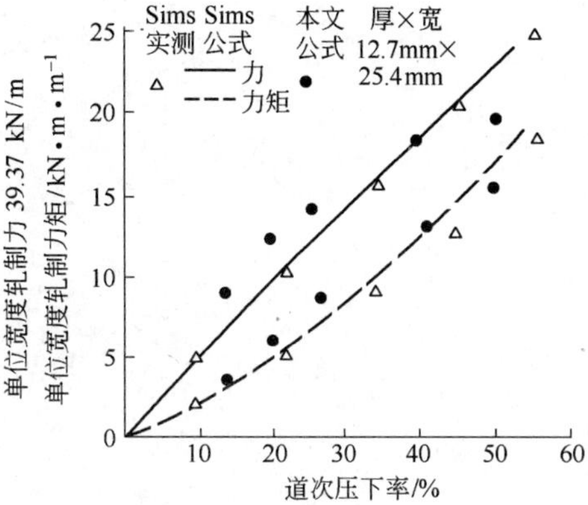

图 10.34 第二组试样本文计算轧制力、力矩与西姆斯实测及理论结果比较（$m=1.0$）

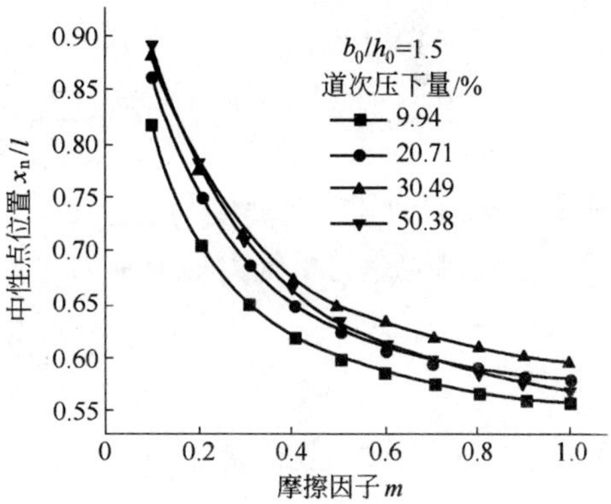

图 10.35 摩擦对中性角影响

10.9 三角形速度场解精轧温升

本节提出以上界三角形速度场计算高速线材精轧阶段温升的方法。由于线材精轧轧制速度快，散热条件差，可认为线材轧制的外功几乎全部转换为热，即温升来自于变形区三角形速度场速度不连续线所做的剪切功。三角形速度场确定的总上界功率最小值决定了变形区内全部温升的总和，以此原理推导出高速线材精轧机组温升计算公式、计算结果与测量结果的比较[104~109]。

10.9.1 导言

以变形区为单位，轧制变形功引起的温升 ΔT_{d} 为

$$\Delta T_{\mathrm{d}}=\frac{\dot{W}t_{\mathrm{c}}}{V\rho S}=\frac{W}{mc} \tag{10.147}$$

式中，$\dot{W}$、W 分别为变形所需总功率与功；V 为变形区体积；m 为变形区内轧件质量，$m=V\rho$；$S=c$，ρ 分别为材料轧制温度的比热与密度；t_{c} 为接触时间，即变形区内材料由入口到出口截面的时间，而变形功 W 可表示为

$$W=M\alpha \tag{10.148}$$

或

$$W=\dot{W}t_{\mathrm{c}} \tag{10.149}$$

式中，M 为轧制力矩；α 为接触角。

由于部分塑性功耗以位错、空位形式储存于轧件内部（约占 2% ~5%），故式（10.147）变为

$$\Delta T_{\mathrm{d}}=\frac{\eta\dot{W}t_{\mathrm{c}}}{V\rho S}=\frac{\eta W}{mc} \tag{10.150}$$

式中，η 为功热转换系数，取 0.95 ~0.98。

由式（10.148）、式（10.149）可得

$$\dot{W}=\frac{W}{t_{\mathrm{c}}}=\frac{M\alpha}{t_{\mathrm{c}}}=M\dot{\alpha}=\frac{Mv}{R} \tag{10.151}$$

式中，$\dot{\alpha}$，v 为轧辊角速度与线速度；R 为轧辊半径。

总轧制力矩与单辊力矩分别为

$$M=\frac{\dot{W}}{\dot{\alpha}},\ M=\frac{\dot{W}}{2\dot{\alpha}} \tag{10.152}$$

式中，$\dot{W}$ 由上界功率的最小值确定。

10.9.2 线材精轧变形

高速线材精轧指完成粗、中轧后的第 16 ~25 架轧制，孔型为椭圆 - 圆孔型系统。第 16 架（精轧第一架）入口线坯截面为圆。轧后出口线坯截面为椭圆。假设出口椭圆长轴与入口圆坯直径 D_0 相等，即保持变形中椭圆长轴不变的平面变形条件，则孔型如图 10.36a 所示，变形模型如图 10.37 所示。第 18、20、22、

24 架与第 16 架孔型及轧后椭圆长轴不变的假设相同。第 17 架（精轧第二架）入口线坯截面为椭圆轧后出口线坯截面为圆，假设入口椭圆短轴 D_1 与出口圆坯直径相等，即保持变形中椭圆短轴不变的平面变形条件，则孔型如图 10.36b 所示。第 19、21、23、25 架与第 17 架孔型及假设相同。

应指出，对精轧机组正是由于假定偶道次（椭圆孔型）轧制时椭圆长轴不变，奇道次（圆孔型）轧制时椭圆短轴不变，方能使各轧制道次满足平面变形条件。在此基本假定条件下才能使用平面变形上界三角形速度场。以下以第 16 架（图 10.36a）为例，阐述基本解析步骤。

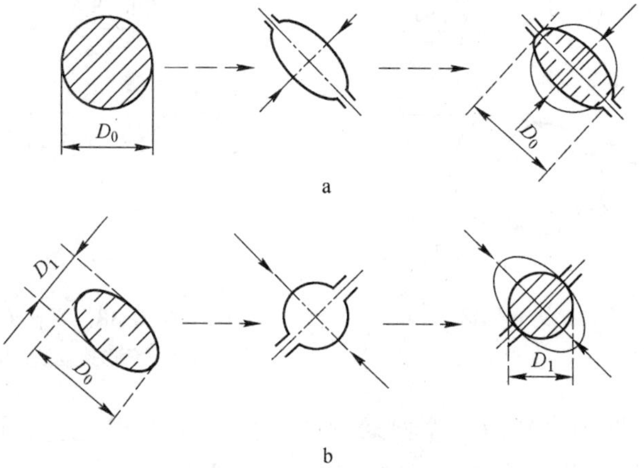

图 10.36 精轧孔型

a—第 16 架椭圆孔；b—第 17 架圆孔

图 10.37 所示为第 16 架变形区。图 10.38 所示是平面变形全黏着轧制上界三角形速度场与矢端图。采用以弦代弧假定，垂直纸面方向为宽向即不变形方向。图中 AC、BC 为速度不连续线即温升“热线”。

由图 10.38 按体积不变方程

$$v_0 \frac{\pi}{4} D_0^2 = v_1 \frac{\pi}{4} D_0 D_1, \quad v_1 = v_0 \frac{D_0}{D_1} \tag{10.153}$$

式中，D_1 为本道次出口椭圆短轴。

由图 10.38

$$v_0 \frac{D_0}{2} = v_1 \frac{D_1}{2}, \quad v_1 = v_0 \frac{D_0}{D_1} \tag{10.154}$$

上述两式的一致性表明可用图 10.38 速端图计算图 10.37 的速度不连续量；图 10.37 中轧后椭圆长轴不变的假定满足平面变形条件，故由图 10.38 有

$$AC = \frac{D_0}{2\sin\alpha_0}, \quad BC = \frac{D_1}{2\sin\alpha_1} \tag{10.155}$$

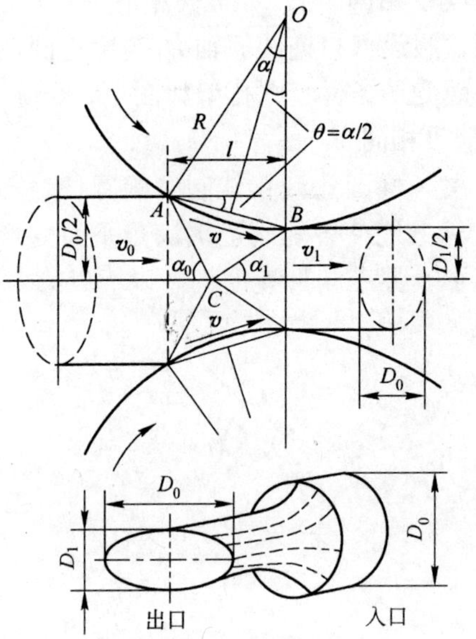

图 10.37 第 16 架变形区

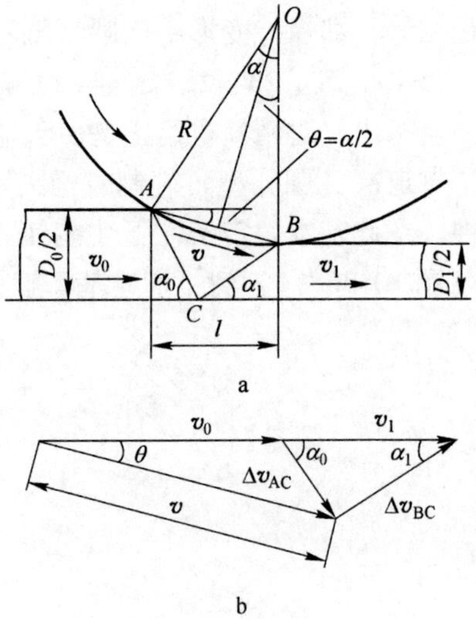

图 10.38 平面变形轧制

a—三角形速度场；b—速端图

由于高速线材精轧为热轧故为全黏着，即三角形 ABC 以轧辊圆周速度 v 运动，这意味着沿 AB 不消耗摩擦功。由图 10.38 按正弦定理有

$$\frac{v}{\sin\ (180° - \alpha_0)} = \frac{\Delta v_{AC}}{\sin\theta},\ \frac{v}{\sin\alpha_1} = \frac{\Delta v_{BC}}{\sin\theta}$$

速度不连续量为

$$\Delta v_{AC} = \frac{v\sin\theta}{\sin\alpha_0},\ \Delta v_{BC} = \frac{v\sin\theta}{\sin\alpha_1} \tag{10.156}$$

式中，θ 为 AB 与水平轴夹角，为接触角之半。按上界定理 AC，BC 单位时间的功耗为

$$\dot{W}^* = k(\Delta v_{AC}AC + \Delta v_{BC}BC) \tag{10.157}$$

把式（10.155），式（10.156）带入式（10.157）得

$$\dot{W}^* = kv\sin\theta\left(\frac{D_0}{2\sin^2\alpha_0} + \frac{D_1}{2\sin^2\alpha_1}\right) \tag{10.158}$$

由图 10.37，图 10.38 知，接触弧长为

$$l = \frac{D_0}{2\tan\alpha_0} + \frac{D_1}{2\tan\alpha_1},\ \tan\alpha_0 = \frac{D_0}{2l - D_1/\tan\alpha_1} \tag{10.159}$$

把式（10.159）带入式（10.158），然后对 α_1 求导，令 $d\dot{W}^*/d\alpha_1 = 0$，解得

$$\tan\alpha_0 = \frac{D_0 + D_1}{2l} = \tan\alpha_1 \qquad (10.160)$$

式中，$l = R\sin\alpha$。

式（10.160）表明 $\alpha_0 = \alpha_1$ 时式（10.158）有最小上界值 $\dot{W}^*_{\min}$。将式（10.160）代入式（10.158），注意到变形区对称且宽度为 D_0，有

$$\dot{W}^*_{\min} = \frac{kv\sin\theta(D_0 + D_1)D_0}{\sin^2\alpha_1} \qquad (10.161)$$

式中，$\theta = \alpha/2$。

由图 10.37，按正弦定理

$$v = \frac{v_1\sin\alpha_1}{\sin(\theta + \alpha_1)} \qquad (10.162)$$

10.9.3 温升计算公式

10.9.3.1 温升模型

由式（10.151），式（10.161），令外功率等于最小上界功率

$$\dot{W}_{\min} = \frac{Mv}{R} = \frac{kv\sin\theta(D_0 + D_1)D_0}{\sin^2\alpha_1}, \quad M = \frac{kR\sin\theta(D_0 + D_1)D_0}{\sin^2\alpha_1}$$

上式代入式（10.150），注意到式（10.148），整理得

$$\Delta t_{\mathrm{p}} = \frac{\eta W}{Gc} = \frac{k\eta R\sin\theta(D_0 + D_1)D_0\alpha}{V\rho c\sin^2\alpha_1} \qquad (10.163)$$

式中，V 为轧制道次的变形区体积。

式（10.163）即采用轧制力矩法与上界三角形速度场推导的高速线材精轧道次温升计算模型。

10.9.3.2 变形区体积计算

入口为圆，出口为椭圆的轧制变形区体积有三种方法计算。

（1）按圆台体积：出口椭圆折合成圆直径 $\overline{D} = \sqrt{D_1 D_0}$

$$V = \frac{\pi l}{3}\left[\left(\frac{D_0}{2}\right)^2 + \left(\frac{\overline{D}}{2}\right)^2 + \frac{D_0\overline{D}}{4}\right] \qquad (10.164)$$

（2）按出入口平均直径的圆柱体积：

$$V = \frac{\pi l}{4} \times \left(\frac{\overline{D} + D_0}{2}\right)^2 \qquad (10.165)$$

（3）精确体积计算：对图 10.37 圆变椭圆道次，圆弧 AB 对应的精确变形区体积为

$$V = \frac{\pi D_0}{4}\int_0^l h_x \mathrm{d}x = \frac{\pi D_0}{4}\int_0^l \left(2R + D_1 - 2\sqrt{R^2 - x^2}\right)\mathrm{d}x$$

$$= \frac{\pi D_0 l}{4}\left[(2R + D_1) - \sqrt{R^2 - l^2} - \frac{R^2}{l}\alpha\right]$$

将上式代入式（10. 163）整理得

$$\Delta t_{\mathrm{p}} = \frac{4k\eta\sin\theta(D_0 + D_1)\alpha}{\pi\rho cl\sin^2\alpha_1\left[\left(2 + \frac{D_1}{R}\right) - \cos\alpha - \frac{R}{l}\alpha\right]} \tag{10.166}$$

式（10. 166）为变形区精确体积的温升计算公式。

10. 9. 4 计算与实测结果

10. 9. 4. 1 计算结果

某高速线材厂第 16 ~ 25 架为 45°交替悬臂无扭摩根精轧机组，其温升研究对生产具有重要意义。现以第 16 架（精轧第一架）为例计算 Q235 钢，成品规格为 ϕ6. 5mm 的 400MPa 级超细晶粒线材在精轧的道次温升，机组参数如表 10. 14 所示。

表 10. 14 ϕ6. 5mm 线材精轧计算参数

机架	孔型	出口面积 F/mm²	工作辊径 D/mm	出口速度/m · s⁻¹
15	圆	299. 00	216. 952	7. 768
16	椭圆	249. 10	203. 940	9. 324
17	圆	205. 10	197. 657	11. 324
18	椭圆	164. 70	205. 834	14. 102
19	圆	132. 00	152. 250	17. 595
20	椭圆	101. 70	157. 290	22. 838
21	圆	83. 13	154. 560	27. 939
22	椭圆	64. 45	158. 847	36. 037
23	圆	52. 11	156. 660	44. 571
24	椭圆	40. 62	160. 020	57. 179
25	圆	33. 18	158. 025	70. 000

由表 10. 14，第 16 架（椭圆孔），$F_{25} = 33.183\text{mm}^2$，$v_{25} = 70\text{m/s}$，$D_{16} = 203.94\text{mm}$；来坯直径为 $D_0 = 2\sqrt{\frac{299.00}{\pi}} = 19.51\text{mm}$，$v_0 = \frac{F_{25}v_{25}}{F_{16}} = \frac{33.18 \times 70}{19.51^2 \times \pi/4} = 7.769\text{m/s}$，轧后面积为 $F_{16} = 249.10\text{mm}^2$。

椭圆短轴（注意长轴不变）：$\frac{\pi}{4}D_0 D_1 = 249.10\text{mm}$，$D_1 = 16.26\text{mm}$，$l_{16} =$

$\sqrt{R_{16}\Delta h}=18.2\text{mm}$，$\varepsilon_{16}=\ln\dfrac{D_0}{D_1}=\dfrac{19.51}{16.26}=0.182$，$v_{16}=\dfrac{F_{25}v_{25}}{F_{16}}=9.324\times10^3\text{mm/s}$，

$\dot\varepsilon_{16}=\dfrac{v_{16}}{l_{16}}\dfrac{\Delta h}{H}=85.34\text{s}^{-1}$。

用东北大学轧制技术及连轧自动化国家重点实验室实测 Q235 变形抗力模型[100]

$$\sigma_s=4055.179\varepsilon^{0.18847}\dot\varepsilon^{\left(0.37397\frac{T}{1000}-0.24541\right)}e^{\left(-3.43195\frac{T}{1000}\right)}$$

入口测温仪显示 $T_0=854.9$℃，将 ε_{16}、$\dot\varepsilon_{16}$、T_0 值代入上式，$\sigma_s=217.53\text{MPa}$，$k=\sigma_s/\sqrt{3}=125.59\text{MPa}$。$\theta=\dfrac{1}{2}\sin^{-1}\dfrac{l_{16}}{R_{16}}=0.08972\text{rad}$，$\sin\theta=0.0896$，$\alpha=0.17944$。

由式（10.160）

$$\tan\alpha_1=\frac{19.51+16.26}{2\times18.2}=0.98269,\quad \alpha_1=0.776669,\quad \sin^2\alpha_1=0.49127$$

对低碳钢取 $\rho=7.8\times10^3\text{kg/m}^3$，$\eta=0.95\cdot C=0.62\times10^3\text{J/(kg}\cdot℃)$，$J=1\text{Nm/Joule}$

上述各量代入式（10.166）

$$\Delta t_{16}=11.87℃$$

变形区精确体积为

$$V=\frac{\pi D_0 l}{4}\left[(2R+D_1)-\sqrt{R^2-l^2}-\frac{R^2\alpha}{l}\right]=4.84\times10^{-6}\text{m}^3$$

计算 17 架温升应注意椭圆长轴为压下方向（短轴不变）；入口温度为 866.77℃，其他各道次类推。各机架温升计算结果如表 10.15 所示。

表 10.15 上界法计算的各道次温升（精确体积）

道次	入口 T/℃	温升 ΔT/℃	出口 T/℃	总温升 ΔT/℃
16	854.9	11.87	866.77	11.97
17	866.77	11.12	877.89	22.99
18	877.89	16.5	894.4	39.49
19	894.4	16.29	910.69	55.78
20	910.69	18.88	929.57	74.66
21	929.57	18.71	948.28	93.37
22	948.28	14.9	963.18	108.27
23	963.18	14.95	978.13	123.22
24	978.13	18.8	999.82	142.02
25	996.93	18.93	1015.86	160.95
实测	12 次随机测量出入口温差均值			142.83

10.9.4.2 实测结果

表10.15最后一行为某厂轧制超级钢ϕ6.5mm线材精轧机组入口与出口测温仪随机实测温度差的12次记录平均值。由表10.14可知，入口温度均值为854℃，出口均值为996.83℃，实测温升均值为142.83℃。计算的累积温升为160.95℃，较实测高18.12℃。相对累计误差为$\Delta=\dfrac{160.95-142.83}{160.95}=11.3\%$。变形区体积计算的影响：$\overline{D}=\sqrt{D_1D_0}=17.81\text{mm}$，代入式（10.164）、式（10.165）按圆台体积$V=4.98\times10^{-6}\text{m}^3$；按圆柱体积$V=4.98\times10^{-6}\text{m}^3$；代入式（10.163）$\Delta T_{16}=11.54℃$；与前述道次温升计算误差为$\Delta=\dfrac{11.87-11.54}{11.87}=2.8\%$；以弦代弧体积与变形区精确体积误差为$\Delta=\dfrac{4.98-4.84}{4.98}=2.8\%$。这是式（10.163）道次温升较式（10.166）计算结果低0.33℃（2.8%）的根本原因。这表明，采用以弦代弧计算变形区体积，累计温升将获得更低的上界值：

$$\Delta T=160.95-160.95\times2.8\%=156.4℃$$

应指出，计算结果高于实测值的原因，是温升是由高于真实功率“上界功率”转换而来的，二是计算中忽略了轧辊与坯料接触的热传导、线材热辐射、空气对流的温降，尽管高速变形时这部分热量很小。

11　物理线性化解法其他应用

本章重点介绍物理线性化解法在其他相关领域的研究进展，包括断裂力学、结构力学及其他相应工程领域。

11.1　MY 准则解裂尖塑性区

基于 MY 准则推导了 I 型断裂裂尖塑性区范围[110]，得到了解析解。结果表明：Mises 屈服准则的裂尖塑性区范围最小，Tresca 准则的裂尖塑性区范围最大，而 MY 准则介于二者之间，且与 Mises 准则求得的塑性区范围和形状几乎重合。裂尖塑性区的大小与断裂韧度和屈服强度的比值有关，其比值越大，塑性区的范围越大，即韧性越好。

11.1.1　I 型裂纹应力场

断裂是材料失效的重要形式并起因于裂纹缺陷，断裂过程实际上是裂纹的生长与扩展过程。Griffith 从能量守恒原理出发，认为系统吸收的总能量超过裂纹的表面能就会产生断裂，并对玻璃、陶瓷等脆性材料做了断裂强度分析，从而奠定了线性断裂力学的基础[111]。本节采用 MY 屈服准则，对 I 型裂纹在小范围屈服条件下的塑性区形状与大小进行了讨论，得到了裂尖塑性区的解析解，并与 Mises 和 Tresca 准则进行了比较。最后讨论了断裂韧度和屈服强度对裂尖塑性区的影响。

无限大平面板上有一个 I 型贯穿裂纹，受双轴加载如图 11.1 所示。裂尖周围的应力场为

$$\begin{cases}\sigma_x = \dfrac{K_{\mathrm{I}}}{\sqrt{2\pi r}}\cos\dfrac{\theta}{2}\left(1 - \sin\dfrac{\theta}{2}\sin\dfrac{3\theta}{2}\right)\\ \sigma_y = \dfrac{K_{\mathrm{I}}}{\sqrt{2\pi r}}\cos\dfrac{\theta}{2}\left(1 + \sin\dfrac{\theta}{2}\sin\dfrac{3\theta}{2}\right)\\ \tau_{xy} = \dfrac{K_{\mathrm{I}}}{\sqrt{2\pi r}}\cos\dfrac{\theta}{2}\sin\dfrac{\theta}{2}\cos\dfrac{3\theta}{2}\end{cases} \tag{11.1}$$

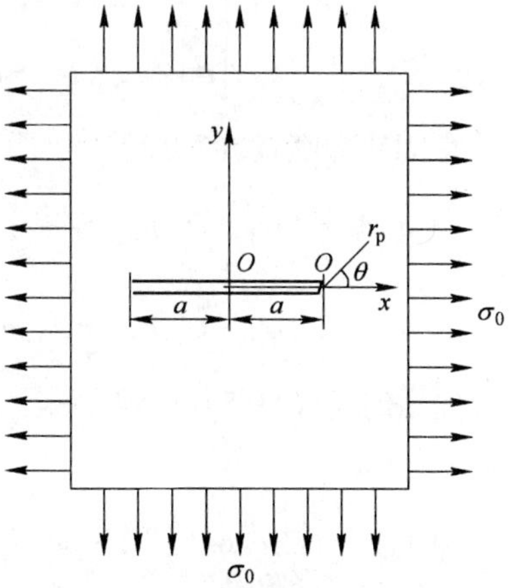

图 11.1　中心贯穿裂纹受双轴加载

式中，σ_x，σ_y，τ_{xy}分别是图 11.1 中 x，y 轴

上的正应力和 O_{xy} 面上的剪应力。其中 $K_{\mathrm{I}}=\sigma_0\sqrt{\pi a}$。$K_{\mathrm{I}}$ 是 I 型裂纹的应力强度因子；σ_0 是无限远处作用的应力；$2a$ 是裂纹的长度。

由此得到主应力的表达式为

$$\sigma_{1,2}=\frac{\sigma_x+\sigma_y}{2}\pm\sqrt{\left(\frac{\sigma_x+\sigma_y}{2}\right)^2+\tau_{xy}^2} \tag{11.2}$$

$$\sigma_1=\frac{K_{\mathrm{I}}}{\sqrt{2\pi r}}\cos\frac{\theta}{2}\left(1+\sin\frac{\theta}{2}\right),\ \sigma_2=\frac{K_{\mathrm{I}}}{\sqrt{2\pi r}}\cos\frac{\theta}{2}\left(1-\sin\frac{\theta}{2}\right)$$

$$\sigma_3=\nu(\sigma_1+\sigma_2)=\frac{2\nu K_{\mathrm{I}}}{\sqrt{2\pi r}}\cos\frac{\theta}{2} \tag{11.3}$$

平面应力状态时 $\nu=0$，平面应变状态时 $\nu=0.5$，ν 为材料的泊松比。

11.1.2 裂尖塑性区方程

假定裂尖塑性区（1）K 场一直延续到弹塑性边界（无过渡区）。（2）忽略裂尖材料屈服后 K 场对塑性区外的影响。（3）材料为理想弹塑性。设以（r_p，θ）表示塑性区边界上的点，进而求出裂尖到塑性区边界上任一点向径。

采用 MY 准则，首先确定主应力顺序如下。

11.1.2.1 确定平面应力

$\nu=0$，$\sigma_3=0$，式（11.3）中

$$\begin{cases}-\pi\leqslant\theta\leqslant 0 & \sigma_{\max}=\sigma_2\geqslant\sigma_1\geqslant\sigma_3=0=\sigma_{\min}\\ 0\leqslant\theta\leqslant\pi & \sigma_{\max}=\sigma_1\geqslant\sigma_2\geqslant\sigma_3=0=\sigma_{\min}\end{cases} \tag{11.4}$$

当 $-\pi\leqslant\theta\leqslant 0$ 时，可知

$$\begin{cases}\sigma_2\leqslant\frac{1}{2}(\sigma_1+\sigma_3) & -\pi\leqslant\theta\leqslant -2\arcsin\frac{1}{3}\\ \sigma_2\geqslant\frac{1}{2}(\sigma_1+\sigma_3) & -2\arcsin\frac{1}{3}\leqslant\theta\leqslant 0\end{cases} \tag{11.5}$$

由 MY 准则式（8.12）

当 $\sigma_2\leqslant\frac{1}{2}(\sigma_1+\sigma_3)$，$\sigma_1-\frac{1}{4}\sigma_2-\frac{3}{4}\sigma_3=\sigma_s$；

当 $\sigma_2\geqslant\frac{1}{2}(\sigma_1+\sigma_3)$，$\frac{3}{4}\sigma_1+\frac{1}{4}\sigma_2-\sigma_3=\sigma_s$。

注意到式（11.5）的第一式，将式（11.3）代入式（8.12）的第一式（注意 $\sigma_{\max}=\sigma_2$）。

$$\frac{K_{\mathrm{I}}}{\sqrt{2\pi r}}\cos\frac{\theta}{2}\left(1-\sin\frac{\theta}{2}\right)-\frac{K_{\mathrm{I}}}{4\sqrt{2\pi r}}\cos\frac{\theta}{2}\left(1+\sin\frac{\theta}{2}\right)=\sigma_s$$

上式两侧平方，乘 r 并除 σ_s^2 后得

$$\frac{K_{\mathrm{I}}^2}{2\pi\sigma_s^2}\cos^2\frac{\theta}{2}\left(1-\sin\frac{\theta}{2}\right)^2+\frac{K_{\mathrm{I}}^2}{32\pi\sigma_s^2}\cos^2\frac{\theta}{2}\left(1+\sin\frac{\theta}{2}\right)^2-\frac{K_{\mathrm{I}}^2}{4\pi\sigma_s^2}\cos^4\frac{\theta}{2}$$

$$=\frac{1}{32\pi}\frac{K_{\mathrm{I}}^2}{\sigma_s^2}\cos^2\frac{\theta}{2}\left[\left(1+\sin\frac{\theta}{2}\right)^2+16\left(1-\sin\frac{\theta}{2}\right)^2-8\cos^2\frac{\theta}{2}\right]$$

$$r_{\mathrm{p}}(\theta)=\frac{1}{32\pi}\frac{K_{\mathrm{I}}^2}{\sigma_s^2}\cos^2\frac{\theta}{2}\left(9-30\sin\frac{\theta}{2}+25\sin^2\frac{\theta}{2}\right)\quad -\pi\leqslant\theta\leqslant-2\arcsin\frac{1}{3}$$

注意到式（11.5）的第二式，将式（11.3）代入式（8.12）的第二式

$$\frac{3K_{\mathrm{I}}}{4\sqrt{2\pi r}}\cos\frac{\theta}{2}\left(1-\sin\frac{\theta}{2}\right)+\frac{K_{\mathrm{I}}}{4\sqrt{2\pi r}}\cos\frac{\theta}{2}\left(1+\sin\frac{\theta}{2}\right)=\sigma_s$$

同样步骤得

$$\begin{cases}r_{\mathrm{p}}(\theta)=\dfrac{1}{32\pi}\left(\dfrac{K_{\mathrm{I}}}{\sigma_s}\right)^2\cos^2\dfrac{\theta}{2}\left(3-5\sin\dfrac{\theta}{2}\right)^2 & -\pi\leqslant\theta\leqslant-2\arcsin\dfrac{1}{3}\\ r_{\mathrm{p}}(\theta)=\dfrac{1}{8\pi}\left(\dfrac{K_{\mathrm{I}}}{\sigma_s}\right)^2\cos^2\dfrac{\theta}{2}\left(2-\sin\dfrac{\theta}{2}\right)^2 & -2\arcsin\dfrac{1}{3}\leqslant\theta\leqslant0\end{cases}\tag{11.6}$$

当 $0\leqslant\theta\leqslant\pi$ 时，可知

$$\begin{cases}\sigma_2\geqslant\dfrac{1}{2}(\sigma_1+\sigma_3) & 0\leqslant\theta\leqslant2\arcsin\dfrac{1}{3}\\ \sigma_2\leqslant\dfrac{1}{2}(\sigma_1+\sigma_3) & 2\arcsin\dfrac{1}{3}\leqslant\theta\leqslant\pi\end{cases}\tag{11.7}$$

注意到式（11.7）的第一式，代入 MY 准则式（8.12）的第二式（注意 $\sigma_{\max}=\sigma_1$）。

$$\frac{3}{4}\frac{K_{\mathrm{I}}}{\sqrt{2\pi r}}\cos\frac{\theta}{2}\left(1+\sin\frac{\theta}{2}\right)+\frac{K_{\mathrm{I}}}{4\sqrt{2\pi r}}\cos\frac{\theta}{2}\left(1-\sin\frac{\theta}{2}\right)=\sigma_s$$

$$r=\frac{K_{\mathrm{I}}^2}{8\pi\sigma_s^2}\cos^2\frac{\theta}{2}\left(2+\sin\frac{\theta}{2}\right)^2$$

采用同样方法

$$\begin{cases}r_{\mathrm{p}}(\theta)=\dfrac{1}{8\pi}\left(\dfrac{K_{\mathrm{I}}}{\sigma_s}\right)^2\cos^2\dfrac{\theta}{2}\left(2+\sin\dfrac{\theta}{2}\right)^2 & 0\leqslant\theta\leqslant2\arcsin\dfrac{1}{3}\\ r_{\mathrm{p}}(\theta)=\dfrac{1}{32\pi}\left(\dfrac{K_{\mathrm{I}}}{\sigma_s}\right)^2\cos^2\dfrac{\theta}{2}\left(3+5\sin\dfrac{\theta}{2}\right)^2 & 2\arcsin\dfrac{1}{3}\leqslant\theta\leqslant\pi\end{cases}\tag{11.8}$$

11.1.2.2 确定平面应变

式（11.3）中，$\nu=0.5$，$\sigma_3=\dfrac{1}{2}(\sigma_1+\sigma_2)=\dfrac{K_{\mathrm{I}}}{\sqrt{2\pi r}}\cos\dfrac{\theta}{2}$

$$\begin{cases}-\pi\leqslant\theta\leqslant0 & \sigma_2\geqslant\sigma_3\geqslant\sigma_1\\ 0\leqslant\theta\leqslant\pi & \sigma_1\geqslant\sigma_3\geqslant\sigma_2\end{cases}\tag{11.9}$$

当 $-\pi\leqslant\theta\leqslant 0$ 时，可知 $\sigma_2=\frac{1}{2}(\sigma_1+\sigma_3)$，由式（8.12）第二式或第一式

$$\frac{3}{4}\sigma_1+\frac{1}{4}\sigma_2-\sigma_3=\sigma_s \quad 或 \quad \sigma_1-\frac{1}{4}\sigma_2-\frac{3}{4}\sigma_3=\sigma_s$$

$$\frac{3K_{\mathrm{I}}}{4\sqrt{2\pi r}}\cos\frac{\theta}{2}\left(1-\sin\frac{\theta}{2}\right)+\frac{K_{\mathrm{I}}}{4\sqrt{2\pi r}}\cos\frac{\theta}{2}-\frac{K_{\mathrm{I}}}{\sqrt{2\pi r}}\cos\frac{\theta}{2}\left(1+\sin\frac{\theta}{2}\right)=\sigma_s$$

$$\frac{1}{32\pi}\times\frac{K_{\mathrm{I}}^2}{\sigma_s^2}\cos^2\frac{\theta}{2}\left\{\begin{aligned}&9+9\sin^2\frac{\theta}{2}-18\sin\frac{\theta}{2}+1+16+32\sin\frac{\theta}{2}+16\sin^2\frac{\theta}{2}+6\\&-6\sin\frac{\theta}{2}-24+24\sin^2\frac{\theta}{2}-8-8\sin\frac{\theta}{2}\end{aligned}\right\}=r(\theta)$$

$$\frac{1}{32\pi}\frac{K_{\mathrm{I}}^2}{\sigma_s^2}\cos^2\frac{\theta}{2}\left(49\sin^2\frac{\theta}{2}\right)=r_p(\theta)$$

$$\frac{K_{\mathrm{I}}}{\sqrt{2\pi r}}\cos\frac{\theta}{2}\left(1-\sin\frac{\theta}{2}\right)-\frac{K_{\mathrm{I}}}{4\sqrt{2\pi r}}\cos\frac{\theta}{2}-\frac{3K_{\mathrm{I}}}{4\sqrt{2\pi r}}\cos\frac{\theta}{2}\left(1+\sin\frac{\theta}{2}\right)=\sigma_s$$

$$\frac{1}{32\pi}\frac{K_{\mathrm{I}}^2}{\sigma_s^2}\cos^2\frac{\theta}{2}\left(49\sin^2\frac{\theta}{2}\right)=r_p(\theta)$$

整理得

$$r_p(\theta)=\frac{49}{128\pi}\left(\frac{K_{\mathrm{I}}}{\sigma_s}\right)^2\sin^2\theta \tag{11.10}$$

当 $0\leqslant\theta\leqslant\pi$ 时，可知 $\sigma_2=\frac{1}{2}(\sigma_1+\sigma_3)$，由 MY 准则并注意上述推导

$$\frac{3}{4}\sigma_1+\frac{1}{4}\sigma_2-\sigma_3=\sigma_1-\frac{1}{4}\sigma_2-\frac{3}{4}\sigma_3=\sigma_s$$

得

$$\frac{K_{\mathrm{I}}}{\sqrt{2\pi r}}\cos\frac{\theta}{2}\left(1-\sin\frac{\theta}{2}\right)-\frac{K_{\mathrm{I}}}{4\sqrt{2\pi r}}\cos\frac{\theta}{2}-\frac{3K_{\mathrm{I}}}{4\sqrt{2\pi r}}\cos\frac{\theta}{2}\left(1+\sin\frac{\theta}{2}\right)=\sigma_s$$

$$\frac{1}{32\pi}\frac{K_{\mathrm{I}}^2}{\sigma_s^2}\cos^2\frac{\theta}{2}\left(49\sin^2\frac{\theta}{2}\right)=r_p(\theta)$$

整理得

$$r_p(\theta)=\frac{49}{128\pi}\left(\frac{K_{\mathrm{I}}}{\sigma_s}\right)^2\sin^2\theta \tag{11.11}$$

11.1.3 裂纹扩展判据

11.1.3.1 等效半径

根据不同的屈服准则可取对应的等效应力，见表 11.1。

表 11.1 等效应力公式

屈服准则	等效应力
Tresca	$\sigma_1-\sigma_3$
Mises	$\sqrt{\sigma_1^2+\sigma_2^2+\sigma_3^2-2\nu(\sigma_1\sigma_2+\sigma_2\sigma_3+\sigma_1\sigma_3)}$

续表 11.1

屈服准则	等效应力
MY	$\begin{cases} \sigma_1 - \frac{1}{4}\sigma_2 - \frac{3}{4}\sigma_3 & \sigma_2 \leqslant \frac{\sigma_1 + \sigma_3}{2} \\ \frac{3}{4}\sigma_1 + \frac{1}{4}\sigma_2 - \sigma_3 & \sigma_2 \geqslant \frac{\sigma_1 + \sigma_3}{2} \end{cases}$

由表 11.1 可知，等效应力均含有三个主应力，且主应力中均含有 $r^{-1/2}$ 项（见式（11.3）），故可由等效应力的公式求得等效半径，如表 11.2 所示。

表 11.2 等效半径公式

屈服准则	等效半径
Tresca	$\frac{1}{2\pi}\left(\frac{K_{\mathrm{I}}}{\sigma_{\mathrm{s}}}\right)^2\left[(1-2\nu)\cos\frac{\theta}{2} \pm \frac{1}{2}\sin\theta\right]^2$
Mises	$\frac{1}{2\pi}\left(\frac{K_{\mathrm{I}}}{\sigma_{\mathrm{s}}}\right)^2\cos^2\frac{\theta}{2}\left[(1-2\nu)^2 + 3\sin^2\frac{\theta}{2}\right]$
MY	式（11.6）、式（11.8）、式（11.10）

11.1.3.2 等效半径断裂准则

用等效半径断裂准则预测裂纹发生临界扩展时有两个基本假设：

（1）裂纹在距离裂纹端塑性区边界最小半径方向上沿着裂尖扩展。

（2）当塑性区最小半径达到临界值时裂纹失稳扩展。即由

$$\frac{\partial r_{\mathrm{p}}(\theta)}{\partial\theta} = 0, \quad \frac{\partial^2 r_{\mathrm{p}}(\theta)}{\partial\theta^2} > 0$$

确定裂纹扩展的方向。

11.1.4 分析讨论

11.1.4.1 裂尖塑性区形状

根据以上的结果，对 MY 准则求得的裂尖塑性区进行了数值模拟，并与 Tresca 屈服准则和 Mises 准则进行了比较，结果如图 11.2 所示。表明不论是平面应力还是平面应变状态下，Mises 准则的裂尖塑性区范围都最小，Tresca 准则的裂尖塑性区范围最大，而 MY 准则确定的裂尖塑性区范围居于二者之间，且非常接近 Mises 准则。在平面应变条件下 MY 准则确定的裂尖塑性区范围几乎与 Mises 准则确定的塑性区完全重合，为哑铃状；在平面应力条件下 MY 准则确定的裂尖塑性区轨迹也几乎与 Mises 准则确定的塑性区充分重合，为豆芽状。从泛函变分角度，两塑性区边界与形状具有一级接近度。足见 MY 准则及相应的物理线性化方法完全能应用于断裂力学与强度理论领域的线性逼近。

由图 11.2 还知，对于 I 型断裂，平面应力和平面应变条件下，根据等效半径断裂理论，最小等效半径都处于与初始裂纹成 $\theta = 0^{\circ}$ 角的方向上，且三种屈服

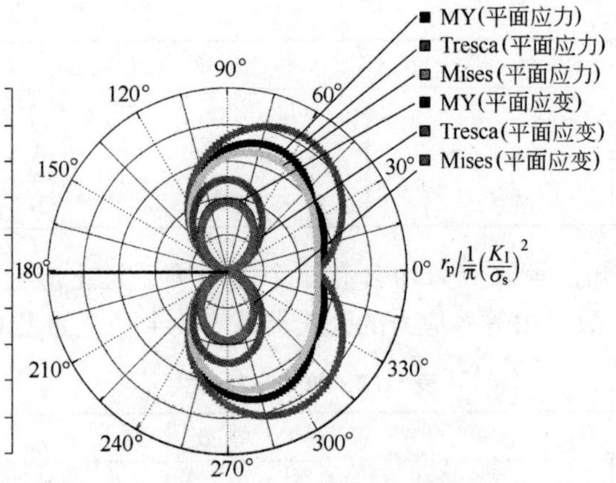

图 11.2 平面应力和平面应变状态裂尖塑性区

准则求得的临界断裂半径大小相同。平面应变时为 $r_p=0$，平面应力时为 $r_p=\frac{1}{2\pi}\left(\frac{K_I}{\sigma_s}\right)^2$，即平面应力状态时，材料抵抗裂纹扩展的能力只与 K_I/σ_s 有关。

11.1.4.2 K_I 与 σ_s 对塑性区的影响

综上，材料抵抗裂纹扩展的能力只与 K_I/σ_s 有关。而同一材料，断裂韧性 K_I 和屈服强度 σ_s 有以下关系：$K_I\sigma_s^2\approx C$，其中 C 为常数。即 σ_s 越高断裂韧性越小，材料强度越高其抵抗裂纹扩展能力越小。选取三个有代表性的 K_I/σ_s 画出裂尖塑性区的形状如图 11.3 和图 11.4 所示。平面应变和平面应力状态下，K_I/σ_s 越小，塑性区面积越小；材料屈服强度越大，则断裂韧性越小，K_I/σ_s 也越小，其抗断裂能力越弱。但平面应变状态裂尖塑性区只是面积增大，临界断裂半径并不发生变化，如图 11.3 所示；而平面应力状态时，随 K_I/σ_s 的增大，除了裂尖塑性区的面积增大之外，临界断裂半径也增大，如图 11.4 所示。

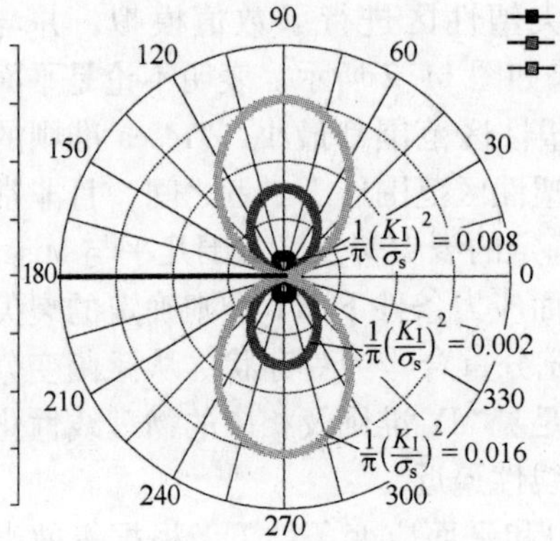

图 11.3 平面应变状态裂尖塑性区

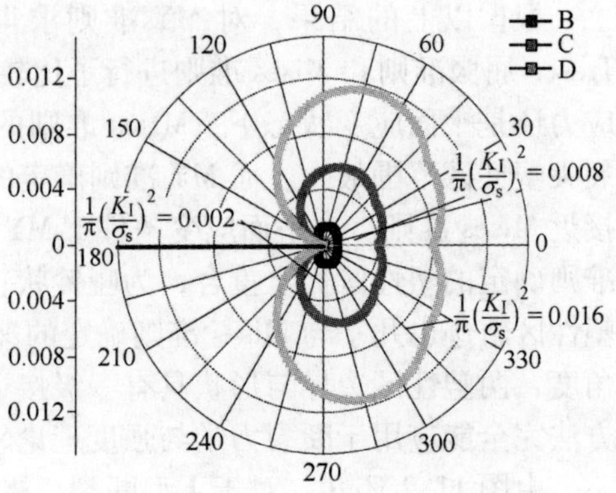

图 11.4 平面应力状态裂尖塑性区

以上分析解释了为什么对同种材料，其强度越高，韧性越低。对工程结构材料，低的韧性并不可取，材料强度和韧性的矛盾，提醒我们，改变成形工艺参数要同时考虑对强度和断裂韧性的影响。

以上分析可知 MY 屈服准则可有效应用于求解断裂力学问题。其求解 I 型断裂裂尖塑性区的范围与 Mises 结果几何重合表明了物理线性化解法对裂纹扩展的理论研究具有有效性[112]、科学性与可用性。

11.2 管线爆破压力

西气东输多用 X70 或 X80 级针状铁素体管线钢，经直缝焊或螺缝焊制造出石油和天然气长距离输送管道。由于管线在实际应用中安全事故时有发生，诸多学者对预测油气输送管道爆破压力与安全评估进行了大量研究。Zhu 和 Brian[113]分别用 Tresca、Mises 准则对受内压管道的爆破压力进行了分析，得到了相应的管道爆破压力下限。国内也有人以 TSS 准则得到爆破压力上限。由于 Tresca 准则未考虑中间主应力影响仅给出爆破应力下限，Mises 准则自身为非线性表达式，所以，用充分考虑了中间主应力影响并极其逼近 Mises 准则的 MY 准则来解析受内压无缺陷管线的爆破压力，以便有效发挥材料强度潜能，克服 Tresca 计算结果的保守性，扩大线性屈服准则与物理解法的应用范围[114~116]。

11.2.1 MY 准则简介

MY 准则的表达式为式（8.12），π 平面及双轴应力下的屈服轨迹见图 11.5、图 11.6。图中双剪应力（TSS）屈服准则的轨迹和 Tresca 屈服准则的轨迹分别为 Mises 屈服轨迹的外切和内接正六边形。

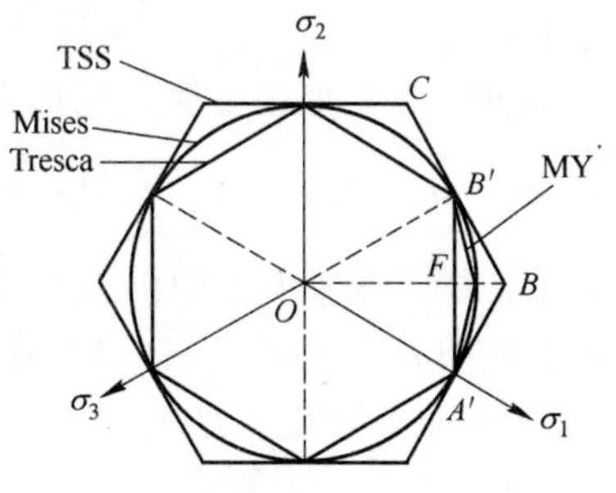

图 11.5 π 平面上的 MY 屈服轨迹

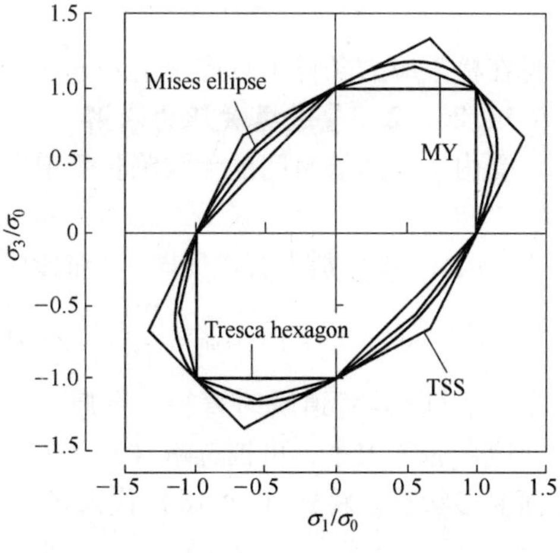

图 11.6 双轴应力的 MY 屈服轨迹

由图 11.5、图 11.6 可知 MY 准则屈服轨迹为误差三角形 $B'FB$ 内非常逼近 Mises 轨迹的等边非等角十二边形。

11.2.2　管线爆破压力解析

11.2.2.1　材料硬化模型

当管线承受内压超过屈服强度进入了塑性变形后，则管线钢发生应变硬化，承载能力提高，同时壁厚减薄。当内压力达到某一定值，出现变形加大，壁厚变薄，承载能力下降时，管线将在稍低于极限压力的载荷下发生爆破。称此内压力为爆破压力。该力和最大极限压力或塑性崩塌压力值相近，通常近似认为三者相等。发生塑性破坏时，描述管线钢本构关系一般为幂率硬化曲线，即

$$\sigma = K\varepsilon^n \tag{11.12}$$

$$K = \left(\frac{e}{n}\right)^n \sigma'_{\mathrm{uts}} \tag{11.13}$$

式中，K 是强度系数即产生塑性真应变为 1 时的真应力值；n 是硬化指数；σ 和 ε 分别代表在简单拉伸条件下的真应力和真应变。这里 $e \approx 2.7183$，uts（Ultimate Tensile Strengh）是极限抗拉强度，σ'_{uts}表示工程极限抗拉强度，即 R_{m} 或 σ_{b}；σ_{uts}表示真实极限抗拉强度，工程抗拉强度由手册查到或试验测定。两者间存在下述关系

$$\sigma_{\mathrm{uts}} = e^n \sigma'_{\mathrm{uts}} \tag{11.14}$$

对于大多数塑性退火材料，当应变达到极限抗拉应变时，即当 $\varepsilon = \varepsilon_{\mathrm{u}}$ 时

$$\frac{\partial \sigma}{\partial \varepsilon} = \sigma \tag{11.15}$$

将式（11.12）代入式（11.15），得到

$$n = \varepsilon_{\mathrm{u}} \tag{11.16}$$

足见在极限应力条件下真应变值和 n 相等。

11.2.2.2　管道爆破压力求解

受内压的两端封闭的无缺陷长管道，受如下应力状态

$$\sigma_1 = \sigma_{\theta\theta},\ \sigma_2 = \sigma_{zz},\ \sigma_3 = \sigma_{rr} \tag{11.17}$$

式中，θ，r，z 分别为管道周向、径向以及轴向。对薄壁管，壁中主应力状态为

$$\sigma_1 = \sigma_{\theta\theta} = \frac{PD}{2t},\ \sigma_2 = \sigma_{zz} = \frac{PD}{4t},\ \sigma_3 = \sigma_{rr} \approx 0 \tag{11.18}$$

式中，D 与 t 是管道瞬时直径、壁厚，P 为管道内压力。对埋于土中油气管道，轴向应变通常很小，可被忽略（$\varepsilon_2 = 0$）。注意到上式中 $\sigma_2 = (\sigma_1 + \sigma_3)/2$，故为平面变形状态。将式（11.18）代入式（8.12）得 MY 准则等效应力 σ_{e} 为

$$\sigma_1 = \frac{8}{7}\sigma_{\mathrm{s}} = \frac{8}{7}\sigma_{\mathrm{e}} \tag{11.19}$$

管壁主应变状态表述为

$$\varepsilon_1=\varepsilon_{\theta\theta}=\ln\frac{D}{D_0},\ \varepsilon_3=\varepsilon_{rr}=\ln\frac{t}{t_0},\ \varepsilon_2=\varepsilon_{zz}=0 \tag{11.20}$$

式中，D_0，t_0 是管道的初始平均直径与壁厚。对大塑性变形，满足体积不变 $\varepsilon_1+\varepsilon_2+\varepsilon_3=0$，由式（11.20）有

$$\varepsilon_1=-\varepsilon_3 \tag{11.21}$$

将式（11.20）、式（11.21）代入下式有

$$\varepsilon_1-\varepsilon_3=2\varepsilon_1=\ln\left(\frac{D}{t}\frac{t_0}{D_0}\right) \tag{11.22}$$

利用 Hill 塑性功假设

$$\sigma_1\varepsilon_1=\sigma\varepsilon=\sigma_e\varepsilon_e \tag{11.23}$$

式中，ε_e 为 MY 准则的等效应变。

将式（11.19）代入式（11.23）得

$$\varepsilon_1=7\varepsilon_e/8 \tag{11.24}$$

将式（11.24）代入式（11.22）得

$$\frac{D}{t}=\frac{D_0}{t_0}e^{\frac{7}{4}\varepsilon_e} \tag{11.25}$$

将式（11.25）、式（11.19）代入式（11.18）的第一式得

$$P=\frac{t}{D}2\sigma_1=\frac{16}{7}\frac{t_0}{D_0}e^{-\frac{7}{4}\varepsilon_e}\sigma_e \tag{11.26}$$

将式（11.13）代入式（11.12）得

$$\sigma_e=K\varepsilon_e^n=\left(\frac{e}{n}\right)^n\sigma'_{\text{uts}}\varepsilon_e^n \tag{11.27}$$

将式（11.27）代入式（11.26）得

$$P=\frac{16}{7}\frac{t_0}{D_0}e^{-\frac{7}{4}\varepsilon_e}\left(\frac{e}{n}\right)^n\sigma'_{\text{uts}}\varepsilon_e^n \tag{11.28}$$

11.2.2.3 爆破压力最小化

根据塑性失稳条件，$\partial P/\partial\varepsilon_e=0$，将式（11.28）求导、置零得

$$\varepsilon_e^*=\frac{4}{7}n \tag{11.29}$$

代入式（11.28）并整理得 MY 准则确定的爆破压力为

$$P_{\text{MY}}=\left(\frac{4}{7}\right)^{n+1}\frac{4t_0}{D_0}\sigma'_{\text{uts}} \tag{11.30}$$

式中，n 为硬化指数；t_0/D_0为原始厚径比；σ'_{uts}为抗拉强度。式（11.30）表明管线爆破压力是材料硬化指数 n，管线壁厚与外径比值 t_0/D_0，材料强度极限 σ'_{uts}的函数。

11.2.2.4 爆破压力统一模型

如将 a 定义为屈服准则影响常数，爆破压力统一写成下述广义形式

$$P = a^{n+1}\frac{4t_0}{D_0}\sigma'_{\text{uts}} \tag{11.31}$$

提供下限的 Tresca 准则爆破压力对应 $a = 1/2 = 0.5$；提供上限的 TSS 屈服准则爆破压力对应 $a = 2/3 = 0.667$；位居中间的 Mises 准则爆破压力对应 $a = 1/\sqrt{3} = 0.577$，而 MY 准则爆破压力对应 $a = 4/7 = 0.571$ 与 Mises 准则最为接近，见图 11.5、图 11.6。

11.2.3 算例与比较

管道材料为某厂轧制的 L555（X80）管线钢。化学成分、轧制工艺，力学性能为符合 GB/T 21317—2007 要求，厚 22mm、宽 3830mm、长 12000mm 成品板。管线外径 D_0 为 1219mm，$t_0/D_0 = 0.018$，若直缝焊管，设西气东输一线主干线输送压力为 12MPa；支干线为 10MPa；按以上各式计算爆破压力，基本方法如表 11.3。表中前 3 列为实测数据，计算用实测数据均值。

表 11.3 MY 准则计算的 L555 钢爆破压力

钢板号	$\sigma'_{\text{uts}}(R_m)$ /MPa	Y/T (R_e/R_m)	n	$\overline{\sigma}'_{\text{uts}}$/MPa	$\overline{n}$	t_0/D_0	a	P_{MY}/MPa
0B06161000	745	0.81	0.0933					
0B06162000	795	0.74	0.1191	775	0.112	0.018	0.571	29.92
0B06163000	785	0.73	0.1228					

应变硬化指数按下式

$$n = 0.224\left(\frac{1}{Y/T} - 1\right)^{0.604} \tag{11.32}$$

将表 11.3 中参数代入式（11.31），得到 MY 准则求得的 L555（X80）爆破应力为

$$P_{\text{MY}} = 0.571^{n+1}\frac{4t_0}{D_0}\sigma'_{\text{uts}} = 29.92\text{MPa}$$

该压力与西气东输主干线输送压力比值为 29.92/12 = 2.49；与支干线输送压力比值为 29.92/10 = 2.99。

采用前述计算步骤，不同屈服条件、不同硬化指数、不同厚径比时计算结果如图 11.7、图 11.8 所示。

由图 11.7、图 11.8 及式（11.32）可知，材料的屈强比是决定硬化指数的主要因素，爆破压力随着 X80 钢应变硬化指数的增大而减小，随管道厚径比的增大和抗拉强度增大而增大。MY 准则得到的管道爆破压力介于 Tresca 与 TSS 准则的爆破压力之间，与 Mises 准则结果极为接近。Tresca 准则计算的爆破压力最小，为管道爆破压力的下限；TSS 准则计算的结果为爆破压力上限；MY 准则结

果高于 Tresca 结果。分析还表明关键参数硬化指数及抗拉强度取决于钢材生产工艺及化学成分；而关键参数厚径比与使用条件及设计要求密切相关。

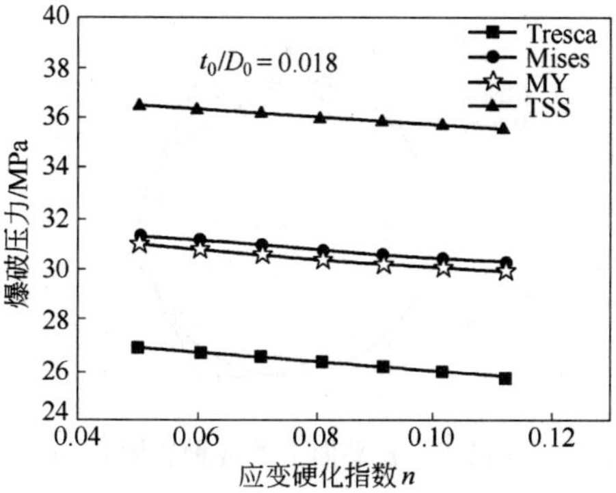

图 11.7 爆破压力和应变硬化指数 n 的关系

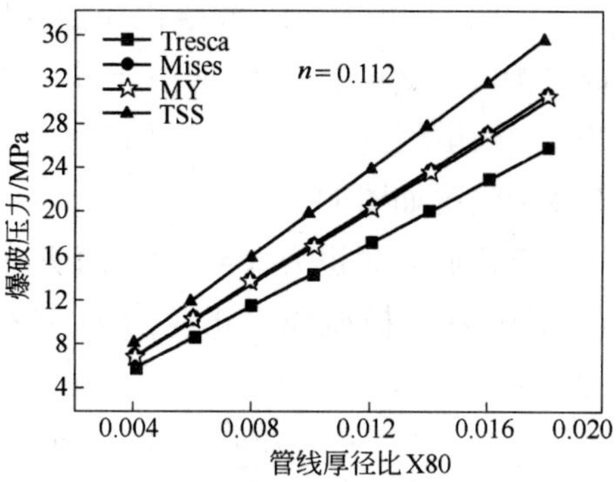

图 11.8 爆破压力和厚径比的关系

用 MY 准则求得管线爆破压力解析解是屈强比（Y/T）硬化指数 n、管线原始几何尺寸厚径比 t_0/D_0 以及抗拉强度的函数。爆破压力随管线钢应变硬化指数的增大而减小，随管道厚径比及抗拉强度的增大而增大。所谓高硬化指数的抗大变形管线钢，必须以达到要求的均匀延伸为前提条件。

11.3 薄壁筒壳极限载荷

本节将 GM 准则用于受内压薄壁圆筒和球壳的塑性极限分析，与 Mises、TSS 和 Tresca 屈服准则的传统结果进行比较[117,118]。讨论厚径比 β 对极限荷载 p 的影响规律。

11.3.1 GM 准则简介

在工程中如充压气瓶与传动筒缸体、压力容器等圆筒和球壳类结构件具有非常广泛的应用，对这类结构的极限分析目前多采用 Tresca 屈服准则，本节首次用考虑了中间主应力 σ_2 影响的 GM 线性屈服准则分析该类结构的极限载荷。

GM 屈服准则为在 π 平面上，取 Tresca 与双剪应力（TSS）屈服轨迹间误差三角形的几何中线为新的屈服轨迹。相应方程，称为几何中线屈服准则，简称 GM 屈服准则。设主应力 $\sigma_1 \geqslant \sigma_2 \geqslant \sigma_3$，其数学表达式如下[65]：

$$\sigma_1-\frac{2}{7}\sigma_2-\frac{5}{7}\sigma_3=\sigma_s,\quad \sigma_2\leqslant(\sigma_1+\sigma_3)/2$$

$$\frac{5}{7}\sigma_1+\frac{2}{7}\sigma_2-\sigma_3=\sigma_s,\quad \sigma_2\geqslant(\sigma_1+\sigma_3)/2$$

该准则在 π 平面上的屈服轨迹为与 Mises 圆相交的等边非等角十二边形，如图 11.9 所示。

11.3.2 受内压薄壁筒

如图 11.10 所示，承受内压的薄壁圆筒，内径为 d，壁厚为 t，t 远小于 d（如 $t \leqslant d/20$），内压的压强为 p。取出圆筒中一微元体，其受力情况如图 11.11 所示。

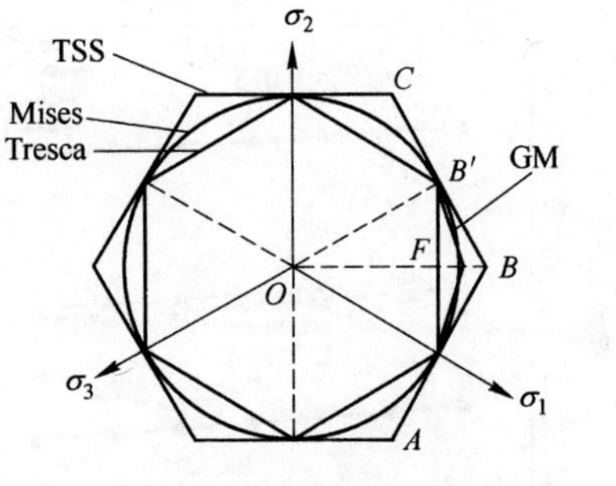

图 11.9 π 平面上的各种屈服轨迹

圆筒底面面积为 $A = \pi dt$，筒底总压力为 $F = p\pi d^2/4$，横截面上正应力 σ_x（拉应力）为

$$\sigma_x = \frac{F}{A} = \frac{p\pi d^2}{4} \times \frac{1}{\pi dt} = \frac{pd}{4t} \quad (11.33)$$

作用在圆筒上的周向正应力 σ_θ（拉应力）可由力平衡方程得到：设圆管长度为 l，则

$$pdl = 2t\sigma_\theta l,\ \sigma_\theta = \frac{pd}{2t} \quad (11.34)$$

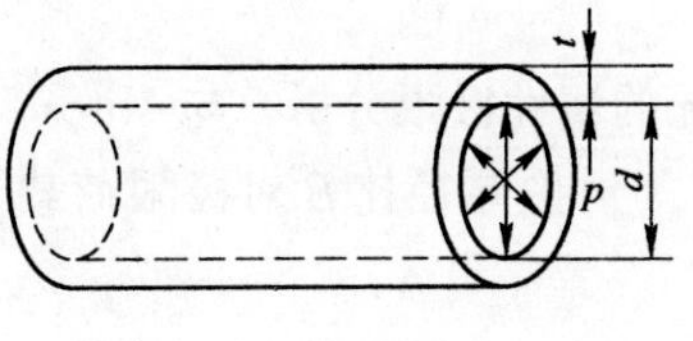

图 11.10 薄壁管示意图

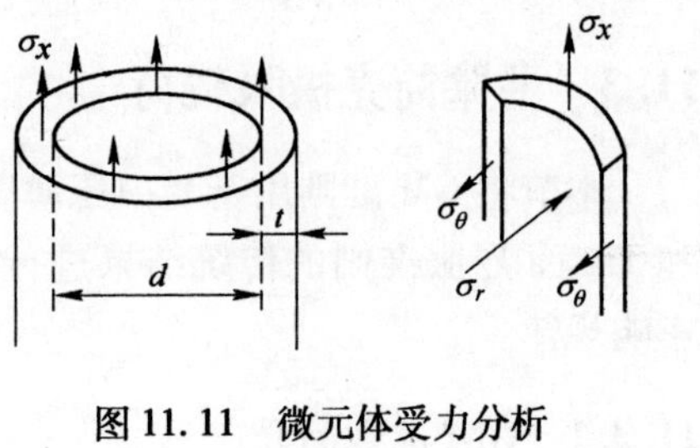

图 11.11 微元体受力分析

压力 p 垂直于筒壁，在筒壁上引起径向压力 σ_r。在内壁处，径向压力的数值达到最大，为

$$|\sigma_r|_{\max} = p$$

由于筒壁很薄，故可以认为在整个径向上的压力 σ_r 一致，故取

$$\sigma_r = -p \quad (11.35)$$

综合上述分析，薄壁材料处两拉一压的三向应力状态，$\sigma_x = \sigma_\theta/2$。若 $\sigma_1 \geqslant \sigma_2 \geqslant \sigma_3$，则

$$\sigma_1 = \sigma_\theta,\ \sigma_2 = \sigma_x,\ \sigma_3 = \sigma_r \quad (11.36)$$

由式（11.36）知，$\dfrac{\sigma_1 + \sigma_3}{2} \leqslant \sigma_2$，故取 GM 屈服准则式（8.15）的第二式，将式（11.36）代入该式并注意到式（11.33）、式（11.34）、式（11.35）得

$$\frac{5}{7}\frac{pd}{2t}+\frac{2}{7}\frac{pd}{4t}+p=\sigma_s$$

$$p\left(\frac{3}{7}\frac{d}{t}+1\right)=\sigma_s$$

$$p=\frac{7t}{3d+7t}\sigma_s \tag{11.37}$$

式（11.37）为 GM 屈服准则求得的解析解，表明受内压薄壁筒的极限载荷 p 为壁厚 t，内径 d 与材质屈服极限 σ_s 的函数。屈服极限越高、壁厚越大与内径越小的管材受内压时，承受的极限载荷越大。令 $t/d=\beta$，代入式（11.37）得

$$p^{GM}=\frac{7\beta}{3+7\beta}\sigma_s \tag{11.38}$$

11.3.3 薄壁球壳

对受内压的内径为 d 壁厚为 t 的薄壁球壳，若 t 远小于 d，内压的压强为 p，则微元体受力如图 11.12 所示。

由于球壳体应力具有球对称性，图中，σ_1，σ_2，σ_3 与 σ_x，σ_y，σ_z 一一对应，且 $\sigma_1=\sigma_2$，因此由力平衡方程可得

$$\frac{p\pi d^2}{4}=\sigma_1\pi dt$$

$$\sigma_1=\sigma_2=\frac{pd}{4t} \tag{11.39}$$

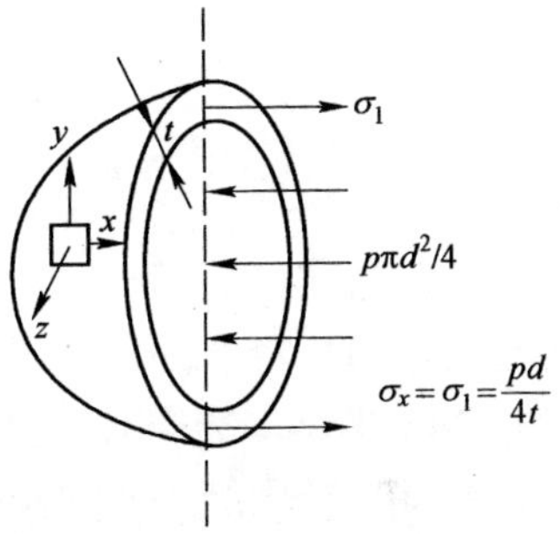

图 11.12 受内压力力球壳微元体

球壳截面上的 $\sigma_z=0$，所以

$$\sigma_1=\sigma_2=\sigma_x=\sigma_y,\ \sigma_3=\sigma_z=0 \tag{11.40}$$

由式（11.39）、式（11.40）得

$$\sigma_1=\sigma_2=\frac{pd}{4t},\ \sigma_3=0 \tag{11.41}$$

由式（11.41）知 $\frac{\sigma_1+\sigma_3}{2}\leqslant\sigma_2$，故可取 GM 屈服准则式（8.15）的第二式，将式（11.41）代入该式并注意到式（11.39）、式（11.41）得

$$p^{GM}=\frac{4t}{d}\sigma_s \tag{11.42}$$

式（11.42）即 GM 准则求得内压球壳问题的极限荷载，表明极限载荷 p 为壁厚 t，内径 d 与材质屈服极限 σ_s 的函数。同样令 $t/d=\beta$，得到薄壁球壳的极限

载荷为

$$p^{\mathrm{GM}}=4\beta\sigma_{\mathrm{s}} \tag{11.43}$$

11.3.4 结果分析与比较

11.3.4.1 薄壁筒分析

为反映壁厚增加对极限载荷提高的影响，引入参数 $R_{\mathrm{f}i}=\dfrac{p_{i+1}-p_i}{p_i}(i=1,2,3,\cdots)$ 以反映极限载荷的相对提高量，β 对 R_{f} 和极限载荷 p 的影响如图 11.13 所示。

由图 11.13 可知，对薄壁圆筒，随 β 的增加极限载荷增加，但相对增加量 R_{f} 逐渐减小。对于 Mises、Tresca 和 TSS 屈服准则，其极限载荷分别为

$$p^{\mathrm{Mises}}=\frac{12\beta}{5+8\beta}\sigma_{\mathrm{s}} \tag{11.44}$$

$$p^{\mathrm{Tresca}}=\frac{4\beta}{2+4\beta}\sigma_{\mathrm{s}} \tag{11.45}$$

$$p^{\mathrm{TSS}}=\frac{8\beta}{3+4\beta}\sigma_{\mathrm{s}} \tag{11.46}$$

GM 解析式（11.38）与式（11.44）、式（11.45）、式（11.46）进行结果比较，如图 11.14 所示。表明 TSS 准则对应误差三角形 $FB'B$ 斜边，给出极限载荷的上限；Tresca 准则对应直角边，给出下限；而 GM 屈服准则位于两者之间，与 Mises 屈服准则结果非常接近，且恰好对应误差三角形的中线。

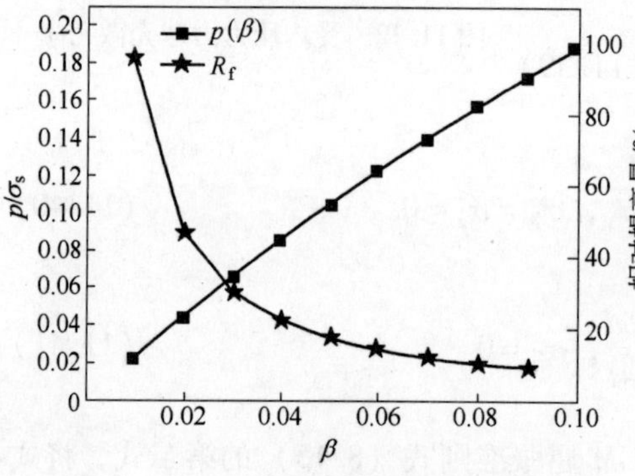

图 11.13 β 与 R_{f} 及薄壁筒极限载荷的关系

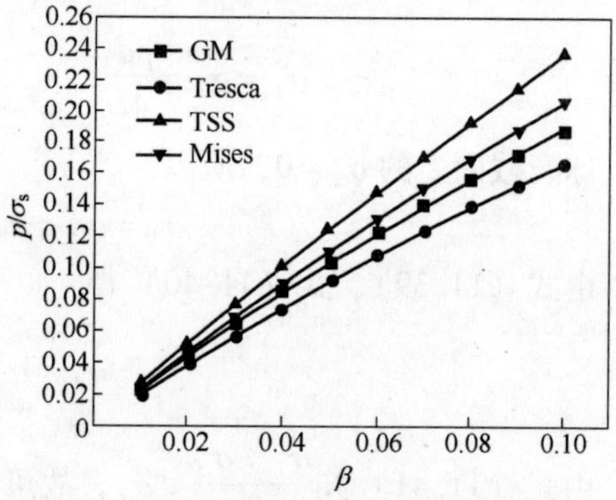

图 11.14 不同屈服准则对极限载荷的影响

11.3.4.2 球壳分析

对于承受内压的薄壁球壳，其极限载荷为式（11.43），与 Tresca、Mises 和 TSS 准则结果相同，表明球壳的应力状态为两个主应力相等的轴对称应力状态，对应图 11.9 的误差三角形 B' 点，该点恰为四个屈服轨迹的交点。

本节首次将 GM 屈服准则应用于受内压薄壁圆筒、球壳的塑性极限分析并得到解析解，证明了的线性屈服准则求解薄壁成形问题的有效性、科学性与实用性。

11.4　无缺陷管弯头

本节将用 GM 准则对受内压作用无缺陷弯管进行塑性极限分析[119,120,121]，结果将与 Tresca、Mises、TSS 准则预测结果比较。旨在分析解析精度，扩大线性准则在工程中的应用范围。

11.4.1　导言

弯管（弯头）主要在公用管道、长输送和等压力输送管道的转弯处，并承受内压等基本的外载荷。为发挥弯头的承载能力，在保证安全运行的前提下，允许弯头有一定的塑性变形，控制其塑性破坏的载荷为塑性极限载荷。由于 Tresca 准则没有考虑中间主应力对屈服的影响，使解析结果作为设计依据浪费资材；而 Mises 准则又要遇到非线性求解，故而用充分考虑了中间主应力影响并极其逼近 Mises 准则的 GM 线性屈服准则对等厚度管道弯头的塑性极限载荷进行分析，探索不同屈服准则和曲率半径对极限载荷的影响规律，无论对管线弯头选材和设计还是对深入研究 GM 准则的应用范围均有理论与实际意义。

GM 屈服准则为在 π 平面上的几何描述如图 11.9 所示，数学表达式详见式(8.15)。

11.4.2　内压弯头应力分布

弯管（Pipe elbow）在内压 p 作用下的应力状态不同于直管，图 11.15 所示为平均半径为 r，壁厚为 t，中性线曲率半径为 R_0，径向弯角为 θ，承受内压 p 作用的薄壁弯头。

图 11.16 为弯管周向应力示意图，图中 φ 为管截面上半径与中性轴的圆周向夹角，规定从中性线 C 处开始逆时针旋转时的角度为正。在中性线到任意夹角 φ

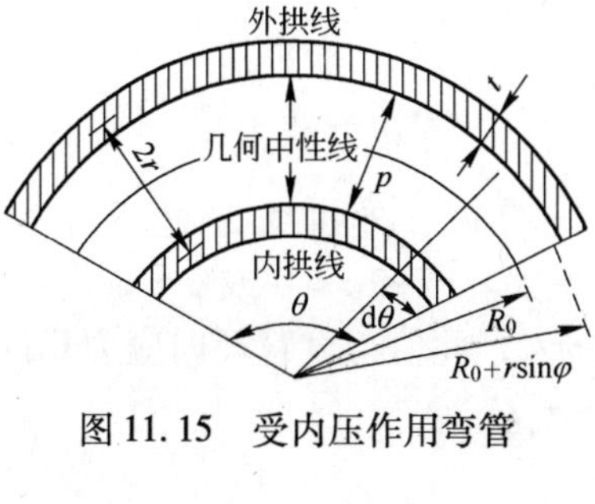

图 11.15　受内压作用弯管

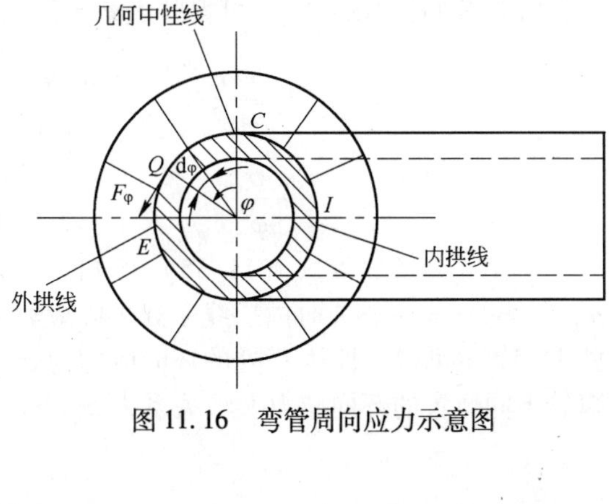

图 11.16　弯管周向应力示意图

的 Q 处截取出一段管壁微元，该管壁微元的弧长可由 $r\mathrm{d}\varphi$ 表示，而该段微元截面的径向弧长在图 2 中可由（$R_0 + r\sin\varphi$）$\mathrm{d}\theta$ 表示，该阴影截面面积可由壁厚与弧长得到，即为

$$A_{\varphi} = t(R_0 + r\sin\varphi)\mathrm{d}\theta \tag{11.47}$$

设该截面上的环向应力为 σ_{φ}，环向内力为 F_{φ}，则有

$$F_{\varphi} = A_{\varphi}\sigma_{\varphi} = \sigma_{\varphi}t(R_0 + r\sin\varphi)\mathrm{d}\theta \tag{11.48}$$

F_{φ} 在中线轴上的投影为

$$F_{\varphi c} = F_{\varphi}\sin\varphi = \sigma_{\varphi}t(R_0 + r\sin\varphi)\mathrm{d}\theta\sin\varphi \tag{11.49}$$

在内压 p 的作用下，作用在 $r_{\mathrm{i}}\mathrm{d}\varphi$（$r_{\mathrm{i}}$ 为弯管横截面的内半径）小段上的法向力 F_N 可由内压与该管段微元的内表面积得到，法向力 F_N 在中线轴上的投影 F_{Nc} 为

$$F_{\mathrm{Nc}} = \int_0^{\varphi} pr_{\mathrm{i}}\mathrm{d}\varphi(R_0 + r_{\mathrm{i}}\sin\varphi)\mathrm{d}\theta\cos\varphi \tag{11.50}$$

因此，按中性线方向力平衡原理，令 $\sum F_{\mathrm{c}} = F_{\varphi c} + F_{\mathrm{Nc}} = 0$ 可得环向应力计算式为

$$\sigma_{\varphi} = \frac{pr_{\mathrm{i}}}{2t}\frac{2R_0 + r_{\mathrm{i}}\sin\varphi}{R_0 + r\sin\varphi} \tag{11.51}$$

因弯管的壁厚远小于弯管横截面半径，此时可认为 $r_i \approx r$，式（11.51）可写成

$$\sigma_{\varphi} = \frac{pr}{2t}\frac{2R_0 + r\sin\varphi}{R_0 + r\sin\varphi} \tag{11.52}$$

由式（11.52）知，各点的环向应力 σ_{φ} 与所处的位置 φ 有关，σ_{φ} 对 φ 的一阶导数 $\partial\sigma_{\varphi}/\partial\varphi$ 和二阶导数 $\partial^2\sigma_{\varphi}/\partial\varphi^2$ 为

$$\frac{\partial\sigma_{\varphi}}{\partial\varphi} = -\frac{pr}{2t}\frac{rR_0\cos\varphi}{(R_0 + r\sin\varphi)^2} \tag{11.53}$$

$$\frac{\partial^2\sigma_{\varphi}}{\partial\varphi^2} = \frac{pr}{2t}\frac{rR_0[\sin\varphi(R_0 + r\sin\varphi) - 2r\cos^2\varphi]}{(R_0 + r\sin\varphi)^3} \tag{11.54}$$

令一阶导数 $\partial\sigma_{\varphi}/\partial\varphi$ 为零，可得驻点 $\varphi = \frac{\pi}{2}$，$-\frac{\pi}{2}$，将其代入到式（11.54）可得

$$\left.\frac{\partial^2\sigma_{\varphi}}{\partial\varphi^2}\right|_{\varphi=\frac{\pi}{2}} = \frac{pr}{2t}\frac{rR_0(R_0 + r)}{(R_0 + r)^3} > 0 \tag{11.55a}$$

$$\left.\frac{\partial^2\sigma_{\varphi}}{\partial\varphi^2}\right|_{\varphi=-\frac{\pi}{2}} = -\frac{pr}{2t}\frac{rR_0(R_0 - r)}{(R_0 - r)^3} < 0 \tag{11.55b}$$

由式（11.53）~式（11.55）可知，当 $\varphi = \pi/2$ 时，外拱线 E 处环向应力 $\sigma_{\varphi\mathrm{E}}$ 最小，$\varphi = -\pi/2$ 时内拱线 I 处环向应力 $\sigma_{\varphi\mathrm{I}}$ 最大。若将 $\varphi = 0$ 或 $\varphi = \pi$ 代入到式 11.52 中可得中性线 C 处的环向应力为 $\sigma_{\varphi c} = pr/t$，此值与直管环向应力相同。弯管不同位置的环向应力大小关系为 $\sigma_{\varphi\mathrm{I}} > \sigma_{\varphi c} > \sigma_{\varphi\mathrm{E}}$。

对于等厚弯管，在单一内压作用下，随着压力的增大，内拱线处的纵向截面先达到塑性极限状态，即 $\sigma_{\varphi\mathrm{I}}=\sigma_{\mathrm{s}}$ 时对应的压力为弯管的塑性极限压力 p_0。同样，内压作用下弯管的纵向应力可用力平衡原理确定，由平衡条件式 $\sigma_\theta t 2\pi r=p\pi r^2$ 可得弯管纵向应力为

$$\sigma_\theta=\frac{pr}{2t} \tag{11.56}$$

式（11.56）表明在内压作用下，弯管各点的纵向应力 σ_θ 都相等，且和相同条件下的直管的纵向应力相同，即弯管的曲率对纵向应力没有影响。受内压作用的弯管，由于径向应力远小于环向应力，径向应力 σ_r 可忽略不计。因此弯管受内压作用下内拱处的应力场为

$$\sigma_{\varphi\mathrm{I}}=\frac{pr}{2t}\frac{2R_0-r}{R_0-r},\ \sigma_\theta=\frac{pr}{2t},\ \sigma_{\mathrm{r}}\approx 0 \tag{11.57}$$

11.4.3 极限载荷

11.4.3.1 GM 准则求解

记 3 个主应力分别为 σ_1，σ_2，σ_3，且 $\sigma_1\geqslant\sigma_2\geqslant\sigma_3$ 则有

$$\sigma_1=\sigma_{\varphi\mathrm{I}}=\frac{pr}{2t}\frac{2R_0-r}{R_0-r},\ \sigma_2=\sigma_\theta=\frac{pr}{2t},\ \sigma_3=\sigma_{\mathrm{r}}\approx 0 \tag{11.58}$$

由于 $\sigma_2\leqslant\frac{1}{2}(\sigma_1+\sigma_3)$，因此式（11.58）代入式（8.15）的第一式有

$$p_0=\frac{2\sigma_{\mathrm{s}}t}{r}\frac{7(1-r/R_0)}{12-5r/R_0} \tag{11.59}$$

对式（11.59）两边取极限，并令 $R_0\to\infty$，可得受内压无缺陷无硬化直管的爆破压力表达式为

$$p_{\mathrm{burst}}=\lim_{R_0\to\infty}p_0=\lim_{R_0\to\infty}\frac{2\sigma_{\mathrm{s}}t}{r}\frac{7(1-r/R_0)}{12-5r/R_0}=\frac{7}{12}\left(\frac{2\sigma_{\mathrm{s}}t}{r}\right) \tag{11.60}$$

11.4.3.2 传统解析结果

由 Tresca 准则得到弯管塑性极限载荷为

$$p_0=\frac{2\sigma_{\mathrm{s}}t}{r}\frac{1-r/R_0}{2-r/R_0} \tag{11.61}$$

无硬化直管爆破压力为

$$p_{\mathrm{burst}}=\frac{1}{2}\left(\frac{2\sigma_{\mathrm{s}}t}{r}\right) \tag{11.62}$$

由 Mises 准则得弯管塑性极限载荷

$$p_0=\frac{2\sigma_{\mathrm{s}}t}{r}\frac{1-r/R_0}{\sqrt{(2-r/R_0)^2-(2-r/R_0)(1-r/R_0)+(1-r/R_0)^2}} \tag{11.63}$$

直管爆破压力为

$$p_{\text{burst}}=\frac{1}{\sqrt{3}}\left(\frac{2\sigma_{\text{s}}t}{r}\right) \tag{11.64}$$

由 TSS 准则得弯管塑性极限载荷

$$p_0=\frac{2\sigma_{\text{s}}t}{r}\frac{2\ (1-r/R_0)}{3-r/R_0} \tag{11.65}$$

直管爆破压力为

$$p_{\text{burst}}=\frac{2}{3}\left(\frac{2\sigma_{\text{s}}t}{r}\right) \tag{11.66}$$

11.4.4 分析与讨论

从式（11.59）、式（11.61）、式（11.63）和式（11.65）可知，弯管塑性极限载荷是弯管壁厚与平均半径比值 t/r，屈服强度 σ_{s} 以及弯头曲率半径 R_0 的函数。在管内径不变条件下极限载荷随壁厚和屈服强度的增加而增加，随弯头曲率半径 R_0 减小而减小。

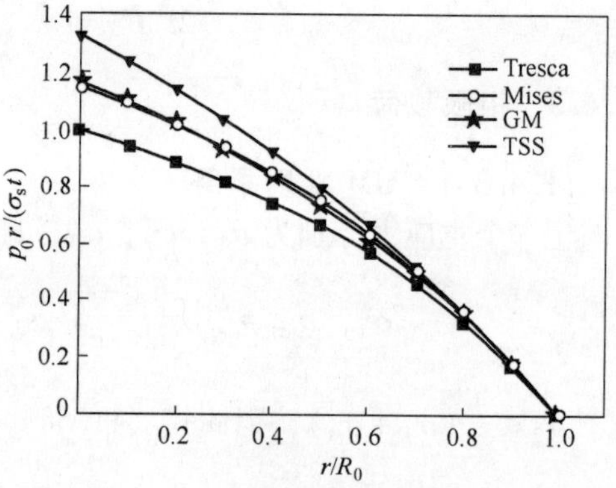

图 11.17 极限载荷与曲率半径的关系

图 11.17 为 Tresca、Mises、GM 及 TSS 屈服准则得到的结果比较。可以看出，当 $r/R_0\to 1$ 时，各准则结果趋于相同；当 $r/R_0\to 0$ 时，四准则的结果相差最大，此时计算的塑性极限压力与直管相同，说明相同条件下直管爆破压力是弯管极限载荷的上限，弯管许用载荷低于直管。因为弯管内拱处的环向应力 $\sigma_{\varphi\text{I}}$ 大于相同条件下直管的环向应力 pr/t；当 r/R_0 取 0 与 1 之间的值时，由图可以看出随 r/R_0 的增大，不同准则对计算结果的影响减小。从图 11.17 亦可看出，Tresca 准则结果总比 TSS 准则结果小，GM 准则结果居于 Tresca 和 Mises 之间，并与 Mises 准则结果极其逼近。

由式（11.60）、式（11.62）、式（11.64）和式（11.66）可知，无硬化直管爆破压力是厚径比和屈服强度的函数，随着厚径比和屈服强度的增加而增加；归一化爆破压力 $\bar{p}_{\text{burst}}=p_{\text{burst}}r/(\sigma_{\text{s}}t)$ 依赖于不同的屈服准则。根据 Tresca、Mises、GM 和 TSS 计算出的归一化爆破压力比值为 $1:2/\sqrt{3}:7/6:4/3$。

以上表明以 GM 准则解析受内压无缺陷弯头得到极限载荷的有效性。

11.5 斜板极限载荷

用 MY 准则对受均布载荷的简支金属斜板进行塑性极限分析[122]，表明极限载荷是斜板几何参数长 l_1，宽 l_2 以及长宽夹角 θ 的函数。随着 θ 的增大，极限载荷先增大而后减小；斜板面积增加，极限载荷减小。文中给出相应的菱形、矩形和方板的解析解，与 Tresca、Mises 及 TSS 结果比较表明，Tresca 准则提供极限载荷的下限，TSS 准则提供上限，MY 准则预测结果恰居二者中间，最靠近 Mises 解。

11.5.1 引言

传统解法用 Tresca 和 Mises 准则对斜板（skew plate；square plate）方板进行极限分析。由于 Tresca 准则预测结果偏低，Mises 准则的非线性和解析的困难，用考虑了中间主应力影响并极其逼近 Mises 准则的 MY 准则来解析受均布载荷简支金属斜板的塑性极限载荷具有重要意义。

MY 准则轨迹如图 11.18、图 11.19 所示，表达式为式（8.12）；对于薄板平面应力（$\sigma_2=0$）问题，MY 准则简化为

$$\begin{cases}\sigma_1-3\sigma_3/4=\sigma_s & 当\ \sigma_1+\sigma_3\geqslant 0\ 时\\ 3\sigma_1/4-\sigma_3=\sigma_s & 当\ \sigma_1+\sigma_3\leqslant 0\ 时\end{cases} \tag{11.67}$$

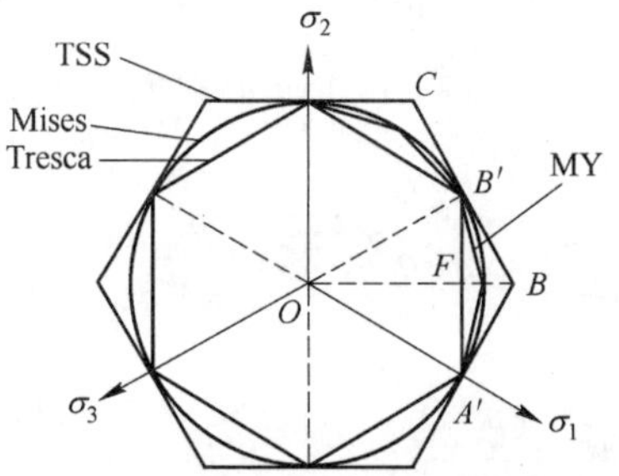

图 11.18 π 平面上的 MY 屈服轨迹

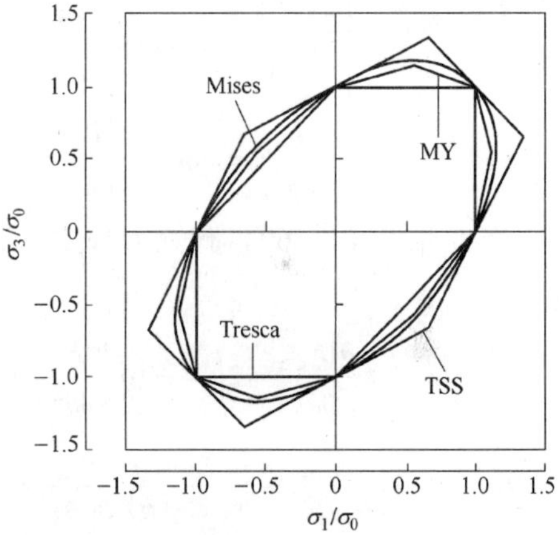

图 11.19 双轴应力的 MY 屈服轨迹

11.5.2 基本方程

11.5.2.1 斜坐标系平衡方程

斜板坐标系如图 11.20 所示，斜板微元体受力图如图 11.21 所示。图中，u，v 为斜坐标系中的坐标轴；θ 为斜坐标系中坐标轴之间的夹角；$2l_1$，$2l_2$ 为斜板两相邻边的长度；$F_{n,1}$，$F_{n,2}$，F_t 为两相邻微元体上的法向力和切向力，N；p 为作用在斜板上的均布载荷，Pa。在直角坐标系中，由两法向力和切向力 $F_{n,x}$，$F_{n,y}$，$F_{n,t}$ 确定的板的平衡方程为

$$\frac{\partial^2 F_{n,x}}{\partial x^2}+2\frac{\partial^2 F_{n,t}}{\partial x\partial y}+\frac{\partial^2 F_{n,y}}{\partial y^2}+p=0 \tag{11.68}$$

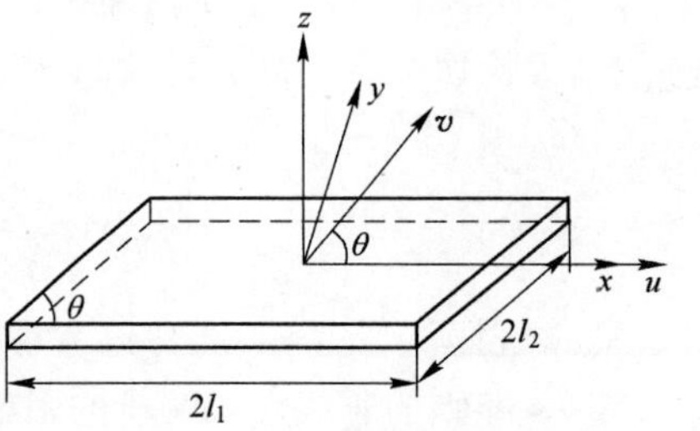

图 11.20 斜板坐标系

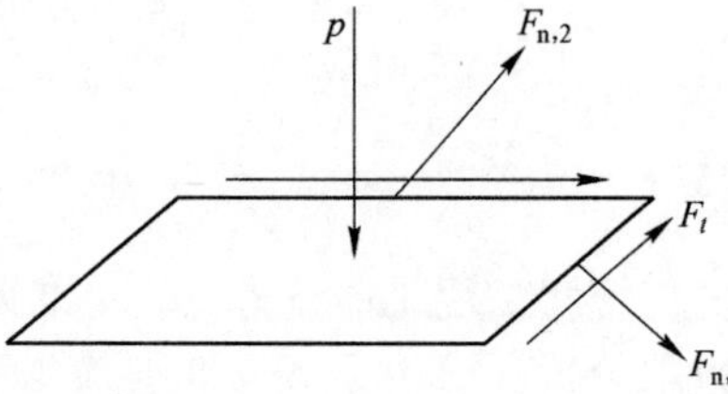

图 11.21 斜板微元体受力图

根据直角坐标系和斜坐标系的变化关系 $x=u+v\cos\theta$；$y=v\sin\theta$，并利用传递法则可得

$$\begin{cases}\dfrac{\partial^2 F_{n,x}}{\partial x^2}=\dfrac{\partial^2 F_{n,x}}{\partial u^2}\\ \dfrac{\partial^2 F_{n,t}}{\partial x\partial y}=-\cot^2\theta\dfrac{\partial^2 F_{n,t}}{\partial u^2}+\dfrac{1}{\sin\theta}\dfrac{\partial^2 F_{n,t}}{\partial u\partial v}\\ \dfrac{\partial^2 F_{n,y}}{\partial y^2}=\cot^2\theta\dfrac{\partial^2 F_{n,y}}{\partial u^2}-2\dfrac{\cos\theta}{\sin^2\theta}\dfrac{\partial^2 F_{n,y}}{\partial u\partial v}+\dfrac{1}{\sin^2\theta}\dfrac{\partial^2 F_{n,y}}{\partial v^2}\end{cases} \tag{11.69}$$

将方程式（11.69）代入方程式（11.68）中可得斜坐标系中板的平衡方程为

$$\frac{\partial^2 F_{n,x}}{\partial u^2}+2\left(-\cot\theta\frac{\partial^2 F_{n,t}}{\partial u^2}+\frac{1}{\sin\theta}\frac{\partial^2 F_{n,t}}{\partial u\partial v}\right)+\cos^2\theta\frac{\partial^2 F_{n,y}}{\partial u^2}-\frac{2\cos\theta}{\sin^2\theta}\frac{\partial^2 F_{n,y}}{\partial u\partial v}+\frac{1}{\sin^2\theta}\frac{\partial^2 F_{n,y}}{\partial v^2}+p=0 \tag{11.70}$$

11.5.2.2 斜板的内力

四周简支的斜板在均布载荷 p 作用下，设待定系数 c_1，c_2，c_3 确定的内力试函数为

$$F_{n,1}=c_1(l_1^2-u^2),\ F_{n,2}=c_2(l_2^2-v^2),\ F_t=c_3uv \tag{11.71}$$

斜坐标系和直角坐标系中内力的关系为

$$\begin{aligned}F_{n,1}&=F_{n,x}\sin^2\theta+F_{n,y}\cos^2\theta+F_t\sin2\theta\\ F_t&=\frac{1}{2}(F_{n,x}+F_{n,y})\sin2\theta+F_t\cos2\theta\end{aligned} \tag{11.72}$$

由式（11.71）和式（11.72）得

$$
\left.\begin{aligned}
F_{\mathrm{n},x} = -c_1\frac{\cos2\theta}{\sin^2\theta}(l_1^2-u^2)+c_2\cot^2\theta(l_2^2-v^2)+c_3\frac{\sin2\theta}{\sin^2\theta}uv\\
F_{\mathrm{n},y}=c_2(l_2^2-v^2)\\
F_{\mathrm{n},t}=c_1\cot\theta(l_1^2-u^2)-c_2\cot\theta(l_2^2-v^2)-c_3uv
\end{aligned}\right\}\tag{11.73}
$$

将式（11.73）代入平衡方程式（11.68）得载荷 p 为

$$
p=[-2c_1(1+\cos2\theta)+2c_2+2c_3\sin\theta]/\sin^2\theta \tag{11.74}
$$

11.5.2.3 内力表示的 MY 准则

当斜板处于塑性状态时，由于

$$
F_{n,x}=\int_{-\delta}^{\delta}\sigma_x z\mathrm{d}z=\sigma_x\delta^2;\ F_{n,y}=\int_{-\delta}^{\delta}\sigma_y z\mathrm{d}z=\sigma_y\delta^2;\ F_{n,t}=\int_{-\delta}^{\delta}\tau_{xy}z\mathrm{d}z=\tau_{xy}\delta^2 \tag{11.75}
$$

式中，2δ 为斜板的厚度。

根据最大、最小主应力与 σ_x，σ_y，τ_{xy}的关系可化平面应力下的 MY 准则为

$$
\begin{aligned}
&(\sigma_x+\sigma_y)/8+7\sqrt{(\sigma_x-\sigma_y)^2/4+\tau_{xy}^2}/4=\sigma_s \quad 当\ \sigma_x+\sigma_y\geqslant0\ 时\\
&-(\sigma_x+\sigma_y)/8+7\sqrt{(\sigma_x-\sigma_y)^2/4+\tau_{xy}^2}/4=\sigma_s \quad 当\ \sigma_x+\sigma_y\leqslant0\ 时
\end{aligned}\tag{11.76}
$$

注意到斜板极限抗力 $F_p=\sigma_s\delta$，化简上式并用 $F_{n,x}$，$F_{n,y}$和 $F_{n,t}$表示，得

$$
\begin{aligned}
&49\,(F_{n,x}-F_{n,y})^2+196F_{n,t}^2-(F_{n,x}+F_{n,y})^2\\
&=16F_{\mathrm{p}}[4F_{\mathrm{p}}-(F_{n,x}+F_{n,y})] \quad 当\ F_{n,x}+F_{n,y}\geqslant0\ 时\\
&49\,(F_{n,x}-F_{n,y})^2+196F_{n,t}^2-(F_{n,x}+F_{n,y})^2\\
&=16F_{\mathrm{p}}[4F_{\mathrm{p}}+(F_{n,x}+F_{n,y})] \quad 当\ F_{n,x}+F_{n,y}\geqslant0\ 时
\end{aligned}\tag{11.77}
$$

11.5.3 极限载荷

当 $F_{n,x}+F_{n,y}\geqslant0$，将式（11.73）代入式（11.77）的第一式，可得斜坐标轴 u 和 v 的 MY 屈服极限表达式。该式对 u 和 v 求导，可知只有在四个角点（0，0）、$(l_1,0)$、$(0,l_2)$、(l_1,l_2) 处 p 取极值。把 $(l_1,0)$、$(0,l_2)$、(l_1,l_2) 代入 MY 屈服极限式中，得关于 c_1，c_2 和 c_3 的一元二次方程组，解得 c_1，c_2 和 c_3 为

$$
\begin{aligned}
c_1&=(J_1+\sqrt{J_1^2+4I_1G})/2I_1\\
c_2&=(-J_2+\sqrt{J_2^2+4I_2G})/2I_2\\
c_3&=(-J_3+\sqrt{J_3^2+4I_3G})/2I_3
\end{aligned}\tag{11.78}
$$

式中，变量 G、I_i 和 $J_i(i=1\sim3)$分别为

$$
G=64F_p^2;\ I_1=\left[49\frac{\cos^2 2\theta}{\sin^4\theta}+196\cot^2\theta-\frac{\cos^2 2\theta}{\sin^4\theta}\right]l_1^4
$$

$$
I_2=\left[49\frac{\cos^2 2\theta}{\sin^4\theta}+196\cot^2\theta-\csc^4\theta\right]l_2^4
$$

$$I_3=\left[49\frac{\sin^2 2\theta}{\sin^4\theta}+196-\frac{\sin^2 2\theta}{\sin^4\theta}\right]l_1^2 l_2^2$$

$$J_1=16F_b\frac{\cos 2\theta}{\sin^2\theta}l_1^2,\ J_2=16F_b\csc^2\theta l_2^2,\ J_3=16F_b\frac{\sin 2\theta}{\sin^2\theta}l_1 l_2 \tag{11.79}$$

将方程式（11.78）和式（11.79）代入方程式（11.74）即可求出极限载荷 p 为

$$p=[-2c_1(1+\cos 2\theta)+2c_2+2c_3\sin\theta]/\sin^2\theta \tag{11.80}$$

注意到式（11.78）、式（11.79），式（11.80）表明 p 为斜板长 l_1、宽 l_2 以及夹角 θ 的函数。同理可得当 $F_{n,x}+F_{n,y}\leqslant 0$ 时的 p。

11.5.4 分析与讨论

11.5.4.1 几何参数对极限载荷的影响

斜板 $\sigma_s=700\text{MPa}$，厚度 $\delta=0.004\text{m}$，长 l_1 为 0.4m，宽 l_2 为 0.4m、0.3m、0.2m，以 MY 准则式（11.80）求得 p 与斜板面积 $l_1 l_2$ 以及夹角 θ 的变化关系如图 11.22 所示。由图可知，在相同面积下，极限载荷随着夹角 θ 的增大而呈现出先增大后减小的变化规律，极限载荷在 $\theta=90°$ 时获得最大值。这意味着在同样承载面积下，矩形板或方板的承载能力高于其他角度的斜板。另外，还可看出当夹角 θ 相同时，极限载荷随着斜板的面积 $l_1 l_2$ 增加而减小。

11.5.4.2 菱形、矩形和方形板

对于 $F_{n,x}+F_{n,y}\geqslant 0$，当 $\theta=\pi/3$，$\theta=\pi/2$，且 $l_1=l_2$ 时，斜板分别为菱形、矩形和方形，由方程式（11.78）、式（11.79）、式（11.80），菱形、矩形、方形板的极限载荷分别为

$$p^{\text{MY}}=\begin{cases}[2/l_2^2+208/(195l_1l_2)]F_p & \text{当 }\theta=\pi/3\\ 2\ [1/l_1^2+1/l_2^2+4/(7l_1l_2)]F_p & \text{当 }\theta=\pi/2\\ 36F_p/(7l_1^2) & \text{当 }\theta=\pi/2\text{ 且 }l_1=l_2\end{cases} \tag{11.81}$$

传统解法解析方板极限载荷结果为 Tresca、TSS 及 Mises 解，它们分别为

$$p^{\text{TSS}}=20F_p/(3l_1^2);\ p^{\text{Tresca}}=9F_p/(2l_1^2);\ p^{\text{Mises}}=(4+2/\sqrt{3})F_p/l_1^2 \tag{11.82}$$

式（11.81）方板与式（11.82）各式比较给出方板不同屈服准则对极限载荷的影响如图 11.23 所示。

由图 11.23 可知，方板的极限载荷随着边长的增加而减小；相同边长时，TSS 屈服准则预测极限载荷上限，Tresca 预测下限，而 MY 解居于中间，小于且靠近 Mises 解。

以上分析表明以 MY 准则求解斜板塑性极限载荷的有效性，所得解析解表明极限荷载是斜板面积和两边交角的函数。斜板的极限载荷随着面积增加而减小，

随着夹角的增加而先增加后减小，在 $\theta=90°$时获得最大值。菱形板、矩形板和方板的极限均布载荷均为本节的特例[122]。

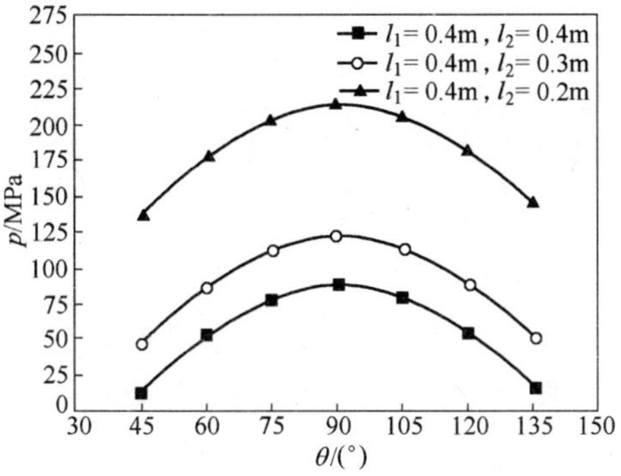

图 11.22 斜板极限载荷与几何参数的关系

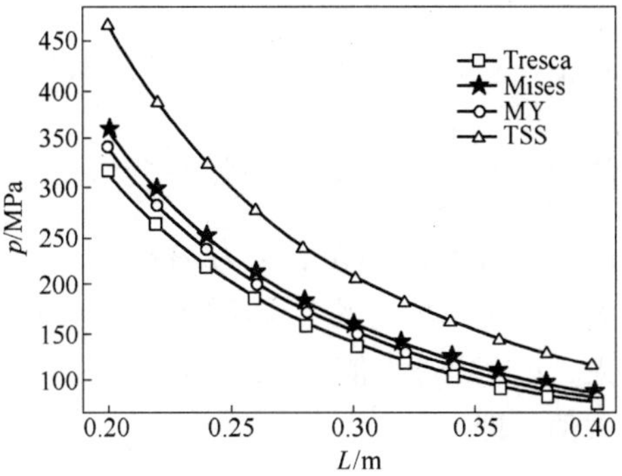

图 11.23 屈服准则对极限载荷的影响

11.6 比塑性功解简支圆板

首次以 EA（等面积）屈服准则的比塑性功及广义应变场对受均布载荷的简支圆板进行塑性极限分析，获得了极限载荷的解析解。表明塑性极限荷载为圆板半径 a、材料屈服极限 σ_s 及板厚 h 的函数。与 Tresca、及 Mises 准则的数值解比较表明：Tresca 准则结果预测极限荷载下限，TSS 准则给出上限，而 EA 屈服准则比塑性功解析结果恰居于二者之间，与 Mises 数值结果相对误差仅为 0.4%。

11.6.1 EA 比塑性功简介

EA 准则又称等面积（equal area）屈服准则，屈服轨迹如图 11.24 所示。比塑性功在第 8.5.1 节已证明为下式

$$D(\varepsilon_{ij})=\frac{\sqrt{3}\pi}{9}\sigma_s(\varepsilon_{\max}-\varepsilon_{\min})$$

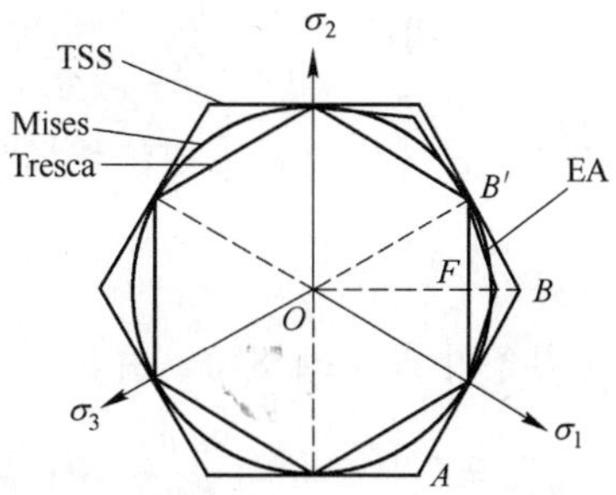

图 11.24 π 平面上的 EA 屈服轨迹

11.6.2 位移与应变场

周边简支圆板的半径为 a，厚度为 $2h$，r 为变量半径，受均布载荷 q_0 作用，如图 11.25 所示。由于圆板所受载荷和边界约束绕 z 轴对称，则塑性变形后 z 向位移（挠度 w）也绕 z 轴对称，故 z 向位移 w 仅是 r 的函数，以位移函数表示的微分平衡方程为

$$D\nabla^2\nabla^2 w=q_0 \tag{11.83}$$

或

$$\frac{1}{r}\frac{\mathrm{d}}{\mathrm{d}r}\left\{r\frac{\mathrm{d}}{\mathrm{d}r}\left[\frac{1}{r}\frac{\mathrm{d}}{\mathrm{d}r}\left(r\frac{\mathrm{d}w}{\mathrm{d}r}\right)\right]\right\}=\frac{q_0}{D}$$

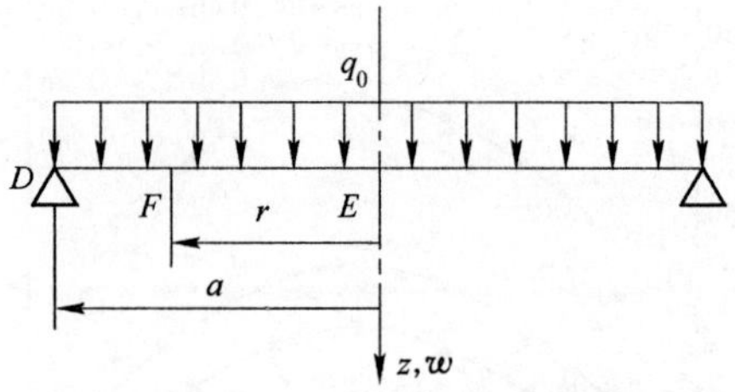

图 11.25 受均布载荷的简支圆板

式中，$\nabla^2=\frac{\mathrm{d}^2}{\mathrm{d}r^2}+\frac{1}{r}\frac{\mathrm{d}}{\mathrm{d}r}$为拉普拉斯算子；$D=\frac{Eh^3}{12(1-\nu^2)}$为薄板的弹性变形抗弯刚度；$E$ 为弹性模量；ν 为泊松比。当发生塑性变形时，由于体积不变条件的约束，ν 达到最大值 0.5，抗弯刚度达到最大值，即

$$D=\frac{Eh^3}{12(1-0.5^2)}=\frac{Eh^3}{9} \tag{11.84}$$

简支圆板的边界条件为

$$w\big|_{r=a}=0;\ M_r\big|_{r=a}=-D\left(\frac{\partial^2 w}{\partial r^2}+\frac{\nu}{r}\frac{\partial w}{\partial r}\right)\bigg|_{r=a}=0 \tag{11.85}$$

注意到式（11.83）的通解为

$$w=w_1+w_2 \quad ①$$

其中齐次解 w_1 为

$$w_1=C_1+C_2r^2 \quad ②$$

特解 w_2 为方程（11.83）积分得

$$w_2=\frac{1}{D}\int\frac{\mathrm{d}r}{r}\int r\mathrm{d}r\int\frac{\mathrm{d}r}{r}\int rq_0\mathrm{d}r=\frac{q_0r^4}{64D} \quad ③$$

将式②、式③代入式①得位移场为

$$w=C_1+C_2r^2+\frac{q_0r^4}{64D} \tag{11.86}$$

由边界条件式（11.85），并注意到塑性变形 $\nu=1/2$，积分常数 C_1，C_2 分别为

$$w\big|_{r=a}=C_1+C_2a^2+\frac{q_0a^4}{64D}=0;\ M_r\big|_{r=a}=-D\left(2C_2+\frac{3q_0a^2}{16D}+C_2+\frac{q_0a^2}{32D}\right)\bigg|_{r=a}=0$$

联解两方程，得到 $3C_2+\frac{7q_0a^2}{32D}=0$，解之得

$$C_2=-\frac{7q_0a^2}{96D},\ C_1=\frac{11}{3}\frac{q_0a^4}{64D} \quad ④$$

将式④代入式（11.86）整理得

$$w=\frac{11}{3}\frac{q_0a^4}{64D}-\frac{7q_0a^2}{96D}r^2+\frac{q_0r^4}{64D} \tag{11.87}$$

在 $r=0$ 处（圆板中心）最大位移（挠度）为

$$w_{\max}=\frac{11}{3}\frac{q_0a^4}{64D}=0.0573\frac{q_0a^4}{D} \tag{11.88}$$

由几何方程及式（11.87），并注意到塑性变形满足体积不变方程，应变场为

$$\begin{aligned}\varepsilon_r&=-z\frac{\mathrm{d}^2w}{\mathrm{d}r^2}=z\left(\frac{7q_0a^2}{48D}-\frac{3q_0r^2}{16D}\right)\\ \varepsilon_\theta&=-\frac{z}{r}\frac{\mathrm{d}w}{\mathrm{d}r}=z\left(\frac{7q_0a^2}{48D}-\frac{q_0r^2}{16D}\right)\\ \varepsilon_z&=-(\varepsilon_\theta+\varepsilon_r)=-z\left(\frac{7q_0a^2}{24D}-\frac{q_0r^2}{4D}\right)\end{aligned} \tag{11.89}$$

注意到式（11.89）满足几何方程与体积不变方程故为运动许可应变场。并注意式中

$$\varepsilon_{\min}=\varepsilon_z,\qquad \varepsilon_{\max}=\varepsilon_\theta \tag{11.90}$$

11.6.3 极限荷载

将式（11.89）、式（11.90）代入到式（8.20），然后代入下式积分，注意到 $M_\mathrm{p}=\int_{-h}^{h}\sigma_\mathrm{s}z\mathrm{d}z=\sigma_\mathrm{s}h^2$，可得圆板整个变形体内弯曲塑性功为

$$\begin{aligned}W_i&=\int_V D(\varepsilon_{ik})\mathrm{d}V=\frac{\sqrt{3}\pi\sigma_\mathrm{s}}{9}\int_{-h}^{h}\int_0^a(\varepsilon_{\max}-\varepsilon_{\min})2\pi r\mathrm{d}r\mathrm{d}z\\ &=\frac{\sqrt{3}\pi\sigma_\mathrm{s}}{9}\int_{-h}^{h}\int_0^a(\varepsilon_\theta-\varepsilon_z)2\pi r\mathrm{d}r\mathrm{d}z\\ &=\frac{4\pi^2\sqrt{3}\sigma_\mathrm{s}}{9}\int_0^a\int_0^h z\left[\frac{7q_0a^2}{48D}-\frac{q_0r^2}{16D}+\frac{7q_0a^2}{24D}-\frac{q_0r^2}{4D}\right]r\mathrm{d}z\mathrm{d}r\\ &=\frac{\sqrt{3}\pi^2M_\mathrm{p}q_0a^4}{32D}\end{aligned} \tag{11.91}$$

式（11.87）代入下式，外力已知表面的外功为

$$\begin{aligned}W_\mathrm{e}&=2\pi\int_0^a q_0w r\mathrm{d}r=2\pi q_0\int_0^a\left(\frac{11}{3}\frac{q_0a^4}{64D}-\frac{7q_0a^2}{96D}r^2+\frac{q_0r^4}{64D}\right)r\mathrm{d}r\\ &=\pi q_0\left(\frac{11q_0a^6}{192D}-\frac{7q_0a^6}{192D}+\frac{q_0a^6}{192D}\right)=\frac{5\pi q_0^2a^6}{192D}\end{aligned}$$

令 $W_i=W_\mathrm{e}$，则按 EA 屈服准则的极限载荷

$$q_0^{EA}=\frac{6\sqrt{3}\pi M_\mathrm{p}}{5a^2}=\frac{6.529}{a^2}\sigma_\mathrm{s}h^2=\frac{6.529}{a^2}M_\mathrm{p} \tag{11.92}$$

式（11.92）为EA（等面积）屈服准则比塑性功确定的圆板极限荷载的解析解。表明塑性极限荷载为材料屈服极限 σ_s，圆板厚度 h，以及半径 a 的函数。

将式（11.92）代入式（11.87）得发生塑性变形时EA屈服准则的位移函数（挠度方程）为

$$\left.\begin{aligned} w^{\mathrm{EA}} &= \frac{M_{\mathrm{p}}}{D}\left(0.374a^2 - 0.476r^2 + 0.102\frac{r^4}{a^2}\right) \\ w^{\mathrm{EA}} &= \frac{\sigma_{\mathrm{s}}}{Eh}\left(3.665a^2 - 4.285r^2 + 0.918\frac{r^4}{a^2}\right) \end{aligned}\right\} \tag{11.93}$$

圆板中心处最大挠度为

$$w^{\mathrm{EA}}\big|_{r=0} = 0.374\frac{M_{\mathrm{p}}}{D}a^2 \tag{11.94}$$

应指出，上述第一式抗弯刚度应按式（11.84）计算。上式表明极限挠度为材料屈服极限 σ_s、弹性模量 E，圆板厚度 h 与半径 a 的函数。

读者应值得注意的是式（11.91）与弹性应变能的区别，前者服从刚塑性第一变分原理与流动法则，受体积不变的约束；后者服从广义胡克定律，不受体积不变的约束。

应值得特别注意的是：方程式（11.89）的第三式内 $\varepsilon_z = -z\left(\frac{7q_0a^2}{24D} - \frac{q_0r^2}{4D}\right) \neq 0$。这和变形前垂直于中面的直线段，变形后应为直线且长度不变即 $\varepsilon_z = 0$ 的克希霍夫—拉普（Kirchhoff - Love）小挠度弯曲假定的本质不同。作者认为在发生塑性变形之后不遵守小挠度理论的 Kirchhoff - Love 的基本假定而服从塑性变形的流动法则是理所当然的。这就导致以 Kirchhoff - Love 假定为基础的传统理论式

$$\varepsilon_r = -z\frac{\mathrm{d}^2w}{\mathrm{d}r^2},\ \varepsilon_\theta = -\frac{z}{r}\frac{\mathrm{d}w}{\mathrm{d}r},\ \varepsilon_z = 0;\ \gamma_{r\theta} = \gamma_{\theta z} = \gamma_{zr} = 0 \tag{⑤}$$

与前式（11.89）的区别。也是本文解析特别之处，读者如能接受本解法应当是一种进步。

11.6.4 结果比较

简支圆板厚 $2h = 1\mathrm{mm}$，半径 $a = 0.25\mathrm{m}$，$\sigma_s = 800\mathrm{MPa}$，弹性模量 $E = 2\times10^5\mathrm{MPa}$，抗弯刚度 $D = 200/9\mathrm{N\cdot m}$，受均布载荷，试确定极限荷载。

11.6.4.1 极限荷载比较

由式（11.92）、式（11.97）分别计算为

$$q_0^{EA} = \frac{6.529}{a^2}M_p = \frac{6.529 \times 800 \times 0.0005^2}{0.25^2} = 0.0209\ (\text{MPa})$$

而 Mises 数值解为

$$q_0^{Mises} \approx \frac{6.51M_p}{a^2} = 6.51 \times 800 \times \frac{0.0005^2}{0.25^2} = 0.0208\ (\text{MPa})$$

足见本文解法式（11.92）对 Mises 传统数值解逼近程度之高。

11.6.4.2 中心最大挠度比较

由式（11.88）、式（11.94），分别计算中心最大挠度为

$$w_{max} = 0.0573\frac{q_0a^4}{D} = 0.0573 \times 0.0209\frac{0.25^4}{200/9} = 0.211\ (\text{m})$$

$$w^{EA}\big|_{r=0} = 0.374\frac{M_p}{D}a^2 = 0.374 \times \frac{800 \times 10^6 \times 0.0005^2}{200/9} \times 0.25^2 = 0.210\ (\text{m})$$

上述结果表明：本文解法计算的圆板中心最大挠度式（11.94）与式（11.88）结果基本一致。

Mises 准则解析该问题的解析解未见报道。通过联解平衡方程和屈服条件，Tresca 解，Mises 解的范围，Mises 准则的数值解分别为

$$q_0^{Tresca} = \frac{6M_p}{a^2} \tag{11.95}$$

$$\frac{6M_p}{a^2} < q_0^{Mises} < \frac{6.93M_p}{a^2} \tag{11.96}$$

$$q_0^{Mises} \approx \frac{6.51M_p}{a^2} \tag{11.97}$$

同样方法求出 TSS 准则的极限荷载为 $q_0^{TSS} = 7.2M_p/a^2$；将式（11.92）结果与式（11.95）、式（11.96）、式（11.97）比较可知：式（11.95）的 Tresca 结果预测极限载荷下限；式（11.92）结果略高于式（11.97）Mises 数值结果，并恰好落在式（11.96）确定的 Mises 解范围内。EA 屈服准则得到的解析解式（11.92）与卡恰诺夫最早得到的 Mises 准则数值结果式（11.97）最为接近，二者相对误差仅为 $\Delta\% = (6.529 - 6.5)/6.529 = 0.4\%$。TSS 准则给出极限荷载上限，π 平面上两准则的屈服轨迹覆盖面积相等是二者误差甚小的主要原因。不同屈服准则对极限载荷的影响关系如图 11.26 所示。

由式（11.93），挠度与 r/a 关系如图 11.27 所示。由图可知，圆板中心处（$r=0$）挠度最大；简支端（$r=a$）处挠度为零。随 r/a 值增加挠度越来越小。

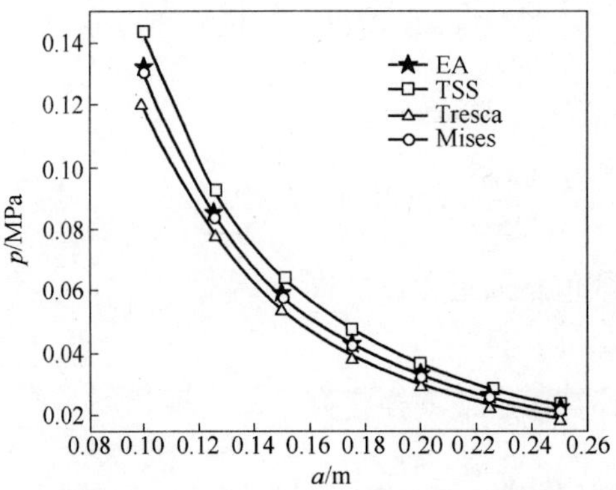

图 11.26 不同屈服准则对极限载荷的影响

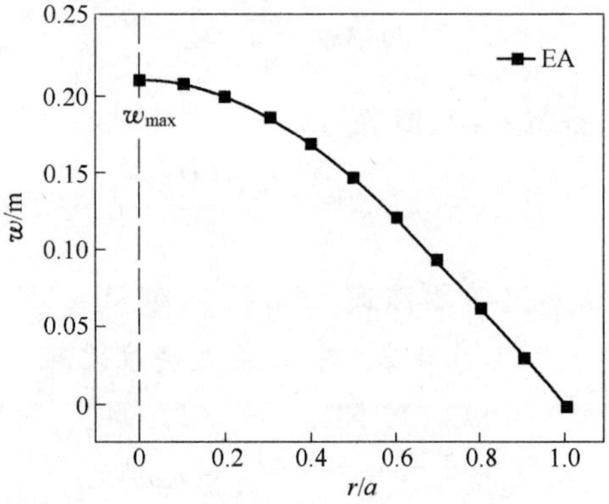

图 11.27 挠度 w 与 r/a 的关系

11.7 能量法解简支圆板

本节以最小势能原理与刚塑性第一变分原理及 EA 屈服准则比塑性功组合解析了均布载荷的简支圆板，获得了极限载荷的解析解。表明塑性极限荷载为圆板半径 a、材料屈服极限 σ_s 及板厚 h 的函数。解析结果与 Tresca 及 Mises 准则的数值解进行了比较。提出了最小能原理的可行试函数及刚塑性第一变分原理的运动许可应变场组合解析此类问题的新思路。前已述及，比塑性功为金属塑性成形功泛函的被积函数。EA 屈服准则比塑性功表达式为式（8.20）。

11.7.1 最小能原理与位移场

11.7.1.1 弹性位移场

结构力学中半径为 a，厚度为 $2h$，r 为变量半径，受均布载荷 q_0 作用的周边简支圆板，如图 11.25 所示。由于圆板载荷和边界约束绕 z 轴对称，则 z 向位移（挠度）w 也绕 z 轴对称，其仅是 r 的函数，以位移函数表示的微分平衡方程式（11.83）为

$$D\nabla^2\nabla^2 w = q_0$$

式中，$D=\dfrac{Eh^3}{12(1-\nu^2)}$为薄板的弹性变形抗弯刚度，发生整体塑性变形时，由于体积不变条件的约束，ν 达到最大值 0.5，抗弯刚度达到极限值（最大值），即 $D=\dfrac{Eh^3}{9}$。简支圆板的边界条件为

$$w\big|_{r=a}=0;\qquad M_r\big|_{r=a}=-D\left(\frac{\partial^2 w}{\partial r^2}+\frac{\nu}{r}\frac{\partial w}{\partial r}\right)\bigg|_{r=a}=0 \tag{11.98}$$

设利兹位移试函数为

$$w = C_1\left(1 - \frac{r^2}{a^2}\right) + C_2\left(1 - \frac{r^2}{a^2}\right)^2 \tag{11.99}$$

位移一、二阶导数为

$$\begin{aligned}\frac{1}{r}\frac{\partial w}{\partial r} &= -\frac{2C_1}{a^2} - \frac{4C_2}{a^2}\left(1 - \frac{r^2}{a^2}\right)\\ \frac{\partial^2 w}{\partial r^2} &= -\frac{2C_1}{a^2} - \frac{4C_2}{a^2}\left(1 - \frac{3r^2}{a^2}\right)\end{aligned} \tag{11.100}$$

11.7.1.2 最小能原理

将（11.100）代入下式积分并整理得

$$\Phi = U + W \tag{11.101}$$

$$U = \pi D\int_0^a\left[\left(\frac{\mathrm{d}^2w}{\mathrm{d}r^2}\right)^2 + \left(\frac{1}{r}\frac{\mathrm{d}w}{\mathrm{d}r}\right)^2 + \frac{1}{r}\frac{\mathrm{d}w}{\mathrm{d}r}\frac{\mathrm{d}^2w}{\mathrm{d}r^2}\right]r\mathrm{d}r = \frac{4\pi D}{a^2}\left(\frac{3}{2}C_1^2 + \frac{8}{3}C_2^2\right) \tag{11.102}$$

$$W = 2\pi\int_0^a q_0 wr\mathrm{d}r = 2\pi q_0\int_0^a\left[C_1\left(1 - \frac{r^2}{a^2}\right) + C_2\left(1 - \frac{r^2}{a^2}\right)^2\right]r\mathrm{d}r = \pi q_0 a^2\left(\frac{C_1}{2} + \frac{C_2}{3}\right) \tag{11.103}$$

将式（11.102）、式（11.103）代入式（11.101）并注意外功取负（使总势能减少），总势能为

$$\Phi = \frac{4\pi D}{a^2}\left(\frac{3}{2}C_1^2 + \frac{8}{3}C_2^2\right) - \pi q_0 a^2\left(\frac{C_1}{2} + \frac{C_2}{3}\right) \tag{11.104}$$

$$\frac{\partial\Phi}{\partial C_1} = \frac{12\pi DC_1}{a^2} - \frac{\pi q_0 a^2}{2} = 0,\ C_1 = \frac{q_0 a^4}{24D}$$

$$\frac{\partial\Phi}{\partial C_2} = \frac{64\pi DC_2}{a^2 3} - \frac{\pi q_0 a^2}{3} = 0,\ C_2 = \frac{q_0 a^4}{64D}$$

将 C_1、C_2代入式（11.99），位移方程为

$$w = \frac{q_0 a^4}{24D}\left(1 - \frac{r^2}{a^2}\right) + \frac{q_0 a^4}{64D}\left(1 - \frac{r^2}{a^2}\right)^2 \tag{11.105}$$

中心最大挠度为

$$w_{\max} = 0.0573\,\frac{q_0 a^4}{D} \tag{11.106}$$

请读者注意的是：对同一工程问题采用不同数学方法，如得到问题的解析解，则两种解析结果应趋于一致。将式（11.105）、式（11.106）与式（11.87）、式（11.88）比较可知，变分法与传统工程法所得解析结果完全一致，即将式（11.105）展开整理可得到与微分方程式（11.83）的通解式（11.87）完全相同的形式。

11.7.2 许可应变场与塑性功

11.7.2.1 运动许可位移场

发生整体塑性变形时不再遵守 Kirchhoff - Love 小变形假定，而应受体积不变方程与约束，于是由式（11.105）按 Cauchy 方程（几何方程）为

$$\begin{cases}\varepsilon_r = -z\dfrac{\mathrm{d}^2 w}{\mathrm{d}r^2} = z\left(\dfrac{7q_0a^2}{48D} - \dfrac{3q_0r^2}{16D}\right)\\ \varepsilon_\theta = -\dfrac{z}{r}\dfrac{\mathrm{d}w}{\mathrm{d}r} = z\left(\dfrac{7q_0a^2}{48D} - \dfrac{q_0r^2}{16D}\right)\\ \varepsilon_z = -(\varepsilon_\theta + \varepsilon_r) = -z\left(\dfrac{7q_0a^2}{24D} - \dfrac{q_0r^2}{4D}\right)\end{cases} \tag{11.107}$$

式（11.105）满足位移边界条件，式（11.107）满足几何方程与体积不变方程故为运动许可应变场。上式中

$$\varepsilon_{\min} = \varepsilon_z,\ \varepsilon_{\max} = \varepsilon_\theta$$

11.7.2.2 刚塑性第一变分原理

由刚塑性第一变分原理，将 $\varepsilon_{\min} = \varepsilon_z$，$\varepsilon_{\max} = \varepsilon_\theta$ 代入式（11.107），再代入到式（8.20），然后将比塑性功代入下式积分，注意到 $M_{\mathrm{p}} = \int_{-h}^{h}\sigma_{\mathrm{s}}z\mathrm{d}z = \sigma_{\mathrm{s}}h^2$，圆板整个体积的内部塑性变形功为

$$\begin{aligned}W_i &= \int_V D(\varepsilon_{ik})\mathrm{d}V = \frac{\sqrt{3}\pi\sigma_{\mathrm{s}}}{9}\int_{-h}^{h}\int_0^a(\varepsilon_{\max} - \varepsilon_{\min})2\pi r\mathrm{d}r\mathrm{d}z\\ &= \frac{\sqrt{3}\pi\sigma_{\mathrm{s}}}{9}\int_{-h}^{h}\int_0^a(\varepsilon_\theta - \varepsilon_z)2\pi r\mathrm{d}r = \frac{2\sqrt{3}\pi^2}{9}\int_{-h}^{h}\sigma_{\mathrm{s}}z\mathrm{d}z\int_0^a\left(\frac{7q_0a^2}{16D} - \frac{5q_0r^2}{16D}\right)r\mathrm{d}r\\ &= \frac{2\sqrt{3}\pi^2M_{\mathrm{p}}}{9}\left(\frac{7q_0a^4}{32D} - \frac{5q_0a^4}{64D}\right) = \frac{\sqrt{3}\pi^2M_{\mathrm{p}}q_0a^4}{32D}\end{aligned} \tag{11.108}$$

11.7.3 塑性极限荷载

式（11.105）代入下式，圆盘表面外功为

$$W_{\mathrm{e}} = 2\pi\int_0^a q_0wr\mathrm{d}r = 2\pi q_0\int_0^a\left[\frac{q_0a^4}{24D}\left(1 - \frac{r^2}{a^2}\right) + \frac{q_0a^4}{64D}\left(1 - \frac{r^2}{a^2}\right)^2\right]r\mathrm{d}r = \frac{5\pi q_0^2a^6}{192D} \tag{11.109}$$

令 $W_i = W_{\mathrm{e}}$，则得按 EA 屈服准则的极限载荷

$$q_0^{\mathrm{EA}} = \frac{6\sqrt{3}\pi}{5}\frac{M_{\mathrm{p}}}{a^2} = 6.529\frac{M_{\mathrm{p}}}{a^2} \tag{11.110}$$

式（11.110）为按 EA 屈服准则比塑性功确定的圆板极限荷载的解析解。表明塑性极限荷载为材料屈服极限 σ_s，圆板厚度 h，以及半径 a 的函数。将式（11.110）代入式（11.105）得发生塑性变形时 EA 屈服准则的位移方程两种形式为

$$\begin{cases} w^{EA} = \dfrac{q_0^{EA}a^4}{24D}\left(1-\dfrac{r^2}{a^2}\right)+\dfrac{q_0^{EA}a^4}{64D}\left(1-\dfrac{r^2}{a^2}\right)^2 \\ w^{EA} = 0.272\,\dfrac{M_p}{D}(a^2-r^2)+0.102\,\dfrac{M_p}{Da^2}(a^2-r^2)^2 \end{cases} \tag{11.111}$$

塑性变形最大挠度

$$w^{EA}\big|_{r=0} = 0.374\,\frac{M_p}{D}a^2 \tag{11.112}$$

应指出，塑性变形后抗弯刚度应取 $D=\dfrac{Eh^3}{9}$。上式表明极限挠度为材料屈服极限 σ_s，弹性模量 E，圆板厚度 h 与半径 a 的函数。

请读者注意式（11.102）与式（11.108）的区别，后者服从刚塑性第一变分原理与流动法则，受体积不变的约束；前者服从最小势能原理与广义胡克定律，不受体积不变的约束。鉴此，后者不再满足“变形前垂直于中面的直线段，变形后应为直线且长度不变即 $\varepsilon_z=0$ 的克希霍夫 - 拉普（Kirchhoff - Love）小挠度弹性弯曲假设”，进而导致式（11.107）与式（11.94）不同。

与传统解法相比提出塑性失稳前以最小势能原理，塑性失稳后以刚塑性第一变分原理组合解析塑性极限荷载的新思路。这一领域传统解法是以联解平衡微分方程、屈服条件及不同边界条件（简支与夹支等）为主的下界解法（或传统工程解法）；包含如 K_r、K_θ、M_r、M_θ、ρ、m_r、m_θ 等广义物理量。而本节用金属塑性成形力学的变分解法；这些变量失去了解析中必须出现的必要性。读者接受本节解法将是一个进步。

11.7.4　计算实例比较

简支圆板厚 $2h=1\text{mm}$，半径 $a=0.25\text{m}$，$\sigma_s=800\text{MPa}$，$E=2\times10^5\text{MPa}$，抗弯刚度 $D=200/9\text{N}\cdot\text{m}$，受均布载荷，试确定极限荷载。由式（11.110），极限荷载为

$$q_0^{EA} = 6.53\times800\times\frac{0.0005^2}{0.25^2} = 0.0209\ (\text{MPa})$$

按传统 Mises 数值解式（11.97），极限荷载为

$$q_0^{Mises} \approx \frac{6.51M_p}{a^2} = 6.51\times800\times\frac{0.0005^2}{0.25^2} = 0.0208\ (\text{MPa})$$

式（11.110）与不同屈服准则传统解法式（11.95）、式（11.96）、式（11.97）计算的极限荷载结果比较如图 11.28 所示。其中与 Mises 数值解式（11.97）极限荷载的相对误差为

$$\Delta\% = (6.53 - 6.51)/6.53 = 0.3\%$$

由图 11.28 可以看出，式（11.110）结果高于 Tresca 结果，低于 TSS 结果，且恰好落入式（11.96）确定的范围内并与 Mises 结果的曲线非常逼近。

由式（11.111）的第一式可计算 w^{EA}，取不同板厚 h，挠度与 r/a 关系如图 11.29 所示。由图可知，当板厚不变时，圆板中心处（$r=0$）挠度最大，简支端（$r=a$）处挠度为零，随 r/a 值增加挠度越来越小。当 r/a 值给定时，板厚度值越大，挠度越小；由 EA 比塑性功按第一变分原理确定的极限荷载 q^{EA} 代入挠度方程计算的圆板中心处最大挠度式（11.112）与最小能原理式（11.106）计算的中心最大挠度结果完全一致。

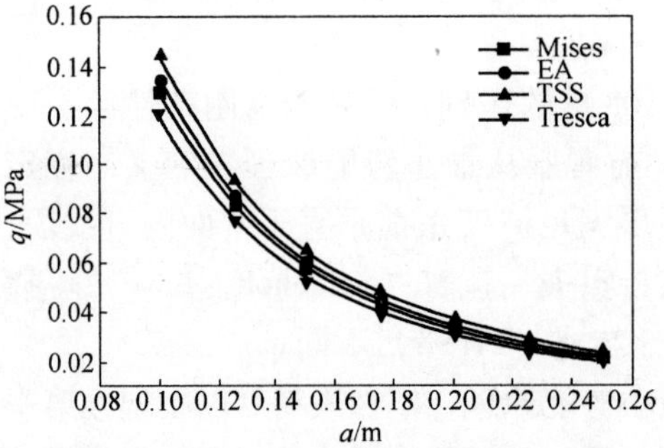

图 11.28 不同屈服准则的极限载荷比较

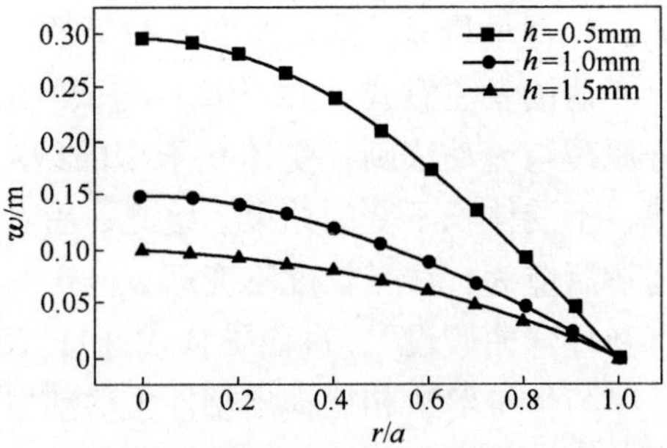

图 11.29 不同板厚挠度 w 与 r/a 的关系

应指出，采用 EA 屈服准则及利兹试函数，屈服前后分别以最小势能原理及刚塑性第一变分原理组合解析均布载荷简支圆板极限荷载的解法国内外未见的相关报道，本人称此解法为双变分原理解法。

11.8 变分法解夹支圆板

首次以双变分原理及 MY（平均屈服）准则比塑性功对受均布载荷的夹支（固支，built - in）圆板进行了塑性极限分析。并与传统各准则以工程法所得解析结果进行了比较。分析表明塑性极限荷载为圆板半径 a、材料屈服极限 σ_s 及板厚 h 的函数。

11.8.1 试函数与位移场

周边夹支（固支）的圆板的半径为 a，厚度为 $2h$，受均布载荷 q_0 作用如图

11.30 所示。如前所述圆板载荷和边界约束绕 z 轴对称，z 向位移（挠度 w）也绕 z 轴对称，故 w 仅是 r 的函数，设位移试函数为

$$w(r) = C_1\left(1 - \frac{r^2}{a^2}\right)^2 \quad (11.113)$$

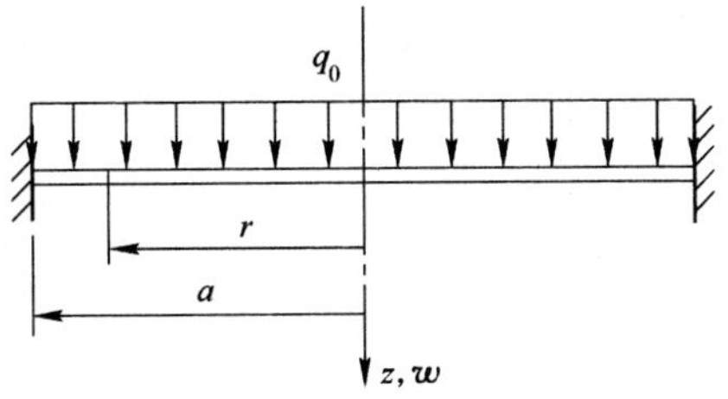

图 11.30 受均布载荷的夹支圆板

上述试函数满足固支圆板的下述边界条件为

$$w|_{r=a} = 0; \qquad \left(\frac{\mathrm{d}w}{\mathrm{d}r}\right)_{r=a} = 0 \quad (11.114)$$

由最小势能原理

$$\begin{aligned}
\Phi &= U + W \\
&= \pi D\int_0^a\left[\left(\frac{\mathrm{d}^2 w}{\mathrm{d}r^2}\right)^2 + \left(\frac{1}{r}\frac{\mathrm{d}w}{\mathrm{d}r}\right)^2\right]r\mathrm{d}r - 2\pi\int_0^a q_0 w r\mathrm{d}r \\
&= \pi D\left[\int_0^a\left(\frac{\mathrm{d}^2 w}{\mathrm{d}r^2}\right)^2 + \left(\frac{1}{r}\frac{\mathrm{d}w}{\mathrm{d}r}\right)^2 - \frac{2}{D}q_0 w\right]r\mathrm{d}r \\
&= \pi D\int_0^a\left[\frac{16C_1^2}{a^4}\left(1 - 3\frac{r^2}{a^2}\right)^2 + \frac{16C_1^2}{a^4}\left(1 - \frac{r^2}{a^2}\right)^2 - \frac{2q_0}{D}C_1\left(1 - \frac{r^2}{a^2}\right)^2\right]r\mathrm{d}r \\
&= 2\pi DC_1\int_0^a\left[\frac{16C_1}{a^4}\left(1 - 4\frac{r^2}{a^2} + 5\frac{r^4}{a^4}\right) - \frac{q_0}{D}\left(1 - 2\frac{r^2}{a^2} + \frac{r^4}{a^4}\right)\right]r\mathrm{d}r \\
&= 2\pi D\left(\frac{16C_1^2}{3a^2} - \frac{C_1 q_0 a^2}{6D}\right) \qquad (11.115)
\end{aligned}$$

$$\frac{\partial\Phi}{\partial C_1} = 2\pi D\left[\frac{32C_1}{3a^2} - \frac{a^2 q_0}{6D}\right] = 0, C_1 = \frac{q_0 a^4}{64D} \quad (11.116)$$

将式（11.116）代入式（11.113）得位移方程为

$$w(r) = \frac{q_0 a^4}{64D}\left(1 - \frac{r^2}{a^2}\right)^2 \quad (11.117)$$

中心最大挠度为

$$w\ (r=0)_{\max} = \frac{q_0 a^4}{64D} \quad (11.118)$$

式（11.18）与受均布载荷的夹支（固支）圆板按传统工程法求得的中心最大挠度结果一致。

11.8.2 应变场与塑性功

由几何方程及式（11.117），注意到塑性变形时体积不变方程，应变场为

$$\varepsilon_r = -z\frac{\mathrm{d}^2w}{\mathrm{d}r^2} = z\left[\frac{q_0a^2}{16D}\left(1-3\frac{r^2}{a^2}\right)\right]$$

$$\varepsilon_\theta = -\frac{z}{r}\frac{\mathrm{d}w}{\mathrm{d}r} = z\left[\frac{q_0a^2}{16D}\left(1-\frac{r^2}{a^2}\right)\right] \tag{11.119}$$

$$\varepsilon_z = -(\varepsilon_\theta+\varepsilon_r) = -z\left[\frac{q_0a^2}{16D}\left(2-4\frac{r^2}{a^2}\right)\right]$$

注意到式（11.118）满足几何方程与体积不变方程故为运动许可应变场。式（11.118）中

$$\text{当 } 0<r\leqslant\eta \text{ 时，} \varepsilon_{\min}=\varepsilon_z,\ \varepsilon_{\max}=\varepsilon_\theta \qquad ①$$
$$\text{当 } \eta<r\leqslant a \text{ 时，} \varepsilon_{\max}=\varepsilon_z,\ \varepsilon_{\min}=\varepsilon_r$$

注意到式①，将式（11.119）代入到式（8.14），然后代入下式积分，注意到 $M_\mathrm{p} = \int_{-h}^{h}\sigma_\mathrm{s}z\mathrm{d}z = \sigma_\mathrm{s}h^2$，可得圆板整个变形体内弯曲塑性功为

$$\begin{aligned}
W_i &= \int_V D(\varepsilon_{ik})\mathrm{d}V = \frac{4}{7}\sigma_\mathrm{s}\int_{-h}^{h}\int_0^a(\varepsilon_{\max}-\varepsilon_{\min})2\pi r\mathrm{d}r\mathrm{d}z \\
&= \frac{4\sigma_\mathrm{s}}{7}\int_{-h}^{h}\left[\int_0^\eta(\varepsilon_\theta-\varepsilon_z)2\pi r\mathrm{d}r + \int_\eta^a(\varepsilon_z-\varepsilon_r)2\pi r\mathrm{d}r\right]\mathrm{d}z \\
&= \frac{8\pi M_\mathrm{p}}{7}\frac{q_0a^2}{16D}\left[\int_0^\eta\left(3-5\frac{r^2}{a^2}\right)r\mathrm{d}r - \int_\eta^a\left(3-7\frac{r^2}{a^2}\right)r\mathrm{d}r\right] \\
&= \frac{\pi M_\mathrm{p}}{14}\frac{q_0a^2}{D}\left(3\eta^2+\frac{a^2}{4}-3\frac{\eta^4}{a^2}\right)
\end{aligned} \tag{11.120}$$

$$\frac{\partial w_i}{\partial\eta} = \frac{\pi M_\mathrm{p}q_0a^2}{14D}\left(6\eta-12\frac{\eta^3}{a^2}\right)=0,\quad \eta=\frac{a}{\sqrt{2}}$$

塑性功最小值为
$$W_{i(\min)} = \frac{\pi M_\mathrm{p}}{14}\frac{q_0a^4}{D}$$

将式（11.117）代入下式，外力已知表面的外功为

$$\begin{aligned}
W_\mathrm{e} &= 2\pi\int_0^a q_0wr\mathrm{d}r = 2\pi q_0\int_0^a\frac{q_0a^4}{64D}\left(1-\frac{r^2}{a^2}\right)^2r\mathrm{d}r \\
&= 2\pi q_0\frac{q_0a^4}{64D}\left(1-2\frac{r^2}{a^2}+\frac{r^4}{a^4}\right)r\mathrm{d}r = \pi q_0\frac{q_0a^6}{192D}
\end{aligned} \tag{11.121}$$

11.8.3 塑性极限荷载

令 $W_\mathrm{e}=W_i$，则得按 MY 屈服准则的极限载荷

$$q_0^{\mathrm{MY}} = \frac{192}{14}\frac{M_\mathrm{p}}{a^2} = 13.71\frac{M_\mathrm{p}}{a^2} \tag{11.122}$$

夹支圆板 Mises 准则数值解为

$$q_0 \approx 12.5 \frac{M_p}{a^2} \tag{11.123}$$

相对误差为

$$\Delta\% = \frac{13.7 - 12.5}{13.7} = 8.6\%$$

式（11.122）为变分法按 MY 准则比塑性功确定的圆板极限荷载的解析解。表明塑性极限荷载为材料屈服极限 σ_s，圆板厚度 h，以及半径 a 的函数。比 Mises数值解高 8.6%。

上式代入式（11.117）得发生塑性变形时 EA 屈服准则的位移函数（挠度方程）为

$$\left.\begin{aligned} w^{EA} &= \frac{M_p}{D}\left(0.374a^2 - 0.476r^2 + 0.102\frac{r^4}{a^2}\right) \\ w^{EA} &= \frac{\sigma_s}{Eh}\left(3.665a^2 - 4.285r^2 + 0.918\frac{r^4}{a^2}\right) \end{aligned}\right\} \tag{11.124}$$

中心最大挠度为

$$w_{max}^{EA} = 0.374\frac{M_p}{D}a^2 \tag{11.125}$$

11.8.4 计算实例比较

夹支圆板如图 11.30 所示，板厚 $2h = 1\text{mm}$，半径 $a = 0.25\text{m}$，$\sigma_s = 800\text{MPa}$，$E = 2 \times 10^5\text{MPa}$，抗弯刚度 $D = 200/9\text{N} \cdot \text{m}$，受均布载荷，试确定极限荷载。

由式（11.122）、式（11.123）极限荷载结果比较为

$$q_0^{MY} = 13.71\frac{M_p}{a^2} = 13.71 \times \frac{800 \times 0.0005^2}{0.25^2} = 0.0439\ (\text{MPa})$$

$$q_0^{Mises} \approx 12.5\frac{M_p}{a^2} = 12.5 \times \frac{800 \times 0.0005^2}{0.25^2} = 0.04\ (\text{MPa})$$

中心区域最大挠度按式（11.125）、式（11.118）计算结果比较为

$$w_{max}^{EA} = 0.374\frac{M_p}{D}a^2 = \frac{0.374 \times 800 \times 0.0005^2 \times 10^6}{200/9} \times 0.25^2 = 0.210\ (\text{m})$$

$$w_{max}^{Mises} = \frac{q_0^{Mises}a^4}{64D} = \frac{0.04 \times 0.25^4 \times 10^6}{64 \times 200/9} = 0.192\ (\text{m})$$

以上比较可以看出：本节变分法与 MY 准则解夹支均布载荷圆板的极限荷载与中心最大挠度均大于 Mises 传统数值结果，但相对误差不会大于 10%。

第 11.6、11.7、11.8 节采用双变分原理与线性准则解薄板极限荷载的方法，目前仅是初步探索，解法的可行性、系统性仍有待更深入研究。

12　异步轧制线性化解析

异步轧制是指两个工作辊间变形、几何或物理参数不等的非对称轧制（asymmetical rolling），有 asynchronous rolling、cross shear rolling、differential speed rolling、non - symmetical rolling 等多种叫法，包括：（1）上、下轧辊半径不等的异径异步轧制；（2）辊径相等但辊面线速度不等的同径异步轧制；（3）上、下辊同径异材（如上为玻璃辊下为橡胶辊）或轧辊同径同材但摩擦系数截然不同的异步轧制。复合材料轧制也可归入异步轧制。

有人认为异步轧制源于 20 世纪 40 年代德国人 Siebel 的单辊传动叠轧薄板，或 50 年代苏联人 A. A. Королев 对不等辊速轧制力矩的分析，或 70 年代 Выдрин 的 П - В 轧制法。但异步轧制原理的应用远过百年历史。中国“饺子”擀皮技术中，擀面杖是上辊（小直径有一定凸度），面板为下辊（辊径无穷大凸度为零），旋转的饺子皮为异步轧制产品。由于擀面杖直径小于面板，饺子皮总是向下凹的。有人认为无模拉丝源于日本，听到以十指缝隙拉出直径不足 0.5mm 的均匀的兰州拉面有千年历史感到吃惊，当然也有人对中国人用一根擀面杖通过叠轧同时擀出几个圆饺子皮的“异步擀皮工艺”表示惊赞。

本章仅简要介绍异步轧制线性化解法，包括上界法、工程法、变分法解析的基本推导。

12.1　剪切压缩模拟冷轧薄带

12.1.1　平面变形剪切压缩速度场

为了近似计算异步带张力冷轧板带轧制力，把此种轧制过程（见图 12.1），简化成平面变形剪切压缩模型[123]，如图 12.2a。图 12.2 中，V_x，V_y 分别为工具的水平和垂直速度，v_x 是金属水平速度。

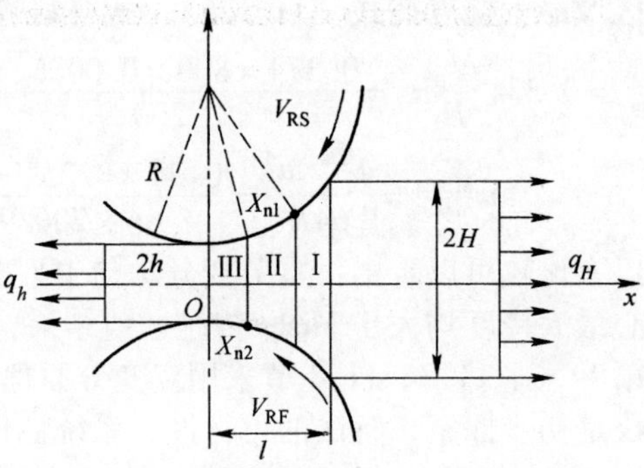

图 12.1　平辊异步冷轧带材变形区

在冷轧带材的条件下轧辊半径 R 与带厚 h 之比一般大于 100，故接触弧可用弦代替。因此注意到斯通公式，有

$$V_x \approx \frac{1}{2}(V_{RF} - V_{RS}) \tag{12.1}$$

$$V_y \approx \frac{1}{2}(V_{RF} + V_{RS})\sin\frac{\alpha}{2} \approx \frac{1}{4}(V_{RF} + V_{RS})\sqrt{\frac{\Delta H}{R}} \tag{12.2}$$

式中，V_{RF}和V_{RS}分别为快速辊和慢速辊的圆周速度；ΔH和α分别为压下量和咬入角。

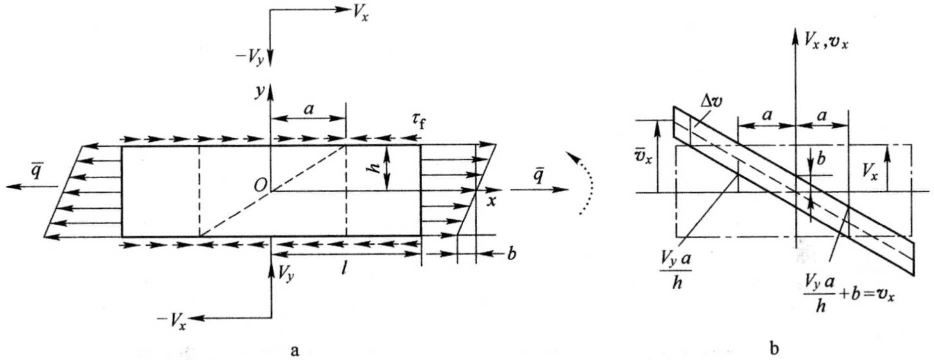

图 12.2 模拟带张力平面变形冷轧板带

a—剪切压缩；b—速度场模型

假定冷轧前后张应力的均值为$\bar{q}$。运动许可速度场如下

$$v_z = 0,\ v_y = -\frac{V_y}{h}y,\ v_x = \frac{V_y}{h}x + \frac{b}{h}y \tag{12.3}$$

注意到$y=0$，$v_y=0$；$y=h$，$v_y=-V_y$；$x=0$，$y=0$，$v_x=0$；$x=0$，$y=h$，$v_x=b$；$x=a$，$y=h$，$v_x=\frac{V_y}{h}a+b=V_x$（中性点），满足速度边界条件。按几何方程应变速率场为

$$\dot{\varepsilon}_x = \frac{V_y}{h},\ \dot{\varepsilon}_y = -\frac{V_y}{h},\ \dot{\varepsilon}_{xy} = \frac{b}{2h},\ \text{其他}\ \dot{\varepsilon}_z = \dot{\varepsilon}_{yz} = \dot{\varepsilon}_{xz} = 0 \tag{12.4}$$

足见式（12.4）满足体积不变条件，式（12.3）为运动许可速度场。上述速度场只含有一个待定参数b，可由按变分原理确定。

12.1.2 成形功率泛函的数值解

在冷轧带材的条件下，虽有加工硬化，对于确定轧制力的问题，允许变形区内的σ_s取均值。把轧件看成刚－塑性材料，接触面的摩擦应力取$\tau_f = f\bar{p}$。下面运用刚－塑性材料的马尔考夫（МаркоЪ）变分原理予以解析。

在外力已知面 S_p 上的功率为摩擦功率损失为 $\dot{W}_f$ 和外加张力功率 $\dot{W}_t$，注意到

前滑区接触面（$x=l$），　有　$\Delta v_f = v_x - V_x = \frac{1}{2}\left(\frac{V_y l}{h} + b - V_x\right)$　　(12.5)

后滑区接触面（$x=-l$），有　$|\Delta v_f| = \frac{1}{2}\left(V_x + \frac{v_y}{h}l - b\right)$　　(12.6)

$$\dot{W}_f = 2f\bar{p}\left[\frac{1}{2}\left(\frac{V_y}{h}l + b - V_x\right)(l-a) + \frac{1}{2}\left(V_x + \frac{V_y}{h}l - b\right)(l+a)\right]$$

整理得

$$\dot{W}_f = 2f\bar{p}\left[\frac{V_y}{h}l^2 + \frac{h}{V_y}(V_x - b)^2\right] \tag{12.7}$$

对有前后张力的冷轧薄带，注意到体积不变条件，前后张力功率为

$$\dot{W}_t = 4\bar{q}\,h\,\bar{v}_x\big|_{x=l} = 4\bar{q}lV_y \tag{12.8}$$

内部塑性变形功率为

$$\dot{W}_i = \int_V \sigma_s \bar{\dot{\varepsilon}}\mathrm{d}V = \sigma_s\sqrt{\frac{2}{3}}\int_V\sqrt{\dot{\varepsilon}_{ik}\dot{\varepsilon}_{ik}}\mathrm{d}V = \sigma_s\sqrt{\frac{2}{3}}\int_V\sqrt{\dot{\varepsilon}_x^2 + \dot{\varepsilon}_y^2 + 2\dot{\varepsilon}_{xy}^2}\mathrm{d}V$$

$$= \frac{2\sigma_s}{\sqrt{3}}\int_V\sqrt{\dot{\varepsilon}_x^2 + \dot{\varepsilon}_{xy}^2}\mathrm{d}V = \frac{2\sigma_s}{\sqrt{3}}\int_V\sqrt{\left(\frac{V_y}{h}\right)^2 + \left(\frac{b}{2h}\right)^2}\mathrm{d}V = \frac{2\sigma_s}{\sqrt{3}}\int_V\sqrt{\frac{V_y^2}{h^2} + \frac{b^2}{4h^2}}\mathrm{d}V$$

$$= \frac{8\sigma_s}{\sqrt{3}}lV_y\sqrt{1 + \frac{1}{4}(b/V_y)^2} \tag{12.9}$$

按第一变分原理，对真实速度场塑性成形功率泛函 $\phi_1 = \dot{W}_i + \dot{W}_f - \dot{W}_t$，将式(12.9)，式（12.7），式（12.8）代入该式，令 $\frac{\partial\phi_1}{\partial b}=0$，可得最小值。

也可先求出速度已知面 S_v 上的外力压缩功率为 $\dot{W}_1$，剪切功率为 $\dot{W}_2$

$$\dot{W}_1 = 2PV_y$$

$$\dot{W}_2 = 4a\tau_f V_x \tag{12.10}$$

并令外功率等于内部塑性成形功率，即令

$$\dot{W}_1 + \dot{W}_2 = 2PV_y + 4a\tau_f V_x = \dot{W}_i + \dot{W}_f - \dot{W}_t \tag{12.11}$$

将式（12.9），式（12.7），式（12.8）代入上式，因为 $\tau_f = f\bar{p}$，$2l\bar{p} = P$，并注意到 $a = \frac{h(V_x - b)}{V_y}$；（因为：$x=a$，$y=h$，$v_x = \frac{V_y}{h}a + b$）整理得

$$2PV_y + 4af\bar{p}V_x = \frac{8\sigma_s}{\sqrt{3}}lV_y\sqrt{1 + \frac{1}{4}(b/V_y)^2} + 2f\bar{p}\left[\frac{V_y}{h}l^2 + \frac{h}{V_y}(V_x - b)^2\right] + 4\bar{q}lV_y$$

$$P+\frac{fhP(V_x^2-V_xb)}{lV_y^2}-f\frac{P}{2l}\left[\frac{l^2}{h}+\frac{h}{V_y^2}(V_x-b)^2\right]=\frac{4\sigma_s}{\sqrt{3}}l\sqrt{1+\frac{1}{4}(b/V_y)^2}+2\bar{q}l$$

$$P=\frac{\frac{4}{\sqrt{3}}\sigma_s l\left(\sqrt{1+\frac{1}{4}C_b^2}-\frac{\sqrt{3}\,\bar{q}}{2\sigma_s}\right)}{1-\frac{f}{2}\frac{l}{h}\left[1-\left(\frac{h}{l}\frac{V_x}{V_y}\right)^2\left(1-\frac{1}{\eta_b^2}\right)\right]} \tag{12.12}$$

式中

$$\eta_b=\left(1+\frac{1}{4}\frac{2\sigma_s}{\sqrt{3}f\bar{p}}\frac{l}{h}\frac{1}{\sqrt{1+\frac{1}{4}(b/V_y)^2}}\right) \tag{12.13}$$

$$C_b=b/V_y \tag{12.14}$$

以上结果由潘大伟 1978 年导出。经数值分析表明，冷轧板带时，在相当宽的轧制参数变化范围内 C_b 小于 1，$1/\eta_b^2$ 也较小，因此认为可以合理地略去$\frac{1}{4}C_b^2$ 和 $1/\eta_b^2$ 项。式（12.12）中 V_x 和 V_y 按式（12.1）和式（12.2）确定。

应指出：由于式（12.13）中仍然包括 P 的隐函数，即式（12.13）有如下形式

$$\eta_b=\left(1+\frac{1}{4}\frac{2\sigma_s}{\sqrt{3}f\bar{p}}\frac{l}{h}\frac{1}{\sqrt{1+\frac{1}{4}(b/V_y)^2}}\right)=1+\frac{\sigma_s}{\sqrt{3}f}\frac{l^2}{Ph}\frac{1}{\sqrt{1+\frac{1}{4}(b/V_y)^2}}$$

该式代入式（12.12）的分母后，表明式（12.12）两侧均含有 P，因此该式不是轧制力 P 的解析解，最多为省略 η_b 项后的数值解。同时还应指出，轧制过程模拟成剪切和压缩组合时，外端界面（变形区入、出口界面）上的剪切功率一般不能忽略。但是模拟冷轧薄带外端不是轧制力的主要影响因素。

以下将介绍该问题获得解析解的具体方法。

12.1.3 剪切压缩模拟冷轧的解析解

在冷轧带前后张力的板带材时，如前所述，允许变形区内的 σ_s 取均值。可把轧件看成刚 - 塑性材料，因此允许接触面的摩擦应力取 $\tau_f=mk$，$k=\sigma_s/\sqrt{3}$。于是由刚 - 塑性第一变分原理，模拟成平面变形剪切压缩的速度场与应变速率场仍满足式（12.1）～式（12.4）。

12.1.3.1 内部变形功率

在外力已知面 S_p 上的功率为摩擦功率损失为 $\dot{W}_f$，注意到在前滑区接触面（$x=l$）上的切向速度不连续量满足式（12.5），后滑区接触面（$x=-l$）上切

向速度不连续量满足式（12.6），于是摩擦功率由式（12.5）、式（12.6）为

$$\dot{W}_{\mathrm{f}} = 2\int_{-l}^{l}\tau_{\mathrm{f}}\,|\Delta v_{\mathrm{f}}|\,\mathrm{d}x = 2mk\Big[\int_{a}^{l}\frac{1}{2}\Big(\frac{V_y l}{h}+b-V_x\Big)\mathrm{d}x+\int_{-l}^{a}\frac{1}{2}\Big(V_x+\frac{V_y}{h}l-b\Big)\mathrm{d}x\Big]$$

$$= 2mk\Big[\frac{1}{2}\Big(\frac{V_y l}{h}+b-V_x\Big)(l-a)+\frac{1}{2}\Big(V_x+\frac{V_y}{h}l-b\Big)(a+l)\Big]$$

$$= 2mk\Big[\frac{V_y}{h}l^2+\frac{h}{V_y}(V_x-b)^2\Big] \tag{12.15}$$

内部塑性变形功率 $\dot{W}_i$ 同前为

$$\dot{W}_i = \sigma_{\mathrm{s}}\sqrt{\frac{2}{3}}\int_V\sqrt{\dot{\varepsilon}_{ik}\dot{\varepsilon}_{ik}}\,\mathrm{d}V = \frac{2\sigma_{\mathrm{s}}}{\sqrt{3}}\int_V\sqrt{\dot{\varepsilon}_x^2+\dot{\varepsilon}_{xy}^2}\,\mathrm{d}V = \frac{2\sigma_{\mathrm{s}}}{\sqrt{3}}\int_V\sqrt{\Big(\frac{V_y}{h}\Big)^2+\Big(\frac{b}{2h}\Big)^2}\,\mathrm{d}V$$

$$= \frac{8\sigma_{\mathrm{s}}}{\sqrt{3}}lV_y\sqrt{1+\frac{1}{4}(b/V_y)^2}$$

前后张力功率为

$$\dot{W}_{\mathrm{t}} = 4\bar{q}\,h\,\bar{v}_x\big|_{x=l} = 4\bar{q}lV_y$$

12.1.3.2 总功率泛函

注意到式（12.10），并令外功率等于内部塑性成形功率，即

$$\dot{W}_1+\dot{W}_2 = 2PV_y+4a\tau_{\mathrm{f}}V_x = 2PV_y+4amkV_x = \dot{W}_i+\dot{W}_{\mathrm{f}}-\dot{W}_{\mathrm{t}}$$

将式（12.9），式（12.15），式（12.8）代入上式，注意到 $k=\sigma_{\mathrm{s}}/\sqrt{3}$，整理得

$$2PV_y+4amkV_x = \frac{8\sigma_{\mathrm{s}}}{\sqrt{3}}lV_y\sqrt{1+\frac{1}{4}(b/V_y)^2}+2mk\Big[\frac{V_y}{h}l^2+\frac{h}{V_y}(V_x-b)^2\Big]+4\bar{q}lV_y$$

$$P = 4kl\sqrt{1+\frac{1}{4}(b/V_y)^2}+mkh[(l/h)^2+(V_x/V_y-b/V_y)^2]-2amk(V_x/V_y)+2\bar{q}l \tag{12.16}$$

注意到由几何关系，$a=h(V_x/V_y-b/V_y)$ 代入上式整理得

$$P = 4kl\sqrt{1+\frac{(b/V_y)^2}{4}}+2kh\Big[\frac{m}{2}(l/h)^2-\frac{m}{2}(V_x/V_y)^2+\frac{m}{2}(b/V_y)^2+\frac{\bar{q}}{k}\,\frac{l}{h}\Big] \tag{12.17}$$

应力状态影响系数为

$$n_\sigma = \frac{\bar{p}}{2k} = \frac{P}{4kl} = \sqrt{1+\frac{(b/V_y)^2}{4}}+\frac{m}{4}(l/h)-\frac{m}{4}\frac{h}{l}[(V_x/V_y)^2-(b/V_y)^2]+\frac{\bar{q}}{2k} \tag{12.18}$$

注意到式（12.17）、式（12.18）右端已不再隐含 P，故为 P 的解析解。

12.1.3.3 力能参数最小化及讨论

为求得泛函最小值，上式对 b 求导，令 $\frac{\partial n_\sigma}{\partial b}=\frac{\partial}{\partial b}\left(\frac{\bar{p}}{2k}\right)=0$，有

$$\frac{\partial}{\partial b}\left(\frac{\bar{p}}{2k}\right)=\frac{\frac{1}{4}(b/V_y^2)}{\sqrt{1+\frac{1}{4}(b/V_y)^2}}+\frac{hm}{2l}(b/V_y^2)=0$$

$$m=-\frac{l/(2h)}{\sqrt{1+0.25\,(b/V_y)^2}},\quad \left(\frac{b}{V_y}\right)^2=\frac{l^2}{h^2m^2}-4 \tag{12.19}$$

将式（12.19）确定的 $\left(\frac{b}{V_y}\right)^2$ 值代入（12.18）可得应力状态系数的最小值为

$$n_{\sigma(\min)}=\left(\frac{\bar{p}}{2k}\right)_{\min}=\frac{3l}{4mh}+\frac{ml}{4h}-\frac{h}{l}m\left[\left(\frac{V_x/V_y}{2}\right)^2+1\right]+\frac{\bar{q}}{2k} \tag{12.20}$$

总压力为

$$P=n_{\sigma(\min)}4kl\,\overline{B} \tag{12.21}$$

式中，$\overline{B}$ 为轧件平均宽度，可取 $\overline{B}=(B_{\mathrm{H}}+B_{\mathrm{h}})/2$，即取变形区入口、出口宽度的均值。也可直接将式（12.19）代入式（12.17）得到单位宽度总压力最小值为

$$\begin{aligned}P_{\min}&=4kl\sqrt{1+\frac{(b/V_y)^2}{4}}+2kh\left[\frac{m}{2}(l/h)^2-\frac{m}{2}(V_x/V_y)^2+\frac{m}{2}(b/V_y)^2+\frac{\bar{q}}{k}\,\frac{l}{h}\right]\\&=\left\{\frac{3kl^2}{mh}+\frac{kml^2}{h}-4khm\left[\left(\frac{V_x/V_y}{2}\right)^2+1\right]+2l\,\bar{q}\right\}\end{aligned} \tag{12.22}$$

总压力为

$$P=P_{\min}\overline{B}=\left\{\frac{3kl^2}{mh}+\frac{kml^2}{h}-4khm\left[\left(\frac{V_x/V_y}{2}\right)^2+1\right]+2l\,\bar{q}\right\}\overline{B} \tag{12.23}$$

式（12.23）与式（12.21）为同一公式的不同形式。可以看出：由式（12.16）~式（12.23）共八个公式均为解析表达式，即对冷轧薄带采用剪切与压缩组合模拟得到了解析解，这是与前述式（12.12）、式（12.13）数值解的主要差别与进展之处。读者应当从中理解到，由于后者采用的数学物理方法正确，使对克服解析的数学疑难起到四两拨千斤的理想效果。

12.2 模拟异步热轧中厚板

12.2.1 轧剪组合速度场

为模拟计算异步热轧厚板的轧制力，必须首先明确异步热轧厚板与异步冷轧带材的主要区别：一是热轧厚板没有前后张力，这与前述带张力冷轧轧不同；二是厚板的 l/h 值不是远大于1，因此不能像前述冷轧薄带那样忽略外端剪切功率

对变形力的影响。

热轧厚板展宽轧制和精轧道次可视为平面变形问题，以平面变形剪切压缩模型予以模拟，如图 12.3a、b 所示。图中 V_x，V_y 分别为工具的水平和垂直速度，v_x 是金属速度。

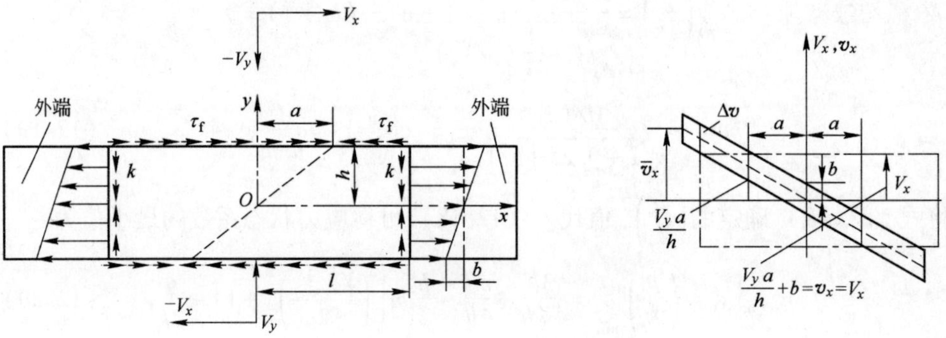

图 12.3　模拟平面变形热轧厚板

a—剪切压缩；b—速度场模型

同样，工具水平与垂直速度、变形区运动许可速度场与应变速率场分别为

$$V_x \approx \frac{1}{2}(V_{RF} - V_{RS})$$

$$V_y \approx \frac{1}{4}(V_{RF} + V_{RS})\sqrt{\frac{\Delta H}{R}}$$

$$v_z = 0,\ v_y = -\frac{V_y}{h}y,\ v_x = \frac{V_y}{h}x + \frac{b}{h}y$$

$$\dot{\varepsilon}_x = \frac{V_y}{h}, \dot{\varepsilon}_y = -\frac{V_y}{h}, \dot{\varepsilon}_{xy} = \frac{b}{2h};\text{其他}\ \dot{\varepsilon}_z = \dot{\varepsilon}_{yz} = \dot{\varepsilon}_{xz} = 0$$

12.2.2　成形功率泛函

将热轧轧件视为刚－塑性体，变形区 σ_s 取均值。接触面摩擦应力取 $\tau_f = mk$，用刚－塑性材料第一变分原理，上下接触面 S_p 上的切向速度不连续量分别为

前滑区（$x = l$）：
$$\Delta v_f = v_x - V_x = \frac{1}{2}\left(\frac{V_y l}{h} + b - V_x\right)$$

后滑区（$x = -l$）：
$$|\Delta v_f| = \frac{1}{2}\left(V_x + \frac{v_y}{h}l - b\right)$$

于是接触面摩擦功率 $\dot{W}_f$ 为

$$\dot{W}_f = 2mk\left[\frac{1}{2}\left(\frac{V_y l}{h} + b - V_x\right)(l-a) + \frac{1}{2}\left(V_x + \frac{v_y}{h}l - b\right)(a+l)\right]$$
$$= 2mk\left[\frac{V_y}{h}l^2 + \frac{h}{V_y}(V_x - b)^2\right]$$

内部塑性变形功率 $\dot{W}_i$ 为

$$\dot{W}_i = \int_V \sigma_s \dot{\bar{\varepsilon}} dV = \sigma_s \sqrt{\frac{2}{3}} \int_V \sqrt{\dot{\varepsilon}_x^2 + \dot{\varepsilon}_y^2 + 2\dot{\varepsilon}_{xy}^2} dV = \frac{2\sigma_s}{\sqrt{3}} \int_V \sqrt{\left(\frac{V_y}{h}\right)^2 + \left(\frac{b}{2h}\right)^2} dV$$
$$= \frac{8\sigma_s}{\sqrt{3}} l V_y \sqrt{1 + \frac{1}{4}(b/V_y)^2}$$

应指出，热轧 $l/\bar{h} < 1$ 厚件时，变形区入、出口截面为未变形区与塑性变形区交界面，如模拟成平面变形剪切压缩厚件，则称外端界面，如图 12.3a 所示；注意到在该界面上，剪应力达到最大值 $\tau_s = k$，故该界面要消耗的剪切功率 $\dot{W}_s$ 为

$$|\Delta v_s| = |0 - V_y| = V_y$$
$$\dot{W}_s = \int_S k|\Delta v_s| dS = \frac{4\sigma_s}{\sqrt{3}} \int_0^h V_y dy = \frac{4\sigma_s}{\sqrt{3}} h V_y \tag{12.24}$$

12.2.3 总功率及最小化

注意到速度已知面 S_v 上的外力功率式（12.10），令外功率等于内功率即 $\dot{W}_1 + \dot{W}_2 = J^* = \dot{W}_i + \dot{W}_f + \dot{W}_s$，注意到 $\tau_f = mk$，$k = \sigma_s/\sqrt{3}$，将式（12.9）、式(12.15)、式(12.24)代入并整理，则有

$$2PV_y + 4amkV_x = \frac{8\sigma_s}{\sqrt{3}} l V_y \sqrt{1 + \frac{1}{4}(b/V_y)^2} + 2mk\left[\frac{V_y}{h}l^2 + \frac{h}{V_y}(V_x - b)^2\right] + \frac{4\sigma_s}{\sqrt{3}} h V_y$$

$$P = 4kl\sqrt{1 + \frac{(b/V_y)^2}{4}} + mkh[(l/h)^2 + (V_x/V_y - b/V_y)^2] - 2amk(V_x/V_y) + 2kh \tag{12.25}$$

由几何关系，将 $a = h(V_x/V_y - b/V_y)$ 代入上式整理得

$$P = 4kl\sqrt{1 + \frac{(b/V_y)^2}{4}} + 2kh\left\{\frac{m}{2}(l/h)^2 - \frac{m}{2}(V_x/V_y)^2 + \frac{m}{2}(b/V_y)^2 + 1\right\} \tag{12.26}$$

$$n_\sigma = \frac{\bar{p}}{2k} = \sqrt{1 + \frac{(b/V_y)^2}{4}} + \frac{h}{2l}\left[\frac{m}{2}(l/h)^2 - \frac{m}{2}(V_x/V_y)^2 + \frac{m}{2}(b/V_y)^2 + 1\right] \tag{12.27}$$

将上式最小化令$\frac{\partial}{\partial b}\left(\frac{\bar{p}}{2k}\right)=0$，有

$$\frac{\partial}{\partial b}\left(\frac{\bar{p}}{2k}\right)=\frac{\frac{1}{4}(b/V_y^2)}{\sqrt{1+\frac{1}{4}(b/V_y)^2}}+\frac{hm}{2l}(b/V_y^2)=0,\ \left(\frac{b}{V_y}\right)^2=\frac{l^2}{h^2m^2}-4$$

$$n_{\sigma(\min)}=\left(\frac{\bar{p}}{2k}\right)_{\min}=\frac{3l}{4mh}+\frac{ml}{4h}-\frac{h}{l}m\left[\left(\frac{V_x/V_y}{2}\right)^2+1\right]+\frac{h}{2l}$$

上式为异步热轧厚板应力状态系数的最小上界值的解析解。总轧制力为

$$P=n_{\sigma(\min)}4kl\bar{B} \tag{12.28}$$

也可将$\left(\frac{b}{V_y}\right)^2$直接代入式（12.26）得到最小单位宽度压力为

$$P_{\min}=\frac{3kl^2}{mh}+\frac{kml^2}{h}-4khm\left[\left(\frac{V_x/V_y}{2}\right)^2+1\right]+2kh \tag{12.29}$$

总压力为

$$P=\left\{\frac{3kl^2}{mh}+\frac{kml^2}{h}-4khm\left[\left(\frac{V_x/V_y}{2}\right)^2+1\right]+2kh\right\}\bar{B} \tag{12.30}$$

式中，m 是摩擦因子；$\bar{B}$ 为变性区平均宽度。对热轧 m 取 1 时，式（12.27）变为

$$n_{\sigma(\min)}=\frac{l}{h}-\frac{h}{l}\left[\left(\frac{V_x/V_y}{2}\right)^2+1\right]+\frac{h}{2l} \tag{12.31}$$

以上是对异步热轧厚板以轧剪组合模拟轧制力计算的结果。显然它是一个解析解。

12.3 工程法（忽略纵向剪应力）

工程法对异步轧制理论的研究最早，许多成果已成为目前异步轧制设备校核、工艺制定的基本依据。以下重点介绍台湾学者 Yeong Maw Hwang 等[124]以工程法取得解析成果。

12.3.1 基本假定

假定轧辊为刚性，轧件为刚－塑性材料；假定变形区微分体上的正应力均匀分布，垂直与水平应力为主应力且塑性变形为平面变形问题；接触面摩擦应力 $\tau_f=mk$，对热轧$m=1$，$\tau=k$；变形区出入口金属均沿水平方向流动；接触弧与轧辊周长之比相对较小。如图 12.4 所示。由图 12.4 可知，依据摩擦力方向变形区明显分为三个区域，即入口区域（后滑区）为Ⅰ区；出口区域（前滑区）为Ⅲ区；搓轧区域（上下表面摩擦应力方向相反的中间区域）为Ⅱ区。

12.3.2 单位压力分布求解

取自Ⅰ区的单元体受力平衡如图12.5所示。该区的水平与垂直力平衡方程为

$$\frac{\mathrm{d}(hq)}{\mathrm{d}x}+p_1\tan\theta_1+p_2\tan\theta_2-(\tau_1+\tau_2)=0 \tag{12.32}$$

$$p=p_1+\tau_1\tan\theta_1=p_2+\tau_2\tan\theta_2 \tag{12.33}$$

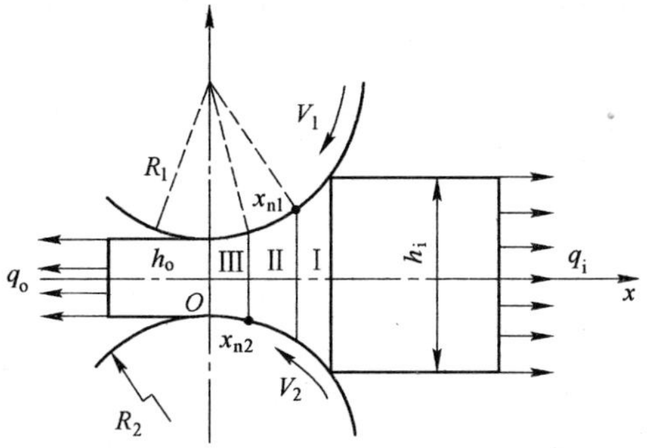

图12.4 平辊异步轧制变形区

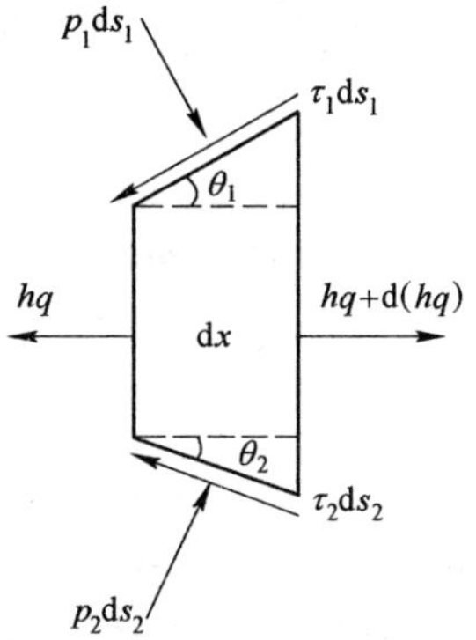

图12.5 取自Ⅰ区的单元体平衡

将式（12.32）展开，将式（12.33）代入前式，整理得

$$h\frac{\mathrm{d}q}{\mathrm{d}x}+(p+q)\frac{\mathrm{d}h}{\mathrm{d}x}=\tau_1\frac{x^2}{R_1^2}+\tau_2\frac{x^2}{R_2^2}+\tau_e \tag{12.34}$$

式中，$h=h_o+\frac{x^2}{R_{eq}}$，上下接触弧以统一抛物线方程表示，相当于等效接触弧方程，于是$\frac{\mathrm{d}h}{\mathrm{d}x}=\frac{2x}{R_{eq}}$，$R_{eq}=\frac{2R_1R_2}{R_1+R_2}$，$\tau_e=\tau_1+\tau_2$；$h$为变形区板材厚度变量；$h_o$为出口厚度；$R_1$，$R_2$为上下辊径；$\tau_1=m_1k$，$\tau_2=m_2k$为上下辊接触面摩擦剪应力。$\tau_e$，$R_{eq}$即所谓异步轧制等效摩擦力与等效半径。主轴条件下的屈服准则为

$$p+q=2k \tag{13.35}$$

式中，$k=\overline{\sigma}_s/\sqrt{3}$为平均屈服应力。上式代入（12.34）整理得

$$h\frac{\mathrm{d}p}{\mathrm{d}x}=-\left(\frac{\tau_1}{R_1^2}+\frac{\tau_2}{R_2^2}\right)x^2+2k\frac{2x}{R_{eq}}-\tau_e \tag{12.36}$$

上式对x积分的微分方程通解为

$$p=-Ax+2k\ln(x^2+R_{eq}h_o)+\frac{E}{\sqrt{R_{eq}h_o}}\omega+c^* \tag{12.37}$$

式中，$A=R_{eq}\left(\frac{\tau_1}{R_1^2}+\frac{\tau_2}{R_2^2}\right)$，$\omega=\tan^{-1}\frac{x}{\sqrt{R_{eq}h_o}}$，$E=R_{eq}h_oA-\tau_eR_{eq}$。

在区域Ⅰ，轧件所受摩擦力指向总是朝前，即板材速度慢于轧辊速度，金属相对于轧辊是朝（入口）后滑的，所以 $\tau_e = m_1k + m_2k$；Ⅲ区微分方程与Ⅰ区完全相同，只是摩擦情形恰好相反为 $\tau_e = -(m_1 + m_2)k$；搓轧区Ⅱ因摩擦力方向相反，故对 $V_2 > V_1$ 的情况，$\tau_e = -m_1k + m_2k = (m_2 - m_1)k$。

由于 $V_2 > V_1$，三区边界条件表示为：

（1）Ⅲ区：$(0 \leqslant x \leqslant x_{n2})$，$\tau_{e3} = -(m_1 + m_2)k$。在 $x = 0$ 或 $\omega = 0$ 的出口处

$$p_o = 2k - q_o$$

式中，p_o 是变形区出口轧制单位压力，因此由此条件，式（12.37）的积分常数确定为

$$c_3^* = 2k[1 - \ln(R_{eq}h_o)] - q_o \tag{12.38}$$

于是Ⅲ区单位压力分布为

$$p_{\text{Ⅲ}} = -A_3x + 2k\ln(x^2 + R_{eq}h_o) + \frac{E_3}{\sqrt{R_{eq}h_o}}\omega + c_3^* \tag{12.39}$$

式中，$A_3 = -R_{eq}k\left(\frac{m_1}{R_1^2} + \frac{m_2}{R_2^2}\right)$，$E_3 = R_{eq}h_oA_3 - R_{eq}\tau_{e3}$。

（2）Ⅰ区：$(x_{n1} \leqslant x \leqslant L)$，$\tau_{e1} = m_1k + m_2k$。

在 $x = L$（或 $\omega = \omega_i = \tan^{-1}\frac{L}{\sqrt{R_{eq}h_o}}$）的入口

$$p_i = 2k - q_i$$

式中，p_i 是变形区入口轧制单位压力，因此由此条件，式（12.37）的积分常数确定为

$$c_1^* = 2k - q_i + A_1L - 2k\ln(L^2 + R_{eq}h_o) - \frac{E_1}{\sqrt{R_{eq}h_o}}\omega_i \tag{12.40}$$

式中，$A_1 = R_{eq}k\left(\frac{m_1}{R_1^2} + \frac{m_2}{R_2^2}\right)$，$E_1 = R_{eq}h_oA_1 - R_{eq}\tau_{e1}$，$L = \sqrt{R_{eq}h_ir}$。因此Ⅰ区单位压力分布方程（特解）为

$$p_{\text{Ⅰ}} = -A_1x + 2k\ln(x^2 + R_{eq}h_o) + \frac{E_1\omega}{\sqrt{R_{eq}h_o}} + c_1^* \tag{12.41}$$

（3）Ⅱ区：$(x_{n2} \leqslant x \leqslant x_{n1})$，$\tau_{e2} = (m_2 - m_1)k_2$。由于在 $x = x_{n2}$（或 $\omega = \omega_{n2}$）处边界的连续性，则Ⅲ区在 $x = x_{n2}$ 处压力（$p_{\text{Ⅲ}}$）必须等于Ⅱ区的压力（$p_{\text{Ⅱ}}$），即 $p_{\text{Ⅲ}} = p_{\text{Ⅱ}}$。于是 c_3^* 与 c_2^* 存在下述关系

$$-A_3x_{n2} + 2k\ln(x_{n2}^2 + R_{eq}h_o) + \frac{E_3\omega_{n2}}{\sqrt{R_{eq}h_o}} + c_3^* = -A_2x_{n2} + 2k\ln(x_{n2}^2 + R_{eq}h_o) + \frac{E_2\omega_{n2}}{\sqrt{R_{eq}h_o}} + c_2^* \tag{12.42}$$

式中，$A_2 = -R_{eq}k\left(\frac{m_1}{R_1^2} - \frac{m_2}{R_2^2}\right)$，$E_2 = R_{eq}h_o A_2 - R_{eq}\tau_{e2}$。

同时，由于在 $x = x_{n1}$ 处必须满足边界条件，即 $p_{Ⅰ} = p_{Ⅱ}$，故得到

$$-A_1 x_{n1} + 2k\ln(x_{n1}^2 + R_{eq}h_o) + \frac{E_1 \omega_{n1}}{\sqrt{R_{eq}h_o}} + c_1^* = -A_2 x_{n1} + 2k\ln(x_{n1}^2 + R_{eq}h_o) + \frac{E_2 \omega_{n1}}{\sqrt{R_{eq}h_o}} + c_2^* \tag{12.43}$$

式中，$\omega_{n1} = \tan^{-1}\frac{x_{n1}}{\sqrt{R_{eq}h_o}}$，$\omega_{n2} = \tan^{-1}\frac{x_{n2}}{\sqrt{R_{eq}h_o}}$。

由方程式（12.42）得

$$c_2^* = (A_2 - A_3)x_{n2} + F^* \omega_{n2} + c_3^* \tag{12.44}$$

式中，$F^* = (E_3 - E_2)/\sqrt{R_{eq}h_o}$。

由方程式（12.43）得

$$c_2^* = (A_2 - A_1)x_{n1} + E^* \omega_{n1} + c_1^* \tag{12.45}$$

式中，$E^* = (E_1 - E_2)/\sqrt{R_{eq}h_o}$。

将式（12.45）代入式（12.44）得

$$(A_2 - A_1)x_{n1} + E^* \omega_{n1} + c_1^* - (A_2 - A_3)x_{n2} - F^* \omega_{n2} - c_3^* = 0 \tag{12.46}$$

按体积不变方程上下辊中性点位置 x_{n1}、x_{n2} 有以下关系

$$x_{n1} = \sqrt{V_A x_{n2}^2 + (V_A - 1)\frac{h_o}{R_A}} \tag{12.47}$$

式中
$$V_A = \frac{V_2}{V_1}; R_A = \frac{1}{R_{eq}} - \frac{h_o}{2R_{eq}^2}$$

将式（12.47）代入式（12.46）则中性点 x_{n2} 可以中分数值方法容易得到；一旦 x_{n2} 已知，x_{n1} 和 c_2^* 则可由方程式（12.47）及式（12.44）分别求出。于是Ⅱ区轧制压力分布方程（特解）可确定为

$$p_{Ⅱ} = -A_2 x + 2k\ln(x^2 + R_{eq}h_o) + \frac{E_2}{\sqrt{R_{eq}h_o}}\omega + c_2^* \tag{12.48}$$

当常数 c_1^*、c_2^*、c_3^* 分别由方程式（12.38）、式（12.40）、式（12.44）计算已知时，轧制压力 $p_{Ⅰ}$，$p_{Ⅱ}$，$p_{Ⅲ}$ 的分布则可由方程式式（12.39）、式（12.41）、式（12.48）、分别确定。

12.3.3 轧制力与力矩积分

12.3.3.1 轧制力

将前述法向压力分布方程沿接触弧长度积分得到单位宽度轧制力为

$$P = P_{Ⅲ} + P_{Ⅱ} + P_{Ⅰ} \tag{12.49}$$

$$P_{\mathrm{III}} = \int_0^{x_{n2}} p_{\mathrm{III}} \mathrm{d}x = \mathrm{III}_1^* + \mathrm{III}_2^* \tag{12.50}$$

$$\mathrm{III}_1^* = -\frac{A_3}{2}x_{n2}^2 + 2kx_{n2}\ln\left(x_{n2}^2 + R_{\mathrm{eq}}h_{\mathrm{o}}\right) + \left(c_3^* - 4k\right)x_{n2}$$

$$\mathrm{III}_2^* = E_3\left(\frac{\omega_{n2}^2}{2} + \frac{\omega_{n2}^4}{4}\right) + 4k\sqrt{R_{\mathrm{eq}}h_{\mathrm{o}}}\,\omega_{n2}$$

注意前式采用分部积分，后式结果整理用幂级数展开

$$P_{\mathrm{II}} = \int_{x_{n2}}^{x_{n1}} p_{\mathrm{II}} \mathrm{d}x = \mathrm{II}_1^* + \mathrm{II}_2^* \tag{12.51}$$

$$\mathrm{II}_1^* = -\frac{A_2}{2}x_{n1}^2 + 2kx_{n1}\ln(x_{n1}^2 + R_{\mathrm{eq}}h_{\mathrm{o}}) + (c_2^* - 4k)x_{n1} + 4k\sqrt{R_{\mathrm{eq}}h_{\mathrm{o}}}\,\omega_{n1} + E_2\left(\frac{\omega_{n1}^2}{2} + \frac{\omega_{n1}^4}{4}\right)$$

$$\mathrm{II}_2^* = \frac{A_2}{2}x_{n2}^2 - 2kx_{n2}\ln(x_{n2}^2 + R_{\mathrm{eq}}h_{\mathrm{o}}) - (c_2^* - 4k)x_{n2} - 4k\sqrt{R_{\mathrm{eq}}h_{\mathrm{o}}}\,\omega_{n2} - E_2\left(\frac{\omega_{n2}^2}{2} + \frac{\omega_{n2}^4}{4}\right)$$

$$P_{\mathrm{I}} = \int_{x_{n1}}^{L} p_{\mathrm{I}} \mathrm{d}x = \mathrm{I}_1^* + \mathrm{I}_2^* \tag{12.52}$$

$$\mathrm{I}_1^* = -\frac{A_1}{2}L^2 + 2kL\ln\left(L^2 + R_{\mathrm{eq}}h_{\mathrm{o}}\right) + (c_1^* - 4k)L + 4k\sqrt{R_{\mathrm{eq}}h_{\mathrm{o}}}\,\omega_i + E_1\left(\frac{\omega_{\mathrm{i}}^2}{2} + \frac{\omega_{\mathrm{i}}^4}{4}\right)$$

$$\mathrm{I}_2^* = \frac{A_1}{2}x_{n1}^2 - 2kx_{n1}\ln\left(x_{n1}^2 + R_{\mathrm{eq}}h_{\mathrm{o}}\right) - (c_1^* - 4k)x_{n1} - 4k\sqrt{R_{\mathrm{eq}}h_{\mathrm{o}}}\,\omega_{n1} - E_1\left(\frac{\omega_{n1}^2}{2} + \frac{\omega_{n1}^4}{4}\right)$$

12.3.3.2 轧制力矩

令上下辊施加的轧制力矩分别为 T_1，T_2，将摩擦剪应力力矩沿接触弧积分得

$$T_1 = R_1\left(-\int_0^{x_{n2}} m_1 k\mathrm{d}x - \int_{x_{n2}}^{x_{n1}} m_1 k\mathrm{d}x + \int_{x_{n1}}^{L} m_1 k\mathrm{d}x\right) = R_1 m_1 k(L - 2x_{n1}) \tag{12.53}$$

$$T_2 = R_2\left(-\int_0^{x_{n2}} m_2 k\mathrm{d}x - \int_{x_{n2}}^{x_{n1}} m_2 k\mathrm{d}x + \int_{x_{n1}}^{L} m_2 k\mathrm{d}x\right) = R_2 m_2 k(L - 2x_{n2}) \tag{12.54}$$

总力矩为

$$T = T_1 + T_2 \tag{12.55}$$

12.3.4 异步冷轧板实验

在两辊异步轧机干摩擦条件下冷轧宽为 80mm，长为 300mm 三种厚度铝（A1050P）板如表 12.1 所示。上辊径 R_1 分别为 105mm 或 50mm，下辊径固定为 $R_2=105$mm；下辊周速 V_2 固定为 11.0mm/s，上辊周速 V_1 可调。拉伸实验应变速率为 0.016s^{-1} 试样符合 ASTM E8M 标准。硬化指数 n、强度系数 C，变形区出口平均变形程度 ε_{t}，平均屈服强度 $\overline{\sigma}_{\mathrm{yp}}$ 如表 12.1 所示。压下量为 10% ~50%，径比 $R_1/R_2=1$ 及 0.476（$R_2=105$mm）；速比为 $V_2/V_1=0.85$ ~1.176。

表 12.1 试样原始与性质

材质	初始宽×长/mm	初始厚度/mm	C/MPa	n	$\sigma = C\varepsilon^n$
A1050P	80×300	2.0	162.3	0.0353	$\varepsilon_t = \frac{2}{\sqrt{3}}\ln(1-r)^{-1}$
		3.2	168.8	0.0372	$\overline{\sigma}_{yp} = \frac{C\varepsilon_t^n}{n+1}$
		6.0	130.1	0.0372	$\dot{\varepsilon} = 0.016s^{-1}$

为测量上辊（慢速辊）的前滑值 F_{s1}，轧前在上辊表面刻下相距 100mm 的两条线，以 L_{r1} 表示此距离。则上辊前滑值 F_{s1} 表示如下

$$F_{s1} = \frac{v_0}{V_1} - 1 = \frac{L_{s1}}{L_{r1}} - 1 \tag{12.56}$$

式中，L_{s1} 是轧后铝板表面两印痕间的距离；v_0 是板在变形区出口的速度。然后，下辊（快速辊）的前滑 F_{s2} 由速比 V_2/V_1 及 F_{s1} 近似确定如下

$$F_{s2} = \frac{1 + F_{s1}}{V_2/V_1} - 1 \tag{12.57}$$

按体积不变条件

$$\frac{v_0}{V_1} = \frac{h_{n1}}{h_o}\left(1 - \frac{x_{n1}^2}{2R_{eq}}\right) \tag{12.58}$$

式中，h_{n1} 是中性点 x_{n1} 板材厚度。将式(12.58)代入式(12.56)，上辊前滑为

$$F_{s1} = \left(\frac{1}{R_{eq}h_o} - \frac{1}{2R_{eq}^2}\right)x_{n1}^2 - \frac{x_{n1}^4}{2R_{eq}^3 h_o} \tag{12.59}$$

一旦 L_{s1} 测出，F_{s1} 则可由式（12.56）算出；然后 x_{n1} 则可由式（12.59）得到为

$$x_{n1}^2 = R_{eq}^3 h_o\left[\left(\frac{1}{R_{eq}h_o} - \frac{1}{2R_{eq}^2}\right) - \sqrt{\left(\frac{1}{R_{eq}h_o} - \frac{1}{2R_{eq}^2}\right)^2 - \frac{2F_{s1}}{R_{eq}^3 h_o}}\right] \tag{12.60}$$

同样，x_{n2} 可由 F_{s2} 以同样方法得到。

以下为由方程式（12.46）估算平均摩擦因子 m（也就是令 $m = m_1 = m_2$）的方法。该式改写为

$$A^* x_{n1} + E^* \omega_{n1} + c_1^* - B^* x_{n2} - F^* \omega_{n2} - c_3^* = 0 \tag{12.61}$$

式中，$A^* = -\frac{2mkR_{eq}}{R_1^2}$，$E^* = -\frac{2mk}{\sqrt{R_{eq}h_o}}\left(\frac{R_{eq}^2 h_o}{R_1^2} - R_{eq}\right)$，$c_1^* = 2k - q_i + A_1 L - 2k\ln(L^2 + R_{eq}h_o) - \frac{E_1}{\sqrt{R_{eq}h_o}}\omega_i$，$A_1 = mkR_{eq}\left(\frac{1}{R_1^2} + \frac{1}{R_2^2}\right)$ $E_1 = mkR_{eq}^2 h_o\left(\frac{1}{R_1^2} + \frac{1}{R_2^2}\right) - 2mkR_{eq}$，$B^* = \frac{2mkR_{eq}}{R_2^2}$，$F^* = \frac{2mk}{\sqrt{R_{eq}h_o}}\left(\frac{-R_{eq}^2 h_o}{R_2^2} + R_{eq}\right)$，$c_3^* = 2k[1 - \ln(R_{eq}h_o)] - q_o$。

平均摩擦因子 m 可由式（12.61）直接导出如下

$$m=\frac{f_i-f_o+\ln\left(\frac{R_{eq}h_o+L^2}{R_{eq}h_o}\right)}{\frac{R_{eq}}{R_1^2}\left(\sqrt{R_{eq}h_o}\omega_{n1}-x_{n1}\right)+\frac{R_{eq}}{R_2^2}\left(\sqrt{R_{eq}h_o}\omega_{n2}-x_{n2}\right)+\sqrt{\frac{R_{eq}}{h_o}}\left(\omega_i-\omega_{n1}-\omega_{n2}\right)-0.5R_{eq}\left(\frac{1}{R_1^2}+\frac{1}{R_2^2}\right)\left(\sqrt{R_{eq}h_o}\omega_i-L\right)}$$

$$f_i=\frac{q_i}{2k},\ f_o=\frac{q_o}{2k},\ \omega_i=\tan^{-1}\frac{L}{\sqrt{R_{eq}h_o}} \tag{12.62}$$

可见，只要前滑测出，进而中性点 x_{n1}，x_{n2} 确定，则 m 值就能由式（12.62）给出。试验中不同厚向压下率的轧制条件及相应的 m 值如表 12.2 所示。有关表 12.2 不考虑纵向剪应力计算与实验结果的详细讨论请见文献［124］。本节部分讨论内容将在下节讨论时给出。

表 12.2 解析与实验中的不同轧制条件

编号	R_1	R_2	h_i	V_2/V_1							平均
1	105	105	6.0	1.0	r	8.33	17.53	26.94	36.44		m_a
					m	0.524	0.562	0.625	0.673		0.596
2	105	105	6.0	1.1	r	17.39	20.48	31.74	34.59		m_a
					m	0.578	0.586	0.593	0.674		0.608
3	105	105	6.0	1.176	r	24.37	34.83	40.66			m_a
					m	0.643	0.501	0.574			0.572
4	105	105	3.2	1.1	r	20.31	31.03	35	44.51		m_a
					m	0.465	0.5	0.499	0.511		0.494
5	105	105	2.0	1.1	r	16.5	24.5	34.5			m_a
					m	0.425	0.497	0.543			0.488
6	50	105	2.0	1.05	r	15.92	22.77	32.2	40.59	47.29	m_a
					m	0.386	0.392	0.346	0.335	0.337	0.359
7	50	105	2.0	1.1	r	18.32	23.15	33.5	40.89	49.26	m_a
					m	0.254	0.215	0.285	0.308	0.301	0.272
8	50	105	3.2	1.1	r	22.81	31.35	35.11	41.07		m_a
					m	0.28	0.321	0.349	0.389		0.335

12.4 工程法（考虑纵向剪应力）

以下介绍考虑搓轧区纵向剪应力但不考虑内弯矩影响的解析法。由于异步轧制存在摩擦方向相反的搓轧区（CSR），分析该区纵向剪应力对降低轧制压力分布的影响很有必要。

12.4.1 压力分布方程推导

12.4.1.1 剪应力分布

异步轧制如图 12.6 所示。单元体示意图如图 12.7 所示。假设条件、入出口厚度、上下辊径、辊速表示方法同前。上下辊面摩擦应力为 $\tau_1=m_1k$，$\tau_2=m_2k$。

假定三区内单元体侧面剪应力在上下接触面处均达到摩擦力值，但沿纵向分布规律不同。Ⅰ区、Ⅲ区侧面剪应力在上下表面处达到接触摩擦应力值，中心为零，表面到中心呈线性分布；而搓轧区Ⅱ，纵向剪应力由上表面到下表面线性分布，中心等于上下表面摩擦剪应力均值，如图 12.8 所示。

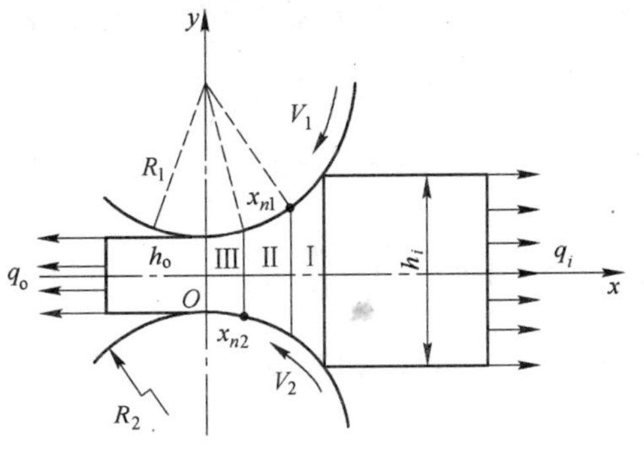

图 12.6 平辊异步轧制变形区

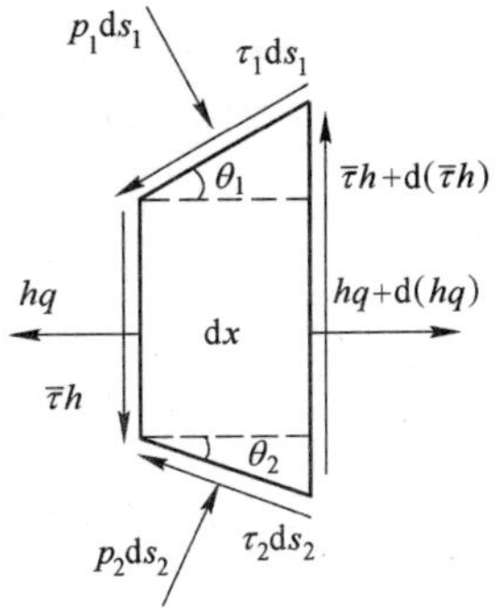

图 12.7 后滑区单元体示意图

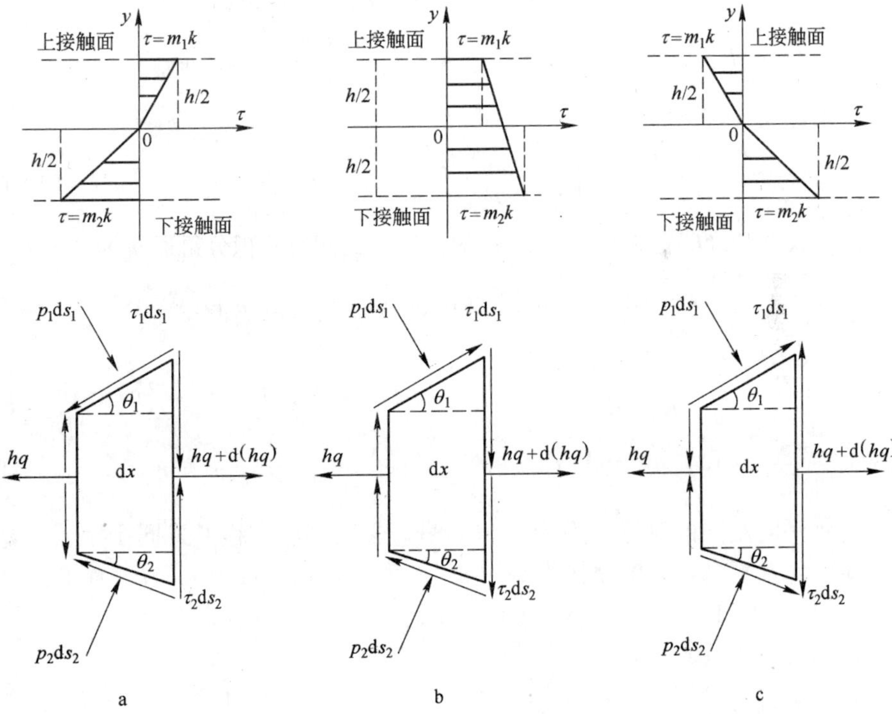

图 12.8 三区纵向剪应力分布规律与单元体对应关系（使体素顺时针转为正）

a—Ⅰ区（后滑区）；b—Ⅱ区（搓轧区）；c—Ⅲ区（前滑区）

由图 12.8 可知：Ⅰ、Ⅱ、Ⅲ区纵向剪应力可分别表示为：

$$\bar{\tau}_{\mathrm{I}}=\frac{1}{4}(m_1-m_2)k,\ \bar{\tau}_{\mathrm{II}}=\frac{1}{2}(m_1+m_2)k,\ \bar{\tau}_{\mathrm{III}}=\frac{1}{4}(m_2-m_1)k \quad (12.63)$$

式中，称 $\bar{\tau}$ 为纵向净剪应力。

12.4.1.2 平衡方程

对Ⅰ区，假定单元体侧面净（纯粹）剪应力 $\bar{\tau}_{\mathrm{I}}$ 仅对垂直力平衡有影响，如图 12.7 所示。则水平与垂直方向静力微分平衡方程分别为

$$\frac{\mathrm{d}(qh)}{\mathrm{d}x}+p_1\tan\theta_1+p_2\tan\theta_2-(\tau_1+\tau_2)=0$$

$$p=p_1+\tau_1\tan\theta_1=p_2+\tau_2\tan\theta_2+\bar{\tau}_{\mathrm{I}}\frac{\mathrm{d}h}{\mathrm{d}x} \quad (12.64)$$

注意到压下量不大时 $\tan\theta_1\approx\frac{x}{R_1}$，$\tan\theta_2\approx\frac{x}{R_2}$，将式（12.32）、式（12.64）联立得

$$h\frac{\mathrm{d}q}{\mathrm{d}x}+(p+q)\frac{\mathrm{d}h}{\mathrm{d}x}=\tau_1\frac{x^2}{R_1^2}+\tau_2\frac{x^2}{R_2^2}+\bar{\tau}_{\mathrm{I}}\frac{\mathrm{d}h}{\mathrm{d}x}\frac{x}{R_2}+\tau_{\mathrm{e}} \quad (12.65)$$

式中 $h=h_{\mathrm{o}}+\frac{x^2}{R_{\mathrm{eq}}}$，$\frac{\mathrm{d}h}{\mathrm{d}x}=\frac{2x}{R_{\mathrm{eq}}}$，$R_{\mathrm{eq}}=\frac{2R_1R_2}{R_1+R_2}$，$\tau_e=\tau_1+\tau_2$

将屈服条件式（12.35）代入上式整理得

$$h\frac{\mathrm{d}p}{\mathrm{d}x}=-\left(\frac{\tau_1}{R_1^2}+\frac{\tau_2}{R_2^2}+\frac{2\bar{\tau}_{\mathrm{I}}}{R_2R_{\mathrm{eq}}}\right)x^2+2k\frac{2x}{R_{\mathrm{eq}}}-\tau_{\mathrm{e}} \quad (12.66)$$

注意式（12.66）与式（12.36）的区别，两侧对 x 积分得通解为

$$p=-Ax+2k\ln(x^2+R_{\mathrm{eq}}h_{\mathrm{o}})+\frac{E}{\sqrt{R_{\mathrm{eq}}h_{\mathrm{o}}}}\omega+c^* \quad (12.67)$$

式中，$A=R_{\mathrm{eq}}\left(\frac{\tau_1}{R_1^2}+\frac{\tau_2}{R_2^2}+\frac{2\bar{\tau}_{\mathrm{I}}}{R_{\mathrm{o}}R_{\mathrm{eq}}}\right)$；$E=R_{\mathrm{eq}}h_{\mathrm{o}}A-\tau_{\mathrm{e}}R_{\mathrm{eq}}$ 与式（12.37）不同；$\omega=\tan^{-1}\frac{x}{\sqrt{R_{\mathrm{eq}}h_{\mathrm{o}}}}$，同前。方程式（12.32）中，$\tau_{\mathrm{e}}=\tau_{\mathrm{e1}}=\tau_1+\tau_2=m_1k+m_2k$，那么朝前（水平向左）的摩擦应力为“负”号。Ⅲ区平衡方程形式同Ⅰ区，只是方程中朝后（水平向右）的摩擦力为“正”，即 $\tau_{\mathrm{e3}}=-(m_1+m_2)k$，而Ⅱ区摩擦力方向相反，对 $V_2>V_1$，$\tau_{\mathrm{e2}}=-m_1k+m_2k=(m_2-m_1)k$。

12.4.1.3 边界条件

（1）区域Ⅲ$(0\leqslant x\leqslant x_{n2})$：$\tau_{\mathrm{e3}}=-(m_1+m_2)k$，$\bar{\tau}_{\mathrm{III}}=\frac{1}{4}(m_2-m_1)k$

在 $x=0$[或 $\omega=0$]时，$p_{\mathrm{o}}=2k-q_{\mathrm{o}}$，以此边界条件式（12.67）中的积分常数 c^* 为

$$c_3^* = 2k[1 - \ln(R_{eq}h_o)] - q_o$$

τ_{e3}、$\bar{\tau}_{Ⅲ}$分别表示为Ⅲ区等效摩擦力、纵向净剪应力；因此该区轧制压力分布$p_{Ⅲ}$为

$$p_{Ⅲ} = -A_3x + 2k\ln(x^2 + R_{eq}h_o) + \frac{E_3}{\sqrt{R_{eq}h_o}}\omega + c_3^* \tag{12.68}$$

注意式中，$A_3 = -R_{eq}k\left(\frac{m_1}{R_1^2} + \frac{m_2}{R_2^2} - \frac{2\bar{\tau}_{Ⅲ}}{R_2R_{eq}k}\right)$，$E_3 = R_{eq}h_0A_3 - R_{eq}\tau_{e3}$与式（12.39）不同。

（2）区域Ⅰ（$x_{n1} \leqslant x \leqslant L$）：$\tau_{e1} = (m_1 + m_2)k, \bar{\tau}_{Ⅰ} = \frac{1}{4}(m_1 - m_2)k$

在$x = L$[或$\omega = \omega_i = \tan^{-1}(L/\sqrt{R_{eq}h_o})$]处$p_i = 2k - q_i$，于是$c_1^*$确定为

$$c_1^* = 2k - q_i + A_1L - 2k\ln(L^2 + R_{eq}h_o) - \frac{E_1}{\sqrt{R_{eq}h_o}}\omega_i \tag{12.69}$$

注意式中，$A_1 = R_{eq}k\left(\frac{m_1}{R_1^2} + \frac{m_2}{R_2^2} + \frac{2\bar{\tau}_{Ⅰ}}{R_2R_{eq}k}\right)$，$E_1 = R_{eq}h_oA_1 - R_{eq}\tau_{e1}$与式（12.40）不同，其他相同。Ⅰ区压力分布$p_Ⅰ$为

$$p_Ⅰ = -A_1x + 2k\ln(x^2 + R_{eq}h_o) + \frac{E_1\omega}{\sqrt{R_{eq}h_o}} + c_1^* \tag{12.70}$$

请读者注意考虑纵向剪应力影响的式（12.70）中，A_1、E_1、c_1^*与式（12.41）的差别。

（3）区域Ⅱ（$x_{n1} \leqslant x \leqslant x_{n2}$）：$\tau_{e2} = (m_2 - m_1)k$，$\bar{\tau}_{Ⅱ} = \frac{1}{2}(m_1 + m_2)k$

由连续性$x = x_{n2}$处，$p_{Ⅲ} = p_{Ⅱ}$，故c_3^*、c_2^*间满足下式

$$-A_3x_{n2} + 2k\ln(x_{n2}^2 + R_{eq}h_o) + \frac{E_3\omega_{n2}}{\sqrt{R_{eq}h_o}} + c_3^* = -A_2x_{n2} + 2k\ln(x_{n2}^2 + R_{eq}h_o) + \frac{E_2\omega_{n2}}{\sqrt{R_{eq}h_o}} + c_2^* \tag{12.71}$$

式（12.71）与式（12.42）形式相同，但系数$A_2 = -R_{eq}k\left(\frac{m_1}{R_1^2} - \frac{m_2}{R_2^2} - \frac{2\bar{\tau}_{Ⅱ}}{R_2R_{eq}k}\right)$，$E_2 = R_{eq}h_oA_2 - R_{eq}\tau_{e2}$，已不同。同理，在$x = x_{n1}$，$p_Ⅰ = p_Ⅱ$，有

$$-A_1x_{n1} + \frac{E_1\omega_{n1}}{\sqrt{R_{eq}h_o}} + c_1^* = -A_2x_{n1} + \frac{E_2\omega_{n1}}{\sqrt{R_{eq}h_o}} + c_2^* \tag{12.72}$$

式中，$\omega_{n1} = \tan^{-1}\frac{x_{n1}}{\sqrt{R_{eq}h_o}}$，$\omega_{n2} = \tan^{-1}\frac{x_{n2}}{\sqrt{R_{eq}h_o}}$同前。

式（12.72）形式与式（12.43）相同，但系数A_1、A_2、E_1、E_2不同。由式（12.71）、式（12.72）分别得

$$c_2^* = (A_2 - A_3)x_{n2} + F^*\omega_{n2} + c_3^*,\ F^* = (E_3 - E_2)/\sqrt{R_{eq}h_o} \qquad (12.73)$$

$$c_2^* = (A_2 - A_1)x_{n1} + E^*\omega_{n1} + c_1^*,\ E^* = (E_1 - E_2)/\sqrt{R_{eq}h_o} \qquad (12.74)$$

将式（12.74）代入式（12.73），得

$$(A_2 - A_1)x_{n1} + E^*\omega_{n1} + c_1^* - (A_2 - A_3)x_{n2} - F^*\omega_{n2} - c_3^* = 0 \qquad (12.75)$$

式（12.75）与式（12.46）形式相同，但系数不同。由体积不变体积 x_{n1}，x_{n2} 间满足式（12.47）

$$x_{n1} = \sqrt{V_A x_{n2}^2 + (V_A - 1)\frac{h_o}{R_A}}$$

式中，$V_A = \dfrac{V_2}{V_1}$；$R_A = \dfrac{1}{R_{eq}} - \dfrac{h_o}{2R_{eq}^2}$。

将上式代入式（12.75）。x_{n2} 可由二分法确定，然后 x_{n1} 和 c_2^* 则由式（12.73）和式（12.74）求出。于是Ⅱ区压力分布

$$p_{\mathrm{II}} = -A_2 x + 2k\ln(x^2 + R_{eq}h_o) + \frac{E_2}{\sqrt{R_{eq}h_o}}\omega + c_2^* \qquad (12.76)$$

式（12.76）与式（12.48）形式一致，但系数 A_2、E_2、c_2^* 不同。

12.4.2 轧制力与力矩积分

单位宽度总轧制力同式（12.49），即 $P = P_{\mathrm{I}} + P_{\mathrm{II}} + P_{\mathrm{III}}$。其中

$$P_{\mathrm{III}} = \int_0^{x_{n2}} p_{\mathrm{III}}\,dx = \mathrm{III}_1^* + \mathrm{III}_2^* \qquad (12.77)$$

$$\mathrm{III}_1^* = -\frac{A_3}{2}x_{n2}^2 + 2kx_{n2}\ln(x_{n2}^2 + R_{eq}h_o) + (c_3^* - 4k)x_{n2}$$

$$\mathrm{III}_2^* = E_3\left(\frac{\omega_{n2}^2}{2} + \frac{\omega_{n2}^4}{4}\right) + 4k\sqrt{R_{eq}h_o}\,\omega_{n2}$$

$$P_{\mathrm{II}} = \int_{x_{n2}}^{x_{n1}} p_{\mathrm{II}}\,dx = \mathrm{II}_1^* + \mathrm{II}_2^* \qquad (12.78)$$

$$\mathrm{II}_1^* = -\frac{A_2}{2}x_{n1}^2 + 2kx_{n1}\ln(x_{n1}^2 + R_{eq}h_o) + (c_2^* - 4k)x_{n1} + 4k\sqrt{R_{eq}h_o}\,\omega_{n1} + E_2\left(\frac{\omega_{n1}^2}{2} + \frac{\omega_{n1}^4}{4}\right)$$

$$\mathrm{II}_2^* = \frac{A_2}{2}x_{n2}^2 - 2kx_{n2}\ln(x_{n2}^2 + R_{eq}h_o) - (c_2^* - 4k)x_{n2} - 4k\sqrt{R_{eq}h_o}\,\omega_{n2} - E_2\left(\frac{\omega_{n2}^2}{2} + \frac{\omega_{n2}^4}{4}\right)$$

$$P_{\mathrm{I}} = \int_{x_{n1}}^{L} p_{\mathrm{I}}\,dx = \mathrm{I}_1^* + \mathrm{I}_2^* \qquad (12.79)$$

$$\mathrm{I}_1^* = -\frac{A_1}{2}L^2 + 2kL\ln(L^2 + R_{eq}h_o) + (c_1^* - 4k)L + 4k\sqrt{R_{eq}h_o}\,\omega_i + E_1\left(\frac{\omega_i^2}{2} + \frac{\omega_i^4}{4}\right)$$

$$\mathrm{I}_2^* = \frac{A_1}{2}x_{n1}^2 - 2kx_{n1}\ln(x_{n1}^2 + R_{eq}h_o) - (c_1^* - 4k)x_{n1} - 4k\sqrt{R_{eq}h_o}\,\omega_{n1} - E_1\left(\frac{\omega_{n1}^2}{2} + \frac{\omega_{n1}^4}{4}\right)$$

单辊轧制力矩 T_1 和 T_2，计算同式（12.53）、式（12.54）；纵轧制力矩同式

（12.55）。

$$T_1 = R_1 m_1 k(L - 2x_{n1}), \qquad T_2 = R_2 m_2 k(L - 2x_{n2}), \qquad T = T_u + T_l$$

以上推导过程表明，考虑纵向剪应力后，积分步骤、方法、解析解的形式与前节完全相同，仅结果表达式的系数 A_1，A_2，A_3；E_1，E_2，E_3 的大小受到影响。

12.4.3 结果比较与讨论

由表 12.2 中 4 号，对 $R_1 = R_2 = 105\text{mm}$，$m_1 = m_2 = 0.494$，$h_i = 3.2\text{mm}$；$V_A = 1.1$；$k = 98.1\text{MPa}$ 的轧制条件，将本节解析模型与 12.3 节 Hwang 及 Salimi[125,126] 的数值结果比较，比轧制压力（应力状态系数）$\bar{p}/2k$ 与道次压下率关系如图 12.9a 所示。结果表明考虑纵向剪应力后，轧制压力比 Hwang 的解析解略有下降，更接近 Hwang 的实验结果。

图 12.9b 所示为表 12.2 中 5 号（$R_1 = R_2 = 105\text{mm}$，$m_1 = m_2 = 0.488$，$h_i = 2\text{mm}$，

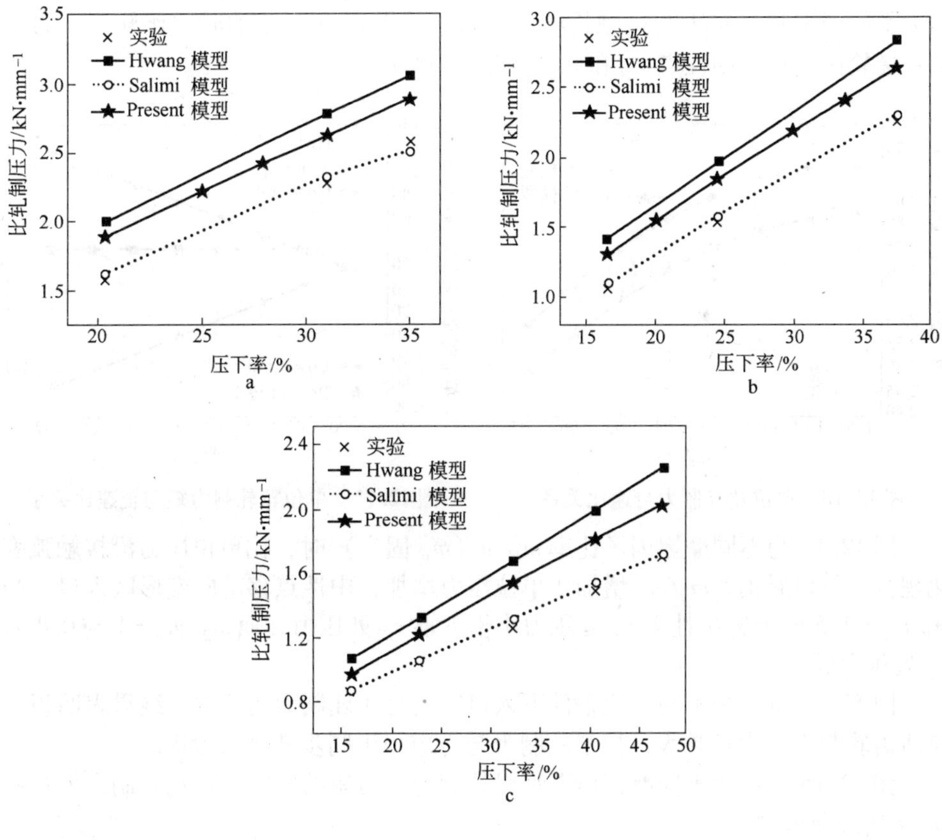

图 12.9 模型计算的轧制力与其他结果比较

$V_A=1.1$，$k=98.1$MPa）工艺条件，本节模型与Hwang[124]的模型及Salimi[125]模型的三种计算结果与实验结果的比较；图12.9c所示为表12.2中6号中（$R_1=50$mm，$R_2=105$mm；$m_1=m_2=0.359$；$h_i=2$mm；$V_A=1.05$；$k=98.1$MPa）的三种结果比较。表明比轧制压力随压下率增加而增加；考虑纵向剪应力时比轧制压力解析结果略低于Hwang解析的结果，更接近Hwang的实验结果；压下率增加时，两解析模型误差略有增加。

图12.10所示为在$h_i=4$mm；$R_1=R_2=350$mm；$m_1=m_2=0.35$；$r=10\%$；$k=98.1$MPa条件下单位宽度轧制力随辊速比V_A的变化。表明本节结果在Hwang[124]解析与Salimi[126]数值模型之间。轧制力随辊速比增加而减小。轧制力与速比为二次曲线关系。

图12.11所示为与图12.10相同轧制条件下，单位宽度轧制力矩与速比关系，表明速比增加时下辊轧制力矩增加上辊力矩减小。甚至慢速辊会被快速辊驱动而导致慢速辊力矩为负。轧制力矩与Hwang和Salimi模型符合好。图12.12所示为不同摩擦时，$p/2k$与接触长度的关系。结果表明m增加时，比轧制压力增加；搓轧区变窄，中性点x_{n1}和x_{n2}均朝入口移动。

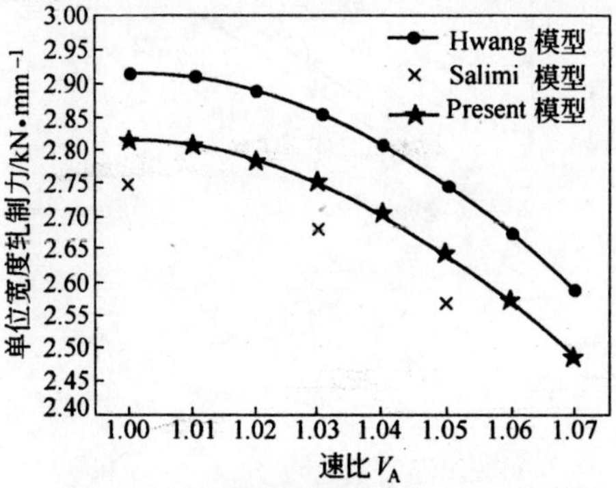

图12.10 单位宽轧制力与速比关系

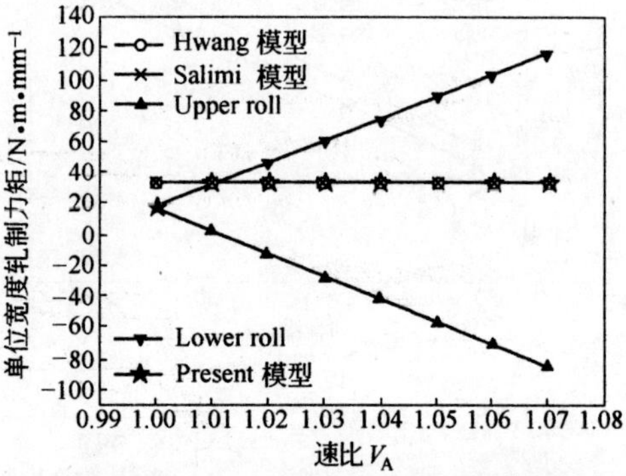

图12.11 单位宽轧制力矩与辊速比关系

图12.13为不同摩擦因子比率m_l/m_u（m_u固定）时，比单位压力沿接触弧变化规律，可以看出，m_l/m_u增加比单位压力增加，中性点移动向变形区入口。当$m_l/m_u=1.5$时上辊中性点x_{n1}处压力小于下辊x_{n2}处压力，而$m_2/m_1=1$与0.8时x_{n1}处压力更大。

图12.14所示为不同速比条件下入口厚度对比轧制力的影响。结果表明板越厚所需轧制力、力矩越大，异步轧制力与力矩小于同步轧制力力矩。

图12.15所示为不同摩擦压下率对轧制力与力矩的影响。可见轧制力力矩随m、r增加而增加。

图12.16所示为角速度相同时，辊径比对轧制力、力矩的影响。径比增加时，单位宽度轧制力减小，轧制力矩增加。

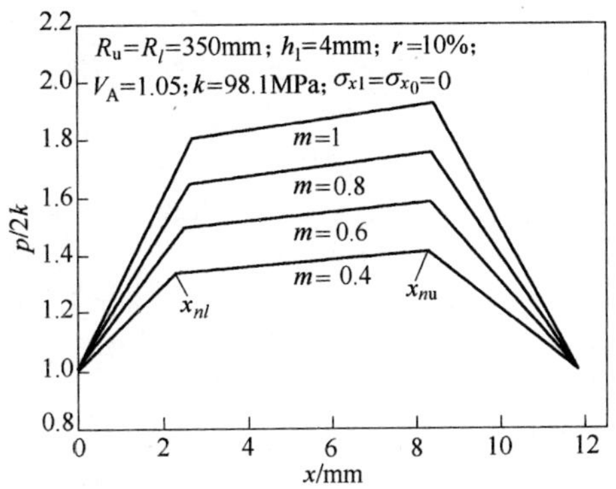

图 12.12　比轧制单位压力沿接触弧分布

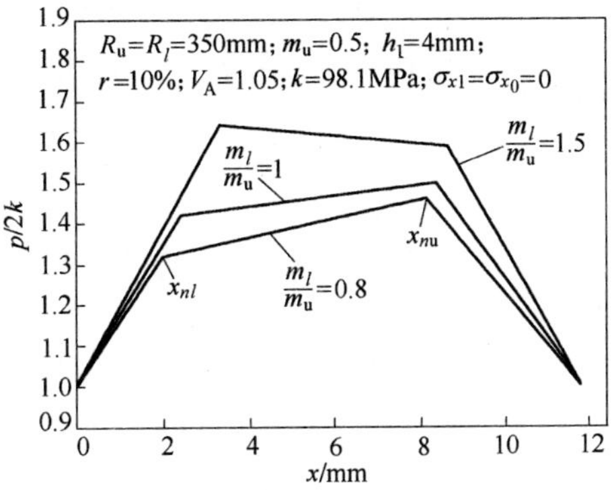

图 12.13　不同摩擦因子比时比轧制单位压力分布

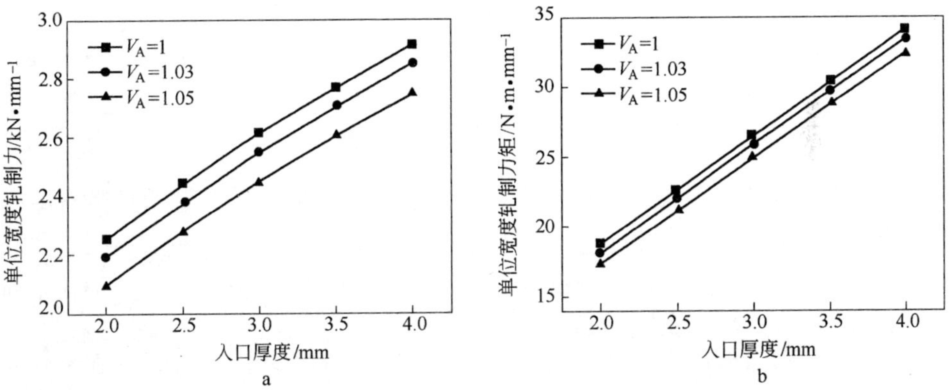

图 12.14　异步与同步轧制力与力矩与入口厚度的关系

（$R_u=R_l=350$mm；$m_u=m_l=0.35$；$r=10\%$；$k=98.1$MPa）

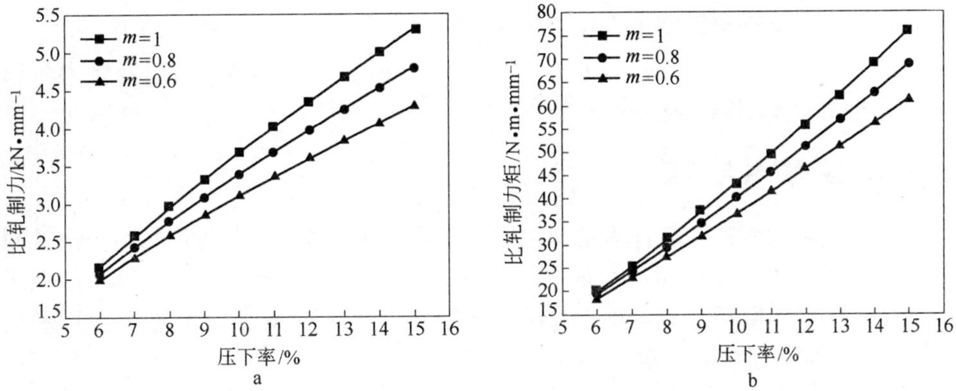

图 12.15　不同 m 下轧制力与力矩与入口厚度关系

（$h_1=4$mm；$R_u=R_l=350$mm；$V_A=1.05$；$k=98.1$MPa）

图 12.17 为单位宽度轧制力与力矩与摩擦因子比率的关系，其中上辊为$m_1=0.5$，下辊由 0.5 变到 1.0。可见单位宽度轧制力与力矩均随 m_2/m_1 增加而增加。

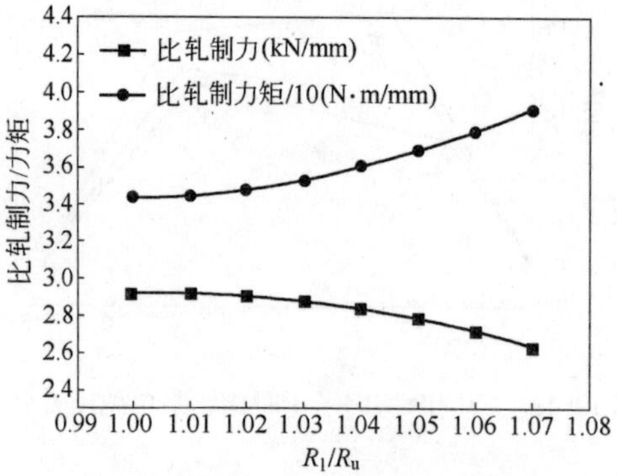

图 12.16 辊径比对轧制力与力矩的影响（$h_1=12$mm；$r=10\%$；$R_u=R_1=350$mm；$m_u=0.5$；$V_A=1.05$；$k=98.1$MPa）

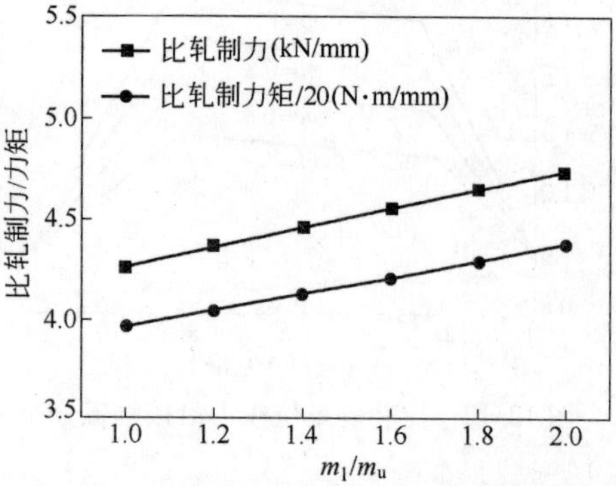

图 12.17 摩擦因子比值对轧制力力矩的影响（$h_1=12$mm；$r=10\%$；$R_u=R_1=350$mm；$m_u=0.5$；$V_A=1.05$；$k=98.1$MPa）

以上分析表明，考虑纵向剪应力后，只是平衡方程和其通解的系数有些变化，基本解法及公式形式与式（12.3）解完全相同。由于只是系数不同，所以导致轧制力有所降低，但减低幅度不大；反映与轧制条件、摩擦条件、速比、径比间的关系与 12.3 节规律相同。

同时考虑纵向剪应力及内部弯矩对异步轧制力能参数的影响，请参阅文献[127]。

12.5 复合板轧制数值解（Runge －Kutta 法）

本节简介复合板轧制国内较早[128]的研究工作，重点介绍建立静力微分平衡方程的方法与 Runge－Kutta 法数值解析微分方程的基本思路，给出轧制力数值结果并与实验实测结果比较。

12.5.1 假设条件与符号

假定轧辊为刚性，轧件为刚塑性体且平面流动无宽展；长宽高为主方向，同一截面水平应力、流速相同。认为出口端两层金属已复合，入出、口轧件无弯曲；上下接触面摩擦力满足 $\tau_1=m_1k_1$、$\tau_2=m_2k_2$；复合层界面无滑动。下标 1，2 分别表示上下层或上下辊。

变形区如图 12.18 所示。取宽度为单位宽度，中性点相对位置为

$$\frac{\gamma_1}{\gamma_2}=\sqrt{\frac{h_1 s_{h1} R_2}{h_2 s_{h2} R_1}} \tag{12.80}$$

式中，s_{h1}、s_{h2}、γ_1、γ_2 分别为上下层前滑与中性角。

上下接触弧分别为

$$L_1 = \sqrt{D_1 \Delta h_1},\ L_2 = \sqrt{D_2 \Delta h_2}$$

$$L = (\sqrt{D_1 \Delta h_1} + \sqrt{D_2 \Delta h_2})/2 \tag{12.81}$$

复合面斜坡角如图 12.18 所示。设 1 为上层（软层），2 为下层（硬层），则有

$$\Delta h_1 > \Delta h_2,\ \theta_0 > 0$$

$$\Delta h_1 = \Delta h_2,\ \theta_0 = 0;\ \Delta h_1 < \Delta h_2,\ \theta_0 < 0 \tag{12.82}$$

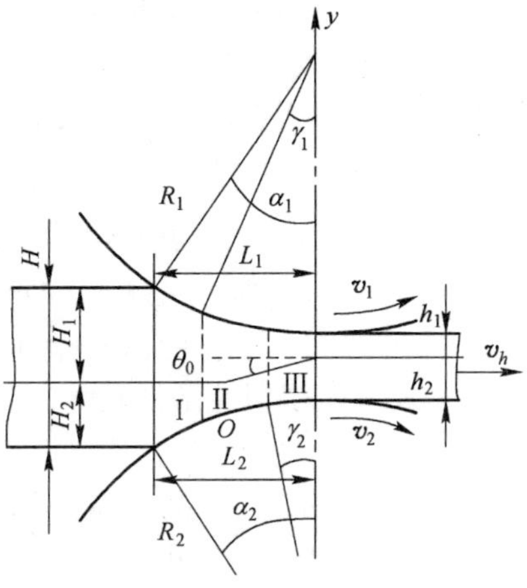

图 12.18　辊缝区域划分

基本符号表示规定如下：

σ_1、σ_2、σ	上、下层金属水平应力，平均水平应力
y_1、y_2、y	变形区内任一截面上、下层金属厚度变量，总厚度变量
p_1、p_2、p_0、p	上、下层金属纵向压力，复合界面压力，垂直压力
μ_1、μ_2、μ_0	上、下层金属表面摩擦系数，复合界面摩擦系数
τ_1、τ_2、τ_0	上、下层金属表面摩擦力，复合界面剪应力
K_1、K_2、$2k$	上、下层金属平面变形抗力，平面变形抗力

本节仅讨论 $\Delta h_1 > \Delta h_2$，$\theta_0 > 0$，$v_1 < v_2$，如图 12.18 所示的情况。

12.5.2 受力分析与微分方程

12.5.2.1 单元体受力分析

假定 1 层先屈服，则三区内单元体受力如图 12.19 所示。

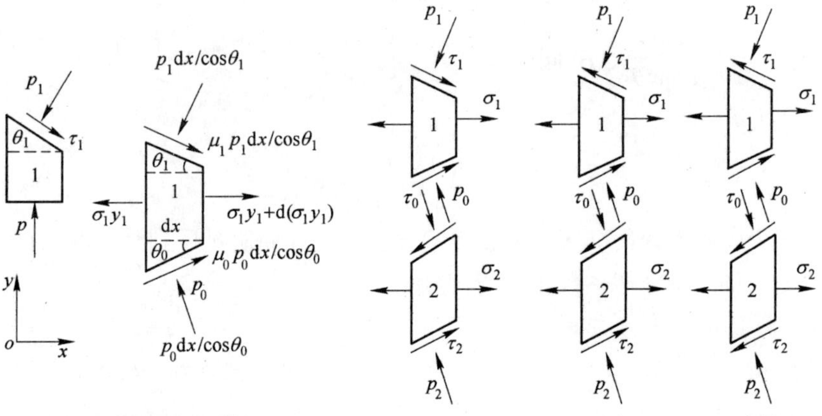

图 12.19　$v_1 < v_2$ 时异步三区受力图

12.5.2.2 微分平衡方程

A 金属 1 先屈服

在Ⅰ区，由于上层金属 1 先屈服，H_2 不变，$\theta_0=\theta_2$，$y=H_2+y_1$，$\mathrm{d}y/\mathrm{d}x=\mathrm{d}y_1/\mathrm{d}x$，如图 12.18 所示。水平方向与垂直方向平衡为

$$\mathrm{d}(\sigma_1 y_1)-p_1\tan\theta_1\mathrm{d}x-p_0\tan\theta_0\mathrm{d}x+p_1\mu_1\mathrm{d}x+p_0\mu_0\mathrm{d}x=0 \tag{12.83}$$

$$p_0=p/(1+\mu_0\tan\theta_0),\ p_1=p/(1+\mu_1\tan\theta_1)$$

或

$$p=p_0(1+\mu_0\tan\theta_0)=p_1(1+\mu_1\tan\theta_1) \tag{12.84}$$

将上述两式与 1 层塑性条件联解

$$P+\sigma_1=K_1 \tag{12.85}$$

$$\frac{\mathrm{d}\sigma_1}{\mathrm{d}x}+\frac{\sigma_1}{y_1}\frac{\mathrm{d}y_1}{\mathrm{d}x}+\frac{K_1-\sigma_1}{y_1}\left(\frac{\mu_0-\tan\theta_0}{1+\mu_0\tan\theta_0}+\frac{\mu_1-\tan\theta_1}{1+\mu_1\tan\theta_1}\right)=0 \tag{12.86}$$

令

$$\beta'_1=\frac{\mu_0-\tan\theta_0}{1+\mu_0\tan\theta_0},\ \beta'_2=\frac{\mu_1-\tan\theta_1}{1+\mu_1\tan\theta_1} \tag{12.87}$$

又因为

$$\mathrm{d}y/\mathrm{d}x=\mathrm{d}y_1/\mathrm{d}x=-\tan\theta_1-\tan\theta_2$$

代入式（12.86）得

$$\frac{\mathrm{d}\sigma_1}{\mathrm{d}x}=\frac{\sigma_1}{y_1}(\beta'_1+\beta'_2+\tan\theta_1+\tan\theta_2)-\frac{K_1}{y_1}(\beta'_1+\beta'_2)=0 \tag{12.88}$$

注意上式 y_1 仍是 x 的函数，如给出 y_1 对 x 的解析关系，$y_1=H_1-(\tan\theta_1+\tan\theta_2)(x-L_1)$，可设法求解析解。注意到 θ_1、θ_2 也是变量，故按式（12.88）以数值法求出 σ_1，由式（12.85）求出 p。

同理导出 2 层平衡方程为

$$\frac{\mathrm{d}\sigma_2}{\mathrm{d}x}=\frac{p}{H_2}(\beta'_1-\beta'_3) \tag{12.89}$$

式中，$\beta'_3=\dfrac{\mu_2-\tan\theta_2}{1+\mu_2\tan\theta_2}$，$\beta'_1$ 同前。

复合界面上有

$$\tau_0=\frac{\mu_0}{1+\mu_0\tan\theta_0}p \tag{12.90}$$

以上为区域Ⅰ内硬金属 2 未屈服的方程式，如屈服扩展到Ⅲ，Ⅱ两区，各式形式不变，仅改变摩擦系数相应的符号。

B 两层均已发生屈服

两层均已发生屈服时，$v_{x1}=v_{x2}$，$\theta_0\neq\theta_2$，$y=y_1+y_2$，$\tau_0\neq\mu_0 p_0$；1 层单元体平衡如图 12.20 所示。

平衡方程为

$$d(\sigma_1 y_1) + p_1(\mu_1 - \tan\theta_1)dx - p_0\tan\theta_0 dx + \tau_0 dx = 0 \tag{12.91}$$

$$p = p_0 + \tau_0\tan\theta_0 = p_0(1 + \mu_0\tan\theta_0),\ p_1 = p/(1 + \mu_1\tan\theta_1) \tag{12.92}$$

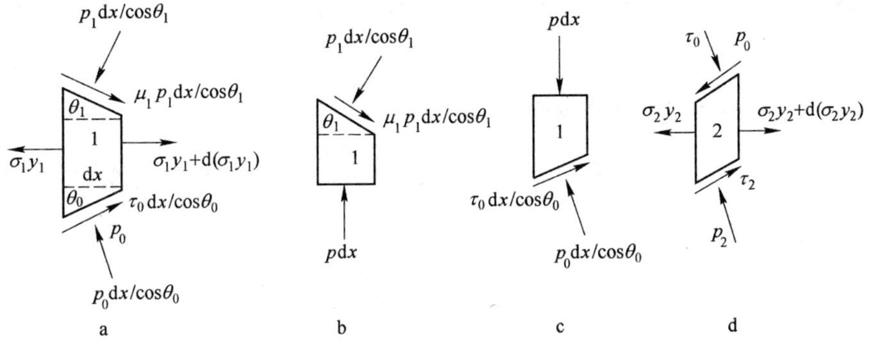

图 12.20 1、2 两层都屈服时单元体平衡图

由图 12.20 得

$$d(\sigma_2 y_2) + p_2(\mu_2 - \tan\theta_2)dx + p_0\tan\theta_0 dx - \tau_0 dx = 0 \tag{12.93}$$

$$p = p_2(1 + \mu_2\tan\theta_2) \tag{12.94}$$

联解前述方程得

$$\sigma\frac{dy}{dx} + y\frac{d\sigma}{dy} + (\beta_2' + \beta_3')p = 0 \tag{12.95}$$

式中，$\sigma = \dfrac{\sigma_1 y_1 + \sigma_2 y_1}{y}$为平均水平应力，$\beta_2'$，$\beta_3'$同前式（12.87）、式（12.89）。

由屈服条件，$P + \sigma_1 = K_1$，$P + \sigma_2 = K_2$，得

$$P + \sigma = (K_1 y_1 + K_2 y_2)/y \tag{12.96}$$

由秒流量方程与复合区流速一致条件，得

$$y_1 = ry,\ y_2 = (1 - r)y \tag{12.97}$$

式中，$r = y_{01}/(H_2 + y_{01})$，$y_{01}$为硬层 2 金属屈服时软层 1 金属的厚度。

式（12.96）与式（12.97）联解得

$$P + \sigma = rK_1 + (1 - r)K_2 \tag{12.98}$$

上式与几何关系 $dy/dx = -\tan\theta_1 - \tan\theta_2$ 代入式（12.95），得

$$\frac{d\sigma}{dx} = \frac{\sigma}{y}(\beta_2' + \beta_3' + \tan\theta_1 + \tan\theta_2) - \frac{rK_1 + (1 - r)K_2}{y}(\beta_2' + \beta_3') \tag{12.99}$$

解上述方程求出 σ，再由式（12.98）求出 p，则可由塑性方程分别求出 σ_1，σ_2；联解式（12.91）、式（12.92）及式（12.93）可得

$$\tau_0 = \frac{\phi_2' d(\sigma_2 y_2) - \phi_3' d(\sigma_1 y_1)}{dx}/(\beta_2' + \beta_3')(1 + \tan\theta_0) \tag{12.100}$$

式中，$\phi_2' = \beta_2' - \tan\theta_0$，$\phi_3' = \beta_3' - \tan\theta_0$。

至此该区域相关应力参数已全部求出。其他区域可相应改变 μ_1 符号即可。

总之，硬层金属 2 未屈服区应力分量由方程式（12.88）及屈服条件式（12.85）确定；硬层金属 2 已屈服区应力分量由方程式（12.99）及屈服条件式（12.98）确定。

12.5.3 Runge - Kutta 法求解轧制力

前述问题归结为以龙哥 - 库塔（Runge - Kutta）法求下述一阶线性微分方程初值问题

$$\begin{cases}\dfrac{d\sigma}{dx}=F_{Ni}(\sigma,x)\\ \sigma(0)=\sigma_0\end{cases}\tag{12.101}$$

轧制力为

$$P=\overline{B}L\overline{p},\ \overline{p}=\frac{1}{L}\int_0^L p(x)dx=\frac{1}{k+1}\sum_{i=1}^{k+1}p_i\tag{12.102}$$

式中，k 为区间数；$\overline{B}$ 为平均宽。以上算法编程计算框图如图 12.21 所示。

12.5.4 计算结果与实验

纯铝 1 经 85% 预变形与 0.16% C 退火状态碳钢 2 复合轧制。$H_1=2.15\text{mm}$，$H_2=1.95\text{mm}$，$h=2.84\text{mm}$，$D_1=D_2=170\text{mm}$，$Q_1=Q_2=Q_0=0$，$\overline{B}=31.5\text{mm}$，$\sigma_{s10}=4.0\text{kg/mm}^2$，$\sigma_{s20}=17.1\ \text{kg/mm}^2$，$\mu_1=0.20$，$\mu_0=0.18$，$\mu_2=0.10$。

计算结果如图 12.22 所示。结果表明：纯铝受压应力强于碳钢，碳钢上水平应力为拉应力，纯铝则为压应力。硬金属 2 未屈服区的正应力分量值较小，在中性点处正应力达到峰值，而复合界面剪应力发生间断，出口区剪应力 τ_0 较小。

为验证模型准确性，轧制力计算结果与实测结果比较如表 12.3 所示。由表 12.3 可见，计算误差在 10% 以内，软硬层 σ_s 差别较大的复合，误差小于 15%。

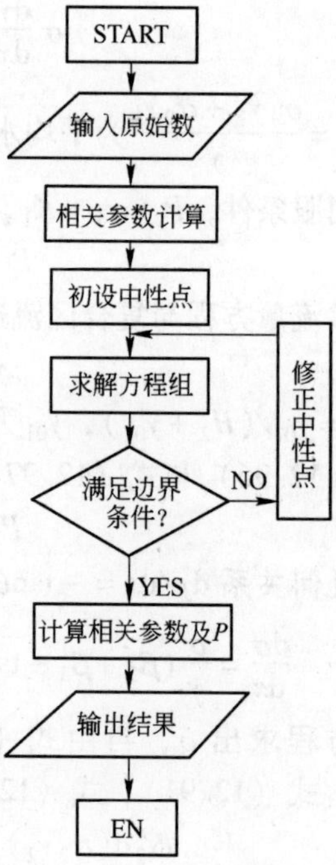

图 12.21 计算框图

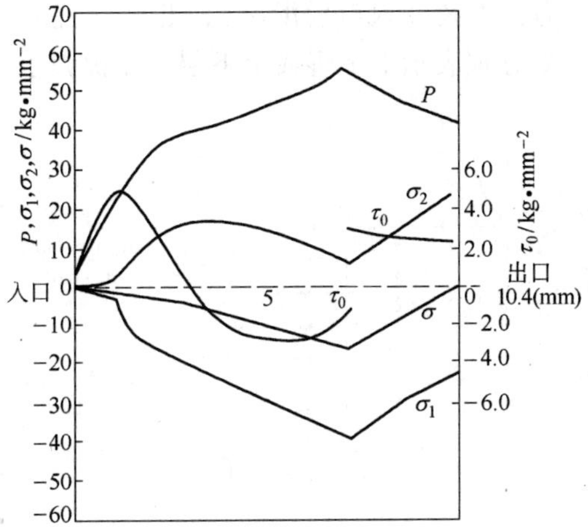

图 12.22 变形区内应力分布

表 12.3 计算轧制力与测量结果比较

复合品种	序号	$\frac{D_1}{D_2}$	H /mm	$\frac{H_1}{H_2}$	h /mm	$\varepsilon_{总}$ /%	$\overline{B}$ /mm	σ_{s10} /kg·mm^{-2}	σ_{s20} /kg·mm^{-2}	$P_{测}$ /kg	$P_{计}$ /kg	Δ /%	$\overline{p}_{计}$ /kg·mm^{-2}
高锡铝C钢	5	$\frac{457}{457}$	18.1	0.4	7.95	56.0	121.0	7.0	23.0	233800	223700	4.3	38.9
	6	$\frac{457}{457}$	17.86	0.4	8.30	53.5	121.0	7.0	23.0	201800	21570	7.2	38.3
纯铝C钢	7	$\frac{170}{170}$	4.10	1.1	2.84	30.7	32.5	4.0	17.1	12500	13500	8.0	41.1
	8	$\frac{170}{170}$	4.10	1.1	6.94	77.1	32.0	4.0	17.1	31800	34300	7.9	64.2

12.6 复合板轧制（考虑纵向剪力）

复合板由于具有抗腐、抗磨、消音等多重优点，其轧制工艺受到广泛重视。由于上下流动应力不同，该工艺属于不对称轧制范畴，其理论解析较单金属同步轧制复杂。以下简介在文献［129］基础上考虑侧面纵向剪应力影响的复合板轧其力能参数的工程解析法。

12.6.1 平衡微分方程

采用前述基本假定外，假定包覆层界面轧前无滑动彼此焊合稳固，$\overline{\tau}_1$、$\overline{\tau}_2$为上下层单元体侧面平均纵向剪应力，σ_{yp1}、σ_{yp2}为上下层平均屈服应力。

图 12.23、图 12.24 为复合板轧制变形区与单元体示意图。由于上下辊径、

辊速不同，变形区分为：Ⅰ区（入口后滑区），Ⅱ区（搓轧区），Ⅲ区（出口前滑区）。变量下标1、2分别表示上下辊或上下层。摩擦因子取$0<m<1$。

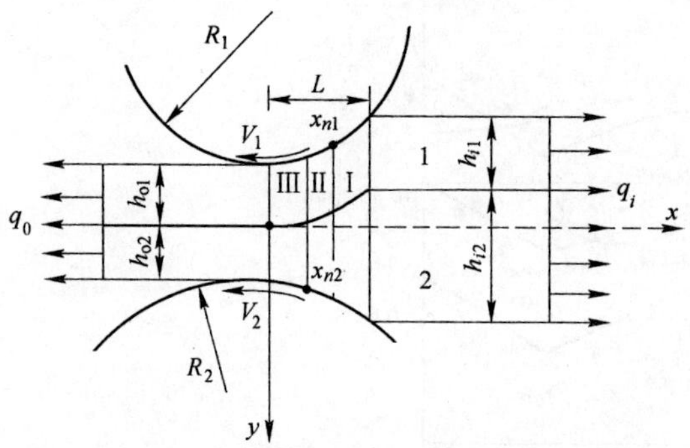

图12.23 复合板轧制示意图

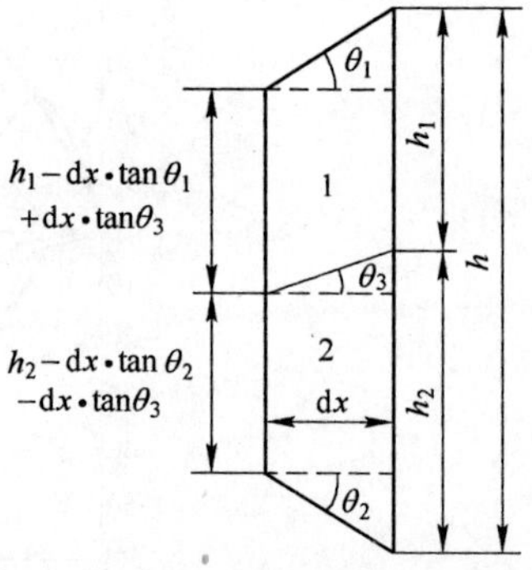

图12.24 复合板单元体示意图

图12.25为三区单元体实际受力图。Ⅰ区板速慢于上下辊，单元体上下接触面摩擦力方向朝前；Ⅱ区板速快于上辊，慢于下辊，单元体上表面摩擦力朝后，下表面朝前；Ⅲ区两辊速均慢于复合板速度，故上下表面摩擦力均朝后。注意图12.25单元体侧面上的纵向剪应力，这是与传统复合板轧制力解析的不同之处。

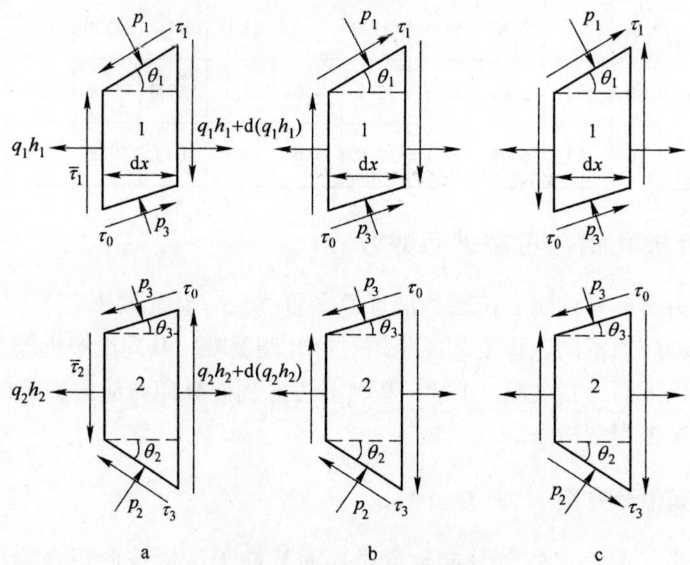

图12.25 复合板轧制Ⅰ、Ⅱ、Ⅲ区的受力状态

a—Ⅰ区；b—Ⅱ区；c—Ⅲ区

取Ⅰ区（上层）为研究对象，1 层与 2 层的水平与垂直力平衡关系分别为

1 层：
$$\frac{\mathrm{d}(h_1q_1)}{\mathrm{d}x}+p_1\tan\theta_1-p_3\tan\theta_3-\tau_1+\tau_0=0 \tag{12.103}$$

$$p=p_1+\tau_1\tan\theta_1=p_3+\tau_0\tan\theta_3 \tag{12.104}$$

2 层：
$$\frac{\mathrm{d}(h_2q_2)}{\mathrm{d}x}+p_2\tan\theta_2+p_3\tan\theta_3-\tau_2-\tau_0=0 \tag{12.105}$$

$$p=p_2+\tau_2\tan\theta_2=p_3+\tau_0\tan\theta_3 \tag{12.106}$$

式中，q、p、h 分别表示水平、垂直应力与厚度；θ_1、θ_2 为上下接触角；τ_0 为复合界面剪应力；$\tau_1=m_1k_1$、$\tau_2=m_2k_2$ 为上下接触面摩擦剪应力；p_1、p_2 为上下辊轧制应力；p_3 为复合界面接触压应力。将式（12.103）～式（12.105）、式（12.107）分别联解得

$$\frac{\mathrm{d}(h_1q_1)}{\mathrm{d}x}+(\tan\theta_1-\tan\theta_3)p-(\tan^2\theta_1+1)\tau_1+(\tan^2\theta_3+1)\tau_0=0 \tag{12.107}$$

$$\frac{\mathrm{d}(h_2q_2)}{\mathrm{d}x}+(\tan\theta_2+\tan\theta_3)p-(\tan^2\theta_2+1)\tau_2-(\tan^2\theta_3+1)\tau_0=0 \tag{12.108}$$

将式（12.107）、式（12.108）联解，得

$$\frac{\mathrm{d}(hq)}{\mathrm{d}x}+(\tan\theta_1+\tan\theta_2)p-(\tan^2\theta_1+1)\tau_1-(\tan^2\theta_2+1)\tau_2=0 \tag{12.109}$$

式中
$$hq=h_1q_1+h_2q_2 \tag{12.110}$$

12.6.2 塑性条件

因忽略宽展，变形区内各区满足 $\varepsilon_z=0$，$\tau_{yz}=\tau_{zx}=0$，故有

$$\sigma_z=\frac{1}{2}(\sigma_x+\sigma_y) \tag{12.111}$$

由 Mises 屈服条件，变形区内任一点

$$(\sigma_x-\sigma_y)^2+(\sigma_y-\sigma_z)^2+(\sigma_z-\sigma_x)^2+6(\tau_{xy}^2+\tau_{yz}^2+\tau_{zx}^2)=2\sigma_{yp}^2 \tag{12.112}$$

式（12.111）代入式（12.112）得

$$\left|\frac{\sigma_x-\sigma_y}{2}\right|=\sqrt{k^2-\tau_{xy}^2} \tag{12.113}$$

式中，$k=\sigma_{yp}/\sqrt{3}$。

对变形区内复合板上下部分别有

$$\bar{\sigma}_{x1}-\bar{\sigma}_{y1}=2\sqrt{k_1^2-\bar{\tau}_1^2}=2\sqrt{k_1^2-(m_1n_1k_1)^2} \tag{12.114}$$

$$\bar{\sigma}_{x2}-\bar{\sigma}_{y2}=2\sqrt{k_2^2-\bar{\tau}_2^2}=2\sqrt{k_2^2-(m_2n_2k_2)^2} \tag{12.115}$$

式中，$\bar{\sigma}_{x1}$、$\bar{\sigma}_{x2}$与$\bar{\sigma}_{y1}$、$\bar{\sigma}_{y2}$分别为上下对应位置的 x 与 y 向平均法向应力；$\bar{\tau}_1$、$\bar{\tau}_2$ 为上下对应位置侧面平均剪应力；m_1、m_2 相应摩擦因子；n_1、n_2 为依赖摩擦因子比率的常数。若摩擦因子给定，n_1、n_2 是常数，且 $0<n_1$，$n_2<1$，由沿侧面垂直净剪应力为零条件，常数 n_1、n_2 可由下式确定

在Ⅰ、Ⅲ区：
$$n_1=\frac{3b^2+2b-1}{4b^2(1+b)} \quad 与 \quad n_2=\frac{3b-1}{4b} \tag{12.116}$$

在Ⅱ区：
$$n_1=\frac{3b+1}{4b} \quad 与 \quad n_2=\frac{b+3}{4} \tag{12.117}$$

式中，$b=m_1/m_2$ 为摩擦因子比率。

注意到 $\bar{\sigma}_{y1}=\bar{\sigma}_{y2}=-p$，$q_1=\bar{\sigma}_{x1}$，$q_2=\bar{\sigma}_{x2}$，由方程式（12.114）、式（12.115）有

$$p+q_1=2\sqrt{k_1^2-\bar{\tau}_1^2};\ p+q_2=2\sqrt{k_2^2-\bar{\tau}_2^2} \tag{12.118}$$

式中，$k_1=\sigma_{yp1}/\sqrt{3}$，$k_2=\sigma_{yp2}/\sqrt{3}$。按照 $hq=h_1q_1+h_2q_2$，复合板屈服条件为

$$p+q=2k_e \tag{12.119}$$

式中，$k_e=\beta\sqrt{k_1^2-\bar{\tau}_1^2}+(1-\beta)\sqrt{k_2^2-\bar{\tau}_2^2}$为等效屈服切应力；$\beta$ 为复合板上层厚度对整个厚度的比值，$\beta=\dfrac{h_1}{h}=\dfrac{h_{i1}}{h_i}=\dfrac{h_{01}}{h_0}$；$h_0$、$h_i$ 为出入口处厚度。由图 12.19 有如下几何关系

$$h=h_1+h_2=h_0+\frac{x^2}{R_{eq}},\ \frac{dh}{dx}=\frac{2x}{R_{eq}},\ \tan\theta_1=\frac{x}{R_1},\ \tan\theta_2=\frac{x}{R_2},\ R_{eq}=\frac{2R_1R_2}{R_1+R_2} \tag{12.120}$$

式中，R_{eq}为等效半径。由变形区内等厚比概念，θ_3、θ_2、θ_1 间关系为

$$\tan\theta_3=(1-\beta)\tan\theta_1-\beta\tan\theta_2 \tag{12.121}$$

上述几何关系代入式（12.109），有

$$h\frac{dq}{dx}+(p+q)\frac{dh}{dx}=\tau_1\frac{x^2}{R_1^2}+\tau_2\frac{x^2}{R_2^2}+\tau_e \tag{12.122}$$

式中，$\tau_e=\tau_1+\tau_2$为等效摩擦应力。屈服条件式（12.119）代入式（12.122）整理得

$$h\frac{dp}{dx}=-\left(\frac{\tau_1}{R_1^2}+\frac{\tau_2}{R_2^2}\right)x^2+2k_e\frac{2x}{R_{eq}}-\tau_e \tag{12.123}$$

上式对 x 积分的通解为

$$p = -Ax + \frac{B}{2}\ln\left(x^2 + R_{eq}h_0\right) + \frac{E}{\sqrt{R_{eq}h_0}}\omega + c^* \qquad (12.124)$$

式中，$A = R_{eq}\left(\frac{\tau_1}{R_1^2} + \frac{\tau_2}{R_2^2}\right)$；$B = 4k_e$；$\omega = \tan^{-1}\frac{x}{\sqrt{R_{eq}h_0}}$；$E = DA - C$；$C = R_{eq}\tau_e$；$D = R_{eq}h_0$。

常数 c^* 由三区不同边界条件确定。复合层界面剪应力 τ_0 由联解式（12.107），式（12.108）为

$$\tau_0 = \frac{\Theta_1\frac{d(h_2q_2)}{dx} - \Theta_2\frac{d(h_1q_1)}{dx} - \Theta_4}{\Theta_3} \qquad (12.125)$$

式中，$\Theta_1 = \tan\theta_1 - \tan\theta_3 = 2\beta x/R_{eq}$；$\Theta_2 = \tan\theta_2 + \tan\theta_3 = 2(1-\beta)x/R_{eq}$；$\Theta_3 = (\tan\theta_1 + \tan\theta_2)(\tan^2\theta_3 + 1) = \frac{2x}{R_{eq}}\left[\left(\frac{1}{R_1} - \frac{2\beta}{R_{eq}}\right)^2 x^2 + 1\right]$；$\Theta_4 = \tau_2(\tan^2\theta_2 + 1)\Theta_1 - \tau_1(\tan^2\theta_1 + 1)\Theta_2 = \tau_2\left(\frac{x^2}{R_2^2} + 1\right)\frac{2\beta x}{R_{eq}} - \tau_1\left(\frac{x^2}{R_1^2} + 1\right)\frac{2(1-\beta)x}{R_{eq}}$。

Ⅰ区：摩擦力朝前，为 $\tau_1 = m_1k_1$，$\tau_2 = m_2k_2$，$\tau_e = m_1k_1 + m_2k_2$；

Ⅲ区：摩擦力朝后，微分方程同Ⅰ区，仅 $\tau_e = -m_1k_1 - m_2k_2$；

Ⅱ区：板速度大于上辊小于下辊，故上下表面摩擦力指向相反，对 $V_2 > V_1$，$\tau_e = -m_1k_1 + m_2k_2$。

12.6.3 边界条件

Ⅲ区（$0 \leqslant x \leqslant x_{n2}$）：$\tau_{e\text{Ⅲ}} = -m_1k_1 - m_2k_2$，$n_{1\text{Ⅲ}} = \frac{3b^2 + 2b - 1}{4b^2(1+b)}$，$n_{2\text{Ⅲ}} = \frac{3b - 1}{4b}$

在 $x = 0$（或 $\omega = 0$）处

$$p_0 = 2k_{e\text{Ⅲ}} - q_o$$

式中，$k_{e\text{Ⅲ}} = \beta\sqrt{k_1^2 - (\bar{\tau}_1)_{\text{Ⅲ}}^2} + (1-\beta)\sqrt{k_2^2 - (\bar{\tau}_2)_{\text{Ⅲ}}^2}$；$(\bar{\tau}_1)_{\text{Ⅲ}} = m_1n_{1\text{Ⅲ}}k_1$；$(\bar{\tau}_2)_{\text{Ⅲ}} = m_2n_{2\text{Ⅲ}}k_2$。

由上述条件，式（12.69）中 c_3^* 为

$$c_3^* = 2k_{e\text{Ⅲ}}\left[1 - \ln(R_{eq}h_o)\right] - q_o \qquad (12.126)$$

压力分布方程 $p_{\text{Ⅲ}}$ 为

$$p_{\text{Ⅲ}} = -A_3x + \frac{B_{\text{Ⅲ}}}{2}\ln(x^2 + R_{eq}h_o) + \frac{E_3}{\sqrt{R_{eq}h_o}}\omega + c_3^* \qquad (12.127)$$

式中，$A_3 = -R_{eq}\left(\frac{m_1k_1}{R_1^2} + \frac{m_2k_2}{R_2^2}\right)$；$B_{\text{Ⅲ}} = 4k_{e\text{Ⅲ}}$；$E_3 = DA_3 - C_3$；$C_3 = R_{eq}\tau_{e\text{Ⅲ}}$。

Ⅲ区比剪应力(τ_0/k_1)为

$$\left(\frac{\tau_0}{k_1}\right)_{\text{Ⅲ}}=\frac{\Theta_5-\Theta_4}{\Theta_3 k_1} \tag{12.128}$$

$$\Theta_5=\frac{8\beta(1-\beta)x^2}{R_{\text{eq}}^2}\left(\sqrt{k_2^2-(\bar{\tau}_2)_{\text{Ⅲ}}^2}-\sqrt{k_1^2-(\bar{\tau}_1)_{\text{Ⅲ}}^2}\right)$$

Ⅰ区：$x_{n1}\leqslant x\leqslant L$，$\tau_{\text{eⅠ}}=m_1k_1+m_2k_2$，$n_{1\text{Ⅰ}}=\dfrac{3b^2+2b-1}{4b^2(1+b)}$，$n_{2\text{Ⅰ}}=\dfrac{3b-1}{4b}$

在 $x=L$（或 $\omega=\omega_i=\tan^{-1}\dfrac{L}{\sqrt{R_{\text{eq}}h_0}}$）处

$$p_i=2k_{\text{eⅠ}}-q_i$$

式中，$k_{\text{eⅠ}}=\beta\sqrt{k_1^2-(\bar{\tau}_1)_{\text{Ⅰ}}^2}+(1-\beta)\sqrt{k_2^2-(\bar{\tau}_2)_{\text{Ⅰ}}^2}$，$(\bar{\tau}_1)_{\text{Ⅰ}}=m_1n_{1\text{Ⅰ}}k_{\text{Ⅰ}}$，$(\bar{\tau}_2)_{\text{Ⅰ}}=m_2n_{2\text{Ⅰ}}k_2$。

由以上条件，c_1^* 确定为

$$c_1^*=2k_{\text{eⅠ}}[1-\ln(L^2+R_{\text{eq}}h_0)]-q_i+A_1L-\frac{E_1}{\sqrt{R_{\text{eq}}h_0}}\omega_i \tag{12.129}$$

式中，$A_1=R_{\text{eq}}\left(\dfrac{m_1k_1}{R_1^2}+\dfrac{m_2k_2}{R_2^2}\right)$；$E_1=DA_1-C_1$；$C_1=R_{\text{eq}}\tau_{\text{eⅠ}}$。

Ⅰ区压力分布方程为

$$p_{\text{Ⅰ}}=-A_1x+\frac{B_{\text{Ⅰ}}}{2}\ln(x^2+R_{\text{eq}}h_0)+\frac{E_1}{\sqrt{R_{\text{eq}}h_0}}\omega+c_1^* \tag{12.130}$$

式中，$B_{\text{Ⅰ}}=4k_{\text{eⅠ}}$。

Ⅰ区比剪应力（τ_0/k_1）$_{\text{Ⅰ}}$ 形式与Ⅲ区相同，差别为方程式（12.128）中，Θ_4 里面的 τ_1、τ_2 由 m_1k_1、m_2k_2 取代；而 Θ_5 中的（$\bar{\tau}_1$）$_{\text{Ⅲ}}$、（$\bar{\tau}_2$）$_{\text{Ⅲ}}$ 由（$\bar{\tau}_1$）$_{\text{Ⅰ}}$、（$\bar{\tau}_2$）$_{\text{Ⅰ}}$ 取代。

Ⅱ区：$x_{n2}\leqslant x\leqslant x_{n1}$，$\tau_{\text{eⅡ}}=-m_1k_1+m_2k_2$，$n_{1\text{Ⅱ}}=\dfrac{3b+1}{4b}$，$n_{2\text{Ⅱ}}=\dfrac{b+3}{4}$

$p_{\text{Ⅱ}}$ 为

$$p_{\text{Ⅱ}}=-A_2x+\frac{B_{\text{Ⅱ}}}{2}\ln(x^2+R_{\text{eq}}h_0)+\frac{E_2}{\sqrt{R_{\text{eq}}h_0}}\omega+c_2^* \tag{12.131}$$

式中，$k_{\text{eⅡ}}=\beta\sqrt{k_1^2-(\bar{\tau}_1)_{\text{Ⅱ}}^2}+(1-\beta)\sqrt{k_2^2-(\bar{\tau}_2)_{\text{Ⅱ}}^2}$；$A_2=R_{\text{eq}}\left(\dfrac{-m_1k_1}{R_1^2}+\dfrac{m_2k_2}{R_2^2}\right)$；$B_{\text{Ⅱ}}=4k_{\text{eⅡ}}$；$C_2=R_{\text{eq}}\tau_{\text{eⅡ}}$；$E_2=DA_2-C_2$；$(\bar{\tau}_1)_{\text{Ⅱ}}=m_1n_{1\text{Ⅱ}}k_1$；$(\bar{\tau}_2)_{\text{Ⅱ}}=m_2n_{2\text{Ⅱ}}k_2$。

注意到在 $x=x_{n2}$（或 $\omega=\omega_{n2}$）处，$p_{\text{Ⅲ}}=p_{\text{Ⅱ}}$，故 c_3^* 与 c_2^* 满足

$$-A_3x_{n2}+\frac{B_{\text{Ⅲ}}}{2}\ln(x_{n2}^2+R_{\text{eq}}h_0)+\frac{E_3\omega_{n2}}{\sqrt{R_{\text{eq}}h_0}}+c_3^*$$

$$= -A_2x_{n2} + \frac{B_{\mathrm{II}}}{2}\ln(x_{n2}^2 + R_{\mathrm{eq}}h_0) + \frac{E_2\omega_{n2}}{\sqrt{R_{\mathrm{eq}}h_0}} + c_2^* \tag{12.132}$$

同理在 $x = x_{n1}$，$p_{\mathrm{I}} = p_{\mathrm{II}}$处，有

$$\begin{aligned} &-A_1x_{n1} + \frac{B_{\mathrm{I}}}{2}\ln(x_{n1}^2 + R_{\mathrm{eq}}h_0) + \frac{E_1\omega_{n1}}{\sqrt{R_{\mathrm{eq}}h_0}} + c_1^* \\ &= -A_2x_{n1} + \frac{B_{\mathrm{II}}}{2}\ln(x_{n1}^2 + R_{\mathrm{eq}}h_0) + \frac{E_2\omega_{n1}}{\sqrt{R_{\mathrm{eq}}h_0}} + c_2^* \end{aligned} \tag{12.133}$$

由式（12.132）得

$$c_2^* = B^* x_{n2} + F^* \omega_{n2} + c_3^* + \frac{B_{\mathrm{III}} - B_{\mathrm{II}}}{2}\ln(x_{n2}^2 + R_{\mathrm{eq}}h_0) \tag{12.134}$$

$$B^* = A_2 - A_3\text{；}F^* = (E_3 - E_2)/\sqrt{R_{\mathrm{eq}}h_0}$$

由式（12.133）得

$$c_2^* = A^* x_{n1} + E^* \omega_{n1} + c_1^* + \frac{B_{\mathrm{I}} - B_{\mathrm{II}}}{2}\ln(x_{n2}^2 + R_{\mathrm{eq}}h_0) \tag{12.135}$$

$$A^* = A_2 - A_1\text{；}E^* = (E_1 - E_2)/\sqrt{R_{\mathrm{eq}}h_0}$$

将式（12.134）代入式（12.135）并注意到$B_{\mathrm{I}} = B_{\mathrm{III}}$得

$$A^* x_{n1} + E^* \omega_{n1} + c_1^* - B^* x_{n2} - F^* \omega_{n2} - c_3^* = 0 \tag{12.136}$$

x_{n1}与x_{n2}间关系式满足式（12.47）。将式（12.47）代入式（12.136）可用二分法数值确定x_{n2}，已知x_{n2}，则由式（12.134）、式（12.135）确定x_{n1}与c_2^*；轧制压力p_{I}、p_{II}、p_{III}分别由式（12.130）、式（12.131）、式（12.127）计算；c_1^*、c_2^*、c_3^*由式（12.129）、式（12.135）、式（12.126）计算。Ⅱ区比剪应力$(\tau_o/k_1)_{\mathrm{II}}$同Ⅲ区差别是其$\Theta_4$中$\tau_1$、$\tau_2$用$-m_1k_1$、$m_2k_2$代替，$\Theta_5$的$(\bar{\tau}_1)_{\mathrm{III}}$、$(\bar{\tau}_2)_{\mathrm{III}}$由$(\bar{\tau}_1)_{\mathrm{II}}$、$(\bar{\tau}_2)_{\mathrm{II}}$代替。

12.6.4 轧制力与力矩积分

参照式（12.49）压力分布方程沿接触弧积分得单位宽度轧制力

$$P = P_{\mathrm{III}} + P_{\mathrm{II}} + P_{\mathrm{I}}$$

$$P_{\mathrm{III}} = \int_0^{x_{n2}} p_{\mathrm{III}}\mathrm{d}x = \mathrm{III}_1^* + \mathrm{III}_2^* \tag{12.137}$$

$$\mathrm{III}_1^* = -\frac{A_3}{2}x_{n2}^2 + \frac{B_{\mathrm{III}}}{2}x_{n2}\ln(x_{n2}^2 + R_{\mathrm{eq}}h_0) + (c_3^* - B_{\mathrm{III}})x_{n2} + B_{\mathrm{III}}\sqrt{R_{\mathrm{eq}}h_0}\,\omega_{n2} + E_3\left[\frac{x_{n2}\omega_{n2}}{\sqrt{R_{\mathrm{eq}}h_0}} - \frac{1}{2}\ln(R_{\mathrm{eq}}h_0 + x_{n2}^2)\right]$$

$$\mathrm{III}_2^* = \frac{E_3}{2}\ln(R_{\mathrm{eq}}h_0 + x_{n2}^2)$$

$$P_{\mathrm{II}} = \int_{x_{n2}}^{x_{n1}} p_{\mathrm{II}} \mathrm{d}x = \mathrm{II}_1^* + \mathrm{II}_2^* \tag{12.138}$$

$$\mathrm{II}_1^* = -\frac{A_2}{2}x_{n1}^2 + \frac{B_{\mathrm{II}}}{2}x_{n1}\ln(x_{n1}^2 + R_{\mathrm{eq}}h_0) + (c_2^* - B_{\mathrm{II}})x_{n1} + B_{\mathrm{II}}\sqrt{R_{\mathrm{eq}}h_0}\omega_{n1} + E_2\left[\frac{x_{n1}\omega_{n1}}{\sqrt{R_{\mathrm{eq}}h_0}} - \frac{1}{2}\ln(R_{\mathrm{eq}}h_0 + x_{n1}^2)\right]$$

$$\mathrm{II}_2^* = \frac{A_2}{2}x_{n2}^2 - \frac{B_{\mathrm{II}}}{2}x_{n2}\ln(x_{n2}^2 + R_{\mathrm{eq}}h_0) - (c_2^* - B_{\mathrm{II}})x_{n2} - B_{\mathrm{II}}\sqrt{R_{\mathrm{eq}}h_0}\omega_{n2} - E_2\left[\frac{x_{n2}\omega_{n2}}{\sqrt{R_{\mathrm{eq}}h_0}} - \frac{1}{2}\ln(R_{\mathrm{eq}}h_0 + x_{n2}^2)\right]$$

$$P_{\mathrm{I}} = \int_{x_{n1}}^{L} p_{\mathrm{I}} \mathrm{d}x = \mathrm{I}_1^* + \mathrm{I}_2^* \tag{12.139}$$

$$\mathrm{I}_1^* = -\frac{A_1}{2}L^2 + \frac{B_{\mathrm{I}}}{2}L\ln(L^2 + R_{\mathrm{eq}}h_0) + (c_1^* - B_{\mathrm{I}})L + B_{\mathrm{I}}\sqrt{R_{\mathrm{eq}}h_0}\omega_i + E_1\left[\frac{L\omega_i}{\sqrt{R_{\mathrm{eq}}h_0}} - \frac{1}{2}\ln(R_{\mathrm{eq}}h_0 + L^2)\right]$$

$$\mathrm{I}_2^* = \frac{A_1}{2}x_{n1}^2 - \frac{B_{\mathrm{I}}}{2}x_{n1}\ln(x_{n1}^2 + R_{\mathrm{eq}}h_0) - (c_1^* - B_{\mathrm{I}})x_{n1} - B_{\mathrm{I}}\sqrt{R_{\mathrm{eq}}h_0}\omega_{n1} - E_1\left[\frac{x_{n1}\omega_{n1}}{\sqrt{R_{\mathrm{eq}}h_0}} - \frac{1}{2}\ln(R_{\mathrm{eq}}h_0 + x_{n1}^2)\right]$$

轧制力矩参照式(12.55)算式同前为

$$T_1 = R_1 m_1 k_1 (L - 2x_{n1}), \quad T_2 = R_2 m_2 k_2 (L - 2x_{n2}), \quad T = T_1 + T_2$$

12.6.5 解析结果与讨论

不同辊径与速比计算条件如表 12.4 所示。

表 12.4 复合板不对称轧制与解析条件

条件	应用	V_2/V_1	R_2/R_1	k_2/k_1	β	m_2/m_1	$r/\%$
1	图 12.26	1.1	1.1	2	0.2	1 ($m_1=1$)	30
2	图 12.27	1.1	1.1	2	0.2~0.8	1 ($m_1=0.5$)	30
3	图 12.28	1.1	1.1	2	0.2	1 ($m_1=0.5$)	20~40
4	图 12.29	1.1	1.1	2	0.2	1 ($m_1=0.2\sim1$)	30
5	图 12.30	1.1	1.1	1~4	0.2	1 ($m_1=0.5$)	30
6	图 12.31	1.05~1.2	1.1	2	0.2	1 ($m_1=0.5$)	30
7	图 12.32	1.1	1.1	2	0.2	0.5~1.5 ($m_1=0.5$)	30
8	图 12.33	1.1	0.5~1.5	2	0.2	1 ($m_1=0.5$)	30
9	图 12.34	1.1	0.5~1.5	2	0.2~0.8	1 ($m_1=0.5$)	30
10	图 12.35	1.0~1.2	1.1	2	0.2~0.8	1 ($m_1=0.5$)	30

注：$R_1=100\mathrm{mm}$；$V_1=50\mathrm{mm/s}$；$k_1=98.1\mathrm{MPa}$；$q_0=q_i=0$；$h_i=2\mathrm{mm}$。

图 12.26 所示为 m 不变时接触弧比压应力分布曲线。p 为正代表压应力，q 为正表示拉应力。假定上层比下层软，$p/2k_1$，$q/2k_1$ 在变形区内都为压缩。软层 1 内压应力 $q_1/2k_1$ 很小。硬层 2 内 $q_2/2k_2$ 小部为拉大部为压。Ⅱ区内因摩擦力方向相反，接触层间比剪应力 τ_0/k_1 比别区大，Ⅱ区因摩擦力方向改变使 τ_0 符号与Ⅰ区相反。由于下辊摩擦力小于上辊，使 $x=x_{n1}$ 处轧制压力比 $x=x_{n2}$ 处小。表面摩擦力差别对两层复合界面比剪应力 τ_0/k_1 有影响。

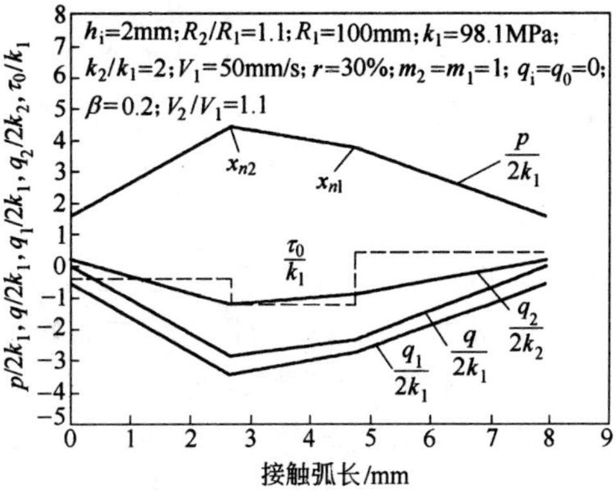

图 12.26　辊缝间压力分布

图 12.27 所示为不等辊径、辊速、不同厚度比 β 对压力分布的影响。可见

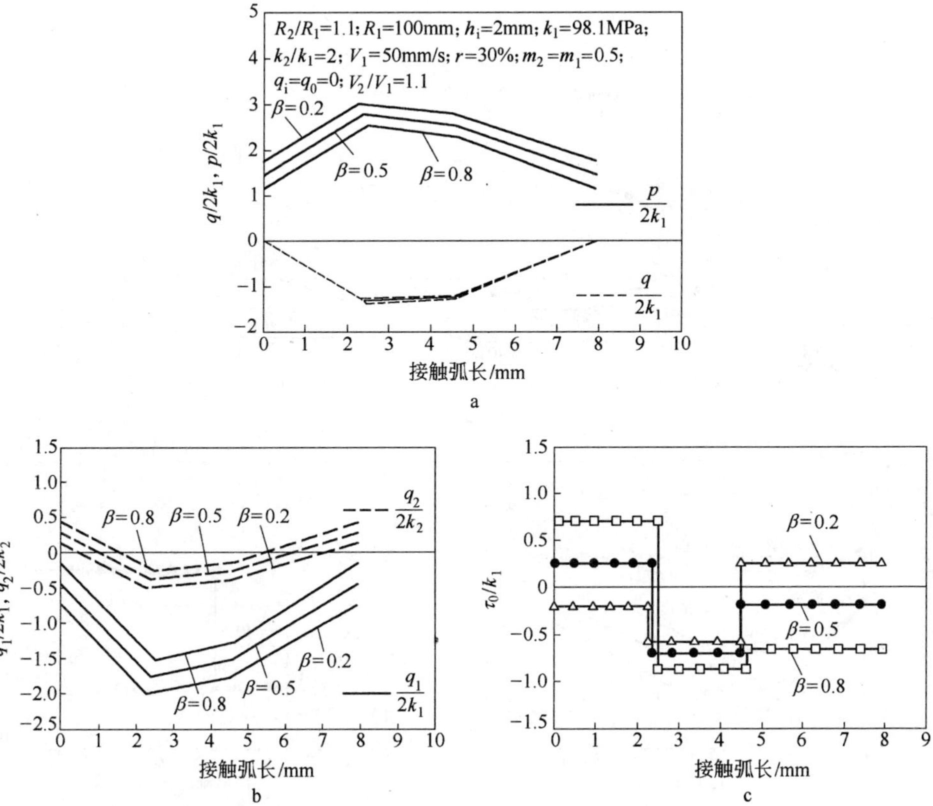

图 12.27　厚度比率 β 对辊缝应力分布的影响

$p/2k_1$ 随 β 增加而减小，因为软层1摩擦随 β 增加而增加。但 $q/2k_1$ 随 β 增加变化很小，且 β 增加时 $q_2/2k_2$ 部分变成拉应力。拉应力不可取处在于有时导致下层塑性失稳。τ_0/k_1 小于1意味着包覆层间焊合很好将不发生滑动；$\beta=0.5$ 为软硬层厚度相同，τ_0/k_1 在出口区很小；但搓轧区（CSR）因摩擦力方向相反此力相对变大。

图12.28a所示为压下率 r 对变形区应力分布影响。很明显，$p/2k_1$ 与 $q/2k_1$ 随 r 增加而增加；$q_2/2k_2$ 也随 r 增加而增加，但在入、出口已部分变为拉应力。三区内 τ_0/k_1 不随压下率增加而改变，但搓轧区变窄。

图12.29所示为 m 对应力分布的影响。m 增加时，$p/2k_1$，$q/2k_1$，$q_1/2k_1$ 均增加，$q_1/2k_1$ 有更多的压应力；反之，当 m 较小时（如 $m=0.2$），$q_2/2k_2$ 部分变为拉应力。m 增加时，τ_0/k_1 增加，搓轧区CSR变窄。注意 $m=1.0$ 时 搓轧区 τ_0/k_1 超过1，意味着复合界面焊合可能被破坏而发生滑动。

图12.30所示为屈服切应力比值 k_2/k_1 对应力分布的影响。结果表明 $p/2k_1$ 与 $q/2k_1$ 随 k_2/k_1（k_1 固定）增加而增加，因为 k_2/k_1 增加时硬层2剪应力更大。

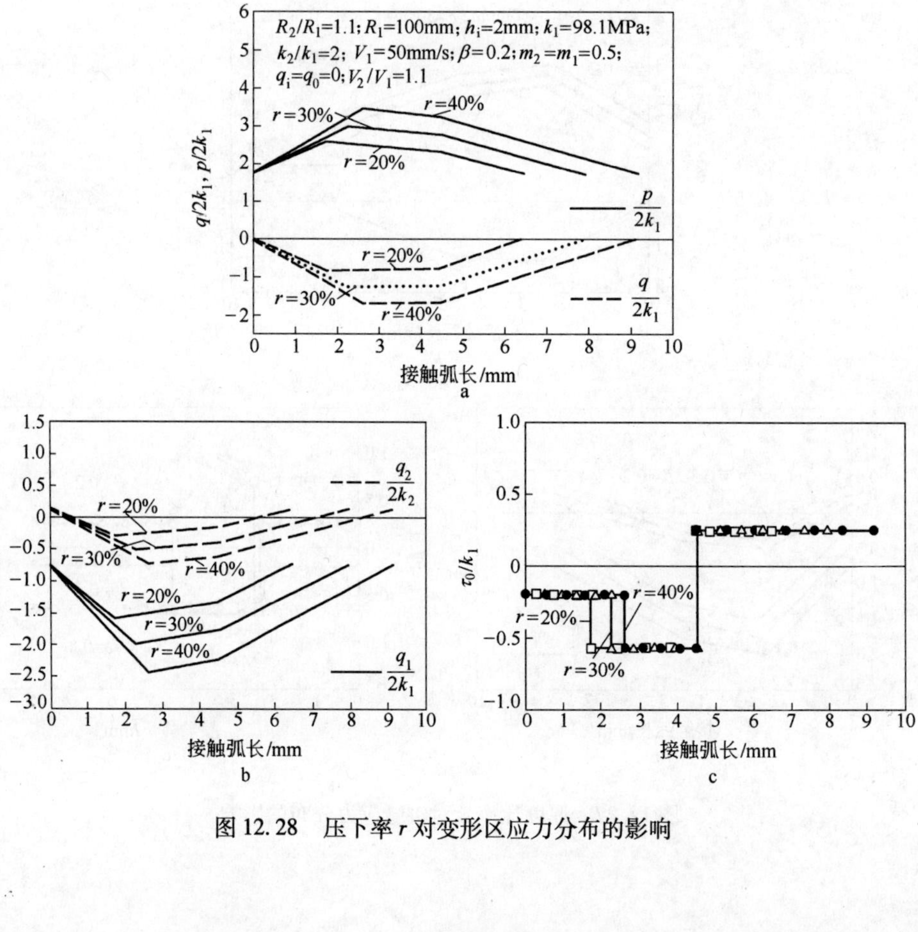

图12.28 压下率 r 对变形区应力分布的影响

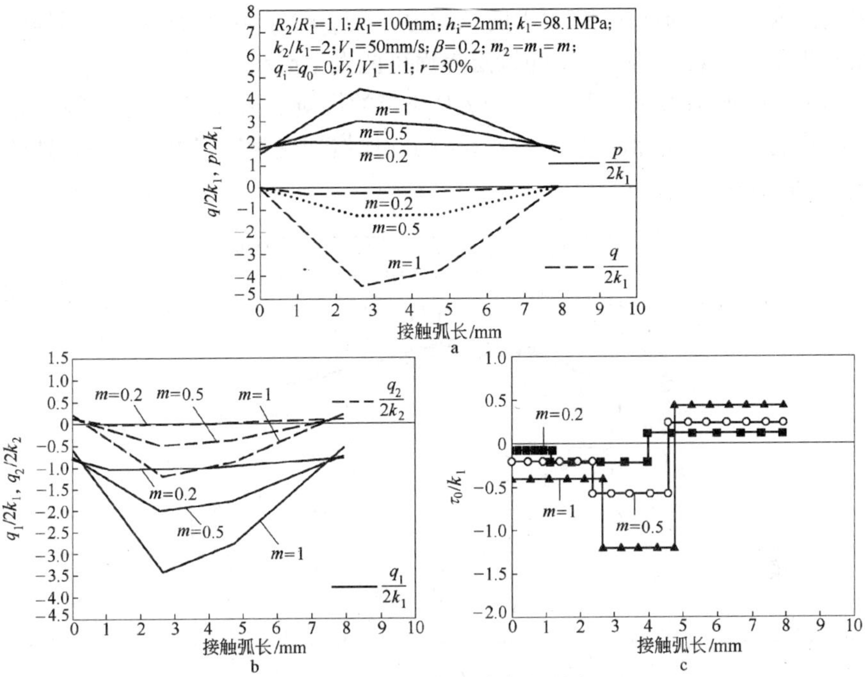

图 12.29　m 对应力分布的影响

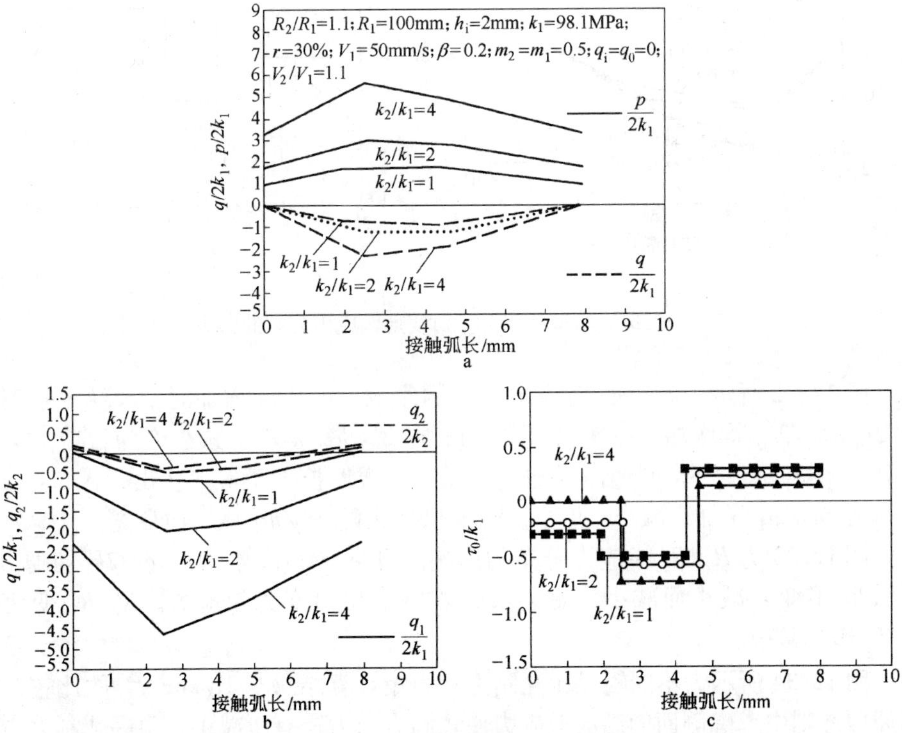

图 12.30　k_2/k_1 对应力分布的影响

但接近出入口区时 $q_1/2k_1$ 有更大的压应力，而 $q_2/2k_2$ 则变为拉应力，且随 k_2/k_1 增加变化很小。若 $\tau_0/k_1>1$，包覆层界面可能发生滑动。

图 12.31 所示为速比 V_2/V_1 对应力分布的影响。可见 $p/2k_1$，$q/2k_1$，$q_1/2k_1$ $q_2/2k_2$ 均随 V_2/V_1 增加而减小，$q_2/2k_2$ 随速比增加变为拉应力，然而，随速比增加 τ_0/k_1 值不变。

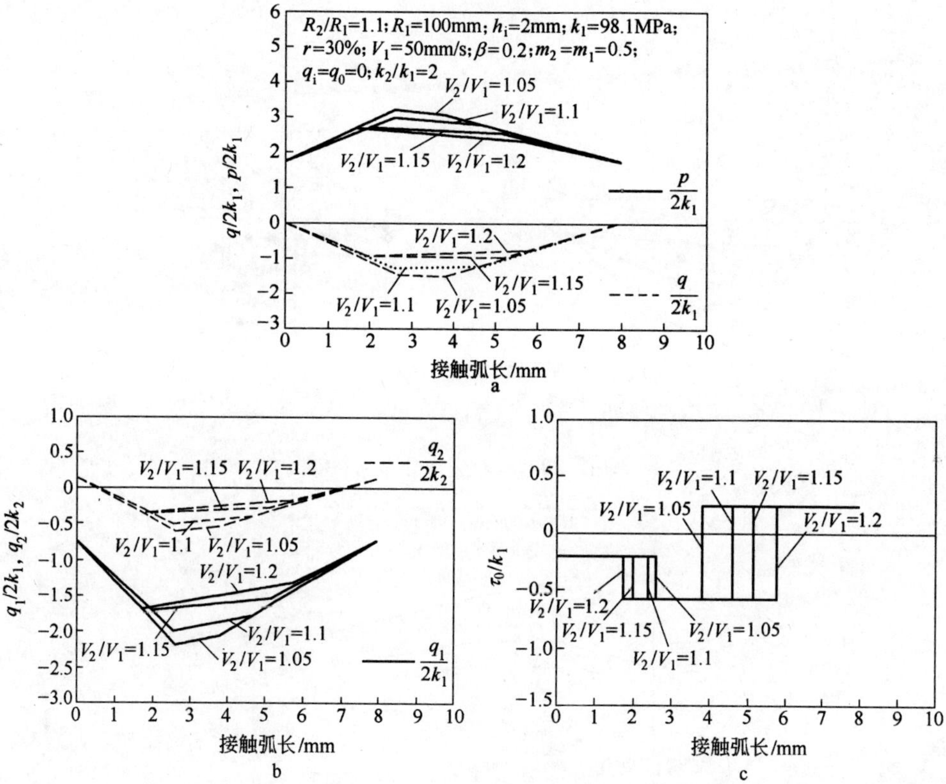

图 12.31 辊速比 V_2/V_1 对变形区应力分布的影响

图 12.32 所示为 m_2/m_1 对应力分布的影响。m_2/m_1 增加时，$p/2k_1$，$q/2k_1$，$q_1/2k_1$，$q_2/2k_2$ 均增加。而在出口、入口 $q_2/2k_2$ 随 m_2/m_1 减小变为拉应力。在Ⅱ区，τ_0/k_1 随 m_2/m_1 增加而增加；但因上下辊摩擦力不等，在出、入口区 τ_0/k_1 却随 m_2/m_1 增加而减小。此外，搓轧 CSR 区随 m_2/m_1 减小而变宽。

图 12.33 为 R_2/R_1 对应力分布的影响。可见 $p/2k_1$，$q/2k_1$，$q_1/2k_1$ 均随 R_2/R_1（R_1 不变）减小而减小。而 $q_2/2k_2$ 在入、出口变为拉应力。R_2/R_1 变化对 τ_0/k_1 影响甚微。

图 12.34 所示为不同辊径比轧制力、力矩计算结果与 Hwang[129] 的比较，表明屈服准则中考虑侧面的纵向剪应力使轧制力与力矩有所减小。预测轧制力与力

矩分别比 Hwarg 降低 2.14% 与 3.17%。辊径比固定时，两模型计算轧制力与力矩均随 β 增加而减小。β 不变时随 R_2/R_1 增加而增加。

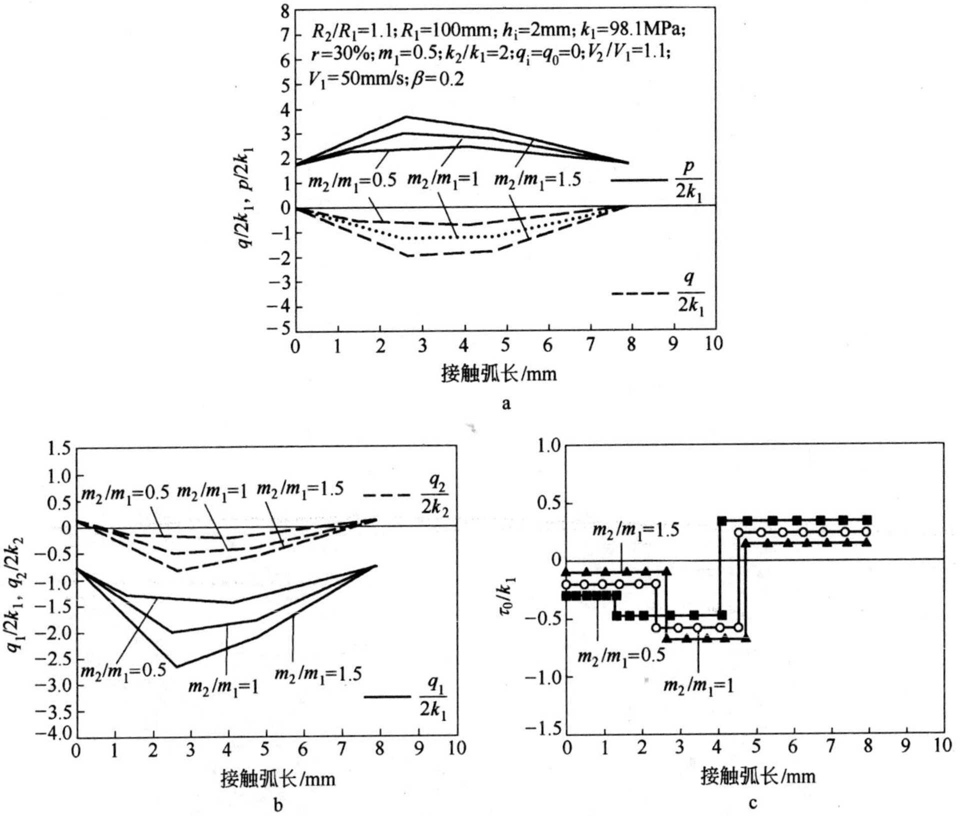

图 12.32 比值 m_2/m_1 对应力分布的影响

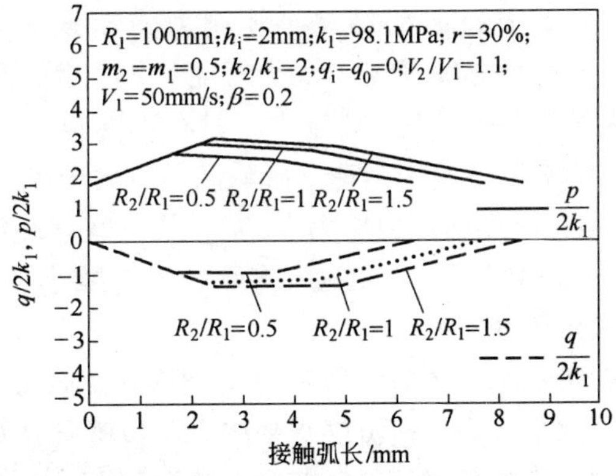

a

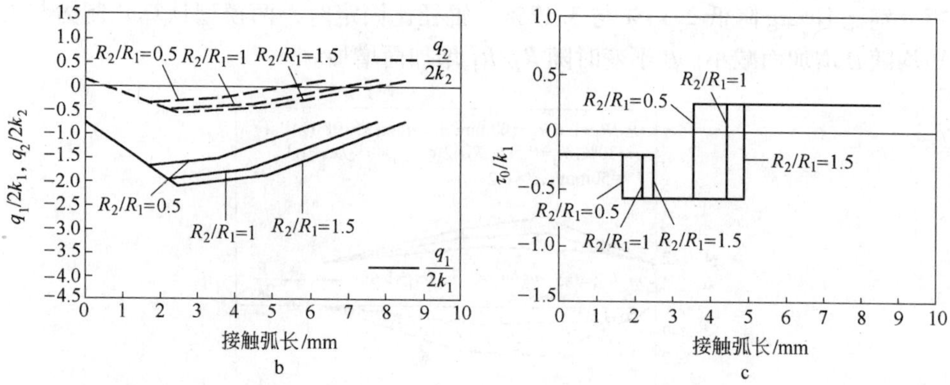

图 12.33 辊径比 R_2/R_1 对变形区应力分布的影响

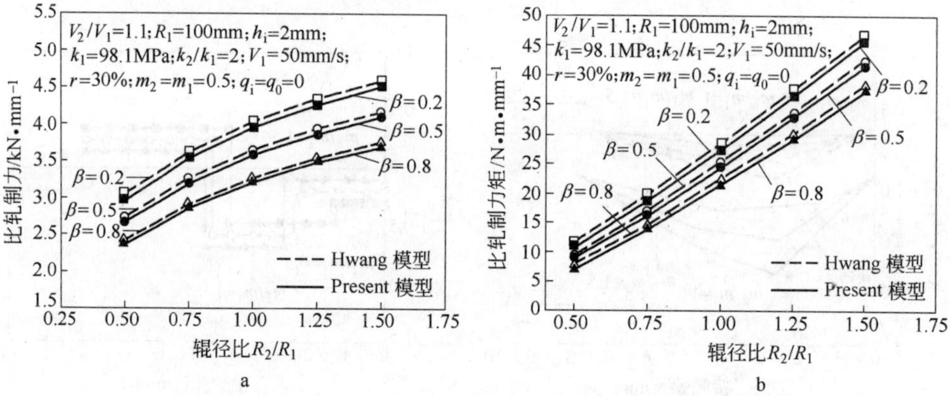

图 12.34 本文计算轧制力力矩与 Hwang 结果比较

图 12.35 所示为不同轧制速比下轧制力、力矩与 Hwang 的结果比较。表明本节模型计算结果小于 Hwang 的结果，轧制力力矩误差分别达到 2.21% 和 2.04%，二者均随 V_2/V_1 增加而增加。而力矩随 V_2/V_1 增加而先增加后减小。最大轧制力矩在 $V_2/V_1=1.1$ 处。因为轧制力矩是在不同辊径与速比下计算的，当 V_2/V_1 超过 1.1 时，力矩减少是因为速比影响已明显大于径比。

$p/2k_1$，$q/2k_1$，包覆层界面比剪应力 τ_0/k_1，单位宽度轧制力与力矩 P 与 T，摘要如表 12.5 所示，表中"↗"与"↘"表示增加与减小，"↗↘"表示先增加后减小。而"→"表示不变。

以上分析表明：考虑单元体侧面剪应力也可得到复合板轧制力力矩解析解，得到板内轧制压力、水平应力、包覆层水平应力、包覆层界面剪应力分布，以及不等辊径辊速的轧制力。考虑侧面纵向剪应力时轧制力、力矩有所降低。

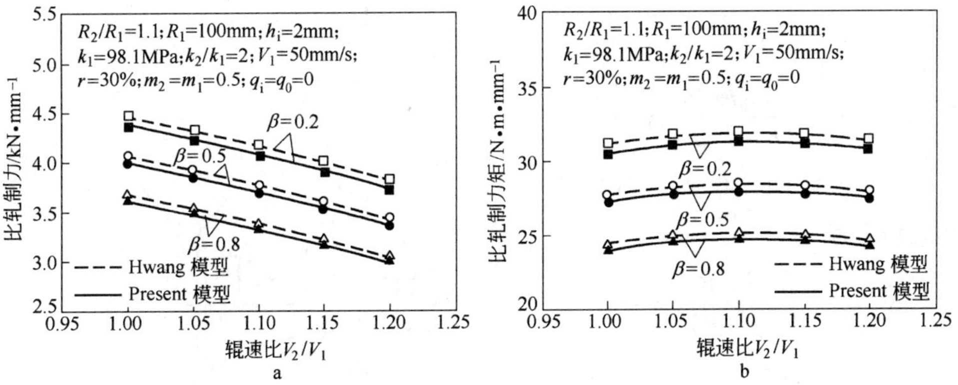

图 12.35 不同辊速比预测轧制力、力矩与 Hwang 的结果比较

表 12.5 复合板轧制解析结果摘要

轧制条件	解析结果				
	$\|p/2k_1\|$	$\|q/2k_1\|$	$\|\tau_0/k_1\|_{CSR}$	P	T
β↗	↘	↘	↗	↘	↘
r↗	↗	↗	→	↗	↗
m↗	↗	↗	↗	↗	↗
V_2/V_1↗	↘	↘	→	↘	↗↘
R_2/R_1↗	↗	↗	→	↗	↗
k_2/k_1↗	↗	↗	↘	↗	↗
m_2/m_1↗	↗	↗	↗	↗	↗

在等径不等辊速条件下，$p/2k_1$、$q/2k_1$、p 、T 随 β、V_2/V_1 增加而减小；不等径不等辊速时，轧制力矩 T 先增加后减小。$p/2k_1$、$q/2k_1$、P、T 随 r、m、m_2/m_1、R_2/R_1、k_2/k_1 增加而增加。搓轧区，τ_0/k_1 随 m、m_2/m_1、β 增加而增加，不随 R_2/R_1、r、V_2/V_1 变化而变化。

12.7 异步轧制上界解法

本节简介国内较早的上界连续速度场解法[130]。

12.7.1 运动许可速度场

假定轧辊为刚性，轧件为刚塑性体，接触弧设为抛物线，辊径相等，且平断面流动无宽展，上下接触面摩擦系数相等，但辊速不等，且 $V_1>V_2$。

变形区如图 12.36 所示。取宽度为单位宽度，变形区内运动许可速度场为

$$v_x = \frac{v_h h}{h + x^2/R}$$

$$v_y = \frac{2v_h hx/R}{(h + x^2/R)^2}y$$

$$v_z = 0 \qquad (12.140)$$

由几何方程

$$\dot{\varepsilon}_x = -\frac{2v_h hx/R}{(h + x^2/R)^2} = -\dot{\varepsilon}_y$$

$$\dot{\varepsilon}_{xy} = y\left[\frac{v_h h}{R(h + x^2/R)^2} - \frac{4v_h hx^2}{R(h + x^2/R)^3}\right]$$

$$\dot{\varepsilon}_z = 0 \qquad (12.141)$$

读者需自行验证前式满足运动许可条件。

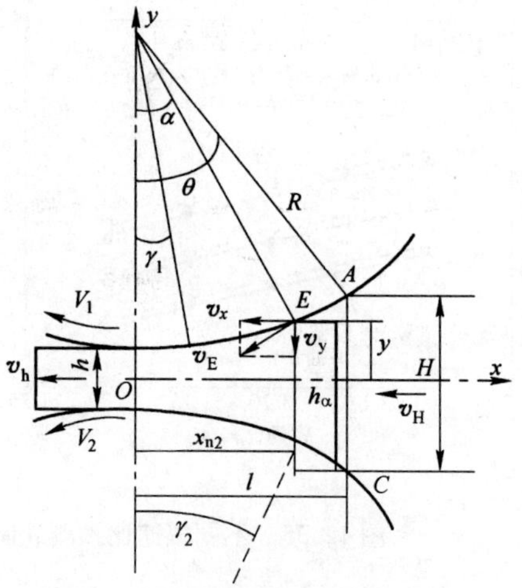

图 12.36 平辊同径异步轧制变形

参数方程与相关简化为

$$x = R\sin\alpha,\ x_{n1} = R\gamma_1,\ h_x = h + x^2/R = h_\alpha = h + R\sin^2\alpha \approx h + R\alpha^2 \quad (12.142)$$

$$v_2 = \frac{v_h h}{h + R\gamma_2^2},\ v_h \approx v_2\left(1 + \frac{R}{h}\gamma_2^2\right) = v_1\left(1 + \frac{R}{h}\gamma_1^2\right)$$

$$\theta\sqrt{\frac{R}{h}} = \sqrt{\frac{\theta R\theta}{h}} \approx \sqrt{\lambda - 1} \qquad (12.143)$$

式中，θ 为接触角，α 为变形区内角度变量。

12.7.2 成形功率泛函

12.7.2.1 内部变形功率

$$\dot{W}_i = 4kBv_h h\int_0^l\int_0^{\frac{h_\alpha}{2}} \frac{2x/R}{(h + x^2/R)^2}\mathrm{d}y\mathrm{d}x = 2kBv_h h\int_0^l \frac{2x/R}{h + x^2/R}\mathrm{d}x$$

$$= 2kBv_h h\int_0^l \frac{\mathrm{d}(h + x^2/R)}{h + x^2/R} = 2kBv_h h\ln\frac{H}{h} = 2kBv_2(h + x_{n2}^2/R)\ln\frac{H}{h}$$

$$= kBv_2 h\left(1 + \frac{R}{h}\gamma_2^2\right)2\ln\lambda \qquad (12.144)$$

12.7.2.2 上辊摩擦功率

$$\dot{W}_{f1} = mkB\left[\int_0^{x_{n1}}(v_x - v_1\cos\alpha)\mathrm{d}x - \int_{x_{n1}}^l (v_x - v_1\cos\alpha)\mathrm{d}x\right]$$

$$= mkB\left[\int_0^{x_{n1}} \frac{v_h h \mathrm{d}x}{h + x^2/R} - v_1 R\int_0^{\gamma_1} \cos^2\alpha \mathrm{d}\alpha - \int_{x_{n1}}^{l} \frac{v_h h \mathrm{d}x}{h + x^2/R} + v_1 R\int_{\gamma_1}^{\theta} \cos^2\alpha \mathrm{d}\alpha\right]$$

$$= mkB\left[v_h h\left(\sqrt{\frac{R}{h}}\tan^{-1}\frac{x_{n1}}{\sqrt{Rh}}\right) - v_1 R\left(\frac{\gamma_1}{2} + \frac{\sin 2\gamma_1}{4}\right) - \right.$$

$$v_h h\left(\sqrt{\frac{R}{h}}\tan^{-1}\frac{l}{\sqrt{Rh}} - \sqrt{\frac{R}{h}}\tan^{-1}\frac{x_{n1}}{\sqrt{Rh}}\right) +$$

$$\left. v_1 R\left(\frac{\theta}{2} + \frac{\sin 2\theta}{4} - \frac{\gamma_1}{2} - \frac{\sin 2\gamma_1}{4}\right)\right]$$

$$= mkBv_1 R\left[\left(1 + \frac{R}{h}\gamma_1^2\right)\sqrt{\frac{h}{R}}\left(2\tan^{-1}\frac{x_{n1}}{\sqrt{Rh}} - \tan^{-1}\frac{l}{\sqrt{Rh}}\right) + (\theta - 2\gamma_1)\right]$$

$$= mkBv_1 R\left[\theta - 2\gamma_1 + \left(1 + \frac{R}{h}\gamma_1^2\right)\sqrt{\frac{h}{R}}\left(2\tan^{-1}\frac{R\gamma_1}{\sqrt{Rh}} - \tan^{-1}\frac{R\theta}{\sqrt{Rh}}\right)\right]$$

$$= mkBv_1 R\left[\theta - 2\gamma_1 - \left(1 + \frac{R}{h}\gamma_1^2\right)\sqrt{\frac{h}{R}}\left(\tan^{-1}\theta\sqrt{\frac{R}{h}} - 2\tan^{-1}\sqrt{\frac{R}{h}}\gamma_1\right)\right]$$

$$= mkBv_1 R\left[\theta - 2\gamma_1 - \left(1 + \frac{R}{h}\gamma_1^2\right)\sqrt{\frac{h}{R}}\left(\tan^{-1}\sqrt{\lambda - 1} - 2\tan^{-1}\sqrt{\frac{R}{h}}\gamma_1\right)\right] \tag{12.145}$$

12.7.2.3 下辊摩擦功率

$$\dot{W}_{f2} = mkB\left[\int_0^{x_{n2}} (v_x - v_2\cos\alpha)\mathrm{d}x - \int_{x_{n2}}^{l} (v_x - v_2\cos\alpha)\mathrm{d}x\right]$$

$$= mkB\left[\int_0^{x_{n2}} \frac{v_h h \mathrm{d}x}{h + x^2/R} - v_2 R\int_0^{\gamma_2} \cos^2\alpha \mathrm{d}\alpha - \int_{x_{n2}}^{l} \frac{v_h h \mathrm{d}x}{h + x^2/R} + v_2 R\int_{\gamma_2}^{\theta} \cos^2\alpha \mathrm{d}\alpha\right]$$

$$= mkB\left[v_h h\left(\sqrt{\frac{R}{h}}\tan^{-1}\frac{x_{n2}}{\sqrt{Rh}}\right) - v_2 R\left(\frac{\gamma_2}{2} + \frac{\sin 2\gamma_2}{4}\right) - \right.$$

$$v_h h\left(\sqrt{\frac{R}{h}}\tan^{-1}\frac{l}{\sqrt{Rh}} - \sqrt{\frac{R}{h}}\tan^{-1}\frac{x_{n2}}{\sqrt{Rh}}\right) +$$

$$\left. v_2 R\left(\frac{\theta}{2} + \frac{\sin 2\theta}{4} - \frac{\gamma_2}{2} - \frac{\sin 2\gamma_2}{4}\right)\right]$$

$$= mkBv_2 R\left[\theta - 2\gamma_2 - \left(1 + \frac{R}{h}\gamma_2^2\right)\sqrt{\frac{h}{R}}\left(\tan^{-1}\sqrt{\lambda - 1} - 2\tan^{-1}\sqrt{\frac{R}{h}}\gamma_2\right)\right] \tag{12.146}$$

12.7.2.4 剪切功率

入口剪切功率

$$\dot{W}_s = Bk\int |\Delta v_y| \mathrm{d}s = Bk\int |v_y| \mathrm{d}s$$

$$= 2Bk\int_0^{\frac{h_\theta}{2}} \frac{2v_h h\theta}{(h + R\theta^2)^2} y\mathrm{d}y$$

$$= 2Bk \frac{2v_h h\theta}{(h + R\theta^2)^2} \frac{1}{2} \left(\frac{h_\theta}{2}\right)^2$$

$$= Bk \frac{2v_h h\theta}{(h + R\theta^2)^2} \frac{(h + R\theta^2)^2}{4}$$

$$= Bkv_h h \frac{\theta}{2}$$

$$= Bkhv_2\left(1 + \frac{R}{h}\gamma_2^2\right)\frac{\theta}{2} \tag{12.147}$$

或

$$\dot{W}_s = Bkhv_1\left(1 + \frac{R}{h}\gamma_1^2\right)\frac{\theta}{2}$$

12.7.2.5 前后张力功率

$$\dot{W}_{\sigma H} = \sigma_H BHv_H$$

$$\dot{W}_{\sigma h} = \sigma_h Bhv_h$$

$$\dot{W}_\sigma = -\sigma_h Bhv_h + \sigma_H BHv_H = Bkhv_2\left(1 + \frac{R}{h}\gamma_2^2\right)\left(\frac{-\sigma_h + \sigma_H}{k}\right) \tag{12.148}$$

12.7.2.6 γ_1 与 γ_2 间关系

由体积不变条件与平断面假设

$$v_1(h + R\gamma_1^2) = v_2(h + R\gamma_2^2)$$

$$\frac{v_1}{v_2} = \frac{h + R\gamma_2^2}{h + R\gamma_1^2} = a = \left(1 + \frac{R}{h}\gamma_2^2\right)\Big/\left(1 + \frac{R}{h}\gamma_1^2\right)$$

$$a + a\frac{R}{h}\gamma_1^2 = 1 + \frac{R}{h}\gamma_2^2$$

$$a - 1 = \frac{R}{h}\gamma_2^2 - a\frac{R}{h}\gamma_1^2 = \frac{R}{h}(\gamma_2^2 - a\gamma_1^2)$$

$$\gamma_2^2 - a\gamma_1^2 = \frac{h}{R}(a - 1)$$

$$a\left(1 + \frac{R}{h}\gamma_1^2\right) = 1 + \frac{R}{h}\gamma_2^2$$

$$\frac{v_1}{v_2} = a \tag{12.149}$$

12.7.3 总功率

12.7.3.1 总功率及最小化

将式（12.144）~式（12.148）的积分结果代入总功率泛函

$$\dot{W} = \dot{W}_i + \dot{W}_{f1} + \dot{W}_{f2} + \dot{W}_s + \dot{W}_\sigma$$

$$\dot{W} = mkBv_1R\left[\theta - 2\gamma_1 - \left(1 + \frac{R}{h}\gamma_1^2\right)\sqrt{\frac{h}{R}}\left(\tan^{-1}\sqrt{\lambda - 1} - 2\tan^{-1}\sqrt{\frac{R}{h}}\gamma_1\right)\right] +$$
$$mkBv_2R\left[\theta - 2\gamma_2 - \left(1 + \frac{R}{h}\gamma_2^2\right)\sqrt{\frac{h}{R}}\left(\tan^{-1}\sqrt{\lambda - 1} - 2\tan^{-1}\sqrt{\frac{R}{h}}\gamma_2\right)\right] +$$
$$kBv_2h\left(1 + \frac{R}{h}\gamma_2^2\right)\left[2\ln\lambda - \frac{\sigma_h - \sigma_H}{k} + \frac{\theta}{2}\right] \qquad (12.150)$$

将式（12.149）及 $v_1 = v_2a$ 代入式（12.150）

$$\dot{W} = mkBv_2R\left[a\theta - 2a\gamma_1 - \left(1 + \frac{R}{h}\gamma_2^2\right)\sqrt{\frac{h}{R}}\left(\tan^{-1}\sqrt{\lambda - 1} - 2\tan^{-1}\sqrt{\frac{R}{h}}\gamma_1\right)\right] +$$
$$mkBv_2R\left[\theta - 2\gamma_2 - \left(1 + \frac{R}{h}\gamma_2^2\right)\sqrt{\frac{h}{R}}\left(\tan^{-1}\sqrt{\lambda - 1} - 2\tan^{-1}\sqrt{\frac{R}{h}}\gamma_2\right)\right] +$$
$$kBv_2h\left(1 + \frac{R}{h}\gamma_2^2\right)\left[2\ln\lambda - \frac{\sigma_h - \sigma_H}{k} + \frac{\theta}{2}\right] \qquad (12.151)$$

上式对 γ_1 求导得

$$\frac{\partial \dot{W}}{\partial \gamma_1} = mkBv_2R\left[-2a - \left(1 + \frac{R}{h}\gamma_2^2\right)\sqrt{\frac{h}{R}}\left(-2\frac{\sqrt{\frac{R}{h}}}{1 + \frac{R}{h}\gamma_1^2}\right)\right] = mkBv_2R[-2a + 2a] = 0$$

对 γ_2 求导并置 $\frac{\partial \dot{W}}{\partial \gamma_2} = 0$，得

$$\sqrt{\frac{R}{h}}\gamma_2\left[2\tan^{-1}\sqrt{\lambda - 1} - 2\tan^{-1}\sqrt{\frac{R}{h}}\gamma_1 - 2\tan^{-1}\sqrt{\frac{R}{h}}\gamma_2\right] - \frac{\gamma_2}{m}\left[2\ln\lambda - \frac{\sigma_h - \sigma_H}{k} + \frac{\theta}{2}\right] = 0$$

$$\tan^{-1}\sqrt{\frac{R}{h}}\gamma_1 + \tan^{-1}\sqrt{\frac{R}{h}}\gamma_2 = \tan^{-1}\sqrt{\lambda - 1} - \frac{1}{2m}\sqrt{\frac{h}{R}}\left[2\ln\lambda - \frac{\sigma_h - \sigma_H}{k} + \frac{\theta}{2}\right] \qquad (12.152)$$

$$\gamma_2^2 - a\gamma_1^2 = \frac{h}{R}(a - 1)$$

式（12.152）与式（12.149）联立得到未打滑时中性角与 m 的解析关系为

$$\tan^{-1}\sqrt{\frac{R}{h}}\gamma_1 = \tan^{-1}\sqrt{\lambda - 1} - \frac{1}{2m}\sqrt{\frac{h}{R}}\left[2\ln\lambda - \frac{\sigma_h - \sigma_H}{k} + \frac{\theta}{2}\right] -$$
$$\tan^{-1}\sqrt{\frac{R}{h}}\sqrt{\frac{h}{R}(a - 1) + a\gamma_1^2}$$

$$\gamma_1 = \sqrt{\frac{h}{R}}\tan\left\{\tan^{-1}\sqrt{\frac{R}{h}}\theta - \frac{1}{2m}\sqrt{\frac{h}{R}}\left[2\ln\lambda - \frac{\sigma_h - \sigma_H}{k} + \frac{\theta}{2}\right] - \tan^{-1}\sqrt{(a - 1) + a\frac{R}{h}\gamma_1^2}\right\}$$

$$\gamma_1=\sqrt{\frac{h}{R}}\tan\left[\tan^{-1}\sqrt{\frac{R}{h}}\theta-\tan^{-1}\sqrt{\frac{R}{h}}\gamma_2-\frac{1}{2m}\sqrt{\frac{h}{R}}\left(2\ln\lambda-\frac{\sigma_h-\sigma_H}{k}+\frac{\theta}{2}\right)\right]$$

$$\gamma_2=\sqrt{\frac{h}{R}(a-1)+a\gamma_1^2} \tag{12.153}$$

或

$$\gamma_1=\sqrt{\frac{h}{R}}\tan\left[\tan^{-1}\sqrt{\lambda-1}-\tan^{-1}\sqrt{\frac{R}{h}}\gamma_2-\frac{1}{2m}\sqrt{\frac{h}{R}}\left(2\ln\lambda-\frac{\sigma_h-\sigma_H}{k}+\frac{\theta}{2}\right)\right]$$

$$\gamma_2=\sqrt{\frac{h}{R}(a-1)+a\gamma_1^2} \tag{12.154}$$

12.7.3.2 异步打滑条件

当高速辊打滑时（$\gamma_1\leqslant 0$）：取 $\gamma_1=0$ 代入式（12.154）的第一式

$$\gamma_2=\sqrt{\frac{h}{R}}\tan\left[\tan^{-1}\sqrt{\lambda-1}-\frac{1}{2m}\sqrt{\frac{h}{R}}\left(2\ln\lambda-\frac{\sigma_h-\sigma_H}{k}+\frac{\theta}{2}\right)\right] \tag{15.155}$$

当低速辊打滑时（$\gamma_2\geqslant\theta$）；取 $\gamma_2=\theta$ 代入式（12.154）第一式，并注意 $\tan^{-1}\sqrt{\frac{R}{h}}\theta\approx\tan^{-1}\sqrt{\lambda-1}$

$$\gamma_1=\sqrt{\frac{h}{R}}\tan\left[\frac{1}{2m}\sqrt{\frac{h}{R}}\left(-2\ln\lambda+\frac{\sigma_h-\sigma_H}{k}-\frac{\theta}{2}\right)\right] \tag{12.156}$$

12.7.3.3 最小轧制功率与力矩

将式（12.152）和式（12.149）代入式（12.151）得到异步轧制功率最小上界值

$$\dot{W}_{\min}=mkBRv_1(\theta-2\gamma_1)+mkBRv_2(\theta-2\gamma_2) \tag{12.157}$$

异步轧制时最小轧制功率与双辊轧制力矩的关系

$$\dot{W}_{\min}=M_1\frac{V_1}{R}+M_2\frac{V_2}{R} \tag{12.158}$$

比较式（12.157）与式（12.158）得高速辊、低速辊力矩分别为

$$M_1=mkBR^2(\theta-2\gamma_1) \tag{12.159}$$

$$M_2=mkBR^2(\theta-2\gamma_2) \tag{12.160}$$

当高速辊线速度高于轧件出口速度（$\gamma_1<0$）时

$$M_1=mkBR^2\theta \tag{12.161}$$

当低速辊线速度低于轧件入口速度（$\gamma_2>\theta$）时

$$M_2=-mkBR^2\theta \tag{12.162}$$

将高速辊打滑时临界异步速比记为 a_{c1}，低速辊打滑时临界异步速比记为

a_{c2}，高速辊打滑时，$\gamma_1=0$ 代入式（12.149）和式（12.152）得

$$a_{c1}=1+\tan^2\left[\tan^{-1}\sqrt{\lambda-1}-\frac{1}{2m}\sqrt{\frac{h}{R}}\left(2\ln\lambda-\frac{\sigma_h-\sigma_H}{k}+\frac{\theta}{2}\right)\right] \quad (12.163)$$

低速辊打滑时，$\gamma_2=\alpha$ 代入式（12.149）和式（12.152），低速辊打滑时临界异步速比

$$a_{c2}=\lambda/\left\{1+\tan^2\left[\frac{1}{2m}\sqrt{\frac{h}{R}}\left(2\ln\lambda-\frac{\sigma_h-\sigma_H}{k}+\frac{\theta}{2}\right)\right]\right\} \quad (12.164)$$

当实际异步比满足 $a\geqslant\min\{a_{c1},a_{c2}\}$ 时就会发生打滑。轧制力矩确定后，可参考前述传统公式计算轧制力。

12.7.4 实验测定

用二辊异步实验轧机上实际轧制实验数据反复优化式（12.155）、式（12.156）中的咬入角 θ，辊径 R、摩擦因子 m 及单位应力 $\bar{p}$ 得到中性角 γ_1、γ_2，与实测中性角进行了比较，如图 12.37 所示。异步速比对轧制力矩影响如图 12.38 所示。图 12.37 表明计算与实测中性角 γ_1、γ_2 不同速比下均符合较好；图 12.38 表明异步速比（$a=1.0\sim1.2$）较小时，随速比增加，两辊力矩变化较大，$a>1.2$ 后，几乎无变化，力矩计算与实测值符合较好。

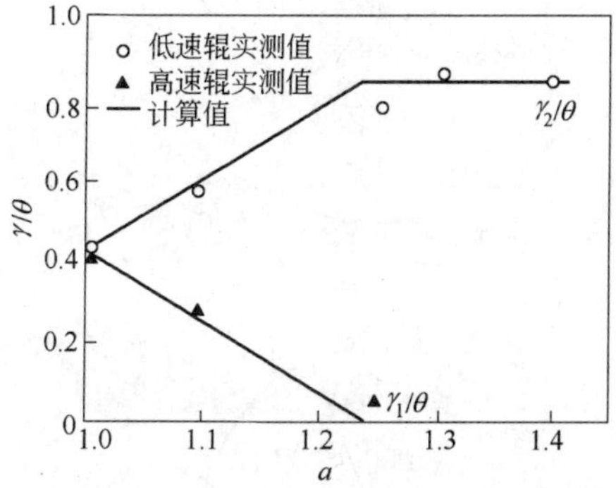

图 12.37 异步速比 a 对 γ/θ 的影响
（$H=1.0$mm，$\varepsilon=25\%$，$\sigma=14$kg/mm^2、$\sigma=4.3$kg/mm^2）

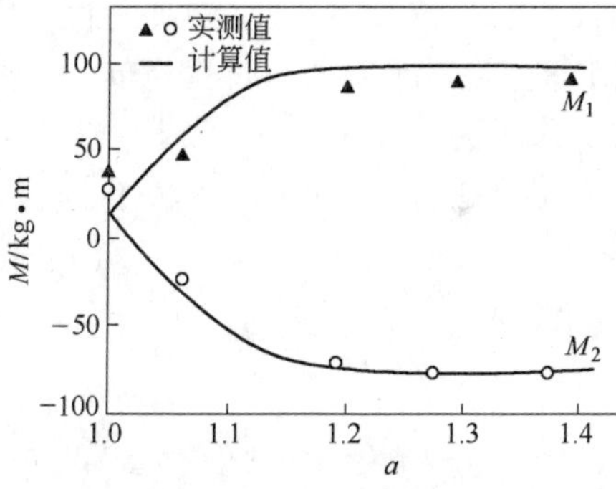

图 12.38 异步速比 a 对轧制力矩影响
（$H=0.33$，$B=80$mm，$\varepsilon=25\%$，$\sigma_h=16.7$kg/mm^2、$\sigma_H=5.3$kg/mm^2）

12.8 流函数解法简介

异步轧制变形区内存在上下中性点水平位置的飘移、出口板材弯曲、入口板材导入角变化等同步轧制不具备的特殊规律，所以定量解析的研究工作异常困难。现有研究多停留在大量实验阶段。本节讨论 Hwang[131] 以流函数研究辊缝内板材变形与弯曲行为。对异步不同辊速比、辊径比、摩擦因子比、入口导入角等

变形条件下出口的弯曲进行了系统地讨论。轧制力及轧材预测曲率的数值结果与实验测量结果符合较好。

12.8.1 主要符号

本节以下符号表示的物理量分别为：U_x、V_y表示变形区水平方向，垂直方向速度；U_1、U_2 为上下辊周速；R_1、R_2 为上下辊辊径；U_i、U_f 为板材变形区入出口速度；t_i、t_f 为板材变形区入出口厚度；m_1、m_2 为板材与上下辊面间的摩擦因子。σ、$\dot{\varepsilon}_a$ 为板材流动应力与平均应变速率。ϕ、ϕ_i 为变形区内与入口的流函数。y_1、y_2 为上下辊面的边界函数；y_3、y_4 为变形区入口板材上下两层侧面边界函数。C'，C 为对 x 求导及水平速度分布梯度函数；$\dot{W}_i$、$\dot{W}_s$、$\dot{W}_f$ 为内部塑性变形功率、剪切与摩擦功率；J 为总功率。

12.8.2 数学模型

假定忽略轧辊压扁与弯曲，视被轧板材为刚塑性材料并产生平面变形无宽展；上下辊与板间摩擦因子不同。

如图 12.39 所示，$R_1 \neq R_2$，$U_1 \neq U_2$，入口导入角为 λ，上下辊接触角为 α_1、α_2（α_2 可由 α_1 按几何关系导出）。假定变形区水平速度沿垂直截面线性分布，以流函数 Φ 表示为

$$\phi = Q\{\eta + C(y - y_1)(y - y_2)\} \tag{12.165}$$

$$\eta = \frac{y - y_2}{y_1 - y_2}$$

$$y_1 = y_1(x) = R_2 + t_f + R_1 - \sqrt{R_1^2 - x^2}$$

$$y_2 = y_2(x) = \sqrt{R_2^2 - x^2} \tag{12.166}$$

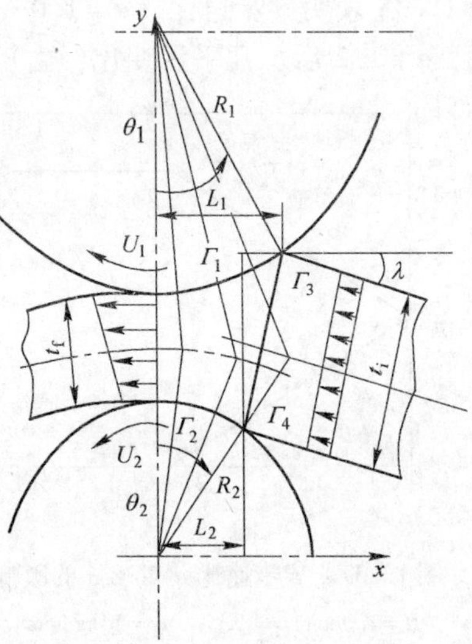

图 12.39 不对称轧板示意图

式中，Q 为变形区任意截面秒流量；y_1、y_2 沿上下辊面的边界函数；C 为水平速度分布梯度函数，假定为 x 的二次函数

$$C = ax^2 + b \tag{12.167}$$

由流函数 Φ，变形区内水平与垂直速度分别为

$$U_x = \frac{\partial \phi}{\partial y} = Q\left\{\frac{1}{y_1 - y_2} + 2C\left(y - \frac{y_1 + y_2}{2}\right)\right\} \tag{12.168}$$

$$V_y = -\frac{\partial \phi}{\partial x} = -Q\{\eta' + C'(y-y_1)(y-y_2) - Cy_1'(y-y_2) - Cy_2'(y-y_1)\} \tag{12.169}$$

$$\eta' = \frac{d\eta}{dx} = \frac{(y_1-y_2)(-y_2') - (y-y_2)(y_1'-y_2')}{(y_1-y_2)^2} \tag{12.170}$$

由式（12.168）知，流函数 Φ 由两个不同流动模式组成，一个沿变形区任意横截面均匀流动，以方程式（12.165）的第一项 $Q\eta$ 表示，同时另一项流动的流速沿任意横截面净流量为零，为线性分布的流动，以第二项 $QC(y-y_1)(y-y_2)$表示。

由方程式（12.168）、式（12.169）沿上辊表面 Γ_1，有

$$\left(\frac{V_y}{U_x}\right)_{y=y_1} = \frac{-Q\left\{\dfrac{-y_1'}{y_1-y_2} - Cy_1'(y_1-y_2)\right\}}{Q\left\{\dfrac{1}{y_1-y_2} + C(y_1-y_2)\right\}} = y_1' \tag{12.171}$$

出口曲率

$$K = \frac{\lambda}{\left(R_2 + \dfrac{t_f}{2}\right)\alpha_2} = \frac{1}{\rho} \tag{12.172}$$

故由式（12.165）导出的速度场满足沿上辊边界条件。同理，由方程式（12.168）、式（12.169）也得到沿下辊表面

$$\left(\frac{V_y}{U_x}\right)_{y=y_2} = \frac{-Q\left\{\dfrac{-y_2'}{y_1-y_2} - Cy_2'(y_1-y_2)\right\}}{Q\left\{\dfrac{1}{y_1-y_2} + C(y_1-y_2)\right\}} = y_2' \tag{12.173}$$

显然，由式（12.165）导出的速度场同样满足下辊表面 Γ_2 的边界条件。

假定变形区出口刚塑性边界为通过上下辊心的直线，由式（12.167），出口垂直速度为

$$(V_y)_{x=0} = -Q\{0\} = 0 \tag{12.174}$$

式（12.174）表明式（12.169）满足变形区出口金属垂直速度为零的边界条件。

将 $x=0$ 代入式（12.168）得到出口水平速度可确定为

$$U_f = Q\left\{\frac{1}{t_f} + 2b\left[y - \left(R_2 + \frac{t_f}{2}\right)\right]\right\} \tag{12.175}$$

显然出口水平速度线性分布。板材在出口的曲率 q_f 为

$$q_f = \frac{1}{\rho} = 2b/t_f \tag{12.176}$$

式中，ρ 为板材在出口的曲率半径。于是用式（12.167）的系数 b 来确定板材出口曲率。

表示进入变形区前流动方式的流函数为

$$\phi_i = Q\left\{\frac{y - y_4}{y_3 - y_4}\right\} \tag{12.177}$$

$$y_3 = y_1(L_1) + (L_1 - x)\tan\lambda \tag{12.178}$$

$$y_4 = y_2(L_2) + (L_2 - x)\tan\lambda$$

式中，y_3、y_4 分别为板材上下端的边界函数，分别是图 12.39 的 Γ_3、Γ_4、L_1、L_2 是上下辊水平接触弧长。由方程式（12.177）进入辊缝前水平与垂直速度 U_{xi}、V_{yi} 为

$$U_{xi} = \frac{\partial\phi_i}{\partial y} = \frac{Q}{y_3 - y_4} = U_i\cos\lambda$$

$$V_{yi} = -\frac{\partial\phi_i}{\partial x} = -U_i\sin\lambda \tag{12.179}$$

式中，U_i 是板材初始速度；λ 为导入角向下倾斜为正，如图 12.39 所示。显然式（12.179）中 ϕ_i 近似表达了板进入辊缝前的流动模型。由于流线连续性，使式（12.165）与式（12.177）平衡，即 $\phi = \phi_i$，得到

$$Cy^2 + \left[\frac{1}{y_1 - y_2} - C(y_1 + y_2) - \frac{1}{y_3 - y_4}\right]y + \left[-\frac{y_2}{y_1 - y_2} + Cy_1y_2 + \frac{y_4}{y_3 - y_4}\right] = 0 \tag{12.180}$$

变形区入口刚塑性边界 Γ_3 可经解上述方程确定。式（12.167）的系数 a 必须限制于保证 Γ_3 是连续曲线。由速度和应变速率关系

$$\dot{\varepsilon}_{xx} = \frac{\partial U_x}{\partial x} = \frac{\partial^2\phi}{\partial x\partial y},\ \dot{\varepsilon}_{yy} = \frac{\partial V_y}{\partial y} = -\frac{\partial^2\phi}{\partial x\partial y} \tag{12.181}$$

且有

$$\dot{\varepsilon}_{xx} + \dot{\varepsilon}_{yy} = 0 \tag{12.182}$$

所以由流函数式（12.165）推导的速度场为运动许可速度场。

最后，秒流量 Q、出口曲率 q_f 及上接触弧 L_1 留作为独立参数用来使塑性功率泛函最小化。塑性区等效应变速率由水平与垂直速度推导为

$$\dot{\varepsilon}_{xx} = \frac{\partial U_x}{\partial x} = \frac{\partial^2\phi}{\partial x\partial y} = Q\frac{\partial}{\partial x}\left\{\frac{1}{y_1 - y_2} + 2C\left(y - \frac{y_1 + y_2}{2}\right)\right\}$$

$$\dot{\varepsilon}_{yy} = \frac{\partial V_y}{\partial y},\ \dot{\varepsilon}_{xy} = \frac{1}{2}\left(\frac{\partial U_x}{\partial y} + \frac{\partial V_y}{\partial x}\right)$$

$$\dot{\varepsilon}_{eq} = \sqrt{\frac{2}{3}(\dot{\varepsilon}_{xx}^2 + \dot{\varepsilon}_{yy}^2 + 2\dot{\varepsilon}_{xy}^2)} \tag{12.183}$$

内部塑性变形功率、剪切、摩擦功率为

$$\dot{W}_i = \sigma\int_V \dot{\varepsilon}_{\text{ed}}\mathrm{d}V, \dot{W}_{\text{s}} = \frac{\sigma}{\sqrt{3}}\int_\Gamma (\Delta v)_\Gamma \mathrm{d}s, \dot{W}_{\text{f}} = \frac{m\sigma}{\sqrt{3}}\int_\Gamma (\Delta v)_\Gamma \mathrm{d}s \quad (12.184)$$

$$J = \dot{W}_i + \dot{W}_{\text{s}} + \dot{W}_{\text{f}} \quad (12.185)$$

$$P = \frac{JR}{LU}, \ L = \sqrt{Rt_i r} \quad (12.186)$$

以函数 Q、q_{f}，L_1 表示的泛函 J 的最小化以可变多面体搜索法优化。

12.8.3 数值结果及比较

采用前述流函数速度场模型对式（12.185）经数值模拟得到不同辊径比条件下压下率对单位宽度总功率泛函影响如图 12.40 所示。结果表明单位宽度总功率随辊径比 R_1/R_2（R_2 固定）与压下率增加而增加。图 12.41 为模拟计算的轧制力与 Shida[132] 异步热轧实测轧制力的比较，表明计算轧制力与实测结果符合较好。图 12.42、图 12.43 分别为不同辊径比与不同辊速比条件下，异步热轧计算

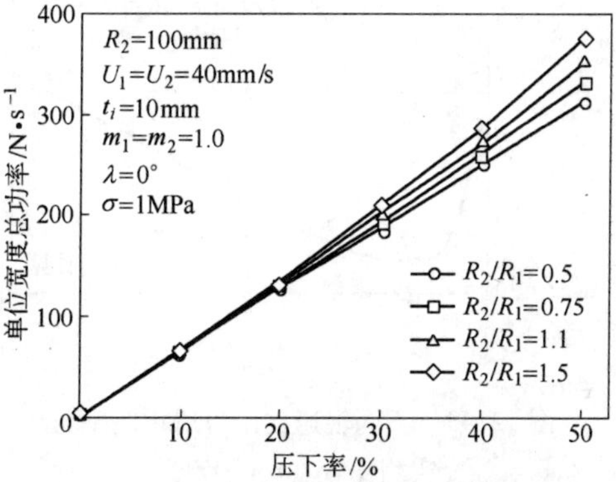

图 12.40 辊径比与压下率对总功率的影响

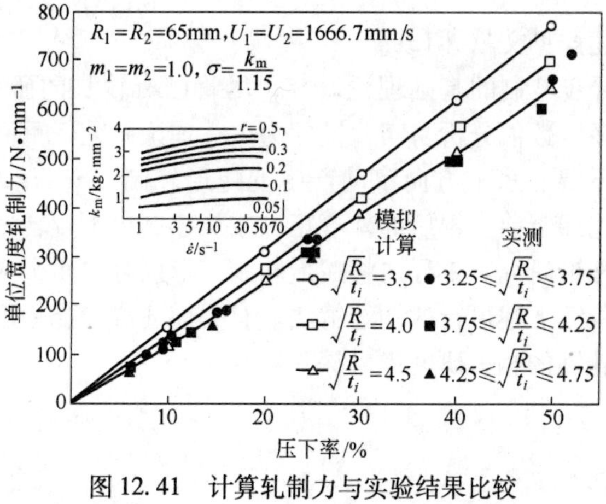

图 12.41 计算轧制力与实验结果比较

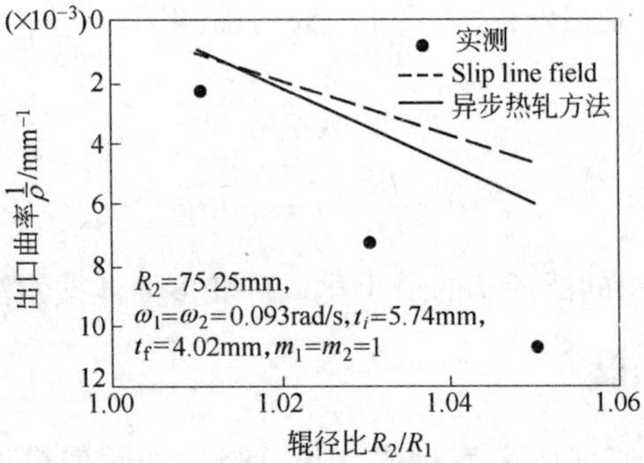

图 12.42 不同辊径比出口解析曲率与实测比较（$r=30\%$）

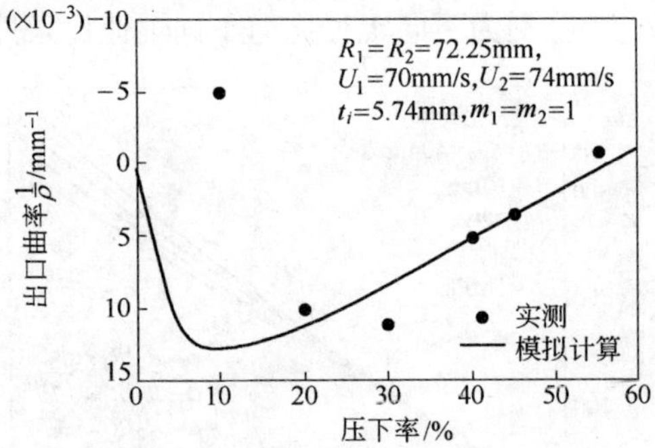

图 12.43 不同辊速比出口解析曲率与实测比较（$r=30\%$）

的出口曲率与 Dewhurst 等[133]实测结果的比较。结果表明二者符合较好。有关数值模拟的具体描述详见文献［131］。

综上，有关异步轧制的基础理论研究，尽管已有较长的研究历史，也取得了显著成绩，但多以数值分析与实验模拟为主，理论研究任重而道远。例如近年来出现的通过上下辊心水平方向窜动产生的蛇形轧制（Snake Rolling），以及产生蛇形效果相应施加辊前、辊后的外弯矩，或从控制上下辊转速追求的相同效果均需进行深入的理论研究。工程法将蛇形轧制变形区分成 4 个或 5 个不同区域的处理方式，仅是延续上述可行的初等解法。有关前述成形能率泛函的数学物理线性化解法对异步轧制的相关研究尚未深入展开。

附　　录

附录 1　内部变形功率

式（7.102）积分

$dy/dx=(v_y/v_x)_{y=b_x}=b'_x=\Delta b/l$；$dz/dx=(v_z/v_x)_{z=h_x}=h'_x$

$dx/dy=1/b'_x=l/\Delta b$，$dz/dy=0$；$dx/dz=1/h'_x$，$dy/dz=0$

$$\bar{h}_x=h_m=\frac{1}{l}\int_0^l(R_0+h_1-\sqrt{R_0^2-(l-x)^2})\mathrm{d}x=\frac{R_0}{2}+h_1+\frac{\Delta h}{2}-\frac{R_0^2}{2l}\theta$$

$$\bar{h}'_x=h'_m=\frac{1}{l}\int_0^l h'_x\mathrm{d}x=\frac{1}{l}\int_\theta^0(-\tan\alpha)(-R_0\cos\alpha\mathrm{d}\alpha)=\frac{R_0\cos\theta}{l}-\frac{R_0}{l}=-\frac{\Delta h}{l}$$

$$\bar{h}''_x=\frac{1}{l}\int_0^l h''_x\mathrm{d}x=\frac{1}{l}\int_0^l \mathrm{d}h'_x=\frac{1}{l}(h'_x)_\theta^0=-\frac{0-\tan\theta}{l}=\frac{l/(R_0-\Delta h)}{l}=\frac{1}{R_0-\Delta h}$$

$$\bar{b}_x=b_m=\frac{1}{l}\int_0^l b_x\mathrm{d}x=b_0+\frac{\Delta b}{2};b'_x=\frac{\Delta b}{l}=\bar{b}'_x=b'_m,b''_x=0,l=R_0\sin\theta\approx\sqrt{2R_0\Delta h}$$

各式代入内积

$$I_1=\int_0^{h_x}\int_0^{b_x}\int_0^l\frac{gv_x\mathrm{d}x\mathrm{d}y\mathrm{d}z}{\sqrt{1+(\mathrm{d}y/\mathrm{d}x)^2+(\mathrm{d}z/\mathrm{d}x)^2}}=\int_0^l\frac{gv_xb_xh_x\mathrm{d}x}{\sqrt{1+(\bar{b}'_x)^2+(\bar{h}'_x)^2}}$$

$$=\frac{\sqrt{2\left[\left(\frac{\bar{b}'_x}{\bar{b}_x}\right)^2+\left(\frac{\bar{h}'_x}{\bar{h}_x}\right)^2+\left(\frac{\bar{h}'_x}{\bar{h}_x}\right)\left(\frac{\bar{b}'_x}{\bar{b}_x}\right)\right]}}{\sqrt{1+(\bar{b}'_x)^2+(\bar{h}'_x)^2}}\int_0^l U\mathrm{d}x=\sqrt{2}lUf_1,f_1=\left(\frac{\left(\frac{\Delta b}{b_m}\right)^2+\left(\frac{\Delta h}{h_m}\right)^2-\frac{\Delta b\Delta h}{b_mh_m}}{l^2+\Delta b^2+\Delta h^2}\right)^{\frac{1}{2}}\tag{1}$$

$$I_2=\int_0^{h_x}\int_0^{b_x}\int_0^l\frac{Nv_xy\mathrm{d}x\mathrm{d}y\mathrm{d}z}{\sqrt{1+(1/b'_x)^2}}=\frac{lUf_2}{2\sqrt{2}},f_2=\frac{\Delta b^2\Delta h/h_m-2\Delta b^3/b_m}{l^2\sqrt{l^2+\Delta b^2}}\tag{2}$$

$$I_3=\int_0^{h_x}\int_0^{b_x}\int_0^l\frac{Iv_xz\mathrm{d}x\mathrm{d}y\mathrm{d}z}{\sqrt{1+(1/h'_x)^2}}=\frac{lUf_3}{2\sqrt{2}},f_3=\frac{-\frac{\Delta h}{R_0-\Delta h}+\frac{\Delta b\Delta h^2}{b_ml^2}+2\frac{\Delta h^3}{l^2h_m}}{\sqrt{l^2+\Delta h^2}}\tag{3}$$

$$\dot{W}_i=4\sqrt{\frac{2}{3}}\sigma_s\left(l\sqrt{2}Uf_1+\frac{Ul}{2\sqrt{2}}f_2+\frac{Ul}{2\sqrt{2}}f_3\right)\tag{7.102}$$

$$\dot{W}_i=\frac{8\sigma_slU}{\sqrt{3}}\left[\left(\frac{(\frac{\Delta b}{b_m})^2+(\frac{\Delta h}{h_m})^2-\frac{\Delta b\Delta h}{b_mh_m}}{l^2+\Delta b^2+\Delta h^2}\right)^{\frac{1}{2}}+\right.$$

$$\frac{\frac{\Delta b^2\Delta h}{lh_m}-\frac{2\Delta b^3}{lb_m}}{4\sqrt{l^2+\Delta b^2}}-\frac{\frac{\Delta hl}{R_0-\Delta h}-\frac{\Delta b\Delta h^2}{b_m l}-2\frac{\Delta h^3}{lh_m}}{4\sqrt{l^2+\Delta h^2}}\Bigg]$$

注意上式中 $l=\sqrt{2R\Delta h}$。

附录2　摩擦功率

式（7.104）积分

$$\dot{W}_f=\int_0^l\int_0^{b_x}\tau_f|\Delta v_f|ds, |\Delta v_f|=U\sqrt{\left(\frac{b'_x y}{b_x^2h_x}\right)^2+\left(\frac{v_R}{U}-\frac{\sqrt{1+(h'_x)^2}}{b_xh_x}\right)^2} \tag{4}$$

$$\Delta\boldsymbol{v}_f=\Delta v_x\boldsymbol{i}+\Delta v_y\boldsymbol{j}+\Delta v_z\boldsymbol{k}=(v_R\cos\alpha-v_x)\boldsymbol{i}+v_x\frac{b'_x}{b_x}y\boldsymbol{j}+(v_R\sin\alpha-v_x\tan\alpha)\boldsymbol{k}$$

$$\Delta v_x=v_R\cos\alpha-v_x, \Delta v_y=v_x\frac{b'_x}{b_x}y, \Delta v_z=v_R\sin\alpha-v_x\tan\alpha \tag{5}$$

$$|\Delta v_f|=\sqrt{\Delta v_x^2+\Delta v_y^2+\Delta v_z^2}=\sqrt{(v_R\cos\alpha-v_x)^2+\left(v_x\frac{b'_x}{b_x}y\right)^2+(v_R\sin\alpha-v_x\tan\alpha)^2}$$

$$=U\sqrt{\left(\frac{b'_x}{h_xb_x^2}y\right)^2+\frac{v_R^2-2v_Rv_x\cos\alpha-2v_Rv_x\sin\alpha\tan\alpha+v_x^2+v_x^2\tan^2\alpha}{U^2}}$$

$$=U\sqrt{\left(\frac{b'_xy}{h_xb_x^2}\right)^2+\left(\frac{v_R}{U}-\frac{\sqrt{1+h'^2_x}}{h_xb_x}\right)}$$

设摩擦力 $\tau_f=mk$，辊面方程为 $z=h_x=R_0+h_1-[R_0^2-(l-x)^2]^{1/2}$，

$$\dot{W}_f=4\int_0^l\int_0^{b_x}\tau_f|\Delta v_f|dF=4\int_0^l\int_0^{b_x}\tau_f\cdot\Delta v_f dF$$

$$=4\int_0^l\int_0^{b_x}(\tau_{fx}\Delta v_x+\tau_{fy}\Delta v_y+\tau_{fz}\Delta v_z)dF$$

$$=4mk\int_0^l\int_0^{b_x}(\Delta v_x\cos\alpha+\Delta v_y\cos\beta+\Delta v_z\cos\gamma)dF$$

$$=4mk\int_0^l\int_0^{b_x}(\Delta v_xl_1+\Delta v_yl_2+\Delta v_zl_3)dF \tag{6}$$

式中，$l_i(i=1, 2, 3)$ 为切向速度不连续矢量 $\Delta\boldsymbol{v}_f$或摩擦应力$\boldsymbol{\tau}_f=mk$与坐标轴夹角的余弦。因切向速度不连续矢量 $\Delta\boldsymbol{v}_f$与辊面的切线方向一致，所以方向余弦由辊面方程确定

$$l_1=\cos\alpha=\pm\sqrt{R_0^2-(l-x)^2}/R_0, l_3=\cos\gamma=\pm(l-x)/R_0, l_2=\cos\beta=0 \tag{7}$$

$$dF=\sqrt{1+(dz/dx)^2+(dz/dy)^2}dxdy=\sqrt{1+h'^2_x}dxdy=\sec\alpha dxdy \tag{8}$$

将式（8）、式（7）代入式（6）整理

$$\dot{W}_{f1} = 4mk\left[\int_0^l\int_0^{b_x}(v_R\cos\alpha - v_x)\mathrm{d}x\mathrm{d}y + \int_0^l\int_0^{b_x}(v_R\sin\alpha - v_x\tan\alpha)\tan\alpha\mathrm{d}x\mathrm{d}y\right]$$
$$= 4mk(I_{11} + I_{22}) \tag{9}$$

将分向量分前后滑区积分，并注意 $\mathrm{d}x = -R_0\cos\alpha\mathrm{d}\alpha$，$b_x = b_1 - \Delta bR_0\sin\alpha/l$，有

$$I_{11} = \int_0^{x_n}\int_0^{b_x}(v_R\cos\alpha - v_x)\mathrm{d}x\mathrm{d}y - \int_{x_n}^l\int_0^{b_x}(v_R\cos\alpha - v_x)\mathrm{d}x\mathrm{d}y$$
$$= v_R\int_\theta^{\alpha_n} - R_0\cos^2\alpha\left(b_1 - \frac{\Delta bR_0\sin\alpha}{l}\right)\mathrm{d}\alpha - \int_0^{x_n}\int_0^{b_x}v_x\mathrm{d}x\mathrm{d}y -$$
$$v_R\int_{\alpha_n}^0 - R_0\cos^2\alpha\left(b_1 - \frac{\Delta bR_0\sin\alpha}{l}\right)\mathrm{d}\alpha + \int_{x_n}^l\int_0^{b_x}v_x\mathrm{d}x\mathrm{d}y$$
$$= \frac{\Delta bR_0^2v_R}{l}\int_{\alpha_n}^\theta\cos^2\alpha\mathrm{d}\cos\alpha - v_RR_0b_1\int_\theta^{\alpha_n}\cos^2\alpha\mathrm{d}\alpha - \int_0^{x_n}\frac{U\mathrm{d}x}{h_x} +$$
$$v_RR_0b_1\int_{\alpha_n}^0\cos^2\alpha\mathrm{d}\alpha + \frac{\Delta bR_0^2v_R}{l}\int_{\alpha_n}^0\cos^2\alpha\mathrm{d}\cos\alpha + \int_{x_n}^l\frac{U\mathrm{d}x}{h_x}$$
$$= \frac{\Delta bR_0^2v_R}{3l}(1 + \cos^3\theta - 2\cos^3\alpha_n) - \frac{v_RR_0b_1}{2}\left(2\alpha_n - \theta + \sin2\alpha_n - \frac{\sin2\theta}{2}\right) +$$
$$\frac{U(l - 2x_n)}{h_m} \tag{10}$$

注意到积分域 θ 到 α_n，α_n 到0对应直角坐标积分域为0到 x_n，x_n 到 l，将 Δv_z 均在接触弧上对 α_n 的积分

$$I_{22} = \int_0^{x_n}\int_0^{b_x}(v_R\sin\alpha - v_x\tan\alpha)\tan\alpha\mathrm{d}x\mathrm{d}y - \int_{x_n}^l\int_0^{b_x}(v_R\sin\alpha - v_x\tan\alpha)\tan\alpha\mathrm{d}x\mathrm{d}y$$
$$= b_1R_0v_R\left(\frac{\theta}{2} - \alpha_n - \frac{\sin2\theta}{4} + \frac{\sin2\alpha_n}{2}\right) + \frac{\Delta bR_0^2v_R}{3l}\left(2\cos^3\alpha_n + 2\cos\theta - \frac{2\cos\alpha_n}{3} - \cos^3\theta\right) +$$
$$\frac{UR_0}{h_m}\left\{\ln\frac{\tan^2\left(\frac{\pi}{4} + \frac{\alpha_n}{2}\right)}{\tan\left(\frac{\pi}{4} + \frac{\theta}{2}\right)}\right\} - \frac{U}{h_m}(l - 2x_n) \tag{11}$$

式（10）、式（11）代入式（9）整理得

$$\dot{W}_{f1} = 4mk\left\{\frac{\Delta bR_0^2v_R}{3l}\left(1 + 2\cos\theta - \frac{2\cos\alpha_n}{3}\right) + v_RR_0b_1(\theta - 2\alpha_n) + \frac{UR_0}{h_m}\ln\frac{\tan^2\left(\frac{\pi}{4} + \frac{\alpha_n}{2}\right)}{\tan\left(\frac{\pi}{4} + \frac{\theta}{2}\right)}\right\} \tag{7.104}$$

附录3 剪切功率

式（7.106）积分：

由式（7.72）

$$\tan\eta\Big|_{x=0}=\frac{v_z}{v_y}\Big|_{x=0}=\frac{h'_x}{b'_x}\Big|_{x=0}=-\frac{l^2\sqrt{1+(h'_x)^2}}{2R\Delta b}\Bigg|_{x=0}$$

$$=-\frac{l^2\sqrt{1+\tan^2\theta}}{2R\Delta b}=-\frac{l^2}{2(R-\Delta h)\Delta b}=-\frac{l\tan\theta}{2\Delta b}$$

$$\dot{W}_{s0}=4k\int_0^{b_0}\int_0^{h_0}v_y\sqrt{1+(v_z/v_y)^2_{x=0}}\,\mathrm{d}z\mathrm{d}y=4kh_0\sqrt{1+\left(-\frac{l\tan\theta}{2\Delta b}\right)^2}\int_0^{b_0}\frac{v_0\Delta b}{lb_0}y\mathrm{d}y$$

$$=\frac{2kU\Delta b}{l}\sqrt{1+\frac{l^2\tan^2\theta}{4\Delta b^2}} \tag{7.106}$$

附录4 侧壁摩擦功率

同7.8.3节以下两式均可。

$$\dot{W}_{f2}=2mk\bar{R}\Delta R\left[(v_0+v_R\cos\alpha_n)\ln\tan\left(\frac{\pi}{4}+\frac{\theta}{2}\right)-\frac{(\bar{v}+v_R\cos\alpha_n)}{2}\ln\tan\left(\frac{\pi}{4}+\frac{\alpha_n}{2}\right)-v_R\left(\frac{\theta}{2}-\alpha_n\right)\right]$$

$$\dot{W}_{f2}=2mk\bar{R}\Delta R\left[(v_0+\bar{v})\ln\tan\left(\frac{\pi}{4}+\frac{\theta}{2}\right)-(v_0+v_1+2\bar{v})\ln\tan\left(\frac{\pi}{4}+\frac{\alpha_n}{2}\right)-\bar{v}\left(\frac{\theta}{2}-\alpha_n\right)\right] \tag{12}$$

附录5 总 功 率

取(12)第一式代入 $\Phi=\dot{W}_i+\dot{W}_{s0}+\dot{W}_{s1}+\dot{W}_{f1}+\dot{W}_{f2}$ （13）

$$h_n=R_0+h_1-R_0\cos\alpha_n,\ b_n=b_0+\Delta bx_n/l,\ x_n=l-R\sin\alpha_n$$

$$U=(v_RR_0b_1+v_Rh_1b_1)\cos\alpha_n-b_1R_0v_R\cos^2\alpha_n-\left(\frac{v_R\Delta bR_0^2}{l}+\frac{v_Rh_1\Delta bR_0}{l}\right)\cos\alpha_n\sin\alpha_n+\frac{v_R\Delta bR_0^2}{l}(\sin\alpha_n-\sin^3\alpha_n)$$

（首先将 U 表示成中性角函数）

再取 $a=\frac{v_RR_0^2\Delta b}{l}$，$b=1+\frac{h_1}{R_0}$，$c=\frac{b_1l}{R_0\Delta b}$，后将 U 对中性角 α_n 求导得到

$$\frac{\mathrm{d}U}{\mathrm{d}\alpha_n}=-abc\sin\alpha_n+ac\sin2\alpha_n-ab\cos2\alpha_n-2a\cos\alpha_n+3a\cos^3\alpha_n \tag{14}$$

将式（13）Φ 对中性角 α_n 求导令其为零

$$\frac{\mathrm{d}\Phi}{\mathrm{d}\alpha_n}=\frac{\partial\dot{W}_i}{\partial\alpha_n}+\frac{\partial\dot{W}_{s0}}{\partial\alpha_n}+\frac{\partial\dot{W}_{s1}}{\partial\alpha_n}+\frac{\partial\dot{W}_{f1}}{\partial\alpha_n}+\frac{\partial\dot{W}_{f2}}{\partial\alpha_n}=0 \tag{15}$$

按式（15）逐项微分令 $\mathrm{d}U/\mathrm{d}\alpha_\mathrm{n} = N$，求和后得到 m 与 α_n 关系为

$$m = \left[N\sqrt{2}\left(l\sqrt{2}f_1 + \frac{lf_2}{2\sqrt{2}} + \frac{lf_3}{2\sqrt{2}}\right) + Nf_4 + \frac{N\Delta b}{2l}\right] \div \left\{2v_\mathrm{R}R_0b_1 - \frac{2\Delta bR_0^2v_\mathrm{R}\sin\alpha_\mathrm{n}}{l} - \frac{2UR_0}{h_\mathrm{m}\cos\alpha_\mathrm{n}} - \right.$$

$$\left.\frac{NR_0}{h_m}\ln\frac{\tan^2\left(\frac{\pi}{4}+\frac{\alpha_\mathrm{n}}{2}\right)}{\tan\left(\frac{\pi}{4}+\frac{\theta}{2}\right)} - \frac{\bar{R}\Delta R}{2}\left[4v_\mathrm{R} + v_\mathrm{R}\sin\alpha_\mathrm{n}\ln\frac{\tan^2\left(\frac{\pi}{4}+\frac{\alpha_\mathrm{n}}{2}\right)}{\tan\left(\frac{\pi}{4}+\frac{\theta}{2}\right)} - \frac{2(\bar{v}+v_\mathrm{R}\cos\alpha_\mathrm{n})}{\cos\alpha_\mathrm{n}}\right]\right\} \tag{16}$$

附录6　整体加权速度场摩擦功率定积分（上积分限 b_m）

$$\begin{aligned}
I_{11} &= \int_0^l\int_0^{b_\mathrm{m}}\left\{v_\mathrm{R}\cos\alpha - \left[1 - a\left(1 - \frac{h_0}{h_x}\right)\right]v_0\right\}\mathrm{d}x\mathrm{d}y \\
&= \int_0^{x_\mathrm{n}}\int_0^{b_\mathrm{m}}\left\{v_\mathrm{R}\cos\alpha - \left[1 - a\left(1 - \frac{h_0}{h_x}\right)\right]v_0\right\}\mathrm{d}x\mathrm{d}y - \int_{x_\mathrm{n}}^l\int_0^{b_\mathrm{m}}\left\{v_\mathrm{R}\cos\alpha - \left[1 - a\left(1 - \frac{h_0}{h_x}\right)\right]v_0\right\}\mathrm{d}x\mathrm{d}y \\
&= b_\mathrm{m}\int_0^{x_\mathrm{n}}\left\{v_\mathrm{R}\cos\alpha - \left[1 - a\left(1 - \frac{h_0}{h_x}\right)\right]v_0\right\}\mathrm{d}x - b_\mathrm{m}\int_{x_\mathrm{n}}^l\left\{v_\mathrm{R}\cos\alpha - \left[1 - a\left(1 - \frac{h_0}{h_x}\right)\right]v_0\right\}\mathrm{d}x \\
&= b_\mathrm{m}v_\mathrm{R}\int_0^{x_\mathrm{n}}\cos\alpha\mathrm{d}x - b_\mathrm{m}v_0\int_0^{x_\mathrm{n}}\left[1 - a\left(1 - \frac{h_0}{h_x}\right)\right]\mathrm{d}x - b_\mathrm{m}\int_{x_\mathrm{n}}^l v_\mathrm{R}\cos\alpha\mathrm{d}x + b_\mathrm{m}v_0\int_{x_\mathrm{n}}^l\left[1 - a\left(1 - \frac{h_0}{h_x}\right)\right]\mathrm{d}x \\
&= (1) - (2) - (3) + (4)
\end{aligned} \tag{17}$$

$\mathrm{d}x = -R\cos\alpha\mathrm{d}\alpha, b_x = b_1 - \frac{\Delta b}{l^2}R^2\sin^2\alpha$

$$(1): b_\mathrm{m}v_\mathrm{R}\int_0^{x_\mathrm{n}}\cos\alpha\mathrm{d}x = -v_\mathrm{R}b_\mathrm{m}R\int_\theta^{\alpha_\mathrm{n}}\cos^2\alpha\mathrm{d}\alpha = v_\mathrm{R}b_\mathrm{m}R\left(\frac{\theta}{2} - \frac{\alpha_\mathrm{n}}{2} + \frac{\sin2\theta}{4} - \frac{\sin2\alpha_\mathrm{n}}{4}\right) \quad ①$$

$$\begin{aligned}
(2): b_\mathrm{m}v_0\int_0^{x_\mathrm{n}}\left[1 - a\left(1 - \frac{h_0}{h_x}\right)\right]\mathrm{d}x &= b_\mathrm{m}v_0\left[(1-a)x_\mathrm{n} + a\int_0^{x_\mathrm{n}}\frac{h_x + \Delta h_x}{h_x}\mathrm{d}x\right] \\
&= b_\mathrm{m}v_0\left[(1-a)x_\mathrm{n} + ax_\mathrm{n} + a\int_0^{x_\mathrm{n}}\left(\frac{\Delta h_x}{h_x}\right)\mathrm{d}x\right] = b_\mathrm{m}v_0\left[x_\mathrm{n} + a\int_0^{x_\mathrm{n}}\left(\frac{\Delta h_\mathrm{m}}{h_\mathrm{m}}\right)\mathrm{d}x\right]\text{（中值定理）} \\
&= b_\mathrm{m}v_0\left[x_\mathrm{n} + a\int_0^{x_\mathrm{n}}\left(\frac{\Delta h}{2h_\mathrm{m}}\right)\mathrm{d}x\right]\text{（以弦代弧）} = b_\mathrm{m}v_0\left[x_\mathrm{n} + a\frac{\Delta h}{2h_\mathrm{m}}x_\mathrm{n}\right] \\
&= b_\mathrm{m}v_0\left(1 + a\frac{\Delta h}{2h_\mathrm{m}}\right)(l - R\sin\alpha_\mathrm{n}) = b_\mathrm{m}v_0R\left(1 + a\frac{\Delta h}{2h_\mathrm{m}}\right)(\sin\theta - \sin\alpha_\mathrm{n}) \quad ②
\end{aligned}$$

$$(3): b_\mathrm{m}v_\mathrm{R}\int_{x_\mathrm{n}}^l\cos\alpha\mathrm{d}x = v_\mathrm{R}b_\mathrm{m}R\int_0^{\alpha_\mathrm{n}}\cos^2\alpha\mathrm{d}\alpha = v_\mathrm{R}b_\mathrm{m}R\left(\frac{\alpha_\mathrm{n}}{2} + \frac{\sin2\alpha_\mathrm{n}}{4}\right) \quad ③$$

$\Delta h_x = h_0 - h_x$

$$(4): b_\mathrm{m}v_0\int_{x_\mathrm{n}}^l\left[1 - a\left(1 - \frac{h_0}{h_x}\right)\right]\mathrm{d}x = b_\mathrm{m}v_0\int_{x_\mathrm{n}}^l\left(1 + a\frac{\Delta h_x}{h_x}\right)\mathrm{d}x = b_\mathrm{m}v_0\int_{x_\mathrm{n}}^l\left(1 + a\frac{\Delta h}{2h_\mathrm{m}}\right)\mathrm{d}x\text{（以弦代弧）}$$

$$= b_m v_0\left(1 + a\frac{\Delta h}{2h_m}\right)[l - x_n] = b_m v_0 R\left(1 + a\frac{\Delta h}{2h_m}\right)\sin\alpha_n \qquad ④$$

$$I_{11} = v_R b_m R\left(\frac{\theta}{2} - \alpha_n + \frac{\sin2\theta}{4} - \frac{\sin2\alpha_n}{2}\right) + v_0 b_m R\left(1 + a\frac{\Delta h}{2h_m}\right)(2\sin\alpha_n - \sin\theta)$$

与变上限积分比较，简化了等式右边第二项，首项系数由 b_1 改变为 b_m 用了以弦代弧。

$$I_{22} = \int_0^l\int_0^{b_m}\left\{v_R\sin\alpha - \left[1 - a\left(1 - \frac{h_0}{h_x}\right)\right]v_0\tan\alpha\right\}\tan\alpha\mathrm{d}x\mathrm{d}y$$

$$= v_R b_m\int_0^{x_n}\sin\alpha\tan\alpha\mathrm{d}x - v_0 b_m\int_0^{x_n}\left[1 - a\left(1 - \frac{h_0}{h_x}\right)\right]\tan^2\alpha\mathrm{d}x - v_R b_m\int_{x_n}^l\sin\alpha\tan\alpha\mathrm{d}x +$$

$$v_0 b_m\int_{x_n}^l\left[1 - a\left(1 - \frac{h_0}{h_x}\right)\right]\tan^2\alpha\mathrm{d}x$$

$$= v_R b_m R\int_{\alpha_n}^{\theta}\sin^2\alpha\mathrm{d}\alpha + v_0 b_m R\int_{\theta}^{\alpha_n}\left[1 - a\left(1 - \frac{h_0}{h_x}\right)\right]\tan^2\alpha\cos\alpha\mathrm{d}\alpha + v_R b_m R\int_{\alpha_n}^{0}\sin^2\alpha\mathrm{d}\alpha -$$

$$v_0 b_m R\int_{\alpha_n}^{0}\left[1 - a\left(1 - \frac{h_0}{h_x}\right)\right]\tan^2\alpha\cos\alpha\mathrm{d}\alpha$$

$$= (1) + (2) + (3) - (4) \qquad ⑤$$

$$(1):v_R b_m R\int_{\alpha_n}^{\theta}\sin^2\alpha\mathrm{d}\alpha = v_R b_m R\left(\frac{\theta}{2} - \frac{\alpha_n}{2} + \frac{\sin2\alpha_n}{4} - \frac{\sin2\theta}{4}\right) \qquad ⑥$$

$$(3):v_R b_m R\int_{\alpha_n}^{0}\sin^2\alpha\mathrm{d}\alpha = v_R b_m R\left(\frac{\sin2\alpha_n}{4} - \frac{\alpha_n}{2}\right) \qquad ⑦$$

$$(2):v_0 b_m R\int_{\theta}^{\alpha_n}\left[1 - a\left(1 - \frac{h_0}{h_x}\right)\right]\tan^2\alpha\cos\alpha\mathrm{d}\alpha$$

$$= v_0 b_m R\int_{\theta}^{\alpha_n}\left(1 + a\frac{\Delta h_x}{h_x}\right)\frac{\sin^2\alpha}{\cos\alpha}\mathrm{d}\alpha$$

$$= v_0 b_m R\left(1 + a\frac{\Delta h}{2h_m}\right)\left[\ln\frac{\tan\left(\frac{\pi}{4} + \frac{\alpha_n}{2}\right)}{\tan\left(\frac{\pi}{4} + \frac{\theta}{2}\right)} + \sin\theta - \sin\alpha_n\right]\text{（以弦代弧）} \qquad ⑧$$

$$(4):v_0 b_m R\int_{\alpha_n}^{0}\left[1 - a\left(1 - \frac{h_0}{h_x}\right)\right]\tan^2\alpha\cos\alpha\mathrm{d}\alpha$$

$$= v_0 b_m R\int_{\alpha_n}^{0}\left(1 + a\frac{\Delta h}{2h_m}\right)\frac{\sin^2\alpha}{\cos\alpha}\mathrm{d}\alpha$$

$$= v_0 b_m R\left(1 + a\frac{\Delta h}{2h_m}\right)\left[\sin\alpha_n - \ln\tan\left(\frac{\pi}{4} + \frac{\alpha_n}{2}\right)\right] \qquad ⑨$$

$$I_{22} = v_{\mathrm{R}} b_{\mathrm{m}} R \left\{ \left(\frac{\theta}{2} - \alpha_{\mathrm{n}} + \frac{\sin 2\alpha_{\mathrm{n}}}{2} - \frac{\sin 2\theta}{4} \right) + \frac{v_0}{v_{\mathrm{R}}} \left(1 + a \frac{\Delta h}{2h_{\mathrm{m}}} \right) \times \right.$$

$$\left. \left[\ln \frac{\tan^2\left(\frac{\pi}{4} + \frac{\alpha_{\mathrm{n}}}{2} \right)}{\tan\left(\frac{\pi}{4} + \frac{\theta}{2} \right)} + \sin\theta - 2\sin\alpha_{\mathrm{n}} \right] \right\} \quad ⑩$$

与变上限积分比较⑩简化了等式右边第二项，首项系数为 b_{m}，用了中值定理及以弦代弧。

$$\dot{W}_{\mathrm{f}} = 4mkb_{\mathrm{m}} R \left[v_{\mathrm{R}} (\theta - 2\alpha_{\mathrm{n}}) + v_0 \left(1 + a \frac{\Delta h}{2h_{\mathrm{m}}} \right) \ln \frac{\tan^2\left(\frac{\pi}{4} + \frac{\alpha_{\mathrm{n}}}{2} \right)}{\tan\left(\frac{\pi}{4} + \frac{\theta}{2} \right)} \right] \quad (10.69)$$

附录7 整体加权速度场摩擦功率变上限积分

$$I_{11} = \int_0^l \int_0^{b_x} \left\{ v_{\mathrm{R}} \cos\alpha - \left[1 - a\left(1 - \frac{h_0}{h_x} \right) \right] v_0 \right\} \mathrm{d}x\mathrm{d}y$$

$$= \int_0^{x_{\mathrm{n}}} \int_0^{b_x} \left\{ v_{\mathrm{R}} \cos\alpha - \left[1 - a\left(1 - \frac{h_0}{h_x} \right) \right] v_0 \right\} \mathrm{d}x\mathrm{d}y - \int_{x_{\mathrm{n}}}^l \int_0^{b_x} \left\{ v_{\mathrm{R}} \cos\alpha - \left[1 - a\left(1 - \frac{h_0}{h_x} \right) \right] v_0 \right\} \mathrm{d}x\mathrm{d}y$$

$$= \int_0^{x_{\mathrm{n}}} b_x \left\{ v_{\mathrm{R}} \cos\alpha - \left[1 - a\left(1 - \frac{h_0}{h_x} \right) \right] v_0 \right\} \mathrm{d}x - \int_{x_{\mathrm{n}}}^l b_x \left\{ v_{\mathrm{R}} \cos\alpha - \left[1 - a\left(1 - \frac{h_0}{h_x} \right) \right] v_0 \right\} \mathrm{d}x$$

$$= \int_0^{x_{\mathrm{n}}} b_x v_{\mathrm{R}} \cos\alpha \mathrm{d}x - \int_0^{x_{\mathrm{n}}} b_x v_0 \left[1 - a\left(1 - \frac{h_0}{h_x} \right) \right] \mathrm{d}x - \int_{x_{\mathrm{n}}}^l b_x v_{\mathrm{R}} \cos\alpha \mathrm{d}x + \int_{x_{\mathrm{n}}}^l b_x v_0 \left[1 - a\left(1 - \frac{h_0}{h_x} \right) \right] \mathrm{d}x$$

$$= (1) - (2) - (3) + (4)$$

$$\mathrm{d}x = -R\cos\alpha \mathrm{d}\alpha, b_x = b_1 - \frac{\Delta b}{l^2} R^2 \sin^2\alpha$$

(1)：$\int_0^{x_{\mathrm{n}}} b_x v_R \cos\alpha \mathrm{d}x = v_{\mathrm{R}} \int_\theta^{\alpha_{\mathrm{n}}} \left(b_1 - \frac{\Delta b}{l^2} R^2 \sin^2\alpha \right) \cos\alpha (-R\cos\alpha) \mathrm{d}\alpha$

$$= v_{\mathrm{R}} b_1 R \left(\frac{\theta}{2} + \frac{\sin 2\theta}{4} - \frac{\alpha_{\mathrm{n}}}{2} - \frac{\sin 2\alpha_{\mathrm{n}}}{4} \right) + \frac{\Delta b R^3 v_{\mathrm{R}}}{l^2} \left(\frac{\alpha_{\mathrm{n}}}{8} - \frac{\sin 4\alpha_{\mathrm{n}}}{32} - \frac{\theta}{8} + \frac{\sin 4\theta}{32} \right)$$

(2)：$\int_0^{x_{\mathrm{n}}} b_x v_0 \left[1 - a\left(1 - \frac{h_0}{h_x} \right) \right] \mathrm{d}x = v_0 b_{\mathrm{m}} \left[1 - a\left(1 - \frac{h_0}{h_{\mathrm{m}}} \right) \right] x_{\mathrm{n}} = v_0 b_{\mathrm{m}} R \left[1 - a\left(1 - \frac{h_0}{h_{\mathrm{m}}} \right) \right]$

$(\sin\theta - \sin\alpha_{\mathrm{n}})$

(3)：$\int_{x_{\mathrm{n}}}^l b_x v_{\mathrm{R}} \cos\alpha \mathrm{d}x = v_{\mathrm{R}} b_1 R \left(\frac{\alpha_{\mathrm{n}}}{2} + \frac{\sin 2\alpha_{\mathrm{n}}}{4} \right) - \frac{\Delta b R^3 v_{\mathrm{R}}}{l^2} \left(\frac{\alpha_{\mathrm{n}}}{8} - \frac{\sin 4\alpha_{\mathrm{n}}}{32} \right)$

(4)：$\int_{x_n}^{l} b_x v_0 \left[1 - a\left(1 - \frac{h_0}{h_x}\right)\right] dx = b_m v_0 \left[1 - a\left(1 - \frac{h_0}{h_m}\right)\right][l - x_n] = b_m R v_0 \left[1 - a\left(1 - \frac{h_0}{h_m}\right)\right]\sin\alpha_n$

$$I_{11} = v_R R b_1\left(\frac{\theta}{2} - \alpha_n + \frac{\sin 2\theta}{4} - \frac{\sin 2\alpha_n}{2}\right) + \frac{\Delta b R^3 v_R}{l^2}\left(\frac{\alpha_n}{4} - \frac{\theta}{8} + \frac{\sin 4\theta}{32} - \frac{\sin 4\alpha_n}{16}\right) + v_0 R b_m\left[1 - a\left(1 - \frac{h_0}{h_m}\right)\right](2\sin\alpha_n - \sin\theta) \tag{10.140}$$

$$I_{22} = \int_0^l \int_0^{b_x}\left\{v_R \sin\alpha - \left[1 - a\left(1 - \frac{h_0}{h_x}\right)\right] v_0 \tan\alpha\right\}\tan\alpha \, dx dy$$

$$= R v_R b_1\left(\frac{\sin 2\alpha_n}{2} - \frac{\sin 2\theta}{4} + \frac{\theta}{2} - \alpha_n\right) + \frac{v_R R^3 \Delta b}{l^2}\left(\frac{\sin 4\alpha_n}{16} + \frac{3\alpha_n}{4} - \frac{\sin 2\alpha_n}{2} - \frac{\sin 4\theta}{32} - \frac{3\theta}{8} + \frac{\sin 2\theta}{4}\right) + R v_0 b_m\left[1 - a\left(1 - \frac{h_0}{h_m}\right)\right]\left[\ln\frac{\tan^2\left(\frac{\pi}{4} + \frac{\alpha_n}{2}\right)}{\tan\left(\frac{\pi}{4} + \frac{\theta}{2}\right)} - 2\sin\alpha_n + \sin\theta\right] \tag{10.141}$$

$$\dot{W}_f = 4mkRb_1 v_R\left\{(\theta - 2\alpha_n) + \frac{v_0}{v_R}\frac{b_m}{b_1}\left[1 - a\left(1 - \frac{h_0}{h_m}\right)\right]\ln\frac{\tan^2\left(\frac{\pi}{4} + \frac{\alpha_n}{2}\right)}{\tan\left(\frac{\pi}{4} + \frac{\theta}{2}\right)} + \frac{R^2 \Delta b}{l^2 b_1}\left(\alpha_n - \frac{\theta}{2} - \frac{\sin 2\alpha_n}{2} + \frac{\sin 2\theta}{4}\right)\right\} \tag{10.142}$$

附录 8　剪切功率积分（非加权速度场）

$$I_{111} = \int_0^{b_0}\int_0^{z = \frac{h_0}{b_0}y} \sqrt{\left(\frac{2\Delta b}{l b_0}\right)^2 y^2 + \left(\frac{\tan\theta}{h_0}\right)^2 z^2} \, dz dy$$

$$= \int_0^{b_0}\left[\frac{z}{2}\sqrt{\left(\frac{2\Delta b}{l b_0}\right)^2 y^2 + \left(\frac{\tan\theta}{h_0}\right)^2 z^2} + \frac{\left(\frac{2\Delta b}{l b_0}\right)^2 y^2}{2\left(\frac{\tan\theta}{h_0}\right)}\ln\left(\frac{z\tan\theta}{h_0} + \sqrt{\left(\frac{2\Delta b}{l b_0}\right)^2 y^2 + \left(\frac{\tan\theta}{h_0}\right)^2 z^2}\right)\right]_0^{z = \frac{h_0}{b_0}y} dy$$

$$= \int_0^{b_0}\left[\frac{h_0 y^2}{2b_0^2}\sqrt{\left(\frac{2\Delta b}{l}\right)^2 + \tan^2\theta} + \frac{2h_0 \Delta b^2 y^2}{l^2 b_0^2 \tan\theta}\left\{\ln\left[\frac{\tan\theta y}{b_0} + \frac{y}{b_0}\sqrt{\left(\frac{2\Delta b}{l}\right)^2 + \tan^2\theta}\right] - \ln\left(\frac{2\Delta b y}{l b_0}\right)\right\}\right] dy$$

$$= \frac{h_0}{2b_0^2}\frac{b_0^3}{3}\sqrt{\left(\frac{2\Delta b}{l}\right)^2 + \tan^2\theta} + \frac{2h_0 \Delta b^2}{l^2 b_0^2 \tan\theta}\frac{b_0^3}{3}\ln\frac{\tan\theta + \sqrt{\left(\frac{2\Delta b}{l}\right)^2 + \tan^2\theta}}{\frac{2\Delta b}{l}}$$

$$= \frac{h_0 b_0}{6} \sqrt{\left(\frac{2\Delta b}{l}\right)^2 + \tan^2\theta} + \frac{2h_0 b_0 \Delta b^2}{3l^2 \tan\theta} \ln \frac{\tan\theta + \sqrt{\left(\frac{2\Delta b}{l}\right)^2 + \tan^2\theta}}{\frac{2\Delta b}{l}}$$

同样步骤得：

$$I_{222} = \frac{b_0 h_0}{6} \sqrt{\left(\frac{2\Delta b}{l}\right)^2 + \tan^2\theta} + \frac{l b_0 h_0 \tan^2\theta}{12\Delta b} \ln \frac{\frac{2\Delta b}{l} + \sqrt{\left(\frac{2\Delta b}{l}\right)^2 + \tan^2\theta}}{\tan\theta}$$

上述推导中注意 $v_0 b_0 h_0 = U$。

参考文献

[1] 赵德文．连续体成形力数学解法［M］．沈阳：东北大学出版社，2003.

[2] 王国栋，赵德文．现代材料成形力学［M］．沈阳：东北大学出版社，2004.

[3] Yu Maohong. Unified Strength Theory and its Applications［M］. Spring – Verlag Berlin Heidelberg，Cermany 2004.

[4] Гун Г Я. Теоретиче Ские Осн Овы Обрабоботкии Металлов Давлением［M］. Металлургия，Москва，1980.

[5] 汪家才．金属压力加工的现代力学原理［M］．北京：冶金工业出版社，1991.

[6] 赵德文．材料成形力学［M］．沈阳：东北大学出版社，2002.

[7] Yunmei Lin，Chunan Tang. New Development in Rock Mechanics & Rock Enginerring［M］. Rinton Press Inc.，Princeton，2002.

[8] Avitzur B. Metal Forming［M］. New York：Marcel Dekker，Inc. 1980.

[9] 赵志业，王国栋．现代塑 性加工力学［M］．沈阳：东北工学院出版社，1986.

[10] 杜珣．连续介质力学引论［M］．北京：清华大学出版社，1985.

[11] Kobayashi S，et al. Inter. J. Mech. Sci.，1975. Vol. 17，239～305.

[12] Save M A，Massonnet C E. Plastic Analysis and Design of Plates，Shells and Disks［M］. London：North – Holland Publishing Company，1972.

[13] 赵德文，章顺虎，李灿明，王国栋．主应力空间等向强化数学方程与几何描述［J］．有色金属材料科学与工程，2011，6：1～5.

[14] 赵德文，兰亮云，刘相华，王国栋．线材拉拔球坐标应变速率矢量内积［C］//第十八届全国结构工程学术会议论文集．No. 1，2009：557～562.

[15] Avitzur B. Analysis of wire drawing and extrusion through conical die［J］. Trans. ASME，Ser. B，1964，86：29～31.

[16] 赵德文，王根矶，刘相华，王国栋．扁带拉拔挤压柱坐标应变速率矢量内积［J］．东北大学学报，2007，28（4）：514～519.

[17] Avitzur B. Metal Forming：Processes and Analysis［M］. New York：McGvaw – Hall Inc.，1968.

[18] 李贵，赵德文．一维功率场解析扁带拉拔［M］．北京：科学技术出版社，1992，2：830.

[19] Wang Genji，Du Haijun，Zhao Dewen，et al. Application of Geometric Midline Yield Criterion for Strip Drawing［J］. Journal of Iron and Steel，International，2009，16（6）：17.

[20] Zhao Dewen，Zhao Zhiye，Zhang Qiang. The integral as a function of the upper limit and analytical solution to plane strain drawing & extrusion［J］. Appl. Math & Mech，1990，11（8）：759～765.

[21] Zhao D W，Du. H J，Wang G J，Liu X H，Wang G D. An analytical solution for tube sinking by strain rate vector inner – product integration［J］. J. Mater. Proc. Tech.，2009，209：

408 ~ 415.

[22] Zhao Dewen, Zhao Zhiye, Zhang Qiang. Integral as a function of the upper limit to solve the axial symmetrical rod drawing and extrusion [J], Chin. J. Met. Sci. Technol, 1990, 6: 282 ~ 288.

[23] Zhao Dewen, Wang Guodong, Bai Guangrun. Theoretical analysis of drawing wire through roller dies [J]. Wire industry, the international monthly journal, 1993, 60 (717): 493 ~ 497.

[24] 赵德文，赵志业，张强．管材变壁厚空拔上界解析解 [J]，力学与实践，1991，13 (1)：50 ~ 55.

[25] 李贵，赵德文．壁厚不变空拔上界解及成立条件定量计算 [M]. 北京：科学技术出版社，1992，2：823.

[26] 赵德文，任玉辉．模面为圆的拉拔问题上界理论解 [J]，工程力学，1993，10 (4)：71 ~ 76.

[27] Zhao Dewen, Zhang Qiang. Solution for Plane Strain Forward and Backward Extrusion with a Fractional Reduction $R = 0.5$ by the Integration Depending on a parameter [J]. Appl. Math & Mech. 1988, 9 (4): 417 ~ 422.

[28] 赵德文，方琪，刘相华．有鼓形圆坯锻造应变速率矢量内积积分 [J]. 工程力学，2006，23 (10)：184 ~ 189.

[29] Zhao Dewen, Jin Wenzhong, Wang Lei , Liu Xianghua. Inner – product of strain rate vector through cosine in coordinates for disk forging [J]. Trans. Nonferrous Met. Soc. China, 2006, 16 (6): 21 ~ 25.

[30] 赵德文，杜海军，刘相华，王国栋．中值定理在圆盘锻造应变速率矢量内积中的应用 [J]．东北大学学报（自然科学版）2006，27 (11)：1224 ~ 1228.

[31] 赵德文，王磊，刘相华，王国栋．压缩矩形坯的应变矢量分析解法 [J]，塑性工程学报，2005，12 (2)：85 ~ 90.

[32] Zhao Dewen, Zhang Qiang. An integral depending on a parameter for analytical solution of compressing thin workpiece [J] . Chin. J. Met. Sci. Technol, 1990, 6: 132 ~ 136.

[33] Zhao Dewen, Wang Guodong, Zhang Qiang. Integral depending on a parameter to solve the slip – line field of compressing a thin workpiece [C]. Advanced Technology of plasticity. Proceedings of the Third International Conference on Technology of plasticity , Kyoto, 1990, 1: 155 ~ 158.

[34] 赵德文，赵志业，张强．双剪应力屈服准则解析扁料压缩误差分析 [J]. 东北工学院学报，1991，12 (1)：54 ~ 60.

[35] Zhao Dewen, Wang Lei, Liu Xianghua. Solution for Slab Forging with Bulge Between Two Parallel Platens by Strain Rate Vector Inner – product Integration and Series Expansion, "Trans. Non. Met. Soc. China", 2005, 15 (5): 1 ~ 5.

[36] 赵德文，王磊，刘相华．锻压矩形坯应变矢量内积的坐标积分法 [J]. 科学研究月刊，2006，22 (10)：1 ~ 5.

[37] 赵德文，王磊，方琪，刘相华．有侧鼓形平板锻造的应变速率矢量分析解法［J］．应用科学学报，2006，24（3）：316～321.

[38] Zhao D，Wang G，Zhang Q，et al. An Integration Depending on a Parameter to Compression of a Thin Workpiece［J］. Advanced Technology of Plasticity. 1990，1：155～159

[39] Wang Lei，Jin Wenzhong，Zhao Dwen，Liu Xianghua. Solution of rectangular bar forging with bulging of sides by strain rate vector inner－product［J］. Trans. Nonferrous Met. Soc. China，2011，21：1367～1372.

[40] 赵德文，杜海军，刘相华，王国栋．平均屈服准则解析有鼓形三维锻压［C］//第十六届全国结构工程学术会议论文集．2007，1：408～413.

[41] 王根矶，赵德文，刘相华，王国栋．应变速率矢量内积解三维锻压［J］．塑性工程学报，2008，15（4）．

[42] 赵德文，孝云帧．准确计算轧制变形区体积与几何参数 l/h 的数学方法［J］．铜加工，1994，1.

[43] 赵德文，董学新，任玉辉．轧制中性面参数 hn、αn 测试方法研究［J］．铜加工，1994，3：137～141.

[44] 赵德文，王国栋，张强．冷轧硬化参数 $\bar{\varepsilon}$ 的精确计算公式［J］．金属科学工艺，1990，9（4）：85～92.

[45] 赵德文，铁维麟．轧制应变速率参数 $\dot{\bar{\varepsilon}}$ 的精确计算方法［J］，应用科学学报，1995，13（1）：103～108.

[46] 杨东坪，赵德文．以应变参数表示屈服准则的几点应用［J］．金属成形与工艺，1995，1：21～25.

[47] Zhao Dewen，Fang Qi，Li Canming，Liu Xianghua，Wang Guodong. Derivation of Plastic Specific Work Rate for Equal Area Yield Criterion and its Application to Rolling［J］. Journal of Iron and Steel Reserch，International，2010，17（4）：34～38.

[48] 赵德文，李实根，马兰讯．参变量积分解析孔形冷轧矩形厚件［J］．工程力学，1993，10（3）：132～142.

[49] 王根矶，赵德文，刘相华，王国栋．宽厚板轧机精轧阶段轧制力模型研究［C］//第八届东北三省塑性成形新技术学术会议论文集．沈阳，2007，232～235.

[50] 赵德文，赵志业，张强．冷轧槽楔外端与外摩擦影响定量分析［J］．东北工学院学报，1990，11（5）：452～458.

[51] 赵德文，李贵．板带轧制上界理论解［J］．应用科学学报，1992，10（2）：148～154.

[52] Zhao Dewen，Zhao Zhiye，Zhang Qiang. Upper－bound analytical solution to plane strain drawing through idling rolls［J］. Chin. J. Met. Sci. Technol.，1991，7：456～463.

[53] Zhao Dewen，Wang Guodong，Bai Guangrun. Theoretical Analysis of the Wire Drawing Through the Two Roller－Dies in Tandem［J］. Science in China（Series A），1993，36（5）：632～640.

[54] Zhao Dewen，Liu Xianghua，Wang Guodong Li Guifan. The curvilinear integral problems to ve-

locity field for drawing through parabolic dies [J], Applied Mathematics and Mechanics, 1994, 15 (7): 649 ~656.

[55] Zhao Dewen, Deng Wei , Li Changsheng, Zhi Ying, Liu Xianghua , Wang Guodong. Study on Bar Rolling by Inner – Product of Strain Rate Vector [J] . ICTP 2008 (TD2 –5).

[56] Deng Wei, Zhao Dewen , Qin Xiaomei, Gao Xiuhua, Du Linxiu, Liu Xianghua. Linear Integral Analysis of Bar Rough Rolling by Strain Rate Vector [J] . Journal of Iron and Steel research , International, 2010, 17 (3): 28 ~33.

[57] 谢英杰，赵德文. 高速线材精轧的等效应变研究与温升计算 [J]. 钢铁，2009，4 (1): 47 ~52.

[58] Zhao Dewen, Zhang Shunhu, Li Canming, Song Hongyu, Wang Guodong. Analysis of Rough Rolling with Simplified Stream Function Velocity and Strain Rate Vector Inner Product [J]. Journal of Iron and Steel Research, International. 2012, 19 (3): 20 ~24.

[59] 张文，郭心如，吴毅平，赵德文. 高强结构钢热变形行为及流变应力模型研究 [J]. 世界钢铁，2010，6: 63 ~66.

[60] Yu Maohong. Twin Shear Stress Yield Criterion [J]. Int. J. Mech. Sci. , 1983, 25 (1): 71 ~74.

[61] 黄文彬，曾国平. 应用双剪应力屈服准则求解某些塑性力学问题 [J]. 力学学报，1989, 21 (2): 249 ~256.

[62] 赵德文，刘相华，王国栋. 依赖 Tresca 与双剪应力屈服函数均值的屈服准则 [J]. 东北大学学报（自然科学版），2002，23 (10): 976 ~979.

[63] Zhao Dewen, Xie Yingjie, Liu Xianghua. Derivation of plastic work rate per unit volume for mean yield criterion and its application [J]. J. Mater. Sci. Tech. , 2005, 21 (4): 433 ~437.

[64] Hill R. On the inhomogeneous deformation of a plastic laminar in a compression test [J] . Phil Mag, 1950, 41: 733.

[65] 赵德文，谢英杰，刘相华，王国栋. 由 Tresca 和双剪应力两轨迹间误差三角形中线确定的屈服方程 [J]. 东北大学学报（自然科学版），2004，24 (2).

[66] Slater R A C. Engineering Plasticity Theory and Application to Metal Forming Process [M]. The Macmillan Press Ltd. , 1977, 76 ~77.

[67] 赵德文，方琪，刘相华，王国栋. 一个与 Mises 轨迹覆盖面积相等的线性屈服条件 [J]. 东北大学学报（自然科学版），2005，26 (3): 248 ~251.

[68] Zhao D W. Wang X W. A Dodecagon Linear Yield Criterion with Optimal Approximation to Mises Citerion [C]. The Proceedings of the 2nd International Conference , Pinton Press. Inc. USA, 2002, 554 ~558.

[69] Yu Maohong, He Linan, Liu Chunyang. Generalized twin – shear stress yield criterion and its generalization [J] . Chinese Science Bulletin, 1992, 37 (24): 2085 ~2089.

[70] Zhao Dewen, Li Jing, Liu Xianghua, Wang Guodong. Deduction of plastic work rate per unit volume for Unified yield criterion and its application [J]. Trans. Nonferrous Met. Soc. China.

2009, 511 ~516.

[71] 赵德文，刘相华，王国栋. 统一屈服准则单位体积塑性功率证明 [C] // 东北三省塑性成形新技术学术会议论文集，2007，226 ~232 .

[72] Zhang S H, Zhao D W. A dodecagon linear yield criterion with equal perimeter to Mises locus [J]. Applied Mechanics and Materials (accepted), 2012.

[73] 王磊，赵德文，刘相华. GM屈服准则求解锻压矩形坯 [J]. 塑性工程学报，2006，13 (6): 1 ~5.

[74] 赵德文，赵鸿金，张强. 本构函数极值法求解矩形件锻压 [J]. 轧钢（塑性加工理论与新技术专辑），1994.

[75] 赵德文，王国栋，张强. 双剪应力屈服条件解析空心锻造 [J]. 哈尔滨工业大学学报，增刊，1990，203 ~205.

[76] 赵德文，赵志业，张强 . 以双剪屈服准则求解圆环压缩 [J]. 工程力学，1991，8 (2): 75 ~80.

[77] 赵德文，王国栋，张强 . 双剪应力屈服条件解析实心锻造 [J]. 哈尔滨工业大学学报，增刊，1990，213 ~218.

[78] 赵德文，王国栋 . 双剪应力准则解析圆坯拔长锻造 [J]. 东北工学院学报，1993，14 (4): 377 ~382.

[79] Zhao Dewen , Xu Jianzhong, Yang Hong, et al. Application of Twin Shear Stress Yield Criterion in Axisymmetrical Indentation of a Semi - infinite Medium [C] . Strength Theory: Application, Development & Prospects for 21st Century, M. H. Yu and S. C. Fan (Eds.) Science Press, New York. 1998, 1079 ~1084.

[80] 赵德文，刘相华，王国栋 . 平冲头压入半无限体摩擦影响定量分析 [J]. 东北大学学报（自然科学版），2002，23 (9): 858 ~862.

[81] 赵德文，李桂范 . 半无限体压入的连续速度场解法 [J]. 力学与实践，1992，14 (1): 71 ~73.

[82] 赵德文，刘凤丽，李桂范 . 柱坐标流函数解析半无限体压入 [J]. 塑性工程学报，1994，1 (2): 11 ~17.

[83] 赵德文，李桂范 . 半无限体压入问题的流函数解法 [J]. 金属成形工艺，1994，12 (6): 263 ~267.

[84] Zhao Dewen, Zhao Hongjin, Wang Guodong . The curvilinear integral to the velocity fields of drawing and extrusion through the elliptic die profile [J]. Transaction of Nfsoc , 1995, 5 (3): 79 ~84.

[85] Zhao Dewen, Zhao Zhiye, Zhang Qiang. The integral as a function of the upper limit and depending on a parameter to solve drawing through idling rolls [J], Appl. & Mech. , 1994, 15 (1): 93 ~100.

[86] 赵德文，赵鸿金，王国栋 . 曲线积分求解椭圆模拔制与挤压 [J]. 自然科学进展，1993，3 (5): 457 ~462.

[87] 赵德文，李桂范，刘凤丽．曲面积分求解椭圆模轴对称拔制［J］．工程力学，1994，12（4）：121～136.

[88] 赵德文，刘相华，王国栋，李桂范．抛物线模拔速度场的曲线积分问题［J］．应用数学和力学，1994，15（7）：619～626.

[89] 赵德文，刘相华，王国栋．抛物线模拔圆棒的曲面积分问题［J］．东北大学学报（自然科学版），1995，16（2）：145～151.

[90] 赵德文，李桂范．抛物线模拔矩形件三维变形理论解析［J］．应用科学学报，1997，15（1）：48～55.

[91] 赵德文，刘相华，王国栋．抛物线模拔方棒上界解析解［J］．力学与实践，1996，18（4）：20～24.

[92] 赵德文，李桂范．余弦模拉拔方棒速度场曲面积分解法［J］．数学的实践与认识，1999，29（4）：44～49.

[93] Zhao Dewen，Wang Genji，Liu Xianghua，Wang Guodong. Application of geometric midline yield criterion to analysis of three－dimensional forging［J］．Trans. Nonferrous Met. Soc. China，2008，18（1）：46～52.

[94] Du Haijun，Zhao Dewen，Wang Genji，Wang Guodong. Analytical Solution for three－dimensional Forging Taking into account Bulging of Sides by Mean Yield Criterion［J］．Chinese Journal of Mechenical Engineering，2010，23（4）：477～484.

[95] Zhao Dewen，Fang Youkang．Integral of the inverse function of φ for analytical solution to the compression of a thin work－piece［J］，Transaction of Nfsoc. 1993，3（1）：74～79.

[96] 赵德文，邓伟，秦小梅，刘相华，王国栋．MY 准则解析有外端的准平锤头锻造［J］．材料科学与工艺，2009，17（4）：453～458.

[97] Zhao Dewen，Xie Yingjie，Liu Xianghua，Wang Guodong. Three Dimensional Analysis of Rolling by Twin Shear Stress Yielding Criterion［J］．J. Iron. & Steel Res.，Int.，2005，12（10）：35～40.

[98] 赵德文，章顺虎，王根矶，杜林秀，刘相华，王国栋．厚板中心缺陷压合临界力学条件证明与应用［J］．应用力学学报，2011，28（6）：658～662.

[99] 邓伟，赵德文，秦小梅，杜林秀，高秀华，刘相华．特厚板轧制缺陷压合模拟研究［J］．钢铁，2009，9：58～62.

[100] Deng Wei，Zhao Dewen，et al. Simulation of Central Crack Closing Behavior During Extra－heavy Plate Rolling［J］．Computational Materials Science，2009，47：439～447.

[101] 张林，赵德文，王根矶，李春智．特厚钢板轧制缺陷压合和双鼓形有限元分析［J］，轧钢，2011，28（4）：1～5.

[102] 刘莎莎，赵德文，张林，王根矶，李春智．特厚钢板轧制缺陷压合临界条件物理模拟试验［J］．中国冶金，2011，21（10）：6～10.

[103] 潘大伟．热轧带钢新技术发展现状［J］．钢铁研究，1989，1：65～70.

[104] 赵德文，谢英杰，刘相华，王国栋．以上界三角形速度场计算线材精轧温升［J］．东

北大学学报（自然科学版），2006，27（9）：983～988.

[105] Zhao Dewen，Xie Yingjie，Liu Xianghua . An Upper Bound Calculation of Temperature Jumps in Fast Wire Rolling Process [C] . Proceeding of the 3th Symposium on Advanced Structural Steels and New Rolling Technologies，Shengyan China. 3～6，2005，151～155.

[106] 赵德文，白雪峰，王晓文，刘相华，王国栋 . 热线理论计算线材精轧机组温升 [J] . 钢铁，2006，41（10）：42～47.

[107] Xie Yingjie，Fang Qi ，Wang Xiaowen ，Zhao Dewen . Research on Stock Temperature of High Speed Wire Super Steel in Finish Rolling，Second International Conference on Advanced Structural Steels，Shanghai，China，2004，151～156.

[108] Richardson G J. Worked examples in metal working [M]. London：The Chameleon Press Limited，1985，97～100.

[109] 赵德文，谢英杰，刘相华，王国栋 . 上界三角形速度场对线材精轧温升的研究 [J] . 东北大学学报（自然科学版），27（9）：983～988，2006.

[110] Deng Wei，Zhao Dewen，Qin Xiaomei，Gao Xiuhua，Qiu Chunlin ，Du Linxiu. A Plastic Zone Equation Based on Mean Yield Criterion [J]. Advanced Materials Research，2010，97～101：534～537.

[111] Khan S M A，Khraisheh M K. Analysis of mixed mode crack initiation angles under various loading conditions [J]. Eng. Fract Mech.，2000，67：397～419.

[112] Zhao D W，Li C M，Lan L Y，Zhang S H. Application of GM Yield Criterion in Plastic Zone of Mode I Crack and Burst Pressure for Pipeline [J]. Advanced Materials Research. Part 3：New Materials ，Applications and Processes，ICCMME 2011 Beihai ，China，2189～2195.

[113] Zhu X K，Leis B N. Average shear stress yield criterion and its application to plastic collapse analysis of pipelines [J] . Int. J. of Pressure Vessels and Pip，2006，83：663～671.

[114] Zhao Dewen，Li Canming，Lan Liangyun，Zhang Shunhu. Application of GM yield criterion in plastic zone of mode I crack and burst pressure for pipeline [J]. Advanced Materials Research. 2011，399～401：2189～2194.

[115] 邓伟，高秀华，秦小梅，赵德文 . X80 管线钢的冲击断裂行为 [J]. 金属学报 . 2010，46（05）：533～540.

[116] 李灿明，赵德文，章顺虎，周平. MY 准则解析 X80 钢油气输送管道爆破压力 [J] . 东北大学学报（自然科学版）. 2011，32（7）：965～967.

[117] 赵德文，张雷，章顺虎，李秀玲 . GM 屈服准则解析薄壁筒和球壳的极限载荷 [J]. 东北大学学报（自然科学版）. 2011，33（4）：758～762.

[118] Haghi M，Anand L. Analysis of strain hardening viscoplastic thick－walled sphere and cylinder under external pressure [J] . International Journal of Plasticity，1991，7：123～140.

[119] 章顺虎，赵德文，高彩茹 . GM 准则解析无缺陷弯管的塑性极限载荷 [J] . 东北大学学报（自然科学版）. 2011，32（11）：1570～1573.

[120] Zhang Shunhu，Zhao Dewen，Gao Cairu. Limit analysis of defect－free pipe elbow under inter-

nal pressure with MY criterion [J]. Applied Mechanics and Materials, 2012, 127: 79~84.

[121] Charro padhyay J, et al. Limit Load Analysis and Safety Assessment of an Elbow with Circumferential Crack under a Bending Moment [J]. Int. J. Ves. & Piping, 1995, 62: 109~116.

[122] 章顺虎,赵德文,张雷,高彩茹,王国栋. MY 准则解析受均布载荷简支斜板极限载荷 [J]. 材料科学与工艺,2012,20 (4).

[123] 潘大伟. 异步冷轧轧制压力的近似解 [J]. 东北工学院学报,1982. 2: 23~29.

[124] Hwang Y M, Tzou G Y. Analytical and Experimental Study on Asymmetrical Sheet rolling [J]. Int. J. Mech. Sci. 1997, 39 (3): 289~303.

[125] Qwanmizadeh M, Kadkhodaei M, Salimi M. Asymmetrical sheet rolling analysis and evaluation of developed curvature [J]. Int. J. Adv. Manuf Technol., 2011, 57: 5~14.

[126] Salimi M, Kadkhodaei M. Slab analysis of asymmetrical sheet rolling [J]. Mater Process Technol., 2004, 150: 215~222.

[127] Hwang Y M, Tzou G Y. An analytical approach to asymmetrical hot sheet rolling considering the effect of the shear stress and internal moment at the roll gap [J]. Mater Process Technol, 1994, 52: 399~424.

[128] 穆承章,沈健军. 双金属复合轧制的应力分析及轧制力计算 [C] //中国金属学会轧钢学会. 轧钢理论文集(第三集)(下),1985,2180~2185.

[129] Hwang Y M, Tzou G Y. An analytical approach to asymmetrical cold and hot rolling of clad sheet using the slab method. [J]. Mater Process Technol, 1995, 62: 249~259.

[130] 赵林春,沙江,吴隆滑,等. 异步轧制时的力矩和打滑条件 [C] //中国金属学会轧钢学会. 轧钢理论文集(第三集)(中),1985,274~280.

[131] Hwang Y M, Chen T H. Analysis of asymmetrical sheet rolling by the stream function method [J]. JSME Int. J. Ser. A., 1996, 39 (4): 598~605.

[132] Shida S. On the Rolling Loads in Hot Rolling [J]. J. Jpn. Soc. Technol. of Plasticity, 1966, 7 (67): 424.

[133] Dewhurst P, Collins I F, Johnson W. A Theoretical and Experimental Investigation Into Asymmetrical Hot Rolling [J]. Int. J. Mech. Sci., 1974, 16: 389.

关键词索引

K

X

Y